电动机绕组布线接线彩色图集

第 6 版

上　册

潘品英　著

机 械 工 业 出 版 社

本书是一本以图为主、图文并茂的电机绕组彩色图集。本次修订是以本书第5版为基础，增补了近年来由修理者提供的实修资料整理成的绕组端面图。全书共收入绕组端面图1044例，其中新增绕组（书中标题前用“*”标示）261例。新增图主要来自变极电动机绕组，有116例。

本书布线接线采用作者原创的潘氏端面图画法，并配有相色线条，使绕组相别、布线层次、走线连接及线圈组结构都清晰醒目。此外，书中除各章节综合介绍所属绕组结构特性外，每例还包括绕组参数、嵌线要点、结构特点及应用文字说明。

本书内容丰富，是目前各类电机绕组出版物中最全的图集之一，是电机修理者、制造厂技工及有关工程技术人员必备的参考工具书，也可作为大、中专院校电机相关专业师生的实践参考用书。

图书在版编目（CIP）数据

电动机绕组布线接线彩色图集：上册、下册/潘品英著．—6版．—北京：机械工业出版社，2021.5
ISBN 978-7-111-68190-8

Ⅰ.①电…　Ⅱ.①潘…　Ⅲ.①电动机-绕组-布线-图集　Ⅳ.①TM320.31-64

中国版本图书馆CIP数据核字（2021）第087838号

机械工业出版社（北京市百万庄大街22号　邮政编码100037）
策划编辑：林春泉　　责任编辑：林春泉　闫洪庆
责任校对：张晓蓉　李　婷　封面设计：马若濛
责任印制：常天培
固安县铭成印刷有限公司印刷
2022年1月第6版第1次印刷
260mm×184mm · 72.5印张 · 1796千字
0001—1500册
标准书号：ISBN 978-7-111-68190-8
定价：298.00元

电话服务　　网络服务
客服电话：010-88361066　机　工　官　网：www.cmpbook.com
010-88379833　机　工　官　博：weibo.com/cmp1952
010-68326294　金　书　网：www.golden-book.com
封底无防伪标均为盗版　机工教育服务网：www.cmpedu.com

前　　言

本书第5版面世已数年，这几年中，电机绕组也有所发展，特别是变极电动机绕组出现了很多新的接法型式，在读者不断提供维修资料的支持下，作者手中积攒了一批新绕组。作者因前段时间生病曾发过“收工宣言”，随着病愈，身体得以恢复，出版社也一再邀约，故再次“食言”，重新开工，将这些来自实修的新绕组呈献给读者。所以，作者决定将本书第5版重新修订。

本书第6版分为上、下册，仍保持第5版的基本格局，将新增绕组分类补充到各章节中。其中变极电动机绕组新例较多，且接法型式超越原来常规格局，所以作者这次修订按照变极设计的接法型式分类编排。直流电枢绕组因画法烦琐且缺乏通用性曾被删除，第6版做了改进，加入了重要数据“*A*”值并简化画法，不但方便修理者记录和应用，还使其具有了通用性，所以直流电枢绕组全部换用新的画法。而单相电动机则增加了“牛角风扇及工业调速扇”及“单相变极调速”两节新增内容。此外，双速电动机绕线式转子绕组是近年来我国研究人员发明的专利，这次作为附录收入本书。

本书上册电机绕组采用潘氏端面图的改进画法，主要内容包括三相双层叠式绕组、三相单层绕组、三相单双层混合式绕组、特殊结构型式三相绕组、三相转子波绕组、三相延边三角形起动绕组、三相正弦绕组及单相串励电枢绕组等8章内容。上册共有绕组图512例，新增绕组64例。

本书布线接线采用的潘氏端面图画法（包含改进画法和直流电枢简化画法），以及单相正弦绕组、抽头调速绕组、罩极电动机绕组等结构性标题命名法均为作者原创。欢迎他人使用，若有引用，请注明“绕组图采用潘氏画法”。

本书新增内容得益于提供修理资料的读者，在此表示感谢！由于水平所限，书中不妥之处在所难免，诚请读者批评指正。

潘品英

2021年3月

目　录

前言
第 1 章　三相交流电动机双层叠式绕组 ……… 1
1.1　三相双层叠式 2 极绕组布线接线图 ……… 2
1.1.1　12 槽 2 极（$y=5$）双层叠式绕组 ……… 2
1.1.2　18 槽 2 极（$y=7$）双层叠式绕组 ……… 3
1.1.3　18 槽 2 极（$y=8$）双层叠式绕组 ……… 4
1.1.4　24 槽 2 极（$y=7$）双层叠式绕组 ……… 5
1.1.5　24 槽 2 极（$y=8$）双层叠式绕组 ……… 6
1.1.6　24 槽 2 极（$y=9$）双层叠式绕组 ……… 7
1.1.7　24 槽 2 极（$y=9$、$a=2$）双层叠式绕组 ……… 8
1.1.8　24 槽 2 极（$y=10$）双层叠式绕组 ……… 9
1.1.9　24 槽 2 极（$y=10$、$a=2$）双层叠式绕组 ……… 10
1.1.10　30 槽 2 极（$y=10$）双层叠式绕组 ……… 11
1.1.11　30 槽 2 极（$y=10$、$a=2$）双层叠式绕组 ……… 12
1.1.12　30 槽 2 极（$y=11$）双层叠式绕组 ……… 13
1.1.13　30 槽 2 极（$y=11$、$a=2$）双层叠式绕组 ……… 14
1.1.14　36 槽 2 极（$y=10$）双层叠式绕组 ……… 15
1.1.15　36 槽 2 极（$y=10$、$a=2$）双层叠式绕组 ……… 16
1.1.16　*36 槽 2 极（$y=11$）双层叠式绕组 ……… 17
1.1.17　36 槽 2 极（$y=11$、$a=2$）双层叠式绕组 ……… 18
1.1.18　36 槽 2 极（$y=12$）双层叠式绕组 ……… 19
1.1.19　36 槽 2 极（$y=12$、$a=2$）双层叠式绕组 ……… 20
1.1.20　36 槽 2 极（$y=13$）双层叠式绕组 ……… 21
1.1.21　36 槽 2 极（$y=13$、$a=2$）双层叠式绕组 ……… 22
1.1.22　*36 槽 2 极（$y=14$）双层叠式绕组 ……… 23
1.1.23　36 槽 2 极（$y=14$、$a=2$）双层叠式绕组 ……… 24
1.1.24　*36 槽 2 极（$y=15$）双层叠式绕组 ……… 25
1.1.25　*36 槽 2 极（$y=15$、$a=2$）双层叠式绕组 ……… 26
1.1.26　42 槽 2 极（$y=14$、$a=2$）双层叠式绕组 ……… 27
1.1.27　42 槽 2 极（$y=15$、$a=2$）双层叠式绕组 ……… 28
1.1.28　42 槽 2 极（$y=16$、$a=2$）双层叠式绕组 ……… 29
1.1.29　48 槽 2 极（$y=13$）双层叠式绕组 ……… 30
1.1.30　48 槽 2 极（$y=13$、$a=2$）双层叠式绕组 ……… 31
1.1.31　48 槽 2 极（$y=16$）双层叠式绕组 ……… 32
1.1.32　48 槽 2 极（$y=16$、$a=2$）双层叠式绕组 ……… 33
1.1.33　48 槽 2 极（$y=17$）双层叠式绕组 ……… 34
1.1.34　48 槽 2 极（$y=17$、$a=2$）双层叠式绕组 ……… 35
1.2　三相双层叠式 4 极绕组布线接线图 ……… 36
1.2.1　24 槽 4 极（$y=5$）双层叠式绕组 ……… 36
1.2.2　24 槽 4 极（$y=5$、$a=2$）双层叠式绕组 ……… 37
1.2.3　30 槽 4 极（$y=6$）双层叠式绕组 ……… 38
1.2.4　36 槽 4 极（$y=7$）双层叠式绕组 ……… 39
1.2.5　36 槽 4 极（$y=7$、$a=2$）双层叠式绕组 ……… 40
1.2.6　36 槽 4 极（$y=7$、$a=4$）双层叠式绕组 ……… 41
1.2.7　36 槽 4 极（$y=8$）双层叠式绕组 ……… 42
1.2.8　36 槽 4 极（$y=8$、$a=2$）双层叠式绕组 ……… 43

1.2.9　36 槽 4 极（$y=8$、$a=4$）双层叠式绕组 …… 44
1.2.10　36 槽 4 极（$y=9$）双层叠式绕组 …… 45
1.2.11　42 槽 4 极（$y=8$）双层叠式绕组 …… 46
1.2.12　45 槽 4 极（$y=9$）双层叠式绕组 …… 47
1.2.13　48 槽 4 极（$y=7$）双层叠式绕组 …… 48
1.2.14　48 槽 4 极（$y=7$、$a=2$）双层叠式绕组 …… 49
1.2.15　*48 槽 4 极（$y=8$）双层叠式绕组 …… 50
1.2.16　*48 槽 4 极（$y=8$、$a=2$）双层叠式绕组 … 51
1.2.17　*48 槽 4 极（$y=8$、$a=4$）双层叠式绕组 … 52
1.2.18　*48 槽 4 极（$y=9$）双层叠式绕组 …… 53
1.2.19　48 槽 4 极（$y=9$、$a=2$）双层叠式绕组 …… 54
1.2.20　*48 槽 4 极（$y=9$、$a=4$）双层叠式绕组 … 55
1.2.21　48 槽 4 极（$y=10$）双层叠式绕组 …… 56
1.2.22　48 槽 4 极（$y=10$、$a=2$）双层叠式绕组 … 57
1.2.23　48 槽 4 极（$y=10$、$a=4$）双层叠式绕组 … 58
1.2.24　48 槽 4 极（$y=11$）双层叠式绕组 …… 59
1.2.25　48 槽 4 极（$y=11$、$a=2$）双层叠式绕组 … 60
1.2.26　48 槽 4 极（$y=11$、$a=4$）双层叠式绕组 … 61
1.2.27　48 槽 4 极（$y=12$）双层叠式绕组 …… 62
1.2.28　48 槽 4 极（$y=12$、$a=2$）双层叠式绕组 … 63
1.2.29　*54 槽 4 极（$y=7$、$a=2$）双层叠式绕组 … 64
1.2.30　60 槽 4 极（$y=10$）双层叠式绕组 …… 65
1.2.31　60 槽 4 极（$y=10$、$a=4$）双层叠式绕组 … 66
1.2.32　60 槽 4 极（$y=11$）双层叠式绕组 …… 67
1.2.33　60 槽 4 极（$y=11$、$a=2$）双层叠式绕组 … 68
1.2.34　60 槽 4 极（$y=11$、$a=4$）双层叠式绕组 … 69
1.2.35　60 槽 4 极（$y=12$）双层叠式绕组 …… 70
1.2.36　60 槽 4 极（$y=12$、$a=2$）双层叠式绕组 … 71
1.2.37　60 槽 4 极（$y=12$、$a=4$）双层叠式绕组 … 72
1.2.38　60 槽 4 极（$y=13$）双层叠式绕组 …… 73
1.2.39　60 槽 4 极（$y=13$、$a=2$）双层叠式绕组 … 74
1.2.40　60 槽 4 极（$y=13$、$a=4$）双层叠式绕组 … 75
1.2.41　60 槽 4 极（$y=14$、$a=4$）双层叠式绕组 … 76
1.2.42　72 槽 4 极（$y=12$、$a=4$）双层叠式绕组 … 77
1.2.43　72 槽 4 极（$y=13$、$a=2$）双层叠式绕组 … 78
1.2.44　72 槽 4 极（$y=14$、$a=2$）双层叠式绕组 … 79
1.2.45　72 槽 4 极（$y=15$）双层叠式绕组 …… 80
1.2.46　72 槽 4 极（$y=15$、$a=2$）双层叠式绕组 … 81
1.2.47　72 槽 4 极（$y=15$、$a=4$）双层叠式绕组 … 82
1.2.48　72 槽 4 极（$y=16$、$a=4$）双层叠式绕组 … 83
1.2.49　72 槽 4 极（$y=18$）双层叠式绕组 …… 84
1.2.50　96 槽 4 极（$y=22$、$a=4$）双层叠式绕组 … 85
1.2.51　96 槽 4 极（$y=23$、$a=4$）双层叠式绕组 … 86
1.3　三相双层叠式 6 极绕组布线接线图 …… 87
1.3.1　27 槽 6 极（$y=4$）双层叠式绕组 …… 87
1.3.2　*30 槽 6 极（$y=5$）双层叠式绕组 …… 88
1.3.3　*36 槽 6 极（$y=4$）双层叠式绕组 …… 89
1.3.4　36 槽 6 极（$y=5$）双层叠式绕组 …… 90
1.3.5　36 槽 6 极（$y=5$、$a=2$）双层叠式绕组 …… 91
1.3.6　36 槽 6 极（$y=6$）双层叠式绕组 …… 92
1.3.7　*36 槽 6 极（$y=6$、$a=2$）双层叠式绕组 …… 93
1.3.8　45 槽 6 极（$y=6$）双层叠式绕组 …… 94
1.3.9　45 槽 6 极（$y=7$）双层叠式绕组 …… 95
1.3.10　48 槽 6 极（$y=6$）双层叠式绕组 …… 96
1.3.11　48 槽 6 极（$y=7$）双层叠式绕组 …… 97
1.3.12　48 槽 6 极（$y=7$、$a=2$）双层叠式绕组 …… 98

1.3.13 54 槽 6 极（$y=7$）双层叠式绕组 …………… 99
1.3.14 54 槽 6 极（$y=7$、$a=2$）双层叠式绕组 … 100
1.3.15 54 槽 6 极（$y=7$、$a=3$）双层叠式绕组 … 101
1.3.16 *54 槽 6 极（$y=7$、$a=6$）双层叠式绕组 …… 102
1.3.17 54 槽 6 极（$y=8$）双层叠式绕组 ………… 103
1.3.18 54 槽 6 极（$y=8$、$a=2$）双层叠式绕组 … 104
1.3.19 54 槽 6 极（$y=8$、$a=3$）双层叠式绕组 … 105
1.3.20 54 槽 6 极（$y=8$、$a=6$）双层叠式绕组 … 106
1.3.21 54 槽 6 极（$y=9$）双层叠式绕组 ………… 107
1.3.22 *54 槽 6 极（$y=9$、$a=2$）双层叠式绕组 ………………………………………… 108
1.3.23 54 槽 6 极（$y=9$、$a=3$）双层叠式绕组 … 109
1.3.24 *54 槽 6 极（$y=10$）双层叠式绕组 ……… 110
1.3.25 60 槽 6 极（$y=8$、$a=2$）双层叠式绕组 … 111
1.3.26 60 槽 6 极（$y=9$）双层叠式绕组 ………… 112
1.3.27 60 槽 6 极（$y=9$、$a=2$）双层叠式绕组 … 113
1.3.28 *60 槽 6 极（$y=11$、$a=2$）双层叠式绕组 ………………………………………… 114
1.3.29 72 槽 6 极（$y=9$）双层叠式绕组 ………… 115
1.3.30 *72 槽 6 极（$y=9$、$a=2$）双层叠式绕组 ………………………………………… 116
1.3.31 72 槽 6 极（$y=9$、$a=3$）双层叠式绕组 … 117
1.3.32 72 槽 6 极（$y=9$、$a=6$）双层叠式绕组 … 118
1.3.33 72 槽 6 极（$y=10$）双层叠式绕组 ………… 119
1.3.34 72 槽 6 极（$y=10$、$a=2$）双层叠式绕组 ………………………………………… 120
1.3.35 72 槽 6 极（$y=10$、$a=3$）双层叠式绕组 ………………………………………… 121
1.3.36 72 槽 6 极（$y=10$、$a=6$）双层叠式绕组 ………………………………………… 122
1.3.37 72 槽 6 极（$y=11$）双层叠式绕组 ………… 123
1.3.38 72 槽 6 极（$y=11$、$a=2$）双层叠式绕组 ………………………………………… 124
1.3.39 72 槽 6 极（$y=11$、$a=3$）双层叠式绕组 ………………………………………… 125
1.3.40 72 槽 6 极（$y=11$、$a=6$）双层叠式绕组 ………………………………………… 126
1.3.41 72 槽 6 极（$y=12$）双层叠式绕组 ………… 127
1.3.42 72 槽 6 极（$y=12$、$a=2$）双层叠式绕组 ………………………………………… 128
1.3.43 72 槽 6 极（$y=12$、$a=3$）双层叠式绕组 ………………………………………… 129
1.3.44 *81 槽 6 极（$y=13$）双层叠式绕组 ……… 130
1.3.45 *81 槽 6 极（$y=14$）双层叠式绕组 ……… 131
1.3.46 90 槽 6 极（$y=14$、$a=6$）双层叠式绕组 …… 132
1.3.47 *90 槽 6 极（$y=14$、$a=3$）双层叠式绕组 ………………………………………… 133
1.3.48 *90 槽 6 极（$y=14$、$a=6$）双层叠式绕组 ………………………………………… 134
1.3.49 *90 槽 6 极（$y=15$）双层叠式绕组 ……… 135
1.3.50 *105 槽 6 极（$y=18$）双层叠式绕组 …… 136
1.4 三相双层叠式 8 极绕组布线接线图 ……………… 137
1.4.1 36 槽 8 极（$y=4$）双层叠式绕组 …………… 137
1.4.2 36 槽 8 极（$y=4$、$a=2$）双层叠式绕组 …… 138
1.4.3 *39 槽 8 极（$y=5$）双层叠式（庶极）绕组 ………………………………………… 139

1.4.4 45 槽 8 极（$y=5$）双层叠式绕组…………… 140
1.4.5 48 槽 8 极（$y=5$）双层叠式绕组…………… 141
1.4.6 48 槽 8 极（$y=5$、$a=2$）双层叠式绕组…… 142
1.4.7 48 槽 8 极（$y=5$、$a=4$）双层叠式绕组…… 143
1.4.8 54 槽 8 极（$y=5$、$a=2$）双层叠式绕组…… 144
1.4.9 54 槽 8 极（$y=6$）双层叠式绕组…………… 145
1.4.10 54 槽 8 极（$y=6$、$a=2$）双层叠式绕组 … 146
1.4.11 60 槽 8 极（$y=6$、$a=2$）双层叠式绕组 … 147
1.4.12 60 槽 8 极（$y=6$、$a=4$）双层叠式绕组 … 148
1.4.13 60 槽 8 极（$y=7$、$a=2$）双层叠式绕组 … 149
1.4.14 60 槽 8 极（$y=7$、$a=4$）双层叠式绕组 … 150
1.4.15 72 槽 8 极（$y=7$）双层叠式绕组 ………… 151
1.4.16 72 槽 8 极（$y=7$、$a=2$）双层叠式绕组 … 152
1.4.17 72 槽 8 极（$y=7$、$a=4$）双层叠式绕组 … 153
1.4.18 72 槽 8 极（$y=8$）双层叠式绕组 ………… 154
1.4.19 72 槽 8 极（$y=8$、$a=2$）双层叠式绕组 … 155
1.4.20 72 槽 8 极（$y=8$、$a=4$）双层叠式绕组 … 156
1.4.21 72 槽 8 极（$y=8$、$a=8$）双层叠式绕组 … 157
1.4.22 72 槽 8 极（$y=9$）双层叠式绕组 ………… 158
1.4.23 84 槽 8 极（$y=7$）双层叠式绕组 ………… 159
1.4.24 84 槽 8 极（$y=9$）双层叠式绕组 ………… 160
1.4.25 84 槽 8 极（$y=9$、$a=4$）双层叠式绕组 … 161
1.4.26 84 槽 8 极（$y=10$）双层叠式绕组………… 162
1.4.27 84 槽 8 极（$y=10$、$a=4$）双层叠式绕组 …… 163
1.4.28 96 槽 8 极（$y=11$、$a=2$）双层叠式绕组 …… 164
1.4.29 96 槽 8 极（$y=11$、$a=8$）双层叠式绕组 …… 165
1.4.30 96 槽 8 极（$y=12$）双层叠式绕组………… 166
1.5 三相双层叠式 10 极绕组布线接线图 …………… 167
1.5.1 36 槽 10 极（$y=3$）双层叠式绕组 ………… 167
1.5.2 45 槽 10 极（$y=4$）双层叠式绕组 ………… 168
1.5.3 54 槽 10 极（$y=5$、$a=2$）双层叠式绕组 … 169
1.5.4 60 槽 10 极（$y=5$）双层叠式绕组 ………… 170
1.5.5 60 槽 10 极（$y=5$、$a=2$）双层叠式绕组 … 171
1.5.6 60 槽 10 极（$y=5$、$a=5$）双层叠式绕组 … 172
1.5.7 75 槽 10 极（$y=6$）双层叠式绕组 ………… 173
1.5.8 75 槽 10 极（$y=6$、$a=5$）双层叠式绕组 … 174
1.5.9 75 槽 10 极（$y=7$）双层叠式绕组 ………… 175
1.5.10 75 槽 10 极（$y=7$、$a=5$）双层叠式绕组 ………………………………………… 176
1.5.11 *75 槽 10 极（$y=8$）双层叠式绕组 ……… 177
1.5.12 84 槽 10 极（$y=7$、$a=2$）双层叠式绕组 ………………………………………… 178
1.5.13 84 槽 10 极（$y=8$）双层叠式绕组………… 179
1.5.14 84 槽 10 极（$y=8$、$a=2$）双层叠式绕组 …… 180
1.5.15 90 槽 10 极（$y=7$）双层叠式绕组………… 181
1.5.16 90 槽 10 极（$y=7$、$a=2$）双层叠式绕组 ………………………………………… 182
1.5.17 90 槽 10 极（$y=7$、$a=5$）双层叠式绕组 ………………………………………… 183
1.5.18 90 槽 10 极（$y=7$、$a=10$）双层叠式绕组 ………………………………………… 184
1.5.19 90 槽 10 极（$y=8$）双层叠式绕组………… 185
1.5.20 90 槽 10 极（$y=8$、$a=2$）双层叠式绕组 ………………………………………… 186
1.5.21 90 槽 10 极（$y=8$、$a=5$）双层叠式绕组 ………………………………………… 187

1.5.22 90 槽 10 极（$y=8$、$a=10$）双层叠式绕组 …… 188
1.5.23 90 槽 10 极（$y=9$）双层叠式绕组 …… 189
1.5.24 *90 槽 10 极（$y=9$、$a=2$）双层叠式绕组 …… 190
1.5.25 *105 槽 10 极（$y=10$）双层叠式绕组 …… 191
1.6 三相双层叠式 12 极及以上绕组布线接线图 …… 192
1.6.1 45 槽 12 极（$y=3$）双层叠式绕组 …… 192
1.6.2 54 槽 12 极（$y=4$）双层叠式绕组 …… 193
1.6.3 54 槽 12 极（$y=4$、$a=2$）双层叠式绕组 …… 194
1.6.4 *54 槽 12 极（$y=4$、$a=3$）双层叠式绕组 …… 195
1.6.5 54 槽 16 极（$y=3$）双层叠式绕组 …… 196
1.6.6 90 槽 12 极（$y=6$）双层叠式绕组 …… 197
1.6.7 90 槽 12 极（$y=7$）双层叠式绕组 …… 198
1.6.8 *90 槽 12 极（$y=5$、$a=6$）双层叠式绕组 …… 199
1.6.9 *90 槽 12 极（$y=6$、$a=6$）双层叠式绕组 …… 200
1.6.10 *96 槽 32 极（$y=5$、$a=4$）双层叠式（庶极）绕组 …… 201
第 2 章 三相交流电动机单层绕组 …… 202
2.1 三相单层叠式绕组布线接线图 …… 203
2.1.1 12 槽 2 极单层叠式（庶极）绕组 …… 204
2.1.2 24 槽 2 极单层叠式绕组 …… 205
2.1.3 36 槽 2 极单层叠式绕组 …… 206
2.1.4 *24 槽 4 极单层叠式（庶极）绕组 …… 207
2.1.5 36 槽 4 极单层叠式（庶极）绕组 …… 208
2.1.6 48 槽 4 极单层叠式绕组 …… 209
2.1.7 48 槽 4 极（$a=2$）单层叠式绕组 …… 210
2.1.8 24 槽 6 极单层交叠分割式（庶极）绕组 …… 211
2.1.9 36 槽 6 极单层叠式（庶极）绕组 …… 212
2.1.10 *48 槽 6 极单层交叠分割式（庶极）绕组 …… 213
2.1.11 48 槽 8 极单层叠式（庶极）绕组 …… 214
2.1.12 48 槽 8 极（$a=2$）单层叠式（庶极）绕组 …… 215
2.1.13 72 槽 8 极（$a=2$）单层叠式（庶极）绕组 …… 216
2.1.14 60 槽 10 极单层叠式（庶极）绕组 …… 217
2.1.15 90 槽 10 极单层叠式（庶极）绕组 …… 218
2.1.16 48 槽 12 极单层交叠分割式（庶极）绕组 …… 219
2.1.17 48 槽 12 极（$a=2$）单层交叠分割式（庶极）绕组 …… 220
2.1.18 72 槽 18 极单层交叠分割式（庶极）绕组 …… 221
2.1.19 72 槽 18 极（$a=3$）单层交叠分割式（庶极）绕组 …… 222
2.2 三相单层链式绕组布线接线图 …… 223
2.2.1 12 槽 2 极单层链式绕组 …… 224
2.2.2 16 槽 2 极（空 4 槽）单层链式绕组 …… 225
2.2.3 12 槽 4 极单层链式（庶极）绕组 …… 226
2.2.4 24 槽 4 极单层链式绕组 …… 227
2.2.5 *24 槽 4 极（$a=2$）单层链式绕组 …… 228
2.2.6 18 槽 6 极单层链式（庶极）绕组 …… 229

2.2.7 36 槽 6 极单层链式绕组 …… 230
2.2.8 36 槽 6 极（$a=2$）单层链式绕组 …… 231
2.2.9 36 槽 6 极（$a=3$）单层链式绕组 …… 232
2.2.10 24 槽 8 极单层链式（庶极）绕组 …… 233
2.2.11 24 槽 8 极单层链式（庶极分割）绕组 …… 234
2.2.12 48 槽 8 极单层链式绕组 …… 235
2.2.13 48 槽 8 极（$a=2$）单层链式绕组 …… 236
2.2.14 48 槽 8 极（$a=4$）单层链式绕组 …… 237
2.2.15 30 槽 10 极单层链式（庶极）绕组 …… 238
2.2.16 60 槽 10 极单层链式绕组 …… 239
2.2.17 36 槽 12 极单层链式（庶极）绕组 …… 240
2.2.18 72 槽 12 极单层链式绕组 …… 241
2.2.19 42 槽 14 极单层链式（庶极）绕组 …… 242
2.2.20 48 槽 16 极单层链式（庶极）绕组 …… 243
2.2.21 72 槽 24 极单层链式（庶极）绕组 …… 244
2.2.22 72 槽 24 极（$a=2$）单层链式（庶极）绕组 …… 245
2.2.23 *96 槽 32 极单层链式（庶极）绕组 …… 246
2.2.24 *96 槽 32 极（$a=2$）单层链式（庶极）绕组 …… 247
2.2.25 *96 槽 32 极（$a=4$）单层链式（庶极）绕组 …… 248
2.3 三相单层同心式绕组布线接线图 …… 249
2.3.1 12 槽 2 极单层同心式（庶极）绕组 …… 250
2.3.2 18 槽 2 极单层同心式（庶极）绕组 …… 251
2.3.3 24 槽 2 极单层同心式绕组 …… 252
2.3.4 24 槽 2 极（$a=2$）单层同心式绕组 …… 253
2.3.5 36 槽 2 极单层同心式绕组 …… 254
2.3.6 36 槽 2 极（$a=2$）单层同心式绕组 …… 255
2.3.7 24 槽 4 极单层同心式（庶极）绕组 …… 256
2.3.8 *24 槽 4 极（$a=2$）单层同心式（庶极）绕组 …… 257
2.3.9 36 槽 4 极单层同心式（庶极）绕组 …… 258
2.3.10 36 槽 4 极（$a=2$）单层同心式（庶极）绕组 …… 259
2.3.11 48 槽 4 极单层同心式绕组 …… 260
2.3.12 48 槽 4 极（$a=2$）单层同心式绕组 …… 261
2.3.13 48 槽 4 极（$a=4$）单层同心式绕组 …… 262
2.3.14 36 槽 6 极单层同心式（庶极）绕组 …… 263
2.3.15 36 槽 6 极（$a=3$）单层同心式（庶极）绕组 …… 264
2.3.16 72 槽 6 极（$a=2$）单层同心式绕组 …… 265
2.3.17 72 槽 6 极（$a=3$）单层同心式绕组 …… 266
2.3.18 *72 槽 6 极（$a=6$）单层同心式绕组 …… 267
2.3.19 48 槽 8 极单层同心式（庶极）绕组 …… 268
2.3.20 48 槽 8 极（$a=2$）单层同心式（庶极）绕组 …… 269
2.3.21 48 槽 8 极（$a=4$）单层同心式（庶极）绕组 …… 270
2.3.22 72 槽 8 极（$a=2$）单层同心式（庶极）绕组 …… 271
2.3.23 *72 槽 8 极（$a=4$）单层同心式（庶极）绕组 …… 272
2.4 三相单层交叉式绕组布线接线图 …… 273
2.4.1 18 槽 2 极单层交叉式绕组 …… 274
2.4.2 18 槽 2 极单层交叉式（长等距）绕组 …… 275

2.4.3 18 槽 2 极单层交叉式（短等距）绕组 …… 276
2.4.4 18 槽 4 极单层交叉式（庶极）绕组 ……… 277
2.4.5 36 槽 4 极单层交叉式绕组 …………………… 278
2.4.6 36 槽 4 极（$a=2$）单层交叉式绕组………… 279
2.4.7 36 槽 4 极单层交叉式（长等距）绕组 …… 280
2.4.8 36 槽 4 极单层交叉式（短等距）绕组 …… 281
2.4.9 *54 槽 4 极（$y=13$、14）单层交叉式（庶极）绕组 ……………………………… 282
2.4.10 54 槽 6 极单层交叉式绕组 ………………… 283
2.4.11 54 槽 6 极（$a=3$）单层交叉式绕组 ……… 284
2.4.12 36 槽 8 极单层交叉式（庶极）绕组 ……… 285
2.4.13 60 槽 8 极（$a=2$）单层交叉式（庶极）绕组 ……………………………………… 286
2.4.14 72 槽 8 极（$a=2$）单层交叉式绕组 ……… 287
2.4.15 72 槽 8 极（$a=4$）单层交叉式绕组 ……… 288
2.5 三相单层同心交叉式绕组布线接线图 …………… 289
2.5.1 18 槽 2 极单层同心交叉式绕组……………… 290
2.5.2 30 槽 2 极单层同心交叉式绕组……………… 291
2.5.3 18 槽 4 极单层同心交叉式（庶极）绕组 … 292
2.5.4 30 槽 4 极单层同心交叉式（庶极）绕组 … 293
2.5.5 36 槽 4 极单层同心交叉式绕组……………… 294
2.5.6 36 槽 4 极（$a=2$）单层同心交叉式绕组…… 295
2.5.7 54 槽 6 极单层同心交叉式绕组……………… 296
2.5.8 *36 槽 8 极单层同心交叉式（庶极）绕组 ……………………………………… 297
2.5.9 *36 槽 8 极（$a=2$）单层同心交叉式（庶极）绕组 ……………………………………… 298
2.5.10 60 槽 8 极单层同心交叉式（庶极）绕组 … 299
2.5.11 *60 槽 8 极（$a=2$）单层同心交叉式（庶极）绕组………………………………… 300
2.5.12 *72 槽 8 极（$a=2$）单层同心交叉式绕组 ……………………………………… 301
2.5.13 *72 槽 8 极（$a=4$）单层同心交叉式绕组 ……………………………………… 302
第 3 章 三相单双层混合式绕组 ………………… 303
3.1 三相单双层 2 极绕组布线接线图 ……………… 304
3.1.1 18 槽 2 极（$y_p=8$）单双层混合式（B 类）绕组 ………………………………………… 304
3.1.2 18 槽 2 极（$y_p=9$）单双层混合式（A 类）绕组 ………………………………………… 305
3.1.3 24 槽 2 极（$y_p=10$）单双层混合式（B 类）绕组 ………………………………………… 306
3.1.4 24 槽 2 极（$y_p=10$，$a=2$）单双层混合式（B 类）绕组 ……………………………… 307
3.1.5 30 槽 2 极（$y_p=12$）单双层混合式（B 类）绕组 ………………………………………… 308
3.1.6 30 槽 2 极（$y_p=12$、$a=2$）单双层混合式（B 类）绕组 ……………………………… 309
3.1.7 30 槽 2 极（$y_p=13$）单双层混合式（A 类）绕组 ………………………………………… 310
3.1.8 30 槽 2 极（$y_p=13$、$a=2$）单双层混合式（A 类）绕组 ……………………………… 311
3.1.9 36 槽 2 极（$y_p=15$）单双层混合式（A 类）绕组 ………………………………………… 312
3.1.10 36 槽 2 极（$y_p=15$、$a=2$）单双层混合式（A 类）绕组 ……………………………… 313

3.1.11 36 槽 2 极（y_p=16）单双层混合式（B 类）绕组 …… 314
3.1.12 36 槽 2 极（y_p=16、a=2）单双层混合式（B 类）绕组 …… 315
3.1.13 36 槽 2 极（y_p=17）单双层混合式（A 类）绕组 …… 316
3.1.14 36 槽 2 极（y_p=17、a=2）单双层混合式（A 类）绕组 …… 317
3.1.15 42 槽 2 极（y_p=18、a=2）单双层混合式（B 类）绕组 …… 318
3.1.16 42 槽 2 极（y_p=19、a=2）单双层混合式（A 类）绕组 …… 319
3.1.17 42 槽 2 极（y_p=20、a=2）单双层混合式（B 类）绕组 …… 320
3.1.18 48 槽 2 极（y_p=22、a=2）单双层混合式（B 类）绕组 …… 321
3.1.19 48 槽 2 极（y_p=23、a=2）单双层混合式（A 类）绕组 …… 322
3.2 三相单双层 4 极绕组布线接线图 …… 323
3.2.1 30 槽 4 极（y_p=7）单双层混合式（同心交叉布线）绕组 …… 323
3.2.2 32 槽 4 极（y_p=7）单双层混合式（非正规 A 类）绕组 …… 324
3.2.3 36 槽 4 极（y_p=8）单双层混合式（B 类）绕组 …… 325
3.2.4 36 槽 4 极（y_p=8、a=2）单双层混合式（B 类）绕组 …… 326
3.2.5 36 槽 4 极（y_p=8、a=4）单双层混合式（B 类）绕组 …… 327
3.2.6 48 槽 4 极（y_p=10）单双层混合式（B 类）绕组 …… 328
3.2.7 48 槽 4 极（y_p=10、a=2）单双层混合式（B 类）绕组 …… 329
3.2.8 48 槽 4 极（y_p=10、a=4）单双层混合式（B 类）绕组 …… 330
3.2.9 48 槽 4 极（y_p=11）单双层混合式（同心交叉布线）绕组 …… 331
3.2.10 48 槽 4 极（y_p=11、a=2）单双层混合式（同心交叉布线）绕组 …… 332
3.2.11 48 槽 4 极（y_p=11、a=2）单双层混合式（A 类）绕组 …… 333
3.2.12 48 槽 4 极（y_p=11、a=4）单双层混合式（A 类）绕组 …… 334
3.2.13 60 槽 4 极（y_p=12、a=4）单双层混合式（B 类）绕组 …… 335
3.2.14 60 槽 4 极（y_p=13、a=2）单双层混合式（A 类）绕组 …… 336
3.2.15 60 槽 4 极（y_p=13、a=2）单双层混合式（同心交叉布线）绕组 …… 337
3.2.16 60 槽 4 极（y_p=13、a=4）单双层混合式（A 类）绕组 …… 338
3.2.17 60 槽 4 极（y_p=14、a=2）单双层混合式（B 类）绕组 …… 339
3.2.18 60 槽 4 极（y_p=14、a=4）单双层混合式（B 类）绕组 …… 340
3.2.19 72 槽 4 极（y_p=17、a=2）单双层混合式

(A 类）绕组 ………………………………… 341

3.2.20 72 槽 4 极（y_p=17、a=4）单双层混合式（A 类）绕组 ………………………………… 342

3.3 三相单双层 6 极绕组布线接线图 ………………… 343

3.3.1 36 槽 6 极（y_p=5）单双层混合式（同心交叉布线）绕组 ………………………………… 343

3.3.2 36 槽 6 极（y_p=5、a=3）单双层混合式（同心交叉布线）绕组 ……………………… 344

3.3.3 45 槽 6 极（y_p=7）单双层混合式（同心交叉布线）绕组 ………………………………… 345

3.3.4 45 槽 6 极（y_p=7、a=3）单双层混合式（同心交叉布线）绕组 ……………………… 346

3.3.5 54 槽 6 极（y_p=8）单双层混合式（B 类）绕组 ………………………………………… 347

3.3.6 54 槽 6 极（y_p=8、a=2）单双层混合式（B 类）绕组 ………………………………… 348

3.3.7 54 槽 6 极（y_p=8、a=3）单双层混合式（B 类）绕组 ………………………………… 349

3.3.8 54 槽 6 极（y_p=8、a=6）单双层混合式（B 类）绕组 ………………………………… 350

3.3.9 72 槽 6 极（y_p=10、a=2）单双层混合式（B 类）绕组 ………………………………… 351

3.3.10 72 槽 6 极（y_p=10、a=3）单双层混合式（B 类）绕组 ………………………………… 352

3.3.11 72 槽 6 极（y_p=10、a=6）单双层混合式（B 类）绕组 ………………………………… 353

3.3.12 72 槽 6 极（y_p=11、a=3）单双层混合式（同心交叉布线）绕组 ……………………… 354

3.3.13 72 槽 6 极（y_p=11、a=3）单双层混合式（A 类）绕组 ………………………………… 355

3.4 三相单双层 8 极绕组布线接线图 ………………… 356

3.4.1 36 槽 8 极（y_p=4）单双层混合式绕组 …… 356

3.4.2 36 槽 8 极（y_p=4）单双层混合式（同心庶极布线）绕组 ………………………………… 357

3.4.3 48 槽 8 极（y_p=5）单双层混合式（同心交叉布线）绕组 ………………………………… 358

3.4.4 48 槽 8 极（y_p=5、a=2）单双层混合式（同心交叉布线）绕组 ……………………… 359

3.4.5 48 槽 8 极（y_p=5、a=4）单双层混合式（同心交叉布线）绕组 ……………………… 360

3.4.6 72 槽 8 极（y_p=8、a=4）单双层混合式（B 类）绕组 ………………………………… 361

第 4 章 其他特殊结构型式三相绕组 ………………… 362

4.1 三相双层链式绕组布线接线图 ………………… 362

4.1.1 12 槽 4 极（y=2）双层链式绕组 …………… 363

4.1.2 12 槽 4 极（y=3）双层链式绕组 …………… 364

4.1.3 18 槽 6 极（y=3）双层链式绕组 …………… 365

4.1.4 24 槽 8 极（y=3）双层链式绕组 …………… 366

4.1.5 36 槽 12 极（y=2）双层链式绕组 ………… 367

4.1.6 45 槽 16 极（y=3、q=15/16）双层链式绕组 ………………………………………… 368

4.1.7 48 槽 16 极（y=3）双层链式绕组 ………… 369

4.1.8 54 槽 20 极（y=3、q=9/10）双层链式绕组 ………………………………………… 370

4.1.9 72 槽 24 极（y=3）双层链式绕组 ………… 371

4.2 三相双层同心式绕组布线接线图 ………………… 372

4.2.1 24 槽 4 极（$y_p=5$）双层同心式绕组 ········ 373
4.2.2 36 槽 4 极（$y_p=7$）双层同心式绕组 ········ 374
4.2.3 36 槽 4 极（$y_p=8$、$a=2$）双层同心式绕组 ········ 375
4.2.4 36 槽 6 极（$y_p=5$）双层同心式绕组 ········ 376
4.2.5 *36 槽 6 极（$y_p=5$、$a=2$）双层同心式绕组 ········ 377
4.2.6 48 槽 4 极（$y_p=10$、$a=4$）双层同心式绕组 ········ 378
4.3 特殊结构及特种型式三相绕组 ········ 379
4.3.1 16 槽 4 极单双层（不规则链式）绕组 ········ 379
4.3.2 *18 槽 16 极（$y=1$、$a=2$）星形联结双层交叠绕组 ········ 380
4.3.3 24 槽 6 极（$y=4$）双层交叠（不规则）绕组 ········ 381
4.3.4 24 槽 6 极（$y=4$）双层交叠（不规则同循环）绕组 ········ 382
4.3.5 *24 槽 10 极（$y=1$）星形联结单层绕组 ········ 383
4.3.6 *27 槽 4 极（$y=7$）双层叠式绕组 ········ 384
4.3.7 *30 槽 2 极（$y=13$）单层（等距）交叉式绕组 ········ 385
4.3.8 30 槽 4 极（$y_p=6$）单双层（不规则）绕组 ········ 386
4.3.9 *36 槽（$y_p=18$）单层双 2 极（分裂布线）绕组 ········ 387
4.3.10 *36 槽 4 极（$y=9$、7）Y-2Y联结双绕组三输出电动机 ········ 388
4.3.11 *36（大小）槽铁心 4 极（$y_p=7$）单双层同心式绕组 ········ 389
4.3.12 *36（大小）槽铁心 4 极（$y_p=9$）单层同心交叉式绕组 ········ 390
4.3.13 *36 槽 10 极（$y=5$、4）单层（不规则庶极）绕组 ········ 391
4.3.14 *36 槽 16 极（$y=2$）双层（交叉布线庶极）绕组 ········ 392
4.3.15 *39 槽 12 极（$y=3$）Y联结（不规则链式）双层绕组 ········ 393
4.3.16 *39 槽 12 极（$y=3$）Y联结（不规则双链庶极）绕组 ········ 394
4.3.17 *45 槽 12 极（$y=4$）单层交叠（分割式）绕组 ········ 395
4.3.18 *48 槽 10 极（$y=5$、4）单层（不规则交叠庶极）绕组 ········ 396
4.3.19 *54 槽 12 极（$y=4$、5）单层（不规则交叠庶极）绕组 ········ 397
4.3.20 *60 槽 4 极（$y=11$）2Y-4Y联结双绕组三输出双叠绕组 ········ 398
第 5 章 三相交流电动机（转子）波绕组 ········ 399
5.1 三相双层波绕组布线接线图 ········ 399
5.1.1 54 槽 4 极双层波绕组 ········ 400
5.1.2 54 槽 6 极双层波绕组 ········ 401
5.1.3 72 槽 4 极双层波绕组 ········ 402
5.1.4 72 槽 6 极双层波绕组 ········ 403
5.1.5 75 槽 10 极双层波绕组 ········ 404
5.1.6 81 槽 6 极双层波绕组 ········ 405
5.1.7 84 槽 8 极双层波绕组 ········ 406

5.1.8 90 槽 6 极双层波绕组 …… 407
5.1.9 96 槽 8 极双层波绕组 …… 408
5.1.10 108 槽 12 极双层波绕组 …… 409
5.2 三相对称换位波绕组布线接线图 …… 410
5.2.1 54 槽 4 极对称换位波绕组 …… 411
5.2.2 54 槽 6 极对称换位波绕组 …… 412
5.2.3 72 槽 4 极对称换位波绕组 …… 413
5.2.4 72 槽 6 极对称换位波绕组 …… 414
5.2.5 75 槽 10 极对称换位波绕组 …… 415
5.2.6 81 槽 6 极对称换位波绕组 …… 416
5.2.7 84 槽 8 极对称换位波绕组 …… 417
5.2.8 90 槽 6 极对称换位波绕组 …… 418
5.2.9 96 槽 8 极对称换位波绕组 …… 419
5.2.10 108 槽 12 极对称换位波绕组 …… 420
第 6 章 三相延边三角形起动电动机绕组 …… 421
6.1 三相双层改绕延边三角形起动电动机绕组布线接线图 …… 423
6.1.1 36 槽 2 极（y=13、a=1）1：1 抽头延边三角形绕组 …… 424
6.1.2 36 槽 2 极（y=13、a=2）1：1 抽头延边三角形绕组 …… 425
6.1.3 36 槽 2 极（y=13）1：2（或 2：1）抽头延边三角形绕组 …… 426
6.1.4 36 槽 2 极（y=13、a=2）1：2（或 2：1）抽头延边三角形绕组 …… 427
6.1.5 42 槽 2 极（y=15、a=2）3：4（或 4：3）抽头延边三角形绕组 …… 428
6.1.6 48 槽 2 极（y=17、a=2）1：1 抽头延边三角形绕组 …… 429
6.1.7 36 槽 4 极（y=7、a=2）1：2（或 2：1）抽头延边三角形绕组 …… 430
6.1.8 48 槽 4 极（y=10、a=2）1：1 抽头延边三角形绕组 …… 431
6.1.9 48 槽 4 极（y=11、a=4）1：1 抽头延边三角形绕组 …… 432
6.1.10 54 槽 6 极（y=8、a=2）1：2（或 2：1）抽头延边三角形绕组 …… 433
6.1.11 54 槽 6 极（y=8、a=3）1：1 抽头延边三角形绕组 …… 434
6.1.12 48 槽 8 极（y=5、a=2）1：1 抽头延边三角形绕组 …… 435
6.1.13 54 槽 8 极（y=6、a=2）4：5（或 5：4）抽头延边三角形绕组 …… 436
6.1.14 72 槽 8 极（y=8）1：1 抽头延边三角形绕组 …… 437
6.1.15 72 槽 8 极（y=8、a=2）1：1 抽头延边三角形绕组 …… 438
6.1.16 72 槽 8 极（y=8、a=4）1：1 抽头延边三角形绕组 …… 439
6.1.17 72 槽 8 极（y=8）1：2（或 2：1）抽头延边三角形绕组 …… 440
6.1.18 72 槽 8 极（y=8、a=2）1：2（或 2：1）抽头延边三角形绕组 …… 441
6.1.19 72 槽 8 极（y=8、a=4）1：2（或 2：1）抽头延边三角形绕组 …… 442
6.2 三相单层改绕延边三角形起动电动机绕组布线

接线图 …………………………………………… 443
6.2.1 24 槽 2 极（$a=1$）单层同心式改绕 1∶1 抽头延边三角形绕组 ………………………… 444
6.2.2 30 槽 2 极（$a=1$）单层同心交叉式改绕 3∶2（或 2∶3）抽头延边三角形绕组 …… 445
6.2.3 30 槽 2 极（$a=1$）单层同心交叉式改绕单双层 1∶1 抽头延边三角形绕组 ………… 446
6.2.4 30 槽 2 极（$a=1$）单层同心交叉式改绕双层 1∶1 抽头延边三角形绕组 …………… 447
6.2.5 36 槽 4 极（$a=1$）单层交叉式改绕 1∶2（或 2∶1）抽头延边三角形绕组 ………… 448
6.2.6 36 槽 4 极（$a=1$）单层交叉式改绕 2∶1（或 1∶2）抽头延边三角形绕组 ………… 449
6.2.7 36 槽 4 极（$a=1$）单层交叉式改绕双层 1∶1 抽头延边三角形绕组…………………… 450
6.2.8 36 槽 4 极（$a=2$）单层交叉式改绕 1∶2（或 2∶1）抽头延边三角形绕组 ………… 451
6.2.9 36 槽 4 极（$a=2$）单层交叉式改绕双层 1∶1 抽头延边三角形绕组…………………… 452
6.2.10 36 槽 6 极（$a=1$）单层链式改绕 1∶1 抽头延边三角形绕组 ………………………… 453
6.2.11 36 槽 6 极（$a=1$）单层链式改绕双层 1∶1 抽头延边三角形绕组 ………………… 454
6.2.12 48 槽 8 极（$a=1$）单层链式改绕 1∶1 抽头延边三角形绕组 ………………………… 455
6.2.13 48 槽 8 极（$a=1$）单层链式改绕双层 1∶1 抽头延边三角形绕组 ………………… 456
第 7 章 三相电动机改绕正弦绕组 ………………… 457
7.1 三相内星角形（△）正弦绕组布线接线图 ……… 458
7.1.1 24 槽 2 极（单层链式）内星角形正弦绕组 ………………………………………… 459
7.1.2 36 槽 2 极（双层叠式）内星角形正弦绕组 ………………………………………… 460
7.1.3 36 槽 2 极（单双层）内星角形正弦绕组 … 462
7.1.4 36 槽 2 极（$a=2$，单双层）内星角形正弦绕组 ………………………………………… 463
7.1.5 24 槽 4 极（单层庶极链式）内星角形正弦绕组 ………………………………………… 465
7.1.6 36 槽 4 极（$y=8$、$q_d=q_y$，双层叠式）内星角形正弦绕组 ……………………… 466
7.1.7 36 槽 4 极（$y=8$、$q_d \neq q_y$，双层叠式）内星角形正弦绕组 ……………………… 468
7.1.8 36 槽 4 极（$y=9$、$q_d=q_y$，单双层）内星角形正弦绕组 ……………………… 469
7.1.9 48 槽 4 极（$a=2$，单双层同心交叉式）内星角形正弦绕组 ……………………… 471
7.1.10 48 槽 4 极（$y=11$、$a=4$，双层叠式）内星角形正弦绕组 …………………… 472
7.1.11 36 槽 6 极（单层庶极链式）内星角形正弦绕组 ……………………………………… 474
7.1.12 48 槽 8 极（单层庶极链式）内星角形正弦绕组 ……………………………………… 475
7.1.13 54 槽 8 极（$y=6$、$a=2$，双层叠式）内星角形正弦绕组 …………………… 477
7.2 三相内角星形（人）正弦绕组布线接线图 ……… 478
7.2.1 18 槽 2 极（单双层）内角星形正弦绕组 … 479

7.2.2 24 槽 2 极（单层链式）内角星形正弦绕组 …… 481
7.2.3 30 槽 2 极（单双层同心交叉式）内角星形正弦绕组 …… 482
7.2.4 36 槽 2 极（y=17，双层叠式）内角星形正弦绕组 …… 484
7.2.5 36 槽 2 极（单双层同心式）内角星形正弦绕组 …… 485
7.2.6 36 槽 2 极（a=2，单双层同心式）内角星形正弦绕组 …… 487
7.2.7 42 槽 2 极（y=14、a=2，双层叠式）内角星形正弦绕组 …… 488
7.2.8 24 槽 4 极（单层庶极链式）内角星形正弦绕组 …… 490
7.2.9 36 槽 4 极（y=8，双层叠式）内角星形正弦绕组 …… 491
7.2.10 36 槽 4 极（单双层）内角星形正弦绕组 …… 493
7.2.11 36 槽 4 极（单双层庶极）内角星形正弦绕组 …… 494
7.2.12 36 槽 4 极（$a_y \neq a_d$，单双层全距）内角星形正弦绕组 …… 496
7.2.13 36 槽 4 极（$a_y \neq a_d$，单双层庶极）内角星形正弦绕组 …… 497
7.2.14 36 槽 4 极（a=2，单双层）内角星形正弦绕组 …… 499
7.2.15 48 槽 4 极（a=2，单双层同心交叉式）内角星形正弦绕组 …… 500
7.2.16 48 槽 4 极（y=11、a=4，双层叠式）内角星形正弦绕组 …… 502
7.2.17 60 槽 4 极（y=14、a=4，双层叠式）内角星形正弦绕组 …… 503
7.2.18 36 槽 6 极（单层庶极链式）内角星形正弦绕组 …… 505
7.2.19 54 槽 6 极（a=3，单双层）内角星形正弦绕组 …… 506
7.2.20 54 槽 6 极（$a_y = a_d$ = 3，双层叠式）内角星形正弦绕组 …… 508
7.2.21 48 槽 8 极（单层庶极链式）内角星形正弦绕组 …… 509
7.2.22 54 槽 8 极（y=6、a=2，双层叠式）内角星形正弦绕组 …… 510

第 8 章 交流单相串励电动机电枢绕组 …… 512

8.1 串励电枢嵌线顺序示意图 …… 513
8.1.1 3 槽 2 极电枢转子绕法 …… 514
8.1.2 7 槽 2 极电枢转子绕法 …… 514
8.1.3 8 槽 2 极电枢转子绕法 …… 515
8.1.4 9 槽 2 极电枢转子绕法 …… 516
8.1.5 10 槽 2 极电枢转子绕法 …… 516
8.1.6 11 槽 2 极电枢转子绕法 …… 517
8.1.7 12 槽 2 极电枢转子绕法 …… 518
8.1.8 13 槽 2 极电枢转子绕法 …… 519
8.1.9 15 槽 2 极电枢转子绕法 …… 520
8.1.10 16 槽 2 极电枢转子绕法 …… 521
8.1.11 19 槽 2 极电枢转子绕法 …… 522
8.1.12 22 槽 2 极电枢转子绕法 …… 523

8.2 国产系列通用型单相串励电枢绕组布线接线图 …… 524
8.2.1 8×3 槽 B—1 类通用型（正对）电枢绕组 … 525
8.2.2 10×2 槽 B—1 类通用型（左借 0.5）电枢绕组 …… 526
8.2.3 11×3 槽 A—2 类通用型（右借 2.5）电枢绕组 …… 527
8.2.4 11×3 槽 A—2 类通用型（右借 1.5）电枢绕组 …… 528
8.2.5 11×3 槽 A—2 类通用型（右借 3.5）电枢绕组 …… 529
8.2.6 12×2 槽 B—1 类通用型（左借 1.5）电枢绕组 …… 530
8.2.7 12×3 槽 B—1 类通用型（正对）电枢绕组 …… 531
8.2.8 12×3 槽 B—1 类通用型（左借 2.0）电枢绕组 …… 532
8.2.9 16×3 槽 B—1 类通用型（正对）电枢绕组 …… 533
8.2.10 16×3 槽 B—1 类通用型（左借 2.0）电枢绕组 …… 534
8.2.11 19×2 槽 A—2 类通用型（左借 2.0）电枢绕组 …… 535
8.2.12 19×2 槽 A—2 类通用型（正对）电枢绕组 …… 536
8.2.13 19×2 槽 A—2 类通用型（右借 1.0）电枢绕组 …… 537
8.3 国产专用型单相串励电枢绕组布线接线图 …… 538
8.3.1 3×1 槽 B 类专用型电枢绕组 …… 538
8.3.2 8×1 槽 B—1 类专用型电枢绕组 …… 539
8.3.3 9×3 槽 A—1 类专用型（右借 0.5）电枢绕组 …… 540
8.3.4 11×3 槽 A—1 类专用型（右借 0.5）电枢绕组 …… 541
8.3.5 11×3 槽 B—1 类专用型(右借 1.0)电枢绕组 …… 542
8.3.6 11×3 槽 B—2 类专用型(左借 2.0)电枢绕组 …… 543
8.3.7 12×2 槽 B—1 类专用型(右借 0.5)电枢绕组 …… 544
8.3.8 12×2 槽 B—1 类专用型(左借 0.5)电枢绕组 …… 545
8.3.9 12×3 槽 A—1 类专用型(右借 0.5)电枢绕组 …… 546
8.3.10 15×2 槽 B—1 类专用型(右借 0.5)电枢绕组 …… 547
8.3.11 15×3 槽 A—1 类专用型(右借 0.5)电枢绕组 …… 548
8.3.12 19×2 槽 B—1 类专用型(右借 1.5)电枢绕组 …… 549

第1章　三相交流电动机双层叠式绕组

三相双层叠式绕组简称双叠绕组，是交流电动机最常用的绕组型式。它的每槽嵌有来自不同线圈的两个有效边，分置于槽内上、下层。适用于10kW以上的三相交流电动机定子绕组，也用于容量不大的绕线式转子绕组。由于产品系列和规格很多，故本书将其单独设章，并按极数分为5节编排。此外，本书特将双层叠式中的特殊品种，如双层链式、双层同心式，以及无法归类的实用绕组设置于另章。

一、绕组参数

双层叠式绕组基本参数关系如下：

1）总线圈数　$Q=Z$

2）线圈组数　$u=2pm$

3）每组圈数　$S=Q/u$

4）绕组极距　$\tau=Z/2p$

5）绕组系数　$K_{dp}=K_dK_p=\dfrac{0.5}{q\sin\left(\dfrac{30°}{q}\right)}\sin\left(90°\dfrac{y}{\tau}\right)$

式中　Z——槽数；

$2p$——电动机极数；

m——电动机绕组相数；

K_d——绕组分布系数；

K_p——绕组节距系数；

q——每极每相所占槽数，$q=Z/2pm$；

y——绕组采用的线圈节距，槽。

双层叠式绕组的标题：

由于同槽同极数的绕组并列过多，本书特将线圈节距及并联路数注入标题，以便查阅，而一路串联为绕组的基本型式，故不予标注。

二、绕组结构特点

1）每槽嵌有不同线圈的上、下层有效边；同槽上、下层的线圈可以同相，也可以不同相，故必须衬垫层间绝缘。

2）线圈可选用短节距，使磁场接近于正弦分布，从而改善电动机的运行性能。

3）电动机常用整数槽绕组，但也有采用分数槽绕组，以减少齿谐波造成的磁场畸变。

4）全部线圈元件结构、尺寸相同，便于制造以降低成本，而且端部排列整齐，整形容易。

5）双层绕组线圈数较单层多一倍，使嵌绕耗费工时；且槽内存在异相线圈，绝缘工艺要求较单层高。

三、绕组嵌线

绕组采用“吊边”法嵌线，嵌线的一般规律是，先嵌线圈下层边于槽内，另一边吊起暂不嵌入，嵌完一边向后退，顺次嵌至线圈跨距后，其余线圈可逐个整嵌入相应两槽的上、下层；下层边嵌满后，再把原“吊边”嵌入相应槽的上层，直至完成。

四、绕组接线规律

普通电动机采用的双层叠式绕组均为显极式布线，每相线圈组数等于极数。为使绕组形成磁场极对，串联接线的规律是将同相相邻组间的“头与头”或“尾与尾”相接；并联接线规律是同相相邻组的“头与尾”并接。以确保同相相邻线圈组的极性相反。

1.1　三相双层叠式 2 极绕组布线接线图

2 极绕组在感应电动机中属高速品种，其工作转速接近于 3000r/min。容量范围从数瓦至兆瓦级；常用于通风、泵类以及其他机械设备作拖动动力。本节收入中小型系列 2 极电动机绕组图 34 例。

1.1.1　12 槽 2 极（$y=5$）双层叠式绕组

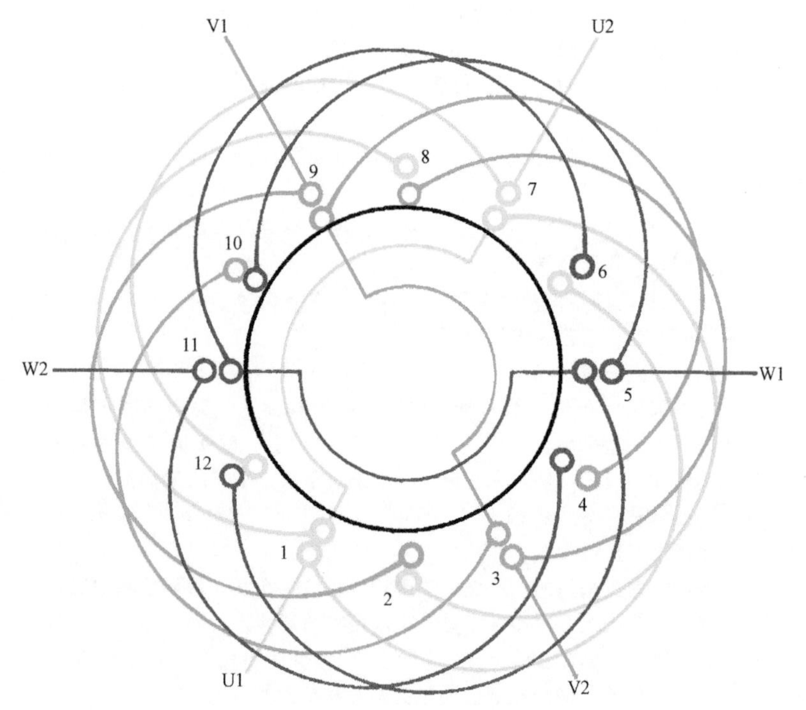

图　1.1.1

1. 绕组结构参数

定子槽数　$Z=12$　　每组圈数　$S=2$　　并联路数　$a=1$

电机极数　$2p=2$　　极相槽数　$q=2$　　分布系数　$K_d=0.966$

总线圈数　$Q=12$　　绕组极距　$\tau=6$　　节距系数　$K_p=0.966$

线圈组数　$u=6$　　线圈节距　$y=5$　　绕组系数　$K_{dp}=0.933$

2. 嵌线方法　　绕组采用交叠法嵌线，吊边数为 5。嵌线顺序见表 1.1.1。

表 1.1.1　交叠法

嵌线顺序		1	2	3	4	5	6	7	8	9	10	11	12	13	14	15	16	17	18	19	20	21	22	23	24
槽号	下层	2	1	12	11	10	9		8		7		6		5		4		3						
	上层							2		1		12		11		10		9		8	7	6	5	4	3

3. 绕组特点与应用　　12 槽铁心是小功率电动机，由于线圈跨距大，采用双层嵌线有一定的工艺困难，但缩短节距可改善运行性能，故仍有少量电机采用。主要应用实例有 DBC-25 小功率电泵电动机和 M2L2—950 三相电链锯。

1.1.2　18 槽 2 极（$y=7$）双层叠式绕组

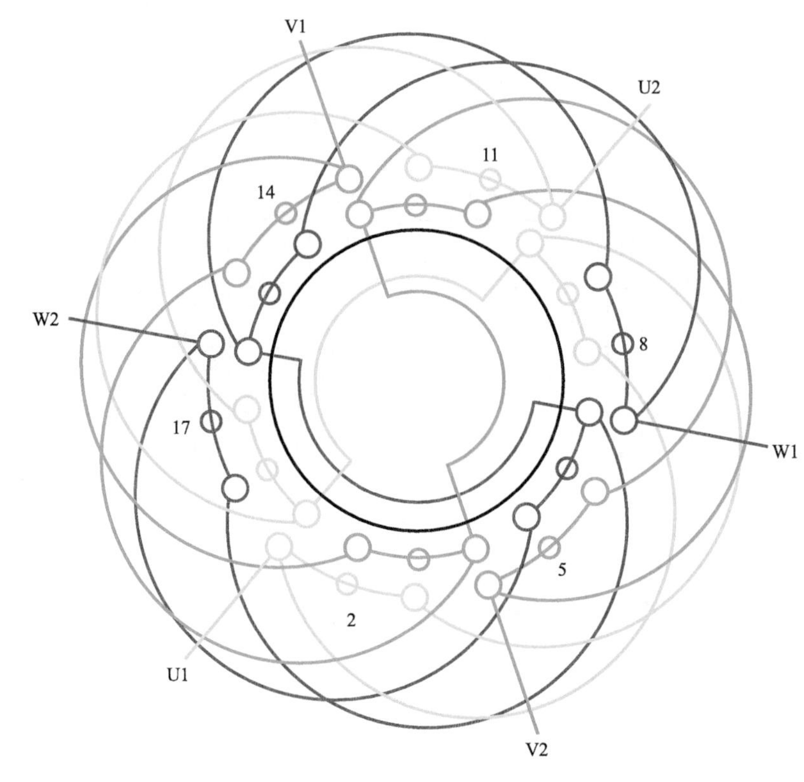

图　1.1.2

1. 绕组结构参数

定子槽数	$Z=18$	每组圈数	$S=3$	并联路数	$a=1$
电机极数	$2p=2$	极相槽数	$q=3$	分布系数	$K_d=0.96$
总线圈数	$Q=18$	绕组极距	$\tau=6$	节距系数	$K_p=0.94$
线圈组数	$u=6$	线圈节距	$y=7$	绕组系数	$K_{dp}=0.902$

2. 嵌线方法　　绕组采用交叠法嵌线，吊边数为 7。嵌线顺序见表 1.1.2。

表 1.1.2　交叠法

嵌线顺序		1	2	3	4	5	6	7	8	9	10	11	12	13	14	15	16	17	18
槽号	下层	3	2	1	18	17	16	15	14		13		12		11		10		9
	上层									3		2		1		18		17	
嵌线顺序		19	20	21	22	23	24	25	26	27	28	29	30	31	32	33	34	35	36
槽号	下层		8		7		6		5		4								
	上层	16		15		14		13		12		11	10	9	8	7	6	5	4

3. 绕组特点与应用　　本例为整数槽绕组，每组由 3 个线圈构成，两组线圈反向串联为一相；引出线 6 根，但应用于小功率电动机时常将 U2、V2、W2 联结成星点而引出 3 根线。此绕组运行性能优于单层绕组，但嵌线相对较困难。主要应用有 J3Z-49 电钻、JCL012-2 小功率电泵及 JW-06A-2、JW-08B-2 等三相微电动机。

1.1.3 18 槽 2 极($y=8$)双层叠式绕组

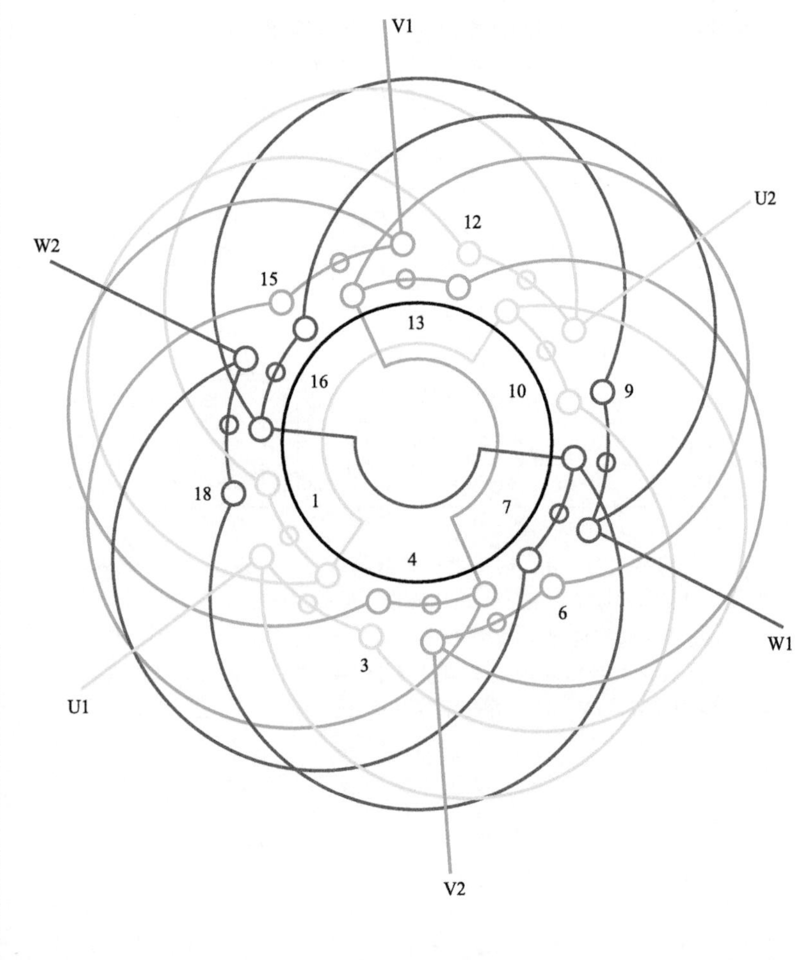

图 1.1.3

1. 绕组结构参数

定子槽数 $Z=18$　每组圈数 $S=3$　并联路数 $a=1$

电机极数 $2p=2$　极相槽数 $q=3$　分布系数 $K_d=0.96$

总线圈数 $Q=18$　绕组极距 $\tau=9$　节距系数 $K_p=0.985$

线圈组数 $u=6$　线圈节距 $y=8$　绕组系数 $K_{dp}=0.946$

2. 嵌线方法　采用交叠法嵌线，吊边数为 8。嵌线顺序见表 1.1.3。

表 1.1.3 交叠法

嵌线顺序		1	2	3	4	5	6	7	8	9	10	11	12	13	14	15	16	17	18
槽号	下层	3	2	1	18	17	16	15	14	13		12		11		10		9	
	上层										3		2		1		18		17
嵌线顺序		19	20	21	22	23	24	25	26	27	28	29	30	31	32	33	34	35	36
槽号	下层	8		7		6		5		4									
	上层		16		15		14		13		12	11	10	9	8	7	6	5	4

3. 绕组特点与应用　本例绕组结构特点基本同上例，但选用线圈节距长 1 槽，故绕组系数略高；由于 18 槽定子属小电机，节距增长后对嵌线更感困难，一般较少应用。主要实例有 M3L2-950 电链锯等。

1.1.4 24 槽 2 极($y=7$)双层叠式绕组

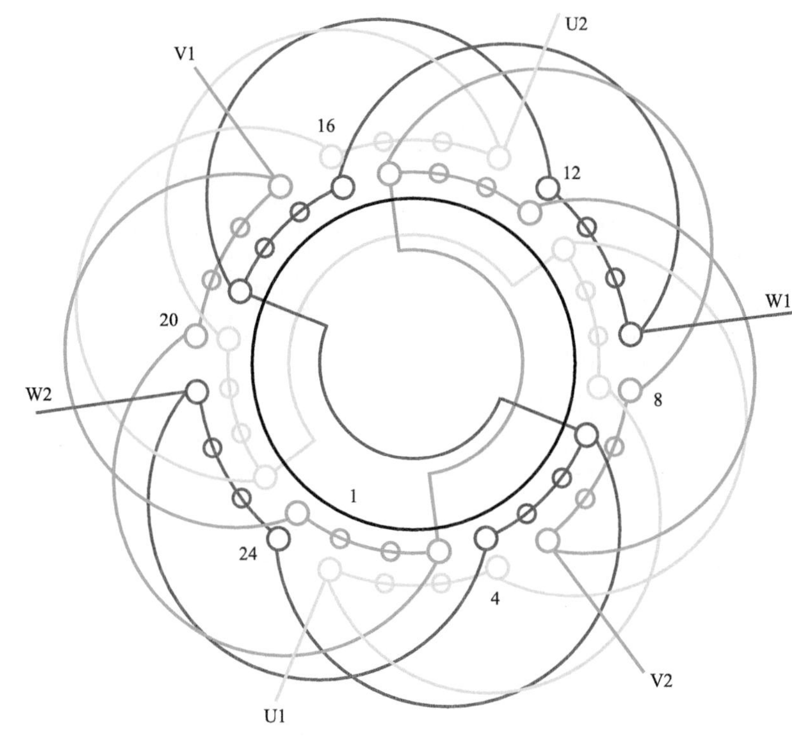

图 1.1.4

1. 绕组结构参数

定子槽数 $Z=24$ 每组圈数 $S=4$ 并联路数 $a=1$

电机极数 $2p=2$ 极相槽数 $q=4$ 线圈节距 $y=7$

总线圈数 $Q=24$ 绕组极距 $\tau=12$ 绕组系数 $K_{dp}=0.76$

线圈组数 $u=6$ 每槽电角 $\alpha=15°$

2. 嵌线方法 绕组属双层叠式，故用交叠吊边嵌法，嵌线需吊 7 边。嵌线顺序见表 1.1.4。

表 1.1.4 交叠法

嵌线顺序		1	2	3	4	5	6	7	8	9	10	11	12	13	14	15	16
槽号	下层	4	3	2	1	24	23	22	21		20		19		18		17
	上层									4		3		2		1	
嵌线顺序		17	18	19	20	21	22	23	24	25	26	27	28	29	30	31	32
槽号	下层		16		15		14		13		12		11		10		9
	上层	24		23		22		21		20		19		18		17	
嵌线顺序		33	34	35	36	37	38	39	40	41	42	43	44	45	46	47	48
槽号	下层		8		7		6		5								
	上层	16		15		14		13		12	11	10	9	8	7	6	5

3. 绕组特点与应用 绕组每组有 4 个交叠线圈，每相 2 组线圈反向串联而成。因电动机为 24 槽 2 极，绕组极距 $\tau=12$，每极相槽数 $q=4$，当线圈节距 $y=7$ 时，则 $y=7<\tau-q=8$，它是双叠绕组的特殊形式，又称超短距绕组。通常，此类绕组用于中大型高速电动机，但本例却应用于我国台湾产小型管道电泵，其选型用意是注重其运行稳定的低噪性能。

1.1.5 24 槽 2 极($y=8$)双层叠式绕组

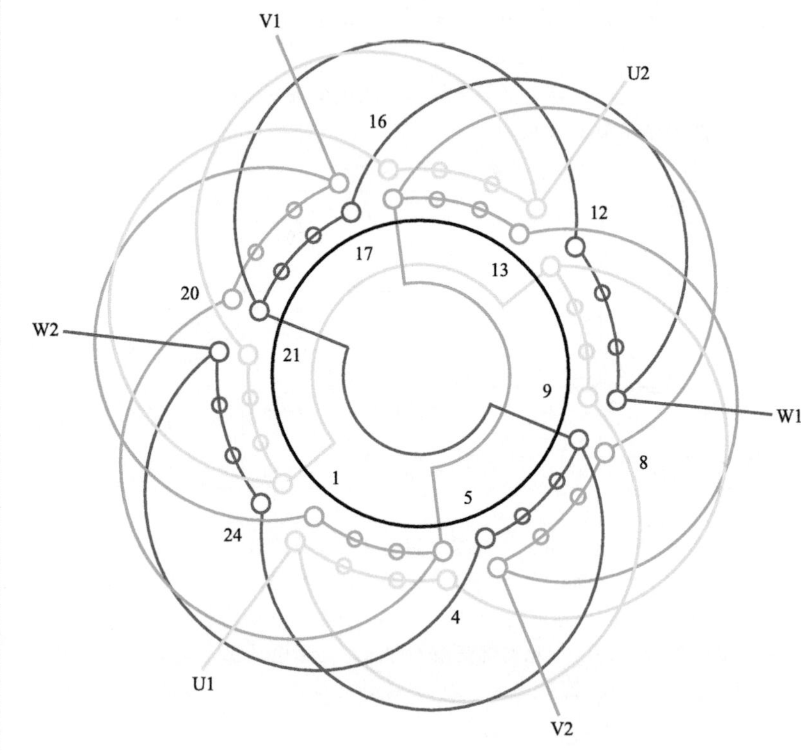

图 1.1.5

1. 绕组结构参数

定子槽数	$Z=24$	每组圈数	$S=4$	并联路数	$a=1$
电机极数	$2p=2$	极相槽数	$q=4$	分布系数	$K_d=0.958$
总线圈数	$Q=24$	绕组极距	$\tau=12$	节距系数	$K_p=0.866$
线圈组数	$u=6$	线圈节距	$y=8$	绕组系数	$K_{dp}=0.83$

2. 嵌线方法　　绕组用交叠法嵌线，吊边数为 8。嵌线顺序见表 1.1.5。

表 1.1.5　交叠法

嵌线顺序		1	2	3	4	5	6	7	8	9	10	11	12	13	14	15	16	17	18	19	20	21	22	23	24
槽号	下层	4	3	2	1	24	23	22	21	20		19		18		17		16		15		14		13	
	上层										4		3		2		1		24		23		22		21
嵌线顺序		25	26	27	28	29	30	31	32	33	34	35	36	37	38	39	40	41	42	43	44	45	46	47	48
槽号	下层	12		11		10		9		8		7		6		5									
	上层		20		19		18		17		16		15		14		13	12	11	10	9	8	7	6	5

3. 绕组特点与应用　　本例绕组属正常节距中较短的一种，极面拓宽到 8 槽，有利于电动机平稳运行，并使嵌线难度减到最小；但绕组系数低，铁心利用率降低。主要应用实例有 AO2-32-2、AOC2-32-2 等三相异步电动机。

1.1.6 24 槽 2 极（$y=9$）双层叠式绕组

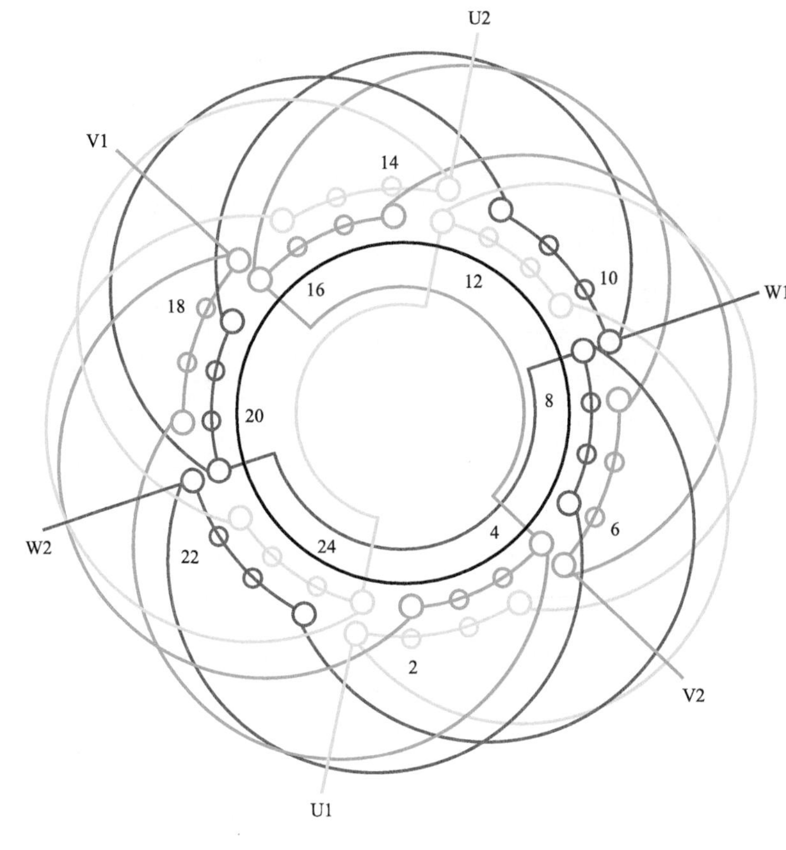

图 1.1.6

1. 绕组结构参数

定子槽数 $Z=24$　每组圈数 $S=4$　并联路数 $a=1$

电机极数 $2p=2$　极相槽数 $q=4$　分布系数 $K_d=0.958$

总线圈数 $Q=24$　绕组极距 $\tau=12$　节距系数 $K_p=0.924$

线圈组数 $u=6$　线圈节距 $y=9$　绕组系数 $K_{dp}=0.885$

2. 嵌线方法　绕组采用交叠法嵌线，吊边数为 9。嵌线顺序见表 1.1.6。

表 1.1.6　交叠法

嵌线顺序		1	2	3	4	5	6	7	8	9	10	11	12	13	14	15	16	17	18	19	20	21	22	23	24
槽号	下层	24	23	22	21	20	19	18	17	16	15		14		13		12		11		10		9		8
	上层											24		23		22		21		20		19		18	
嵌线顺序		25	26	27	28	29	30	31	32	33	34	35	36	37	38	39	40	41	42	43	44	45	46	47	48
槽号	下层		7		6		5		4		3		2		1										
	上层	17		16		15		14		13		12		11		10	9	8	7	6	5	4	3	2	1

3. 绕组特点与应用　本例绕组每相由 2 组组成，每组有 4 个线圈，线圈节距比极距减少 3 槽；每相只有 2 槽是同相线圈，其余均为异相槽。绕组节距较短，使嵌线的相对难度减小。主要应用实例有 JO4-71、J-61 及 AO2-41-2、AO2-41-2-X 等三相异步电动机。

1.1.7　24 槽 2 极($y=9$、$a=2$)双层叠式绕组

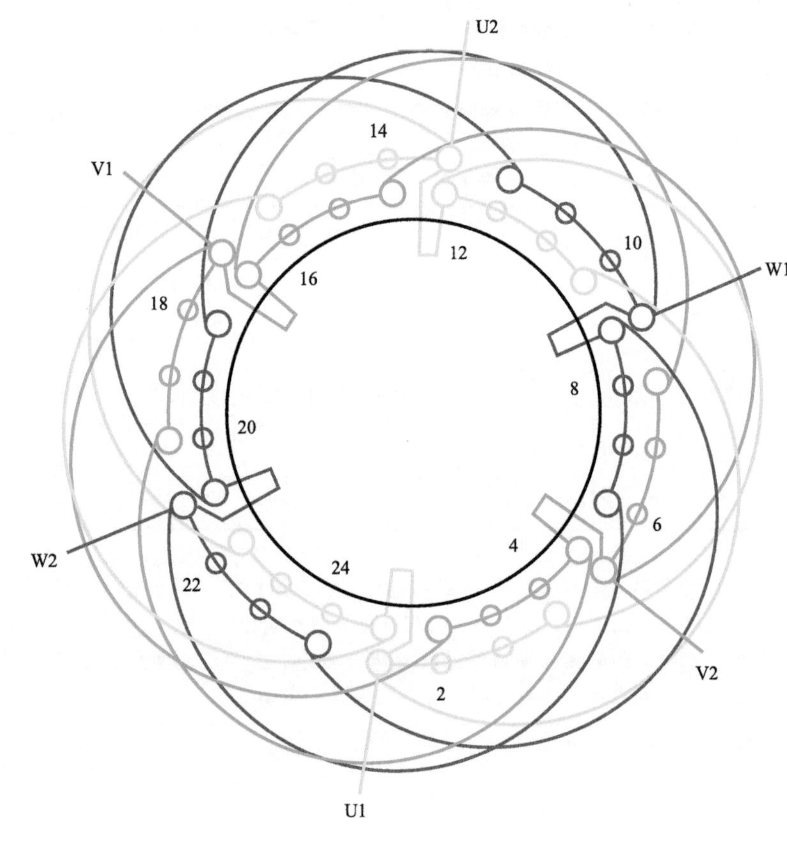

图　1.1.7

1. 绕组结构参数

定子槽数　$Z=24$　　每组圈数　$S=4$　　并联路数　$a=2$

电机极数　$2p=2$　　极相槽数　$q=4$　　分布系数　$K_d=0.958$

总线圈数　$Q=24$　　绕组极距　$\tau=12$　　节距系数　$K_p=0.924$

线圈组数　$u=6$　　线圈节距　$y=9$　　绕组系数　$K_{dp}=0.885$

2. 嵌线方法　　采用交叠法嵌线，吊边数为 9。嵌线顺序见表 1.1.7。

表 1.1.7　交叠法

嵌线顺序		1	2	3	4	5	6	7	8	9	10	11	12	13	14	15	16	17	18
槽号	下层	4	3	2	1	24	23	22	21	20	19		18		17		16		15
	上层											4		3		2		1	
嵌线顺序		19	20	21	22	23	24	25	26	27	28	29	30	31	32	33	34	35	36
槽号	下层		14		13		12		11		10		9		8		7		6
	上层	24		23		22		21		20		19		18		17		16	
嵌线顺序		37	38	39	40	41	42	43	44	45	46	47	48	49	50	51	52	53	54
槽号	下层		5																
	上层	15		14	13	12	11	10	9	8	7	6	5						

3. 绕组特点与应用　　本例绕组特点基本同上例，但采用两路并联，接线时要确保同相两组线圈极性相反，应如图 1.1.7 所示将每相中，同相槽的两个不同极性(即分别为两线圈组的“头”和“尾”)的线头并联后引出。故其接线显得十分简便。主要应用实例有 JO-63-2、AOC2-51-2 等三相异步电动机。

1.1.8 24 槽 2 极($y=10$)双层叠式绕组

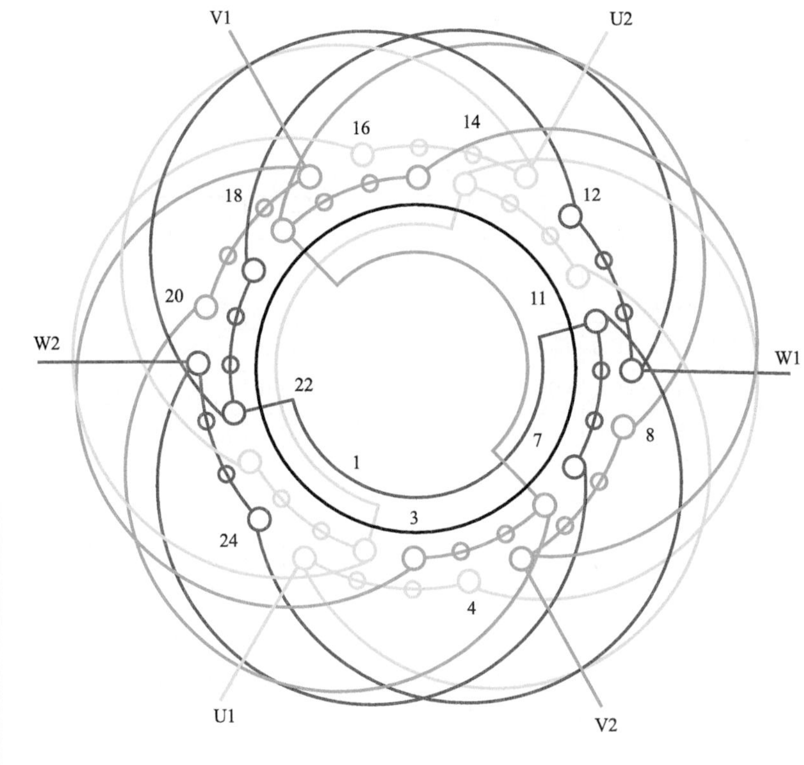

图 1.1.8

1. 绕组结构参数

定子槽数 $Z=24$　　每组圈数 $S=4$　　并联路数 $a=1$

电机极数 $2p=2$　　极相槽数 $q=4$　　分布系数 $K_d=0.958$

总线圈数 $Q=24$　　绕组极距 $\tau=12$　　节距系数 $K_p=0.966$

线圈组数 $u=6$　　线圈节距 $y=10$　　绕组系数 $K_{dp}=0.925$

2. 嵌线方法　本例采用交叠法嵌线，吊边数为 10。嵌线顺序见表 1.1.8。

表 1.1.8 交叠法

嵌线顺序		1	2	3	4	5	6	7	8	9	10	11	12	13	14	15	16	17	18	19	20	21	22	23	24
槽号	下层	24	23	22	21	20	19	18	17	16	15	14		13		12		11		10		9		8	
	上层												24		23		22		21		20		19		18
嵌线顺序		25	26	27	28	29	30	31	32	33	34	35	36	37	38	39	40	41	42	43	44	45	46	47	48
槽号	下层	7		6		5		4		3		2		1											
	上层		17		16		15		14		13		12		11	10	9	8	7	6	5	4	3	2	1

3. 绕组特点与应用　本例绕组的线圈节距较上例增加 1 槽，每相上、下层边同相同槽增加到 4 个，即使极面缩窄至 6 槽，绕组系数略有提高。主要应用实例有 J-52-2 三相异步电动机及 CJB-45 小功率电泵电动机等。

1.1.9 24 槽 2 极（$y=10$、$a=2$）双层叠式绕组

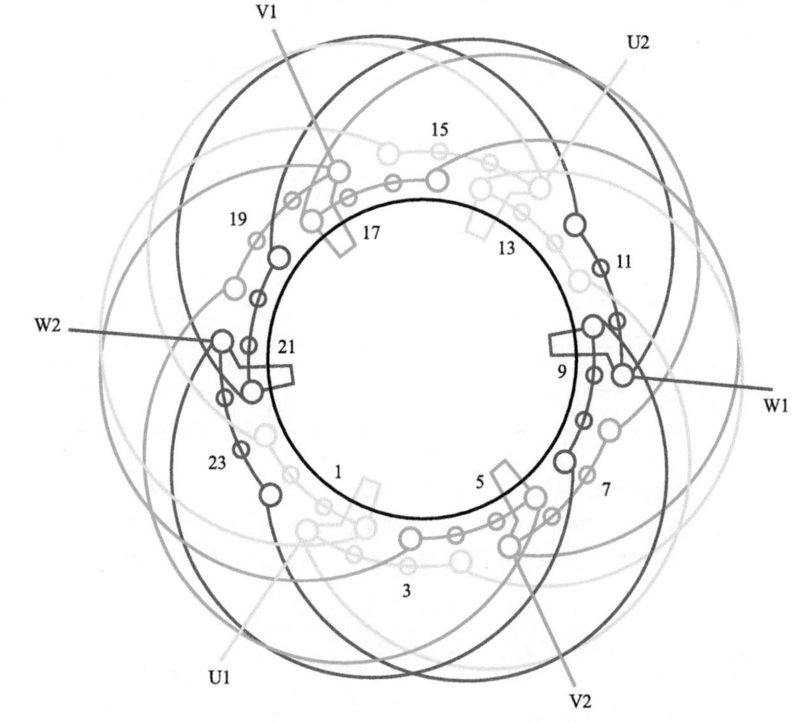

图 1.1.9

1. 绕组结构参数

定子槽数	$Z=24$	每组圈数	$S=4$	并联路数	$a=2$
电机极数	$2p=2$	极相槽数	$q=4$	分布系数	$K_d=0.958$
总线圈数	$Q=24$	绕组极距	$\tau=12$	节距系数	$K_p=0.966$
线圈组数	$u=6$	线圈节距	$y=10$	绕组系数	$K_{dp}=0.925$

2. 嵌线方法　绕组采用交叠法嵌线，吊边数为 10。嵌线顺序见表 1.1.9。

表 1.1.9 交叠法

嵌线顺序		1	2	3	4	5	6	7	8	9	10	11	12	13	14	15	16
槽号	下层	4	3	2	1	24	23	22	21	20	19	18		17		16	
	上层												4		3		2
嵌线顺序		17	18	19	20	21	22	23	24	25	26	27	28	29	30	31	32
槽号	下层	15		14		13		12		11		10		9		8	
	上层		1		24		23		22		21		20		19		18
嵌线顺序		33	34	35	36	37	38	39	40	41	42	43	44	45	46	47	48
槽号	下层	7		6		5											
	上层		17		16		15	14	13	12	11	10	9	8	7	6	5

3. 绕组特点与应用　本例绕组布线特点与上例相同，但采用两路并联，要求每相两组线圈极性相反，故接线应使同相两组线圈的首、尾并联接线。此绕组应用较少，仅见于国产 JO3-160S-2TH 三相异步电动机等。

1.1.10　30 槽 2 极($y=10$)双层叠式绕组

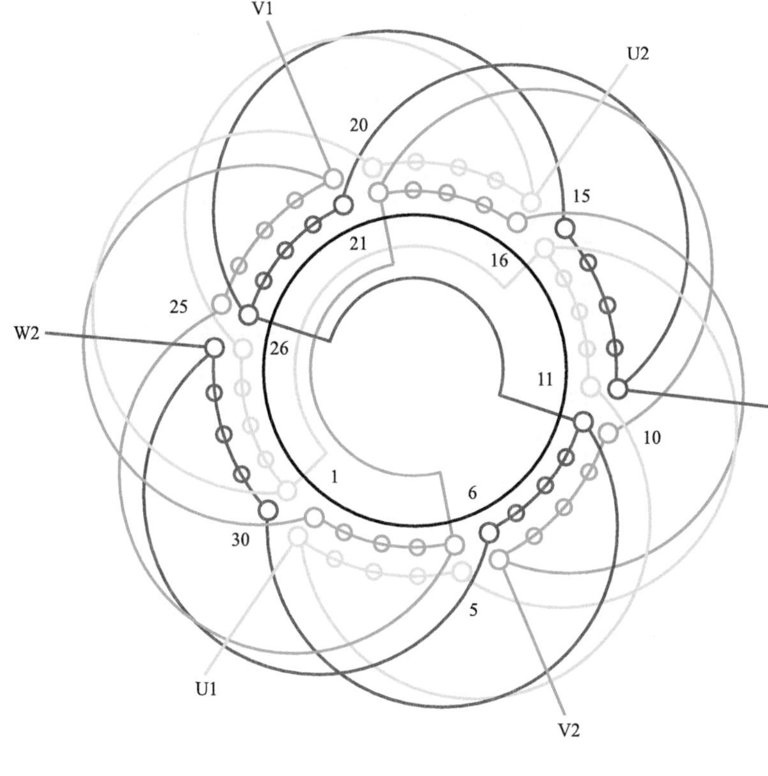

图　1.1.10

1. 绕组结构参数

定子槽数　$Z=30$　　每组圈数　$S=5$　　并联路数　$a=1$

电机极数　$2p=2$　　极相槽数　$q=5$　　分布系数　$K_d=0.957$

总线圈数　$Q=30$　　绕组极距　$\tau=15$　　节距系数　$K_p=0.866$

线圈组数　$u=6$　　线圈节距　$y=10$　　绕组系数　$K_{dp}=0.83$

2. 嵌线方法　　采用交叠法嵌线，吊边数为 10。嵌线顺序见表 1.1.10。

表 1.1.10　交叠法

嵌线顺序		1	2	3	4	5	6	7	8	9	10	11	12	13	14	15	16	17	18	19	20
槽号	下层	30	29	28	27	26	25	24	23	22	21	20		19		18		17		16	
	上层												30		29		28		27		26
嵌线顺序		21	22	23	24	25	26	27	28	29	30	31	32	33	34	35	36	37	38	39	40
槽号	下层	15		14		13		12		11		10		9		8		7		6	
	上层		25		24		23		22		21		20		19		18		17		16
嵌线顺序		41	42	43	44	45	46	47	48	49	50	51	52	53	54	55	56	57	58	59	60
槽号	下层	5		4		3		2		1											
	上层		15		14		13		12		11	10	9	8	7	6	5	4	3	2	1

3. 绕组特点与应用　　本例为 30 槽定子，一般多应用于 2 极电动机。每相由两组线圈反向串联而成；每组由 5 个线圈顺向串联为五联组。本例为连续相带分布中采用的最小节距，在一定程度上减少了嵌线的困难。主要应用实例有 JO2-62-2 三相异步电动机等。

1.1.11　30 槽 2 极（$y=10$、$a=2$）双层叠式绕组

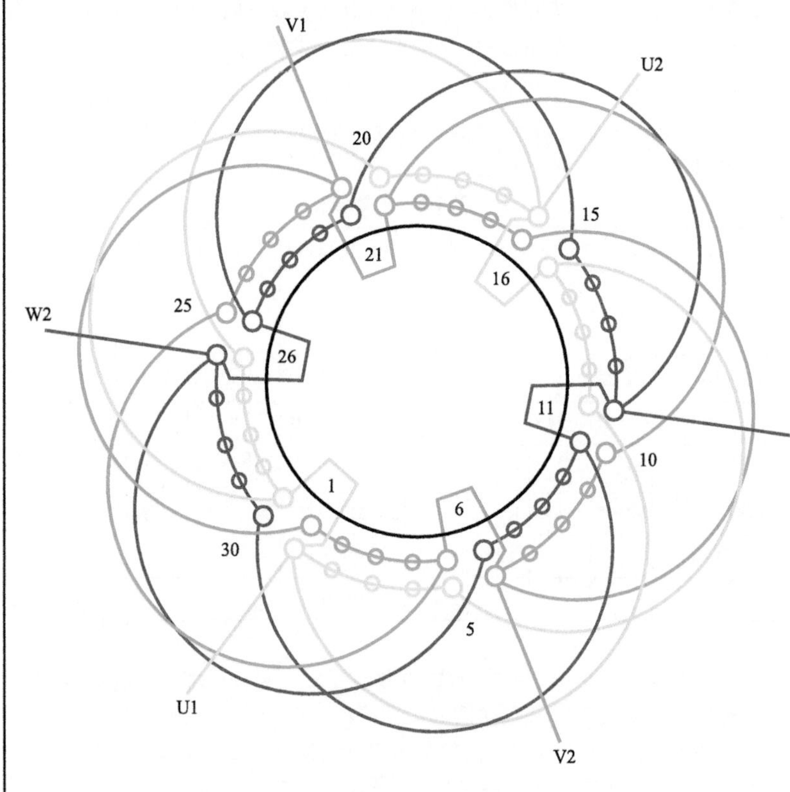

图　1.1.11

1. 绕组结构参数

定子槽数　$Z=30$　　每组圈数　$S=5$　　并联路数　$a=2$

电机极数　$2p=2$　　极相槽数　$q=5$　　分布系数　$K_d=0.957$

总线圈数　$Q=30$　　绕组极距　$\tau=15$　　节距系数　$K_p=0.866$

线圈组数　$u=6$　　线圈节距　$y=10$　　绕组系数　$K_{dp}=0.83$

2. 嵌线方法　　采用交叠法嵌线，吊边数为 10。嵌线顺序见表 1.1.11。

表 1.1.11　交叠法

嵌线顺序		1	2	3	4	5	6	7	8	9	10	11	12	13	14	15	16	17	18
槽号	下层	5	4	3	2	1	30	29	28	27	26	25		24		23		22	
	上层												5		4		3		2
嵌线顺序		19	20	21	22	23	24	25	26	27	28	29	30	31	32	33	34	35	36
槽号	下层	21		20		19		18		17		16		15		14		13	
	上层		1		30		29		28		27		26		25		24		23
嵌线顺序		37	38	39	40	41	42	43	44	45	46	47	48	49	50	51	52	53	54
槽号	下层	12		11		10		9		8		7		6					
	上层		22		21		20		19		18		17		16	15	14	13	12
嵌线顺序		55	56	57	58	59	60	61	62	63	64	65	66	67	68	69	70	71	72
槽号	下层																		
	上层	11	10	9	8	7	6												

3. 绕组特点与应用　　绕组特点与上例相同，但接线改为两路并联，每相两组线圈为反极性连接，即两组头与尾并联后引出端线。主要应用实例有 JO2L-61-2 铝绕组电动机等。

1.1.12　30 槽 2 极（$y=11$）双层叠式绕组

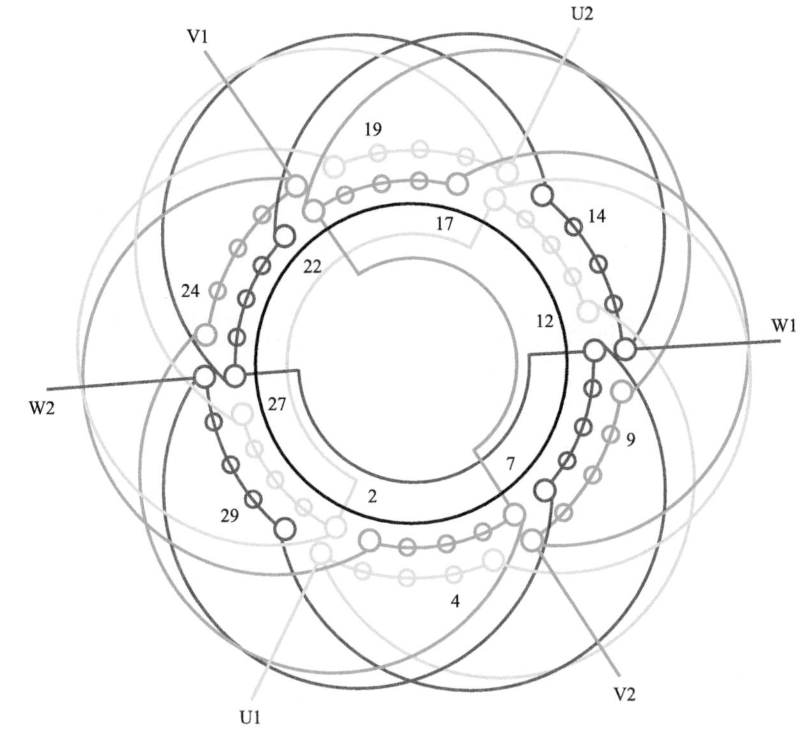

图　1.1.12

1. 绕组结构参数

定子槽数　$Z=30$　　每组圈数　$S=5$　　并联路数　$a=1$

电机极数　$2p=2$　　极相槽数　$q=5$　　分布系数　$K_d=0.957$

总线圈数　$Q=30$　　绕组极距　$\tau=15$　　节距系数　$K_p=0.914$

线圈组数　$u=6$　　线圈节距　$y=11$　　绕组系数　$K_{dp}=0.875$

2. 嵌线方法　　嵌线采用交叠法，吊边数为 11。嵌线顺序见表 1.1.12。

表 1.1.12　交叠法

嵌线顺序		1	2	3	4	5	6	7	8	9	10	11	12	13	14	15	16	17	18	19	20
槽号	下层	30	29	28	27	26	25	24	23	22	21	20	19		18		17		16		15
	上层													30		29		28		27	
嵌线顺序		21	22	23	24	25	26	27	28	29	30	31	32	33	34	35	36	37	38	39	40
槽号	下层		14		13		12		11		10		9		8		7		6		5
	上层	26		25		24		23		22		21		20		19		18		17	
嵌线顺序		41	42	43	44	45	46	47	48	49	50	51	52	53	54	55	56	57	58	59	60
槽号	下层		4		3		2		1												
	上层	16		15		14		13		12	11	10	9	8	7	6	5	4	3	2	1

3. 绕组特点与应用　　绕组特点基本同 1.1.10 节，但节距增加 1 槽，每相有两个上下层同相槽，绕组系数略有提高，但嵌线却增加了困难。主要应用实例有 JO4-72-2 三相异步电动机等。

1.1.13　30 槽 2 极($y=11$、$a=2$)双层叠式绕组

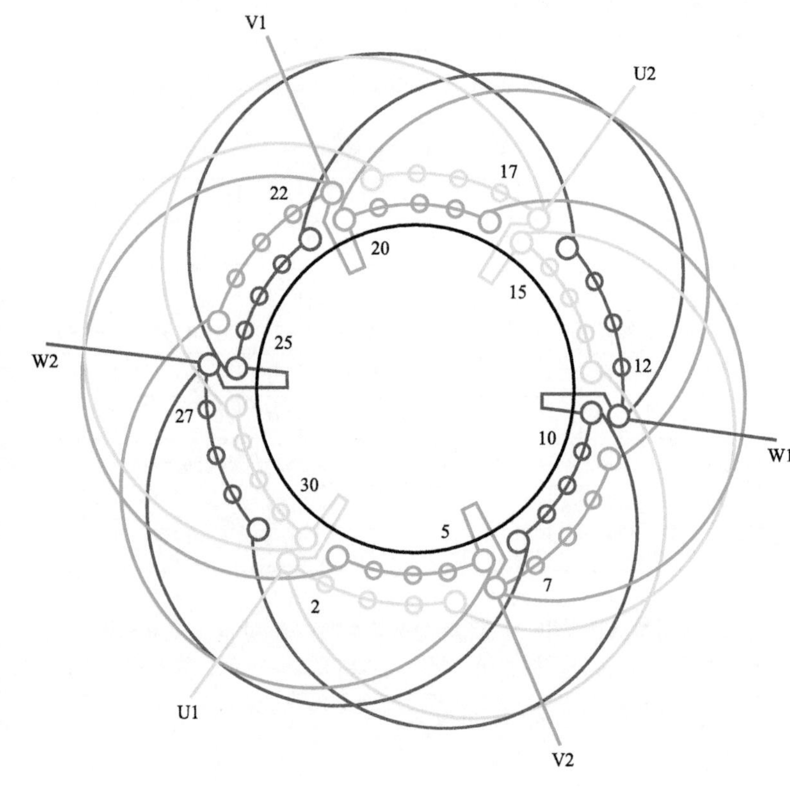

图　1.1.13

1. 绕组结构参数

定子槽数	$Z=30$	每组圈数	$S=5$	并联路数	$a=2$
电机极数	$2p=2$	极相槽数	$q=5$	分布系数	$K_d=0.957$
总线圈数	$Q=30$	绕组极距	$\tau=15$	节距系数	$K_p=0.914$
线圈组数	$u=6$	线圈节距	$y=11$	绕组系数	$K_{dp}=0.875$

2. 嵌线方法　　绕组采用交叠法嵌线，吊边数为 11。嵌线顺序见表 1.1.13。

表 1.1.13　交叠法

嵌线顺序		1	2	3	4	5	6	7	8	9	10	11	12	13	14	15	16	17	18	19	20
槽号	下层	5	4	3	2	1	30	29	28	27	26	25	24		23		22		21		20
	上层													5		4		3		2	
嵌线顺序		21	22	23	24	25	26	27	28	29	30	31	32	33	34	35	36	37	38	39	40
槽号	下层		19		18		17		16		15		14		13		12		11		10
	上层	1		30		29		28		27		26		25		24		23		22	
嵌线顺序		41	42	43	44	45	46	47	48	49	50	51	52	53	54	55	56	57	58	59	60
槽号	下层		9		8		7		6												
	上层	21		20		19		18		17	16	15	14	13	12	11	10	9	8	7	6

3. 绕组特点与应用　　绕组特点基本同上例，但采用两路并联。接线时要求同相两组线圈极性相反，故可将同相同槽上下层线圈的线头并接并抽出引线，如图 1.1.13 所示。主要应用实例有 JO4-73-2 三相异步电动机及 BJO2-61-2 防爆电动机等。

1.1.14　36 槽 2 极（$y=10$）双层叠式绕组

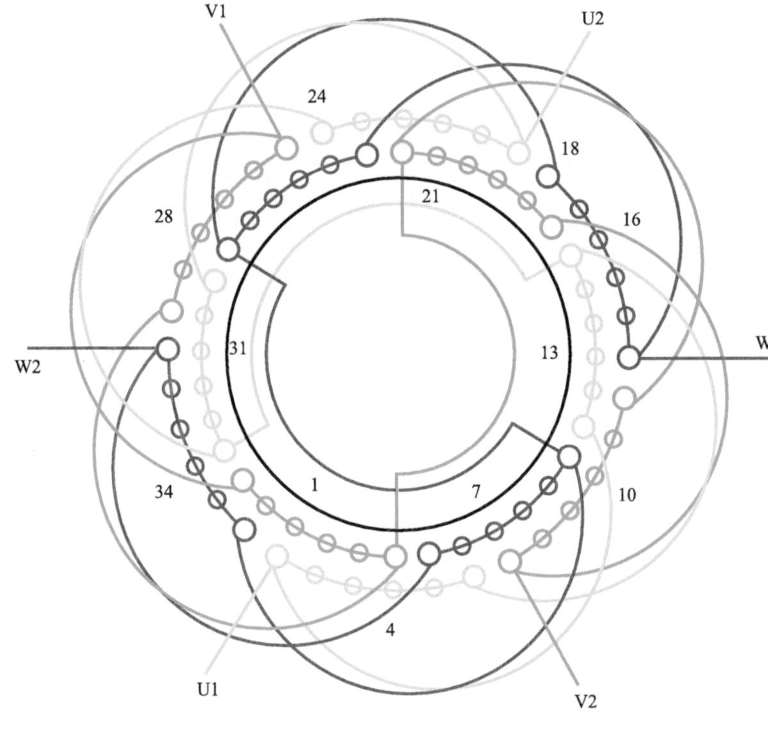

图　1.1.14

1. 绕组结构参数

定子槽数　$Z=36$　　每组圈数　$S=6$　　并联路数　$a=1$

电机极数　$2p=2$　　极相槽数　$q=6$　　线圈节距　$y=1—11$

总线圈数　$Q=36$　　绕组极距　$\tau=18$　　绕组系数　$K_{dp}=0.732$

线圈组数　$u=6$　　每槽电角　$\alpha=10°$

2. 嵌线方法　　采用交叠法嵌线，吊边数 10。嵌线顺序见表 1.1.14。

表 1.1.14　交叠法

嵌线顺序		1	2	3	4	5	6	7	8	9	10	11	12	13	14	15	16	17	18
槽号	下层	36	35	34	33	32	31	30	29	28	27	26		25		24		23	
	上层												36		35		34		33
嵌线顺序		19	20	21	22	23	24	25	26	27	28	29	30	31	32	33	34	35	36
槽号	下层	22		21		20		19		18		17		16		15		14	
	上层		32		31		30		29		28		27		26		25		24
嵌线顺序		37	38	39	40	41	42	43	44	45	46	47	48	49	50	51	52	53	54
槽号	下层	13		12		11		10		9		8		7		6		5	
	上层		23		22		21		20		19		18		17		16		15
嵌线顺序		55	56	57	58	59	60	61	62	63	64	65	66	67	68	69	70	71	72
槽号	下层	4		3		2		1											
	上层		14		13		12		11	10	9	8	7	6	5	4	3	2	1

3. 绕组特点与应用　　一般电动机绕组节距常选（4/5～6/7）τ，其缩短槽数通常都在 q 槽以内，这时已能在合理的经济指标下有效地削减谐波分量；而本例为使磁场分布均匀，减少电磁引起的振动和噪声，不惜缩短节距大于 q 值以拓宽极面，构成超短节距的特殊绕组型式。此绕组因线圈节距超短而绕组系数很低，故用铜量增加。主要应用于 JK-122-2、JK1-113-2 等中大型高速电动机。

1.1.15　36 槽 2 极($y=10$、$a=2$)双层叠式绕组

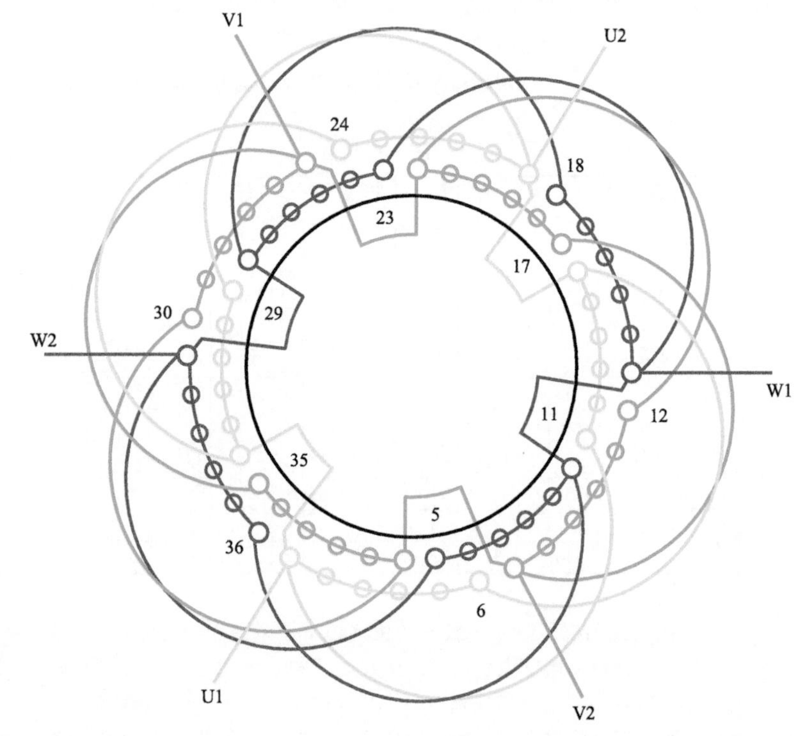

图　1.1.15

1. 绕组结构参数

定子槽数	$Z=36$	每组圈数	$S=6$	并联路数	$a=2$
电机极数	$2p=2$	极相槽数	$q=6$	线圈节距	$y=1—11$
总线圈数	$Q=36$	绕组极距	$\tau=18$	绕组系数	$K_{dp}=0.732$
线圈组数	$u=6$	每槽电角	$\alpha=10°$		

2. 嵌线方法　　本例嵌线采用交叠法，吊边数为 10。嵌线顺序见表 1.1.15。

表 1.1.15　交叠法

嵌线顺序		1	2	3	4	5	6	7	8	9	10	11	12	13	14	15	16	17	18
槽号	下层	36	35	34	33	32	31	30	29	28	27	26		25		24		23	
	上层												36		35		34		33
嵌线顺序		19	20	21	22	23	24		···		46	47	48	49	50	51	52	53	54
槽号	下层	22		21		20			···			8		7		6		5	
	上层		32		31		30		···		19		18		17		16		15
嵌线顺序		55	56	57	58	59	60	61	62	63	64	65	66	67	68	69	70	71	72
槽号	下层	4		3		2		1											
	上层		14		13		12		11	10	9	8	7	6	5	4	3	2	1

3. 绕组特点与应用　　本例绕组与上例型式相同，属于超短距布线，但采用两路并联，每相的两组线圈各自为一个支路，将两组反向并联，即一组的头与另一组的尾并接在一起，故具有接线简单、短捷的特点。主要应用实例有 JK1-123-2、JK-111-2 等高速电动机。

1.1.16 *36 槽 2 极($y=11$)双层叠式绕组

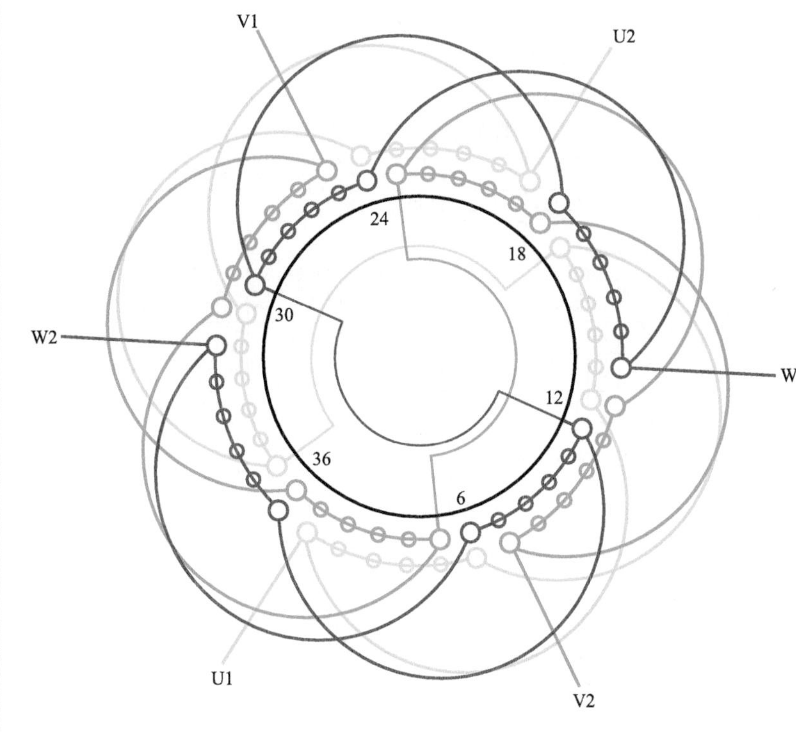

图 1.1.16

1. 绕组结构参数

定子槽数 $Z=36$　每组圈数 $S=6$　并联路数 $a=1$

电机极数 $2p=2$　极相槽数 $q=6$　分布系数 $K_d=0.956$

总线圈数 $Q=36$　绕组极距 $\tau=18$　节距系数 $K_p=0.819$

线圈组数 $u=6$　线圈节距 $y=11$　绕组系数 $K_{dp}=0.783$

2. 嵌线方法　本例绕组采用交叠法嵌线，需吊边数为 11。嵌线顺序见表 1.1.16。

表 1.1.16 交叠法

嵌线顺序		1	2	3	4	5	6	7	8	9	10	11	12	13	14	15	16	17	18
槽号	下层	36	35	34	33	32	31	30	29	28	27	26	25		24		23		22
	上层													36		35		34	
嵌线顺序		19	20	21	22	23	24		…		47	48	49	50	51	52	53	54	55
槽号	下层		21		20		19		…			7		6		5		4	
	上层	33		32		31			…		19		18		17		16		15
嵌线顺序		56	57	58	59	60	61	62	63	64	65	66	67	68	69	70	71	72	
槽号	下层	3		2		1													
	上层		14		13		12	11	10	9	8	7	6	5	4	3	2	1	

3. 绕组特点与应用　本例绕组采用小于常规的超短节距，绕组由六联组构成，每相两组线圈反极性串联。由于节距缩短超过 1/3 的极距，故属断续相带分布，在高速电动机中可获得较好的运行稳定性；但绕组系数显得较低而可能增加铜线用量。此例取自实修电动机。

1.1.17　36 槽 2 极（$y=11$、$a=2$）双层叠式绕组

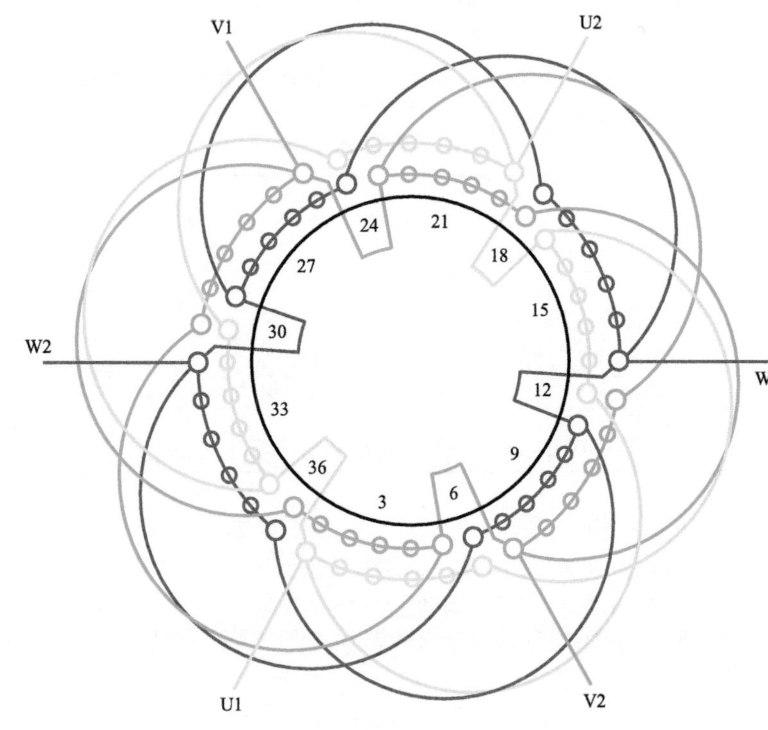

图　1.1.17

1. 绕组结构参数

定子槽数　$Z=36$　　每组圈数　$S=6$　　并联路数　$a=2$

电机极数　$2p=2$　　极相槽数　$q=6$　　线圈节距　$y=1—12$

总线圈数　$Q=36$　　绕组极距　$\tau=18$　　绕组系数　$K_{dp}=0.783$

线圈组数　$u=6$　　每槽电角　$\alpha=10°$

2. 嵌线方法　　绕组采用交叠法嵌线，即嵌 1 槽，后退再嵌 1 槽，吊边数为 11，第 12 线圈开始整嵌。嵌线顺序见表 1.1.17。

表 1.1.17　交叠法

嵌线顺序		1	2	3	4	5	6	7	8	9	10	11	12	13	14	15	16	17	18
槽号	下层	36	35	34	33	32	31	30	29	28	27	26	25		24		23		22
	上层													36		35		34	
嵌线顺序		19	20	21	22	23	24	25	26	27	28	29	30	31	32	33	34	35	36
槽号	下层		21		20		19		18		17		16		15		14		13
	上层	33		32		31		30		29		28		27		26		25	
嵌线顺序		37	38	39	40	41	42	43	44	45	46	47	48	49	50	51	52	53	54
槽号	下层		12		11		10		9		8		7		6		5		4
	上层	24		23		22		21		20		19		18		17		16	
嵌线顺序		55	56	57	58	59	60	61	62	63	64	65	66	67	68	69	70	71	72
槽号	下层		3		2		1												
	上层	15		14		13		12	11	10	9	8	7	6	5	4	3	2	1

3. 绕组特点与应用　　本绕组与上例相同，也是两路并联超短节距绕组，具有较好的运行稳定性。主要应用于低压高速的中型三相异步电动机，如 JS2-400S1-2、JS2-355S1-2 及 JS2-355M2-2 三相异步电动机等。

1.1.18　36 槽 2 极($y=12$)双层叠式绕组

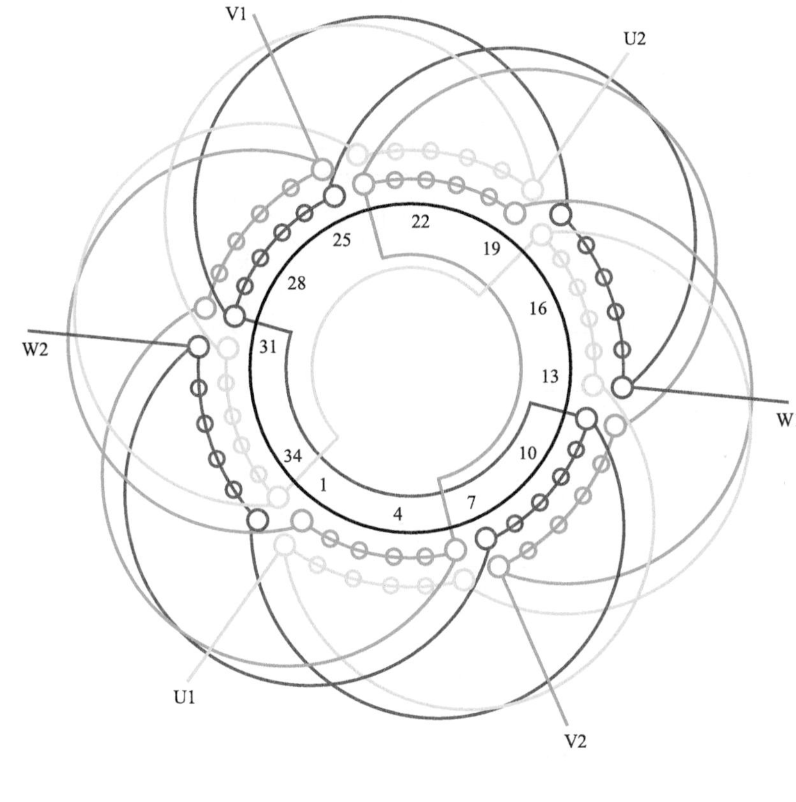

图　1.1.18

1. 绕组结构参数

定子槽数　$Z=36$　　每组圈数　$S=6$　　并联路数　$a=1$

电机极数　$2p=2$　　极相槽数　$q=6$　　分布系数　$K_d=0.956$

总线圈数　$Q=36$　　绕组极距　$\tau=18$　　节距系数　$K_p=0.866$

线圈组数　$u=6$　　线圈节距　$y=12$　　绕组系数　$K_{dp}=0.828$

2. 嵌线方法　本例采用交叠法嵌线，吊边数为 12。嵌线顺序见表 1.1.18。

表 1.1.18　交叠法

嵌线顺序		1	2	3	4	5	6	7	8	9	10	11	12	13	14	15	16	17	18
槽号	下层	36	35	34	33	32	31	30	29	28	27	26	25	24		23		22	
	上层														36		35		34
嵌线顺序		19	20	21	22	23	24	25	26	27	28	29	30	31	32	33	34	35	36
槽号	下层	21		20		19		18		17		16		15		14		13	
	上层		33		32		31		30		29		28		27		26		25
嵌线顺序		37	38	39	40	41	42	43	44	45	46	47	48	49	50	51	52	53	54
槽号	下层	12		11		10		9		8		7		6		5		4	
	上层		24		23		22		21		20		19		18		17		16
嵌线顺序		55	56	57	58	59	60	61	62	63	64	65	66	67	68	69	70	71	72
槽号	下层	3		2		1													
	上层		15		14		13	12	11	10	9	8	7	6	5	4	3	2	1

3. 绕组特点与应用　绕组采用连续相带的最短节距，使 2 极电动机极面拓宽到 12 槽，有利于降低运行噪声和平稳运行。主要应用实例有 J2-61-2、JO-72-2 三相异步电动机等。

1.1.19 36 槽 2 极($y=12$、$a=2$)双层叠式绕组

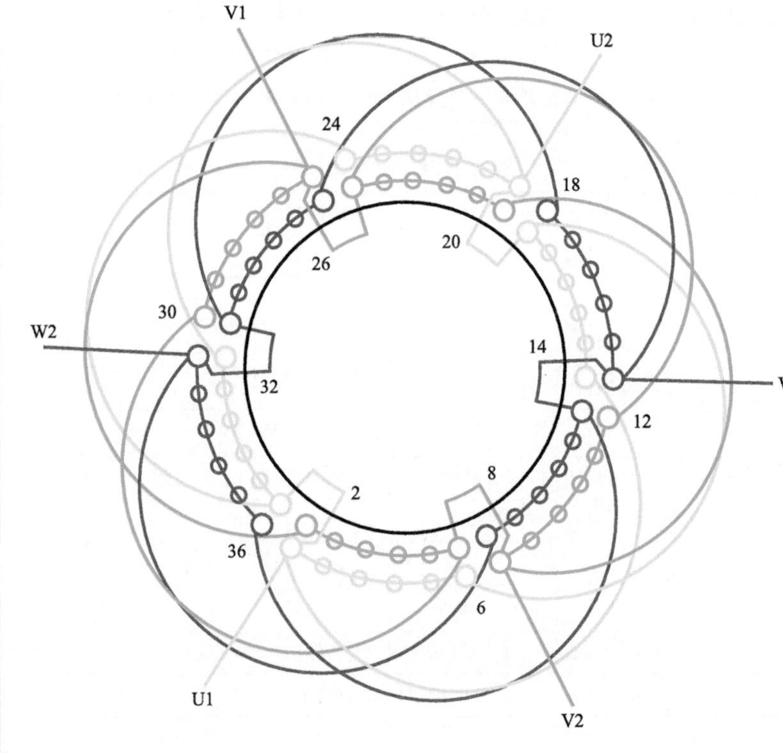

图 1.1.19

1. 绕组结构参数

定子槽数 $Z=36$ 每组圈数 $S=6$ 并联路数 $a=2$

电机极数 $2p=2$ 极相槽数 $q=6$ 分布系数 $K_d=0.956$

总线圈数 $Q=36$ 绕组极距 $\tau=18$ 节距系数 $K_p=0.866$

线圈组数 $u=6$ 线圈节距 $y=12$ 绕组系数 $K_{dp}=0.828$

2. 嵌线方法 本例为交叠法嵌线，吊边数为 12。嵌线顺序见表 1.1.19。

表 1.1.19 交叠法

嵌线顺序		1	2	3	4	5	6	7	8	9	10	11	12	13	14	15	16	17	18
槽号	下层	6	5	4	3	2	1	36	35	34	33	32	31	30		29		28	
	上层														6		5		4
嵌线顺序		19	20	21	22	23	24	25	26	27	28	29	30	31	32	33	34	35	36
槽号	下层	27		26		25		24		23		22		21		20		19	
	上层		3		2		1		36		35		34		33		32		31
嵌线顺序		37	38	39	40	41	42	43	44	45	46	47	48	49	50	51	52	53	54
槽号	下层	18		17		16		15		14		13		12		11		10	
	上层		30		29		28		27		26		25		24		23		22
嵌线顺序		55	56	57	58	59	60	61	62	63	64	65	66	67	68	69	70	71	72
槽号	下层	9		8		7													
	上层		21		20		19	18	17	16	15	14	13	12	11	10	9	8	7

3. 绕组特点与应用 特点基本同上例，但采用两路并联，接线时可将同相两组头与尾并接后引出线。主要应用实例有 J2-81-2、JO2L-71-2、JO2-82-2 三相异步电动机等。

1.1.20　36 槽 2 极 ($y = 13$) 双层叠式绕组

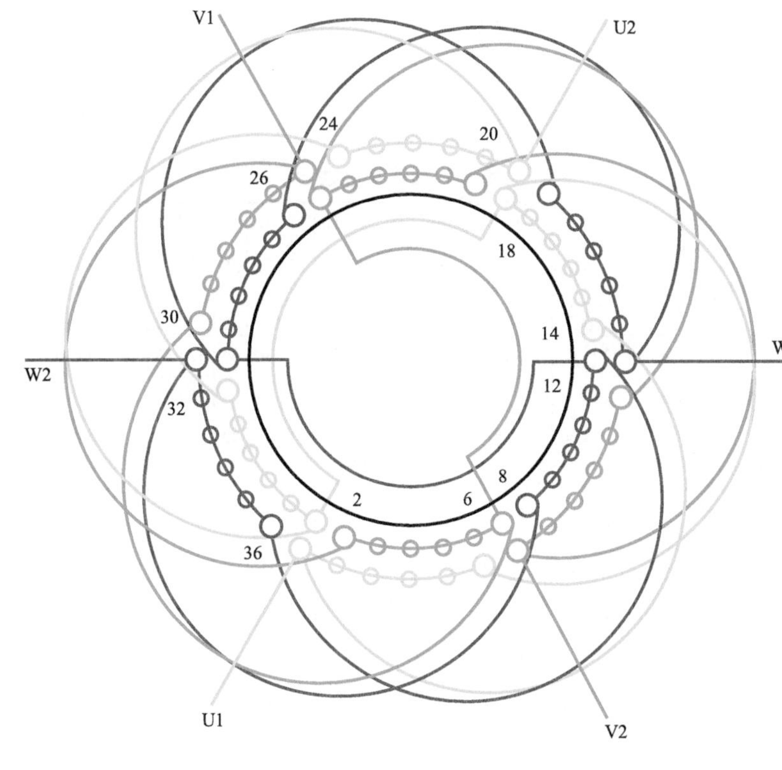

图　1.1.20

1. 绕组结构参数

定子槽数	$Z=36$	每组圈数	$S=6$	并联路数	$a=1$
电机极数	$2p=2$	极相槽数	$q=6$	分布系数	$K_d=0.956$
总线圈数	$Q=36$	绕组极距	$\tau=18$	节距系数	$K_p=0.906$
线圈组数	$u=6$	线圈节距	$y=13$	绕组系数	$K_{dp}=0.866$

2. 嵌线方法　　采用交叠法嵌线，嵌线需吊边 13 个，嵌线顺序见表 1.1.20。

表 1.1.20　交叠法

嵌线顺序		1	2	3	4	5	6	7	8	9	10	11	12	13	14	15	16	17	18
槽号	下层	36	35	34	33	32	31	30	29	28	27	26	25	24	23		22		21
	上层															36		35	
嵌线顺序		19	20	21	22	23	24	25	26	27	28	29	30	31	32	33	34	35	36
槽号	下层		20		19		18		17		16		15		14		13		12
	上层	34		33		32		31		30		29		28		27		26	
嵌线顺序		37	38	39	40	41	42	43	44	45	46	47	48	49	50	51	52	53	54
槽号	下层		11		10		9		8		7		6		5		4		3
	上层	25		24		23		22		21		20		19		18		17	
嵌线顺序		55	56	57	58	59	60	61	62	63	64	65	66	67	68	69	70	71	72
槽号	下层		2		1														
	上层	16		15		14	13	12	11	10	9	8	7	6	5	4	3	2	1

3. 绕组特点与应用　　绕组线圈节距比上例增加 1 槽，绕组系数略有提高。主要应用实例有 Y-180M-2 笼型三相异步电动机等。

1.1.21　36 槽 2 极（$y=13$、$a=2$）双层叠式绕组

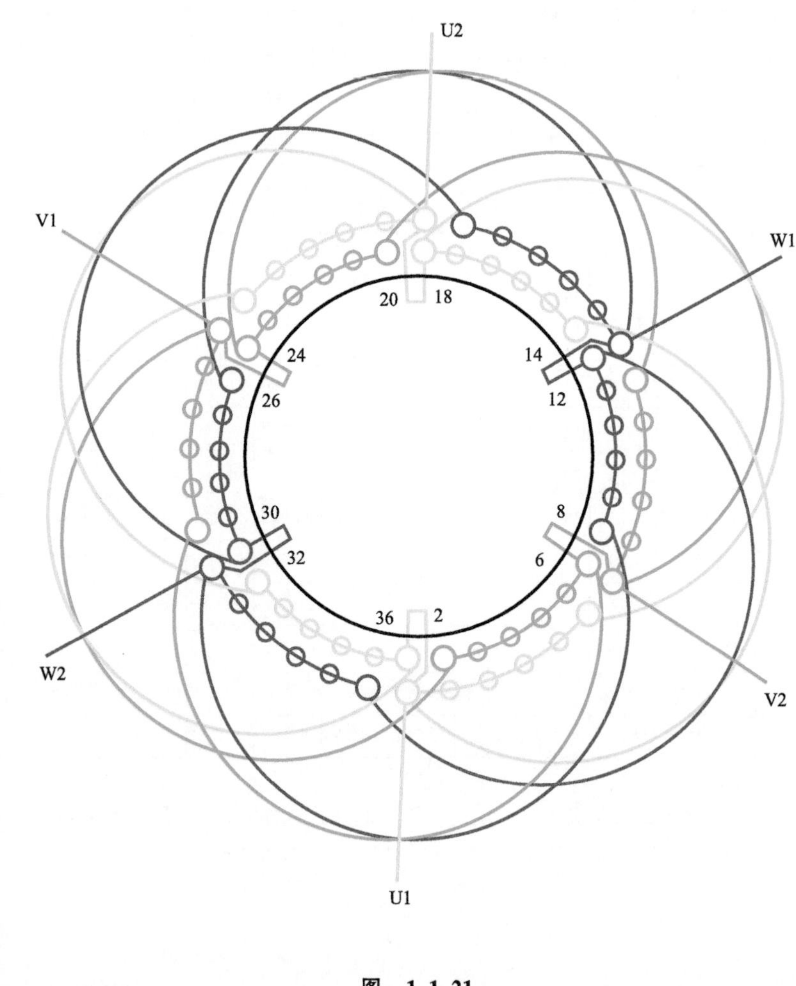

图　1.1.21

1. 绕组结构参数

定子槽数　$Z=36$　　每组圈数　$S=6$　　并联路数　$a=2$

电机极数　$2p=2$　　极相槽数　$q=6$　　分布系数　$K_d=0.956$

总线圈数　$Q=36$　　绕组极距　$\tau=18$　　节距系数　$K_p=0.906$

线圈组数　$u=6$　　线圈节距　$y=13$　　绕组系数　$K_{dp}=0.866$

2. 嵌线方法　　绕组采用交叠法嵌线，吊边数为 13。嵌线顺序见表 1.1.21。

表 1.1.21　交叠法

嵌线顺序		1	2	3	4	5	6	7	8	9	10	11	12	13	14	15	16	17	18
槽号	下层	6	5	4	3	2	1	36	35	34	33	32	31	30	29		28		27
	上层															6		5	
嵌线顺序		19	20	21	22	23	24	25	26	27	28	29	30	31	32	33	34	35	36
槽号	下层		26		25		24		23		22		21		20		19		18
	上层	4		3		2		1		36		35		34		33		32	
嵌线顺序		37	38	39	40	41	42	43	44	45	46	47	48	49	50	51	52	53	54
槽号	下层		17		16		15		14		13		12		11		10		9
	上层	31		30		29		28		27		26		25		24		23	
嵌线顺序		55	56	57	58	59	60	61	62	63	64	65	66	67	68	69	70	71	72
槽号	下层		8		7														
	上层	22		21		20	19	18	17	16	15	14	13	12	11	10	9	8	7

3. 绕组特点与应用　　本例特点同上例，但采用两路并联接线，要求同相相邻两线圈组反极性，故将上下层边同相同槽的两线圈线头并接引出，如图 1.1.21 所示。主要应用实例有 Y250M-2、JO2L-61-2 铝绕组电动机及 YX-200L1-2 高效率电动机等。

1.1.22 *36 槽 2 极($y=14$)双层叠式绕组

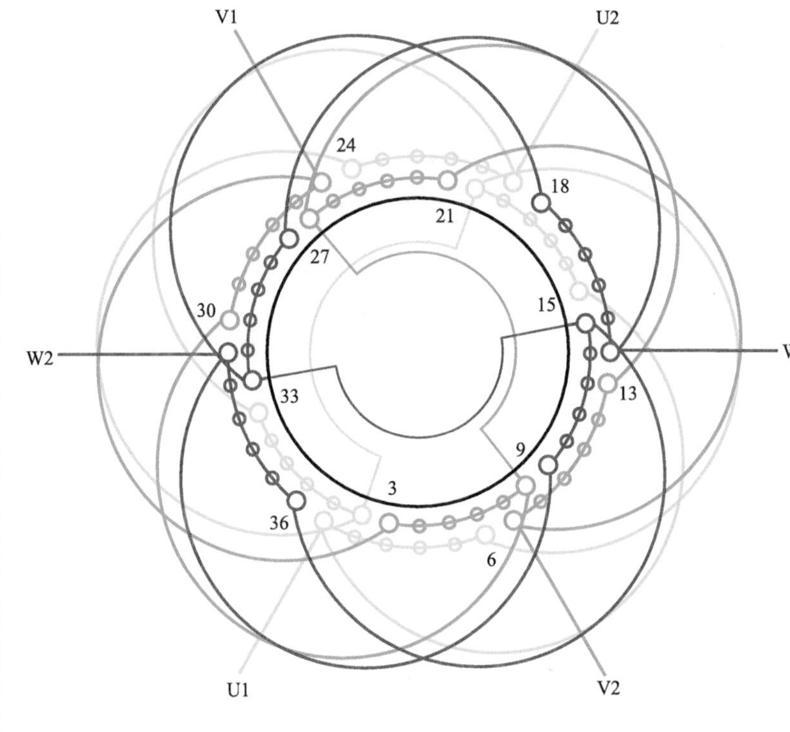

图 1.1.22

1. 绕组结构参数

定子槽数 $Z=36$ 每组圈数 $S=6$ 并联路数 $a=2$

电机极数 $2p=2$ 极相槽数 $q=6$ 分布系数 $K_d=0.956$

总线圈数 $Q=36$ 绕组极距 $\tau=18$ 节距系数 $K_p=0.866$

线圈组数 $u=6$ 线圈节距 $y=14$ 绕组系数 $K_{dp}=0.828$

2. 嵌线方法 本例采用交叠法嵌线，嵌线需吊起边数为 14。嵌线顺序见表 1.1.22。

表 1.1.22 交叠法

嵌线顺序		1	2	3	4	5	6	7	8	9	10	11	12	13	14	15	16	17	18
槽号	下层	36	35	34	33	32	31	30	29	28	27	26	25	24	23	22		21	
	上层																36		35
嵌线顺序		19	20	21	22	23	24	25	26	27	28	29	30	31	32	33	34	35	36
槽号	下层	20		19		18		17		16		15		14		13		12	
	上层		34		33		32		31		30		29		28		27		26
嵌线顺序		37	38	39	40	41	42	43	44	45	46	47	48	49	50	51	52	53	54
槽号	下层	11		10		9		8		7		6		5		4		3	
	上层		25		24		23		22		21		20		19		18		17
嵌线顺序		55	56	57	58	59	60	61	62	63	64	65	66	67	68	69	70	71	72
槽号	下层	2		1															
	上层		16		15	14	13	12	11	10	9	8	7	6	5	4	3	2	1

3. 绕组特点与应用 本例绕组节距较上例增加 1 槽，吊边数达到 14，给嵌线增加一定难度，但绕组系数则有所提高。绕组接线为一路串联，同相相邻两组线圈极性相反，即两组线圈尾与尾串联。此绕组实际应用较少，本例取自重绕修理实例。

1.1.23　36 槽 2 极（$y=14$、$a=2$）双层叠式绕组

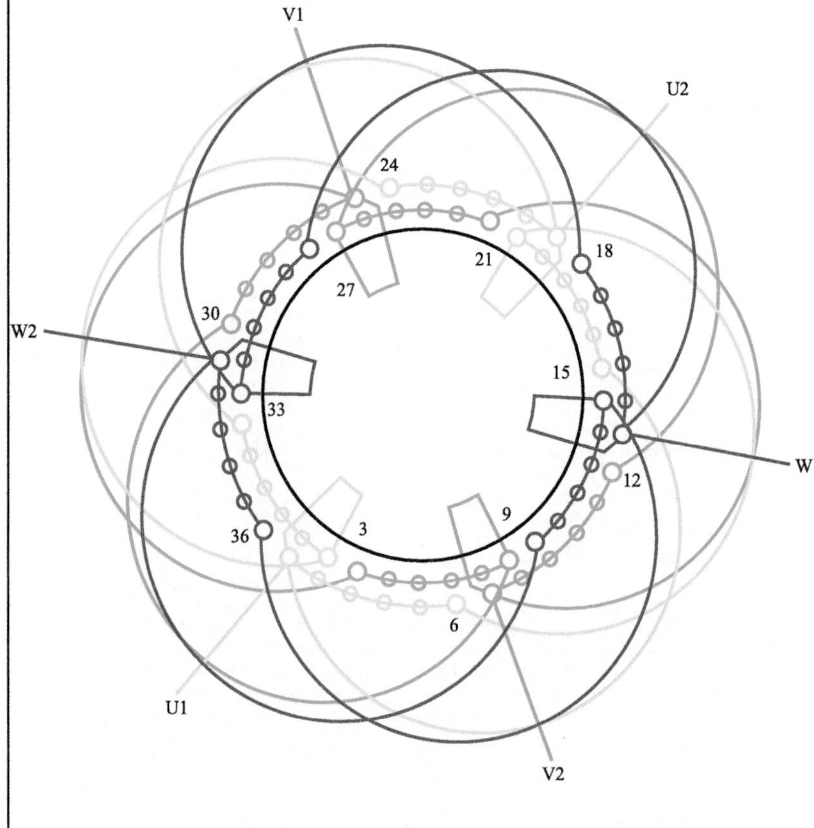

图　1.1.23

1. 绕组结构参数

定子槽数　$Z=36$　电机极数　$2p=2$　总线圈数　$Q=36$

线圈组数　$u=6$　每组圈数　$S=6$　极相槽数　$q=6$

绕组极距　$\tau=18$　线圈节距　$y=14$　并联路数　$a=2$

每槽电角　$\alpha=10°$　分布系数　$K_d=0.956$　节距系数　$K_p=0.94$

绕组系数　$K_{dp}=0.899$

2. 嵌线方法　　本例采用交叠法嵌线，嵌线需吊边数为 14，嵌线顺序见表 1.1.23。

表 1.1.23　交叠法

嵌线顺序		1	2	3	4	5	6	7	8	9	10	11	12	13	14	15	16	17	18
槽号	下层	6	5	4	3	2	1	36	35	34	33	32	31	30	29	28		27	
	上层																6		5
嵌线顺序		19	20	21	22		…		44	45	46	47	48	49	50	51	52	53	54
槽号	下层	26		25			…			13		12		11		10		9	
	上层		4		3		…		28		27		26		25		24		23
嵌线顺序		55	56	57	58	59	60	61	62	63	64	65	66	67	68	69	70	71	72
槽号	下层	8		7															
	上层		22		21	20	19	18	17	16	15	14	13	12	11	10	9	8	7

3. 绕组特点与应用　　本绕组线圈节距较 1.1.21 节增加 1 槽，吊边数达到 14，故嵌线难度也略有增加；采用两路并联，即进线后将两组同相线圈组逆向走线，其尾线也并联后抽出。此绕组应用较少，仅在 JQ2-L-71-2 三相异步电动机中有过实修记录。

1.1.24 *36 槽 2 极($y=15$)双层叠式绕组

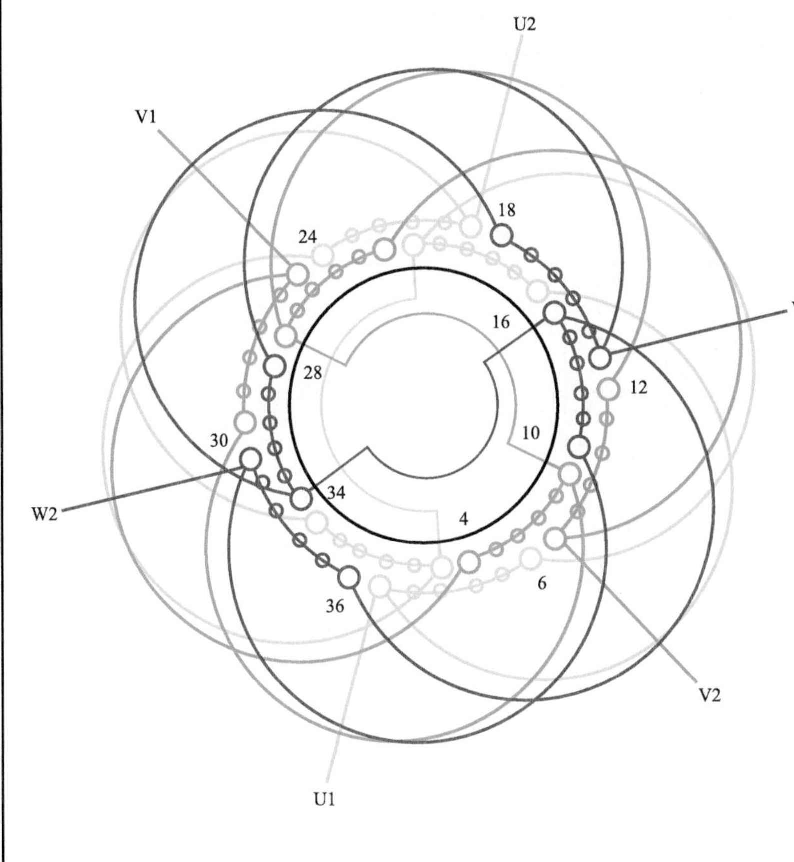

图 1.1.24

1. 绕组结构参数

定子槽数 $Z=36$　电机极数 $2p=2$　总线圈数 $Q=36$

线圈组数 $u=6$　每组圈数 $S=6$　绕组极距 $\tau=18$

线圈节距 $y=15$　并联路数 $a=1$　分布系数 $K_d=0.956$

节距系数 $K_p=0.966$　绕组系数 $K_{dp}=0.923$

2. 嵌线方法　本例采用交叠法，吊边数为 15。嵌线顺序见表 1.1.24。

表 1.1.24 交叠法

嵌线顺序		1	2	3	4	5	6	7	8	9	10	11	12	13	14	15	16	17	18
槽号	下层	36	35	34	33	32	31	30	29	28	27	26	25	24	23	22	21		20
	上层																	36	
嵌线顺序		19	20	21	22	23	24	…			46	47	48	49	50	51	52	53	54
槽号	下层		19		18		17	…			6		5		4		3		2
	上层	35		34		33		…				21		20		19		18	
嵌线顺序		55	56	57	58	59	60	61	62	63	64	65	66	67	68	69	70	71	72
槽号	下层		1																
	上层	17		16	15	14	13	12	11	10	9	8	7	6	5	4	3	2	1

3. 绕组特点与应用　本例绕组由 6 圈组构成，每相两组线圈极性相反，即按尾与尾串联接线。在 2 极电动机中属于节距较长的品种，故绕组系数也较高，但嵌线吊边数则多达 15 个，给交叠嵌线增加了一定难度。此绕组在标准系列中没有应用。

1.1.25 *36 槽 2 极($y=15$、$a=2$)双层叠式绕组

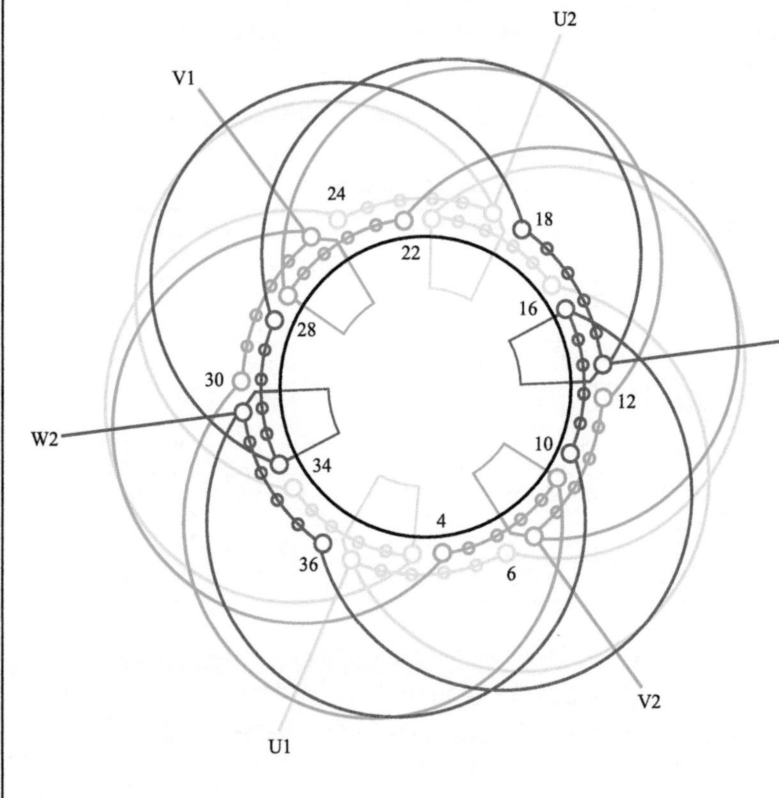

图 1.1.25

1. 绕组结构参数

定子槽数	$Z=36$	每组圈数	$S=6$	并联路数	$a=2$
电机极数	$2p=2$	极相槽数	$q=6$	分布系数	$K_d=0.956$
总线圈数	$Q=36$	绕组极距	$\tau=18$	节距系数	$K_p=0.966$
线圈组数	$u=6$	线圈节距	$y=15$	绕组系数	$K_{dp}=0.923$

2. 嵌线方法　　绕组采用交叠法，嵌线吊边数为 15。嵌线顺序见表 1.1.25。

表 1.1.25　交叠法

嵌线顺序		1	2	3	4	5	6	7	8	9	10	11	12	13	14	15	16	17	18
槽号	下层	36	35	34	33	32	31	30	29	28	27	26	25	24	23	22	21		20
	上层																	36	
嵌线顺序		19	20	21	22	23		…		45	46	47	48	49	50	51	52	53	54
槽号	下层		19		18			…			6		5		4		3		2
	上层	35		34		33		…		22		21		20		19		18	
嵌线顺序		55	56	57	58	59	60	61	62	63	64	65	66	67	68	69	70	71	72
槽号	下层		1																
	上层	17		16	15	14	13	12	11	10	9	8	7	6	5	4	3	2	1

3. 绕组特点与应用　　本例绕组采用与上例相同的节距，但接线改为两路并联，即同相两组线圈反向并联，从而使之极性相反。此绕组选用节距在 2 极绕组中相对较大，故其绕组系数也较高，线圈匝数会相应减少，使之利于电动机效率的提高。本例实际应用不多，主要应用实例有 Y280S-2 三相异步电动机。

1.1.26　42 槽 2 极（$y=14$、$a=2$）双层叠式绕组

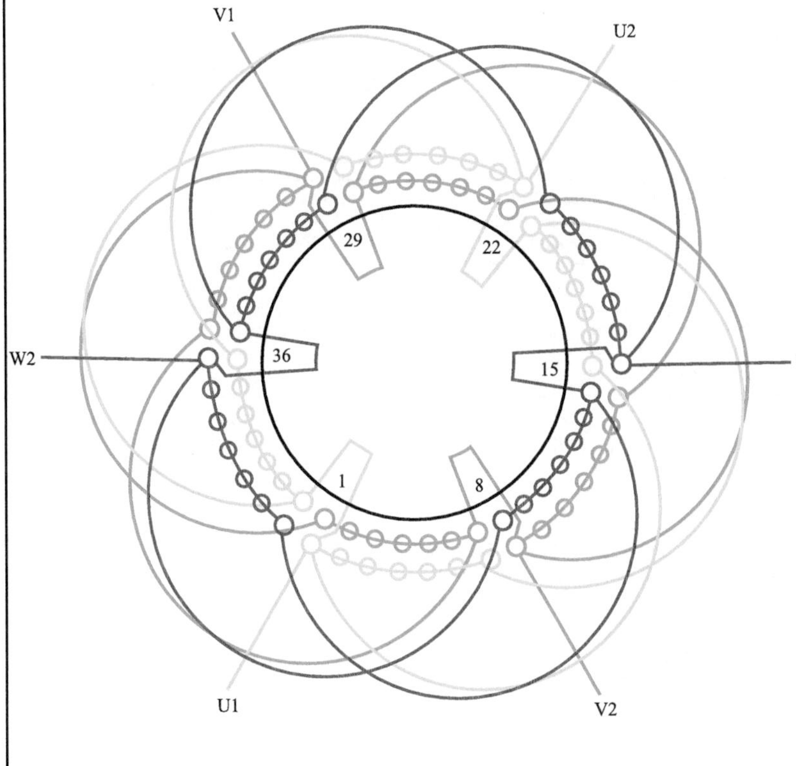

图　1.1.26

1. 绕组结构参数

定子槽数　$Z=42$　　每组圈数　$S=7$　　并联路数　$a=2$

电机极数　$2p=2$　　极相槽数　$q=7$　　分布系数　$K_d=0.956$

总线圈数　$Q=42$　　绕组极距　$\tau=21$　　节距系数　$K_p=0.866$

线圈组数　$u=6$　　线圈节距　$y=14$　　绕组系数　$K_{dp}=0.828$

2. 嵌线方法　　采用交叠法嵌线，吊边数为 14。嵌线顺序见表 1.1.26。

表 1.1.26　交叠法

嵌线顺序		1	2	3	4	5	6	7	8	9	10	11	12	13	14	15	16	17	18	19	20	21
槽号	下层	42	41	40	39	38	37	36	35	34	33	32	31	30	29	28		27		26		25
	上层																42		41		40	

嵌线顺序		22	23	24	25	26	27	28	29	30	31	32	33	34	35	36	37	38	39	40	41	42
槽号	下层		24		23		22		21		20		19		18		17		16		15	
	上层	39		38		37		36		35		34		33		32		31		30		29

嵌线顺序		43	44	45	46	47	48	49	50	51	52	53	54	55	56	57	58	59	60	61	62	63
槽号	下层	14		13		12		11		10		9		8		7		6		5		4
	上层		28		27		26		25		24		23		22		21		20		19	

嵌线顺序		64	65	66	67	68	69	70	71	72	73	74	75	76	77	78	79	80	81	82	83	84
槽号	下层		3		2		1															
	上层	18		17		16		15	14	13	12	11	10	9	8	7	6	5	4	3	2	1

3. 绕组特点与应用　　由于槽数较多，极距大，交叠嵌线的吊边数达到 14，为使嵌线不致太困难，在保证连续相带的前提下，选用最小的线圈节距，故绕组系数较低。一般仅用于 2 极小型电机系列中的大功率电动机。应用实例有 JO2-92-2、JO2L-91-2 铝绕组电动机等。

1.1.27　42 槽 2 极($y=15$、$a=2$)双层叠式绕组

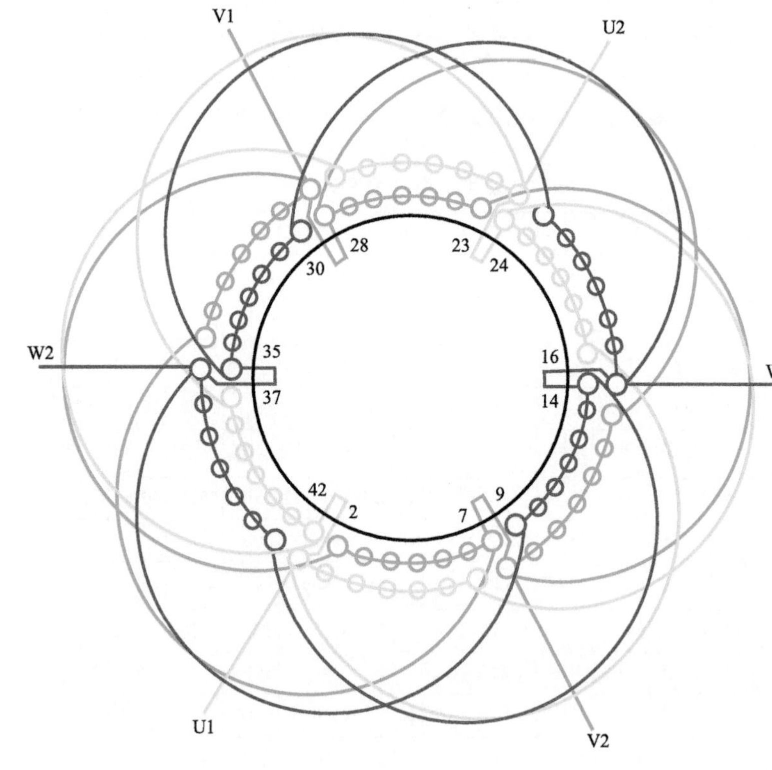

图　1.1.27

1. 绕组结构参数

定子槽数　$Z=42$　　每组圈数　$S=7$　　并联路数　$a=2$

电机极数　$2p=2$　　极相槽数　$q=7$　　分布系数　$K_d=0.956$

总线圈数　$Q=42$　　绕组极距　$\tau=21$　　节距系数　$K_p=0.904$

线圈组数　$u=6$　　线圈节距　$y=15$　　绕组系数　$K_{dp}=0.864$

2. 嵌线方法　　本例采用交叠法嵌线，吊边数为 15。嵌线顺序见表 1.1.27。

表 1.1.27　交叠法

嵌线顺序		1	2	3	4	5	6	7	8	9	10	11	12	13	14	15	16	17	18	19	20	21
槽号	下层	42	41	40	39	38	37	36	35	34	33	32	31	30	29	28	27		26		25	
	上层																	42		41		40
嵌线顺序		22	23	24	25	26	27	28	29	30	31	32	33	34	35	36	37	38	39	40	41	42
槽号	下层	24		23		22		21		20		19		18		17		16		15		14
	上层		39		38		37		36		35		34		33		32		31		30	
嵌线顺序		43	44	45	46	47	48	49	50	51	52	53	54	55	56	57	58	59	60	61	62	63
槽号	下层		13		12		11		10		9		8		7		6		5		4	
	上层	29		28		27		26		25		24		23		22		21		20		19
嵌线顺序		64	65	66	67	68	69	70	71	72	73	74	75	76	77	78	79	80	81	82	83	84
槽号	下层	3		2		1																
	上层		18		17		16	15	14	13	12	11	10	9	8	7	6	5	4	3	2	1

3. 绕组特点与应用　　本例是槽数较多的 2 极绕组，采用线圈节距较大，使嵌线吊边数达到 15，故嵌线比较困难。应用实例有 Y-280S-2 三相异步电动机等。

1.1.28　42 槽 2 极（$y=16$、$a=2$）双层叠式绕组

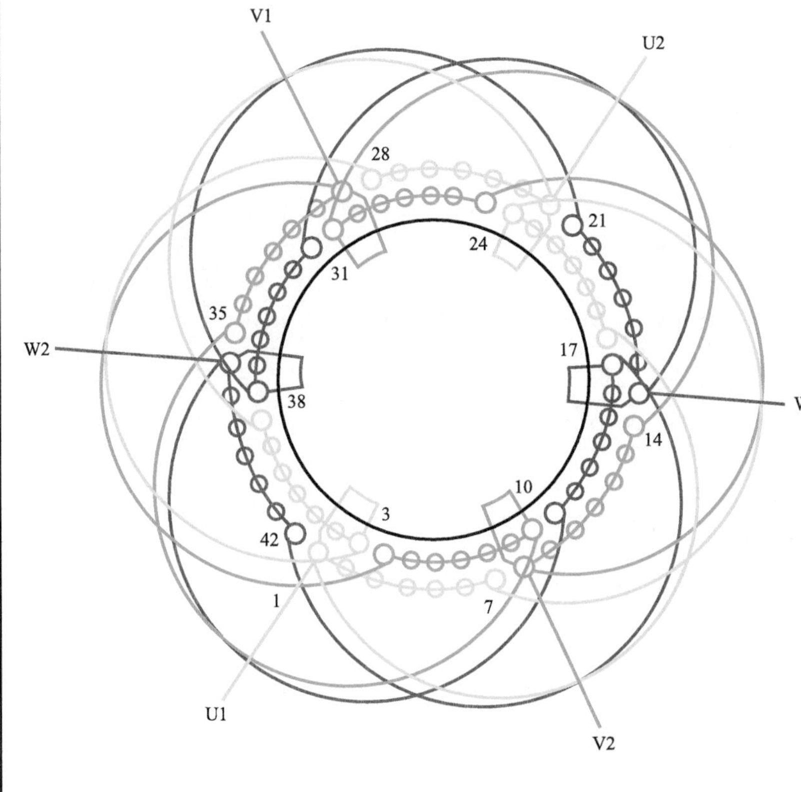

图　1.1.28

1. 绕组结构参数

定子槽数	$Z=42$	每组圈数	$S=7$	并联路数	$a=2$
电机极数	$2p=2$	极相槽数	$q=7$	分布系数	$K_d=0.956$
总线圈数	$Q=42$	绕组极距	$\tau=21$	节距系数	$K_p=0.93$
线圈组数	$u=6$	线圈节距	$y=16$	绕组系数	$K_{dp}=0.889$

2. 嵌线方法　　采用交叠法嵌线，吊边数为 16。嵌线顺序见表 1.1.28。

表 1.1.28　交叠法

嵌线顺序		1	2	3	4	5	6	7	8	9	10	11	12	13	14	15	16	17	18	19	20	21
槽号	下层	42	41	40	39	38	37	36	35	34	33	32	31	30	29	28	27	26		25		24
	上层																		42		41	
嵌线顺序		22	23	24	25	26	27	28	29	30	31	32	33	34	35	36	37	38	39	40	41	42
槽号	下层		23		22		21		20		19		18		17		16		15		14	
	上层	40		39		38		37		36		35		34		33		32		31		30
嵌线顺序		43	44	45	46	47	48	49	50	51	52	53	54	55	56	57	58	59	60	61	62	63
槽号	下层	13		12		11		10		9		8		7		6		5		4		3
	上层		29		28		27		26		25		24		23		22		21		20	
嵌线顺序		64	65	66	67	68	69	70	71	72	73	74	75	76	77	78	79	80	81	82	83	84
槽号	下层		2		1																	
	上层	19		18		17	16	15	14	13	12	11	10	9	8	7	6	5	4	3	2	1

3. 绕组特点与应用　　与上例相同，但节距再增加 1 槽，使嵌线更显困难。主要应用实例有 YX-280S-2 高效率电动机。

1.1.29 48 槽 2 极（$y=13$）双层叠式绕组

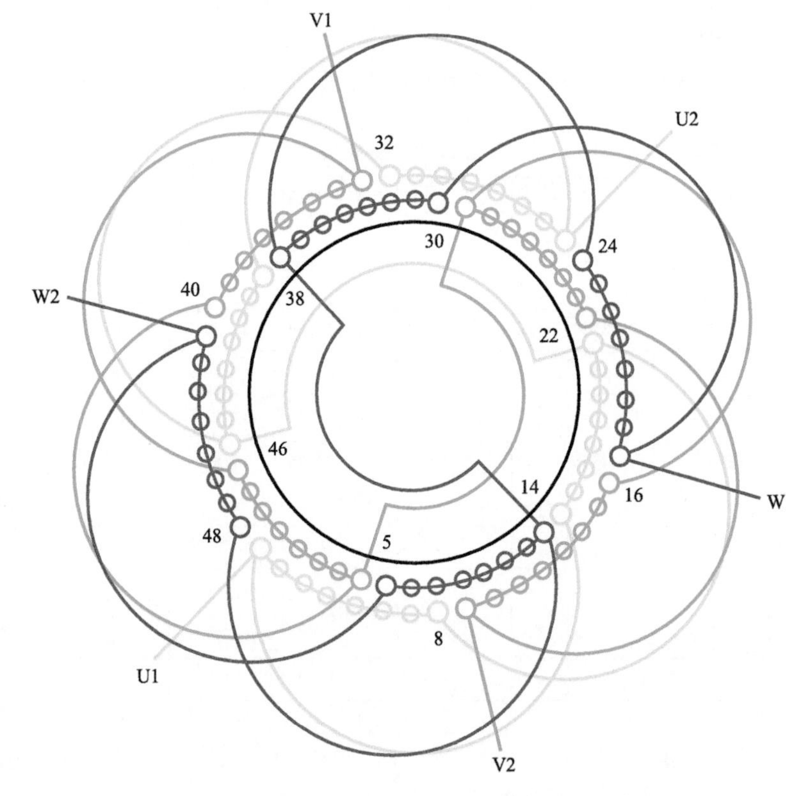

图 1.1.29

1. 绕组结构参数

定子槽数 $Z=48$ 每组圈数 $S=8$ 并联路数 $a=1$

电机极数 $2p=2$ 极相槽数 $q=8$ 线圈节距 $y=1\sim14$

总线圈数 $Q=48$ 绕组极距 $\tau=24$ 绕组系数 $K_{dp}=0.719$

线圈组数 $u=6$ 每槽电角 $\alpha=7.5°$

2. 嵌线方法　本例采用交叠法嵌线，吊边数为 16。嵌线顺序见表 1.1.29。

表 1.1.29 交叠法

嵌线顺序		1	2	3	4	5	6	7	8	9	10	11	12	13	14	15	16	17	18	19	20	21	22	23	24
槽号	下层	48	47	46	45	44	43	42	41	40	39	38	37	36	35		34		33		32		31		30
	上层															48		47		46		45		44	
嵌线顺序		25	26	27	28	29	30	31	32	33	34	35	36	37	38	39	40	41	42	43	44	45	46	47	48
槽号	下层		29		28		27		26		25		24		23		22		21		20		19		18
	上层	43		42		41		40		39		38		37		36		35		34		33		32	
嵌线顺序		49	50	51	52	53	54	55	56	57	58	59	60	61	62	63	64	65	66	67	68	69	70	71	72
槽号	下层		17		16		15		14		13		12		11		10		9		8		7		6
	上层	31		30		29		28		27		26		25		24		23		22		21		20	
嵌线顺序		73	74	75	76	77	78	79	80	81	82	83	84	85	86	87	88	89	90	91	92	93	94	95	96
槽号	下层		5		4		3		2		1														
	上层	19		18		17		16		15		14	13	12	11	10	9	8	7	6	5	4	3	2	1

3. 绕组特点与应用　绕组显极式布线，是一路串联接线，但本例为 48 槽，每极相线圈数 8 个，而且吊边数较多，给嵌线造成一定困难。主要应用实例除国产的 JK1-133-2 和 JK-134-2 高速电动机外，还有 A102-2 异步电动机。

1.1.30　48 槽 2 极（$y=13$、$a=2$）双层叠式绕组

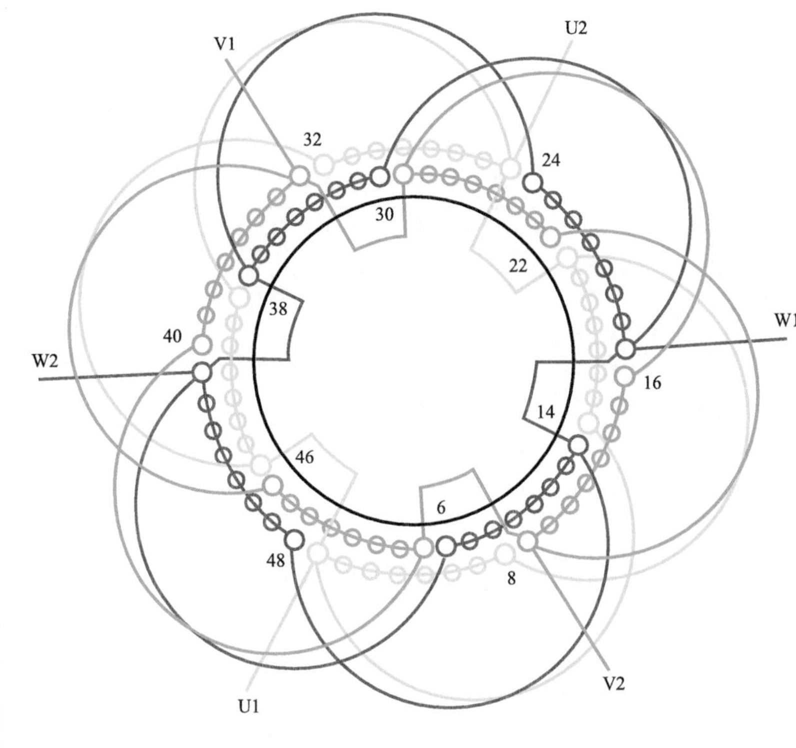

图　1.1.30

1. 绕组结构参数

定子槽数　$Z=48$　　每组圈数　$S=8$　　并联路数　$a=2$

电机极数　$2p=2$　　极相槽数　$q=8$　　线圈节距　$y=1—14$

总线圈数　$Q=48$　　绕组极距　$\tau=24$　　绕组系数　$K_{dp}=0.719$

线圈组数　$u=6$　　每槽电角　$\alpha=7.5°$

2. 嵌线方法　　嵌线采用交叠法，吊边数为 13。嵌线顺序见表 1.1.30。

表 1.1.30　交叠法

嵌线顺序		1	2	3	4	5	6	7	8	9	10	11	12	13	14	15	16	17	18
槽号	下层	48	47	46	45	44	43	42	41	40	39	38	37	36	35		34		33
	上层															48		47	
嵌线顺序		19	20	21	22	23	24	…			70	71	72	73	74	75	76	77	78
槽号	下层		32		31		30	…			7		6		5		4		3
	上层	46		45		44		…				20		19		18		17	
嵌线顺序		79	80	81	82	83	84	85	86	87	88	89	90	91	92	93	94	95	96
槽号	下层		2		1														
	上层	16		15		14	13	12	11	10	9	8	7	6	5	4	3	2	1

3. 绕组特点与应用　　绕组特点参考上例，而本例线圈节距缩短多，故绕组系数低。此外，采用两路并联接线，每相两组线圈应头与尾并接。主要应用实例有 A101-2 型及国产 JK-132-2、JK1-134-2 等高转速中型电动机。

1.1.31　48 槽 2 极（$y=16$）双层叠式绕组

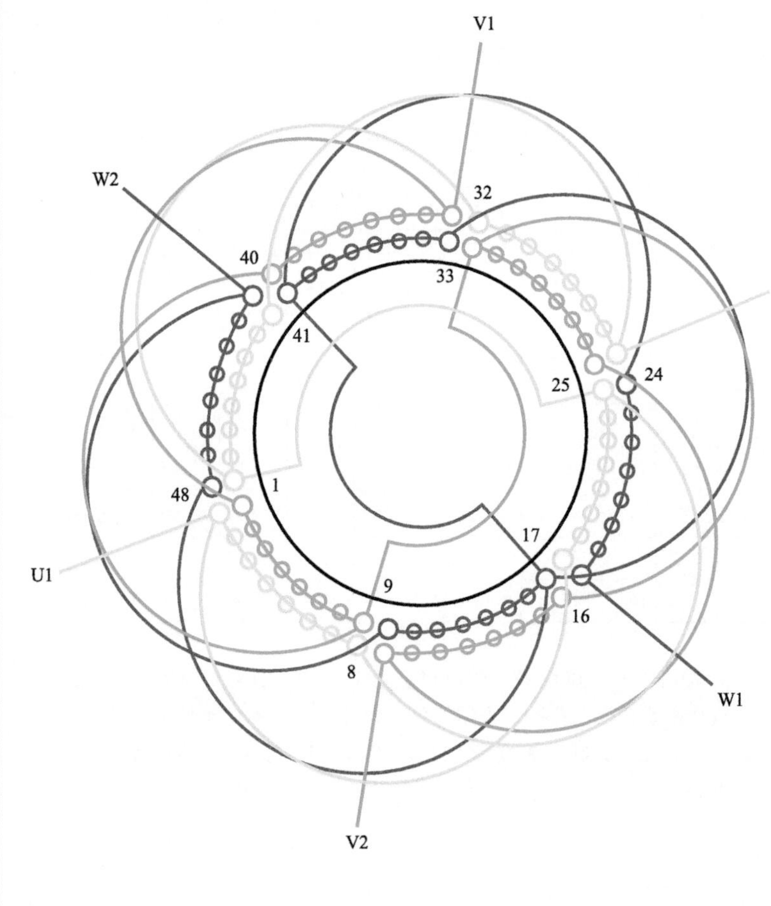

图　1.1.31

1. 绕组结构参数

定子槽数　$Z=48$　电机极数　$2p=2$　总线圈数　$Q=48$

线圈组数　$u=6$　每组圈数　$S=8$　极相槽数　$q=8$

绕组极距　$\tau=24$　线圈节距　$y=16$　并联路数　$a=1$

每槽电角　$\alpha=7.5°$　分布系数　$K_d=0.956$　节距系数　$K_p=0.866$

绕组系数　$K_{dp}=0.828$

2. 嵌线方法　　本例采用交叠法嵌线，吊边数为 16。嵌线顺序见表 1.1.31。

表 1.1.31　交叠法

嵌线顺序		1	2	3	4	5	6	7	8	9	10	11	12	13	14	15	16	17	18
槽号	下层	48	47	46	45	44	43	42	41	40	39	38	37	36	35	34	33	32	
	上层																		48
嵌线顺序		19	20	21	22		…		68	69	70	71	72	73	74	75	76	77	78
槽号	下层	31		30			…			6		5		4		3		2	
	上层		47		46		…		23		22		21		20		19		18
嵌线顺序		79	80	81	82	83	84	85	86	87	88	89	90	91	92	93	94	95	96
槽号	下层	1																	
	上层		17	16	15	14	13	12	11	10	9	8	7	6	5	4	3	2	1

3. 绕组特点与应用　　本例双叠绕组每相有两组线圈，每组由 8 个线圈串联而成；接线时同相两线圈组极性相反，即反向串联。由于定子槽数较多，嵌线有一定难度，但因选用的节距较短，使吊边数减至极距的 2/3，故相应地减少嵌线的困难。此绕组通常用于内腔较大的中型电机，主要应用实例有 JB710M2-2 高效率三相异步电动机等。

1.1.32 48 槽 2 极($y=16$、$a=2$)双层叠式绕组

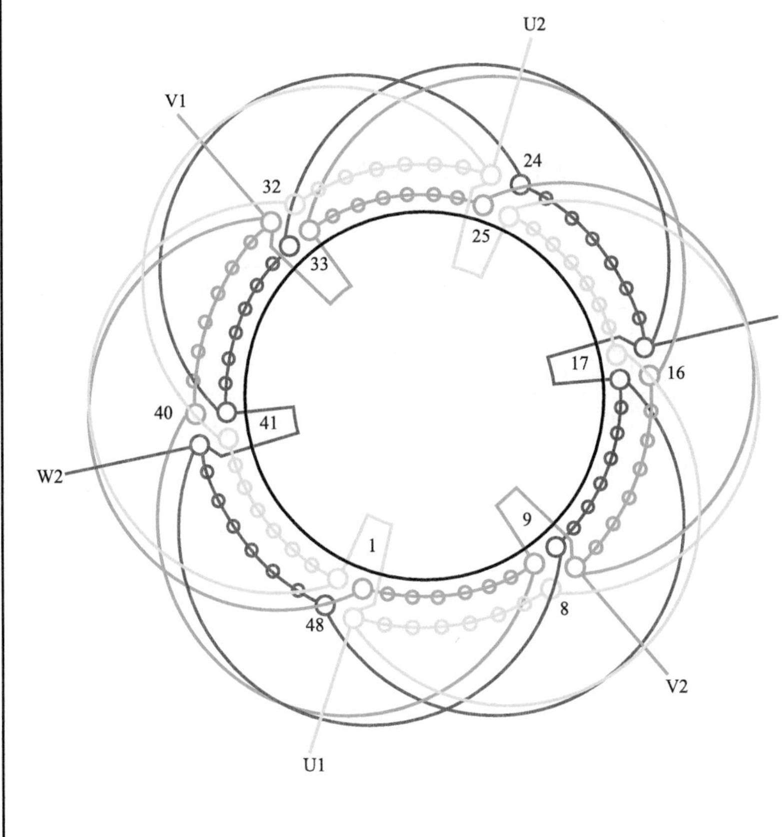

图 1.1.32

1. 绕组结构参数

定子槽数 $Z=48$　电机极数 $2p=2$　总线圈数 $Q=48$

线圈组数 $u=6$　每组圈数 $S=8$　极相槽数 $q=8$

绕组极距 $\tau=24$　线圈节距 $y=16$　并联路数 $a=2$

每槽电角 $\alpha=7.5°$　分布系数 $K_d=0.956$　节距系数 $K_p=0.866$

绕组系数 $K_{dp}=0.828$

2. 嵌线方法　绕组采用交叠法嵌线，需吊边数为 16。嵌线顺序见表 1.1.32。

表 1.1.32 交叠法

嵌线顺序		1	2	3	4	5	6	7	8	9	10	11	12	13	14	15	16	17	18
槽号	下层	8	7	6	5	4	3	2	1	48	47	46	45	44	43	42	41	40	
	上层																		8

嵌线顺序		19	20	21	22	23	24	25	26	27	…	73	74	75	76	77	78
槽号	下层	39		38		37		36		35	…	12		11		10	
	上层		7		6		5		4		…		28		27		26

嵌线顺序		79	80	81	82	83	84	85	86	87	88	89	90	91	92	93	94	95	96
槽号	下层	9																	
	上层		25	24	23	22	21	20	19	18	17	16	15	14	13	12	11	10	9

3. 绕组特点与应用　本绕组属 2 极电动机中槽数较多的绕组，虽然采用较短的正常节距，由于槽数多，嵌线吊边仍有 16 个之多，故给嵌线带来困难，好在这种电动机的定子内腔一般都较大，从而减小了嵌线难度。主要应用实例有 YB-355S1-2 电动机。

1.1.33 48 槽 2 极($y=17$)双层叠式绕组

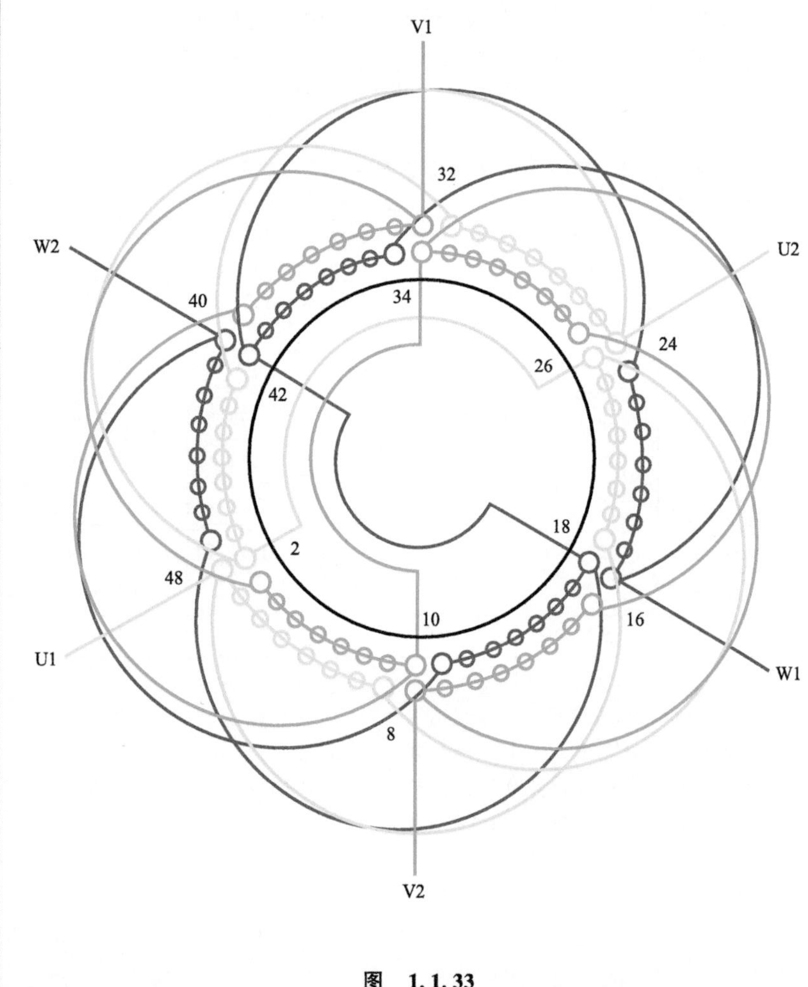

图 1.1.33

1. 绕组结构参数

定子槽数 $Z=48$　电机极数 $2p=2$　总线圈数 $Q=48$
线圈组数 $u=6$　每组圈数 $S=8$　极相槽数 $q=8$
绕组极距 $\tau=24$　线圈节距 $y=17$　并联路数 $a=1$
每槽电角 $\alpha=7.5°$　分布系数 $K_d=0.956$　节距系数 $K_p=0.897$
绕组系数 $K_{dp}=0.858$

2. 嵌线方法　绕组采用交叠法嵌线，吊边数为 17。嵌线顺序见表 1.1.33。

表 1.1.33 交叠法

嵌线顺序		1	2	3	4	5	6	7	8	9	10	11	12	13	14	15	16	17	18
槽号	下层	8	7	6	5	4	3	2	1	48	47	46	45	44	43	42	41	40	39
	上层																		
嵌线顺序		19	20	21	22	23	24	25		…		71	72	73	74	75	76	77	78
槽号	下层		38		37		36			…			12		11		10		9
	上层	8		7		6		5		…		30		29		28		27	
嵌线顺序		79	80	81	82	83	84	85	86	87	88	89	90	91	92	93	94	95	96
槽号	下层																		
	上层	26	25	24	23	22	21	20	19	18	17	16	15	14	13	12	11	10	9

3. 绕组特点与应用　绕组选用节距较上例增加 1 槽，故嵌线吊边数也增加 1 边。即嵌线难度稍有增加。此绕组为 2 极，每相由两八联组反极性串联而成。由于 2 极电动机线圈节距大而吊边多，故此绕组常用于定子内腔较大的中型电机，故实际应用不多。本例取自 JO2L-93-2 三相异步电动机的重绕实例。

1.1.34　48 槽 2 极($y=17$、$a=2$)双层叠式绕组

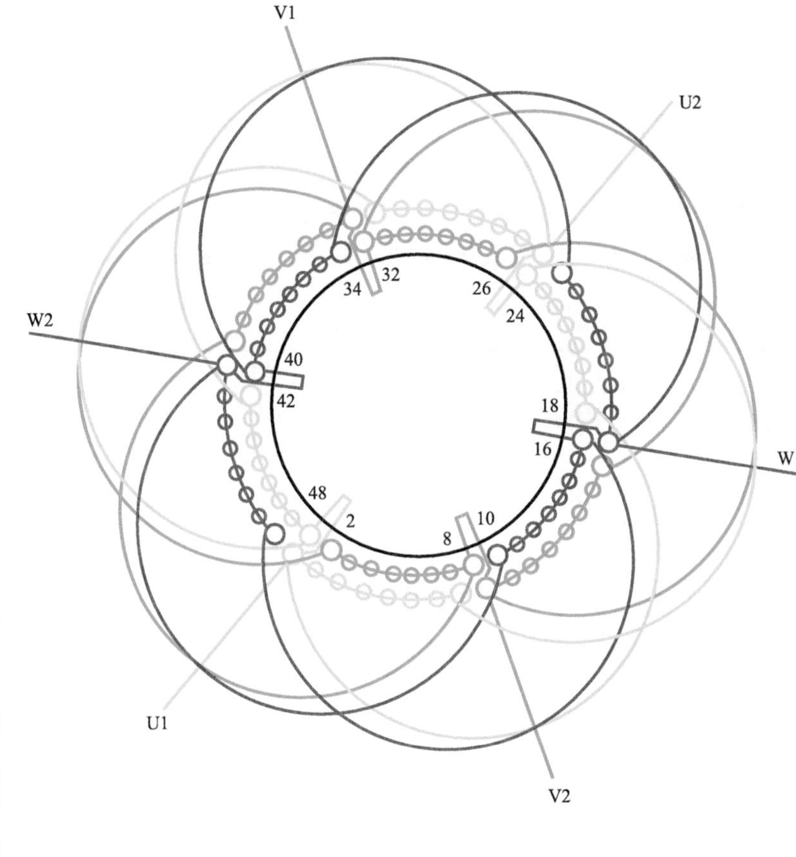

图　1.1.34

1. 绕组结构参数

定子槽数	$Z=48$	每组圈数	$S=8$	并联路数	$a=2$
电机极数	$2p=2$	极相槽数	$q=8$	分布系数	$K_d=0.956$
总线圈数	$Q=48$	绕组极距	$\tau=24$	节距系数	$K_p=0.897$
线圈组数	$u=6$	线圈节距	$y=17$	绕组系数	$K_{dp}=0.858$

2. 嵌线方法　采用交叠法嵌线，吊边数为 17。嵌线顺序见表 1.1.34。

表 1.1.34　交叠法

嵌线顺序		1	2	3	4	5	6	7	8	9	10	11	12	13	14	15	16	17	18	19	20	21	22	23	24
槽号	下层	48	47	46	45	44	43	42	41	40	39	38	37	36	35	34	33	32	31		30		29		28
	上层																			48		47		46	
嵌线顺序		25	26	27	28	29	30	31	32	33	34	35	36	37	38	39	40	41	42	43	44	45	46	47	48
槽号	下层		27		26		25		24		23		22		21		20		19		18		17		16
	上层	45		44		43		42		41		40		39		38		37		36		35		34	
嵌线顺序		49	50	51	52	53	54	55	56	57	58	59	60	61	62	63	64	65	66	67	68	69	70	71	72
槽号	下层		15		14		13		12		11		10		9		8		7		6		5		4
	上层	33		32		31		30		29		28		27		26		25		24		23		22	
嵌线顺序		73	74	75	76	77	78	79	80	81	82	83	84	85	86	87	88	89	90	91	92	93	94	95	96
槽号	下层		3		2		1																		
	上层	21		20		19		18	17	16	15	14	13	12	11	10	9	8	7	6	5	4	3	2	1

3. 绕组特点与应用　绕组采用正常的较短节距，由于槽数多，嵌绕 2 极时吊边数多，故一般只用于定子内腔较大的中大型电机。主要应用实例有 Y315M1-2 三相异步电动机等。

1.2　三相双层叠式 4 极绕组布线接线图

4 极电动机是各行各业中使用得最广泛的电机品种，其工作额定转速为 1400~1480r/min。4 极绕组主要应用于定子绕组，但在绕线式转子中也有个别应用案例。本节内容主要包括系列电动机产品规格，收入绕组布线接线图 51 例。

1.2.1　24 槽 4 极($y=5$)双层叠式绕组

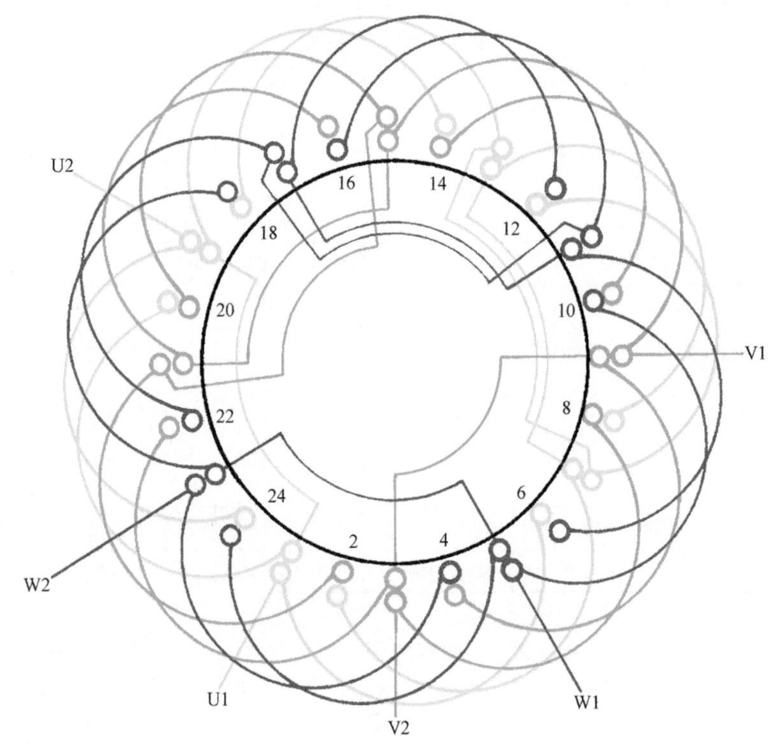

图　1.2.1

1. 绕组结构参数

定子槽数　$Z=24$　每组圈数　$S=2$　并联路数　$a=1$

电机极数　$2p=4$　极相槽数　$q=2$　分布系数　$K_d=0.966$

总线圈数　$Q=24$　绕组极距　$\tau=6$　节距系数　$K_p=0.966$

线圈组数　$u=12$　线圈节距　$y=5$　绕组系数　$K_{dp}=0.933$

2. 嵌线方法　　绕组采用交叠法嵌线，需吊边 5 个，嵌线顺序见表 1.2.1。

表 1.2.1　交叠法

嵌线顺序		1	2	3	4	5	6	7	8	9	10	11	12	13	14	15	16	17	18	19	20	21	22	23	24
槽号	下层	24	23	22	21	20	19		18		17		16		15		14		13		12		11		10
	上层							24		23		22		21		20		19		18		17		16	
嵌线顺序		25	26	27	28	29	30	31	32	33	34	35	36	37	38	39	40	41	42	43	44	45	46	47	48
槽号	下层		9		8		7		6		5		4		3		2		1						
	上层	15		14		13		12		11		10		9		8		7		6	5	4	3	2	1

3. 绕组特点与应用　　本例为节距缩短 1 槽的短距绕组。每相由 4 个双联线圈组构成，采用一路串联，故同相相邻线圈组间极性要相反，即接线时组间要求“尾与尾”或“头与头”相接。此绕组是双层叠绕 4 极绕组最常用布接线的基本型式。主要应用实例有 JO-21-4 三相异步电动机的定子绕组、YR-132M1-4 三相异步电动机的转子绕组等。

1.2.2 24 槽 4 极（$y=5$、$a=2$）双层叠式绕组

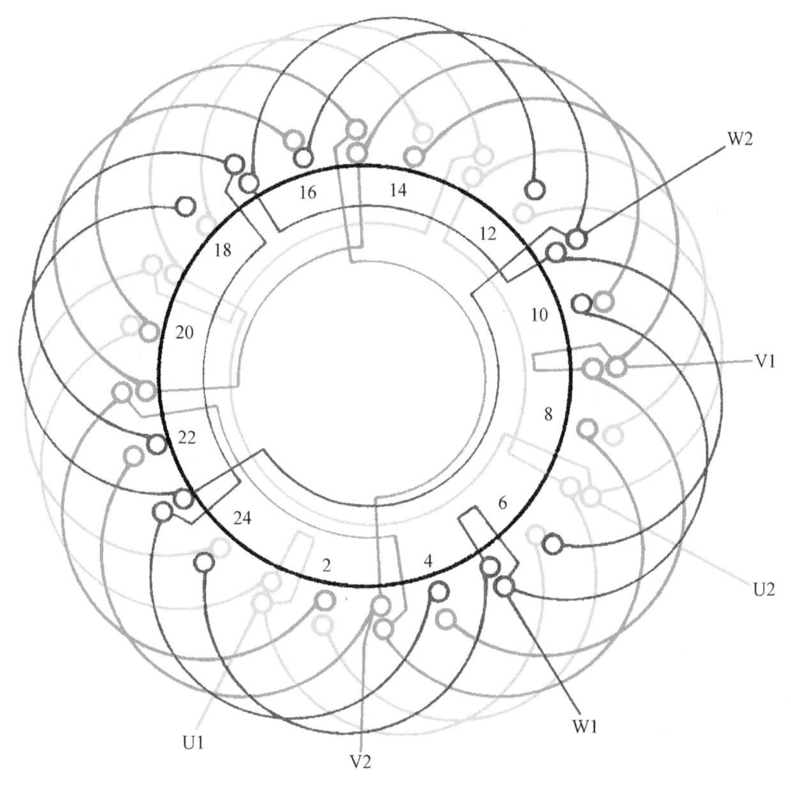

图 1.2.2

1. 绕组结构参数

定子槽数	$Z=24$	每组圈数	$S=2$	并联路数	$a=2$
电机极数	$2p=4$	极相槽数	$q=2$	分布系数	$K_d=0.966$
总线圈数	$Q=24$	绕组极距	$\tau=6$	节距系数	$K_p=0.966$
线圈组数	$u=12$	线圈节距	$y=5$	绕组系数	$K_{dp}=0.933$

2. 嵌线方法　　采用交叠法嵌线，吊边数为 5。嵌线顺序如表 1.2.2。

表 1.2.2　交叠法

嵌线顺序		1	2	3	4	5	6	7	8	9	10	11	12	13	14	15	16
槽号	下层	2	1	24	23	22	21		20		19		18		17		16
	上层							2		1		24		23		22	
嵌线顺序		17	18	19	20	21	22	23	24	25	26	27	28	29	30	31	32
槽号	下层		15		14		13		12		11		10		9		8
	上层	21		20		19		18		17		16		15		14	
嵌线顺序		33	34	35	36	37	38	39	40	41	42	43	44	45	46	47	48
槽号	下层		7		6		5		4		3						
	上层	13		12		11		10		9		8	7	6	5	4	3

3. 绕组特点与应用　　绕组布线同上例，但接线为两路并联，并采用反向走线短跳连接，即进线后分左、右两路接线，每路由两组线圈反极性串联而成，但必须保持同相相邻线圈极性相反的原则。此绕组主要应用于转子，实例有 YR-160L-4 三相绕线型电动机的转子绕组。

1.2.3　30 槽 4 极($y=6$)双层叠式绕组

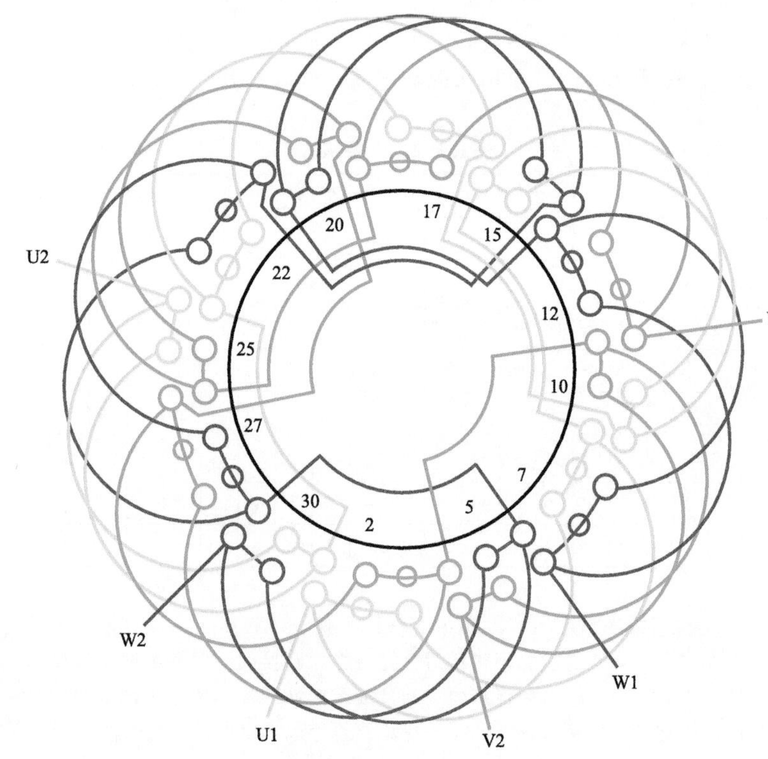

图　1.2.3

1. 绕组结构参数

定子槽数　$Z=30$　　每组圈数　$S=2\frac{1}{2}$　　并联路数　$a=1$

电机极数　$2p=4$　　极相槽数　$q=2\frac{1}{2}$　　线圈节距　$y=6$

总线圈数　$Q=30$　　绕组极距　$\tau=7\frac{1}{2}$　　分布系数　$K_d=0.957$

线圈组数　$u=12$　　每槽电角　$\alpha=24°$　　节距系数　$K_p=0.951$

绕组系数　$K_{dp}=0.91$

2. 嵌线方法　　采用交叠法嵌线，吊边数为 6。嵌线顺序见表 1.2.3。

表 1.2.3　交叠法

嵌线顺序		1	2	3	4	5	6	7	8	9	10	11	12	13	14	15	16	17	18	19	20
槽号	下层	3	2	1	30	29	28	27		26		25		24		23		22		21	
	上层								3		2		1		30		29		28		27

嵌线顺序		21	22	23	24	25	26	27	28	29	30	31	32	33	34	35	36	37	38	39	40
槽号	下层	20		19		18		17		16		15		14		13		12		11	
	上层		26		25		24		23		22		21		20		19		18		17

嵌线顺序		41	42	43	44	45	46	47	48	49	50	51	52	53	54	55	56	57	58	59	60
槽号	下层	10		9		8		7		6		5		4							
	上层		16		15		14		13		12		11		10	9	8	7	6	5	4

3. 绕组特点与应用　　本例是分数槽绕组，每组线圈由双、三圈联组成，每相 4 组大小联交替分布，因是显极，接线时要使相邻同相线圈组极性相反。此绕组在国产系列无实例，可用于 30 槽 4 极的改绕。

1.2.4 36 槽 4 极($y=7$)双层叠式绕组

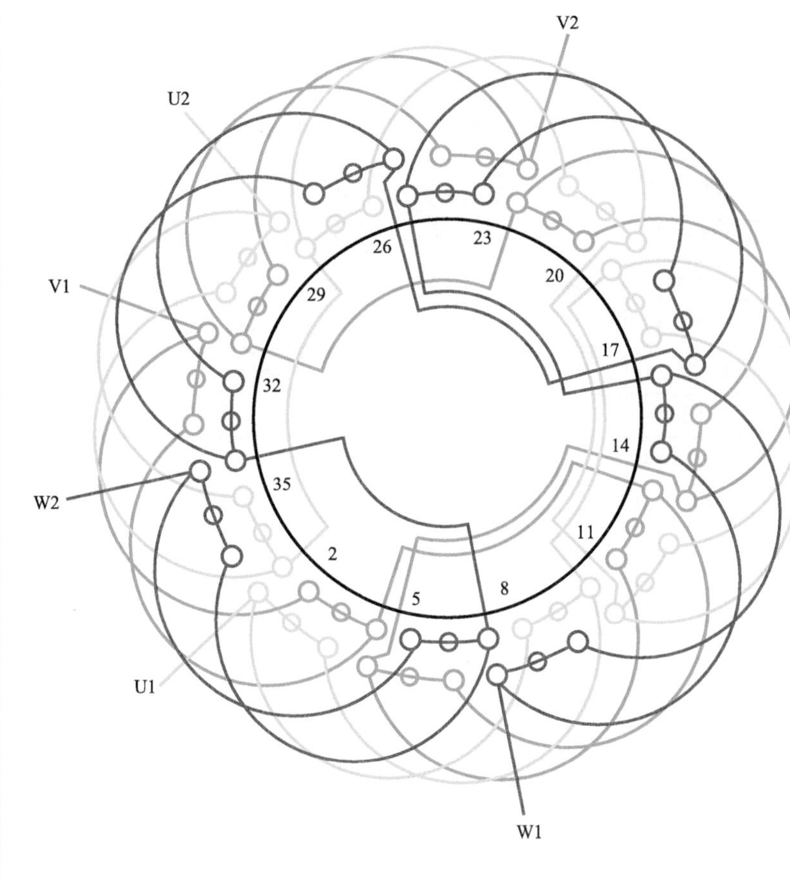

图 1.2.4

1. 绕组结构参数

定子槽数 $Z=36$ 每组圈数 $S=3$ 并联路数 $a=1$

电机极数 $2p=4$ 极相槽数 $q=3$ 分布系数 $K_d=0.96$

总线圈数 $Q=36$ 绕组极距 $\tau=9$ 节距系数 $K_p=0.94$

线圈组数 $u=12$ 线圈节距 $y=7$ 绕组系数 $K_{dp}=0.902$

2. 嵌线方法 采用交叠法嵌线，吊边数为 7。嵌线顺序见表 1.2.4。

表 1.2.4 交叠法

嵌线顺序		1	2	3	4	5	6	7	8	9	10	11	12	13	14	15	16	17	18
槽号	下层	36	35	34	33	32	31	30	29		28		27		26		25		24
	上层									36		35		34		33		32	
嵌线顺序		19	20	21	22	23	24	25	26	27	28	29	30	31	32	33	34	35	36
槽号	下层		23		22		21		20		19		18		17		16		15
	上层	31		30		29		28		27		26		25		24		23	
嵌线顺序		37	38	39	40	41	42	43	44	45	46	47	48	49	50	51	52	53	54
槽号	下层		14		13		12		11		10		9		8		7		6
	上层	22		21		20		19		18		17		16		15		14	
嵌线顺序		55	56	57	58	59	60	61	62	63	64	65	66	67	68	69	70	71	72
槽号	下层		5		4		3		2		1								
	上层	13		12		11		10		9		8	7	6	5	4	3	2	1

3. 绕组特点与应用 此为 4 极电动机常用的典型绕组方案。绕组结构特点参考下例。主要应用实例有 JO2-62-4 异步电动机、AX-320(AT-320)、AX1-500(AB-500)、ZHJ-300 等直流弧焊机拖动用三相异步电动机。

1.2.5　36 槽 4 极（$y=7$、$a=2$）双层叠式绕组

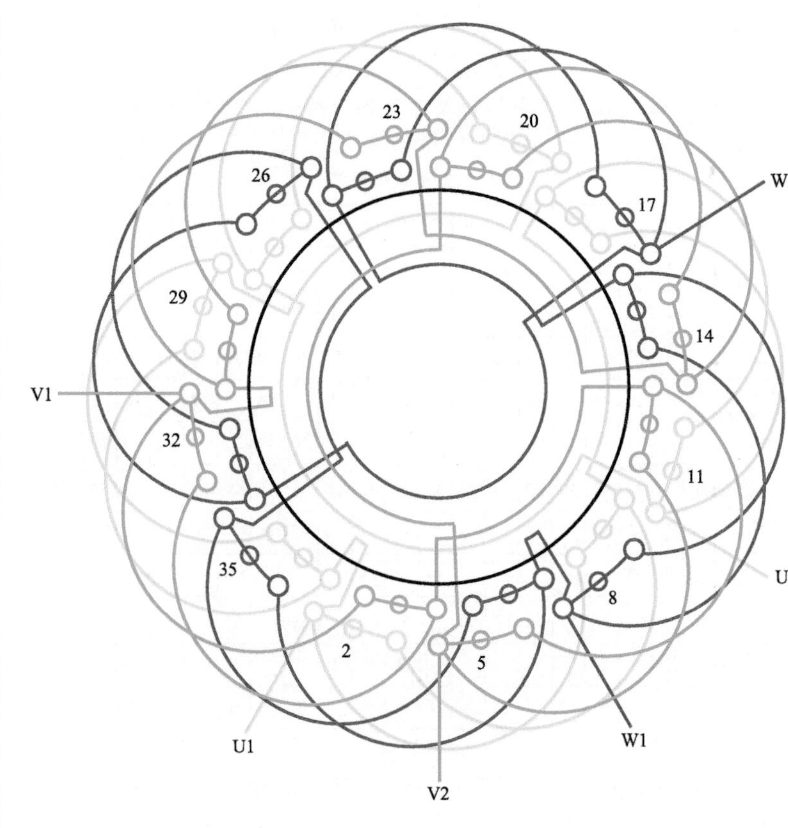

图　1.2.5

1. 绕组结构参数

定子槽数	$Z=36$	每组圈数	$S=3$	并联路数	$a=2$
电机极数	$2p=4$	极相槽数	$q=3$	分布系数	$K_d=0.96$
总线圈数	$Q=36$	绕组极距	$\tau=9$	节距系数	$K_p=0.94$
线圈组数	$u=12$	线圈节距	$y=7$	绕组系数	$K_{dp}=0.902$

2. 嵌线方法　采用交叠法嵌线，吊边数为 7。嵌线顺序见表 1.2.5。

表 1.2.5　交叠法

嵌线顺序		1	2	3	4	5	6	7	8	9	10	11	12	13	14	15	16	17	18
槽号	下层	36	35	34	33	32	31	30	29		28		27		26		25		24
	上层									36		35		34		33		32	
嵌线顺序		19	20	21	22	23	24	25	…			47	48	49	50	51	52	53	54
槽号	下层		23		22		21		…				9		8		7		6
	上层	31		30		29		28	…			17		16		15		14	
嵌线顺序		55	56	57	58	59	60	61	62	63	64	65	66	67	68	69	70	71	72
槽号	下层		5		4		3		2		1								
	上层	13		12		11		10		9		8	7	6	5	4	3	2	1

3. 绕组特点与应用　本例是 4 极电动机最常用的绕组型式之一。每组有 3 只线圈，每相由 4 组线圈分两路并联而成，每一个支路由两个线圈组反极性短跳串联接线。主要应用实例有 J2-62-4、JO2-61-4 三相异步电动机及 AX1-500（AB-500）直流弧焊机拖动用交流电动机。

1.2.6 36 槽 4 极($y=7$、$a=4$)双层叠式绕组

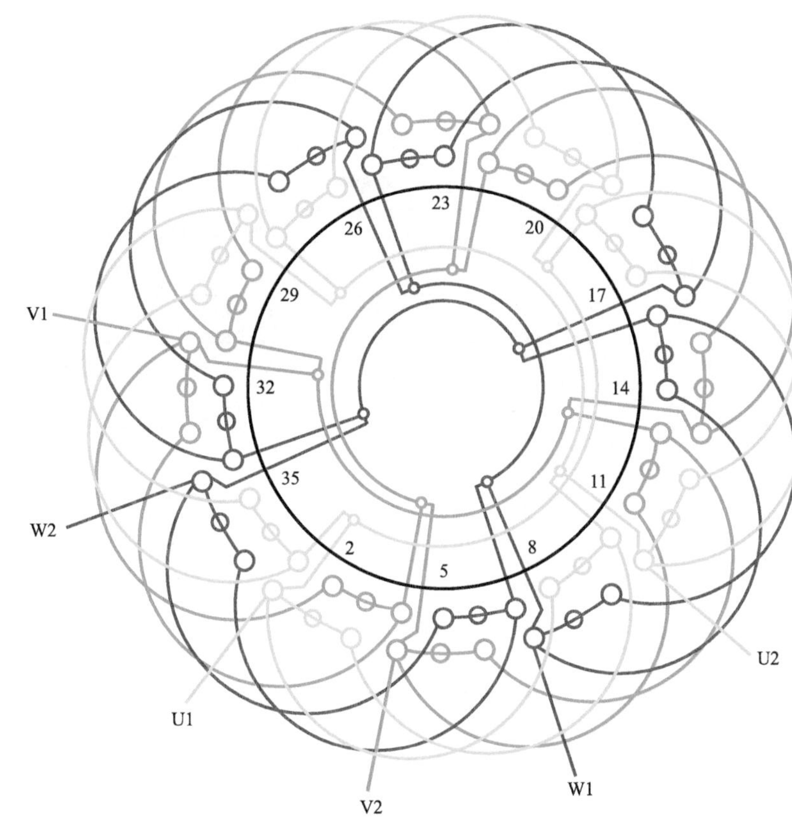

图 1.2.6

1. 绕组结构参数

定子槽数 $Z=36$　　每组圈数 $S=3$　　并联路数 $a=4$

电机极数 $2p=4$　　极相槽数 $q=3$　　分布系数 $K_d=0.96$

总线圈数 $Q=36$　　绕组极距 $\tau=9$　　节距系数 $K_p=0.94$

线圈组数 $u=12$　　线圈节距 $y=7$　　绕组系数 $K_{dp}=0.902$

2. 嵌线方法　　本例采用交叠法嵌线，吊边数为 7。嵌线顺序见表 1.2.6。

表 1.2.6　交叠法

嵌线顺序		1	2	3	4	5	6	7	8	9	10	11	12	13	14	15	16	17	18
槽号	下层	3	2	1	36	35	34	33	32		31		30		29		28		27
	上层									3		2		1		36		35	
嵌线顺序		19	20	21	22	23	24	25		…		47	48	49	50	51	52	53	54
槽号	下层		26		25		24			…			12		11		10		9
	上层	34		33		32		31		…		20		19		18		17	
嵌线顺序		55	56	57	58	59	60	61	62	63	64	65	66	67	68	69	70	71	72
槽号	下层		8		7		6		5		4								
	上层	16		15		14		13		12		11	10	9	8	7	6	5	4

3. 绕组特点与应用　　本例布线同上例，但采用四路并联。接线时可把每相绕组同相槽中的上下层线圈边引线分别并联，然后隔组(对面)将两组再分别并联；最后引出一相绕组头、尾出线，如图 1.2.6 所示。主要应用实例有 T2-200L-4 同步发电机及 JO-73-4 三相异步电动机等。

1.2.7 36 槽 4 极（$y=8$）双层叠式绕组

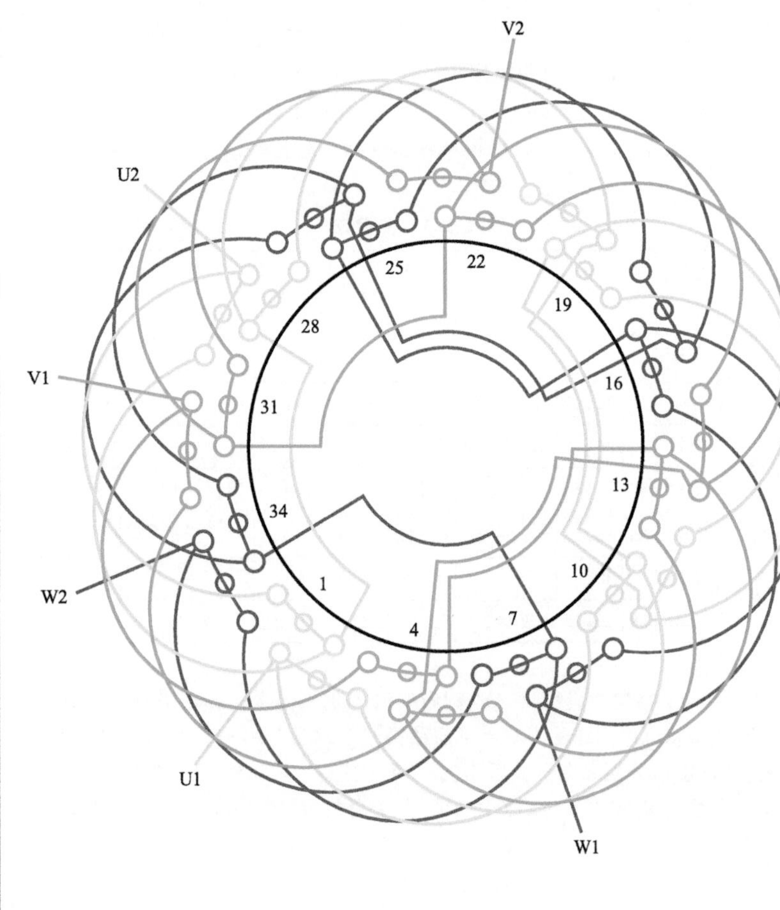

图 1.2.7

1. 绕组结构参数

定子槽数	$Z=36$	每组圈数	$S=3$	并联路数	$a=1$
电机极数	$2p=4$	极相槽数	$q=3$	分布系数	$K_d=0.96$
总线圈数	$Q=36$	绕组极距	$\tau=9$	节距系数	$K_p=0.985$
线圈组数	$u=12$	线圈节距	$y=8$	绕组系数	$K_{dp}=0.946$

2. 嵌线方法　　绕组采用交叠法嵌线，吊边数为 8。嵌线顺序见表 1.2.7。

表 1.2.7　交叠法

嵌线顺序		1	2	3	4	5	6	7	8	9	10	11	12	13	14	15	16	17	18
槽号	下层	36	35	34	33	32	31	30	29	28		27		26		25		24	
	上层										36		35		34		33		32
嵌线顺序		19	20	21	22	23	24	25	26	27	28	29	30	31	32	33	34	35	36
槽号	下层	23		22		21		20		19		18		17		16		15	
	上层		31		30		29		28		27		26		25		24		23
嵌线顺序		37	38	39	40	41	42	43	44	45	46	47	48	49	50	51	52	53	54
槽号	下层	14		13		12		11		10		9		8		7		6	
	上层		22		21		20		19		18		17		16		15		14
嵌线顺序		55	56	57	58	59	60	61	62	63	64	65	66	67	68	69	70	71	72
槽号	下层	5		4		3		2		1									
	上层		13		12		11		10		9	8	7	6	5	4	3	2	1

3. 绕组特点与应用　　本例布线同 1.2.4 节，但线圈节距增加 1 槽，绕组系数略为提高。主要应用实例有 J2-71-4 三相异步电动机及 YR-180M-4 绕线式异步电动机的转子绕组等。

1.2.8　36 槽 4 极（$y=8$、$a=2$）双层叠式绕组

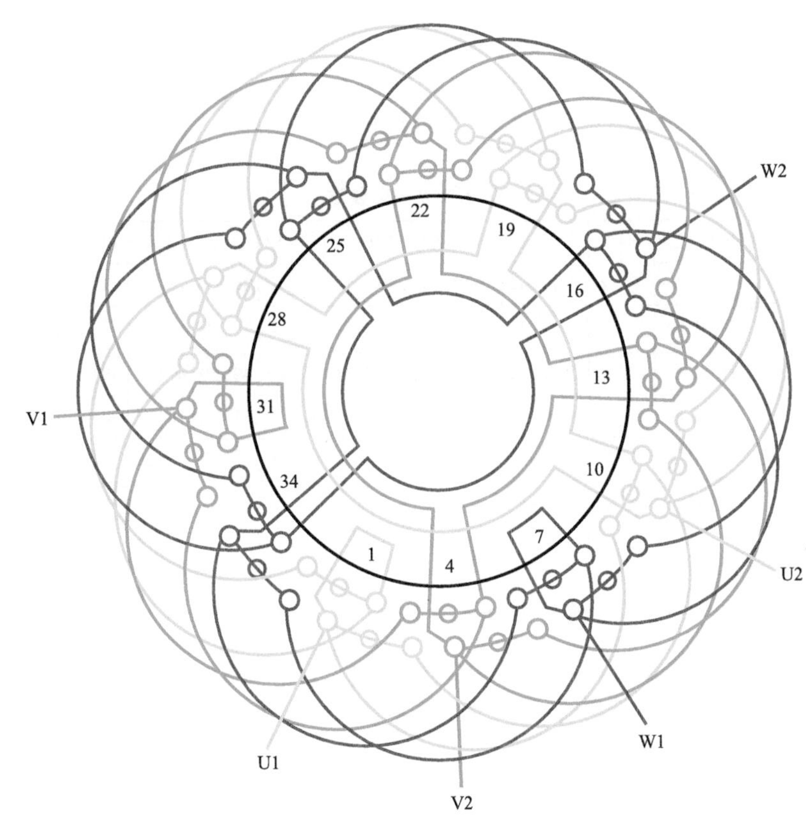

图　1.2.8

1. 绕组结构参数

定子槽数	$Z=36$	每组圈数	$S=3$	并联路数	$a=2$
电机极数	$2p=4$	极相槽数	$q=3$	分布系数	$K_d=0.96$
总线圈数	$Q=36$	绕组极距	$\tau=9$	节距系数	$K_p=0.985$
线圈组数	$u=12$	线圈节距	$y=8$	绕组系数	$K_{dp}=0.946$

2. 嵌线方法　采用交叠法嵌线，吊边数为 8。嵌线顺序见表 1.2.8。

表 1.2.8　交叠法

嵌线顺序		1	2	3	4	5	6	7	8	9	10	11	12	13	14	15	16	17	18
槽号	下层	36	35	34	33	32	31	30	29	28		27		26		25		24	
	上层										36		35		34		33		32
嵌线顺序		19	20	21	22	23		…		45	46	47	48	49	50	51	52	53	54
槽号	下层	23		22		21		…		10		9		8		7		6	
	上层		31		30			…			18		17		16		15		14
嵌线顺序		55	56	57	58	59	60	61	62	63	64	65	66	67	68	69	70	71	72
槽号	下层	5		4		3		2		1									
	上层		13		12		11		10		9	8	7	6	5	4	3	2	1

3. 绕组特点与应用　本例绕组每联由 3 个等距线圈顺串而成，每相 4 个联组，采用两路并联接线，每一个支路的两组线圈反向串联，并且在进线后分左、右两路长跳连接。主要应用实例有 JO2-72-4 三相异步电动机、YR-132M2-4 绕线式异步电动机等。

1.2.9　36 槽 4 极（$y=8$、$a=4$）双层叠式绕组

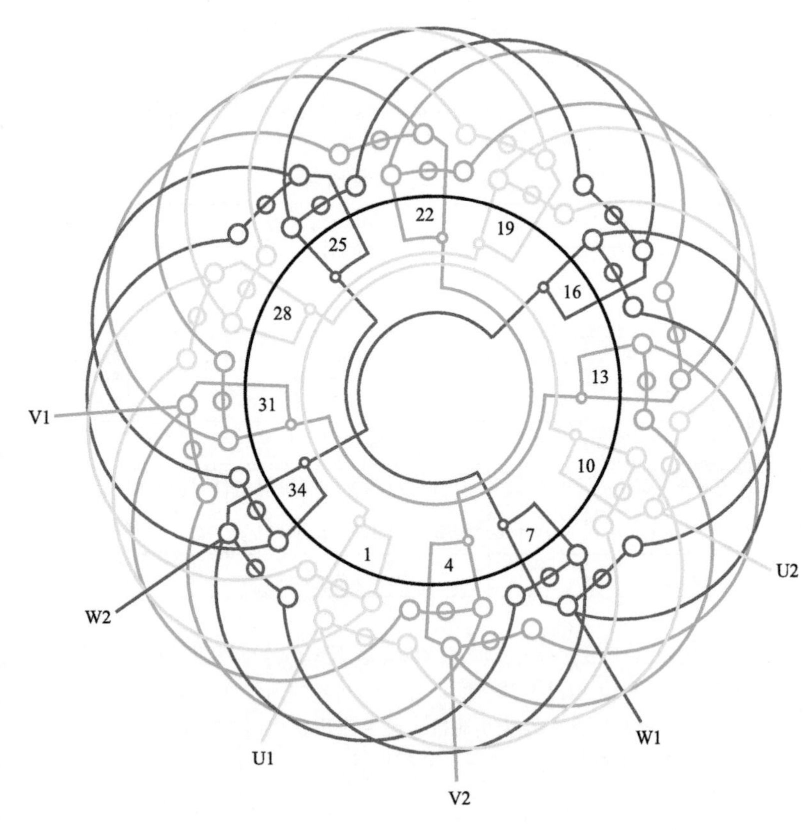

图　1.2.9

1. 绕组结构参数

定子槽数　$Z=36$　　每组圈数　$S=3$　　并联路数　$a=4$

电机极数　$2p=4$　　极相槽数　$q=3$　　分布系数　$K_d=0.96$

总线圈数　$Q=36$　　绕组极距　$\tau=9$　　节距系数　$K_p=0.985$

线圈组数　$u=12$　　线圈节距　$y=8$　　绕组系数　$K_{dp}=0.946$

2. 嵌线方法　　绕组采用交叠法嵌线，吊边数为 8。嵌线顺序见表 1.2.9。

表 1.2.9　交叠法

嵌线顺序		1	2	3	4	5	6	7	8	9	10	11	12	13	14	15	16	17	18
槽号	下层	3	2	1	36	35	34	33	32	31		30		29		28		27	
	上层										3		2		1		36		35

嵌线顺序		19	20	21	22	23	…	45	46	47	48	49	50	51	52	53	54
槽号	下层	26		25		24	…	13		12		11		10		9	
	上层		34		33		…		21		20		19		18		17

嵌线顺序		55	56	57	58	59	60	61	62	63	64	65	66	67	68	69	70	71	72
槽号	下层	8		7		6		5		4									
	上层		16		15		14		13		12	11	10	9	8	7	6	5	4

3. 绕组特点与应用　　绕组每相有 4 线圈组，设第 1 组进线端为头，将每相 1、3 组的头端和 2、4 组的尾端并联后引出相头；再将该相其余 4 个线头并联引出相尾。其余两相接线类推。本例绕组应用实例有 J2-72-4 三相异步电动机等。

1.2.10 36 槽 4 极($y=9$)双层叠式绕组

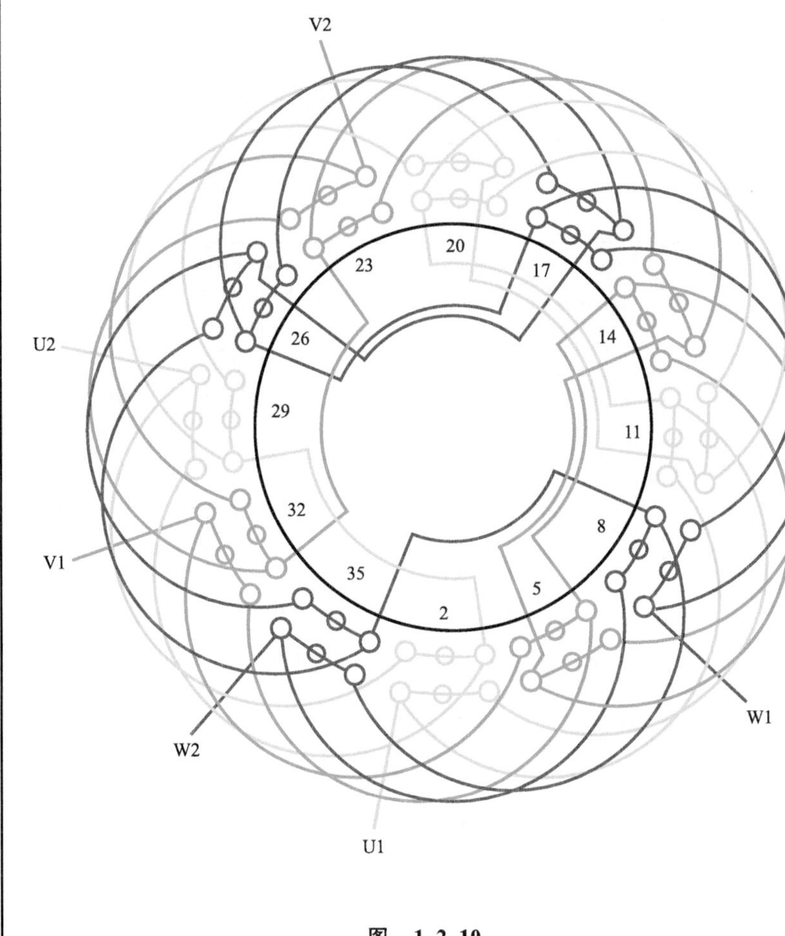

图 1.2.10

1. 绕组结构参数

定子槽数	$Z=36$	每组圈数	$S=3$	并联路数	$a=1$
电机极数	$2p=4$	极相槽数	$q=3$	分布系数	$K_d=0.96$
总线圈数	$Q=36$	绕组极距	$\tau=9$	节距系数	$K_p=1$
线圈组数	$u=12$	线圈节距	$y=9$	绕组系数	$K_{dp}=0.96$

2. 嵌线方法　采用交叠法嵌线，吊边数为 9。嵌线顺序见表 1.2.10。

表 1.2.10 交叠法

嵌线顺序		1	2	3	4	5	6	7	8	9	10	11	12	13	14	15	16	17	18
槽号	下层	3	2	1	36	35	34	33	32	31	30		29		28		27		26
	上层											3		2		1		36	
嵌线顺序		19	20	21	22	23	24	25	26	27	28	29	30	31	32	33	34	35	36
槽号	下层		25		24		23		22		21		20		19		18		17
	上层	35		34		33		32		31		30		29		28		27	
嵌线顺序		37	38	39	40	41	42	43	44	45	46	47	48	49	50	51	52	53	54
槽号	下层		16		15		14		13		12		11		10		9		8
	上层	26		25		24		23		22		21		20		19		18	
嵌线顺序		55	56	57	58	59	60	61	62	63	64	65	66	67	68	69	70	71	72
槽号	下层		7		6		5		4										
	上层	17		16		15		14		13	12	11	10	9	8	7	6	5	4

3. 绕组特点与应用　本例采用全节距，绕组系数高，但 3 次谐波分量大，而且线圈节距增加后吊边数多，给嵌线增加了难度。一般电动机极少采用，仅作为双绕组双速电动机配套的 4 极绕组。主要应用实例有 JWF-6/4 型双绕组双速电动机。

1.2.11 42 槽 4 极（$y=8$）双层叠式绕组

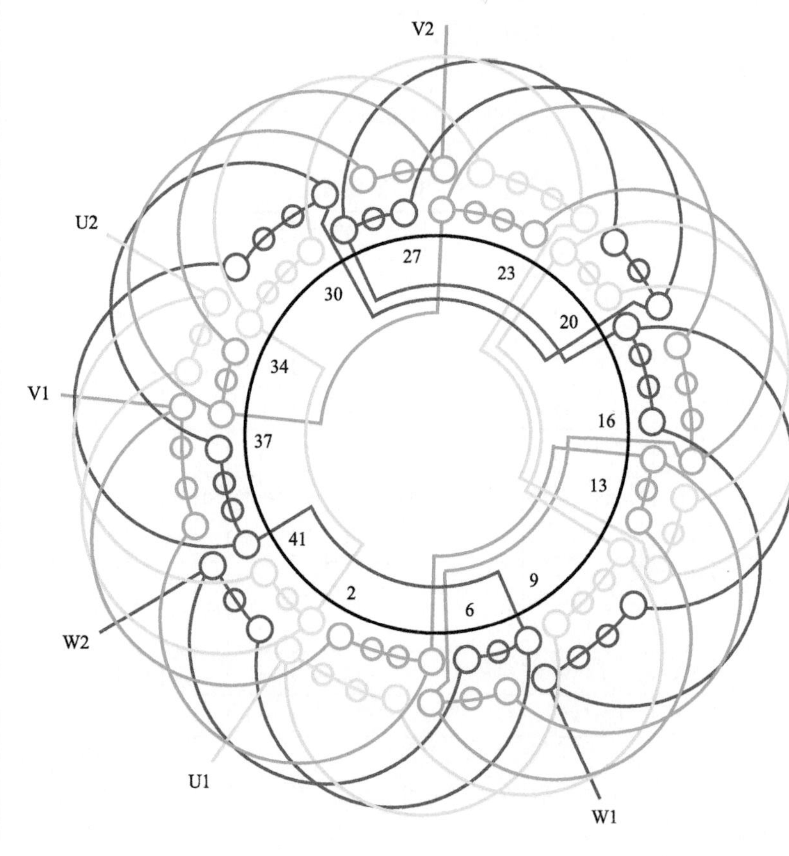

图 1.2.11

1. 绕组结构参数

定子槽数 $Z=42$　　每组圈数 $S=3\frac{1}{2}$　　并联路数 $a=1$

电机极数 $2p=4$　　极相槽数 $q=3\frac{1}{2}$　　分布系数 $K_d=0.956$

总线圈数 $Q=42$　　绕组极距 $\tau=10\frac{1}{2}$　　节距系数 $K_p=0.93$

线圈组数 $u=12$　　线圈节距 $y=8$　　绕组系数 $K_{dp}=0.889$

2. 嵌线方法　　绕组采用交叠法嵌线，吊边数为 8。嵌线顺序见表 1.2.11。

表 1.2.11　交叠法

嵌线顺序		1	2	3	4	5	6	7	8	9	10	11	12	13	14	15	16	17	18	19	20	21
槽号	下层	42	41	40	39	38	37	36	35	34		33		32		31		30		29		28
	上层										42		41		40		39		38		37	

嵌线顺序		22	23	24	25	26	27	28	29	30	31	32	33	34	35	36	37	38	39	40	41	42
槽号	下层		27		26		25		24		23		22		21		20		19		18	
	上层	36		35		34		33		32		31		30		29		28		27		26

嵌线顺序		43	44	45	46	47	48	49	50	51	52	53	54	55	56	57	58	59	60	61	62	63
槽号	下层	17		16		15		14		13		12		11		10		9		8		7
	上层		25		24		23		22		21		20		19		18		17		16	

嵌线顺序		64	65	66	67	68	69	70	71	72	73	74	75	76	77	78	79	80	81	82	83	84
槽号	下层		6		5		4		3		2		1									
	上层	15		14		13		12		11		10		9	8	7	6	5	4	3	2	1

3. 绕组特点与应用　　此绕组是分数槽布线方案，每组由 3、4 圈组成，线圈分布的循环规律为 4　3　4　3　4　3。此型式在一般电动机中没有应用，仅用于小型同步发电机电枢绕组。

1.2.12　45 槽 4 极($y=9$)双层叠式绕组

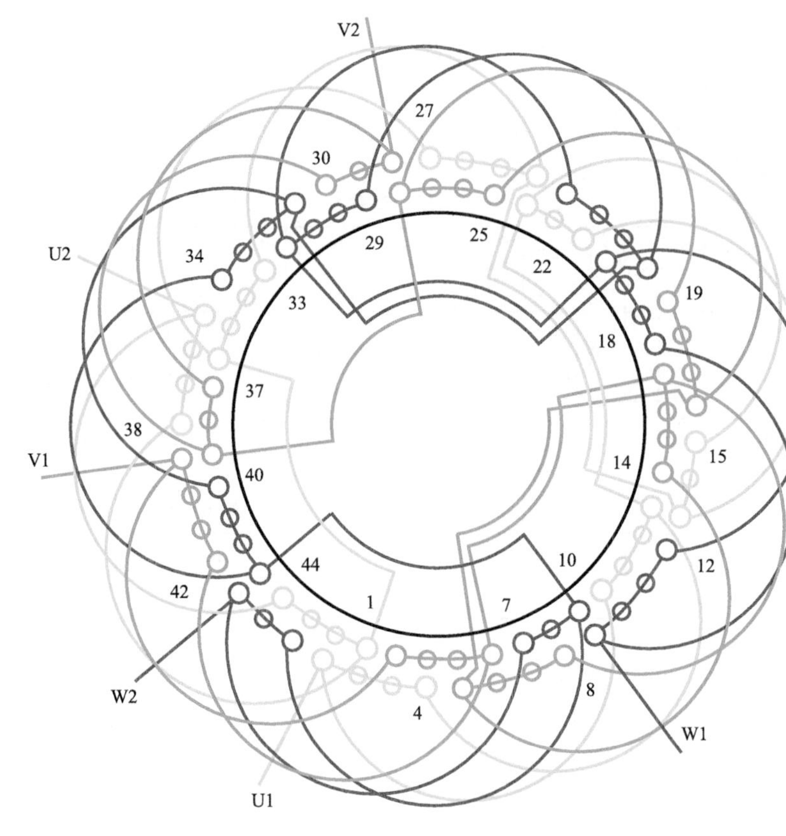

图　1.2.12

1. 绕组结构参数

定子槽数	$Z=45$	每组圈数	$S=3\frac{3}{4}$	并联路数	$a=1$
电机极数	$2p=4$	极相槽数	$q=3\frac{3}{4}$	分布系数	$K_d=0.955$
总线圈数	$Q=45$	绕组极距	$\tau=11\frac{1}{4}$	节距系数	$K_p=0.951$
线圈组数	$u=12$	线圈节距	$y=9$	绕组系数	$K_{dp}=0.908$
每槽电角	$\alpha=16°$				

2. 嵌线方法　　嵌线采用交叠法，吊边数为 9。嵌线顺序见表 1.2.12。

表 1.2.12　交叠法

嵌线顺序		1	2	3	4	5	6	7	8	9	10	11	12	13	14	15	16	17	18
槽号	下层	4	3	2	1	45	44	43	42	41	40		39		38		37		36
	上层											4		3		2		1	
嵌线顺序		19	20	21	22	23	24		···		64	65	66	67	68	69	70	71	72
槽号	下层		35		34		33		···		13		12		11		10		9
	上层	45		44		43			···			22		21		20		19	
嵌线顺序		73	74	75	76	77	78	79	80	81	82	83	84	85	86	87	88	89	90
槽号	下层		8		7		6		5										
	上层	18		17		16		15		14	13	12	11	10	9	8	7	6	5

3. 绕组特点与应用　　本例是分数槽绕组，每组由 3 圈联或 4 圈联组成，每相则由 3 个 4 圈联和 1 个 3 圈联按相邻极性相反的原则串联接线。此绕组在电动机中无实例，主要用于发电机，本例即取材于实修的小型水轮发电机。

1.2.13　48 槽 4 极($y=7$)双层叠式绕组

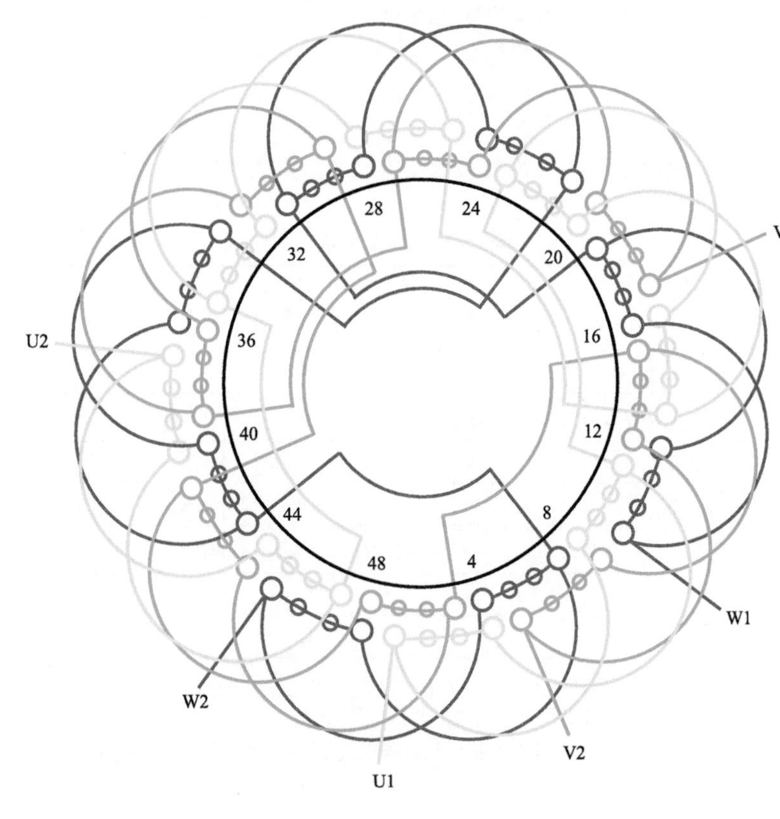

图　1.2.13

1. 绕组结构参数

定子槽数	$Z=48$	电机极数	$2p=4$	总线圈数	$Q=48$
线圈组数	$u=12$	每组圈数	$S=4$	极相槽数	$q=4$
绕组极距	$\tau=12$	线圈节距	$y=7$	并联路数	$a=1$
每槽电角	$\alpha=15°$	分布系数	$K_d=0.958$	节距系数	$K_p=0.793$
绕组系数	$K_{dp}=0.76$				

2. 嵌线方法　　本例采用交叠法嵌线，吊边数为 7。嵌线顺序见表 1.2.13。

表 1.2.13　交叠法

嵌线顺序		1	2	3	4	5	6	7	8	9	10	11	12	13	14	15	16	17	18
槽号	下层	4	3	2	1	48	47	46	45		44		43		42		41		40
	上层									4		3		2		1		48	
嵌线顺序		19	20	21	22		…		68	69	70	71	72	73	74	75	76	77	78
槽号	下层		39		38		…		15		14		13		12		11		10
	上层	47		46			…			22		21		20		19		18	
嵌线顺序		79	80	81	82	83	84	85	86	87	88	89	90	91	92	93	94	95	96
槽号	下层		9		8		7		6		5								
	上层	17		16		15		14		13		12	11	10	9	8	7	6	5

3. 绕组特点与应用　　绕组每相由 4 组线圈按反极性串联而成，每组线圈数为 4，而线圈选用的节距小于 2/3 极距，一般不常采用，但因节距短，嵌线吊边数少，故其工艺性较优；不过绕组系数就较低。主要应用实例有 KO-12-4 隔爆型三相异步电动机。

1.2.14　48 槽 4 极（$y=7$、$a=2$）双层叠式绕组

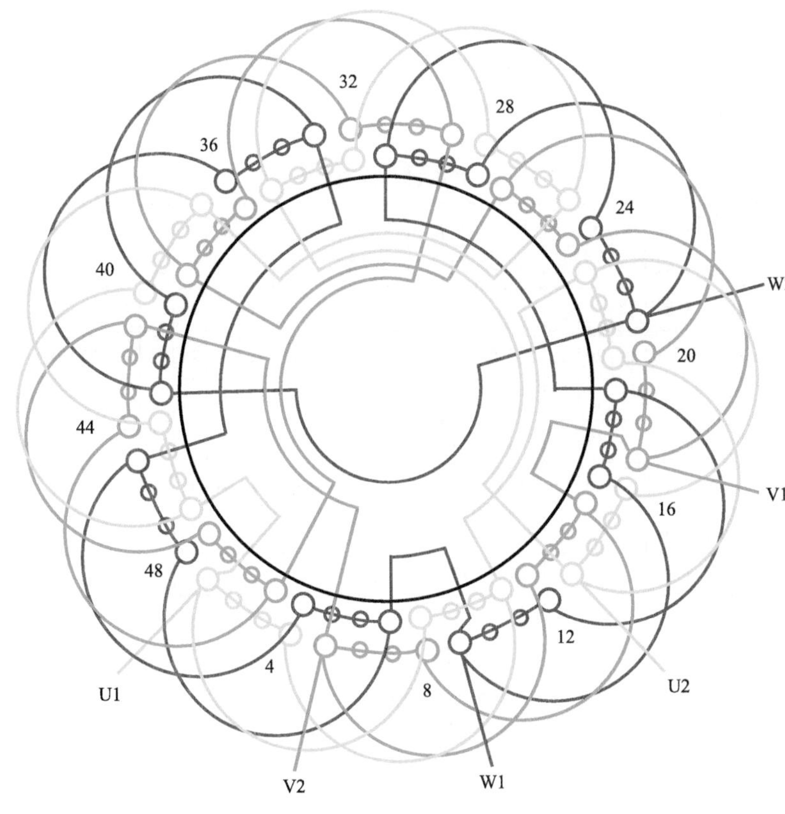

图　1.2.14

1. 绕组结构参数

定子槽数　$Z=48$　　电机极数　$2p=4$　　总线圈数　$Q=48$

线圈组数　$u=12$　　每组圈数　$S=4$　　极相槽数　$q=4$

绕组极距　$\tau=12$　　线圈节距　$y=7$　　并联路数　$a=2$

每槽电角　$\alpha=15°$　　分布系数　$K_d=0.958$　　节距系数　$K_p=0.793$

绕组系数　$K_{dp}=0.76$

2. 嵌线方法　本绕组采用交叠法嵌线，吊边数为 7。嵌线顺序见表 1.2.14。

表 1.2.14　交叠法

嵌线顺序	1	2	3	4	5	6	7	8	9	10	11	12	13	14	15	16	17	18
槽号 下层	8	7	6	5	4	3	2	1		48		47		46		45		44
槽号 上层									8		7		6		5		4	
嵌线顺序	19	20	21	22	23	24	25	…			71	72	73	74	75	76	77	78
槽号 下层		43		42		41		…				17		16		15		14
槽号 上层	3		2		1		48	…			25		24		23		22	
嵌线顺序	79	80	81	82	83	84	85	86	87	88	89	90	91	92	93	94	95	96
槽号 下层		13		12		11		10		9								
槽号 上层	21		20		19		18		17		16	15	14	13	12	11	10	9

3. 绕组特点与应用　本例绕组特点与上例相同，但采用两路并联接线，连接时，每相进线后向左右反向走线，但同相相邻两组线圈极性必须相反。此绕组实际应用也不多，仅见于 KO-22-4 隔爆型三相异步电动机。

1.2.15 *48 槽 4 极($y=8$)双层叠式绕组

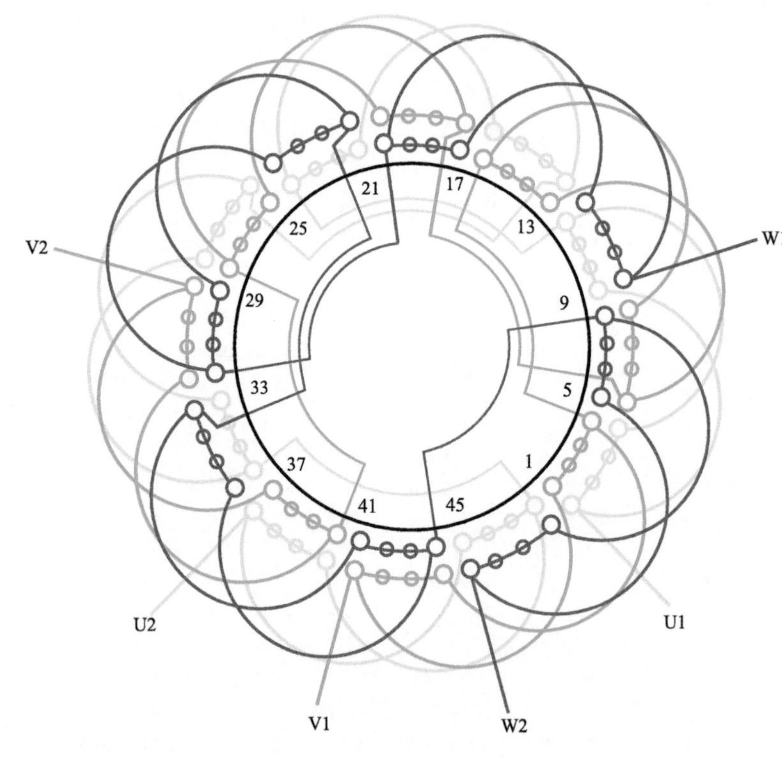

图 1.2.15

1. 绕组结构参数

定子槽数 $Z=48$　　每组圈数 $S=4$　　并联路数 $a=1$

电机极数 $2p=4$　　极相槽数 $q=4$　　分布系数 $K_d=0.958$

总线圈数 $Q=48$　　绕组极距 $\tau=12$　　节距系数 $K_p=0.866$

线圈组数 $u=12$　　线圈节距 $y=8$　　绕组系数 $K_{dp}=0.83$

2. 嵌线方法　双层叠式绕组宜用交叠法嵌线，嵌线吊边数为 8。嵌线顺序见表 1.2.15。

表 1.2.15　交叠法

嵌线顺序		1	2	3	4	5	6	7	8	9	10	11	12	13	14	15	16	17	18
槽号	下层	48	47	46	45	44	43	42	41	40		39		38		37		36	
	上层										48		47		46		45		44
嵌线顺序		19	20	21	22	23	24		…		70	71	72	73	74	75	76	77	78
槽号	下层	35		34		33			…			9		8		7		6	
	上层		43		42		41		…		18		17		16		15		14
嵌线顺序		79	80	81	82	83	84	85	86	87	88	89	90	91	92	93	94	95	96
槽号	下层	5		4		3		2		1									
	上层		13		12		11		10		9	8	7	6	5	4	3	2	1

3. 绕组特点与应用　本例是双层叠式绕组，由四联组构成，每相 4 组线圈按相邻反极性串联。线圈采用较短的节距，仅为极距的 2/3，是连续相带中的最小节距。由于节距短，嵌线吊边数也少，利于嵌线，但绕组系数则偏低。此绕组在标准系列中没有应用，仅作为改绕参考。

1.2.16 * 48 槽 4 极（$y=8$、$a=2$）双层叠式绕组

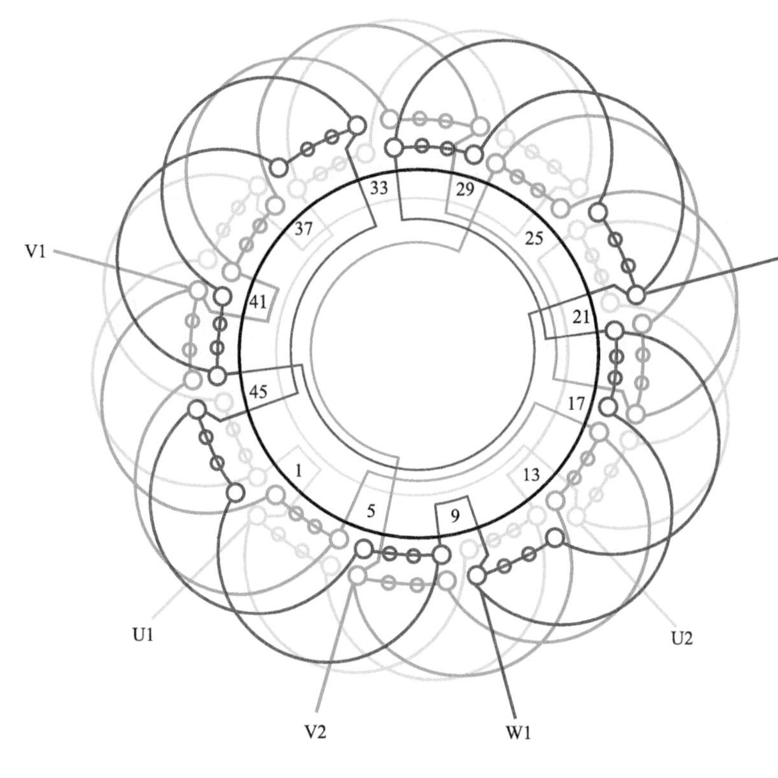

图 1.2.16

1. 绕组结构参数

定子槽数 $Z=48$ 每组圈数 $S=4$ 并联路数 $a=2$

电机极数 $2p=4$ 极相槽数 $q=4$ 分布系数 $K_d=0.958$

总线圈数 $Q=48$ 绕组极距 $\tau=12$ 节距系数 $K_p=0.866$

线圈组数 $u=12$ 线圈节距 $y=8$ 绕组系数 $K_{dp}=0.83$

2. 嵌线方法 本例是双层叠式绕组，嵌线采用交叠法，吊边数为 8。嵌线顺序见表 1.2.16。

表 1.2.16 交叠法

嵌线顺序		1	2	3	4	5	6	7	8	9	10	11	12	13	14	15	16	17	18
槽号	下层	48	47	46	45	44	43	42	41	40		39		38		37		36	
	上层										48		47		46		45		44
嵌线顺序		19	20	21	22	23	24		…		70	71	72	73	74	75	76	77	78
槽号	下层	35		34		33			…			9		8		7		6	
	上层		43		42		41		…		18		17		16		15		14
嵌线顺序		79	80	81	82	83	84	85	86	87	88	89	90	91	92	93	94	95	96
槽号	下层	5		4		3		2		1									
	上层		13		12		11		10		9	8	7	6	5	4	3	2	1

3. 绕组特点与应用 本例绕组结构与上例基本相同，但改用两路并联。每组由四联组构成，每相 4 组线圈分两个支路，每一个支路由相邻反极性的两组线圈串联而成，两个支路分别并接于电源。此绕组节距较短，故吊边数也相对较少，而利于嵌线；但绕组系数较低。此例在系列中应用不多，仅见表 YZR2-132M2-4 起重及冶金用三相异步电动机。

1.2.17 *48 槽 4 极（$y=8$、$a=4$）双层叠式绕组

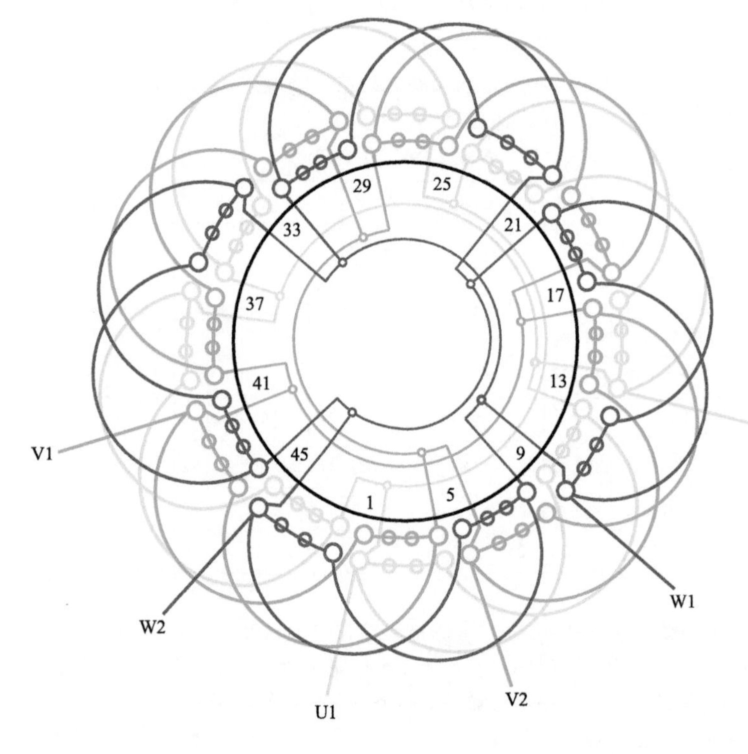

图 1.2.17

1. 绕组结构参数

定子槽数	$Z=48$	每组圈数	$S=4$	并联路数	$a=4$
电机极数	$2p=4$	极相槽数	$q=4$	分布系数	$K_d=0.958$
总线圈数	$Q=48$	绕组极距	$\tau=12$	节距系数	$K_p=0.866$
线圈组数	$u=12$	线圈节距	$y=8$	绕组系数	$K_{dp}=0.83$

2. 嵌线方法　本例绕组采用交叠法嵌线，吊边数为 8。嵌线顺序见表 1.2.17。

表 1.2.17　交叠法

嵌线顺序		1	2	3	4	5	6	7	8	9	10	11	12	13	14	15	16	17	18
槽号	下层	4	3	2	1	48	47	46	45	44		43		42		41		40	
	上层										4		3		2		1		48
嵌线顺序		19	20	21	22	23	24		…		70	71	72	73	74	75	76	77	78
槽号	下层	39		38		37			…			13		12		11		10	
	上层		47		46		45		…		22		21		20		19		18
嵌线顺序		79	80	81	82	83	84	85	86	87	88	89	90	91	92	93	94	95	96
槽号	下层	9		8		7		6		5									
	上层		17		16		15		14		13	12	11	10	9	8	7	6	5

3. 绕组特点与应用　本例是双层叠式绕组，每相有 4 组线圈，每组由 4 个线圈顺串连绕。而每组线圈为一个支路，故四路并联时每组线圈按相邻反方向并联接入电源。此绕组采用连续相带中的最小节距，其绕组系数偏低，但吊边数相对较少，而具有较好的工艺性。此绕组找不到实例，仅供改绕修理时选用。

1.2.18 *48 槽 4 极($y=9$)双层叠式绕组

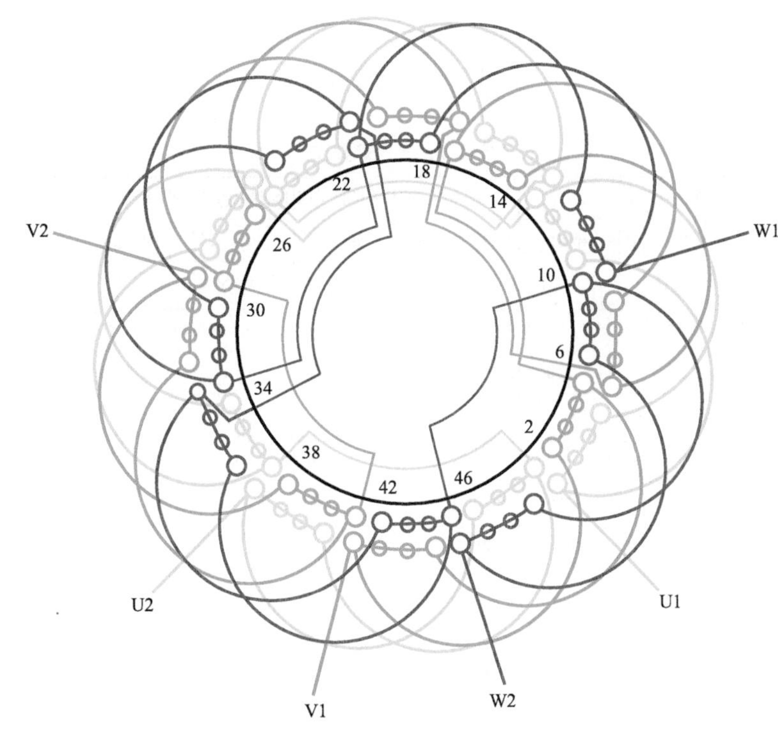

图 1.2.18

1. 绕组结构参数

定子槽数	$Z=48$	每组圈数	$S=4$	并联路数	$a=1$
电机极数	$2p=4$	极相槽数	$q=4$	分布系数	$K_d=0.958$
总线圈数	$Q=48$	绕组极距	$\tau=12$	节距系数	$K_p=0.924$
线圈组数	$u=12$	线圈节距	$y=9$	绕组系数	$K_{dp}=0.885$

2. 嵌线方法　本例是双层叠式绕组，嵌线采用交叠法，吊边数为 9。嵌线顺序见表 1.2.18。

表 1.2.18　交叠法

嵌线顺序		1	2	3	4	5	6	7	8	9	10	11	12	13	14	15	16	17	18
槽号	下层	48	47	46	45	44	43	42	41	40	39		38		37		36		35
	上层											48		47		46		45	
嵌线顺序		19	20	21	22	23	24	…			70	71	72	73	74	75	76	77	78
槽号	下层		34		33		32	…			9		8		7		6		5
	上层	44		43		42		……				18		17		16		15	
嵌线顺序		79	80	81	82	83	84	85	86	87	88	89	90	91	92	93	94	95	96
槽号	下层		4		3		2		1										
	上层	14		13		12		11		10	9	8	7	6	5	4	3	2	1

3. 绕组特点与应用　绕组由四联组构成，每相由 4 组线圈按反极性串联成一路。绕组节距较上例增加 1 槽，故绕组系数略有提高。此绕组实际应用也不多，查到的实例有老型号的 J-81-4 三相异步电动机。

1.2.19　48 槽 4 极（$y=9$、$a=2$）双层叠式绕组

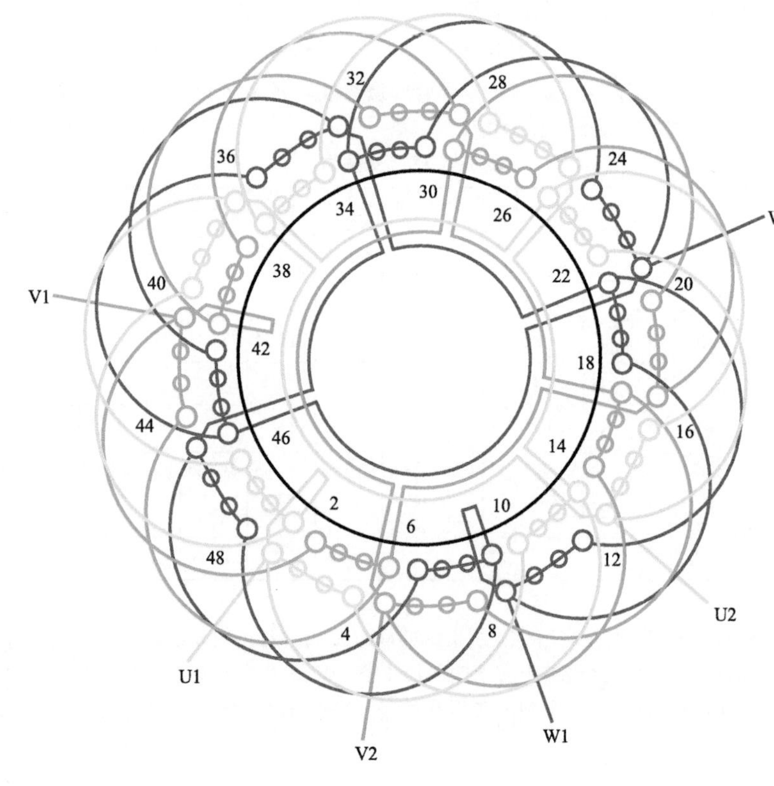

图　1.2.19

1. 绕组结构参数

定子槽数　$Z=48$　　每组圈数　$S=4$　　并联路数　$a=2$

电机极数　$2p=4$　　极相槽数　$q=4$　　分布系数　$K_d=0.958$

总线圈数　$Q=48$　　绕组极距　$\tau=12$　　节距系数　$K_p=0.924$

线圈组数　$u=12$　　线圈节距　$y=9$　　绕组系数　$K_{dp}=0.885$

2. 嵌线方法　　绕组采用交叠法嵌线，吊边数为 9。嵌线顺序见表 1.2.19。

表 1.2.19　交叠法

嵌线顺序		1	2	3	4	5	6	7	8	9	10	11	12	13	14	15	16	17	18	19	20	21	22	23	24
槽号	下层	48	47	46	45	44	43	42	41	40	39		38		37		36		35		34		33		32
	上层											48		47		46		45		44		43		42	
嵌线顺序		25	26	27	28	29	30	31	32	33	34	35	36	37	38	39	40	41	42	43	44	45	46	47	48
槽号	下层		31		30		29		28		27		26		25		24		23		22		21		20
	上层	41		40		39		38		37		36		35		34		33		32		31		30	
嵌线顺序		49	50	51	52	53	54	55	56	57	58	59	60	61	62	63	64	65	66	67	68	69	70	71	72
槽号	下层		19		18		17		16		15		14		13		12		11		10		9		8
	上层	29		28		27		26		25		24		23		22		21		20		19		18	
嵌线顺序		73	74	75	76	77	78	79	80	81	82	83	84	85	86	87	88	89	90	91	92	93	94	95	96
槽号	下层		7		6		5		4		3		2		1										
	上层	17		16		15		14		13		12		11		10	9	8	7	6	5	4	3	2	1

3. 绕组特点与应用　　绕组采用较小的正常节距，嵌线较方便，但绕组系数偏低。主要应用实例有 T2-225L-4、T2-225M-4 同步发电机等。

1.2.20 * 48 槽 4 极（$y=9$、$a=4$）双层叠式绕组

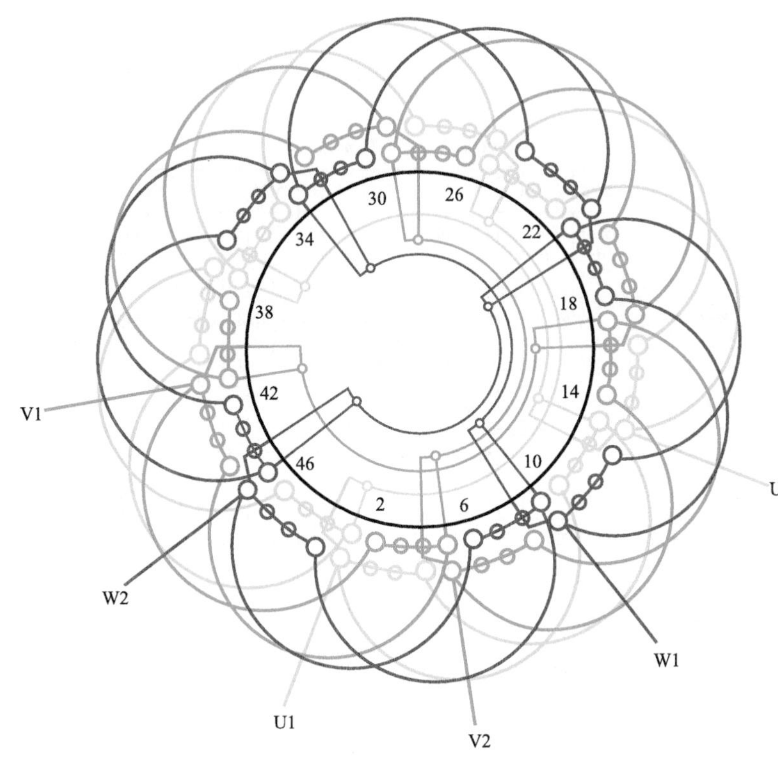

图 1.2.20

1. 绕组结构参数

定子槽数 $Z=48$ 每组圈数 $S=4$ 并联路数 $a=4$

电机极数 $2p=4$ 极相槽数 $q=4$ 分布系数 $K_d=0.958$

总线圈数 $Q=48$ 绕组极距 $\tau=12$ 节距系数 $K_p=0.924$

线圈组数 $u=12$ 线圈节距 $y=9$ 绕组系数 $K_{dp}=0.885$

2. 嵌线方法 本例绕组嵌线采用交叠法，嵌线吊边数为 9。嵌线顺序见表 1.2.20。

表 1.2.20 交叠法

嵌线顺序		1	2	3	4	5	6	7	8	9	10	11	12	13	14	15	16	17	18
槽号	下层	48	47	46	45	44	43	42	41	40	39		38		37		36		35
	上层											48		47		46		45	
嵌线顺序		19	20	21	22	23	24		…		70	71	72	73	74	75	76	77	78
槽号	下层		34		33		32		…		9		8		7		6		5
	上层	44		43		42			…			18		17		16		15	
嵌线顺序		79	80	81	82	83	84	85	86	87	88	89	90	91	92	93	94	95	96
槽号	下层		4		3		2		1										
	上层	14		13		12		11		10	9	8	7	6	5	4	3	2	1

3. 绕组特点与应用

本例双层叠式绕组由四联组构成，每相有 4 组线圈，按相邻反极性并联而成 4 路。绕组采用较短的节距，这有利于方便嵌线。此绕组在国产新系列中没见应用，但老型号有实例 J-81-4 三相异步电动机的应用。

1.2.21　48 槽 4 极（$y=10$）双层叠式绕组

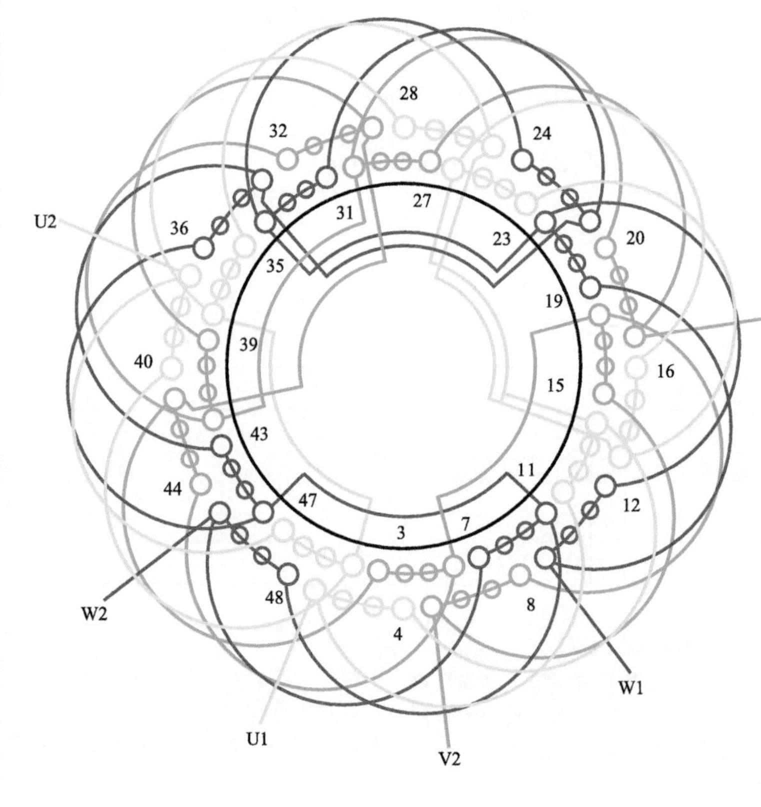

图　1.2.21

1. 绕组结构参数

定子槽数	$Z=48$	每组圈数	$S=4$	并联路数	$a=1$
电机极数	$2p=4$	极相槽数	$q=4$	分布系数	$K_d=0.958$
总线圈数	$Q=48$	绕组极距	$\tau=12$	节距系数	$K_p=0.966$
线圈组数	$u=12$	线圈节距	$y=10$	绕组系数	$K_{dp}=0.92$

2. 嵌线方法　　采用交叠法嵌线，吊边数为 10。嵌线顺序见表 1.2.21。

表 1.2.21　交叠法

嵌线顺序		1	2	3	4	5	6	7	8	9	10	11	12	13	14	15	16	17	18	19	20	21	22	23	24
槽号	下层	48	47	46	45	44	43	42	41	40	39	38		37		36		35		34		33		32	
	上层												48		47		46		45		44		43		42
嵌线顺序		25	26	27	28	29	30	31	32	33	34	35	36	37	38	39	40	41	42	43	44	45	46	47	48
槽号	下层	31		30		29		28		27		26		25		24		23		22		21		20	
	上层		41		40		39		38		37		36		35		34		33		32		31		30
嵌线顺序		49	50	51	52	53	54	55	56	57	58	59	60	61	62	63	64	65	66	67	68	69	70	71	72
槽号	下层	19		18		17		16		15		14		13		12		11		10		9		8	
	上层		29		28		27		26		25		24		23		22		21		20		19		18
嵌线顺序		73	74	75	76	77	78	79	80	81	82	83	84	85	86	87	88	89	90	91	92	93	94	95	96
槽号	下层	7		6		5		4		3		2		1											
	上层		17		16		15		14		13		12		11	10	9	8	7	6	5	4	3	2	1

3. 绕组特点与应用　　定子 48 槽一般属功率较大的小型电机，采用一路必为多根并绕，从而使绕线增加了困难，目前在新系列电机产品中已较少应用。主要实例有 J2-82-4 三相异步电动机等。

1.2.22　48 槽 4 极（$y=10$、$a=2$）双层叠式绕组

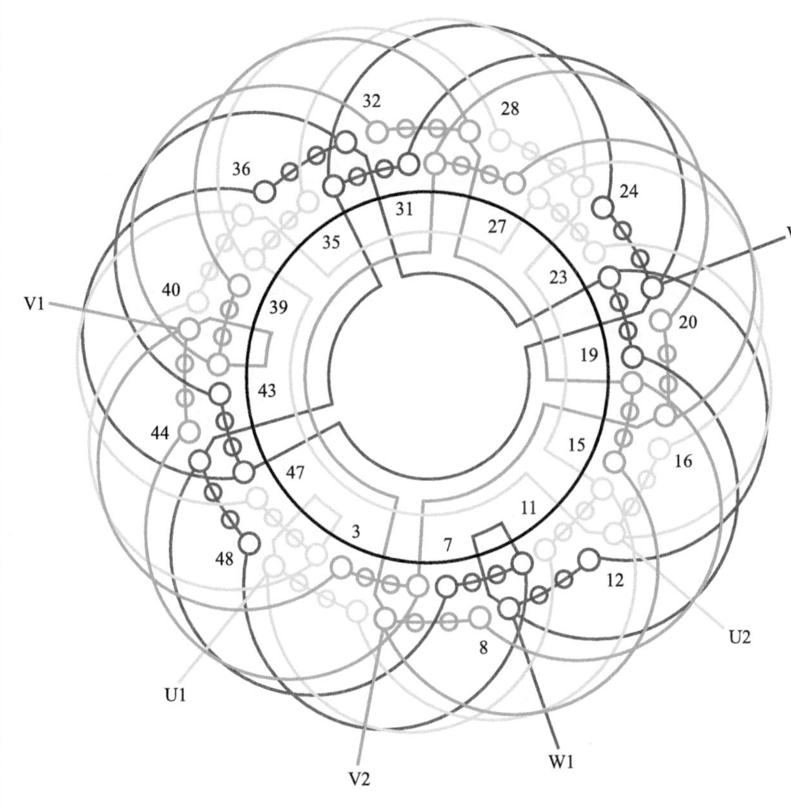

图　1.2.22

1. 绕组结构参数

定子槽数　$Z=48$　　每组圈数　$S=4$　　并联路数　$a=2$

电机极数　$2p=4$　　极相槽数　$q=4$　　分布系数　$K_d=0.958$

总线圈数　$Q=48$　　绕组极距　$\tau=12$　　节距系数　$K_p=0.966$

线圈组数　$u=12$　　线圈节距　$y=10$　　绕组系数　$K_{dp}=0.92$

2. 嵌线方法　　绕组采用交叠法嵌线，吊边数为 10。嵌线顺序见表 1.2.22。

表 1.2.22　交叠法

嵌线顺序		1	2	3	4	5	6	7	8	9	10	11	12	13	14	15	16	17	18
槽号	下层	4	3	2	1	48	47	46	45	44	43	42		41		40		39	
	上层												4		3		2		1
嵌线顺序		19	20	21	22	23	···			69	70	71	72	73	74	75	76	77	78
槽号	下层	38		37		36	···			13		12		11		10		9	
	上层		48		47		···				23		22		21		20		19
嵌线顺序		79	80	81	82	83	84	85	86	87	88	89	90	91	92	93	94	95	96
槽号	下层	8		7		6		5											
	上层		18		17		16		15	14	13	12	11	10	9	8	7	6	5

3. 绕组特点与应用　　绕组为两路并联，进线后分左右两路反极性串联，是电机产品中应用较多的布接线型式之一。主要应用实例有 Y-180L-4，JO2L-71-4 铝绕组电动机，YX-200L-4 高效率电动机及 TSN42.3/27-4、TSWN42.3/27-4 小容量水轮发电机等。

1.2.23 48 槽 4 极($y=10$、$a=4$)双层叠式绕组

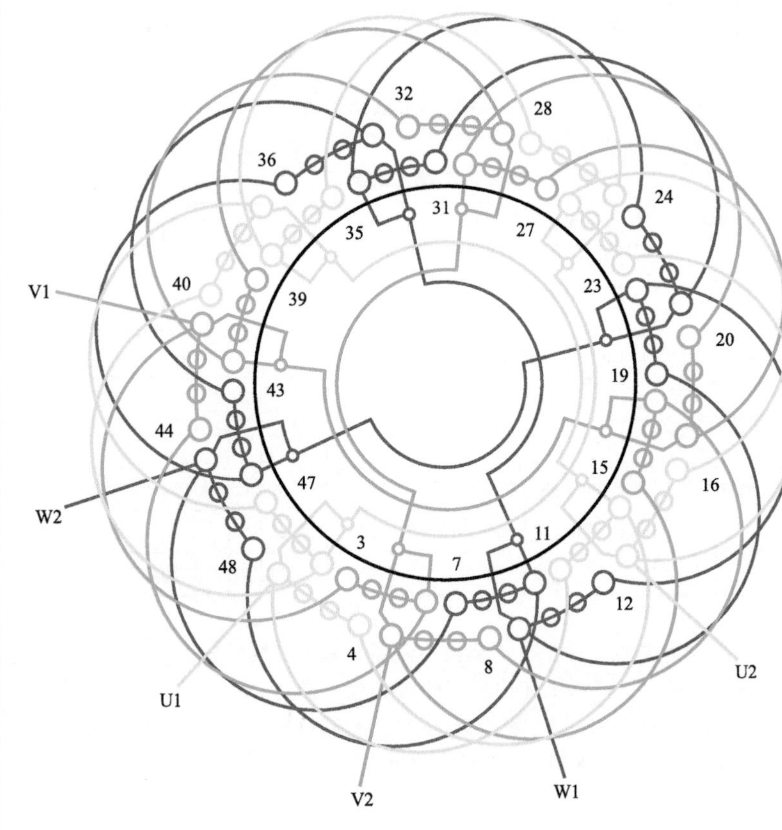

图 1.2.23

1. 绕组结构参数

定子槽数 $Z=48$ 每组圈数 $S=4$ 并联路数 $a=4$

电机极数 $2p=4$ 极相槽数 $q=4$ 分布系数 $K_d=0.958$

总线圈数 $Q=48$ 绕组极距 $\tau=12$ 节距系数 $K_p=0.966$

线圈组数 $u=12$ 线圈节距 $y=10$ 绕组系数 $K_{dp}=0.92$

2. 嵌线方法　本例为交叠法嵌线，吊边数为 10。嵌线顺序见表 1.2.23。

表 1.2.23 交叠法

嵌线顺序		1	2	3	4	5	6	7	8	9	10	11	12	13	14	15	16	17	18
槽号	下层	48	47	46	45	44	43	42	41	40	39	38		37		36		35	
	上层												48		47		46		45
嵌线顺序		19	20	21	22	23		···		69	70	71	72	73	74	75	76	77	78
槽号	下层	34		33		32		···		9		8		7		6		5	
	上层		44		43			···			19		18		17		16		15
嵌线顺序		79	80	81	82	83	84	85	86	87	88	89	90	91	92	93	94	95	96
槽号	下层	4		3		2		1											
	上层		14		13		12		11	10	9	8	7	6	5	4	3	2	1

3. 绕组特点与应用　绕组布线同上例，但采用四路并联，接线时要求同相相邻组间极性相反。此绕组应用也较多，主要实例有 Y200L-4，YX-180M-4 高效率电动机，JO2L-72-4 铝绕组电动机等。

1.2.24　48 槽 4 极（$y=11$）双层叠式绕组

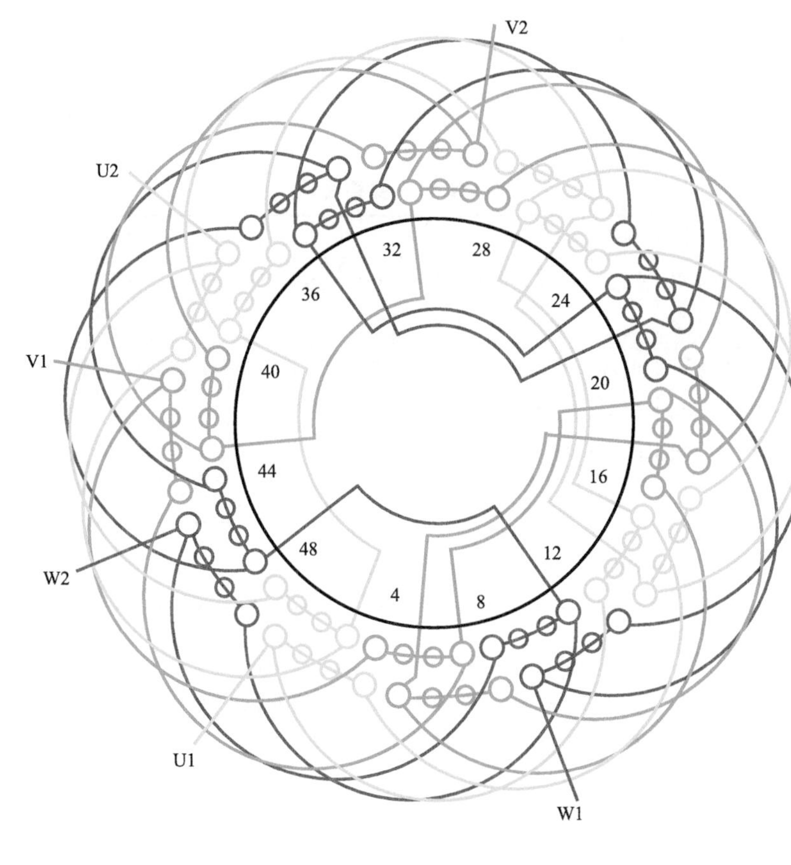

图　1.2.24

1. 绕组结构参数

定子槽数	$Z=48$	每组圈数	$S=4$	并联路数	$a=1$
电机极数	$2p=4$	极相槽数	$q=4$	分布系数	$K_d=0.958$
总线圈数	$Q=48$	绕组极距	$\tau=12$	节距系数	$K_p=0.991$
线圈组数	$u=12$	线圈节距	$y=11$	绕组系数	$K_{dp}=0.949$

2. 嵌线方法　　采用交叠法嵌线，吊边数为 11。嵌线顺序见表 1.2.24。

表 1.2.24　交叠法

嵌线顺序		1	2	3	4	5	6	7	8	9	10	11	12	13	14	15	16	17	18	19	20	21	22	23	24
槽号	下层	48	47	46	45	44	43	42	41	40	39	38	37		36		35		34		33		32		31
	上层													48		47		46		45		44		43	

嵌线顺序		25	26	27	28	29	30	31	32	33	34	35	36	37	38	39	40	41	42	43	44	45	46	47	48
槽号	下层		30		29		28		27		26		25		24		23		22		21		20		19
	上层	42		41		40		39		38		37		36		35		34		33		32		31	

嵌线顺序		49	50	51	52	53	54	55	56	57	58	59	60	61	62	63	64	65	66	67	68	69	70	71	72
槽号	下层		18		17		16		15		14		13		12		11		10		9		8		7
	上层	30		29		28		27		26		25		24		23		22		21		20		19	

嵌线顺序		73	74	75	76	77	78	79	80	81	82	83	84	85	86	87	88	89	90	91	92	93	94	95	96
槽号	下层		6		5		4		3		2		1												
	上层	18		17		16		15		14		13		12	11	10	9	8	7	6	5	4	3	2	1

3. 绕组特点与应用　　绕组节距较上例增加 1 槽，绕组系数稍有提高。此绕组为一路串联接线，应用较少。主要实例有 YR280-4 绕线式异步电动机转子绕组等。

1.2.25　48 槽 4 极($y=11$、$a=2$)双层叠式绕组

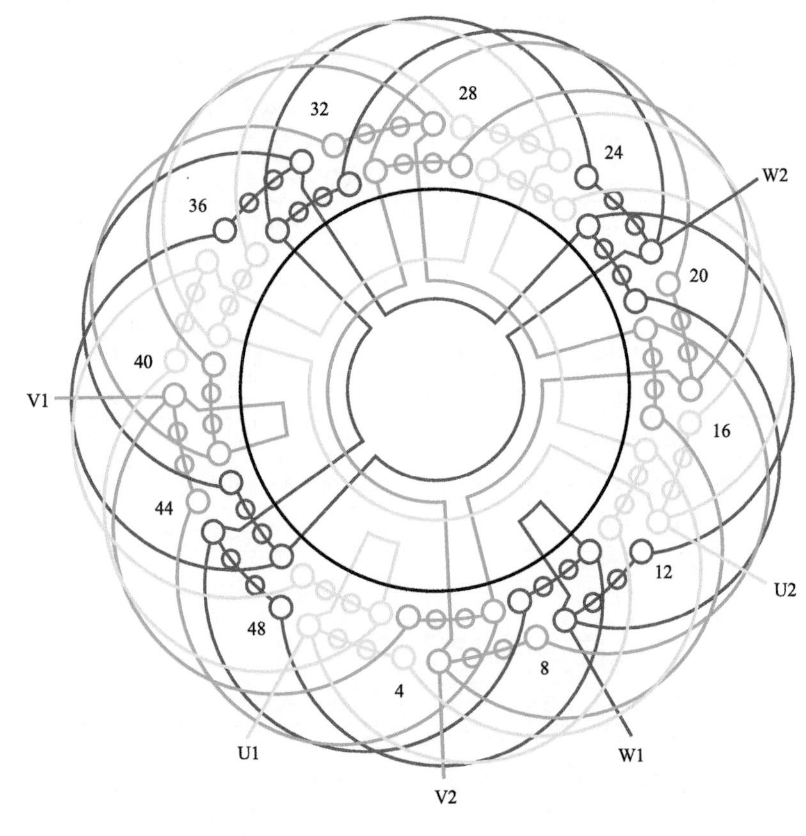

图　1.2.25

1. 绕组结构参数

定子槽数	$Z=48$	每组圈数	$S=4$	并联路数	$a=2$
电机极数	$2p=4$	极相槽数	$q=4$	分布系数	$K_d=0.958$
总线圈数	$Q=48$	绕组极距	$\tau=12$	节距系数	$K_p=0.991$
线圈组数	$u=12$	线圈节距	$y=11$	绕组系数	$K_{dp}=0.949$

2. 嵌线方法　　本例采用交叠法，吊边数为 11。嵌线顺序见表 1.2.25。

表 1.2.25　交叠法

嵌线顺序		1	2	3	4	5	6	7	8	9	10	11	12	13	14	15	16	17	18
槽号	下层	4	3	2	1	48	47	46	45	44	43	42	41		40		39		38
	上层													4		3		2	
嵌线顺序		19	20	21	22	23		…		69	70	71	72	73	74	75	76	77	78
槽号	下层		37		36			…			12		11		10		9		8
	上层	1		48		47		…		24		23		22		21		20	
嵌线顺序		79	80	81	82	83	84	85	86	87	88	89	90	91	92	93	94	95	96
槽号	下层		7		6		5												
	上层	19		18		17		16	15	14	13	12	11	10	9	8	7	6	5

3. 绕组特点与应用　　绕组布线同上例，但采用两路并联，接线时在进线后向左右两侧走线，并确保同相相邻线圈组极性相反。主要应用实例有 YR-225M1-4 绕线式异步电动机等。

1.2.26　48 槽 4 极（$y=11$、$a=4$）双层叠式绕组

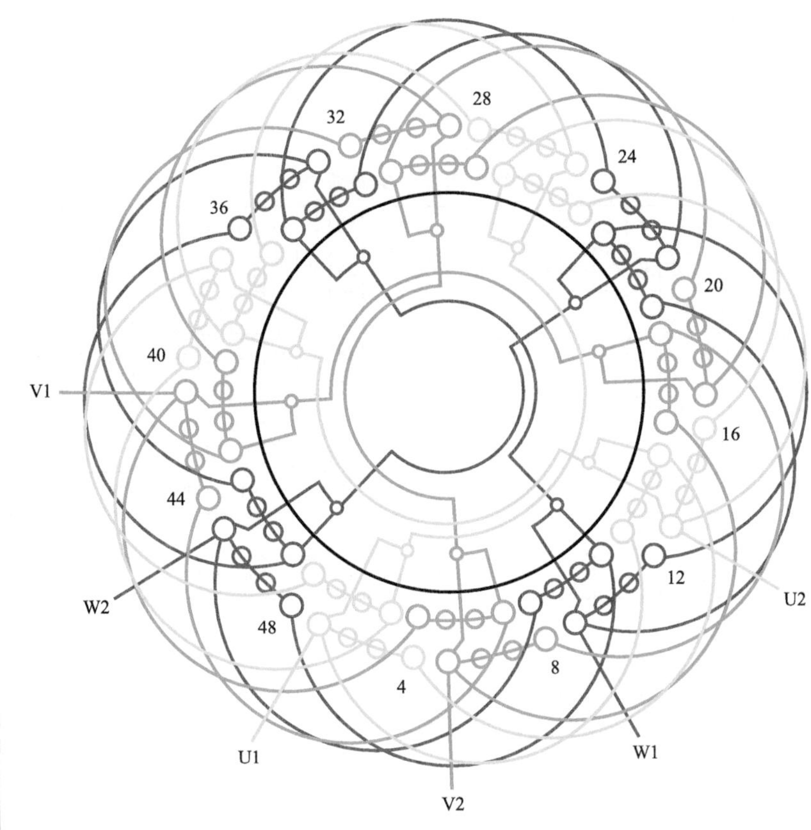

图　1.2.26

1. 绕组结构参数

定子槽数　$Z=48$　　每组圈数　$S=4$　　并联路数　$a=4$

电机极数　$2p=4$　　极相槽数　$q=4$　　分布系数　$K_d=0.958$

总线圈数　$Q=48$　　绕组极距　$\tau=12$　　节距系数　$K_p=0.991$

线圈组数　$u=12$　　线圈节距　$y=11$　　绕组系数　$K_{dp}=0.949$

2. 嵌线方法　　本例采用交叠法嵌线，吊边数为 11。嵌线顺序见表 1.2.26。

表 1.2.26　交叠法

嵌线顺序		1	2	3	4	5	6	7	8	9	10	11	12	13	14	15	16	17	18
槽号	下层	48	47	46	45	44	43	42	41	40	39	38	37		36		35		34
	上层													48		47		46	
嵌线顺序		19	20	21	22	23	…			69	70	71	72	73	74	75	76	77	78
槽号	下层		33		32		…				8		7		6		5		4
	上层	45		44		43	…			20		19		18		17		16	
嵌线顺序		79	80	81	82	83	84	85	86	87	88	89	90	91	92	93	94	95	96
槽号	下层		3		2		1												
	上层	15		14		13		12	11	10	9	8	7	6	5	4	3	2	1

3. 绕组特点与应用　　绕组布线同上例，但采用 4 路并联接线。主要应用实例有 Y 系列电动机，如 Y-225S-4 及 YR-225M2-4 电动机等。

1.2.27　48 槽 4 极($y=12$)双层叠式绕组

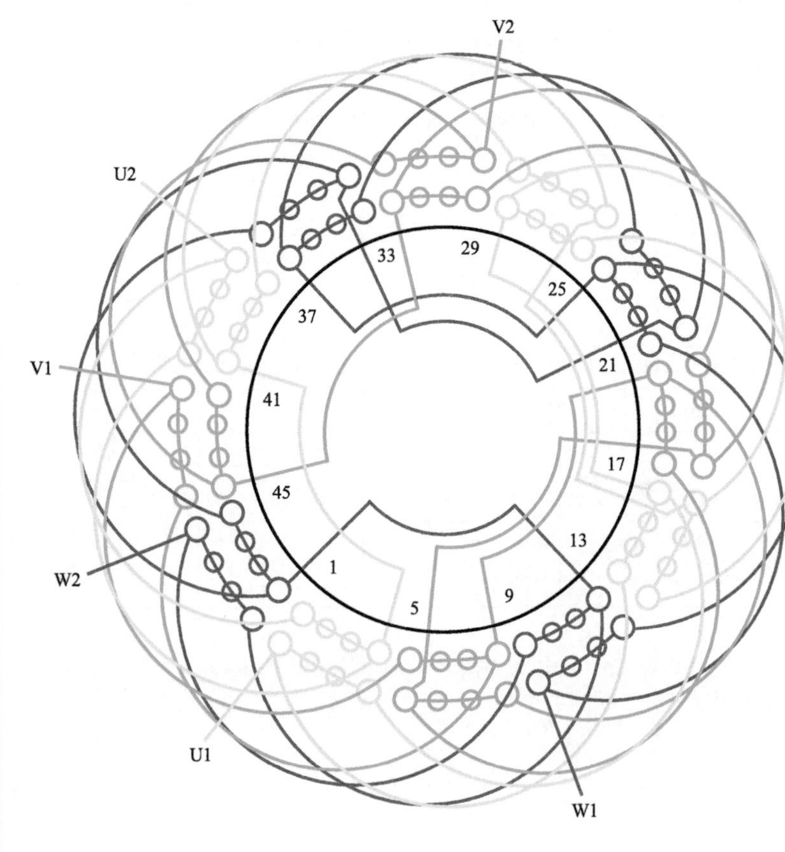

图　1.2.27

1. 绕组结构参数

定子槽数	$Z=48$	每组圈数	$S=4$	并联路数	$a=1$
电机极数	$2p=4$	极相槽数	$q=4$	分布系数	$K_d=0.958$
总线圈数	$Q=48$	绕组极距	$\tau=12$	节距系数	$K_p=1.0$
线圈组数	$u=12$	线圈节距	$y=12$	绕组系数	$K_{dp}=0.958$

2. 嵌线方法　　绕组采用交叠法嵌线，吊边数为 12。嵌线顺序见表 1.2.27：

表 1.2.27　交叠法

嵌线顺序		1	2	3	4	5	6	7	8	9	10	11	12	13	14	15	16	17	18
槽号	下层	48	47	46	45	44	43	42	41	40	39	38	37	36		35		34	
	上层														48		47		46
嵌线顺序		19	20	21	22	23		…		69	70	71	72	73	74	75	76	77	78
槽号	下层	33		32		31		…		8		7		6		5		4	
	上层		45		44			…			20		19		18		17		16
嵌线顺序		79	80	81	82	83	84	85	86	87	88	89	90	91	92	93	94	95	96
槽号	下层	3		2		1													
	上层		15		14		13	12	11	10	9	8	7	6	5	4	3	2	1

3. 绕组特点与应用　　本例采用满距布线，吊边数较多，给嵌线增加了难度，故一般应用于定子铁心内腔较大的电机；此外，绕组存在的 3 次谐波也较大，电动机运行性能较差，故目前的产品极少应用，仅用于 J91-4、J92-4 等老式异步电动机。

1.2.28　48 槽 4 极（$y=12$、$a=2$）双层叠式绕组

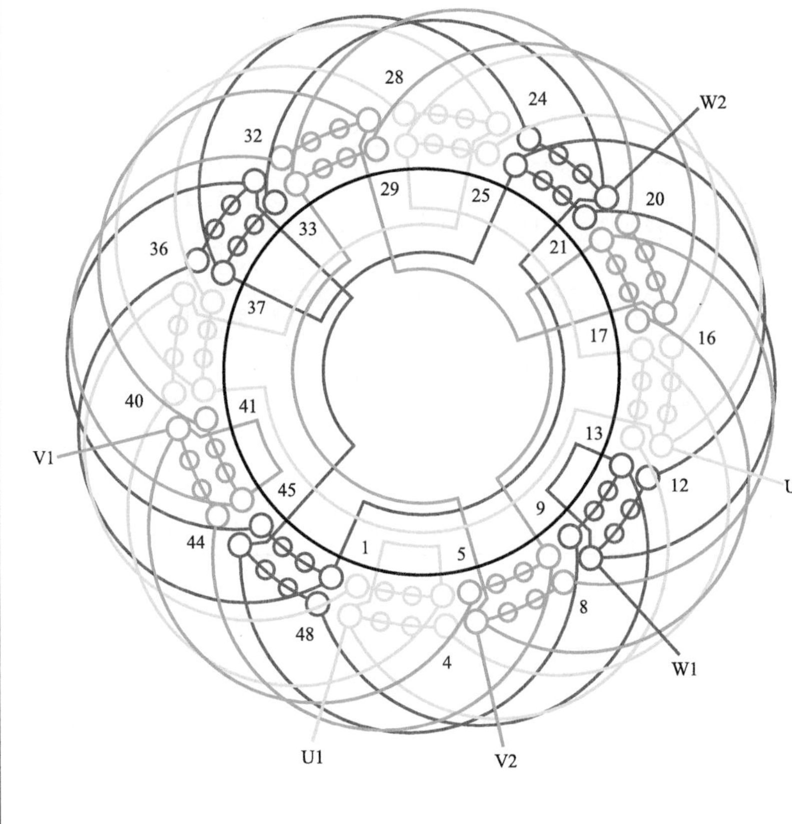

图　1.2.28

1. 绕组结构参数

定子槽数　$Z=48$　　每组圈数　$S=4$　　并联路数　$a=2$

电机极数　$2p=4$　　极相槽数　$q=4$　　分布系数　$K_d=0.958$

总线圈数　$Q=48$　　绕组极距　$\tau=12$　　节距系数　$K_p=1.0$

线圈组数　$u=12$　　线圈节距　$y=12$　　绕组系数　$K_{dp}=0.958$

每槽电角　$\alpha=15°$

2. 嵌线方法　　嵌线采用交叠法，吊边数为 12。嵌线顺序见表 1.2.28。

表 1.2.28　交叠法

嵌线顺序		1	2	3	4	5	6	7	8	9	10	11	12	13	14	15	16	17	18
槽号	下层	4	3	2	1	48	47	46	45	44	43	42	41	40		39		38	
	上层														4		3		2
嵌线顺序		19	20	21	22	23	24		…		70	71	72	73	74	75	76	77	78
槽号	下层	37		36		35			…			11		10		9		8	
	上层		1		48		47		…		24		23		22		21		20
嵌线顺序		79	80	81	82	83	84	85	86	87	88	89	90	91	92	93	94	95	96
槽号	下层	7		6		5													
	上层		19		18		17	16	15	14	13	12	11	10	9	8	7	6	5

3. 绕组特点与应用　　本例采用满距布线，吊边数较多，不利于嵌线，而且容易使电枢产生 3 次谐波而影响运行性能，故在除 J 系列淘汰电机中个别型号定子中有过应用外，目前已不用于定子。但新系列中应用于部分 YZR2-280-4 起重及冶金用绕线转子三相异步电动机的转子绕组。

1.2.29 *54 槽 4 极($y=7$、$a=2$)双层叠式绕组

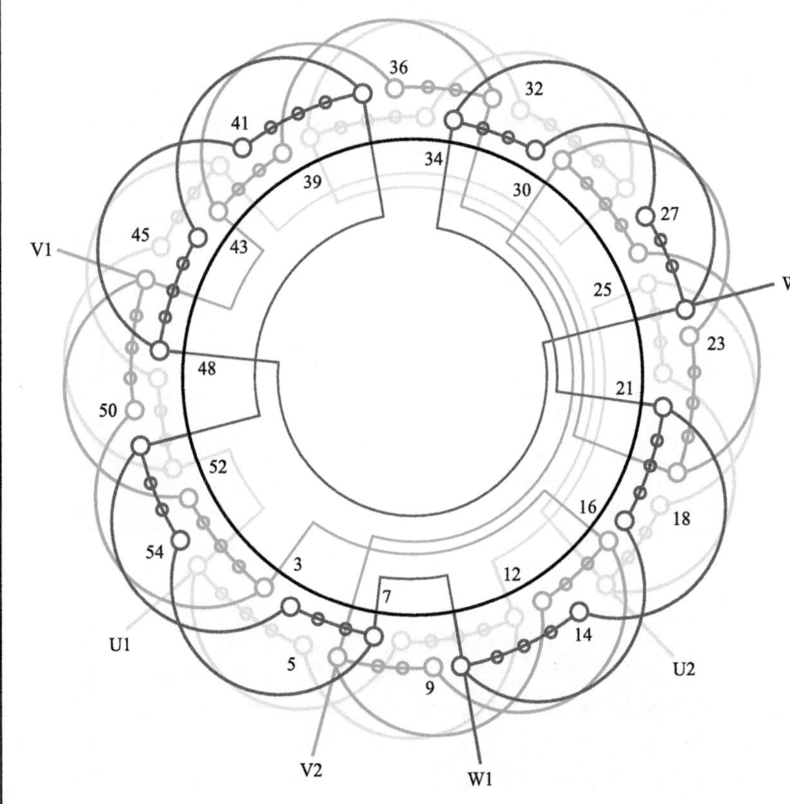

图 1.2.29

1. 绕组结构参数

定子槽数 $Z=54$　　电机极数 $2p=4$　　总线圈数 $Q=54$

线圈组数 $u=12$　　每组圈数 $S=4\frac{1}{2}$　　极相槽数 $q=4\frac{1}{2}$

绕组极距 $\tau=13\frac{1}{2}$　　线圈节距 $y=7$　　并联路数 $a=2$

每槽电角 $\alpha=13.33°$　　绕组系数 $K_{dp}=0.695$

2. 嵌线方法　本例采用交叠法嵌线，吊边数为 7。嵌线顺序见表 1.2.29。

表 1.2.29　交叠法

嵌线顺序		1	2	3	4	5	6	7	8	9	10	11	12	13	14	15	16	17	18
槽号	下层	54	53	52	51	50	49	48	47		46		45		44		43		42
	上层									54		53		52		51		50	
嵌线顺序		19	20	21	22	23	24		···		82	83	84	85	86	87	88	89	90
槽号	下层		41		40		39		···				9		8		7		6
	上层	49		48		47			···			17		16		15		14	
嵌线顺序		91	92	93	94	95	96	97	98	99	100	101	102	103	104	105	106	107	108
槽号	下层		5		4		3		2		1								
	上层	13		12		11		10		9		8	7	6	5	4	3	2	1

3. 绕组特点与应用　本例是分数槽绕组，每组由五联组和四联组构成。每相由大联和小联交替分布并用两路接线，故每一个支路由大、小联各 1 个按反极性串联而成，然后再把两个支路并联接于电源。54 槽绕制 4 极电动机较为罕见，本书仅收入此例，实际应用于老型号 J1-61-4 电动机。

1.2.30　60 槽 4 极（$y=10$）双层叠式绕组

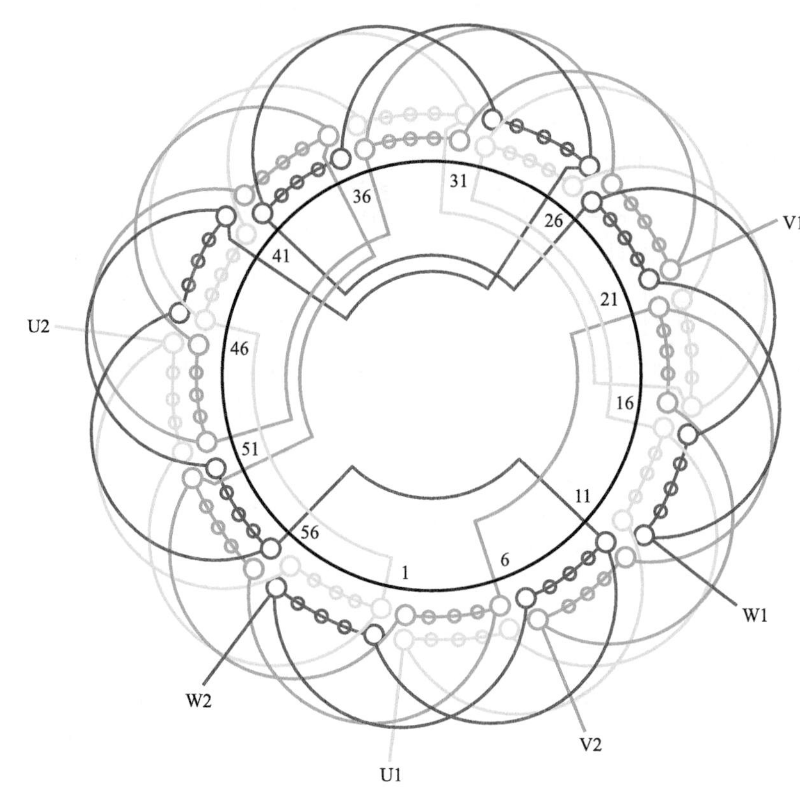

图　1.2.30

1. 绕组结构参数

定子槽数　$Z=60$　电机极数　$2p=4$　总线圈数　$Q=60$

线圈组数　$u=12$　每组圈数　$S=5$　极相槽数　$q=5$

绕组极距　$\tau=15$　线圈节距　$y=10$　并联路数　$a=1$

每槽电角　$\alpha=12°$　分布系数　$K_d=0.957$　节距系数　$K_p=0.866$

绕组系数　$K_{dp}=0.829$

2. 嵌线方法　绕组采用交叠法嵌线，吊边数为 10。嵌线顺序见表 1.2.30。

表 1.2.30　交叠法

嵌线顺序		1	2	3	4	5	6	7	8	9	10	11	12	13	14	15	16	17	18
槽号	下层	5	4	3	2	1	60	59	58	57	56	55		54		53		52	
	上层												5		4		3		2
嵌线顺序		19	20	21	22	23	24	25		…		95	96	97	98	99	100	101	102
槽号	下层	51		50		49		48		…		13		12		11		10	
	上层		1		60		59			…			23		22		21		20
嵌线顺序		103	104	105	106	107	108	109	110	111	112	113	114	115	116	117	118	119	120
槽号	下层	9		8		7		6											
	上层		19		18		17		16	15	14	13	12	11	10	9	8	7	6

3. 绕组特点与应用　本绕组采用 2/3 极距的线圈节距，使吊边数减至 10 个，有利于电机嵌线，但绕组系数较低。主要应用实例有 JS-127-4 等功率较大的电动机。

1.2.31　60 槽 4 极($y=10$、$a=4$)双层叠式绕组

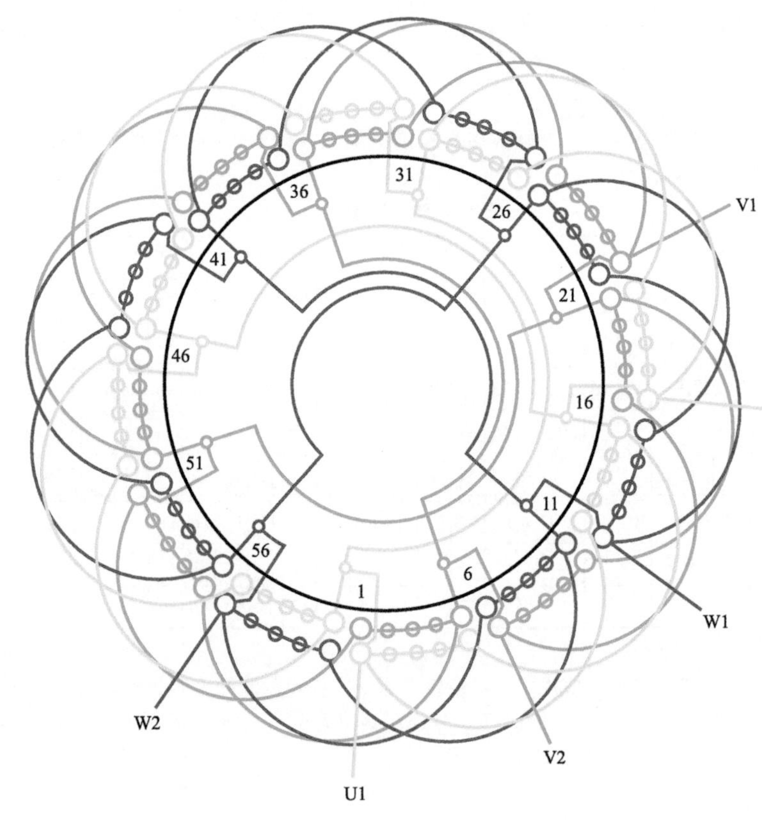

图　1.2.31

1. 绕组结构参数

定子槽数	$Z=60$	电机极数	$2p=4$	总线圈数	$Q=60$
线圈组数	$u=12$	每组圈数	$S=5$	极相槽数	$q=5$
绕组极距	$\tau=15$	线圈节距	$y=10$	并联路数	$a=4$
每槽电角	$\alpha=12°$	分布系数	$K_d=0.957$	节距系数	$K_p=0.866$

绕组系数　$K_{dp}=0.829$

2. 嵌线方法　　绕组采用交叠法嵌线，吊边数为 10。嵌线顺序见表 1.2.31。

表 1.2.31　交叠法

嵌线顺序		1	2	3	4	5	6	7	8	9	10	11	12	13	14	15	16	17	18
槽号	下层	10	9	8	7	6	5	4	3	2	1	60		59		58		57	
	上层												10		9		8		7
嵌线顺序		19	20	21	22		···		92	93	94	95	96	97	98	99	100	101	102
槽号	下层	56		55			···			19		18		17		16		15	
	上层		6		5		···		30		29		28		27		26		25
嵌线顺序		103	104	105	106	107	108	109	110	111	112	113	114	115	116	117	118	119	120
槽号	下层	14		13		12		11											
	上层		24		23		22		21	20	19	18	17	16	15	14	13	12	11

3. 绕组特点与应用　　本例绕组特点同上例，但采用 4 路并联接线，即每相 4 组线圈各为一路，故接线时必须使相邻两组极性相反。此绕组主要应用于老系列，如 JO2-82-4、J-92-4、J2-93-4 三相异步电动机等。

1.2.32　60 槽 4 极（$y=11$）双层叠式绕组

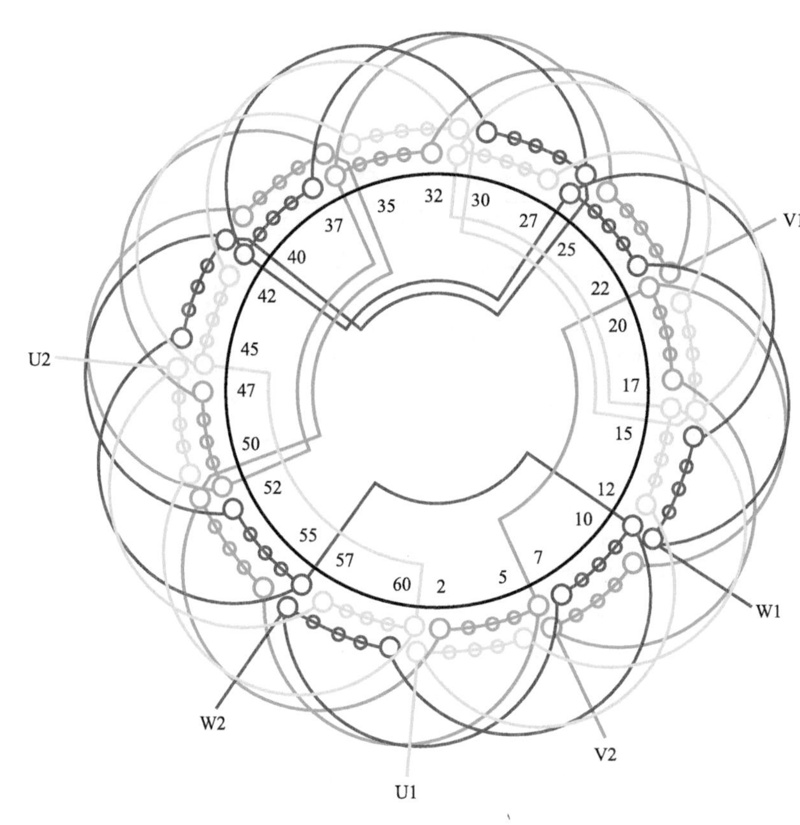

图　1.2.32

1. 绕组结构参数

定子槽数	$Z=60$	电机极数	$2p=4$	总线圈数	$Q=60$
线圈组数	$u=12$	每组圈数	$S=5$	极相槽数	$q=5$
绕组极距	$\tau=15$	线圈节距	$y=11$	并联路数	$a=1$
每槽电角	$\alpha=12°$	分布系数	$K_d=0.957$	节距系数	$K_p=0.914$

绕组系数　$K_{dp}=0.875$

2. 嵌线方法　本例采用交叠法，嵌线吊边数为 11。嵌线顺序见表 1.2.32。

表 1.2.32　交叠法

嵌线顺序		1	2	3	4	5	6	7	8	9	10	11	12	13	14	15	16	17	18
槽号	下层	5	4	3	2	1	60	59	58	57	56	55	54		53		52		51
	上层													5		4		3	
嵌线顺序		19	20	21	22	23	24	25		···		95	96	97	98	99	100	101	102
槽号	下层		50		49		48			···			12		11		10		9
	上层	2		1		60		59		···		24		23		22		21	
嵌线顺序		103	104	105	106	107	108	109	110	111	112	113	114	115	116	117	118	119	120
槽号	下层		8		7		6												
	上层	20		19		18		17	16	15	14	13	12	11	10	9	8	7	6

3. 绕组特点与应用　本绕组为便于嵌线采用较小的线圈节距，每相由 4 组线圈组成，并按相邻反极性串接。因是一路串联，主要用于高压电动机或转子绕组。应用实例有 JS-1512-4 电动机等。

1.2.33　60 槽 4 极（$y=11$、$a=2$）双层叠式绕组

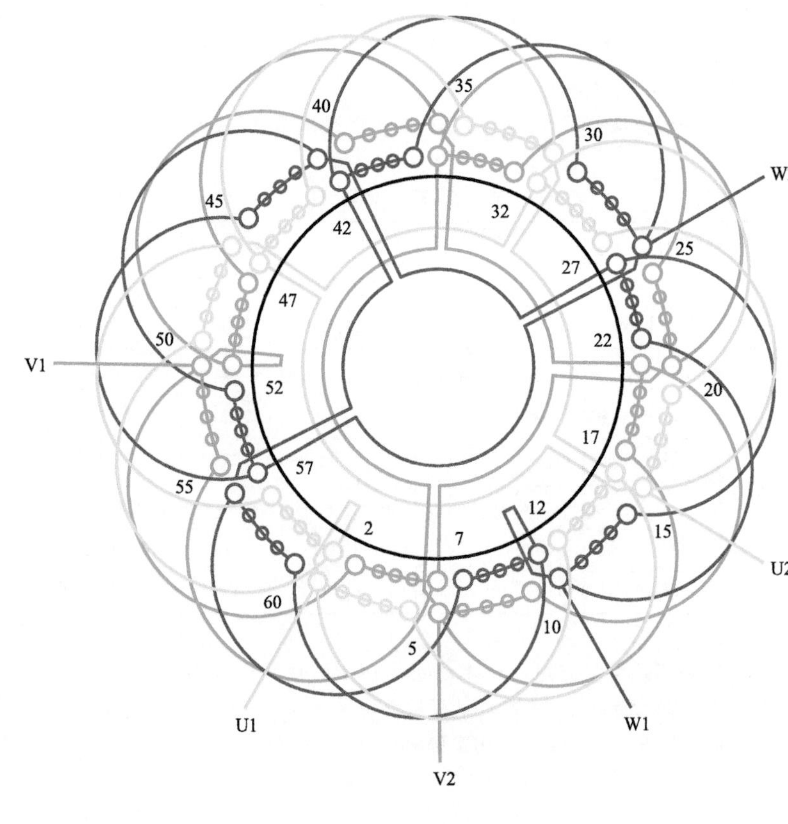

图　1.2.33

1. 绕组结构参数

定子槽数　$Z=60$　　每组圈数　$S=5$　　并联路数　$a=2$

电机极数　$2p=4$　　极相槽数　$q=5$　　分布系数　$K_d=0.957$

总线圈数　$Q=60$　　绕组极距　$\tau=15$　　节距系数　$K_p=0.914$

线圈组数　$u=12$　　线圈节距　$y=11$　　绕组系数　$K_{dp}=0.875$

2. 嵌线方法　　本例采用交叠法嵌线，吊边数为 11。嵌线顺序见表 1.2.33。

表 1.2.33　交叠法

嵌线顺序		1	2	3	4	5	6	7	8	9	10	11	12	13	14	15	16	17	18	19	20	21	22	23	24
槽号	下层	60	59	58	57	56	55	54	53	52	51	50	49		48		47		46		45		44		43
	上层													60		59		58		57		56		55	
嵌线顺序		25	26	27	28	29	30	31	32	33	34	35	36	37	38	39	40	41	42	43	44	45	46	47	48
槽号	下层		42		41		40		39		38		37		36		35		34		33		32		31
	上层	54		53		52		51		50		49		48		47		46		45		44		43	
嵌线顺序		49	50	51	52	53	54	55	56	57	58	59	60	61	62	63	64	65	66	67	68	69		…	
槽号	下层		30		29		28		27		26		25		24		23		22		21			…	
	上层	42		41		40		39		38		37		36		35		34		33		32		…	
嵌线顺序		97	98	99	100	101	102	103	104	105	106	107	108	109	110	111	112	113	114	115	116	117	118	119	120
槽号	下层		6		5		4		3		2		1												
	上层	18		17		16		15		14		13		12	11	10	9	8	7	6	5	4	3	2	1

3. 绕组特点与应用　　本绕组采用较小的跨距，便于嵌线，但绕组系数较低。主要应用于三相小型同步发电机电枢，实例有 T2-250L-4 同步发电机绕组等。

1.2.34　60 槽 4 极（$y=11$、$a=4$）双层叠式绕组

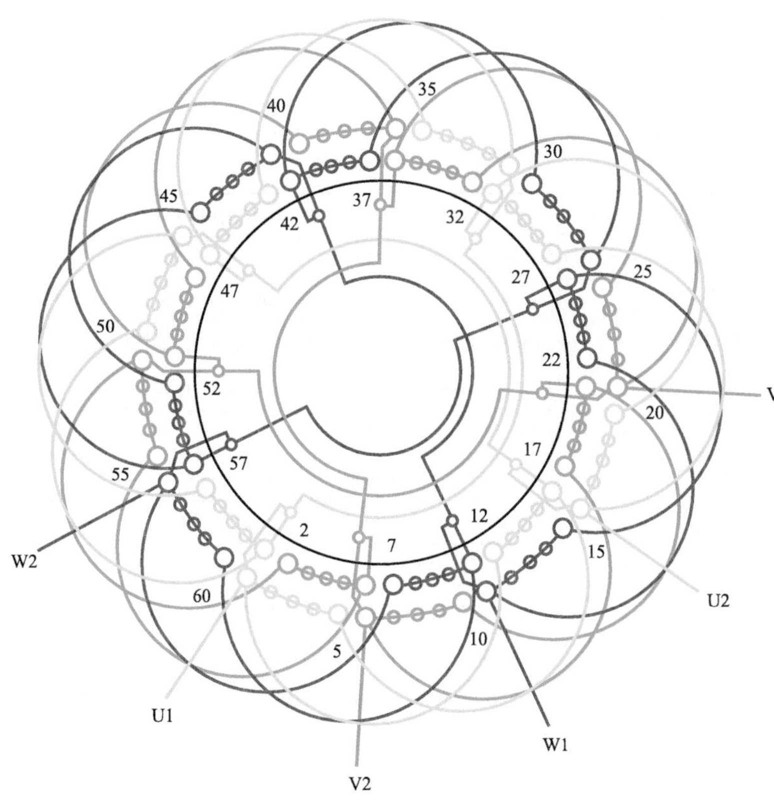

图　1.2.34

1. 绕组结构参数

定子槽数　$Z=60$　　每组圈数　$S=5$　　并联路数　$a=4$

电机极数　$2p=4$　　极相槽数　$q=5$　　分布系数　$K_d=0.957$

总线圈数　$Q=60$　　绕组极距　$\tau=15$　　节距系数　$K_p=0.914$

线圈组数　$u=12$　　线圈节距　$y=11$　　绕组系数　$K_{dp}=0.875$

2. 嵌线方法　　绕组采用交叠法嵌线，吊边数为 11。嵌线顺序见表 1.2.34。

表 1.2.34　交叠法

嵌线顺序		1	2	3	4	5	6	7	8	9	10	11	12	13	14	15	16	17	18
槽号	下层	5	4	3	2	1	60	59	58	57	56	55	54		53		52		51
	上层													5		4		3	
嵌线顺序		19	20	21	22	23	24	25	26	27	…			97	98	99	100	101	102
槽号	下层		50		49		48		47		…				11		10		9
	上层	2		1		60		59		58	…			23		22		21	
嵌线顺序		103	104	105	106	107	108	109	110	111	112	113	114	115	116	117	118	119	120
槽号	下层		8		7		6												
	上层	20		19		18		17	16	15	14	13	12	11	10	9	8	7	6

3. 绕组特点与应用　　绕组特点同上例，但采用 4 路并联接线，每个支路仅一组线圈，按相邻反向并联。此绕组主要用于小型同步发电机，实例有 T2-250M-4 小型同步发电机等。

1.2.35 60 槽 4 极($y=12$)双层叠式绕组

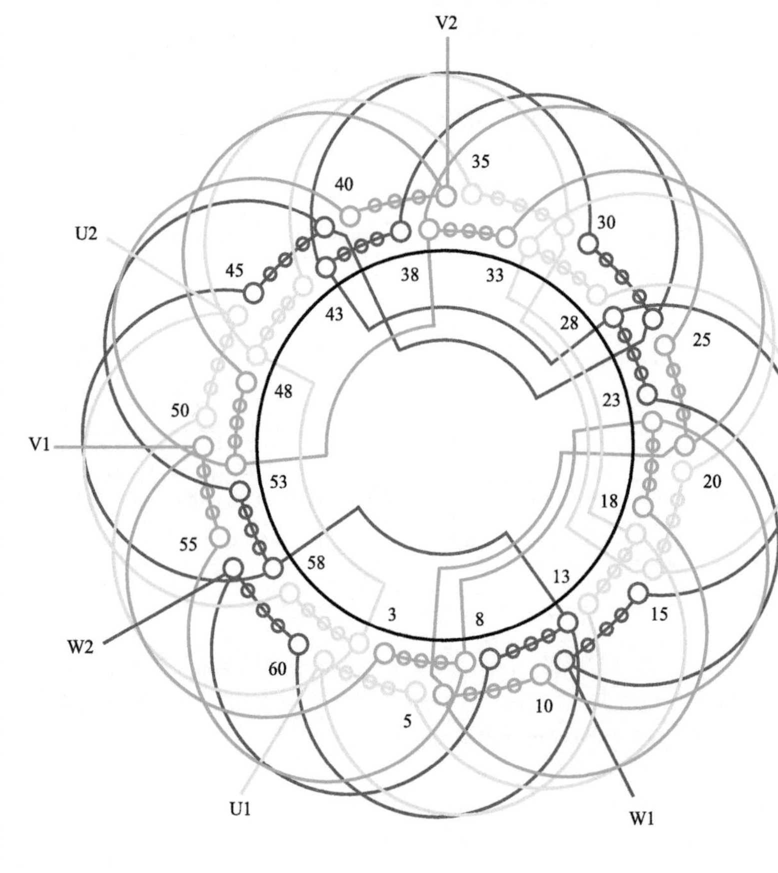

图 1.2.35

1. 绕组结构参数

定子槽数 $Z=60$　每组圈数 $S=5$　并联路数 $a=1$

电机极数 $2p=4$　极相槽数 $q=5$　分布系数 $K_d=0.957$

总线圈数 $Q=60$　绕组极距 $\tau=15$　节距系数 $K_p=0.951$

线圈组数 $u=12$　线圈节距 $y=12$　绕组系数 $K_{dp}=0.91$

2. 嵌线方法　采用交叠法嵌线，吊边数为 12。嵌线顺序见表 1.2.35。

表 1.2.35 交叠法

嵌线顺序		1	2	3	4	5	6	7	8	9	10	11	12	13	14	15	16	17	18	19	20	21	22	23	24
槽号	下层	60	59	58	57	56	55	54	53	52	51	50	49	48		47		46		45		44		43	
	上层														60		59		58		57		56		55
嵌线顺序		25	26	27	28	29	30	31	32	33	34	35	36	37	38	39	40	41	42	43	44	45	46	47	48
槽号	下层	42		41		40		39		38		37		36		35		34		33		32		31	
	上层		54		53		52		51		50		49		48		47		46		45		44		43
嵌线顺序		49	50	51	52	53	54	55	56	57	58	59	60	61	62	63	64	65	66	67	68	69		…	
槽号	下层	30		29		28		27		26		25		24		23		22		21		20		…	
	上层		42		41		40		39		38		37		36		35		34		33			…	
嵌线顺序		97	98	99	100	101	102	103	104	105	106	107	108	109	110	111	112	113	114	115	116	117	118	119	120
槽号	下层	6		5		4		3		2		1													
	上层		18		17		16		15		14		13	12	11	10	9	8	7	6	5	4	3	2	1

3. 绕组特点与应用　本例绕组全部由五联组组成，每相 4 组线圈按同相相邻反极性串联构成一路接法。由于 60 槽定子属中等以上容量，采用一路接法的电动机极为少见。主要应用实例有 JR136-4 的 6000V 高压电动机。

1.2.36 60 槽 4 极（$y=12$、$a=2$）双层叠式绕组

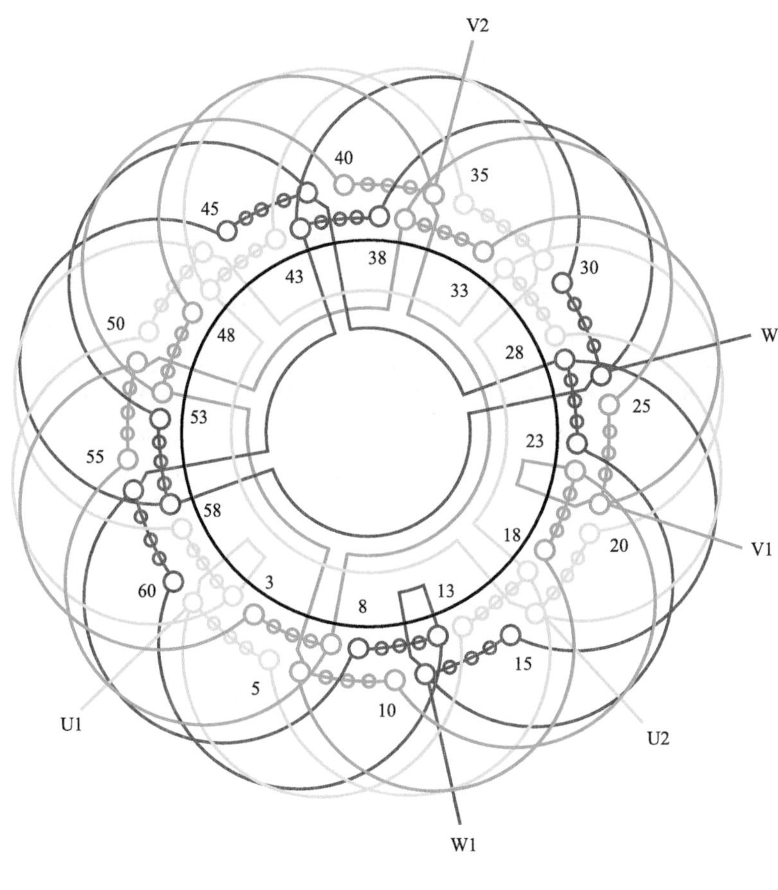

图 1.2.36

1. 绕组结构参数

定子槽数	$Z=60$	电机极数	$2p=4$	总线圈数	$Q=60$
线圈组数	$u=12$	每组圈数	$S=5$	极相槽数	$q=5$
绕组极距	$\tau=15$	线圈节距	$y=12$	并联路数	$a=2$
每槽电角	$\alpha=12°$	分布系数	$K_d=0.957$	节距系数	$K_p=0.951$
绕组系数	$K_{dp}=0.91$				

2. 嵌线方法　本绕组采用交叠法嵌线，吊边数为 12。嵌线顺序见表 1.2.36。

表 1.2.36 交叠法

嵌线顺序		1	2	3	4	5	6	7	8	9	10	11	12	13	14	15	16	17	18
槽号	下层	5	4	3	2	1	60	59	58	57	56	55	54	53		52		51	
	上层														5		4		3
嵌线顺序		19	20	21	22	23	24	25		···		95	96	97	98	99	100	101	102
槽号	下层	50		49		48		47		···		12		11		10		9	
	上层		2		1		60			···			24		23		22		21
嵌线顺序		103	104	105	106	107	108	109	110	111	112	113	114	115	116	117	118	119	120
槽号	下层	8		7		6													
	上层		20		19		18	17	16	15	14	13	12	11	10	9	8	7	6

3. 绕组特点与应用　本例是双层叠式绕组，每相有 4 组线圈，每组由 5 个线圈同向串联而成；绕组接线是两路并联，即每相有两个支路，每个支路包括两组线圈。进线后分左右方向走线，即每一个支路都将同极性的两组线圈串联起来，也就是采用长跳连接。主要应用实例有 J2-91-4、JRQ1410-4 电动机的转子绕组。

1.2.37 60 槽 4 极($y=12$、$a=4$)双层叠式绕组

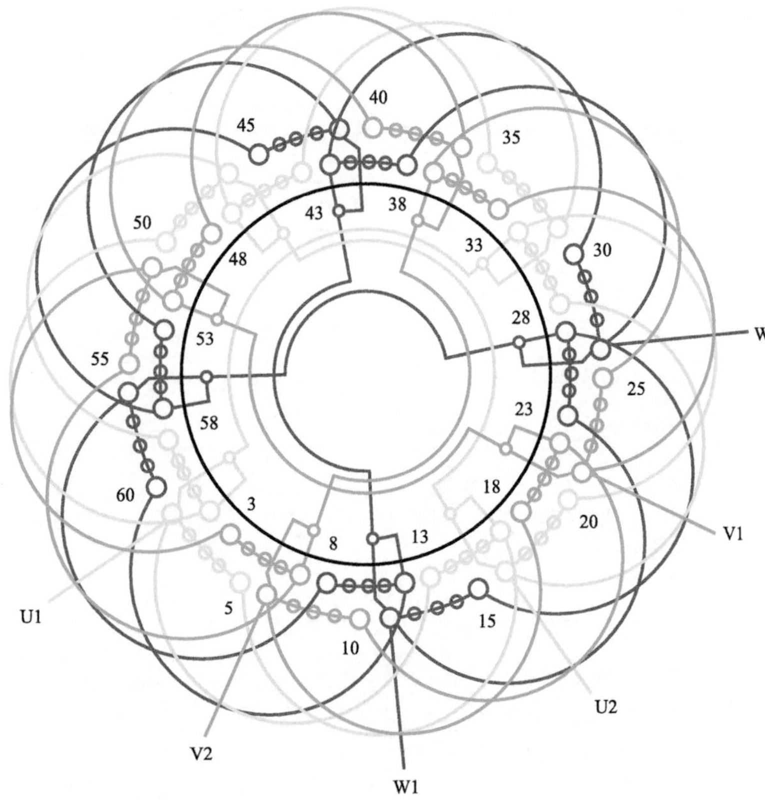

图 1.2.37

1. 绕组结构参数

定子槽数 $Z=60$　每组圈数 $S=5$　并联路数 $a=4$

电机极数 $2p=4$　极相槽数 $q=5$　分布系数 $K_d=0.957$

总线圈数 $Q=60$　绕组极距 $\tau=15$　节距系数 $K_p=0.951$

线圈组数 $u=12$　线圈节距 $y=12$　绕组系数 $K_{dp}=0.91$

2. 嵌线方法　绕组采用交叠法嵌线，吊边数为 12。嵌线顺序见表 1.2.37。

表 1.2.37 交叠法

嵌线顺序		1	2	3	4	5	6	7	8	9	10	11	12	13	14	15	16	17	18
槽号	下层	5	4	3	2	1	60	59	58	57	56	55	54	53		52		51	
	上层														5		4		3

嵌线顺序		19	20	21	22	23	24	25	…	95	96	97	98	99	100	101	102
槽号	下层	50		49		48		47	…	12		11		10		9	
	上层		2		1		60		…		24		23		22		21

嵌线顺序		103	104	105	106	107	108	109	110	111	112	113	114	115	116	117	118	119	120
槽号	下层	8		7		6													
	上层		20		19		18	17	16	15	14	13	12	11	10	9	8	7	6

3. 绕组特点与应用　布线特点同上例，但接线采用 4 路并联，即每一个支路只有一个线圈组，且相邻组间必须反向并接。主要应用实例有 JO2L-91-4 铝线绕组异步电动机、T2-355M-4 小型同步发电机和 TFS-42.3/19 小型同步水轮发电机等。

1.2.38　60 槽 4 极($y=13$)双层叠式绕组

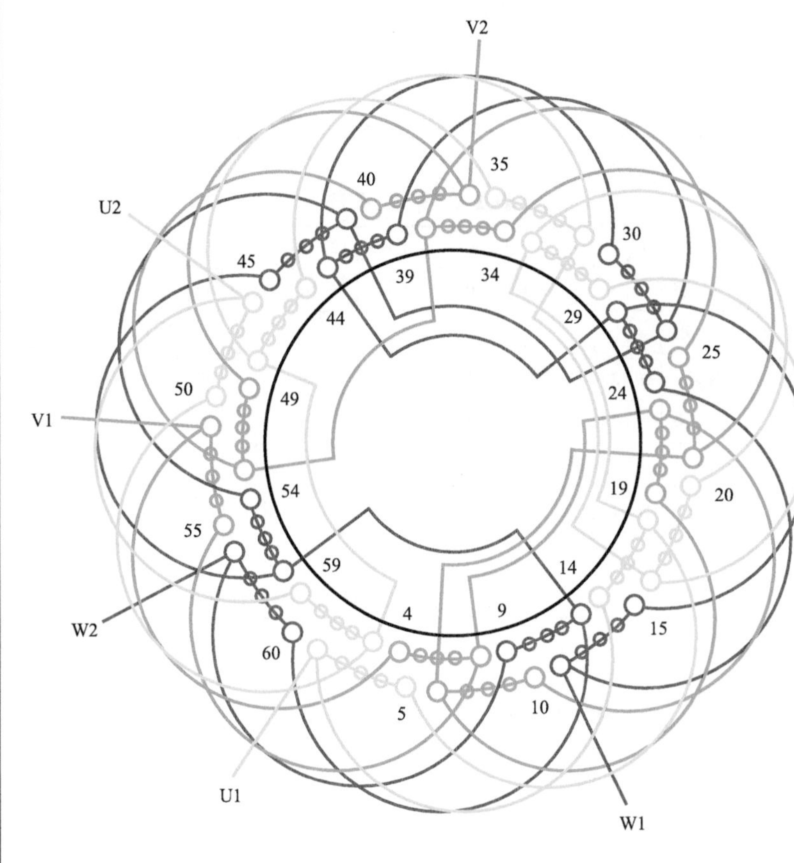

图　1.2.38

1. 绕组结构参数

定子槽数　$Z=60$　每组圈数　$S=5$　并联路数　$a=1$

电机极数　$2p=4$　极相槽数　$q=5$　分布系数　$K_d=0.957$

总线圈数　$Q=60$　绕组极距　$\tau=15$　节距系数　$K_p=0.978$

线圈组数　$u=12$　线圈节距　$y=13$　绕组系数　$K_{dp}=0.936$

2. 嵌线方法　　采用交叠法，吊边数为 13。嵌线顺序见表 1.2.38。

表 1.2.38　交叠法

嵌线顺序		1	2	3	4	5	6	7	8	9	10	11	12	13	14	15	16	17	18	19	20	21	22	23	24
槽号	下层	60	59	58	57	56	55	54	53	52	51	50	49	48	47		46		45		44		43		42
	上层															60		59		58		57		56	
嵌线顺序		25	26	27	28	29	30	31	32	33	34	35	36	37	38	39	40	41	42	43	44	45	46	47	48
槽号	下层		41		40		39		38		37		36		35		34		33		32		31		30
	上层	55		54		53		52		51		50		49		48		47		46		45		44	
嵌线顺序		49	50	51	52	53	54	55	56	57	58	59	60		…		88	89	90	91	92	93	94	95	96
槽号	下层		29		28		27		26		25		24		…		10		9		8		7		6
	上层	43		42		41		40		39		38			…			23		22		21		20	
嵌线顺序		97	98	99	100	101	102	103	104	105	106	107	108	109	110	111	112	113	114	115	116	117	118	119	120
槽号	下层		5		4		3		2		1														
	上层	19		18		17		16		15		14	13	12	11	10	9	8	7	6	5	4	3	2	1

3. 绕组特点与应用　　绕组线圈节距较上例增加 1 槽，绕组系数有所提高，但接线为一路串联，一般宜用于中大容量电动机。主要应用实例有 Y-450-4、JS-127-4 电动机等。

1.2.39　60 槽 4 极（$y=13$、$a=2$）双层叠式绕组

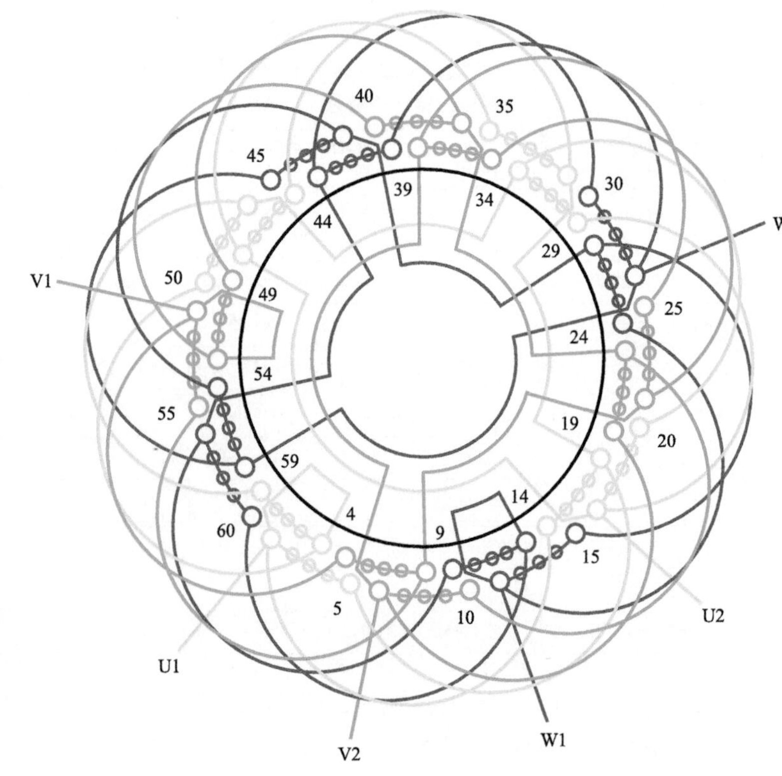

图　1.2.39

1. 绕组结构参数

定子槽数	$Z=60$	每组圈数	$S=5$	并联路数	$a=2$
电机极数	$2p=4$	极相槽数	$q=5$	分布系数	$K_d=0.957$
总线圈数	$Q=60$	绕组极距	$\tau=15$	节距系数	$K_p=0.978$
线圈组数	$u=12$	线圈节距	$y=13$	绕组系数	$K_{dp}=0.936$

2. 嵌线方法　本例采用交叠法嵌线，吊边数为 13。嵌线顺序见表 1.2.39。

表 1.2.39　交叠法

嵌线顺序		1	2	3	4	5	6	7	8	9	10	11	12	13	14	15	16	17	18
槽号	下层	5	4	3	2	1	60	59	58	57	56	55	54	53	52		51		50
	上层															5		4	
嵌线顺序		19	20	21	22	23	24	25	26	27		…		97	98	99	100	101	102
槽号	下层		49		48		47		46			…			10		9		8
	上层	3		2		1		60		59		…		24		23		22	
嵌线顺序		103	104	105	106	107	108	109	110	111	112	113	114	115	116	117	118	119	120
槽号	下层		7		6														
	上层	21		20		19	18	17	16	15	14	13	12	11	10	9	8	7	6

3. 绕组特点与应用　本绕组线圈节距增加 1 槽，并采用两路并联接线，每一个支路两组线圈为反极性短跳连接。主要应用实例有 JS2-355M1-4 双笼中型异步电动机，YLB250-1-4、YLB750-3-4 节能型长轴深井用异步电动机等。

1.2.40　60 槽 4 极（$y=13$、$a=4$）双层叠式绕组

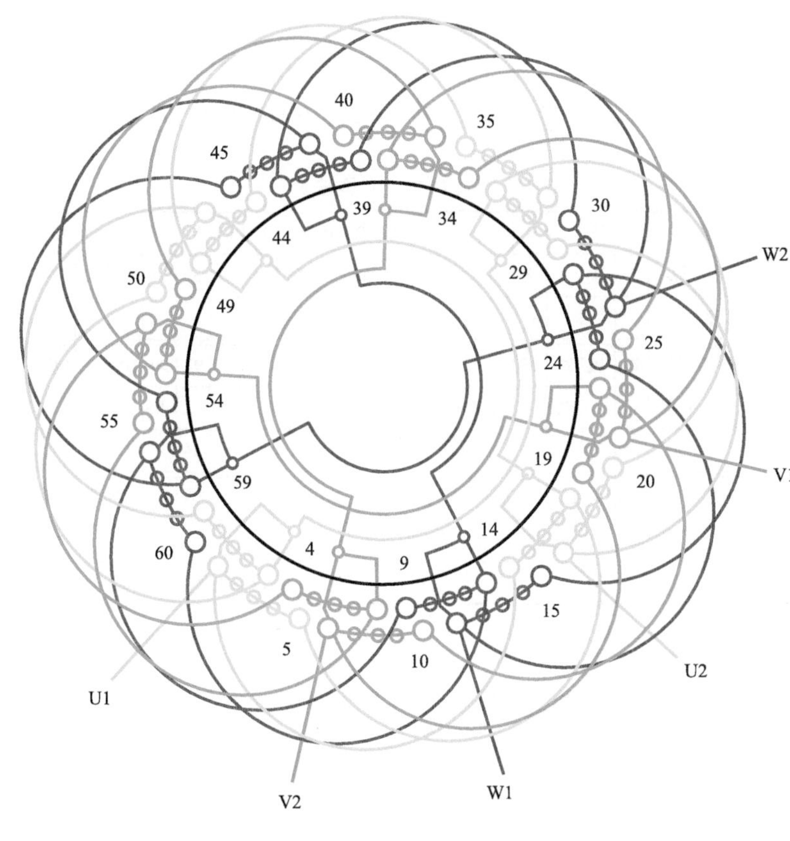

图　1.2.40

1. 绕组结构参数

定子槽数	$Z=60$	每组圈数	$S=5$	并联路数	$a=4$
电机极数	$2p=4$	极相槽数	$q=5$	分布系数	$K_d=0.957$
总线圈数	$Q=60$	绕组极距	$\tau=15$	节距系数	$K_p=0.978$
线圈组数	$u=12$	线圈节距	$y=13$	绕组系数	$K_{dp}=0.936$

2. 嵌线方法　　采用交叠法嵌线，吊边数为 13。嵌线顺序见表 1.2.40。

表 1.2.40　交叠法

嵌线顺序		1	2	3	4	5	6	7	8	9	10	11	12	13	14	15	16	17	18
槽号	下层	60	59	58	57	56	55	54	53	52	51	50	49	48	47		46		45
	上层															60		59	
嵌线顺序		19	20	21	22	23	24	25		…		95	96	97	98	99	100	101	102
槽号	下层		44		43		42			…			6		5		4		3
	上层	58		57		56		55		…		20		19		18		17	
嵌线顺序		103	104	105	106	107	108	109	110	111	112	113	114	115	116	117	118	119	120
槽号	下层		2		1														
	上层	16		15		14	13	12	11	10	9	8	7	6	5	4	3	2	1

3. 绕组特点与应用　　绕组节距同上例，但接线采用四路并联，每一个支路只有一组线圈，故同相线圈组间为反向并联。本例是 60 槽 4 极各种系列电机中应用最普遍的布接线型式，应用实例有 JO3-280S-4，JO2L-93-4 铝绕组电动机，YX-280S-4 高效率电动机，JR2-400-4 绕线式异步电动机，YLB280-1-4 节能型长轴深井用电动机，JS2-335M2-4 中型双笼型异步电动机以及 T2-280S-4 小型同步发电机等。

1.2.41 60 槽 4 极（$y=14$、$a=4$）双层叠式绕组

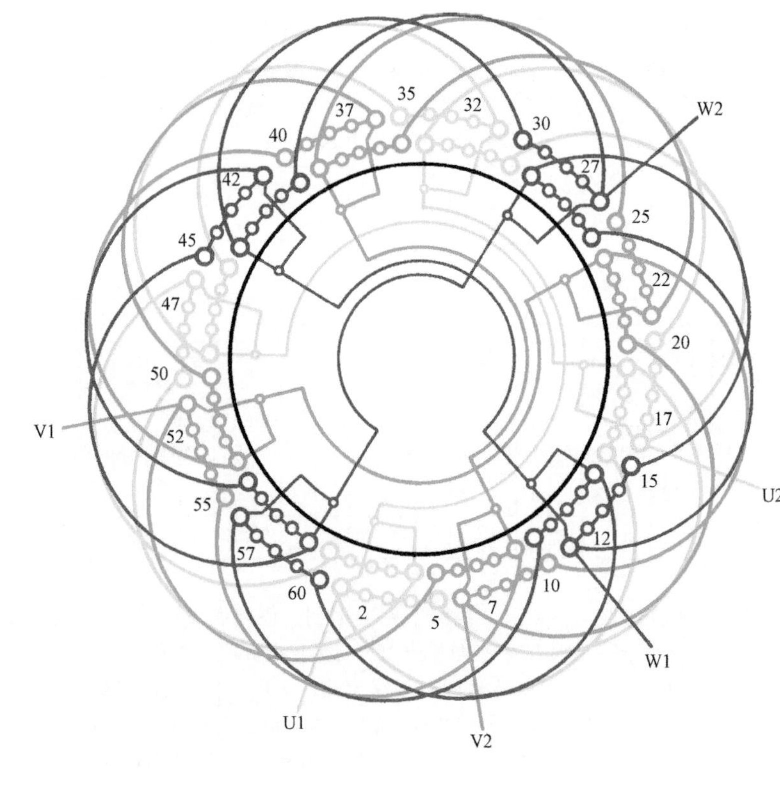

图 1.2.41

1. 绕组结构参数

定子槽数 $Z=60$　　每组圈数 $S=5$　　并联路数 $a=4$

电机极数 $2p=4$　　极相槽数 $q=5$　　分布系数 $K_d=0.957$

总线圈数 $Q=60$　　绕组极距 $\tau=15$　　节距系数 $K_p=0.995$

线圈组数 $u=12$　　线圈节距 $y=14$　　绕组系数 $K_{dp}=0.952$

2. 嵌线方法　　绕组采用交叠法嵌线，吊边数为 14。嵌线顺序见表 1.2.41。

表 1.2.41　交叠法

嵌线顺序		1	2	3	4	5	6	7	8	9	10	11	12	13	14	15	16	17	18
槽号	下层	5	4	3	2	1	60	59	58	57	56	55	54	53	52	51		50	
	上层																5		4
嵌线顺序		19	20	21	22	23	24	…		93	94	95	96	97	98	99	100	101	102
槽号	下层	49		48		47		…		12		11		10		9		8	
	上层		3		2		1	…			26		25		24		23		22
嵌线顺序		103	104	105	106	107	108	109	110	111	112	113	114	115	116	117	118	119	120
槽号	下层	7		6															
	上层		21		20	19	18	17	16	15	14	13	12	11	10	9	8	7	6

3. 绕组特点与应用　　本例是四路并联接线，而且采用较大的线圈节距，所以嵌线时吊边数较多。本绕组主要应用于 Y2-280S-4E 三相异步电动机。

注：本例采用创新过渡画法，即将每组线圈数较多的线圈组只画出首尾两只完整线圈，其余串联线圈只用槽中小圆表示，并略去端部弧线，从而使绕组布接线更加清晰、明了。

1.2.42　72 槽 4 极（$y=12$、$a=4$）双层叠式绕组

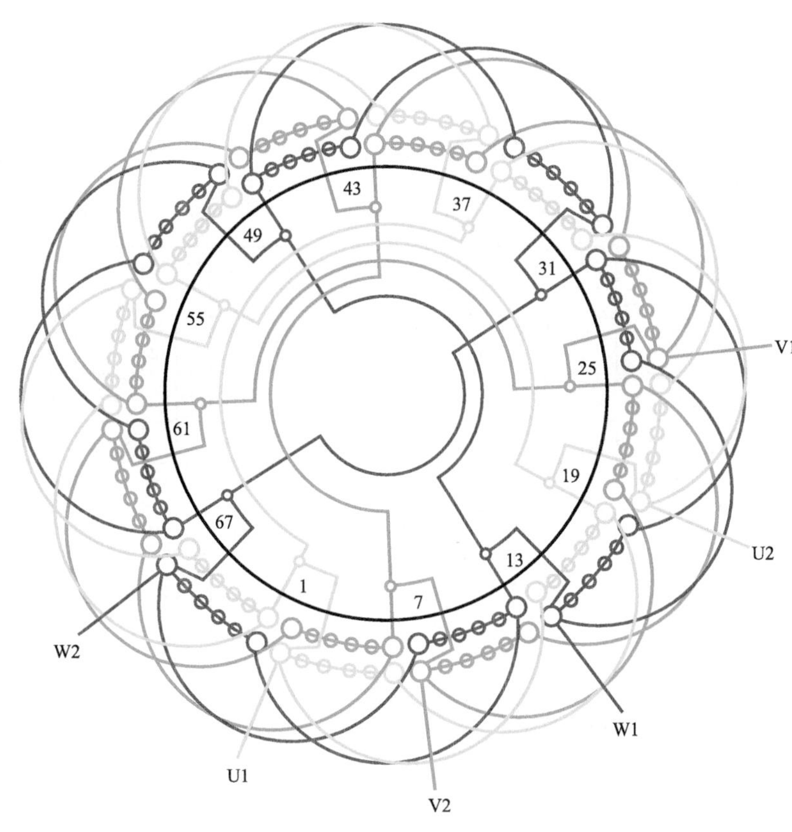

图　1.2.42

1. 绕组结构参数

定子槽数　$Z=72$　电机极数　$2p=4$　总线圈数　$Q=72$

线圈组数　$u=12$　每组圈数　$S=6$　极相槽数　$q=6$

绕组极距　$\tau=18$　线圈节距　$y=12$　并联路数　$a=4$

每槽电角　$\alpha=10°$　分布系数　$K_d=0.956$　节距系数　$K_p=0.866$

绕组系数　$K_{dp}=0.828$

2. 嵌线方法　本例采用交叠法嵌线，吊边数为 12。嵌线顺序见表 1.2.42。

表 1.2.42　交叠法

嵌线顺序		1	2	3	4	5	6	7	8	9	10	11	12	13	14	15	16	17	18
槽号	下层	6	5	4	3	2	1	72	71	70	69	68	67	66		65		64	
	上层														6		5		4
嵌线顺序		19	20	21	22		…		116	117	118	119	120	121	122	123	124	125	126
槽号	下层	63		62			…			14		13		12		11		10	
	上层		3		2		…		27		26		25		24		23		22
嵌线顺序		127	128	129	130	131	132	133	134	135	136	137	138	139	140	141	142	143	144
槽号	下层	9		8		7													
	上层		21		20		19	18	17	16	15	14	13	12	11	10	9	8	7

3. 绕组特点与应用　本例线圈采用 2/3 极距的短节距，属正常节距中的最短节距，其绕组系数较低，但吊边数相对较少而利于嵌线。此绕组实际应用较少，主要是用于老系列电动机，如 J1-92-4 电动机。

1.2.43　72 槽 4 极($y=13$、$a=2$)双层叠式绕组

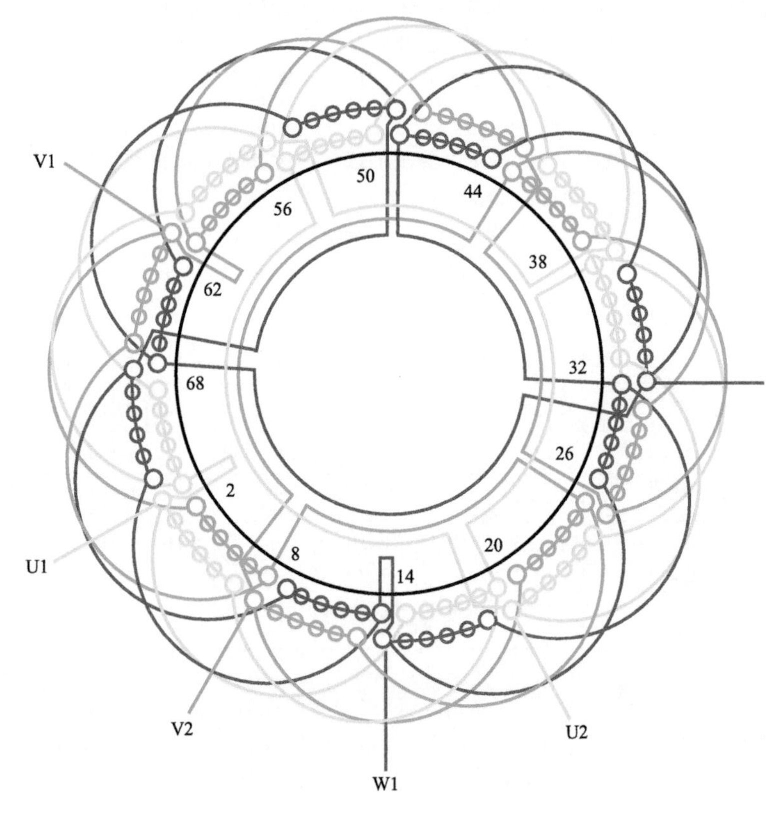

图　1.2.43

1. 绕组结构参数

定子槽数　$Z=72$　　电机极数　$2p=4$　　总线圈数　$Q=72$

线圈组数　$u=12$　　每组圈数　$S=6$　　极相槽数　$q=6$

绕组极距　$\tau=18$　　线圈节距　$y=13$　　并联路数　$a=2$

每槽电角　$\alpha=10°$　　分布系数　$K_d=0.956$　　节距系数　$K_p=0.906$

绕组系数　$K_{dp}=0.866$

2. 嵌线方法　　采用交叠法嵌线，需吊边数为 13。嵌线顺序见表 1.2.43。

表 1.2.43　交叠法

嵌线顺序		1	2	3	4	5	6	7	8	9	10	11	12	13	14	15	16	17	18
槽号	下层	72	71	70	69	68	67	66	65	64	63	62	61	60	59		58		57
	上层															72		71	
嵌线顺序		19	20	21	22		…		116	117	118	119	120	121	122	123	124	125	126
槽号	下层		56		55		…		8		7		6		5		4		3
	上层	70		69			…			21		20		19		18		17	
嵌线顺序		127	128	129	130	131	132	133	134	135	136	137	138	139	140	141	142	143	144
槽号	下层		2		1														
	上层	16		15		14	13	12	11	10	9	8	7	6	5	4	3	2	1

3. 绕组特点与应用　　本例采用两路并联，进线后分左右两路反极性串联，即采用短跳接法，从而使同相相邻线圈组的极性相反。绕组实际应用不多，应用实例见用于 JZTT-81-6/4 电磁调速电动机的 4 极绕组。

1.2.44　72 槽 4 极($y=14$、$a=2$)双层叠式绕组

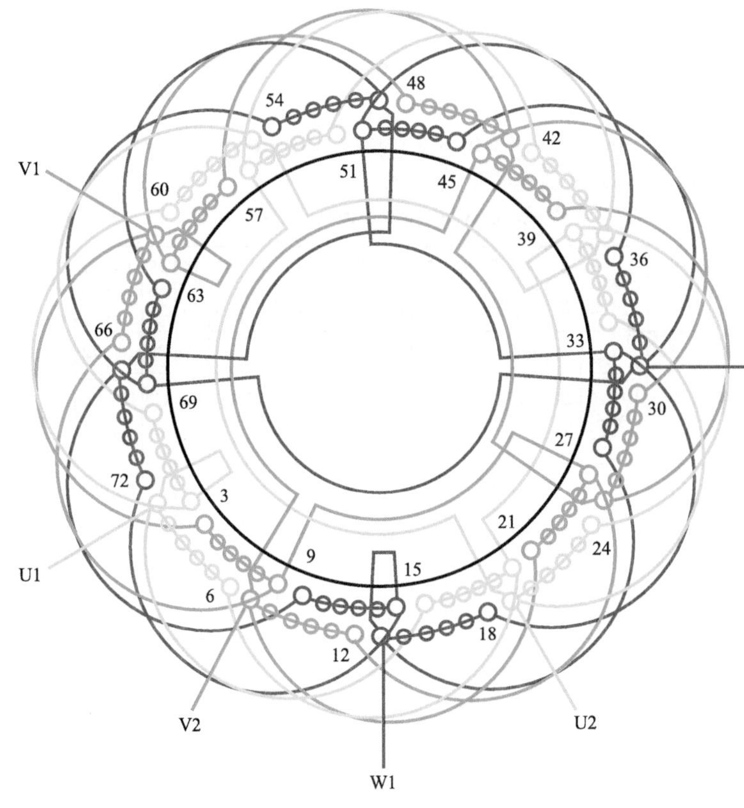

图　1.2.44

1. 绕组结构参数

定子槽数	$Z=72$	电机极数	$2p=4$	总线圈数	$Q=72$
线圈组数	$u=12$	每组圈数	$S=6$	极相槽数	$q=6$
绕组极距	$\tau=18$	线圈节距	$y=14$	并联路数	$a=2$
每槽电角	$\alpha=10°$	分布系数	$K_d=0.956$	节距系数	$K_p=0.94$
绕组系数	$K_{dp}=0.899$				

2. 嵌线方法　　双层叠绕宜用交叠法嵌线，本例嵌线需吊边数为 14，即嵌完 14 个下层边后可进行线圈整嵌。嵌线顺序见表 1.2.44。

表 1.2.44　交叠法

嵌线顺序		1	2	3	4	5	6	7	8	9	10	11	12	13	14	15	16	17	18
槽号	下层	6	5	4	3	2	1	72	71	70	69	68	67	66	65	64		63	
	上层																6		5
嵌线顺序		19	20	21	22	23	24	25		…		119	120	121	122	123	124	125	126
槽号	下层	62		61		60		59		…		12		11		10		9	
	上层		4		3		2			…			26		25		24		23
嵌线顺序		127	128	129	130	131	132	133	134	135	136	137	138	139	140	141	142	143	144
槽号	下层	8		7															
	上层		22		21	20	19	18	17	16	15	14	13	12	11	10	9	8	7

3. 绕组特点与应用　　本绕组是 4 极，每相由 4 组线圈组成并接成两路，每个支路两组线圈反极性串联。此绕组实际应用不多，主要应用于 JZTT-82-6/4 电磁调速双绕组双速电动机的 4 极绕组。

1.2.45　72 槽 4 极($y=15$)双层叠式绕组

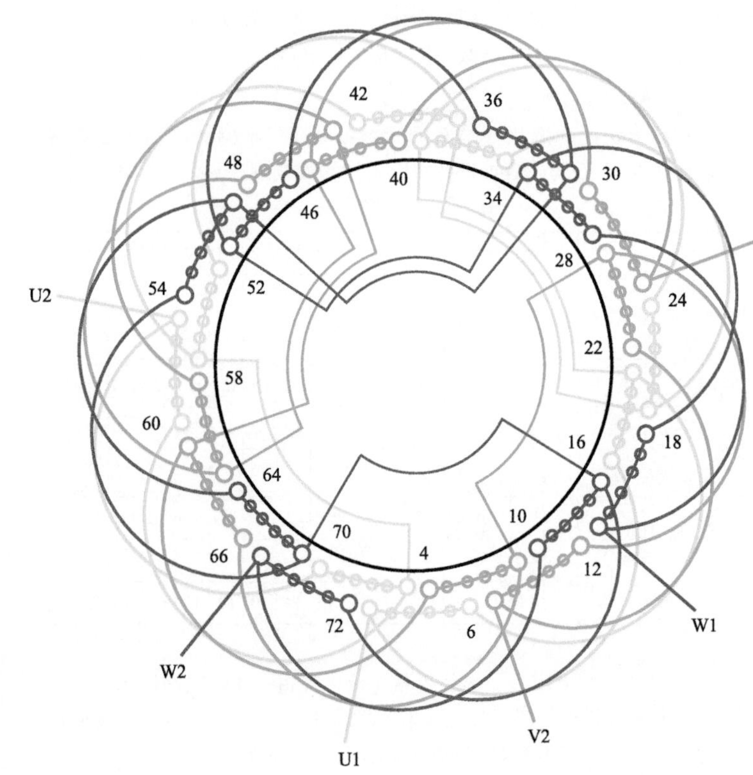

图　1.2.45

1. 绕组结构参数

定子槽数　$Z=72$　电机极数　$2p=4$　总线圈数　$Q=72$

线圈组数　$u=12$　每组圈数　$S=6$　极相槽数　$q=6$

绕组极距　$\tau=18$　线圈节距　$y=15$　并联路数　$a=1$

每槽电角　$\alpha=10°$　分布系数　$K_d=0.956$　节距系数　$K_p=0.966$

绕组系数　$K_{dp}=0.923$

2. 嵌线方法　　绕组采用交叠法嵌线，吊边数为 15。嵌线顺序见表 1.2.45。

表 1.2.45　交叠法

嵌线顺序		1	2	3	4	5	6	7	8	9	10	11	12	13	14	15	16	17	18
槽号	下层	72	71	70	69	68	67	66	65	64	63	62	61	60	59	58	57		56
	上层																	72	
嵌线顺序		19	20	21	22	23	24	25		…		119	120	121	122	123	124	125	126
槽号	下层		55		54		53			…			5		4		3		2
	上层	71		70		69		68		…		21		20		19		18	
嵌线顺序		127	128	129	130	131	132	133	134	135	136	137	138	139	140	141	42	143	144
槽号	下层		1																
	上层	17		16	15	14	13	12	11	10	9	8	7	6	5	4	3	2	1

3. 绕组特点与应用　　本例采用一路串联接法，一般用于较大容量的高压电动机。主要应用实例有 JS-136-4 电动机。

1.2.46　72 槽 4 极（$y=15$、$a=2$）双层叠式绕组

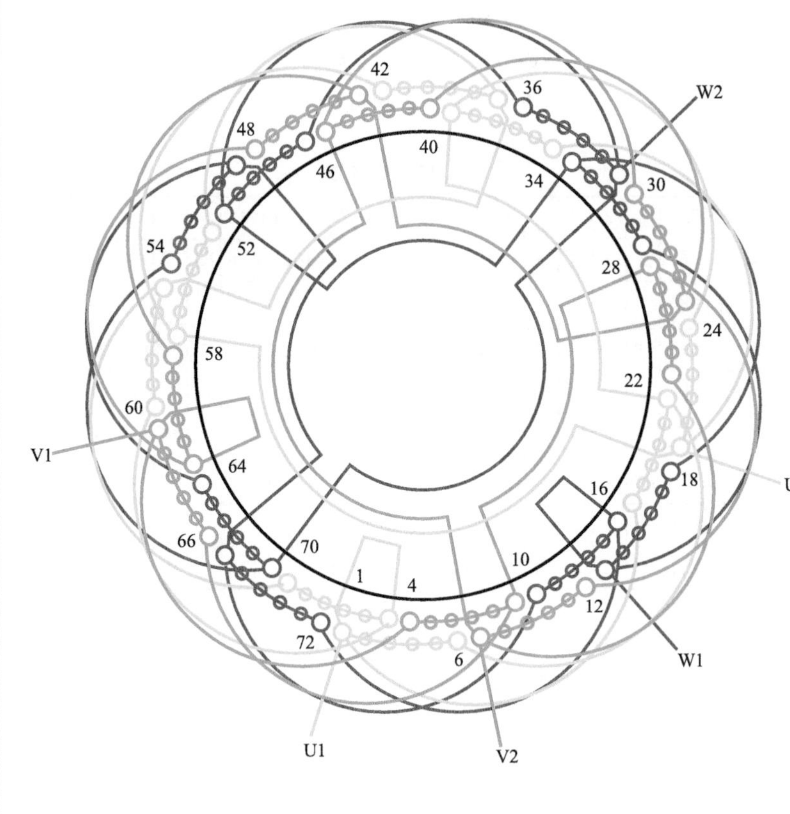

图　1.2.46

1. 绕组结构参数

定子槽数　$Z=72$　电机极数　$2p=4$　总线圈数　$Q=72$
线圈组数　$u=12$　每组圈数　$S=6$　极相槽数　$q=6$
绕组极距　$\tau=18$　线圈节距　$y=15$　并联路数　$a=2$
每槽电角　$\alpha=10°$　分布系数　$K_d=0.956$　节距系数　$K_p=0.966$
绕组系数　$K_{dp}=0.923$

2. 嵌线方法　绕组采用交叠法嵌线，吊边数为 15。嵌线顺序见表 1.2.46。

表 1.2.46　交叠法

嵌线顺序		1	2	3	4	5	6	7	8	9	10	11	12	13	14	15	16	17	18
槽号	下层	72	71	70	69	68	67	66	65	64	63	62	61	60	59	58	57		56
	上层																	72	
嵌线顺序		19	20	21	22	…			116	117	118	119	120	121	122	123	124	125	126
槽号	下层		55		54	…			7		6		5		4		3		2
	上层	71		70		…				22		21		20		19		18	
嵌线顺序		127	128	129	130	131	132	133	134	135	136	137	138	139	140	141	142	143	144
槽号	下层		1																
	上层	17		16	15	14	13	12	11	10	9	8	7	6	5	4	3	2	1

3. 绕组特点与应用　本例绕组是两路并联，全部线圈组由 6 个线圈连绕而成。每相分左右两个支路连接，每个支路用短跳将相邻两组线圈反极性串联。此绕组实际应用不多，主要实例有电磁调速的 JZTT-91-6/4 双绕组双速电动机的 4 极绕组。

1.2.47　72 槽 4 极（$y=15$、$a=4$）双层叠式绕组

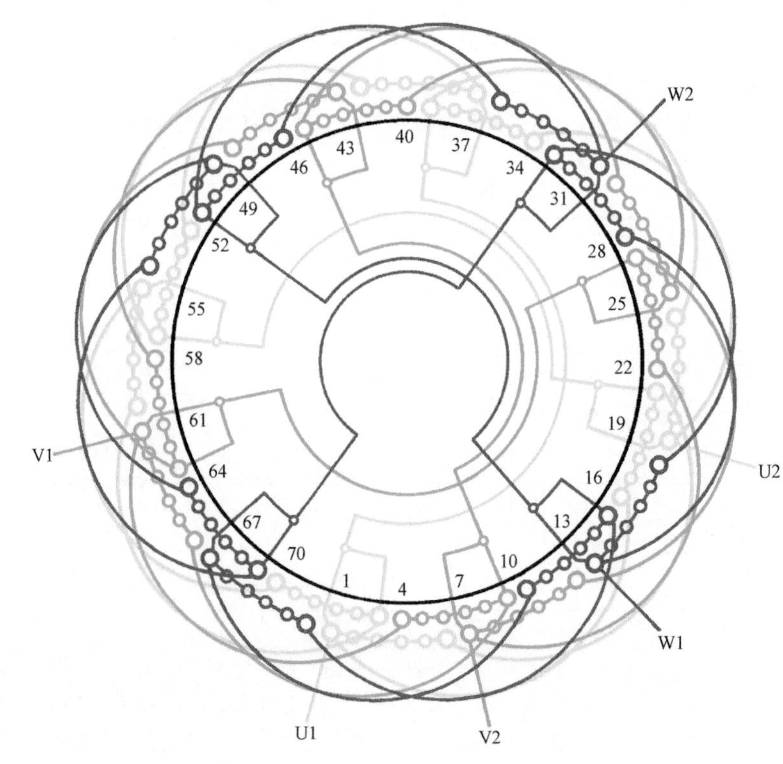

图　1.2.47

1. 绕组结构参数

定子槽数　$Z=72$　　每组圈数　$S=6$　　并联路数　$a=4$

电机极数　$2p=4$　　极相槽数　$q=6$　　分布系数　$K_d=0.956$

总线圈数　$Q=72$　　绕组极距　$\tau=18$　　节距系数　$K_p=0.966$

线圈组数　$u=12$　　线圈节距　$y=15$　　绕组系数　$K_{dp}=0.923$

2. 嵌线方法　本例采用交叠法嵌线，吊边数为 15。嵌线顺序见表 1.2.47。

表 1.2.47　交叠法

嵌线顺序		1	2	3	4	5	6	7	8	9	10	11	12	13	14	15	16	17	18
槽号	下层	6	5	4	3	2	1	72	71	70	69	68	67	66	65	64	63		62
	上层																	6	
嵌线顺序		19	20	21	22	23	24	…	117	118	119	120	121	122	123	124	125	126	
槽号	下层		61		60		59	…		12		11		10		9		8	
	上层	5		4		3		…	28		27		26		25		24		
嵌线顺序		127	128	129	130	131	132	133	134	135	136	137	138	139	140	141	142	143	144
槽号	下层		7																
	上层	23		22	21	20	19	18	17	16	15	14	13	12	11	10	9	8	7

3. 绕组特点与应用　本绕组是四路并联，即每个支路仅一组线圈，按同相相邻反极性并联而成。此绕组主要用于容量较大的电动机，主要应用实例有 Y2-315S-4 电动机等。

1.2.48　72槽4极($y=16$、$a=4$)双层叠式绕组

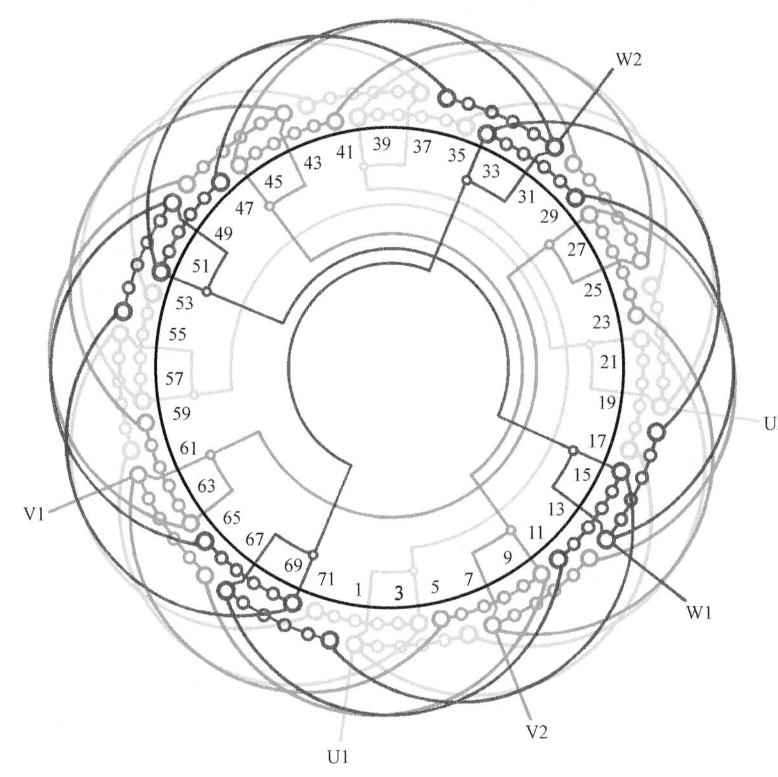

图　1.2.48

1. 绕组结构参数

定子槽数	$Z=72$	每组圈数	$S=6$	并联路数	$a=4$
电机极数	$2p=4$	极相槽数	$q=6$	分布系数	$K_d=0.958$
总线圈数	$Q=72$	绕组极距	$\tau=18$	节距系数	$K_p=0.985$
线圈组数	$u=12$	线圈节距	$y=16$	绕组系数	$K_{dp}=0.944$

2. 嵌线方法　采用交叠法嵌线，吊边数为16。嵌线顺序见表1.2.48。

表1.2.48　交叠法

嵌线顺序		1	2	3	4	5	6	7	8	9	10	11	12	13	14	15	16	17	18
槽号	下层	12	11	10	9	8	7	6	5	4	3	2	1	72	71	70	69	68	
	上层																		12
嵌线顺序		19	20	21	22	23	24	25	…		118	119	120	121	122	123	124	125	126
槽号	下层	67		66		65		64	…			17		16		15		14	
	上层		11		10		9		…		34		33		32		31		30
嵌线顺序		127	128	129	130	131	132	133	134	135	136	137	138	139	140	141	142	143	144
槽号	下层	13																	
	上层		29	28	27	26	25	24	23	22	21	20	19	18	17	16	15	14	13

3. 绕组特点与应用　本例仍是四路并联，线圈节距较上例增加1槽，绕组系数略为提高，但嵌线则增加了1个吊边，即嵌线难度稍有增加。此绕组应用于Y315M1-4电动机。

1.2.49　72 槽 4 极（$y=18$）双层叠式绕组

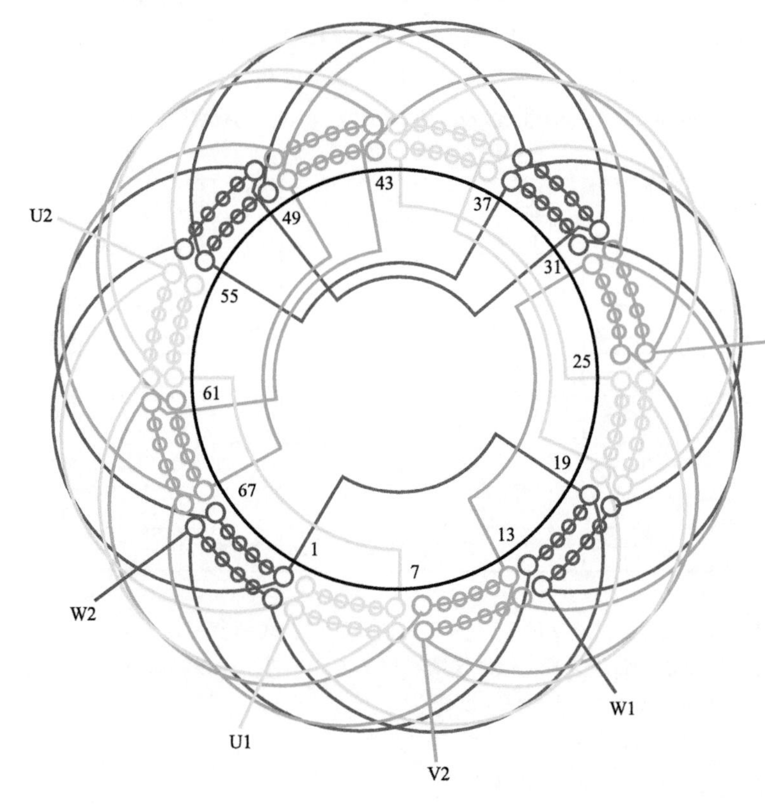

图　1.2.49

1. 绕组结构参数

定子槽数　$Z=72$　电机极数　$2p=4$　总线圈数　$Q=72$

线圈组数　$u=12$　每组圈数　$S=6$　极相槽数　$q=6$

绕组极距　$\tau=18$　线圈节距　$y=18$　并联路数　$a=1$

每槽电角　$\alpha=10°$　分布系数　$K_d=0.956$　节距系数　$K_p=1.0$

绕组系数　$K_{dp}=0.956$

2. 嵌线方法　绕组采用交叠法嵌线，吊边数为 18。嵌线顺序见表 1.2.49。

表 1.2.49　交叠法

嵌线顺序		1	2	3	4	5	6	7	8	9	10	11	12	13	14	15	16	17	18
槽号	下层	6	5	4	3	2	1	72	71	70	69	68	67	66	65	64	63	62	61
	上层																		
嵌线顺序		19	20	21	22		…		116	117	118	119	120	121	122	123	124	125	126
槽号	下层	60		59			…			11		10		9		8		7	
	上层		6		5		…		30		29		28		27		26		25
嵌线顺序		127	128	129	130	131	132	133	134	135	136	137	138	139	140	141	142	143	144
槽号	下层																		
	上层	24	23	22	21	20	19	18	17	16	15	14	13	12	11	10	9	8	7

3. 绕组特点与应用　此绕组采用整距布线，即线圈节距等于极距，使吊边数达到 18，给嵌线造成极大的困难。好在此绕组应用于绕线电动机转子绕组，不受铁心内腔限制，使吊边数不致影响嵌线。主要应用实例有 YZR2-315M-4 电动机的转子绕组。

1.2.50　96 槽 4 极（$y=22$、$a=4$）双层叠式绕组

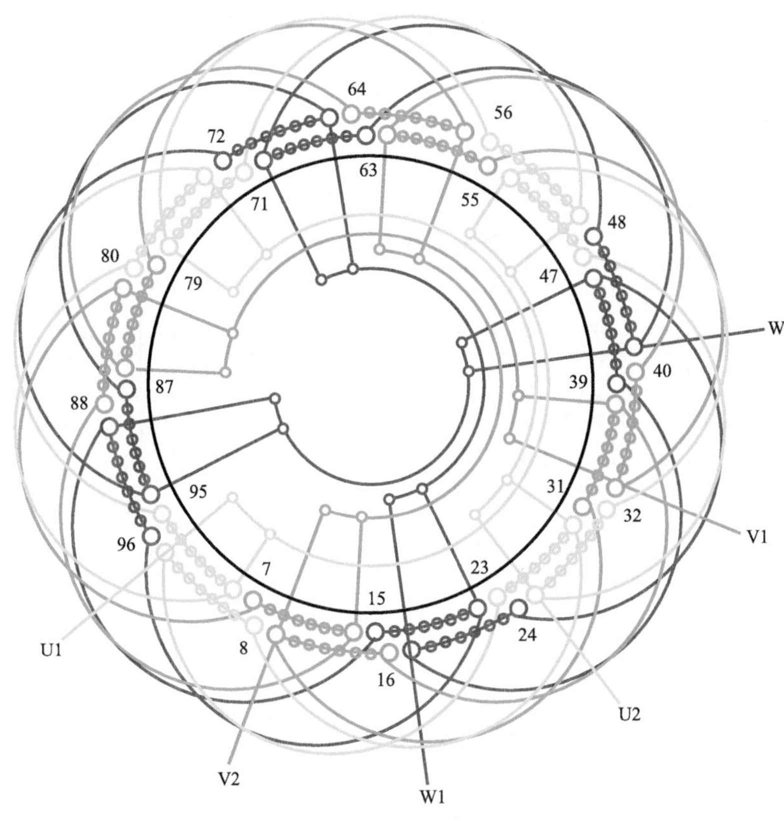

图　1.2.50

1. 绕组结构参数

定子槽数	$Z=96$	电机极数	$2p=4$	总线圈数	$Q=96$
线圈组数	$u=12$	每组圈数	$S=8$	极相槽数	$q=8$
绕组极距	$\tau=24$	线圈节距	$y=22$	并联路数	$a=4$
每槽电角	$\alpha=7.5°$	分布系数	$K_d=0.956$	节距系数	$K_p=0.991$
绕组系数	$K_{dp}=0.947$				

2. 嵌线方法　　本例采用交叠法嵌线，吊边数为 22。嵌线顺序见表 1.2.50。

表 1.2.50　交叠法

嵌线顺序		1	2	3	4	5	6	7	8	9	10	11	12	13	14	15	16	17	18
槽号	下层	8	7	6	5	4	3	2	1	96	95	94	93	92	91	90	89	88	87
	上层																		

嵌线顺序		19	20	21	22	23	24	25	26	…	167	168	169	170	171	172	173	174
槽号	下层	86	85	84	83	82		81		…	10		9					
	上层						8			…		32		31	30	29	28	27

嵌线顺序		175	176	177	178	179	180	181	182	183	184	185	186	187	188	189	190	191	192
槽号	下层																		
	上层	26	25	24	23	22	21	20	19	18	17	16	15	14	13	12	11	10	9

3. 绕组特点与应用　　本例是 96 槽的 4 极电动机，线圈跨距大，故嵌线有一定难度，但此型绕组多应用于大容量电机，故铁心内腔相对也大，从而缓解了嵌线的难度。主要应用实例有 YZR2-315S-4 电动机。

1.2.51　96 槽 4 极（$y=23$、$a=4$）双层叠式绕组

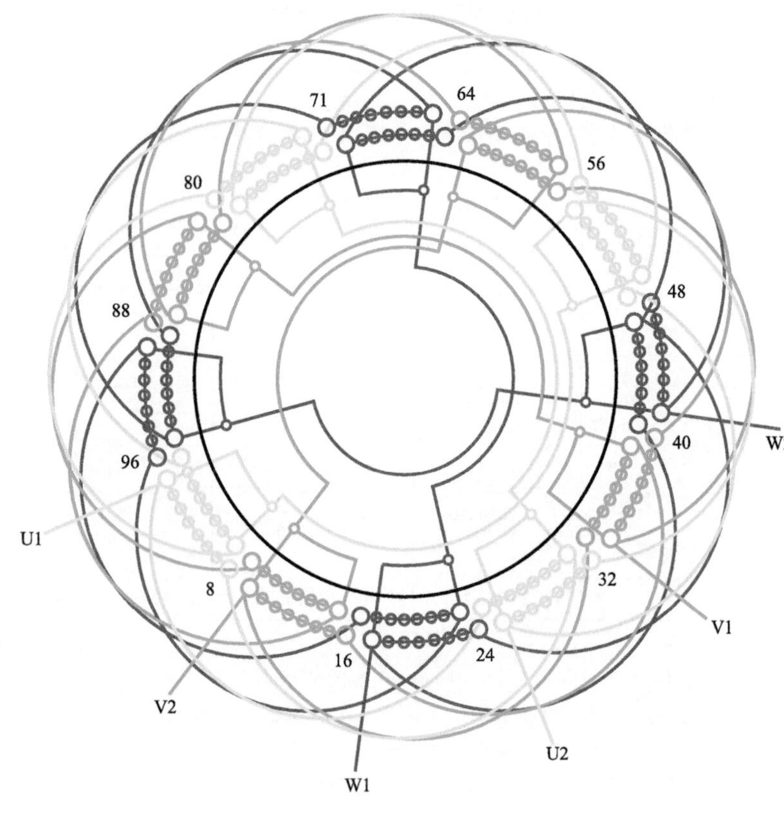

图　1.2.51

1. 绕组结构参数

定子槽数　$Z=96$　电机极数　$2p=4$　总线圈数　$Q=96$

线圈组数　$u=12$　每组圈数　$S=8$　极相槽数　$q=8$

绕组极距　$\tau=24$　线圈节距　$y=23$　并联路数　$a=4$

每槽电角　$\alpha=7.5°$　分布系数　$K_d=0.956$　节距系数　$K_p=0.998$

绕组系数　$K_{dp}=0.954$

2. 嵌线方法　　绕组采用交叠法嵌线，吊边数为 23。嵌线顺序见表 1.2.51。

表 1.2.51　交叠法

嵌线顺序		1	2	3	4	5	6	7	8	9	10	11	12	13	14	15	16	17	18
槽号	下层	8	7	6	5	4	3	2	1	96	95	94	93	92	91	90	89	88	87
	上层																		
嵌线顺序		19	20	21	22	23	24	25	26	…		167	168	169	170	171	172	173	174
槽号	下层	86	85	84	83	82	81		80	…			9						
	上层							8		…		33		32	31	30	29	28	27
嵌线顺序		175	176	177	178	179	180	181	182	183	184	185	186	187	188	189	190	191	192
槽号	下层																		
	上层	26	25	24	23	22	21	20	19	18	17	16	15	14	13	12	11	10	9

3. 绕组特点与应用　　本例是 4 极绕组，每相由 4 组线圈组成，每组构成一个支路，并按同相相邻反极性并联构成四路并联。此绕组选用节距较大，嵌线吊边数多达 23，但绕组系数较高。主要应用实例有 YZR2-315M-4 电动机。

1.3 三相双层叠式 6 极绕组布线接线图

交流 6 极电动机额定转速略低于 1000r/min，而同功率之下的转矩则高于 4 极，故在生产机械设备中属应用较多的规格品种。本节收入 6 极电动机绕组布线接线图 50 例，供读者参考。

1.3.1 27 槽 6 极($y=4$)双层叠式绕组

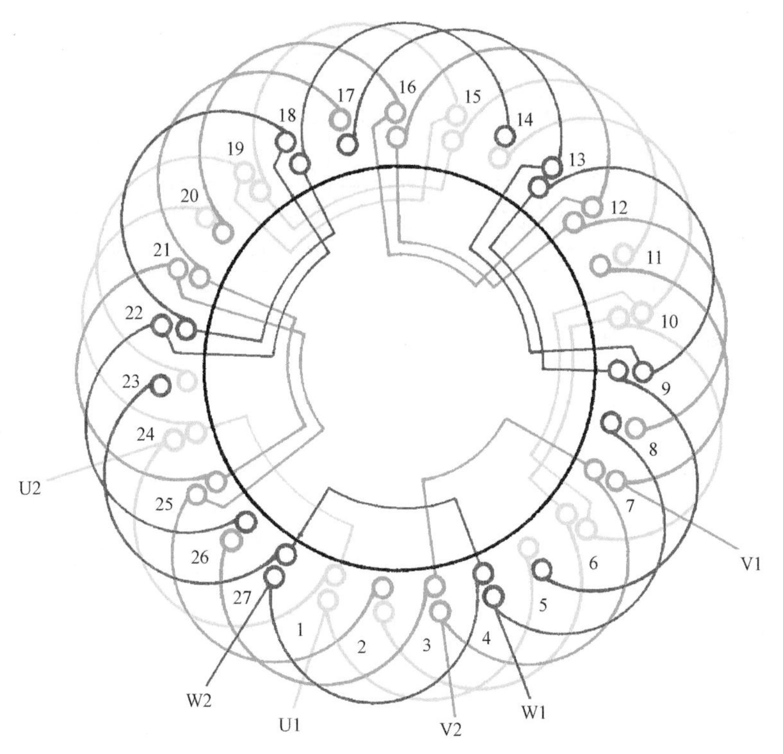

图 1.3.1

1. 绕组结构参数

定子槽数 $Z=27$　每组圈数 $S=1\frac{1}{2}$　并联路数 $a=1$

电机极数 $2p=6$　极相槽数 $q=1\frac{1}{2}$　分布系数 $K_d=0.97$

总线圈数 $Q=27$　绕组极距 $\tau=4\frac{1}{2}$　节距系数 $K_p=0.985$

线圈组数 $u=18$　线圈节距 $y=4$　绕组系数 $K_{dp}=0.955$

2. 嵌线方法　本例采用交叠法嵌线，吊边数为 4。嵌线时应注意单、双联交替进行。嵌线顺序见表 1.3.1。

表 1.3.1 交叠法

嵌线顺序		1	2	3	4	5	6	7	8	9	10	11	12	13	14	15	16	17	18	19	20	21	22	23	24	25	26	27
槽号	下层	27	26	25	24	23		22		21		20		19		18		17		16		15		14		13		12
	上层						27		26		25		24		23		22		21		20		19		18		17	
嵌线顺序		28	29	30	31	32	33	34	35	36	37	38	39	40	41	42	43	44	45	46	47	48	49	50	51	52	53	54
槽号	下层		11		10		9		8		7		6		5		4		3		2		1					
	上层	16		15		14		13		12		11		10		9		8		7		6		5	4	3	2	1

3. 绕组特点与应用　本例绕组每极每相占槽为分数，每组线圈数是 $1\frac{1}{2}$ 而构成分数槽绕组方案。分组时应将其 $\frac{1}{2}$ 圈归并成两圈(大联组)和单圈(小联组)，即绕组分布的循环规律为 212121。所以，每相绕组分别由 6 个大、小联组交替串联；接线仍保持同相相邻组间极性相反。主要应用实例有 JO3-802-6、AOK2-42-6 三相异步电动机及 Y2-711-6 电动机等。

1.3.2 *30 槽 6 极（$y=5$）双层叠式绕组

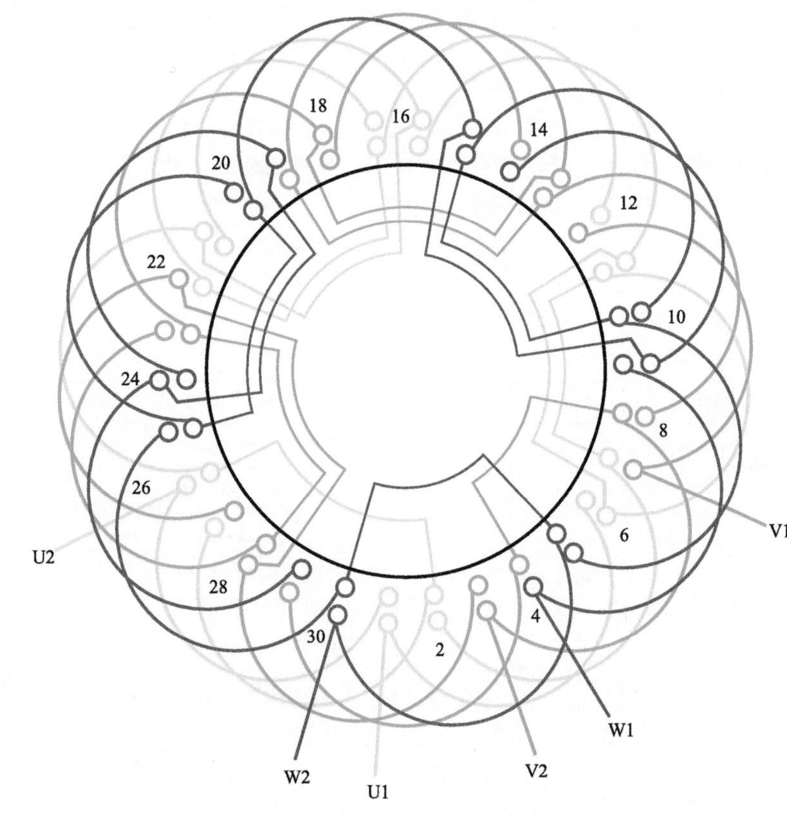

图 1.3.2

1. 绕组结构参数

定子槽数	$Z=30$	每组圈数	$S=1\frac{2}{3}$	并联路数	$a=1$
电机极数	$2p=6$	极相槽数	$q=1\frac{2}{3}$	分布系数	$K_d=0.951$
总线圈数	$Q=30$	绕组极距	$\tau=5$	节距系数	$K_p=1$
线圈组数	$u=18$	线圈节距	$y=5$	绕组系数	$K_{dp}=0.951$

2. 嵌线方法　　本例双层叠式绕组采用交叠法嵌线，吊边数为 5。嵌线顺序见表 1.3.2。

表 1.3.2　交叠法

嵌线顺序		1	2	3	4	5	6	7	8	9	10	11	12	13	14	15	16	17	18
槽号	下层	30	29	28	27	26	25		24		23		22		21		20		19
	上层							30		29		28		27		26		25	
嵌线顺序		19	20	21	22	23	24		…		34	35	36	37	38	39	40	41	42
槽号	下层		18		17		16		…		11		10		9		8		7
	上层	24		23		22			…			16		15		14		13	
嵌线顺序		43	44	45	46	47	48	49	50	51	52	53	54	55	56	57	58	59	60
槽号	下层		6		5		4		3		2		1						
	上层	12		11		10		9		8		7		6	5	4	3	2	1

3. 绕组特点与应用　　本例是双层叠式的分数槽绕组，绕组由单双圈构成。每相有 2 组单圈和 4 组双圈，按 221 交替分布，因属显极布线，同相相邻线圈组为反极性串联。此绕组实际应用较少，本例取自实修记录。

1.3.3 *36 槽 6 极（$y=4$）双层叠式绕组

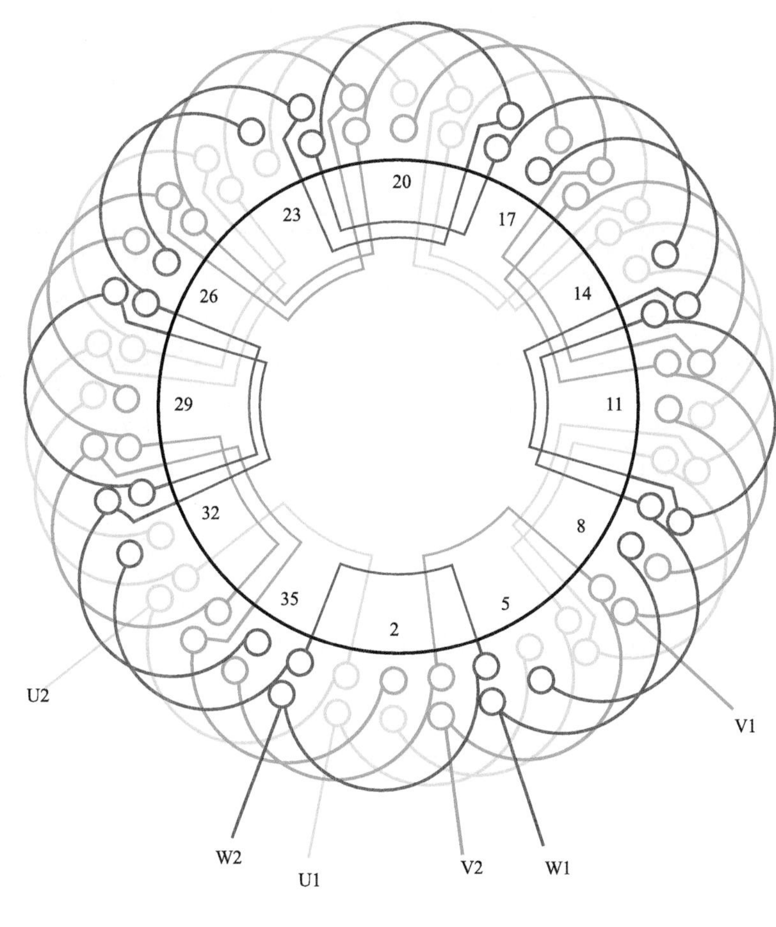

图 1.3.3

1. 绕组结构参数

定子槽数	$Z=36$	每组圈数	$S=2$	并联路数	$a=1$
电机极数	$2p=6$	极相槽数	$q=2$	分布系数	$K_d=0.966$
总线圈数	$Q=36$	绕组极距	$\tau=6$	节距系数	$K_p=0.866$
线圈组数	$u=18$	线圈节距	$y=4$	绕组系数	$K_{dp}=0.837$

2. 嵌线方法　本例采用交叠法嵌线，吊边数为 4。嵌线顺序见表 1.3.3。

表 1.3.3　交叠法

嵌线顺序		1	2	3	4	5	6	7	8	9	10	11	12	13	14	15	16	17	18
槽号	下层	36	35	34	33	32		31		30		29		28		27		26	
	上层						36		35		34		33		32		31		30

嵌线顺序		19	20	21	22	23	24	…	46	47	48	49	50	51	52	53	54
槽号	下层	25		24		23		…		11		10		9		8	
	上层		29		28		27	…	16		15		14		13		12

嵌线顺序		55	56	57	58	59	60	61	62	63	64	65	66	67	68	69	70	71	72
槽号	下层	7		6		5		4		3		2		1					
	上层		11		10		9		8		7		6		5	4	3	2	1

3. 绕组特点与应用　本例是双层叠式分数槽绕组，由单双圈构成，并按 2121 循环规律分布。每相各有 3 个单圈组和双圈组，而同相相邻线圈是反方向接线。此绕组在国产标准系列中未见应用；而本例则取自实修记录。

1.3.4　36 槽 6 极（$y=5$）双层叠式绕组

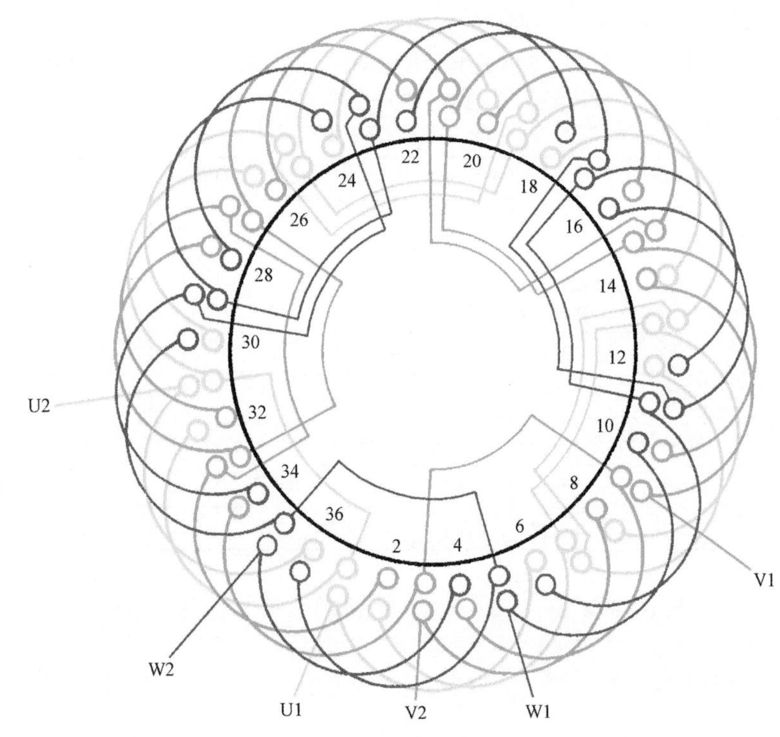

图　1.3.4

1. 绕组结构参数

定子槽数	$Z=36$	每组圈数	$S=2$	并联路数	$a=1$
电机极数	$2p=6$	极相槽数	$q=2$	分布系数	$K_d=0.966$
总线圈数	$Q=36$	绕组极距	$\tau=6$	节距系数	$K_p=0.966$
线圈组数	$u=18$	线圈节距	$y=5$	绕组系数	$K_{dp}=0.933$

2. 嵌线方法　　采用交叠法嵌线，吊边数为 5。嵌线顺序见表 1.3.4。

表 1.3.4　交叠法

嵌线顺序		1	2	3	4	5	6	7	8	9	10	11	12	13	14	15	16	17	18
槽号	下层	36	35	34	33	32	31		30		29		28		27		26		25
	上层							36		35		34		33		32		31	
嵌线顺序		19	20	21	22	23	24	25	26	27	28	29	30	31	32	33	34	35	36
槽号	下层		24		23		22		21		20		19		18		17		16
	上层	30		29		28		27		26		25		24		23		22	
嵌线顺序		37	38	39	40	41	42	43	44	45	46	47	48	49	50	51	52	53	54
槽号	下层		15		14		13		12		11		10		9		8		7
	上层	21		20		19		18		17		16		15		14		13	
嵌线顺序		55	56	57	58	59	60	61	62	63	64	65	66	67	68	69	70	71	72
槽号	下层		6		5		4		3		2		1						
	上层	12		11		10		9		8		7		6	5	4	3	2	1

3. 绕组特点与应用　　此绕组采用一路串联接线，是 6 极电动机的基本型式，也是常用的布接线方案之一。主要应用实例有 J-61-6、JO-63-6 及 YX-132S-6 高效率电动机等。

1.3.5 36 槽 6 极($y=5$、$a=2$)双层叠式绕组

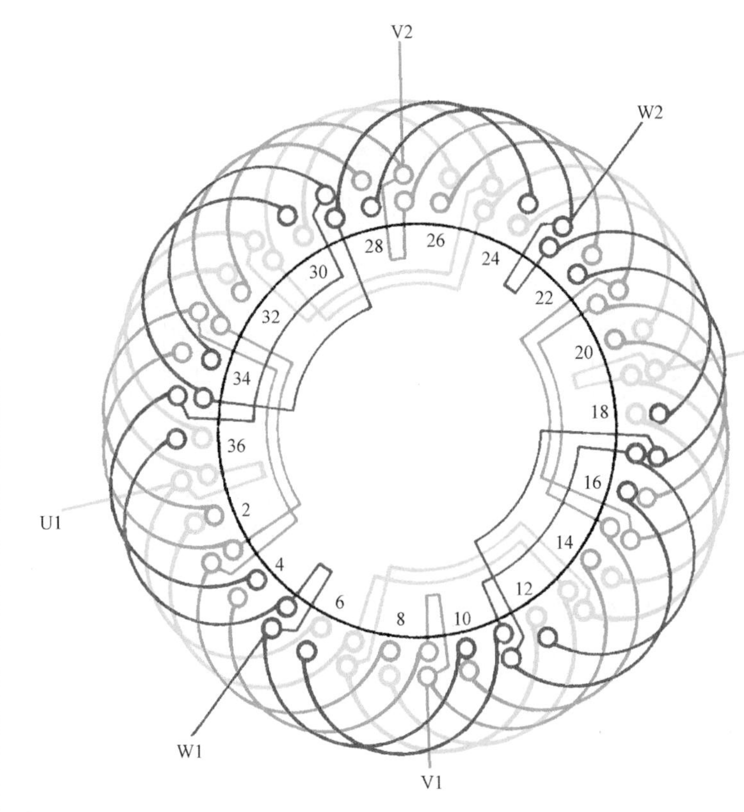

图 1.3.5

1. 绕组结构参数

定子槽数 $Z=36$　每组圈数 $S=2$　并联路数 $a=2$

电机极数 $2p=6$　极相槽数 $q=2$　分布系数 $K_d=0.966$

总线圈数 $Q=36$　绕组极距 $\tau=6$　节距系数 $K_p=0.966$

线圈组数 $u=18$　线圈节距 $y=5$　绕组系数 $K_{dp}=0.933$

2. 嵌线方法　绕组采用交叠法嵌线，吊边数为 5。嵌线顺序见表 1.3.5。

表 1.3.5 交叠法

嵌线顺序		1	2	3	4	5	6	7	8	9	10	11	12	13	14	15	16	17	18
槽号	下层	2	1	36	35	34	33		32		31		30		29		28		27
	上层							2		1		36		35		34		33	
嵌线顺序		19	20	21	22	23		…		45	46	47	48	49	50	51	52	53	54
槽号	下层		26		25			…			13		12		11		10		9
	上层	32		31		30		…		19		18		17		16		15	
嵌线顺序		55	56	57	58	59	60	61	62	63	64	65	66	67	68	69	70	71	72
槽号	下层		8		7		6		5		4		3						
	上层	14		13		12		11		10		9		8	7	6	5	4	3

3. 绕组特点与应用　本例绕组采用两路并联，每相 6 组线圈，进线后分左、右两路走线，每个支路 3 组按相邻反极性串联，最后将尾线并接后引出。主要应用实例有 JO3-180M2-6 电动机等。

1.3.6 36 槽 6 极（$y=6$）双层叠式绕组

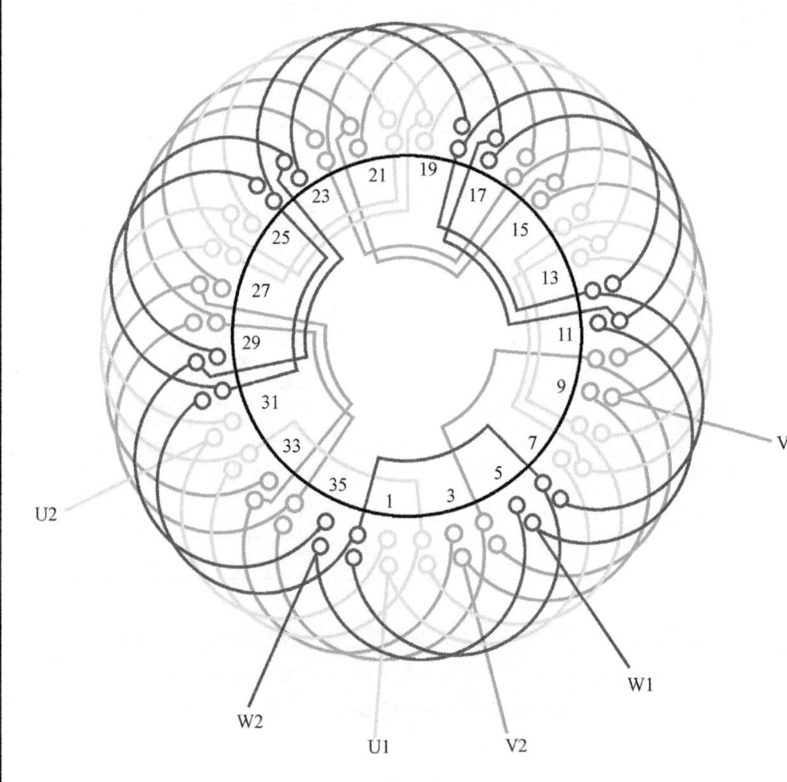

图 1.3.6

1. 绕组结构参数

定子槽数 $Z=36$　每组圈数 $S=2$　并联路数 $a=1$

电机极数 $2p=6$　极相槽数 $q=2$　分布系数 $K_d=0.966$

总线圈数 $Q=36$　绕组极距 $\tau=6$　节距系数 $K_p=1.0$

线圈组数 $u=18$　线圈节距 $y=6$　绕组系数 $K_{dp}=0.966$

2. 嵌线方法　本例采用交叠法嵌线，吊边数为 6。嵌线顺序见表 1.3.6。

表 1.3.6　交叠法

嵌线顺序		1	2	3	4	5	6	7	8	9	10	11	12	13	14	15	16	17	18
槽号	下层	2	1	36	35	34	33	32		31		30		29		28		27	
	上层								2		1		36		35		34		33
嵌线顺序		19	20	21	22	23	24	25	…			65	66	67	68	69	70	71	72
槽号	下层	26		25		24		23	…			3							
	上层		32		31		30		…				9	8	7	6	5	4	3

3. 绕组特点与应用　本例是全距绕组，线圈节距等于极距，绕组系数较高，但作为电动机电枢则 3 次谐波较大而影响电动机性能。因此，一般电动机不采用，仅应用于绕线式电动机转子绕组。主要实例有 MTK21-6 进口电动机转子绕组等。

1.3.7 *36 槽 6 极($y=6$、$a=2$)双层叠式绕组

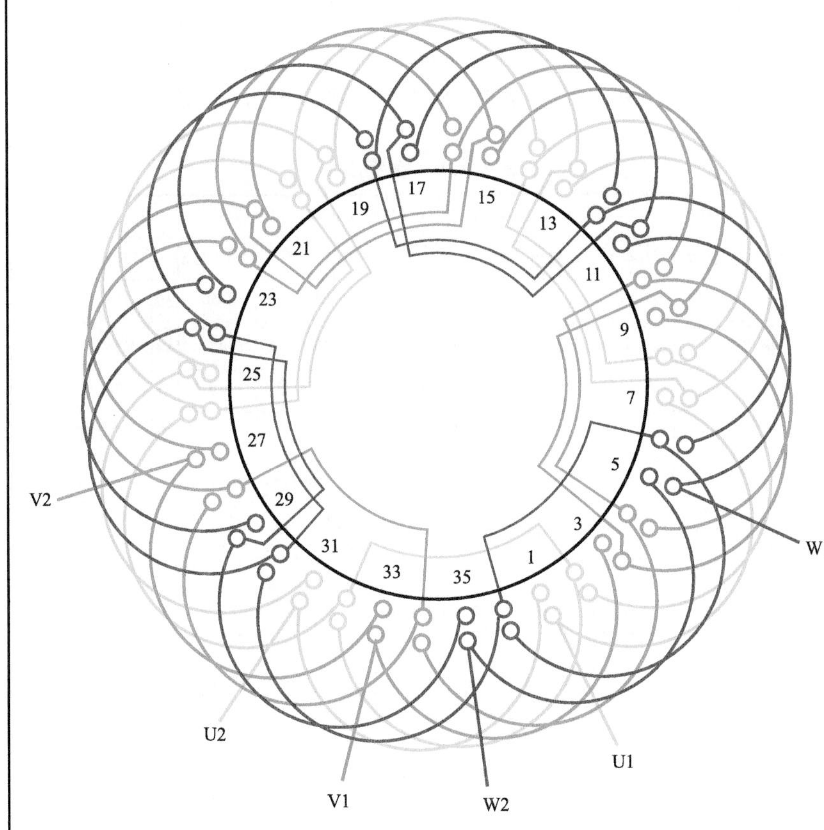

图 1.3.7

1. 绕组结构参数

定子槽数 $Z=36$　　每组圈数 $S=2$　　并联路数 $a=2$

电机极数 $2p=6$　　极相槽数 $q=2$　　分布系数 $K_d=0.966$

总线圈数 $Q=36$　　绕组极距 $\tau=6$　　节距系数 $K_p=0.966$

线圈组数 $u=18$　　线圈节距 $y=6$　　绕组系数 $K_{dp}=0.933$

2. 嵌线方法　本例绕组采用交叠法嵌线，吊边数为 6。嵌线顺序见表 1.3.7。

表 1.3.7　交叠法

嵌线顺序		1	2	3	4	5	6	7	8	9	10	11	12	13	14	15	16	17	18
槽号	下层	2	1	36	35	34	33	32		31		30		29		28		27	
	上层								2		1		36		35		34		33
嵌线顺序		19	20	21	22	23	24		…		46	47	48	49	50	51	52	53	54
槽号	下层	26		25		24			…			12		11		10		9	
	上层		32		31		30		…		19		18		17		16		15
嵌线顺序		55	56	57	58	59	60	61	62	63	64	65	66	67	68	69	70	71	72
槽号	下层	8		7		6		5		4		3							
	上层		14		13		12		11		10		9	8	7	6	5	4	3

3. 绕组特点与应用　本例是整距绕组，即线圈节距等于极距，故绕组系数较高，但作为电动机则电枢的 3 次谐波较大而影响电动机性能，因此在电动机中一般极少采用，而应用多为绕线式转子绕组。主要应用实例有 MTK2-1-6 进口电动机等转子绕组。

1.3.8 45 槽 6 极($y=6$)双层叠式绕组

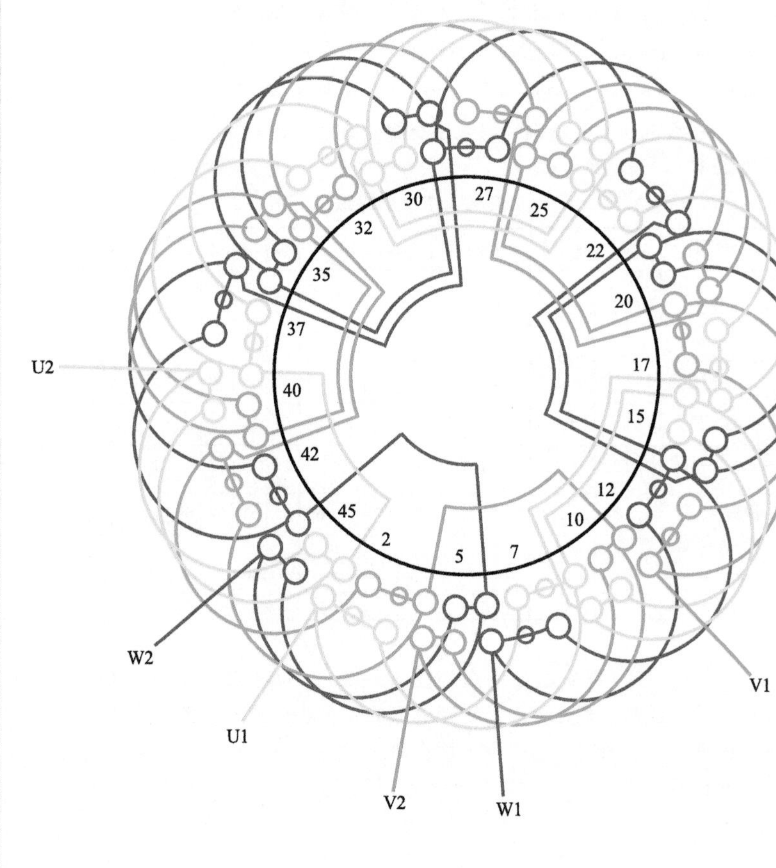

图 1.3.8

1. 绕组结构参数

定子槽数 $Z=45$　　每组圈数 $S=2\frac{1}{2}$　　并联路数 $a=1$

电机极数 $2p=6$　　极相槽数 $q=2\frac{1}{2}$　　分布系数 $K_d=0.957$

总线圈数 $Q=45$　　绕组极距 $\tau=7\frac{1}{2}$　　节距系数 $K_p=0.951$

线圈组数 $u=18$　　线圈节距 $y=6$　　绕组系数 $K_{dp}=0.91$

2. 嵌线方法　　采用交叠法嵌线，吊边数为 6。嵌线顺序见表 1.3.8。

表 1.3.8　交叠法

嵌线顺序		1	2	3	4	5	6	7	8	9	10	11	12	13	14	15	16	17	18	19	20	21	22	23
槽号	下层	45	44	43	42	41	40	39		38		37		36		35		34		33		32		31
	上层								45		44		43		42		41		40		39		38	
嵌线顺序		24	25	26	27	28	29	30	31	32	33	34	35	36	37	38	39	40	41	42	43	44	45	46
槽号	下层		30		29		28		27		26		25		24		23		22		21		20	
	上层	37		36		35		34		33		32		31		30		29		28		27		26
嵌线顺序		47	48	49	50	51	52	53	54	55	56	57	58	59	60	61	62	63	64	65	66	67	68	
槽号	下层	19		18		17		16		15		14		13		12		11		10		9		
	上层		25		24		23		22		21		20		19		18		17		16		15	
嵌线顺序		69	70	71	72	73	74	75	76	77	78	79	80	81	82	83	84	85	86	87	88	89	90	
槽号	下层	8		7		6		5		4		3		2		1								
	上层		14		13		12		11		10		9		8		7	6	5	4	3	2	1	

3. 绕组特点与应用　　本例为分数槽绕组方案，线圈组由 3、2 圈组成，并按 3　2　3　2…分布规律轮换布线；嵌线时应注意大、小联交替嵌入。此绕组型式应用较多，主要有 JZR2-11-6、JZR-11-6、JZRB-11-6 绕线式电动机及(原苏联)MTK12-6 等三相异步电动机定子绕组。

1.3.9　45 槽 6 极（$y=7$）双层叠式绕组

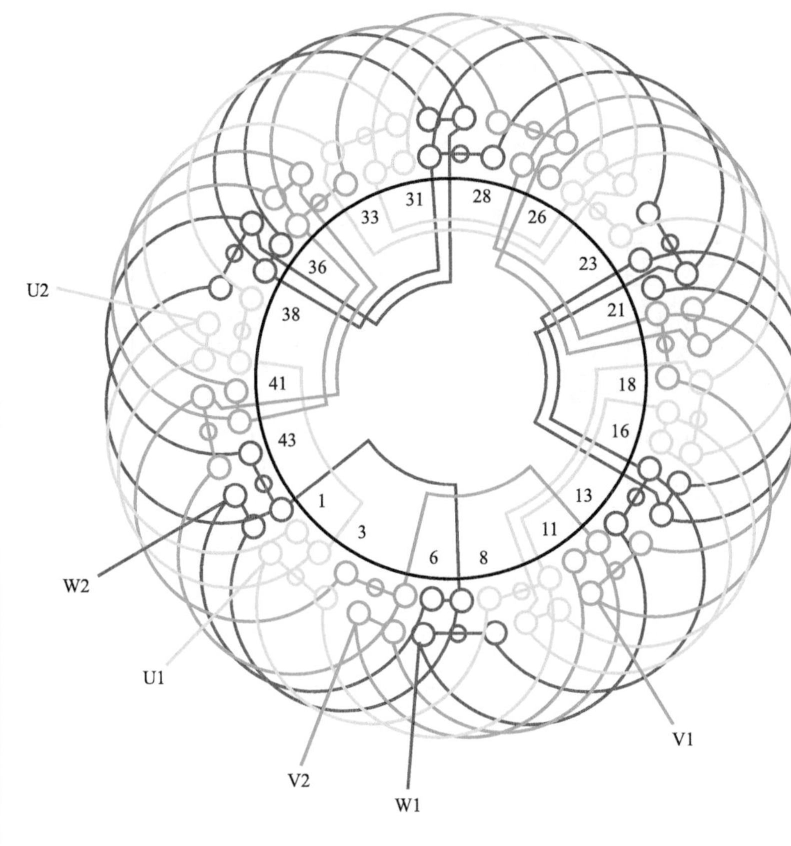

图　1.3.9

1. 绕组结构参数

定子槽数　$Z=45$　　每组圈数　$S=2\frac{1}{2}$　　并联路数　$a=1$

电机极数　$2p=6$　　极相槽数　$q=2\frac{1}{2}$　　分布系数　$K_d=0.957$

总线圈数　$Q=45$　　绕组极距　$\tau=7\frac{1}{2}$　　节距系数　$K_p=0.995$

线圈组数　$u=18$　　线圈节距　$y=7$　　绕组系数　$K_{dp}=0.952$

2. 嵌线方法　　本例采用交叠法嵌线，吊边数为 7。嵌线顺序见表 1.3.9。

表 1.3.9　交叠法

嵌线顺序		1	2	3	4	5	6	7	8	9	10	11	12	13	14	15	16	17	18	19	20	21	22	23
槽号	下层	45	44	43	42	41	40	39	38		37		36		35		34		33		32		31	
	上层									45		44		43		42		41		40		39		38
嵌线顺序		24	25	26	27	28	29	30	31	32	33	34	35	36	37	38	39	40	41	42	43	44	45	46
槽号	下层	30		29		28		27		26		25		24		23		22		21		20		19
	上层		37		36		35		34		33		32		31		30		29		28		27	
嵌线顺序		47	48	49	50	51	52	53	54	55	56	57	58	59	60	61	62	63	64	65	66	67	68	69
槽号	下层		18		17		16		15		14		13		12		11		10		9		8	
	上层	26		25		24		23		22		21		20		19		18		17		16		15
嵌线顺序		70	71	72	73	74	75	76	77	78	79	80	81	82	83	84	85	86	87	88	89	90		
槽号	下层	7		6		5		4		3		2		1										
	上层		14		13		12		11		10		9		8	7	6	5	4	3	2	1		

3. 绕组特点与应用　　基本同上例，但节距多 1 槽，绕组系数较高。主要应用实例有 YZR-132M1-6 绕线式电动机等。

1.3.10　48 槽 6 极($y=6$)双层叠式绕组

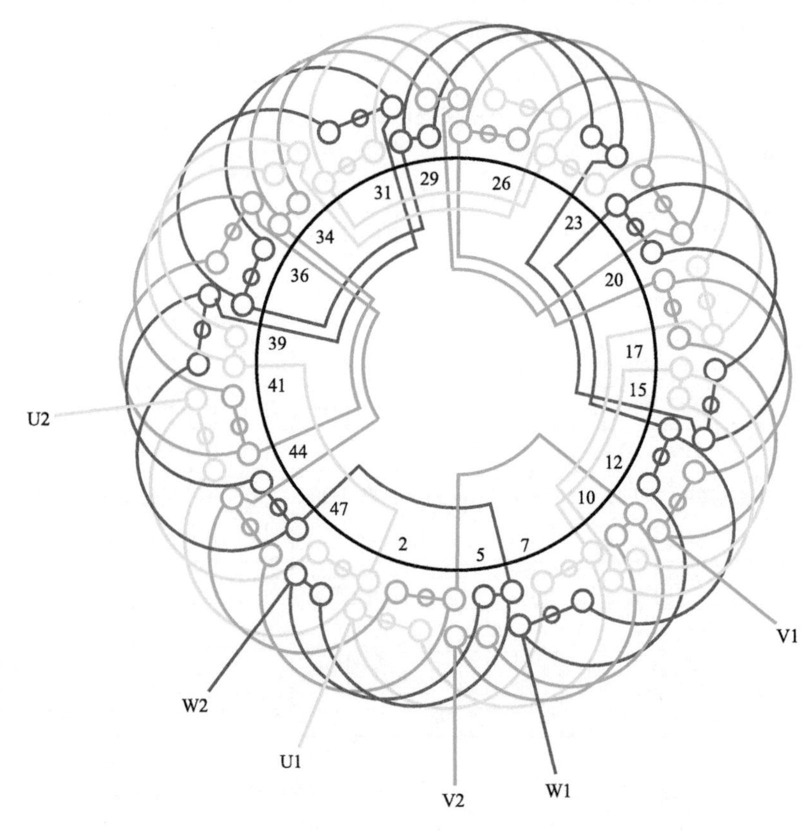

图　1.3.10

1. 绕组结构参数

定子槽数　$Z=48$　　每组圈数　$S=2\frac{2}{3}$　　并联路数　$a=1$

电机极数　$2p=6$　　极相槽数　$q=2\frac{2}{3}$　　分布系数　$K_d=0.956$

总线圈数　$Q=48$　　绕组极距　$\tau=8$　　节距系数　$K_p=0.924$

线圈组数　$u=18$　　线圈节距　$y=6$　　绕组系数　$K_{dp}=0.883$

每槽电角　$\alpha=22.5°$

2. 嵌线方法　　本例用交叠法嵌线，需吊边数为 6。嵌线顺序见表 1.3.10。

表 1.3.10　交叠法

嵌线顺序		1	2	3	4	5	6	7	8	9	10	11	12	13	14	15	16	17	18
槽号	下层	3	2	1	48	47	46	45		44		43		42		41		40	
	上层								3		2		1		48		47		46
嵌线顺序		19	20	21	22	23	24		…		70	71	72	73	74	75	76	77	78
槽号	下层	39		38		37			…			13		12		11		10	
	上层		45		44		43		…		20		19		18		17		16
嵌线顺序		79	80	81	82	83	84	85	86	87	88	89	90	91	92	93	94	95	96
槽号	下层	9		8		7		6		5		4							
	上层		15		14		13		12		11		10	9	8	7	6	5	4

3. 绕组特点与应用　　48 槽绕 6 极时 $q=2\frac{2}{3}=\frac{8}{3}$，是分数槽绕组，而且三相电动势不能满足完全的对称，故属非对称绕组。但其假分子$C=8>6$，相角偏差小于 3°，对性能影响不明显。本例绕组用于 YR 系列电动机。

1.3.11 48 槽 6 极（$y=7$）双层叠式绕组

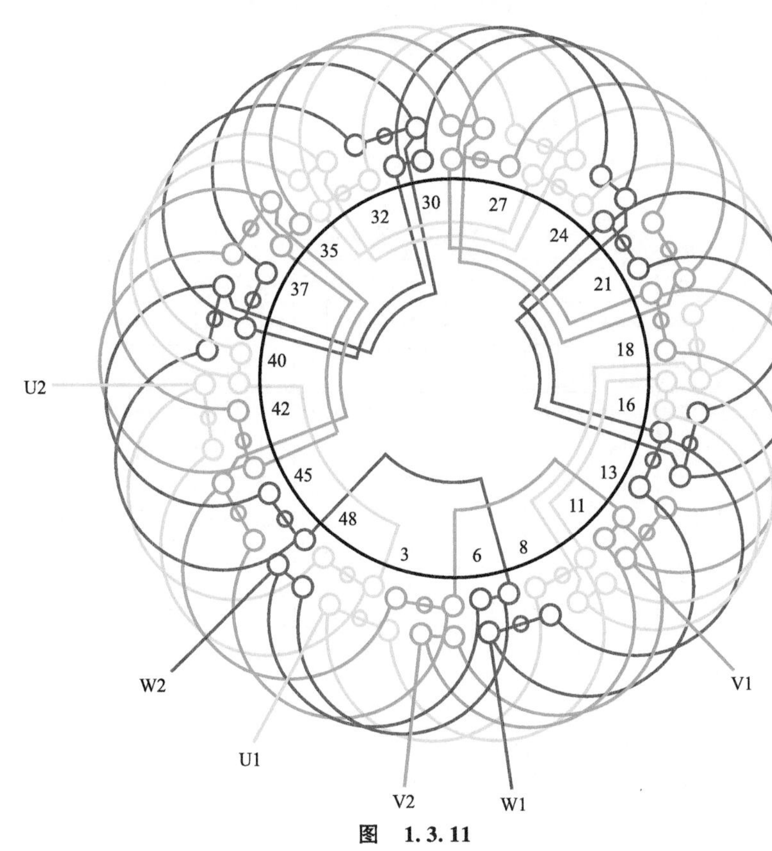

图 1.3.11

1. 绕组结构参数

定子槽数	$Z=48$	每组圈数	$S=2\frac{2}{3}$	并联路数	$a=1$
电机极数	$2p=6$	极相槽数	$q=2\frac{2}{3}$	分布系数	$K_d=0.956$
总线圈数	$Q=48$	绕组极距	$\tau=8$	节距系数	$K_p=0.981$
线圈组数	$u=18$	线圈节距	$y=7$	绕组系数	$K_{dp}=0.938$

2. 嵌线方法　绕组采用交叠法嵌线，吊边数为 7。嵌线顺序见表 1.3.11a。

表 1.3.11a　交叠法

嵌线顺序		1	2	3	4	5	6	7	8	9	10	11	12	13	14	15	16	17	18	19	20	21	22	23	24
槽号	下层	48	47	46	45	44	43	42	41		40		39		38		37		36		35		34		33
	上层									48		47		46		45		44		43		42		41	
嵌线顺序		25	26	27	28	29	30	31	32		…		60	61	62	63	64	65	66	67	68	69	70	71	72
槽号	下层		32		31		30		29		…		15		14		13		12		11		10		9
	上层	40		39		38		37			…			22		21		20		19		18		17	
嵌线顺序		73	74	75	76	77	78	79	80	81	82	83	84	85	86	87	88	89	90	91	92	93	94	95	96
槽号	下层		8		7		6		5		4		3		2		1								
	上层	16		15		14		13		12		11		10		9		8	7	6	5	4	3	2	1

3. 绕组特点与应用　此例三相电动势相角不能满足互差 120°电角度的条件，绕组内可能产生环流而引起发热、噪声和振动，故属非对称分数绕组。但当 $C\geqslant 6$（C 为每极相槽数化为假分数后的假分子数）时，三相绕组的相角偏差将小于 3°，其电动势偏差对电动机性能影响不大；而本例 $C=8$，故实用上还是允许的。

本例线圈分布循环规律为 3　2　3　2　3　3　3　3　2。三相绕组按对应磁极下的分布情况见表 1.3.11b。

表 1.3.11b　分布情况

绕组相别	U						V						W					
磁极序列	P_1	P_2	P_3	P_4	P_5	P_6	P_1	P_2	P_3	P_4	P_5	P_6	P_1	P_2	P_3	P_4	P_5	P_6
每组线圈数	$\underline{3}$	2	3	3	2	3	2	$\underline{3}$	3	2	3	3	$\underline{3}$	3	2	3	3	2

注：带“-”者为进线端

主要应用实例有 YR-132M1-6 等绕线式异步电动机。

1.3.12 48 槽 6 极($y=7$、$a=2$)双层叠式绕组

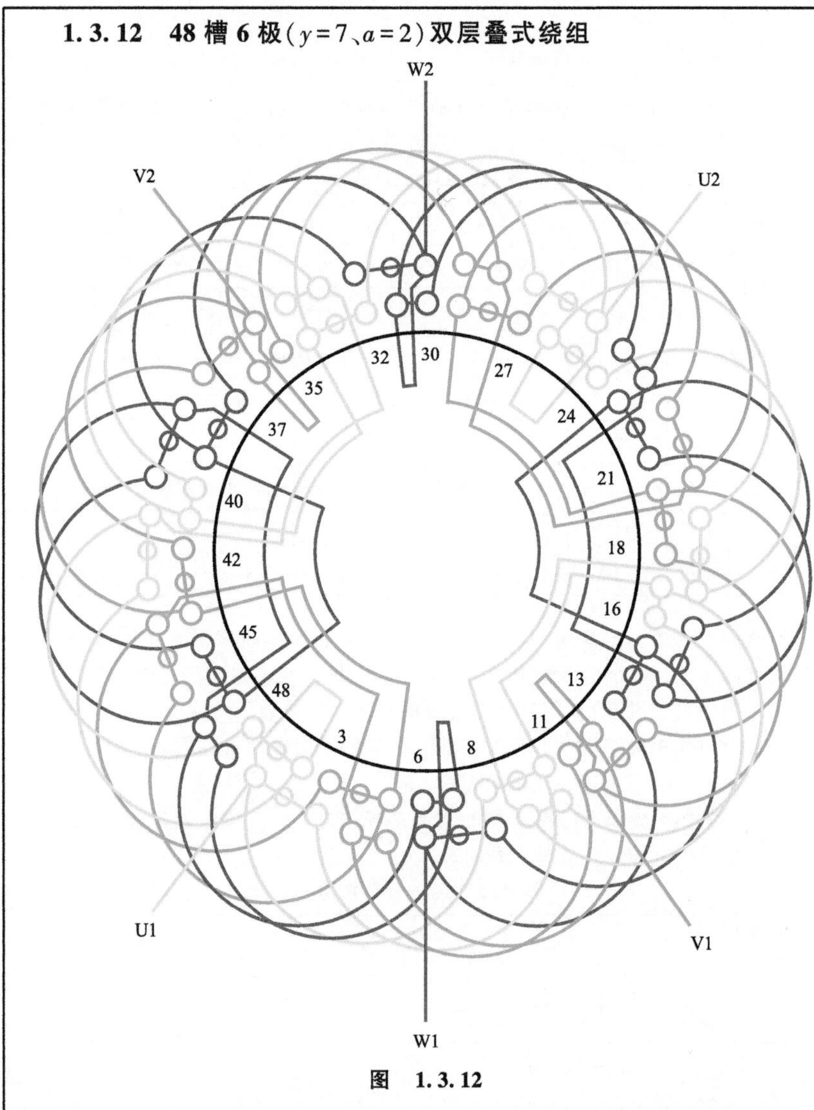

图 1.3.12

1. 绕组结构参数

定子槽数 $Z=48$ 每组圈数 $S=2\frac{2}{3}$ 并联路数 $a=2$

电机极数 $2p=6$ 极相槽数 $q=2\frac{2}{3}$ 分布系数 $K_d=0.956$

总线圈数 $Q=48$ 绕组极距 $\tau=8$ 节距系数 $K_p=0.981$

线圈组数 $u=18$ 线圈节距 $y=7$ 绕组系数 $K_{dp}=0.938$

2. 嵌线方法 采用交叠法嵌线，吊边数为 7。嵌线顺序见表 1.3.12。

表 1.3.12 交叠法

嵌线顺序		1	2	3	4	5	6	7	8	9	10	11	12	13	14	15	16	17	18
槽号	下层	3	2	1	48	47	46	45	44		43		42		41		40		39
槽号	上层									3		2		1		48		47	
嵌线顺序		19	20	21	22	23		···		69	70	71	72	73	74	75	76	77	78
槽号	下层		38		37			···			13		12		11		10		9
槽号	上层	46		45		44		···		21		20		19		18		17	
嵌线顺序		79	80	81	82	83	84	85	86	87	88	89	90	91	92	93	94	95	96
槽号	下层		8		7		6		5		4								
槽号	上层	16		15		14		13		12		11	10	9	8	7	6	5	4

3. 绕组特点与应用 绕组特点同上例，但采用两路并联接线，进线后分左右两路反极性串联，每一路包括三组、8 个线圈。主要应用实例有 YR-160L-6 绕线式异步电动机。

1.3.13 54 槽 6 极（$y=7$）双层叠式绕组

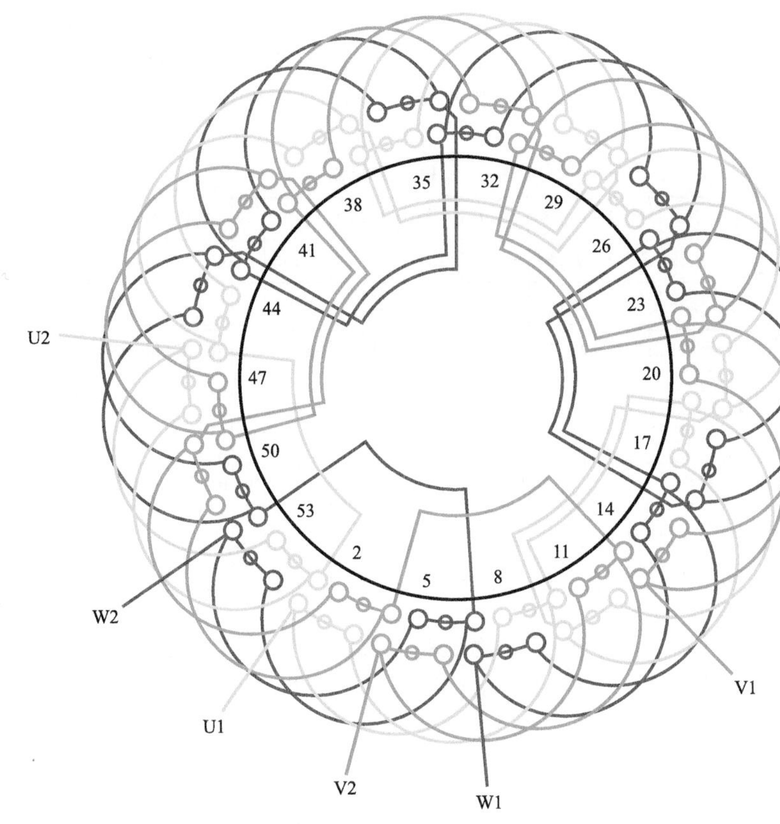

图 1.3.13

1. 绕组结构参数

定子槽数 $Z=54$　每组圈数 $S=3$　并联路数 $a=1$

电机极数 $2p=6$　极相槽数 $q=3$　分布系数 $K_d=0.96$

总线圈数 $Q=54$　绕组极距 $\tau=9$　节距系数 $K_p=0.94$

线圈组数 $u=18$　线圈节距 $y=7$　绕组系数 $K_{dp}=0.902$

2. 嵌线方法　采用交叠法，吊边数为 7。嵌线顺序见表 1.3.13。

表 1.3.13 交叠法

嵌线顺序		1	2	3	4	5	6	7	8	9	10	11	12	13	14	15	16	17	18	19	20	21	22
槽号	下层	54	53	52	51	50	49	48	47		46		45		44		43		42		41		40
	上层									54		53		52		51		50		49		48	

嵌线顺序		23	24	25	26	27	28	29	30	31	32	33	34	35	36	37	38	39	40	41	…
槽号	下层		39		38		37		36		35		34		33		32		31		…
	上层	47		46		45		44		43		42		41		40		39		38	…

嵌线顺序		89	90	91	92	93	94	95	96	97	98	99	100	101	102	103	104	105	106	107	108
槽号	下层		6		5		4		3		2		1								
	上层	14		13		12		11		10		9		8	7	6	5	4	3	2	1

3. 绕组特点与应用　本例定子为 54 槽 6 极，一般属中容量电机，采用并联支路数 $a=1$ 时，主要应用于高压绕组。主要应用实例有 JS-116-6 电动机等。

1.3.14　54 槽 6 极($y=7$、$a=2$)双层叠式绕组

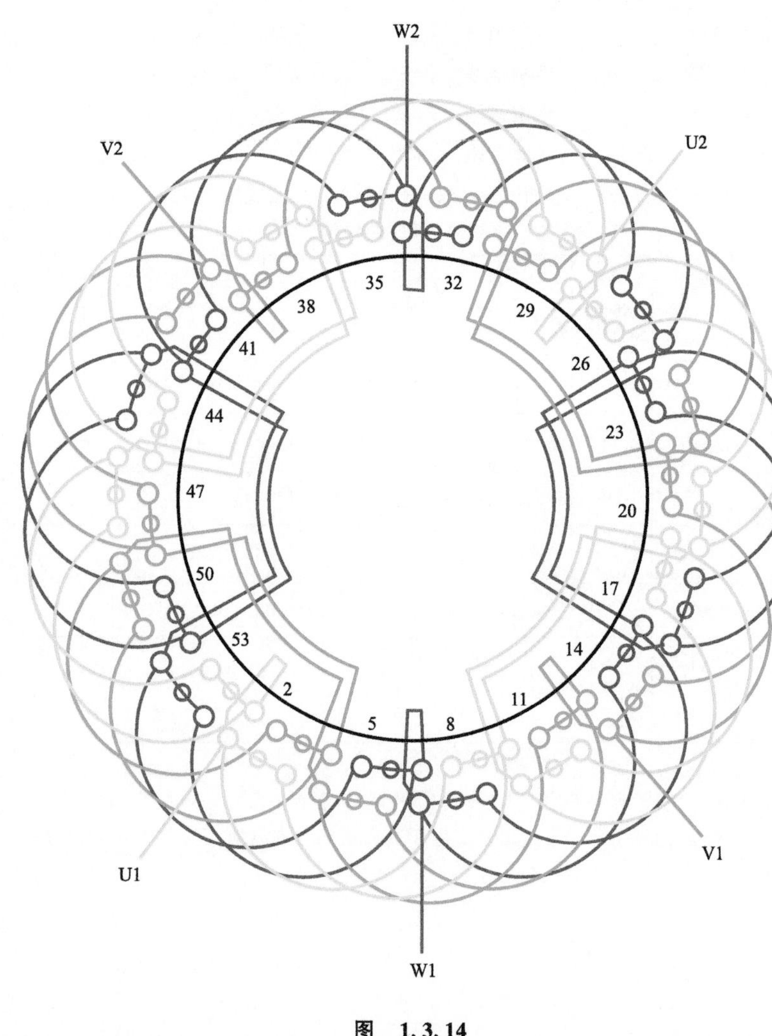

图　1.3.14

1. 绕组结构参数

定子槽数　$Z=54$　每组圈数　$S=3$　并联路数　$a=2$

电机极数　$2p=6$　极相槽数　$q=3$　分布系数　$K_d=0.96$

总线圈数　$Q=54$　绕组极距　$\tau=9$　节距系数　$K_p=0.94$

线圈组数　$u=18$　线圈节距　$y=7$　绕组系数　$K_{dp}=0.902$

2. 嵌线方法　　绕组采用交叠法嵌线，吊边数为 7。嵌线顺序见表 1.3.14。

表 1.3.14　交叠法

嵌线顺序		1	2	3	4	5	6	7	8	9	10	11	12	13	14	15	16	17	18
槽号	下层	3	2	1	54	53	52	51	50		49		48		47		46		45
	上层									3		2		1		54		53	
嵌线顺序		19	20	21	22	23		···		81	82	83	84	85	86	87	88	89	90
槽号	下层		44		43			···			13		12		11		10		9
	上层	52		51		50		···		21		20		19		18		17	
嵌线顺序		91	92	93	94	95	96	97	98	99	100	101	102	103	104	105	106	107	108
槽号	下层		8		7		6		5		4								
	上层	16		15		14		13		12		11	10	9	8	7	6	5	4

3. 绕组特点与应用　　绕组采用两路并联，接线时，在进线槽分左右两路走线，每路有 3 个线圈组，按同相相邻极性相反的原则接线。此绕组主要应用于小容量水轮发电机电枢，应用实例有 TSWN36.8/12.6-6、TSN36.8/12.6-6 水轮发电机等。

1.3.15 54 槽 6 极($y=7$、$a=3$)双层叠式绕组

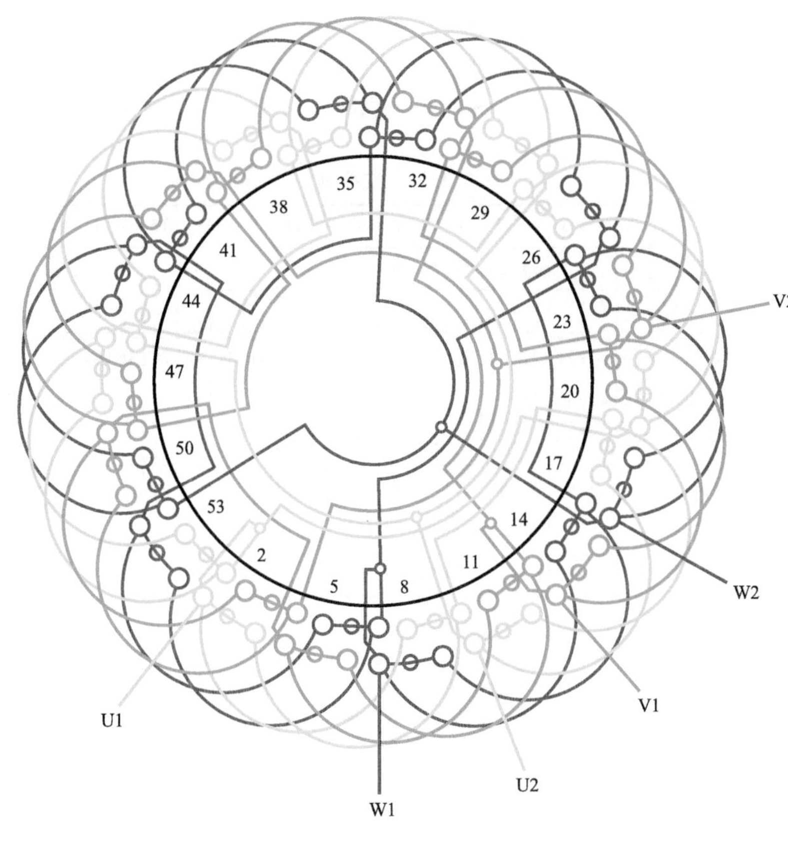

图 1.3.15

1. 绕组结构参数

定子槽数 $Z=54$ 每组圈数 $S=3$ 并联路数 $a=3$

电机极数 $2p=6$ 极相槽数 $q=3$ 分布系数 $K_d=0.96$

总线圈数 $Q=54$ 绕组极距 $\tau=9$ 节距系数 $K_p=0.94$

线圈组数 $u=18$ 线圈节距 $y=7$ 绕组系数 $K_{dp}=0.902$

2. 嵌线方法 绕组采用交叠法嵌线，吊边数为 7。嵌线顺序见表 1.3.15。

表 1.3.15 交叠法

嵌线顺序		1	2	3	4	5	6	7	8	9	10	11	12	13	14	15	16	17	18
槽号	下层	54	53	52	51	50	49	48	47		46		45		44		43		42
	上层									54		53		52		51		50	
嵌线顺序		19	20	21	22	23	24		···		82	83	84	85	86	87	88	89	90
槽号	下层		41		40		39		···		10		9		8		7		6
	上层	49		48		47			···			17		16		15		14	
嵌线顺序		91	92	93	94	95	96	97	98	99	100	101	102	103	104	105	106	107	108
槽号	下层		5		4		3		2		1								
	上层	13		12		11		10		9		8	7	6	5	4	3	2	1

3. 绕组特点与应用 本例采用三路并联，每一个支路由正、反两个线圈组串联而成，并采用短跳连接。主要应用实例有 J71-6、J72-6 三相异步电动机等。

1.3.16 *54 槽 6 极（$y=7$、$a=6$）双层叠式绕组

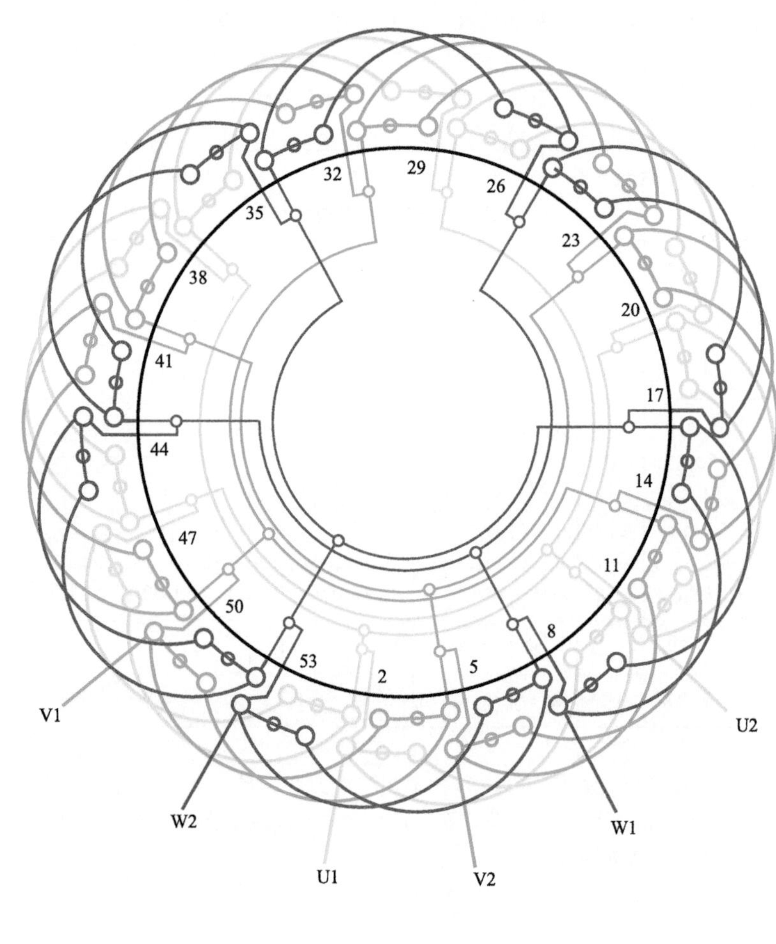

图 1.3.16

1. 绕组结构参数

定子槽数 $Z=54$　每组圈数 $S=3$　并联路数 $a=6$

电机极数 $2p=6$　极相槽数 $q=3$　分布系数 $K_d=0.96$

总线圈数 $Q=54$　绕组极距 $\tau=9$　节距系数 $K_p=0.94$

线圈组数 $u=18$　线圈节距 $y=7$　绕组系数 $K_{dp}=0.902$

2. 嵌线方法　本绕组嵌线采用交叠法，吊边数为 7。嵌线顺序见表 1.3.16。

表 1.3.16 交叠法

嵌线顺序		1	2	3	4	5	6	7	8	9	10	11	12	13	14	15	16	17	18
槽号	下层	3	2	1	54	53	52	51	50		49		48		47		46		45
	上层									3		2		1		54		53	
嵌线顺序		19	20	21	22	23		…		81	82	83	84	85	86	87	88	89	90
槽号	下层		44		43			…			13		12		11		10		9
	上层	52		51		50		…		21		20		19		18		17	
嵌线顺序		91	92	93	94	95	96	97	98	99	100	101	102	103	104	105	106	107	108
槽号	下层		8		7		6		5		4								
	上层	16		15		14		13		12		11	10	9	8	7	6	5	4

3. 绕组特点与应用　本例绕组是 6 路并联，即每相分 6 个支路，每一支路仅一组线圈，故接线时应使同相相邻线圈组反极性并联。此绕组实际应用不多，仅见用于老系列的 JO2-61-6 电动机。

1.3.17　54 槽 6 极（$y=8$）双层叠式绕组

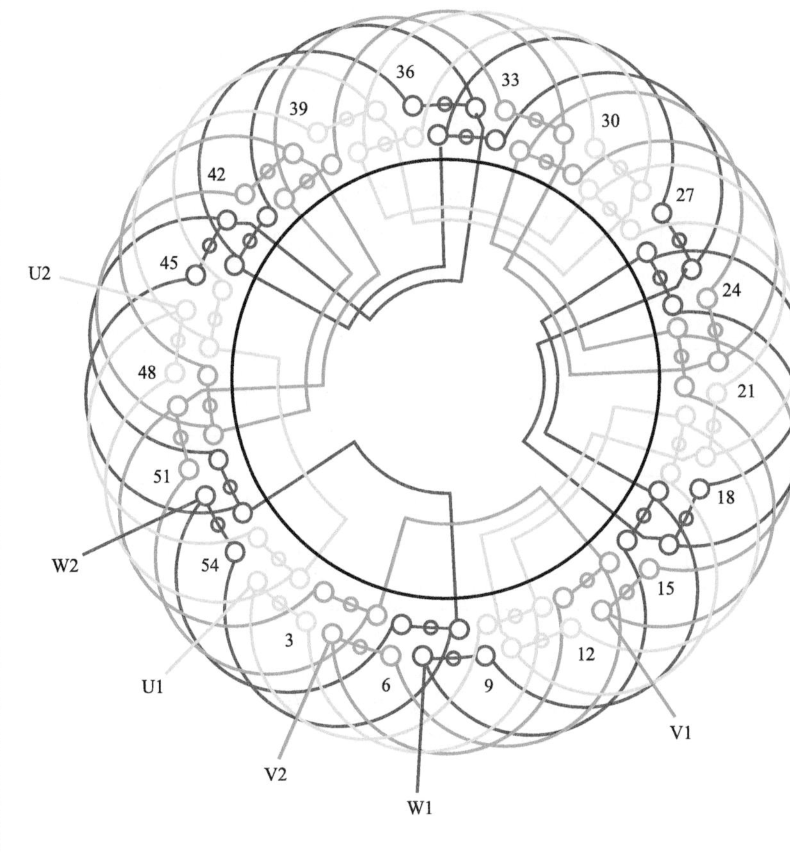

图　1.3.17

1. 绕组结构参数

定子槽数　$Z=54$　　每组圈数　$S=3$　　并联路数　$a=1$

电机极数　$2p=6$　　极相槽数　$q=3$　　分布系数　$K_d=0.96$

总线圈数　$Q=54$　　绕组极距　$\tau=9$　　节距系数　$K_p=0.985$

线圈组数　$u=18$　　线圈节距　$y=8$　　绕组系数　$K_{dp}=0.946$

2. 嵌线方法　　本例采用交叠法嵌线，吊边数为 8。嵌线顺序见表 1.3.17。

表 1.3.17　交叠法

嵌线顺序		1	2	3	4	5	6	7	8	9	10	11	12	13	14	15	16	17	18	19	20	21	22
槽号	下层	54	53	52	51	50	49	48	47	46		45		44		43		42		41		40	
	上层										54		53		52		51		50		49		48

嵌线顺序		23	24	25	26	27	28	29	30	31	32	33	34	35	36	37	38	39	40	41	42	43	44
槽号	下层	39		38		37		36		35		34		33		32		31		30		29	
	上层		47		46		45		44		43		42		41		40		39		38		37

嵌线顺序		45	46	47	48	49	50	51	52	53	54	55	56	57	58	59	60	61	62	63	……
槽号	下层	28		27		26		25		24		23		22		21		20		19	……
	上层		36		35		34		33		32		31		30		29		28		……

嵌线顺序		89	90	91	92	93	94	95	96	97	98	99	100	101	102	103	104	105	106	107	108
槽号	下层	6		5		4		3		2		1									
	上层		14		13		12		11		10		9	8	7	6	5	4	3	2	1

3. 绕组特点与应用　　此方案采用一路串联，常以多根导线并绕，故使线圈绕制较耗工时，但绕组系数较高，是交流电动机的基本布线型式之一。主要应用实例有 Y-160M-6、JO4-71-6 三相异步电动机等。

1.3.18　54 槽 6 极($y=8$、$a=2$)双层叠式绕组

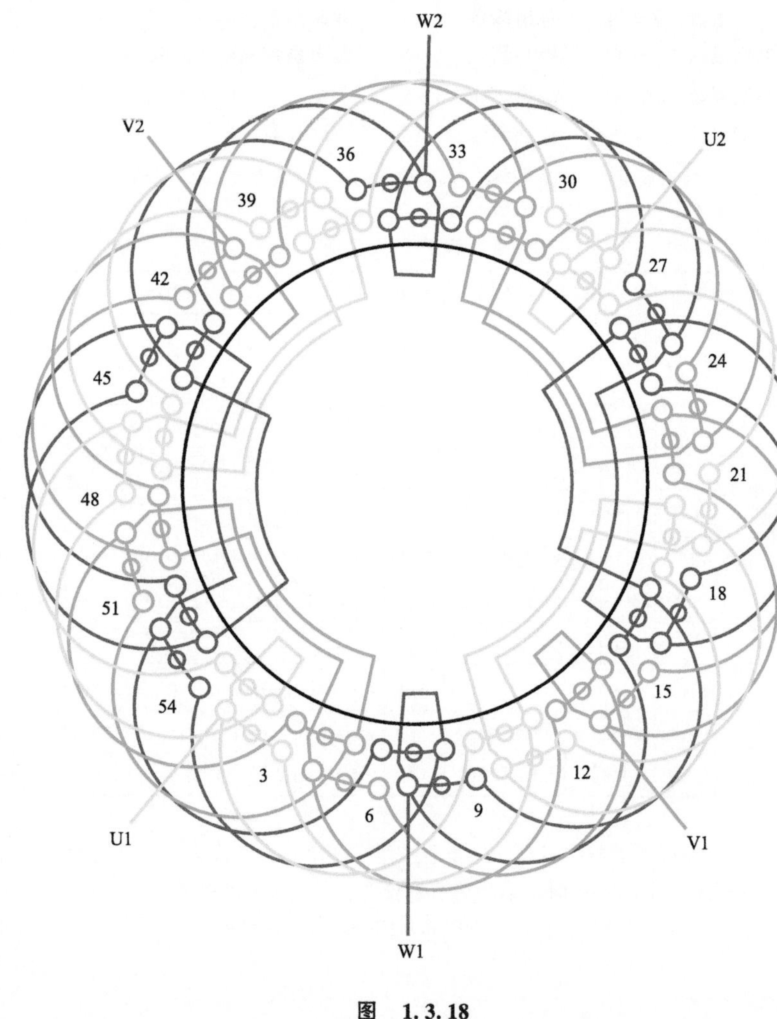

图　1.3.18

1. 绕组结构参数

定子槽数　$Z=54$　　每组圈数　$S=3$　　并联路数　$a=2$

电机极数　$2p=6$　　极相槽数　$q=3$　　分布系数　$K_d=0.96$

总线圈数　$Q=54$　　绕组极距　$\tau=9$　　节距系数　$K_p=0.985$

线圈组数　$u=18$　　线圈节距　$y=8$　　绕组系数　$K_{dp}=0.946$

2. 嵌线方法　　绕组采用交叠法嵌线，吊边数为 8。嵌线顺序见表 1.3.18。

表 1.3.18　交叠法

嵌线顺序		1	2	3	4	5	6	7	8	9	10	11	12	13	14	15	16	17	18
槽号	下层	3	2	1	54	53	52	51	50	49		48		47		46		45	
	上层										3		2		1		54		53
嵌线顺序		19	20	21	22	23	24		⋯		82	83	84	85	86	87	88	89	90
槽号	下层	44		43		42			⋯			12		11		10		9	
	上层		52		51		50		⋯		21		20		19		18		17
嵌线顺序		91	92	93	94	95	96	97	98	99	100	101	102	103	104	105	106	107	108
槽号	下层	8		7		6		5		4									
	上层		16		15		14		13		12	11	10	9	8	7	6	5	4

3. 绕组特点与应用　　基本同上例，但采用两路并联接线，是低压电动机最常用的布线接线型式之一。此绕组应用较广，实例有 Y-180L-6，YR-225M2-6 绕线式电动机，TSN42.3/19-6、TSWN42.3/25-6 小容量水轮发电机等。

1.3.19　54 槽 6 极（$y=8$、$a=3$）双层叠式绕组

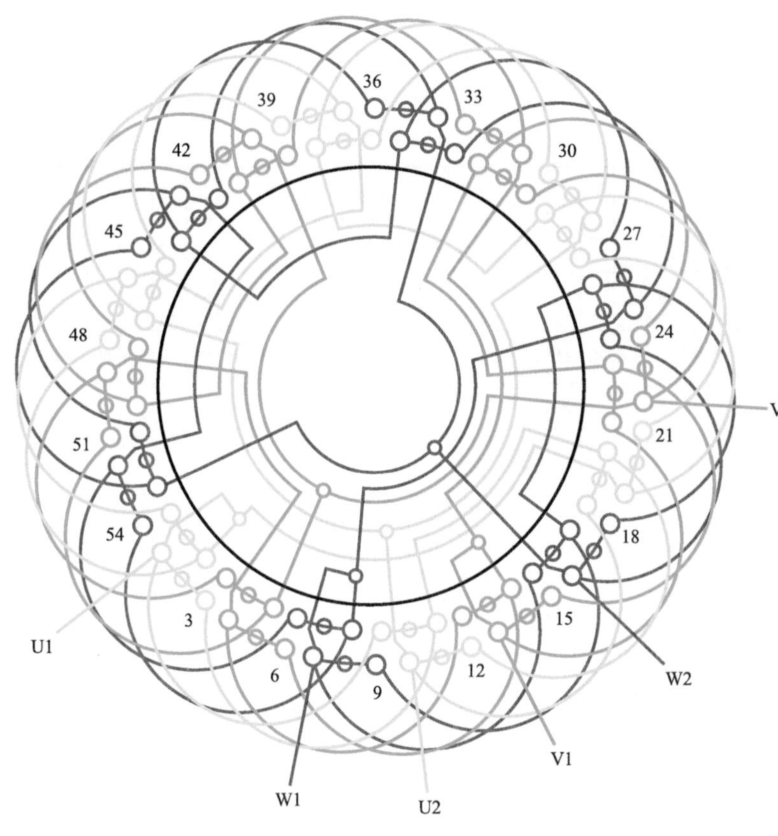

图　1.3.19

1. 绕组结构参数

定子槽数　$Z=54$　每组圈数　$S=3$　并联路数　$a=3$

电机极数　$2p=6$　极相槽数　$q=3$　分布系数　$K_d=0.96$

总线圈数　$Q=54$　绕组极距　$\tau=9$　节距系数　$K_p=0.985$

线圈组数　$u=18$　线圈节距　$y=8$　绕组系数　$K_{dp}=0.946$

2. 嵌线方法　采用交叠法嵌线，吊边数为 8。嵌线顺序见表 1.3.19。

表 1.3.19　交叠法

嵌线顺序		1	2	3	4	5	6	7	8	9	10	11	12	13	14	15	16	17	18
槽号	下层	9	8	7	6	5	4	3	2	1		54		53		52		51	
	上层										9		8		7		6		5
嵌线顺序		19	20	21	22	23		···		81	82	83	84	85	86	87	88	89	90
槽号	下层	50		49		48		···		19		18		17		16		15	
	上层		4		3			···			27		26		25		24		23
嵌线顺序		91	92	93	94	95	96	97	98	99	100	101	102	103	104	105	106	107	108
槽号	下层	14		13		12		11		10									
	上层		22		21		20		19		18	17	16	15	14	13	12	11	10

3. 绕组特点与应用　本例是三路并联接线，每一个支路由正反两线圈组构成。主要应用实例有 JO2L-62-6 铝绕组异步电动机及 YX-180L-6 高效率电动机等。

1.3.20　54 槽 6 极($y=8$、$a=6$)双层叠式绕组

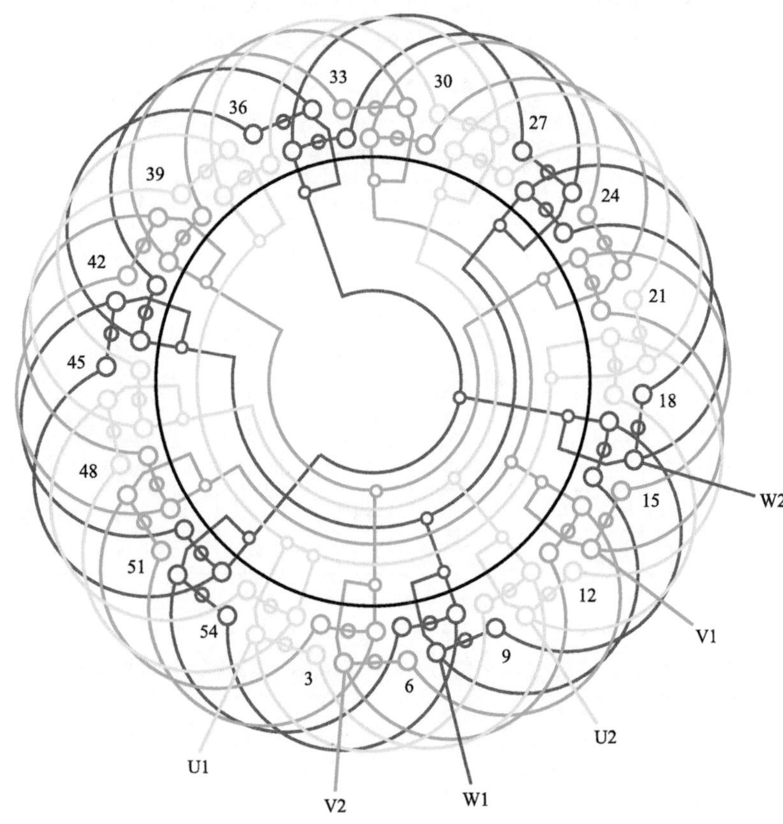

图　1.3.20

1. 绕组结构参数

定子槽数　$Z=54$　　每组圈数　$S=3$　　并联路数　$a=6$

电机极数　$2p=6$　　极相槽数　$q=3$　　分布系数　$K_d=0.96$

总线圈数　$Q=54$　　绕组极距　$\tau=9$　　节距系数　$K_p=0.985$

线圈组数　$u=18$　　线圈节距　$y=8$　　绕组系数　$K_{dp}=0.946$

2. 嵌线方法　　采用交叠法嵌线，吊边数为 8。嵌线顺序见表 1.3.20。

表 1.3.20　交叠法

嵌线顺序		1	2	3	4	5	6	7	8	9	10	11	12	13	14	15	16	17	18
槽号	下层	54	53	52	51	50	49	48	47	46		45		44		43		42	
	上层										54		53		52		51		50
嵌线顺序		19	20	21	22	23	24		…		82	83	84	85	86	87	88	89	90
槽号	下层	41		40		39			…			9		8		7		6	
	上层		49		48		47		…		18		17		16		15		14
嵌线顺序		91	92	93	94	95	96	97	98	99	100	101	102	103	104	105	106	107	108
槽号	下层	5		4		3		2		1									
	上层		13		12		11		10		9	8	7	6	5	4	3	2	1

3. 绕组特点与应用　　本例采用六路并联，每一个支路只有一组线圈，并按同相相邻组间反极性并联。主要应用实例有 JO-82-6 三相异步电动机等。

1.3.21 54 槽 6 极（$y=9$）双层叠式绕组

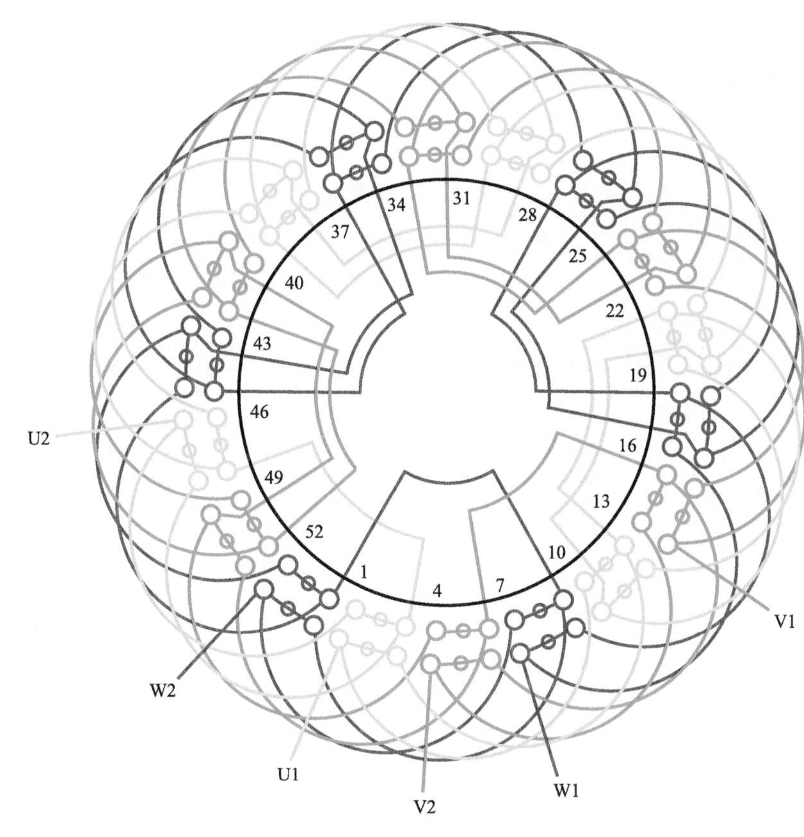

图 1.3.21

1. 绕组结构参数

定子槽数	$Z=54$	每组圈数	$S=3$	并联路数	$a=1$
电机极数	$2p=6$	极相槽数	$q=3$	分布系数	$K_d=0.96$
总线圈数	$Q=54$	绕组极距	$\tau=9$	节距系数	$K_p=1.0$
线圈组数	$u=18$	线圈节距	$y=9$	绕组系数	$K_{dp}=0.96$

2. 嵌线方法　采用交叠法嵌线，吊边数为 9。嵌线顺序见表 1.3.21。

表 1.3.21　交叠法

嵌线顺序		1	2	3	4	5	6	7	8	9	10	11	12	13	14	15	16	17	18
槽号	下层	3	2	1	54	53	52	51	50	49	48		47		46		45		44
	上层											3		2		1		54	
嵌线顺序		19	20	21	22	23		…		81	82	83	84	85	86	87	88	89	90
槽号	下层		43		42			…			12		11		10		9		8
	上层	53		52		51		…		22		21		20		19		18	
嵌线顺序		91	92	93	94	95	96	97	98	99	100	101	102	103	104	105	106	107	108
槽号	下层		7		6		5		4										
	上层	17		16		15		14		13	12	11	10	9	8	7	6	5	4

3. 绕组特点与应用　本例采用一路串联接线，每相 6 个线圈组按相邻反向串接。线圈选用全距，在电动机定子中极少应用，但在发电机定子和电动机转子中较多见。主要应用于绕线式电动机转子绕组，实例有进口设备 AK-51/6 电动机等。

1.3.22 *54 槽 6 极（$y=9$、$a=2$）双层叠式绕组

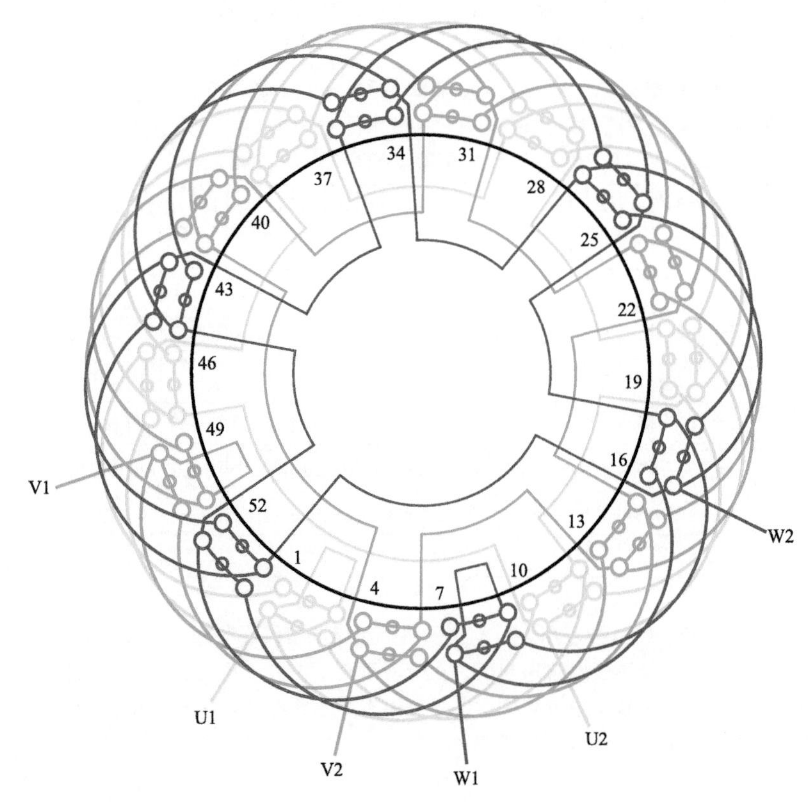

图 1.3.22

1. 绕组结构参数

定子槽数 $Z=54$　每组圈数 $S=3$　并联路数 $a=2$

电机极数 $2p=6$　极相槽数 $q=3$　分布系数 $K_d=0.96$

总线圈数 $Q=54$　绕组极距 $\tau=9$　节距系数 $K_p=1.0$

线圈组数 $u=18$　线圈节距 $y=9$　绕组系数 $K_{dp}=0.96$

2. 嵌线方法　本例双叠绕组采用交叠法嵌线，吊边数为 9。嵌线顺序见表 1.3.22。

表 1.3.22 交叠法

嵌线顺序		1	2	3	4	5	6	7	8	9	10	11	12	13	14	15	16	17	18
槽号	下层	3	2	1	54	53	52	51	50	49	48		47		46		45		44
	上层											3		2		1		54	
嵌线顺序		19	20	21	22	23		···		81	82	83	84	85	86	87	88	89	90
槽号	下层		43		42			···			12		11		10		9		8
	上层	53		52		51		···		22		21		20		19		18	
嵌线顺序		91	92	93	94	95	96	97	98	99	100	101	102	103	104	105	106	107	108
槽号	下层		7		6		5		4										
	上层	17		16		15		14		13	12	11	10	9	8	7	6	5	4

3. 绕组特点与应用　本例采用两路并联，每相 6 组线圈分两个支路，每支路有 3 个同极性线圈组，即接线采用双向并联和长跳接线。此绕组是全距布线，一般在定子极少应用，而主要用于绕线式转子绕组，实例有进口设备 AK-51-6 电动机等。

1.3.23 54 槽 6 极($y=9$、$a=3$)双层叠式绕组

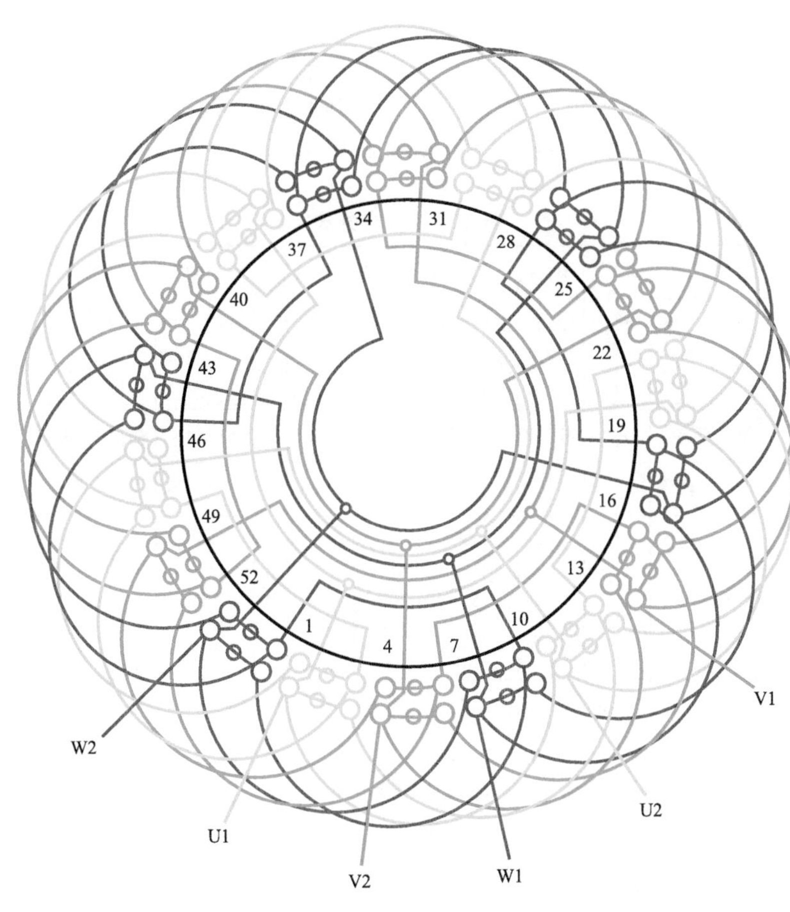

图 1.3.23

1. 绕组结构参数

定子槽数 $Z=54$　电机极数 $2p=6$　总线圈数 $Q=54$

线圈组数 $u=18$　每组圈数 $S=3$　极相槽数 $q=3$

绕组极距 $\tau=9$　线圈节距 $y=9$　并联路数 $a=3$

每槽电角 $\alpha=20°$　分布系数 $K_d=0.96$　节距系数 $K_p=1.0$

绕组系数 $K_{dp}=0.96$

2. 嵌线方法　本例采用交叠法嵌线，吊边数为 9。嵌线顺序见表 1.3.23。

表 1.3.23 交叠法

嵌线顺序		1	2	3	4	5	6	7	8	9	10	11	12	13	14	15	16	17	18
槽号	下层	3	2	1	54	53	52	51	50	49	48		47		46		45		44
	上层											3		2		1		54	
嵌线顺序		19	20	21	22	23	24	25		…		83	84	85	86	87	88	98	90
槽号	下层		43		42		41			…			11		10		9		8
	上层	53		52		51		50		…		21		20		19		18	
嵌线顺序		91	92	93	94	95	96	97	98	99	100	101	102	103	104	105	106	107	108
槽号	下层		7		6		5		4										
	上层	17		16		15		14		13	12	11	10	9	8	7	6	5	4

3. 绕组特点与应用　绕组每相由 6 组线圈组成，并分 3 个支路，即每个支路由相邻两组线圈反极性串联而成。本例是整距绕组，即线圈采用节距等于极距，所以常用于转子绕组。主要应用实例有 YZR2-280S1-6 转子、JRO2-91-6 转子三相异步电动机等。

1.3.24 * 54 槽 6 极（$y=10$）双层叠式绕组

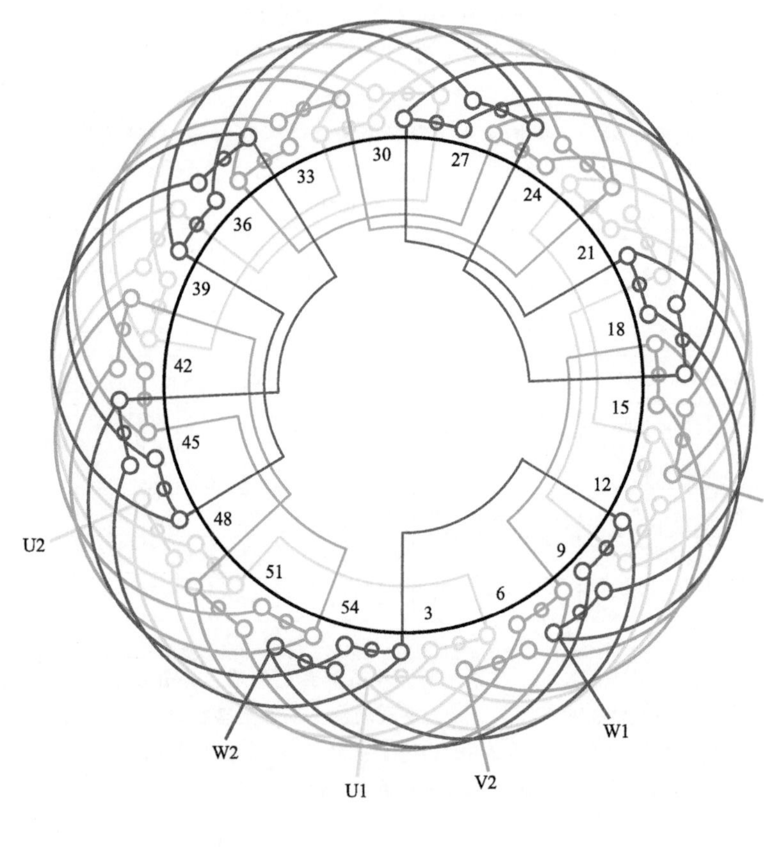

图 1.3.24

1. 绕组结构参数

定子槽数 $Z=54$　　每组圈数 $S=3$　　并联路数 $a=1$

电机极数 $2p=6$　　极相槽数 $q=3$　　分布系数 $K_d=0.96$

总线圈数 $Q=54$　　绕组极距 $\tau=9$　　节距系数 $K_p=0.985$

线圈组数 $u=18$　　线圈节距 $y=10$　　绕组系数 $K_{dp}=0.946$

2. 嵌线方法　　绕组采用交叠法嵌线，吊边数为 10。嵌线顺序见表 1.3.24。

表 1.3.24　交叠法

嵌线顺序		1	2	3	4	5	6	7	8	9	10	11	12	13	14	15	16	17	18
槽号	下层	54	53	52	51	50	49	48	47	46	45	44		43		42		41	
	上层												54		53		52		51
嵌线顺序		19	20	21	22	23	24	…			82	83	84	85	86	87	88	89	90
槽号	下层	40		39		38		…				8		7		6		5	
	上层		50		49		48	…			19		18		17		16		15
嵌线顺序		91	92	93	94	95	96	97	98	99	100	101	102	103	104	105	106	107	108
槽号	下层	4		3		2		1											
	上层		14		13		12		11	10	9	8	7	6	5	4	3	2	1

3. 绕组特点与应用　　本例绕组采用长距，即线圈节距大于极距，实属罕见。其绕组系数反而小于整距，且吊边数却增加至 10 个，故其工艺性也并不良好。节距如此选用，估计是由于绕线式转子电流过大，为了抑制电流而采用增加绕组线长，进而使内阻增加所致。主要应用实例见用于 JR125-6 电动机转子绕组。

1.3.25　60 槽 6 极（$y=8$、$a=2$）双层叠式绕组

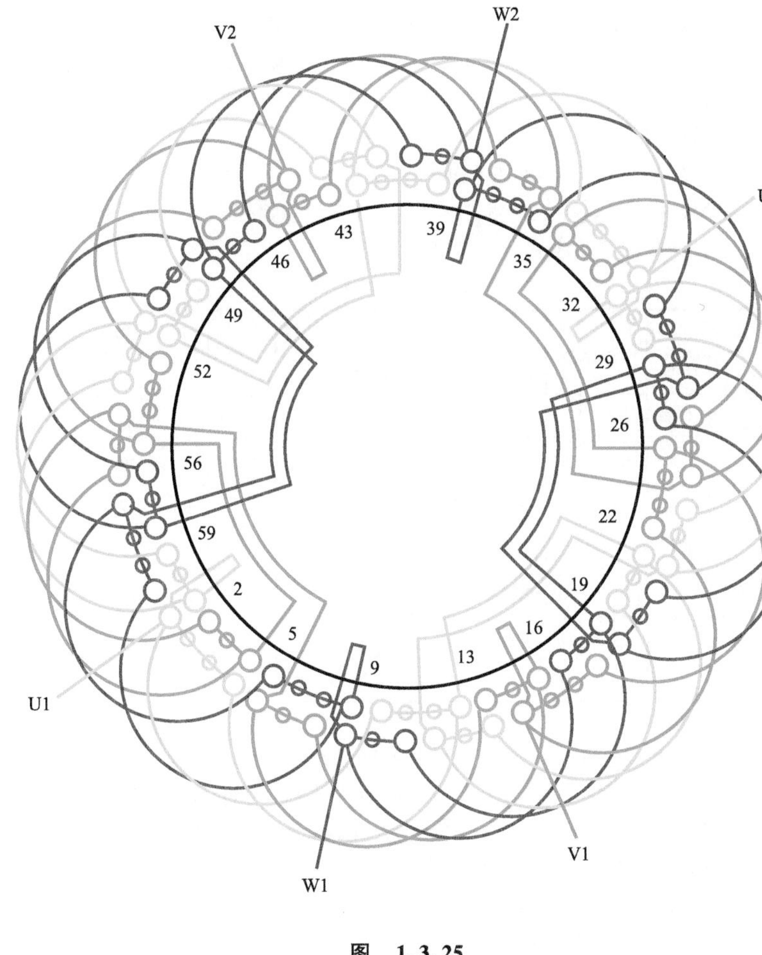

图　1.3.25

1. 绕组结构参数

定子槽数　$Z=60$　电机极数　$2p=6$　总线圈数　$Q=60$

线圈组数　$u=18$　每组圈数　$S=3$、4　极相槽数　$q=3\frac{1}{3}$

绕组极距　$\tau=10$　线圈节距　$y=8$　并联路数　$a=2$

每槽电角　$\alpha=18°$　分布系数　$K_d=0.956$　节距系数　$K_p=0.951$

绕组系数　$K_{dp}=0.909$

2. 嵌线方法　本例是分数绕组，嵌线吊边数为 8。每组由 3、4 圈组成，分布规律为 4、3、3、3、4、3、3、3、4。交叠法嵌线顺序见表 1.3.25。

表 1.3.25　交叠法

嵌线顺序		1	2	3	4	5	6	7	8	9	10	11	12	13	14	15	16	17	18
槽号	下层	4	3	2	1	60	59	58	57	56		55		54		53		52	
	上层										4		3		2		1		60

嵌线顺序		19	20	21	22	23	24	25	26	27	···	97	98	99	100	101	102
槽号	下层	51		50		49		48		47	···	12		11		10	
	上层		59		58		57		56		···		20		19		18

嵌线顺序		103	104	105	106	107	108	109	110	111	112	113	114	115	116	117	118	119	120
槽号	下层	9		8		7		6		5									
	上层		17		16		15		14		13	12	11	10	9	8	7	6	5

3. 绕组特点与应用　本例是 $q=3\frac{1}{3}$ 的分数槽绕组，因分母是 3，为极数所整除，故其分布比较特殊。近日翻阅旧资料，无意中查得此例，是 20 余年前设计的方案，与下例分布略有不同，特将其补充入图集，以供读者参考。

本绕组为两路并联，每一个支路由一个 4 圈组和两个 3 圈组串联而成，每相两个支路并联构成 6 极。

1.3.26 60 槽 6 极（$y=9$）双层叠式绕组

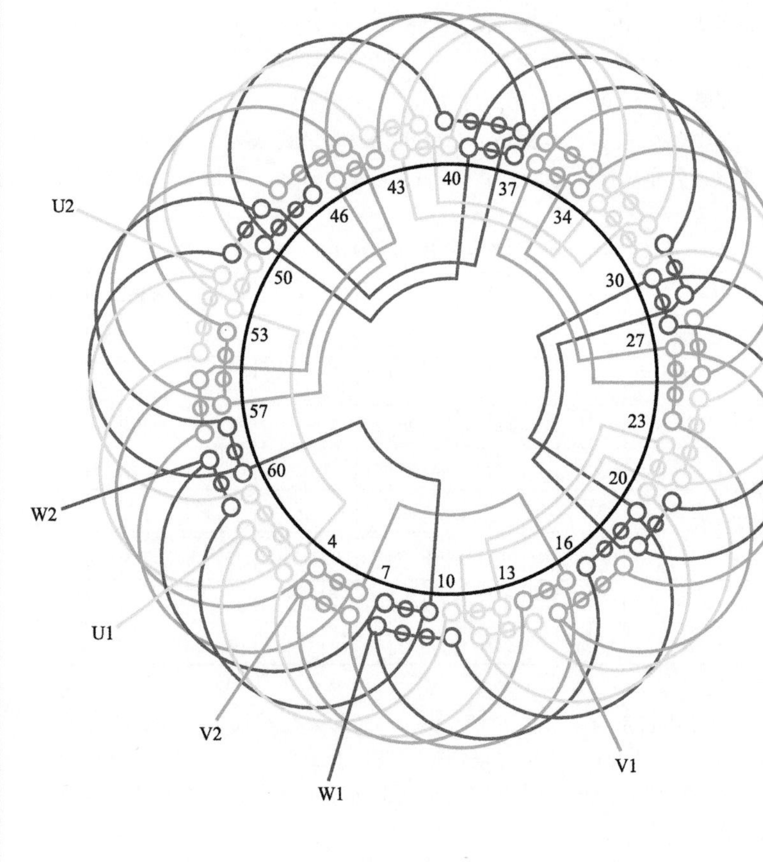

图 1.3.26

1. 绕组结构参数

定子槽数	$Z=60$	电机极数	$2p=6$	总线圈数	$Q=60$
线圈组数	$u=18$	每组圈数	$S=3$、4	极相槽数	$q=3\frac{1}{3}$
绕组极距	$\tau=10$	线圈节距	$y=9$	并联路数	$a=1$
每槽电角	$\alpha=18°$	分布系数	$K_d=0.956$	节距系数	$K_p=0.988$
绕组系数	$K_{dp}=0.945$				

2. 嵌线方法　本例是特殊的分数槽绕组，小联 3 圈、大联 4 圈，故必须按 3　3　4　3　4　3　4　3　3 的循环规律嵌入。嵌线吊边数为 9，交叠法的嵌线顺序见表 1.3.26。

表 1.3.26　交叠法

嵌线顺序		1	2	3	4	5	6	7	8	9	10	11	12	13	14	15	16	17	18
槽号	下层	3	2	1	60	59	58	57	56	55	54		53		52		51		50
	上层											3		2		1		60	
嵌线顺序		19	20	21	22	23	24	25	26	…	95	96	97	98	99	100	101	102	
槽号	下层		49		48		47		46	…		11		10		9		8	
	上层	59		58		57		56		…	21		20		19		18		
嵌线顺序		103	104	105	106	107	108	109	110	111	112	113	114	115	116	117	118	119	120
槽号	下层		7		6		5		4										
	上层	17		16		15		14		13	12	11	10	9	8	7	6	5	4

3. 绕组特点与应用　60 槽定子绕制 6 极是 $q=3\frac{1}{3}$ 的分数，因其分母是 3 而为极数（6）整除，按均衡对称分布，则大联线圈组均处于同一相之下而不能成立。反复核查资料无误，确实有此规格绕组存在，但查遍众书都不得其法，几乎一致认为此绕组不能构成。近从谭影航先生著作中喜获其分布规律，绘制如图，收入本书以供参考。其分布特点，余见下例。绕组应用于 JDO2-62-8/6/4 极三速电动机的 6 极绕组。

1.3.27　60 槽 6 极（$y=9$、$a=2$）双层叠式绕组

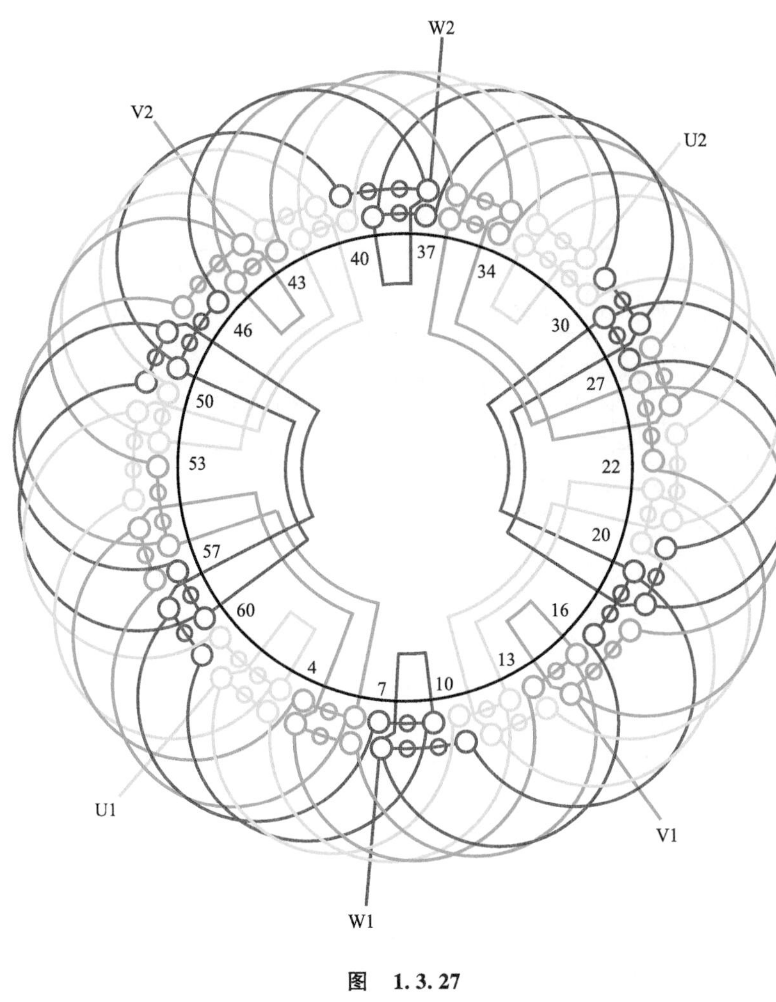

图　1.3.27

1. 绕组结构参数

定子槽数　$Z=60$　电机极数　$2p=6$　总线圈数　$Q=60$

线圈组数　$u=18$　每组圈数　$S=3$、4　极相槽数　$q=3\frac{1}{3}$

绕组极距　$\tau=10$　线圈节距　$y=9$　并联路数　$a=2$

每槽电角　$\alpha=18°$　分布系数　$K_d=0.956$　节距系数　$K_p=0.988$

绕组系数　$K_{dp}=0.945$

2. 嵌线方法　采用交叠法嵌线，吊边数为 9。嵌线顺序见表 1.3.27。

表 1.3.27　交叠法

嵌线顺序		1	2	3	4	5	6	7	8	9	10	11	12	13	14	15	16	17	18
槽号	下层	3	2	1	60	59	58	57	56	55	54		53		52		51		50
	上层											3		2		1		60	
嵌线顺序		19	20	21	22	23	24	25	26	27	28	…		97	98	99	100	101	102
槽号	下层		49		48		47		46		45	…			10		9		8
	上层	59		58		57		56		55		…		20		19		18	
嵌线顺序		103	104	105	106	107	108	109	110	111	112	113	114	115	116	117	118	119	120
槽号	下层		7		6		5		4										
	上层	17		16		15		14		13	12	11	10	9	8	7	6	5	4

3. 绕组特点与应用　绕组采用两路并联接线，但绕组结构同上例。分数槽绕组的线圈分布按 3　3　4　3　4　3　4　3　3 规律循环。此绕组构成不同以往，它采用相对对称而非通常的均衡对称，它能形成对称的磁场，即能在定子中找出对称轴。为了确保三相对称和两路平衡，线圈组必须从 U1 进入后，逆时针按循环规律布线。所以，修理时必须严格按图进行，以免出错。

1.3.28 *60 槽 6 极($y=11$、$a=2$)双层叠式绕组

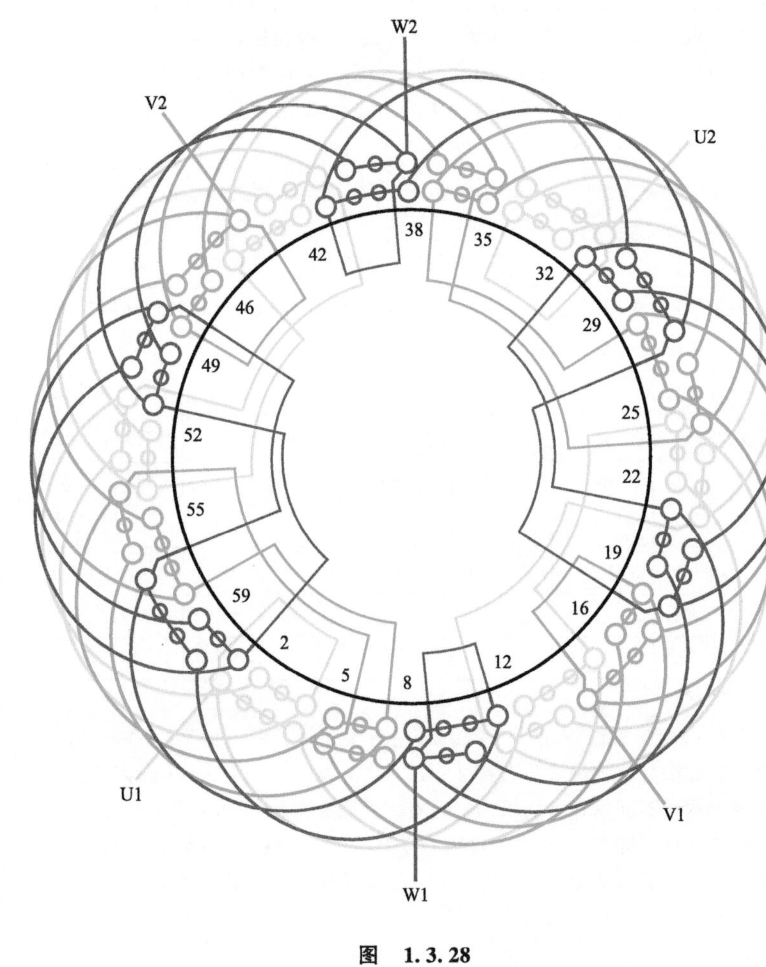

图 1.3.28

1. 绕组结构参数

定子槽数 $Z=60$　　每组圈数 $S=3\frac{1}{3}$　　并联路数 $a=2$

电机极数 $2p=6$　　极相槽数 $q=3\frac{1}{3}$　　分布系数 $K_d=0.956$

总线圈数 $Q=60$　　绕组极距 $\tau=10$　　节距系数 $K_p=0.988$

线圈组数 $u=18$　　线圈节距 $y=11$　　绕组系数 $K_{dp}=0.944$

2. 嵌线方法　本例嵌线采用交叠法，吊边数为 11。嵌线顺序见表 1.3.28。

表 1.3.28 交叠法

嵌线顺序		1	2	3	4	5	6	7	8	9	10	11	12	13	14	15	16	17	18	19	20	21	22	23	24
槽号	下层	60	59	58	57	56	55	54	53	52	51	50	49		48		47		46		45		44		43
	上层													60		59		58		57		56		55	
嵌线顺序		25	26	27	28	29	30	31	32	33	34	35	36	37	38	39	40	41	42	43	44	45	46	47	48
槽号	下层		42		41		40		39		38		37		36		35		34		33		32		31
	上层	54		53		52		51		50		49		48		47		46		45		44		43	
嵌线顺序		49	50	51	52	53	54	55	56	57	58	59	60	61	62	63	64	65	66	67	68	69		…	
槽号	下层		30		29		28		27		26		25		24		23		22		21			…	
	上层	42		41		40		39		38		37		36		35		34		33		32		…	
嵌线顺序		97	98	99	100	101	102	103	104	105	106	107	108	109	110	111	112	113	114	115	116	117	118	119	120
槽号	下层		6		5		4		3		2		1												
	上层	18		17		16		15		14		13		12	11	10	9	8	7	6	5	4	3	2	1

3. 绕组特点与应用　本例是分数槽绕组，并采用长距布线；全绕组由三联和四联线圈组构成，线圈分布规律是 4 3 3 3 4 3 3 3 4。绕组为两路并联，每个支路则是用短跳接线，并由一个 4 圈组和两个 3 圈组按同相相邻反极性串联，然后再把两个支路并接于电源。此绕组主要应用于绕线式转子。

1.3.29　72 槽 6 极（$y=9$）双层叠式绕组

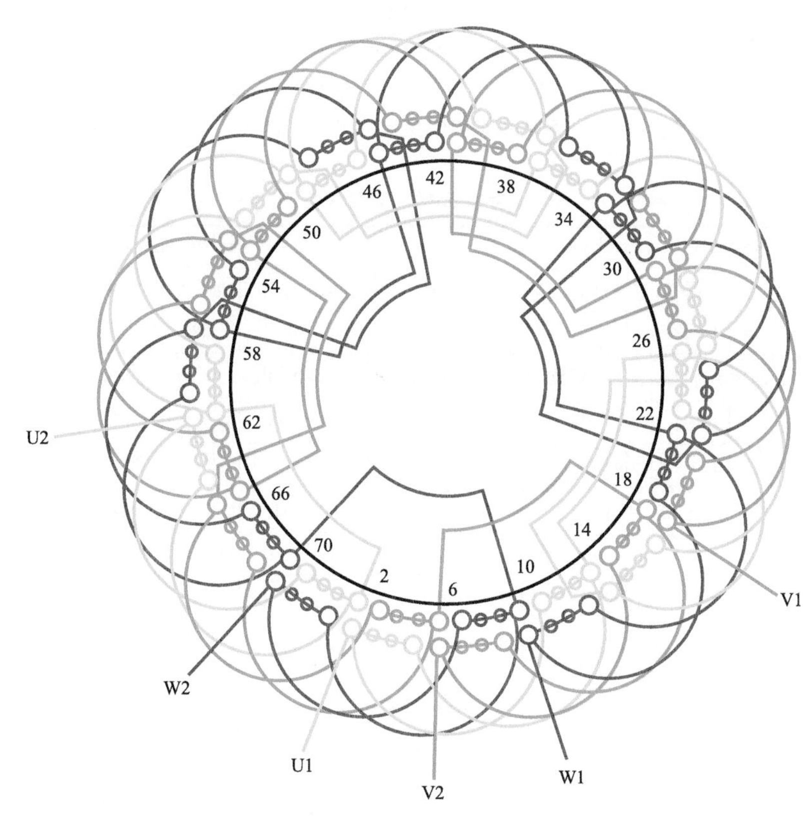

图　1.3.29

1. 绕组结构参数

定子槽数	$Z=72$	电机极数	$2p=6$	总线圈数	$Q=72$
线圈组数	$u=18$	每组圈数	$S=4$	极相槽数	$q=4$
绕组极距	$\tau=12$	线圈节距	$y=9$	并联路数	$a=1$
每槽电角	$\alpha=15°$	分布系数	$K_d=0.958$	节距系数	$K_p=0.924$
绕组系数	$K_{dp}=0.885$				

2. 嵌线方法　　绕组采用交叠法嵌线，吊边数为 9。嵌线顺序见表 1.3.29。

表 1.3.29　交叠法

嵌线顺序		1	2	3	4	5	6	7	8	9	10	11	12	13	14	15	16	17	18
槽号	下层	4	3	2	1	72	71	70	69	68	67		66		65		64		63
	上层											4		3		2		1	
嵌线顺序		19	20	21	22	23	24	25		…		119	120	121	122	123	124	125	126
槽号	下层		62		61		60			…			12		11		10		9
	上层	72		71		70		69		…		22		21		20		19	
嵌线顺序		127	128	129	130	131	132	133	134	135	136	137	138	139	140	141	142	143	144
槽号	下层		8		7		6		5										
	上层	18		17		16		15		14	13	12	11	10	9	8	7	6	5

3. 绕组特点与应用　　本绕组是 6 极，每相有 6 组线圈，按同相相邻反极性串联而成。绕组选用了较短节距，减少了嵌线吊边数，故具有嵌线难度较小的特点。此绕组主要用于高压电动机，如 JS-1512-6 三相异步交流电动机等。

1.3.30 *72 槽 6 极($y=9$、$a=2$)双层叠式绕组

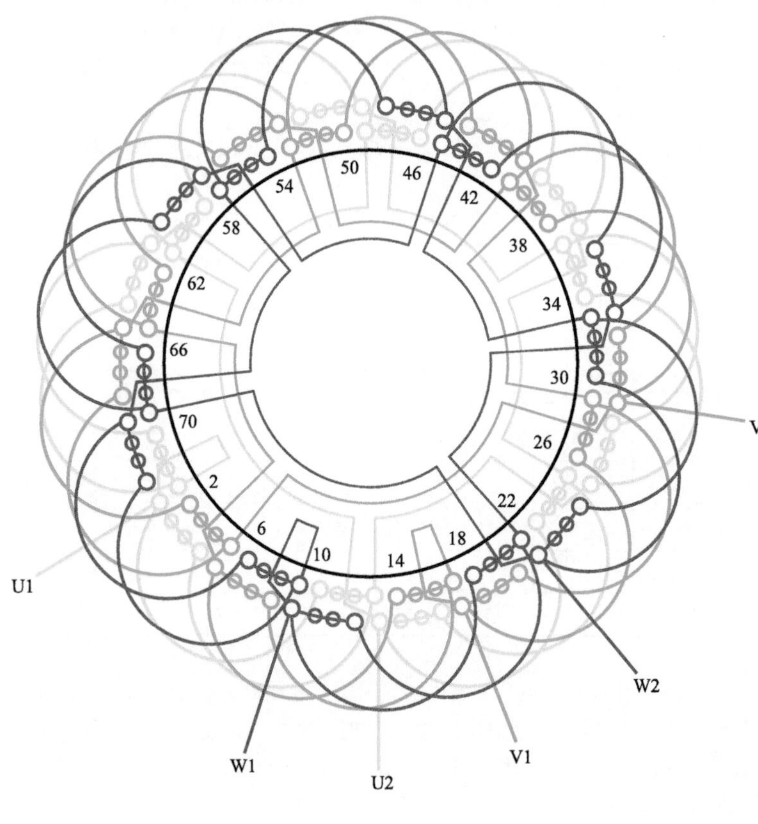

图 1.3.30

1. 绕组结构参数

定子槽数 $Z=72$　　每组圈数 $S=4$　　并联路数 $a=2$

电机极数 $2p=6$　　极相槽数 $q=4$　　分布系数 $K_d=0.958$

总线圈数 $Q=72$　　绕组极距 $\tau=12$　　节距系数 $K_p=1$

线圈组数 $u=18$　　线圈节距 $y=9$　　绕组系数 $K_{dp}=0.958$

2. 嵌线方法　　本例绕组嵌线采用交叠法，需吊边数为 9。嵌线顺序见表 1.3.30。

表 1.3.30 交叠法

嵌线顺序		1	2	3	4	5	6	7	8	9	10	11	12	13	14	15	16	17	18	19	20	21	22	23	24
槽号	下层	72	71	70	69	68	67	66	65	64	63		62		61		60		59		58		57		56
	上层											72		71		70		69		68		67		66	
嵌线顺序		25	26	27	28	29	30	31	32	33	34	35	36	37	38	39	40	41	42	43	44	45	46	47	48
槽号	下层		55		54		53		52		51		50		49		48		47		46		45		44
	上层	65		64		63		62		61		60		59		58		57		56		55		54	
嵌线顺序		49	50	51	52	53	54	55	56	57	58	…			110	111	112	113	114	115	116	117	118	119	120
槽号	下层		43		42		41		40		39	…			13		12		11		10		9		8
	上层	53		52		51		50		49		…				22		21		20		19		18	
嵌线顺序		121	122	123	124	125	126	127	128	129	130	131	132	133	134	135	136	137	138	139	140	141	142	143	144
槽号	下层		7		6		5		4		3		2		1										
	上层	17		16		15		14		13		12		11		10	9	8	7	6	5	4	3	2	1

3. 绕组特点与应用　　本例是双层叠式两路并联，绕组由 4 圈组构成，每相 6 组线圈分为两个支路。绕组接线采用双向连接，而且每个支路的 3 组线圈采用长跳接法，即隔组把同极性的 3 组线圈串联，最后把两个支路并接入电源。此绕组应用不多，系列无此规格，而本例取自实修记录。

1.3.31 72 槽 6 极（$y=9$、$a=3$）双层叠式绕组

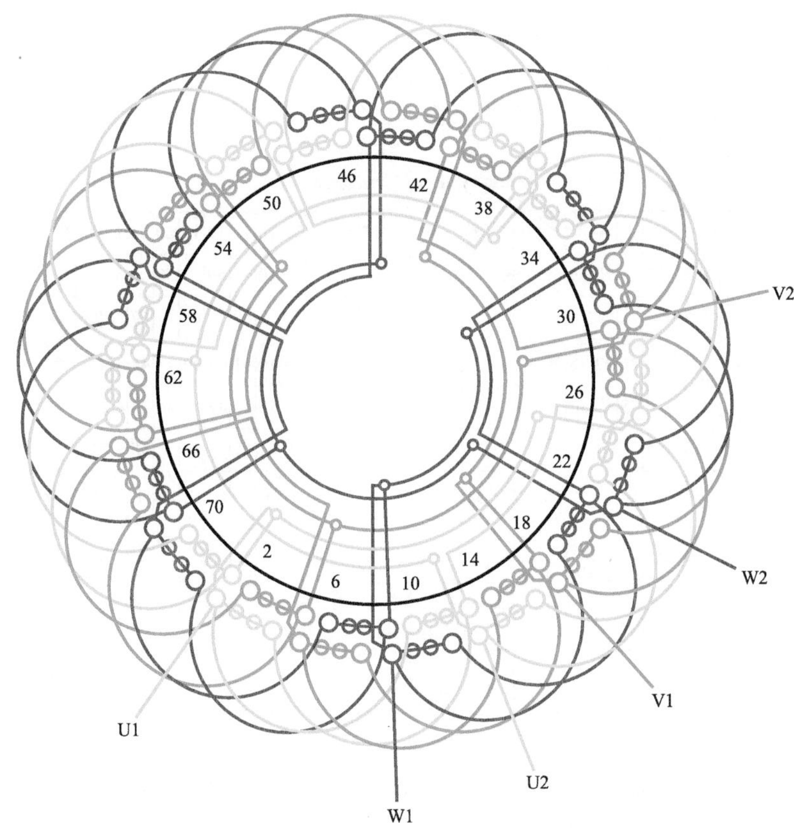

图 1.3.31

1. 绕组结构参数

定子槽数 $Z=72$ 电机极数 $2p=6$ 总线圈数 $Q=72$
线圈组数 $u=18$ 每组圈数 $S=4$ 极相槽数 $q=4$
绕组极距 $\tau=12$ 线圈节距 $y=9$ 并联路数 $a=3$
每槽电角 $\alpha=15°$ 分布系数 $K_d=0.958$ 节距系数 $K_p=0.924$
绕组系数 $K_{dp}=0.885$

2. 嵌线方法　　绕组采用交叠法嵌线，吊边数为 9。嵌线顺序见表 1.3.31。

表 1.3.31　交叠法

嵌线顺序		1	2	3	4	5	6	7	8	9	10	11	12	13	14	15	16	17	18
槽号	下层	72	71	70	69	68	67	66	65	64	63		62		61		60		59
	上层											72		71		70		69	
嵌线顺序		19	20	21	22		…		116	117	118	119	120	121	122	123	124	125	126
槽号	下层		58		57		…		10		9		8		7		6		5
	上层	68		67			…			19		18		17		16		15	
嵌线顺序		127	128	129	130	131	132	133	134	135	136	137	138	139	140	141	142	143	144
槽号	下层		4		3		2		1										
	上层	14		13		12		11		10	9	8	7	6	5	4	3	2	1

3. 绕组特点与应用　　本例为 6 极，每相由 6 组线圈构成，每相相邻两组反向串联成一个支路，然后将 3 个支路并联构成 3 路并联接法。此绕组型式实际应用也较少，主要实例有 JB-42-6 低压隔爆型三相电动机。

1.3.32　72 槽 6 极($y=9$、$a=6$)双层叠式绕组

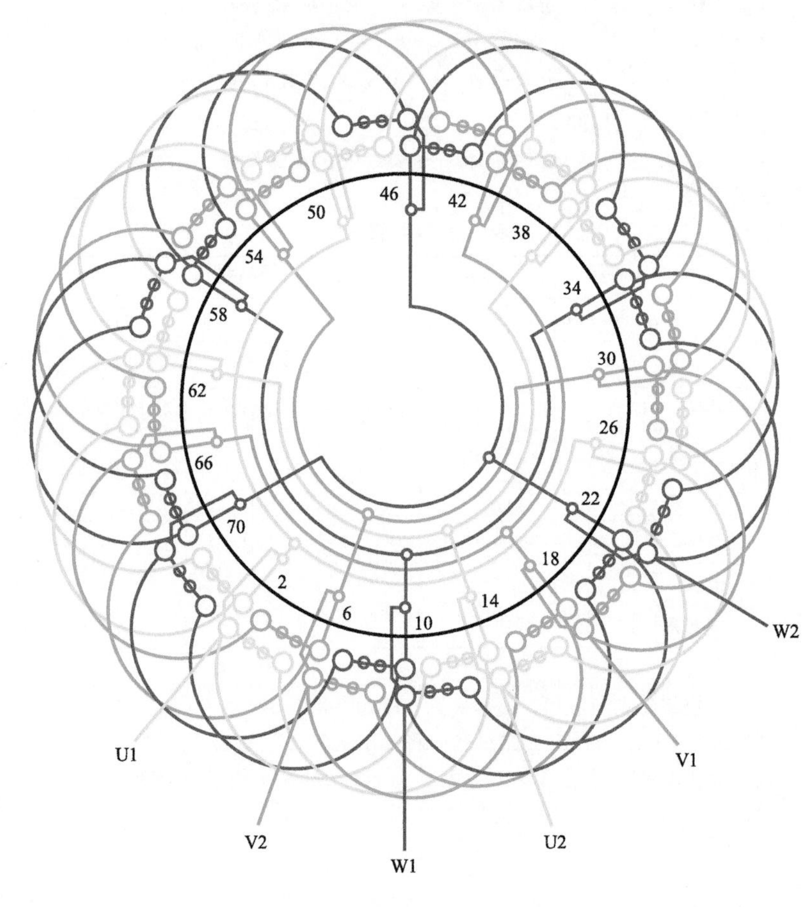

图　1.3.32

1. 绕组结构参数

定子槽数　$Z=72$　每组圈数　$S=4$　并联路数　$a=6$

电机极数　$2p=6$　极相槽数　$q=4$　分布系数　$K_d=0.958$

总线圈数　$Q=72$　绕组极距　$\tau=12$　节距系数　$K_p=0.924$

线圈组数　$u=18$　线圈节距　$y=9$　绕组系数　$K_{dp}=0.885$

2. 嵌线方法　　采用交叠法嵌线，吊边数为 9。嵌线顺序见表 1.3.32。

表 1.3.32　交叠法

嵌线顺序		1	2	3	4	5	6	7	8	9	10	11	12	13	14	15	16	17	18	19	20	21	22	23	24
槽号	下层	72	71	70	69	68	67	66	65	64	63		62		61		60		59		58		57		56
	上层											72		71		70		69		68		67		66	
嵌线顺序		25	26	27	28	29	30	31	32	33	34	35	36	37	38	39	40	41	42	43	44	45	46	47	48
槽号	下层		55		54		53		52		51		50		49		48		47		46		45		44
	上层	65		64		63		62		61		60		59		58		57		56		55		54	
嵌线顺序		49	50	51	52	53	54	55	56	57	58		…		110	111	112	113	114	115	116	117	118	119	120
槽号	下层		43		42		41		40		39		…		13		12		11		10		9		8
	上层	53		52		51		50		49			…			22		21		20		19		18	
嵌线顺序		121	122	123	124	125	126	127	128	129	130	131	132	133	134	135	136	137	138	139	140	141	142	143	144
槽号	下层		7		6		5		4		3		2		1										
	上层	17		16		15		14		13		12		11		10	9	8	7	6	5	4	3	2	1

3. 绕组特点与应用　　绕组采用较短的正常节距，绕组系数较低。每相由 6 个四联组并联而成，相邻组间极性必须相反。主要应用于小容量三相水轮同步发电机，实例有 TSWN-74/36 水轮同步发电机等。

1.3.33　72 槽 6 极($y=10$)双层叠式绕组

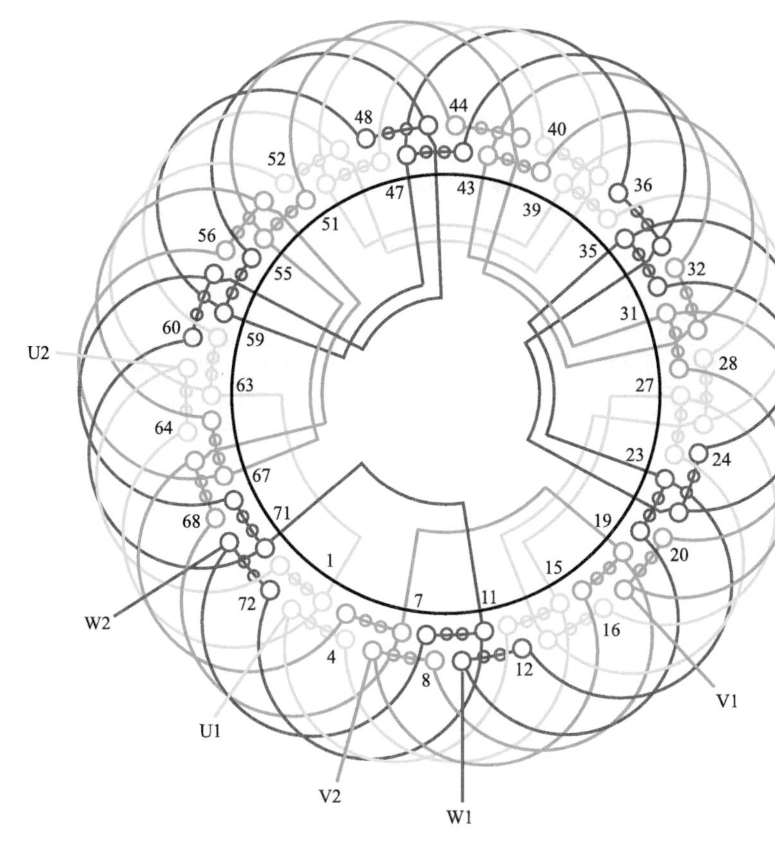

图　1.3.33

1. 绕组结构参数

定子槽数　$Z=72$　　每组圈数　$S=4$　　并联路数　$a=1$

电机极数　$2p=6$　　极相槽数　$q=4$　　分布系数　$K_d=0.958$

总线圈数　$Q=72$　　绕组极距　$\tau=12$　　节距系数　$K_p=0.966$

线圈组数　$u=18$　　线圈节距　$y=10$　　绕组系数　$K_{dp}=0.925$

2. 嵌线方法　　本例采用交叠法嵌线，吊边数为 10。嵌线顺序见表 1.3.33。

表 1.3.33　交叠法

嵌线顺序		1	2	3	4	5	6	7	8	9	10	11	12	13	14	15	16	17	18	19	20	21	22	23	24
槽号	下层	72	71	70	69	68	67	66	65	64	63	62		61		60		59		58		57		56	
	上层												72		71		70		69		68		67		66
嵌线顺序		25	26	27	28	29	30	31	32	33	34	35	36	37	38	39	40	41	42	43	44	45	46	47	48
槽号	下层	55		54		53		52		51		50		49		48		47		46		45		44	
	上层		65		64		63		62		61		60		59		58		57		56		55		54
嵌线顺序		49	50	51	52	53	54	55	56	57	58		…		110	111	112	113	114	115	116	117	118	119	120
槽号	下层	43		42		41		40		39			…			12		11		10		9		8	
	上层		53		52		51		50		49		…		23		22		21		20		19		18
嵌线顺序		121	122	123	124	125	126	127	128	129	130	131	132	133	134	135	136	137	138	139	140	141	142	143	144
槽号	下层	7		6		5		4		3		2		1											
	上层		17		16		15		14		13		12		11	10	9	8	7	6	5	4	3	2	1

3. 绕组特点与应用　　本例采用正常节距且较上例增加 1 槽，绕组系数略高，但接线是一路串联。主要应用实例有 Y-400-6 笼型异步电动机、JR-125-6 绕线转子三相异步电动机等。

1.3.34　72 槽 6 极($y=10$、$a=2$)双层叠式绕组

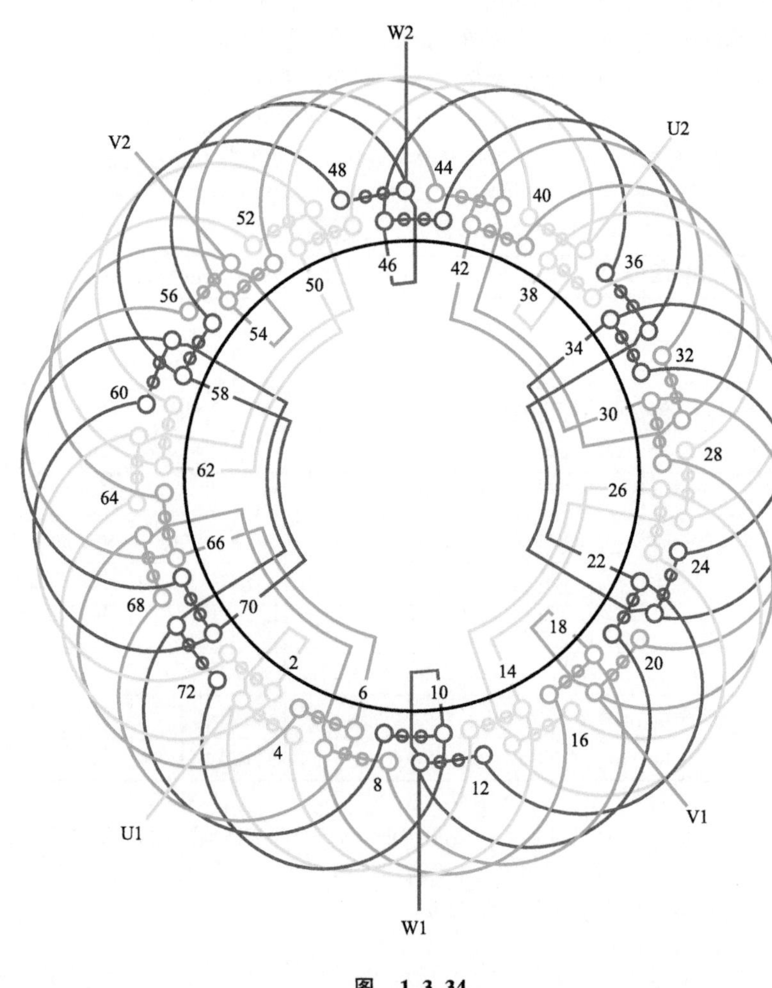

图　1.3.34

1. 绕组结构参数

定子槽数　$Z=72$　　每组圈数　$S=4$　　并联路数　$a=2$

电机极数　$2p=6$　　极相槽数　$q=4$　　分布系数　$K_d=0.958$

总线圈数　$Q=72$　　绕组极距　$\tau=12$　　节距系数　$K_p=0.966$

线圈组数　$u=18$　　线圈节距　$y=10$　　绕组系数　$K_{dp}=0.925$

2. 嵌线方法　　采用交叠法嵌线，吊边数为 10。嵌线顺序见表 1.3.34。

表 1.3.34　交叠法

嵌线顺序		1	2	3	4	5	6	7	8	9	10	11	12	13	14	15	16	17	18
槽号	下层	4	3	2	1	72	71	70	69	68	67	66		65		64		63	
	上层												4		3		2		1
嵌线顺序		19	20	21	22	23	24	25	…			119	120	121	122	123	124	125	126
槽号	下层	62		61		60		59	…			12		11		10		9	
	上层		72		71		70		…				22		21		20		19
嵌线顺序		127	128	129	130	131	132	133	134	135	136	137	138	139	140	141	142	143	144
槽号	下层	8		7		6		5											
	上层		18		17		16		15	14	13	12	11	10	9	8	7	6	5

3. 绕组特点与应用　　绕组节距及布线如上例，但采用两路并联，每一个支路由 3 个四联组反向串联而成。主要应用实例有 JR2-335M1-6 绕线式异步电动机，TFS-85/32 小型同步水轮发电机等。

1.3.35　72 槽 6 极（$y=10$、$a=3$）双层叠式绕组

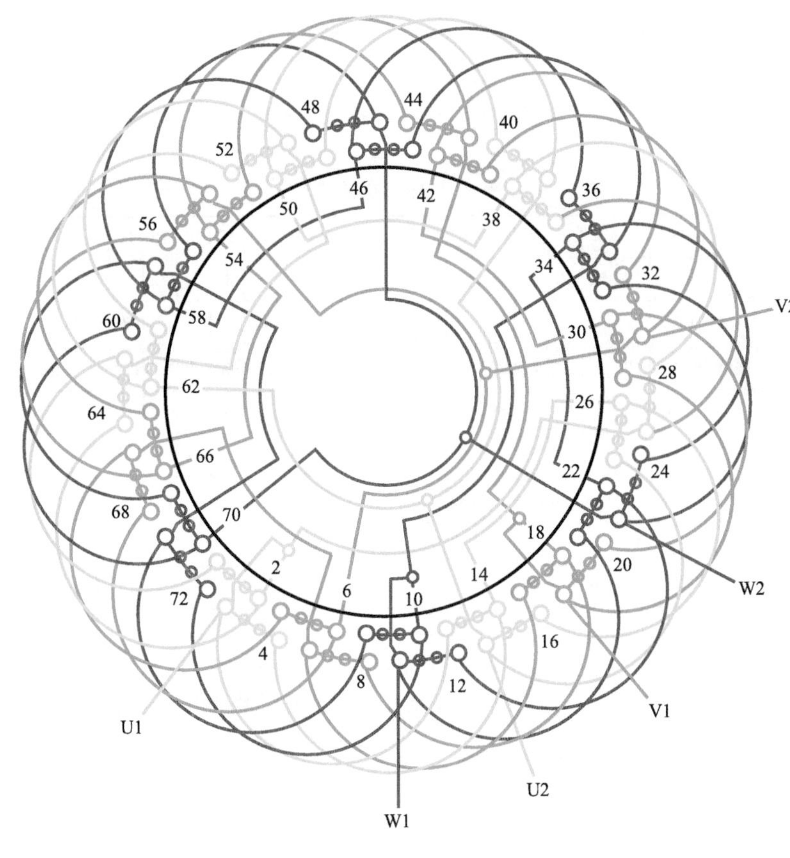

图　1.3.35

1. 绕组结构参数

定子槽数　$Z=72$　　每组圈数　$S=4$　　并联路数　$a=3$

电机极数　$2p=6$　　极相槽数　$q=4$　　分布系数　$K_d=0.958$

总线圈数　$Q=72$　　绕组极距　$\tau=12$　　节距系数　$K_p=0.966$

线圈组数　$u=18$　　线圈节距　$y=10$　　绕组系数　$K_{dp}=0.925$

2. 嵌线方法　　绕组采用交叠法嵌线，吊边数为 10。嵌线顺序见表 1.3.35。

表 1.3.35　交叠法

嵌线顺序		1	2	3	4	5	6	7	8	9	10	11	12	13	14	15	16	17	18
槽号	下层	72	71	70	69	68	67	66	65	64	63	62		61		60		59	
	上层												72		71		70		69
嵌线顺序		19	20	21	22	23	24	25	26	27	…			121	122	123	124	125	126
槽号	下层	58		57		56		55		54	…			7		6		5	
	上层		68		67		66		65		…				17		16		15
嵌线顺序		127	128	129	130	131	132	133	134	135	136	137	138	139	140	141	142	143	144
槽号	下层	4		3		2		1											
	上层		14		13		12		11	10	9	8	7	6	5	4	3	2	1

3. 绕组特点与应用　　本例特点基本同上例，但采用三路并联，并用短跳接线，即每一个支路由相邻两线圈组反极性串联。主要应用实例有 JO2L-81-6 铝绕组电动机，JR2-355S1-6 绕线式异步电动机等。

1.3.36 72 槽 6 极($y=10$、$a=6$)双层叠式绕组

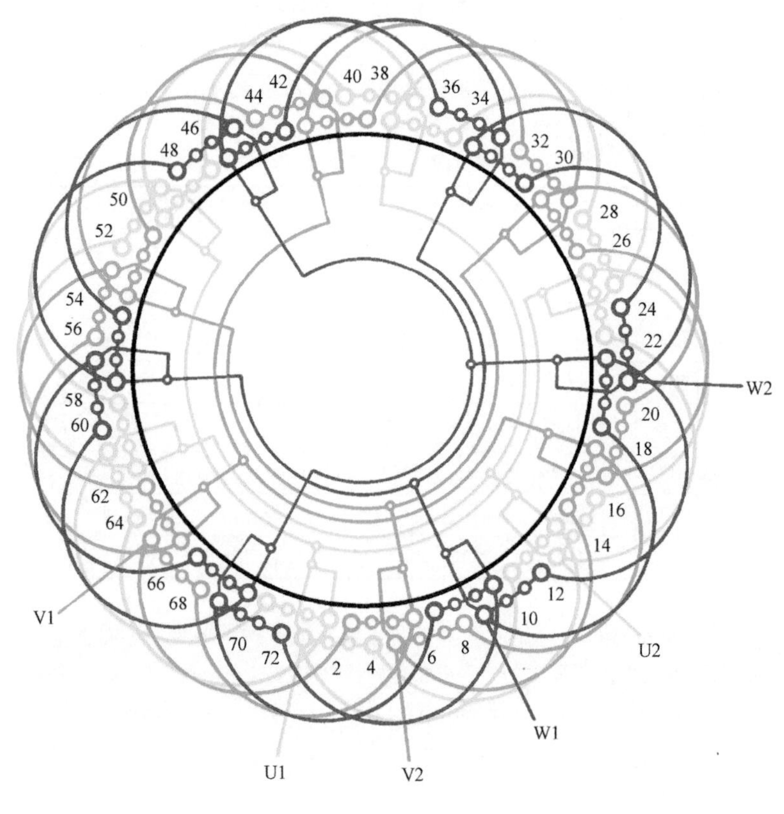

图 1.3.36

1. 绕组结构参数

定子槽数 $Z=72$　　每组圈数 $S=4$　　并联路数 $a=6$

电机极数 $2p=6$　　极相槽数 $q=4$　　分布系数 $K_d=0.958$

总线圈数 $Q=72$　　绕组极距 $\tau=12$　　节距系数 $K_p=0.966$

线圈组数 $u=18$　　线圈节距 $y=10$　　绕组系数 $K_{dp}=0.925$

2. 嵌线方法　本例用交叠法嵌线，吊边数为 10，嵌线顺序见表 1.3.36。

表 1.3.36　交叠法

嵌线顺序		1	2	3	4	5	6	7	8	9	10	11	12	13	14	15	16	17	18
槽号	下层	12	11	10	9	8	7	6	5	4	3	2		1		72		71	
	上层												12		11		10		9
嵌线顺序		19	20	21	22	23	24	25	…		118	119	120	121	122	123	124	125	126
槽号	下层	70		69		68		67	…			20		19		18		17	
	上层		8		7		6		…		31		30		29		28		27
嵌线顺序		127	128	129	130	131	132	133	134	135	136	137	138	139	140	141	142	143	144
槽号	下层	16		15		14		13											
	上层		26		25		24		23	22	21	20	19	18	17	16	15	14	13

3. 绕组特点与应用　绕组采用六路并联，每相有 6 组线圈，每组 4 圈，按相邻反极性并联接线。主要应用实例有新系列的 Y2-355L-6 三相异步电动机等。

1.3.37　72 槽 6 极（$y=11$）双层叠式绕组

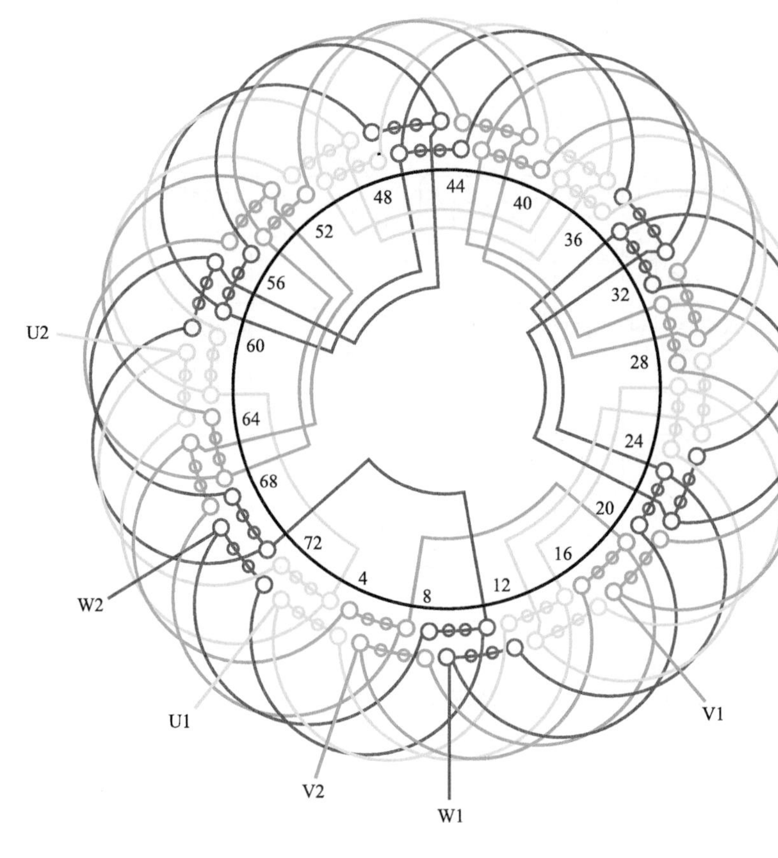

图　1.3.37

1. 绕组结构参数

定子槽数　$Z=72$　　每组圈数　$S=4$　　并联路数　$a=1$

电机极数　$2p=6$　　极相槽数　$q=4$　　分布系数　$K_d=0.958$

总线圈数　$Q=72$　　绕组极距　$\tau=12$　　节距系数　$K_p=0.991$

线圈组数　$u=18$　　线圈节距　$y=11$　　绕组系数　$K_{dp}=0.949$

2. 嵌线方法　　绕组采用交叠法嵌线，吊边数为 11。嵌线顺序见表 1.3.37。

表 1.3.37　交叠法

嵌线顺序		1	2	3	4	5	6	7	8	9	10	11	12	13	14	15	16	17	18	19	20	21	22	23	24
槽号	下层	72	71	70	69	68	67	66	65	64	63	62	61		60		59		58		57		56		55
	上层													72		71		70		69		68		67	

嵌线顺序		25	26	27	28	29	30	31	32	33	34	35	36	37	38	39	40	41	42	43	44	45	46	47	48
槽号	下层		54		53		52		51		50		49		48		47		46		45		44		43
	上层	66		65		64		63		62		61		60		59		58		57		56		55	

嵌线顺序		49	50	51	52	53	54	…	106	107	108	109	110	111	112	113	114	115	116	117	118	119	120
槽号	下层		42		41		40	…	14		13		12		11		10		9		8		7
	上层	54		53		52		…		25		24		23		22		21		20		19	

嵌线顺序		121	122	123	124	125	126	127	128	129	130	131	132	133	134	135	136	137	138	139	140	141	142	143	144
槽号	下层		6		5		4		3		2		1												
	上层	18		17		16		15		14		13		12	11	10	9	8	7	6	5	4	3	2	1

3. 绕组特点与应用　　本例采用较大的正常短节距，绕组系数较高。接线采用一路串联，在低压电动机中较少应用。主要应用实例有 Y-400-6 电动机等。

1.3.38 72 槽 6 极($y=11$、$a=2$)双层叠式绕组

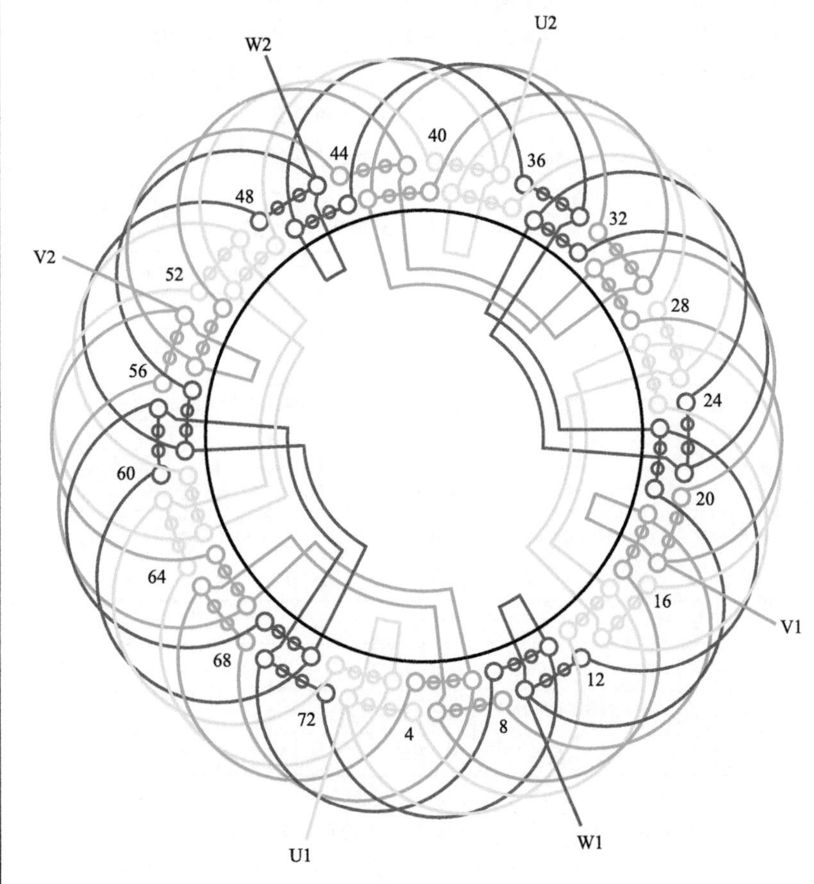

图 1.3.38

1. 绕组结构参数

定子槽数	$Z=72$	每组圈数	$S=4$	并联路数	$a=2$
电机极数	$2p=6$	极相槽数	$q=4$	分布系数	$K_d=0.958$
总线圈数	$Q=72$	绕组极距	$\tau=12$	节距系数	$K_p=0.991$
线圈组数	$u=18$	线圈节距	$y=11$	绕组系数	$K_{dp}=0.949$

2. 嵌线方法　采用交叠法嵌线，吊边数为 11。嵌线顺序见表 1.3.38。

表 1.3.38 交叠法

嵌线顺序		1	2	3	4	5	6	7	8	9	10	11	12	13	14	15	16	17	18
槽号	下层	8	7	6	5	4	3	2	1	72	71	70	69		68		67		66
	上层													8		7		6	
嵌线顺序		19	20	21	22	23	24	25	26	27		…		121	122	123	124	125	126
槽号	下层		65		64		53		62			…			14		13		12
	上层	5		4		3		2		1		…		26		25		24	
嵌线顺序		127	128	129	130	131	132	133	134	135	135	137	138	139	140	141	142	143	144
槽号	下层		11		10		9												
	上层	23		22		21		20	19	18	17	16	15	14	13	12	11	10	9

3. 绕组特点与应用　本例绕组节距及布线同上例，但采用两路并联，进线后反向走线，每一个支路由 3 个四联组相邻反极性串联。主要应用实例有 YX-200L2-6 高效率电动机等。

1.3.39 72 槽 6 极（$y=11$、$a=3$）双层叠式绕组

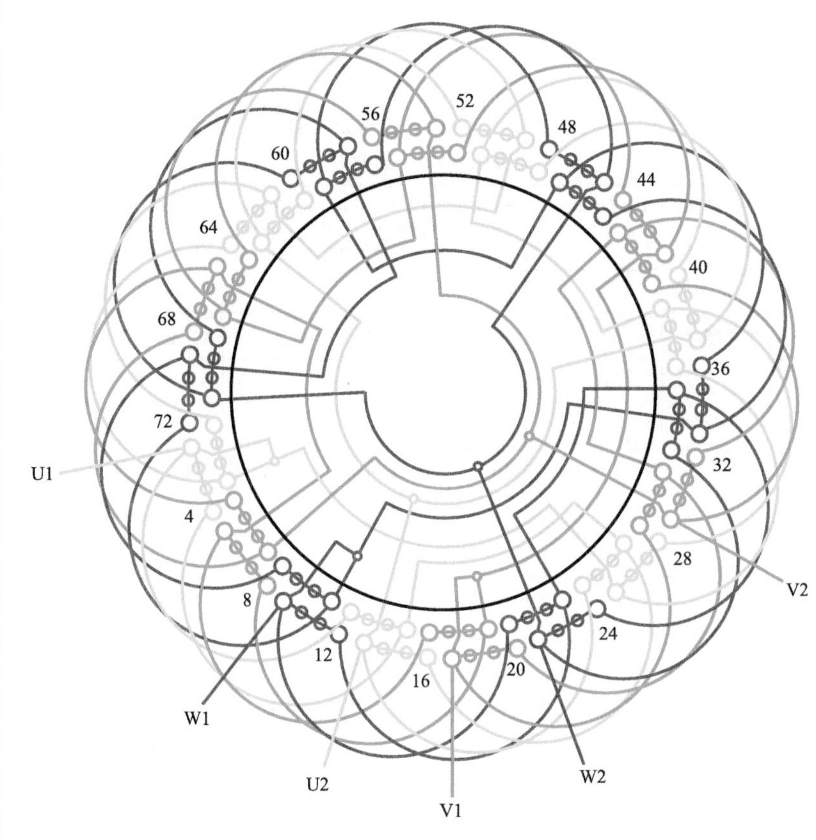

图 1.3.39

1. 绕组结构参数

定子槽数	$Z=72$	每组圈数	$S=4$	并联路数	$a=3$
电机极数	$2p=6$	极相槽数	$q=4$	分布系数	$K_d=0.958$
总线圈数	$Q=72$	绕组极距	$\tau=12$	节距系数	$K_p=0.991$
线圈组数	$u=18$	线圈节距	$y=11$	绕组系数	$K_{dp}=0.949$

2. 嵌线方法　　采用交叠法，嵌线吊边数为 11。嵌线顺序见表 1.3.39。

表 1.3.39　交叠法

嵌线顺序		1	2	3	4	5	6	7	8	9	10	11	12	13	14	15	16	17	18
槽号	下层	4	3	2	1	72	71	70	69	68	67	66	65		64		63		62
	上层													4		3		2	

嵌线顺序		19	20	21	22	23	24	25	…	119	120	121	122	123	124	125	126
槽号	下层		61		60		59		…		11		10		9		8
	上层	1		72		71		70	…	23		22		21		20	

嵌线顺序		127	128	129	130	131	132	133	134	135	136	137	138	139	140	141	142	143	144
槽号	下层		7		6		5												
	上层	19		18		17		16	15	14	13	12	11	10	9	8	7	6	5

3. 绕组特点与应用　　本例绕组节距较极距仅短 1 槽，属正常范围较长的短节距；接线采用三路并联，每个支路由正反两组线圈串联而成。主要应用实例有 Y-250M-6 电动机等。

1.3.40 72 槽 6 极($y=11$、$a=6$)双层叠式绕组

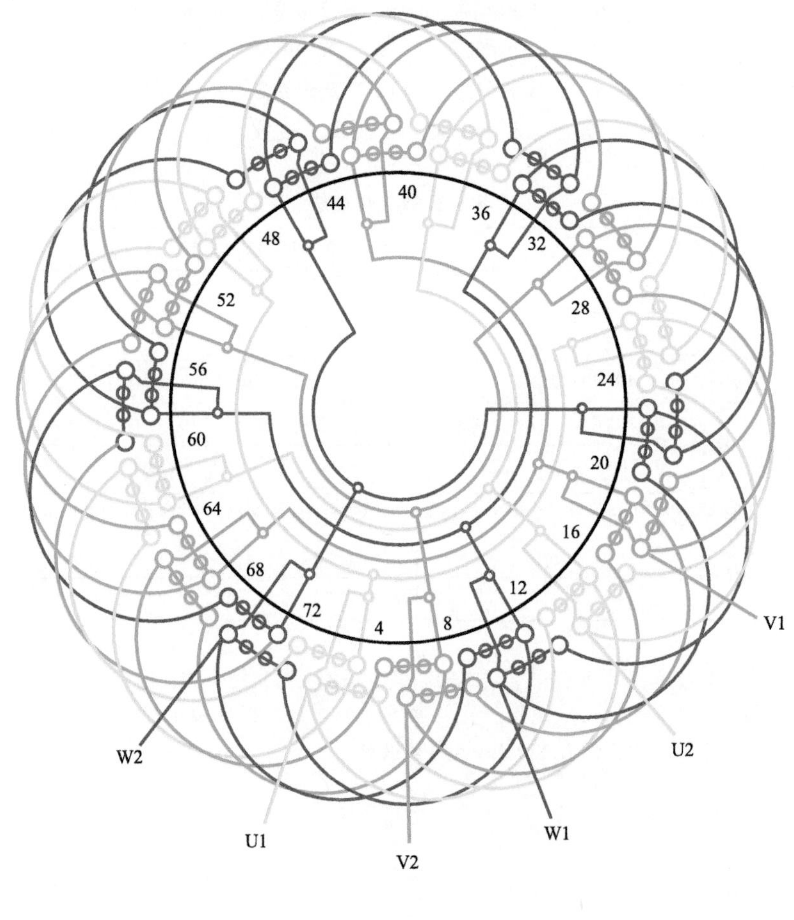

图 1.3.40

1. 绕组结构参数

定子槽数	$Z=72$	每组圈数	$S=4$	并联路数	$a=6$
电机极数	$2p=6$	极相槽数	$q=4$	分布系数	$K_d=0.958$
总线圈数	$Q=72$	绕组极距	$\tau=12$	节距系数	$K_p=0.991$
线圈组数	$u=18$	线圈节距	$y=11$	绕组系数	$K_{dp}=0.949$

2. 嵌线方法　　采用交叠法嵌线，吊边数为 11。嵌线顺序见表 1.3.40。

表 1.3.40　交叠法

嵌线顺序		1	2	3	4	5	6	7	8	9	10	11	12	13	14	15	16	17	18
槽号	下层	72	71	70	69	68	67	66	65	64	63	62	61		60		59		58
	上层													72		71		70	
嵌线顺序		19	20	21	22	23	24	25	26	27	…			121	122	123	124	125	126
槽号	下层		57		56		55		54		…				6		5		4
	上层	69		68		67		66		65	…			18		17		16	
嵌线顺序		127	128	129	130	131	132	133	134	135	136	137	138	139	140	141	142	143	144
槽号	下层		3		2		1												
	上层	15		14		13		12	11	10	9	8	7	6	5	4	3	2	1

3. 绕组特点与应用　　本例线圈节距及布线同上例，但并联支路数增至 6，即每个支路仅有一个线圈组，并按相邻极性相反并接。主要应用于小型水轮发电机电枢，应用实例有 TSWN-74/29 发电机等。

1.3.41 72 槽 6 极（$y=12$）双层叠式绕组

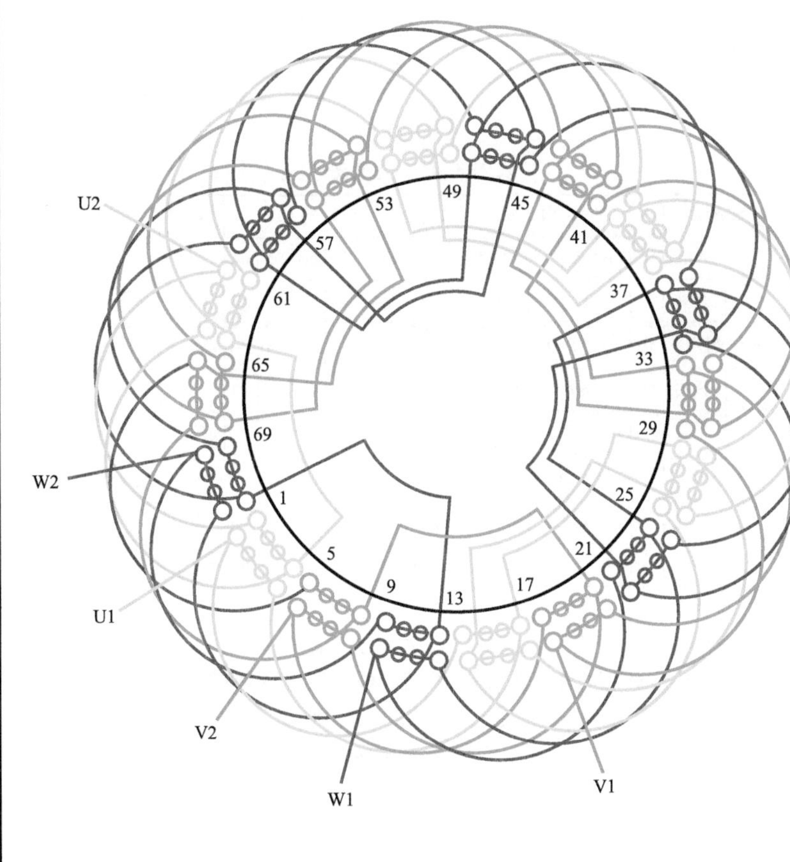

图 1.3.41

1. 绕组结构参数

定子槽数 $Z=72$　每组圈数 $S=4$　并联路数 $a=1$

电机极数 $2p=6$　极相槽数 $q=4$　分布系数 $K_d=0.958$

总线圈数 $Q=72$　绕组极距 $\tau=12$　节距系数 $K_p=1.0$

线圈组数 $u=18$　线圈节距 $y=12$　绕组系数 $K_{dp}=0.958$

2. 嵌线方法　绕组采用交叠法嵌线，吊边数为 12。嵌线顺序见表 1.3.41。

表 1.3.41 交叠法

嵌线顺序		1	2	3	4	5	6	7	8	9	10	11	12	13	14	15	16	17	18	19	20	21	22	23	24
槽号	下层	72	71	70	69	68	67	66	65	64	63	62	61	60		59		58		57		56		55	
	上层														72		71		70		69		68		67
嵌线顺序		25	26	27	28	29	30	31	32	33	34	35	36	37	38	39	40	41	42	43	44	45	46	47	48
槽号	下层	54		53		52		51		50		49		48		47		46		45		44		43	
	上层		66		65		64		63		62		61		60		59		58		57		56		55
嵌线顺序		49	50	51	52	53	54	55	56	57	58	59		…		111	112	113	114	115	116	117	118	119	120
槽号	下层	42		41		40		39		38		37		…		11		10		9		8		7	
	上层		54		53		52		51		50			…			23		22		21		20		19
嵌线顺序		121	122	123	124	125	126	127	128	129	130	131	132	133	134	135	136	137	138	139	140	141	142	143	144
槽号	下层	6		5		4		3		2		1													
	上层		18		17		16		15		14		13	12	11	10	9	8	7	6	5	4	3	2	1

3. 绕组特点与应用　此绕组采用全距线圈，使绕组系数达到最大值，但无法消除磁势中的三次谐波影响，故在普通型三相交流电机中极为罕见。本例仅作为双绕组双速电动机中配套的 6 极绕组，通常采用星形联结，故引出线可用 3 根。主要应用实例有 JTD-430、JTD-560 部分厂家的电梯电动机。

1.3.42　72 槽 6 极（$y=12$、$a=2$）双层叠式绕组

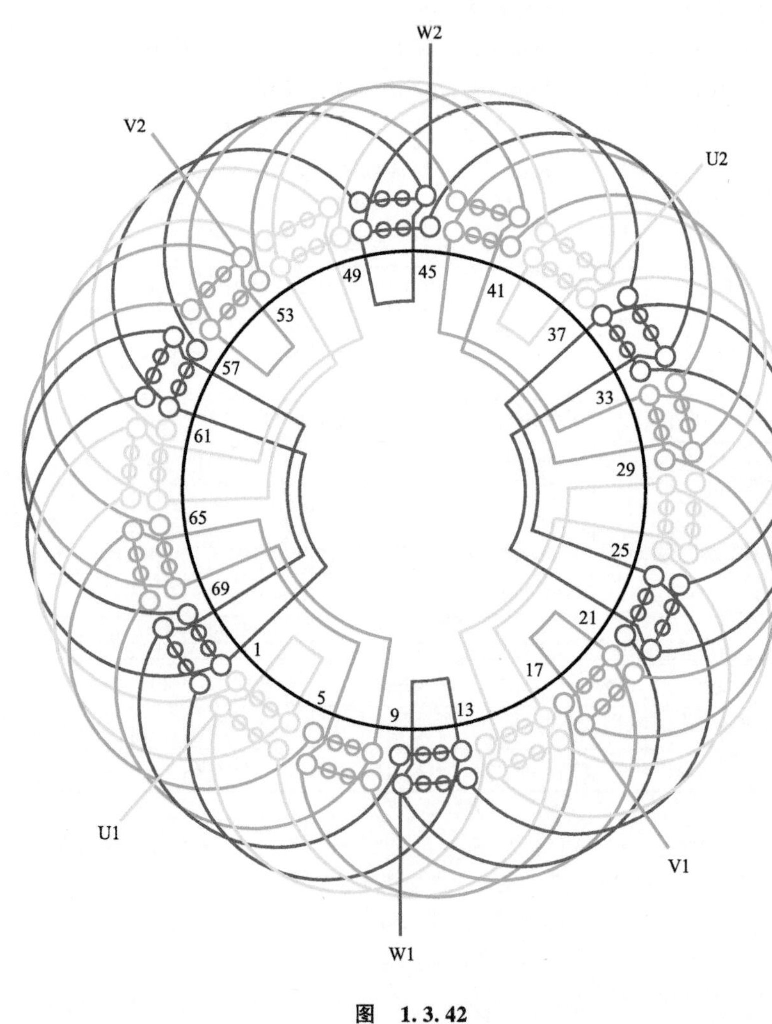

图　1.3.42

1. 绕组结构参数

定子槽数　$Z=72$　　每组圈数　$S=4$　　并联路数　$a=2$

电机极数　$2p=6$　　极相槽数　$q=4$　　分布系数　$K_d=0.958$

总线圈数　$Q=72$　　绕组极距　$\tau=12$　　节距系数　$K_p=1.0$

线圈组数　$u=18$　　线圈节距　$y=12$　　绕组系数　$K_{dp}=0.958$

2. 嵌线方法　　绕组采用交叠法嵌线，吊边数为 12。嵌线顺序见表 1.3.42。

表 1.3.42　交叠法

嵌线顺序		1	2	3	4	5	6	7	8	9	10	11	12	13	14	15	16	17	18
槽号	下层	4	3	2	1	72	71	70	69	68	67	66	65	64		63		62	
	上层														4		3		2

嵌线顺序		19	20	21	22	23	24	25	…	119	120	121	122	123	124	125	126
槽号	下层	61		60		59		58	…	11		10		9		8	
	上层		1		72		71		…		23		22		21		20

嵌线顺序		127	128	129	130	131	132	133	134	135	136	137	138	139	140	141	142	143	144
槽号	下层	7		6		5													
	上层		19		18		17	16	15	14	13	12	11	10	9	8	7	6	5

3. 绕组特点与应用　　本绕组采用全节距，并采用两路并联，每个支路由相反极性的相邻三个线圈组串联而成。本例绕组常接成 2Y，将星点内接而引出线 3 根，作为双绕组双速电梯电动机配套绕组。主要应用实例有部分厂家的 JTD-560 电动机系列产品。

1.3.43　72 槽 6 极（$y=12$、$a=3$）双层叠式绕组

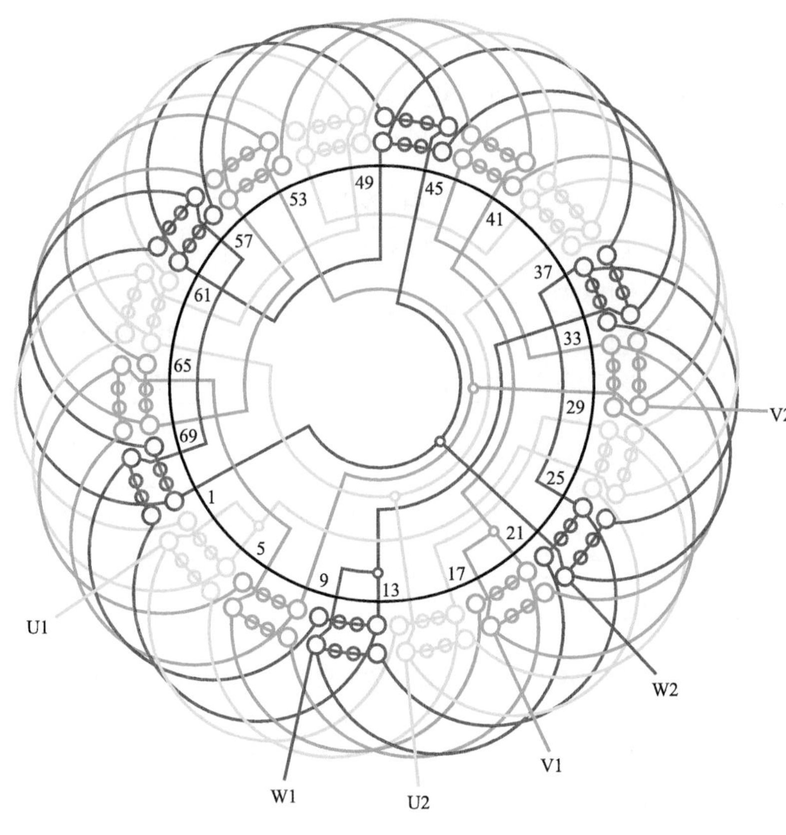

图　1.3.43

1. 绕组结构参数

定子槽数　$Z=72$　　每组圈数　$S=4$　　并联路数　$a=3$

电机极数　$2p=6$　　极相槽数　$q=4$　　分布系数　$K_d=0.958$

总线圈数　$Q=72$　　绕组极距　$\tau=12$　　节距系数　$K_p=1.0$

线圈组数　$u=18$　　线圈节距　$y=12$　　绕组系数　$K_{dp}=0.958$

2. 嵌线方法　　采用交叠法嵌线，吊边数为 12。嵌线顺序见表 1.3.43。

表 1.3.43　交叠法

嵌线顺序		1	2	3	4	5	6	7	8	9	10	11	12	13	14	15	16	17	18
槽号	下层	72	71	70	69	68	67	66	65	64	63	62	61	60		59		58	
	上层														72		71		70

嵌线顺序		19	20	21	22	23	24	25	…	119	120	121	122	123	124	125	126
槽号	下层	57		56		55		54	…	7		6		5		4	
	上层		69		68		67		…		19		18		17		16

嵌线顺序		127	128	129	130	131	132	133	134	135	136	137	138	139	140	141	142	143	144
槽号	下层	3		2		1													
	上层		15		14		13	12	11	10	9	8	7	6	5	4	3	2	1

3. 绕组特点与应用　　本例绕组节距及布线特点同上例，但采用三路并联，每个支路由 2 组相邻且极性相反的线圈组串联而成。绕组主要作为 24/6 极电梯电动机的 6 极配套绕组，主要实例有 JTD-430 电动机等。

1.3.44 *81 槽 6 极（$y=13$）双层叠式绕组

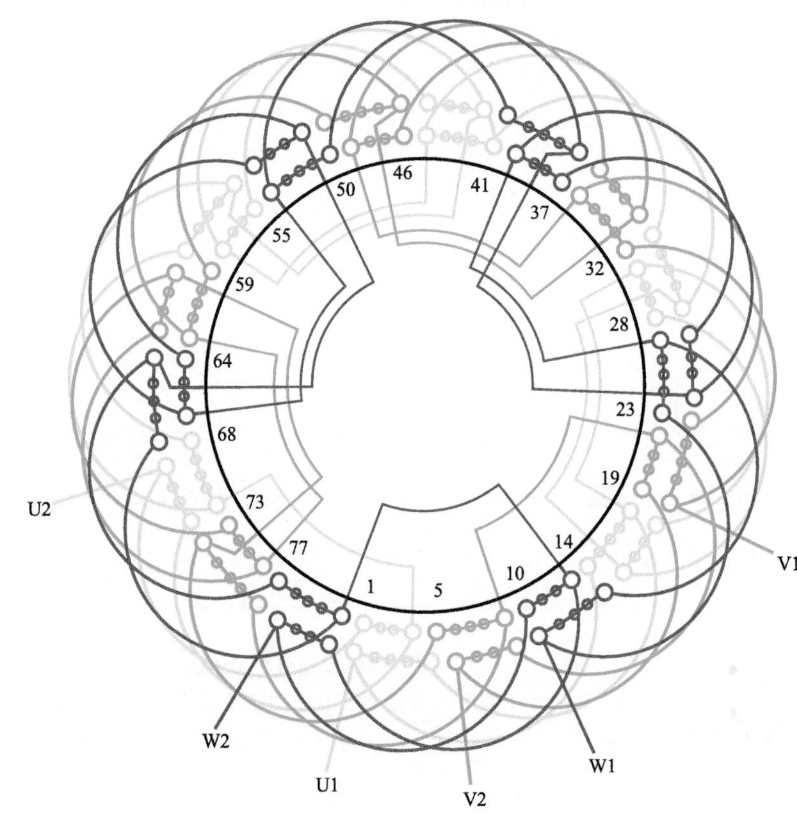

图 1.3.44

1. 绕组结构参数

定子槽数 $Z=81$　电机极数 $2p=6$

总线圈数 $Q=81$　线圈组数 $u=18$

每组圈数 $S=4\frac{1}{2}$　极相槽数 $q=4\frac{1}{2}$

绕组极距 $\tau=13\frac{1}{2}$　线圈节距 $y=13$

并联路数 $a=1$　分布系数 $K_d=0.956$

节距系数 $K_p=0.998$　绕组系数 $K_{dp}=0.954$

2. 嵌线方法　本例绕组采用交叠法嵌线，吊边数为 13。嵌线顺序见表 1.3.44。

表 1.3.44　交叠法

嵌线顺序		1	2	3	4	5	6	7	8	9	10	11	12	13	14	15	16	17	18
槽号	下层	81	80	79	78	77	76	75	74	73	72	71	70	69	68		67		66
	上层															81		80	
嵌线顺序		19	20	21	22	23	24	…			136	137	138	139	140	141	142	143	144
槽号	下层		65		64		63	…			7		6		5		4		3
	上层	79		78		77		…				20		19		18		17	
嵌线顺序		145	146	147	148	149	150	151	152	153	154	155	156	157	158	159	160	161	162
槽号	下层		2		1														
	上层	16		15		14	13	12	11	10	9	8	7	6	5	4	3	2	1

3. 绕组特点与应用　本例是分数槽绕组，由 5、4 圈组交替轮换安排，分布规律是 5　4　5　4……。每相由 6 组线圈按相邻反方向连接。本绕组选用节距接近于全距，故绕组系数较高。主要应用实例有 JBRO-355S-6 低压绕线转子隔爆型电动机等转子绕组。

1.3.45 *81 槽 6 极（$y=14$）双层叠式绕组

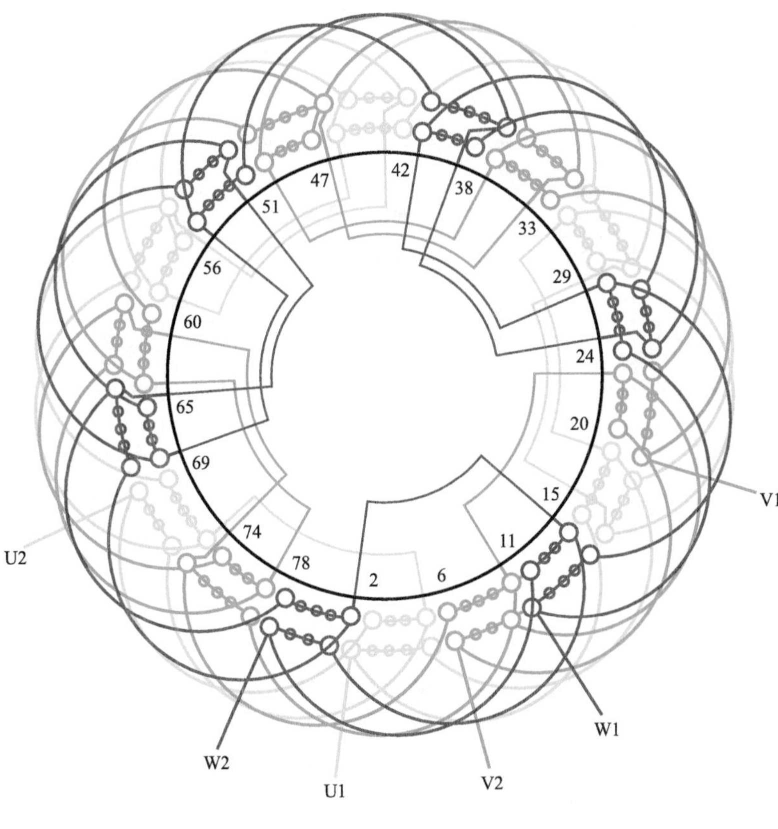

图 1.3.45

1. 绕组结构参数

定子槽数 $Z=81$ 电机极数 $2p=6$

总线圈数 $Q=81$ 线圈组数 $u=18$

每组圈数 $S=4\frac{1}{2}$ 极相槽数 $q=4\frac{1}{2}$

绕组极距 $\tau=13\frac{1}{2}$ 线圈节距 $y=14$

并联路数 $a=1$ 分布系数 $K_d=0.956$

节距系数 $K_p=0.998$ 绕组系数 $K_{dp}=0.954$

2. 嵌线方法 本例采用交叠法嵌线，嵌线吊边数为 14。嵌线顺序见表 1.3.45。

表 1.3.45 交叠法

嵌线顺序		1	2	3	4	5	6	7	8	9	10	11	12	13	14	15	16	17	18
槽号	下层	81	80	79	78	77	76	75	74	73	72	71	70	69	68	67		66	
	上层																81		80
嵌线顺序		19	20	21	22	23	24		…		136	137	138	139	140	141	142	143	144
槽号	下层	65		64		63			…			6		5		4		3	
	上层		79		78		77		…		21		20		19		18		17
嵌线顺序		145	146	147	148	149	150	151	152	153	154	155	156	157	158	159	160	161	162
槽号	下层	2		1															
	上层		16		15	14	13	12	11	10	9	8	7	6	5	4	3	2	1

3. 绕组特点与应用 本例为分数槽绕组，布接线与上例基本相同，但节距增加 1 槽而超过极距，故一般只用于绕线式转子绕组。应用实例有 JBRO-355M-6 低压绕线转子隔爆型电动机。

1.3.46　90 槽 6 极（$y=14$、$a=6$）双层叠式绕组

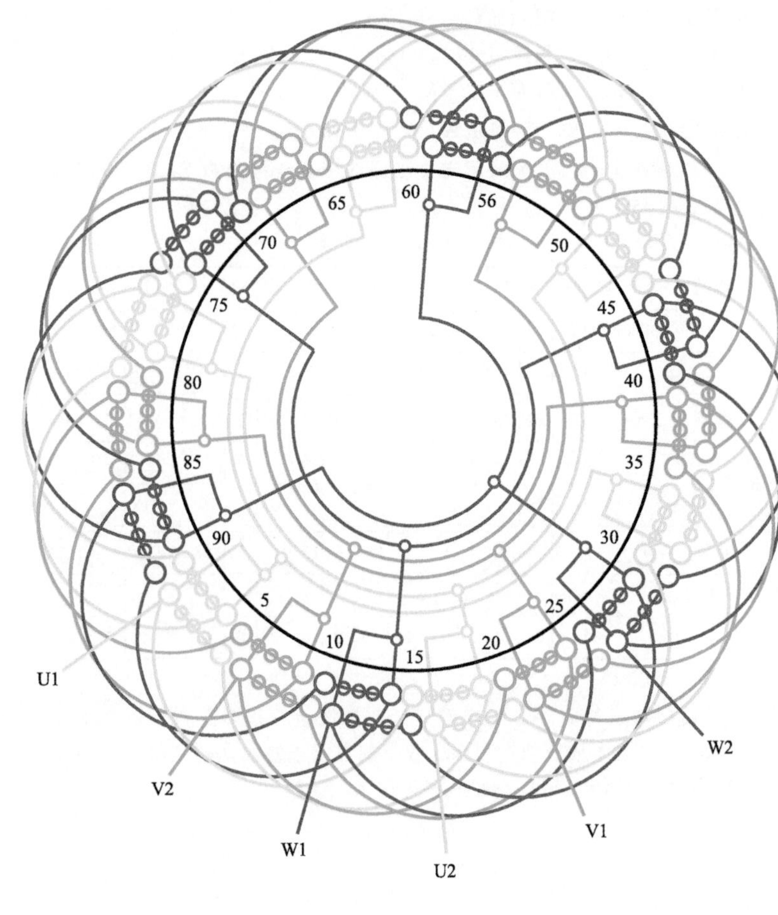

图　1.3.46

1. 绕组结构参数

定子槽数　$Z=90$　电机极数　$2p=6$　总线圈数　$Q=90$
线圈组数　$u=18$　每组圈数　$S=5$　极相槽数　$q=5$
绕组极距　$\tau=15$　线圈节距　$y=14$　并联路数　$a=6$
每槽电角　$\alpha=12°$　分布系数　$K_d=0.957$　节距系数　$K_p=0.995$
绕组系数　$K_{dp}=0.952$

2. 嵌线方法　　本例采用交叠法嵌线，吊边数为 14。嵌线顺序见表 1.3.46。

表 1.3.46　交叠法

嵌线顺序		1	2	3	4	5	6	7	8	9	10	11	12	13	14	15	16	17	18
槽号	下层	5	4	3	2	1	90	89	88	87	86	85	84	83	82	81		80	
	上层																5		4
嵌线顺序		19	20	21	22	23	24		…		154	155	156	157	158	159	160	161	162
槽号	下层	79		78		77			…			11		10		9		8	
	上层		3		2		1		…		26		25		24		23		22
嵌线顺序		163	164	165	166	167	168	169	170	171	172	173	174	175	176	177	178	179	180
槽号	下层	7		6															
	上层		21		20	19	18	17	16	15	14	13	12	11	10	9	8	7	6

3. 绕组特点与应用　　本例绕组每相有 6 组线圈，每组由 5 个线圈顺串而成。由于是 6 路并联，故每一个支路仅一组线圈，所以同相相邻两组线圈为反向并联，从而确保同相相邻极性相反的原则规律。本绕组主要应用实例有 YZR2-315S-6 起重及冶金用绕线转子三相异步电动机。

1.3.47 *90 槽 6 极（$y=14$、$a=3$）双层叠式绕组

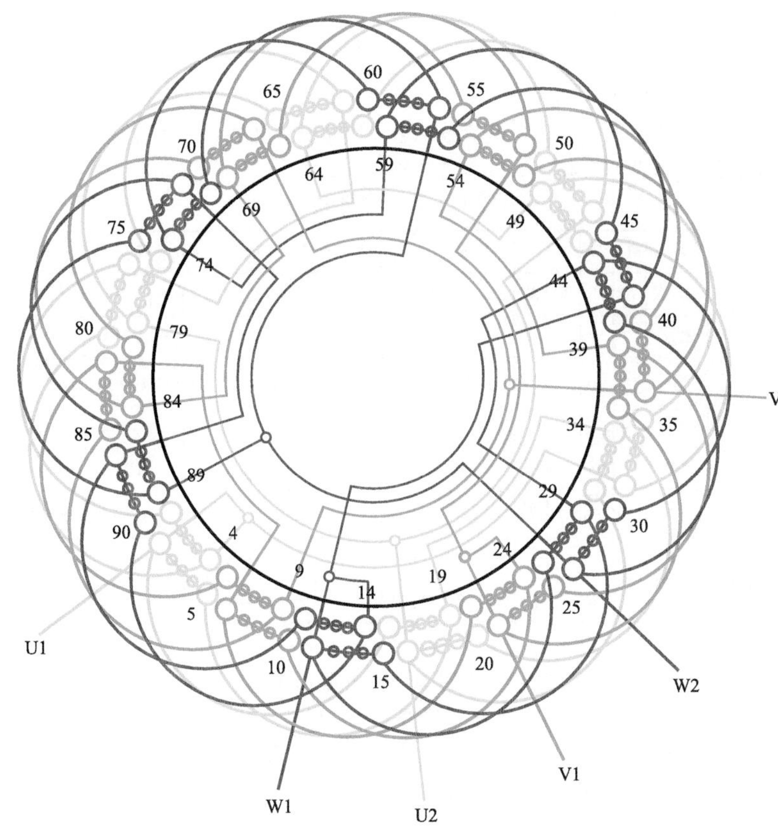

图 1.3.47

1. 绕组结构参数

定子槽数 $Z=90$　　电机极数 $2p=6$

总线圈数 $Q=90$　　线圈组数 $u=18$

每组圈数 $S=5$　　极相槽数 $q=5$

绕组极距 $\tau=15$　　线圈节距 $y=14$

并联路数 $a=3$　　分布系数 $K_d=0.957$

节距系数 $K_p=0.995$　　绕组系数 $K_{dp}=0.952$

2. 嵌线方法　　绕组采用交叠法嵌线，嵌线吊边数为 14。嵌线顺序见表 1.3.47。

表 1.3.47　交叠法

嵌线顺序		1	2	3	4	5	6	7	8	9	10	11	12	13	14	15	16	17	18
槽号	下层	90	89	88	87	86	85	84	83	82	81	80	79	78	77	76		75	
	上层																90		89
嵌线顺序		19	20	21	22	23	24	…			154	155	156	157	158	159	160	161	162
槽号	下层	74		73		72		…				6		5		4		3	
	上层		88		87		86	…			21		20		19		18		17
嵌线顺序		163	164	165	166	167	168	169	170	171	172	173	174	175	176	177	178	179	180
槽号	下层	2		1															
	上层		16		15	14	13	12	11	10	9	8	7	6	5	4	3	2	1

3. 绕组特点与应用　　本例绕组由五联组构成，每相有 6 组线圈，分为 3 个支路，每个支路由相邻两个线圈组反极性串联。该绕组的应用实例不多，目前见用于 JBRO-450L-6 低压隔爆型系列电动机。

1.3.48 *90 槽 6 极（$y=14$、$a=6$）双层叠式绕组

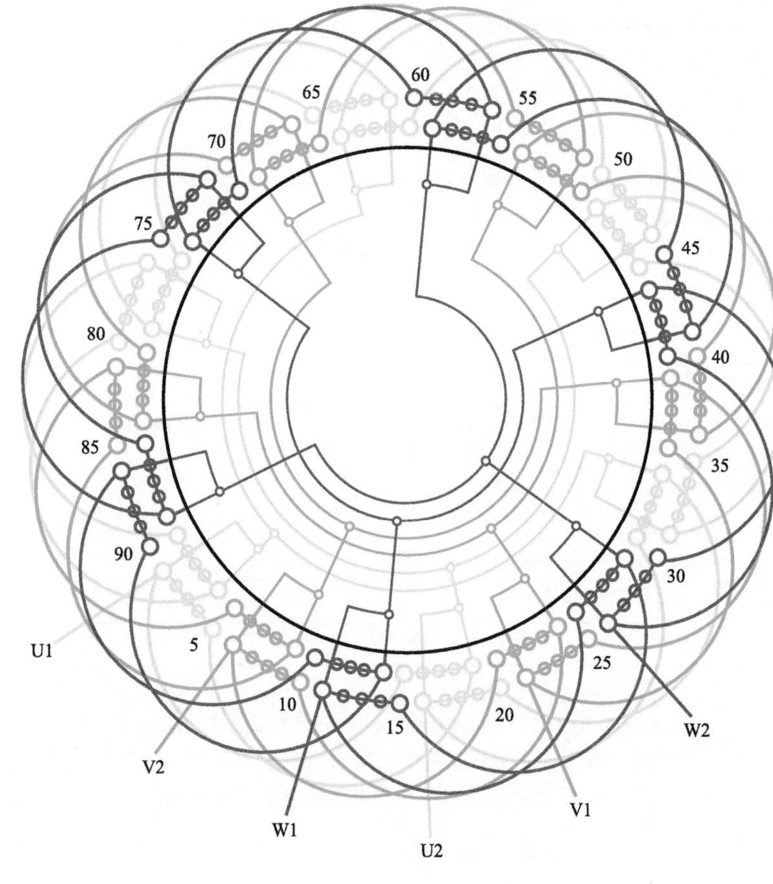

图 1.3.48

1. 绕组结构参数

定子槽数 $Z=90$　电机极数 $2p=6$

总线圈数 $Q=90$　线圈组数 $u=18$

每组圈数 $S=5$　极相槽数 $q=5$

绕组极距 $\tau=15$　线圈节距 $y=14$

并联路数 $a=6$　分布系数 $K_d=0.957$

节距系数 $K_p=0.995$　绕组系数 $K_{dp}=0.952$

2. 嵌线方法　本例是双叠绕组，采用交叠法嵌线，吊边数为 14。嵌线顺序见表 1.3.48。

表 1.3.48 交叠法

嵌线顺序		1	2	3	4	5	6	7	8	9	10	11	12	13	14	15	16	17	18
槽号	下层	90	89	88	87	86	85	84	83	82	81	80	79	78	77	76		75	
	上层																90		89
嵌线顺序		19	20	21	22	23	24		…		154	155	156	157	158	159	160	161	162
槽号	下层	74		73		72			…			6		5		4		3	
	上层		88		87		86		…		21		20		19		18		17
嵌线顺序		163	164	165	166	167	168	169	170	171	172	173	174	175	176	177	178	179	180
槽号	下层	2		1															
	上层		16		15	14	13	12	11	10	9	8	7	6	5	4	3	2	1

3. 绕组特点与应用　本例绕组由五联组构成，全绕组共有 18 组线圈，每相 6 组分为 6 个支路，故每个支路仅 1 组线圈；故接线时是同相相邻线圈组反极性并联于电源（出线）。此绕组实际应用极少，仅见于 YZR2-315M-6 绕线式电动机的非标准产品。

1.3.49 *90 槽 6 极（$y=15$）双层叠式绕组

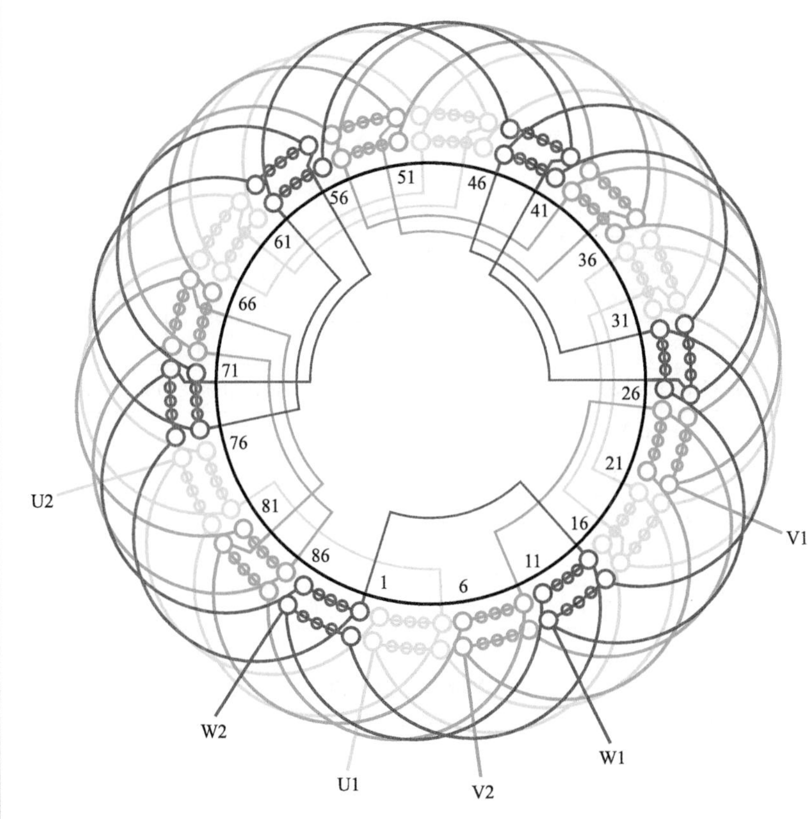

图 1.3.49

1. 绕组结构参数

定子槽数 $Z=90$　电机极数 $2p=6$

总线圈数 $Q=90$　线圈组数 $u=18$

每组圈数 $S=5$　极相槽数 $q=5$

绕组极距 $\tau=15$　线圈节距 $y=15$

并联路数 $a=1$　分布系数 $K_d=0.957$

节距系数 $K_p=1$　绕组系数 $K_{dp}=0.957$

2. 嵌线方法　本例绕组采用交叠法嵌线，吊边数为 15。嵌线顺序见表 1.3.49。

表 1.3.49　交叠法

嵌线顺序		1	2	3	4	5	6	7	8	9	10	11	12	13	14	15	16	17	18
槽号	下层	90	89	88	87	86	85	84	83	82	81	80	79	78	77	76	75		74
	上层																	90	
嵌线顺序		19	20	21	22	23	24	…			154	155	156	157	158	159	160	161	162
槽号	下层		73		72		71	…			6		5		4		3		2
	上层	89		88		87		…				21		20		19		18	
嵌线顺序		163	164	165	166	167	168	169	170	171	172	173	174	175	176	177	178	179	180
槽号	下层		1																
	上层	17		16	15	14	13	12	11	10	9	8	7	6	5	4	3	2	1

3. 绕组特点与应用　本例绕组是整数槽，每组线圈为 5，并采用整距布线，故其绕组系数较高，但不宜用于定子绕组。主要应用于绕线式转子绕组。主要应用实例有 JBRO-400L-6 低压隔爆系列电动机。

1.3.50 *105 槽 6 极（$y=18$）双层叠式绕组

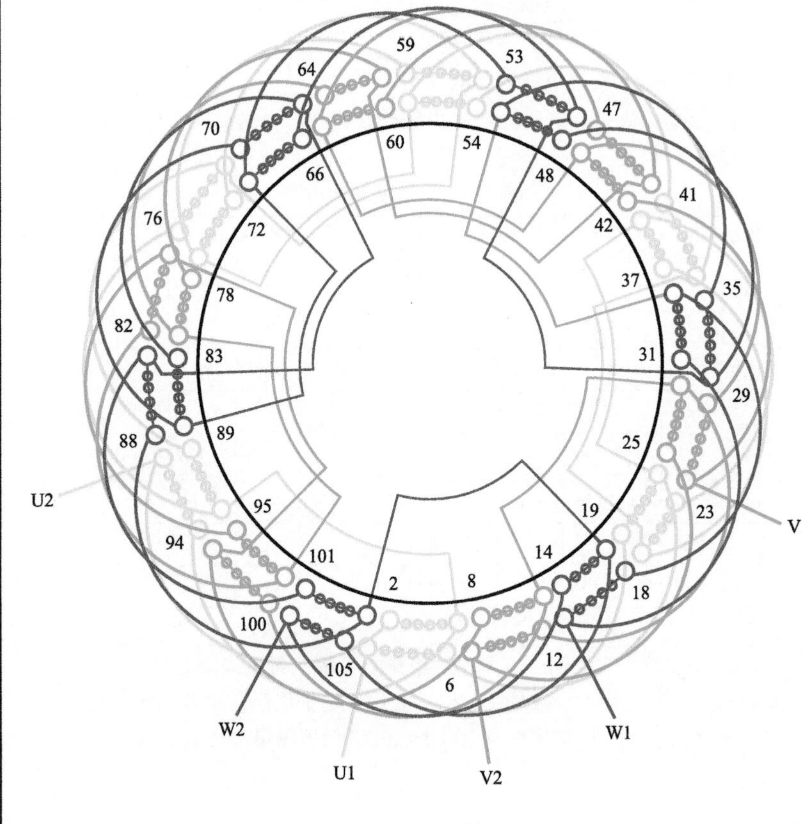

图 1.3.50

1. 绕组结构参数

定子槽数 $Z=105$　电机极数 $2p=6$

总线圈数 $Q=105$　线圈组数 $u=18$

每组圈数 $S=5\frac{5}{6}$　极相槽数 $q=5\frac{5}{6}$

绕组极距 $\tau=17\frac{1}{2}$　线圈节距 $y=18$

并联路数 $a=1$　分布系数 $K_d=0.956$

节距系数 $K_p=0.999$　绕组系数 $K_{dp}=0.956$

2. 嵌线方法　本例采用交叠法，嵌线吊边数为 18。嵌线顺序见表 1.3.50。

表 1.3.50 交叠法

嵌线顺序		1	2	3	4	5	6	7	8	9	10	11	12	13	14	15	16	17	18
槽号	下层	105	104	103	102	101	100	99	98	97	96	95	94	93	92	91	90	89	88
	上层																		
嵌线顺序		19	20	21	22	23	24		…		184	185	186	187	188	189	190	191	192
槽号	下层	87		86		85			…			4		3		2		1	
	上层		105		104		103		…		23		22		21		20		19
嵌线顺序		193	194	195	196	197	198	199	200	201	202	203	204	205	206	207	208	209	210
槽号	下层																		
	上层	18	17	16	15	14	13	12	11	10	9	8	7	6	5	4	3	2	1

3. 绕组特点与应用　本例是分数槽绕组，绕组由五联组和六联组构成。因 $q=5\frac{5}{6}$，故每相 6 个线圈组中仅有 1 组是五联组。此外，本绕组选用长距线圈，即线圈节距超过极距半槽。一般只应用于转子绕组。主要应用实例有 JBRO-450S-6 高压防爆电动机。

1.4　三相双层叠式 8 极绕组布线接线图

8 极电动机额定转速在 750r/min 以下，属中等速度的电动机，一般多用于中等功率输出范围的机械设备。与同等功率相比，其体积要比 2 极电动机大 4 个功率等级。所以，在生产设备中的应用远不及前者。本节收入 8 极电动机绕组布线接线图 30 例。

1.4.1　36 槽 8 极($y=4$)双层叠式绕组

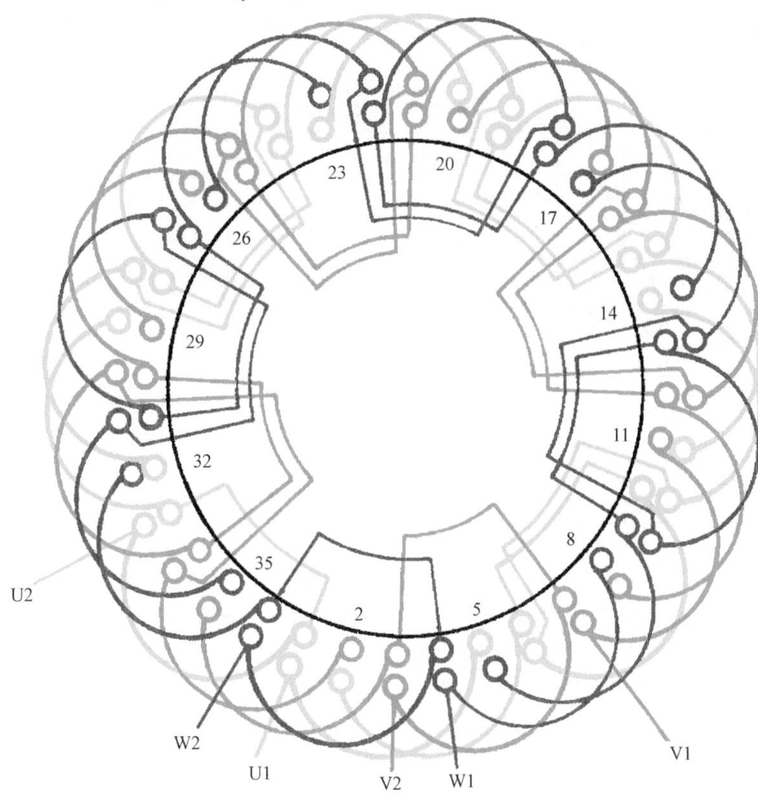

图　1.4.1

1. 绕组结构参数

定子槽数　$Z=36$　每组圈数　$S=1\frac{1}{2}$　并联路数　$a=1$

电机极数　$2p=8$　极相槽数　$q=1\frac{1}{2}$　分布系数　$K_d=0.96$

总线圈数　$Q=36$　绕组极距　$\tau=4\frac{1}{2}$　节距系数　$K_p=0.985$

线圈组数　$u=24$　线圈节距　$y=4$　绕组系数　$K_{dp}=0.946$

2. 嵌线方法　采用交叠嵌线，吊边数为 4。嵌线顺序见表 1.4.1。

表 1.4.1　交叠法

嵌线顺序		1	2	3	4	5	6	7	8	9	10	11	12	13	14	15	16	17	18
槽号	下层	36	35	34	33	32		31		30		29		28		27		26	
	上层						36		35		34		33		32		31		30
嵌线顺序		19	20	21	22	23	24	25	26	27	28	29	30	31	32	33	34	35	36
槽号	下层	25		24		23		22		21		20		19		18		17	
	上层		29		28		27		26		25		24		23		22		21
嵌线顺序		37	38	39	40	41	42	43	44	45	46	47	48	49	50	51	52	53	54
槽号	下层	16		15		14		13		12		11		10		9		8	
	上层		20		19		18		17		16		15		14		13		12
嵌线顺序		55	56	57	58	59	60	61	62	63	64	65	66	67	68	69	70	71	72
槽号	下层	7		6		5		4		3		2		1					
	上层		11		10		9		8		7		6		5	4	3	2	1

3. 绕组特点与应用　本例为一路串联的分数槽绕组，线圈布线可参考下例。主要应用实例有 JO3T-90S-8 三相异步电动机等。

1.4.2 36 槽 8 极($y=4$、$a=2$)双层叠式绕组

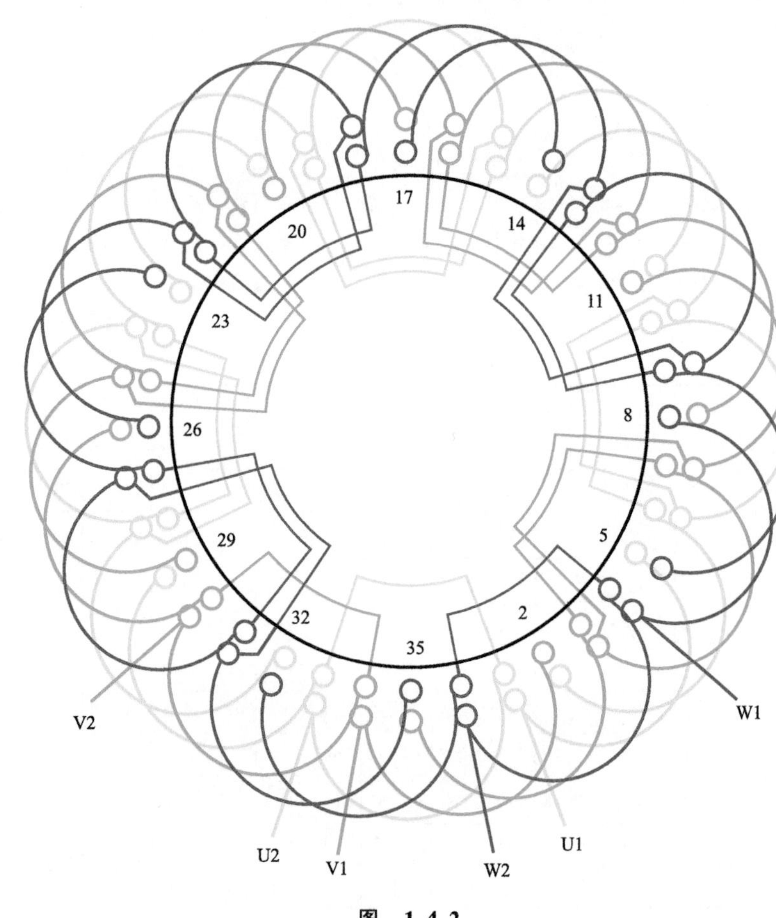

图 1.4.2

1. 绕组结构参数

定子槽数 $Z=36$　　每组圈数 $S=1\frac{1}{2}$　　并联路数 $a=2$

电机极数 $2p=8$　　极相槽数 $q=1\frac{1}{2}$　　分布系数 $K_d=0.96$

总线圈数 $Q=36$　　绕组极距 $\tau=4\frac{1}{2}$　　节距系数 $K_p=0.985$

线圈组数 $u=24$　　线圈节距 $y=4$　　绕组系数 $K_{dp}=0.946$

2. 嵌线方法　　绕组采用交叠法嵌线，吊边数为 4。嵌线顺序见表 1.4.2。

表 1.4.2　交叠法

嵌线顺序		1	2	3	4	5	6	7	8	9	10	11	12	13	14	15	16	17	18
槽号	下层	2	1	36	35	34		33		32		31		30		29		28	
	上层						2		1		36		35		34		33		32
嵌线顺序		19	20	21	22	23		…		45	46	47	48	49	50	51	52	53	54
槽号	下层	27		26		25		…		14		13		12		11		10	
	上层		31		30			…			18		17		16		15		14
嵌线顺序		55	56	57	58	59	60	61	62	63	64	65	66	67	68	69	70	71	72
槽号	下层	9		8		7		6		5		4		3					
	上层		13		12		11		10		9		8		7	6	5	4	3

3. 绕组特点与应用　　本例为分数槽绕组，每极相组线圈数为 $1\frac{1}{2}$，故采用归并的办法解决“半圈”的问题，使实际线圈数为 2 圈和 1 圈，并按 2　1　2　1 …的规律分布。本例是两路并联接线，采用进线后分左右两路走线，每个支路由 4 个线圈组相互反极性串联后并接出线。主要应用于绕线式电动机转子绕组，实例有 YR-225M-8、YRZ-160L-8 三相异步电动机等转子绕组。

1.4.3 *39 槽 8 极（$y=5$）双层叠式（庶极）绕组

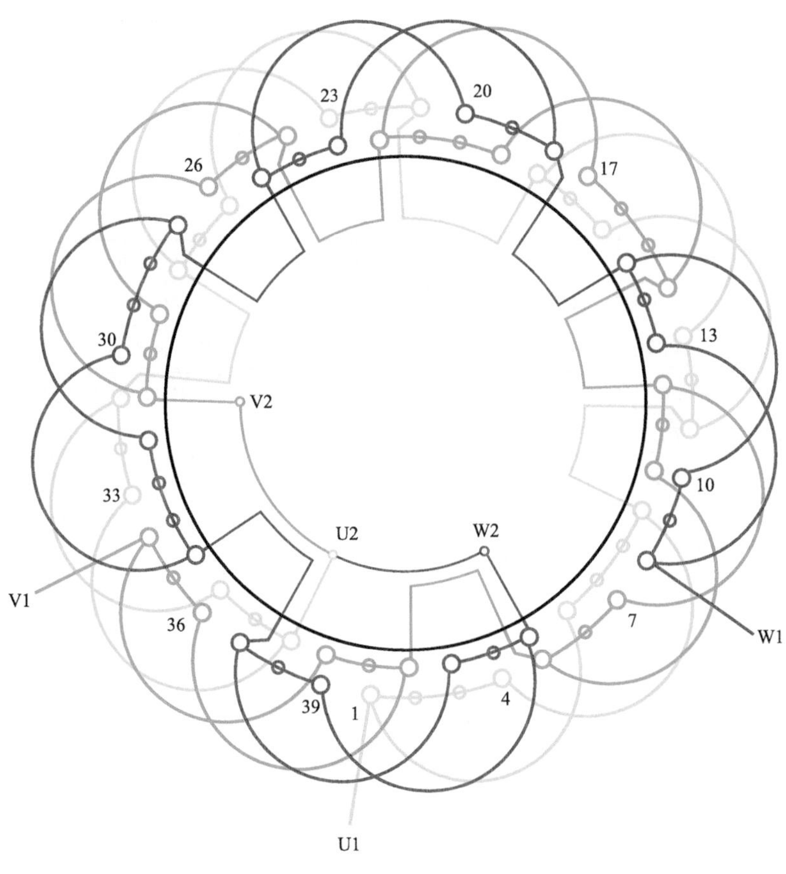

图 1.4.3

1. 绕组结构参数

定子槽数	$Z=39$	每组圈数	$S=1\frac{5}{8}$	并联路数	$a=1$
电机极数	$2p=8$	极相槽数	$q=1\frac{5}{8}$	分布系数	$K_d=0.833$
总线圈数	$Q=39$	绕组极距	$\tau=4\frac{7}{8}$	节距系数	$K_p=0.999$
线圈组数	$u=12$	线圈节距	$y=5$	绕组系数	$K_{dp}=0.832$

2. 嵌线方法

本例嵌线采用交叠法，吊边数为 5。嵌线顺序见表 1.4.3。

表 1.4.3 交叠法

嵌线顺序		1	2	3	4	5	6	7	8	9	10	11	12	13	14	15	16	17	18
槽号	下层	39	38	37	36	35	34		33		32		31		30		29		28
	上层							39		38		37		36		35		34	
嵌线顺序		19	20	21	22	23	24		…		52	53	54	55	56	57	58	59	60
槽号	下层		27		26		25		…		11		10		9		8		7
	上层	33		32		31			…			16		15		14		13	
嵌线顺序		61	62	63	64	65	66	67	68	69	70	71	72	73	74	75	76	77	78
槽号	下层		6		5		4		3		2		1						
	上层	12		11		10		9		8		7		6	5	4	3	2	1

3. 绕组特点与应用　这是一台由读者实修的 39 槽定子电机拓展而设计的。每相由 1 个 4 圈组和 3 个 3 圈组顺向串联而成。经校验所形成的磁场结构完整而具有结构简单，嵌接线都容易等优点。本例设计为Y联结、故引出线 3 根；若引出 6 根线，可将内部Y点拆开。

1.4.4　45 槽 8 极($y=5$)双层叠式绕组

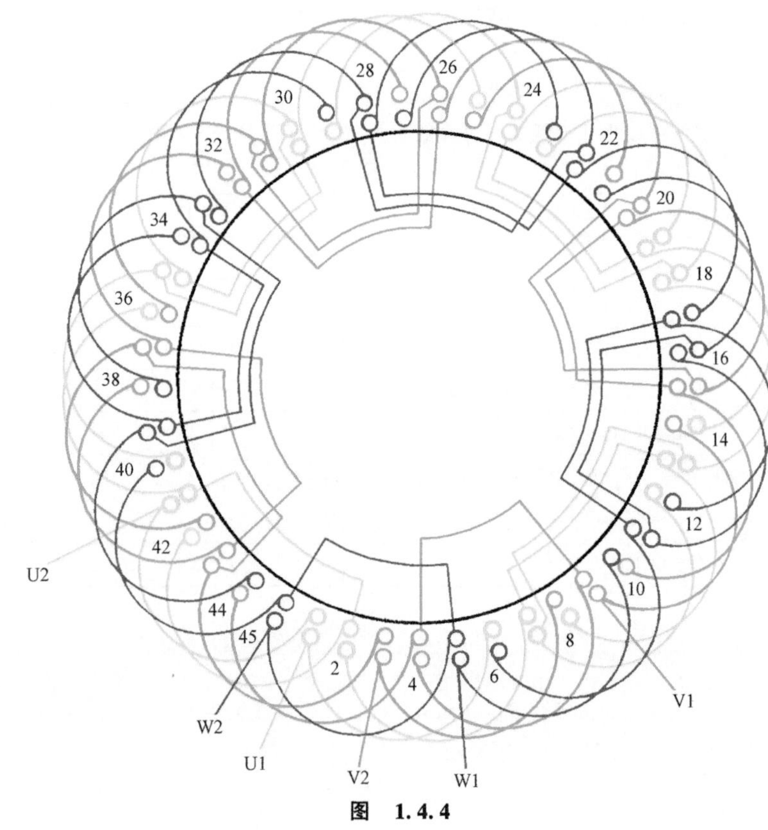

图　1.4.4

1. 绕组结构参数

定子槽数	$Z=45$	每组圈数	$S=1\frac{7}{8}$	并联路数	$a=1$
电机极数	$2p=8$	极相槽数	$q=1\frac{7}{8}$	分布系数	$K_d=0.956$
总线圈数	$Q=45$	绕组极距	$\tau=5\frac{5}{8}$	节距系数	$K_p=0.985$
线圈组数	$u=24$	线圈节距	$y=5$	绕组系数	$K_{dp}=0.94$

2. 嵌线方法　　采用交叠法嵌线，吊边数为 5。嵌线顺序见表 1.4.4。

表 1.4.4　交叠法

嵌线顺序		1	2	3	4	5	6	7	8	9	10	11	12	13	14	15	16	17	18	19	20	21	22	23
槽号	下层	45	44	43	42	41	40		39		38		37		36		35		34		33		32	
	上层							45		44		43		42		41		40		39		38		37
嵌线顺序		24	25	26	27	28	29	30	31	32	33	34	35	36	37	38	39	40	41	42	43	44	45	46
槽号	下层	31		30		29		28		27		26		25		24		23		22		21		20
	上层		36		35		34		33		32		31		30		29		28		27		26	
嵌线顺序		47	48	49	50	51	52	53	54	55	56	57	58	59	60	61	62	63	64	65	66	67	68	69
槽号	下层		19		18		17		16		15		14		13		12		11		10		9	
	上层	25		24		23		22		21		20		19		18		17		16		15		14
嵌线顺序		70	71	72	73	74	75	76	77	78	79	80	81	82	83	84	85	86	87	88	89	90		
槽号	下层	8		7		6		5		4		3		2		1								
	上层		13		12		11		10		9		8		7		6	5	4	3	2	1		

3. 绕组特点与应用　　本例为分数槽绕组布线方案，线圈由单、双圈组成，分布规律是 2　2　2　2　2　2　2　1。主要应用实例有 JG2-51-8 等三相交流辊道用电动机。

1.4.5 48 槽 8 极($y=5$)双层叠式绕组

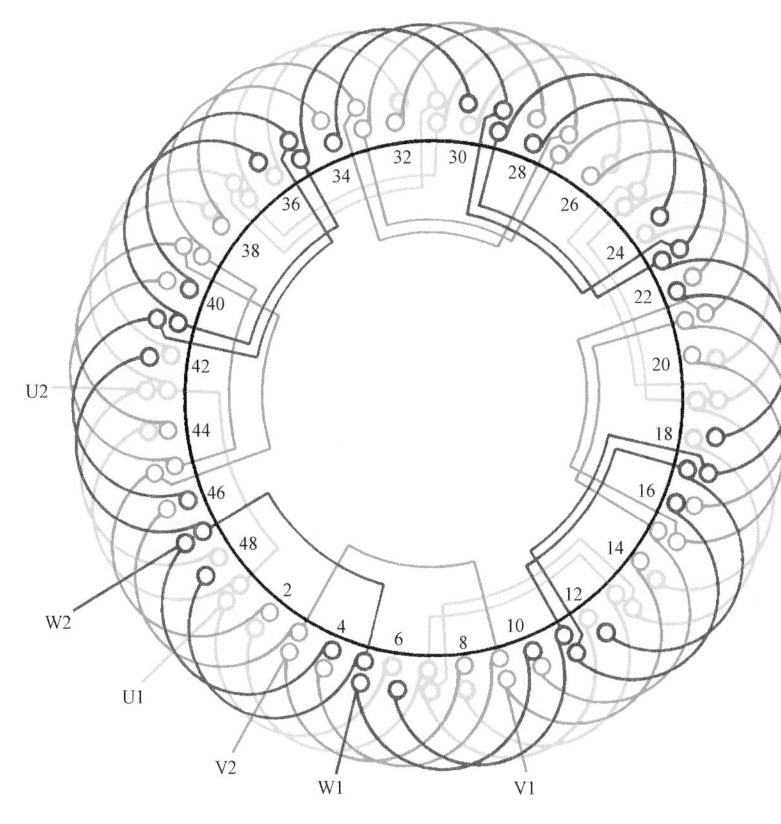

图 1.4.5

1. 绕组结构参数

定子槽数 $Z=48$ 每组圈数 $S=2$ 并联路数 $a=1$

电机极数 $2p=8$ 极相槽数 $q=2$ 分布系数 $K_d=0.966$

总线圈数 $Q=48$ 绕组极距 $\tau=6$ 节距系数 $K_p=0.966$

线圈组数 $u=24$ 线圈节距 $y=5$ 绕组系数 $K_{dp}=0.933$

2. 嵌线方法 本例采用交叠法嵌线，吊边数为 5。嵌线顺序见表 1.4.5。

表 1.4.5 交叠法

嵌线顺序		1	2	3	4	5	6	7	8	9	10	11	12	13	14	15	16	17	18	19	20	21	22	23	24
槽号	下层	48	47	46	45	44	43		42		41		40		39		38		37		36		35		34
	上层							48		47		46		45		44		43		42		41		40	
嵌线顺序		25	26	27	28	29	30	31	32	33	34	35	36	37	38	39	40	41	42	43	44	45	46	47	48
槽号	下层		33		32		31		30		29		28		27		26		25		24		23		22
	上层	39		38		37		36		35		34		33		32		31		30		29		28	
嵌线顺序		49	50	51	52	53	54	55	56	57	58	59	60	61	62	63	64	65	66	67	68	69	70	71	72
槽号	下层		21		20		19		18		17		16		15		14		13		12		11		10
	上层	27		26		25		24		23		22		21		20		19		18		17		16	
嵌线顺序		73	74	75	76	77	78	79	80	81	82	83	84	85	86	87	88	89	90	91	92	93	94	95	96
槽号	下层		9		8		7		6		5		4		3		2		1						
	上层	15		14		13		12		11		10		9		8		7		6	5	4	3	2	1

3. 绕组特点与应用 8 极电机极距较短，嵌线吊边数也少，宜采用短 1 槽较大节距来获得较高的绕组系数。此绕组为一路串联接线，一般仅用于小型电机。主要应用实例有 YR-160M-8 绕线式异步电动机等。

1.4.6 48 槽 8 极（$y=5$、$a=2$）双层叠式绕组

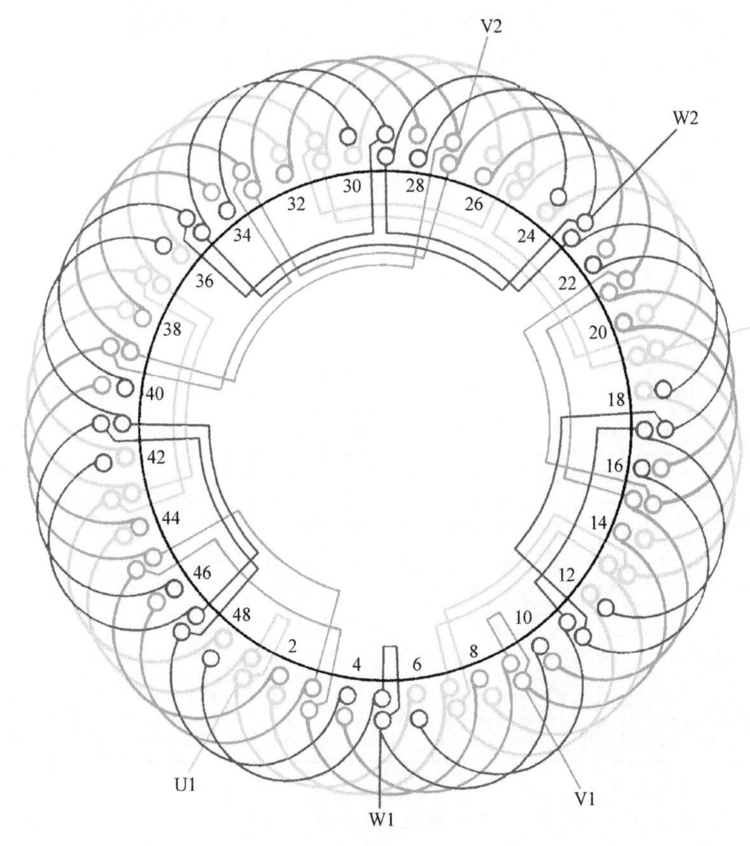

图 1.4.6

1. 绕组结构参数

定子槽数 $Z=48$　每组圈数 $S=2$　并联路数 $a=2$

电机极数 $2p=8$　极相槽数 $q=2$　分布系数 $K_d=0.966$

总线圈数 $Q=48$　绕组极距 $\tau=6$　节距系数 $K_p=0.966$

线圈组数 $u=24$　线圈节距 $y=5$　绕组系数 $K_{dp}=0.933$

2. 嵌线方法　本例采用交叠法嵌线，吊边数为 5。嵌线顺序见表 1.4.6。

表 1.4.6 交叠法

嵌线顺序		1	2	3	4	5	6	7	8	9	10	11	12	13	14	15	16	17	18
槽号	下层	2	1	48	47	46	45		44		43		42		41		40		39
	上层							2		1		48		47		46		45	
嵌线顺序		19	20	21	22	23		…		69	70	71	72	73	74	75	76	77	78
槽号	下层		38		37			…			13		12		11		10		9
	上层	44		43		42		…		19		18		17		16		15	
嵌线顺序		79	80	81	82	83	84	85	86	87	88	89	90	91	92	93	94	95	96
槽号	下层		8		7		6		5		4		3						
	上层	14		13		12		11		10		9		8	7	6	5	4	3

3. 绕组特点与应用　基本同上例，但采用两路并联接线。主要应用实例有 JO-72-8 电机，YR-160L-8 绕线式异步电动机及 Y-280S-8 三相异步电动机转子绕组。

1.4.7　48 槽 8 极($y=5$、$a=4$)双层叠式绕组

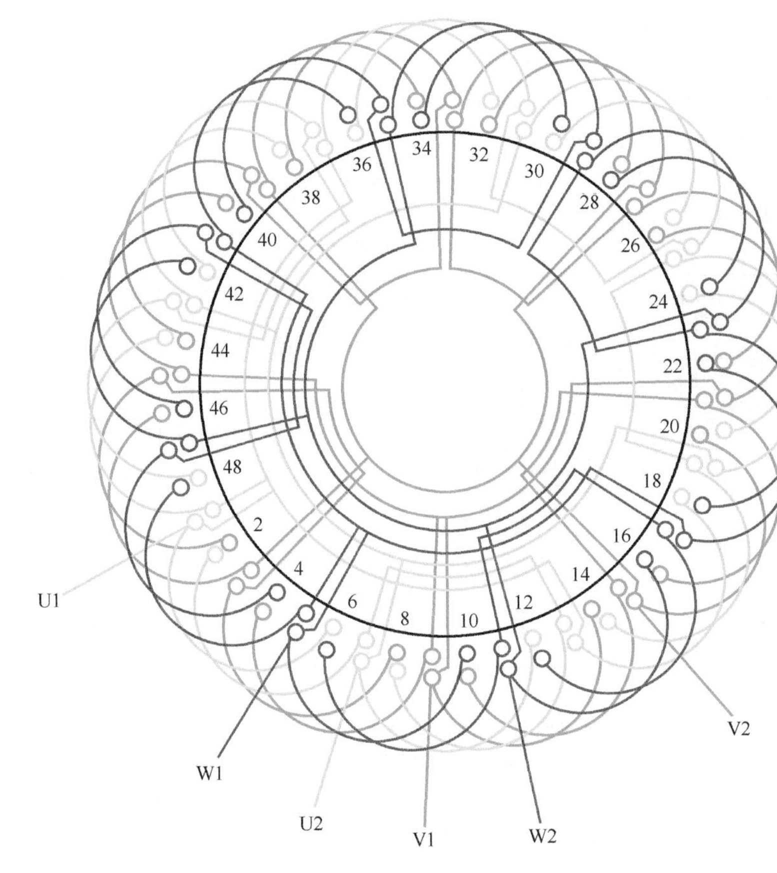

图　1.4.7

1. 绕组结构参数

定子槽数　$Z=48$　　每组圈数　$S=2$　　并联路数　$a=4$

电机极数　$2p=8$　　极相槽数　$q=2$　　分布系数　$K_d=0.966$

总线圈数　$Q=48$　　绕组极距　$\tau=6$　　节距系数　$K_p=0.966$

线圈组数　$u=24$　　线圈节距　$y=5$　　绕组系数　$K_{dp}=0.933$

2. 嵌线方法　　绕组采用交叠法嵌线，吊边数为 5。嵌线顺序见表 1.4.7。

表 1.4.7　交叠法

嵌线顺序		1	2	3	4	5	6	7	8	9	10	11	12	13	14	15	16	17	18
槽号	下层	48	47	46	45	44	43		42		41		40		39		38		37
	上层							48		47		46		45		44		43	
嵌线顺序		19	20	21	22	23		…		69	70	71	72	73	74	75	76	77	78
槽号	下层		36		35			…			11		10		9		8		7
	上层	42		41		40		…		17		16		15		14		13	
嵌线顺序		79	80	81	82	83	84	85	86	87	88	89	90	91	92	93	94	95	96
槽号	下层		6		5		4		3		2		1						
	上层	12		11		10		9		8		7		6	5	4	3	2	1

3. 绕组特点与应用　　本例双层叠式绕组全部由交叠双圈组成，每相有 8 组线圈，分 4 个支路连接，即每一个支路由相邻的同相线圈组反极性串联而成，然后把 4 个支路按相邻反极性并联成 4 路。在新系列电动机中，一般 48 槽 8 极都选用单层链式布线，故此型式绕组仅用于老产品，实例有 JO-73-8 三相异步电动机等。

1.4.8　54 槽 8 极($y=5$、$a=2$)双层叠式绕组

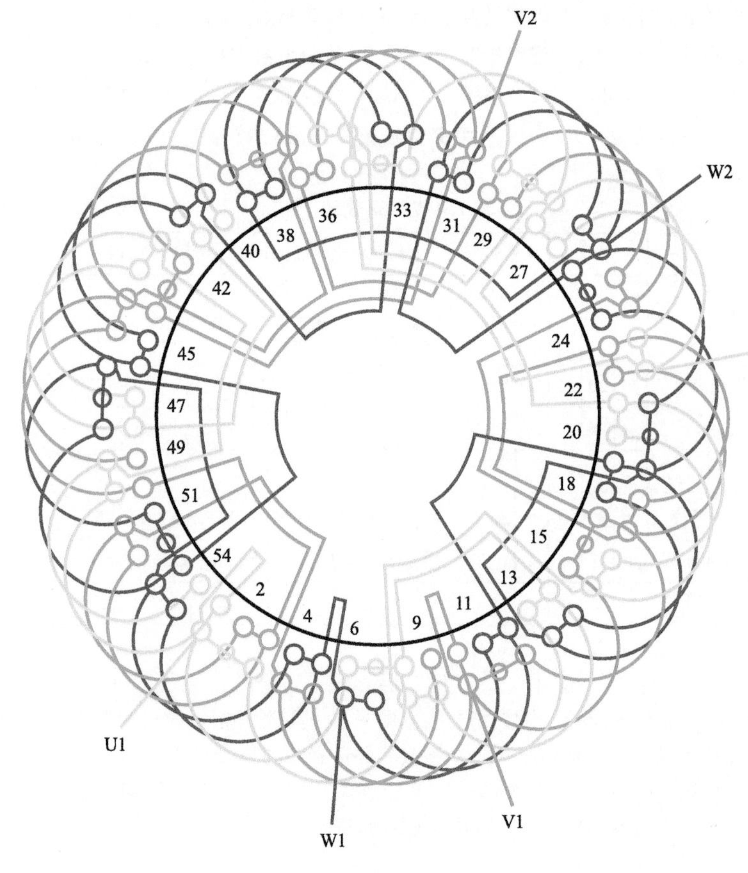

图　1.4.8

1. 绕组结构参数

定子槽数　$Z=54$　　每组圈数　$S=2\frac{1}{4}$　　并联路数　$a=2$

电机极数　$2p=8$　　极相槽数　$q=2\frac{1}{4}$　　分布系数　$K_d=0.956$

总线圈数　$Q=54$　　绕组极距　$\tau=6\frac{3}{4}$　　节距系数　$K_p=0.918$

线圈组数　$u=24$　　线圈节距　$y=5$　　绕组系数　$K_{dp}=0.878$

每槽电角　$\alpha=26°40'$

2. 嵌线方法　　绕组用交叠法嵌线，吊边数为 5。嵌线顺序见表 1.4.8。

表 1.4.8　交叠法

嵌线顺序		1	2	3	4	5	6	7	8	9	10	11	12	13	14	15	16	17	18
槽号	下层	3	2	1	54	53	52		51		50		49		48		47		46
	上层							3		2		1		54		53		52	
嵌线顺序		19	20	21	22	23	24		…		82	83	84	85	86	87	88	89	90
槽号	下层		45		44		43		…		14		13		12		11		10
	上层	51		50		49			…			19		18		17		16	
嵌线顺序		91	92	93	94	95	96	97	98	99	100	101	102	103	104	105	106	107	108
槽号	下层		9		8		7		6		5		4						
	上层	15		14		13		12		11		10		9	8	7	6	5	4

3. 绕组特点与应用　　本例是分数槽绕组，每组线圈为 3 圈或 2 圈，每相 8 组中有 2 组 3 圈和 6 组 2 圈；每相两个支路各由 1 个 3 圈组和 3 个 2 圈组按正反交替串联而成。此绕组主要应用于新系列的 YZR2-280-8 三相异步电动机产品的部分转子绕组。

1.4.9　54 槽 8 极（$y=6$）双层叠式绕组

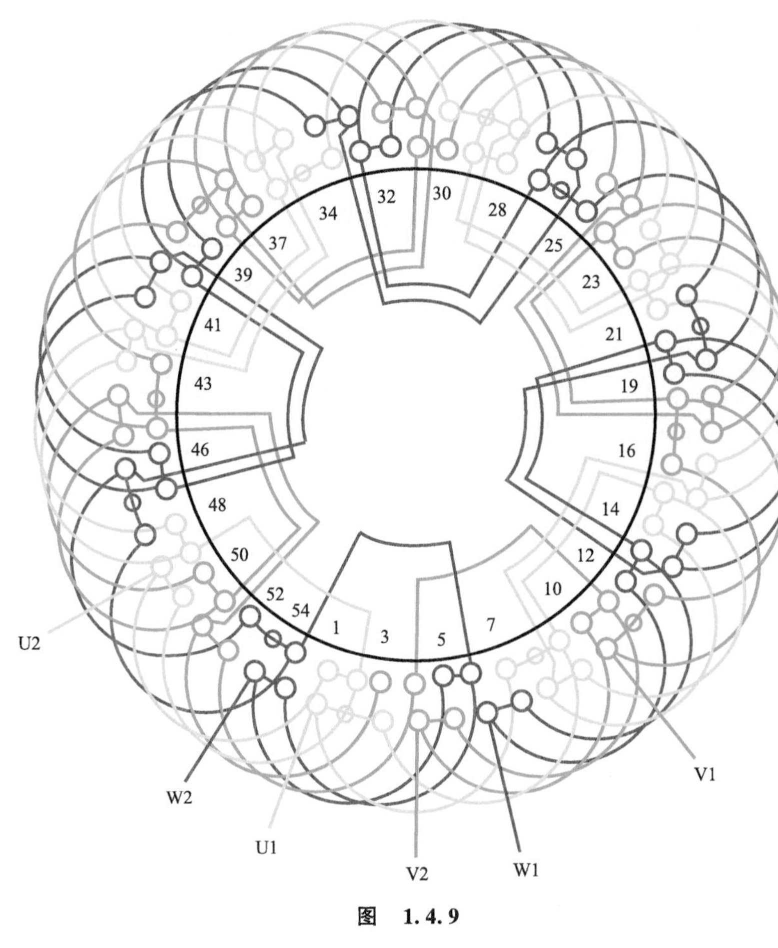

图　1.4.9

1. 绕组结构参数

定子槽数	$Z=54$	每组圈数	$S=2\frac{1}{4}$	并联路数	$a=1$
电机极数	$2p=8$	极相槽数	$q=2\frac{1}{4}$	分布系数	$K_d=0.956$
总线圈数	$Q=54$	绕组极距	$\tau=6\frac{3}{4}$	节距系数	$K_p=0.985$
线圈组数	$u=24$	线圈节距	$y=6$	绕组系数	$K_{dp}=0.941$

2. 嵌线方法　　绕组采用交叠法嵌线，吊边数为 6。嵌线顺序见表 1.4.9。

表 1.4.9　交叠法

嵌线顺序		1	2	3	4	5	6	7	8	9	10	11	12	13	14	15	16	17	18	19	20	21	22
槽号	下层	54	53	52	51	50	49	48		47		46		45		44		43		42		41	
	上层								54		53		52		51		50		49		48		47

嵌线顺序		23	24	25	26	27	28	29	30	31	32	33	34	35	36	37	38	39	40	41	42	43	44
槽号	下层	40		39		38		37		36		35		34		33		32		31		30	
	上层		46		45		44		43		42		41		40		39		38		37		36

嵌线顺序		45	46	47	48	49	50	51	52	53	54	55	56	57	58	59	60	61	62	63	…
槽号	下层	29		28		27		26		25		24		23		22		21		20	…
	上层		35		34		33		32		31		30		29		28		27		…

嵌线顺序		89	90	91	92	93	94	95	96	97	98	99	100	101	102	103	104	105	106	107	108
槽号	下层	7		6		5		4		3		2		1							
	上层		13		12		11		10		9		8		7	6	5	4	3	2	1

3. 绕组特点与应用　　此例为分数槽绕组方案，每组由 3、2 圈组成，并按 3　2　2　2 规律分布。主要应用实例有 Y-160M-8、YR-180L-8 电动机等。

1.4.10　54 槽 8 极($y=6$、$a=2$)双层叠式绕组

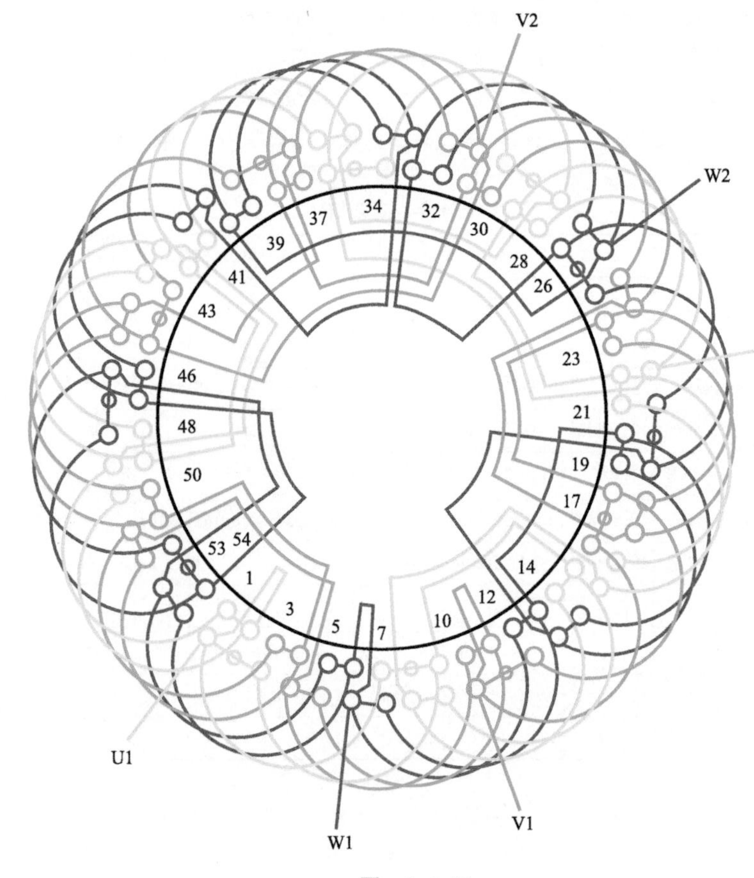

图　1.4.10

1. 绕组结构参数

定子槽数　$Z=54$　　每组圈数　$S=2\frac{1}{4}$　　并联路数　$a=2$

电机极数　$2p=8$　　极相槽数　$q=2\frac{1}{4}$　　分布系数　$K_d=0.956$

总线圈数　$Q=54$　　绕组极距　$\tau=6\frac{3}{4}$　　节距系数　$K_p=0.985$

线圈组数　$u=24$　　线圈节距　$y=6$　　绕组系数　$K_{dp}=0.941$

2. 嵌线方法　　采用交叠法嵌线，吊边数为 6。嵌线顺序见表 1.4.10。

表 1.4.10　交叠法

嵌线顺序		1	2	3	4	5	6	7	8	9	10	11	12	13	14	15	16	17	18
槽号	下层	3	2	1	54	53	52	51		50		49		48		47		46	
	上层								3		2		1		54		53		52

嵌线顺序		19	20	21	22	23	…	81	82	83	84	85	86	87	88	89	90
槽号	下层	45		44		43	…	14		13		12		11		10	
	上层		51		50		…		20		19		18		17		16

嵌线顺序		91	92	93	94	95	96	97	98	99	100	101	102	103	104	105	106	107	108
槽号	下层	9		8		7		6		5		4							
	上层		15		14		13		12		11		10	9	8	7	6	5	4

3. 绕组特点与应用　　绕组是由 3、2 圈构成的分数槽绕组方案，其轮换循环规律为 3　2　2　2。三相进线不能满足互差 120°电角的要求，但仍应按 1、3、5 组引出。主要应用实例有 Y-180L-8 及 JO2L-61-8 铝绕组电动机等。

1.4.11 60 槽 8 极($y=6$、$a=2$)双层叠式绕组

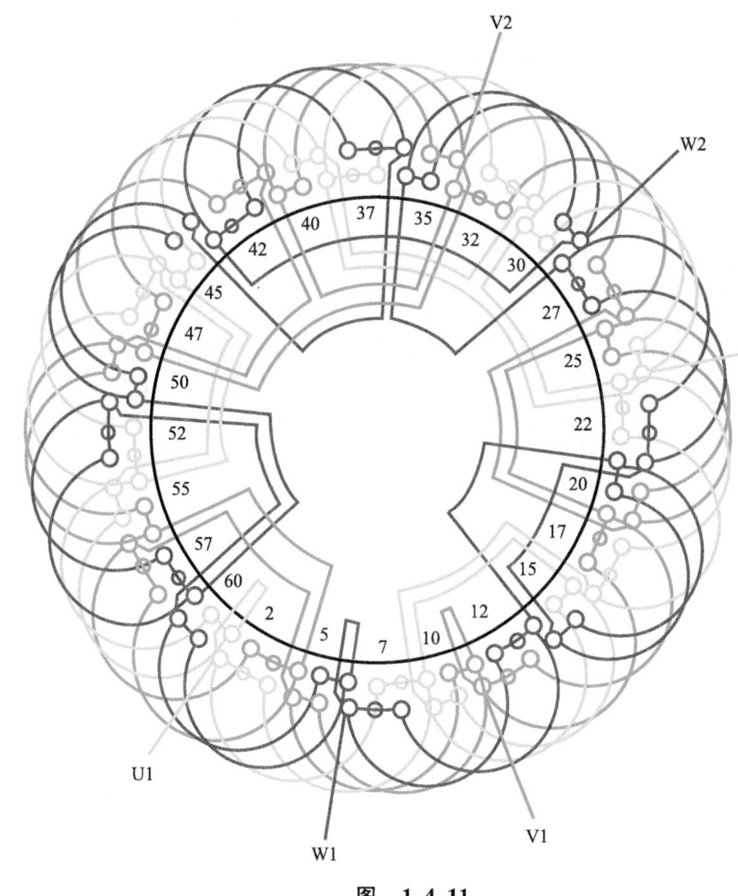

图 1.4.11

1. 绕组结构参数

定子槽数 $Z=60$　每组圈数 $S=2\frac{1}{2}$　并联路数 $a=2$

电机极数 $2p=8$　极相槽数 $q=2\frac{1}{2}$　分布系数 $K_d=0.957$

总线圈数 $Q=60$　绕组极距 $\tau=7\frac{1}{2}$　节距系数 $K_p=0.951$

线圈组数 $u=24$　线圈节距 $y=6$　绕组系数 $K_{dp}=0.91$

2. 嵌线方法　本例为交叠法嵌线，吊边数为 6。嵌线顺序见表 1.4.11。

表 1.4.11 交叠法

嵌线顺序		1	2	3	4	5	6	7	8	9	10	11	12	13	14	15	16	17	18	19	20	21	22	23	24
槽号	下层	60	59	58	57	56	55	54		53		52		51		50		49		48		47		46	
	上层								60		59		58		57		56		55		54		53		52
嵌线顺序		25	26	27	28	29	30	31	32	33	34	35	36	37	38	39	40	41	42	43	44	45	46	47	48
槽号	下层	45		44		43		42		41		40		39		38		37		36		35		34	
	上层		51		50		49		48		47		46		45		44		43		42		41		40
嵌线顺序		49	50	51	52	53	54	55	56	57	58	59	60	61	62	63	64	65	66	67	68	69	…		
槽号	下层	33		32		31		30		29		28		27		26		25		24		23	…		
	上层		39		38		37		36		35		34		33		32		31		30		…		
嵌线顺序		97	98	99	100	101	102	103	104	105	106	107	108	109	110	111	112	113	114	115	116	117	118	119	120
槽号	下层	9		8		7		6		5		4		3		2		1							
	上层		15		14		13		12		11		10		9		8		7	6	5	4	3	2	1

3. 绕组特点与应用　60 槽 8 极为分数槽绕组，在产品中多应用两路并联接线。线圈由 3、2 圈组成，绕组按 3 2 3 2 分布规律布线。主要应用实例有 JZR2-31-8 冶金起重型绕线式电动机。

1.4.12　60 槽 8 极($y=6$、$a=4$)双层叠式绕组

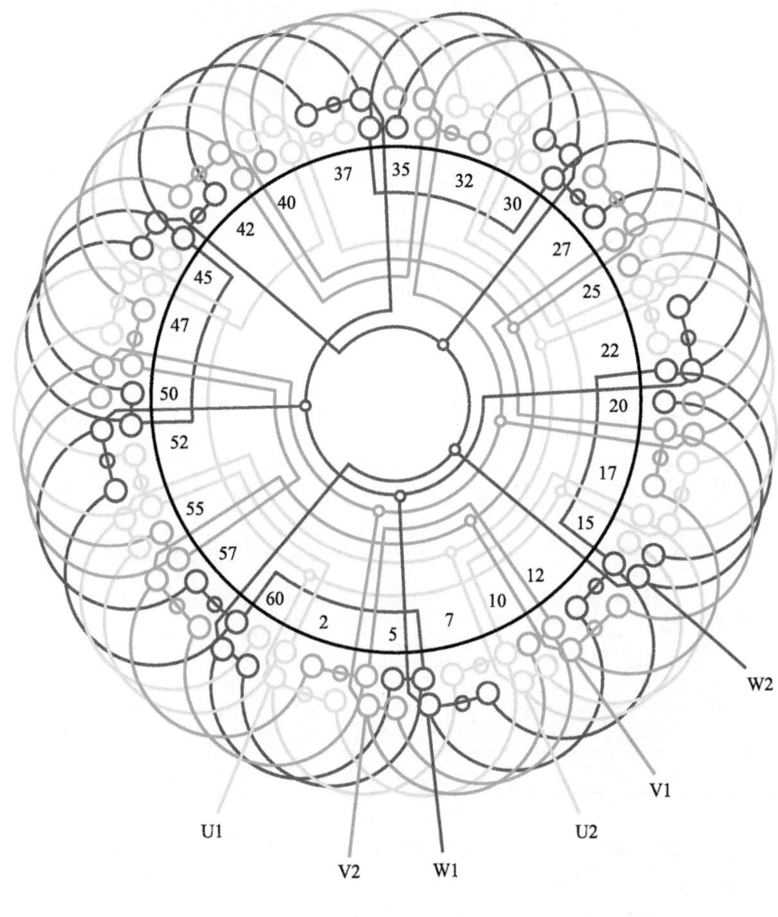

图　1.4.12

1. 绕组结构参数

定子槽数　$Z=60$　　电机极数　$2p=8$　　总线圈数　$Q=60$

线圈组数　$u=24$　　每组圈数　$S=3$、2　　极相槽数　$q=2\frac{1}{2}$

绕组极距　$\tau=7\frac{1}{2}$　　线圈节距　$y=6$　　并联路数　$a=4$

每槽电角　$\alpha=24°$　　分布系数　$K_d=0.957$　　节距系数　$K_p=0.951$

绕组系数　$K_{dp}=0.91$

2. 嵌线方法　　本例采用交叠法嵌线，吊边数为 6。嵌线顺序见表 1.4.12。

表 1.4.12　交叠法

嵌线顺序		1	2	3	4	5	6	7	8	9	10	11	12	13	14	15	16	17	18
槽号	下层	3	2	1	60	59	58	57		56		55		54		53		52	
	上层								3		2		1		60		59		58
嵌线顺序		19	20	21	22	23	24	25		···		95	96	97	98	99	100	101	102
槽号	下层	51		50		49		48		···		13		12		11		10	
	上层		57		56		55			···			19		18		17		16
嵌线顺序		103	104	105	106	107	108	109	110	111	112	113	114	115	116	117	118	119	120
槽号	下层	9		8		7		6		5		4							
	上层		15		14		13		12		11		10	9	8	7	6	5	4

3. 绕组特点与应用　　绕组的每极相槽数为 $2\frac{1}{2}$，故属分数槽绕组，每组线圈的分布规律是 3　2　3　2…，即三联组和双联组交替安排。每相 8 组线圈分成四路，每一个支路由一组 3 圈和一组 2 圈反向串联而成。主要应用实例有 YZR-250M2-8 电动机。

1.4.13　60 槽 8 极（$y=7$、$a=2$）双层叠式绕组

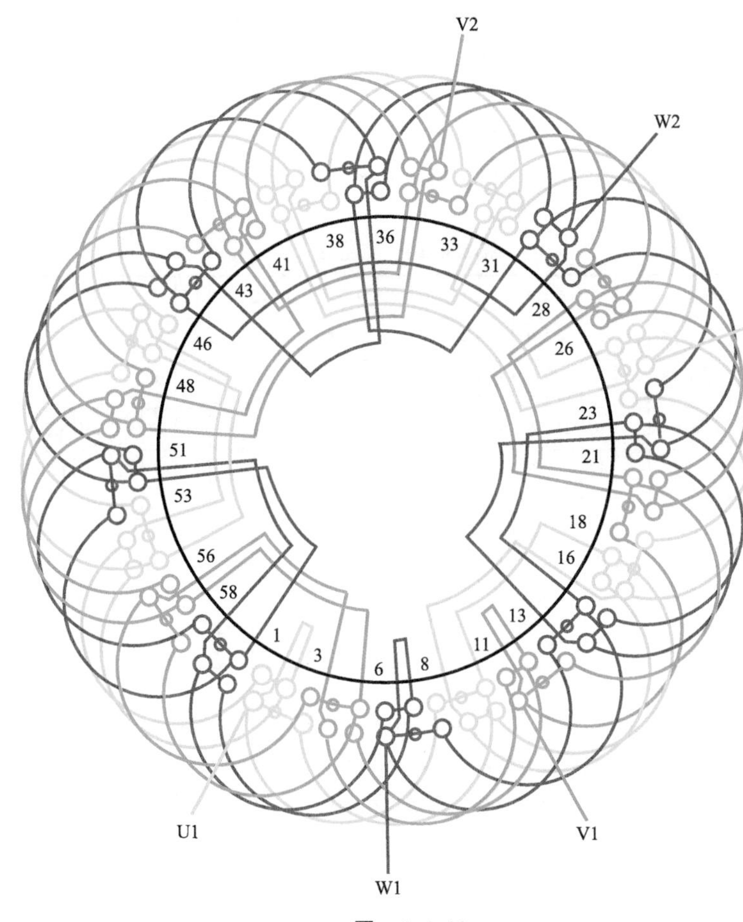

图　1.4.13

1. 绕组结构参数

定子槽数	$Z=60$	每组圈数	$S=2\frac{1}{2}$	并联路数	$a=2$
电机极数	$2p=8$	极相槽数	$q=2\frac{1}{2}$	分布系数	$K_d=0.957$
总线圈数	$Q=60$	绕组极距	$\tau=7\frac{1}{2}$	节距系数	$K_p=0.995$
线圈组数	$u=24$	线圈节距	$y=7$	绕组系数	$K_{dp}=0.952$

2. 嵌线方法　　采用交叠法嵌线，吊边数为 7。嵌线顺序见表 1.4.13。

表 1.4.13　交叠法

嵌线顺序		1	2	3	4	5	6	7	8	9	10	11	12	13	14	15	16	17	18	19	20	21	22	23	24
槽号	下层	60	59	58	57	56	55	54	53		52		51		50		49		48		47		46		45
	上层									60		59		58		57		56		55		54		53	
嵌线顺序		25	26	27	28	29	30	31	32	33	34	35	36	37	38	39	40	41	42	43	44	45	46	47	48
槽号	下层		44		43		42		41		40		39		38		37		36		35		34		33
	上层	52		51		50		49		48		47		46		45		44		43		42		41	
嵌线顺序		49	50	51	52	53	54	55	56	57	58	59	60	61	62	63	64	65	66	67	68	69		…	
槽号	下层		32		31		30		29		28		27		26		25		24		23			…	
	上层	40		39		38		37		36		35		34		33		32		31		30		…	
嵌线顺序		97	98	99	100	101	102	103	104	105	106	107	108	109	110	111	112	113	114	115	116	117	118	119	120
槽号	下层		8		7		6		5		4		3		2		1								
	上层	16		15		14		13		12		11		10		9		8	7	6	5	4	3	2	1

3. 绕组特点与应用　　绕组同上例，但节距增加 1 槽，绕组系数较高。主要应用实例有 JZR-180-8 电动机等。

1.4.14　60 槽 8 极（$y=7$、$a=4$）双层叠式绕组

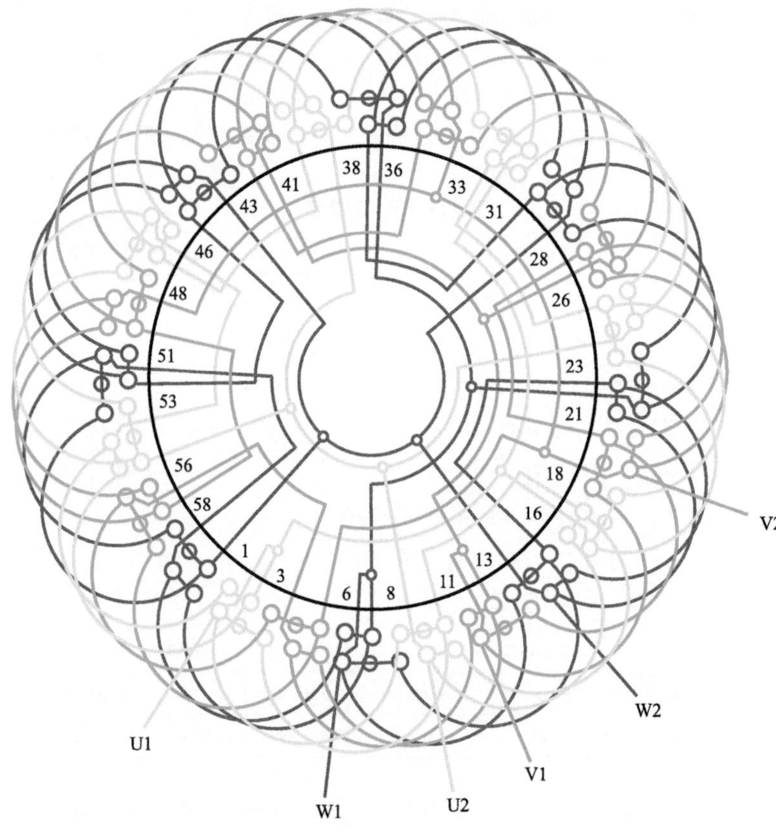

图　1.4.14

1. 绕组结构参数

定子槽数	$Z=60$	每组圈数	$S=2\frac{1}{2}$	并联路数	$a=4$
电机极数	$2p=8$	极相槽数	$q=2\frac{1}{2}$	分布系数	$K_d=0.957$
总线圈数	$Q=60$	绕组极距	$\tau=7\frac{1}{2}$	节距系数	$K_p=0.995$
线圈组数	$u=24$	线圈节距	$y=7$	绕组系数	$K_{dp}=0.952$

2. 嵌线方法　　采用交叠法嵌线，吊边数为 7。嵌线顺序见表 1.4.14。

表 1.4.14　交叠法

嵌线顺序		1	2	3	4	5	6	7	8	9	10	11	12	13	14	15	16	17	18
槽号	下层	5	4	3	2	1	60	59	58		57		56		55		54		53
	上层									5		4		3		2		1	
嵌线顺序		19	20	21	22	23	24	25	26	27		…		97	98	99	100	101	102
槽号	下层		52		51		50		49			…			13		12		11
	上层	60		59		58		57		56		…		21		20		19	
嵌线顺序		103	104	105	106	107	108	109	110	111	112	113	114	115	116	117	118	119	120
槽号	下层		10		9		8		7		6								
	上层	18		17		16		15		14		13	12	11	10	9	8	7	6

3. 绕组特点与应用　　本例绕组节距与上例相同，绕组系数较高，而并联支路数为 4，每一个支路由三联组和双联组反向串联而成。主要应用实例有 JO3-225S-8 及 YZR-250M2-8 冶金起重型绕线式电动机等。

1.4.15　72 槽 8 极（$y=7$）双层叠式绕组

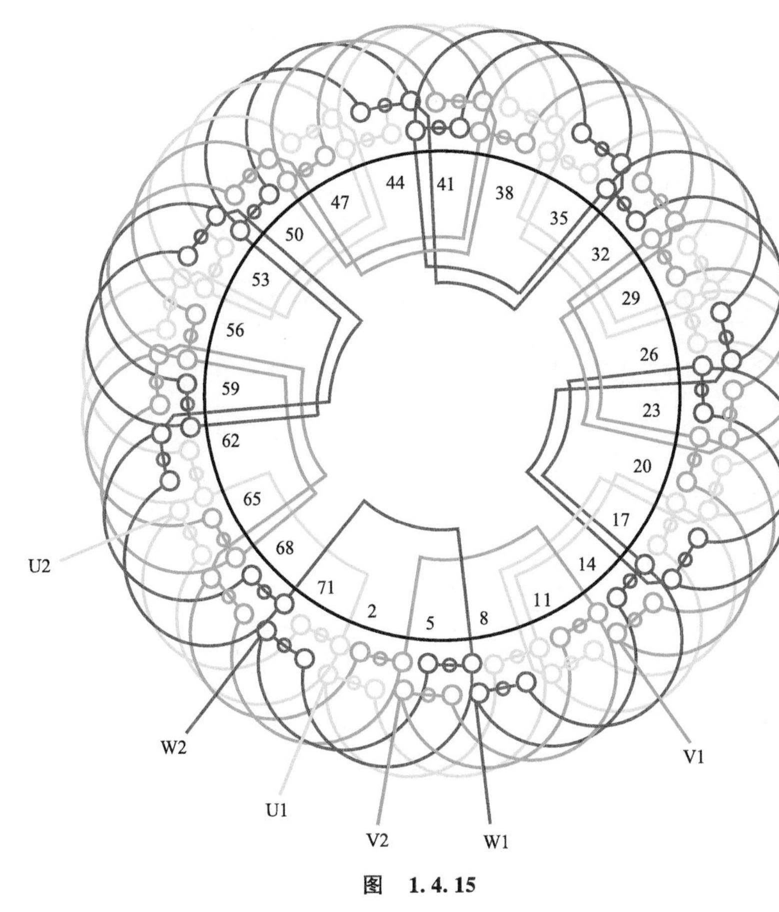

图　1.4.15

1. 绕组结构参数

定子槽数	$Z=72$	每组圈数	$S=3$	并联路数	$a=1$
电机极数	$2p=8$	极相槽数	$q=3$	分布系数	$K_d=0.96$
总线圈数	$Q=72$	绕组极距	$\tau=9$	节距系数	$K_p=0.94$
线圈组数	$u=24$	线圈节距	$y=7$	绕组系数	$K_{dp}=0.902$

2. 嵌线方法　　本例采用交叠法嵌线，吊边数为 7。嵌线顺序见表 1.4.15。

表 1.4.15　交叠法

嵌线顺序		1	2	3	4	5	6	7	8	9	10	11	12	13	14	15	16	17	18	19	20	21	22	23	24
槽号	下层	72	71	70	69	68	67	66	65		64		63		62		61		60		59		58		57
	上层									72		71		70		69		68		67		66		65	
嵌线顺序		25	26	27	28	29	30	31	32	33	34	35	36	37	38	39	40	41	42	43	44	45	46	47	48
槽号	下层		56		55		54		53		52		51		50		49		48		47		46		45
	上层	64		63		62		61		60		59		58		57		56		55		54		53	
嵌线顺序		49	50	51	52	53	54	55	56		···		108	109	110	111	112	113	114	115	116	117	118	119	120
槽号	下层		44		43		42		41		···		15		14		13		12		11		10		9
	上层	52		51		50		49			···			22		21		20		19		18		17	
嵌线顺序		121	122	123	124	125	126	127	128	129	130	131	132	133	134	135	136	137	138	139	140	141	142	143	144
槽号	下层		8		7		6		5		4		3		2		1								
	上层	16		15		14		13		12		11		10		9		8	7	6	5	4	3	2	1

3. 绕组特点与应用　　本例采用一路串联接线，并选用较短的正常节距，绕组系数较低。主要应用于高压三相中型的电动机，如 JR-126-8，Y-400-8 电动机等。

1.4.16　72 槽 8 极（$y=7$、$a=2$）双层叠式绕组

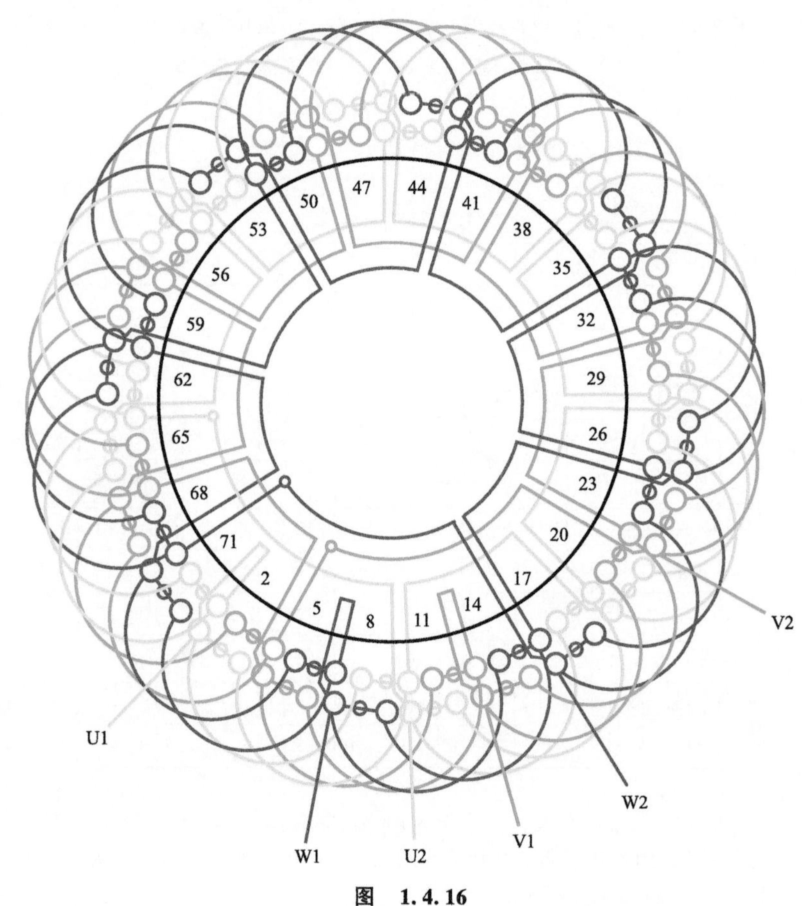

图　1.4.16

1. 绕组结构参数

定子槽数　$Z=72$　　电机极数　$2p=8$　　总线圈数　$Q=72$

线圈组数　$u=24$　　每组圈数　$S=3$　　极相槽数　$q=3$

绕组极距　$\tau=9$　　线圈节距　$y=7$　　并联路数　$a=2$

每槽电角　$\alpha=20°$　　分布系数　$K_d=0.96$　　节距系数　$K_p=0.94$

绕组系数　$K_{dp}=0.902$

2. 嵌线方法　　本例采用交叠法嵌线，吊边数为 7。嵌线顺序见表 1.4.16。

表 1.4.16　交叠法

嵌线顺序		1	2	3	4	5	6	7	8	9	10	11	12	13	14	15	16	17	18
槽号	下层	72	71	70	69	68	67	66	65		64		63		62		61		60
	上层									72		71		70		69		68	
嵌线顺序		19	20	21	22	23	24	25		…		119	120	121	122	123	124	125	126
槽号	下层		59		58		57			…			9		8		7		6
	上层	67		66		65		64		…		17		16		15		14	
嵌线顺序		127	128	129	130	131	132	133	134	135	136	137	138	139	140	141	142	143	144
槽号	下层		5		4		3		2		1								
	上层	13		12		11		10		9		8	7	6	5	4	3	2	1

3. 绕组特点与应用　　本例是 8 极电机，绕组采用两路并联，即进线后分左右两个支路接线，每个支路有 4 组线圈，按相邻反极性连接，从而构成 8 极绕组。绕组主要应用实例有 JB-42-8 低压隔爆型三相电动机。

1.4.17 72 槽 8 极($y=7$、$a=4$)双层叠式绕组

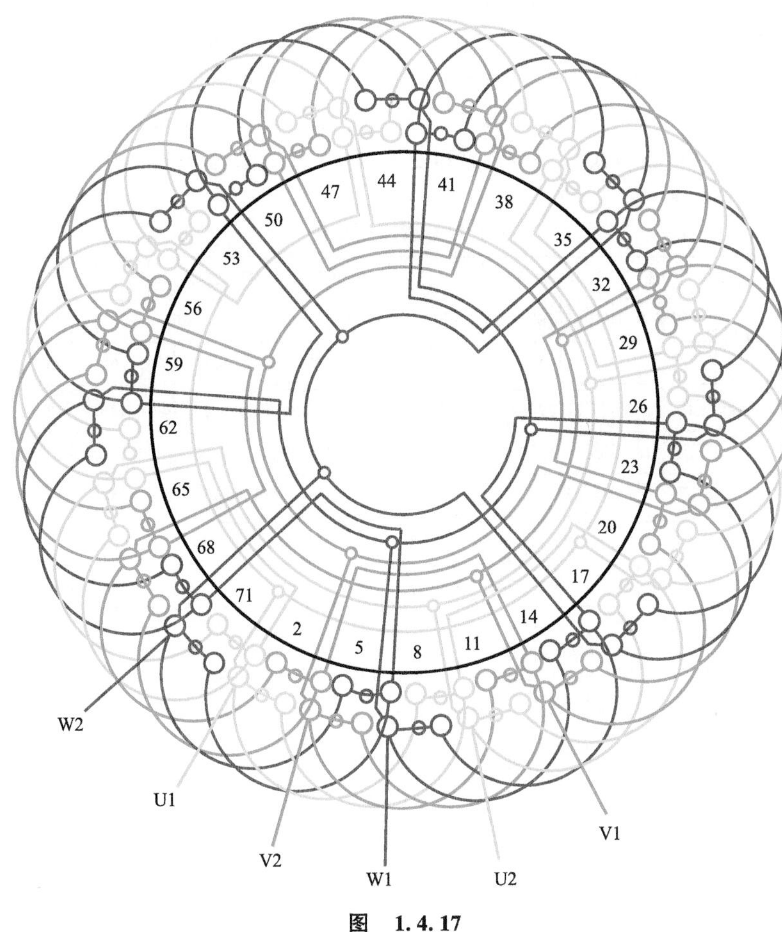

图 1.4.17

1. 绕组结构参数

定子槽数 $Z=72$　电机极数 $2p=8$　总线圈数 $Q=72$

线圈组数 $u=24$　每组圈数 $S=3$　极相槽数 $q=3$

绕组极距 $\tau=9$　线圈节距 $y=7$　并联路数 $a=4$

每槽电角 $\alpha=20°$　分布系数 $K_d=0.96$　节距系数 $K_p=0.94$

绕组系数 $K_{dp}=0.902$

2. 嵌线方法　绕组采用交叠法嵌线，吊边数为 7。嵌线顺序见表 1.4.17。

表 1.4.17　交叠法

嵌线顺序		1	2	3	4	5	6	7	8	9	10	11	12	13	14	15	16	17	18
槽号	下层	3	2	1	72	71	70	69	68		67		66		65		64		63
	上层									3		2		1		72		71	
嵌线顺序		19	20	21	22	23	24	25		···		119	120	121	122	123	124	125	126
槽号	下层		62		61		60			···			12		11		10		9
	上层	70		69		68		67		···		20		19		18		17	
嵌线顺序		127	128	129	130	131	132	133	134	135	136	137	138	139	140	141	142	143	144
槽号	下层		8		7		6		5		4								
	上层	16		15		14		13		12		11	10	9	8	7	6	5	4

3. 绕组特点与应用　本例每组由 3 个线圈串联而成，每相有 8 组，分 4 个支路并联，即每相相邻两组为一个支路，组间按正反极性串联。此绕组在中大型电机中使用，主要应用实例有 YZR2-280M-8、J-92-8 等电动机。

1.4.18 72 槽 8 极（$y=8$）双层叠式绕组

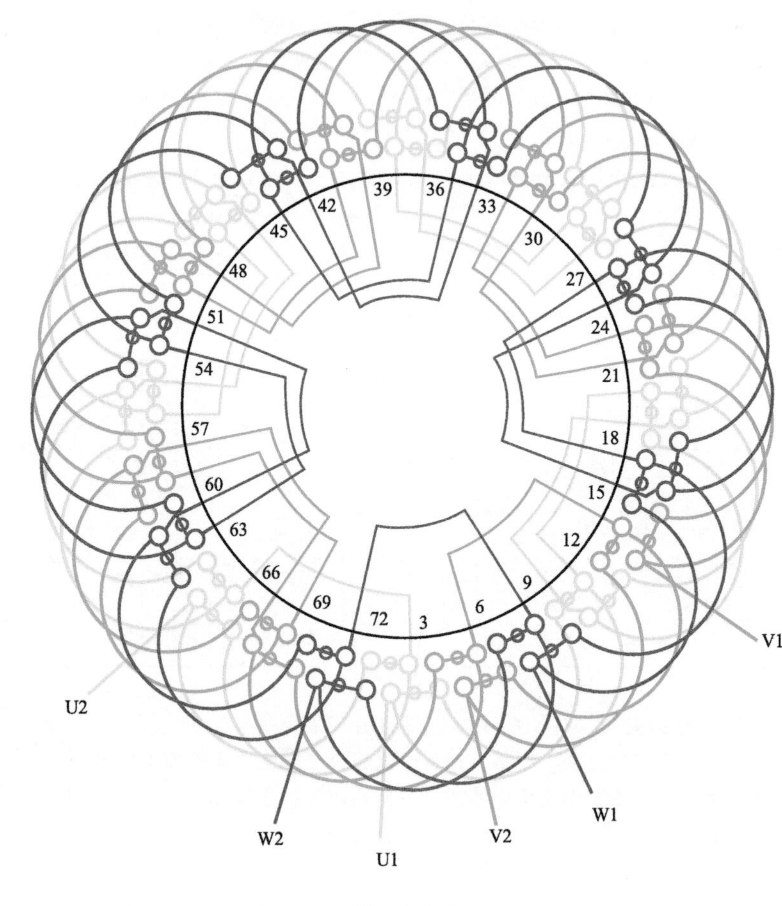

图 1.4.18

1. 绕组结构参数

定子槽数	$Z=72$	每组圈数	$S=3$	并联路数	$a=1$
电机极数	$2p=8$	极相槽数	$q=3$	分布系数	$K_d=0.96$
总线圈数	$Q=72$	绕组极距	$\tau=9$	节距系数	$K_p=0.985$
线圈组数	$u=24$	线圈节距	$y=8$	绕组系数	$K_{dp}=0.946$

2. 嵌线方法　　绕组采用交叠嵌线，吊边数为 8。嵌线顺序见表 1.4.18。

表 1.4.18　交叠法

嵌线顺序		1	2	3	4	5	6	7	8	9	10	11	12	13	14	15	16	17	18	19	20	21	22	23	24
槽号	下层	72	71	70	69	68	67	66	65	64		63		62		61		60		59		58		57	
	上层										72		71		70		69		68		67		66		65
嵌线顺序		25	26	27	28	29	30	31	32	33	34	35	36	37	38	39	40	41	42	43	44	45	46	47	48
槽号	下层	56		55		54		53		52		51		50		49		48		47		46		45	
	上层		64		63		62		61		60		59		58		57		56		55		54		53
嵌线顺序		49	50	51	52	53	54	55	56	57	58	…			110	111	112	113	114	115	116	117	118	119	120
槽号	下层	44		43		42		41		40		…				13		12		11		10		9	
	上层		52		51		50		49		48	…			22		21		20		19		18		17
嵌线顺序		121	122	123	124	125	126	127	128	129	130	131	132	133	134	135	136	137	138	139	140	141	142	143	144
槽号	下层	8		7		6		5		4		3		2		1									
	上层		16		15		14		13		12		11		10		9	8	7	6	5	4	3	2	1

3. 绕组特点与应用　　本例仍为一路串联接线，但线圈节距增加 1 槽，绕组系数略高于上例。此绕组仅应用于高电压中型电动机，实例有 Y-400-8 电动机中某些规格产品。

1.4.19　72 槽 8 极（$y=8$、$a=2$）双层叠式绕组

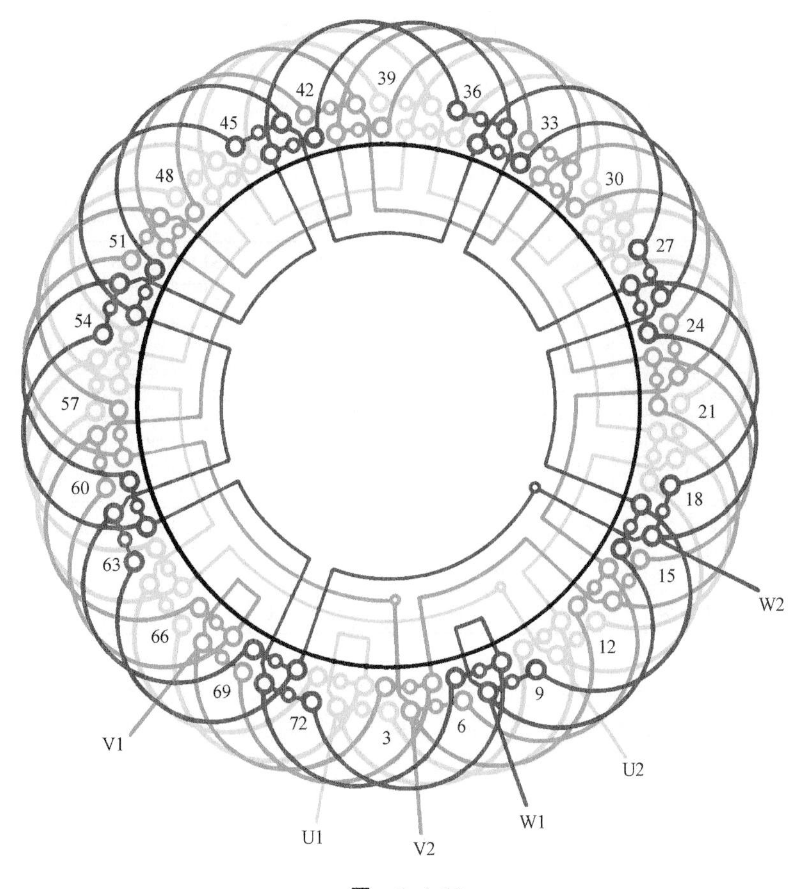

图　1.4.19

1. 绕组结构参数

定子槽数	$Z=72$	每组圈数	$S=3$	并联路数	$a=2$
电机极数	$2p=8$	极相槽数	$q=3$	分布系数	$K_d=0.96$
总线圈数	$Q=72$	绕组极距	$\tau=9$	节距系数	$K_p=0.985$
线圈组数	$u=24$	线圈节距	$y=8$	绕组系数	$K_{dp}=0.946$

2. 嵌线方法　　绕组采用交叠法嵌线，吊边数为 8。嵌线顺序见表 1.4.19。

表 1.4.19　交叠法

嵌线顺序		1	2	3	4	5	6	7	8	9	10	11	12	13	14	15	16	17	18
槽号	下层	9	8	7	6	5	4	3	2	1		72		71		70		69	
	上层										9		8		7		6		5
嵌线顺序		19	20	21	22	23	24	25	…		118	119	120	121	122	123	124	125	126
槽号	下层	68		67		66		65	…			18		17		16		15	
	上层		4		3		2		…		27		26		25		24		23
嵌线顺序		127	128	129	130	131	132	133	134	135	136	137	138	139	140	141	142	143	144
槽号	下层	14		13		12		11		10									
	上层		22		21		20		19		18	17	16	15	14	13	12	11	10

3. 绕组特点与应用　　本例是两路并联，接线是逐相进行，即例如接 U 相时，从 U1 进线后分左右两路走线。其中右侧把正极性线圈组顺次串联为一个支路；再把左侧的反极性线圈组也依次串接，最后把两个支路尾线并接于 U2。其余两相类推。本绕组应用于 Y2-250M-8 电动机。

1.4.20　72 槽 8 极（$y=8$、$a=4$）双层叠式绕组

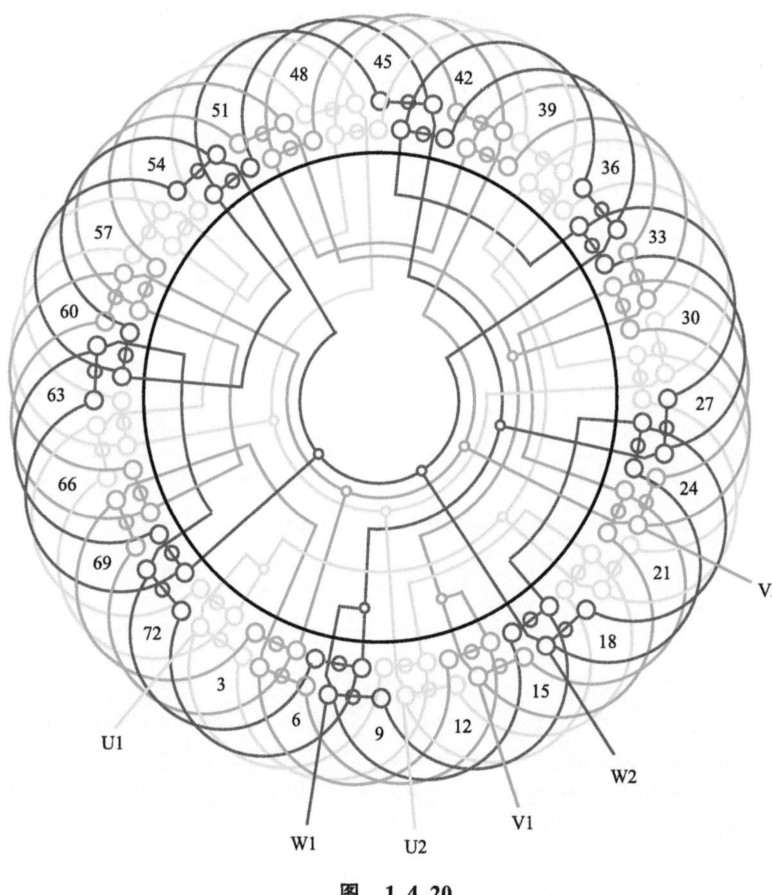

图　1.4.20

1. 绕组结构参数

定子槽数	$Z=72$	每组圈数	$S=3$	并联路数	$a=4$
电机极数	$2p=8$	极相槽数	$q=3$	分布系数	$K_d=0.96$
总线圈数	$Q=72$	绕组极距	$\tau=9$	节距系数	$K_p=0.985$
线圈组数	$u=24$	线圈节距	$y=8$	绕组系数	$K_{dp}=0.946$

2. 嵌线方法　　本例采用交叠法，吊边数为 8。嵌线顺序见表 1.4.20。

表 1.4.20　交叠法

嵌线顺序		1	2	3	4	5	6	7	8	9	10	11	12	13	14	15	16	17	18
槽号	下层	3	2	1	72	71	70	69	68	67		66		65		64		63	
	上层										3		2		1		72		71
嵌线顺序		19	20	21	22	23	24	25	···			119	120	121	122	123	124	125	126
槽号	下层	62		61		60		59	···			12		11		10		9	
	上层		70		69		68		···				20		19		18		17
嵌线顺序		127	128	129	130	131	132	133	134	135	136	137	138	139	140	141	142	143	144
槽号	下层	8		7		6		5		4									
	上层		16		15		14		13		12	11	10	9	8	7	6	5	4

3. 绕组特点与应用　　绕组节距与前例相同，但采用四路并联接线，每一个支路由两组极性相反的线圈组串联而成。主要应用实例有 JO2L-81-8、YR250S-8 铝绕组电动机等。

1.4.21 72 槽 8 极（$y=8$、$a=8$）双层叠式绕组

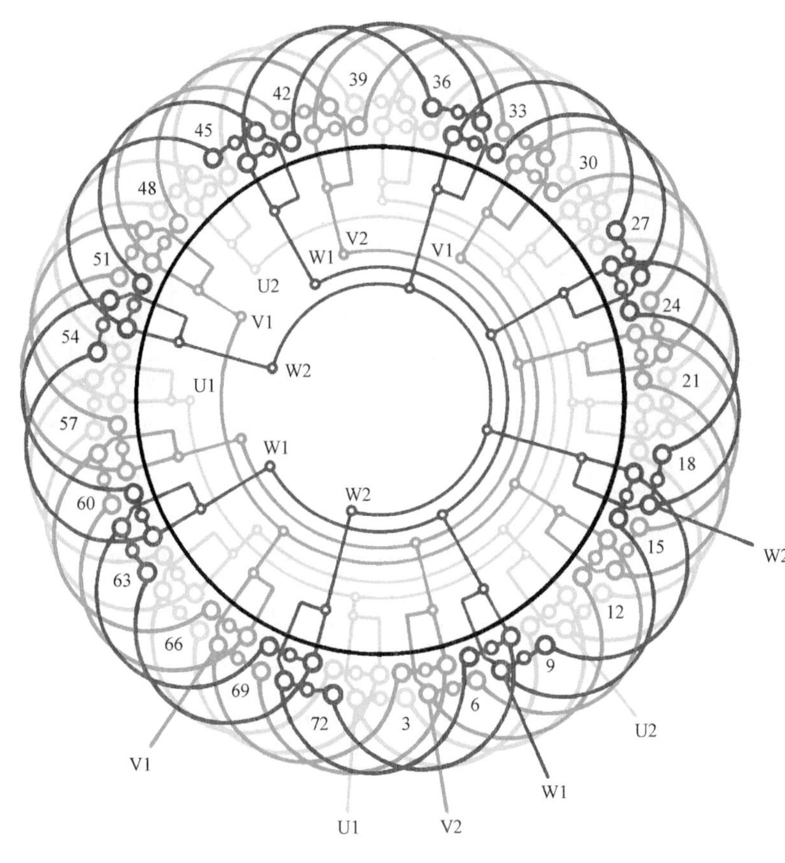

图 1.4.21

1. 绕组结构参数

定子槽数 $Z=72$　　每组圈数 $S=3$　　极相槽数 $q=3$

电机极数 $2p=8$　　绕组极距 $\tau=9$　　分布系数 $K_d=0.96$

总线圈数 $Q=72$　　线圈节距 $y=8$　　节距系数 $K_p=0.985$

线圈组数 $u=24$　　并联路数 $a=8$　　绕组系数 $K_{dp}=0.946$

2. 嵌线方法　采用交叠法嵌线，需吊边 8 槽，从第 9 槽起整嵌。嵌线顺序见表 1.4.21。

表 1.4.21 交叠法

嵌线顺序		1	2	3	4	5	6	7	8	9	10	11	12	13	14	15	16	17	18
槽号	下层	3	2	1	72	71	70	69	68	67		66		65		64		63	
	上层										3		2		1		72		71
嵌线顺序		19	20	21	22	23	24	25	…	118	119	120	121	122	123	124	125	126	
槽号	下层	62		61		60		59	…		12		11		10		9		
	上层		70		69		68		…	21		20		19		18		17	
嵌线顺序		127	128	129	130	131	132	133	134	135	136	137	138	139	140	141	142	143	144
槽号	下层	8		7		6		5		4									
	上层		16		15		14		13		12	11	10	9	8	7	6	5	4

3. 绕组特点与应用　本例线圈节距与上例相同，但并联路数 $a=8$，即每相有 8 组线圈，每组 3 圈，按同相相邻反极性并接。绕组主要应用实例有新系列的 Y2-315M-8 三相异步电动机等。

1.4.22　72 槽 8 极($y=9$)双层叠式绕组

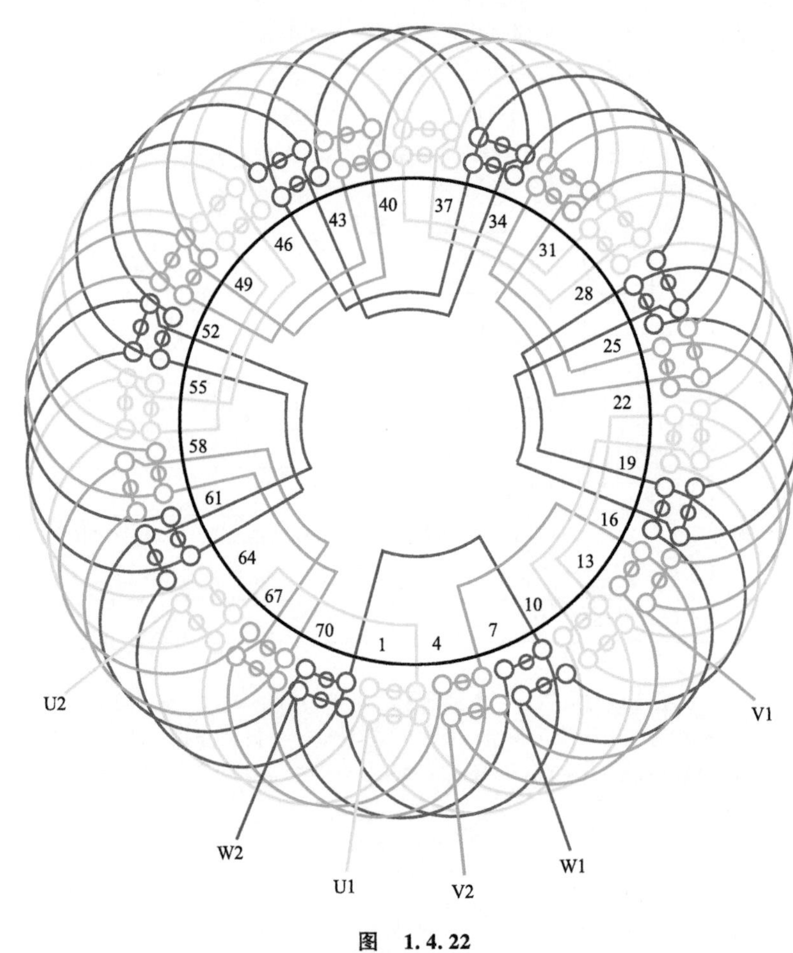

图　1.4.22

1. 绕组结构参数

定子槽数　$Z=72$　　电机极数　$2p=8$　　总线圈数　$Q=72$

线圈组数　$u=24$　　每组圈数　$S=3$　　极相槽数　$q=3$

绕组极距　$\tau=9$　　线圈节距　$y=9$　　并联路数　$a=1$

每槽电角　$\alpha=20°$　　分布系数　$K_d=0.96$　　节距系数　$K_p=1.0$

绕组系数　$K_{dp}=0.96$

2. 嵌线方法　　本绕组采用交叠法嵌线，吊边数为 9。嵌线顺序见表 1.4.22。

表 1.4.22　交叠法

嵌线顺序		1	2	3	4	5	6	7	8	9	10	11	12	13	14	15	16	17	18
槽号	下层	72	71	70	69	68	67	66	65	64	63		62		61		60		59
	上层											72		71		70		69	
嵌线顺序		19	20	21	22	23	24	25	26	…		119	120	121	122	123	124	125	126
槽号	下层		58		57		56		55	…			8		7		6		5
	上层	68		67		66		65		…		18		17		16		15	
嵌线顺序		127	128	129	130	131	132	133	134	135	136	137	138	139	140	141	142	143	144
槽号	下层		4		3		2		1										
	上层	14		13		12		11		10	9	8	7	6	5	4	3	2	1

3. 绕组特点与应用　　本绕组线圈节距等于极距，属整距绕组，一般不用于定子，所以吊边数不影响嵌线操作。主要应用实例有 YZR2-355L2-8 电动机的转子。

1.4.23 84 槽 8 极($y=7$)双层叠式绕组

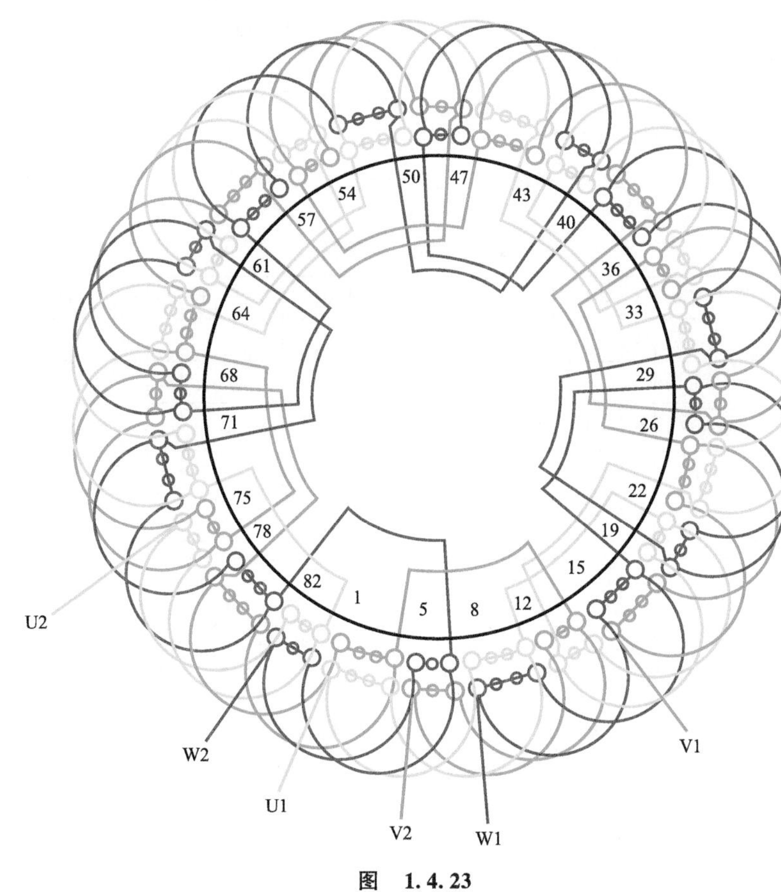

图 1.4.23

1. 绕组结构参数

定子槽数 $Z=84$ 电机极数 $2p=8$ 总线圈数 $Q=84$

线圈组数 $u=24$ 每组圈数 $S=4$、3 极相槽数 $q=3\frac{1}{2}$

绕组极距 $\tau=10\frac{1}{2}$ 线圈节距 $y=7$ 并联路数 $a=1$

每槽电角 $\alpha=17.14°$ 分布系数 $K_d=0.956$ 节距系数 $K_p=0.866$

绕组系数 $K_{dp}=0.828$

2. 嵌线方法　本例采用交叠法嵌线，吊边数为 7。嵌线顺序见表 1.4.23。

表 1.4.23 交叠法

嵌线顺序		1	2	3	4	5	6	7	8	9	10	11	12	13	14	15	16	17	18
槽号	下层	4	3	2	1	84	83	82	81		80		79		78		77		76
	上层									4		3		2		1		84	
嵌线顺序		19	20	21	22	23	…	140	141	142	143	144	145	146	147	148	149	150	
槽号	下层		75		74		…	15		14		13		12		11		10	
	上层	83		82		81	…		22		21		20		19		18		
嵌线顺序		151	152	153	154	155	156	157	158	159	160	161	162	163	164	165	166	167	168
槽号	下层		9		8		7		6		5								
	上层	17		16		15		14		13		12	11	10	9	8	7	6	5

3. 绕组特点与应用　本例是分数槽绕组，每极相槽数是 3½，每组线圈数为 4 圈或 3 圈，即 4、3 圈交替分布，分布规律为 4 3 4 3…。所以嵌线时要根据此循环嵌入。本绕组为一路接法，故同相相邻线圈组极性必须相反串联。绕组主要应用实例有 JR-1410-8 绕线型转子异步电动机。

1.4.24 84 槽 8 极($y=9$)双层叠式绕组

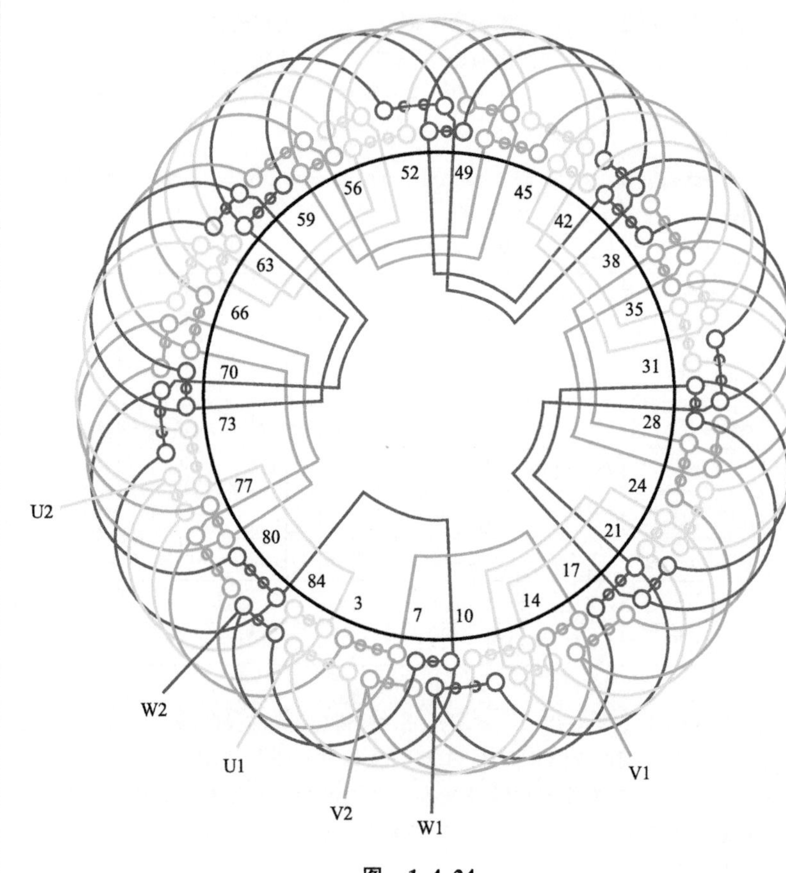

图 1.4.24

1. 绕组结构参数

定子槽数 $Z=84$　　电机极数 $2p=8$　　总线圈数 $Q=84$

线圈组数 $u=24$　　每组圈数 $S=4$、3　　极相槽数 $q=3\frac{1}{2}$

绕组极距 $\tau=10\frac{1}{2}$　　线圈节距 $y=9$　　并联路数 $a=1$

每槽电角 $\alpha=17.14°$　　分布系数 $K_d=0.956$　　节距系数 $K_p=0.975$

绕组系数 $K_{dp}=0.932$

2. 嵌线方法　　绕组采用交叠法嵌线，吊边数为 9。嵌线顺序见表 1.4.24。

表 1.4.24　交叠法

嵌线顺序		1	2	3	4	5	6	7	8	9	10	11	12	13	14	15	16	17	18
槽号	下层	4	3	2	1	84	83	82	81	80	79		78		77		76		75
	上层											4		3		2		1	
嵌线顺序		19	20	21	22	23	24	25	26	…		143	144	145	146	147	148	149	150
槽号	下层		74		73		72		71	…			12		11		10		9
	上层	84		83		82		81		…		22		21		20		19	
嵌线顺序		151	152	153	154	155	156	157	158	159	160	161	162	163	164	165	166	167	168
槽号	下层		8		7		6		5										
	上层	18		17		16		15		14	13	12	11	10	9	8	7	6	5

3. 绕组特点与应用　　本例也是分数槽绕组的一路接法，绕组结构与上例基本相同，即线圈组以 4　3　4　3…循环分布，但线圈节距较上例增加 2 槽，故绕组系数略高；不过嵌线吊边数也增加 2 个，相对嵌线难度较大。本绕组应用实例主要有 JRQ147-8 绕线型异步电动机。

1.4.25　84 槽 8 极（$y=9$、$a=4$）双层叠式绕组

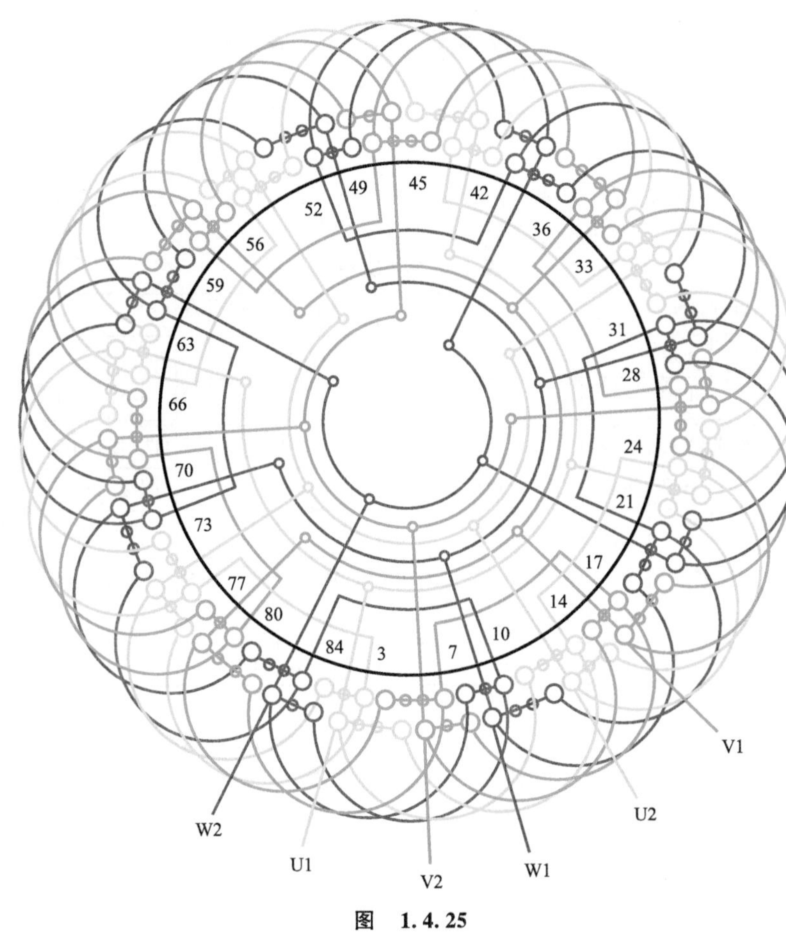

图　1.4.25

1. 绕组结构参数

定子槽数	$Z=84$	电机极数	$2p=8$	总线圈数	$Q=84$
线圈组数	$u=24$	每组圈数	$S=4$、3	极相槽数	$q=3\frac{1}{2}$
绕组极距	$\tau=10\frac{1}{2}$	线圈节距	$y=9$	并联路数	$a=4$
每槽电角	$\alpha=17.14°$	分布系数	$K_d=0.956$	节距系数	$K_p=0.975$
绕组系数	$K_{dp}=0.932$				

2. 嵌线方法　　本例采用交叠法嵌线，吊边数为 9。嵌线顺序见表 1.4.25。

表 1.4.25　交叠法

嵌线顺序		1	2	3	4	5	6	7	8	9	10	11	12	13	14	15	16	17	18
槽号	下层	7	6	5	4	3	2	1	84	83	82		81		80		79		78
	上层											7		6		5		4	

嵌线顺序		19	20	21	22	23	24	25	26	27	28	…	145	146	147	148	149	150
槽号	下层		77		76		75		74		73	…		14		13		12
	上层	3		2		1		84		83		…	24		23		22	

嵌线顺序		151	152	153	154	155	156	157	158	159	160	161	162	163	164	165	166	167	168
槽号	下层		11		10		9		8										
	上层	21		20		19		18		17	16	15	14	13	12	11	10	9	8

3. 绕组特点与应用　　本例绕组特点基本同上例，也是分数槽绕组，但接线采用四路并联，即每一个支路由一正一反两组相邻线圈组成。主要应用实例有 TSN85/31-8 同步电机的定子绕组。

1.4.26　84槽8极($y=10$)双层叠式绕组

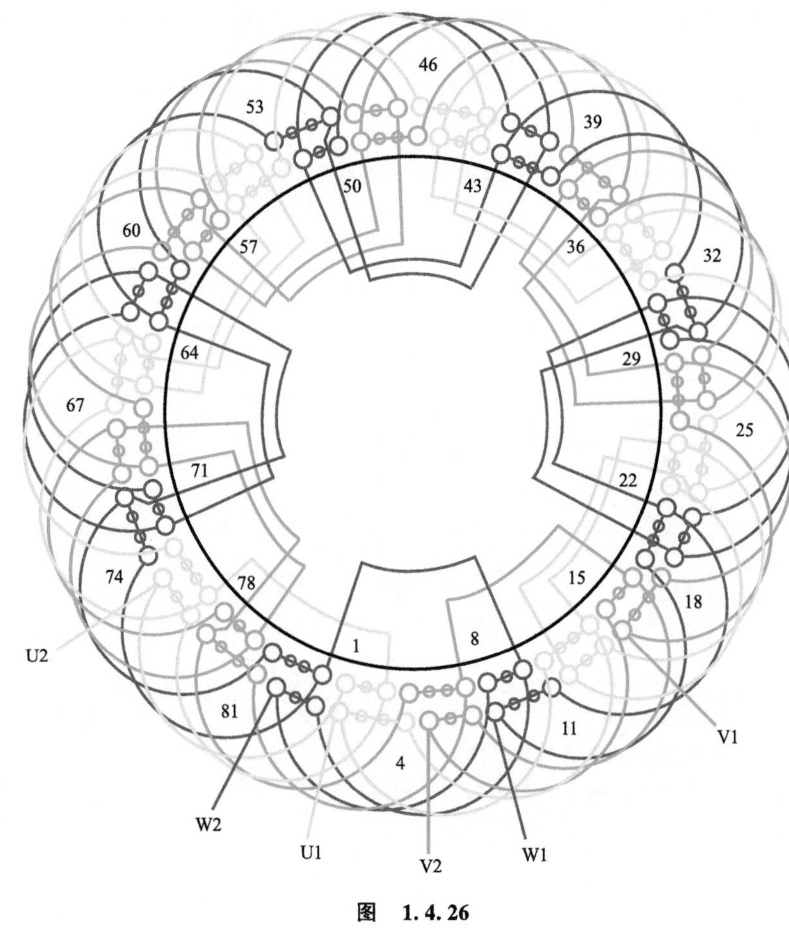

图　1.4.26

1. 绕组结构参数

定子槽数　$Z=84$　　电机极数　$2p=8$　　总线圈数　$Q=84$

线圈组数　$u=24$　　每组圈数　$S=4$、3　　极相槽数　$q=3\frac{1}{2}$

绕组极距　$\tau=10\frac{1}{2}$　　线圈节距　$y=10$　　并联路数　$a=1$

每槽电角　$\alpha=17.14°$　　分布系数　$K_d=0.956$　　节距系数　$K_p=0.997$

绕组系数　$K_{dp}=0.953$

2. 嵌线方法　　本例采用交叠法嵌线，吊边数为10。嵌线顺序见表1.4.26。

表1.4.26　交叠法

嵌线顺序		1	2	3	4	5	6	7	8	9	10	11	12	13	14	15	16	17	18
槽号	下层	4	3	2	1	84	83	82	81	80	79	78		77		76		75	
	上层												4		3		2		1
嵌线顺序		19	20	21	22	23	…		140	141	142	143	144	145	146	147	148	149	150
槽号	下层	74		73		72	…			13		12		11		10		9	
	上层		84		83		…		24		23		22		21		20		19
嵌线顺序		151	152	153	154	155	156	157	158	159	160	161	162	163	164	165	166	167	168
槽号	下层	8		7		6		5											
	上层		18		17		16		15	14	13	12	11	10	9	8	7	6	5

3. 绕组特点与应用　　本例每相槽数$q=3\frac{1}{2}$，故属分数槽绕组，即线圈组由4圈组和3圈组构成，定子分布规律为4　3　4　3…，故嵌线时应予注意。另外，本例线圈采用较大的节距，使吊边数达到10，增加了嵌线的难度，但绕组系数则较高。主要应用实例有TSN99/37-8同步发电机等的定子绕组。

1.4.27　84 槽 8 极($y=10$、$a=4$)双层叠式绕组

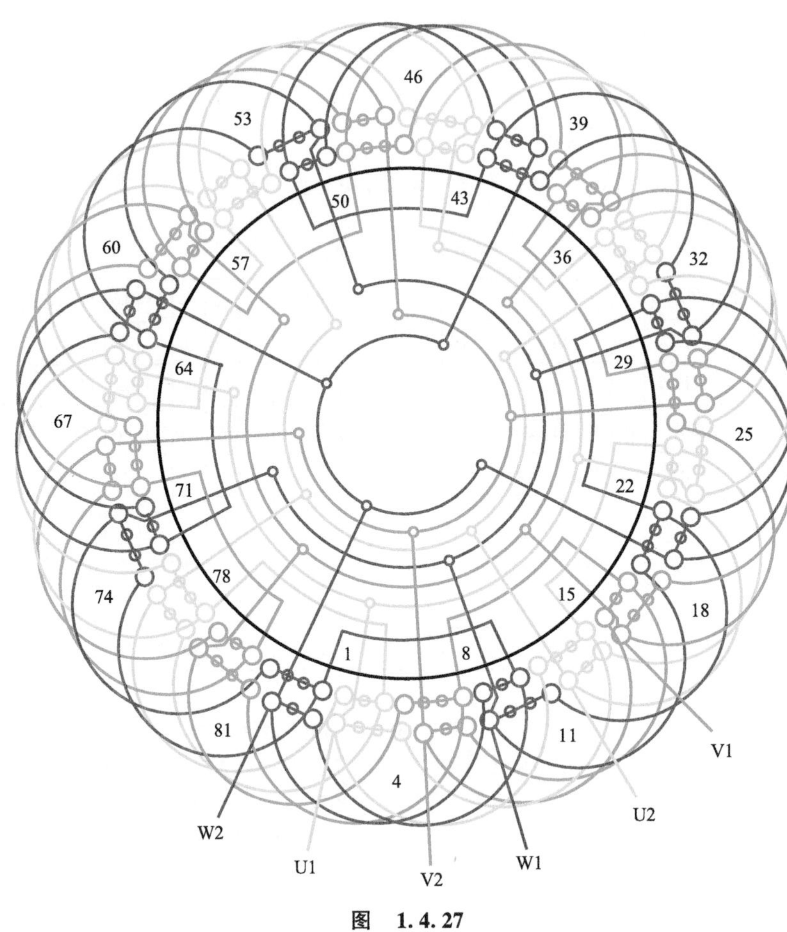

图　1.4.27

1. 绕组结构参数

定子槽数　$Z=84$　　电机极数　$2p=8$　　总线圈数　$Q=84$

线圈组数　$u=24$　　每组圈数　$S=4$、3　　极相槽数　$q=3\frac{1}{2}$

绕组极距　$\tau=10\frac{1}{2}$　　线圈节距　$y=10$　　并联路数　$a=4$

每槽电角　$\alpha=17.14°$　　分布系数　$K_d=0.956$　　节距系数　$K_p=0.997$

绕组系数　$K_{dp}=0.953$

2. 嵌线方法　　绕组采用交叠法嵌线，吊边数为 10。嵌线顺序见表 1.4.27。

表 1.4.27　交叠法

嵌线顺序		1	2	3	4	5	6	7	8	9	10	11	12	13	14	15	16	17	18
槽号	下层	84	83	82	81	80	79	78	77	76	75	74		73		72		71	
	上层												84		83		82		81
嵌线顺序		19	20	21	22	23	24	25	26	⋯		143	144	145	146	147	148	149	150
槽号	下层	70		69		68		67		⋯		8		7		6		5	
	上层		80		79		78		77	⋯			18		17		16		15
嵌线顺序		151	152	153	154	155	156	157	158	159	160	161	162	163	164	165	166	167	168
槽号	下层	4		3		2		1											
	上层		14		13		12		11	10	9	8	7	6	5	4	3	2	1

3. 绕组特点与应用　　本例采用大小联交替安排，大联是 4 圈组、小联为 3 圈组，分布循环规律是 4　3　4　3⋯，属分数槽绕组。本绕组与上例基本相同，但采用四路并联接线，每一个支路由大小联反向串联而成。本绕组主要用于三相交流同步发电机，如 TSMN74/29-8 等。

1.4.28　96 槽 8 极（$y=11$、$a=2$）双层叠式绕组

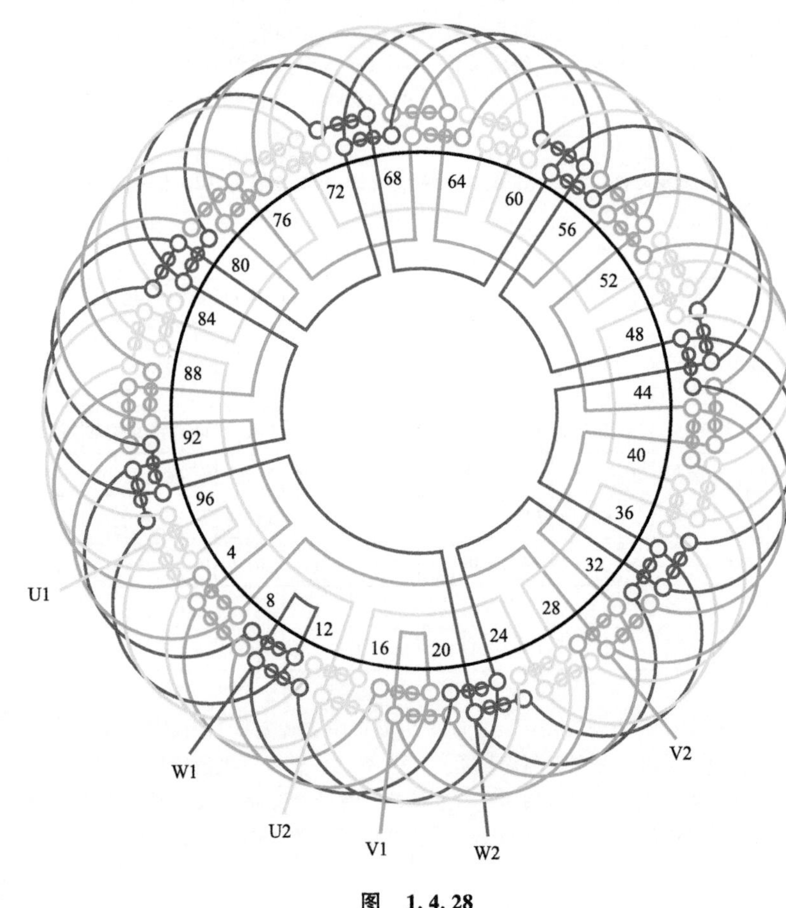

图　1.4.28

1. 绕组结构参数

定子槽数　$Z=96$　电机极数　$2p=8$　总线圈数　$Q=96$

线圈组数　$u=24$　每组圈数　$S=4$　极相槽数　$q=4$

绕组极距　$\tau=12$　线圈节距　$y=11$　并联路数　$a=2$

每槽电角　$\alpha=15°$　分布系数　$K_d=0.958$　节距系数　$K_p=0.991$

绕组系数　$K_{dp}=0.949$

2. 嵌线方法　　绕组采用交叠法嵌线，吊边数为 11。嵌线顺序见表 1.4.28。

表 1.4.28　交叠法

嵌线顺序		1	2	3	4	5	6	7	8	9	10	11	12	13	14	15	16	17	18
槽号	下层	16	15	14	12	11	10	9	8	7	6	5	4		3		2		1
	上层													16		15		14	
嵌线顺序		19	20	21	22	…			164	165	166	167	168	169	170	171	172	173	174
槽号	下层		96		95	…			25		24		23		22		21		20
	上层	13		12		…				36		35		34		33		32	
嵌线顺序		175	176	177	178	179	180	181	182	183	184	185	186	187	188	189	190	191	192
槽号	下层		19		18		17												
	上层	31		30		29		28	27	26	25	24	23	22	21	20	19	18	17

3. 绕组特点与应用　　本例是 8 极两路并联绕组，每相 8 组线圈分两个支路，每个支路由 4 组同极性的线圈组长跳串联而成，即右行方向的 4 组顺串为一个支路；而另一个支路则由左行方向的 4 组顺串成另一极性的支路。本绕组主要应用有 YZR2-355M-8 绕线转子异步电动机。

1.4.29　96 槽 8 极（$y=11$、$a=8$）双层叠式绕组

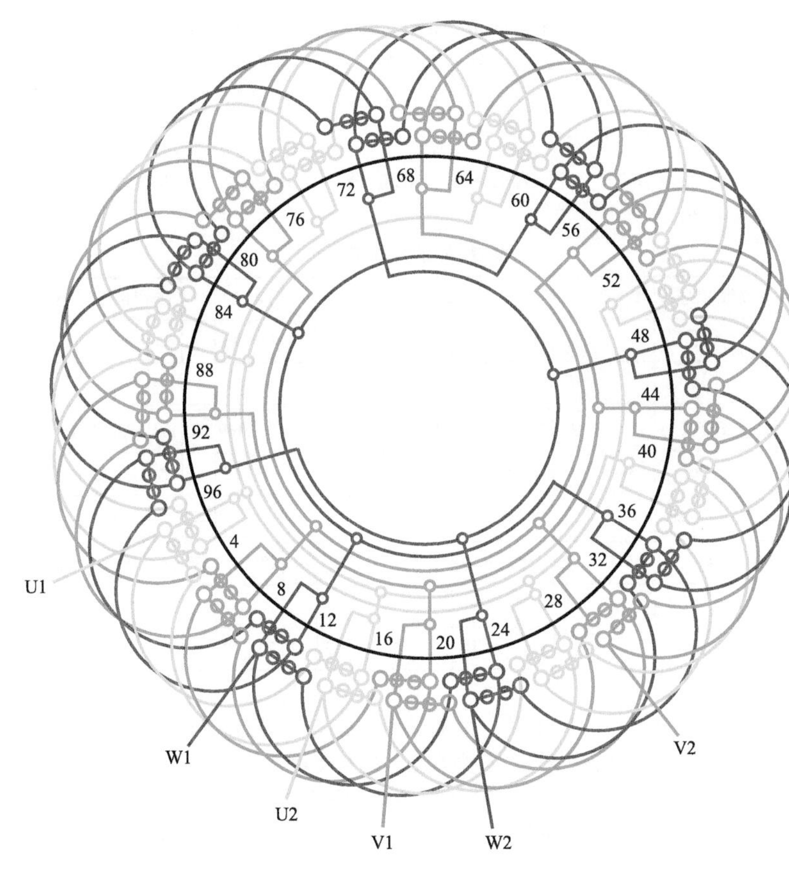

图　1.4.29

1. 绕组结构参数

定子槽数	$Z=96$	电机极数	$2p=8$	总线圈数	$Q=96$
线圈组数	$u=24$	每组圈数	$S=4$	极相槽数	$q=4$
绕组极距	$\tau=12$	线圈节距	$y=11$	并联路数	$a=8$
每槽电角	$\alpha=15°$	分布系数	$K_d=0.958$	节距系数	$K_p=0.991$
绕组系数	$K_{dp}=0.949$				

2. 嵌线方法　　本例采用交叠法嵌线，吊边数为 11。嵌线顺序见表 1.4.29。

表 1.4.29　交叠法

嵌线顺序	1	2	3	4	5	6	7	8	9	10	11	12	13	14	15	16	17	18
槽号 下层	4	3	2	1	96	95	94	93	92	91	90	89		88		87		86
槽号 上层													4		3		2	
嵌线顺序	19	20	21	22		…		164	165	166	167	168	169	170	171	172	173	174
槽号 下层		85		84		…		13		12		11		10		9		8
槽号 上层	1		96			…			24		23		22		21		20	
嵌线顺序	175	176	177	178	179	180	181	182	183	184	185	186	187	188	189	190	191	192
槽号 下层		7		6		5												
槽号 上层	19		18		17		16	15	14	13	12	11	10	9	8	7	6	5

3. 绕组特点与应用　　本例是 8 极绕组，每相由 8 组线圈组成，因是 8 路并联，故每一个支路仅有一组线圈，并按相邻反极性并接而成。本绕组用于容量较大的电机，主要应用实例有 YZR2-355L1-8 绕线转子异步电动机等。

1.4.30　96 槽 8 极($y=12$)双层叠式绕组

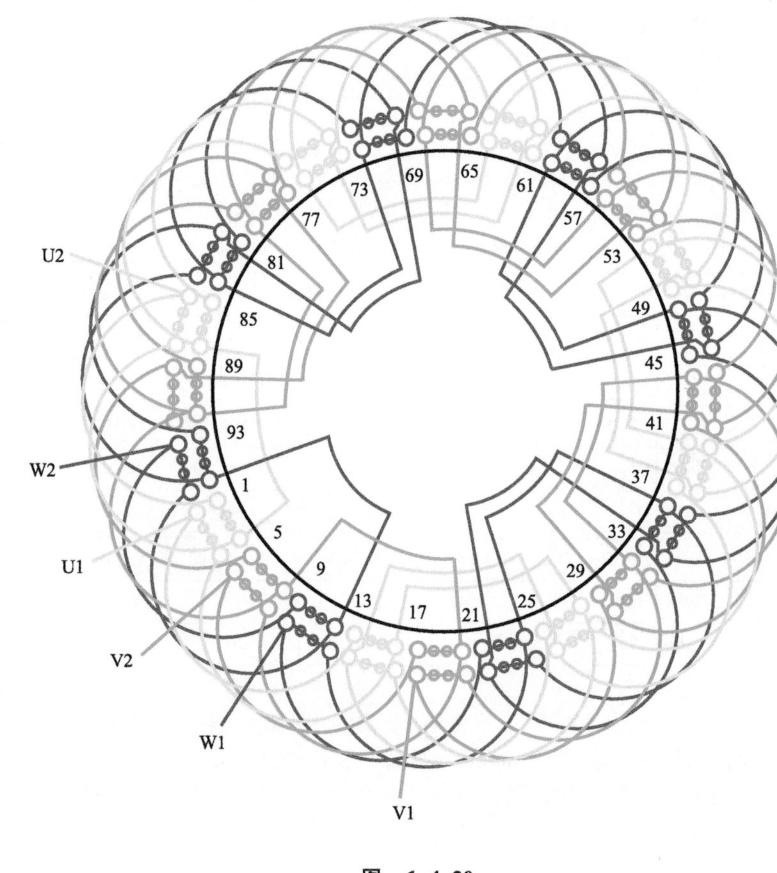

图　1.4.30

1. 绕组结构参数

定子槽数　$Z=96$　电机极数　$2p=8$　总线圈数　$Q=96$

线圈组数　$u=24$　每组圈数　$S=4$　极相槽数　$q=4$

绕组极距　$\tau=12$　线圈节距　$y=12$　并联路数　$a=1$

每槽电角　$\alpha=15°$　分布系数　$K_d=0.958$　节距系数　$K_p=1.0$

绕组系数　$K_{dp}=0.958$

2. 嵌线方法　本例采用交叠法嵌线，吊边数为 12。嵌线顺序见表 1.4.30。

表 1.4.30　交叠法

嵌线顺序		1	2	3	4	5	6	7	8	9	10	11	12	13	14	15	16	17	18
槽号	下层	4	3	2	1	96	95	94	93	92	91	90	89	88		87		86	
	上层														4		3		2
嵌线顺序		19	20	21	22	23	24	25	26	27		…		169	170	171	172	173	174
槽号	下层	85		84		83		82		81		…		10		9		8	
	上层		1		96		95		94			…			22		21		20
嵌线顺序		175	176	177	178	179	180	181	182	183	184	185	186	187	188	189	190	191	192
槽号	下层	7		6		5													
	上层		19		18		17	16	15	14	13	12	11	10	9	8	7	6	5

3. 绕组特点与应用　本例线圈节距等于极距，故是整距绕组，因此吊边数多，给嵌线带来一定难度。但此绕组仅见用于转子，因没有内腔的限制，从而化解了因吊边而造成的嵌线困难。绕组采用一路串联，接线时按相邻组间反极性连接。主要应用实例有 YZR2-315S2-8 绕线转子异步电动机转子绕组。

1.5 三相双层叠式 10 极绕组布线接线图

本节是 10 极电动机绕组，额定转速略小于 600r/min，主要应用于容量相对较大的电动机定子绕组，故除专用电机外，其接线一般都采用多路并联。本节收入布线接线图 25 例。

1.5.1 36 槽 10 极($y=3$)双层叠式绕组

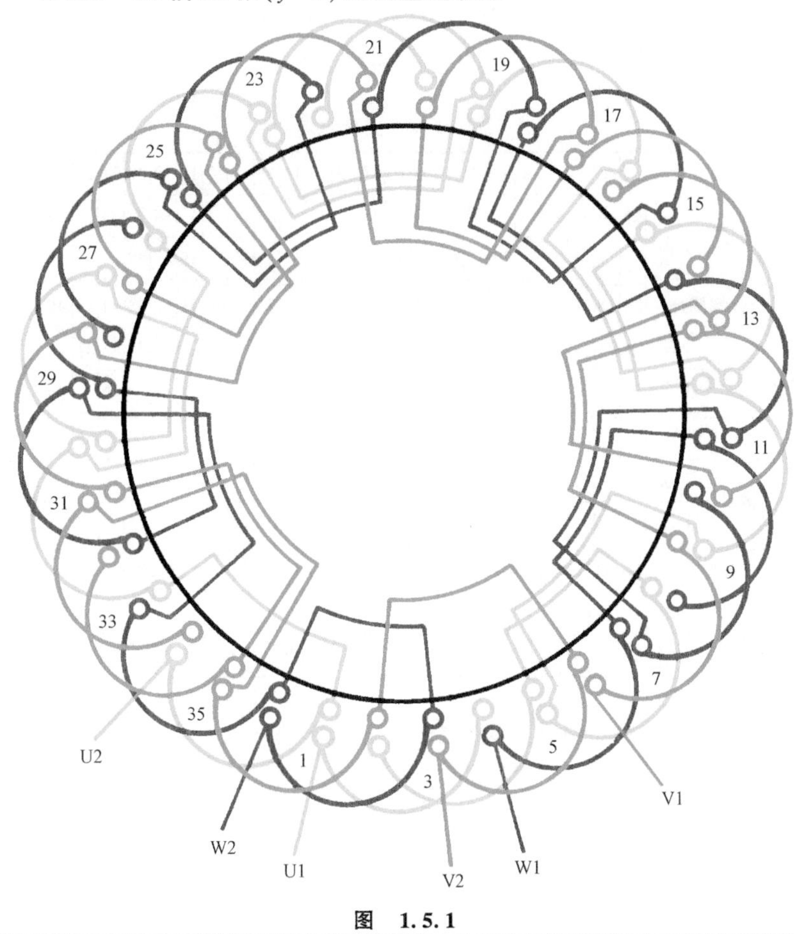

图 1.5.1

1. 绕组结构参数

定子槽数 $Z=36$　　每组圈数 $S=1\frac{1}{5}$　　并联路数 $a=1$

电机极数 $2p=10$　　极相槽数 $q=1\frac{1}{5}$　　分布系数 $K_d=0.956$

总线圈数 $Q=36$　　绕组极距 $\tau=3\frac{3}{5}$　　节距系数 $K_p=0.966$

线圈组数 $u=30$　　线圈节距 $y=3$　　绕组系数 $K_{dp}=0.923$

2. 嵌线方法　采用交叠嵌线法，吊边数为 3。嵌线顺序见表 1.5.1。

表 1.5.1　交叠法

嵌线顺序		1	2	3	4	5	6	7	8	9	10	11	12	13	14	15	16	17	18
槽号	下层	36	35	34	33		32		31		30		29		28		27		26
	上层					36		35		34		33		32		31		30	
嵌线顺序		19	20	21	22	23	24	25	26	27	28	29	30	31	32	33	34	35	36
槽号	下层		25		24		23		22		21		20		19		18		17
	上层	29		28		27		26		25		24		23		22		21	
嵌线顺序		37	38	39	40	41	42	43	44	45	46	47	48	49	50	51	52	53	54
槽号	下层		16		15		14		13		12		11		10		9		8
	上层	20		19		18		17		16		15		14		13		12	
嵌线顺序		55	56	57	58	59	60	61	62	63	64	65	66	67	68	69	70	71	72
槽号	下层		7		6		5		4		3		2		1				
	上层	11		10		9		8		7		6		5		4	3	2	1

3. 绕组特点与应用　本例是分数槽绕组方案，绕组分布循环规律为 2　1　1　1　1。绕组除应用于 JG2-42-10 辊道用异步电动机外，还用于 JDO2-52-10/8/6/4 双绕组四速电动机中的 10 极配套绕组。

1.5.2　45 槽 10 极（$y=4$）双层叠式绕组

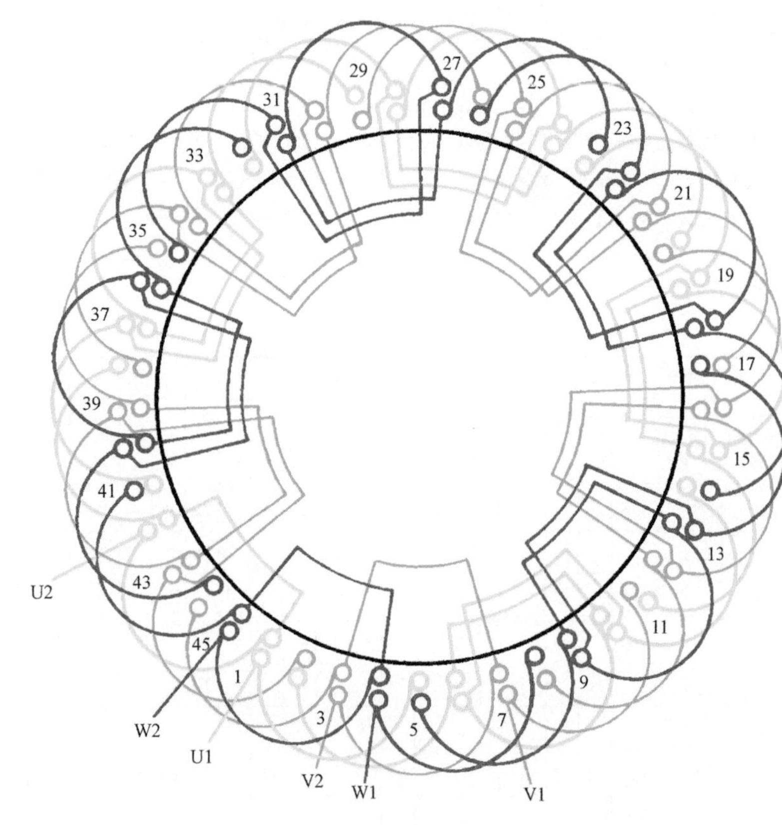

图　1.5.2

1. 绕组结构参数

定子槽数	$Z=45$	每组圈数	$S=1\frac{1}{2}$	并联路数	$a=1$
电机极数	$2p=10$	极相槽数	$q=1\frac{1}{2}$	分布系数	$K_d=0.96$
总线圈数	$Q=45$	绕组极距	$\tau=4\frac{1}{2}$	节距系数	$K_p=0.985$
线圈组数	$u=30$	线圈节距	$y=4$	绕组系数	$K_{dp}=0.946$

2. 嵌线方法　采用交叠法嵌线，吊边数为 4。嵌线顺序见表 1.5.2。

表 1.5.2　交叠法

嵌线顺序		1	2	3	4	5	6	7	8	9	10	11	12	13	14	15	16	17	18	19	20	21	22	23
槽号	下层	45	44	43	42	41		40		39		38		37		36		35		34		33		32
	上层						45		44		43		42		41		40		39		38		37	

嵌线顺序		24	25	26	27	28	29	30	31	32	33	34	35	36	37	38	39	40	41	42	43	44	45	46
槽号	下层		31		30		29		28		27		26		25		24		23		22		21	
	上层	36		35		34		33		32		31		30		29		28		27		26		25

嵌线顺序		47	48	49	50	51	52	53	54	55	56	57	58	59	60	61	62	63	64	65	66	67	68	69
槽号	下层	20		19		18		17		16		15		14		13		12		11		10		9
	上层		24		23		22		21		20		19		18		17		16		15		14	

嵌线顺序		70	71	72	73	74	75	76	77	78	79	80	81	82	83	84	85	86	87	88	89	90
槽号	下层		8		7		6		5		4		3		2		1					
	上层	13		12		11		10		9		8		7		6		5	4	3	2	1

3. 绕组特点与应用　本例绕组是分数槽线圈布线安排，线圈由单、双圈组成，绕组分布规律为 2　1　2　1…。主要应用实例有 JG2-51-10 辊道用电动机等。

1.5.3　54 槽 10 极($y=5$、$a=2$)双层叠式绕组

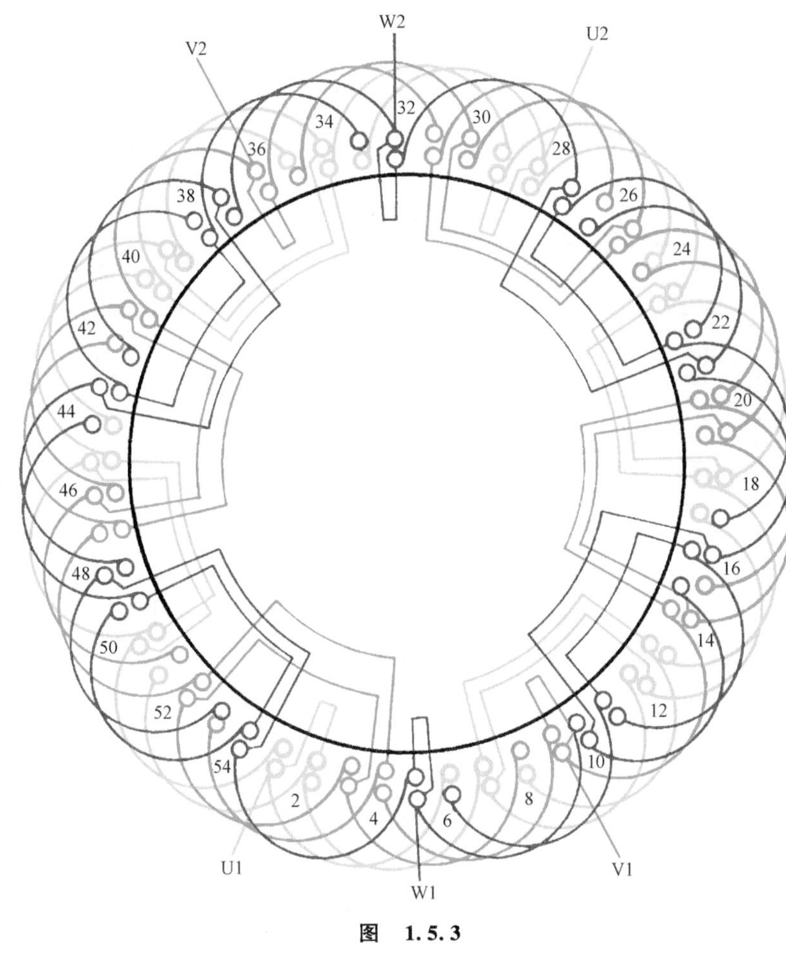

图　1.5.3

1. 绕组结构参数

定子槽数　$Z=54$　　每组圈数　$S=1\frac{4}{5}$　　并联路数　$a=2$

电机极数　$2p=10$　　极相槽数　$q=1\frac{4}{5}$　　分布系数　$K_d=0.956$

总线圈数　$Q=54$　　绕组极距　$\tau=5\frac{2}{5}$　　节距系数　$K_p=0.994$

线圈组数　$u=30$　　线圈节距　$y=5$　　绕组系数　$K_{dp}=0.95$

2. 嵌线方法　　绕组用交叠法嵌线，吊边数为 5。嵌线顺序见表 1.5.3。

表 1.5.3　交叠法

嵌线顺序		1	2	3	4	5	6	7	8	9	10	11	12	13	14	15	16	17	18	19	20	21	22
槽号	下层	54	53	52	51	50	49		48		47		46		45		44		43		42		41
	上层							54		53		52		51		50		49		48		47	
嵌线顺序		23	24	25	26	27	28	29	30	31	32	33	34	35	36	37	38	39	40	41	42	43	44
槽号	下层		40		39		38		37		36		35		34		33		32		31		30
	上层	46		45		44		43		42		41		40		39		38		37		36	
嵌线顺序		45	46	47	48	49	50	51	52	53	54	55	56	57	58	59	60	61	62	63	…		
槽号	下层		29		28		27		26		25		24		23		22		21		…		
	上层	35		34		33		32		31		30		29		28		27		26	…		
嵌线顺序		89	90	91	92	93	94	95	96	97	98	99	100	101	102	103	104	105	106	107	108		
槽号	下层		7		6		5		4		3		2		1								
	上层	13		12		11		10		9		8		7		6	5	4	3	2	1		

3. 绕组特点与应用　　绕组采用分数槽方案，采用两路并联，每个支路由正、反相邻的 5 组线圈串联，并在进线后分左右两侧走线，每组线圈由单、双圈组成，布线的分布规律是 2　2　2　2　1。主要应用实例有 JG2-71-10 辊道用异步电动机等。

1.5.4　60 槽 10 极（$y=5$）双层叠式绕组

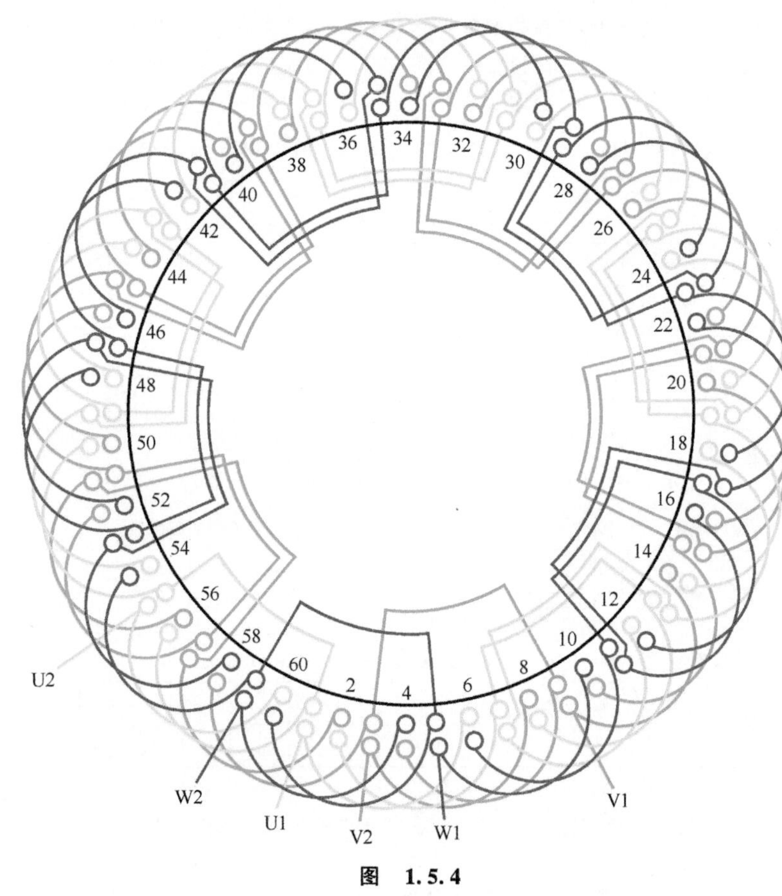

图　1.5.4

1. 绕组结构参数

定子槽数	$Z=60$	每组圈数	$S=2$	并联路数	$a=1$
电机极数	$2p=10$	极相槽数	$q=2$	分布系数	$K_d=0.966$
总线圈数	$Q=60$	绕组极距	$\tau=6$	节距系数	$K_p=0.966$
线圈组数	$u=30$	线圈节距	$y=5$	绕组系数	$K_{dp}=0.933$

2. 嵌线方法　　本例采用交叠法嵌线，吊边数为 5。嵌线顺序见表 1.5.4。

表 1.5.4　交叠法

嵌线顺序		1	2	3	4	5	6	7	8	9	10	11	12	13	14	15	16	17	18	19	20	21	22	23	24
槽号	下层	60	59	58	57	56	55		54		53		52		51		50		49		48		47		46
	上层							60		59		58		57		56		55		54		53		52	
嵌线顺序		25	26	27	28	29	30	31	32	33	34	35	36	37	38	39	40	41	42	43	44	45	46	47	48
槽号	下层		45		44		43		42		41		40		39		38		37		36		35		34
	上层	51		50		49		48		47		46		45		44		43		42		41		40	
嵌线顺序		49	50	51	52	53	54	55	56	57	58	59	60	61	62	63	64	65	66	67	68	69			…
槽号	下层		33		32		31		30		29		28		27		26		25		24				…
	上层	39		38		37		36		35		34		33		32		31		30		29			…
嵌线顺序		97	98	99	100	101	102	103	104	105	106	107	108	109	110	111	112	113	114	115	116	117	118	119	120
槽号	下层		9		8		7		6		5		4		3		2		1						
	上层	15		14		13		12		11		10		9		8		7		6	5	4	3	2	1

3. 绕组特点与应用　　此例为 60 槽 10 极电机的常用布线接线基本形式。主要应用实例有 JO2L-92-10 铝绕组电动机等。

1.5.5 60 槽 10 极（$y=5$、$a=2$）双层叠式绕组

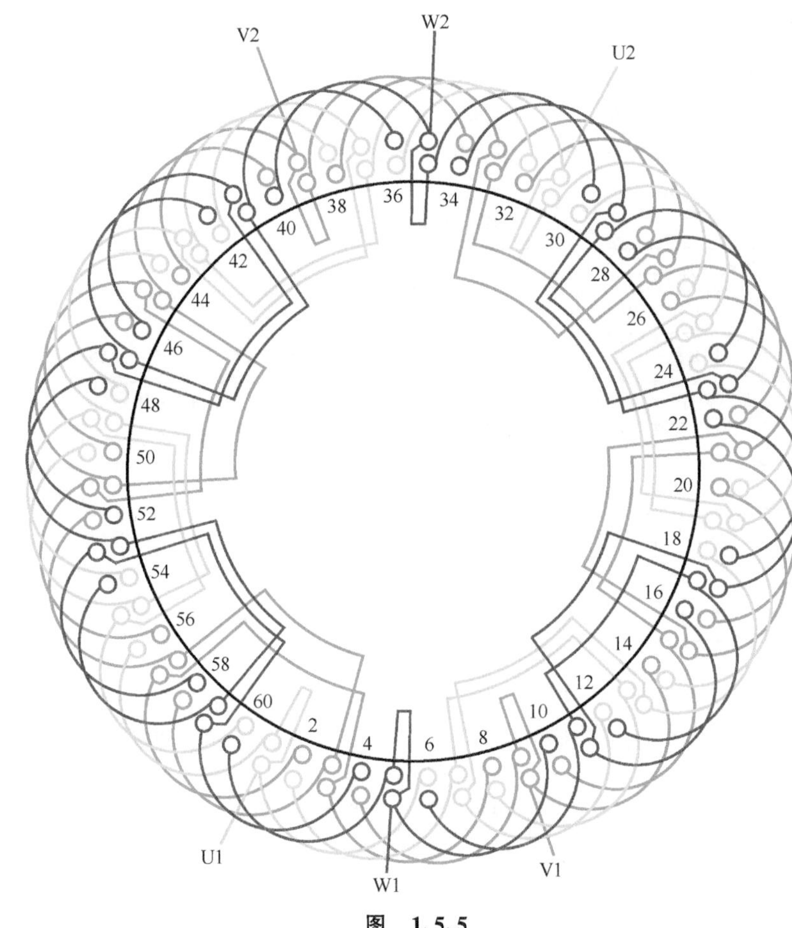

图 1.5.5

1. 绕组结构参数

定子槽数	$Z=60$	每组圈数	$S=2$	并联路数	$a=2$
电机极数	$2p=10$	极相槽数	$q=2$	分布系数	$K_d=0.966$
总线圈数	$Q=60$	绕组极距	$\tau=6$	节距系数	$K_p=0.966$
线圈组数	$u=30$	线圈节距	$y=5$	绕组系数	$K_{dp}=0.933$

2. 嵌线方法　　绕组采用交叠法嵌线，吊边数为 5。嵌线顺序见表 1.5.5。

表 1.5.5　交叠法

嵌线顺序		1	2	3	4	5	6	7	8	9	10	11	12	13	14	15	16	17	18
槽号	下层	2	1	60	59	58	57		56		55		54		53		52		51
	上层							2		1		60		59		58		57	
嵌线顺序		19	20	21	22	23	24	25	…			95	96	97	98	99	100	101	102
槽号	下层		50		49		48		…				12		11		10		9
	上层	56		55		54		53	…			18		17		16		15	
嵌线顺序		103	104	105	106	107	108	109	110	111	112	113	114	115	116	117	118	119	120
槽号	下层		8		7		6		5		4		3						
	上层	14		13		12		11		10		9		8	7	6	5	4	3

3. 绕组特点与应用　　此绕组是由上例基本形式改变接线而成，并联支路数为 2，每一个支路由 5 个双联组按相邻反极性串联接线。主要应用实例有 JO2-82-10 及 JO2L-81-10 铝绕组电动机等。

1.5.6　60 槽 10 极($y=5$、$a=5$)双层叠式绕组

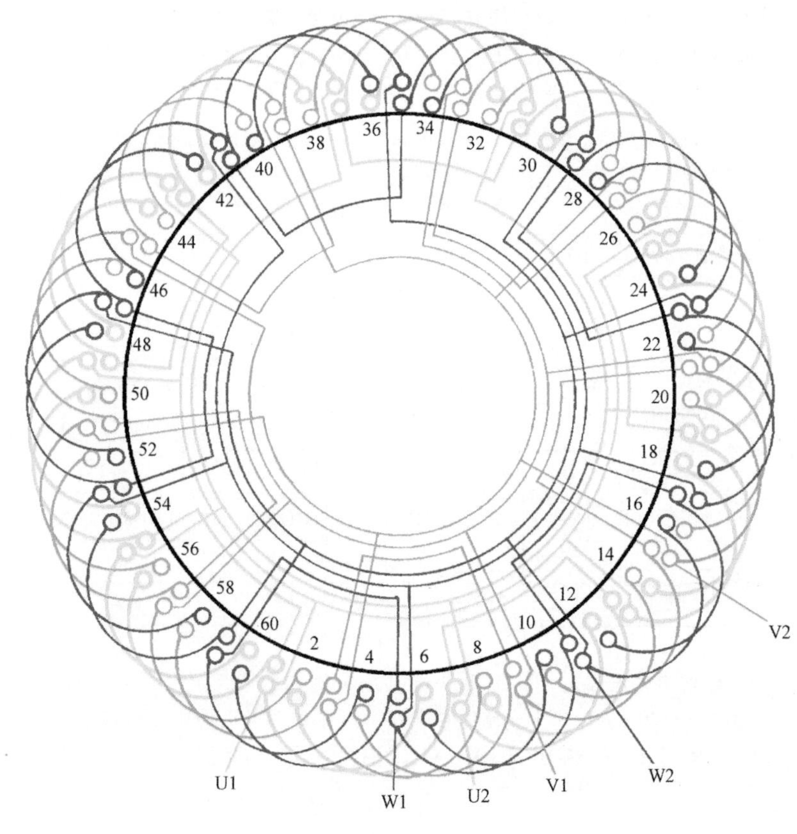

图　1.5.6

1. 绕组结构参数

定子槽数　$Z=60$　　每组圈数　$S=2$　　并联路数　$a=5$

电机极数　$2p=10$　　极相槽数　$q=2$　　分布系数　$K_d=0.966$

总线圈数　$Q=60$　　绕组极距　$\tau=6$　　节距系数　$K_p=0.966$

线圈组数　$u=30$　　线圈节距　$y=5$　　绕组系数　$K_{dp}=0.933$

2. 嵌线方法　　本例采用交叠法嵌线，吊边数为 5。嵌线顺序见表 1.5.6。

表 1.5.6　交叠法

嵌线顺序		1	2	3	4	5	6	7	8	9	10	11	12	13	14	15	16	17	18
槽号	下层	60	59	58	57	56	55		54		53		52		51		50		49
	上层							60		59		58		57		56		55	
嵌线顺序		19	20	21	22	23	24	25	…		95	96	97	98	99	100	101	102	
槽号	下层		48		47		46		…			10		9		8		7	
	上层	54		53		52		51	…		16		15		14		13		
嵌线顺序		103	104	105	106	107	108	109	110	111	112	113	114	115	116	117	118	119	120
槽号	下层		6		5		4		3		2		1						
	上层	12		11		10		9		8		7		6	5	4	3	2	1

3. 绕组特点与应用　　绕组布线与上例相同，但采用五路并联，每个支路由相邻两组线圈反极性串联而成。此绕组是 10 极电动机中应用较多的形式，实例有 JO2-91-10、JO2-92-10，JO2L-82-10 铝绕组电动机及 YZR-280S-10、YZR-280M-10 冶金起重型电动机等。

1.5.7　75槽10极（$y=6$）双层叠式绕组

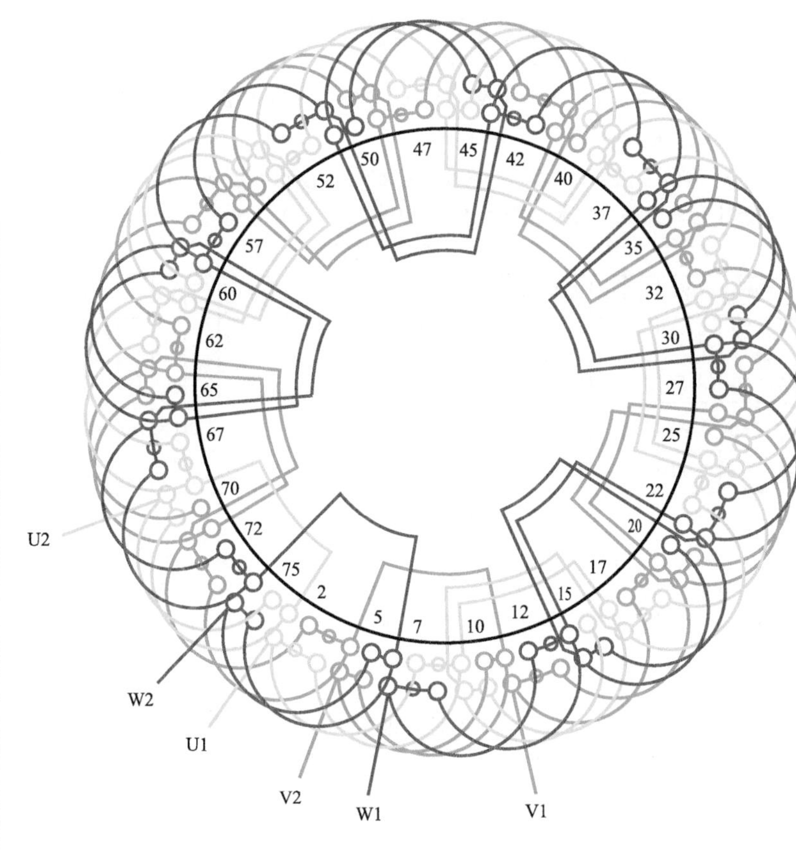

图　1.5.7

1. 绕组结构参数

定子槽数　$Z=75$　　电机极数　$2p=10$　　总线圈数　$Q=75$

线圈组数　$u=30$　　每组圈数　$S=3$、2　　极相槽数　$q=2\frac{1}{2}$

绕组极距　$\tau=7\frac{1}{2}$　　线圈节距　$y=6$　　并联路数　$a=1$

每槽电角　$\alpha=24°$　　分布系数　$K_d=0.957$　　节距系数　$K_p=0.951$

绕组系数　$K_{dp}=0.91$

2. 嵌线方法　　本例采用交叠法嵌线，吊边数为6。嵌线顺序见表1.5.7。

表1.5.7　交叠法

嵌线顺序		1	2	3	4	5	6	7	8	9	10	11	12	13	14	15	16	17	18
槽号	下层	8	7	6	5	4	3	2		1		75		74		73		72	
	上层								8		7		6		5		4		3
嵌线顺序		19	20	21	22	…			122	123	124	125	126	127	128	129	130	131	132
槽号	下层	71		70		…				19		18		17		16		15	
	上层		2		1	…			26		25		24		23		22		21
嵌线顺序		133	134	135	136	137	138	139	140	141	142	143	144	145	146	147	148	149	150
槽号	下层	14		13		12		11		10		9							
	上层		20		19		18		17		16		15	14	13	12	11	10	9

3. 绕组特点与应用　　本例属分数槽绕组，即每极相槽数为分数$2\frac{1}{2}$，故线圈组的分布规律是3　2　3　2…，嵌线时要按3圈组和2圈组交替嵌入。此绕组实际应用于转子，如部分YZR2-280S-10电动机的转子采用此型式。

1.5.8 75 槽 10 极($y=6$、$a=5$)双层叠式绕组

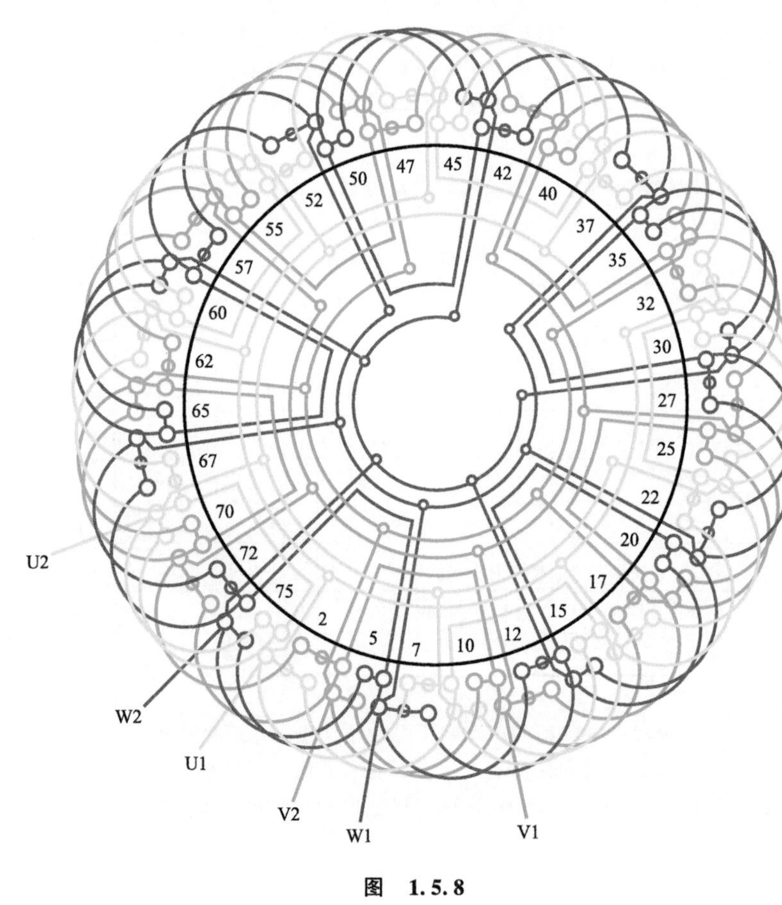

图 1.5.8

1. 绕组结构参数

定子槽数 $Z=75$　电机极数 $2p=10$　总线圈数 $Q=75$

线圈组数 $u=30$　每组圈数 $S=3$、2　极相槽数 $q=2\frac{1}{2}$

绕组极距 $\tau=7\frac{1}{2}$　线圈节距 $y=6$　并联路数 $a=5$

每槽电角 $\alpha=24°$　分布系数 $K_d=0.957$　节距系数 $K_p=0.951$

绕组系数 $K_{dp}=0.91$

2. 嵌线方法　本例是分数槽绕组，每极相线圈有大小联，嵌线应予注意。交叠嵌线吊边数为 6，嵌线顺序见表 1.5.8。

表 1.5.8 交叠法

嵌线顺序		1	2	3	4	5	6	7	8	9	10	11	12	13	14	15	16	17	18
槽号	下层	3	2	1	75	74	73	72		71		70		69		68		67	
	上层								3		2		1		75		74		73
嵌线顺序		19	20	21	22	23	24	25	26	27	28	···		127	128	129	130	131	132
槽号	下层	66		65		64		63		62		···		12		11		10	
	上层		72		71		70		69		68	···			18		17		16
嵌线顺序		133	134	135	136	137	138	139	140	141	142	143	144	145	146	147	148	149	150
槽号	下层	9		8		7		6		5		4							
	上层		15		14		13		12		11		10	9	8	7	6	5	4

3. 绕组特点与应用　本例是每极相槽数带½分数的分数槽绕组，绕组由 3 圈组和 2 圈组组成；分布规律为 3 2 3 2…。绕组接线为五路并联，每一个支路由同相相邻的大小联反向串联而成。此绕组在定子和转子上都有应用，如定子用于 JZR-61-10 冶金起重型电动机，转子用于 YZR2-280S-10 冶金起重型电动机。

1.5.9　75 槽 10 极（$y=7$）双层叠式绕组

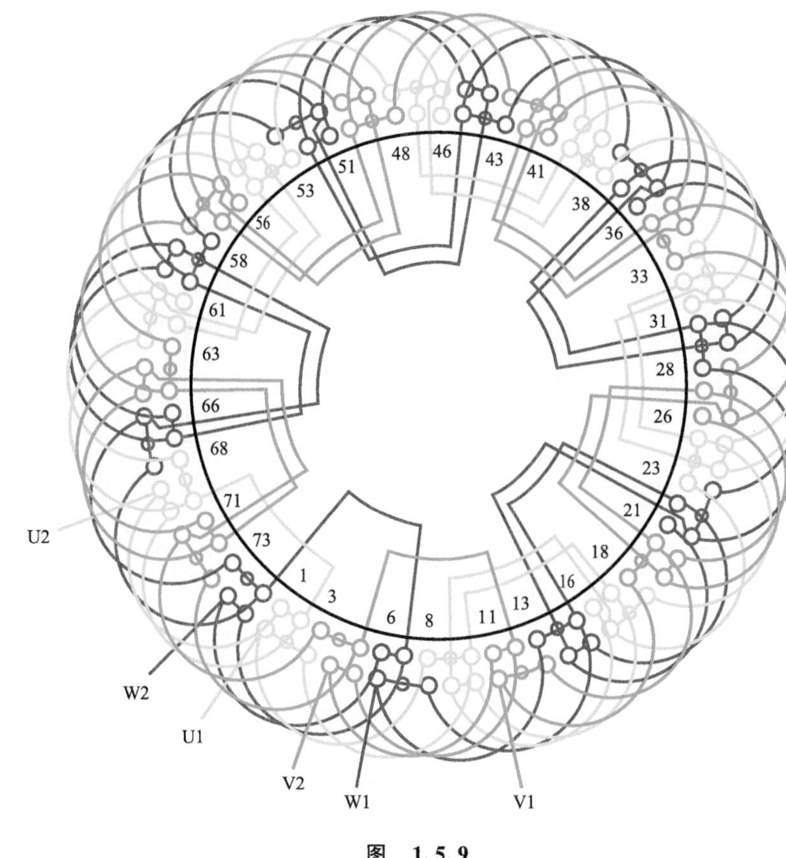

图　1.5.9

1. 绕组结构参数

定子槽数　$Z=75$　电机极数　$2p=10$　总线圈数　$Q=75$

线圈组数　$u=30$　每组圈数　$S=3$、2　极相槽数　$q=2\frac{1}{2}$

绕组极距　$\tau=7\frac{1}{2}$　线圈节距　$y=7$　并联路数　$a=1$

每槽电角　$\alpha=24°$　分布系数　$K_d=0.957$　节距系数　$K_p=0.995$

绕组系数　$K_{dp}=0.952$

2. 嵌线方法　本例采用交叠法嵌线，吊边数为 7。嵌线顺序见表 1.5.9。

表 1.5.9　交叠法

嵌线顺序		1	2	3	4	5	6	7	8	9	10	11	12	13	14	15	16	17	18
槽号	下层	3	2	1	75	74	73	72	71		70		69		68		67		66
	上层									3		2		1		75		74	
嵌线顺序		19	20	21	22	23	…		122	123	124	125	126	127	128	129	130	131	132
槽号	下层		65		64		…		14		13		12		11		10		9
	上层	73		72		71	…			21		20		19		18		17	
嵌线顺序		133	134	135	136	137	138	139	140	141	142	143	144	145	146	147	148	149	150
槽号	下层		8		7		6		5		4								
	上层	16		15		14		13		12		11	10	9	8	7	6	5	4

3. 绕组特点与应用　本例 q 为分数，故属分数槽绕组，线圈组由 3、2 圈组成，分布规律为 3　2　3　2…。本绕组的线圈节距较大，所以常应用于转子绕组。主要应用实例有 YZR-280S-10 冶金起重型电动机的转子绕组。

1.5.10　75 槽 10 极($y=7$、$a=5$)双层叠式绕组

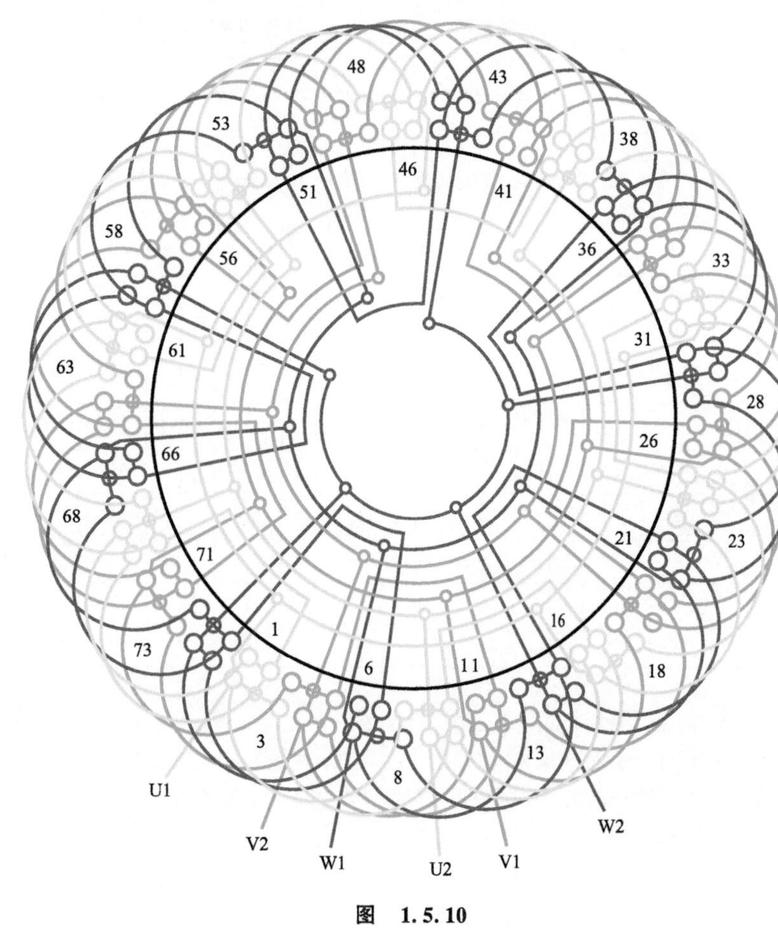

图　1.5.10

1. 绕组结构参数

定子槽数　$Z=75$　电机极数　$2p=10$　总线圈数　$Q=75$

线圈组数　$u=30$　每组圈数　$S=3$、2　极相槽数　$q=2\frac{1}{2}$

绕组极距　$\tau=7\frac{1}{2}$　线圈节距　$y=7$　并联路数　$a=5$

每槽电角　$\alpha=24°$　分布系数　$K_d=0.957$　节距系数　$K_p=0.995$

绕组系数　$K_{dp}=0.952$

2. 嵌线方法　　绕组采用交叠法嵌线，吊边数为 7。嵌线顺序见表 1.5.10。

表 1.5.10　交叠法

嵌线顺序		1	2	3	4	5	6	7	8	9	10	11	12	13	14	15	16	17	18
槽号	下层	13	12	11	10	9	8	7	6		5		4		3		2		1
	上层									13		12		11		10		9	
嵌线顺序		19	20	21	22	23	24	25		…		125	126	127	128	129	130	131	132
槽号	下层		75		74		73			…			22		21		20		19
	上层	8		7		6		5		…		30		29		28		27	
嵌线顺序		133	134	135	136	137	138	139	140	141	142	143	144	145	146	147	148	149	150
槽号	下层		18		17		16		15		14								
	上层	26		25		24		23		22		21	20	19	18	17	16	15	14

3. 绕组特点与应用　　本例是分数槽绕组，每组由 3、2 圈组成；线圈组分布规律为 3　2　3　2…，嵌线时应予注意。绕组接线采用五路并联，每一个支路由同相相邻的各一个大小线圈组反极性串联而成。本绕组主要应用实例有 YZR315S-10、YZR2-280M-10 电动机转子。

1.5.11 *75 槽 10 极（$y=8$）双层叠式绕组

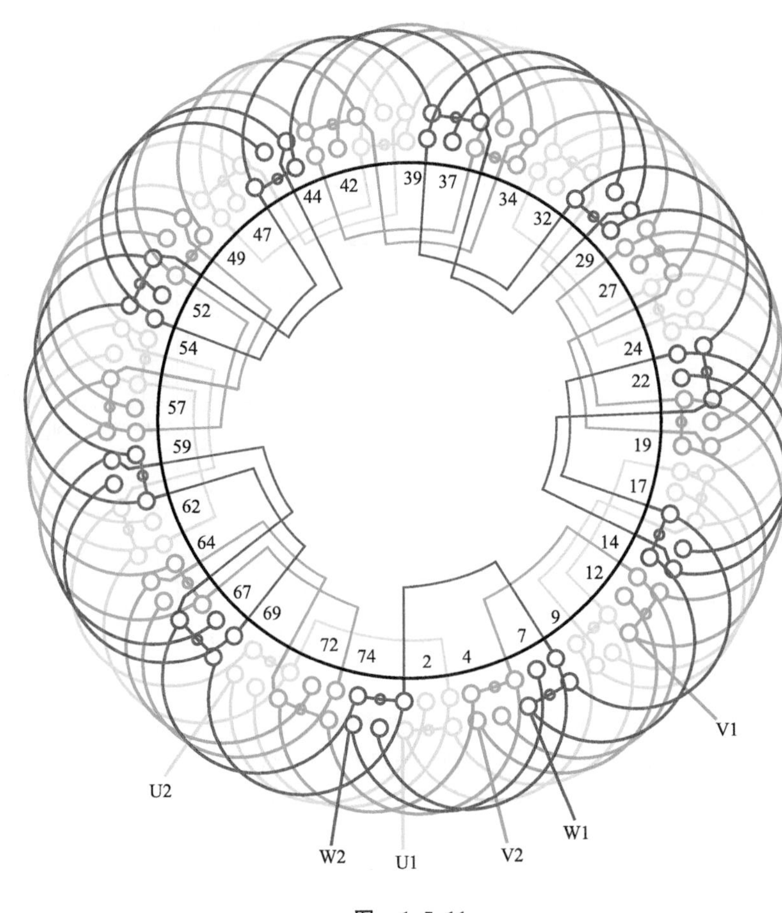

图 1.5.11

1. 绕组结构参数

定子槽数 $Z=75$　　电机极数 $2p=10$　　总线圈数 $Q=75$

线圈组数 $u=30$　　每组圈数 $S=2\frac{1}{2}$　　极相槽数 $q=2\frac{1}{2}$

绕组极距 $\tau=7\frac{1}{2}$　　线圈节距 $y=8$　　并联路数 $a=1$

分布系数 $K_d=0.957$　　节距系数 $K_p=0.995$　　绕组系数 $K_{dp}=0.952$

2. 嵌线方法　　本例采用交叠法嵌线，吊边数为 8。嵌线顺序见表 1.5.11。

表 1.5.11　交叠法

嵌线顺序		1	2	3	4	5	6	7	8	9	10	11	12	13	14	15	16	17	18
槽号	下层	75	74	73	72	71	70	69	68	67		66		65		64		63	
	上层										75		74		73		72		71
嵌线顺序		19	20	21	22	23	24		···		124	125	126	127	128	129	130	131	132
槽号	下层	62		61		60			···			9		8		7		6	
	上层		70		69		68		···		18		17		16		15		14
嵌线顺序		133	134	135	136	137	138	139	140	141	142	143	144	145	146	147	148	149	150
槽号	下层	5		4		3		2		1									
	上层		13		12		11		10		9	8	7	6	5	4	3	2	1

3. 绕组特点与应用　　本例是分数槽绕组。每极相槽数 $q=2\frac{1}{2}$，将$\frac{1}{2}$圈归并后，每组由 3 圈组和 2 圈组构成；大小联线圈的分布规律是 3　2　3　2　…。此绕组的线圈节距较长且超过极距，主要应用于转子绕组。应用实例有 JBRO-355M-10 低压绕线转子隔爆型电动机等绕线式转子绕组。

1.5.12 84 槽 10 极($y=7$、$a=2$)双层叠式绕组

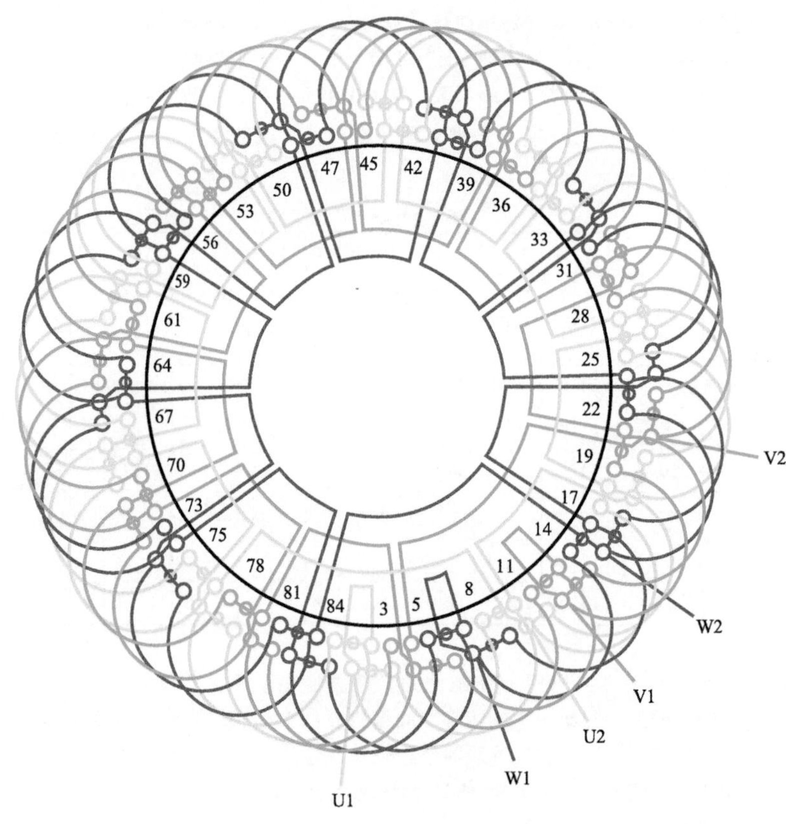

图 1.5.12

1. 绕组结构参数

定子槽数 $Z=84$ 电机极数 $2p=10$ 总线圈数 $Q=84$

线圈组数 $u=30$ 每组圈数 $S=3$、2 极相槽数 $q=2\frac{4}{5}$

绕组极距 $\tau=8\frac{2}{5}$ 线圈节距 $y=7$ 并联路数 $a=2$

每槽电角 $\alpha=21.42°$ 分布系数 $K_d=0.956$ 节距系数 $K_p=0.966$

绕组系数 $K_{dp}=0.923$

2. 嵌线方法 绕组采用交叠法嵌线，吊边数为 7。嵌线顺序见表 1.5.12。

表 1.5.12 交叠法

嵌线顺序		1	2	3	4	5	6	7	8	9	10	11	12	13	14	15	16	17	18
槽号	下层	84	83	82	81	80	79	78	77		76		75		74		73		72
	上层									84		83		82		81		80	
嵌线顺序		19	20	21	22	23	…	140	141	142	143	144	145	146	147	148	149	150	
槽号	下层		71		70		…	11		10		9		8		7		6	
	上层	79		78		77	…		18		17		16		15		14		
嵌线顺序		151	152	153	154	155	156	157	158	159	160	161	162	163	164	165	166	167	168
槽号	下层		5		4		3		2		1								
	上层	13		12		11		10		9		8	7	6	5	4	3	2	1

3. 绕组特点与应用 本例是分数槽绕组，绕组由 3、2 圈构成，$q=2\frac{4}{5}$，即每五组必然包括一组双圈，绕组的循环规律为 3 3 3 2 3。此绕组主要应用实例有 TSN85/31-10 小容量水轮发电机等。

1.5.13　84 槽 10 极($y=8$)双层叠式绕组

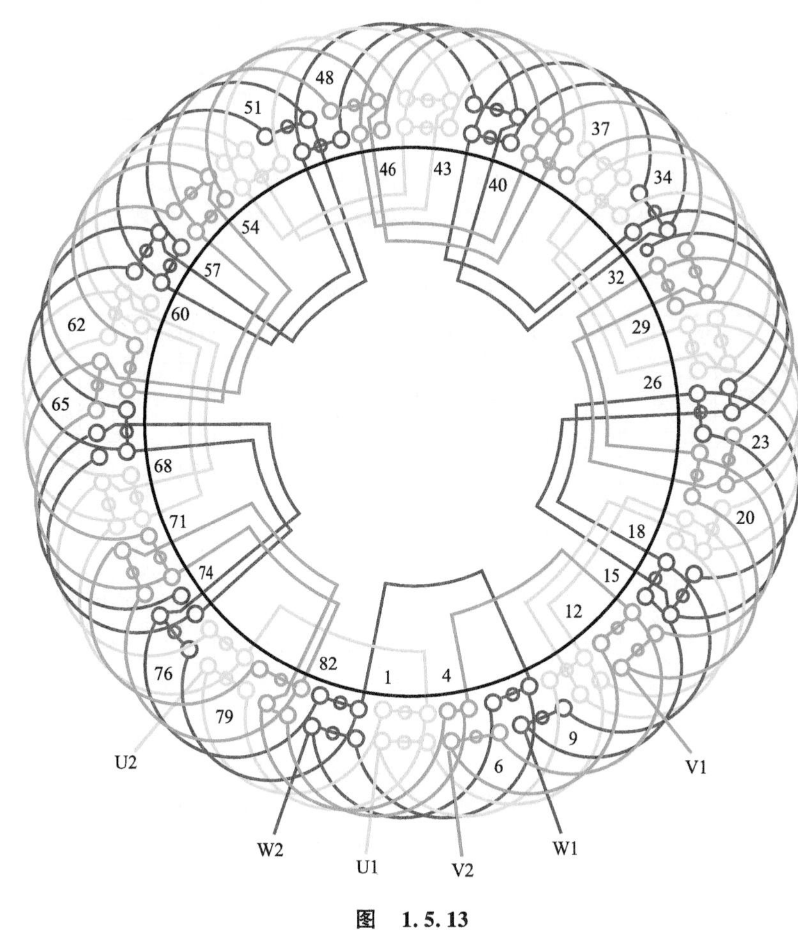

图　1.5.13

1. 绕组结构参数

定子槽数　$Z=84$　　电机极数　$2p=10$　　总线圈数　$Q=84$

线圈组数　$u=30$　　每组圈数　$S=3、2$　　极相槽数　$q=2\frac{4}{5}$

绕组极距　$\tau=8\frac{2}{5}$　　线圈节距　$y=8$　　并联路数　$a=1$

每槽电角　$\alpha=21.42°$　　分布系数　$K_d=0.956$　　节距系数　$K_p=0.997$

绕组系数　$K_{dp}=0.953$

2. 嵌线方法　本例采用交叠法嵌线，吊边数为 8。因系分数绕组，操作时宜参考例图按循环规律布线。嵌线顺序则见表 1.5.13。

表 1.5.13　交叠法

嵌线顺序		1	2	3	4	5	6	7	8	9	10	11	12	13	14	15	16	17	18
槽号	下层	3	2	1	84	83	82	81	80	79		78		77		76		75	
	上层										3		2		1		84		83

嵌线顺序		19	20	21	22	23	24	25	26	…	143	144	145	146	147	148	149	150
槽号	下层	74		73		72		71		…	12		11		10		9	
	上层		82		81		80		79	…		20		19		18		17

嵌线顺序		151	152	153	154	155	156	157	158	159	160	161	162	163	164	165	166	167	168
槽号	下层	8		7		6		5		4									
	上层		16		15		14		13		12	11	10	9	8	7	6	5	4

3. 绕组特点与应用　本例是分数槽绕组，绕组由三联组和双联组构成，其中每五组线圈必有 4 组为三联，循环分布规律为 3　3　3　2　3。此绕组主要应用于同步发电机，主要实例有 TSN99/46-10 水轮发电机。

1.5.14　84 槽 10 极($y=8$、$a=2$)双层叠式绕组

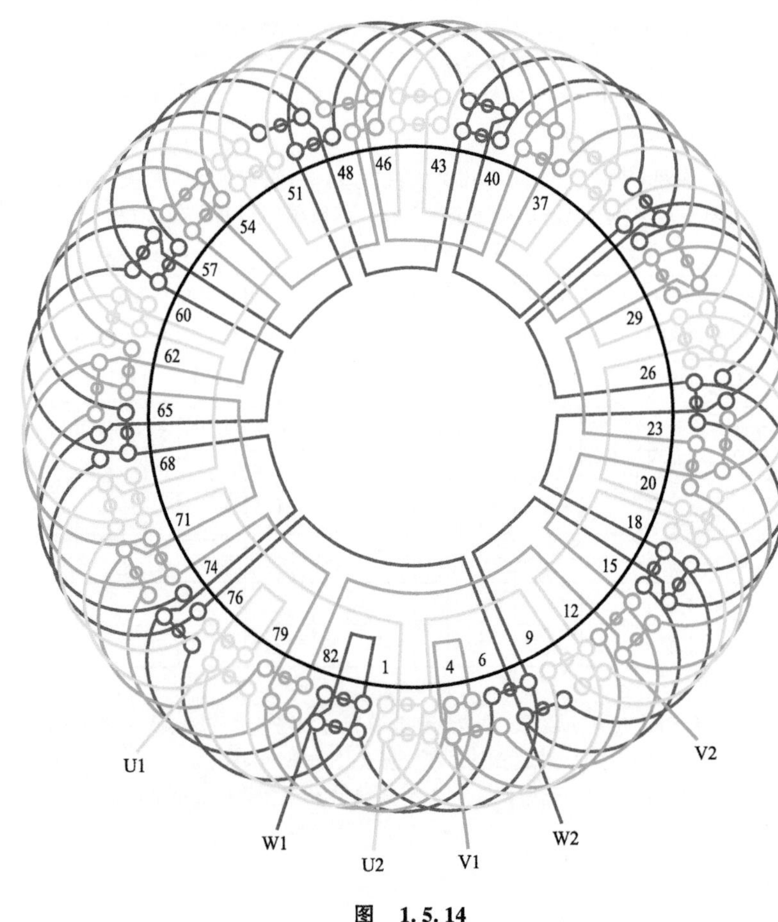

图　1.5.14

1. 绕组结构参数

定子槽数　$Z=84$　　电机极数　$2p=10$　　总线圈数　$Q=84$

线圈组数　$u=30$　　每组圈数　$S=3$、2　　极相槽数　$q=2\frac{4}{5}$

绕组极距　$\tau=8\frac{2}{5}$　　线圈节距　$y=8$　　并联路数　$a=2$

每槽电角　$\alpha=21.42°$　　分布系数　$K_d=0.956$　　节距系数　$K_p=0.997$

绕组系数　$K_{dp}=0.953$

2. 嵌线方法　　本绕组采用不等圈分布，线圈组由 3 圈组和 2 圈组构成，嵌线要参考绕组图进行。交叠嵌线吊边数为 8，嵌线顺序见表 1.5.14。

表 1.5.14　交叠法

嵌线顺序		1	2	3	4	5	6	7	8	9	10	11	12	13	14	15	16	17	18
槽号	下层	84	83	82	81	80	79	78	77	76		75		74		73		72	
	上层										84		83		82		81		80
嵌线顺序		19	20	21	22	23	24	25	26	27	28	…		145	146	147	148	149	150
槽号	下层	71		70		69		68		67		…		8		7		6	
	上层		79		78		77		76		75	…			16		15		14
嵌线顺序		151	152	153	154	155	156	157	158	159	160	161	162	163	164	165	166	167	168
槽号	下层	5		4		3		2		1									
	上层		13		12		11		10		9	8	7	6	5	4	3	2	1

3. 绕组特点与应用　　本例是分数槽绕组，分布规律是 3　3　3　2　3；绕组采用两路并联，接线时从进线后分左右两方向走线，并将同极性线圈组同向串联，最后把两路的尾端并接后出线。主要应用实例有 TSN74/29-10 水轮发电机。

1.5.15　90 槽 10 极（$y=7$）双层叠式绕组

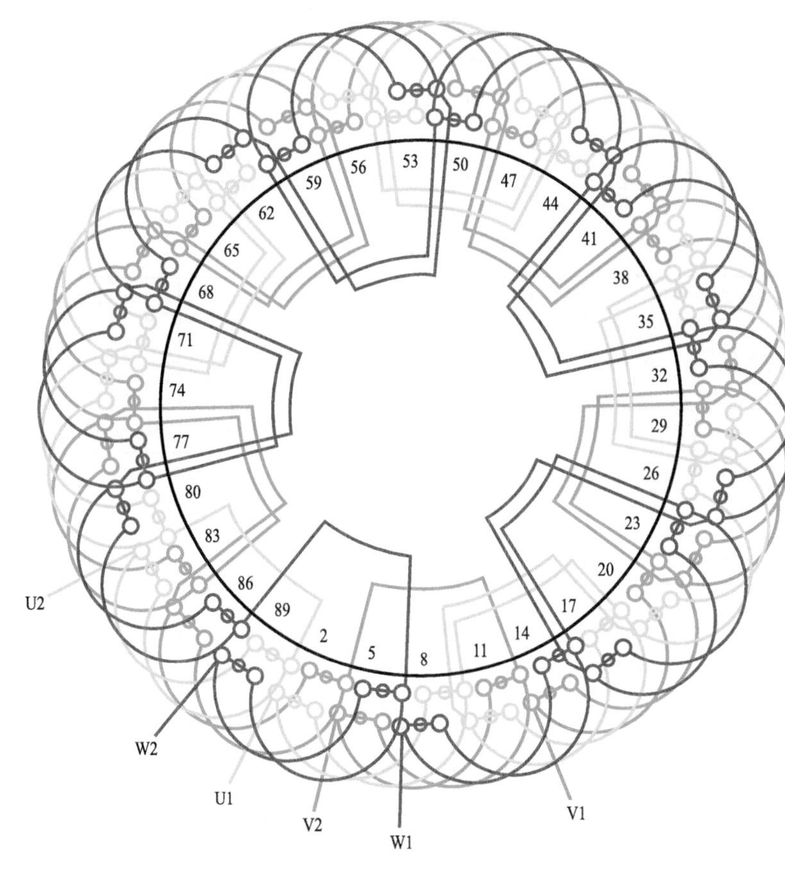

图　1.5.15

1. 绕组结构参数

定子槽数　$Z=90$　　电机极数　$2p=10$　　总线圈数　$Q=90$

线圈组数　$u=30$　　每组圈数　$S=3$　　极相槽数　$q=3$

绕组极距　$\tau=9$　　线圈节距　$y=7$　　并联路数　$a=1$

每槽电角　$\alpha=20°$　　分布系数　$K_d=0.96$　　节距系数　$K_p=0.94$

绕组系数　$K_{dp}=0.902$

2. 嵌线方法　　本例绕组采用交叠法嵌线，吊边数为 7。嵌线顺序见表 1.5.15。

表 1.5.15　交叠法

嵌线顺序		1	2	3	4	5	6	7	8	9	10	11	12	13	14	15	16	17	18
槽号	下层	3	2	1	90	89	88	87	86		85		84		83		82		81
	上层									3		2		1		90		89	
嵌线顺序		19	20	21	22	23	…		152	153	154	155	156	157	158	159	160	161	162
槽号	下层		80		79		…		14		13		12		11		10		9
	上层	88		87		86	…			21		20		19		18		17	
嵌线顺序		163	164	165	166	167	168	169	170	171	172	173	174	175	176	177	178	179	180
槽号	下层		8		7		6		5		4								
	上层	16		15		14		13		12		11	10	9	8	7	6	5	4

3. 绕组特点与应用　　本例是 10 极绕组，每相由 10 组线圈按同相相邻反极性串联而成；每组均有 3 个线圈，线圈节距较极距缩短 2 槽。主要应用实例有 JR1410-10 绕线型转子异步电动机等。

1.5.16 90 槽 10 极（$y=7$、$a=2$）双层叠式绕组

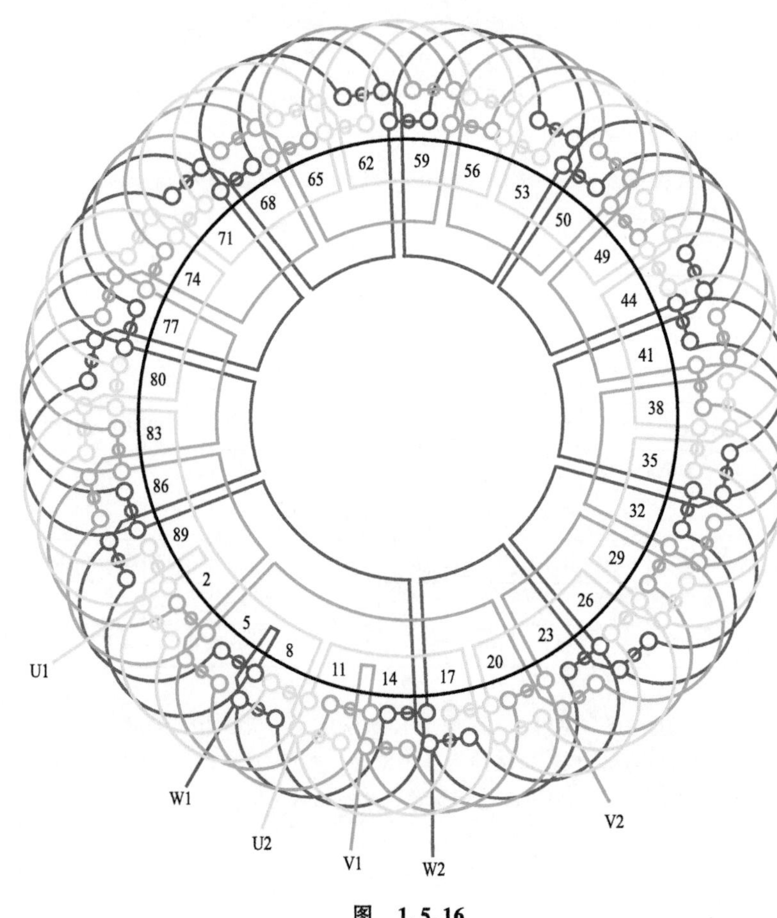

图 1.5.16

1. 绕组结构参数

定子槽数 $Z=90$　电机极数 $2p=10$　总线圈数 $Q=90$

线圈组数 $u=30$　每组圈数 $S=3$　极相槽数 $q=3$

绕组极距 $\tau=9$　线圈节距 $y=7$　并联路数 $a=2$

每槽电角 $\alpha=20°$　分布系数 $K_d=0.96$　节距系数 $K_p=0.94$

绕组系数 $K_{dp}=0.902$

2. 嵌线方法　绕组采用交叠法嵌线，吊边数为 7。嵌线顺序见表 1.5.16。

表 1.5.16　交叠法

嵌线顺序		1	2	3	4	5	6	7	8	9	10	11	12	13	14	15	16	17	18
槽号	下层	15	14	13	12	11	10	9	8		7		6		5		4		3
	上层									15		14		13		12		11	
嵌线顺序		19	20	21	22	23	24	25	26	…		155	156	157	158	159	160	161	162
槽号	下层		2		1		90		89	…			24		23		22		21
	上层	10		9		8		7		…		32		31		30		29	
嵌线顺序		163	164	165	166	167	168	169	170	171	172	173	174	175	176	177	178	179	180
槽号	下层		20		19		18		17		16								
	上层	28		27		26		25		24		23	22	21	20	19	18	17	16

3. 绕组特点与应用　本例 10 极绕组采用两路并联，每一个支路由同极性的线圈组串联而成，因此，每相的接线从进线后就分正反两个方向连接，最后将两路的尾端并接后出线。此绕组主要应用实例有 JS-1510-10 笼型电动机。

1.5.17　90 槽 10 极（$y=7$、$a=5$）双层叠式绕组

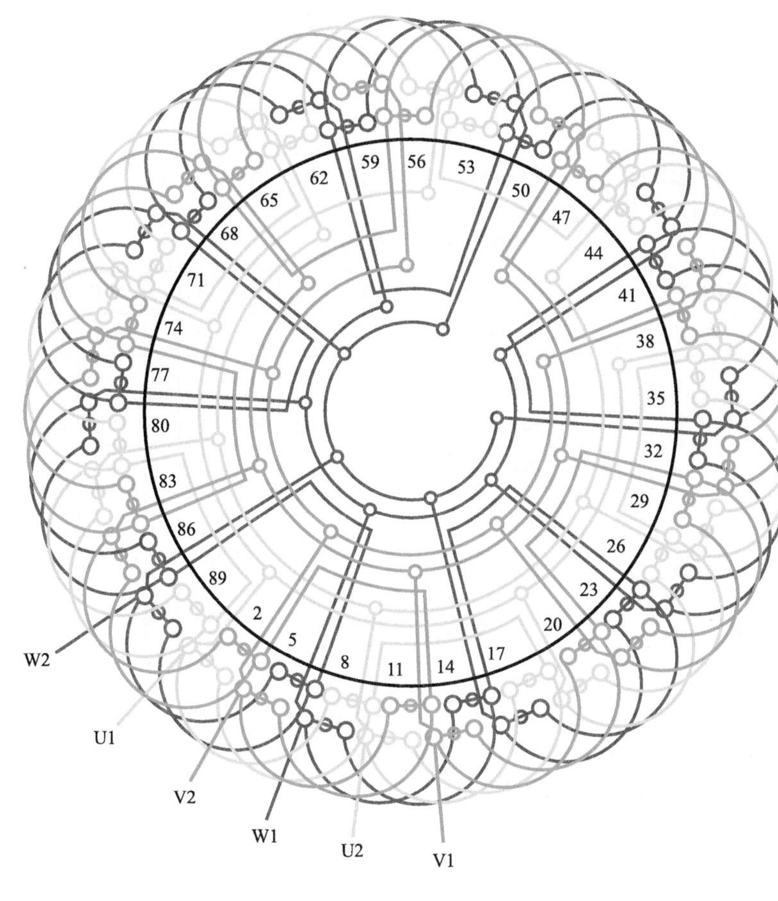

图　1.5.17

1. 绕组结构参数

定子槽数　$Z=90$　电机极数　$2p=10$　总线圈数　$Q=90$

线圈组数　$u=30$　每组圈数　$S=3$　极相槽数　$q=3$

绕组极距　$\tau=9$　线圈节距　$y=7$　并联路数　$a=5$

每槽电角　$\alpha=20°$　分布系数　$K_d=0.96$　节距系数　$K_p=0.94$

绕组系数　$K_{dp}=0.902$

2. 嵌线方法　本例采用交叠法嵌线，吊边数为 7。嵌线顺序见表 1.5.17。

表 1.5.17　交叠法

嵌线顺序		1	2	3	4	5	6	7	8	9	10	11	12	13	14	15	16	17	18
槽号	下层	90	89	88	87	86	85	84	83		82		81		80		79		78
	上层									90		89		88		87		86	
嵌线顺序		19	20	21	22	23	…	152	153	154	155	156	157	158	159	160	161	162	
槽号	下层		77		76		…	11		10		9		8		7		6	
	上层	85		84		83	…		18		17		16		15		14		
嵌线顺序		163	164	165	166	167	168	169	170	171	172	173	174	175	176	177	178	179	180
槽号	下层		5		4		3		2		1								
	上层	13		12		11		10		9		8	7	6	5	4	3	2	1

3. 绕组特点与应用　绕组由 3 联线圈组构成，每相有线圈 10 组，分成 5 个支路，每个支路由同相相邻两组线圈按反极性串联。此绕组用于低压电动机，主要应用实例有 JR117-10 笼型异步电动机等。

1.5.18　90 槽 10 极($y=7$、$a=10$)双层叠式绕组

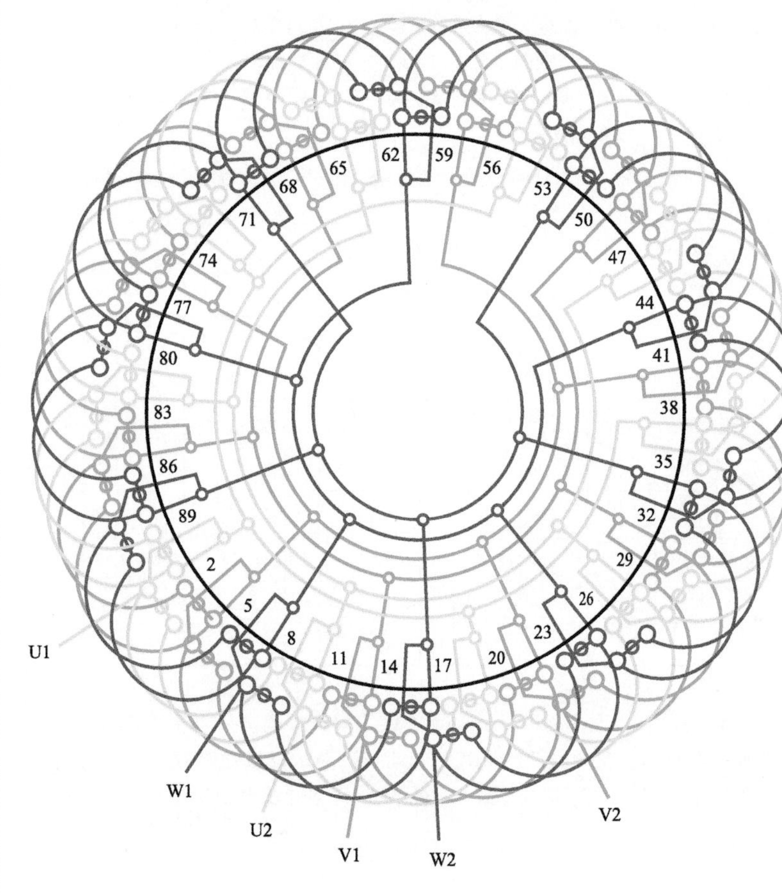

图　1.5.18

1. 绕组结构参数

定子槽数　$Z=90$　电机极数　$2p=10$　总线圈数　$Q=90$

线圈组数　$u=30$　每组圈数　$S=3$　极相槽数　$q=3$

绕组极距　$\tau=9$　线圈节距　$y=7$　并联路数　$a=10$

每槽电角　$\alpha=20°$　分布系数　$K_d=0.96$　节距系数　$K_p=0.94$

绕组系数　$K_{dp}=0.902$

2. 嵌线方法　本例采用交叠法嵌线，吊边数为 7。嵌线顺序见表 1.5.18。

表 1.5.18　交叠法

嵌线顺序		1	2	3	4	5	6	7	8	9	10	11	12	13	14	15	16	17	18
槽号	下层	3	2	1	90	89	88	87	86		85		84		83		82		81
	上层									3		2		1		90		89	
嵌线顺序		19	20	21	22	23	24	25	26	…	155	156	157	158	159	160	161	162	
槽号	下层		80		79		78		77	…		12		11		10		9	
	上层	88		87		86		85		…	20		19		18		17		
嵌线顺序		163	164	165	166	167	168	169	170	171	172	173	174	175	176	177	178	179	180
槽号	下层		8		7		6		5		4								
	上层	16		15		14		13		12		11	10	9	8	7	6	5	4

3. 绕组特点与应用　本例由三联线圈组构成，每相有 10 组，分 10 路并联则每个支路只有一组线圈。所以，接线时按同相相邻反极性并联。绕组主要应用实例有 JZR-71-10 绕线式转子异步电动机。

1.5.19　90 槽 10 极（$y=8$）双层叠式绕组

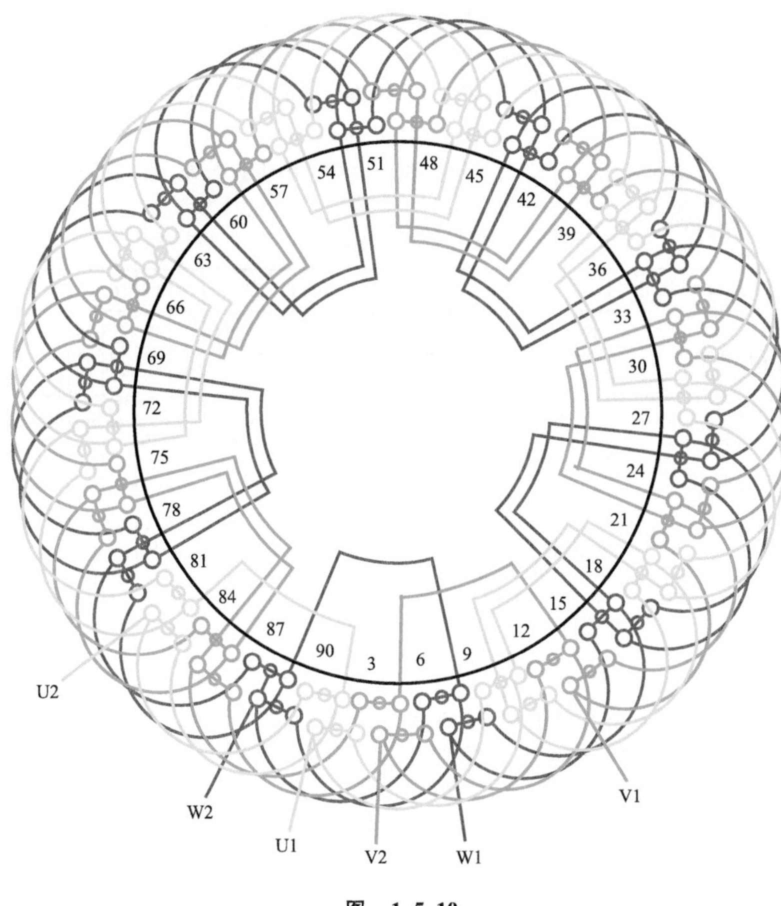

图　1.5.19

1. 绕组结构参数

定子槽数　$Z=90$　电机极数　$2p=10$　总线圈数　$Q=90$

线圈组数　$u=30$　每组圈数　$S=3$　极相槽数　$q=3$

绕组极距　$\tau=9$　线圈节距　$y=8$　并联路数　$a=1$

每槽电角　$\alpha=20°$　分布系数　$K_d=0.96$　节距系数　$K_p=0.985$

绕组系数　$K_{dp}=0.946$

2. 嵌线方法　　采用交叠法嵌线，吊边数为 8。嵌线顺序见表 1.5.19。

表 1.5.19　交叠法

嵌线顺序		1	2	3	4	5	6	7	8	9	10	11	12	13	14	15	16	17	18
槽号	下层	3	2	1	90	89	88	87	86	85		84		83		82		81	
	上层										3		2		1		90		89
嵌线顺序		19	20	21	22	23	24	25	26	27	28	…		157	158	159	160	161	162
槽号	下层	80		79		78		77		76		…		11		10		9	
	上层		88		87		86		85		84	…			19		18		17
嵌线顺序		163	164	165	166	167	168	169	170	171	172	173	174	175	176	177	178	179	180
槽号	下层	8		7		6		5		4									
	上层		16		15		14		13		12	11	10	9	8	7	6	5	4

3. 绕组特点与应用　　本例 10 极绕组采用一路接线，每相有 10 个三联组，接线为一正一反，即使同相相邻线圈组的极性相反。主要应用实例有 JRQ1410-10、JRQ158-10 绕线式转子异步电动机等。

1.5.20 90 槽 10 极($y=8$、$a=2$)双层叠式绕组

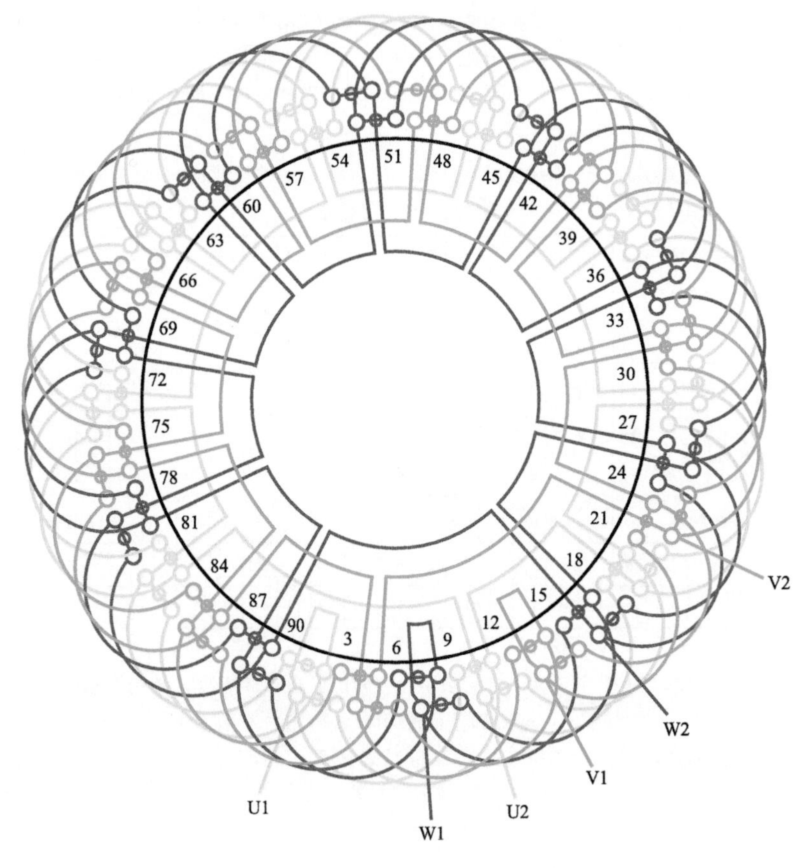

图 1.5.20

1. 绕组结构参数

定子槽数 $Z=90$　电机极数 $2p=10$　总线圈数 $Q=90$

线圈组数 $u=30$　每组圈数 $S=3$　极相槽数 $q=3$

绕组极距 $\tau=9$　线圈节距 $y=8$　并联路数 $a=2$

每槽电角 $\alpha=20°$　分布系数 $K_d=0.96$　节距系数 $K_p=0.985$

绕组系数 $K_{dp}=0.946$

2. 嵌线方法　绕组采用交叠法嵌线，吊边数为 8。嵌线顺序见表 1.5.20。

表 1.5.20　交叠法

嵌线顺序		1	2	3	4	5	6	7	8	9	10	11	12	13	14	15	16	17	18
槽号	下层	90	89	88	87	86	85	84	83	82		81		80		79		78	
	上层										90		89		88		87		86
嵌线顺序		19	20	21	22	23	…		152	153	154	155	156	157	158	159	160	161	162
槽号	下层	77		76		75	…			10		9		8		7		6	
	上层		85		84		…		19		18		17		16		15		14
嵌线顺序		163	164	165	166	167	168	169	170	171	172	173	174	175	176	177	178	179	180
槽号	下层	5		4		3		2		1									
	上层		13		12		11		10		9	8	7	6	5	4	3	2	1

3. 绕组特点与应用　本例为 10 极绕组，采用两路并联，每一个支路由 5 组线圈串联而成。而本例采用双向走线，长跳接法即进线后一路逆时针方向隔组顺串；另一路则顺时针方向隔组顺串，最后把两路尾端并接出线。主要应用实例有 JR2-355S2-10 绕线式转子异步电动机等。

1.5.21 90 槽 10 极($y=8$、$a=5$)双层叠式绕组

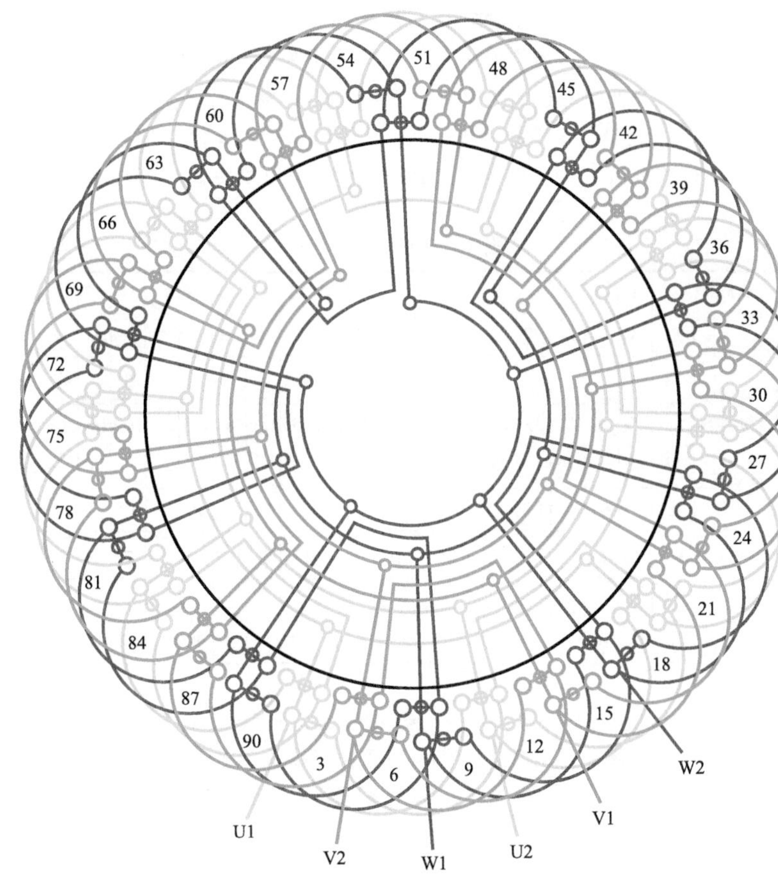

图 1.5.21

1. 绕组结构参数

定子槽数 $Z=90$　电机极数 $2p=10$　总线圈数 $Q=90$

线圈组数 $u=30$　每组圈数 $S=3$　极相槽数 $q=3$

绕组极距 $\tau=9$　线圈节距 $y=8$　并联路数 $a=5$

每槽电角 $\alpha=20°$　分布系数 $K_d=0.96$　节距系数 $K_p=0.985$

绕组系数 $K_{dp}=0.946$

2. 嵌线方法　绕组采用交叠法嵌线，吊边数为 8。嵌线顺序见表 1.5.21。

表 1.5.21 交叠法

嵌线顺序		1	2	3	4	5	6	7	8	9	10	11	12	13	14	15	16	17	18
槽号	下层	6	5	4	3	2	1	90	89	88		87		86		85		84	
	上层										6		5		4		3		2
嵌线顺序		19	20	21	22	23	24	25	26	…		155	156	157	158	159	160	161	162
槽号	下层	83		82		81				…		15		14		13		12	
	上层		1		90		89		88	…			23		22		21		20
嵌线顺序		163	164	165	166	167	168	169	170	171	172	173	174	175	176	177	178	179	180
槽号	下层	11		10		9		8		7									
	上层		19		18		17		16		15	14	13	12	11	10	9	8	7

3. 绕组特点与应用　本例绕组分布与上例相同，但采用五路接线，每一个支路由相邻两个线圈组反极性串联。本绕组主要应用实例有 JS2-355S2-10 三相异步电动机、JR2-355M2-10 绕线式转子异步电动机等。

1.5.22　90 槽 10 极($y=8$、$a=10$)双层叠式绕组

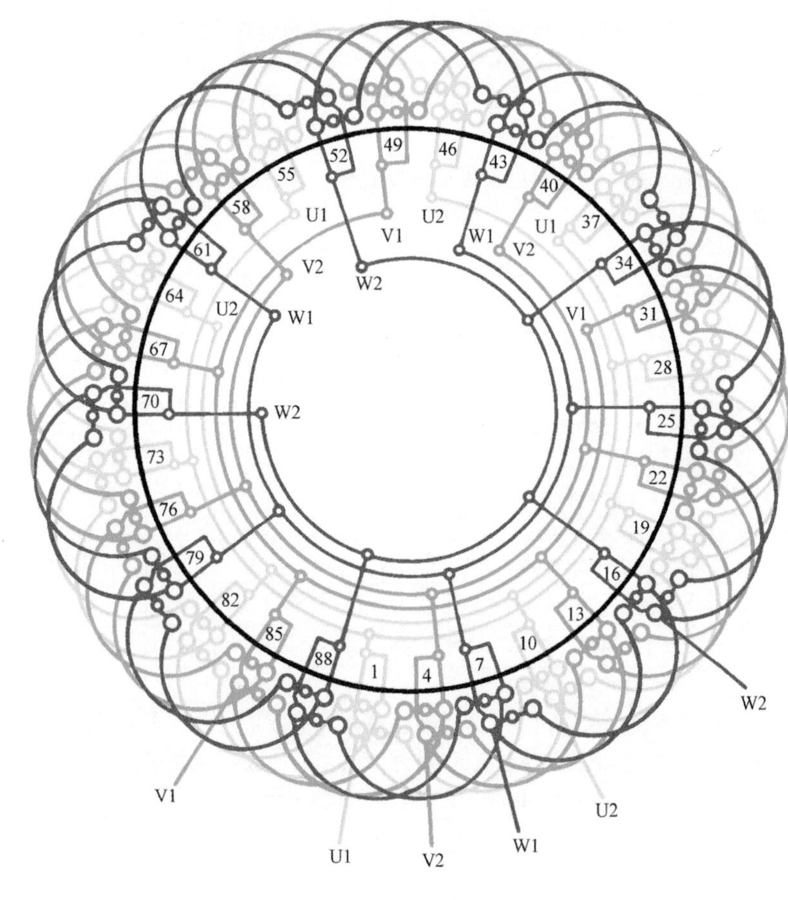

图　1.5.22

1. 绕组结构参数

定子槽数	$Z=90$	每组圈数	$S=3$	并联路数	$a=10$
电机极数	$2p=10$	极相槽数	$q=3$	分布系数	$K_d=0.96$
总线圈数	$Q=90$	绕组极距	$\tau=9$	节距系数	$K_p=0.985$
线圈组数	$u=30$	线圈节距	$y=8$	绕组系数	$K_{dp}=0.946$

2. 嵌线方法　　本例采用交叠法嵌线，吊边数为 8。嵌线顺序见表 1.5.22。

表 1.5.22　交叠法

嵌线顺序		1	2	3	4	5	6	7	8	9	10	11	12	13	14	15	16	17	18
槽号	下层	3	2	1	90	89	88	87	86	85		84		83		82		81	
	上层										3		2		1		90		89

嵌线顺序		19	20	21	22	23	24	25	…	154	155	156	157	158	159	160	161	162
槽号	下层	80		79		78		77	…		12		11		10		9	
	上层		88		87		86		…	21		20		19		18		17

嵌线顺序		163	164	165	166	167	168	169	170	171	172	173	174	175	176	177	178	179	180
槽号	下层	8		7		6		5		4									
	上层		16		15		14		13		12	11	10	9	8	7	6	5	4

3. 绕组特点与应用　　本例是功率较大而转速较低的电动机绕组。每相有 10 组线圈，每组 3 圈，采用 10 路并联接线，即同相相邻的线圈组必须是反极性。此绕组实际应用于 Y2-355M2-10 三相异步电动机等型号。

1.5.23 90 槽 10 极($y=9$)双层叠式绕组

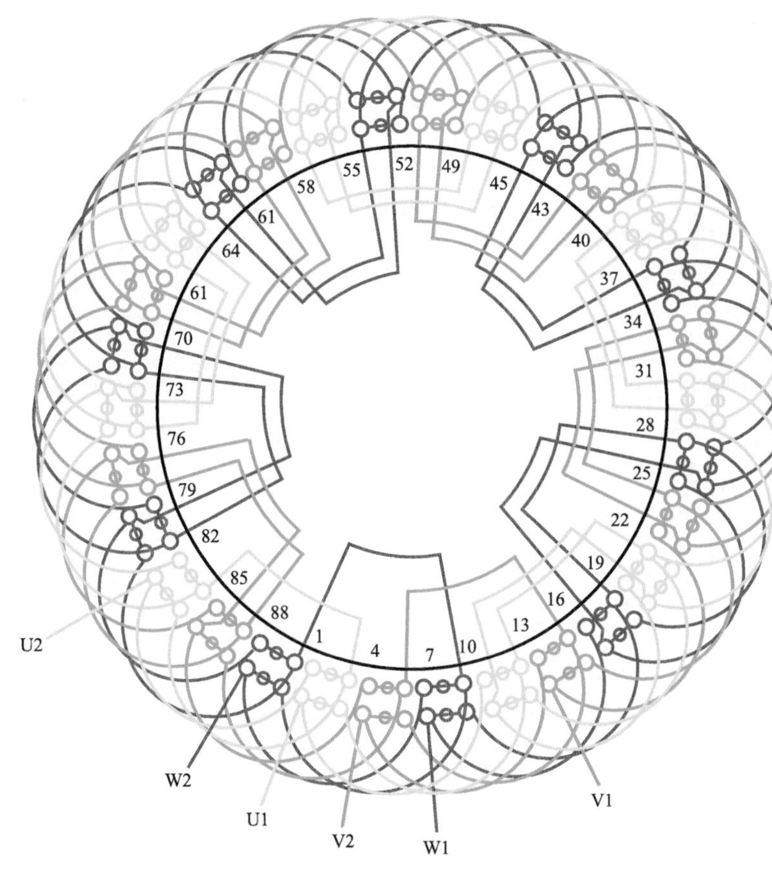

图 1.5.23

1. 绕组结构参数

定子槽数 $Z=90$　电机极数 $2p=10$　总线圈数 $Q=90$

线圈组数 $u=30$　每组圈数 $S=3$　极相槽数 $q=3$

绕组极距 $\tau=9$　线圈节距 $y=9$　并联路数 $a=1$

每槽电角 $\alpha=20°$　分布系数 $K_d=0.96$　节距系数 $K_p=1.0$

绕组系数 $K_{dp}=0.96$

2. 嵌线方法　绕组采用交叠法嵌线，吊边数为 9。嵌线顺序见表 1.5.23。

表 1.5.23　交叠法

嵌线顺序		1	2	3	4	5	6	7	8	9	10	11	12	13	14	15	16	17	18
槽号	下层	3	2	1	90	89	88	87	86	85	84		83		82		81		80
	上层											3		2		1		90	
嵌线顺序		19	20	21	22	23	…		152	153	154	155	156	157	158	159	160	161	162
槽号	下层		79		78		…		13		12		11		10		9		8
	上层	89		88		87	…			22		21		20		19		18	
嵌线顺序		163	164	165	166	167	168	169	170	171	172	173	174	175	176	177	178	179	180
槽号	下层		7		6		5		4										
	上层	17		16		15		14		13	12	11	10	9	8	7	6	5	4

3. 绕组特点与应用　本例线圈节距等于极距，属全距绕组，嵌线吊边数多，但用于转子则不受此限制；而全距绕组不能消除高次谐波，所以绕组用于转子也可消除此虑。主要应用实例有 YZR2-315S1-10 起重及冶金用绕线转子异步电动机转子。

1.5.24　*90 槽 10 极($y=9$、$a=2$)双层叠式绕组

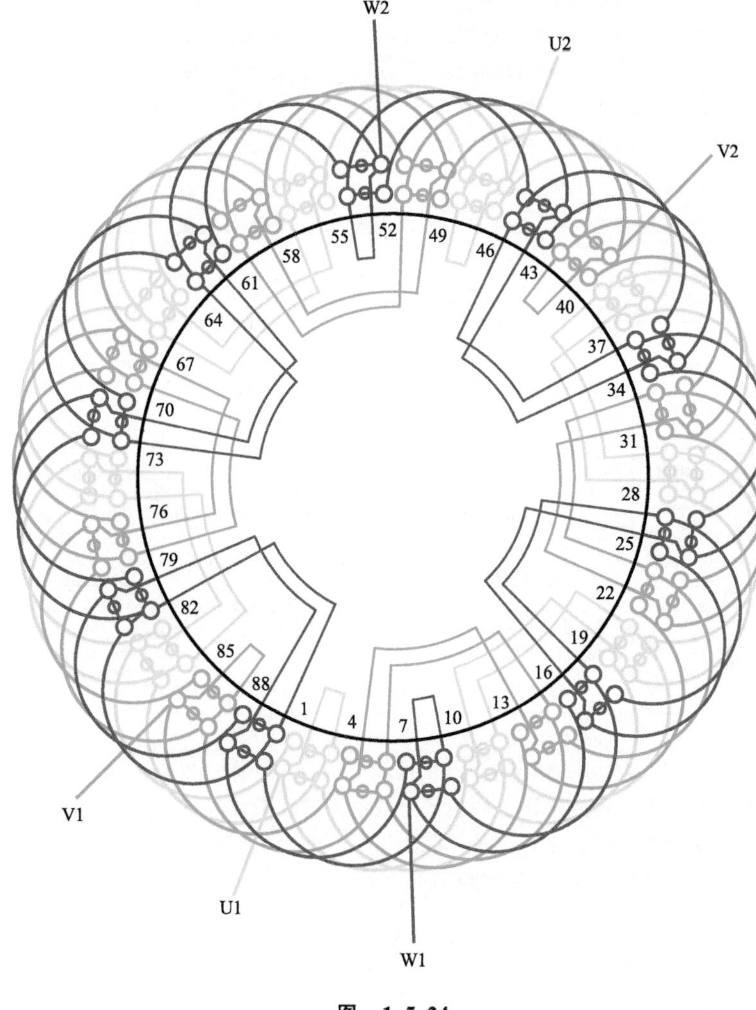

图　1.5.24

1. 绕组结构参数

定子槽数　$Z=90$　　电机极数　$2p=10$　　总线圈数　$Q=90$

线圈组数　$u=30$　　每组圈数　$S=3$　　极相槽数　$q=3$

绕组极距　$\tau=9$　　线圈节距　$y=9$　　并联路数　$a=2$

分布系数　$K_d=0.96$　节距系数　$K_p=1$　　绕组系数　$K_{dp}=0.96$

2. 嵌线方法　　本例采用交叠法嵌线，吊边数为 9。嵌线顺序见表 1.5.24。

表 1.5.24　交叠法

嵌线顺序	1	2	3	4	5	6	7	8	9	10	11	12	13	14	15	16	17	18
槽号 下层	90	89	88	87	86	85	84	83	82	81		80		79		78		77
槽号 上层											90		89		88		87	
嵌线顺序	19	20	21	22	23	24	…			154	155	156	157	158	159	160	161	162
槽号 下层		76		75		74	…			9		8		7		6		5
槽号 上层	86		85		84		…				18		17		16		15	
嵌线顺序	163	164	165	166	167	168	169	170	171	172	173	174	175	176	177	178	179	180
槽号 下层		4		3		2		1										
槽号 上层	14		13		12		11		10	9	8	7	6	5	4	3	2	1

3. 绕组特点与应用　　本例是整距绕组，每组由 3 个线圈串联而成，接成两路并联，每个支路有 5 组线圈，采用双向接线，即进线后分左右两侧走线，并按长跳接法，分别构成极性相同的两个支路。因是全距，用于定子会因谐波而影响技术性能，故一般用于转子绕组或发电机定子。此绕组取自 JBR0-450S-10 低压绕线转子隔爆型电动机的实修记录。

1.5.25 *105 槽 10 极($y=10$)双层叠式绕组

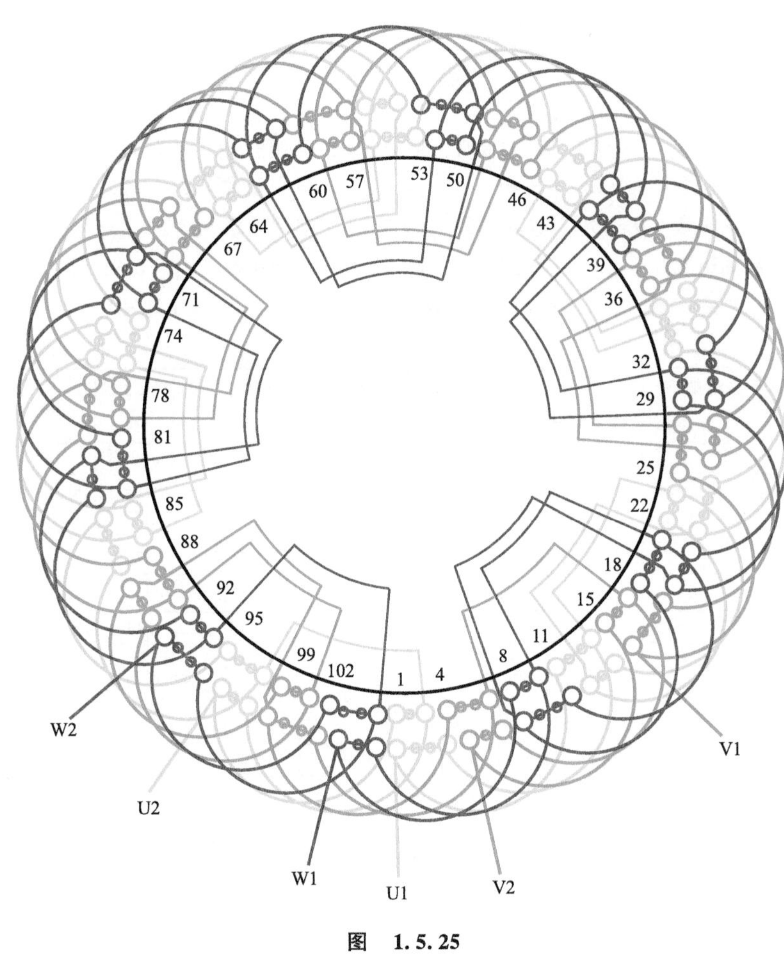

图 1.5.25

1. 绕组结构参数

定子槽数 $Z=105$　电机极数 $2p=10$　总线圈数 $Q=105$

线圈组数 $u=30$　每组圈数 $S=3\frac{1}{2}$　极相槽数 $q=3\frac{1}{2}$

绕组极距 $\tau=10\frac{1}{2}$　线圈节距 $y=10$　并联路数 $a=1$

分布系数 $K_d=0.959$　节距系数 $K_p=0.997$　绕组系数 $K_{dp}=0.956$

2. 嵌线方法　本例采用交叠法嵌线，嵌线吊边数为 10。嵌线顺序见表 1.5.25。

表 1.5.25　交叠法

嵌线顺序		1	2	3	4	5	6	7	8	9	10	11	12	13	14	15	16	17	18
槽号	下层	105	104	103	102	101	100	99	98	97	96	95		94		93		92	
	上层												105		104		103		102
嵌线顺序		19	20	21	22	23	24		…		184	185	186	187	188	189	190	191	192
槽号	下层	91		90		89			…			8		7		6		5	
	上层		101		100		99		…		19		18		17		16		15
嵌线顺序		193	194	195	196	197	198	199	200	201	202	203	204	205	206	207	208	209	210
槽号	下层	4		3		2		1											
	上层		14		13		12		11	10	9	8	7	6	5	4	3	2	1

3. 绕组特点与应用　本例是分数槽绕组，每组由三联组和四联组构成，线圈组分布规律是 4 3 4 3 …，即大小联交替分布。此绕组应用于转子，主要应用实例有 JBR0-450L-10 低压隔爆型绕线式电动机。

1.6 三相双层叠式 12 极及以上绕组布线接线图

本节是低转速系列电动机绕组，转速在 500r/min 以下，主要用于较大容量的电动机绕组，故其接线较多采用多路并联。本节收入布线接线图 10 例，其中包括新绕组 4 例。

1.6.1 45 槽 12 极（$y=3$）双层叠式绕组

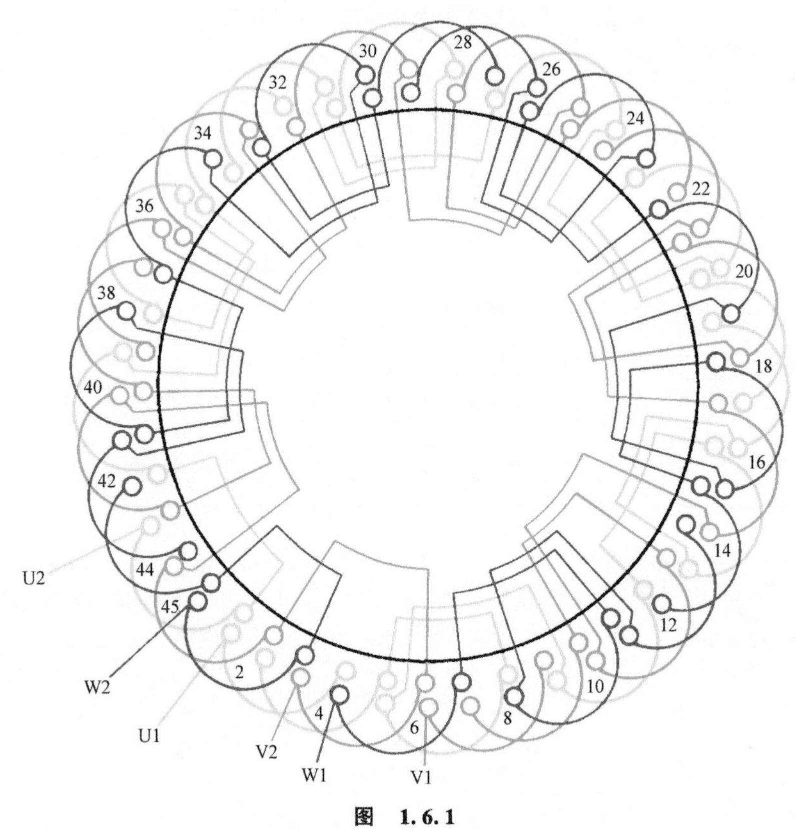

图 1.6.1

1. 绕组结构参数

定子槽数 $Z=45$ 每组圈数 $S=1\frac{1}{4}$ 并联路数 $a=1$

电机极数 $2p=12$ 极相槽数 $q=1\frac{1}{4}$ 分布系数 $K_d=0.957$

总线圈数 $Q=45$ 绕组极距 $\tau=3\frac{3}{4}$ 节距系数 $K_p=0.951$

线圈组数 $u=36$ 线圈节距 $y=3$ 绕组系数 $K_{dp}=0.91$

2. 嵌线方法 采用交叠法嵌线，吊边数为 3。嵌线顺序见表 1.6.1。

表 1.6.1 交叠法

嵌线顺序		1	2	3	4	5	6	7	8	9	10	11	12	13	14	15	16	17	18	19	20	21	22	23
槽号	下层	45	44	43	42		41		40		39		38		37		36		35		34		33	
	上层					45		44		43		42		41		40		39		38		37		36
嵌线顺序		24	25	26	27	28	29	30	31	32	33	34	35	36	37	38	39	40	41	42	43	44	45	46
槽号	下层	32		31		30		29		28		27		26		25		24		23		22		21
	上层		35		34		33		32		31		30		29		28		27		26		25	
嵌线顺序		47	48	49	50	51	52	53	54	55	56	57	58	59	60	61	62	63	64	65	66	67	68	69
槽号	下层		20		19		18		17		16		15		14		13		12		11		10	
	上层	24		23		22		21		20		19		18		17		16		15		14		13
嵌线顺序		70	71	72	73	74	75	76	77	78	79	80	81	82	83	84	85	86	87	88	89	90		
槽号	下层	9		8		7		6		5		4		3		2		1						
	上层		12		11		10		9		8		7		6		5		4	3	2	1		

3. 绕组特点与应用 绕组采用分数槽布线，线圈组由单、双圈组成，绕组分布规律为 2 1 1 1。主要应用实例有 JG2-51-12 辊道用电动机等。

1.6.2　54 槽 12 极（$y=4$）双层叠式绕组

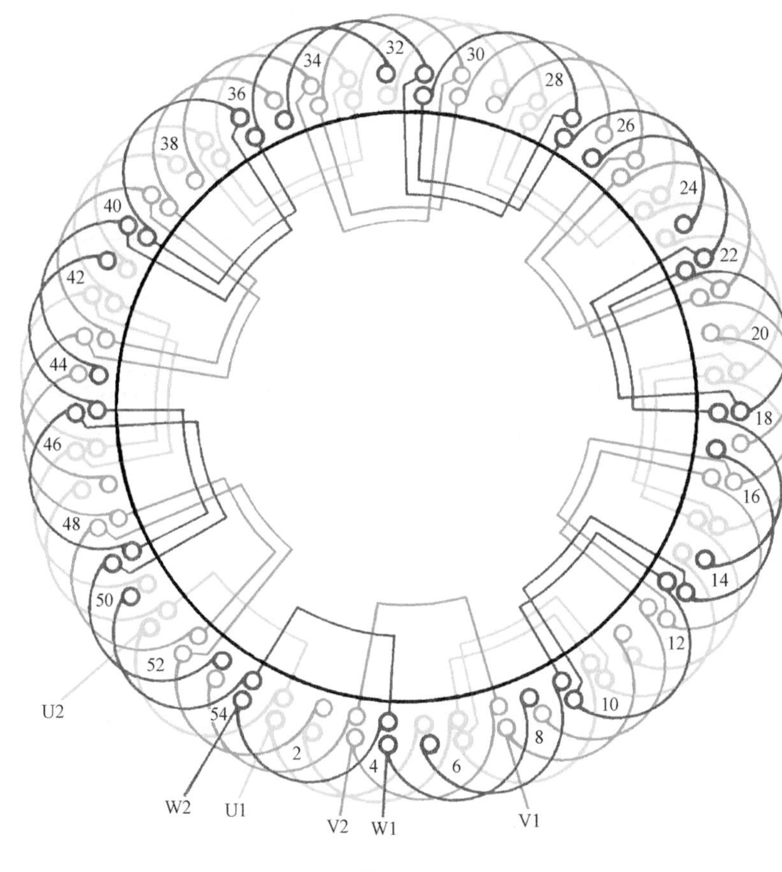

图　1.6.2

1. 绕组结构参数

定子槽数　$Z=54$　　每组圈数　$S=1\frac{1}{2}$　　并联路数　$a=1$

电机极数　$2p=12$　　极相槽数　$q=1\frac{1}{2}$　　分布系数　$K_d=0.96$

总线圈数　$Q=54$　　绕组极距　$\tau=4\frac{1}{2}$　　节距系数　$K_p=0.985$

线圈组数　$u=36$　　线圈节距　$y=4$　　绕组系数　$K_{dp}=0.946$

2. 嵌线方法　　本例采用交叠法嵌线，吊边数为 4。嵌线顺序见表 1.6.2。

表 1.6.2　交叠法

嵌线顺序		1	2	3	4	5	6	7	8	9	10	11	12	13	14	15	16	17	18	19	20	21	22
槽号	下层	54	53	52	51	50		49		48		47		46		45		44		43		42	
	上层						54		53		52		51		50		49		48		47		46
嵌线顺序		23	24	25	26	27	28	29	30	31	32	33	34	35	36	37	38	39	40	41	42	43	44
槽号	下层	41		40		39		38		37		36		35		34		33		32		31	
	上层		45		44		43		42		41		40		39		38		37		36		35
嵌线顺序		45	46	47	48	49	50	51	52	53	54	55	56	57	58	59	60	61	62	63	…		
槽号	下层	30		29		28		27		26		25		24		23		22		21	…		
	上层		34		33		32		31		30		29		28		27		26		…		
嵌线顺序		89	90	91	92	93	94	95	96	97	98	99	100	101	102	103	104	105	106	107	108		
槽号	下层	8		7		6		5		4		3		2		1							
	上层		12		11		10		9		8		7		6		5	4	3	2	1		

3. 绕组特点与应用　　此绕组线圈节距仅较极距缩短半槽，绕组系数较高；而绕组极距为分数，属分数槽绕组方案。每个线圈组由单、双圈组成，布线规律是 2　1　2　1。主要应用实例有 JG2-61-12 辊道用电动机等。

1.6.3　54 槽 12 极($y=4$、$a=2$)双层叠式绕组

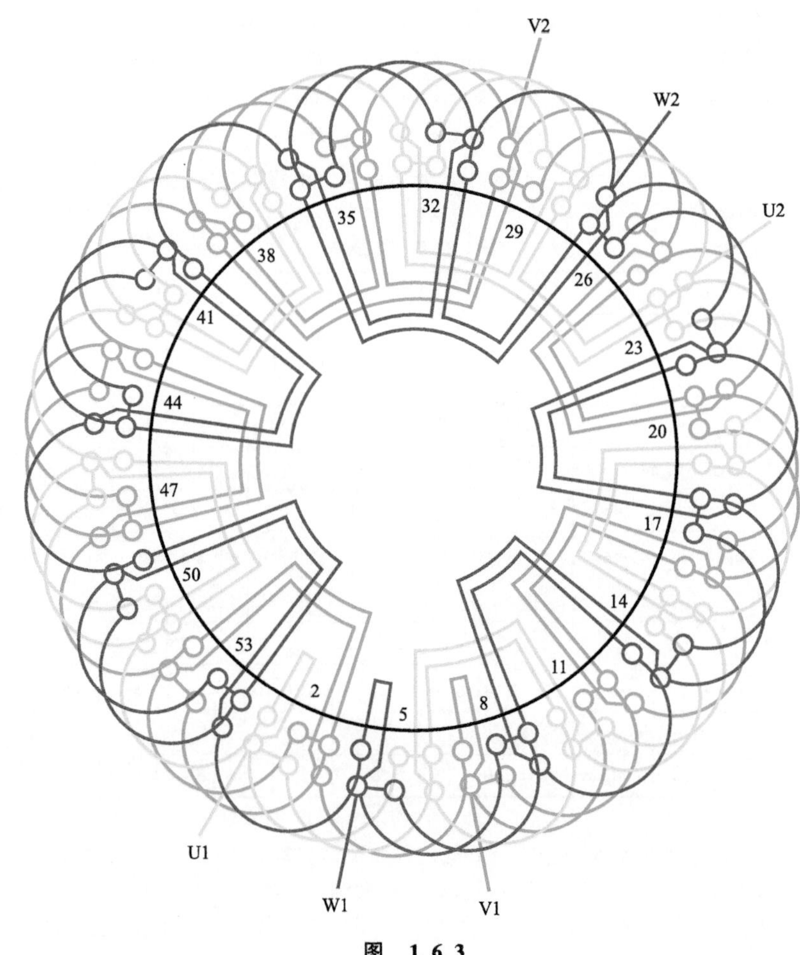

图　1.6.3

1. 绕组结构参数

定子槽数	$Z=54$	每组圈数	$S=1\frac{1}{2}$	并联路数	$a=2$
电机极数	$2p=12$	极相槽数	$q=1\frac{1}{2}$	分布系数	$K_d=0.96$
总线圈数	$Q=54$	绕组极距	$\tau=4\frac{1}{2}$	节距系数	$K_p=0.985$
线圈组数	$u=36$	线圈节距	$y=4$	绕组系数	$K_{dp}=0.946$

2. 嵌线方法　　采用交叠法嵌线，吊边数为 4。嵌线顺序见表 1.6.3。

表 1.6.3　交叠法

嵌线顺序		1	2	3	4	5	6	7	8	9	10	11	12	13	14	15	16	17	18
槽号	下层	2	1	54	53	52		51		50		49		48		47		46	
	上层						2		1		54		53		52		51		50
嵌线顺序		19	20	21	22	23	…			81	82	83	84	85	86	87	88	89	90
槽号	下层	45		44		43	…			14		13		12		11		10	
	上层		49		48		…				18		17		16		15		14
嵌线顺序		91	92	93	94	95	96	97	98	99	100	101	102	103	104	105	106	107	108
槽号	下层	9		8		7		6		5		4		3					
	上层		13		12		11		10		9		8		7	6	5	4	3

3. 绕组特点与应用　　本例为分数槽绕组，每组由单、双圈组成；采用两路并联接线，每一个支路由 6 组线圈相邻反极性串联。主要应用实例有 JG2-62-12 辊道用电动机等。

1.6.4 *54 槽 12 极($y=4$、$a=3$)双层叠式绕组

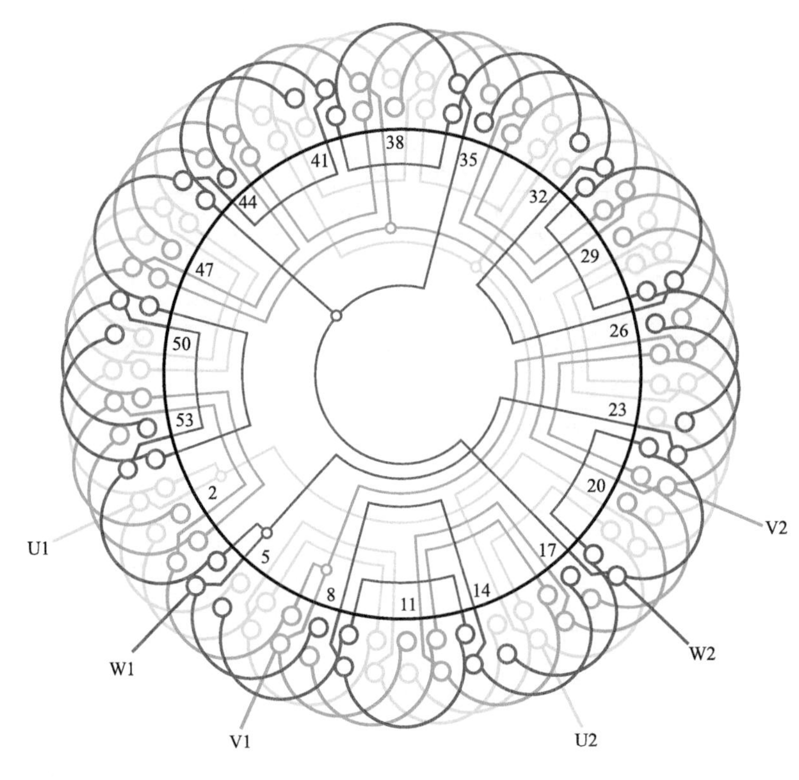

图 1.6.4

1. 绕组结构参数

定子槽数 $Z=54$　　每组圈数 $S=1\frac{1}{2}$　　并联路数 $a=3$

电机极数 $2p=12$　　极相槽数 $q=1\frac{1}{2}$　　分布系数 $K_d=0.96$

总线圈数 $Q=54$　　绕组极距 $\tau=4\frac{1}{2}$　　节距系数 $K_p=0.985$

线圈组数 $u=36$　　线圈节距 $y=4$　　绕组系数 $K_{dp}=0.945$

2. 嵌线方法　本例采用交叠法嵌线，吊边数为 5。嵌线顺序见表 1.6.4。

表 1.6.4　交叠法

嵌线顺序		1	2	3	4	5	6	7	8	9	10	11	12	13	14	15	16	17	18
槽号	下层	54	53	52	51	50		49		48		47		46		45		44	
	上层						54		53		52		51		50		49		48

嵌线顺序		19	20	21	22	23	24	…	82	83	84	85	86	87	88	89	90
槽号	下层	43		42		41		…		11		10		9		8	
	上层		47		46		45	…	16		15		14		13		12

嵌线顺序		91	92	93	94	95	96	97	98	99	100	101	102	103	104	105	106	107	108
槽号	下层	7		6		5		4		3		2		1					
	上层		11		10		9		8		7		6		5	4	3	2	1

3. 绕组特点与应用

本例是分数槽绕组，每组由单、双圈组成，并按 2 1 2 1…规律循环布线。绕组采用三路并联，每个支路由单、双圈各 4 组采用短跳连接，使之相邻线圈组的极性相反。此绕组主要应用实例有 JGZ-62-12 辊道用电动机重绕实修。

1.6.5　54 槽 16 极（$y=3$）双层叠式绕组

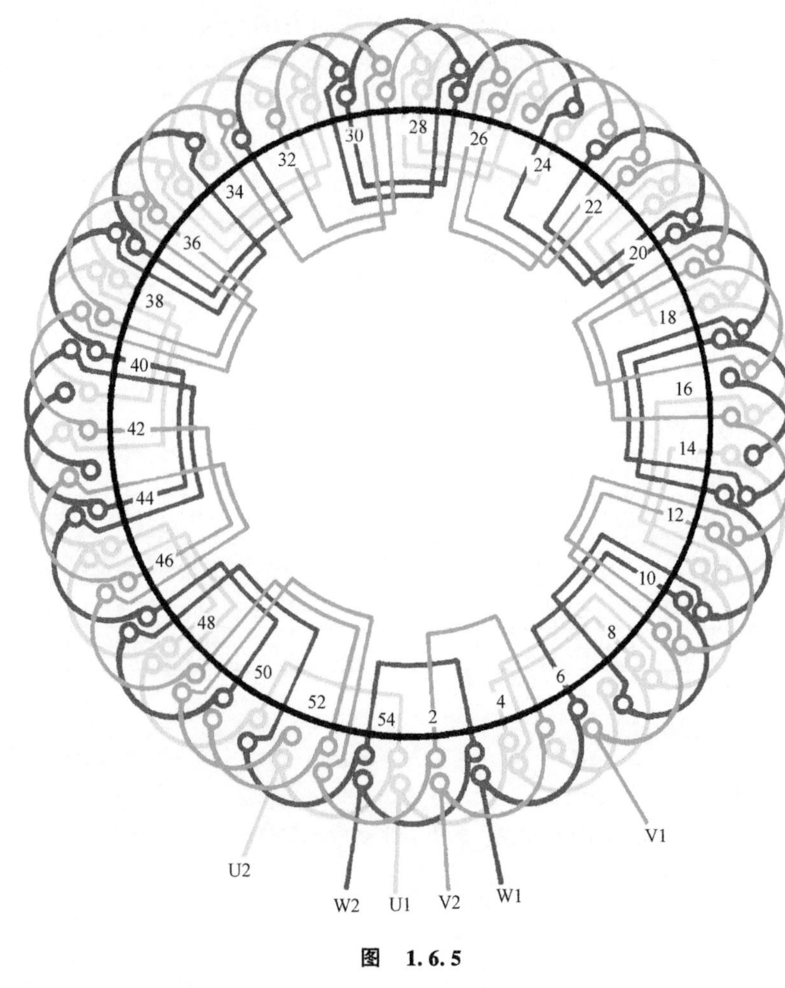

图　1.6.5

1. 绕组结构参数

定子槽数　$Z=54$　　每组圈数　$S=1\frac{1}{8}$　　并联路数　$a=1$

电机极数　$2p=16$　　极相槽数　$q=1\frac{1}{8}$　　分布系数　$K_d=0.956$

总线圈数　$Q=54$　　绕组极距　$\tau=4$　　节距系数　$K_p=0.896$

线圈组数　$u=48$　　线圈节距　$y=3$　　绕组系数　$K_{dp}=0.857$

2. 嵌线方法　　采用交叠法嵌线，吊边数为 3。嵌线顺序见表 1.6.5。

表 1.6.5　交叠法

嵌线顺序		1	2	3	4	5	6	7	8	9	10	11	12	13	14	15	16	17	18	19	20	21	22
槽号	下层	54	53	52	51		50		49		48		47		46		45		44		43		42
	上层					54		53		52		51		50		49		48		47		46	
嵌线顺序		23	24	25	26	27	28	29	30	31	32	33	34	35	36	37	38	39	40	41	42	43	44
槽号	下层		41		40		39		38		37		36		35		34		33		32		31
	上层	45		44		43		42		41		40		39		38		37		36		35	
嵌线顺序		45	46	47	48	49	50	51	…		77	78	79	80	81	82	83	84	85	86	87	88	
槽号	下层		30		29		28		…			14		13		12		11		10		9	
	上层	34		33		32		31	…		18		17		16		15		14		13		
嵌线顺序		89	90	91	92	93	94	95	96	97	98	99	100	101	102	103	104	105	106	107	108		
槽号	下层		8		7		6		5		4		3		2		1						
	上层	12		11		10		9		8		7		6		5		4	3	2	1		

3. 绕组特点与应用　　此例为分数槽绕组，每组由单、双圈按 2 1 1 1 1 1 1 1 规律分布；此外，由于极距较短，采用短节距线圈后，绕组系数较低。此绕组仅见于辊道用低速电动机，其余极少采用。主要实例有 JG2-72-16 电动机。

1.6.6 90 槽 12 极($y=6$)双层叠式绕组

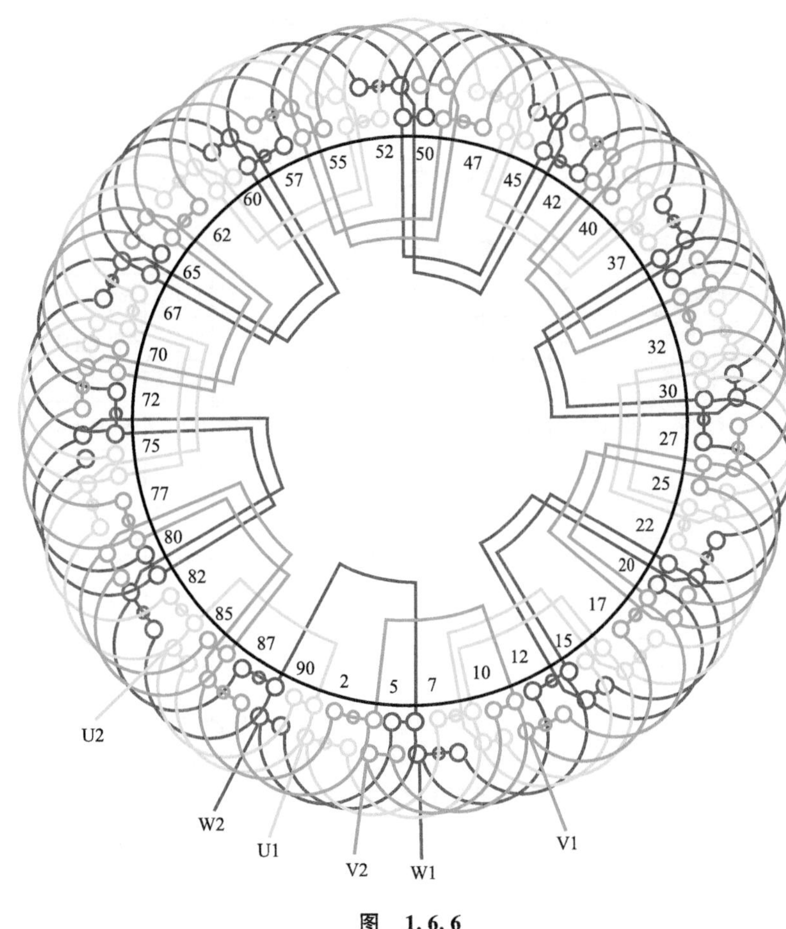

图 1.6.6

1. 绕组结构参数

定子槽数 $Z=90$　电机极数 $2p=12$　总线圈数 $Q=90$

线圈组数 $u=36$　每组圈数 $S=3$、2　极相槽数 $q=2\frac{1}{2}$

绕组极距 $\tau=7\frac{1}{2}$　线圈节距 $y=6$　并联路数 $a=1$

每槽电角 $\alpha=24°$　分布系数 $K_d=0.957$　节距系数 $K_p=0.951$

绕组系数 $K_{dp}=0.91$

2. 嵌线方法　本例采用交叠法嵌线，吊边数为 6。嵌线顺序见表 1.6.6。

表 1.6.6　交叠法

嵌线顺序		1	2	3	4	5	6	7	8	9	10	11	12	13	14	15	16	17	18
槽号	下层	3	2	1	90	89	88	87		86		85		84		83		82	
	上层								3		2		1		90		89		88
嵌线顺序		19	20	21	22	23	…		152	153	154	155	156	157	158	159	160	161	162
槽号	下层	81		80		79	…			14		13		12		11		10	
	上层		87		86		…		21		20		19		18		17		16
嵌线顺序		163	164	165	166	167	168	169	170	171	172	173	174	175	176	177	178	179	180
槽号	下层	9		8		7		6		5		4							
	上层		15		14		13		12		11		10	9	8	7	6	5	4

3. 绕组特点与应用　本例是分数槽绕组，线圈组由 3 圈、2 圈构成，分布规律为 3　2　3　2。绕组采用一路接法，即使同相相邻线圈组的极性相反。此绕组常用于容量较大的电机，主要应用实例有 JRQ1510-12 中型绕线转子异步电动机等。

1.6.7　90 槽 12 极（$y=7$）双层叠式绕组

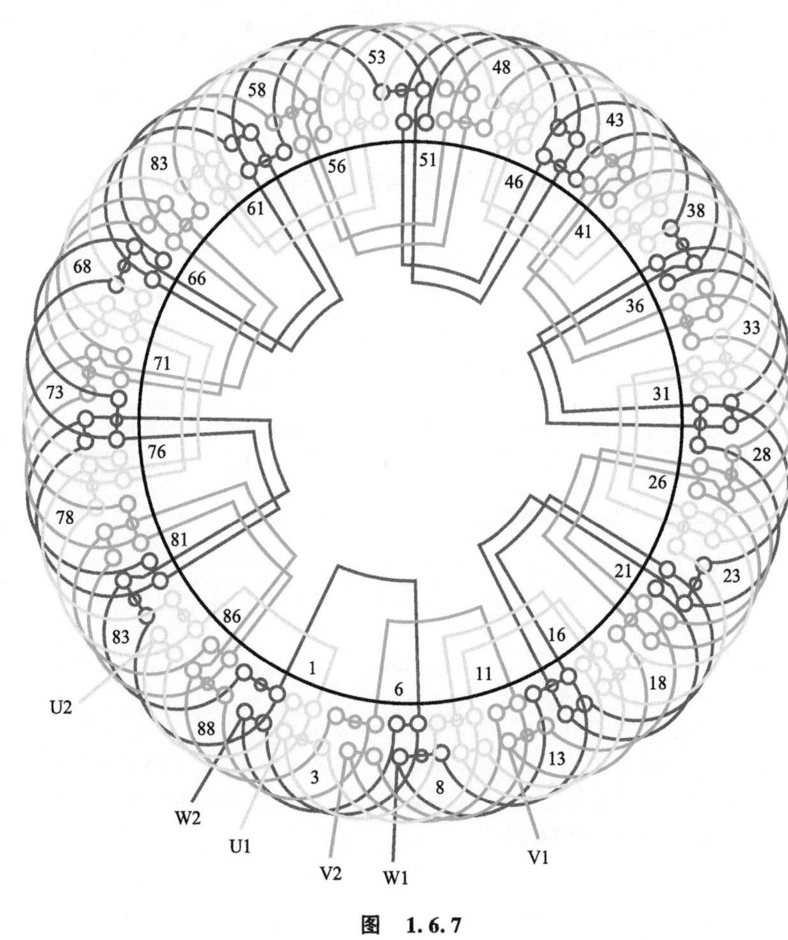

图　1.6.7

1. 绕组结构参数

定子槽数　$Z=90$　电机极数　$2p=12$　总线圈数　$Q=90$

线圈组数　$u=36$　每组圈数　$S=2、3$　极相槽数　$q=2\frac{1}{2}$

绕组极距　$\tau=7\frac{1}{2}$　线圈节距　$y=7$　并联路数　$a=1$

每槽电角　$\alpha=24°$　分布系数　$K_d=0.957$　节距系数　$K_p=0.995$

绕组系数　$K_{dp}=0.952$

2. 嵌线方法　　绕组采用交叠法嵌线，吊边数为 7。嵌线顺序见表 1.6.7。

表 1.6.7　交叠法

嵌线顺序		1	2	3	4	5	6	7	8	9	10	11	12	13	14	15	16	17	18
槽号	下层	8	7	6	5	4	3	2	1		90		89		88		87		86
	上层									8		7		6		5		4	
嵌线顺序		19	20	21	22	23	24	25	26	…	155	156	157	158	159	160	161	162	
槽号	下层		85		84		83		82	…		17		16		15		14	
	上层	3		2		1		90		…	25		24		23		22		
嵌线顺序		163	164	165	166	167	168	169	170	171	172	173	174	175	176	177	178	179	180
槽号	下层		13		12		11		10		9								
	上层	21		20		19		18		17		16	15	14	13	12	11	10	9

3. 绕组特点与应用　　本例也是分数槽绕组，线圈组由 3、2 圈组成，分布循环规律是 3　2　3　2，但较上例的线圈节距增加 1 槽，绕组系数略有提高。此绕组应用于容量较大的电机，主要应用实例有 JRQ147-12 绕线转子异步电动机。

1.6.8 *90 槽 12 极($y=5$、$a=6$)双层叠式绕组

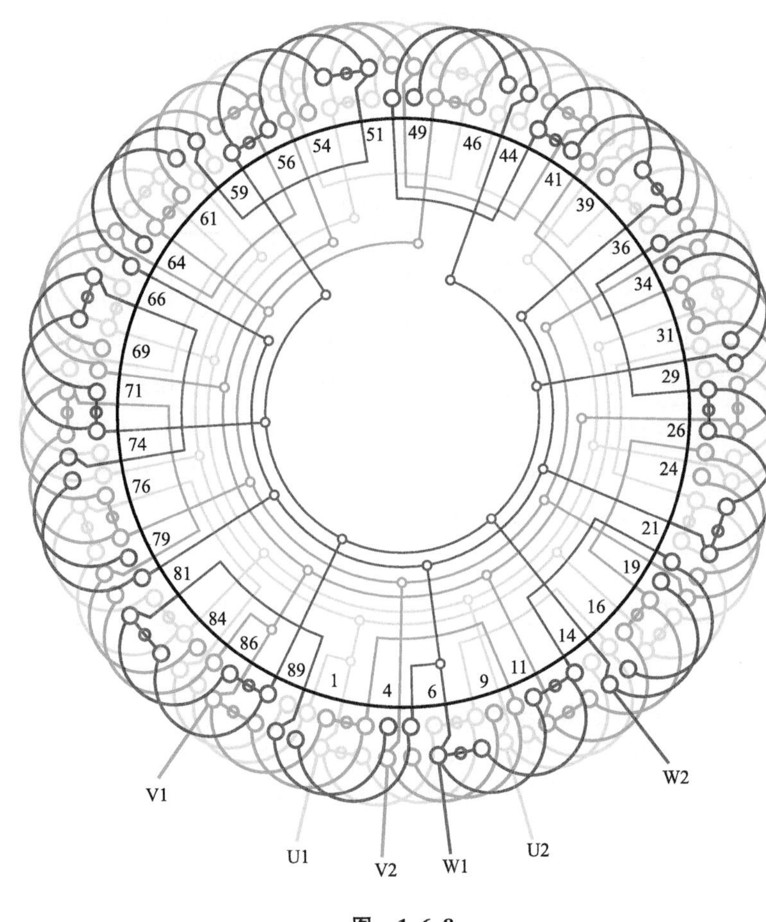

图 1.6.8

1. 绕组结构参数

定子槽数 $Z=90$　　电机极数 $2p=12$　　总线圈数 $Q=90$

线圈组数 $u=36$　　每组圈数 $S=2\frac{1}{2}$　　极相槽数 $q=2\frac{1}{2}$

绕组极距 $\tau=7\frac{1}{2}$　　线圈节距 $y=5$　　并联路数 $a=6$

分布系数 $K_d=0.957$　　节距系数 $K_p=0.866$

绕组系数 $K_{dp}=0.829$

2. 嵌线方法　本例采用交叠法嵌线，嵌线吊边数为 5。嵌线顺序见表 1.6.8。

表 1.6.8 交叠法

嵌线顺序		1	2	3	4	5	6	7	8	9	10	11	12	13	14	15	16	17	18
槽号	下层	90	89	88	87	86	85		84		83		82		81		80		79
	上层							90		89		88		87		86		85	
嵌线顺序		19	20	21	22	23	24	…			154	155	156	157	158	159	160	161	162
槽号	下层		78		77		76	…			11		10		9		8		7
	上层	84		83		82		…				16		15		14		13	
嵌线顺序		163	164	165	166	167	168	169	170	171	172	173	174	175	176	177	178	179	180
槽号	下层		6		5		4		3		2		1						
	上层	12		11		10		9		8		7		6	5	4	3	2	1

3. 绕组特点与应用　本例是 90 槽 12 极，极相槽数 $q=2\frac{1}{2}$，采用归并法使每组成为 3、2 圈整数组，再按 3　2　3　2…规律轮换分布。绕组是 6 路并联，每个支路 2 组线圈，即采用短跳接法将同相相邻两组反极性串联；最后把 6 个支路并接于电源。此绕组应用实例有 YB355S1-12 隔爆型电动机

1.6.9 *90 槽 12 极（$y=6$、$a=6$）双层叠式绕组

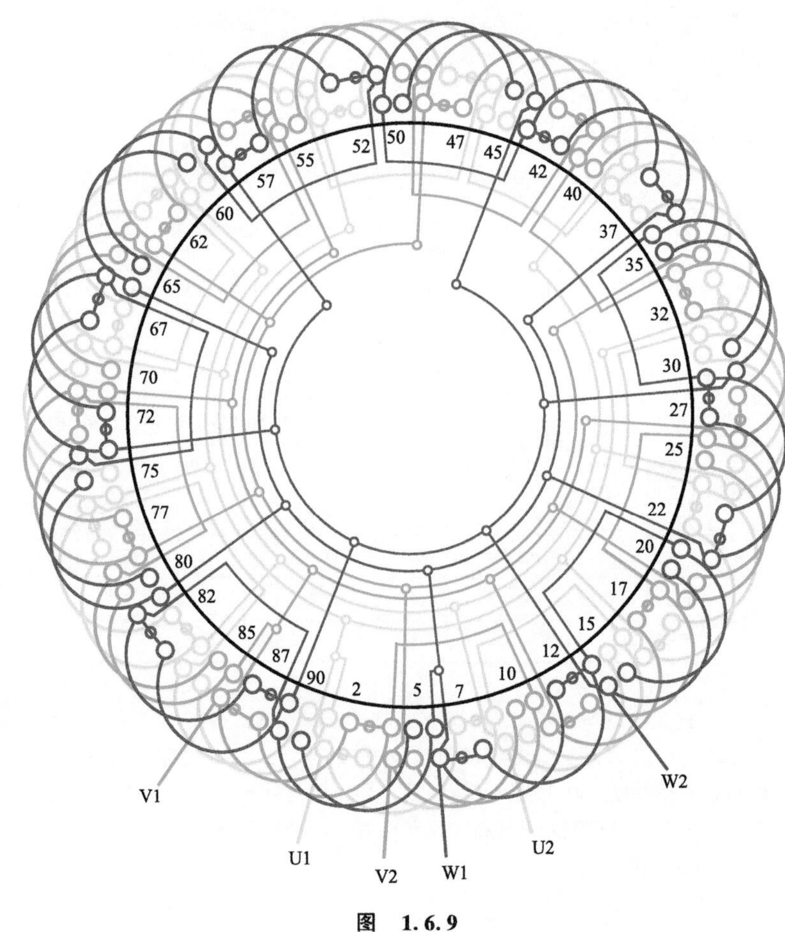

图 1.6.9

1. 绕组结构参数

定子槽数 $Z=90$　　电机极数 $2p=12$　　总线圈数 $Q=90$

线圈组数 $u=36$　　每组圈数 $S=2\frac{1}{2}$　　极相槽数 $q=2\frac{1}{2}$

绕组极距 $\tau=7\frac{1}{2}$　　线圈节距 $y=6$　　并联路数 $a=6$

分布系数 $K_d=0.957$　　节距系数 $K_p=0.951$　　绕组系数 $K_{dp}=0.91$

2. 嵌线方法　本例采用交叠法嵌线，吊边数为 6。嵌线顺序见表 1.6.9。

表 1.6.9　交叠法

嵌线顺序		1	2	3	4	5	6	7	8	9	10	11	12	13	14	15	16	17	18
槽号	下层	90	89	88	87	86	85	84		83		82		81		80		79	
	上层								90		89		88		87		86		85
嵌线顺序		19	20	21	22	23	24		…		154	155	156	157	158	159	160	161	162
槽号	下层	78		77		76			…			10		9		8		7	
	上层		84		83		82		…		17		16		15		14		13
嵌线顺序		163	164	165	166	167	168	169	170	171	172	173	174	175	176	177	178	179	180
槽号	下层	6		5		4		3		2		1							
	上层		12		11		10		9		8		7	6	5	4	3	2	1

3. 绕组特点与应用　本例也是 12 极绕组，但线圈节距较上例增加 1 槽，绕组系数略有提高。而绕组仍按 3 2 3 2…循环分布；6 路并联的每一个支路仍用短跳接法，使同相相邻两组线圈反方向，最后把 6 个支路并接于电源。此绕组应用实例有 YB355S2-12 隔爆型电动机。

1.6.10 *96 槽 32 极($y=5$、$a=4$)双层叠式(庶极)绕组

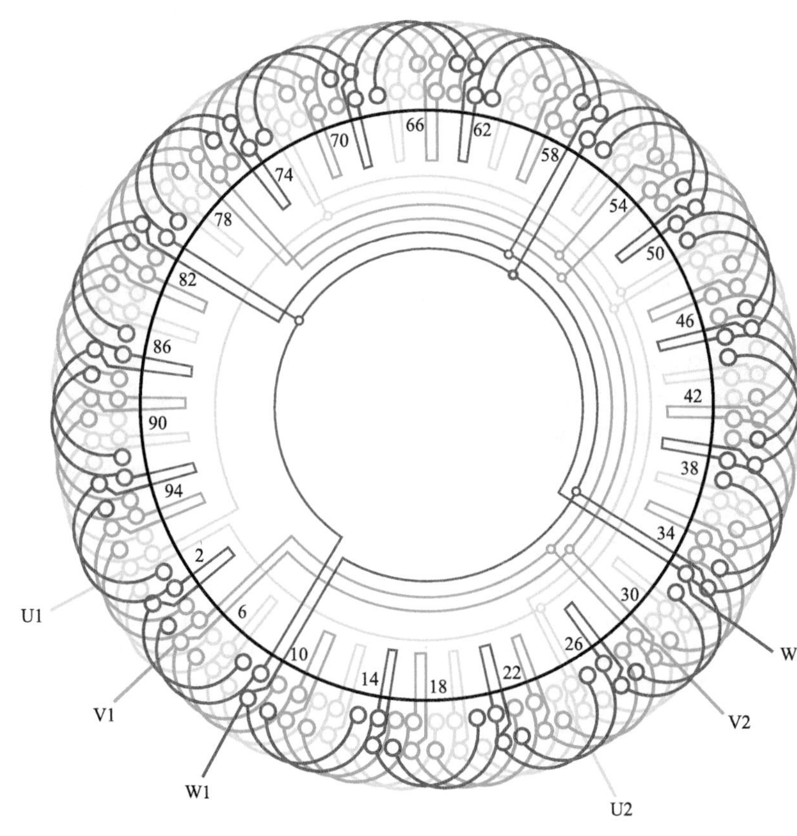

图 1.6.10

1. 绕组结构参数

定子槽数 $Z=96$　　电机极数 $2p=32$　　总线圈数 $Q=96$

线圈组数 $u=48$　　每组圈数 $S=2$　　极相槽数 $q=2$

绕组极距 $\tau=3$　　线圈节距 $y=5$　　并联路数 $a=4$

分布系数 $K_d=0.866$　　节距系数 $K_p=0.5$　　绕组系数 $K_{dp}=0.433$

2. 嵌线方法　本例采用交叠法嵌线，吊边数为 5。嵌线顺序见表 1.6.10。

表 1.6.10　交叠法

嵌线顺序		1	2	3	4	5	6	7	8	9	10	11	12	13	14	15	16	17	18
槽号	下层	96	95	94	93	92	91		90		89		88		87		86		85
	上层							96		95		94		93		92		91	
嵌线顺序		19	20	21	22	23	24		···		166	167	168	169	170	171	172	173	174
槽号	下层		84		83		82		···		11		10		9		8		7
	上层	90		89		88			···			16		15		14		13	
嵌线顺序		175	176	177	178	179	180	181	182	183	184	185	186	187	188	189	190	191	192
槽号	下层		6		5		4		3		2		1						
	上层	12		11		10		9		8		7		6	5	4	3	2	1

3. 绕组特点与应用　本例采用双层庶极布线，每组由双圈组成，每相 16 组线圈，分 4 个支路，每个支路由 4 组相邻线圈组按反极性串联，然后把 4 个支路按同极性并接于电源。此绕组是作为起重用三速的配套绕组而置于面层，采用此双叠，其绕组系数极低又占槽。故重绕时宜改用单层庶极布线，可减少一半线圈数，以提高工艺效率。

第 2 章　三相交流电动机单层绕组

三相交流电动机绕组主要布线型式有单层、双层和单双层混合式，除应用于异步电动机外，还用于同步电动机及发电机的定子绕组，部分也用于绕线式异步电动机转子绕组。单层绕组则主要用在小型电动机及部分绕线式电动机转子。通常，根据布线特点，可分为单层叠式、单层链式、单层同心式、单层交叉式以及单层同心交叉混合式等多种型式。本章采用潘氏画法，将电动机实用的单层布线绕组绘汇成集，并作说明如下：

1）关于图例编号　　本书图例以槽数、极数及节距为序顺次编排，如若并列则原标题附加绕组参数、布线特征(如并联路数、庶极、分数分布)等，使之便于查阅。

2）本书图例的线圈用两端带圈的弧线表示，其中小圈代表线圈元件在槽中的有效边，故单层绕组在定子铁心上分布一层小圈，连接两小圈的弧线代表线圈端部。交流绕组每组线圈一般采用连绕工艺，为简化起见，线圈组内元件间顺串连线一律省去不画，故每组线圈由首尾两根引出线识别。

3）关于绕组相别表示　　为了清晰地表现三相绕组的布线和接线，图例用黄、绿、红三色线条代表 U、V、W 三相绕组，并用模拟电动机接线端面的线圈分布形态绘制。

4）单层绕组没有槽中层次之分，但用交叠法嵌线时，后嵌的线圈边将置于端部上面，故称“浮边”；而先嵌的线圈边被压在端部下面，则称为“沉边”，与之区别。

5）绕组基本型式为一路串联，一般不作标注。若是多路并联图例，则标题均作注明。

6）嵌线和接线

① 三相绕组嵌线操作有前进式和后退式两种，应用情况依习惯而异。本图例除说明外，嵌线顺序表均采用应用较广的后退嵌线工艺，个别异例另作注明；

② 本图例采用逆时针方向编号，接线若是单路串联，则顺编号走向；若是双路并联，则采取双向走线，以缩短组间连接线。

7）电动机转向与绕组接线　　根据产品要求，例图以前轴伸出端模拟画出，当电源相序分别与电动机三相 U、V、W 端对应时，电动机(对向轴伸端)为顺时针旋转。任意调换两相序则电动机反转。

8）本书图例若不注明则属显极布线，如是庶极则有说明。

9）本书图例主要取自国产电动机，而近年国外设备配用产品较多，但并无系统资料，只能根据读者提供零星的修理资料绘制成图，并依绕组型式编入，以供大家参考。

2.1 三相单层叠式绕组布线接线图

单层叠式绕组简称单叠绕组。它是由两个线圈以上的等距线圈组构成端部交叠的链式绕组，故又称交叠链式绕组。每组线圈数相等，当每组线圈数为 $S=q/2$ 时，构成显极式绕组；$S=q$ 时为庶极式绕组。

一、绕组结构参数

总线圈数 Q：电动机三相绕组线圈数总和。单层绕组每线圈占两槽，故总线圈数

$$Q=Z/2$$

式中 Z——槽数。

极相槽数 q：电动机每一极距内一组绕组占有的槽数

$$q=Z/2pm$$

式中 $2p$——绕组极数；

m——相数。

每组圈数(即每组线圈数)S：线圈组是由一相绕组中相邻线圈同向串联而成，单叠绕组每组由多只线圈构成，且每组线圈数相等

$$S=Q/u$$

线圈组数 u：是指构成三相绕组的线圈组数，它与布线型式有关：

显极 $u=2pm$

庶极 $u=pm$

绕组极距 τ：指绕组每磁极所占槽数

$$\tau=Z/2p$$

线圈节距 y：单叠绕组为全距绕组，但布线型式不同，则线圈采用不同节距：

庶极 $y=\tau$

显极 $y=\tau-S$

绕组系数 K_{dp}：单叠绕组节距系数 $K_p=1$，绕组系数等于分布系数

$$K_{dp}=K_d=\frac{0.5}{q\sin(30°/q)}$$

式中 K_d——绕组分布系数。

绕组可能的最大并联路数(并联路数即为并联支路数)a_m

q 为奇数 $a_m=p$

q 为偶数 $a_m=2p$

每槽电角 α：指定子绕组铁心每槽所占电角度

$$\alpha=180°\times 2p/Z$$

二、绕组特点

1）绕组是等距线圈，且线圈数为双层绕组的一半，故具有嵌绕方便、节省工时等优点。

2）槽内只有一个有效边，不需槽内层间绝缘，可获得较高的有效充填系数；但很难构成短距绕组，谐波分量较大，电机运行性能较双叠绕组差。

3）绕组在实用中有两种布线型式。显极布线时，每组线圈数等于 $q/2$，每相由 $2p$ 个线圈组成；庶极布线时，每组有 q 个线圈，每相有 p 个线圈组。

三、绕组嵌线

绕组有整嵌法和交叠法两种嵌线工艺，实用上常用交叠法嵌线。嵌线时先将一组中的同名边循次嵌入槽内；另一边暂时吊起待嵌(俗称“吊边”)，然后退空 S 槽，再嵌入 S 槽后，再退空出 S 槽，全部沉边嵌完后，才把“吊边”嵌入相应槽内。

本书把单层绕组线圈中先嵌的边(它将被后嵌线圈端部压在下面)称为“沉边”，早期版本图中用双圆表示；后嵌于上面的边称为“浮边”，用单圆圈表示。此种嵌法端部比较规整，但为了适应工艺需要，对个别绕组也介绍采用分层整嵌的方法，具体嵌线见各例的嵌线顺序表。

四、绕组接线规律

显极绕组：同相相邻线圈组间极性相反，即“尾与尾”或“头与头”相接。

庶极绕组：同相组间极性相同，连接时“尾与头”相接。

2.1.1　12 槽 2 极单层叠式(庶极)绕组

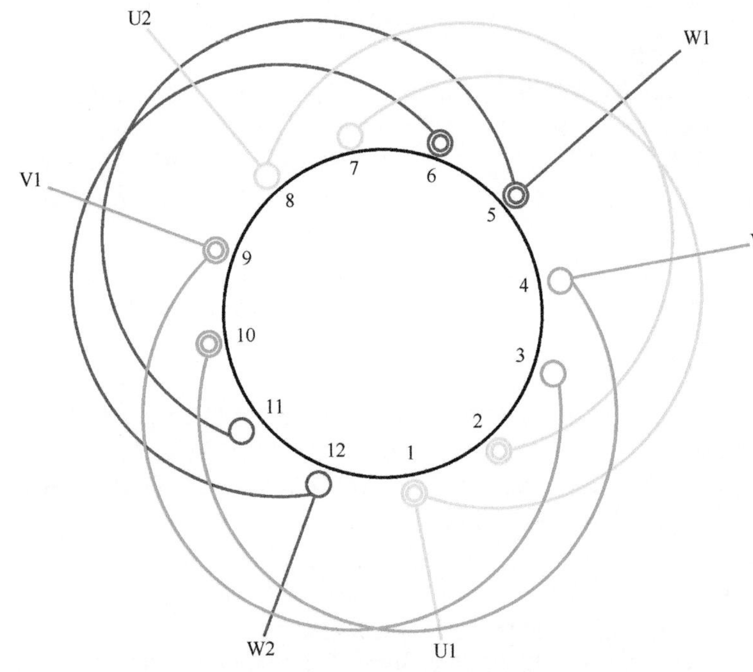

图　2.1.1

注：本图有效边带双圈者表示先嵌的沉边（后同）。

1. 绕组结构参数

定子槽数　$Z=12$　每组圈数　$S=2$　并联路数　$a=1$

电机极数　$2p=2$　极相槽数　$q=2$　线圈节距　$y=1—7、2—8$

总线圈数　$Q=6$　绕组极距　$\tau=6$　绕组系数　$K_{dp}=0.966$

线圈组数　$u=3$　每槽电角　$\alpha=30°$

2. 嵌线方法　绕组可采用两种嵌线方法：

1）交叠法　绕组端部较规整、美观，是常用的方法，嵌线顺序见表 2.1.1a。

表 2.1.1a　交叠法

嵌线顺序		1	2	3	4	5	6	7	8	9	10	11	12
槽　号	沉边	2	1	10		9		6		5			
	浮边				4		3		12		11	8	7

2）整嵌法　嵌线时线圈两有效边相继嵌入相应槽内，无需吊边，便于内腔过窄的微电机采用。嵌线顺序见表 2.1.1b。

表 2.1.1b　整嵌法

嵌线顺序		1	2	3	4	5	6	7	8	9	10	11	12
槽　号	下平面	1	7	2	8								
	中平面					9	3	10	4				
	上平面									5	11	6	12

3. 绕组特点与应用　绕组采用庶极布线，是三相电动机最简单的绕组之一，每相只有一组交叠线圈。它的最大优点是无需内部接线；采用整嵌时端部形成三平面而不够美观。此绕组仅用于小功率电机，主要应用于国外微电机，国内仅见于部分厂家生产的 JW-5022 三相异步电动机产品。

2.1.2　24槽2极单层叠式绕组

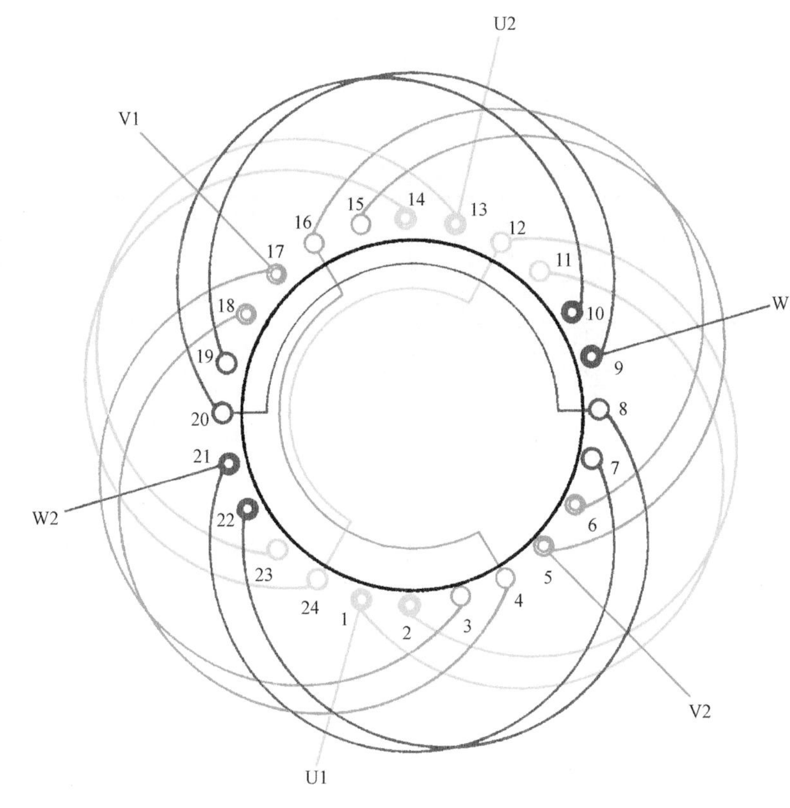

图　2.1.2

1. 绕组结构参数

定子槽数　$Z=24$　　每组圈数　$S=2$　　并联路数　$a=1$

电机极数　$2p=2$　　极相槽数　$q=4$　　线圈节距　$y=1—11、2—12$

总线圈数　$Q=12$　　绕组极距　$\tau=12$　　绕组系数　$K_{dp}=0.958$

线圈组数　$u=6$　　每槽电角　$\alpha=15°$

2. 嵌线方法　　绕组可采用两种嵌线方法，但交叠法嵌线比较普遍。

1）交叠法　　嵌线吊边数为4。嵌线顺序见表2.1.2a。

表2.1.2a　交叠法

嵌线顺序		1	2	3	4	5	6	7	8	9	10	11	12
槽　号	沉边	2	1	22	21	18		17		14		13	
	浮边						4		3		24		23
嵌线顺序		13	14	15	16	17	18	19	20	21	22	23	24
槽　号	沉边	10		9		6		5					
	浮边		20		19		16		15	12	11	8	7

2）整嵌法　　嵌线无需吊边，但绕组端部形成三平面重叠。嵌线顺序见表2.1.2b。

表2.1.2b　整嵌法

嵌线顺序		1	2	3	4	5	6	7	8	9	10	11	12
槽　号	下平面	1	11	2	12	13	23	14	24				
	中平面									21	7	22	8
嵌线顺序		13	14	15	16	17	18	19	20	21	22	23	24
槽　号	中平面	9	19	10	20								
	上平面					5	15	6	16	17	3	18	4

3. 绕组特点与应用　　本例为显极式布线，线圈组由两个单层等距交叠线圈组成，并由两组线圈构成一相；同相两组是“尾与尾”相接，从而使两组线圈极性相反。本绕组是单叠绕组，应用于老式的小功率电机的布线型式。主要应用有J31-2、JW11-2等产品；也可将相尾U2、V2、W2接成星点，引出三根引线，应用于JCB-22三相油泵电动机。

2.1.3　36 槽 2 极单层叠式绕组

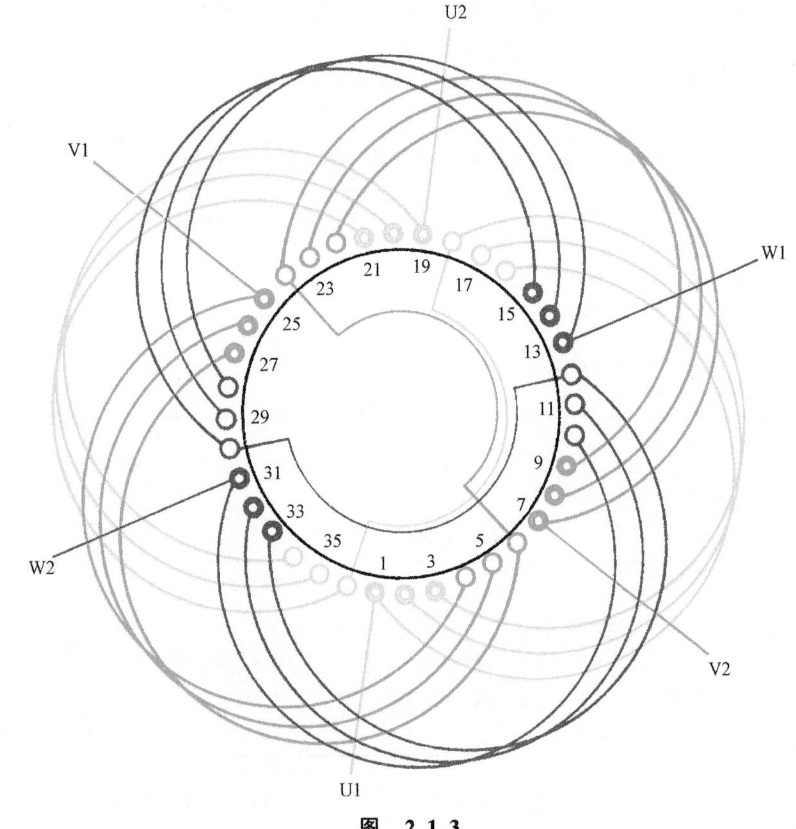

图　2.1.3

1. 绕组结构参数

定子槽数　$Z=36$　　每组圈数　$S=3$　　并联路数　$a=1$

电机极数　$2p=2$　　极相槽数　$q=6$　　线圈节距　$y=15$

总线圈数　$Q=18$　　绕组极距　$\tau=18$　　绕组系数　$K_{dp}=0.96$

线圈组数　$u=6$　　每槽电角　$\alpha=10°$

2. 嵌线方法　　嵌线可用两种方法，但主要采用交叠法，嵌线顺序见表 2.1.3。

表 2.1.3　交叠法

嵌线顺序		1	2	3	4	5	6	7	8	9	10	11	12	13	14	15	16	17	18
槽号	沉边	3	2	1	33	32	31	27		26		25		21		20		19	
	浮边								6		5		4		36		35		34
嵌线顺序		19	20	21	22	23	24	25	26	27	28	29	30	31	32	33	34	35	36
槽号	沉边	15		14		13		9		8		7							
	浮边		30		29		28		24		23		22	18	17	16	12	11	10

3. 绕组特点与应用　　本例是显极布线，每相由两组极性相反的线圈组构成，每组线圈由 3 个节距为 15 槽的交叠线圈组成，两组间接线是尾接尾；引出线 6 根。绕组总线圈数比双层少一半，但对削减 5、7 次谐波的功能较差，故目前应用较少，曾用于 J61-2、JO3L-180M2 异步电动机等老系列产品。

2.1.4 *24 槽 4 极单层叠式（庶极）绕组

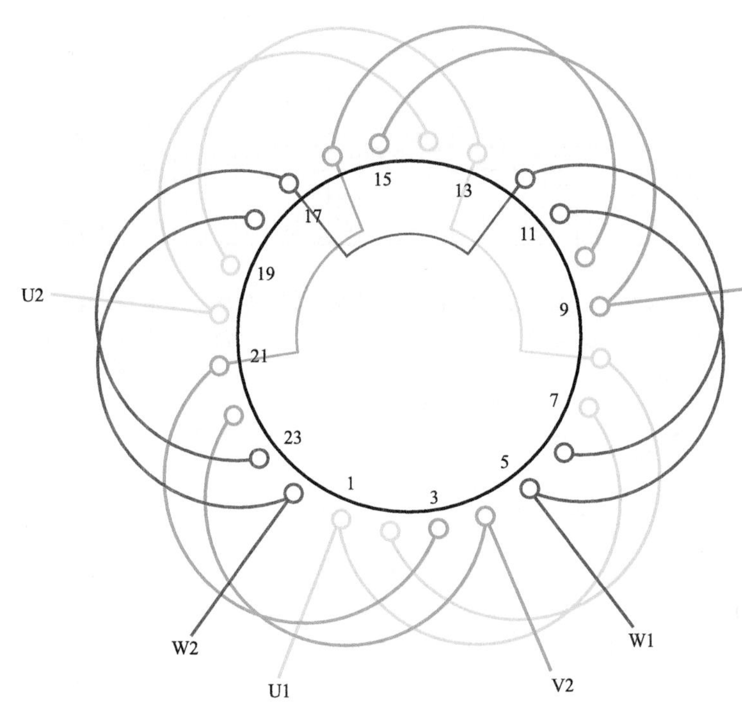

图 2.1.4

1. 绕组结构参数

定子槽数 $Z=24$　每组圈数 $S=2$　并联路数 $a=1$

电机极数 $2p=4$　极相槽数 $q=2$　线圈节距 $y=6$

总线圈数 $Q=12$　绕组极距 $\tau=6$　绕组系数 $K_{dp}=0.966$

线圈组数 $u=6$　每槽电角 $\alpha=30°$

2. 嵌线方法　本例可采用两种方法嵌线。

1）交叠法　嵌线吊边数为 2，嵌线顺序见表 2.1.4a

表 2.1.4a　交叠法

嵌线顺序		1	2	3	4	5	6	7	8	9	10	11	12
槽　号	沉边	22	21	18		17		14		13		10	
	浮边				24		23		20		19		16
嵌线顺序		13	14	15	16	17	18	19	20	21	22	23	24
槽　号	沉边	9		6		5		2		1			
	浮边		15		12		11		8		7	4	3

2）整嵌法　嵌线无需吊边，直接整嵌。嵌线顺序见表 2.1.4b。

表 2.1.4b　整嵌法

嵌线顺序		1	2	3	4	5	6	7	8	9	10	11	12
槽号	下平面	2	8	1	7	18	24	17	23	10	16	9	15
嵌线顺序		13	14	15	16	17	18	19	20	21	22	23	24
槽号	上平面	22	4	21	3	14	20	13	19	6	12	5	11

3. 绕组特点与应用　本例为庶极布线，每相只用 2 组双圈构成 4 极。在系列中没有应用，但常见于一些杂牌的通风机电动机。

2.1.5 36 槽 4 极单层叠式(庶极)绕组

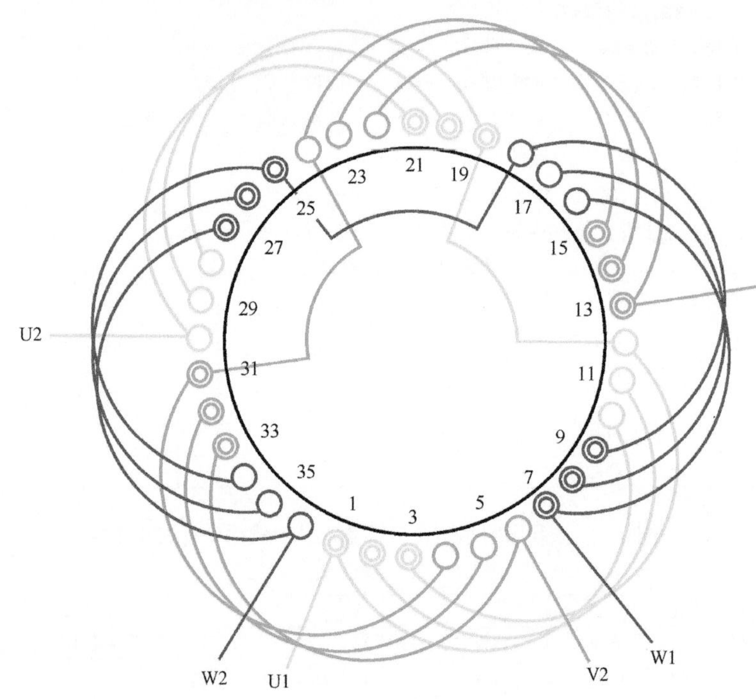

图 2.1.5

1. 绕组结构参数

定子槽数 $Z=36$　每组圈数 $S=3$　并联路数 $a=1$

电机极数 $2p=4$　极相槽数 $q=3$　线圈节距 $y=9$

总线圈数 $Q=18$　绕组极距 $\tau=9$　绕组系数 $K_{dp}=0.96$

线圈组数 $u=6$　每槽电角 $\alpha=20°$

2. 嵌线结构方法　嵌线可用两种方法：

1）交叠法　嵌线时将沉边逐槽嵌入，吊边数为 3，从第 4 只线圈起整嵌。嵌线顺序见表 2.1.5a。

表 2.1.5a 交叠法

嵌线顺序		1	2	3	4	5	6	7	8	9	10	11	12	13	14	15	16	17	18
槽号	沉边	3	2	1	33		32		31		27		26		25		21		20
	浮边					6		5		4		36		35		34		30	
嵌线顺序		19	20	21	22	23	24	25	26	27	28	29	30	31	32	33	34	35	36
槽号	沉边		19		15		14		13		9		8		7				
	浮边	29		28		24		23		22		18		17		16	12	11	10

2）整嵌法　嵌线时将 1 组线圈逐个嵌入相应的槽，嵌完第 1 组后，隔开相邻组再嵌第 3 组；完成后构成双平面绕组。嵌线顺序见表 2.1.5b。

表 2.1.5b 整嵌法

嵌线顺序		1	2	3	4	5	6	7	8	9	10	11	12
槽号	下平面	3	12	2	11	1	10	27	36	26	35	25	34
嵌线顺序		13	14	15	16	17	18	19	20	21	22	23	24
槽号	下平面	15	24	14	23	13	22						
	上平面							9	18	8	17	7	16
嵌线顺序		25	26	27	28	29	30	31	32	33	34	35	36
槽号	上平面	33	6	32	5	31	4	21	30	20	29	19	28

3. 绕组特点与应用　本例采用庶极布线，每相由两组线圈顺串成 4 极；线圈组数较少，嵌线工艺较简单。国外应用于微电机，国内应用较少，仅见于部分厂家生产的 JO2L-32 异步电动机老系列产品。

2.1.6　48 槽 4 极单层叠式绕组

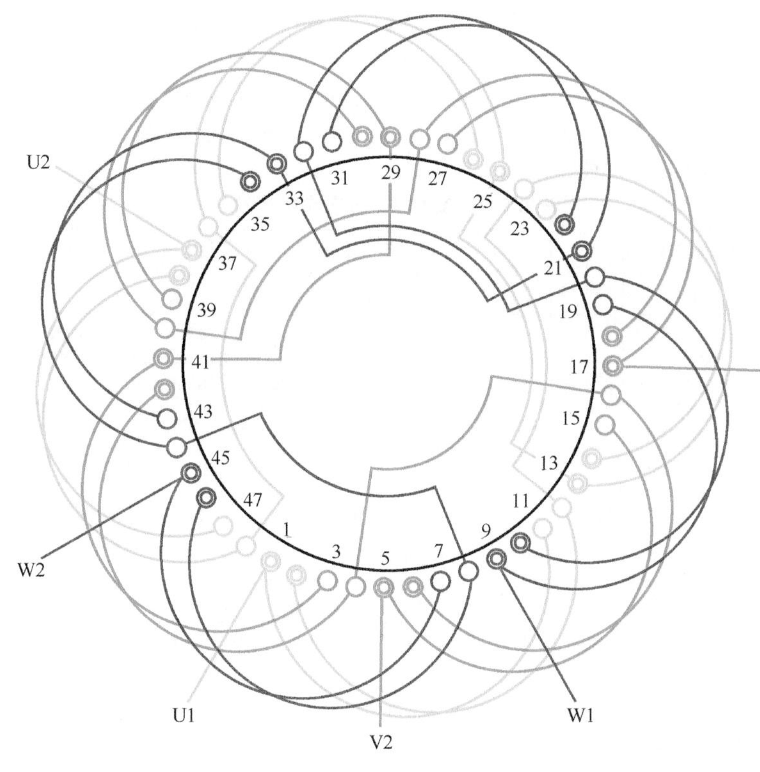

图　2.1.6

1. 绕组结构参数

定子槽数　$Z=48$　　每组圈数　$S=2$　　并联路数　$a=1$

电机极数　$2p=4$　　极相槽数　$q=4$　　线圈节距　$y=1—11$、$2—12$

总线圈数　$Q=24$　　绕组极距　$\tau=12$　　绕组系数　$K_{dp}=0.958$

线圈组数　$u=12$　　每槽电角　$\alpha=15°$

2. 嵌线方法　　嵌线可采用两种方法，整嵌法嵌线形成三平面端部，通常极少采用；常用交叠法嵌线，即嵌 2 槽沉边，空 2 槽再嵌 2 槽，吊边数为 4。嵌线顺序见表 2.1.6。

表 2.1.6　交叠法

嵌线顺序		1	2	3	4	5	6	7	8	9	10	11	12	13	14	15	16	17	18	19	20	21	22	23	24
槽号	沉边	2	1	46	45	42		41		38		37		34		33		30		29		26		25	
	浮边						4		3		48		47		44		43		40		39		36		35
嵌线顺序		25	26	27	28	29	30	31	32	33	34	35	36	37	38	39	40	41	42	43	44	45	46	47	48
槽号	沉边	22		21		18		17		14		13		10		9		6		5					
	浮边		32		31		28		27		24		23		20		19		16		15	12	11	8	7

3. 绕组特点与应用　　本例采用显极布线，每相有 4 个线圈组，每组由 2 个等节距线圈交叠而成；同相两组线圈极性必须相反，即组间连接是“尾接尾”或“头接头”的反向串联。本例虽是 48 槽 4 极的基本接线型式，但实际应用不多，目前国内主要应用在绕线式转子绕组。

2.1.7　48 槽 4 极($a=2$)单层叠式绕组

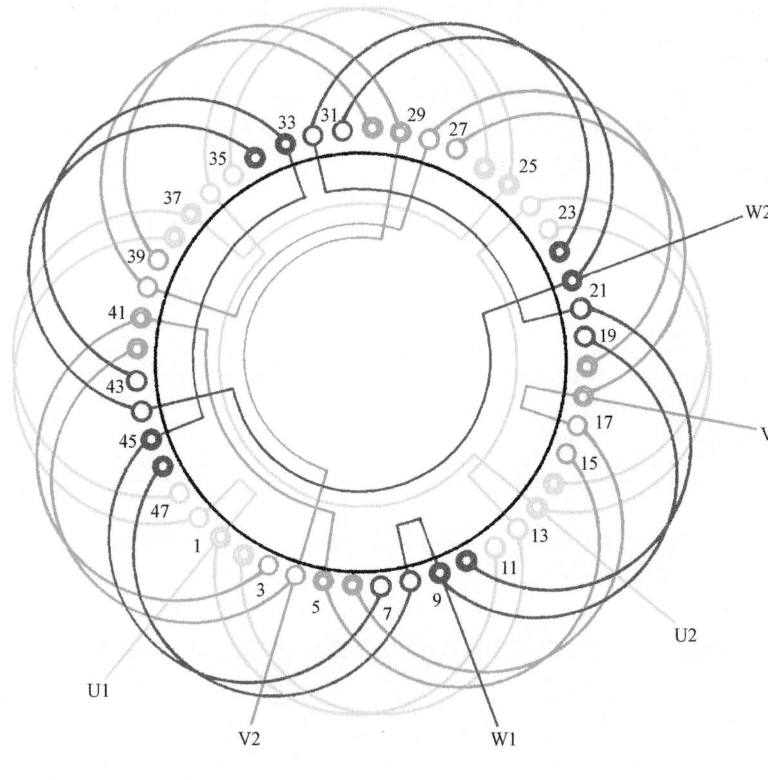

图　2.1.7

1. 绕组结构参数

定子槽数	$Z=48$	每组圈数	$S=2$	并联路数	$a=2$
电机极数	$2p=4$	极相槽数	$q=4$	线圈节距	$y=1—11、2—12$
总线圈数	$Q=24$	绕组极距	$\tau=12$	绕组系数	$K_{dp}=0.958$
线圈组数	$u=12$	每槽电角	$\alpha=15°$		

2. 嵌线方法　　嵌线一般都采用交叠法后退式嵌线，嵌线顺序可参考上例。为适应某些修理嵌线习惯，本例特介绍前进式嵌线，以供参考。嵌线顺序见表 2.1.7。

表 2.1.7　交叠法(前进式嵌线)

嵌线顺序		1	2	3	4	5	6	7	8	9	10	11	12	13	14	15	16
槽号	沉边	11	12	15	16	19		20		23		24		27		28	
	浮边						9		10		13		14		17		18
嵌线顺序		17	18	19	20	21	22	23	24	25	26	27	28	29	30	31	32
槽号	沉边	31		32		35		36		39		40		43		44	
	浮边		21		22		25		26		29		30		33		34
嵌线顺序		33	34	35	36	37	38	39	40	41	42	43	44	45	46	47	48
槽号	沉边	47		48		3		4		7		8					
	浮边		37		38		41		42		45		46	1	2	5	6

注：采用前进式嵌线时，图中单圆圈代表沉边，双圆圈代表浮边。

3. 绕组特点与应用　　本例布线与上例相同，由两个等节距交叠线圈组成线圈组，并由 4 组线圈构成一相绕组，但采用两路并联接线，接线是采用短跳接线，逆向分路走线。例如，U1 进线则分两路，一路进 U 相第 1 组线圈，逆时向走线，再与第 2 组反串连接；另一路从第 4 组进入，顺时向走线与第 3 组反串连接后，将两组尾端并联出线 U2。这种接线具有连接线短、接线方便等优点，本书两路并联均采用这种接线型式。此绕组用于 JO2L-71 电动机和绕线转子电动机的转子绕组。

2.1.8 24 槽 6 极单层交叠分割式(庶极)绕组

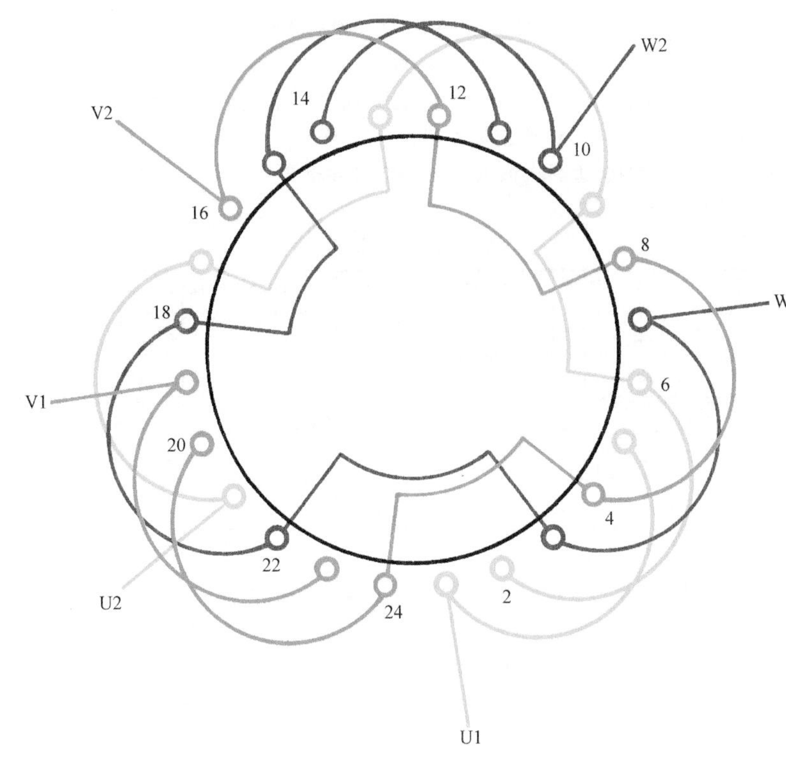

图 2.1.8

1. 绕组结构参数

定子槽数 $Z=24$ 每组圈数 $S=1$、2 并联路数 $a=1$

电机极数 $2p=6$ 极相槽数 $q=1\frac{1}{3}$ 线圈节距 $y=4$

总线圈数 $Q=12$ 绕组极距 $\tau=4$ 绕组系数 $K_{dp}=0.924$

线圈组数 $u=9$ 每槽电角 $\alpha=45°$

2. 嵌线方法　嵌线可采用整嵌法，分三个单元嵌入，无需吊边，嵌线顺序见表 2.1.8。

表 2.1.8 整嵌法

嵌线顺序	1	2	3	4	5	6	7	8	9	10	11	12
槽号	4	8	3	7	2	6	1	5	20	24	19	23
嵌线顺序	13	14	15	16	17	18	19	20	21	22	23	24
槽号	18	22	17	21	12	16	11	15	10	14	9	13

3. 绕组特点与应用　本例采用庶极布线，每相由 4 个线圈组成，对称分布在 3 个单元线圈组中，即其中一个单元安排双圈，其余为单圈，但三相的双圈为对称安排。每极相占槽为分数，且每槽电角度为 45°，使三相进线无法满足互差 120°电角度，但三相磁场尚能基本对称，电动机运行并无明显不良影响。此外，绕组总线圈数少，嵌绕工艺简洁方便，还填补了 24 槽定子无 6 极的空白。此绕组主要应用于小型电泵电动机。

2.1.9　36 槽 6 极单层叠式(庶极)绕组

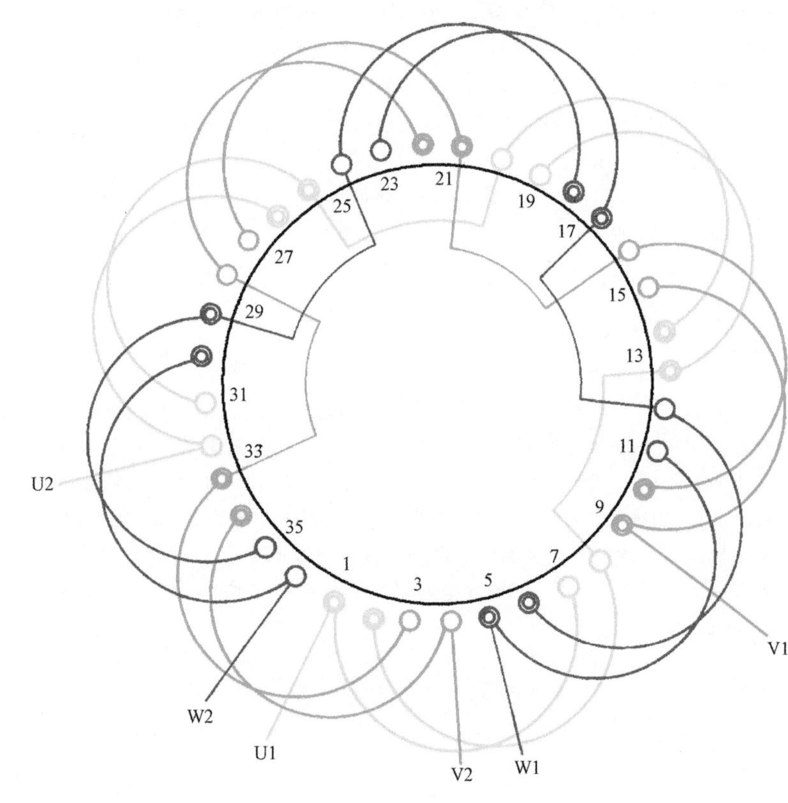

图　2.1.9

1. 绕组结构参数

定子槽数　$Z=36$　　每组圈数　$S=2$　　并联路数　$a=1$

电机极数　$2p=6$　　极相槽数　$q=2$　　线圈节距　$y=1—7、2—8$

总线圈数　$Q=18$　　绕组极距　$\tau=6$　　绕组系数　$K_{dp}=0.966$

线圈组数　$u=9$　　每槽电角　$\alpha=30°$

2. 嵌线方法　　嵌线可用交叠法或整嵌法，但后者因 q 为奇数，只能构成三平面绕组，使绕组端部形成三重叠，故极少选用。交叠嵌线时，将一组中两沉边顺次嵌入 2 槽，空出 2 槽再嵌 2 槽，吊边数为 2。嵌线顺序见表 2.1.9。

表 2.1.9　交叠法

嵌线顺序		1	2	3	4	5	6	7	8	9	10	11	12	13	14	15	16	17	18
槽号	沉边	2	1	34		33		30		29		26		25		22		21	
	浮边				4		3		36		35		32		31		28		27
嵌线顺序		19	20	21	22	23	24	25	26	27	28	29	30	31	32	33	34	35	36
槽号	沉边	18		17		14		13		10		9		6		5			
	浮边		24		23		20		19		16		15		12		11	8	7

3. 绕组特点与应用　　本例绕组是庶极布线，每相由 3 组线圈组顺向串联而成，每组由两个 $y=6$ 的交叠线圈组成，相距 120°电角度，分布在定子铁心；同相组间是“尾接头”，即所有线圈组电流方向一致。此绕组实际应用不多，目前使用在 JZR2-11 型三相绕线转子电动机的转子绕组。

2.1.10 *48 槽 6 极单层交叠分割式（庶极）绕组

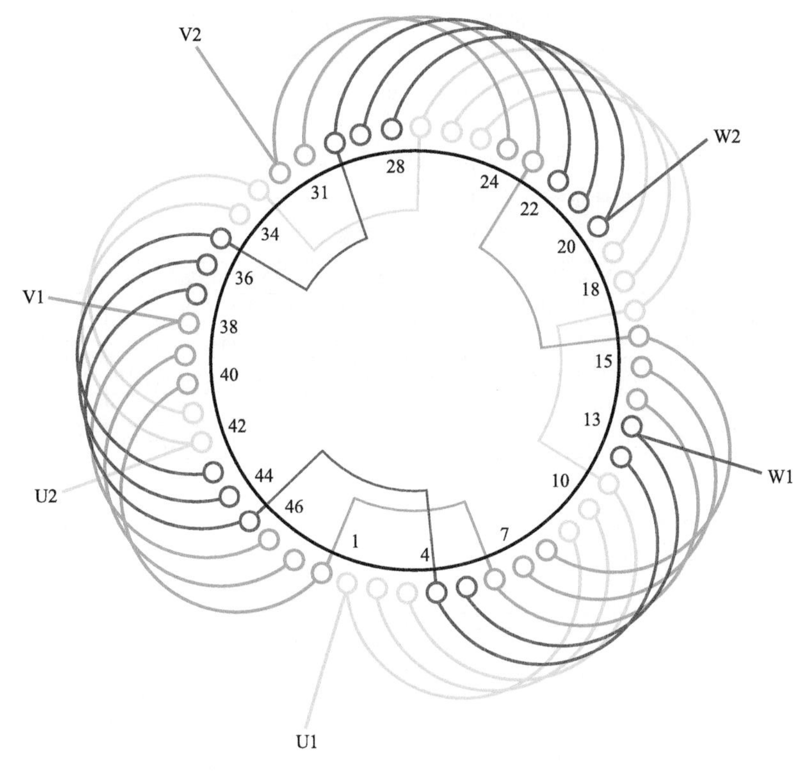

图 2.1.10

1. 绕组结构参数

定子槽数 $Z=48$　每组圈数 $S=2$、3　并联路数 $a=1$

电机极数 $2p=6$　极相槽数 $q=2\frac{2}{3}$　线圈节距 $y=8$

总线圈数 $Q=24$　绕组极距 $\tau=8$　绕组系数 $K_{dp}=0.931$

线圈组数 $u=9$　每槽电角 $\alpha=22.5°$

2. 嵌线方法　本例采用交叠法嵌线，吊边数为 8。嵌线可分 3 个单元逐个进行，具体操作可参照表 2.1.10 进行。

表 2.1.10　交叠法

嵌线顺序		1	2	3	4	5	6	7	8	9	10	11	12	13	14	15	16	17	18
槽号	下层	16	15	14	13	12	11	10	9									48	47
	上层									8	7	6	5	4	3	2	1		
嵌线顺序		19	20	21	22	23	24	25	26	27	28	29	30	31	32	33	34	35	36
槽号	下层	46	45	44	43	42	41									32	31	30	29
	上层							40	39	38	37	36	35	34	33				
嵌线顺序		37	38	39	40	41	42	43	44	45	46	47	48						
槽号	下层	28	27	26	25														
	上层					24	23	22	21	20	19	18	17						

3. 绕组特点与应用　本例绕组采用特殊安排，庶极布线。每相由 8 个单层线圈构成 6 极，而每相由两组三联和一组双联顺串而成，当三相进线相同时，必须要将其中一相反相才能构成三相对称平衡的绕组，如本例就把 W 相进行反相。所以三相进线未能满足 120°电角度的互差，但三相磁场则能对称平衡。本例资料来自读者实修记录。

2.1.11　48 槽 8 极单层叠式(庶极)绕组

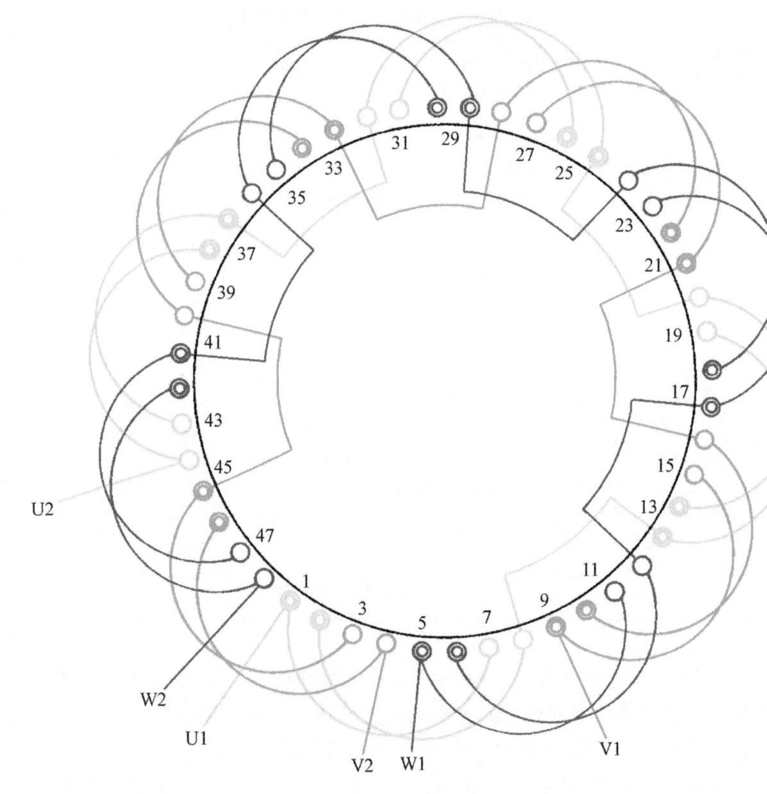

图　2.1.11

1. 绕组结构参数

定子槽数	$Z=48$	每组圈数	$S=2$	并联路数	$a=1$
电机极数	$2p=8$	极相槽数	$q=2$	线圈节距	$y=1—7、2—8$
总线圈数	$Q=24$	绕组极距	$\tau=6$	绕组系数	$K_{dp}=0.966$
线圈组数	$u=12$	每槽电角	$\alpha=30°$		

2. 嵌线方法　　实用中常采用两种嵌线法：

1）交叠法　　是较多采用的嵌线法，嵌线时先嵌 2 槽、空 2 槽再嵌 2 槽。嵌线顺序见表 2.1.11a。

表 2.1.11a　交叠法

嵌线顺序		1	2	3	4	5	6	7	8	9	10	11	12	13	14	15	16	17	18	19	20	21	22	23	24
槽号	沉边	2	1	46		45		42		41		38		37		34		33		30		29		26	
	浮边				4		3		48		47		44		43		40		39		36		35		32
嵌线顺序		25	26	27	28	29	30	31	32	33	34	35	36	37	38	39	40	41	42	43	44	45	46	47	48
槽号	沉边	25		22		21		18		17		14		13		10		9		6		5			
	浮边		31		28		27		24		23		20		19		16		15		12		11	8	7

2）整嵌法　　隔组整嵌，无需吊边，最后形成端部双平面绕组。嵌线顺序见表 2.1.11b。

表 2.1.11b　整嵌法

嵌线顺序		1	2	3	4	5	6	7	8	9	10	11	12	13	14	15	16	17	18	19	20	21	22	23	24
槽号	下平面	2	8	1	7	42	48	41	47	34	40	33	39	26	32	25	31	18	24	17	23	10	16	9	15
嵌线顺序		25	26	27	28	29	30	31	32	33	34	35	36	37	38	39	40	41	42	43	44	45	46	47	48
槽号	上平面	6	12	5	11	46	4	45	3	38	44	37	43	30	36	29	35	22	28	21	27	14	20	13	19

3. 绕组特点与应用　　本例采用庶极布线，线圈组间顺接串联成 8 极；线圈数较双层少一半，嵌线接线工艺方便。常用于绕线转子电动机的转子绕组，如 JZR31-8 起重及冶金用绕组转子三相异步电动机等。

2.1.12　48 槽 8 极($a=2$)单层叠式(庶极)绕组

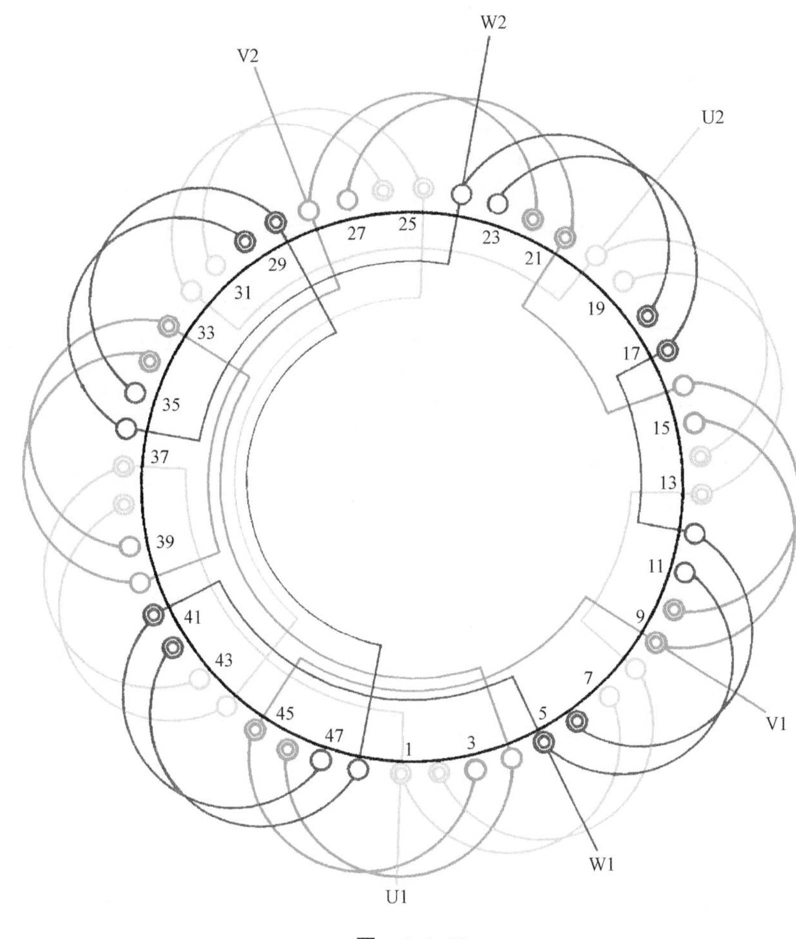

图　2.1.12

1. 绕组结构参数

定子槽数	$Z=48$	每组圈数	$S=2$	并联路数	$a=2$
电机极数	$2p=8$	极相槽数	$q=2$	线圈节距	$y=1—7$、$2—8$
总线圈数	$Q=24$	绕组极距	$\tau=6$	绕组系数	$K_{dp}=0.966$
线圈组数	$u=12$	每槽电角	$\alpha=30°$		

2. 嵌线方法　　本例嵌线方法如上例，采用后退式交叠法或整嵌法嵌线；也可采用前进式交叠嵌线，嵌线吊边数为 2，与后退式相同，但嵌线方向相反，嵌线顺序见表 2.1.12。

表 2.1.12　交叠法(前进式嵌线)

嵌线顺序		1	2	3	4	5	6	7	8	9	10	11	12	13	14	15	16
槽号	沉边	7	8	11		12		15		16		19		20		23	
	浮边				5		6		9		10		13		14		17
嵌线顺序		17	18	19	20	21	22	23	24	25	26	27	28	29	30	31	32
槽号	沉边	24		27		28		31		32		35		36		39	
	浮边		18		21		22		25		26		29		30		33
嵌线顺序		33	34	35	36	37	38	39	40	41	42	43	44	45	46	47	48
槽号	沉边	40		43		44		47		48		3		4			
	浮边		34		37		38		41		42		45		46	1	2

注：采用此表嵌线时，沉边为图中单圆圈，浮边为图中双圆圈。

3. 绕组特点与应用　　绕组采用庶极布线，使每相 4 个线圈组形成 8 极，故两路并联的接线采用反向走线短跳连接，每个支路两组线圈，逆时针走线时顺向串联；顺时针走线时则逆向串联，使每相 4 组线圈端部电流方向一致。常应用于 JZR41-8 绕线转子电动机的转子绕组。

2.1.13 72 槽 8 极($a=2$)单层叠式(庶极)绕组

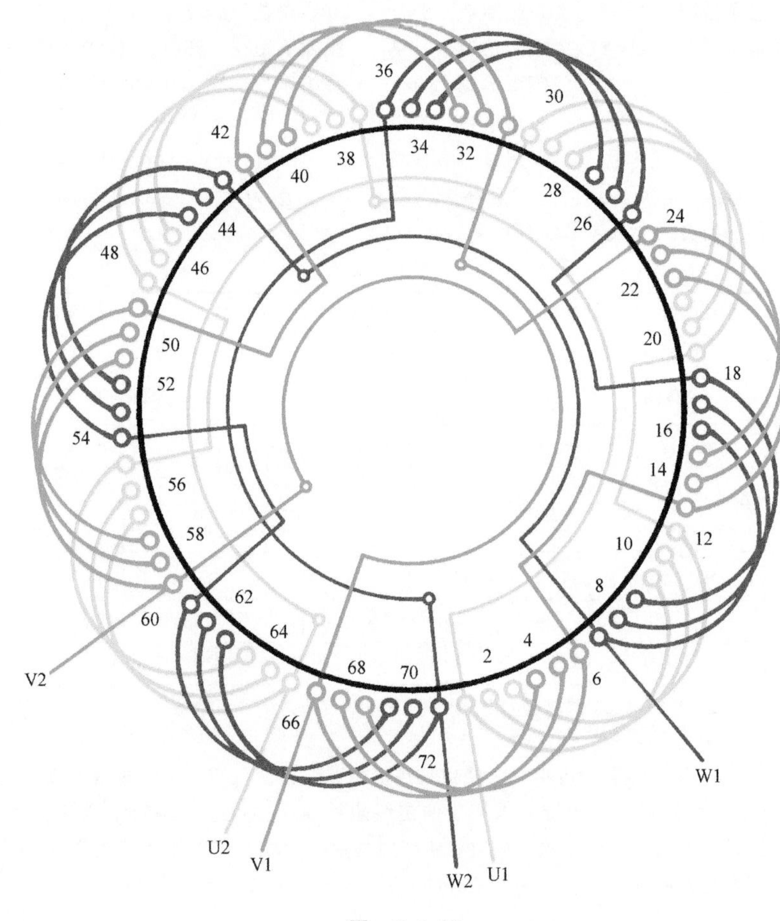

图 2.1.13

1. 绕组结构参数

定子槽数 $Z=72$ 每组圈数 $S=3$ 并联路数 $a=2$

电机极数 $2p=8$ 极相槽数 $q=3$ 线圈节距 $y=9$

总线圈数 $Q=36$ 绕组极距 $\tau=9$ 绕组系数 $K_{dp}=0.96$

线圈组数 $u=12$ 每槽电角 $\alpha=20°$

2. 嵌线方法 嵌线可用交叠法和整嵌法。交叠嵌线需吊起 3 个浮边，从第 4 只线圈开始整嵌。下面介绍的是整嵌法，无需吊边，嵌线时是隔组整嵌，最后构成双平面绕组。嵌线顺序见表 2.1.13。

表 2.1.13 整嵌法

嵌线顺序	1	2	3	4	5	6	7	8	9	10	11	12	13	14	15	16	17	18
下层槽号	63	72	62	71	61	70	51	60	50	59	49	58	39	48	38	47	37	46
嵌线顺序	19	20	21	22	23	24	25	26	27	28	29	30	31	32	33	34	35	36
下层槽号	27	36	26	35	25	34	15	24	14	23	13	22	3	12	2	11	1	10
嵌线顺序	37	38	39	40	41	42	43	44	45	46	47	48	49	50	51	52	53	54
上层槽号	57	66	56	65	55	64	45	54	44	53	43	52	33	42	32	41	31	40
嵌线顺序	55	56	57	58	59	60	61	62	63	64	65	66	67	68	69	70	71	72
上层槽号	21	30	20	29	19	28	9	18	8	17	7	16	69	6	68	5	67	4

3. 绕组特点与应用 本例采用庶极布线，每相由 4 组线圈分两路顺串而成，每组有 3 个线圈，由于是庶极绕组，所有线圈组的电流极性必须相同。此绕组用于大型绕线式转子。

2.1.14 60 槽 10 极单层叠式(庶极)绕组

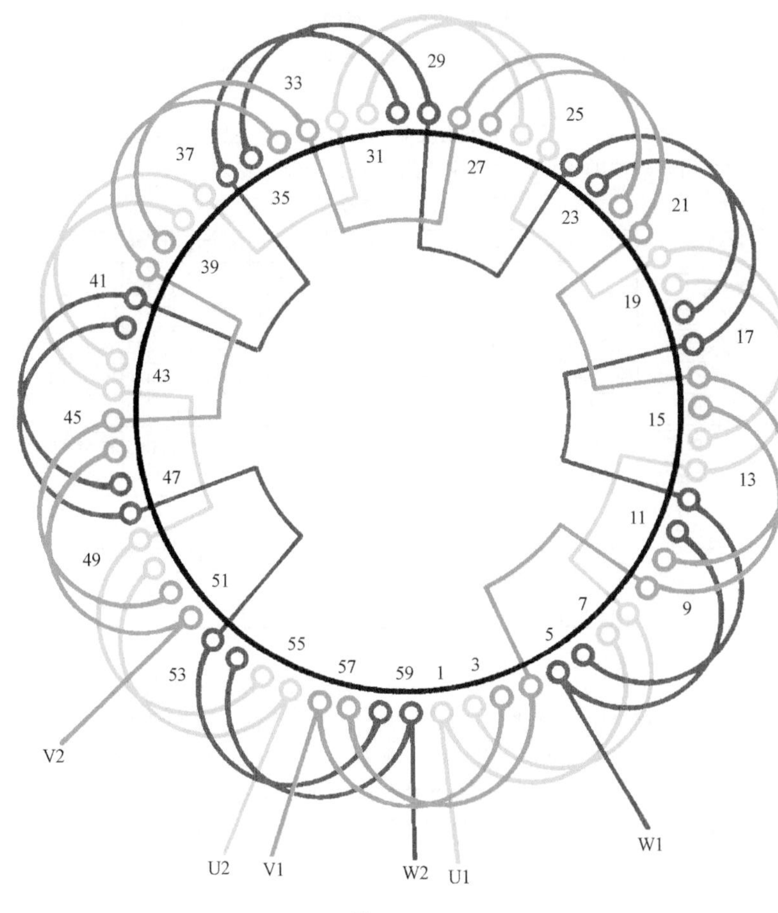

图 2.1.14

1. 绕组结构参数

定子槽数 $Z=60$ 每组圈数 $S=2$ 并联路数 $a=1$

电机极数 $2p=10$ 极相槽数 $q=2$ 线圈节距 $y=6$

总线圈数 $Q=30$ 绕组极距 $\tau=6$ 绕组系数 $K_{dp}=0.966$

线圈组数 $u=15$ 每槽电角 $\alpha=30°$

2. 嵌线方法 嵌线可采用交叠法或隔组整嵌法。隔组整嵌无需吊边，工艺较简单；交叠法则要吊起两边，嵌线时先嵌入两槽、退空出两槽后再嵌入两槽，并循此进行，最后把吊边嵌入相应槽内，则嵌线完成。嵌线顺序见表 2.1.14。

表 2.1.14 交叠法

嵌线顺序		1	2	3	4	5	6	7	8	9	10	11	12	13	14	15	16	17	18
槽号	沉边	2	1	58		57		54		53		50		49		46		45	
	浮边				4		3		60		59		56		55		52		51

嵌线顺序		19	20	21	22	23	…	51	52	53	54	55	56	57	58	59	60
槽号	沉边	42		41		38	…	10		9		6		5			
	浮边		48		47		…		16		15		12		11	8	7

3. 绕组特点与应用 本例绕组采用庶极布线，每组由交叠双圈组成，并用 5 组线圈按顺接串联构成 10 极的一相绕组。三相接线相同，故具有接线简单、嵌绕方便等特点。此绕组实际应用不多，主要适用于交流绕线式转子。

2.1.15　90 槽 10 极单层叠式(庶极)绕组

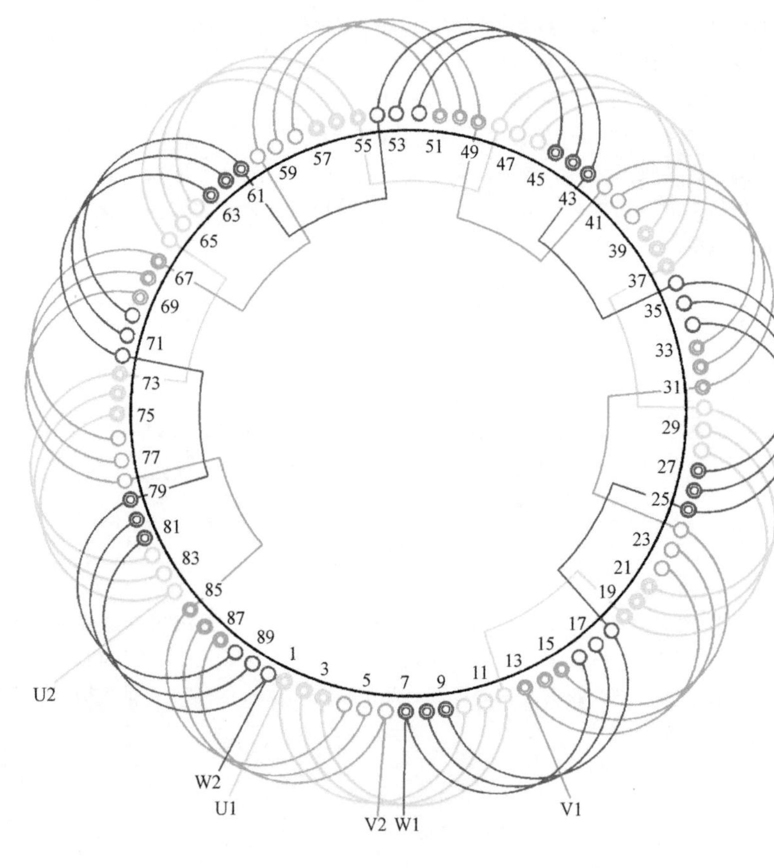

图　2.1.15

1. 绕组结构参数

定子槽数　$Z=90$　每组圈数　$S=3$　并联路数　$a=1$

电机极数　$2p=10$　极相槽数　$q=3$　线圈节距　$y=1—10、2—11、3—12$

总线圈数　$Q=45$　绕组极距　$\tau=9$　绕组系数　$K_{dp}=0.96$

线圈组数　$u=15$　每槽电角　$\alpha=20°$

2. 嵌线方法　　嵌线虽可用交叠法和整嵌法，但由于线圈节距短，不能突出整嵌法的优点，故通常采用交叠法嵌线，见表 2.1.15。

表 2.1.15　交叠法

嵌线顺序		1	2	3	4	5	6	7	8	9	10	11	12	13	14	15	16	17	18	19	20	21	22	23
槽号	沉边	3	2	1	87		86		85		81		80		79		75		74		73		69	
	浮边					6		5		4		90		89		88		84		83		82		78
嵌线顺序		24	25	26	27	28	29	30	31	32	33	34	35	36	37	38	39	40	41	42	43	44	45	46
槽号	沉边	68		67		63		62		61		57		56		55		51		50		49		45
	浮边		77		76		72		71		70		66		65		64		60		59		58	
嵌线顺序		47	48	49	50	51	52	53	54	55	56	57	58	59	60	61	62	63	64	65	66	67	68	69
槽号	沉边		44		43		39		38		37		33		32		31		27		26		25	
	浮边	54		53		52		48		47		46		42		41		40		36		35		34
嵌线顺序		70	71	72	73	74	75	76	77	78	79	80	81	82	83	84	85	86	87	88	89	90		
槽号	沉边	21		20		19		15		14		13		9		8		7						
	浮边		30		29		28		24		23		22		18		17		16	12	11	10		

3. 绕组特点与应用　　90 槽定子一般为较大容量的电动机，若定子采用单层绕组则因谐波分量较大而影响运行性能，故通常都不予采用；但由于采用庶极布线，线圈少，旋转时还能起到扇风散热的效果；而且接线较少，容易调整转子动平衡，嵌线和绕线工艺都较方便，故一般用作绕线式转子绕组，主要应用实例有 JZR2-61-10 绕线转子电动机的转子。

2.1.16 48 槽 12 极单层交叠分割式(庶极)绕组

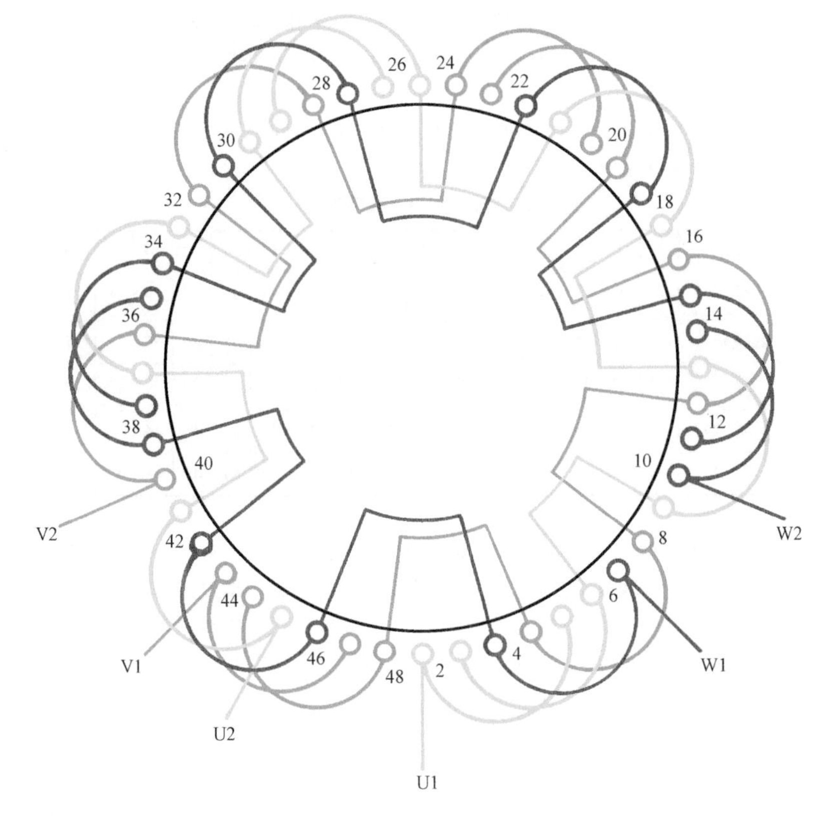

图 2.1.16

1. 绕组结构参数

定子槽数 $Z=48$　　每组圈数 $S=1、2$　　并联路数 $a=1$

电机极数 $2p=12$　　极相槽数 $q=1\frac{1}{3}$　　线圈节距 $y=4$

总线圈数 $Q=24$　　绕组极距 $\tau=4$　　绕组系数 $K_{dp}=0.924$

线圈组数 $u=18$　　每槽电角 $\alpha=45°$

2. 嵌线方法　　嵌线可采用整嵌法，逐个将交叠单元组嵌入，每组嵌线顺序见表 2.1.16。

表 2.1.16　分组整嵌法

嵌 线 顺 序	1	2	3	4	5	6	7	8
每 组 槽 号	4	8	3	7	2	6	1	5

其余各个交叠组也依此顺序嵌入相应槽内。具体可参考下一例。

3. 绕组特点与应用　　本例采用一种较少见的布线安排，属于庶极式。它是一个分数槽绕组，而且分母为 3，故在一相中每 3 组为一循环，所以本例分数槽安排规律是 2　1　1　2　1　1。绕组结构上，由三相线圈构成的交叠单元组由 4 个线圈组成，其中必有一相是交叠双圈，其余为单圈。因是庶极，每相线圈(组)数为极数的一半，而且同相组间的连接是顺向串联，使全部线圈的极性相同。此绕组总线圈数较少，嵌绕工艺方便。主要应用于起重机多速电动机的配套绕组。

2.1.17　48 槽 12 极($a=2$)单层交叠分割式(庶极)绕组

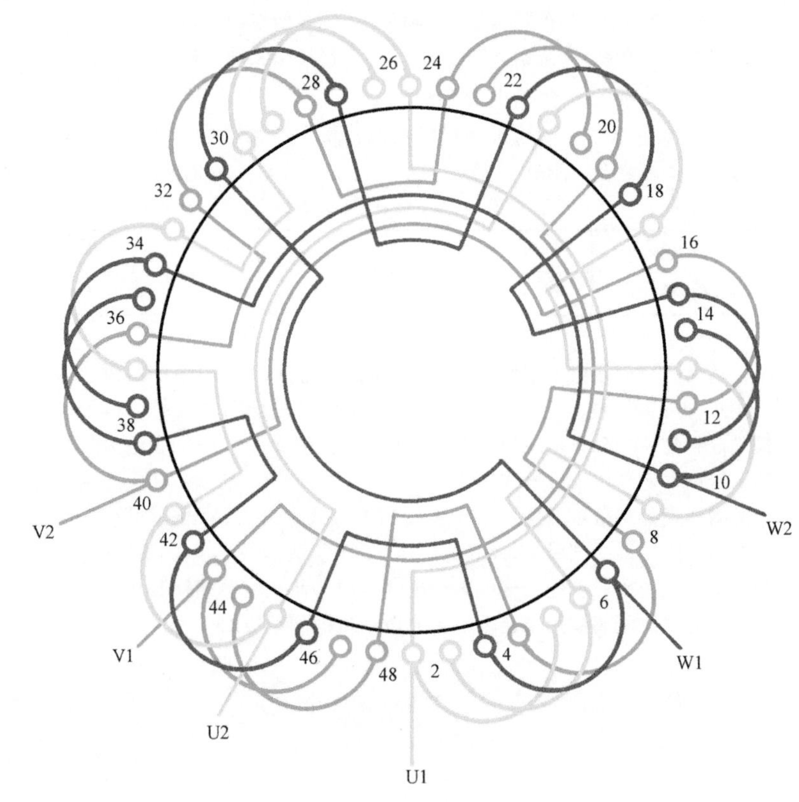

图　2.1.17

1. 绕组结构参数

定子槽数　$Z=48$　每组圈数　$S=1、2$　并联路数　$a=2$

电机极数　$2p=12$　极相槽数　$q=1\frac{1}{3}$　线圈节距　$y=4$

总线圈数　$Q=24$　绕组极距　$\tau=4$　绕组系数　$K_{dp}=0.924$

线圈组数　$u=18$　每槽电角　$\alpha=45°$

2. 嵌线方法　　绕组采用整嵌法，分 6 个单元嵌入，无需吊边，嵌线顺序见表 2.1.17。

表 2.1.17　分组整嵌法

嵌线顺序	1	2	3	4	5	6	7	8	9	10	11	12	13	14	15	16
槽号	4	8	3	7	2	6	1	5	12	16	11	15	10	14	9	13
嵌线顺序	17	18	19	20	21	22	23	24	25	26	27	28	29	30	31	32
槽号	20	24	19	23	18	22	17	21	28	32	27	31	26	30	25	29
嵌线顺序	33	34	35	36	37	38	39	40	41	42	43	44	45	46	47	48
槽号	36	40	35	39	34	38	33	37	44	48	43	47	42	46	41	45

3. 绕组特点与应用　　本例采用特殊安排的庶极布线，由于绕组在铁心圆周上呈单元分布，从而形成可分割的特点。绕组结构特点同上例，但采用两路并联接线，而同相相邻线圈组极性仍是相同的，因此所有线圈连接后的电流方向也相同。此绕组用于多速配套绕组。

2.1.18　72 槽 18 极单层交叠分割式(庶极)绕组

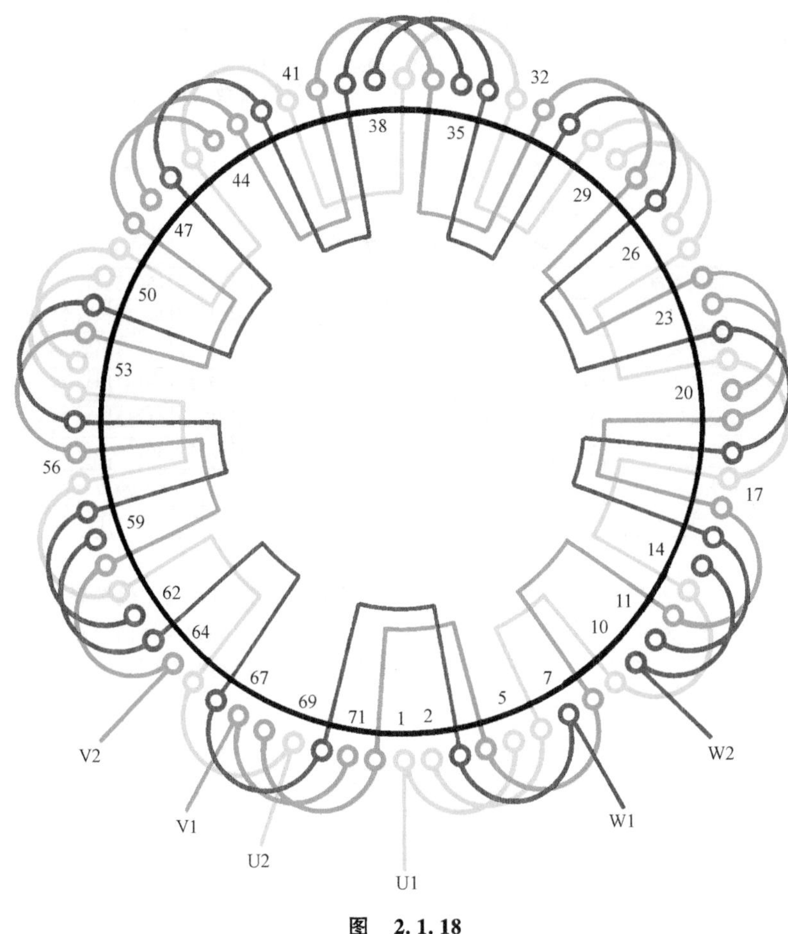

图　2.1.18

1. 绕组结构参数

定子槽数	$Z=72$	每组圈数	$S=1$、2	并联路数	$a=1$
电机极数	$2p=18$	极相槽数	$q=1\frac{1}{3}$	线圈节距	$y=4$
总线圈数	$Q=36$	绕组极距	$\tau=4$	绕组系数	$K_{dp}=0.924$
线圈组数	$u=27$	每槽电角	$\alpha=45°$		

2. 嵌线方法　　绕组可用整嵌法，一般习惯采用后退式，具体嵌线顺序见表 2.1.18。

表 2.1.18　整嵌法(后退式)

嵌线顺序	1	2	3	4	5	6	7	8	9	10	11	12	13	14	15	16	17	18
槽号	8	4	7	3	6	2	5	1	72	68	71	67	70	66	69	65	64	60
嵌线顺序	19	20	21	22	23	24	25	26	27	28	29	30	31	32	33	34	35	36
槽号	63	59	62	58	61	57	56	52	55	51	54	50	53	49	48	44	47	43
嵌线顺序	37	38	39	40	41	42	43	44	45	46	47	48	49	50	51	52	53	54
槽号	46	42	45	41	40	36	39	35	38	34	37	33	32	28	31	27	30	26
嵌线顺序	55	56	57	58	59	60	61	62	63	64	65	66	67	68	69	70	71	72
槽号	29	25	24	20	23	19	22	18	21	17	16	12	15	11	14	10	13	9

3. 绕组特点与应用　　本例是庶极布线，每相用 12 个线圈构成 18 极，实质上是单层分数式绕组，其每极线圈数 $q=1\frac{1}{3}$，即每 3 组线圈中必有一组是双圈，其余两组是单圈，而双圈不但在一相中对称安排，而且三相线圈在定子上也能对称均匀。不过每槽电角度为 45°，使三相进线无法满足 120°电角度的互差，但三相磁场对称。此外，绕组线圈数少，嵌接线都方便。常用作起重机多速电动机的配套绕组。

2.1.19　72 槽 18 极($a=3$)单层交叠分割式(庶极)绕组

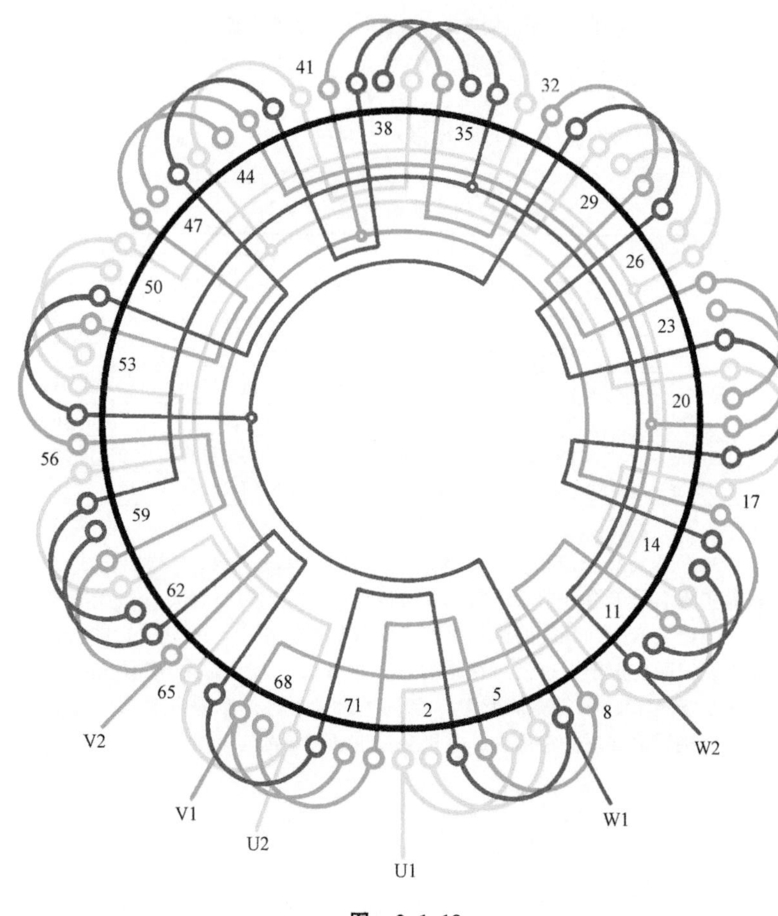

图　2.1.19

1. 绕组结构参数

定子槽数　$Z=72$　　每组圈数　$S=1、2$　　并联路数　$a=3$

电机极数　$2p=18$　　极相槽数　$q=1\frac{1}{3}$　　线圈节距　$y=4$

总线圈数　$Q=36$　　绕组极距　$\tau=4$　　绕组系数　$K_{dp}=0.924$

线圈组数　$u=27$　　每槽电角　$\alpha=45°$

2. 嵌线方法　　嵌线采用整嵌法，习惯用后退式嵌线者可参考上例嵌线表，本例是前进式嵌线。嵌线顺序见表 2.1.19。

表 2.1.19　整嵌法(前进式)

嵌线顺序	1	2	3	4	5	6	7	8	9	10	11	12	13	14	15	16	17	18
槽号	1	5	2	6	3	7	4	8	9	13	10	14	11	15	12	16	17	21
嵌线顺序	19	20	21	22	23	24	25	26	27	28	29	30	31	32	33	34	35	36
槽号	18	22	19	23	20	24	25	29	26	30	27	31	28	32	33	37	34	38
嵌线顺序	37	38	39	40	41	42	43	44	45	46	47	48	49	50	51	52	53	54
槽号	35	39	36	40	41	45	42	46	43	47	44	48	49	53	50	54	51	55
嵌线顺序	55	56	57	58	59	60	61	62	63	64	65	66	67	68	69	70	71	72
槽号	52	56	57	61	58	62	59	63	60	64	65	69	66	70	67	71	68	72

3. 绕组特点与应用　　本例绕组结构特点与上例相同，但并联路数改为 3 路并联，每一个支路由 3 组线圈串联而成，其中包括两个单圈组和一个双圈组。本绕组也应用于起重设备的多速电动机作配套绕组。

2.2 三相单层链式绕组布线接线图

三相单层链式绕组每极相槽数 $q=2$，每组线圈数 $S=1$，相邻两槽线圈端部分别反折，展开后的三相绕组如链相扣而得名，简称“单链绕组”；一般属显极布线，但在特殊条件下也可构成庶极绕组。

一、绕组参数

总线圈数 Q：是指三相绕组总线圈数，因是单层绕组，总线圈数为槽数的一半，即

$$Q=Z/2$$

极相槽数 q：每极距内电动机一相绕组所占槽数，单链绕组每极相槽数为 2，即

$$q=Z/2pm=2$$

每组圈数 S：单链绕组每组只有一只线圈，即

$$S=Q/u=1$$

线圈组数 u：是构成三相绕组的线圈组数，但因单链绕组每组圈数为 1，故实质上线圈组数与总线圈数相等；但由于庶极布线线圈组数是显极的一半，因此：

显极 $u=2pm$

庶极 $u=pm$

绕组极距 τ：是用槽数表示的绕组磁极所占宽度，即

$$\tau=Z/2p$$

线圈节距 y：单链绕组是全距绕组，但线圈节距可以小于极距，如

显极 $y=\tau-1$

庶极 $y=\tau$

绕组系数 K_{dp}：单链绕组节距系数 $K_p=1$，因显极布线时 $q=2$，绕组分布系数 $K_d=0.966$，而庶极布线 $q=1$，绕组分布系数 $K_d=1$，所以单链绕组的绕组系数为

显极 $K_{dp}=K_d=0.966$

庶极 $K_{dp}=K_d=1$

绕组可能的最大并联支路数 a：

q 为奇数 $a_m=p$

q 为偶数 $a_m=2p$

每槽电角 α：电机绕组铁心每槽所占的电角度

$$\alpha=180°\times2p/Z$$

式中各参数符号意义同 2.1 节。

二、绕组特点

1）单链绕组每组只有一只线圈，而且线圈节距必须是奇数；

2）绕组中所有线圈的节距、形状和尺寸均相同；

3）显极式布线的单链绕组属于具有短节距线圈的全距绕组。在相对应的三相绕组中，它的线圈平均节距最短，故能节省线材；

4）采用单层布线，槽的有效填充系数较高；

5）电气性能略逊于双层短距绕组，但在单层绕组中则是性能较好的绕组型式，故在小电机中广泛应用。

三、绕组嵌线

绕组有两种嵌线工艺，一般以吊边交叠法嵌线为正规工艺；但每相组数为偶数，或定子内腔十分窄小时也有采用整圈嵌线。

1）交叠法　嵌线规律为：嵌 1 槽、退空 1 槽；再嵌 1 槽、再空 1 槽；依此嵌线，直至完成。

2）整嵌法　线圈两有效边先后嵌入规定槽内，无需吊边；完成后绕组端部将形成两种型式：

① 总线圈数 Q 为偶数时，庶极绕组采用隔组嵌线，即将奇数编号线圈和偶数编号线圈分别构成绕组端部为上下层次的双平面绕组。

② 显极式及总线圈数 Q 为奇数的庶极绕组，采用分相嵌线，其端部将形成三平面绕组，但一般应用较少。

采用交叠嵌线时，图中双圆表示“沉边”（见 2.1 节）；单圆表示浮边。

四、绕组接线规律

显极绕组：相邻线圈间极性相反，而同相线圈连接是“尾接尾”或“头接头”。

庶极绕组：线圈间极性相同，即“尾与头”相连接，使三相绕组线圈端部电流方向一致。

2.2.1 12 槽 2 极单层链式绕组

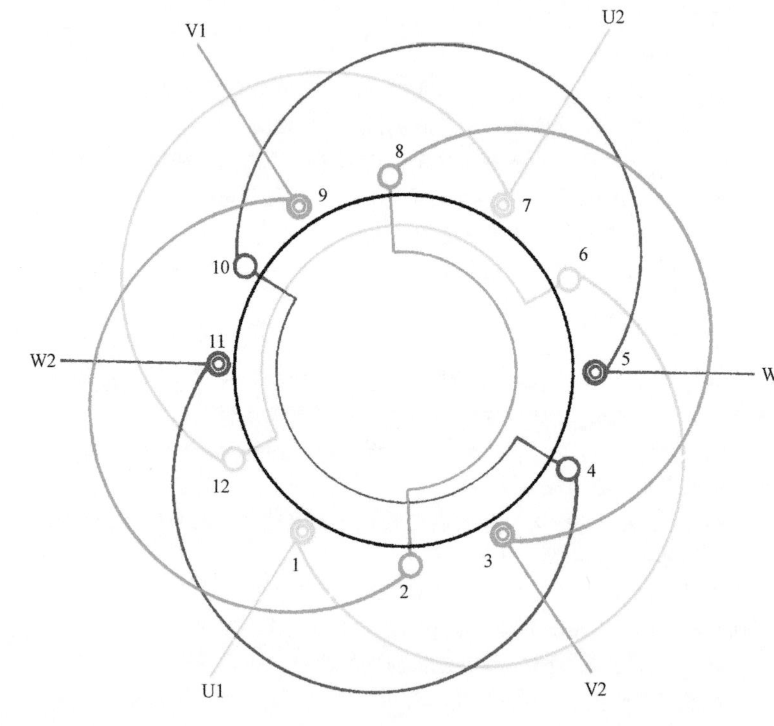

图 2.2.1

1. 绕组结构参数

定子槽数 $Z=12$　每组圈数 $S=1$　并联路数 $a=1$

电机极数 $2p=2$　极相槽数 $q=2$　线圈节距 $y=1—6$

总线圈数 $Q=6$　绕组极距 $\tau=6$　绕组系数 $K_{dp}=0.966$

线圈组数 $u=6$　每槽电角 $\alpha=30°$

2. 嵌线方法　可采用两种方法嵌线：

1）交叠法　此法嵌线的绕组端部比较规整，但需吊边 2 个。嵌线顺序见表 2.2.1a。

表 2.2.1a　交叠法

嵌线顺序		1	2	3	4	5	6	7	8	9	10	11	12
槽号	沉边	1	11	9		7		5		3			
	浮边				2		12		10		8	6	4

2）整嵌法　因 12 槽定子均为微型电机，由于内腔窄小，用交叠法嵌线较困难时，常改用整圈嵌线而形成端部三平面绕组。嵌线顺序见表 2.2.1b。

表 2.2.1b　整嵌法

嵌线顺序		1	2	3	4	5	6	7	8	9	10	11	12
槽号	下平面	1	6	7	12								
	中平面					9	2	3	8				
	上平面									5	10	11	4

3. 绕组特点与应用　绕组采用显极布线，每组只有一个线圈，每相由两个线圈反接串联而成。此绕组应用于微电机，主要应用实例有 AO2-4522 型小功率三相异步电动机、DBC-25 型电泵用三相小功率电动机等。

2.2.2　16 槽 2 极(空 4 槽)单层链式绕组

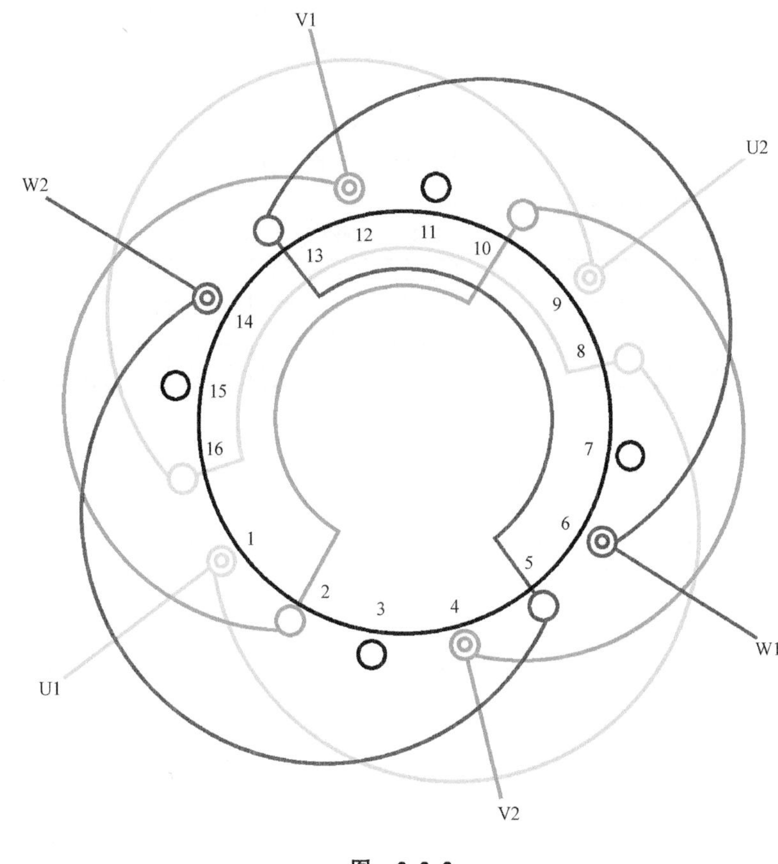

图　2.2.2

1. 绕组结构参数

定子槽数　$Z=16$　　每组圈数　$S=1$　　并联路数　$a=1$

电机极数　$2p=2$　　极相槽数　$q=2$　　线圈节距　$y=1—8$、$1—7$

总线圈数　$Q=6$　　绕组极距　$\tau=8$　　绕组系数　$K_{dp}=0.966$

线圈组数　$u=6$　　每槽电角　$\alpha=22.5°$

2. 嵌线方法　　绕组嵌线有两种方法，空槽 3、7、11、15 不计入嵌线顺序。

1）交叠法　　先嵌 1 槽(沉边)向后退，空出 1 槽后，再嵌 1 槽。吊边数为 2。嵌线顺序见表 2.2.2a。

表 2.2.2a　交叠法

嵌线顺序		1	2	3	4	5	6	7	8	9	10	11	12
槽号	沉边	1	14	12		9		6		4			
	浮边				2		16		13		10	8	5

2）整嵌法　　嵌线无需吊边，是逐相分层嵌入相应槽内，使绕组端部形成底、中、面三平面层次的绕组。嵌线顺序见表 2.2.2b。

表 2.2.2b　整嵌法

嵌线顺序		1	2	3	4	5	6	7	8	9	10	11	12
槽号	底层	1	8	9	16								
	中层					6	13	14	5				
	面层									12	2	4	10

3. 绕组特点与应用　　定子 16 槽嵌绕单层 2 极时，每极相槽数($q=2\frac{2}{3}$)为无循环规律分数，故必须取 $S=1$，并空出 4 槽才能安排三相平衡绕组，即每相两个单圈组，从而成为线圈节距不相等的单层链式绕组；此外，4 个空槽无法均匀分布于三相，使三相出线相距也不能满足互距 120°电角的要求。此绕组铁心有效利用率较低，线圈嵌绕也略有不便，故一般只在利用原有冲模非批量改制专用微型电机时采用。此电机无正规标准产品，仅见用于仪表盘用风扇电动机。

2.2.3　12 槽 4 极单层链式（庶极）绕组

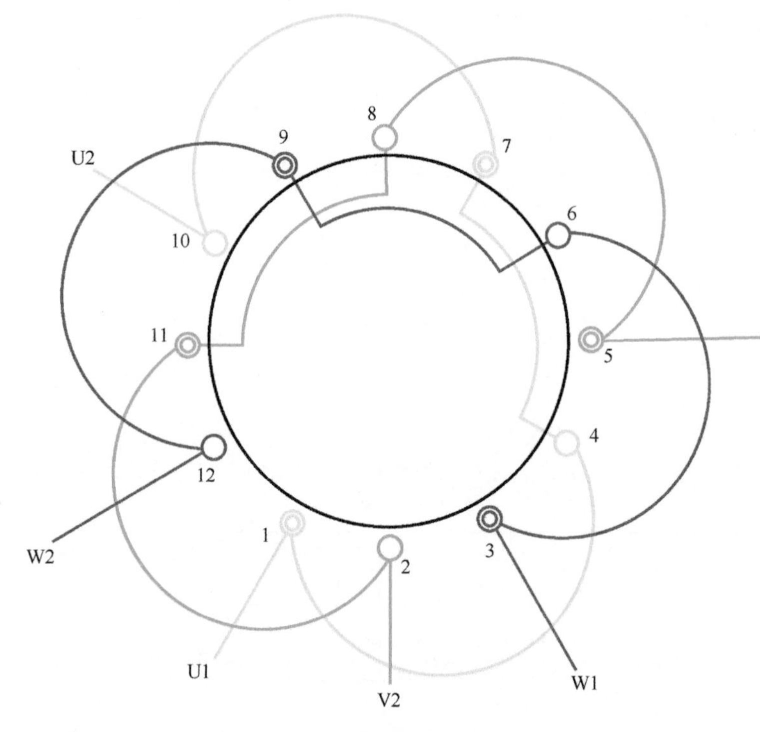

图　2.2.3

1. 绕组结构参数

定子槽数　$Z=12$　　每组圈数　$S=1$　　并联路数　$a=1$

电机极数　$2p=4$　　极相槽数　$q=1$　　线圈节距　$y=1—4$

总线圈数　$Q=6$　　绕组极距　$\tau=3$　　绕组系数　$K_{dp}=1$

线圈组数　$u=6$　　每槽电角　$\alpha=60°$

2. 嵌线方法　　由于线圈特少，两种嵌线工艺均可采用。

1）交叠法　　嵌线时，嵌 1 槽隔空 1 槽，再嵌 1 槽，吊边数为 1。嵌线顺序见表 2.2.3a。

表 2.2.3a　交叠法

嵌线顺序		1	2	3	4	5	6	7	8	9	10	11	12
槽　号	沉边	1	11		9		7		5		3		
	浮边			2		12		10		8		6	4

2）整嵌法　　嵌线时，整嵌 1 线圈，隔开 1 线圈再嵌 1 线圈，无需吊边，嵌线顺序见表 2.2.3b。

表 2.2.3b　整嵌法

嵌线顺序		1	2	3	4	5	6	7	8	9	10	11	12
槽　号	下平面	1	4	9	12	5	8						
	上平面							3	6	11	2	7	10

3. 绕组特点与应用　　本例为庶极布线，每相由 2 个线圈（组）构成，同相两线圈（组）间接线为顺向串联，即“尾与头”相接，使所有线圈端部的电流方向相同。由于线圈数少，嵌线方便，但仅应用于功率很小的电机，主要应用实例有 400FA3-4 型、400FTA8-4 型等 400mm 排风扇电动机。

2.2.4　24 槽 4 极单层链式绕组

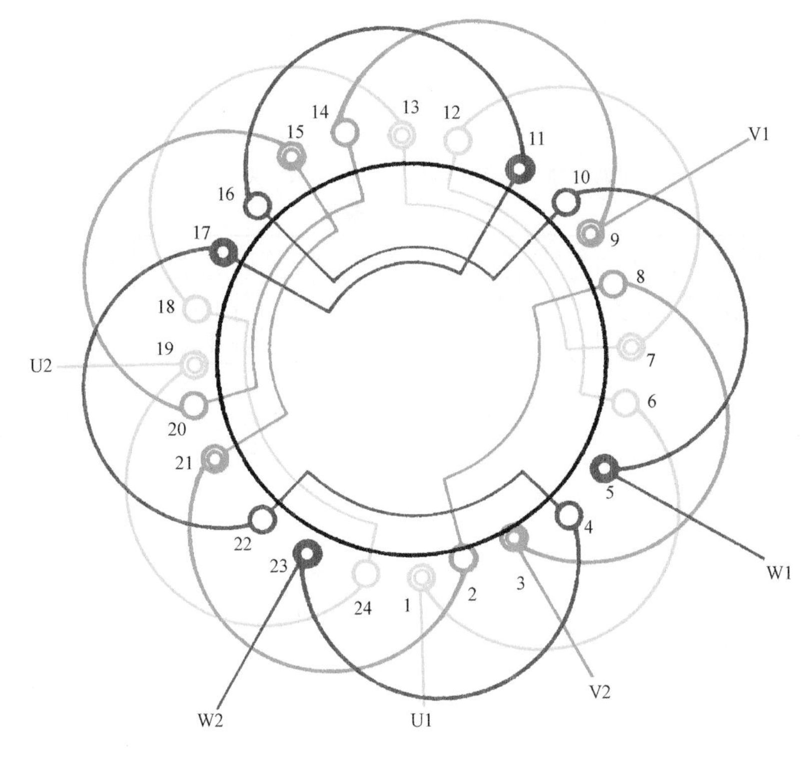

图　2.2.4

1. 绕组结构参数

定子槽数　$Z=24$　　每组圈数　$S=1$　　并联路数　$a=1$

电机极数　$2p=4$　　极相槽数　$q=2$　　线圈节距　$y=1—6$

总线圈数　$Q=12$　　绕组极距　$\tau=6$　　绕组系数　$K_{dp}=0.966$

线圈组数　$u=12$　　每槽电角　$\alpha=30°$

2. 嵌线方法　　嵌线可用交叠法或整嵌法。

1）交叠法　　交叠法嵌线吊 2 边，嵌入 1 槽空出 1 槽，再嵌 1 槽，再空出 1 槽，按此规律将全部线圈嵌完。嵌线顺序见表 2.2.4a。

表 2.2.4a　交叠法

嵌线顺序		1	2	3	4	5	6	7	8	9	10	11	12	13	14	15	16	17	18	19	20	21	22	23	24
槽号	沉边	1	23	21		19		17		15		13		11		9		7		5		3			
	浮边				2		24		22		20		18		16		14		12		10		8	6	4

2）整嵌法　　因是显极绕组，采用整嵌将构成三平面绕组，操作时采用分相整嵌，将一相线圈嵌入相应槽内，垫好绝缘再嵌第 2 相、第 3 相。嵌线顺序见 2.2.4b 表。

表 2.2.4b　整嵌法

嵌线顺序		1	2	3	4	5	6	7	8	9	10	11	12	13	14	15	16
槽号	下平面	19	24	13	18	7	12	1	6								
	中平面									23	4	17	22	11	16	5	10
嵌线顺序		17	18	19	20	21	22	23	24								
槽号	上平面	3	8	21	2	15	20	9	14								

3. 绕组特点与应用　　本例是 4 极电机常用的布线型式之一，无论是一般用途电动机或专用电动机都较多地采用。例如老型号的 JO2-21-4 及新系列的 Y801-4、Y90S-4 等小功率一般用途电动机；G3C-2、FAL-8600、OJF4-400、600JA12-4、JF-400 等排风扇电动机以及 JOF31-4600 轴流通风机等专用电机都有应用。

2.2.5 *24 槽 4 极（$a=2$）单层链式绕组

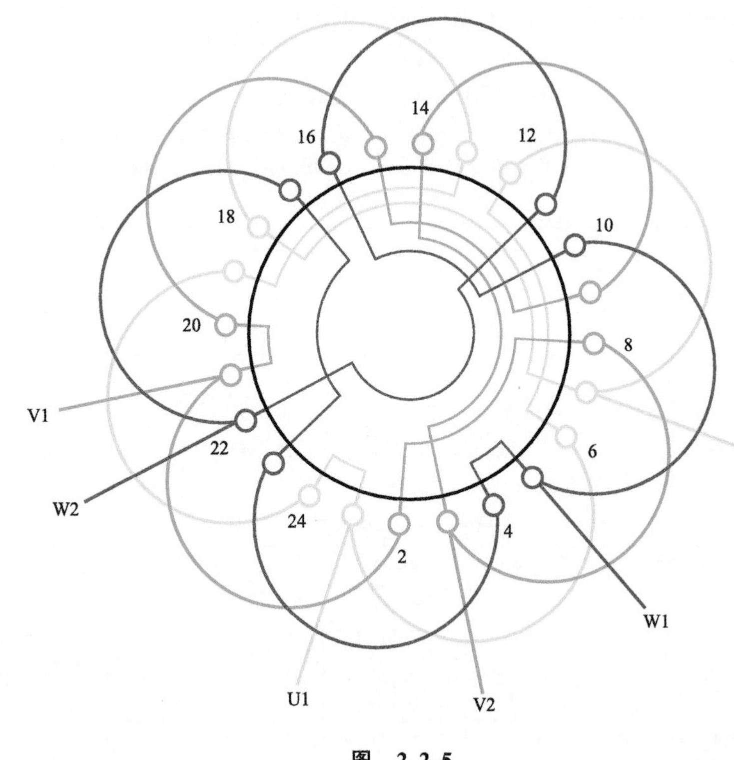

图 2.2.5

1. 绕组结构参数

定子槽数 $Z=24$　　每组圈数 $S=1$　　并联路数 $a=2$

电机极数 $2p=4$　　极相槽数 $q=2$　　线圈节距 $y=1—6$

总线圈数 $Q=12$　　绕组极距 $\tau=6$　　绕组系数 $K_{dp}=0.966$

线圈组数 $u=12$　　每槽电角 $\alpha=30°$

2. 嵌线方法　嵌线可用交叠法或整嵌法。

1）交叠法　交叠法嵌线吊 2 边，嵌入 1 槽空出 1 槽，再嵌 1 槽，再空出 1 槽，按此规律将全部线圈嵌完。嵌线顺序见表 2.2.5a。

表 2.2.5a　交叠法

嵌线顺序		1	2	3	4	5	6	7	8	9	10	11	12	13	14	15	16	17	18	19	20	21	22	23	24
槽号	沉边	1	23	21		19		17		15		13		11		9		7		5		3			
	浮边				2		24		22		20		18		16		14		12		10		8	6	4

2）整嵌法　因是显极绕组，采用整嵌将构成三平面绕组，操作时采用分相整嵌，将一相线圈嵌入相应槽内，垫好绝缘再嵌第 2 相、第 3 相。嵌线顺序见表 2.2.5b。

表 2.2.5b　整嵌法

嵌线顺序		1	2	3	4	5	6	7	8	9	10	11	12	13	14	15	16
槽号	下平面	19	24	13	18	7	12	1	6								
	中平面									23	4	17	22	11	16	5	10
嵌线顺序		17	18	19	20	21	22	23	24								
槽号	上平面	3	8	21	2	15	20	9	14								

3. 绕组特点与应用　本例是单层链式 24 槽 4 极，一般只用于小容量电机，所以国产标准系列只采用一路串联接法，而两路接法的绕组则常见用于小型的通风机用电动机。

2.2.6 18槽6极单层链式(庶极)绕组

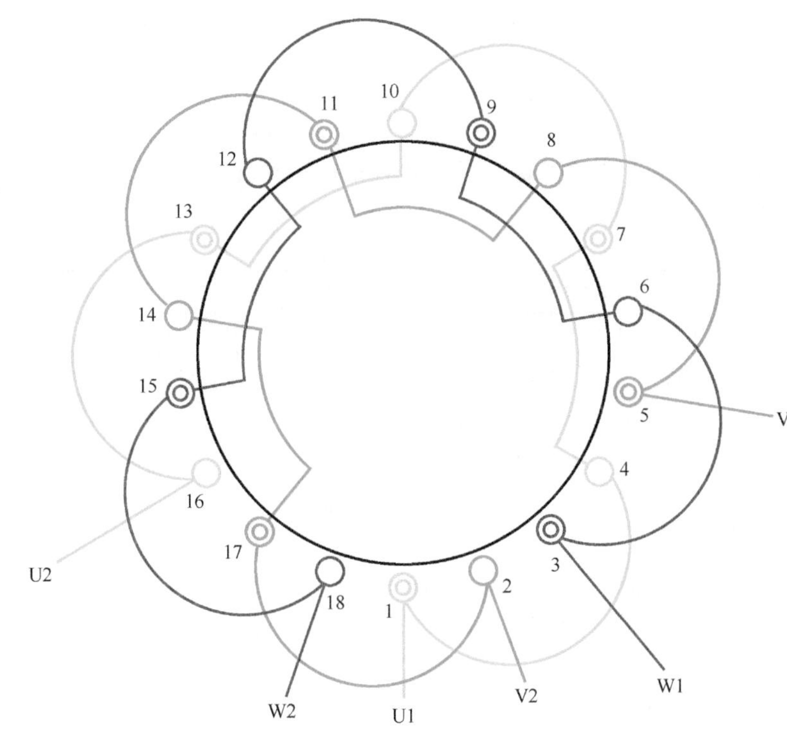

图 2.2.6

1. 绕组结构参数

定子槽数 $Z=18$　每组圈数 $S=1$　并联路数 $a=1$

电机极数 $2p=6$　极相槽数 $q=1$　线圈节距 $y=1—4$

总线圈数 $Q=9$　绕组极距 $\tau=3$　绕组系数 $K_{dp}=1$

线圈组数 $u=9$　每槽电角 $\alpha=60°$

2. 嵌线方法　嵌线本可采用两种方法，但由于 q 为奇数，采用整嵌法构成双平面绕组则有一线圈跨于两平面上，造成绕组端部变形，不甚美观，也给绝缘带来困难，故一般不予采用。若分相整嵌构成三平面绕组，较之交叠嵌线，并无明显优点，也极少采用，故嵌线时多用交叠法。这时吊边数仅为1，从第2个线圈开始整嵌，嵌线顺序见表2.2.6。

表 2.2.6　交叠法

嵌线顺序		1	2	3	4	5	6	7	8	9	10	11	12	13	14	15	16	17	18
槽号	沉边	1	17		15		13		11		9		7		5		3		
	浮边			2		18		16		14		12		10		8		6	4

3. 绕组特点与应用　本例采用庶极布线，每组仅有1个线圈，每相由3个分布互距120°几何角度的线圈构成，线圈间的连接是顺向串联，即“尾与头”相接，使全部线圈端部电流方向(极性)一致。此绕组具有线圈数少、嵌线方便等优点，主要用于厂房通风的小型电动机，如500FTA4-7型、500FTA3-7型等500mm排风扇电动机。

2.2.7　36 槽 6 极单层链式绕组

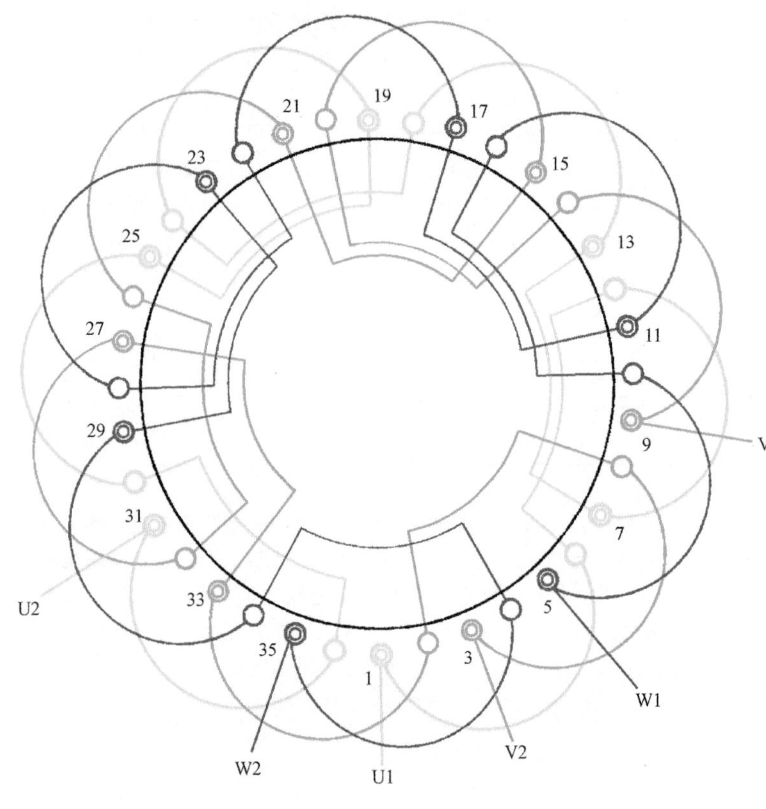

图　2.2.7

1. 绕组结构参数

定子槽数　$Z=36$　　每组圈数　$S=1$　　并联路数　$a=1$

电机极数　$2p=6$　　极相槽数　$q=2$　　线圈节距　$y=1—6$

总线圈数　$Q=18$　　绕组极距　$\tau=6$　　绕组系数　$K_{dp}=0.966$

线圈组数　$u=18$　　每槽电角　$\alpha=30°$

2. 嵌线方法　　嵌线可用交叠法或整嵌法，但整圈嵌线虽不用吊边，但只能分相整嵌而构成三平面绕组，故较少采用。交叠法嵌线吊边数为 2，从第 3 线圈开始可整嵌，嵌线并不会感到困难，嵌线顺序见表 2.2.7。

表 2.2.7　交叠法

嵌线顺序		1	2	3	4	5	6	7	8	9	10	11	12	13	14	15	16	17	18
槽号	沉边	1	35	33		31		29		27		25		23		21		19	
	浮边				2		36		34		32		30		28		26		24
嵌线顺序		19	20	21	22	23	24	25	26	27	28	29	30	31	32	33	34	35	36
槽号	沉边	17		15		13		11		9		7		5		3			
	浮边		22		20		18		16		14		12		10		8	6	4

3. 绕组特点与应用　　本例为显极式布线，每相线圈数等于极数，每极相两槽有效边电流方向相同，故线圈端部反折，并使同相相邻线圈极性相反，即接线为反接串联。此绕组是小型 6 极电动机中应用较多的基本布线型式之一。在一般用途新系列的小型电动机中，应用实例有 Y160L-6 型。此外，将星点内接，引出三根出线可应用于 JG2-41-6 型辊道专用电动机和 BJO2-52-6 型等隔爆型三相异步电动机。

2.2.8 36 槽 6 极（$a=2$）单层链式绕组

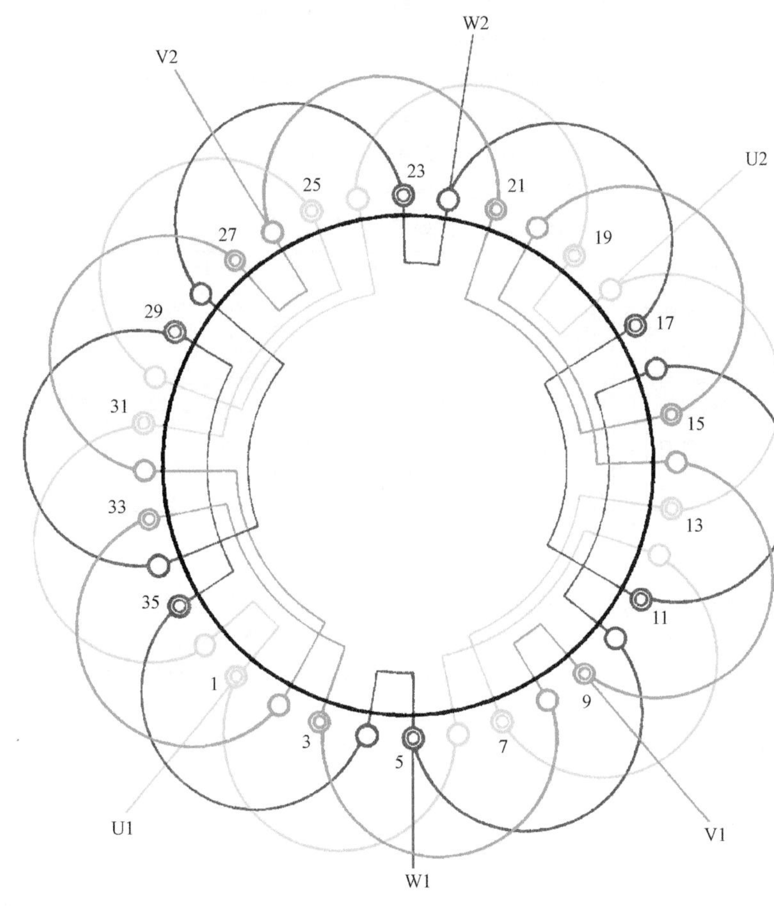

图 2.2.8

1. 绕组结构参数

定子槽数 $Z=36$ 每组圈数 $S=1$ 并联路数 $a=2$

电机极数 $2p=6$ 极相槽数 $q=2$ 线圈节距 $y=1—6$

总线圈数 $Q=18$ 绕组极距 $\tau=6$ 绕组系数 $K_{dp}=0.966$

线圈组数 $u=18$ 每槽电角 $\alpha=30°$

2. 嵌线方法 嵌线一般采用交叠法，如图 2.2.6 所示，也可用整嵌法嵌线，形成三平面绕组，但较少应用，表 2.2.8 是整嵌法嵌线顺序，仅供参考。

表 2.2.8 整嵌法

嵌线顺序		1	2	3	4	5	6	7	8	9	10	11	12
槽号	下平面	1	6	31	36	25	30	19	24	13	18	7	12
嵌线顺序		13	14	15	16	17	18	19	20	21	22	23	24
槽号	中平面	5	10	35	4	29	34	23	28	17	22	11	16
嵌线顺序		25	26	27	28	29	30	31	32	33	34	35	36
槽号	上平面	9	14	3	8	33	2	27	32	21	26	15	20

3. 绕组特点与应用 本例也是应用较多的绕组之一，采用两路并联接线。每相由 6 个线圈分两路反向走线，每一个支路 3 个线圈，同相线圈间是反极性连接。应用实例有 Y90L-6、Y112M-6 等新系列异步电动机；也有 JO2L-52-6、JO3L-140S-6 铝绕组电动机，JO3-T160-6TH、JO4-21-6 等老系列电动机；还用于 YZR160L 型绕线转子异步电动机的转子绕组。

2.2.9　36 槽 6 极($a=3$)单层链式绕组

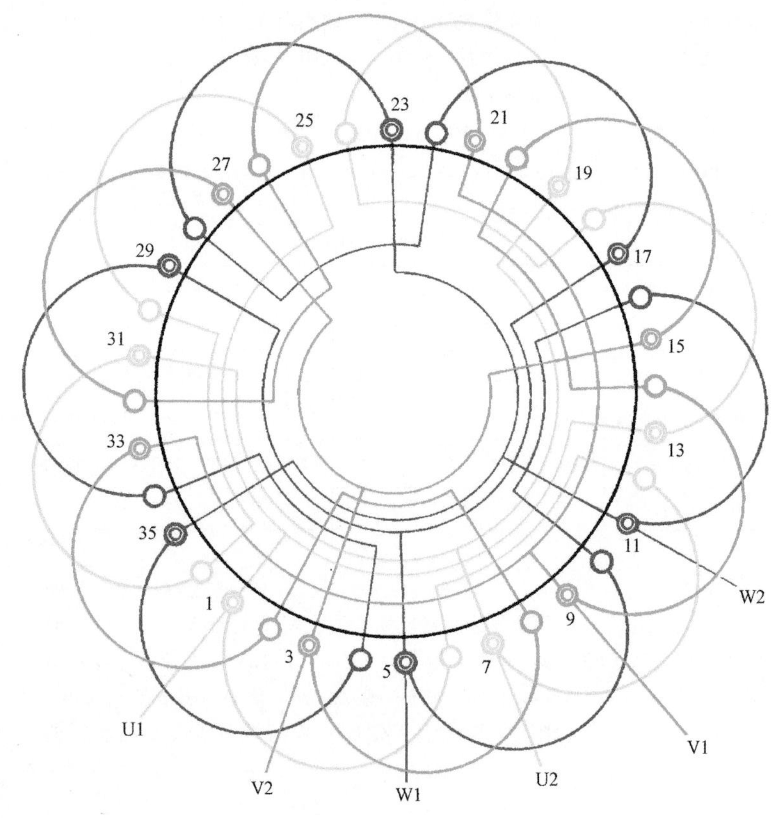

图　2.2.9

1. 绕组结构参数

定子槽数　$Z=36$　　每组圈数　$S=1$　　并联路数　$a=3$

电机极数　$2p=6$　　极相槽数　$q=2$　　线圈节距　$y=1—6$

总线圈数　$Q=18$　　绕组极距　$\tau=6$　　绕组系数　$K_{dp}=0.966$

线圈组数　$u=18$　　每槽电角　$\alpha=30°$

2. 嵌线方法　　绕组嵌线可采用表 2.2.6 后退式交叠嵌法，为适应采用前进式嵌线习惯的操作者，下面介绍前进式嵌线顺序。

表 2.2.9　交叠法(前进式嵌线)

嵌线顺序		1	2	3	4	5	6	7	8	9	10	11	12	13	14	15	16	17	18
槽号	沉边	6	8	10		12		14		16		18		20		22		24	
	浮边				5		7		9		11		13		15		17		19
嵌线顺序		19	20	21	22	23	24	25	26	27	28	29	30	31	32	33	34	35	36
槽号	沉边	26		28		30		32		34		36		2		4			
	浮边		21		23		25		27		29		31		33		35	1	3

注：本例图中单圆表示沉边，双圆表示浮边。

3. 绕组特点与应用　　本例为显极式布线，每相 6 个线圈，采用三路并联，每个支路由 2 个线圈短跳串联，并使支路中两个线圈极性相反。由于 36 槽 6 极电动机属容量不大的电动机，定子绕组极少采用三路并联，故通常用于绕线式转子，应用实例有 YZR225M-6 型及 MTM411-6 型绕线转子三相异步电动机转子绕组。

2.2.10　24 槽 8 极单层链式(庶极)绕组

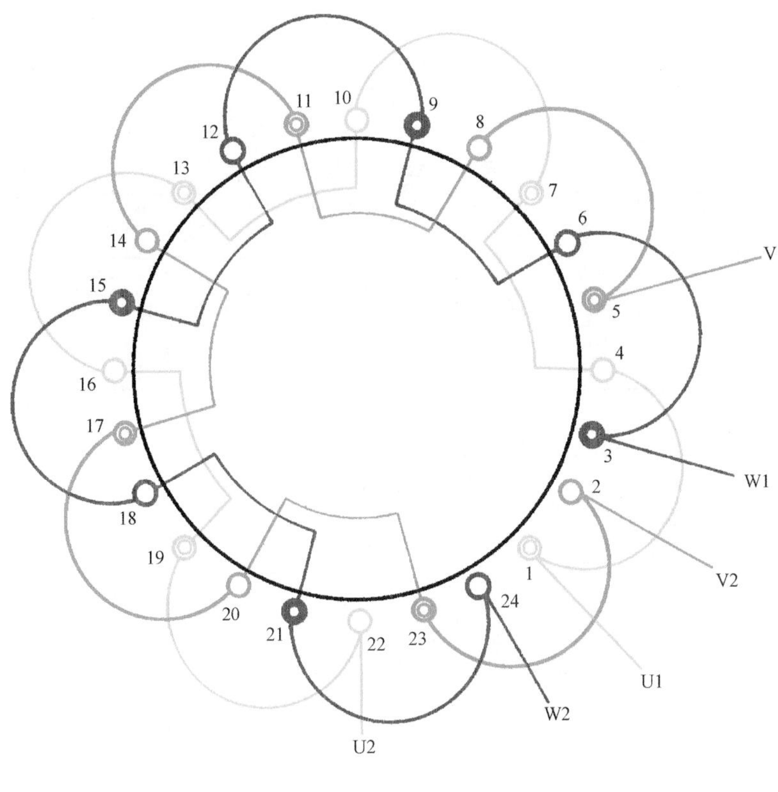

图　2.2.10

1. 绕组结构参数

定子槽数　$Z=24$　　每组圈数　$S=1$　　并联路数　$a=1$

电机极数　$2p=8$　　极相槽数　$q=1$　　线圈节距　$y=1—4$

总线圈数　$Q=12$　　绕组极距　$\tau=3$　　绕组系数　$K_{dp}=1$

线圈组数　$u=12$　　每槽电角　$\alpha=60°$

2. 嵌线方法　　嵌线可采用两种方法：

1）交叠法　　嵌线时嵌 1 槽，空 1 槽后再嵌 1 槽，再空 1 槽，吊边数为 1。嵌线顺序见表 2.2.10a。

表 2.2.10a　交叠法

嵌线顺序		1	2	3	4	5	6	7	8	9	10	11	12	13	14	15	16	17	18	19	20	21	22	23	24
槽号	沉边	1	23		21		19		17		15		13		11		9		7		5		3		
	浮边			2		24		22		20		18		16		14		12		10		8		6	4

2）整嵌法　　采用整嵌 1 圈、空 1 圈、再嵌 1 圈、再空 1 圈的分层嵌线，构成双平面绕组。嵌线顺序见表 2.2.10b。

表 2.2.10b　整嵌法

嵌线顺序		1	2	3	4	5	6	7	8	9	10	11	12	13	14	15	16	17	18	19	20	21	22	23	24
槽号	下平面	1	4	21	24	17	20	13	16	9	12	5	8												
	上平面													3	6	23	2	19	22	15	18	11	14	7	10

3. 绕组特点与应用　　本例是庶极布线，每相 8 极绕组仅用 4 个线圈，接线采用顺向串联，即全部线圈极性相同。绕组具有线圈数少，无需槽内层间绝缘，槽面积利用率较高，而且嵌线方便、省工；但国内的一般用途电动机极少采用，而应用仅见于专用电机，如 JF01 型内燃机整流用低压发电机。

2.2.11 24 槽 8 极单层链式(庶极分割)绕组

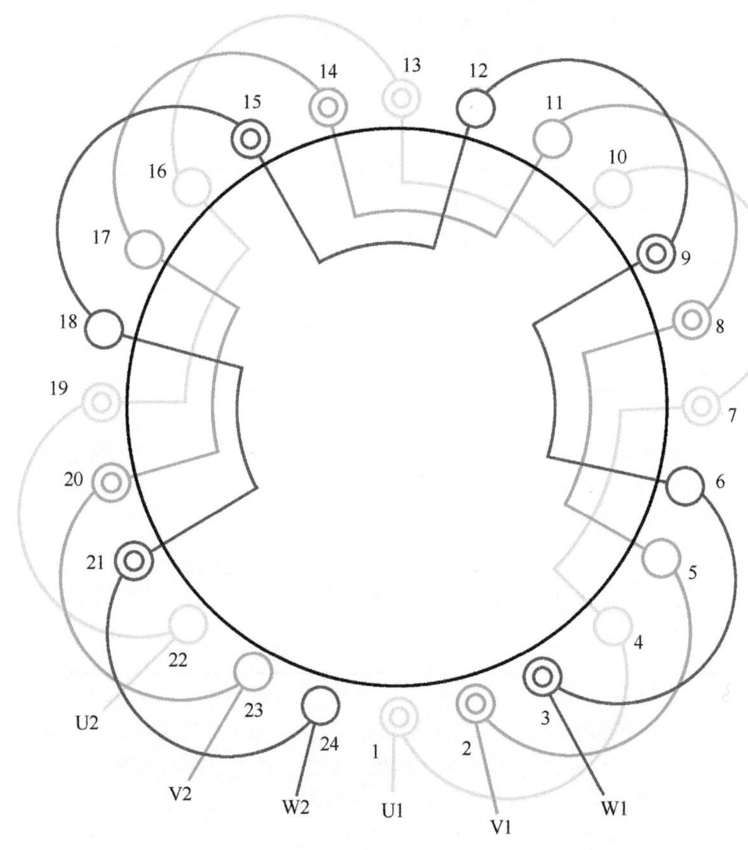

图 2.2.11

1. 绕组结构参数

定子槽数 $Z=24$ 每组圈数 $S=1$ 并联路数 $a=1$

电机极数 $2p=8$ 极相槽数 $q=1$ 线圈节距 $y=1—4$

总线圈数 $Q=12$ 绕组极距 $\tau=3$ 绕组系数 $K_{dp}=1$

线圈组数 $u=12$ 每槽电角 $\alpha=60°$

2. 嵌线方法 嵌线可用两种方法：

1）交叠法 分片嵌线，吊边数为 2。嵌线顺序见表 2.2.11a。

表 2.2.11a 交叠法

嵌线顺序		1	2	3	4	5	6	7	8	9	10	11	12
槽号	沉边	3	2	1				21	20	19			
	浮边				6	5	4				24	23	22
嵌线顺序		13	14	15	16	17	18	19	20	21	22	23	24
槽号	沉边	15	14	13				9	8	7			
	浮边				18	17	16				12	11	10

2）整嵌法 逐相分层嵌入形成三平面绕组。嵌线顺序见表 2.2.11b。

表 2.2.11b 整嵌法

嵌线顺序		1	2	3	4	5	6	7	8	9	10	11	12
槽号	底层	1	4	19	22	13	16	7	10				
	中层									3	6	21	24
	面层												
嵌线顺序		13	14	15	16	17	18	19	20	21	22	23	24
槽号	底层												
	中层	15	18	9	12								
	面层					2	5	20	23	14	17	8	11

3. 绕组特点与应用 分割绕组为庶极布线。它可使定子纵向剖开而不损伤线圈；分割最多份数为极对数。它适合特殊的分割式结构的电动机采用。此外无其他优点，故一般电机极少应用，国内无产品。

2.2.12 48 槽 8 极单层链式绕组

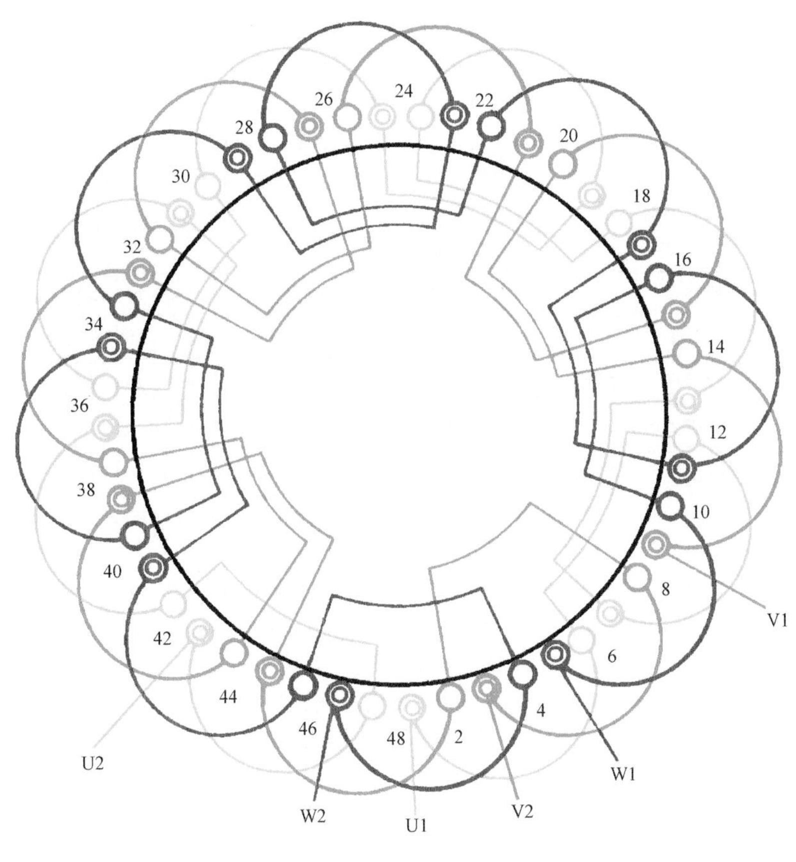

图 2.2.12

1. 绕组结构参数

定子槽数 $Z=48$　每组圈数 $S=1$　并联路数 $a=1$

电机极数 $2p=8$　极相槽数 $q=2$　线圈节距 $y=1—6$

总线圈数 $Q=24$　绕组极距 $\tau=6$　绕组系数 $K_{dp}=0.966$

线圈组数 $u=24$　每槽电角 $\alpha=30°$

2. 嵌线方法　嵌线可用两种方法，但较多用交叠法嵌线，吊边数为 2。嵌线顺序见表 2.2.12。

表 2.2.12　交叠法

嵌线顺序		1	2	3	4	5	6	7	8	9	10	11	12	13	14	15	16	17	18	19	20	21	22	23	24
槽号	沉边	1	47	45		43		41		39		37		35		33		31		29		27		25	
	浮边				2		48		46		44		42		40		38		36		34		32		30
嵌线顺序		25	26	27	28	29	30	31	32	33	34	35	36	37	38	39	40	41	42	43	44	45	46	47	48
槽号	沉边	23		21		19		17		15		13		11		9		7		5		3			
	浮边		28		26		24		22		20		18		16		14		12		10		8	6	4

3. 绕组特点与应用　绕组采用显极布线，线圈节距比极距短 1 槽，但仍属全距绕组；每相由 8 个线圈串联而成，同相线圈间连接是“尾与尾”或“头与头”相接，使相邻线圈的极性相反。此绕组是单链绕组常用的基本型式，既应用于 Y160M2-8、JO2L-41-8 等新老系列三相异步电动机定子绕组，也用于 YR250M2-8 等绕线转子电动机转子绕组。

2.2.13　48 槽 8 极（$a=2$）单层链式绕组

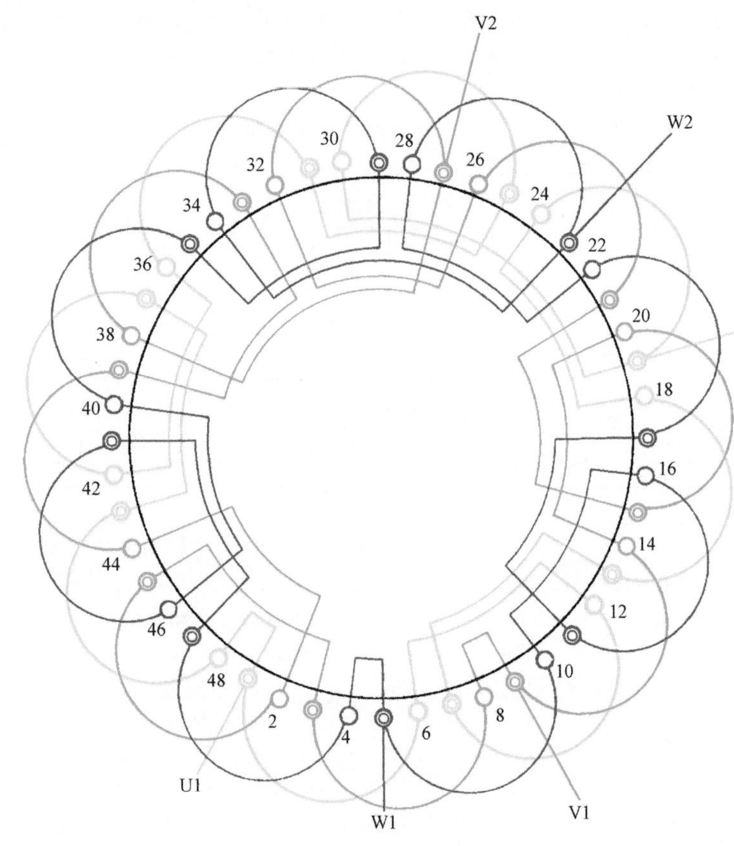

图　2.2.13

1. 绕组结构参数

定子槽数　$Z=48$　　每组圈数　$S=1$　　并联路数　$a=2$

电机极数　$2p=8$　　极相槽数　$q=2$　　线圈节距　$y=1—6$

总线圈数　$Q=24$　　绕组极距　$\tau=6$　　绕组系数　$K_{dp}=0.966$

线圈组数　$u=24$　　每槽电角　$\alpha=30°$

2. 嵌线方法　　绕组嵌线较多采用交叠法，嵌线顺序可参考表 2.2.12；也可不用吊边而用整嵌法构成三平面绕组。整嵌法的嵌线顺序见表 2.2.13。

表 2.2.13　整嵌法

嵌线顺序		1	2	3	4	5	6	7	8	9	10	11	12	13	14	15	16
槽号	下平面	1	6	43	48	37	42	31	36	25	30	19	24	13	18	7	12
嵌线顺序		17	18	19	20	21	22	23	24	25	26	27	28	29	30	31	32
槽号	中平面	5	10	47	4	41	46	35	40	29	34	23	28	17	22	11	16
嵌线顺序		33	34	35	36	37	38	39	40	41	42	43	44	45	46	47	48
槽号	上平面	9	14	3	8	45	2	39	44	33	38	27	32	21	26	15	20

3. 绕组特点与应用　　绕组布线与上例相同，但采用两路并联接线，每个支路有 4 个线圈，采用短跳连接，线圈间反接串联，即“头与头”或“尾与尾”相接；两路逆向走线，必须使相邻线圈极性相反。本绕组在定子绕组中极少应用，主要用于绕线转子异步电动机转子绕组，实例有 YZR250M1-8、JZR2-41-8 等电动机转子。

2.2.14 48 槽 8 极($a=4$)单层链式绕组

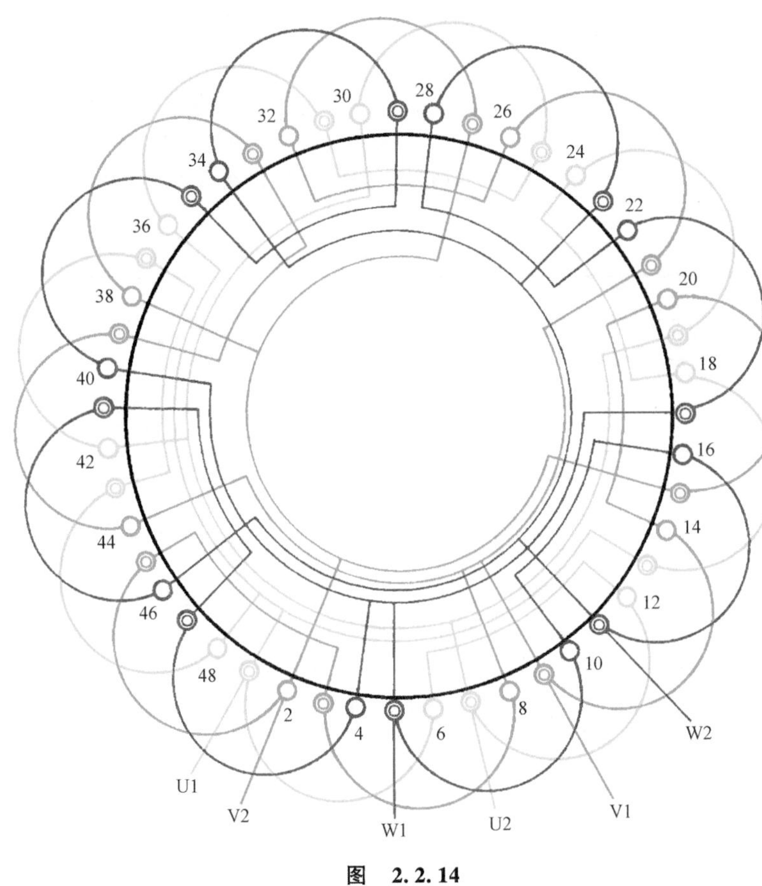

图 2.2.14

1. 绕组结构参数

定子槽数 $Z=48$　每组圈数 $S=1$　并联路数 $a=4$

电机极数 $2p=8$　极相槽数 $q=2$　线圈节距 $y=1—6$

总线圈数 $Q=24$　绕组极距 $\tau=6$　绕组系数 $K_{dp}=0.966$

线圈组数 $u=24$　每槽电角 $\alpha=30°$

2. 嵌线方法　本例布线与例 2.2.12 相同，交叠嵌线可参考其嵌线表进行；本例介绍的嵌线顺序可适用于习惯用前进式嵌线的操作者使用，见表 2.2.14。

表 2.2.14　交叠法(前进式嵌线)

嵌线顺序		1	2	3	4	5	6	7	8	9	10	11	12	13	14	15	16
槽号	沉边	6	8	10		12		14		16		18		20		22	
	浮边				5		7		9		11		13		15		17
嵌线顺序		17	18	19	20	21	22	23	24	25	26	27	28	29	30	31	32
槽号	沉边	24		26		28		30		32		34		36		38	
	浮边		19		21		23		25		27		29		31		33
嵌线顺序		33	34	35	36	37	38	39	40	41	42	43	44	45	46	47	48
槽号	沉边	40		42		44		46		48		2		4			
	浮边		35		37		39		41		43		45		47	1	3

注：本例图中双圆表示浮边，单圆表示沉边。

3. 绕组特点与应用　绕组布线同例 2.2.13，但采用四路并联接线，每相 8 个线圈分 4 个支路，每个支路两线圈反极性串联，4 个支路的头端和 4 个支路的尾端分别并接，并使相邻线圈间极性相反。本绕组一般不用于定子，只用于绕线式转子绕组，如 YZR250M1-8 电动机转子等。

2.2.15 30 槽 10 极单层链式(庶极)绕组

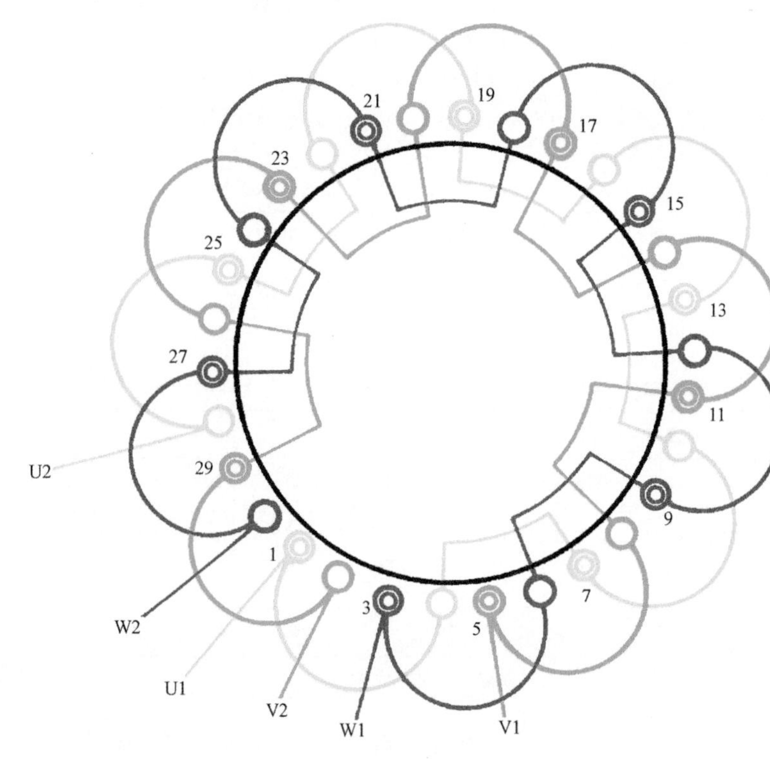

图 2.2.15

1. 绕组结构参数

定子槽数 $Z=30$　每组圈数 $S=1$　并联路数 $a=1$

电机极数 $2p=10$　极相槽数 $q=1$　线圈节距 $y=1—4$

总线圈数 $Q=15$　绕组极距 $\tau=3$　绕组系数 $K_{dp}=1$

线圈组数 $u=15$　每槽电角 $\alpha=60°$

2. 嵌线方法　嵌线有两种方法，但因 q 为奇数，整圈嵌线时只能采用分相整嵌使端部形成三平面，一般极少应用。常用交叠法嵌线，即嵌 1 槽，空出 1 槽，再嵌 1 槽……；吊边数仅为 1。嵌线顺序见表 2.2.15。

表 2.2.15　交叠法

嵌线顺序		1	2	3	4	5	6	7	8	9	10	11	12	13	14	15
槽号	沉边	1	29		27		25		23		21		19		17	
	浮边			2		30		28		26		24		22		20
嵌线顺序		16	17	18	19	20	21	22	23	24	25	26	27	28	29	30
槽号	沉边	15		13		11		9		7		5		3		
	浮边		18		16		14		12		10		8		6	4

3. 绕组特点与应用　绕组采用庶极布线，每相绕组由 5 个等距线圈顺接串联构成 10 极，即同相相邻线圈接线为“尾与头”相接。此绕组通常应用于低转速专用发电机，并将三相尾端 U2、V2、W2 接成星点，仅引出三根出线 U1、V1、W1。实际应用有汽车及内燃机的 JF-1114 型永磁交流发电机。

2.2.16 60 槽 10 极单层链式绕组

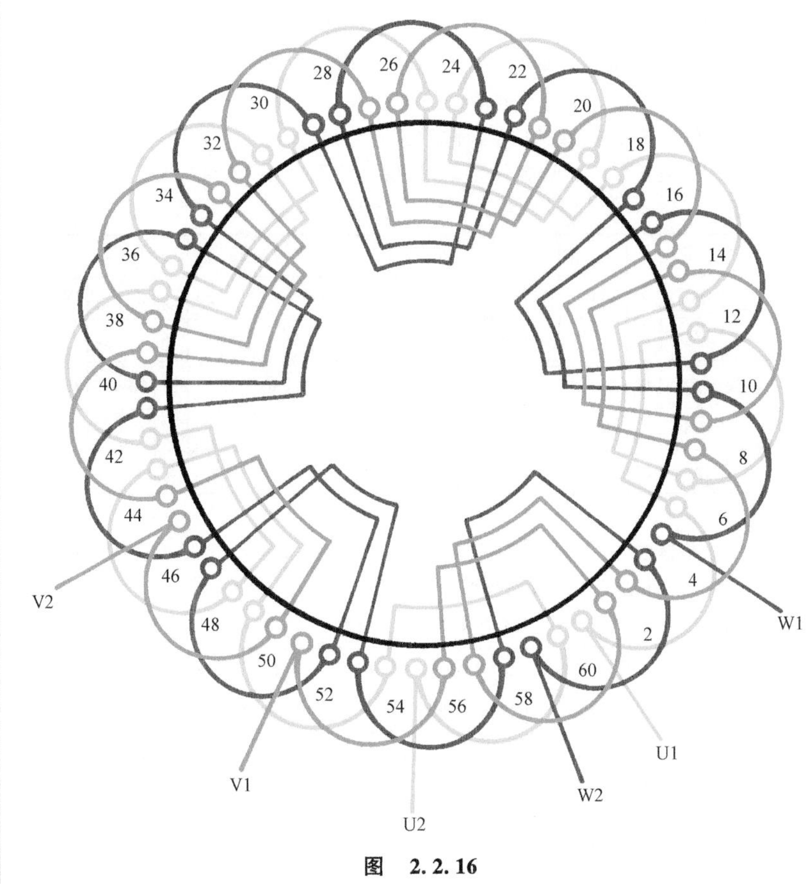

图 2.2.16

1. 绕组结构参数

定子槽数 $Z=60$　每组圈数 $S=1$　并联路数 $a=1$

电机极数 $2p=10$　极相槽数 $q=2$　线圈节距 $y=5$

总线圈数 $Q=30$　绕组极距 $\tau=6$　绕组系数 $K_{dp}=0.966$

线圈组数 $u=30$　每槽电角 $\alpha=30°$

2. 嵌线方法　绕组可采用整嵌法或交叠法嵌线，但整嵌是逐相嵌入。最后构成三平面绕组，虽然不用吊边，便于嵌线，但端部不美观，且动平衡效果较差，故通常不用整嵌法嵌线。交叠法嵌线则需吊起两边，嵌入 1 槽空出 1 槽，再嵌 1 槽，再空出 1 槽，按此规律将全部线圈嵌入，嵌线顺序见表 2.2.16。

表 2.2.16 交叠法

嵌线顺序		1	2	3	4	5	6	7	8	9	10	11	12	13	14	15	16	17	18
槽号	沉边	59	57	55		53		51		49		47		45		43		41	
	浮边				60		58		56		54		52		50		48		46
嵌线顺序		19	20	21	22	···			50	51	52	53	54	55	56	57	58	59	60
槽号	沉边	39		37		···				7		5		3		1			
	浮边		44		42	···			14		12		10		8		6	4	2

3. 绕组特点与应用　本例是显极布线，每极相两槽分属于反折安排的两个线圈边，每相由 10 个线圈串联而成，但同相相邻线圈的极性必须相反。此绕组采用一路接法，目前实际应用较少，曾见于国外电机绕线型电动机的转子绕组。

2.2.17　36 槽 12 极单层链式(庶极)绕组

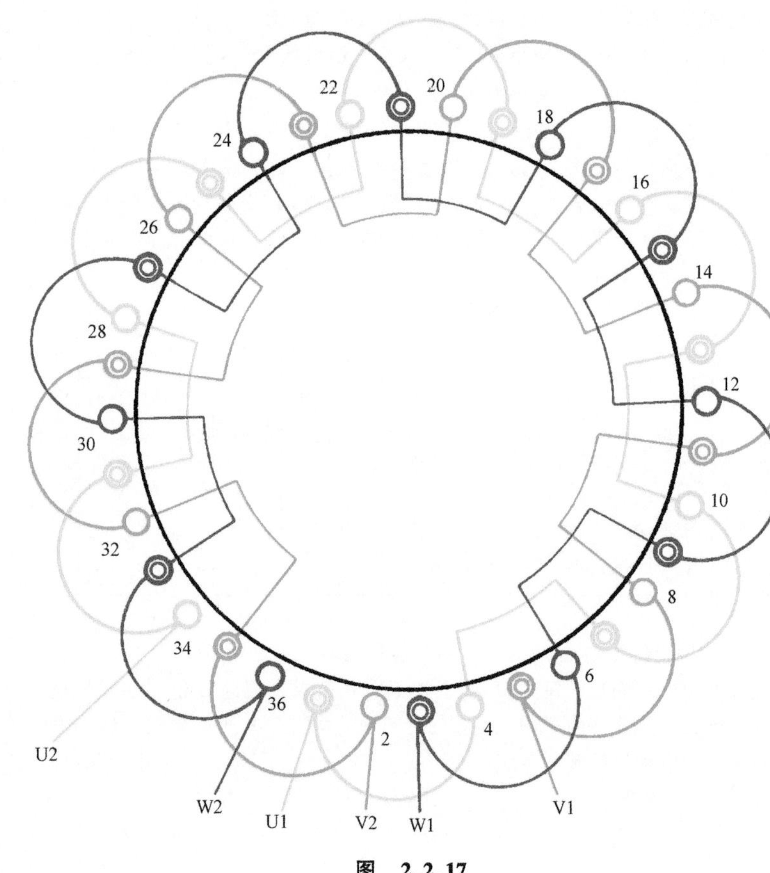

图　2.2.17

1. 绕组结构参数

定子槽数	$Z=36$	每组圈数	$S=1$	并联路数	$a=1$
电机极数	$2p=12$	极相槽数	$q=1$	线圈节距	$y=1—4$
总线圈数	$Q=18$	绕组极距	$\tau=3$	绕组系数	$K_{dp}=1$
线圈组数	$u=18$	每槽电角	$\alpha=60°$		

2. 嵌线方法　　绕组有两种嵌线法：

1）交叠法　　吊边数仅为 1，嵌线顺序见表 2.2.17a。

表 2.2.17a　交叠法

嵌线顺序		1	2	3	4	5	6	7	8	9	10	11	12	13	14	15	16	17	18
槽号	沉边	1	35		33		31		29		27		25		23		21		19
	浮边			2		36		34		32		30		28		26		24	
嵌线顺序		19	20	21	22	23	24	25	26	27	28	29	30	31	32	33	34	35	36
槽号	沉边		17		15		13		11		9		7		5		3		
	浮边	22		20		18		16		14		12		10		8		6	4

2）整嵌法　　整圈嵌线构成端部双平面绕组，无需吊边，因线圈跨距小，无明显优点。嵌线顺序见表 2.2.17b。

表 2.2.17b　整嵌法

嵌线顺序		1	2	3	4	5	6	7	8	9	10	11	12	13	14	15	16	17	18
槽号	下平面	1	4	33	36	29	32	25	28	21	24	17	20	13	16	9	12	5	8
嵌线顺序		19	20	21	22	23	24	25	26	27	28	29	30	31	32	33	34	35	36
槽号	上平面	3	6	35	2	31	34	27	30	23	26	19	22	15	18	11	14	7	10

3. 绕组特点与应用　　本例采用庶极布线，在一般电机中极少应用，仅用于低电压的低速专用电机，如汽车、拖拉机等内燃机用的 JF13 型、JF1314-1 型永磁式交流发电机。

2.2.18　72 槽 12 极单层链式绕组

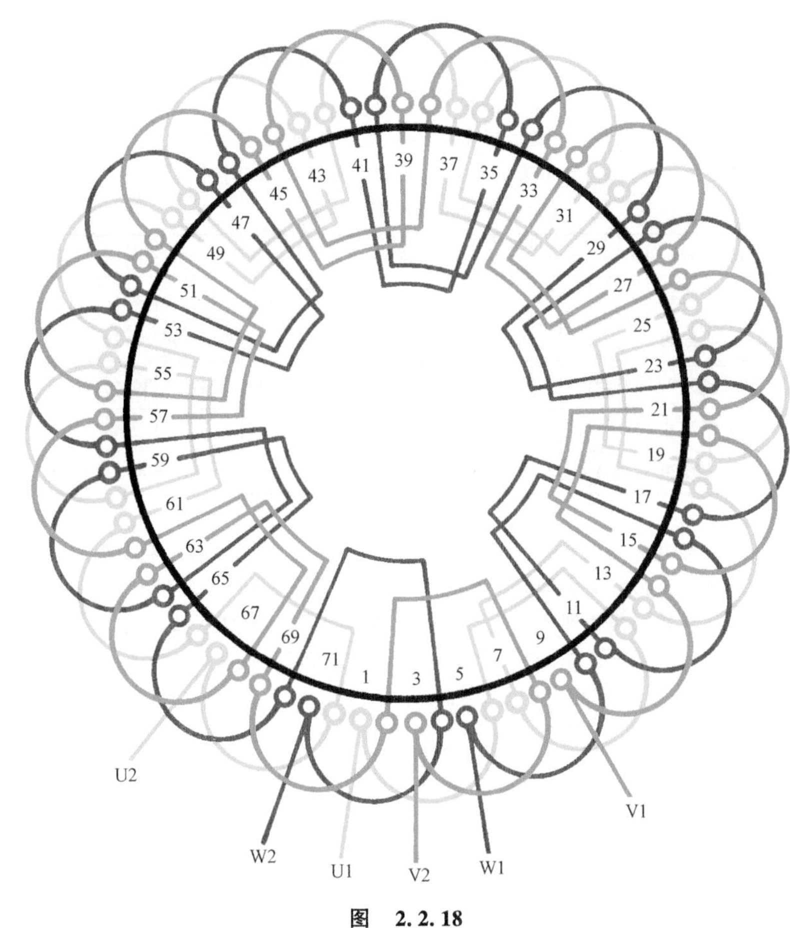

图　2.2.18

1. 绕组结构参数

定子槽数	$Z=72$	每组圈数	$S=1$	并联路数	$a=1$
电机极数	$2p=12$	极相槽数	$q=2$	线圈节距	$y=5$
总线圈数	$Q=36$	绕组极距	$\tau=6$	绕组系数	$K_{dp}=0.966$
线圈组数	$u=36$	每槽电角	$\alpha=30°$		

2. 嵌线方法　　绕组采用交叠法嵌线，需吊边数为 2。嵌线采用后退法，即嵌入 1 槽退空 1 槽，再嵌 1 槽，再空 1 槽。循此规律把线圈嵌完，嵌线顺序见表 2.2.18。

表 2.2.18　交叠法

嵌线顺序		1	2	3	4	5	6	7	8	9	10	11	12	13	14	15	16	17	18
槽号	沉边	3	1	71		69		67		65		63		61		59		57	
	浮边				4		2		72		70		68		66		64		62
嵌线顺序		19	20	21	22	23	24	25	26		…		48	49	50	51	52	53	54
槽号	沉边	55		53		51		49			…			25		23		21	
	浮边		60		58		56		54		…		32		30		28		26
嵌线顺序		55	56	57	58	59	60	61	62	63	64	65	66	67	68	69	70	71	72
槽号	沉边	19		17		15		13		11		9		7		5			
	浮边		24		22		20		18		16		14		12		10	8	6

3. 绕组特点与应用　　绕组采用显极布线，每相每极占 2 槽，每组由 1 个线圈构成，故每相由 12 个线圈组成，而同相相邻的线圈为反极性串联。本例是双绕组三速(非标)电动机配套的 12 极绕组。

2.2.19　42 槽 14 极单层链式(庶极)绕组

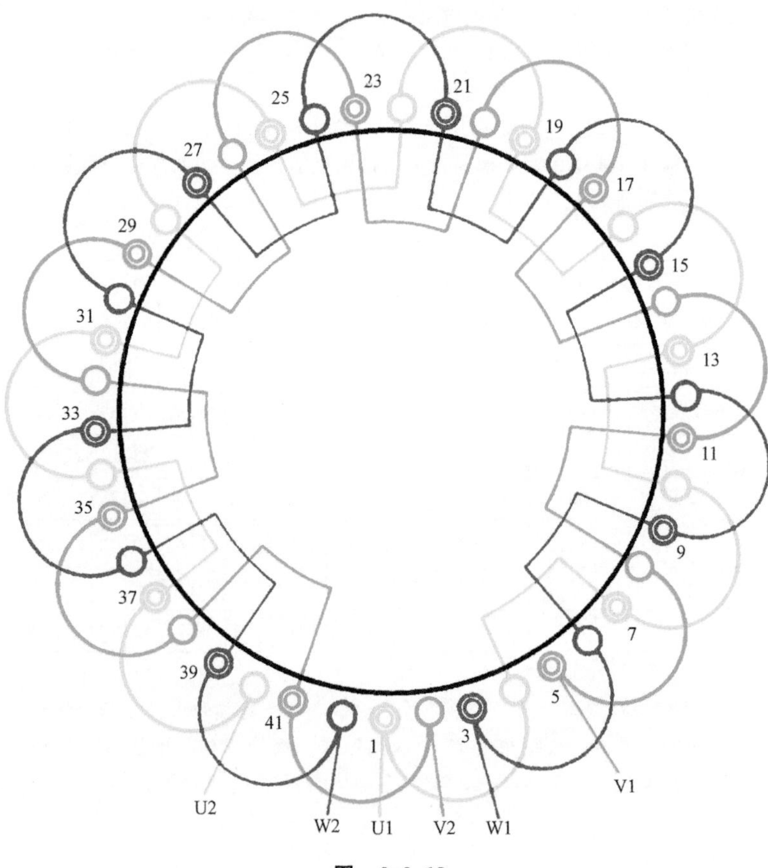

图　2.2.19

1. 绕组结构参数

定子槽数　$Z=42$　每组圈数　$S=1$　并联路数　$a=1$

电机极数　$2p=14$　极相槽数　$q=1$　线圈节距　$y=1—4$

总线圈数　$Q=21$　绕组极距　$\tau=3$　绕组系数　$K_{dp}=1$

线圈组数　$u=21$　每槽电角　$\alpha=60°$

2. 嵌线方法　绕组可采用隔圈整嵌形成双平面绕组；也可用交叠法嵌线，嵌线仅吊 1 边。交叠嵌线顺序见表 2.2.19。

表 2.2.19　交叠法

嵌线顺序		1	2	3	4	5	6	7	8	9	10	11	12	13	14	15	16	17	18	19	20	21
槽号	沉边	1	41		39		37		35		33		31		29		27		25		23	
	浮边			2		42		40		38		36		34		32		30		28		26
嵌线顺序		22	23	24	25	26	27	28	29	30	31	32	33	34	35	36	37	38	39	40	41	42
槽号	沉边	21		19		17		15		13		11		9		7		5		3		
	浮边		24		22		20		18		16		14		12		10		8		6	4

3. 绕组特点与应用　本例为汽车专用发电机绕组。采用单层庶极布线，每相由 7 个全距线圈相距一极距分布，线圈顺接串联，即“尾与头”相接，使线圈极性一致。因电机绕组是一路Y形联结，故将 U2、V2、W2 在机内接成星点，出线三根。主要应用实例有 JF2812Y、JF173 及 JF1000 等汽车专用交流发电机。

2.2.20　48 槽 16 极单层链式(庶极)绕组

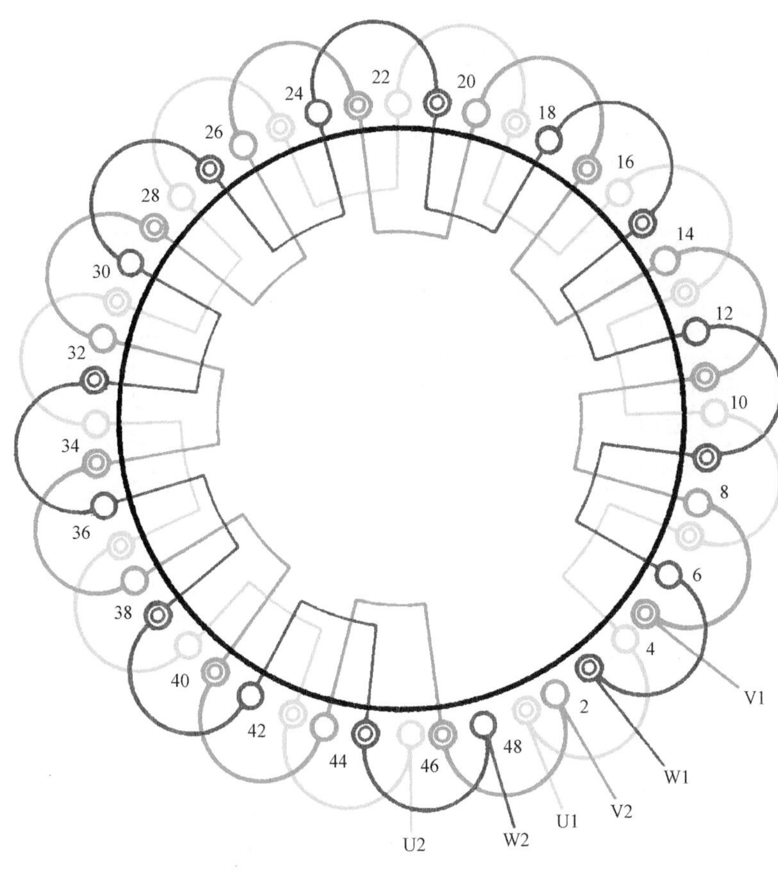

图　2.2.20

1. 绕组结构参数

定子槽数　$Z=48$　　每组圈数　$S=1$　　并联路数　$a=1$

电机极数　$2p=16$　　极相槽数　$q=1$　　线圈节距　$y=1—4$

总线圈数　$Q=24$　　绕组极距　$\tau=3$　　绕组系数　$K_{dp}=1$

线圈组数　$u=24$　　每槽电角　$\alpha=60°$

2. 嵌线方法　　嵌线有两种方法，但因 48 槽定子内腔较大，整圈嵌线并无明显优点，故一般都采用交叠法嵌线，嵌线仅吊 1 边。嵌线顺序见表 2.2.20。

表 2.2.20　交叠法

嵌线顺序		1	2	3	4	5	6	7	8	9	10	11	12	13	14	15	16	17	18	19	20	21	22	23	24
槽号	沉边	1	47		45		43		41		39		37		35		33		31		29		27		25
	浮边			2		48		46		44		42		40		38		36		34		32		30	

嵌线顺序		25	26	27	28	29	30	31	32	33	34	35	36	37	38	39	40	41	42	43	44	45	46	47	48
槽号	沉边		23		21		19		17		15		13		11		9		7		5		3		
	浮边	28		26		24		22		20		18		16		14		12		10		8		6	4

3. 绕组特点与应用　　本例采用庶极布线，每相由 8 个线圈对称分布于铁心圆周，所有线圈极性一致，故 8 个线圈顺向串联构成 16 极。此例绕组在一般电机中没有应用实例，仅用于特殊用途专用电机，如 JZT、JZT2 等型号的电磁调速电动机用的交流测速发电机。

2.2.21　72 槽 24 极单层链式(庶极)绕组

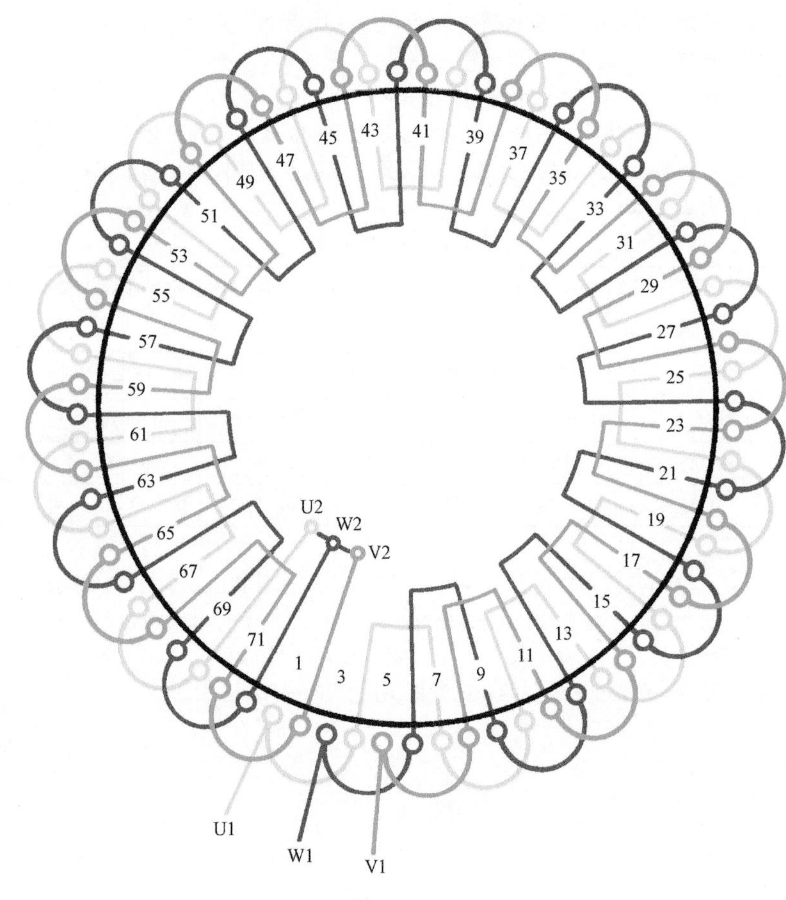

图　2.2.21

1. 绕组结构参数

定子槽数　$Z=72$　　每组圈数　$S=1$　　并联路数　$a=1$

电机极数　$2p=24$　　极相槽数　$q=1$　　线圈节距　$y=3$

总线圈数　$Q=36$　　绕组极距　$\tau=3$　　绕组系数　$K_{dp}=1.0$

线圈组数　$u=36$　　每槽电角　$\alpha=60°$

2. 嵌线方法　　绕组采用交叠法嵌线，嵌线之初需吊起 1 边，并隔开一槽嵌入。嵌线顺序见表 2.2.21。

表 2.2.21　交叠法

嵌线顺序		1	2	3	4	5	6	7	8	9	10	11	12	13	14	15	16	17	18
槽号	沉边	71	69		67		65		63		61		59		57		55		53
	浮边			72		70		68		66		64		62		60		58	
嵌线顺序		19	20	21	22	23		…		63	64	65	66	67	68	69	70	71	72
槽号	沉边		51		49			…			7		5		3		1		
	浮边	56		54		52		…		12		10		8		6		4	2

3. 绕组特点与应用　　本例是塔吊用三速电动机配套的 24 极慢速绕组，通常嵌于槽的下层，采用庶极布线，每相由 12 个线圈顺串而成 24 极，三相接成一路Y形。此档绕组主要用作货物起吊和慢速就位。应用实例有 YQTD200L-4/6/24 型电动机的 24 极绕组。

2.2.22　72 槽 24 极($a=2$)单层链式(庶极)绕组

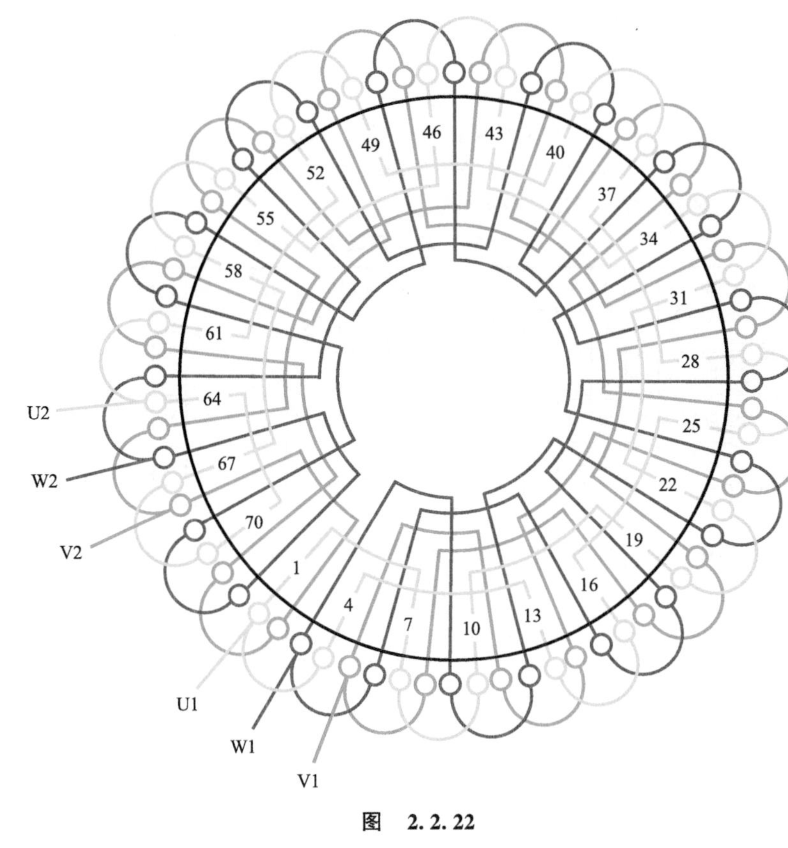

图　2.2.22

1. 绕组结构参数

定子槽数　$Z=72$　　电机极数　$2p=24$　　总线圈数　$Q=36$

线圈组数　$u=36$　　每组圈数　$S=1$　　极相槽数　$q=1$

绕组极距　$\tau=3$　　线圈节距　$y=3$　　并联路数　$a=2$

每槽电角　$\alpha=60°$　　绕组系数　$K_{dp}=1.0$

2. 嵌线方法　　嵌线可用两种方法，如用交叠法则需吊起 1 边，嵌线顺序参考上例；本例用整嵌法，无需吊边，完成后构成双平面绕组。嵌线顺序见表 2.2.22。

表 2.2.22　分层整嵌法

嵌线顺序		1	2	3	4	5	6	7	8	9	10	11	12	13	14	15	16	17	18
槽号	下平面	1	4	5	8	9	12	13	16	17	20	21	24	25	28	29	32	33	36
	上平面																		
嵌线顺序		19	20	21	22	23	24	25	26	27	…			33	34	35	36	37	38
槽号	下平面	37	40	41	44	45	48	49	52	53	…			65	68	69	72		
	上平面										…							3	6
嵌线顺序		39	40	41	42	…		61	62	63	64	65	66	67	68	69	70	71	72
槽号	下平面					…													
	上平面	7	10	11	14	…		51	54	55	58	59	62	63	66	67	70	71	2

3. 绕组特点与应用　　本绕组用于塔吊三速电动机配套的 24 极慢速绕组，采用庶极布线，嵌于槽的下层。每相由 12 个线圈顺串而成，为便于嵌绕和接线，线圈最好采用 6 个连绕，但要留足过线，嵌线时三相轮换嵌入。24 极绕组是辅助绕组，主要用于货物起吊和慢速就位。应用实例有 YQTD200-4/6/24-△/2Y/2Y三速电动机的 24 极绕组。

2.2.23 *96 槽 32 极单层链式(庶极)绕组

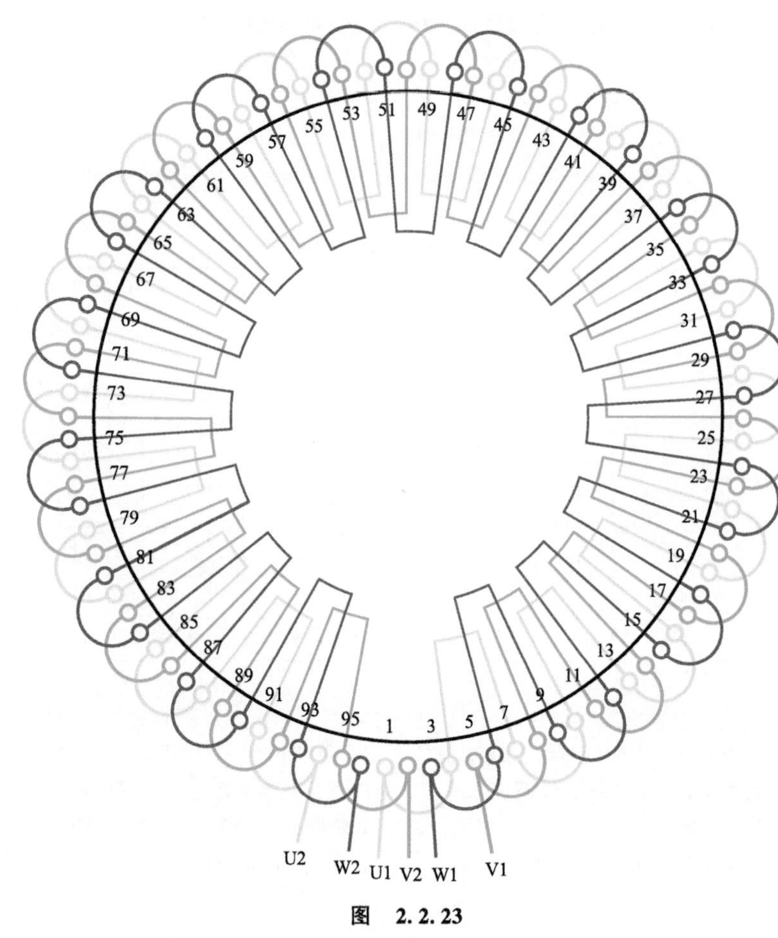

图 2.2.23

1. 绕组结构参数

定子槽数 $Z=96$　每组圈数 $S=1$　并联路数 $a=1$
电机极数 $2p=32$　极相槽数 $q=1$　线圈节距 $y=1—4$
总线圈数 $Q=48$　绕组极距 $\tau=3$　绕组系数 $K_{dp}=1$
线圈组数 $u=48$　每槽电角 $\alpha=60°$

2. 嵌线方法　本例单层链式采用庶极布线，最宜采用整嵌法构成双平面绕组。嵌线时先嵌入奇数线圈构成下平面，然后再嵌偶数线圈构成上平面。嵌线顺序见表 2.2.23。

表 2.2.23　整嵌法

嵌线顺序		1	2	3	4	5	6	7	8	9	10	11	12	13	14	15	16	17	18
槽号	下平面	1	4	5	8	9	12	13	16	17	20	21	24	25	28	29	32	33	36
	上平面																		
嵌线顺序		19	20	21	22	23	24		…		73	74	75	76	77	78	79	80	81
槽号	下平面	37	40	41	44	45	48		…										
	上平面								…		51	54	55	58	59	62	63	66	67
嵌线顺序		82	83	84	85	86	87	88	89	90	91	92	93	94	95	96			
槽号	下平面																		
	上平面	70	71	74	75	78	79	82	83	86	87	90	91	94	95	2			

3. 绕组特点与应用　本例是单层链式庶极布线，总线圈数只有槽数的一半。每相由 16 个同极性线圈构成 32 极，即 16 个线圈同方向串联。此绕组在国产系列中或普通单速电动机中未见应用，主要作为三速电动机的配套绕组，如目前广泛应用于塔吊起重用的 4/8/32 极三速中的 32 极绕组。此外，有部分是采用双叠布线，对此可将原双层线圈匝数增加一倍后改用单层布线。

2.2.24 *96 槽 32 极($a=2$)单层链式（庶极）绕组

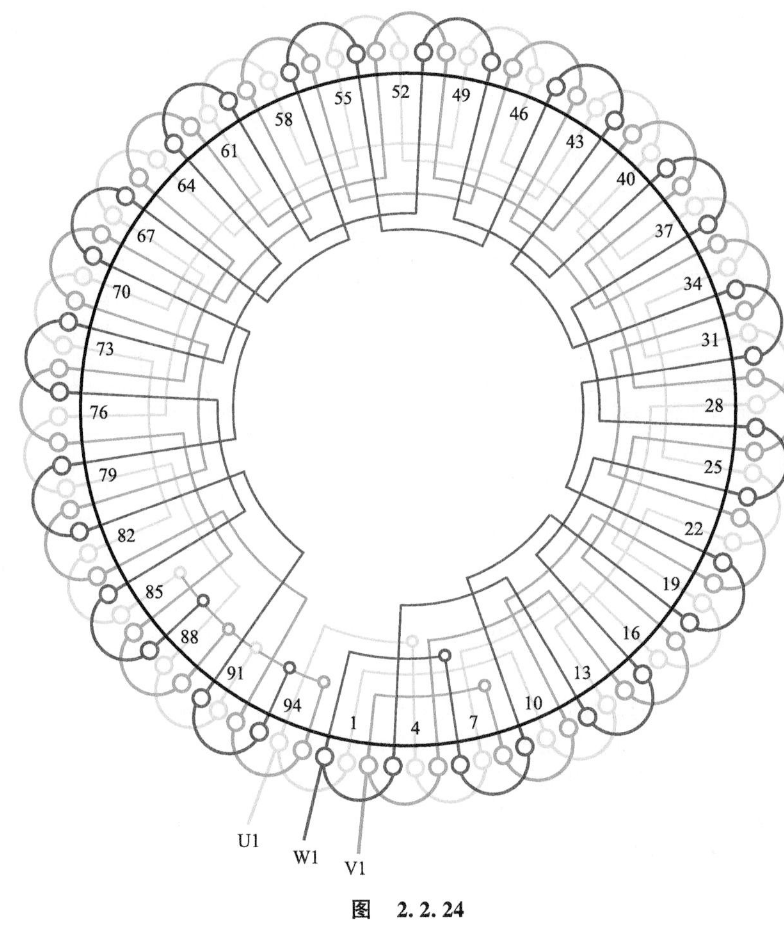

图 2.2.24

1. 绕组结构参数

定子槽数 $Z=96$　每组圈数 $S=1$　并联路数 $a=2$

电机极数 $2p=32$　极相槽数 $q=2$　线圈节距 $y=1—6$

总线圈数 $Q=48$　绕组极距 $\tau=3$　绕组系数 $K_{dp}=1$

线圈组数 $u=48$　每槽电角 $\alpha=30°$

2. 嵌线方法　单层链式嵌线可用两种方法，但庶极布线时采用整嵌法而无需吊边，故比较常用。整嵌是顺序整圈嵌入奇数号的线圈，嵌完后再嵌入偶数号的线圈，使绕组端部形成双平面结构。整嵌法的嵌线顺序见表 2.2.24。

表 2.2.24　整嵌法

嵌线顺序		1	2	3	4	5	6	7	8	9	10	11	12	13	14	15	16	17	18
槽号	下平面	1	4	5	8	9	12	13	16	17	20	21	24	25	28	29	32	33	36
	上平面																		
嵌线顺序		19	20	21	22	23	24		…		70	71	72	73	74	75	76	77	78
槽号	下平面	37	40	41	44	45	48		…										
	上平面								…		46	47	50	51	54	55	58	59	62
嵌线顺序		79	80	81	82	83	84	85	86	87	88	89	90	91	92	93	94	95	96
槽号	下平面																		
	上平面	63	66	67	70	71	74	75	78	79	82	83	86	87	90	91	94	95	2

3. 绕组特点与应用　本例是单层链式庶极绕组，每相由 16 个线圈组成，并分成两个支路，即每一个支路有 8 个线圈，采用长跳接法，即隔组顺向串联成一个支路；两个支路的尾端接到星点。本绕组作为替代 4/8/32 极塔吊起重电动机原双层布线的绕组。它具有线圈数少，节距短，绕组系数高，以及嵌线、接线方便等优点。

2.2.25 *96 槽 32 极($a=4$)单层链式（庶极）绕组

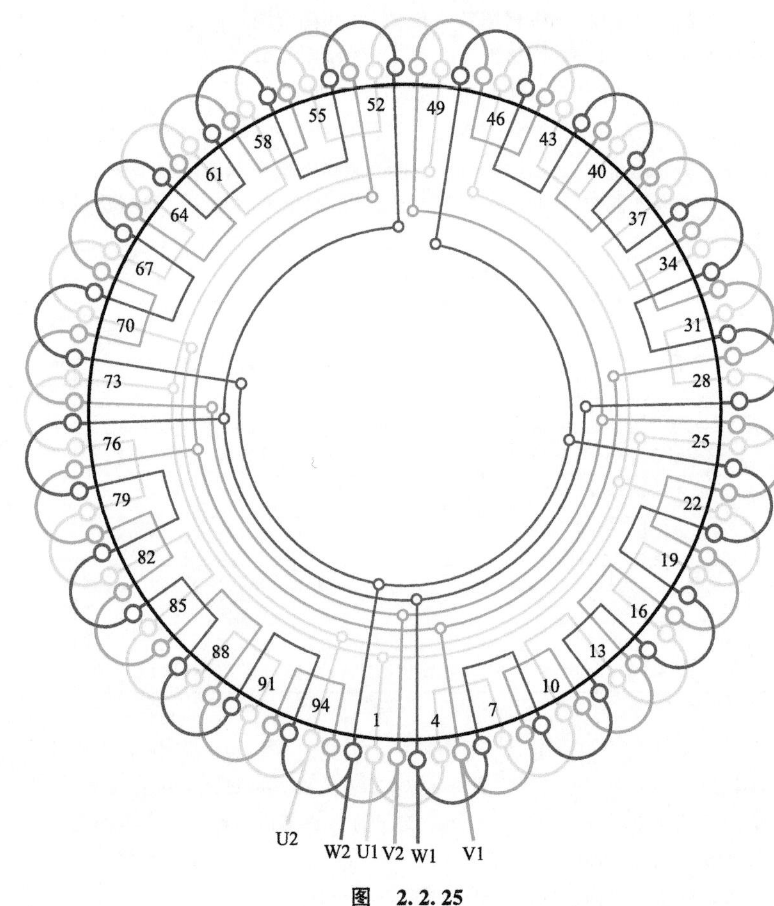

图 2.2.25

1. 绕组结构参数

定子槽数 $Z=96$　　每组圈数 $S=1$　　并联路数 $a=4$

电机极数 $2p=32$　　极相槽数 $q=1$　　线圈节距 $y=1—4$

总线圈数 $Q=48$　　绕组极距 $\tau=3$　　绕组系数 $K_{dp}=1$

线圈组数 $u=48$　　每槽电角 $\alpha=60°$

2. 嵌线方法　本例是单层链式庶极布线，故常用整嵌法，即先将奇数号线圈顺次嵌入相应槽内，嵌完后再把偶数号线圈嵌入，从而形成双平面结构。具体的嵌线顺序见表 2.2.25。

表 2.2.25　整嵌法

嵌线顺序		1	2	3	4	5	6	7	8	9	10	11	12	13	14	15	16	17	18
槽号	下平面	1	4	5	8	9	12	13	16	17	20	21	24	25	28	29	32	33	36
	上平面																		
嵌线顺序		19	20	21	22	23	24		…		73	74	75	76	77	78	79	80	81
槽号	下平面	37	40	41	44	45	48		…										
	上平面								…		51	54	55	58	59	62	63	66	67
嵌线顺序		82	83	84	85	86	87	88	89	90	91	92	93	94	95	96			
槽号	下平面																		
	上平面	70	71	74	75	78	79	82	83	86	87	90	91	94	95	2			

3. 绕组特点与应用　本例是单层链式庶极绕组，采用 4 路接线，每一个支路由 4 个同相相邻的线圈同方向串联而成。此绕组在单速机中未见应用，故本设计为代替塔吊三速中 32 极双层布线的绕组。它较双层布线具有线圈数少，吊边数也少，嵌线接线都较简便等优点。如修理中有 32 极四路接线的双层绕组可用本绕组替代。

2.3 三相单层同心式绕组布线接线图

同心式绕组是由同心的大小线圈组合成“回”字形线圈组构成；它的每组线圈数为 $S>1$ 的整数。单层同心式绕组是由单叠绕组改变端部连接形式而得，故也有显极布线和庶极布线两种型式。

一、绕组参数

总线圈数：因属单层布线，总圈数为槽数的一半，即 $Q=Z/2$

极相槽数：电动机某相绕组在一个极距内所占槽数 $q=Z/2pm$

每组圈数：一组线圈是由相邻几只线圈顺向串联而成；同心式绕组每组的线圈数是相等的。

$$S=Q/u$$

线圈组数：是构成三相绕组的线圈组数，与布线型式有关：

显极 $u=2pm$ 庶极 $u=pm$

绕组极距：是用槽数表示的磁极宽度，即 $\tau=Z/2P$

线圈节距：单层同心式绕组是全距绕组，各同心线圈节距由下式决定：

$$y_1=2q+1 \quad y_3=y_2+2 \quad y_2=y_1+2 \quad y_4=y_3+2$$

式中 y_1——同心线圈组中最小线圈的节距。

绕组系数：单层同心绕组节距系数 $K_p=1$，绕组系数等于分布系数，计算方法同 2.1 节。

绕组可能的最大并联支路数：

q 为奇数 $a_m=p$

q 为偶数 $a_m=2p$

每槽电角：计算同 2.1 节

以上符号意义见 2.1 节。

二、绕组特点

1）同心式绕组每组元件(线圈)数相等，且 $S\geqslant2$ 的整数。

2）同一组内元件由节距相差 2 槽的同心线圈组成。

3）同心式绕组有显极布线和庶极布线，实用上较多采用庶极布线；如为显极布线，则 q 必须是偶数。

4）绕组是单层布线，有较高的槽内有效填充系数，但电磁性能较差。

5）线圈组端部安排呈平面，利于采用整嵌法嵌线，故嵌线方便，尤其对大节距的 2 极电机应用。

6）同心线圈组在相同匝数下较之交叠线圈总线长略短，故有节省线材的优点。

三、绕组嵌线

实用中可采用两种嵌线工艺：

1. 整嵌法 嵌线时将线圈两(有效)边相继嵌入相应槽内，无需吊边。嵌线要点如下：

1）u 为偶数的庶极绕组采用隔组嵌线，即奇数组线圈和偶数组线圈分别构成双平面绕组。

2）u 为奇数的庶极或显极布线，可采用逐相分层构成三平面绕组。

2. 交叠法 嵌线的基本规律是，嵌入 S 槽，退空 S 槽，再嵌入 S 槽，再退空 S 槽，依次后退嵌线。

四、绕组接线规律

显极绕组：相邻线圈组极性相反，同相组间连线是“尾与尾”“头与头”相接。

庶极绕组：相邻线圈组极性相同，接线是“尾与头”相接。

2.3.1 12 槽 2 极单层同心式(庶极)绕组

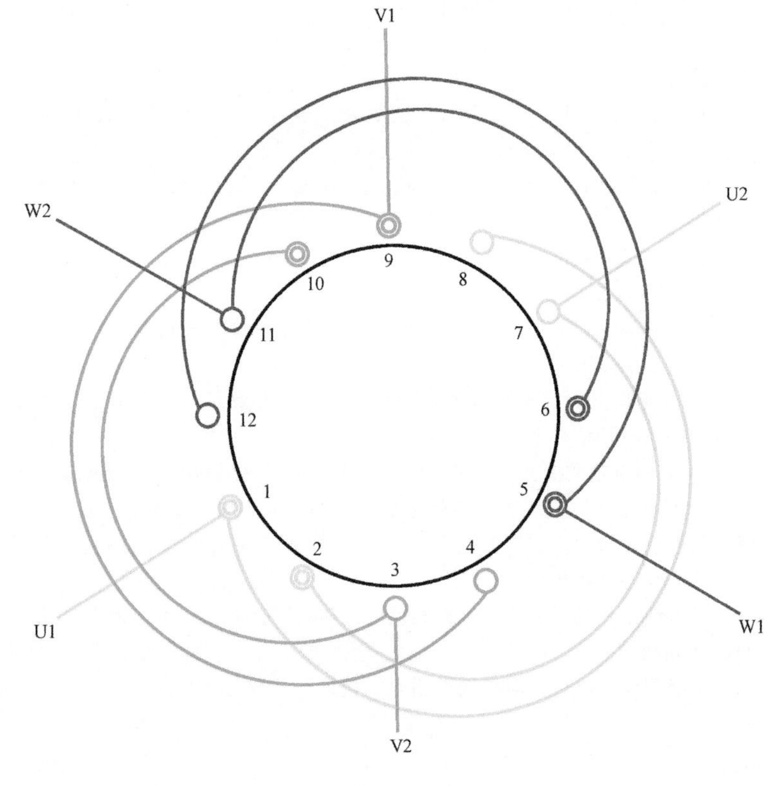

图 2.3.1

1. 绕组结构参数

定子槽数 $Z=12$　每组圈数 $S=2$　并联路数 $a=1$

电机极数 $2p=2$　极相槽数 $q=2$　线圈节距 $y=1—8、2—7$

总线圈数 $Q=6$　绕组极距 $\tau=6$　绕组系数 $K_{dp}=0.966$

线圈组数 $u=3$　每槽电角 $\alpha=30°$

2. 嵌线方法　可采用交叠法或整嵌法嵌线。

1）交叠法　交叠法嵌线的绕组端部比较匀称，但需吊起 2 边嵌，若定子内孔窄小时会使嵌线困难。嵌线顺序见表 2.3.1a。

表 2.3.1a 交叠法

嵌线顺序		1	2	3	4	5	6	7	8	9	10	11	12
槽号	沉边	2	1	10		9		6		5			
	浮边				3		4		11		12	8	7

2）整嵌法　一般只应用于定子内腔狭窄的微电机上。嵌线时是分相整圈嵌入，无需吊边，但绕组端部既不能形成双平面，又不能形成三平面而出现跨于上下平面之间的变形线圈组，使端部层次不分明，且极不美观。嵌线顺序见表 2.3.1b。

表 2.3.1b 整嵌法

嵌线顺序		1	2	3	4	5	6	7	8	9	10	11	12
槽号	下平面	2	7	1	8		11		12				
	上平面					6		5		3	10	4	9

3. 绕组特点与应用　本例采用庶极布线，整套绕组仅 3 组线圈，每相由一个同心双圈组构成，无需组间接线，只用于小功率电机。本绕组除应用于国产 JW-5412 系列小功率三相异步电动机外，还见于国外进口设备的油泵电动机。

2.3.2　18 槽 2 极单层同心式(庶极)绕组

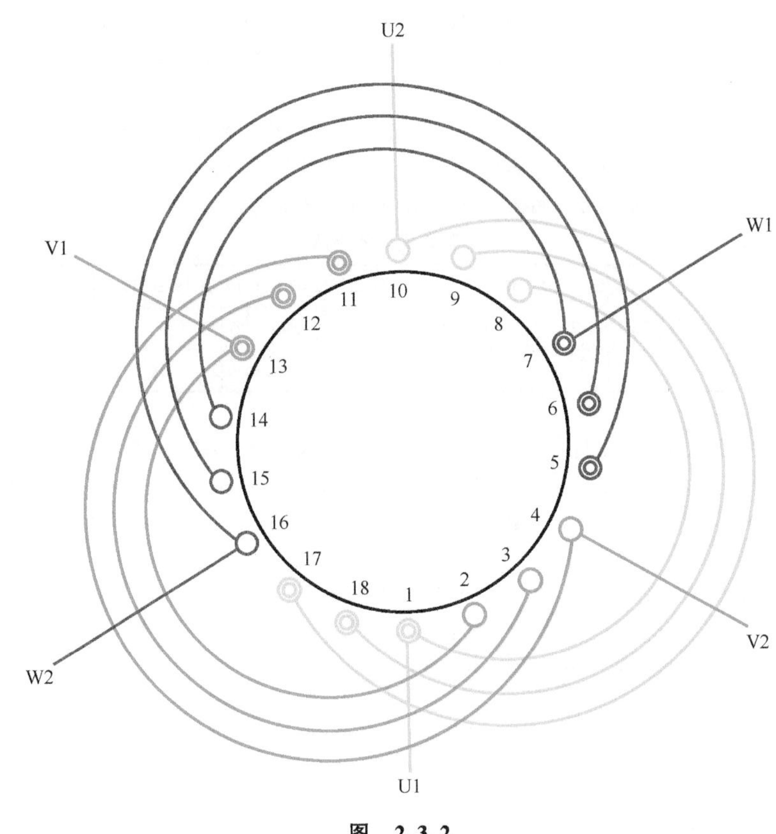

图　2.3.2

1. 绕组结构参数

定子槽数　$Z=18$　　每组圈数　$S=3$　　并联路数　$a=1$

电机极数　$2p=2$　　极相槽数　$q=3$　　线圈节距　$y=1—12$、$2—11$、$3—10$

总线圈数　$Q=9$　　绕组极距　$\tau=9$　　绕组系数　$K_{dp}=0.96$

线圈组数　$u=3$　　每槽电角　$\alpha=20°$

2. 嵌线方法　　嵌线有两种方法：

1）交叠法　　将绕组沉边逐槽嵌入，吊边数为 3，第 4 个线圈开始整嵌，完成后绕组端部比较规整，是定子内腔较大、铁心长度较短的电机修理首选嵌法。嵌线顺序见表 2.3.2a。

表 2.3.2a　交叠法

嵌线顺序		1	2	3	4	5	6	7	8	9	10	11	12	13	14	15	16	17	18
槽号	沉边	1	18	17	13		12		11		7		6		5				
	浮边					2		3		4		14		15		16	10	9	8

2）整嵌法　　嵌线完成后的绕组端部极不规则，有一相线圈跨于两平面之间。由于嵌线不用吊边，一般只适用于铁心较长且内腔窄小的定子。嵌线顺序见表 2.3.2b。

表 2.3.2b　整嵌法

嵌线顺序		1	2	3	4	5	6	7	8	9	10	11	12	13	14	15	16	17	18
槽号	下平面	1	8	18	9	17	10	13		12		11							
	上平面								2		3		4	7	14	6	15	5	16

3. 绕组特点与应用　　绕组是庶极布线，每相只有一个线圈组，每组由 3 个同心线圈组成，无需接线。一般都设计成Y形联结，把星点连接于机内，抽出 3 根引线，如 S3M-38 型磨管机用三相异步电动机、B11 型平板振动器异步电动机等采用此绕组。

2.3.3 24 槽 2 极单层同心式绕组

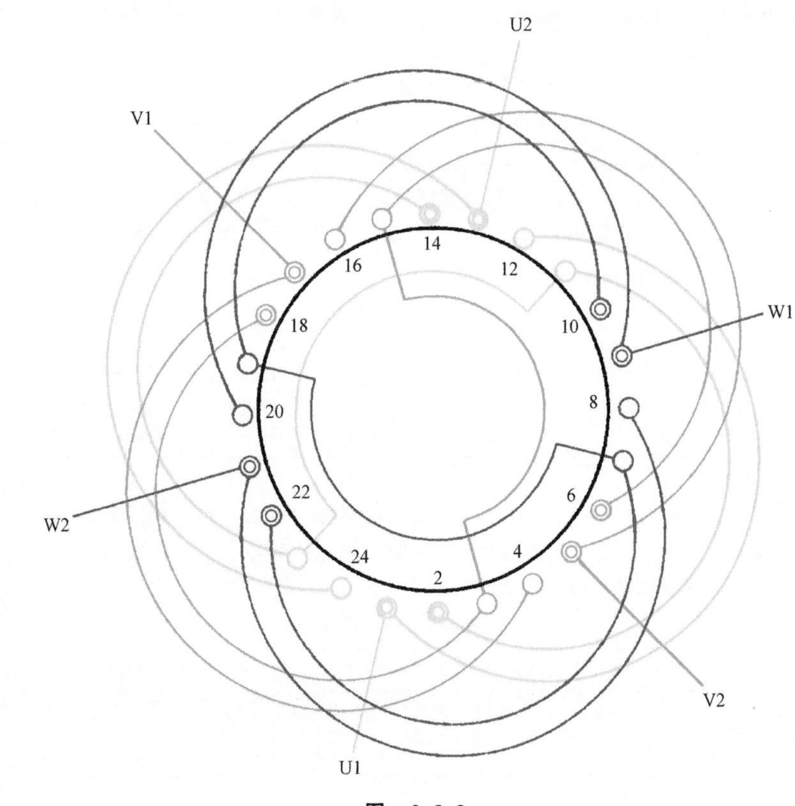

图 2.3.3

1. 绕组结构参数

定子槽数 $Z=24$ 每组圈数 $S=2$ 并联路数 $a=1$

电机极数 $2p=2$ 极相槽数 $q=4$ 线圈节距 $y=1—12$、$2—11$

总线圈数 $Q=12$ 绕组极距 $\tau=12$ 绕组系数 $K_{dp}=0.958$

线圈组数 $u=6$ 每槽电角 $\alpha=15°$

2. 嵌线方法 嵌线可采用交叠法或整嵌法，整嵌法可参考下例；交叠法嵌线可使绕组端部整齐美观，但嵌线需吊 4 边，嵌线要点是嵌两槽、隔空两槽、再嵌两槽，嵌线顺序见表 2.3.3。

表 2.3.3 交叠法

嵌线顺序		1	2	3	4	5	6	7	8	9	10	11	12	13	14	15	16	17	18	19	20	21	22	23	24
槽号	沉边	2	1	22	21	18		17		14		13		10		9		6		5					
	浮边						3		4		23		24		19		20		15		16	12	11	8	7

3. 绕组特点与应用 本例为 2 极电机常用绕组布线接线方案，绕组采用显极布线，一路串联接法，每相组间接法是反向串联，即“尾与尾”相接。此绕组在小型 2 极电动机中应用很多，如一般用途电动机的 Y100L-2、老系列的 JO2-32-2、JO2L-51-2 等，以及直流电弧焊接机 AX-165(AB-165)、AX3-300-2、AR-300 的拖动用三相交流异步电动机等都采用。另外，将星点接在内部，引出 3 根引线则应用于 QX 系列污水泵电动机以及 BJO2-31-2 等隔爆型异步电动机。

2.3.4 24 槽 2 极($a=2$)单层同心式绕组

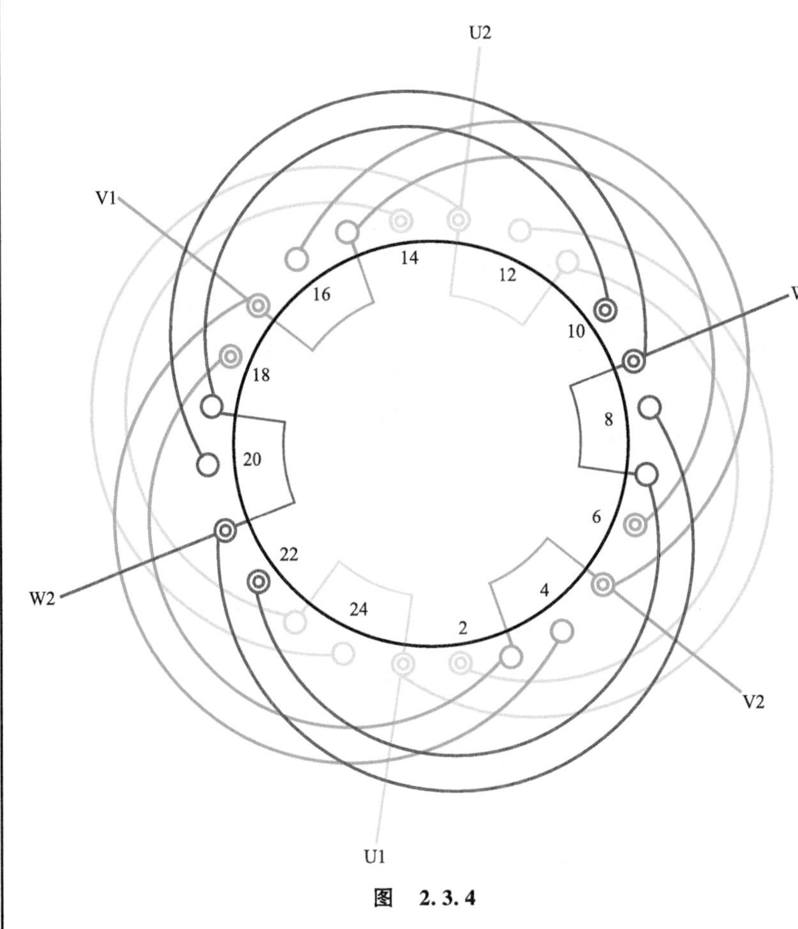

图 2.3.4

1. 绕组结构参数

定子槽数 $Z=24$　　每组圈数 $S=2$　　并联路数 $a=2$

电机极数 $2p=2$　　极相槽数 $q=4$　　线圈节距 $y=1—12$、$2—11$

总线圈数 $Q=12$　　绕组极距 $\tau=12$　　绕组系数 $K_{dp}=0.958$

线圈组数 $u=6$　　每槽电角 $\alpha=15°$

2. 嵌线方法　　嵌线可采用两种方法，交叠法嵌线顺序可参考上例。本例介绍整嵌方法，它是将线圈逐相嵌线，嵌好一相后垫上端部绝缘，再将另一相嵌入相应槽内，完成后再嵌第 3 相，使三相线圈端部形成在三层次的平面上；整嵌法嵌线不用吊边，常被 2 极电动机选用。嵌线顺序见表 2.3.4。

表 2.3.4　整嵌法

嵌线顺序		1	2	3	4	5	6	7	8	9	10	11	12	13	14	15	16	17	18	19	20	21	22	23	24
槽号	底层	2	11	1	12	14	23	13	24																
	中层									10	19	9	20	22	7	21	8								
	面层																	18	3	17	4	6	15	5	16

3. 绕组特点与应用　　本绕组是显极布线，与上例相同，但绕组采用两路并联接线，一相每个支路由一组同心双圈组成，两个支路在同一极距内并联，使两组线圈电流相反。本例应用也较多，如 BJO2-52-2 隔爆型异步电动机、QY-40A 油浸式农业排灌用三相潜水电泵电动机及充水式潜水泵用三相电动机等都采用本例绕组。

2.3.5　36 槽 2 极单层同心式绕组

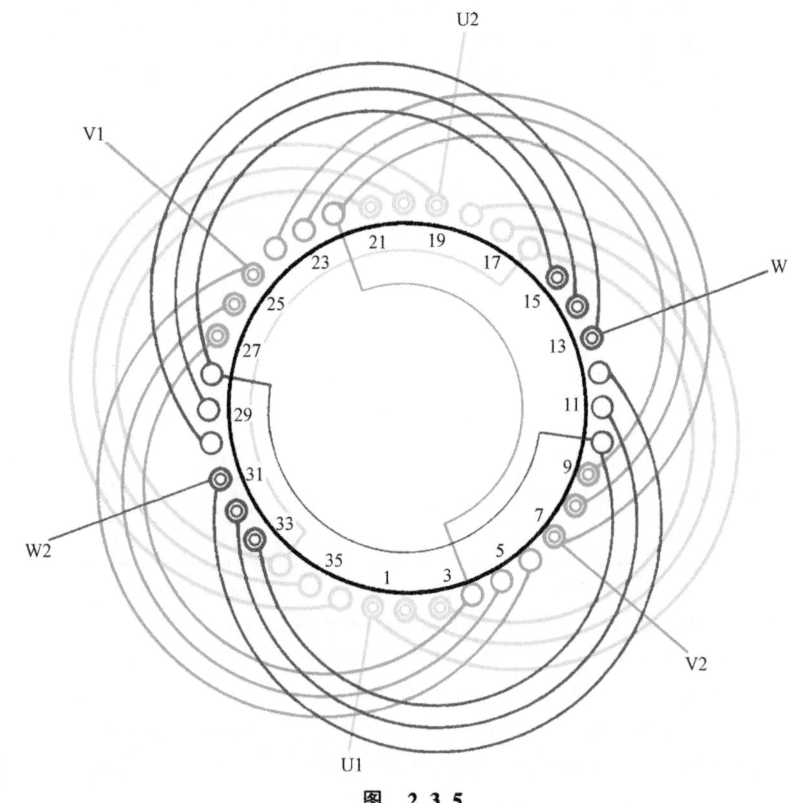

图　2.3.5

1. 绕组结构参数

定子槽数 $Z=36$　　每组圈数 $S=3$　　并联路数 $a=1$

电机极数 $2p=2$　　极相槽数 $q=6$　　线圈节距 $y=1$—18、2—17、3—16

总线圈数 $Q=18$　　绕组极距 $\tau=18$　　绕组系数 $K_{dp}=0.956$

线圈组数 $u=6$　　每槽电角 $\alpha=10°$

2. 嵌线方法　　嵌线可用两种方法：

1）交叠法　　由于线圈节距大，嵌线时要吊起 6 边，嵌线有一定困难。嵌线顺序见表 2.3.5a。

表 2.3.5a　交叠法

嵌线顺序		1	2	3	4	5	6	7	8	9	10	11	12	13	14	15	16	17	18
槽号	沉边	3	2	1	33	32	31	27		26		25		21		20		19	
	浮边								4		5		6		34		35		36
嵌线顺序		19	20	21	22	23	24	25	26	27	28	29	30	31	32	33	34	35	36
槽号	沉边	15		14		13		9		8		7							
	浮边		28		29		30		22		23		24	18	17	16	12	11	10

2）整嵌法　　为本例较宜选的方法，它是逐相分层次整圈嵌线。嵌线顺序见表 2.3.5b。

表 2.3.5b　整嵌法

嵌线顺序		1	2	3	4	5	6	7	8	9	10	11	12	13	14	15	16	17	18
槽号	下平面	3	16	2	17	1	18	21	34	20	35	19	36						
	中平面													15	28	14	29	13	30
嵌线顺序		19	20	21	22	23	24	25	26	27	28	29	30	31	32	33	34	35	36
槽号	中平面	33	10	32	11	31	12												
	上平面							27	4	26	5	25	6	9	22	8	23	7	24

3. 绕组特点与应用　　本例是较常用的布线形式，采用显极布线，每相由两组同心三圈组构成，组间连接为反向串联，使两组极性相反。采用本绕组的有 JO3L-180M1-2 一般用途老系列铝线绕组电动机、YX-132S1-2 高效率三相异步电动机及 AX7-400 直流弧焊机配用的三相异步电动机等。

2.3.6 36 槽 2 极($a=2$)单层同心式绕组

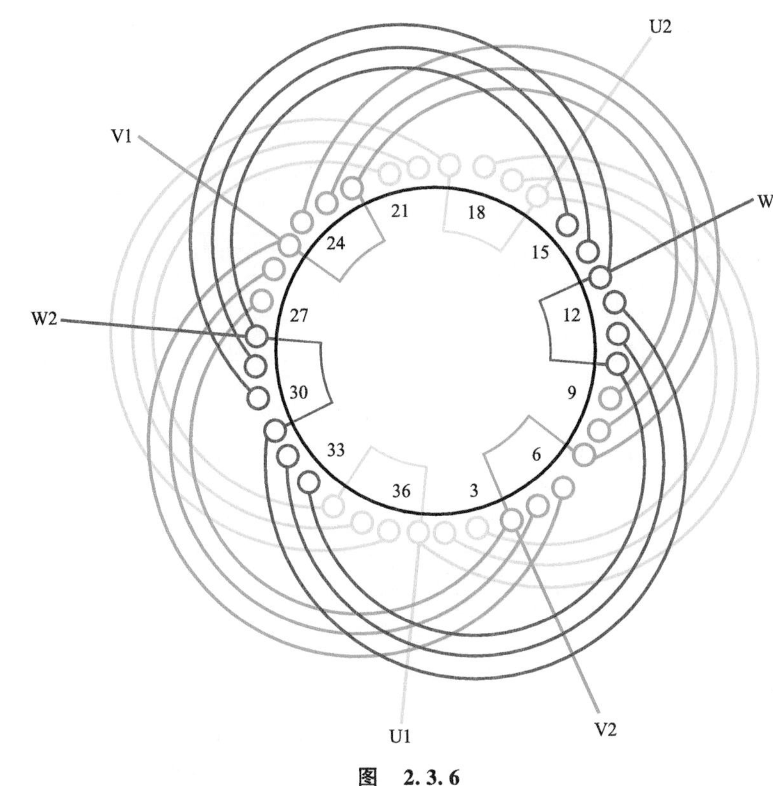

图 2.3.6

1. 绕组结构参数

定子槽数 $Z=36$ 每组圈数 $S=3$ 并联路数 $a=2$

电机极数 $2p=2$ 极相槽数 $q=6$ 线圈节距 $y=17$、15、13

总线圈数 $Q=18$ 绕组极距 $\tau=18$ 绕组系数 $K_{dp}=0.956$

线圈组数 $u=6$ 每槽电角 $\alpha=10°$

2. 嵌线方法 绕组可用两种嵌法，整嵌法无需吊边，常为初学操作者选用，但它的分层嵌线使端部结构形成 3 个线圈层面，不够美观，故专业修理一般沿用交叠法嵌线。交叠法嵌线要在嵌线时吊起 6 边，操作上给嵌线增加了一定难度，但其绕组端部匀称，整形容易且形成的喇叭口美观，更利于散热。嵌线顺序见表 2.3.6。

表 2.3.6 交叠法

嵌线顺序		1	2	3	4	5	6	7	8	9	10	11	12	13	14	15	16	17	18
槽号	沉边	3	2	1	33	32	31	27		26		25		21		20		19	
	浮边								4		5		6		34		35		36
嵌线顺序		19	20	21	22	23	24	25	26	27	28	29	30	31	32	33	34	35	36
槽号	沉边	15		14		13		9		8		7							
	浮边		28		29		30		22		23		24	18	17	16	12	11	10

3. 绕组特点与应用 绕组特点同上例，但改用两路并联，使进线从一极分头进入，另一极并联出线，从而使两组线圈形成两极。此绕组实际应用少于上例，主要应用实例有国产老式的 J2-72-2 三相异步电动机等。

2.3.7 24 槽 4 极单层同心式(庶极)绕组

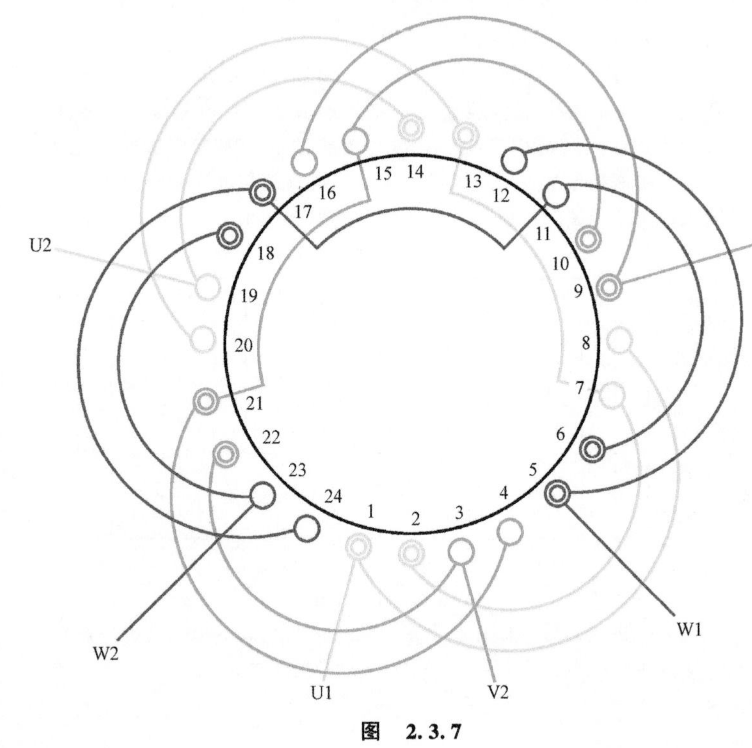

图 2.3.7

1. 绕组结构参数

定子槽数 $Z=24$　每组圈数 $S=2$　并联路数 $a=1$

电机极数 $2p=4$　极相槽数 $q=2$　线圈节距 $y=1—8$、$2—7$

总线圈数 $Q=12$　绕组极距 $\tau=6$　绕组系数 $K_{dp}=0.966$

线圈组数 $u=6$　每槽电角 $\alpha=30°$

2. 嵌线方法　嵌线可采用两种方法：

1）交叠法　交叠法嵌线是先嵌沉边，吊边 2 个，从第 3 个线圈起嵌入沉边后可相继把浮边嵌入。嵌线顺序见表 2.3.7a。

表 2.3.7a　交叠法

嵌线顺序		1	2	3	4	5	6	7	8	9	10	11	12	13	14	15	16	17	18	19	20	21	22	23	24
槽号	沉边	2	1	22		21		18		17		14		13		10		9		6		5			
	浮边				3		4		23		24		19		20		15		16		11		12	8	7

2）整嵌法　整圈嵌线是隔组嵌入，使 1、3、5 组端部处于同一平面，而 2、4、6 组则为另一平面并处其上层；每组嵌线则先嵌小线圈再嵌大线圈。嵌线顺序见表 2.3.7b。

表 2.3.7b　整嵌法

嵌线顺序		1	2	3	4	5	6	7	8	9	10	11	12	13	14	15	16	17	18	19	20	21	22	23	24
槽号	底层	2	7	1	8	18	23	17	24	10	15	9	16												
	面层													6	11	5	12	22	3	21	4	14	19	13	20

3. 绕组特点与应用　本例采用庶极布线，每相由两组线圈组成，每组由同心双圈顺串而成；组间是“尾与头”相接，使两组线圈极性相同。此绕组线圈数少，嵌接线较方便，在国外产品中多有应用，如 A31/4 型、AO32/4 型、AOЛ2-21-4 型等三相异步电动机，国产型号有 AO2-7124 小功率三相异步电动机都采用本例绕组。

2.3.8 *24 槽 4 极($a=2$)单层同心式（庶极）绕组

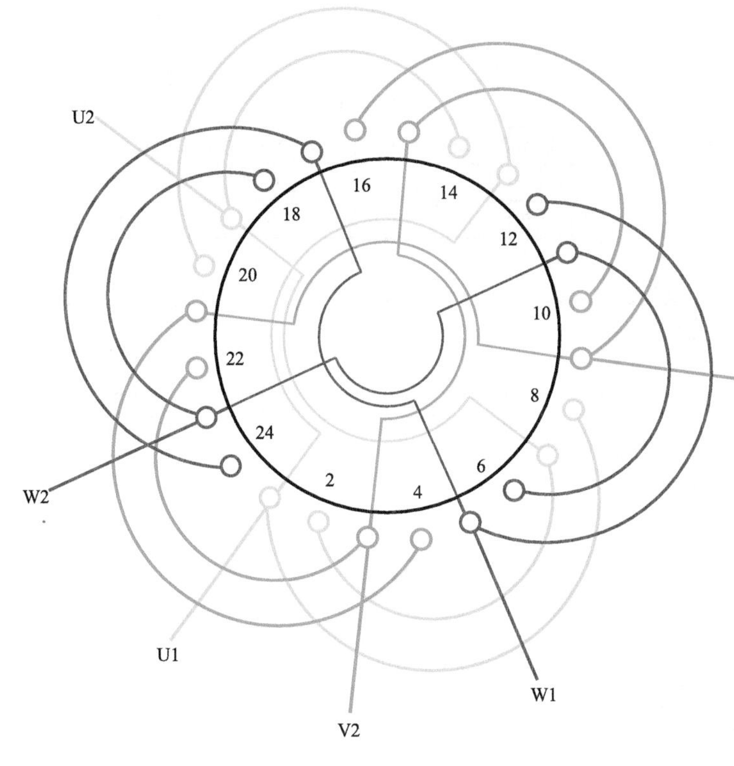

图 2.3.8

1. 绕组结构参数

定子槽数 $Z=24$　　每组圈数 $S=2$　　并联路数 $a=2$

电机极数 $2p=4$　　极相槽数 $q=2$　　线圈节距 $y=1—8、2—7$

总线圈数 $Q=12$　　绕组极距 $\tau=6$　　绕组系数 $K_{dp}=0.966$

线圈组数 $u=6$　　每槽电角 $\alpha=30°$

2. 嵌线方法　　嵌线可采用两种方法：

1）交叠法　　交叠嵌线是先嵌沉边，吊边 2 个，从第 3 个线圈起嵌入沉边后可相继把浮边嵌入。嵌线顺序见表 2.3.8a。

表 2.3.8a　交叠法

嵌线顺序		1	2	3	4	5	6	7	8	9	10	11	12	13	14	15	16	17	18	19	20	21	22	23	24
槽号	沉边	2	1	22		21		18		17		14		13		10		9		6		5			
	浮边				3		4		23		24		19		20		15		16		11		12	8	7

2）整嵌法　　整圈嵌线是隔组嵌入，使 1、3、5 组端部处于同一平面，而 2、4、6 组则为另一平面并处其上层；每组嵌线则先嵌小线圈再嵌大线圈。嵌线顺序见表 2.3.8b。

表 2.3.8b　整嵌法

嵌线顺序		1	2	3	4	5	6	7	8	9	10	11	12	13	14	15	16	17	18	19	20	21	22	23	24
槽号	底层	2	7	1	8	18	23	17	24	10	15	9	16												
	面层													6	11	5	12	22	3	21	4	14	19	13	20

3. 绕组特点与应用　　本例采用庶极布线，每相由两组线圈组成，每组由同心双圈并接而成；组间是“头与头”及“尾与尾”并接成两路，使两组线圈极性相同。此绕组线圈数少，嵌接线较方便，在国外产品中多有应用，如 A31/4 型、AO32/4 型、AOЛ2-21-4 型等三相异步电动机，国产型号有 AO2-7124 小功率三相异步电动机都采用本例绕组。

2.3.9 36槽4极单层同心式(庶极)绕组

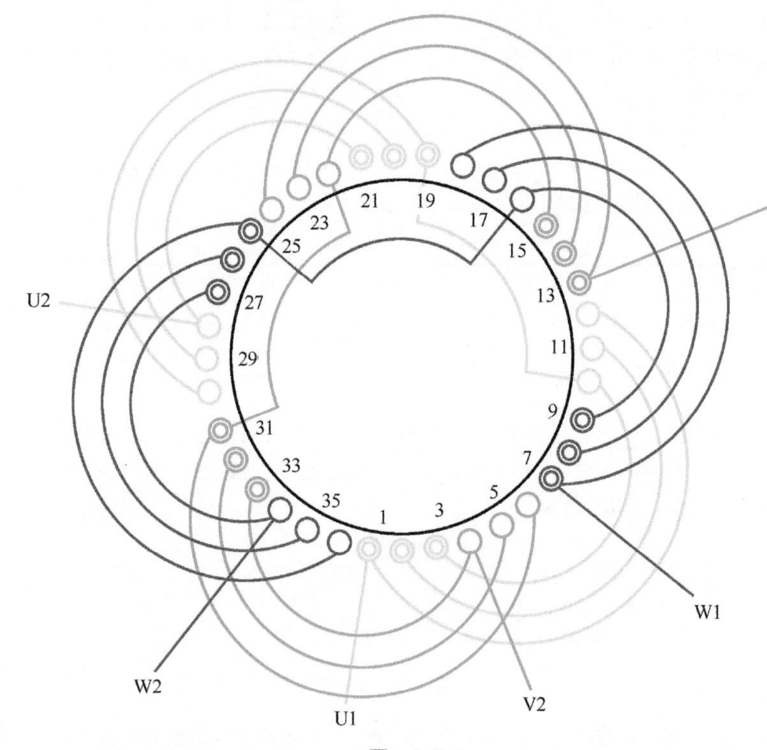

图 2.3.9

1. 绕组结构参数

定子槽数 $Z=36$　　每组圈数 $S=3$　　并联路数 $a=1$

电机极数 $2p=4$　　极相槽数 $q=3$　　线圈节距 $y=1—12、2—11、3—10$

总线圈数 $Q=18$　　绕组极距 $\tau=18$　　绕组系数 $K_{dp}=0.96$

线圈组数 $u=6$　　每槽电角 $\alpha=20°$

2. 嵌线方法　　嵌线可用两种方法：

1）交叠法　　交叠法嵌线时嵌3槽、空3槽，再嵌3槽，吊边数为3。嵌线顺序见表2.3.9a。

表 2.3.9a　交叠法

嵌线顺序		1	2	3	4	5	6	7	8	9	10	11	12	13	14	15	16	17	18
槽号	沉边	3	2	1	33		32		31		27		26		25		21		20
	浮边					4		5		6		34		35		36		28	
嵌线顺序		19	20	21	22	23	24	25	26	27	28	29	30	31	32	33	34	35	36
槽号	沉边		19		15		14		13		9		8		7				
	浮边	29		30		22		23		24		16		17		18	10	11	12

2）整嵌法　　采用隔组嵌入，使6组线圈分置于两平面上。嵌线顺序见表2.3.9b。

表 2.3.9b　整嵌法

嵌线顺序		1	2	3	4	5	6	7	8	9	10	11	12	13	14	15	16	17	18
槽号	下平面	3	10	2	11	1	12	27	34	26	35	25	36	15	22	14	23	13	24
嵌线顺序		19	20	21	22	23	24	25	26	27	28	29	30	31	32	33	34	35	36
槽号	上平面	9	16	8	17	7	18	33	4	32	5	31	6	21	28	20	29	19	30

3. 绕组特点与应用　　本例绕组采用庶极布线，每相由两组同心三圈组构成，组间连接是顺向串联。具有线圈组较小，布线接线方便等特点。此绕组在国内极少应用，主要见于国外产品，如AK-51-4型绕线式三相异步电动机定子绕组、AOЛ2-32-6/4极双绕组双速电动机中的4极绕组都采用本例。

2.3.10 36 槽 4 极($a=2$)单层同心式(庶极)绕组

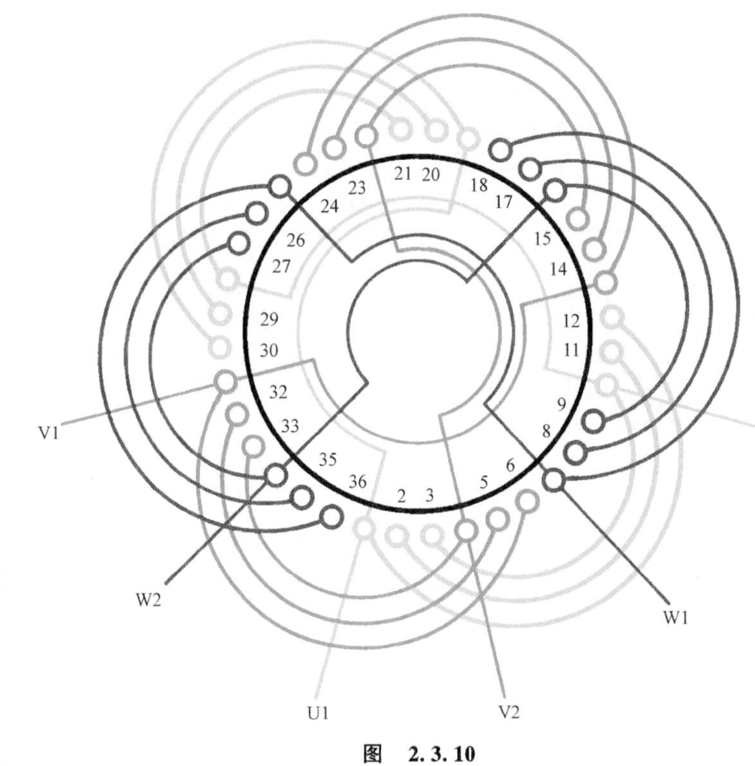

图 2.3.10

1. 绕组结构参数

定子槽数 $Z=36$ 每组圈数 $S=3$ 并联路数 $a=2$

电机极数 $2p=4$ 极相槽数 $q=3$ 线圈节距 $y=11$、9、7

总线圈数 $Q=18$ 绕组极距 $\tau=9$ 绕组系数 $K_{dp}=0.96$

线圈组数 $u=6$ 每槽电角 $\alpha=20°$

2. 嵌线方法　本例是单层庶极布线，最宜采用分层整嵌，构成双平面绕组。嵌线顺序见表 2.3.10。

表 2.3.10 整嵌法

嵌线顺序	1	2	3	4	5	6	7	8	9	10	11	12	13	14	15	16	17	18
下平面槽号	3	10	2	11	1	12	15	22	14	23	13	24	27	34	26	35	25	36
嵌线顺序	19	20	21	22	23	24	25	26	27	28	29	30	31	32	33	34	35	36
上平面槽号	9	16	8	17	7	18	21	28	20	29	19	30	33	4	32	5	31	6

3. 绕组特点与应用　本例是庶极布线，每相由两组线圈对称安排并同向并联，从而构成庶 4 极绕组。每组由同心三线圈组成等匝线圈。此绕组主要用于国外进口设备配用电动机。

2.3.11　48 槽 4 极单层同心式绕组

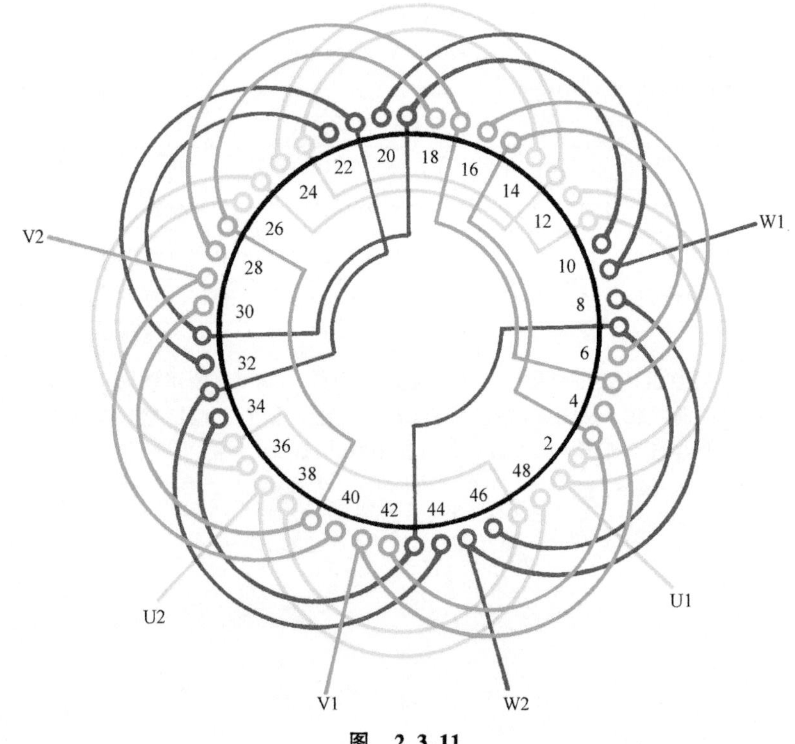

图　2.3.11

1. 绕组结构参数

定子槽数　$Z=48$　　每组圈数　$S=2$　　并联路数　$a=1$

电机极数　$2p=4$　　极相槽数　$q=4$　　线圈节距　$y=11$、9

总线圈数　$Q=24$　　绕组极距　$\tau=12$　　绕组系数　$K_{dp}=0.958$

线圈组数　$u=12$　　每槽电角　$\alpha=15°$

2. 嵌线方法　　本例可用两种方法嵌线，由于整嵌法构成三平面绕组，而 4 极绕组的线圈节距不大，故修理时一般都采用交叠法。交叠法嵌线是嵌入两槽吊起浮边向后退，空出两槽再嵌两槽，再吊两边退两槽，以后进行整圈嵌入。嵌线顺序见表 2.3.11。

表 2.3.11　交叠法

嵌线顺序		1	2	3	4	5	6	7	8	9	10	11	12	13	14	15	16	17	18
槽号	沉边	2	1	46	45	42		41		38		37		34		33		30	
	浮边						3		4		47		48		43		44		39

嵌线顺序		19	20	21	22	…	38	39	40	41	42	43	44	45	46	47	48
槽号	沉边	29		26		…		9		6		5					
	浮边		40		35	…	19		20		15		16	11	12	7	8

3. 绕组特点与应用　　本例是显极布线，绕组由同心双圈组成，每相 4 组线圈按相邻反极性连接。此绕组曾见用于 YX160M-4 电动机。

2.3.12　48 槽 4 极($a=2$)单层同心式绕组

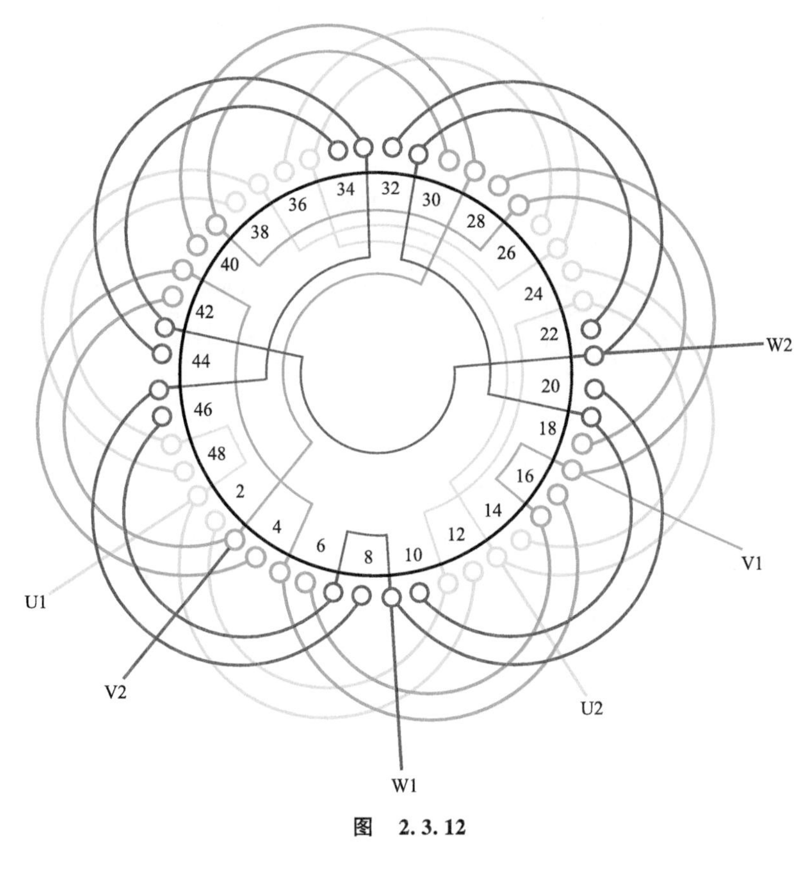

图　2.3.12

1. 绕组结构参数

定子槽数　$Z=48$　每组圈数　$S=2$　并联路数　$a=2$

电机极数　$2p=4$　极相槽数　$q=4$　线圈节距　$y=1—12$、$2—11$

总线圈数　$Q=24$　绕组极距　$\tau=12$　绕组系数　$K_{dp}=0.958$

线圈组数　$u=12$　每槽电角　$\alpha=15°$

2. 嵌线方法　　绕组可采用两种嵌法：

1）交叠法　　嵌线时嵌 2 槽、空 2 槽，吊边数为 4，嵌线顺序见表 2.3.12a。

表 2.3.12a　交叠法

嵌线顺序		1	2	3	4	5	6	7	8	9	10	11	12	13	14	15	16	17	18	19	20	21	22	23	24
槽号	沉边	2	1	46	45	42		41		38		37		34		33		30		29		26		25	
	浮边						3		4		47		48		43		44		39		40		35		36
嵌线顺序		25	26	27	28	29	30	31	32	33	34	35	36	37	38	39	40	41	42	43	44	45	46	47	48
槽号	沉边	22		21		18		17		14		13		10		9		6		5					
	浮边		31		32		27		28		23		24		19		20		15		16	11	12	7	8

2）整嵌法　　无需吊边，分相嵌入构成三平面绕组。嵌线顺序见表 2.3.12b。

表 2.3.12b　整嵌法

嵌线顺序		1	2	3	4	5	6	7	8	9	10	11	12	13	14	15	16
槽号	下平面	2	11	1	12	38	47	37	48	26	35	25	36	14	23	13	24
嵌线顺序		17	18	19	20	21	22	23	24	25	26	27	28	29	30	31	32
槽号	中平面	10	19	9	20	46	7	45	8	34	43	33	44	22	31	21	32
嵌线顺序		33	34	35	36	37	38	39	40	41	42	43	44	45	46	47	48
槽号	上平面	18	27	17	28	6	15	5	16	42	3	41	4	30	39	29	40

3. 绕组特点与应用　　绕组是显极布线，采用两路并联。国外应用于转子绕组，国内曾见用于 JO2L-71-4 三相异步电动机。

2.3.13　48 槽 4 极($a=4$)单层同心式绕组

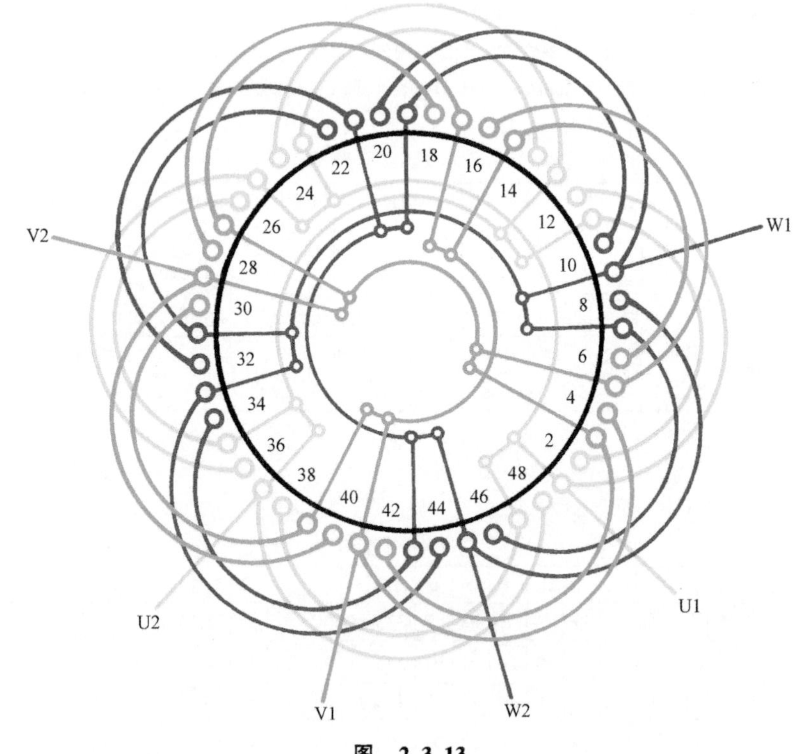

图　2.3.13

1. 绕组结构参数

定子槽数　$Z=48$　　每组圈数　$S=2$　　并联路数　$a=4$

电机极数　$2p=4$　　极相槽数　$q=4$　　线圈节距　$y=11$、9

总线圈数　$Q=24$　　绕组极距　$\tau=12$　　绕组系数　$K_{dp}=0.958$

线圈组数　$u=12$　　每槽电角　$\alpha=15°$

2. 嵌线方法　　嵌线可有两种方法，但实际较多采用交叠法。交叠法嵌线需吊 4 边，嵌线的基本规律是嵌两槽，退空两槽，再嵌两槽。操作顺序见表 2.3.13。

表 2.3.13　交叠法

嵌线顺序		1	2	3	4	5	6	7	8	9	10	11	12	13	14	15	16	17	18
槽号	沉边	46	45	42	41	38		37		34		33		30		29		26	
	浮边						47		48		43		44		39		40		35

嵌线顺序		19	20	21	22	…	38	39	40	41	42	43	44	45	46	47	48
槽号	沉边	25		22		…		5		2		1					
	浮边		36		31	…	15		16		11		12	7	8	3	4

3. 绕组特点与应用　　此绕组采用显极布线，4 路并联，即每组线圈均接入引出线，但必须注意保持同相相邻线圈组反极性的接线要求。本例绕组用于 JO3-225S-4 电动机。

2.3.14　36 槽 6 极单层同心式(庶极)绕组

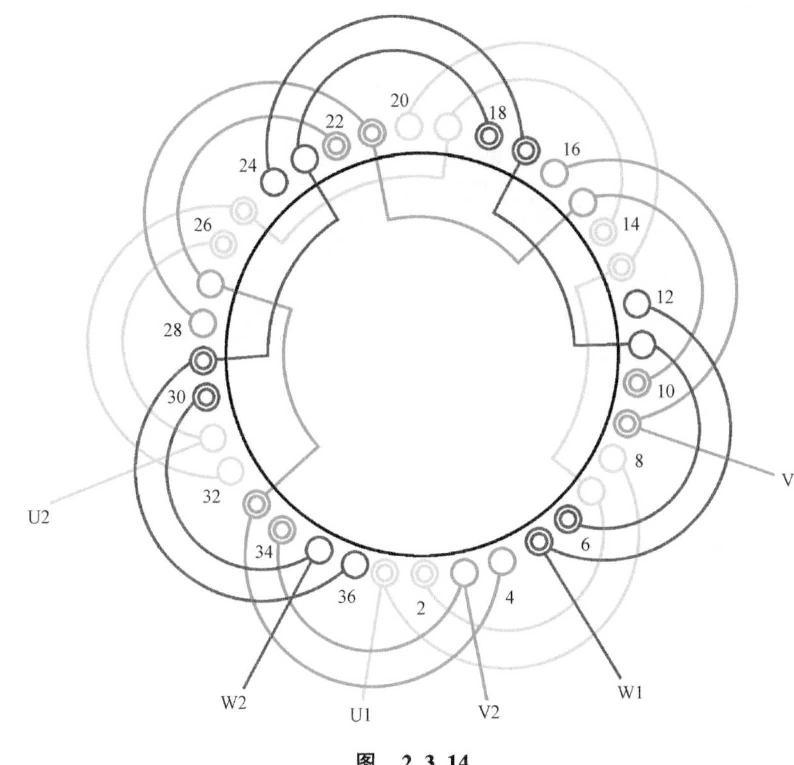

图　2.3.14

1. 绕组结构参数

定子槽数	$Z=36$	每组圈数	$S=2$	并联路数	$a=1$
电机极数	$2p=6$	极相槽数	$q=2$	线圈节距	$y=1—8、2—7$
总线圈数	$Q=18$	绕组极距	$\tau=6$	绕组系数	$K_{dp}=0.966$
线圈组数	$u=9$	每槽电角	$\alpha=30°$		

2. 嵌线方法　　绕组可采用交叠法或整嵌法嵌线。交叠法嵌线需吊边 2 个，嵌线时嵌 2 槽空 2 槽，再嵌 2 槽；本例是用整嵌法，即嵌线时整圈嵌入小线圈，再嵌大线圈，嵌好后隔不同相两组不嵌，而嵌同相下一组，类此嵌完一相后，再嵌第二相、第三相，使之构成三平面绕组。嵌线顺序见表 2.3.14。

表 2.3.14　整嵌法

嵌线顺序		1	2	3	4	5	6	7	8	9	10	11	12	13	14	15	16	17	18
槽号	底层	2	7	1	8	26	31	25	32	14	19	13	20						
	中层													6	11	5	12	30	35
	面层																		
嵌线顺序		19	20	21	22	23	24	25	26	27	28	29	30	31	32	33	34	35	36
槽号	底层																		
	中层	29	36	18	23	17	24												
	面层							10	15	9	16	34	3	33	4	22	27	21	28

3. 绕组特点与应用　　本例采用庶极布线，每相 3 组线圈顺接串联构成 6 极。此绕组在国内极少应用，国外应用较多。如 MTKB311-6 型绕线式转子、AOП2-31-6/4 极双速、AOП2-31-6/4/2 极三速中的 6 极绕组均采用此绕组。

2.3.15 36槽6极($a=3$)单层同心式(庶极)绕组

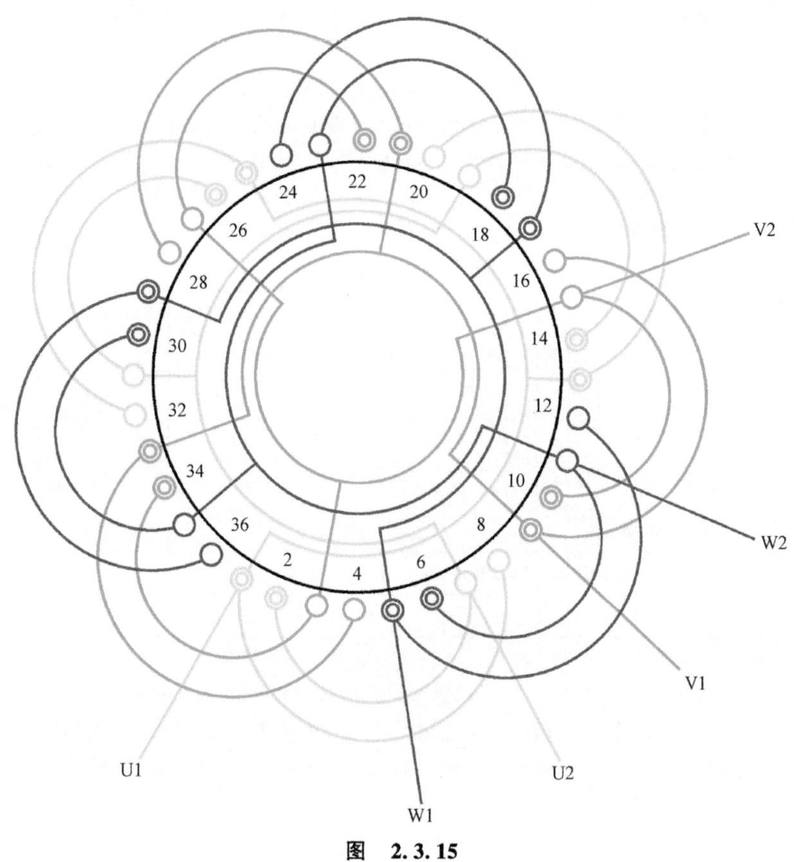

图 2.3.15

1. 绕组结构参数

定子槽数 $Z=36$　　每组圈数 $S=2$　　并联路数 $a=3$

电机极数 $2p=6$　　极相槽数 $q=2$　　线圈节距 $y=1—8、2—7$

总线圈数 $Q=18$　　绕组极距 $\tau=6$　　绕组系数 $K_{dp}=0.966$

线圈组数 $u=9$　　每槽电角 $\alpha=30°$

2. 嵌线方法　　绕组嵌线有两种方法，整嵌法可参考上例，而交叠法嵌线时嵌2槽、空2槽，吊边数为2，从第3只线圈起可整嵌。嵌线顺序见表2.3.15。

表 2.3.15　交叠法

嵌线顺序		1	2	3	4	5	6	7	8	9	10	11	12	13	14	15	16	17	18
槽号	沉边	2	1	34		33		30		29		26		25		22		21	
	浮边				3		4		35		36		31		32		27		28
嵌线顺序		19	20	21	22	23	24	25	26	27	28	29	30	31	32	33	34	35	36
槽号	沉边	18		17		14		13		10		9		6		5			
	浮边		23		24		19		20		15		16		11		12	7	8

3. 绕组特点与应用　　本绕组用庶极布线，但为三路并联，故在一相绕组中，将3组线圈的头端并接作为相头，同样尾端并联作相尾。三相接法相同。此绕组极少在国内应用，仅见于国外MTM312-6型三相绕线式电动机的转子绕组。

2.3.16　72 槽 6 极($a=2$)单层同心式绕组

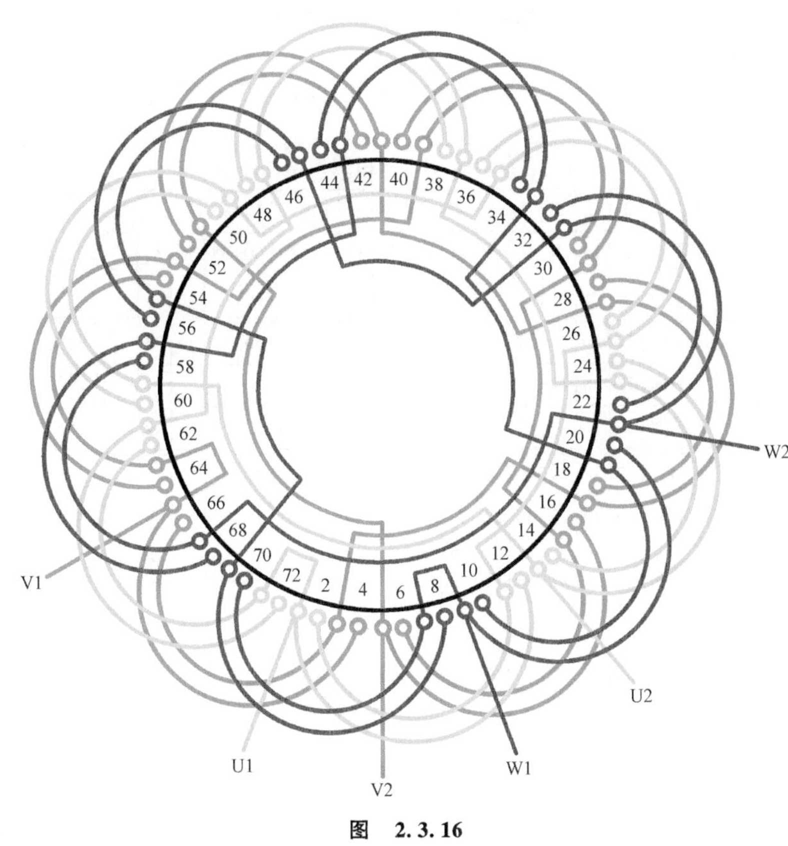

图　2.3.16

1. 绕组结构参数

定子槽数　$Z=72$　每组圈数　$S=2$　并联路数　$a=2$

电机极数　$2p=6$　极相槽数　$q=4$　线圈节距　$y=11$、9

总线圈数　$Q=36$　绕组极距　$\tau=12$　绕组系数　$K_{dp}=0.958$

线圈组数　$u=18$　每槽电角　$\alpha=15°$

2. 嵌线方法　本绕组是显极布线，嵌线方法有两种：一种是交叠法，需要吊边，但端部较整齐、美观，是实践中常用的嵌法；另一种是整嵌法，无需吊边，但端部较厚。嵌线顺序见表 2.3.16。

表 2.3.16　交叠法

嵌线顺序		1	2	3	4	5	6	7	8	9	10	11	12	13	14	15	16	17	18
槽号	沉边	2	1	70	69	66		65		62		61		58		57		54	
	浮边						3		4		71		72		67		68		63
嵌线顺序		19	20	21	22	23	24		…		46	47	48	49	50	51	52	53	54
槽号	沉边	53		50		49			…			25		22		21		18	
	浮边		64		59		60		…		35		36		31		32		27
嵌线顺序		55	56	57	58	59	60	61	62	63	64	65	66	67	68	69	70	71	72
槽号	沉边	19		14		13		10		9		6		5					
	浮边		28		23		24		19		20		15		16	11	12	7	8

3. 绕组特点与应用　本例是显极布线，每相由 6 组同心线圈构成，分两个支路接线，每个支路 3 组线圈，采用长跳接线，即把 3 组同极性线圈按逆时针顺串为一路；再从另一方向把反极性 3 组串为另一路。这样可使同相相邻的线圈组获得反极性。本绕组可用于绕线式转子，主要应用有 JTD-430 双速电机的配套绕组。

2.3.17　72 槽 6 极($a=3$)单层同心式绕组

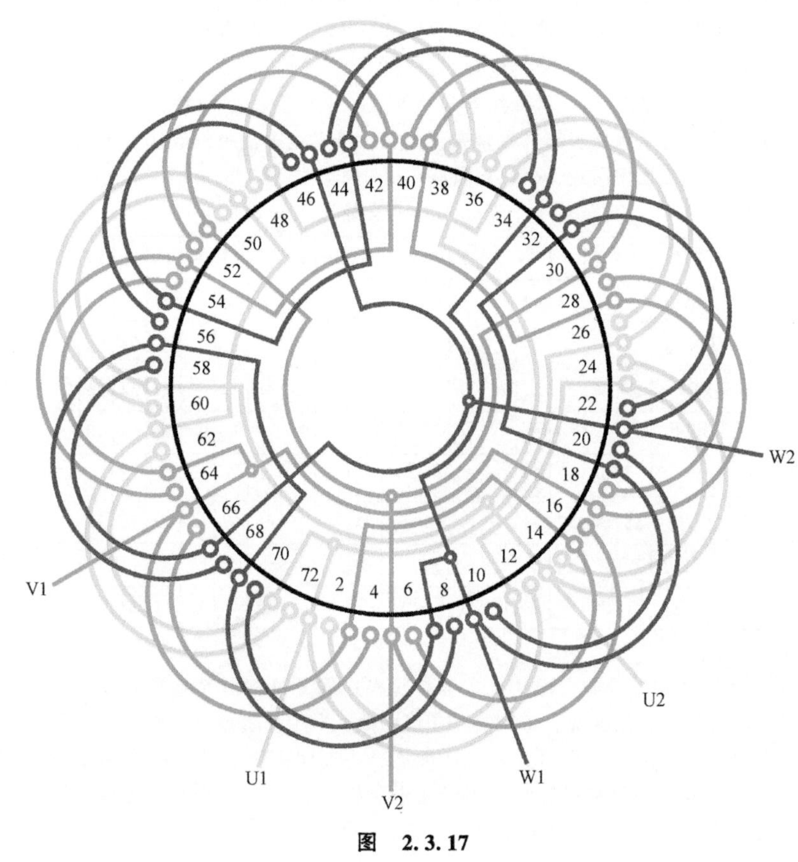

图　2.3.17

1. 绕组结构参数

定子槽数　$Z=72$　每组圈数　$S=2$　并联路数　$a=3$

电机极数　$2p=6$　极相槽数　$q=4$　线圈节距　$y=11$、9

总线圈数　$Q=36$　绕组极距　$\tau=12$　绕组系数　$K_{dp}=0.958$

线圈组数　$u=18$　每槽电角　$\alpha=15°$

2. 嵌线方法　本例采用分相整嵌，构成三平面绕组。嵌线顺序见表 2.3.17。

表 2.3.17　分相整嵌法

嵌线顺序		1	2	3	4	5	6	7	8	9	10	11	12	13	14	15	16	17	18
槽号	下平面	2	11	1	12	62	71	61	72	50	59	49	60	38	47	37	48	26	35
	中平面																		
嵌线顺序		19	20	21	22	23	24	25	26	27	28	29	30	31	32	33	34	35	36
槽号	下平面	25	36	14	23	13	24												
	中平面							66	3	65	4	54	63	53	64	42	51	41	52
嵌线顺序		37	38	39	40	41	42	43	44	45	46	47	48	49	50	51	52	53	54
槽号	中平面	30	39	29	40	18	27	17	28	6	15	5	16						
	上平面													70	7	69	8	58	67
嵌线顺序		55	56	57	58	59	60	61	62	63	64	65	66	67	68	69	70	71	72
槽号	中平面																		
	上平面	57	68	46	55	45	56	34	43	33	44	22	31	21	32	10	19	9	20

3. 绕组特点与应用　本例为显极绕组，每相 6 组线圈，每组由 2 个同心线圈组成，相邻两组反向串联形成一个支路，从而构成三路并联。主要应用于电梯双绕组双速电机的配套绕组。

2.3.18 *72 槽 6 极($a=6$)单层同心式绕组

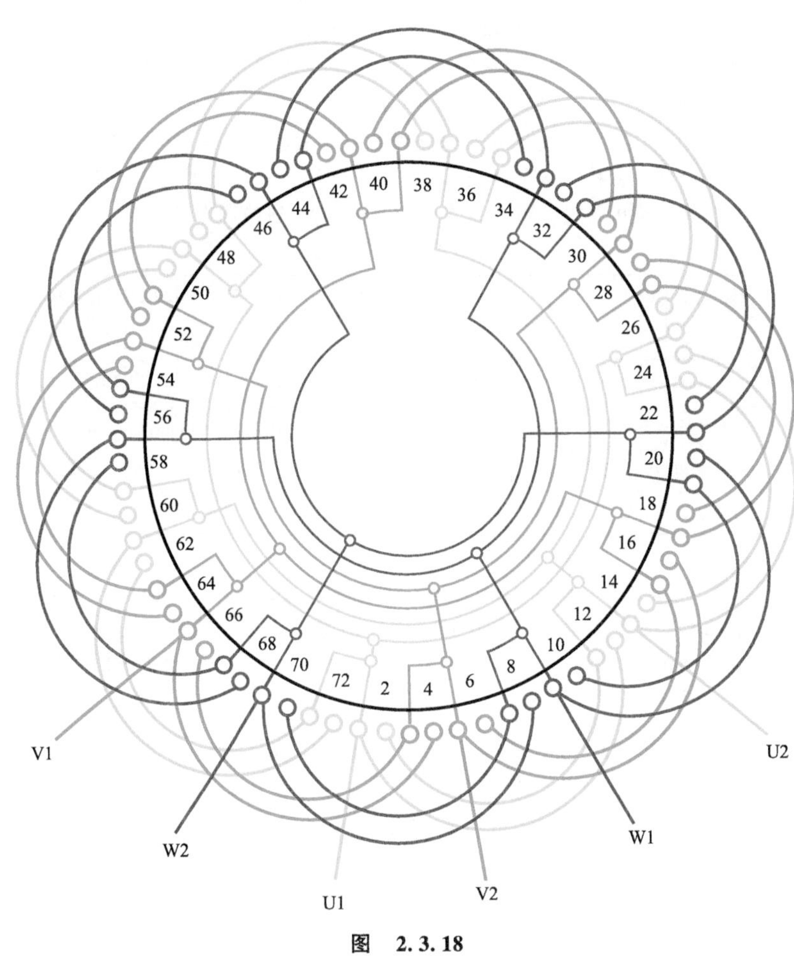

图 2.3.18

1. 绕组结构参数

定子槽数 $Z=72$　每组圈数 $S=2$　并联路数 $a=6$

电机极数 $2p=6$　极相槽数 $q=4$　线圈节距 $y=1—12、2—11$

总线圈数 $Q=36$　绕组极距 $\tau=12$　绕组系数 $K_{dp}=0.958$

线圈组数 $u=18$　每槽电角 $\alpha=15°$

2. 嵌线方法　嵌线可采用交叠法或整嵌法。整圈嵌线无需吊边，线圈隔组嵌入，构成双平面绕组，嵌线顺序可参考例 2.3.18。交叠嵌线则嵌 2 槽、空出 2 槽，再嵌 2 槽，吊边数为 2。嵌线顺序见表 2.3.18。

表 2.3.18　交叠法

嵌线顺序		1	2	3	4	5	6	7	8	9	10	11	12	13	14	15	16	17	18
槽号	沉边	2	1	70	69	66		65		62		61		58		57		54	
	浮边						3		4		71		72		67		68		63
嵌线顺序		19	20	21	22	23	24		…		46	47	48	49	50	51	52	53	54
槽号	沉边	53		50		49			…			25		22		21		18	
	浮边		64		59		60		…		35		36		31		32		27
嵌线顺序		55	56	57	58	59	60	61	62	63	64	65	66	67	68	69	70	71	72
槽号	沉边	19		14		13		10		9		6		5					
	浮边		28		23		24		19		20		15		16	11	12	7	8

3. 绕组特点与应用　本例是采用显极布线的单层绕组，每相由 6 组同心线圈组成，分 6 个支路，故每一个支路仅有一组同心线圈，按相邻反极性并接于电源。此绕组在国产系列中未见应用，主要用于修理时改绕。

2.3.19　48 槽 8 极单层同心式(庶极)绕组

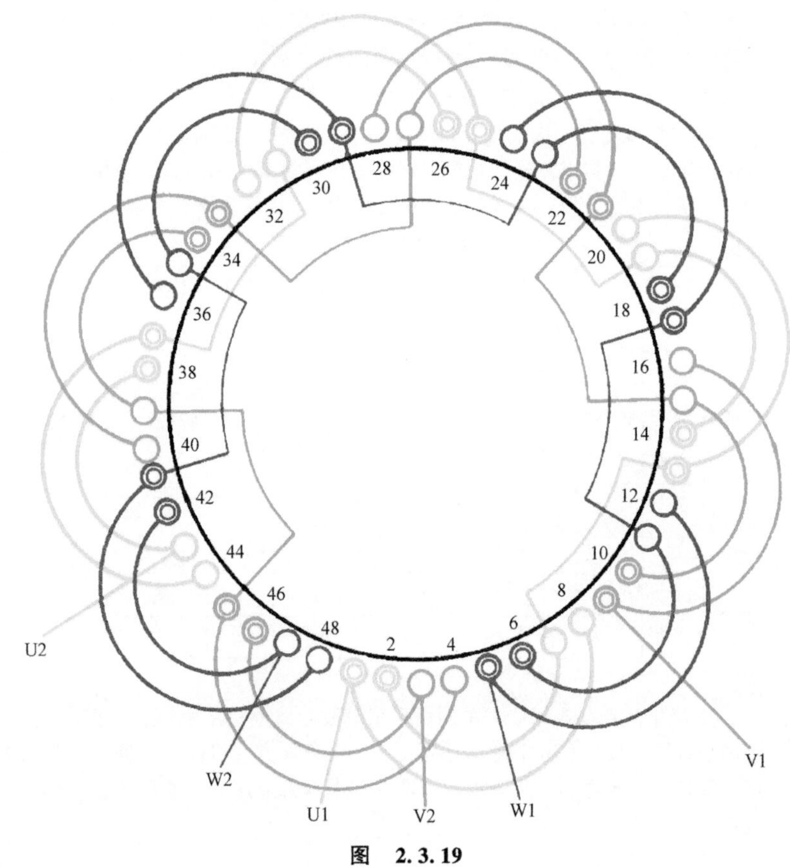

图　2.3.19

1. 绕组结构参数

定子槽数　$Z=48$　　每组圈数　$S=2$　　并联路数　$a=1$

电机极数　$2p=8$　　极相槽数　$q=2$　　线圈节距　$y=1—8、2—7$

总线圈数　$Q=24$　　绕组极距　$\tau=6$　　绕组系数　$K_{dp}=0.966$

线圈组数　$u=12$　　每槽电角　$\alpha=30°$

2. 嵌线方法　　嵌线可采用交叠法或整嵌法。整圈嵌线无需吊边，线圈隔组嵌入，构成双平面绕组，嵌线顺序可参考例 2.3.20。交叠嵌线则嵌 2 槽、空出 2 槽，再嵌 2 槽，吊边数为 2。嵌线顺序见表 2.3.19。

表 2.3.19　交叠法

嵌线顺序		1	2	3	4	5	6	7	8	9	10	11	12	13	14	15	16	17	18	19	20	21	22	23	24
槽号	沉边	2	1	46		45		42		41		38		37		34		33		30		29		26	
	浮边				3		4		47		48		43		44		39		40		35		36		31
嵌线顺序		25	26	27	28	29	30	31	32	33	34	35	36	37	38	39	40	41	42	43	44	45	46	47	48
槽号	沉边	25		22		21		18		17		14		13		10		9		6		5			
	浮边		32		27		28		23		24		19		20		15		16		11		12	7	8

3. 绕组特点与应用　　本例为庶极布线，每组由 2 个同心双圈组成，每相绕组有 4 组线圈，采用顺向串联接线，故线圈组极性全部相同。此绕组应用实例主要有国产 JZR2-31-8 绕线式异步电动机的转子绕组及国外 MTM311-8 三相异步电动机绕线转子。

2.3.20　48 槽 8 极（$a=2$）单层同心式（庶极）绕组

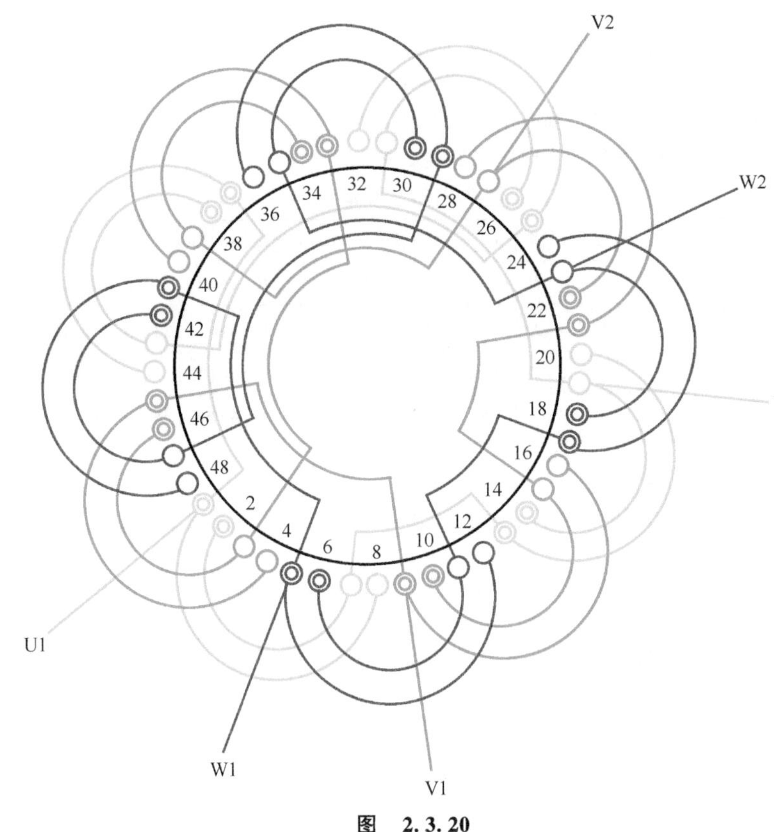

图　2.3.20

1. 绕组结构参数

定子槽数	$Z=48$	每组圈数	$S=2$	并联路数	$a=2$
电机极数	$2p=8$	极相槽数	$q=2$	线圈节距	$y=1—8$、$2—7$
总线圈数	$Q=24$	绕组极距	$\tau=6$	绕组系数	$K_{dp}=0.966$
线圈组数	$u=12$	每槽电角	$\alpha=30°$		

2. 嵌线方法　　本例嵌线可采用交叠法或整嵌法。交叠法需吊边 2 槽，嵌线时嵌 2 槽空 2 槽，嵌线顺序可参考上例。整嵌法是将一组嵌入相应槽内，隔开第 2 组不嵌，再嵌第 3 组，即隔组嵌线，最后构成双平面绕组。嵌线顺序见表 2.3.20。

表 2.3.20　整嵌法

嵌线顺序		1	2	3	4	5	6	7	8	9	10	11	12	13	14	15	16	17	18	19	20	21	22	23	24
槽号	底层	2	7	1	8	42	47	41	48	34	39	33	40	26	31	25	32	18	23	17	24	10	15	9	16
	面层																								
嵌线顺序		25	26	27	28	29	30	31	32	33	34	35	36	37	38	39	40	41	42	43	44	45	46	47	48
槽号	底层																								
	面层	6	11	5	12	46	3	45	4	38	43	37	44	30	35	29	36	22	27	21	28	14	19	13	20

3. 绕组特点与应用　　绕组采用庶极布线，两路并联，每相 4 个线圈组分两路短跳串联后并为两路，两路采用反方向走线，但必须使所有线圈的极性一致，以使每组线圈通电后形成相同极性。本例在国内产品没有应用实例，见用于国外 MTM511-8 型三相绕组转子异步电动机转子绕组。

2.3.21 48 槽 8 极($a=4$)单层同心式(庶极)绕组

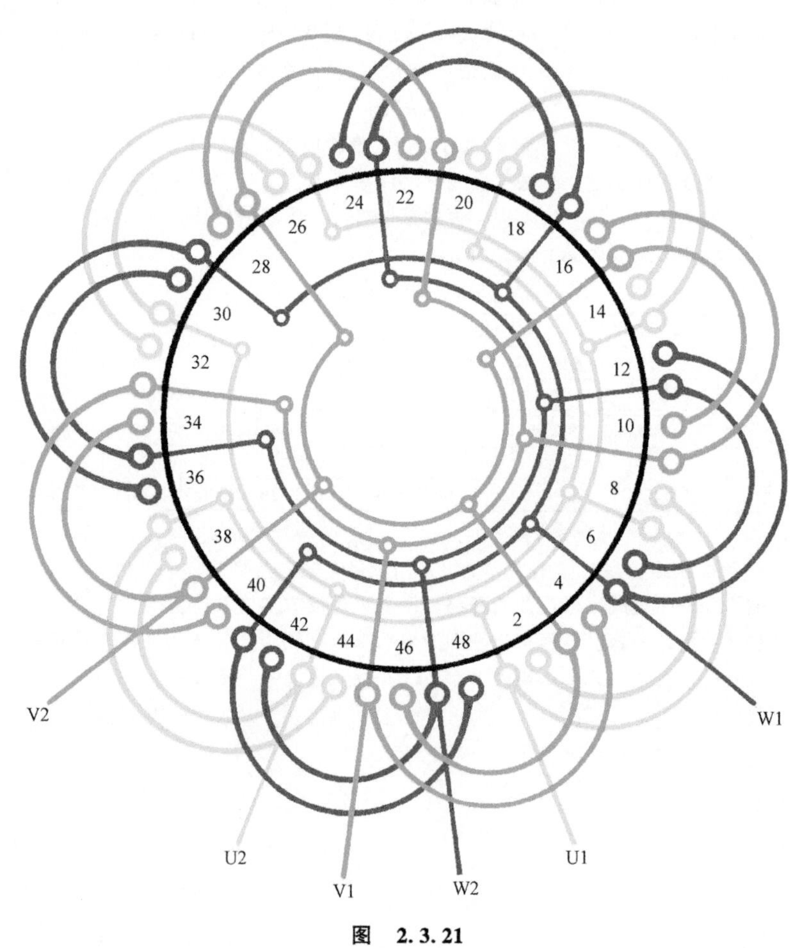

图 2.3.21

1. 绕组结构参数

定子槽数 $Z=48$ 每组圈数 $S=2$ 并联路数 $a=4$

电机极数 $2p=8$ 极相槽数 $q=2$ 线圈节距 $y=7$、5

总线圈数 $Q=24$ 绕组极距 $\tau=6$ 绕组系数 $K_{dp}=0.966$

线圈组数 $u=12$ 每槽电角 $\alpha=30°$

2. 嵌线方法 嵌线可用交叠法或整嵌法，但由于本绕组是庶极布线，采用不用吊边的隔组整嵌，不仅嵌线方便，构成的双平面绕组也利于转子的动平衡。嵌线顺序见表 2.3.21。

表 2.3.21 整嵌法

嵌线顺序	1	2	3	4	5	6	7	8	9	10	11	12	13	14	15	16	17	18
下层槽号	2	7	1	8	42	47	41	48	34	39	33	40	26	31	25	32	18	23
嵌线顺序	19	20	21	22	23	24	25	26	27	28	29	30	31	32	33	34	35	36
下层槽号	17	24	10	15	9	16												
上层槽号							6	11	5	12	46	3	45	4	38	43	37	44
嵌线顺序	37	38	39	40	41	42	43	44	45	46	47	48						
上层槽号	30	35	29	36	22	27	21	28	14	19	13	20						

3. 绕组特点与应用 本例采用 4 路并联，庶极布线时每相由 4 组线圈顺向(同极性)并联而成，因此若设进线极性为正时，全部线圈的极性相同。此绕组主要应用于 YZR-280M-8 等电动机转子。

2.3.22　72 槽 8 极($a=2$)单层同心式(庶极)绕组

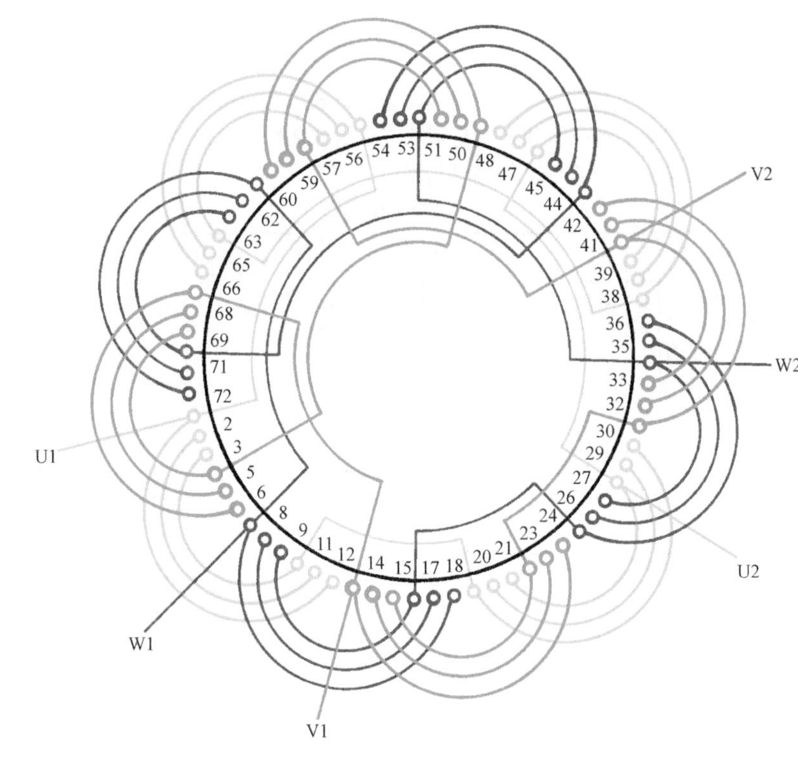

图　2.3.22

1. 绕组结构参数

定子槽数　$Z=72$　　每组圈数　$S=3$　　并联路数　$a=2$

电机极数　$2p=8$　　极相槽数　$q=3$　　线圈节距　$y=11$、9、7

总线圈数　$Q=36$　　绕组极距　$\tau=9$　　绕组系数　$K_{dp}=0.96$

线圈组数　$u=12$　　每槽电角　$\alpha=20°$

2. 嵌线方法　　本例为单层庶极，采用分层整嵌可构成双平面绕组。嵌线顺序见表 2.3.22。

表 2.3.22　整嵌法

嵌线顺序	1	2	3	4	5	6	7	8	9	10	11	12	13	14	15	16	17	18
下层槽号	3	10	2	11	1	12	63	70	62	71	61	72	51	58	50	59	49	60
嵌线顺序	19	20	21	22	23	24	25	26	27	28	29	30	31	32	33	34	35	36
下层槽号	39	46	38	47	37	48	27	34	26	35	25	36	15	22	14	23	13	24
嵌线顺序	37	38	39	40	41	42	43	44	45	46	47	48	49	50	51	52	53	54
上层槽号	9	16	8	17	7	18	69	4	68	5	67	6	57	64	56	65	55	66
嵌线顺序	55	56	57	58	59	60	61	62	63	64	65	66	67	68	69	70	71	72
上层槽号	45	52	44	53	43	54	33	40	32	41	31	42	21	28	20	29	19	30

3. 绕组特点与应用　　绕组采用庶极布线，每组有 3 个同心线圈，每相由 4 组线圈分两路并联而成，即每个支路由两组线圈串联，但要求全部线圈极性相同。此绕组曾见用于国外产品。

2.3.23 *72 槽 8 极($a=4$)单层同心式(庶极)绕组

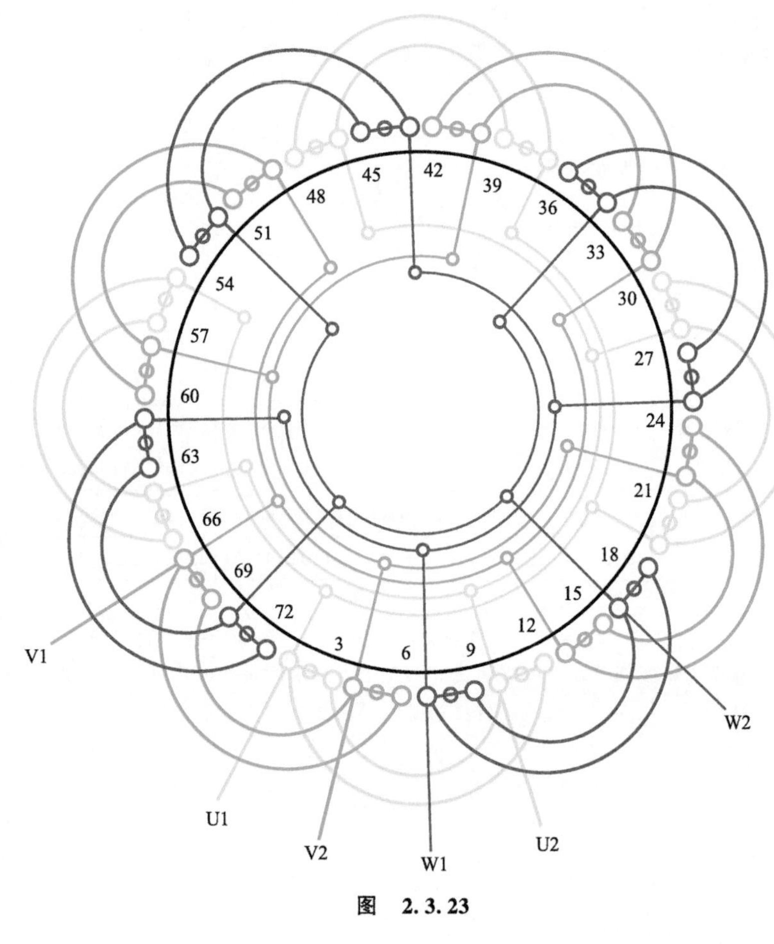

图 2.3.23

1. 绕组结构参数

定子槽数 $Z=72$ 每组圈数 $S=3$ 并联路数 $a=4$

电机极数 $2p=8$ 极相槽数 $q=3$ 线圈节距 $y=1—12、2—11、3—10$

总线圈数 $Q=36$ 绕组极距 $\tau=9$ 绕组系数 $K_{dp}=0.989$

线圈组数 $u=12$ 每槽电角 $\alpha=20°$

2. 嵌线方法 嵌线可采用两种方法，交叠法嵌线需吊边，所以单层庶极绕组都采用整嵌法。嵌线时先将奇数号线圈组逐组整嵌，全部奇数组嵌入后再嵌偶数组，最后形成奇数组和偶数组的线圈端部分置于上、下两平面。嵌线的具体顺序见表 2.3.23

表 2.3.23 整嵌法

嵌线顺序		1	2	3	4	5	6	7	8	9	10	11	12	13	14	15	16	17	18
槽号	下平面	3	10	2	11	1	12	15	22	14	23	13	24	27	34	26	35	25	36
	上平面																		
嵌线顺序		19	20	21	22	23	24		…		46	47	48	49	50	51	52	53	54
槽号	下平面	39	46	38	47	37	48		…										
	上平面								…		29	19	30	33	40	32	41	31	42
嵌线顺序		55	56	57	58	59	60	61	62	63	64	65	66	67	68	69	70	71	72
槽号	下平面																		
	上平面	45	52	44	53	43	54	57	64	56	65	55	66	69	4	68	5	67	6

3. 绕组特点与应用 本例采用单层同心式庶极布线，每组由 3 个同心线圈组成，每相 4 组线圈分成 4 个支路，则每个支路仅有一组线圈。所以，接线时是同相相邻同极性并接于电源，从而由 4 组线圈构成 8 极的庶极绕组。此绕组结构简单，不仅嵌绕接线都比较方便，而且绕组系数也高，故常见用于国外产品，而国内极少应用。

2.4 三相单层交叉式绕组布线接线图

每极相槽数 q 为 3、5、7 等奇数时，当单层布线每组线圈数不是整数，而是带 1/2 的分数时，为构成完整的绕组，必须把 1/2 的半圈并入一组成为大联(组)，另一组则减半圈为小联(组)，以确保总圈数不变。这种由大小联交替分布的绕组称为单层交叉链式绕组，简称交叉式绕组，其实质属单层布线的分数绕组。

一、绕组结构参数

总线圈数：是三相绕组线圈总和，因是单层布线，故总线圈数为 $Q=Z/2$

极相槽数：电动机每一极距所占槽数 $q=Z/2pm$

每组圈数：每线圈组内元件(线圈)数，交叉式绕组每组有不等的大、小联线圈：

$$大联圈数：S_D=Q/u+1/2$$

$$小联圈数：S_X=Q/u-1/2$$

线圈组数：庶极布线为显极布线的一半。

即

$$显极：u=2pm$$

$$庶极：u=pm$$

绕组极距：它等于绕组每极所占槽数 $\tau=Z/2P$

绕组系数：参考 2.1 节计算。

每槽电角：参考 2.1 节计算。

绕组最大可能并联支路数 $a_m=u/2$

以上各符号意义参考 2.1 节。

二、绕组特点

1）单层交叉式绕组也有用庶极布线，但实用上多为显极绕组。

2）每组线圈数和节距都不等，但仍属全距绕组($K_p=1$)，而线圈平均节距较短，用线较节省。

3）单层交叉式有四种布线型式：

① 不等距交叉式　绕组由节距不相等的大联、小联线圈组构成；小联线圈节距 $y_X=2q+\left(S-\frac{1}{2}\right)$、大联线圈节距 $y_D=y_X+1$。绕组采用显极布线，是应用最普遍的常规绕组型式。

② 长等距交叉式　它是由等节距构成的显极式绕组，节距 $y=\tau$。

③ 庶极交叉式　绕组由不等距的单、双圈或双、三圈组成，在电机中有一定的应用。

④ 短等距交叉式　它所构成的是不连续相带的绕组，实属特种绕组，全绕组采用相等短距，即 $y=7$。

三、绕组嵌线

由于线圈组本身就交叉重叠，故显极布线不宜整嵌，仅用交叠法嵌线，但庶极布线则可采用整嵌法构成双平面绕组。设每组线圈数 $S=1\frac{1}{2}$时，交叉式绕组嵌线规律如下：

1）不等距交叉式嵌线规律　嵌 2 槽双圈，退空 1 槽嵌单圈，再退空 2 槽，再嵌双圈，如此类推。

2）等距交叉式嵌线规律　嵌好 1 槽、退空 1 槽，再嵌 1 槽，再退空 1 槽，如此类推。

3）庶极交叉式嵌线规律　嵌入 2 槽，退空 2 槽，嵌入 1 槽，退空 1 槽，再嵌 2 槽，如此类推。

四、绕组接线

1）显极绕组　相邻线圈组极性相反，即同相相邻组间是“尾与尾”或“头与头”相接。

2）庶极绕组　相邻线圈组极性相同，即全部线圈电流方向一致，故组间串联是“尾与头”相接。

2.4.1 18 槽 2 极单层交叉式绕组

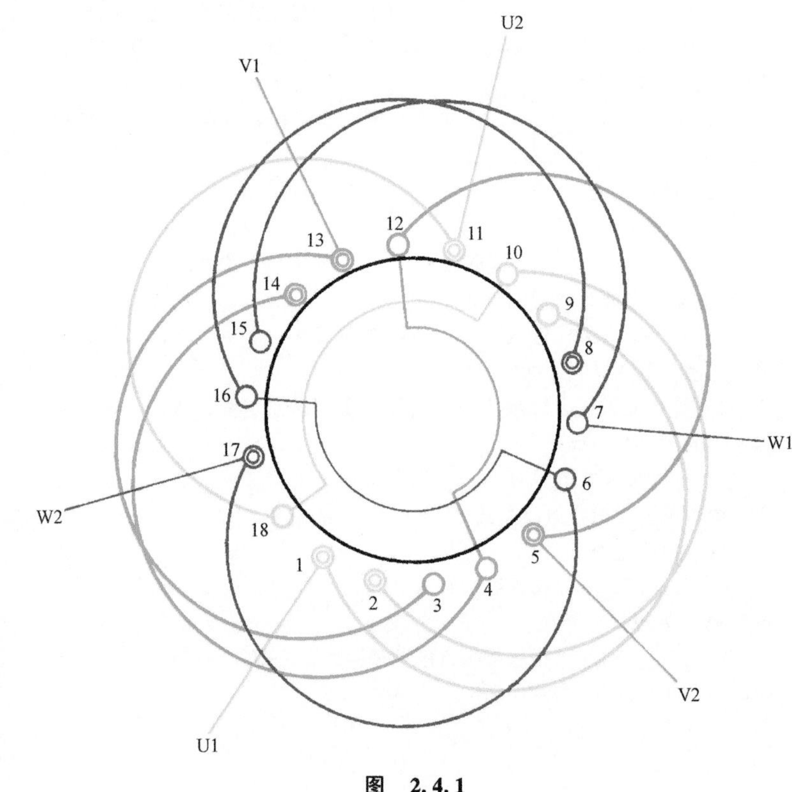

图 2.4.1

1. 绕组结构参数

定子槽数 $Z=18$　　每组圈数 $S=1\frac{1}{2}$　　并联路数 $a=1$

电机极数 $2p=2$　　极相槽数 $q=3$

线圈节距 $y=1—9$、$2—10$、$11—18$

总线圈数 $Q=9$　　绕组极距 $\tau=9$　　绕组系数 $K_{dp}=0.966$

线圈组数 $u=6$　　每槽电角 $\alpha=20°$

2. 嵌线方法　本例采用交叠法嵌线，因是不等距布线，嵌线从大联（双圈）开始，嵌线顺序见表 2.4.1a；嵌线从小联（单圈）开始则嵌线顺序见表 2.4.1b，但吊边数均为 3。

表 2.4.1a　交叠法（双圈始嵌）

嵌线顺序		1	2	3	4	5	6	7	8	9	10	11	12	13	14	15	16	17	18
槽号	沉边	2	1	17	14		13		11		8		7		5				
	浮边					4		3		18		16		15		12	10	9	6

表 2.4.1b　交叠法（单圈始嵌）

嵌线顺序		1	2	3	4	5	6	7	8	9	10	11	12	13	14	15	16	17	18
槽号	沉边	5	2	1	17		14		13		11		8		7				
	浮边					6		4		3		18		16		15	12	10	9

3. 绕组特点与应用　本例为显极式不等距布线，大联为节距 $y_D=1\sim9$ 的双圈，小联是 $y_X=1\sim8$ 单圈，每相由大、小两联串联而成，两组间的接线是“尾接尾”，使极性相反。此绕组是交叉链绕组的基本型式，应用实例主要是小型电动机，如 Y90S-2、JO2L-11-2 等一般用途电动机；如将绕组接成一路Y形，引出 3 根电源线可应用于各种电动工具，如 S3S-100、125、150，3CT-100 等手提砂轮机，S3SR-200 软轴砂轮机，JOSF-200 台式砂轮机，B11 平面振动器等专用电动机；也用于 Z2D-50 直联插入式混凝土振动器三相中频电动机。

2.4.2　18 槽 2 极单层交叉式(长等距)绕组

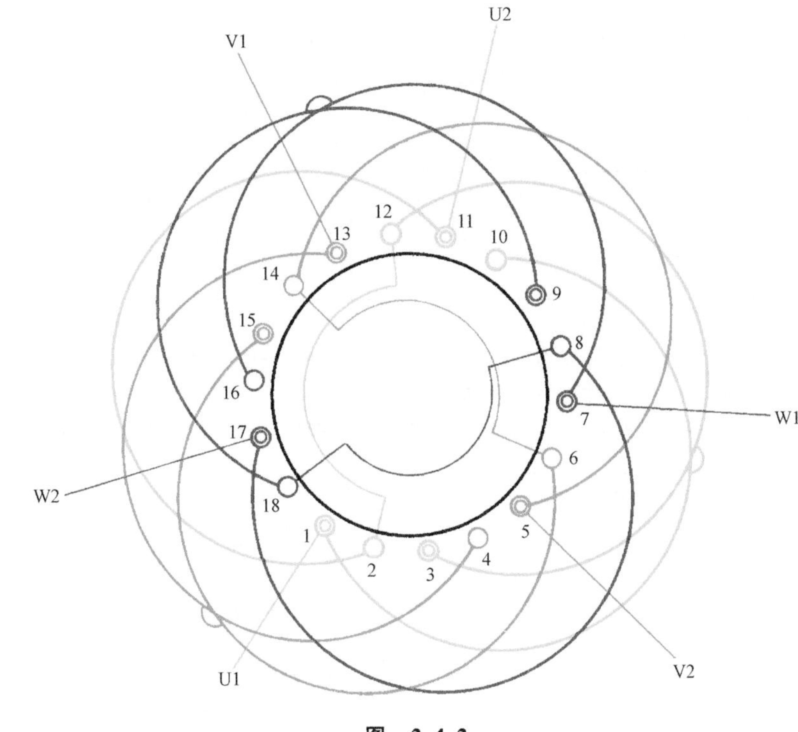

图　2.4.2

1. 绕组结构参数

定子槽数　$Z=18$　　每组圈数　$S=1\frac{1}{2}$　　并联路数　$a=1$

电机极数　$2p=2$　　极相槽数　$q=3$　　线圈节距　$y=1—10$

总线圈数　$Q=9$　　绕组极距　$\tau=9$　　绕组系数　$K_{dp}=0.96$

线圈组数　$u=6$　　每槽电角　$\alpha=20°$

2. 嵌线方法　本例是长等距交叉式绕组，一般只用交叠法嵌线，不论先嵌大联或单联，方法都是嵌 1 槽，退空 1 槽，再嵌 1 槽，吊边数为 4。嵌线顺序见表 2.4.2。

表 2.4.2　交叠法

嵌线顺序		1	2	3	4	5	6	7	8	9	10	11	12	13	14	15	16	17	18
槽号	沉边	3	1	17	15	13		11		9		7		5					
	浮边						4		2		18		16		14	12	10	8	6

3. 绕组特点与应用　绕组采用显极式长等距布线，每相有两组线圈，大联为隔槽分布的连绕双线圈(图中用端部小半圆表示)，小联是单圈，所有线圈的浮边和沉边在槽外交叠。两组线圈的接线是反向串联。此绕组唯一优点就是全部线圈节距一样而可用同一规格的线模绕制，但线圈节距等于极距，使绕组用线量增加，有功损耗也相应增大，而且嵌线吊边数也比上例多 1 边，对小电机嵌线工艺十分不利，故目前较少应用。曾见用于 JCB-22 型小功率电泵电动机和 Z2D-80、Z2D-100 型直联插入式混凝土振动器三相中频异步电动机。

2.4.3 18 槽 2 极单层交叉式(短等距)绕组

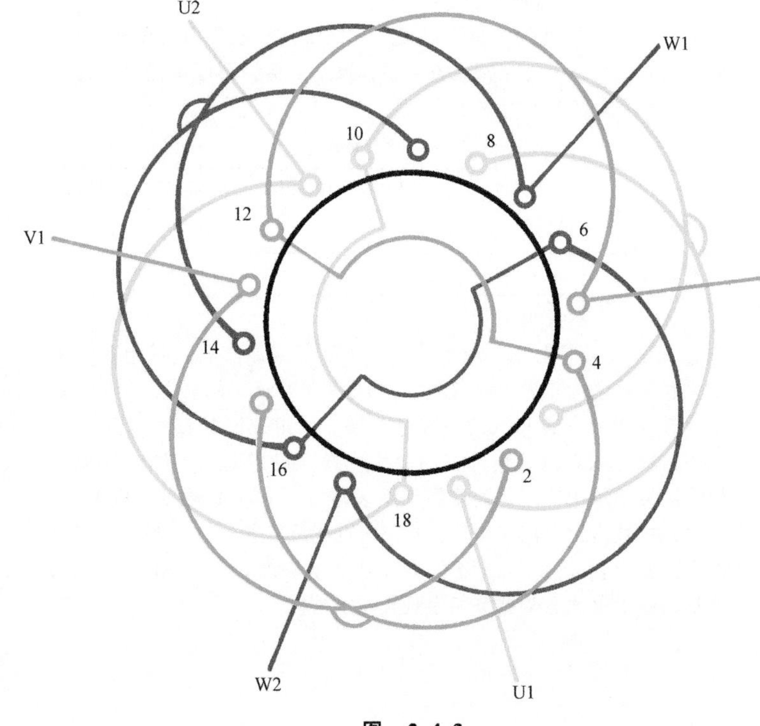

图 2.4.3

1. 绕组结构参数

定子槽数 $Z=18$　每组圈数 $S=1\frac{1}{2}$　并联路数 $a=1$

电机极数 $2p=2$　极相槽数 $q=3$　线圈节距 $y=7$

总线圈数 $Q=9$　绕组极距 $\tau=9$　绕组系数 $K_{dp}=0.906$

线圈组数 $u=6$　每槽电角 $\alpha=20°$

2. 嵌线方法　一般采用交叠法嵌线，但需暂时吊起 3 个边。嵌线规律是，嵌入 1 槽，退空 1 槽，再嵌 1 槽，再退空 1 槽。嵌线顺序见表 2.4.3。

表 2.4.3　交叠法

嵌线顺序		1	2	3	4	5	6	7	8	9	10	11	12	13	14	15	16	17	18
槽号	沉边	3	1	17	15		13		11		9		7		5				
	浮边					4		2		18		16		14		12	10	8	6

3. 绕组特点与应用　本例是显极布线，每组由单、双圈构成，但双圈组的两只线圈有效边不是相邻的，而是隔开 1 槽安排，中间的槽则安排其他相线圈边，使绕组成为具有不连续的相带，也称散布绕组。此绕组的特点有：

1）全部线圈采用等节距布线；

2）嵌线吊边数较普通单层交叉式绕组少 1 槽，便于嵌线；

3）节距缩短可使线材较省，但绕组系数也随之降低；

4）由于相带断续产生不对称磁势，使绕组附加损耗增加，有损电动机性能。

此绕组实际应用不多，可用于 DB-25 型电泵小功率电动机。

2.4.4　18 槽 4 极单层交叉式(庶极)绕组

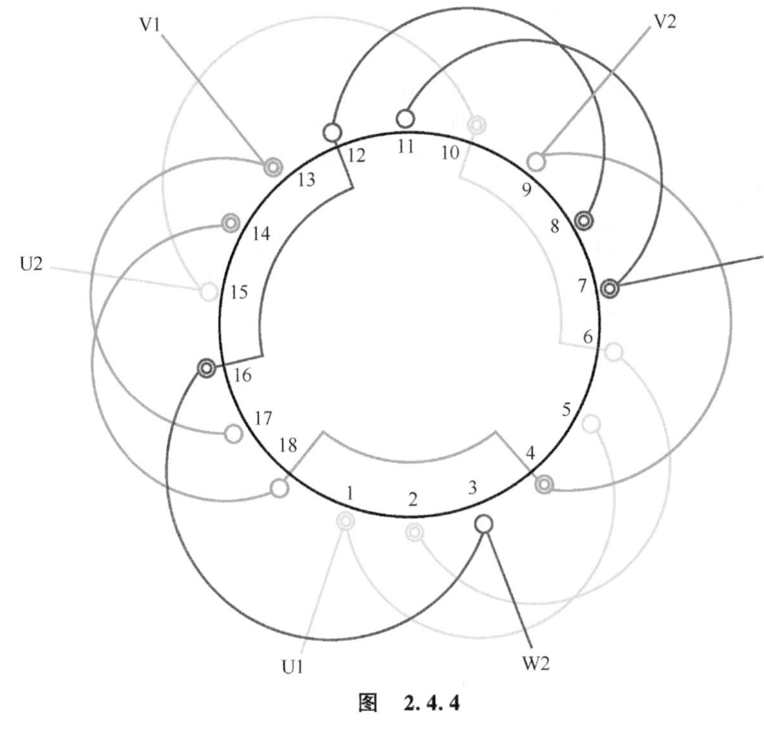

图　2.4.4

1. 绕组结构参数

定子槽数　$Z=18$　　每组圈数　$S=1\frac{1}{2}$　　并联路数　$a=1$

电机极数　$2p=4$　　极相槽数　$q=1\frac{1}{2}$　　线圈节距　$y=1—5$、$2—6$、$10—15$

总线圈数　$Q=9$　　绕组极距　$\tau=4\frac{1}{2}$　　绕组系数　$K_{dp}=0.96$

线圈组数　$u=6$　　每槽电角　$\alpha=40°$

2. 嵌线方法　本例为不等距庶极布线，嵌线方法有两种：

1）交叠法　嵌线需吊 2 边，如从双圈始嵌则嵌线顺序见表 2.4.4a。

表 2.4.4a　交叠法

嵌线顺序		1	2	3	4	5	6	7	8	9	10	11	12	13	14	15	16	17	18
槽号	沉边	2	1	16		14		13		10		8		7		4			
	浮边				3		18		17		15		12		11		9	6	5

2）整嵌法　嵌线无需吊边，通常是先嵌大联组于下平面，再嵌单圈组于其上。嵌线顺序见表 2.4.4b。

表 2.4.4b　整嵌法

嵌线顺序		1	2	3	4	5	6	7	8	9	10	11	12	13	14	15	16	17	18
槽号	下平面	2	6	1	5	14	18	13	17	8	12	7	11						
	上平面													4	9	16	3	10	15

3. 绕组特点与应用　绕组由大联节距 $y_D=1—5$ 的交叠双圈和小联节距 $y_X=1—6$ 的单圈构成，线圈组间连接是顺向串联，所有线圈极性均相同。本例绕组线圈组数少，嵌线工艺特别是用整嵌法时更显简便，且省工时，在国外产品中常有应用，但国内极为罕见，曾见于 JWO7A-4 型小功率三相异步电动机有用此绕组。

2.4.5 36 槽 4 极单层交叉式绕组

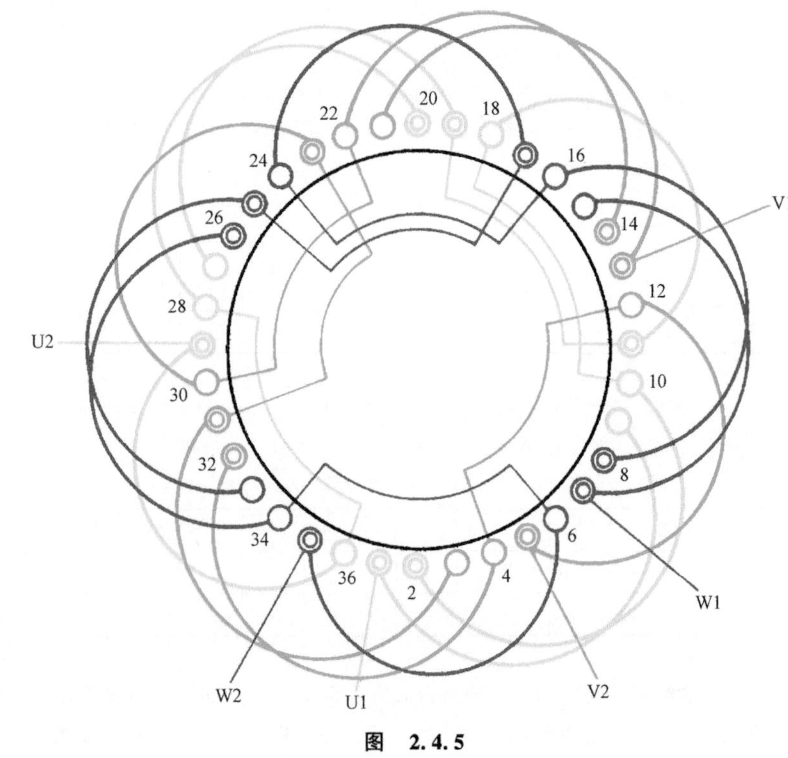

图 2.4.5

1. 绕组结构参数

定子槽数 $Z=36$ 每组圈数 $S=1\frac{1}{2}$ 并联路数 $a=1$

电机极数 $2p=4$ 极相槽数 $q=3$ 线圈节距 $y=1—9$、$2—10$、$11—18$

总线圈数 $Q=18$ 绕组极距 $\tau=9$ 绕组系数 $K_{dp}=0.96$

线圈组数 $u=12$ 每槽电角 $\alpha=20°$

2. 嵌线方法 绕组一般都用交叠法嵌线，吊边数为 3。习惯上常从双圈嵌起，嵌入 2 槽沉边，退空出 1 槽(浮边)，嵌入 1 槽沉边，再退空 2 槽浮边，以后可循此规律进行整嵌。嵌线顺序见表 2.4.5。

表 2.4.5 交叠法

嵌线顺序		1	2	3	4	5	6	7	8	9	10	11	12	13	14	15	16	17	18
槽号	沉边	2	1	35	32		31		29		26		25		23		20		19
	浮边					4		3		36		34		33		30		28	

嵌线顺序		19	20	21	22	23	24	25	26	27	28	29	30	31	32	33	34	35	36
槽号	沉边		17		14		13		11		8		7		5				
	浮边	27		24		22		21		18		16		15		12	10	9	6

3. 绕组特点与应用 本例为不等距显极式布线，每相由 2 个大联组和 2 个单联组构成，大联节距 $y_D=1—9$ 双圈，小联节距 $y_X=1—8$ 单圈，大、小联线圈组交替轮换对称分布。组间极性相反，接线是反向串联。本例是小型电动机最常用的绕组型式，新系列 Y100L2-4、老系列 JO2-51-4、JO3T-100L-4、JO3L-140S-4、JO4-61-4 等一般用途三相异步电动机采用此绕组；专用电机中的 BJO2-31-4 隔爆型电动机及 YX100L2-4 等高效率电动机都采用此绕组。

2.4.6　36 槽 4 极($a=2$)单层交叉式绕组

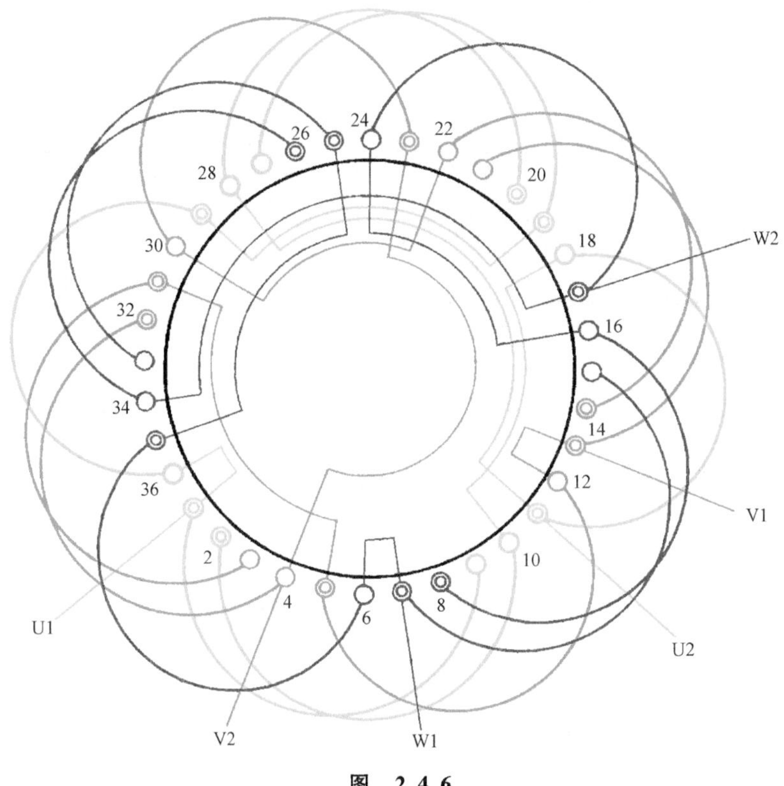

图　2.4.6

1. 绕组结构参数

定子槽数 $Z=36$　　每组圈数 $S=1\frac{1}{2}$　　并联路数 $a=2$

电机极数 $2p=4$　　极相槽数 $q=3$　　线圈节距 $y=1—9$、$2—10$、$11—18$

总线圈数 $Q=18$　　绕组极距 $\tau=9$　　绕组系数 $K_{dp}=0.96$

线圈组数 $u=12$　　每槽电角 $\alpha=20°$

2. 嵌线方法　　绕组嵌线同上例，可参考表 2.4.5 进行。如习惯用前进式嵌线工艺的操作者则可根据表 2.4.6 的顺序嵌线。

表 2.4.6　交叠法(前进式嵌线)

嵌线顺序		1	2	3	4	5	6	7	8	9	10	11	12	13	14	15	16	17	18
槽号	沉边	9	10	12	15		16		18		21		22		24		27		28
	浮边					7		8		11		13		14		17		19	
嵌线顺序		19	20	21	22	23	24	25	26	27	28	29	30	31	32	33	34	35	36
槽号	沉边		30		33		34		36		3		4		6				
	浮边	20		23		25		26		29		31		32		35	1	2	5

注：本例图中单圆为沉边，双圆为浮边。

3. 绕组特点与应用　　本例采用不等距显极式布线，每相分别由两大联和两小联构成，大联线圈节距短于极距 1 槽，$y_D=8$，小联线圈节距短于极距 2 槽，$y_X=7$。绕组为两路并联，每个支路由大、小联各 1 组串联而成，并用短跳反向连接，两个支路走线方向相反，但接线时必须保证同相相邻线圈组极性相反的原则。主要应用实例有 Y160M-4 型一般用途三相异步电动机和 BJO2-32-4 型隔爆型三相异步电动机等。

2.4.7　36 槽 4 极单层交叉式(长等距)绕组

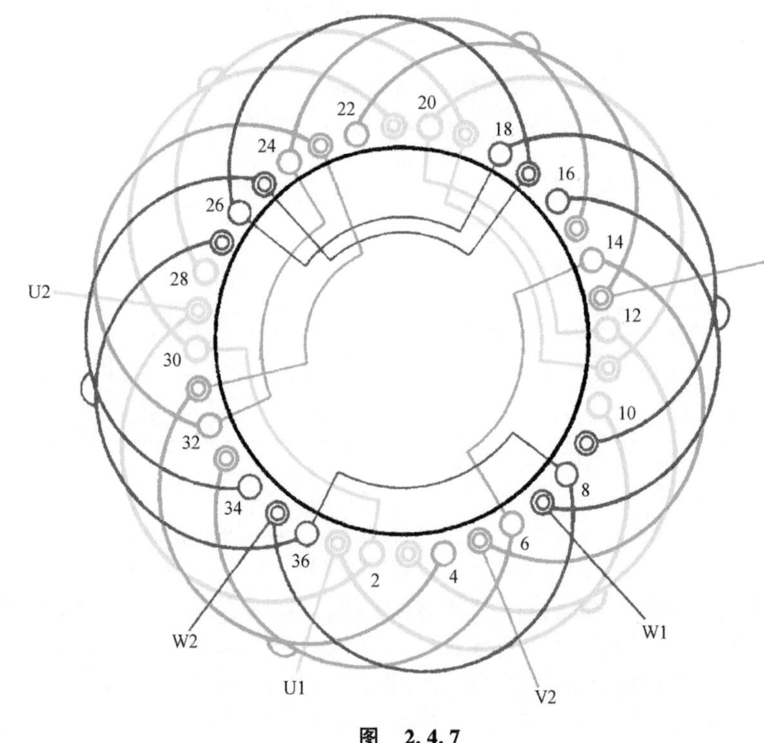

图　2.4.7

1. 绕组结构参数

定子槽数　$Z=36$　　每组圈数　$S=1\frac{1}{2}$　　并联路数　$a=1$

电机极数　$2p=4$　　极相槽数　$q=3$　　线圈节距　$y=1—10$

总线圈数　$Q=18$　　绕组极距　$\tau=9$　　绕组系数　$K_{dp}=0.96$

线圈组数　$u=12$　　每槽电角　$\alpha=20°$

2. 嵌线方法　　本例采用长等距线圈，交叠法嵌线时吊边数为 4；嵌线规律是嵌 1 空 1。嵌线顺序见表 2.4.7。

表 2.4.7　交叠法

嵌线顺序		1	2	3	4	5	6	7	8	9	10	11	12	13	14	15	16	17	18
槽号	沉边	3	1	35	33	31		29		27		25		23		21		19	
	浮边						4		2		36		34		32		30		28
嵌线顺序		19	20	21	22	23	24	25	26	27	28	29	30	31	32	33	34	35	36
槽号	沉边	17		15		13		11		9		7		5					
	浮边		26		24		22		20		18		16		14	12	10	8	6

3. 绕组特点与应用　　本绕组是显极布线，每相由两大联组和两单圈组串联而成，由于大联与小联线圈节距相等，故大联组中的两线圈安排时被单圈有效边占槽所分隔开而非通常的相邻状态，但绕制线圈时仍应连绕成一组，如图中端部用小半圆表示。接线时同相相邻组间是反向串联，即“尾与尾”或“头与头”相接。此绕组国内甚少应用，曾见于早期的 JO42-4 型三相异步电动机。

2.4.8　36 槽 4 极单层交叉式(短等距)绕组

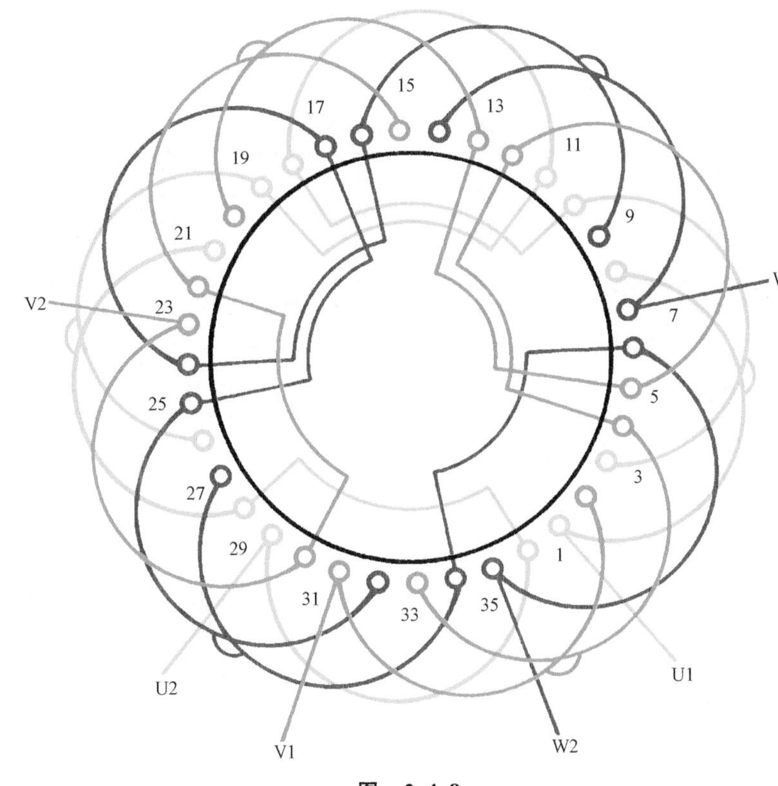

图　2.4.8

1. 绕组结构参数

定子槽数　$Z=36$　　每组圈数　$S=1\frac{1}{2}$　　并联路数　$a=1$

电机极数　$2p=4$　　极相槽数　$q=3$　　线圈节距　$y=7$

总线圈数　$Q=18$　　绕组极距　$\tau=9$　　绕组系数　$K_{dp}=0.852$

线圈组数　$u=12$　　每槽电角　$\alpha=20°$

2. 嵌线方法　　嵌线用交叠法，吊边数为 3。嵌线时应将单、双圈组交替嵌入，嵌线顺序见表 2.4.8。

表 2.4.8　交叠法

嵌线顺序		1	2	3	4	5	6	7	8	9	10	11	12	13	14	15	16	17	18
槽号	沉边	3	1	35	33		31		29		27		25		23		21		19
	浮边					4		2		36		34		32		30		28	
嵌线顺序		19	20	21	22	23	24	25	26	27	28	29	30	31	32	33	34	35	36
槽号	沉边		17		15		13		11		9		7		5				
	浮边	26		24		22		20		18		16		14		12	10	8	6

3. 绕组特点与应用　　本例绕组与 2.4.3 节属同类布线，是该例的倍极型式。绕组的双圈被其他相线圈边分隔，从而形成断续相带。此绕组是用短节距构成交叉式，而且全部采用等节距线圈。绕组具有节省用材、削减高次谐波的特点，但不连续相带将造成磁势不对称。此绕组应用较少，用于矿山潜孔钻机的 JO2T-42-4 型三相异步电动机。

2.4.9 *54 槽 4 极（y=13、14）单层交叉式（庶极）绕组

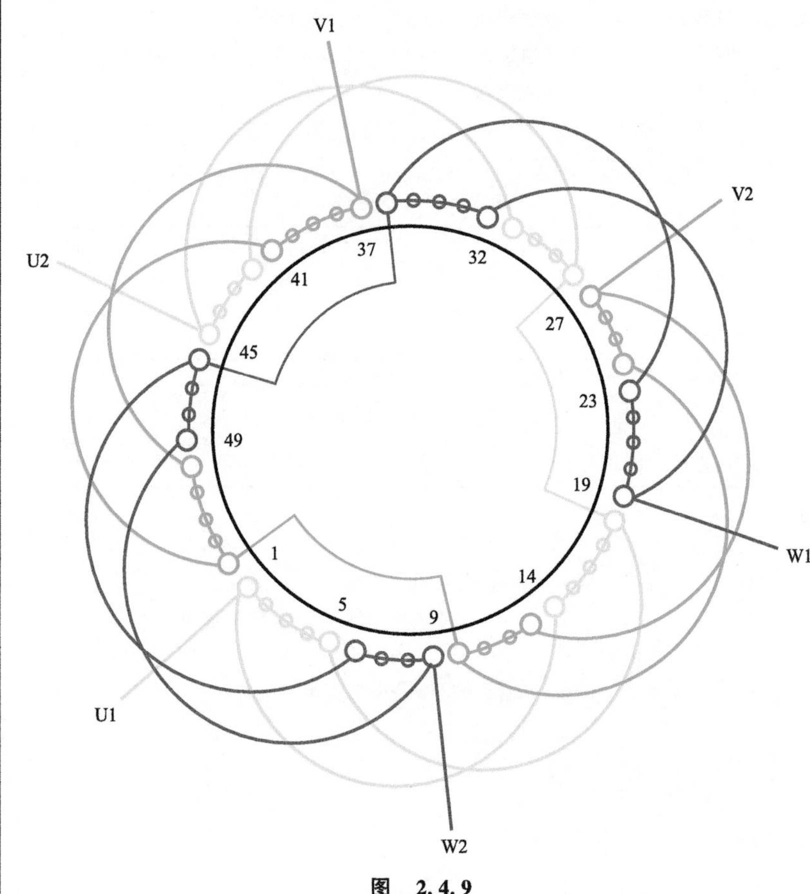

图 2.4.9

1. 绕组结构参数

定子槽数 $Z=54$　　电机极数 $2p=4$　　总线圈数 $Q=27$

线圈组数 $u=6$　　每组圈数 $S=4$、5　　极相槽数 $q=4\frac{1}{2}$

绕组极距 $\tau=13\frac{1}{2}$　　线圈节距 $y=13$、14　　并联路数 $a=1$

分布系数 $K_d=0.949$　　节距系数 $K_p=1$　　绕组系数 $K_{dp}=0.949$

2. 嵌线方法　　本例是庶极的单层绕组，宜用整嵌法，形成双平面端部，无需吊边。嵌线顺序见表 2.4.9。

表 2.4.9　整嵌法

嵌线顺序		1	2	3	4	5	6	7	8	9	10	11	12	13	14	15	16	17	18
槽号	下平面	1	2	3	4	5	14	15	16	17	18	19	20	21	22	23	32	33	34
	上平面																		
嵌线顺序		19	20	21	22	23	24	25	26	27	28	29	30	31	32	33	34	35	36
槽号	下平面	35	36	37	38	39	40	41	50	51	52	53	54						
	上平面													10	11	12	13	24	25
嵌线顺序		37	38	39	40	41	42	43	44	45	46	47	48	49	50	51	52	53	54
槽号	下平面																		
	上平面	26	27	28	29	30	31	42	43	44	45	46	47	48	49	6	7	8	9

3. 绕组特点与应用　　本例绕组特别之处在于 54 槽极难见到单层绕 4 极，它无法按常规的 5 4 5 4 规律安排，而是按 5 5 4 4 的循环规律来获得三相对称平衡的绕组。本绕组是 2018 年获修理者实修信息而设计的绕组图例，供读者参考。

2.4.10 54 槽 6 极单层交叉式绕组

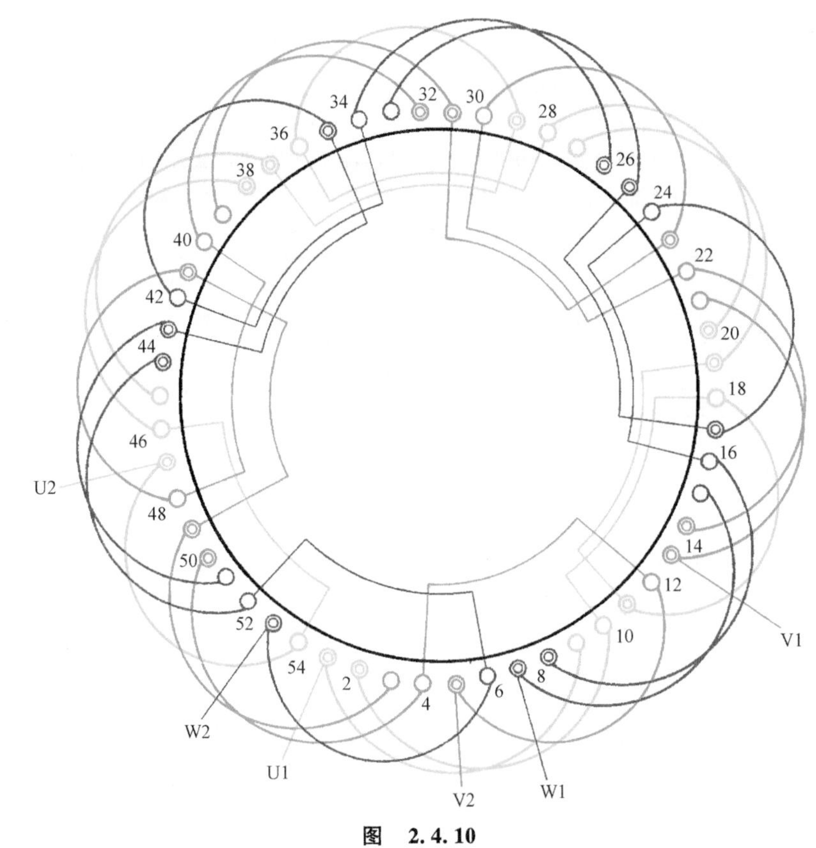

图 2.4.10

1. 绕组结构参数

定子槽数 $Z=54$　　每组圈数 $S=1\frac{1}{2}$　　并联路数 $a=1$

电机极数 $2p=6$　　极相槽数 $q=3$　　线圈节距 $y=1—9$、$2—10$、$11—18$

总线圈数 $Q=27$　　绕组极距 $\tau=9$　　绕组系数 $K_{dp}=0.96$

线圈组数 $u=18$　　每槽电角 $\alpha=20°$

2. 嵌线方法　　绕组是不等距布线，宜用交叠法嵌线，嵌线时吊边数为 3。嵌线顺序见表 2.4.10。

表 2.4.10　交叠法

嵌线顺序		1	2	3	4	5	6	7	8	9	10	11	12	13	14	15	16	17	18
槽号	沉边	2	1	53	50		49		47		44		43		41		38		37
	浮边					4		3		54		52		51		48		46	
嵌线顺序		19	20	21	22	23	24	25	26	27	28	29	30	31	32	33	34	35	36
槽号	沉边		35		32		31		29		26		25		23		20		19
	浮边	45		42		40		39		36		34		33		30		28	
嵌线顺序		37	38	39	40	41	42	43	44	45	46	47	48	49	50	51	52	53	54
槽号	沉边		17		14		13		11		8		7		5				
	浮边	27		24		22		21		18		16		15		12	10	9	6

3. 绕组特点与应用　　本例是显极式布线，同相组间连接是"尾与尾"或"头与头"的反向串联。此绕组主要应用于绕线转子。

2.4.11 54 槽 6 极($a=3$)单层交叉式绕组

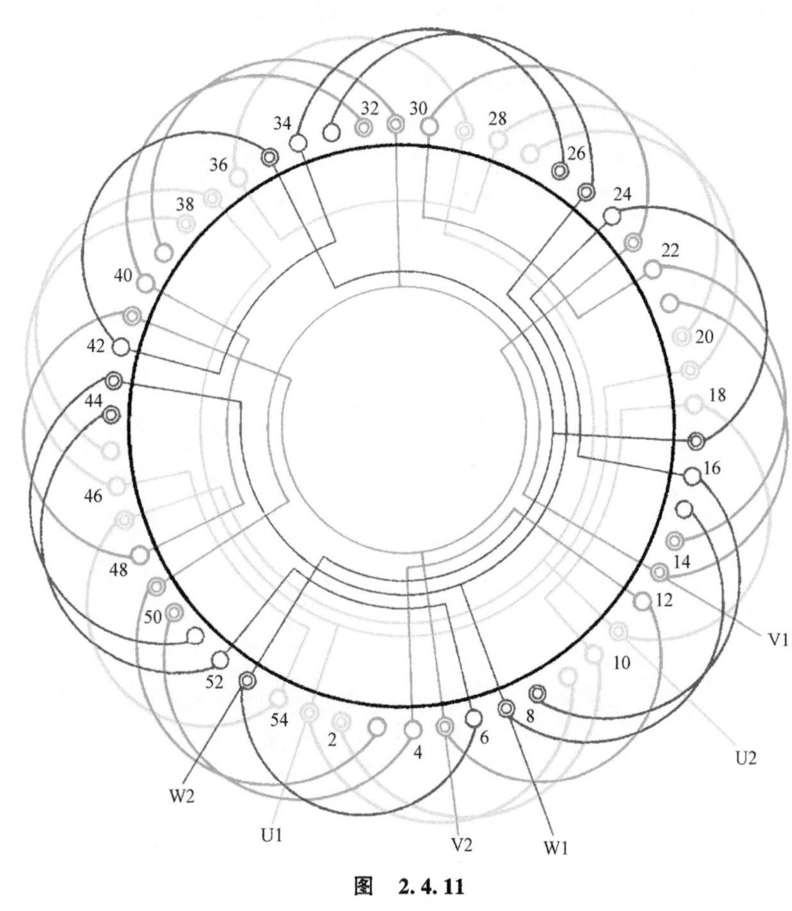

图 2.4.11

1. 绕组结构参数

定子槽数 $Z=54$　　每组圈数 $S=1\frac{1}{2}$　　并联路数 $a=3$

电机极数 $2p=6$　　极相槽数 $q=3$　　线圈节距 $y=1—9$、$2—10$、$11—18$

总线圈数 $Q=27$　　绕组极距 $\tau=9$　　绕组系数 $K_{dp}=0.96$

线圈组数 $u=18$　　每槽电角 $\alpha=20°$

2. 嵌线方法　　绕组是不等距布线，交叠法嵌线吊边数为 3。嵌线顺序可参考上例表 2.4.10 进行。习惯用前进式嵌线的操作则嵌 2 槽、前进空出 1 槽嵌 1 槽，再前进空出 2 槽嵌 2 槽。嵌线顺序见表 2.4.11。

表 2.4.11　交叠法(前进式嵌线)

嵌线顺序		1	2	3	4	5	6	7	8	9	10	11	12	13	14	15	16	17	18
槽号	沉边	9	10	12	15		16		18		21		22		24		27		28
	浮边					7		8		11		13		14		17		19	
嵌线顺序		19	20	21	22	23	24	25	26	27	28	29	30	31	32	33	34	35	36
槽号	沉边		30		33		34		36		39		40		42		45		46
	浮边	20		23		25		26		29		31		32		35		37	
嵌线顺序		37	38	39	40	41	42	43	44	45	46	47	48	49	50	51	52	53	54
槽号	沉边		48		51		52		54		3		4		6				
	浮边	38		41		43		44		47		49		50		53	1	2	5

注：本例图中单圆为沉边，双圆为浮边。

3. 绕组特点与应用　　绕组为显极式不等距布线，大联为节距 $y_D=8$ 的双圈，小联为 $y_X=7$ 的单圈。每相由 3 组大联和 3 组小联构成，每一大联和一小联反向串联成一个支路，每相并联为三路。此绕组主要应用于转子绕组，如 YZR250M1-6、YZR250M2-6 等冶金、起重型三相异步电动机绕线式转子。

2.4.12　36 槽 8 极单层交叉式(庶极)绕组

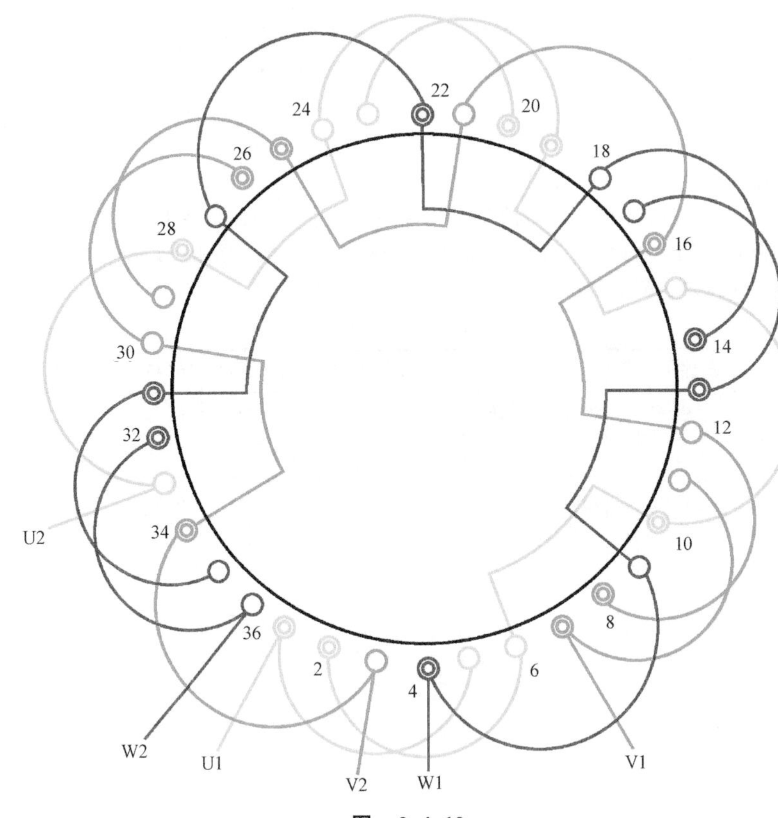

图　2.4.12

1. 绕组结构参数

定子槽数　$Z=36$　　每组圈数　$S=1\frac{1}{2}$　　并联路数　$a=1$

电机极数　$2p=8$　　极相槽数　$q=1\frac{1}{2}$　　线圈节距　$y=1—5$、$2—6$、$10—15$

总线圈数　$Q=18$　　绕组极距　$\tau=4\frac{1}{2}$　　绕组系数　$K_{dp}=0.96$

线圈组数　$u=12$　　每槽电角　$\alpha=40°$

2. 嵌线方法　绕组为庶极布线，嵌线有两种方法：

1）交叠法　嵌线吊边数为 2，通常从双圈组起嵌，嵌线顺序见表 2.4.12a。

表 2.4.12a　交叠法

嵌线顺序		1	2	3	4	5	6	7	8	9	10	11	12	13	14	15	16	17	18
槽号	沉边	2	1	34		32		31		28		26		25		22		20	
	浮边				3		36		35		33		30		29		27		24
嵌线顺序		19	20	21	22	23	24	25	26	27	28	29	30	31	32	33	34	35	36
槽号	沉边	19		16		14		13		10		8		7		4			
	浮边		23		21		18		17		15		12		11		9	6	5

2）整嵌法　整圈嵌线无需吊边，先将大联组嵌入相应槽中形成下平面，完成后垫好绝缘再把单圈组按图中相应槽嵌入，从而构成双平面绕组。嵌线顺序见表 2.4.12b。

表 2.4.12b　整嵌法

嵌线顺序		1	2	3	4	5	6	7	8	9	10	11	12	13	14	15	16	17	18
槽号	下平面	2	6	1	5	32	36	31	35	26	30	25	29	20	24	19	23	14	18
嵌线顺序		19	20	21	22	23	24	25	26	27	28	29	30	31	32	33	34	35	36
槽号	下平面	13	17	8	12	7	11												
	上平面							4	9	34	3	28	33	22	27	16	21	10	15

3. 绕组特点与应用　本例采用不等距庶极布线，绕组由节距 $y_D=4$ 的双圈大联和 $y_X=5$ 的单圈小联构成，同相组间为顺向串联。绕组采用整嵌时工艺简便，但实际应用不多，仅见于 JG2-42-8 型辊道用三相异步电动机。

2.4.13　60 槽 8 极($a=2$)单层交叉式(庶极)绕组

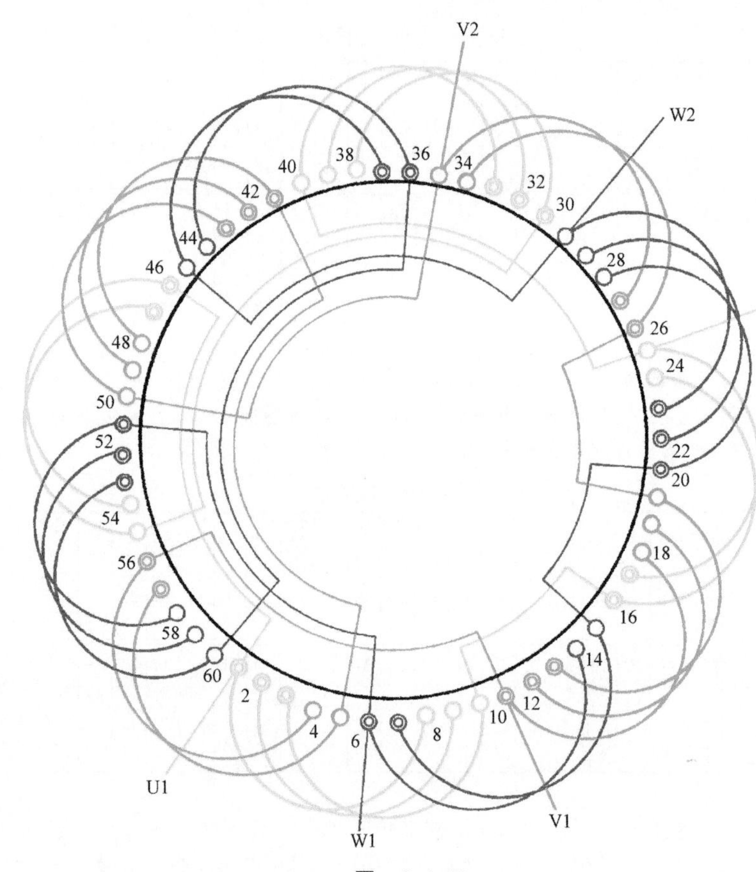

图　2.4.13

1. 绕组结构参数

定子槽数 $Z=60$　　每组圈数 $S=2\frac{1}{2}$　　并联路数 $a=2$

电机极数 $2p=8$　　极相槽数 $q=2\frac{1}{2}$　　线圈节距 $y=3(1—8)$、$2(1—9)$

总线圈数 $Q=30$　　绕组极距 $\tau=7\frac{1}{2}$　　绕组系数 $K_{dp}=0.957$

线圈组数 $u=12$　　每槽电角 $\alpha=24°$

2. 嵌线方法　　本绕组可用两种嵌法，整嵌法构成双平面绕组，但 60 槽定子内腔大，且此绕组多用于绕线式转子，采用吊起了边嵌线并无困难，故下面仅介绍交叠嵌线顺序见表 2.4.13。

表 2.4.13　交叠法

嵌线顺序		1	2	3	4	5	6	7	8	9	10	11	12	13	14	15	16	17	18	19	20
槽号	沉边	3	2	1	57		56		53		52		51		47		46		43		42
	浮边					5		4		60		59		58		55		54		50	
嵌线顺序		21	22	23	24	25	26	27	28	29	30	31	32	33	34	35	36	37	38	39	40
槽号	沉边		41		37		36		33		32		31		27		26		23		22
	浮边	49		48		45		44		40		39		38		35		34		30	
嵌线顺序		41	42	43	44	45	46	47	48	49	50	51	52	53	54	55	56	57	58	59	60
槽号	沉边		21		17		16		13		12		11		7		6				
	浮边	29		28		25		24		20		19		18		15		14	10	9	8

3. 绕组特点与应用　　本例是不等距庶极布线方案。绕组由节距 $y_D=7$ 的三圈大联组和节距 $y_X=8$ 的双圈小联组构成。每相有大、小联各两组，分两路并联，每个支路由大、小联各 1 组顺串而成。国产电机常用于绕线式转子绕组，主要应用实例有 JZR51-8 转子。

2.4.14　72 槽 8 极($a=2$)单层交叉式绕组

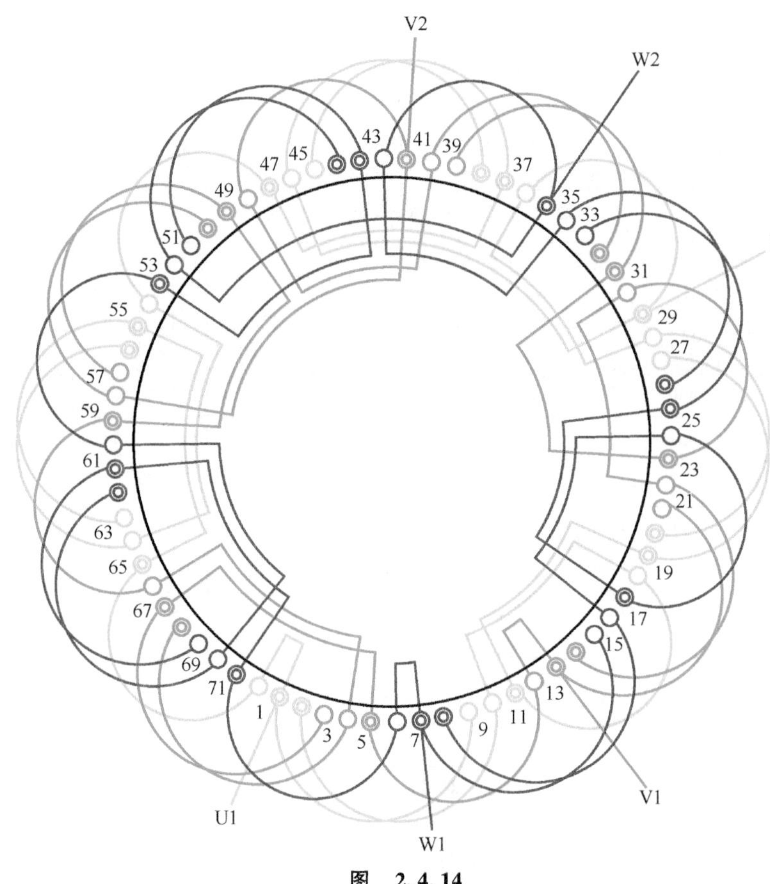

图　2.4.14

1. 绕组结构参数

定子槽数　$Z=72$　　每组圈数　$S=1\frac{1}{2}$　　并联路数　$a=2$

电机极数　$2p=8$　　极相槽数　$q=3$　　线圈节距　$y=1—9$、$2—10$、$11—18$

总线圈数　$Q=36$　　绕组极距　$\tau=9$　　绕组系数　$K_{dp}=0.96$

线圈组数　$u=24$　　每槽电角　$\alpha=20°$

2. 嵌线方法　　本例为不等距布线，交叠法嵌线是嵌 2 空 1、嵌 1 空 2，吊边数为 3。嵌线顺序见表 2.4.14。

表 2.4.14　交叠法

嵌线顺序		1	2	3	4	5	6	7	8	9	10	11	12	13	14	15	16	17	18	19	20	21	22	23	24
槽号	沉边	2	1	71	68		67		65		62		61		59		56		55		53		50		49
	浮边					4		3		72		70		69		66		64		63		60		58	
嵌线顺序		25	26	27	28	29	30	31	32	33	34	35	36	37	38	39	40	41	42	43	44	45	46	47	48
槽号	沉边		47		44		43		41		38		37		35		32		31		29		26		25
	浮边	57		54		52		51		48		46		45		42		40		39		36		34	
嵌线顺序		49	50	51	52	53	54	55	56	57	58	59	60	61	62	63	64	65	66	67	68	69	70	71	72
槽号	沉边		23		20		19		17		14		13		11		8		7		5				
	浮边	33		30		28		27		24		22		21		18		16		15		12	10	9	6

3. 绕组特点与应用　　绕组由节距 $y_D=8$ 的双圈大联组与 $y_X=7$ 的单圈小联组构成，采用显极布线，每相有 8 组线圈，其中大、小联相等，均为 4 组，大、小联交替轮换安排。每相分两个支路反向走线，每个支路有 4 组线圈，按“尾与尾”或“头与头”相接，即同相相邻线圈组极性相反。此绕组在国内较少应用，曾见用于 JZR2-41-8 冶金、起重型三相异步电动机。

2.4.15　72 槽 8 极($a=4$)单层交叉式绕组

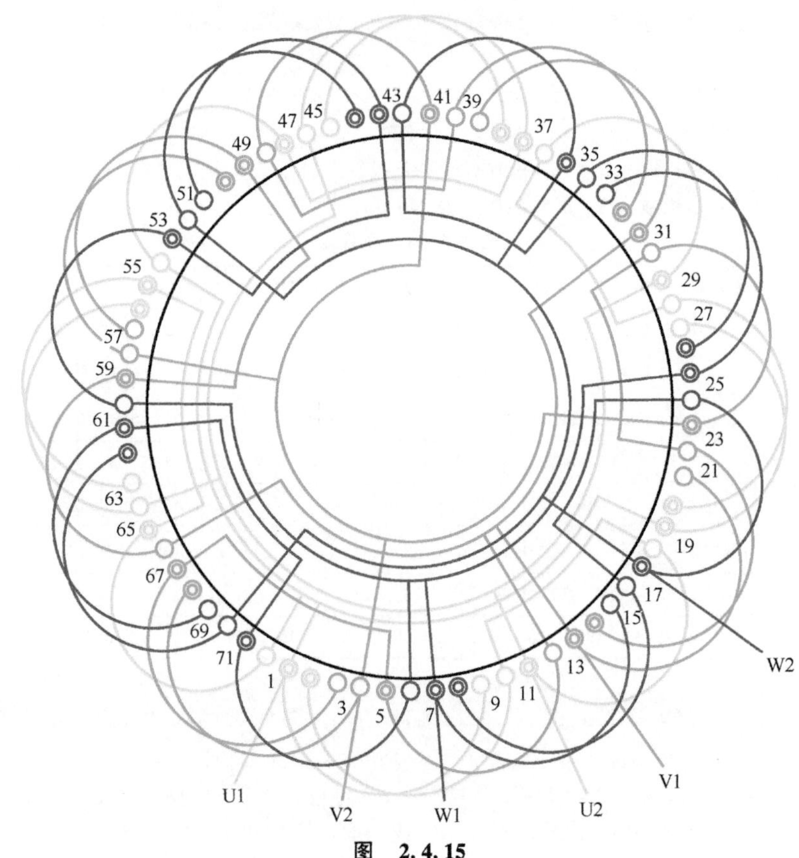

图　2.4.15

1. 绕组结构参数

定子槽数 $Z=72$　　每组圈数 $S=1\frac{1}{2}$　　并联路数 $a=4$

电机极数 $2p=8$　　极相槽数 $q=3$　　线圈节距 $y=1—9、2—10、11—18$

总线圈数 $Q=36$　　绕组极距 $\tau=9$　　绕组系数 $K_{dp}=0.96$

线圈组数 $u=24$　　每槽电角 $\alpha=20°$

2. 嵌线方法　　绕组布线与上例相同，嵌线可参考表 2.4.14 顺序嵌线；若习惯用前进式嵌线工艺者，可依表 2.4.15 进行。

表 2.4.15　交叠法(前进式嵌线)

嵌线顺序		1	2	3	4	5	6	7	8	9	10	11	12	13	14	15	16	17	18
槽号	沉边	9	10	12	15		16		18		21		22		24		27		28
	浮边					7		8		11		13		14		17		19	
嵌线顺序		19	20	21	22	23	24	25	26	27	28	29	30	31	32	33	34	35	36
槽号	沉边		30		33		34		36		39		40		42		45		46
	浮边	20		23		25		26		29		31		32		35		37	
嵌线顺序		37	38	39	40	41	42	43	44	45	46	47	48	49	50	51	52	53	54
槽号	沉边		48		51		52		54		57		58		60		63		64
	浮边	38		41		43		44		47		49		50		53		55	
嵌线顺序		55	56	57	58	59	60	61	62	63	64	65	66	67	68	69	70	71	72
槽号	沉边		66		69		70		72		3		4		6				
	浮边	56		59		61		62		65		67		68		71	1	2	5

注：本例图中单圆表示沉边，双圆表示浮边。

3. 绕组特点与应用　　本例采用不等距显极布线，大联组为双圈，小联组是单圈，每相分别由 4 个大、小联构成，并分 4 路并联，每个支路为一个单、双圈组反极性串联，使同相相邻线圈组极性相反。本例主要用于转子绕组，曾见用于 JZR2-51-8 冶金起重用异步电动机。

2.5 三相单层同心交叉式绕组布线接线图

单层同心交叉式绕组是具有“回”字形线圈组的“同心”和相邻线圈组元件数不相等的“交叉”的双重特征。它是将交叉式绕组的等距交叠线圈改变端部形式而成，因此它基本上具有单层交叉式绕组的特征，即每组线圈数为带 1/2 圈的带分数，实属单层布线的分数线圈绕组。

一、绕组结构参数

总线圈数：每只线圈跨占 2 槽，故绕组总线圈数　　$Q=Z/2$

极相槽数：是电动机绕组每极每相所占槽数　　$q=Z/2pm$

每组圈数：单层同心交叉式绕组每组线圈(平均)数为分数，故安排为不等圈数的大、小联

大联圈数　$S_D=Q/u+1/2$

小联圈数　$S_X=Q/u-1/2$

线圈组数：显极　$u=2pm$

底极　$u=pm$

绕组极距：以槽数表示的每极宽度　$\tau=Z/2p$

绕组系数：计算同 2.1 节。

每槽电角：参考 2.1 节计算。

绕组最大可能并联支路数　$a_m=u/2$

以上各符号意义见 2.1 节。

二、绕组特点

1）单层同心交叉式绕组同时具有同心式和交叉式绕组的特征。

2）绕组为全距，线圈由节距不等的大小联组成。显极布线时大、小联中最小线圈节距相等；庶极布线则是最大线圈的节距相等。

3）同心交叉式绕组的同组线圈端部处于同一平面而便于布线。

4）所有单层交叉式绕组均有可能改变而成为同心交叉式，但由于绕圈端部稍长而增加漏磁，且线圈规格增多，故实际应用反比交叉式绕组少。

三、绕组嵌线

绕组嵌线有两种方法，但此绕组是为适应整圈嵌线而设计，线圈组端部无交叉而处于同一平面，故较多采用整嵌法，对庶极绕组采用隔组嵌线，使大、小联端部分别处于两个平面上成为双平面绕组；而显极绕组可逐相分层嵌线构成三平面绕组，或用交叠法嵌线。

四、绕组接线

1）显极绕组　　相邻线圈组极性相反，即同相相邻组间是“尾与尾”或“头与头”的反向连接。

2）庶极绕组　　相邻线圈组极性均相同，即接线是顺向连接，如尾端与另一组头端相接。

2.5.1　18 槽 2 极单层同心交叉式绕组

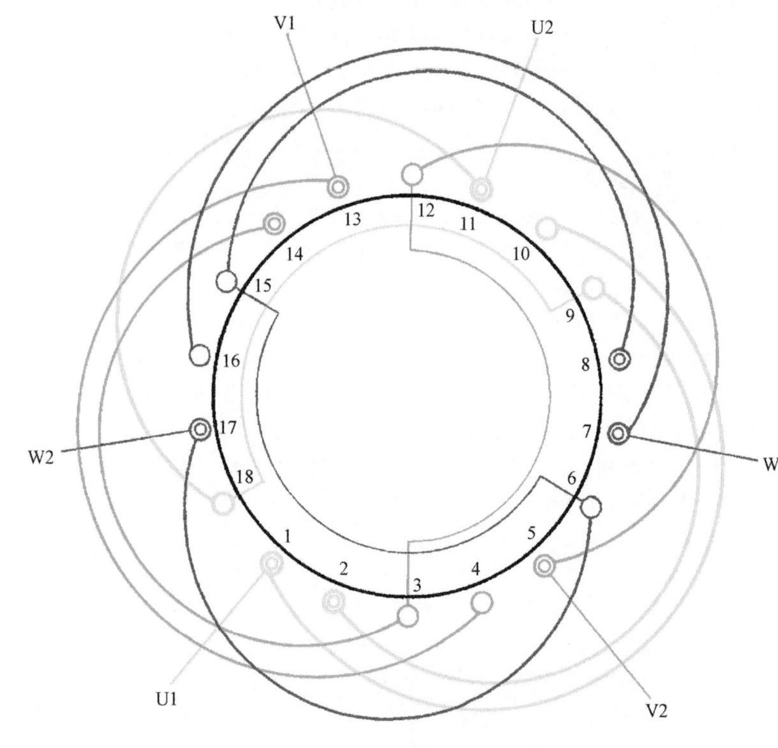

图　2.5.1

1. 绕组结构参数

定子槽数 $Z=18$　　每组圈数 $S=1\frac{1}{2}$　　并联路数 $a=1$

电机极数 $2p=2$　　极相槽数 $q=3$　　线圈节距 $y=1—10$、$2—9$、$11—18$

总线圈数 $Q=9$　　绕组极距 $\tau=9$　　绕组系数 $K_{dp}=0.96$

线圈组数 $u=6$　　每槽电角 $\alpha=20°$

2. 嵌线方法　本例采用显极布线，可采用两种嵌线方法。

1）整嵌法　逐相分层嵌入，使绕组端部形成三平面层次。嵌线顺序见表 2.5.1a。

表 2.5.1a　整嵌法

嵌线顺序		1	2	3	4	5	6	7	8	9	10	11	12	13	14	15	16	17	18
槽号	底层	2	9	1	10	11	18												
	中层							8	15	7	16	17	6						
	面层													14	3	13	4	5	12

2）交叠法　线圈交叠嵌线是嵌 2 槽空 1 槽，嵌 1 槽空 2 槽，吊边数为 3。由于本绕组的线圈跨距大，对内腔窄小的定子嵌线会有困难。嵌线顺序见表 2.5.1b。

表 2.5.1b　交叠法

嵌线顺序		1	2	3	4	5	6	7	8	9	10	11	12	13	14	15	16	17	18
槽号	沉边	2	1	17	14		13		11		8		7		5				
	浮边					3		4		18		15		16		12	9	10	6

3. 绕组特点与应用　本绕组由交叉式绕组（见 2.4.1 节）演变而来，是同心交叉链的基本形式，常应用于小功率专用电动机，用Y形联结，出线 3 根。应用实例主要有老系列 JW-07A-2 三相小功率电动机；JWYB-22、45 三相油泵电动机；电钻系列的 J3Z-13、19、23、32 等三相异步电动机。

2.5.2 30 槽 2 极单层同心交叉式绕组

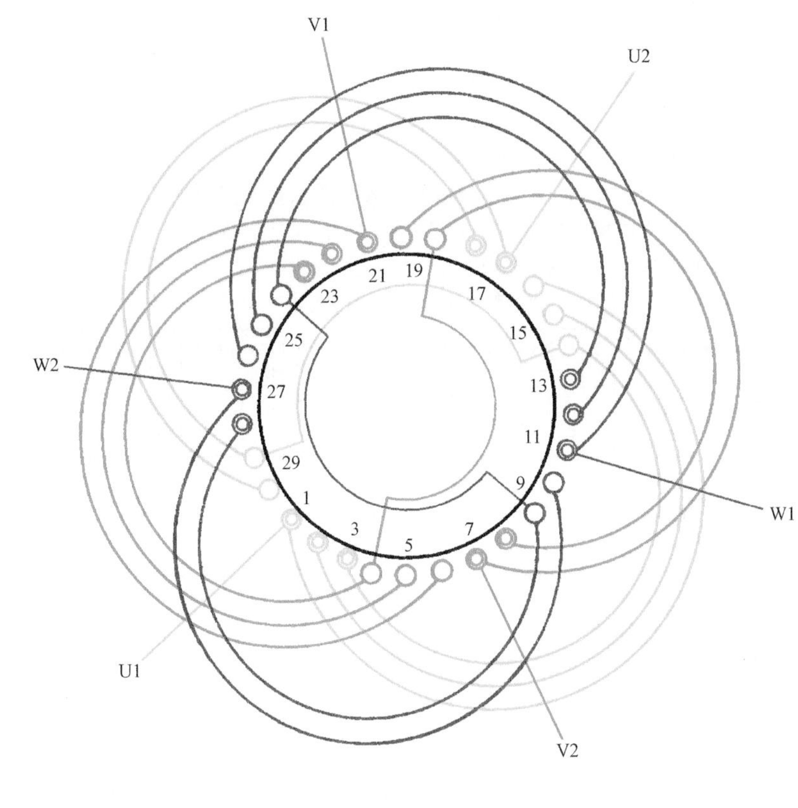

图 2.5.2

1. 绕组结构参数

定子槽数 $Z=30$　每组圈数 $S=2\frac{1}{2}$　并联路数 $a=1$

电机极数 $2p=2$　极相槽数 $q=5$　绕组系数 $K_{dp}=0.957$

总线圈数 $Q=15$　绕组极距 $\tau=15$　线圈节距 $y=1—16、2—15、3—14、17—30、18—29$

线圈组数 $u=6$　每槽电角 $\alpha=12°$

2. 嵌线方法　绕组可用两种嵌法，但因线圈跨距大，交叠法嵌线要吊 5 边，给嵌线带来一定难度，故通常只采用整嵌法，即逐相分层嵌线，使端部形成 3 个层次的平面。嵌线顺序见表 2.5.2。

表 2.5.2 整嵌法

嵌线顺序		1	2	3	4	5	6	7	8	9	10	11	12	13	14	15
槽号	底层	3	14	2	15	1	16	18	29	17	30					
	中层											13	24	12	25	11
	面层															
嵌线顺序		16	17	18	19	20	21	22	23	24	25	26	27	28	29	30
槽号	底层															
	中层	26	28	9	27	10										
	面层						23	4	22	5	21	6	8	19	7	20

3. 绕组特点与应用　本例为 30 槽电机应用较多的绕组形式。绕组由 3 个同心线圈的大联组和 2 个线圈的小联组构成，每相有大、小联各 1 组，因是显极式布线，两组间的接线是反向串联，使其极性相反。主要应用实例有 JO3T-112S-2 老系列电动机；Y-112M-2、Y-132S2-2 新系列电动机和 YLB-132-2 深井电泵电动机等。

2.5.3 18 槽 4 极单层同心交叉式(庶极)绕组

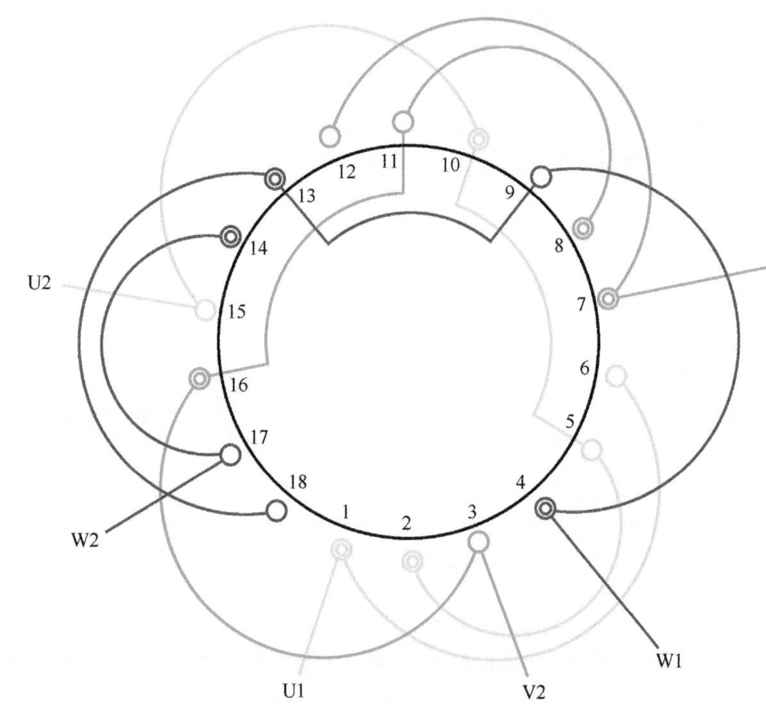

图 2.5.3

1. 绕组结构参数

定子槽数 $Z=18$ 每组圈数 $S=1\frac{1}{2}$ 并联路数 $a=1$

电机极数 $2p=4$ 极相槽数 $q=1\frac{1}{2}$ 线圈节距 $y=1—6、2—5、10—15$

总线圈数 $Q=9$ 绕组极距 $\tau=4\frac{1}{2}$ 绕组系数 $K_{dp}=0.96$

线圈组数 $u=6$ 每槽电角 $\alpha=40°$

2. 嵌线方法 嵌线可用整嵌法或交叠法。

1）整嵌法 整圈嵌线是隔组嵌入，即先嵌双圈后嵌单圈，完成后绕组端部形成层次清楚的双平面；嵌线无需吊边，嵌线方便，是本绕组嵌线的首选方法。嵌线顺序见表 2.5.3a。

表 2.5.3a 整嵌法

嵌线顺序		1	2	3	4	5	6	7	8	9	10	11	12	13	14	15	16	17	18
槽号	底层	2	5	1	6	14	17	13	18	8	11	7	12						
	面层													4	9	16	3	10	15

2）交叠法 嵌线需吊 2 边，嵌线顺序见表 2.5.3b。

表 2.5.3b 交叠法

嵌线顺序		1	2	3	4	5	6	7	8	9	10	11	12	13	14	15	16	17	18
槽号	沉边	2	1	16		14		13		10		8		7		4			
	浮边				3		17		18		15		11		12		9	5	6

3. 绕组特点与应用 本例采用庶极布线，绕组由单、双圈联组成，每相两组是顺向串联，使其极性相同。绕组的线圈组数少，尤其采用整圈嵌线时嵌绕工艺方便省时，是国外电机常用的绕组型式之一，但国内极少使用，仅见于 JW-07-4 小功率电动机。

2.5.4　30 槽 4 极单层同心交叉式(庶极)绕组

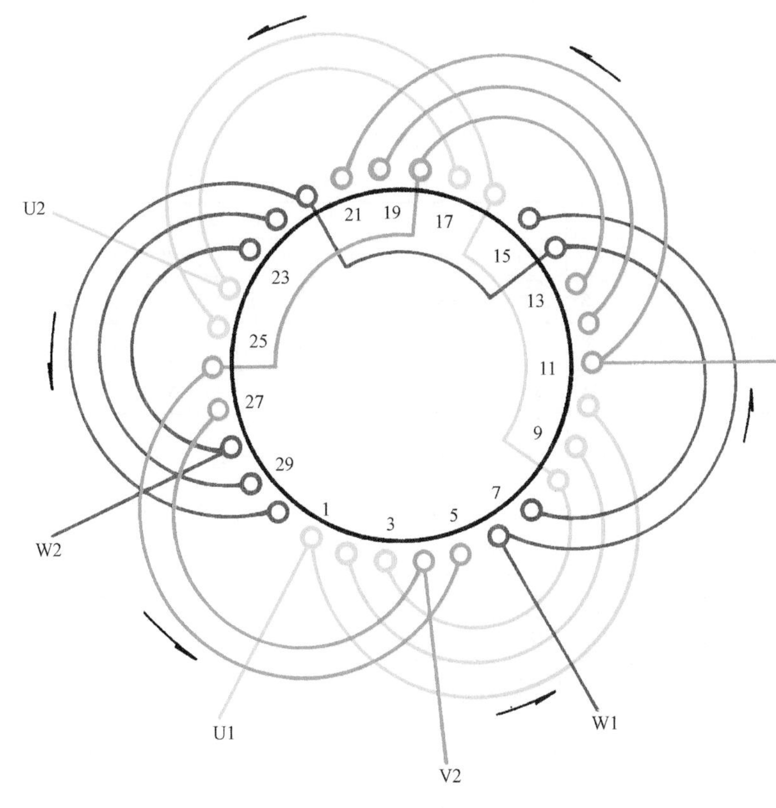

图　2.5.4

1. 绕组结构参数

定子槽数　$Z=30$　　每组圈数　$S=2\frac{1}{2}$　　并联路数　$a=1$

电机极数　$2p=4$　　极相槽数　$q=2\frac{1}{2}$　　线圈节距　$y=9$、7、5

总线圈数　$Q=15$　　绕组极距　$\tau=7\frac{1}{2}$　　绕组系数　$K_{dp}=0.957$

线圈组数　$u=6$　　每槽电角　$\alpha=24°$

2. 嵌线方法　嵌线宜用整嵌法，嵌线时可先嵌 3 个圈组，然后再把双圈组嵌于上面。嵌线顺序见表 2.5.4。

表 2.5.4　整嵌法

嵌线顺序		1	2	3	4	5	6	7	8	9	10	11	12	13	14	15
槽号	下平面	3	8	2	9	1	10	23	28	22	29	21	30	13	18	12
	上平面															

嵌线顺序		16	17	18	19	20	21	22	23	24	25	26	27	28	29	30
槽号	下平面	19	11	20												
	上平面				7	14	6	15	27	4	26	5	17	24	16	25

3. 绕组特点与应用　本例是庶极布线，绕组由三圈组和双圈组构成，每相两组线圈顺向串联形成 4 极。此绕组实际应用较少，曾用于 JO3 系列电动机改绕。

2.5.5 36 槽 4 极单层同心交叉式绕组

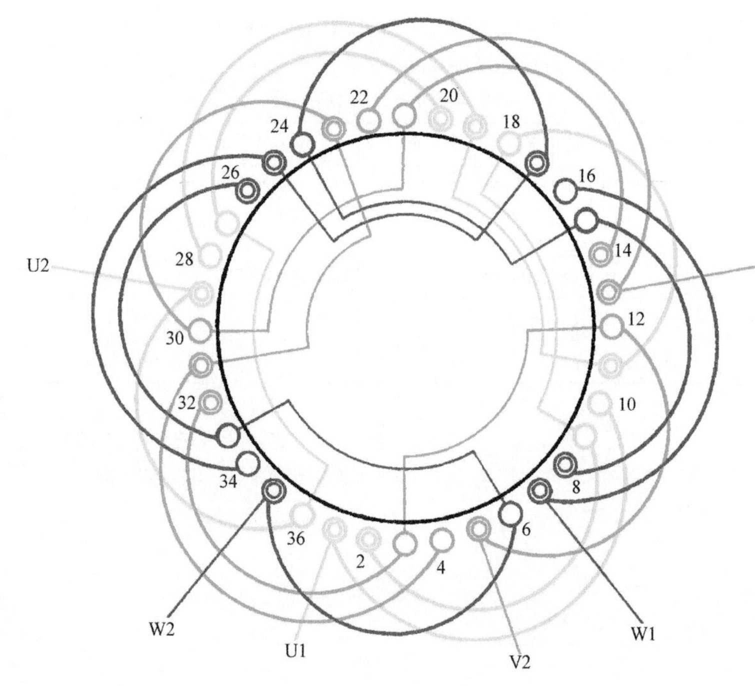

图 2.5.5

1. 绕组结构参数

定子槽数 $Z=36$　每组圈数 $S=1\frac{1}{2}$　并联路数 $a=1$

电机极数 $2p=4$　极相槽数 $q=3$　绕组系数 $K_{dp}=0.96$

总线圈数 $Q=18$　绕组极距 $\tau=9$　线圈节距 $y=1—10$、$2—9$、$11—18$

线圈组数 $u=12$　每槽电角 $\alpha=20°$

2. 嵌线方法　本例可用两种方法嵌线。

1）整嵌法　采用逐相整嵌构成三平面绕组。嵌线顺序见表 2.5.5a。

表 2.5.5a 整嵌法

嵌线顺序		1	2	3	4	5	6	7	8	9	10	11	12
槽号	下平面	2	9	1	10	29	36	20	27	19	28	11	18
嵌线顺序		13	14	15	16	17	18	19	20	21	22	23	24
槽号	中平面	8	15	7	16	35	6	26	33	25	34	17	24
嵌线顺序		25	26	27	28	29	30	31	32	33	34	35	36
槽号	上平面	14	21	13	22	5	12	32	3	31	4	23	30

2）交叠法　交叠嵌线吊边数为 3，嵌线顺序见表 2.5.5b。

表 2.5.5b 交叠法

嵌线顺序		1	2	3	4	5	6	7	8	9	10	11	12	13	14	15	16	17	18
槽号	沉边	2	1	35	32		31		29		26		25		23		20		19
	浮边					3		4		36		33		34		30		27	
嵌线顺序		19	20	21	22	23	24	25	26	27	28	29	30	31	32	33	34	35	36
槽号	沉边		17		14		13		11		8		7		5				
	浮边	28		24		21		22		18		15		16		12	9	10	6

3. 绕组特点与应用　绕组由单、双同心圈组成，是由交叉式（见 2.4.5 节）演变而来的型式，属显极式绕组，同组间接线是反接串联。主要应用实例有 JO2L-32-4 型电动机。

2.5.6 36 槽 4 极($a=2$)单层同心交叉式绕组

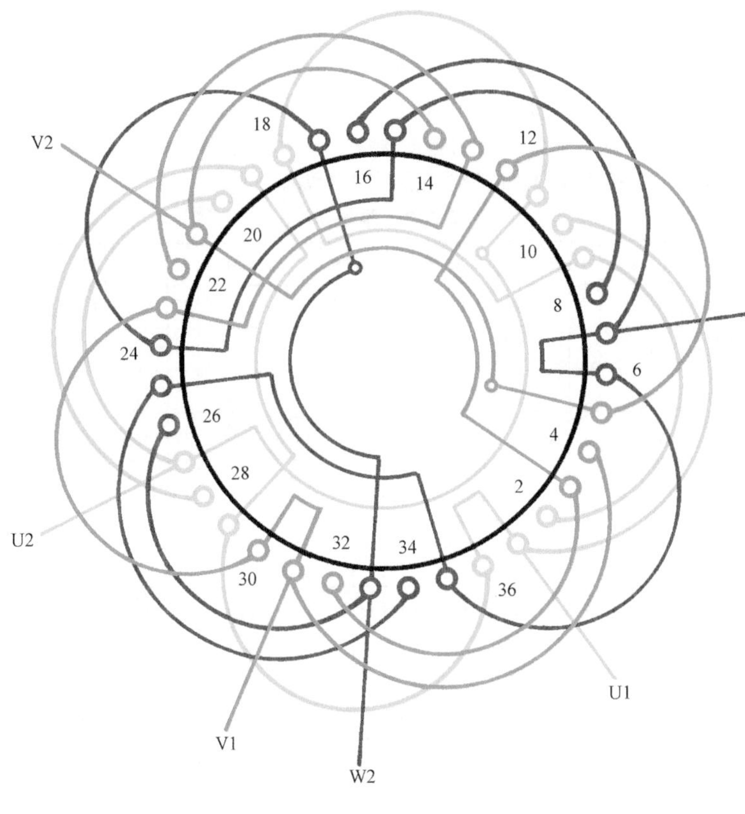

图 2.5.6

1. 绕组结构参数

定子槽数 $Z=36$　　每组圈数 $S=1\frac{1}{2}$　　并联路数 $a=2$

电机极数 $2p=4$　　极相槽数 $q=3$　　绕组系数 $K_{dp}=0.96$

总线圈数 $Q=18$　　绕组极距 $\tau=9$　　线圈节距 $y=9$、7

线圈组数 $u=12$　　每槽电角 $\alpha=20°$

2. 嵌线方法　嵌线可用交叠法或整嵌法，但整嵌将构成三平面绕组，使端部整形困难，故通常都采用交叠嵌线，其嵌线顺序见表 2.5.6。

表 2.5.6 交叠法

嵌线顺序		1	2	3	4	5	6	7	8	9	10	11	12	13	14	15	16	17	18
槽号	沉边	32	31	29	26		25		23		20		19		17		14		13
	浮边					33		34		30		27		28		24		21	

嵌线顺序		19	20	21	22	23	24	25	26	27	28	29	30	31	32	33	34	35	36
槽号	沉边		11		8		7		5		2		1		35				
	浮边	22		18		15		16		12		9		10		6	3	4	36

3. 绕组特点与应用　本例采用两路并联，每相由 4 组线圈组成，每个支路由单、双圈各一组反极性串联再并接成两路。主要应用实例有 JO3L-160S-4 等老系列电动机。

2.5.7　54 槽 6 极单层同心交叉式绕组

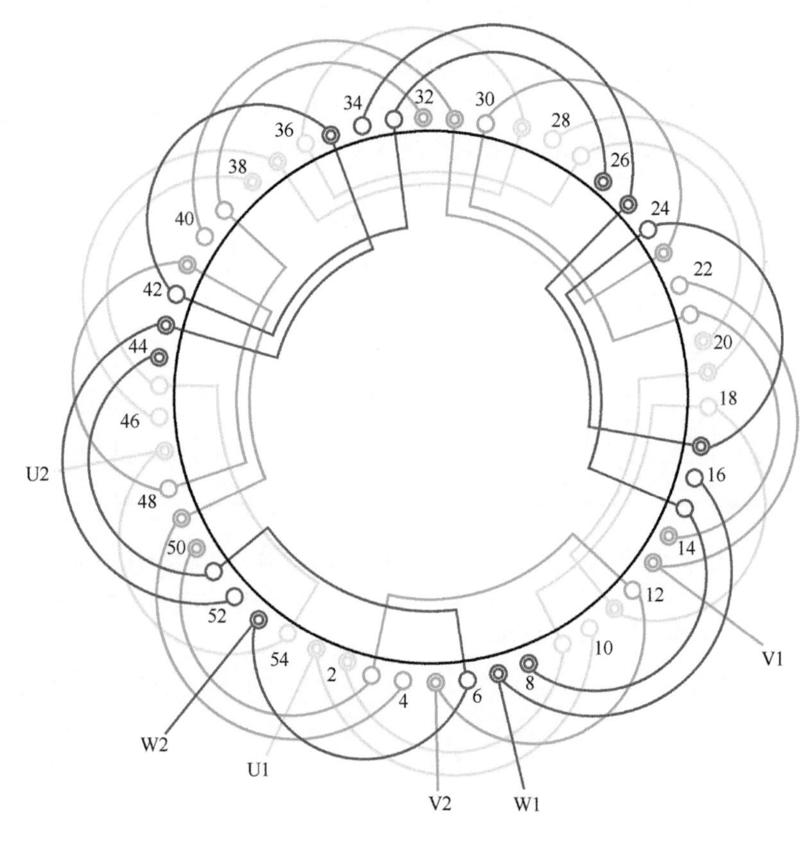

图　2.5.7

1. 绕组结构参数

定子槽数　$Z=54$　　每组圈数　$S=1\frac{1}{2}$　　并联路数　$a=1$

电机极数　$2p=6$　　极相槽数　$q=3$　　线圈节距　$y=1—10$、$2—9$、$11—18$

总线圈数　$Q=27$　　绕组极距　$\tau=9$　　绕组系数　$K_{dp}=0.96$

线圈组数　$u=18$　　每槽电角　$\alpha=20°$

2. 嵌线方法　　嵌线可用整嵌法或交叠法。整圈嵌线是逐相分层嵌入，形成三平面绕组，嵌线顺序见表 2.5.7。

表 2.5.7　整嵌法

嵌线顺序		1	2	3	4	5	6	7	8	9	10	11	12	13	14	15	16	17	18
槽号	底层	2	9	1	10	47	54	38	45	37	46	29	36	20	27	19	28	11	18
	中层																		
	面层																		
嵌线顺序		19	20	21	22	23	24	25	26	27	28	29	30	31	32	33	34	35	36
槽号	底层																		
	中层	8	15	7	16	53	6	44	51	43	52	35	42	26	33	25	34	17	24
	面层																		
嵌线顺序		37	38	39	40	41	42	43	44	45	46	47	48	49	50	51	52	53	54
槽号	底层																		
	中层																		
	面层	14	21	13	22	5	12	50	3	49	4	41	48	32	39	31	40	23	30

3. 绕组特点与应用　　本例为显极式布线，绕组由单、双同心圈交替轮换；每相由 6 组单、双圈构成，同相组间接线是反接串联。主要应用实例有 JR-115-6 绕线式转子。

2.5.8 *36 槽 8 极单层同心交叉式（庶极）绕组

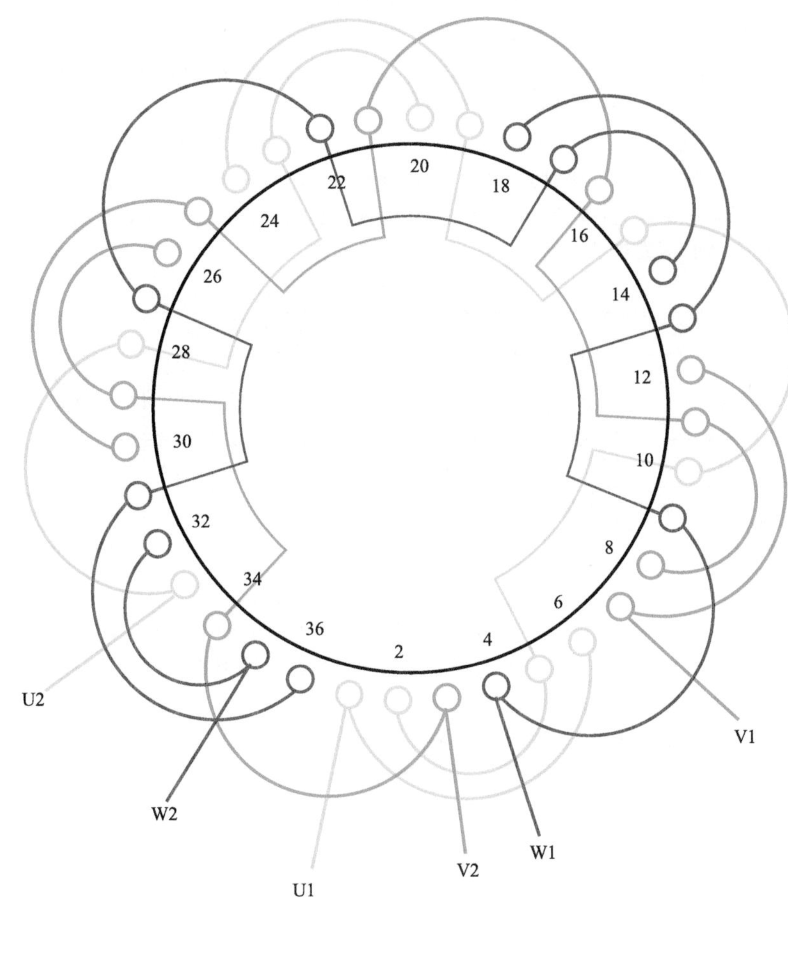

图 2.5.8

1. 绕组结构参数

定子槽数 $Z=36$　每组圈数 $S=1\frac{1}{2}$　并联路数 $a=1$

电机极数 $2p=8$　极相槽数 $q=1\frac{1}{2}$　线圈节距 $y=1—6$、$2—5$、$10—15$

总线圈数 $Q=18$　绕组极距 $\tau=4\frac{1}{2}$　绕组系数 $K_{dp}=0.96$

线圈组数 $u=12$　每槽电角 $\alpha=40°$

2. 嵌线方法　本例是单层同心交叉式庶极布线，常用嵌线方法是整嵌法，无需吊边。嵌线时先嵌同心双圈，而同心组中则先嵌小线圈。当双圈嵌完后再嵌单圈于面，使绕组端部构成双平面结构。具体嵌线顺序见表 2.5.8。

表 2.5.8　整嵌法

嵌线顺序		1	2	3	4	5	6	7	8	9	10	11	12	13	14	15	16	17	18
槽号	下平面	2	5	1	6	8	11	7	12	14	17	13	18	20	23	19	24	26	29
	上平面																		
嵌线顺序		19	20	21	22	23	24	25	26	27	28	29	30	31	32	33	34	35	36
槽号	下平面	25	30	32	35	31	36												
	上平面							4	9	10	15	16	21	22	27	28	33	34	3

3. 绕组特点与应用　本绕组为单层同心交叉式，绕组由单圈组和同心双圈组构成，每相有 4 组，其中两个单圈组和两个双圈组，分别按 2 1 2 1 安排；因属庶极绕组，同相相邻两组间的极性相同，即顺向串联接线。此绕组实际应用不多，常用于一些杂牌电动机和专用小电机。

2.5.9 *36 槽 8 极（$a=2$）单层同心交叉式（庶极）绕组

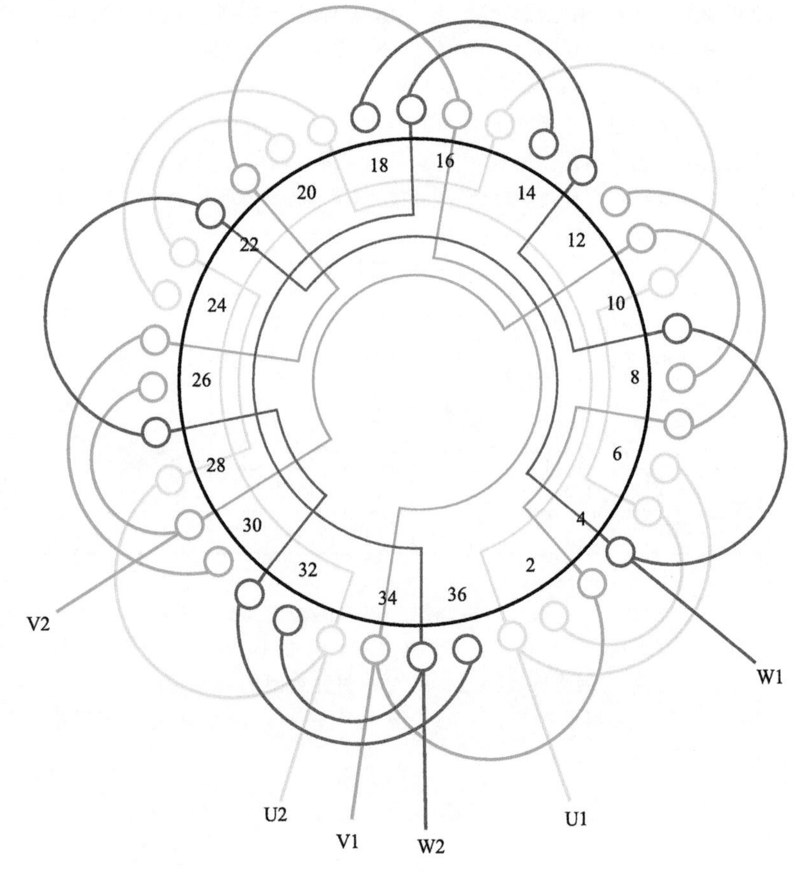

图 2.5.9

1. 绕组结构参数

定子槽数 $Z=36$　每组圈数 $S=1\frac{1}{2}$　并联路数 $a=2$

电机极数 $2p=8$　极相槽数 $q=1\frac{1}{2}$　绕组系数 $K_{dp}=0.96$

总线圈数 $Q=18$　绕组极距 $\tau=4\frac{1}{2}$　线圈节距 $y=1—6$、$2—5$、$10—15$

线圈组数 $u=12$　每槽电角 $\alpha=40°$

2. 嵌线方法　本例是单层庶极布线，绕组由单、双圈组成。嵌线可用整嵌法，嵌线时先把同心双圈顺次嵌入相应槽中，完成后其端部处于同一平面上；然后再把余下的单圈嵌入相应槽，其端部则处于上平面，从而构成双平面结构。嵌线顺序见表 2.5.9。

表 2.5.9　整嵌法

嵌线顺序		1	2	3	4	5	6	7	8	9	10	11	12	13	14	15	16	17	18
槽号	下平面	2	5	1	6	8	11	7	12	14	17	13	18	20	23	19	24	26	29
	上平面																		
嵌线顺序		19	20	21	22	23	24	25	26	27	28	29	30	31	32	33	34	35	36
槽号	下平面	25	30	32	35	31	36												
	上平面							4	9	10	15	16	21	22	27	28	33	34	3

3. 绕组特点与应用　本例绕组结构基本同上例，但采用两路接线，即每相 4 组中分成两个支路，采用短跳接法，即把相邻同相的两组顺接串联，然后再把两个支路并接。此绕组结构简单，嵌线和接线都方便；但由于 8 极电动机本来应用就少，故此绕组的实际应用也少。

2.5.10　60槽8极单层同心交叉式(庶极)绕组

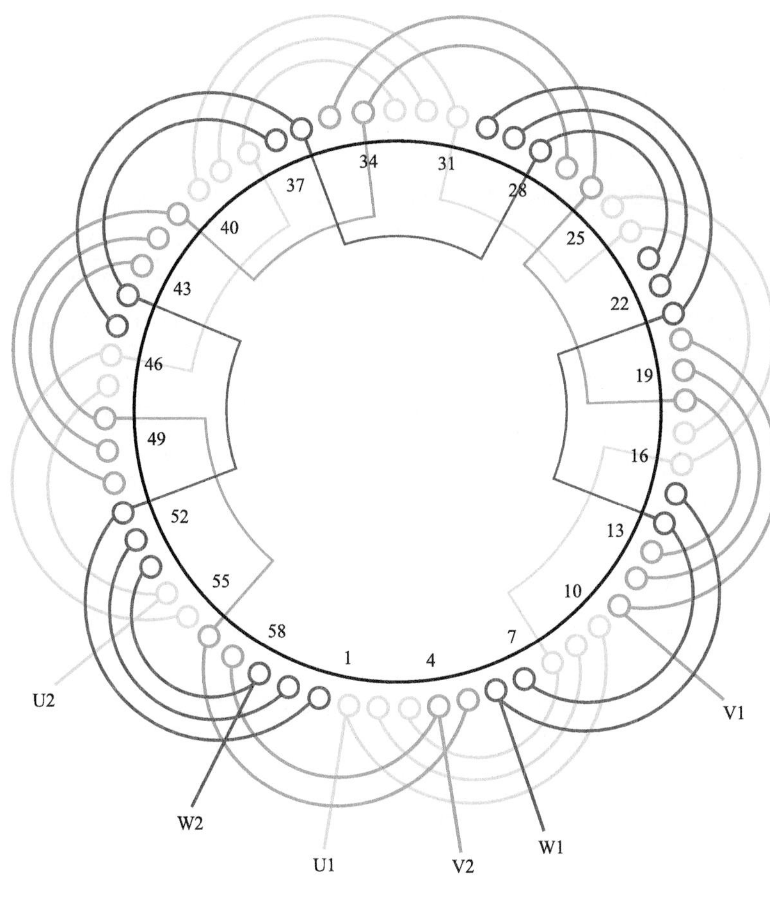

图　2.5.10

1. 绕组结构参数

定子槽数　$Z=60$　　每组圈数　$S=2\frac{1}{2}$　　并联路数　$a=1$

电机极数　$2p=8$　　极相槽数　$q=2\frac{1}{2}$　　线圈节距　$y=1—10$、$2—9$、$3—8$、$16—25$、$17—24$

总线圈数　$Q=30$　　绕组极距　$\tau=7\frac{1}{2}$

线圈组数　$u=12$　　每槽电角　$\alpha=24°$　　绕组系数　$K_{dp}=0.957$

2. 嵌线方法　　本例为庶极布线，采用隔组嵌入，先嵌三圈联于底，再嵌双圈联于上，构成双平面分置。嵌线顺序见表 2.5.10。

表 2.5.10　整嵌法

嵌线顺序		1	2	3	4	5	6	7	8	9	10	11	12	13	14	15	16	17	18	19	20
槽号	底层	3	8	2	9	1	10	53	58	52	59	51	60	43	48	42	49	41	50	33	38
	面层																				
嵌线顺序		21	22	23	24	25	26	27	28	29	30	31	32	33	34	35	36	37	38	39	40
槽号	底层	32	39	31	40	23	28	22	29	21	30	13	18	12	19	11	20				
	面层																	7	14	6	15
嵌线顺序		41	42	43	44	45	46	47	48	49	50	51	52	53	54	55	56	57	58	59	60
槽号	底层																				
	面层	57	4	56	5	47	54	46	55	37	44	36	45	27	34	26	35	17	24	16	25

3. 绕组特点与应用　　本绕组是庶极布线，大联由 3 个同心圈组成，小联由 2 个同心圈组成，每相 4 组大小联交替分布，并顺向串联成同极性线圈组。主要用于转子绕组，应用实例有 AK-61/8 型绕线式转子改绕。

2.5.11 *60 槽 8 极（$a=2$）单层同心交叉式(庶极)绕组

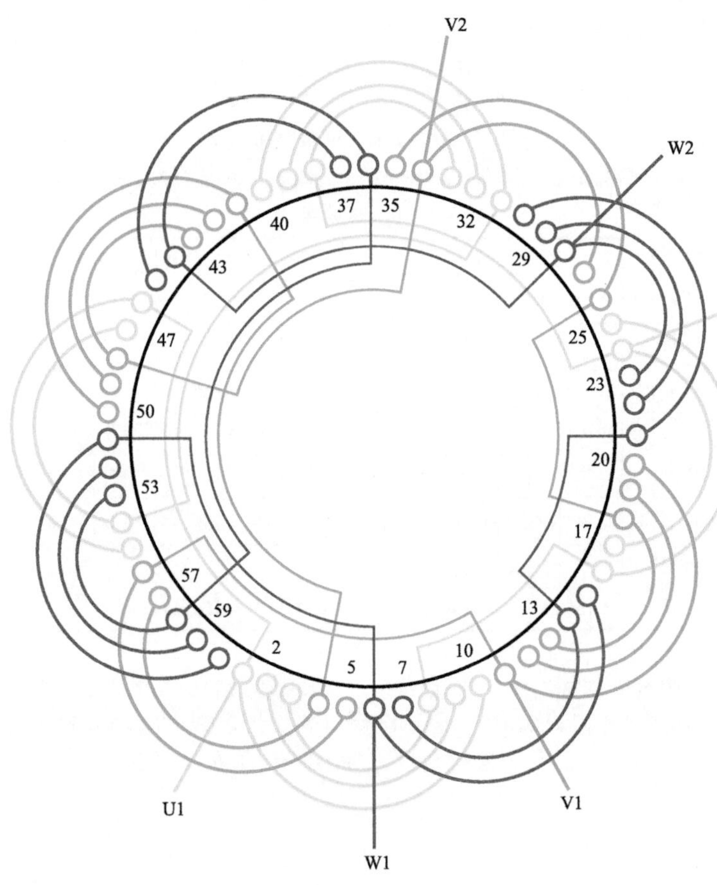

图 2.5.11

1. 绕组结构参数

定子槽数 $Z=60$　　每组圈数 $S=2\frac{1}{2}$　　并联路数 $a=2$

电机极数 $2p=8$　　极相槽数 $q=2\frac{1}{2}$　　绕组系数 $K_{dp}=0.957$

总线圈数 $Q=30$　　绕组极距 $\tau=7\frac{1}{2}$　　线圈节距 $y=5、7、9$

线圈组数 $u=12$　　每槽电角 $\alpha=24°$

2. 嵌线方法　　本例是单层庶极布线，故宜用整嵌法嵌线。嵌线一般先嵌多圈组，即先把 3 圈组嵌入相应槽内，完成后再把双圈组嵌于面，从而使绕组端部构成双平面结构。具体嵌线顺序见表 2.5.11。

表 2.5.11　整嵌法

嵌线顺序		1	2	3	4	5	6	7	8	9	10	11	12	13	14	15	16	17	18	19	20
槽号	下平面	3	8	2	9	1	10	53	58	52	59	51	60	43	48	42	49	41	50	33	38
	上平面																				
嵌线顺序		21	22	23	24	25	26	27	28	29	30	31	32	33	34	35	36	37	38	39	40
槽号	下平面	32	39	31	40	23	28	22	29	21	30	13	18	12	19	11	20				
	上平面																	7	14	6	15
嵌线顺序		41	42	43	44	45	46	47	48	49	50	51	52	53	54	55	56	57	58	59	60
槽号	下平面																				
	上平面	57	4	56	5	47	54	46	55	37	44	36	45	27	34	26	35	17	24	16	25

3. 绕组特点与应用　　本例是单层同心交叉式绕组，故由三联和双联同心线圈构成。每相有 4 组线圈，按同相相邻同极性安排庶极；而本绕组为两路并联，所以，每相分为两个支路，即每个支路由相邻的三联组和双联组串联而成，并使两个支路并接于电源。本例绕组见用于大容量电机的转子绕组。

2.5.12 *72 槽 8 极（$a=2$）单层同心交叉式绕组

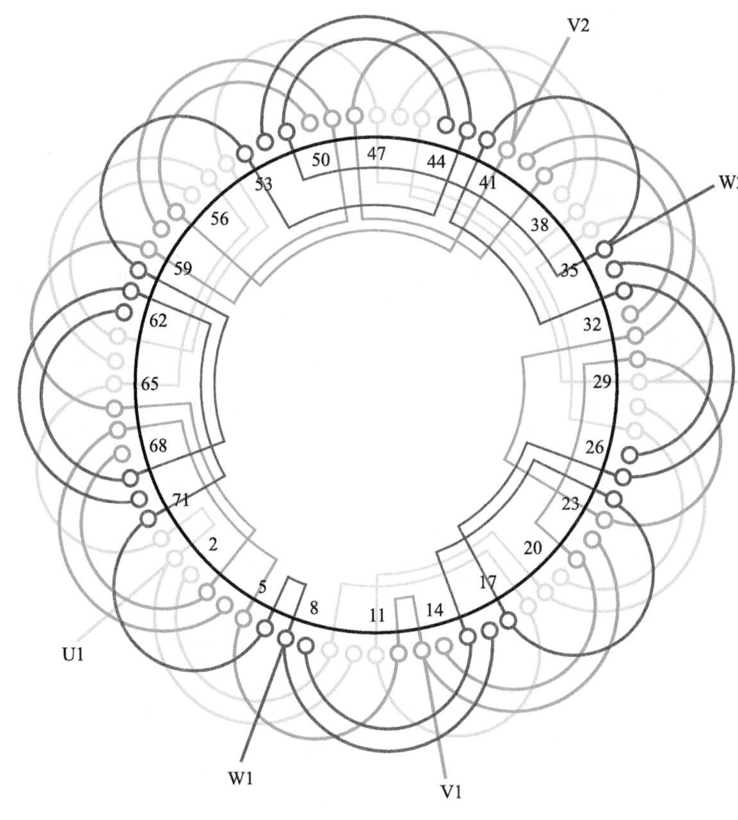

图 2.5.12

1. 绕组结构参数

定子槽数 $Z=72$　每组圈数 $S=1\frac{1}{2}$　并联路数 $a=2$

电机极数 $2p=8$　极相槽数 $q=3$　绕组系数 $K_{dp}=0.989$

总线圈数 $Q=36$　绕组极距 $\tau=9$　线圈节距 $y=7$、9

线圈组数 $u=24$　每槽电角 $\alpha=20°$

2. 嵌线方法　本例是单层绕组，采用显极布线，若采用整嵌法嵌线则绕组端部呈现三平面结构，故一般都用交叠法嵌线，这样可使端部形成较圆滑的喇叭口，有利通风散热。具体嵌线顺序见表 2.5.12。

表 2.5.12　交叠法

嵌线顺序		1	2	3	4	5	6	7	8	9	10	11	12	13	14	15	16	17	18
槽号	沉边	2	1	71	68		67		65		62		61		59		56		55
	浮边					3		4		72		69		70		66		63	
嵌线顺序		19	20	21	22	23	24		…		46	47	48	49	50	51	52	53	54
槽号	沉边		53		50		49		…		26		25		23		20		19
	浮边	64		60		57			…			33		34		30		27	
嵌线顺序		55	56	57	58	59	60	61	62	63	64	65	66	67	68	69	70	71	72
槽号	沉边		17		14		13		10		8		7		5				
	浮边	28		24		21		22		18		15		16		11	9	10	7

3. 绕组特点与应用　本例绕组由单双圈构成，其中双圈是同心线圈，采用两路并联，故每相 8 组线圈分成两个支路，每个支路由 4 个交替分布的单双圈按同相相邻反方向串接；然后再把两个支路并接于电源。此绕组实际应用较少，偶见于国外电机产品。

2.5.13 *72 槽 8 极（$a=4$）单层同心交叉式绕组

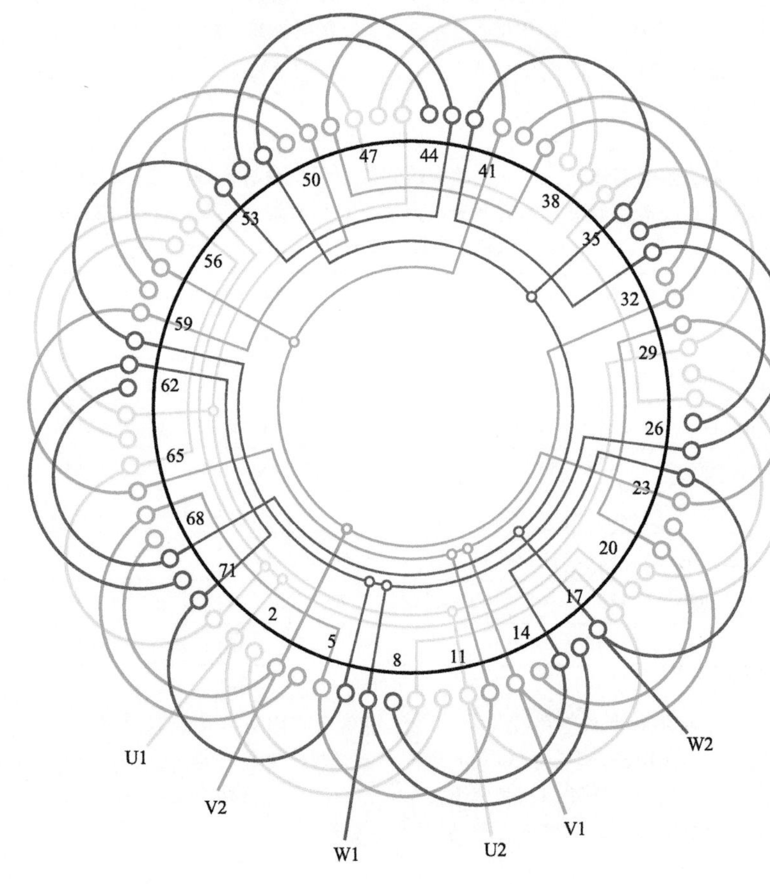

图 2.5.13

1. 绕组结构参数

定子槽数 $Z=72$　　每组圈数 $S=1\frac{1}{2}$　　并联路数 $a=4$

电机极数 $2p=8$　　极相槽数 $q=3$　　线圈节距 $y=7$、9

总线圈数 $Q=36$　　绕组极距 $\tau=9$　　绕组系数 $K_{dp}=0.989$

线圈组数 $u=24$　　每槽电角 $\alpha=20°$

2. 嵌线方法　　本例是单层显极布线绕组，嵌线常用交叠法，即嵌 2 槽，退空 1 槽嵌 1 槽，再退空 2 槽嵌 2 槽，循此嵌入；需吊边数为 3。嵌线顺序见表 2.5.13。

表 2.5.13　交叠法

嵌线顺序		1	2	3	4	5	6	7	8	9	10	11	12	13	14	15	16	17	18
槽号	沉边	2	1	71	68		67		65		62		61		59		56		55
	浮边					3		4		72		69		70		66		63	

嵌线顺序		19	20	21	22	23	24	…	46	47	48	49	50	51	52	53	54
槽号	沉边		53		50		49	…	26		25		23		20		19
	浮边	64		60		57		…		33		34		30		27	

嵌线顺序		55	56	57	58	59	60	61	62	63	64	65	66	67	68	69	70	71	72
槽号	沉边		17		14		13		10		8		7		5				
	浮边	28		24		21		22		18		15		16		11	9	10	7

3. 绕组特点与应用　　本例单层同心交叉式绕组采用显极布线，并由单圈组和同心双圈组构成；每相有 8 组线圈，分为 4 个支路，故每个支路由单双圈按相邻反极性串联而成，而 4 个支路则并接于电源。此绕组结构简单，嵌接线也较方便，而且绕组系数也高，但国内极少应用。

第 3 章　三相单双层混合式绕组

单双层混合式绕组简称单双层绕组，其出现大约在 20 世纪 60 年代末。它是以双层短距叠绕组为基础演变而来，即把同槽内同相的上下层线圈边合并成单层线圈，而同槽不同相则保留双层布线，从而构成既有单层又有双层线圈的混合式绕组。

构成单双层的必要条件是短距，但又不能超短距，因此，其线圈节距必须满足：

$$\tau > y > (\tau - q + 1)$$

单双层绕组是一种性能较优的绕组型式，它既保留了双层短距，能改善磁场波形，又可削减谐波，提高起动性能，降低附加损耗等，此外，还使槽满率得到改善；绕组用线长度能有效缩短而节省线材；如果应用于转子绕组还有利于散热而降低温升。其主要不足是从单一规格线圈变成多种尺寸线圈，而且还要嵌入单双层，给嵌绕增加了难度而不利于工效的提高。所以在标准系列(包括 Y 系列)产品中尚未被采用。然而，发现近年的单双层绕组电机在增加。究其原因，主要是由于铜价上涨所致。一些小厂为生存计，不得不选用工艺难度较大的绕组，以换取节省材料来降低成本。而部分有能力的修理者也只得增加技术难度来提高收益。由此而将单双层绕组推向实用。

单双层绕组布线 A、B 类之分，源于单相正弦绕组，为减少总线圈数，又在 A 类的基础上演变出同心交叉的布线。

一、绕组结构参数

总线圈数：它包括双层和单层线圈的总和，与线圈节距平均值有关，即线圈节距缩短越少，则单层大线圈数越多，而总线圈数越少。

显极　$Q = 2pmS$

庶极　$Q = pmS$

极相槽数：电动机一相绕组在极距内所占槽数

$$q = Z/2pm$$

每组圈数：是指一组线圈包括单、双层线圈数之和，即 $S = S_{单} + S_{双}$，其中 $S_{单}$ 是组内单层线圈数；$S_{双}$ 为组内双层线圈数。

线圈组数：指三相绕组包含线圈组的总数

显极　$u = 2pm$

庶极　$u = pm$

绕组极距：计算同 2.1 节。

绕组节距：它有两种表示形式：

y 是同心线圈组中，线圈的实际节距；

y_p 是同心线圈组的平均节距，也是单双层绕组演变前，双叠绕组的线圈节距。

绕组系数：根据线圈平均节距计算。

二、绕组特点

1）它具有双层叠绕可选用短节距线圈的特点而获得较好的电磁性能；

2）单双层绕组平均匝长小于相应的双层绕组，可节省铜线，降低附加损耗，提高效率；

3）线圈数较双层绕组少，且同心线圈端部交叠少，嵌绕方便；

4）单双层线圈匝数不等，大小线圈分布复杂而给布线接线带来一定困难。

三、绕组嵌线

单双层混合式绕组只能采用交叠式嵌线，嵌线一般规律为：逐个先嵌小圈($S_{双}$)的下层边，后退再嵌($S_{单}$)大圈沉边，嵌完一组向后退空 $S_{单}$ 槽，再嵌另一组小圈下层边、大圈沉边。循此嵌线，直至完成。

四、绕组接线

绕组有显极和庶极布线，接线同其他单层绕组。

3.1 三相单双层 2 极绕组布线接线图

单双层绕组与双层叠式绕组对应的技术性能基本相同，2 极电动机额定转速接近于 3000r/min，常在排风扇、鼓风机及水泵等高转速机械设备中作为动力之用。本节绕组主要采用 A、B 类布线，共计收入 2 极绕组 19 例。

3.1.1 18 槽 2 极($y_p=8$)单双层混合式(B 类)绕组

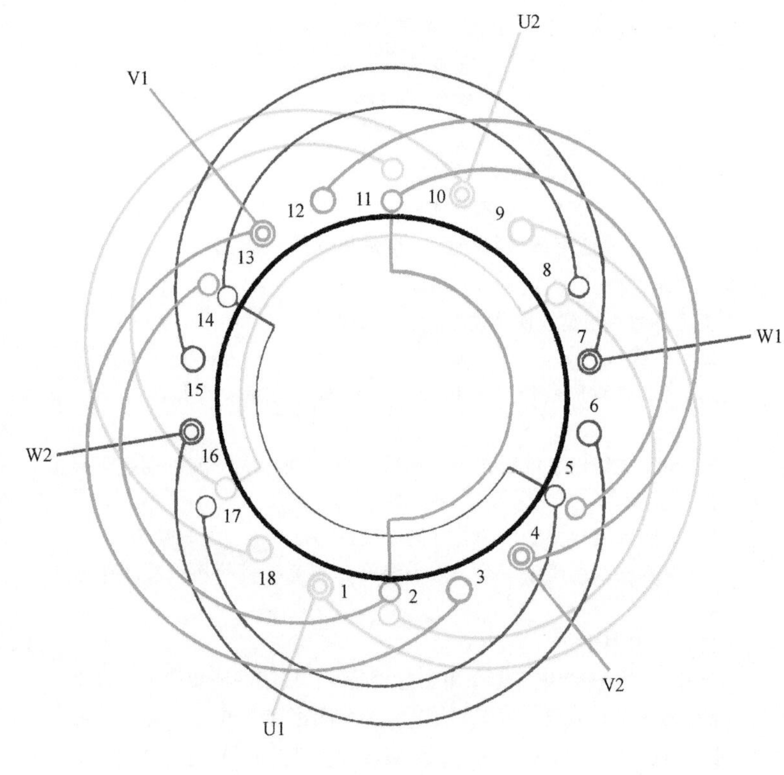

图 3.1.1

1. 绕组结构参数

定子槽数	$Z=18$	每组双圈	$S_{双}=1$	分布系数	$K_d=0.96$
电机极数	$2p=2$	极相槽数	$q=3$	节距系数	$K_p=0.985$
总线圈数	$Q=12$	绕组极距	$\tau=9$	绕组系数	$K_{dp}=0.946$
线圈组数	$u=6$	每槽电角	$\alpha=20°$	并联路数	$a=1$
每组单圈	$S_{单}=1$	线圈节距	$y=(1—9)、(2—8)$		

2. 嵌线方法　　嵌线方法是嵌 2 槽、退空 1 槽再嵌 2 槽，交叠嵌线吊边数为 4。嵌线顺序见表 3.1.1。

表 3.1.1　交叠法

嵌线顺序		1	2	3	4	5	6	7	8	9	10	11	12	13	14	15	16	17	18	19	20	21	22	23	24
双层槽号	下层	2		17		14				11				8				5							
	上层						2				17				14				11				8		5
单层槽号	沉边		1		16			13				10				7				4					
	浮边								3				18				15				12	9		6	

3. 绕组特点与应用　　本例是从 $q=3$、$y=8$ 的双层叠式绕组演变而来，每组由大、小各 1 只线圈组成，每相有两组线圈，采用显极接线，即同相组间是“尾与尾”或“头与头”相接。此绕组是单双层混合式应用较多的绕组，在国外进口设备配套压力泵电动机中有应用；国内在 B11 型平板振动器及 Z2D-130 型直联插入式低电压高频振动器等专用电动机中应用。

3.1.2　18 槽 2 极($y_p=9$)单双层混合式(A 类)绕组

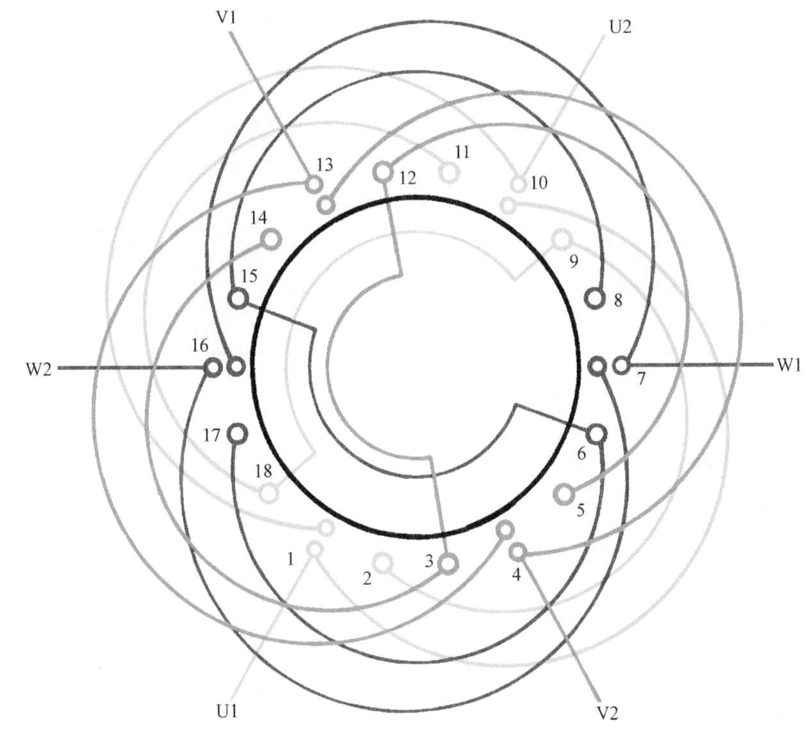

图　3.1.2

1. 绕组结构参数

定子槽数　$Z=18$　每组双圈　$S_{双}=1$　线圈节距　$y=9$、7

电机极数　$2p=2$　极相槽数　$q=3$　分布系数　$k_d=0.96$

总线圈数　$Q=12$　绕组极距　$\tau=9$　节距系数　$K_p=1$

线圈组数　$u=6$　每槽电角　$\alpha=20°$　绕组系数　$K_{dp}=0.96$

每组单圈　$S_{单}=1$　并联路数　$a=1$

2. 嵌线方法　采用交叠法嵌线，嵌线时是先嵌两槽，退空 1 槽嵌 1 槽，再退 1 槽嵌两槽，需吊边 4 个。嵌线顺序见表 3.1.2。

表 3.1.2　交叠法

嵌线顺序		1	2	3	4	5	6	7	8	9	10	11	12	13	14	15	16	17	18
槽号	下层	2	1	17	16	14		13	11		10		8		7		5		4
	上层						3			18		1		15		16		12	
嵌线顺序		19	20	21	22	23	24												
槽号	下层																		
	上层	13	10	9	7	6	4												

3. 绕组特点与应用　本例是单双层混合式绕组，由于每组中最大节距线圈为双层布线，故称“A 类”。它是由 $q=3$、$y=9$ 的全距双叠绕组演变而来，故其总线圈数要比双叠绕组减少 1/3，即每相由两组双圈反极性串联而成。此绕组仅用作单双层 A 类示例。

3.1.3　24 槽 2 极（$y_p=10$）单双层混合式（B 类）绕组

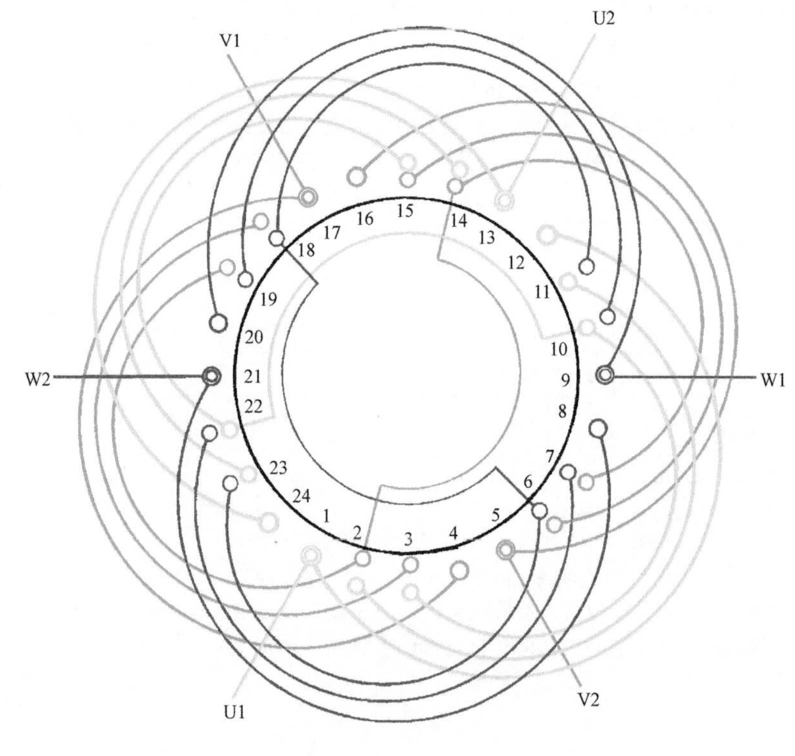

图　3.1.3

1. 绕组结构参数

定子槽数　$Z=24$　　每组双圈　$S_{双}=2$　　分布系数　$K_d=0.958$

电机极数　$2p=2$　　极相槽数　$q=4$　　节距系数　$K_p=0.966$

总线圈数　$Q=18$　　绕组极距　$\tau=12$　　绕组系数　$K_{dp}=0.925$

线圈组数　$u=6$　　每槽电角　$\alpha=15°$　　并联路数　$a=1$

每组单圈　$S_{单}=1$　　线圈节距　$y=(1—12)、(2—11、3—10)$

2. 嵌线方法　　绕组采用交叠法嵌线，吊边数为 6；嵌线时先嵌 3 槽，退空 1 槽，再嵌 3 槽，以此类推。但所嵌 3 槽是指一组线圈中的两个双层有效边的下层边和一个单层线圈边。嵌线顺序见表 3.1.3。

表 3.1.3　交叠法

嵌线顺序		1	2	3	4	5	6	7	8	9	10	11	12	13	14	15	16	17	18
双层槽号	下层	3	2		23	22		19		18				15		14			
	上层								2		3				22		23		
单层槽号	沉边			1			21					17						13	
	浮边												4						24

嵌线顺序		19	20	21	22	23	24	25	26	27	28	29	30	31	32	33	34	35	36
双层槽号	下层	11		10				7		6									
	上层		18		19				14		15				11	10		7	6
单层槽号	沉边					9						5							
	浮边						20						16	12			8		

3. 绕组特点与应用　　本例采用显极布线，是由 $q=4$、$y=10$ 的双层叠式绕组演变而来，每组由 1 大、2 小线圈组成，每相两组线圈是反极性串联。它除具有原双层叠式短距绕组的优点外，嵌线比相应双叠绕组吊边（10 边）减少 6 边，还有嵌线方便的特点。目前国内应用不多，曾见用于 JO3-160M2-TH 电动机部分厂家产品；国外 AOП2-31-2-X、AOП2-32-2-60 等异步电动机均有应用。

3.1.4 24 槽 2 极($y_p=10, a=2$)单双层混合式(B 类)绕组

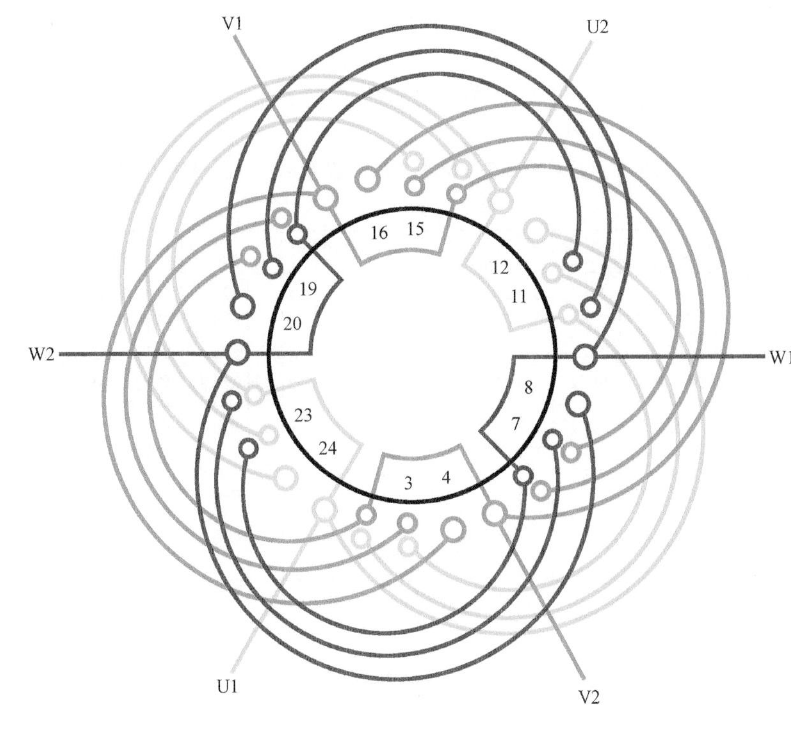

图 3.1.4

1. 绕组结构参数

定子槽数 $Z=24$ 每组圈数 $S=3$ 并联路数 $a=2$

电机极数 $2p=2$ 极相槽数 $q=4$ 线圈节距 $y=11$、9、7

总线圈数 $Q=18$ 绕组极距 $\tau=12$ 绕组系数 $K_{dp}=0.925$

线圈组数 $u=6$ 每槽电角 $\alpha=15°$

2. 嵌线方法 本例采用交叠法嵌线，吊边数为 6。嵌线时先嵌 3 槽，退空 1 槽再嵌 3 槽，以此类推。所嵌 3 槽是指一组线圈中的两个双层有效边下层边和一个单层线圈的沉边。具体嵌线顺序见表 3.1.4。

表 3.1.4 交叠法

嵌线顺序		1	2	3	4	5	6	7	8	9	10	11	12	13	14	15	16	17	18
双层槽号	下层	3	2		23	22		19		18				15		14			
	上层								2		3				22		23		
单层槽号	沉边			1			21					17						13	
	浮边												4						24
嵌线顺序		19	20	21	22	23	24	25	26	27	28	29	30	31	32	33	34	35	36
双层槽号	下层	11		10				7		6									
	上层		18		19				14		15				11	10		7	6
单层槽号	沉边					9						5							
	浮边						20						16	12			8		

3. 绕组特点与应用 本例是由 $y=10$、$q=4$ 的双叠绕组演变而来，每组由 3 个同心线圈构成，每相两组线圈反极性并联。它除具有原双层叠式短距绕组的优点外，因线圈数少 6 个，吊边数也减少 4 边，具有嵌线方便的优点。目前，主要应用于小型绕线式电动机转子绕组。

3.1.5　30 槽 2 极($y_p = 12$)单双层混合式(B 类)绕组

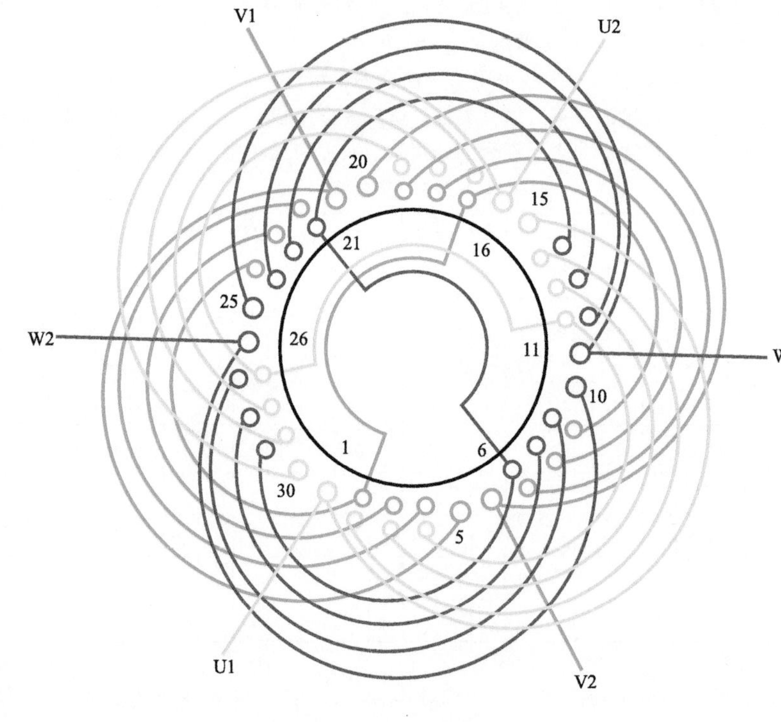

图　3.1.5

1. 绕组结构参数

定子槽数　$Z = 30$　　电机极数　$2p = 2$　　总线圈数　$Q = 24$

线圈组数　$u = 6$　　极相槽数　$q = 5$　　绕组极距　$\tau = 15$

每组单圈　$S_{单} = 1$　　每组双圈　$S_{双} = 3$　　每槽电角　$\alpha = 12°$

并联路数　$a = 1$　　线圈节距　$y = 14$、12、10、8

分布系数　$K_d = 0.975$　　节距系数　$K_p = 0.951$

绕组系数　$K_{dp} = 0.91$

2. 嵌线方法　　采用交叠法嵌线，吊边数为 8。嵌线顺序见表 3.1.5。

表 3.1.5　交叠法

嵌线顺序		1	2	3	4	5	6	7	8	9	10	11	12	13	14	15	16	17	18
槽号	下层	4	3	2	1	29	28	27	26	24		23		22		21		19	
	上层										2		3		4		5		27
嵌线顺序		19	20	21	22	23	24	25	26	27	28	29	30	31	32	33	34	35	36
槽号	下层	18		17		16		14		13		12		11		9		8	
	上层		28		29		30		22		23		24		25		17		18
嵌线顺序		37	38	39	40	41	42	43	44	45	46	47	48						
槽号	下层	7		6															
	上层		19		20	12	13	14	15	7	8	9	10						

3. 绕组特点与应用　　本绕组是由节距 $y = 12$ 的双层叠式绕组演变而来，因节距为偶数，故构成的单双层绕组为 B 类，即最大节距线圈为单层。每相有两组线圈，每组线圈由 4 个线圈连绕而成，其中最大线圈为单层，其余 3 个线圈是双层。本绕组无系列标准，用于实修电动机。

3.1.6 30 槽 2 极（$y_p=12$、$a=2$）单双层混合式（B 类）绕组

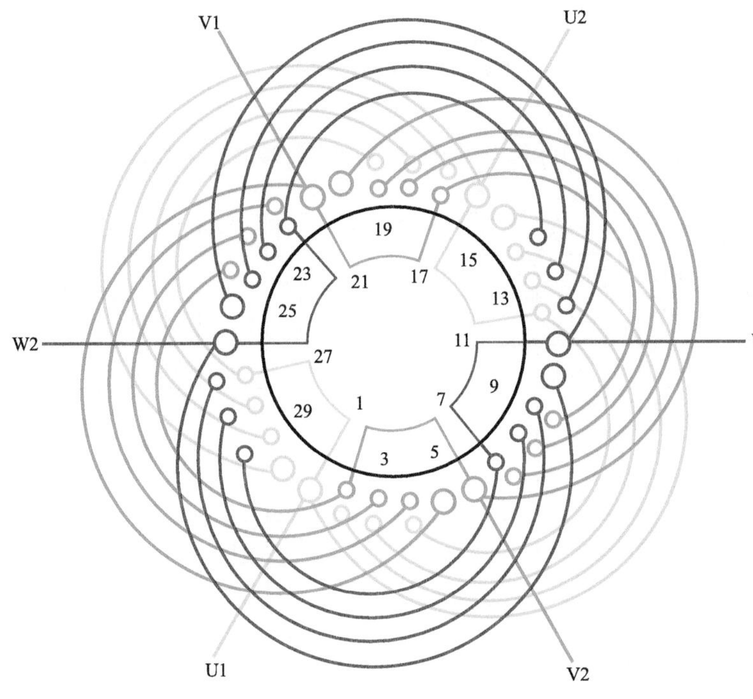

图 3.1.6

1. 绕组结构参数

定子槽数 $Z=30$　　电机极数 $2p=2$　　总线圈数 $Q=24$

线圈组数 $u=6$　　每组单圈 $S_{单}=1$　　每组双圈 $S_{双}=3$

极相槽数 $q=5$　　绕组极距 $\tau=15$　　每槽电角 $\alpha=12°$

并联路数 $a=2$　　线圈节距 $y=14$、12、10、8

分布系数 $K_d=0.975$　　节距系数 $K_p=0.951$

绕组系数 $K_{dp}=0.91$

2. 嵌线方法　　采用交叠法嵌线，吊边数为 8。嵌线顺序见表 3.1.6。

表 3.1.6 交叠法

嵌线顺序		1	2	3	4	5	6	7	8	9	10	11	12	13	14	15	16	17	18
槽号	下层	4	3	2	1	29	28	27	26	24		23		22		21		19	
	上层										2		3		4		5		27
嵌线顺序		19	20	21	22	23	24	25	26	27	28	29	30	31	32	33	34	35	36
槽号	下层	18		17		16		14		13		12		11		9		8	
	上层		28		29		30		22		23		24		25		17		18
嵌线顺序		37	38	39	40	41	42	43	44	45	46	47	48						
槽号	下层	7		6															
	上层		19		20	12	13	14	15	7	8	9	10						

3. 绕组特点与应用　　本绕组与上例都是由 $y=12$ 的双层叠式绕组演变而来，但本例采用两路并联，每相两组线圈极性相反，故使其接线非常简洁；此外，由于它属缩短节距的绕组，故具有消除高次谐波的功能，而且嵌线时吊边数仅为 8，比双叠绕组减少近半，故工艺性也较优。标准系列电动机中无此绕组，本例是根据资料设计而成，以备修理或改绕选用。

3.1.7　30 槽 2 极($y_p=13$)单双层混合式(A 类)绕组

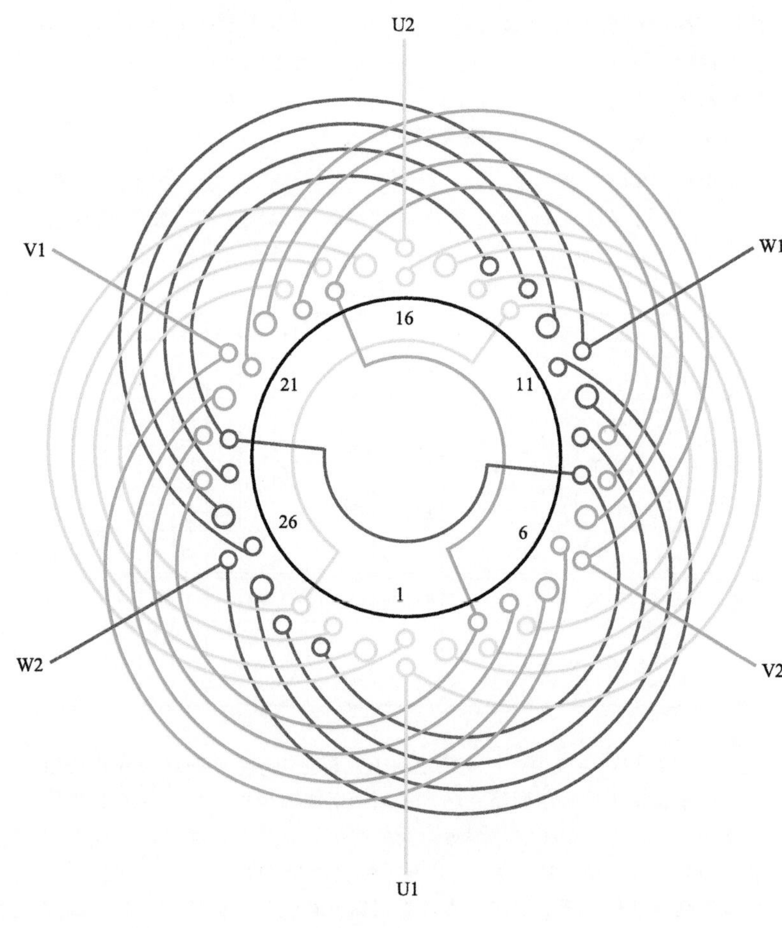

图　3.1.7

1. 绕组结构参数

定子槽数　$Z=30$　　电机极数　$2p=2$　　总线圈数　$Q=24$

线圈组数　$u=6$　　每组单圈　$S_{单}=1$　　每组双圈　$S_{双}=3$

极相槽数　$q=5$　　绕组极距　$\tau=15$　　每槽电角　$\alpha=12°$

并联路数　$a=1$　　线圈节距　$y=15、13、11、9$

分布系数　$K_d=0.957$　　节距系数　$K_p=0.978$

绕组系数　$K_{dp}=0.936$

2. 嵌线方法　　采用交叠法嵌线，吊边数为 8。嵌线顺序见表 3.1.7。

表 3.1.7　交叠法

嵌线顺序		1	2	3	4	5	6	7	8	9	10	11	12	13	14	15	16	17	18
槽号	下层	4	3	2	1	29	28	27	26	24		23		22		21	19		18
	上层										3		4		5			28	
嵌线顺序		19	20	21	22	23	24	25	26	27	28	29	30	31	32	33	34	35	36
槽号	下层		17		16		14		13		12		11		9		8		7
	上层	29		30		1		23		24		25		26		18		19	
嵌线顺序		37	38	39	40	41	42	43	44	45	46	47	48						
槽号	下层		6																
	上层	20		21	13	14	15	16	8	9	10	11	6						

3. 绕组特点与应用　　本例是由 $y=13$ 的双叠绕组演变而来，由于节距为奇数，故其构成的单双层绕组的最大线圈为双层布线，属 A 类。绕组为显极布线，每相由两组同心线圈组成，其中单层线圈为第 2 大节距，每组仅有 1 个大线圈，其匝数是双层线圈的 2 倍。此绕组具有短距绕组的优点，嵌线吊边数要比同节距双叠绕组少，故其工艺性优于双叠绕组。系列产品无此绕组，本例取自实修数据。

3.1.8　30 槽 2 极($y_p=13$、$a=2$)单双层混合式(A 类)绕组

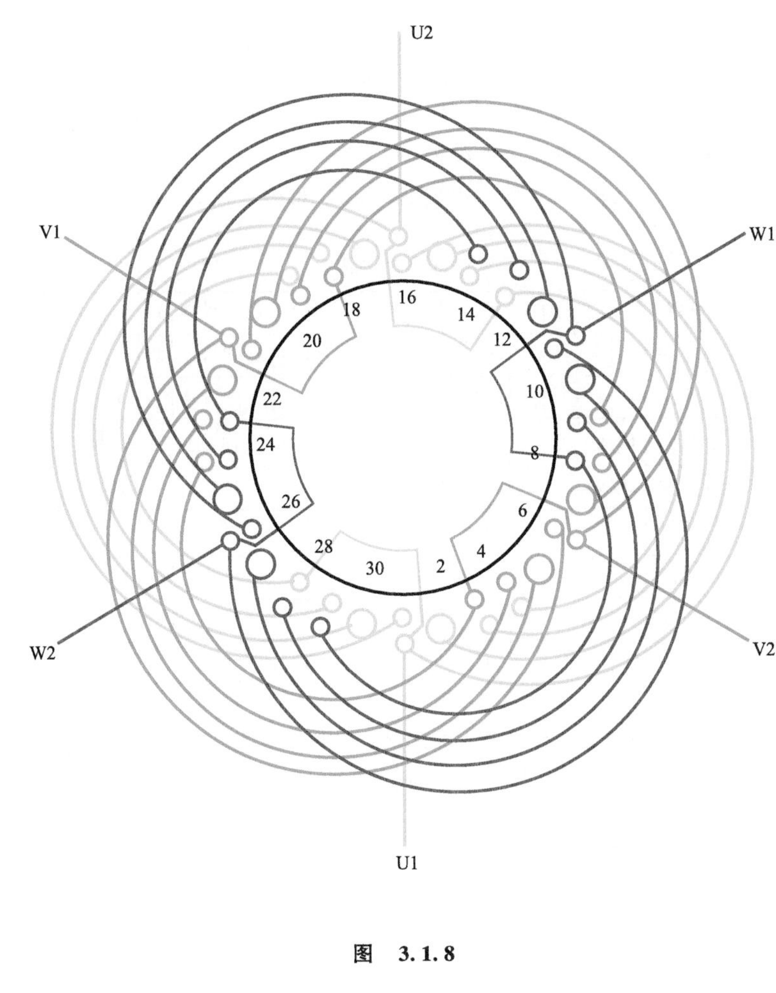

图　3.1.8

1. 绕组结构参数

定子槽数　$Z=30$　　电机极数　$2p=2$　　总线圈数　$Q=24$

线圈组数　$u=6$　　极相槽数　$q=5$　　每组单圈　$S_{单}=1$

每组双圈　$S_{双}=3$　　绕组极距　$\tau=15$　　每槽电角　$\alpha=12°$

并联路数　$a=2$　　线圈节距　$y=15$、13、11、9

分布系数　$K_d=0.957$　　节距系数　$K_p=0.978$

绕组系数　$K_{dp}=0.936$

2. 嵌线方法　　绕组采用交叠法嵌线，吊边数为 8。嵌线顺序见表 3.1.8。

表 3.1.8　交叠法

嵌线顺序		1	2	3	4	5	6	7	8	9	10	11	12	13	14	15	16	17	18
槽号	下层	4	3	2	1	29	28	27	26	24		23		22		21	19		18
	上层										3		4		5			28	
嵌线顺序		19	20	21	22	23	24	25	26	27	28	29	30	31	32	33	34	35	36
槽号	下层		17		16		14		13		12		11		9		8		7
	上层	29		30		1		23		24		25		26		18		19	
嵌线顺序		37	38	39	40	41	42	43	44	45	46	47	48						
槽号	下层		6																
	上层	20		21	13	14	15	16	8	9	10	11	6						

3. 绕组特点与应用　　本例是显极布线，绕组特点与上例相同，但采用两路并联。每相有两组同心线圈，每组由 3 个双层布线的半槽线圈和 1 个单层线圈构成，其中双层线圈的匝数为单层线圈的一半。因是 A 类安排，最大节距线圈是双层，而次大节距线圈为单层。本绕组仍属短距绕组，其工艺性优于双层叠式。但标准系列中无此规格，用于实修电动机。

3.1.9 36 槽 2 极($y_p=15$)单双层混合式(A 类)绕组

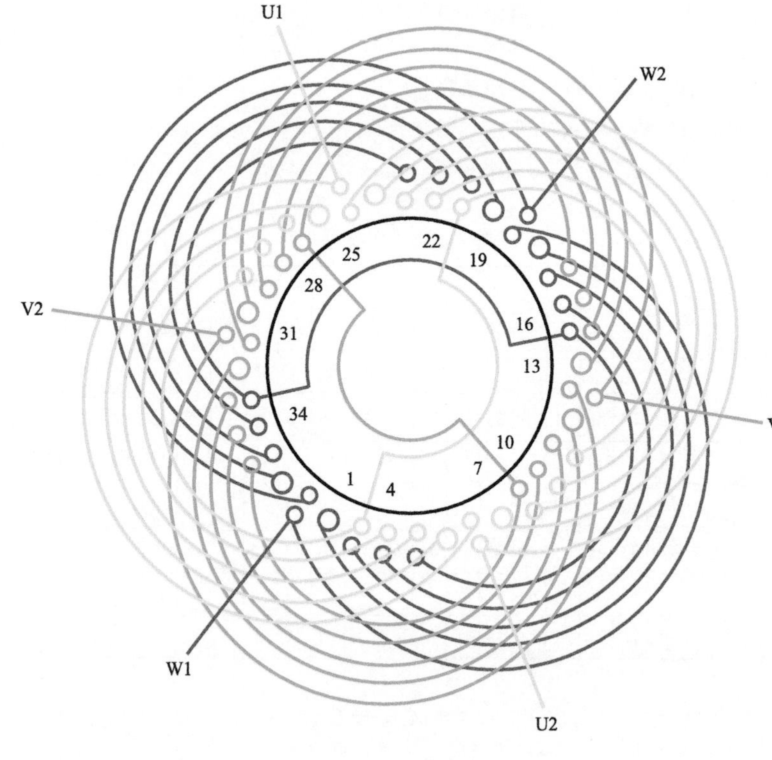

图 3.1.9

1. 绕组结构参数

定子槽数 $Z=36$　　电机极数 $2p=2$　　总线圈数 $Q=30$

线圈组数 $u=6$　　每组圈数 $S=5$　　极相槽数 $q=6$

绕组极距 $\tau=18$　　线圈节距 $y=18$、16、14、12、10

并联路数 $a=1$　　每槽电角 $\alpha=10°$　　分布系数 $K_d=0.956$

节距系数 $K_p=0.966$　　绕组系数 $K_{dp}=0.923$

2. 嵌线方法　本例采用交叠法嵌线，吊边数为 10。嵌线顺序见表 3.1.9。

表 3.1.9 交叠法

嵌线顺序		1	2	3	4	5	6	7	8	9	10	11	12	13	14	15	16	17	18
槽号	下层	5	4	3	2	1	35	34	33	32	31	29		28		27		26	
	上层												3		4		5		6
嵌线顺序		19	20	21	22	23	24	25	26	27	28	···		37	38	39	40	41	42
槽号	下层	25	23		22		21		20		19	···			13		11		10
	上层			33		34		35		36		···		30		31		21	
嵌线顺序		43	44	45	46	47	48	49	50	51	52	53	54	55	56	57	58	59	60
槽号	下层		9		8		7												
	上层	22		23		24		25	7	9	10	11	12	13	15	16	17	18	19

3. 绕组特点与应用　本例绕组由五联线圈组构成，每相有两组线圈，按同相相邻反向串联而成。此绕组单层线圈不多，全绕组仅缩减 6 个线圈。其是根据 $y=15$ 的 2 极双层叠式绕组演变而来，故适合于这种规格的双叠绕组改绕单双层。

3.1.10　36 槽 2 极($y_p=15$、$a=2$)单双层混合式(A 类)绕组

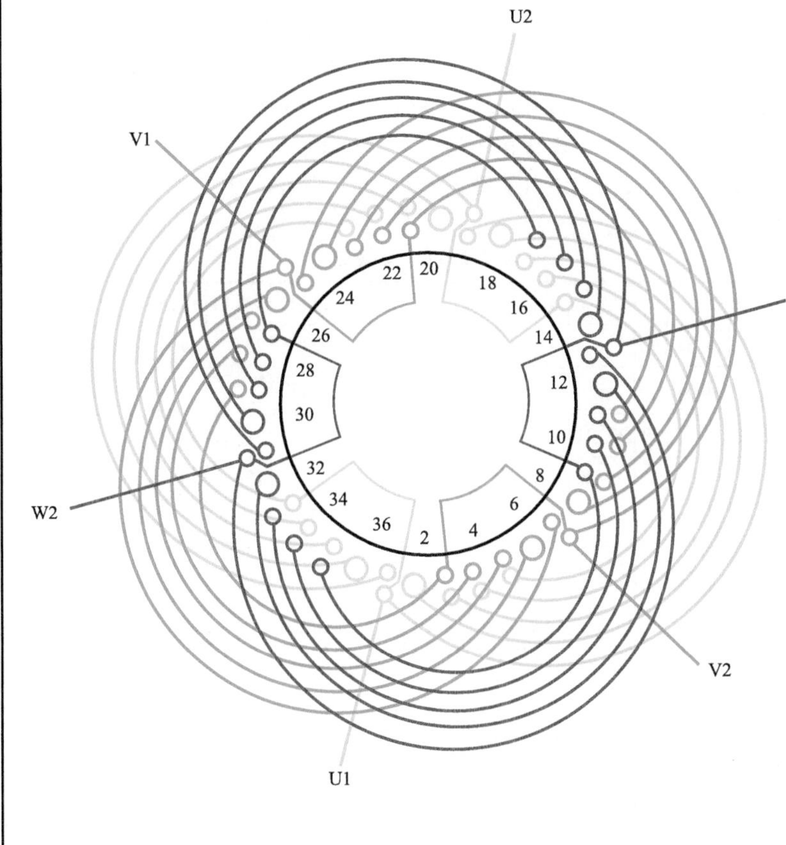

图　3.1.10

1. 绕组结构参数

定子槽数　$Z=36$　　电机极数　$2p=2$　　总线圈数　$Q=30$

线圈组数　$u=6$　　每组圈数　$S=5$　　极相槽数　$q=6$

绕组极距　$\tau=18$　　线圈节距　$y=18$、16、14、12、10

并联路数　$a=2$　　每槽电角　$\alpha=10°$　　分布系数　$K_d=0.956$

节距系数　$K_p=0.966$　　绕组系数　$K_{dp}=0.923$

2. 嵌线方法　　绕组采用交叠法嵌线，吊边数为 10。嵌线顺序见表 3.1.10。

表 3.1.10　交叠法

嵌线顺序		1	2	3	4	5	6	7	8	9	10	11	12	13	14	15	16	17	18
槽号	下层	5	4	3	2	1	35	34	33	32	31	29		28		27		26	
	上层												3		4		5		6
嵌线顺序		19	20	21	22	23	24	25	26	27	28	…		37	38	39	40	41	42
槽号	下层	25	23		22		21		20		19	…			13		11		10
	上层			33		34		35		36		…		30		31		21	
嵌线顺序		43	44	45	46	47	48	49	50	51	52	53	54	55	56	57	58	59	60
槽号	下层		9		8		7												
	上层	22		23		24		25	7	9	10	11	12	13	15	16	17	18	19

3. 绕组特点与应用　　本例由 $y=15$、$a=2$ 的双叠绕组演变而来，由于原绕组节距较短，故每组只有 1 个单层线圈，且绕组系数较低。绕组采用两路并联，因此每相两组线圈为反极性并联。此绕组适用于相同规格的双叠绕组改绕单双层。

3.1.11 36 槽 2 极($y_p=16$)单双层混合式(B 类)绕组

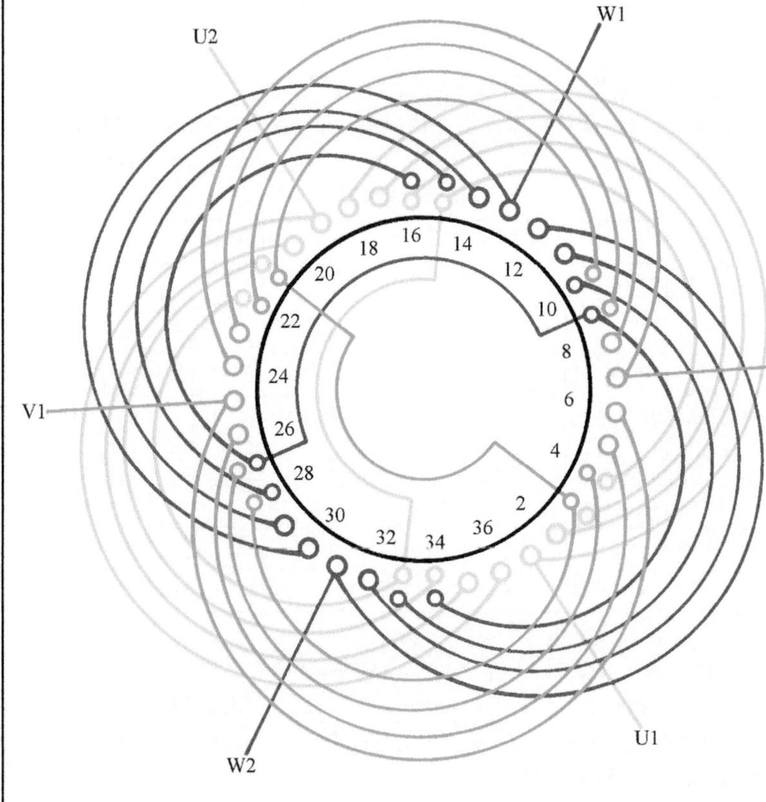

图 3.1.11

1. 绕组结构参数

定子槽数	$Z=36$	每组双圈	$S_{双}=2$	分布系数	$K_d=0.956$
电机极数	$2p=2$	极相槽数	$q=6$	节距系数	$K_p=0.985$
总线圈数	$Q=24$	绕组极距	$\tau=18$	绕组系数	$K_{dp}=0.942$
线圈组数	$u=6$	每槽电角	$\alpha=10°$	并联路数	$a=1$
每组单圈	$S_{单}=2$	线圈节距	$y=17$、15、13、11		

2. 嵌线方法　绕组采用交叠法嵌线，吊边数为 8。嵌线顺序见表 3.1.11。

表 3.1.11 交叠法

嵌线顺序		1	2	3	4	5	6	7	8	9	10	11	12	13	14	15	16	17	18
槽号	下层	4	3	2	1	34	33	32	31	28		27		26		25		22	
	上层										3		4		5		6		33
嵌线顺序		19	20	21	22	23	24	25	26	27	28	29	30	31	32	33	34	35	36
槽号	下层	21		20		19		16		15		14		13		10		9	
	上层		34		35		36		27		28		29		30		21		22
嵌线顺序		37	38	39	40	41	42	43	44	45	46	47	48						
槽号	下层	8		7															
	上层		23		24	18	17	16	15	12	11	10	9						

3. 绕组特点与应用　本例是由 $y=16$ 的双层叠式绕组演变而来的单双层绕组，因 $y<\tau$，构成绕组的大线圈为单层，属 B 类。绕组采用显极布线，每组由两个单层圈和两个双层圈组成，两组反极性线圈构成一相绕组。此绕组具有短距绕组的优点，而嵌线吊边数可比双叠减少 8 边，故具有吊边数少，而使嵌线方便的优点。主要应用实例有 JO2L-72-2 电动机。

3.1.12　36 槽 2 极（$y_p=16$、$a=2$）单双层混合式（B 类）绕组

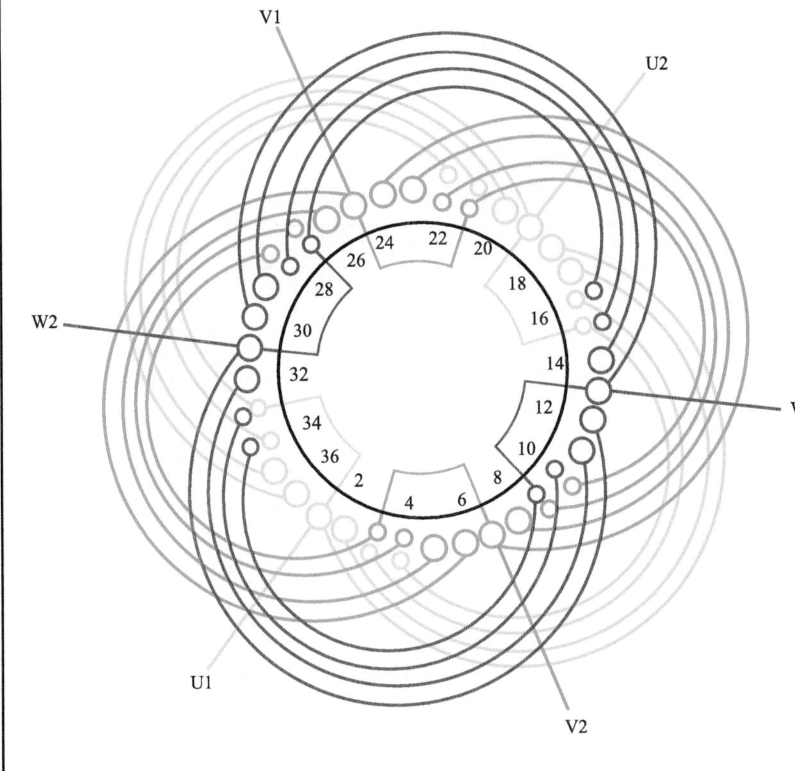

图　3.1.12

1. 绕组结构参数

定子槽数　$Z=36$　　每组双圈　$S_{双}=2$　　分布系数　$K_d=0.956$

电机极数　$2p=2$　　极相槽数　$q=6$　　节距系数　$K_p=0.985$

总线圈数　$Q=24$　　绕组极距　$\tau=18$　　绕组系数　$K_{dp}=0.942$

线圈组数　$u=6$　　每槽电角　$\alpha=10°$　　并联路数　$a=2$

每组单圈　$S_{单}=2$　　线圈节距　$y=(1—18、2—17)、(3—16、4—15)$

2. 嵌线方法　本例采用交叠法嵌线，嵌线是先嵌 2 小、2 大线圈边，退空 2 槽后再嵌 2 小、2 大边，以此类推。吊边数为 8。嵌线顺序见表 3.1.12。

表 3.1.12　交叠法

嵌线顺序		1	2	3	4	5	6	7	8	9	10	11	12	13	14	15	16	17	18	19	20	21	22	23	24
双层槽号	下层	4	3			34	33			28		27						22		21					
	上层										3		4						33		34				
单层槽号	沉边			2	1			32	31					26		25						20		19	
	浮边														5		6						35		36
嵌线顺序		25	26	27	28	29	30	31	32	33	34	35	36	37	38	39	40	41	42	43	44	45	46	47	48
双层槽号	下层	16		15						10		9													
	上层		27		28						21		22							16	15			10	9
单层槽号	沉边					14		13						8		7									
	浮边						29		30						23		24	18	17			12	11		

3. 绕组特点与应用　本例为两路并联，显极式布线，是由 $q=6$、$y=16$ 的双层叠式绕组演变而来，每组由 2 大、2 小线圈组成，每相两组线圈反向并联，使两组电流方向相反。绕组除具有相应短距叠绕的优点外，嵌线吊边数也较之减少 8 边，嵌线也比双叠绕组方便。主要应用实例有 JO2L-71-2 电动机。

3.1.13　36 槽 2 极($y_p=17$)单双层混合式(A 类)绕组

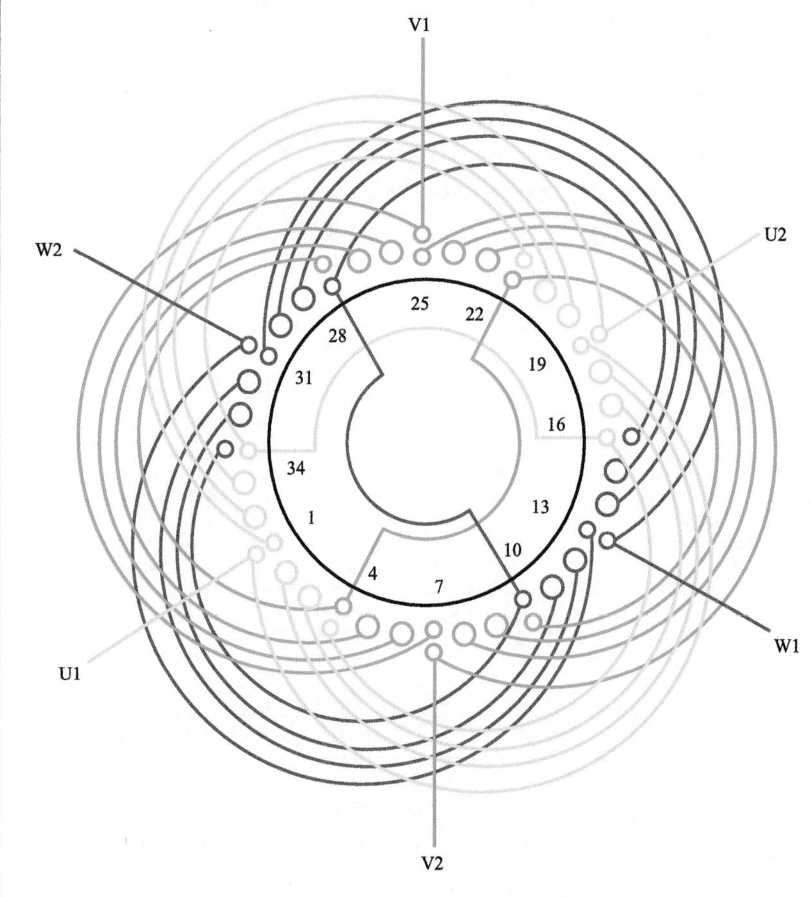

图　3.1.13

1. 绕组结构参数

定子槽数　$Z=36$　　电机极数　$2p=2$　　总线圈数　$Q=24$

线圈组数　$u=6$　　每组圈数　$S=4$　　极相槽数　$q=6$

绕组极距　$\tau=18$　　线圈节距　$y=18$、16、14、12

并联路数　$a=1$　　每槽电角　$\alpha=10°$　　分布系数　$K_d=0.956$

节距系数　$K_p=0.996$　　绕组系数　$K_{dp}=0.952$

2. 嵌线方法　　采用交叠法嵌线，需吊边数为 8，但整嵌 3 个线圈后再留一个附加吊边，以后整嵌。嵌线顺序见表 3.1.13。

表 3.1.13　交叠法

嵌线顺序		1	2	3	4	5	6	7	8	9	10	11	12	13	14	15	16	17	18
槽号	下层	4	3	2	1	34	33	32	31	28		27		26		25	22		21
	上层										4		5		6			34	
嵌线顺序		19	20	21	22	23	24	25	26	27	28	29	30	31	32	33	34	35	36
槽号	下层		20		19		16		15		14		13		10		9		8
	上层	35		36		1		28		29		30		31		22		23	
嵌线顺序		37	38	39	40	41	42	43	44	45	46	47	48						
槽号	下层		7																
	上层	24		25	7	16	17	18	19	10	11	12	13						

3. 绕组特点与应用　　本例由 $y=17$ 的双叠绕组演变而来，线圈总数较双叠绕组缩减 1/3，是 36 槽 2 极电动机绕组结构及性能都比较好的型式之一。每组由 4 个线圈串成，其中两只为单层大线圈，其余两个是半槽（双层）线圈。绕组适用于相应规格电动机改绕。

3.1.14　36 槽 2 极($y_p=17$、$a=2$)单双层混合式(A 类)绕组

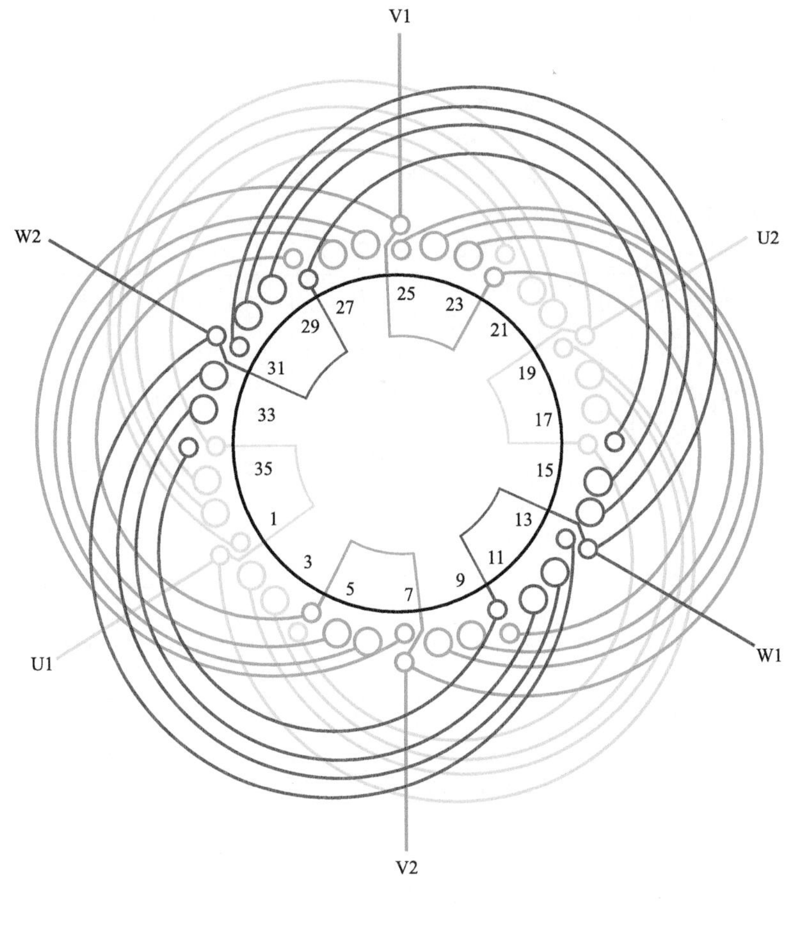

图　3.1.14

1. 绕组结构参数

定子槽数　$Z=36$　　电机极数　$2p=2$　　总线圈数　$Q=24$

线圈组数　$u=6$　　每组圈数　$S=4$　　极相槽数　$q=6$

绕组极距　$\tau=18$　　线圈节距　$y=18$、16、14、12

并联路数　$a=2$　　每槽电角　$\alpha=10°$　　分布系数　$K_d=0.956$

节距系数　$K_p=0.996$　　绕组系数　$K_{dp}=0.952$

2. 嵌线方法　　本例采用交叠法嵌线，吊边数为 8。嵌线顺序见表 3.1.14。

表 3.1.14　交叠法

嵌线顺序		1	2	3	4	5	6	7	8	9	10	11	12	13	14	15	16	17	18
槽号	下层	4	3	2	1	34	33	32	31	28		27		26		25	22		21
	上层										4		5		6			34	
嵌线顺序		19	20	21	22	23	24	25	26	27	28	29	30	31	32	33	34	35	36
槽号	下层		20		19		16		15		14		13		10		9		8
	上层	35		36		1		28		29		30		31		22		23	
嵌线顺序		37	38	39	40	41	42	43	44	45	46	47	48						
槽号	下层		7																
	上层	24		25	7	16	17	18	19	10	11	12	13						

3. 绕组特点与应用　　本例绕组由单双层线圈构成，每相有两组线圈，每组由两只单层和两个双层线圈顺串而成。因是两路接法，故每相两组线圈接成反向并联。其余可参看上例。

3.1.15　42 槽 2 极($y_p=18$、$a=2$)单双层混合式(B 类)绕组

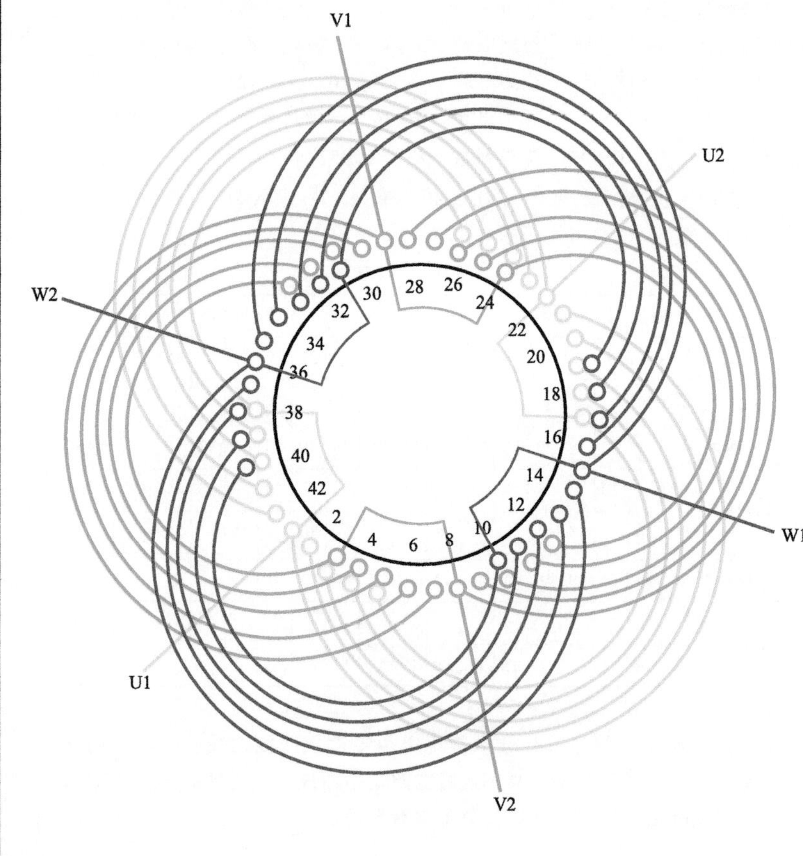

图　3.1.15

1. 绕组结构参数

定子槽数　$Z=42$　　每组双圈　$S_{双}=3$　　分布系数　$K_d=0.955$

电机极数　$2p=2$　　极相槽数　$q=7$　　节距系数　$K_p=0.977$

总线圈数　$Q=30$　　绕组极距　$\tau=21$　　绕组系数　$K_{dp}=0.93$

线圈组数　$u=6$　　每槽电角　$\alpha=8°35'$　　并联路数　$a=2$

每组单圈　$S_{单}=2$　　线圈节距　$y=(1—21、2—20)、(3—19、4—18、5—17)$

2. 嵌线方法　　绕组采用交叠法嵌线，吊边数为 10。嵌线顺序见表 3.1.15。

表 3.1.15　交叠法

嵌线顺序		1	2	3	4	5	6	7	8	9	10	11	12	13	14	15	16	17	18	19	20
双层槽号	下层	5	4	3			40	39	38			33		32		31					
	上层												3		4		5				
单层槽号	沉边				2	1				37	36							30		29	
	浮边																		6		7
嵌线顺序		21	22	23	24	25	26	27	28	29	30	31	32	33	34	35	36	37	38	39	40
双层槽号	下层	26		25		24						19		18		17					
	上层		38		39		40						31		32		33				
单层槽号	沉边							23		22								16		15	
	浮边								41		42								34		35
嵌线顺序		41	42	43	44	45	46	47	48	49	50	51	52	53	54	55	56	57	58	59	60
双层槽号	下层	12		11		10															
	上层		24		25		26							19	18	17			12	11	10
单层槽号	沉边							9		8											
	浮边								27		28	21	20				14	13			

3. 绕组特点与应用　　本例由 $q=7$、$y=18$ 的双层叠式绕组演变而来，每组由 2 个大线圈和 3 个小线圈组成。绕组采用显极布线，两路并联，同相两组线圈极性相反。应用实例见于 JO2L-93-8 型异步电动机。

3.1.16　42 槽 2 极($y_p=19$、$a=2$)单双层混合式(A 类)绕组

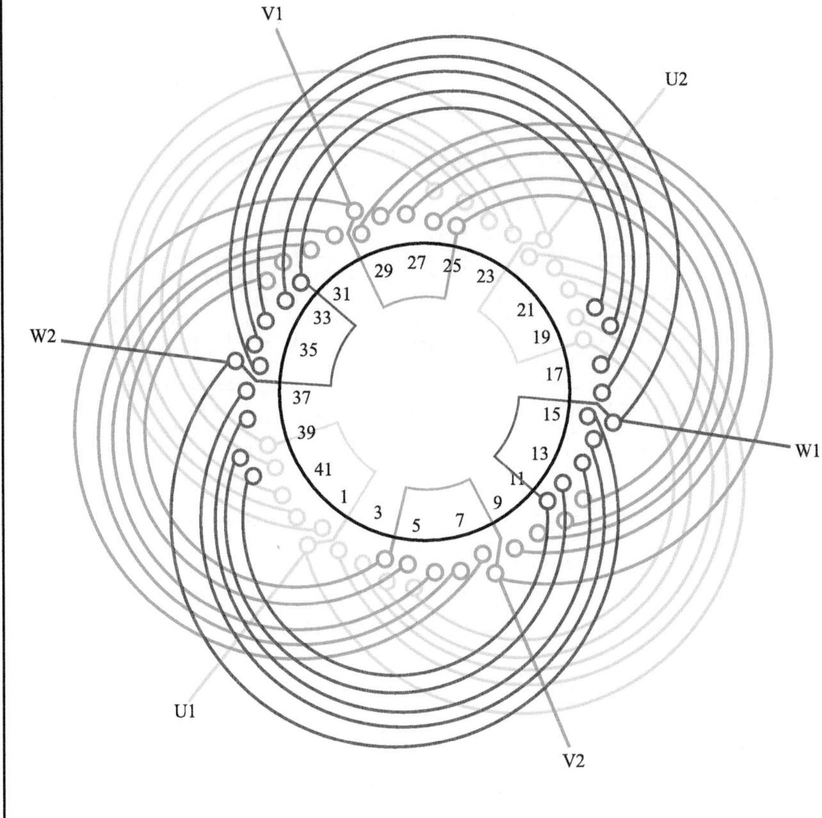

图　3.1.16

1. 绕组结构参数

定子槽数　$Z=42$　　电机极数　$2p=2$　　总线圈数　$Q=30$

线圈组数　$u=6$　　每组圈数　$S=5$　　极相槽数　$q=7$

绕组极距　$\tau=21$　　线圈节距　$y=21$、19、17、15、14

并联路数　$a=2$　　每槽电角　$\alpha=8.57°$　　分布系数　$K_d=0.956$

节距系数　$K_p=0.989$　　绕组系数　$K_{dp}=0.945$

2. 嵌线方法　　绕组采用交叠法嵌线，吊边数为 10。嵌线顺序见表 3.1.16。

表 3.1.16　交叠法

嵌线顺序		1	2	3	4	5	6	7	8	9	10	11	12	13	14	15	16	17	18
槽号	下层	5	4	3	2	1	40	39	38	37	36	33		32		31		30	
	上层												4		5		6		7
嵌线顺序		19	20	21	22	23	24	25	26	27	28	…		37	38	39	40	41	42
槽号	下层	29	26		25		24		23		22	…			15		12		11
	上层			39		40		41		42		…		35		36		25	
嵌线顺序		43	44	45	46	47	48	49	50	51	52	53	54	55	56	57	58	59	60
槽号	下层		10		9		8												
	上层	26		27		28		29	8	11	12	13	14	15	18	19	20	21	22

3. 绕组特点与应用　　本例是由 $y=19$ 的双层叠式绕组演变而来，每组由 2 个单层线圈和 3 个双层线圈组成，是 42 槽 2 极单双层 A 类绕组中结构最简单且性能较好的方案。此绕组适用于相应规格的绕组改绕单双层。

3.1.17 42 槽 2 极($y_p=20$、$a=2$)单双层混合式(B 类)绕组

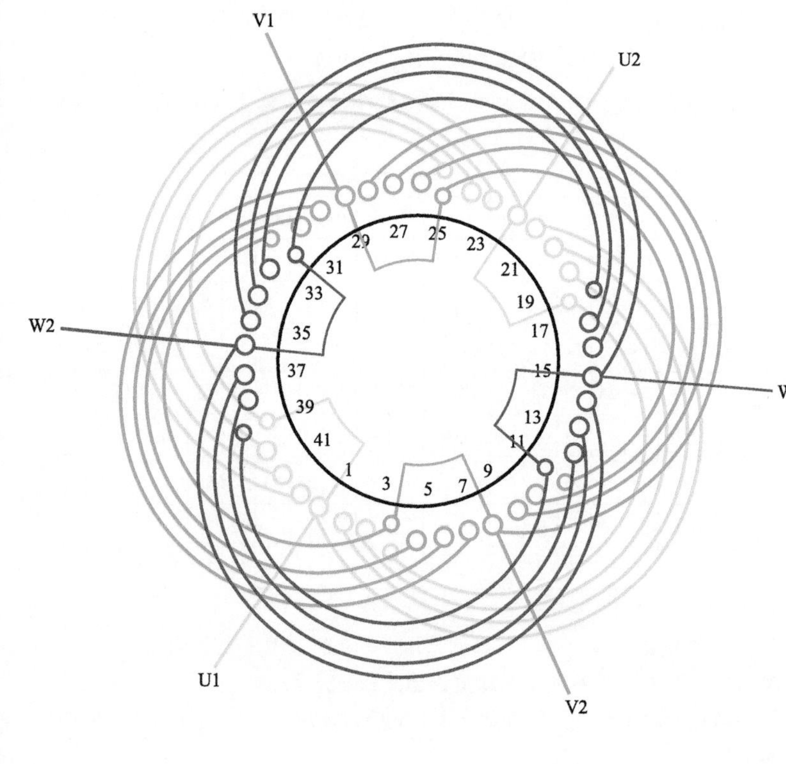

图 3.1.17

1. 绕组结构参数

定子槽数 $Z=42$　电机极数 $2p=2$　总线圈数 $Q=24$

线圈组数 $u=6$　每组圈数 $S=4$　极相槽数 $q=7$

绕组极距 $\tau=21$　线圈节距 $y=20$、18、16、14

并联路数 $a=2$　每槽电角 $\alpha=8.57°$　分布系数 $K_d=0.956$

节距系数 $K_p=0.997$　绕组系数 $K_{dp}=0.953$

2. 嵌线方法　绕组采用交叠法嵌线，吊边数为 8。嵌线顺序见表 3.1.17。

表 3.1.17 交叠法

嵌线顺序		1	2	3	4	5	6	7	8	9	10	11	12	13	14	15	16	17	18
槽号	下层	4	3	2	1	39	38	37	36	32		31		30		29		25	
	上层										4		5		6		7		39
嵌线顺序		19	20	21	22	23	24	25	26	27	28	29	30	31	32	33	34	35	36
槽号	下层	24		23		22		18		17		16		15		11		10	
	上层		40		41		42		32		33		34		35		25		26
嵌线顺序		37	38	39	40	41	42	43	44	45	46	47	48						
槽号	下层	9		8															
	上层		27		28	18	19	20	21	11	12	13	14						

3. 绕组特点与应用　本例是由 $y=20$ 的双层叠式绕组演变而来，每组由 4 个线圈组成，其中 3 个是单层线圈，1 个是双层线圈；总线圈数较双层减少 18 个，减少量超过原双层的 1/3。其属于绕组结构最简单、绕组系数最高的绕组型式。本绕组适用于相应规格电动机改绕单双层。

3.1.18　48 槽 2 极（$y_p=22$、$a=2$）单双层混合式（B 类）绕组

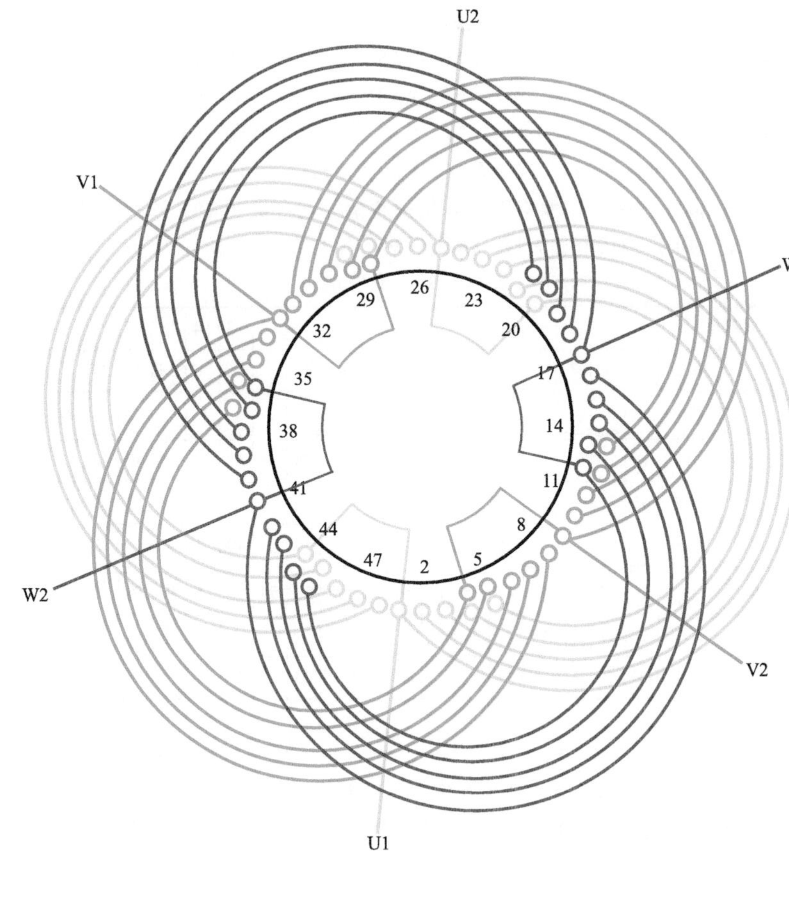

图　3.1.18

1. 绕组结构参数

定子槽数	$Z=48$	每组双圈	$S_{双}=2$	分布系数	$K_d=0.955$
电机极数	$2p=2$	极相槽数	$q=8$	节距系数	$K_p=0.991$
总线圈数	$Q=30$	绕组极距	$\tau=24$	绕组系数	$K_{dp}=0.946$
线圈组数	$u=6$	每槽电角	$\alpha=7°30'$	并联路数	$a=2$
每组单圈	$S_{单}=3$	线圈节距	$y=$(1—24、2—23、3—22)、(4—21、5—20)		

2. 嵌线方法　　采用交叠法嵌线，吊边数为 10。嵌线顺序见表 3.1.18。

表 3.1.18　交叠法

嵌线顺序		1	2	3	4	5	6	7	8	9	10	11	12	13	14	15	16	17	18	19	20
双层	下层	5	4				45	44				37		36							
槽号	上层												4		5						
单层	沉边			3	2	1			43	42	41					35		34		33	
槽号	浮边																6		7		8
嵌线顺序		21	22	23	24	25	26	27	28	29	30	31	32	33	34	35	36	37	38	39	40
双层	下层	29		28								21		20							
槽号	上层		44		45								36		37						
单层	沉边					27		26		25						19		18		17	
槽号	浮边						46		47		48						38		39		40
嵌线顺序		41	42	43	44	45	46	47	48	49	50	51	52	53	54	55	56	57	58	59	60
双层	下层	13		12																	
槽号	上层		28		29										21	20				13	12
单层	沉边					11		10		9											
槽号	浮边						30		31		32	24	23	22			16	15	14		

3. 绕组特点与应用　　本例由 $q=8$、$y=22$ 的双层叠式绕组演变而来，每组由 3 个大线圈和 2 个小线圈组成。每相两组线圈反极性并联成两路。应用实例有 JO2L-93-2 电动机。

3.1.19 48 槽 2 极($y_p = 23$、$a = 2$)单双层混合式(A 类)绕组

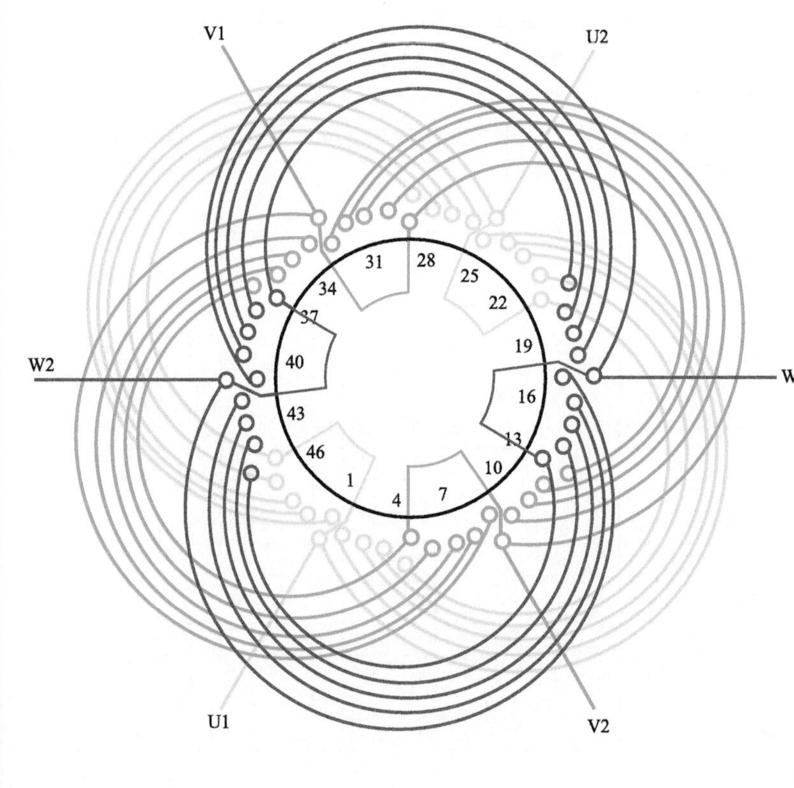

图 3.1.19

1. 绕组结构参数

定子槽数 $Z = 48$　　电机极数 $2p = 2$　　总线圈数 $Q = 30$

线圈组数 $u = 6$　　每组圈数 $S = 5$　　极相槽数 $q = 8$

绕组极距 $\tau = 24$　　线圈节距 $y = 24$、22、20、18、16

并联路数 $a = 2$　　每槽电角 $\alpha = 7.5°$　　分布系数 $K_d = 0.956$

节距系数 $K_p = 0.998$　　绕组系数 $K_{dp} = 0.954$

2. 嵌线方法　　本例嵌线采用交叠法,吊边数为 10,即嵌完第 2 组线圈的下层边后开始整嵌。嵌线顺序见表 3.1.19。

表 3.1.19 交叠法

嵌线顺序		1	2	3	4	5	6	7	8	9	10	11	12	13	14	15	16	17	18
槽号	下层	5	4	3	2	1	45	44	43	42	41	37		36		35		34	
	上层												5		6		7		8
嵌线顺序		19	20	21	22	23	24	25	26	…		35	36	37	38	39	40	41	42
槽号	下层	33	29		28		27		26	…			18		17		13		12
	上层			45		46		47		…		39		40		41		29	
嵌线顺序		43	44	45	46	47	48	49	50	51	52	53	54	55	56	57	58	59	60
槽号	下层		11		10		9												
	上层	30		31		32		33	9	21	22	23	24	25	13	14	15	16	17

3. 绕组特点与应用　　绕组由 $y = 23$、$a = 2$ 的双层叠式绕组演变而来,是本规格中结构最简单的绕组,每组有 3 个单层线圈,使总线圈数缩减超过双叠绕组的 1/3,而且绕组系数较高。适合此规格定子选用绕制单双层绕组。

3.2　三相单双层 4 极绕组布线接线图

作为动力源，使用最多的是 4 极电动机，其额定转速略低于 1500r/min。在绕组结构上，当极数增加一倍而每极相槽数则减少一半，构成单双层绕组的条件受到限制，故从数量上应少于 2 极绕组，但毕竟 4 极电动机的规格比 2 极多，所以，总体而言，4 极电动机单双层绕组未必少于 2 极。本节收入布线接线图 20 例。

3.2.1　30 槽 4 极($y_p=7$)单双层混合式(同心交叉布线)绕组

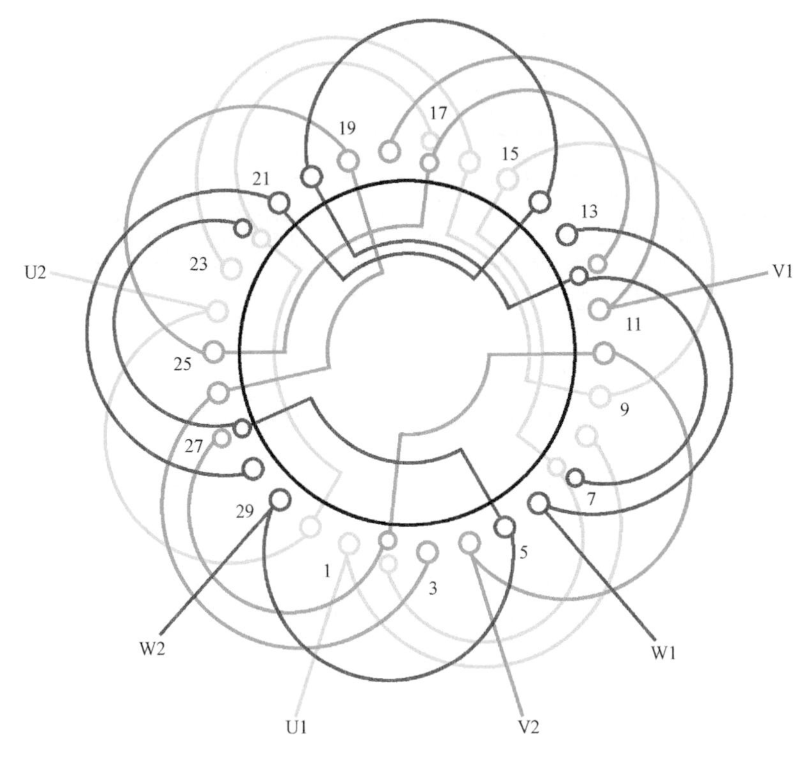

图　3.2.1

1. 绕组结构参数

定子槽数　$Z=30$　每组圈数　$S=1\frac{1}{2}$　并联路数　$a=1$

电机极数　$2p=4$　极相槽数　$q=2\frac{1}{2}$　线圈节距　$y=7$、6、5

总线圈数　$Q=18$　每槽电角　$\alpha=24°$　分布系数　$K_d=0.957$

线圈组数　$u=12$　绕组极距　$\tau=7\frac{1}{2}$　节距系数　$K_p=0.994$

绕组系数　$K_{dp}=0.951$

2. 嵌线方法　本绕组采用交叠法嵌线，需吊边数为 3。嵌线顺序见表 3.2.1。

表 3.2.1　交叠法

嵌线顺序		1	2	3	4	5	6	7	8	9	10	11	12	13	14	15	16	17	18
槽号	下层	2	1	29	27		26		24		22		21		19		17		16
	上层					2		3		30		27		28		25		22	
嵌线顺序		19	20	21	22	23	24	25	26	27	28	29	30	31	32	33	34	35	36
槽号	下层		14		12		11		9		7		6		4				
	上层	23		20		17		18		15		12		13		10	7	8	5

3. 绕组特点与应用　本例绕组由同心双圈和单圈构成单双层，它既有普通单双层的特点，又有交叉绕组的特色，故标题为“同心交叉”单双层；此外每组大线圈安排为单层，故属“B 类”。此例采用显极布线，接线时必须使同相相邻线圈组极性相反。因总线圈数比双叠减少超过 1/3，故利于嵌绕。可作为 $y=7$ 的双叠绕组的替代型式。

3.2.2 32 槽 4 极($y_p=7$)单双层混合式(非正规 A 类)绕组

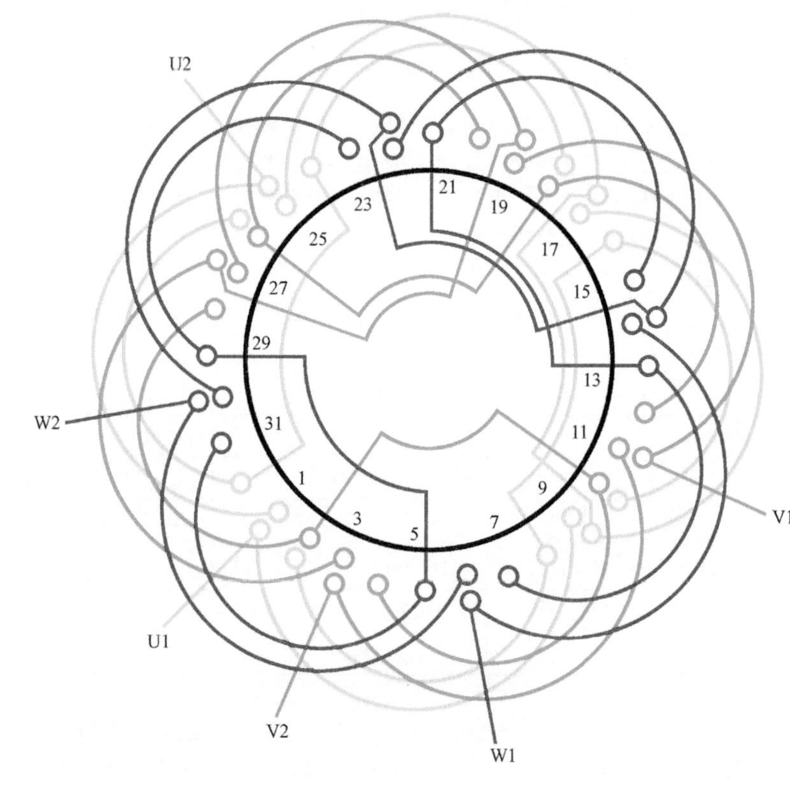

图 3.2.2

1. 绕组结构参数

定子槽数 $Z=32$　每组圈数 $S=2$　并联路数 $a=1$

电机极数 $2p=4$　极相槽数 $q=2\frac{2}{3}$　线圈节距 $y=8$、6

总线圈数 $Q=24$　绕组极距 $\tau=8$　绕组系数 $K_{dp}=0.974$

线圈组数 $u=12$　每槽电角 $\alpha=22.5°$

2. 嵌线方法　绕组采用交叠法嵌线，为了简化制表，特将单层线圈的沉边称为“下层”，浮边称为“上层”。绕组嵌线顺序见表 3.2.2。

表 3.2.2 交叠法

嵌线顺序		1	2	3	4	5	6	7	8	9	10	11	12	13	14	15	16	17
槽号	下层	4	3	2	1	31		30	28		27		26		25		23	
	上层						5			2		3		32		1		29
嵌线顺序		18	19	20	21	22	23	24	25	26	27	28	29	30	31	32	33	34
槽号	下层	22		20		19		18		17		15		14		12		11
	上层		30		26		27		24		25		21		22		18	
嵌线顺序		35	36	37	38	39	40	41	42	43	44	45	46	47	48			
槽号	下层		10		9		7		6									
	上层	19		16		17		13		14	10	11	8	9	6			

3. 绕组特点与应用　32 槽定子是单相电动机专用，由单相改三相是无法按正规要求安排绕组的，因此本例采用单双层同心布线也属非正规安排。由图可见，在 W 相中的 4 个小线圈本可嵌入满槽匝数，但为满足三相平衡，也只好安排半槽匝数，即全部线圈均为半槽线圈，所以铁心利用率很低。此外，由于各槽匝数不均，也会对磁场产生影响而导致电磁效果较差，慎用。

3.2.3 36 槽 4 极($y_p=8$)单双层混合式(B 类)绕组

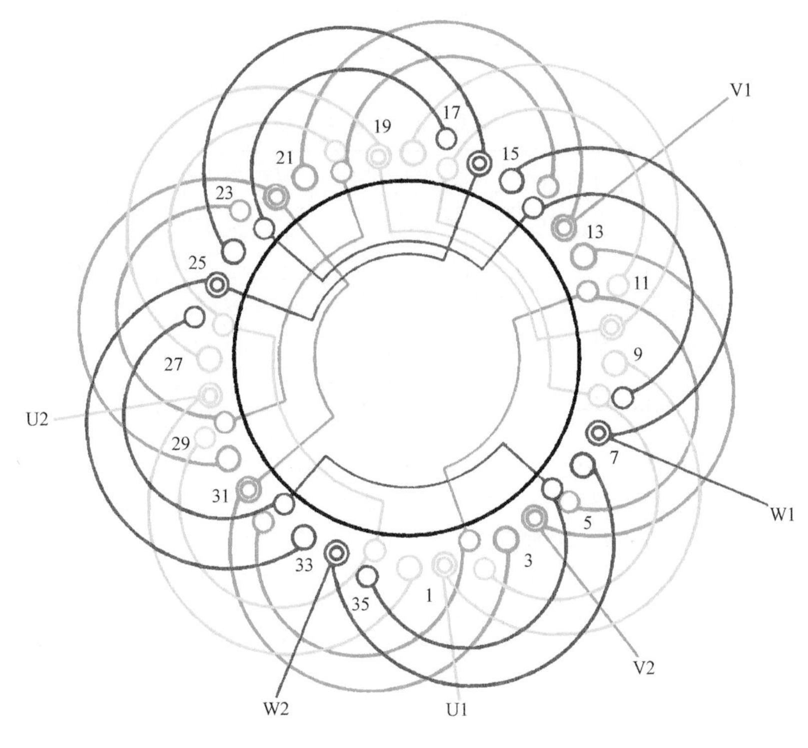

图 3.2.3

1. 绕组结构参数

定子槽数 $Z=36$　每组双圈 $S_{双}=1$　分布系数 $K_d=0.96$

电机极数 $2p=4$　极相槽数 $q=3$　节距系数 $K_p=0.985$

总线圈数 $Q=24$　绕组极距 $\tau=9$　绕组系数 $K_{dp}=0.951$

线圈组数 $u=12$　每槽电角 $\alpha=20°$　并联路数 $a=1$

每组单圈 $S_{单}=1$　线圈节距 $y=1—9$、$2—8$

2. 嵌线方法　本例采用交叠法嵌线，吊边数为 4，嵌线时嵌 2(一小、一大)槽，退空 1 槽再嵌 2 槽。嵌线顺序见表 3.2.3。

表 3.2.3 交叠法

嵌线顺序		1	2	3	4	5	6	7	8	9	10	11	12	13	14	15	16	17	18	19	20	21	22	23	24
双层槽号	下层	2		35		32				29				26				23				20			
	上层						2				35				32				29				26		
单层槽号	沉边		1		34			31				28				25				22				19	
	浮边								3				36				33				30				27
嵌线顺序		25	26	27	28	29	30	31	32	33	34	35	36	37	38	39	40	41	42	43	44	45	46	47	48
双层槽号	下层	17				14				11				8				5							
	上层		23				20				17				14				11				8		5
单层槽号	沉边			16				13				10				7				4					
	浮边				24				21				18				15				12	9		6	

3. 绕组特点与应用　绕组是显极布线，是由 $q=3$、$y=8$ 的双层叠式绕组演变而来，每组由大、小各 1 圈组成，每相 4 个线圈组按正、反、正、反方向串联，即使同相相邻组极性相反。绕组嵌线方便，吊边数减少到双层叠式相应绕组的一半。主要应用实例有部分厂家 JO3-160S-4、JO2-41-4 电动机产品。

3.2.4 36 槽 4 极($y_p=8$、$a=2$)单双层混合式(B 类)绕组

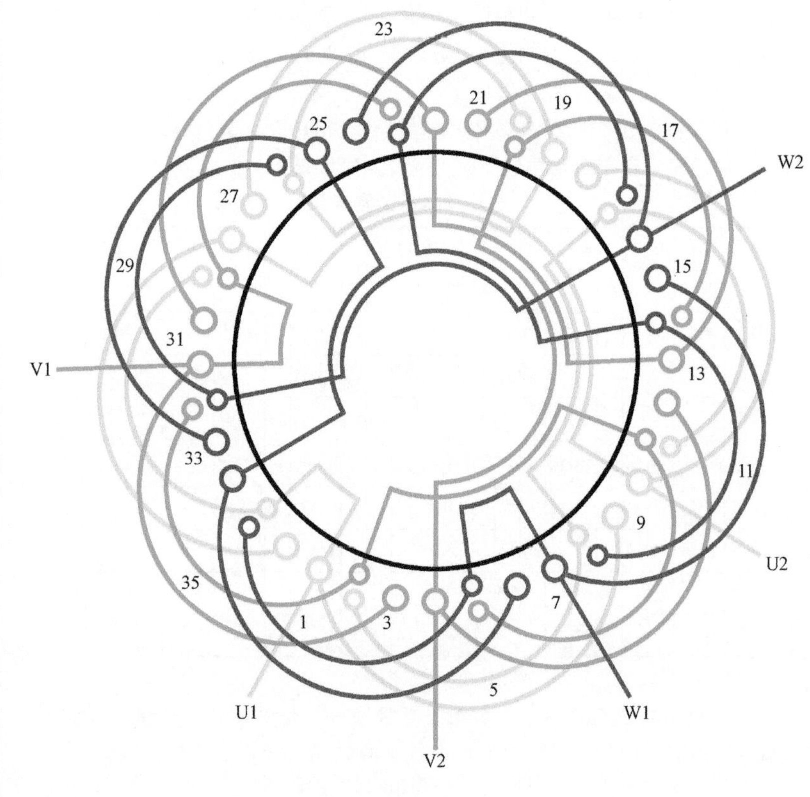

图 3.2.4

1. 绕组结构参数

定子槽数 $Z=36$　每组圈数 $S=2$　并联路数 $a=2$

电机极数 $2p=4$　极相槽数 $q=3$　线圈节距 $y=8$、6

总线圈数 $Q=24$　绕组极距 $\tau=9$　绕组系数 $K_{dp}=0.951$

线圈组数 $u=12$　每槽电角 $\alpha=20°$

2. 嵌线方法　绕组采用交叠法嵌线，吊边数为 4，嵌线规律是嵌 2 槽后退空 1 槽，再嵌 2 槽，以此类推。嵌线顺序见表 3.2.4。

表 3.2.4　交叠法

嵌线顺序		1	2	3	4	5	6	7	8	9	10	11	12	13	14	15	16	17	18	19	20	21	22	23	24
槽号	下层	2	1	35	34	32		31		29		28		26		25		23		22		20		19	
	上层						2		3		35		36		32		33		29		30		26		27
嵌线顺序		25	26	27	28	29	30	31	32	33	34	35	36	37	38	39	40	41	42	43	44	45	46	47	48
槽号	下层	17		16		14		13		11		10		8		7		5		4					
	上层		23		24		20		21		17		18		14		15		11		12	8	9	5	6

3. 绕组特点与应用　本例绕组采用显极布线，是由 $y=8$、$q=3$ 的双层叠式绕组演变而来，每组由同心双圈组成，每相有 4 组线圈，绕组每相分两路，并在进线后按相反方向走线，每一个支路由正、反各一组线圈串联而成，使同相相邻线圈组的极性相反。此绕组嵌线也较方便，吊边数要比双层叠式绕组减少一半。本绕组主要用于绕线式转子，如有厂家在 YR225M1-4 中采用这种型式的绕组。

3.2.5　36 槽 4 极（$y_p=8$、$a=4$）单双层混合式（B 类）绕组

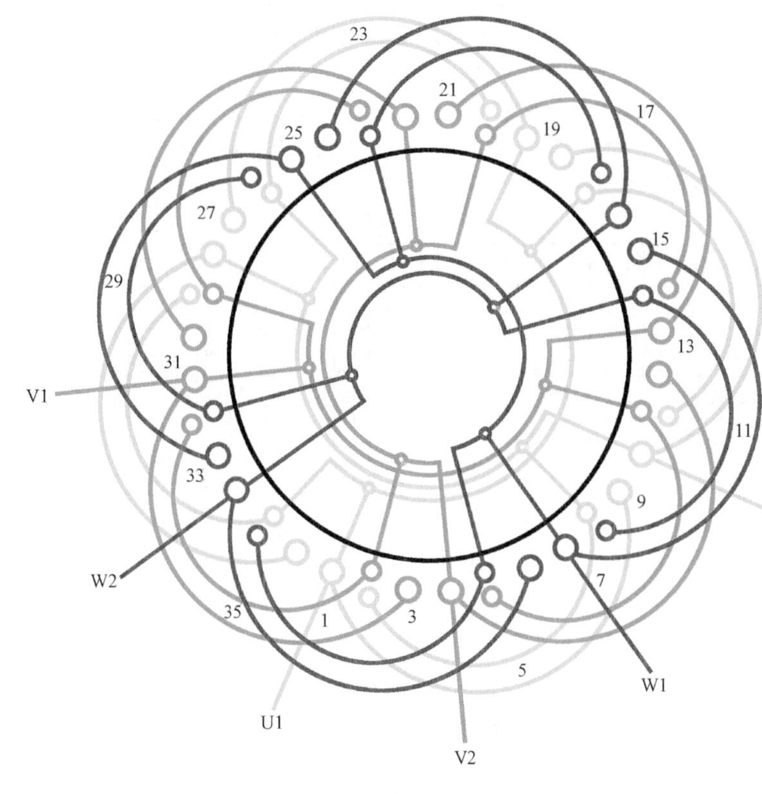

图　3.2.5

1. 绕组结构参数

定子槽数　$Z=36$　　每组圈数　$S=2$　　并联路数　$a=4$

电机极数　$2p=4$　　极相槽数　$q=3$　　线圈节距　$y=8$、6

总线圈数　$Q=24$　　绕组极距　$\tau=9$　　绕组系数　$K_{dp}=0.951$

线圈组数　$u=12$　　每槽电角　$\alpha=20°$

2. 嵌线方法　　本例采用交叠法嵌线，其基本规律是嵌入 2 槽，后退空出 1 槽，然后再嵌 2 槽，如此循环，直至完成。为简化制表，本例把单层线圈的沉边称为“下层”，浮边称为“上层”。嵌线顺序见表 3.2.5。

表 3.2.5　交叠法

嵌线顺序		1	2	3	4	5	6	7	8	9	10	11	12	13	14	15	16	17	18	19	20	21	22	23	24
槽号	下层	2	1	35	34	32		31		29		28		26		25		23		22		20		19	
	上层						2		3		35		36		32		33		29		30		26		27

嵌线顺序		25	26	27	28	29	30	31	32	33	34	35	36	37	38	39	40	41	42	43	44	45	46	47	48
槽号	下层	17		16		14		13		11		10		8		7		5		4					
	上层		23		24		20		21		17		18		14		15		11		12	8	9	5	6

3. 绕组特点与应用　　本绕组与上例相同，但采用 4 路并联接线，即绕组由同心双圈组构成，每一组线圈为一个支路，每相相邻线圈组反方向并联，使极性相反。此绕组是从 $y=8$、$q=3$ 的双层叠式演变而成，它的总线圈数比原来减少 1/3；采用交叠法嵌线时，吊边数减少一半，故嵌线相对较方便。此绕组主要用于改绕，某些厂家在 YR225M2-4 绕线转子三相异步电动机的转子中采用这种型式。

3.2.6　48 槽 4 极（$y_p=10$）单双层混合式（B 类）绕组

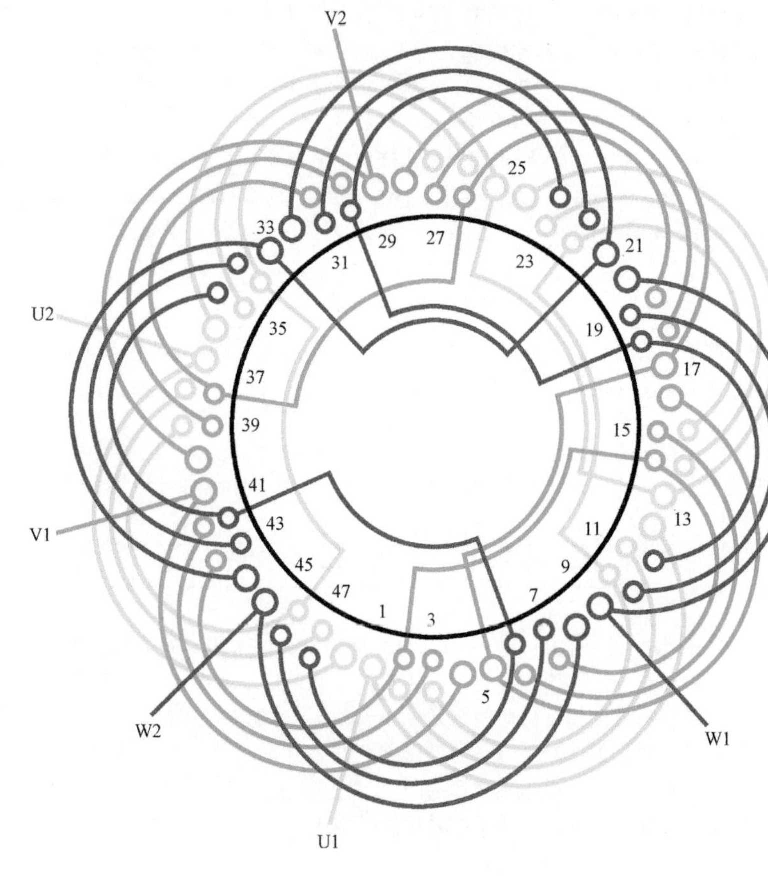

图　3.2.6

1. 绕组结构参数

定子槽数	$Z=48$	每组圈数	$S=3$	并联路数	$a=1$
电机极数	$2p=4$	极相槽数	$q=4$	线圈节距	$y=11、9、7$
总线圈数	$Q=36$	绕组极距	$\tau=12$	绕组系数	$K_{dp}=0.92$
线圈组数	$u=12$	每槽电角	$\alpha=15°$		

2. 嵌线方法　本例采用交叠法嵌线，先嵌入 3 个线圈边，另一边吊起，退空 1 槽后再嵌 3 个线圈边，另一边仍吊起，退空 1 槽后即可整嵌其余线圈。嵌线顺序见表 3.2.6。

表 3.2.6　交叠法

嵌线顺序		1	2	3	4	5	6	7	8	9	10	11	12	13	14	15	16	17	18
槽号	下层	3	2	1	47	46	45	43		42		41		39		38		37	
	上层								2		3		4		46		47		48
嵌线顺序		19	20	21	22	23		···		45	46	47	48	49	50	51	52	53	54
槽号	下层	35		34		33		···		18		17		15		14		13	
	上层		42		43			···			27		28		22		23		24
嵌线顺序		55	56	57	58	59	60	61	62	63	64	65	66	67	68	69	70	71	72
槽号	下层	11		10		9		7		6		5							
	上层		18		19		20		14		15		16	10	11	12	6	7	8

3. 绕组特点与应用　绕组全部由三联同心线圈构成，每相 4 组线圈，按照同相相邻反极性串联成一路。三相结构相同，但在空间相位上互差 120°电角度。此绕组较双叠绕组的线圈数减少 1/3，吊边数也减少 4 边，嵌绕都比较方便。主要应用于某厂家的 YLB160-2-4 电动机。

3.2.7　48 槽 4 极（$y_p=10$、$a=2$）单双层混合式（B 类）绕组

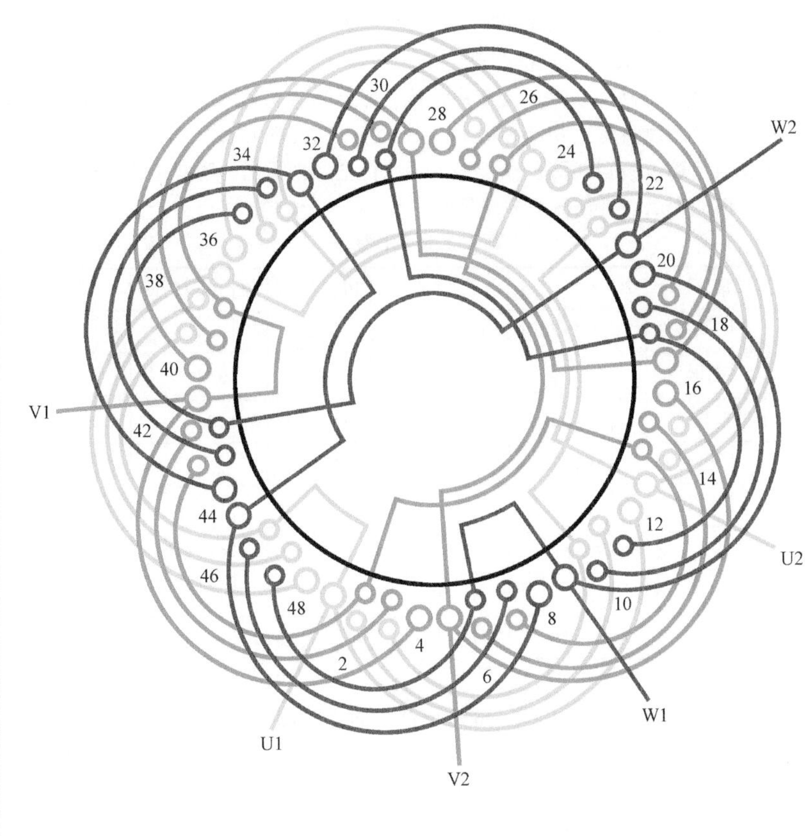

图　3.2.7

1. 绕组结构参数

定子槽数　$Z=48$　　每组圈数　$S=3$　　并联路数　$a=2$

电机极数　$2p=4$　　极相槽数　$q=4$　　线圈节距　$y=11$、9、7

总线圈数　$Q=36$　　绕组极距　$\tau=12$　　绕组系数　$K_{dp}=0.92$

线圈组数　$u=12$　　每槽电角　$\alpha=15°$

2. 嵌线方法　　本例采用交叠法嵌线，首先嵌入 3 个下层边，退空 1 槽再嵌 3 个下层边，再退空 1 槽后开始整嵌各线圈。嵌线顺序见表 3.2.7。

表 3.2.7　交叠法

嵌线顺序		1	2	3	4	5	6	7	8	9	10	11	12	13	14	15	16	17	18
槽号	下层	3	2	1	47	46	45	43		42		41		39		38		37	
	上层								2		3		4		46		47		48
嵌线顺序		19	20	21	…			43	44	45	46	47	48	49	50	51	52	53	54
槽号	下层	35		34	…			19		18		17		15		14		13	
	上层		42		…				26		27		28		22		23		24
嵌线顺序		55	56	57	58	59	60	61	62	63	64	65	66	67	68	69	70	71	72
槽号	下层	11		10		9		7		6		5							
	上层		18		19		20		14		15		16	10	11	12	6	7	8

3. 绕组特点与应用　　本例单双层绕组每相有 4 组线圈，分 2 路接线，每一个支路由相邻两组反极性串联，然后再将其并联构成两路接线。绕组每组有 3 个线圈，其中最大节距的线圈是单层布线，其余两只小线圈则采用双层布线。此绕组总线圈数仅为双叠的 2/3，有利于嵌绕制作。主要应用于 YLB180-1-4 部分电动机产品中。

3.2.8　48 槽 4 极($y_p = 10$、$a = 4$)单双层混合式(B 类)绕组

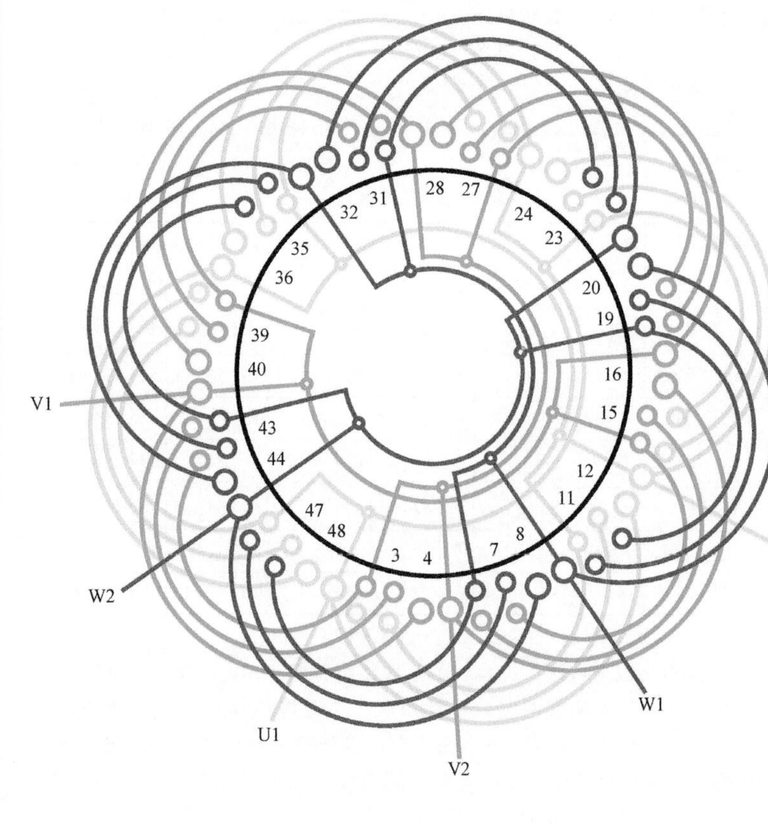

图　3.2.8

1. 绕组结构参数

定子槽数　$Z = 48$　　每组圈数　$S = 3$　　并联路数　$a = 4$

电机极数　$2p = 4$　　极相槽数　$q = 4$　　线圈节距　$y = 11$、9、7

总线圈数　$Q = 36$　　绕组极距　$\tau = 12$　　绕组系数　$K_{dp} = 0.92$

线圈组数　$u = 12$　　每槽电角　$\alpha = 15°$

2. 嵌线方法　　采用交叠法嵌线，需吊边数为 6。嵌至第 7 个线圈时，可将此线圈两边相继嵌入相应槽的上下层(即整嵌)，以后逐个整嵌，当下层边(包括沉边)全部嵌入后，再把原来吊起的线圈边依次嵌入相应槽的上层。具体嵌线顺序见表 3.2.8。

表 3.2.8　交叠法

嵌线顺序		1	2	3	4	5	6	7	8	9	10	11	12	13	14	15	16	17	18
槽号	下层	3	2	1	47	46	45	43		42		41		39		38		37	
	上层								2		3		4		46		47		48
嵌线顺序		19	20	21	22	23		…		45	46	47	48	49	50	51	52	53	54
槽号	下层	35		34		33		…		18		17		15		14		13	
	上层		42		43			…			27		28		22		23		24
嵌线顺序		55	56	57	58	59	60	61	62	63	64	65	66	67	68	69	70	71	72
槽号	下层	11		10		9		7		6		5							
	上层		18		19		20		14		15		16	10	11	12	6	7	8

3. 绕组特点与应用　　本例全部由同心三圈组构成。每相 4 组线圈，并设一侧大线圈为头，另一侧小线圈为尾，则第 1 组头端进线与第 2 组尾端、第 3 组头端、第 4 组尾端并接在一起；其余线圈组也并接在一起作一相尾线。三相接线相同。应用实例有 JLB2-75-4 立式深井泵用异步电动机等。

3.2.9　48 槽 4 极($y_p = 11$)单双层混合式(同心交叉布线)绕组

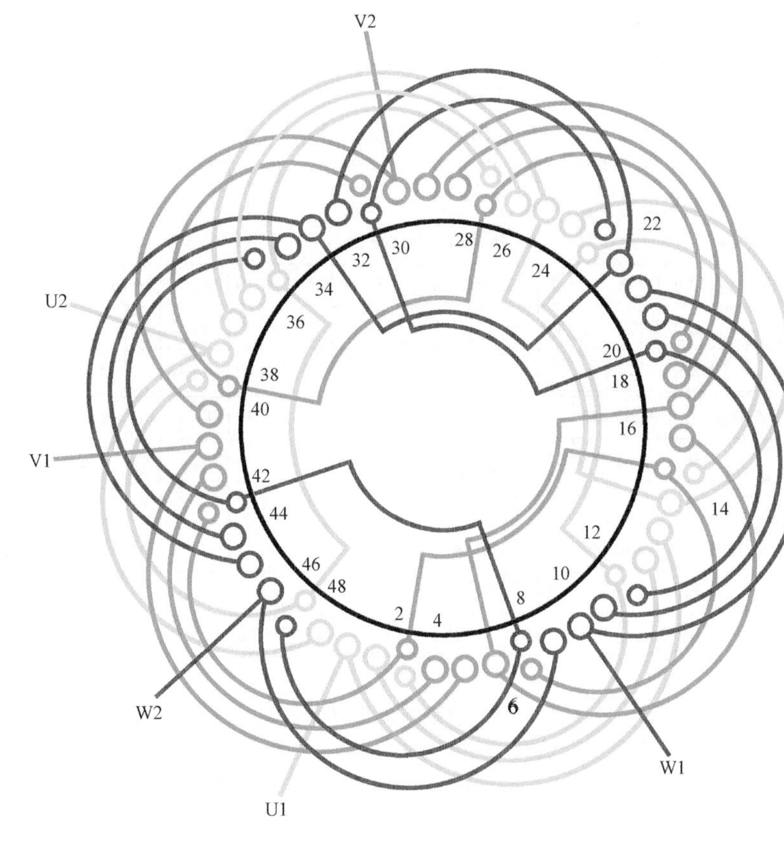

图　3.2.9

1. 绕组结构参数

定子槽数	$Z = 48$	每组圈数	$S = 2\frac{1}{2}$	并联路数	$a = 1$
电机极数	$2p = 4$	极相槽数	$q = 4$	线圈节距	$y = 12$、10、8
总线圈数	$Q = 30$	绕组极距	$\tau = 12$	绕组系数	$K_{dp} = 0.949$
线圈组数	$u = 12$	每槽电角	$\alpha = 15°$		

2. 嵌线方法　本例采用交叠法嵌线，先从三圈组起嵌，然后退空 1 槽，嵌入 2 圈组下层边，再退空 2 槽嵌入 3 边。嵌线顺序见表 3.2.9。

表 3.2.9　交叠法

嵌线顺序		1	2	3	4	5	6	7	8	9	10	11	12	13	14	15	16	17	18
槽号	下层	3	2	1	47	46	43		42		41		39		38		35		34
	上层							3		4		5		47		48		43	
嵌线顺序		19	20	21	22	23	24	25	26	27	28	…			38	39	40	41	42
槽号	下层		33		31		30		27		26	…			18		17		15
	上层	44		45		39		40		35		…				28		29	
嵌线顺序		43	44	45	46	47	48	49	50	51	52	53	54	55	56	57	58	59	60
槽号	下层		14		11		10		9		7		6						
	上层	23		24		19		20		21		15		16	11	12	13	8	7

3. 绕组特点与应用　本例较前例的平均节距(y_p)增加 1 槽，使每相的单层线圈增加 2 个，而总线圈数减至 30 个，所以更利于嵌绕操作。另外，由于每组线圈数为分数，故使同相相邻两组线圈数不等，即由三圈组和双圈组轮换安排且反极性连接。此绕组应用于某厂家的 YR250M2-4 电动机转子绕组。

3.2.10 48 槽 4 极($y_p=11$、$a=2$)单双层混合式(同心交叉布线)绕组

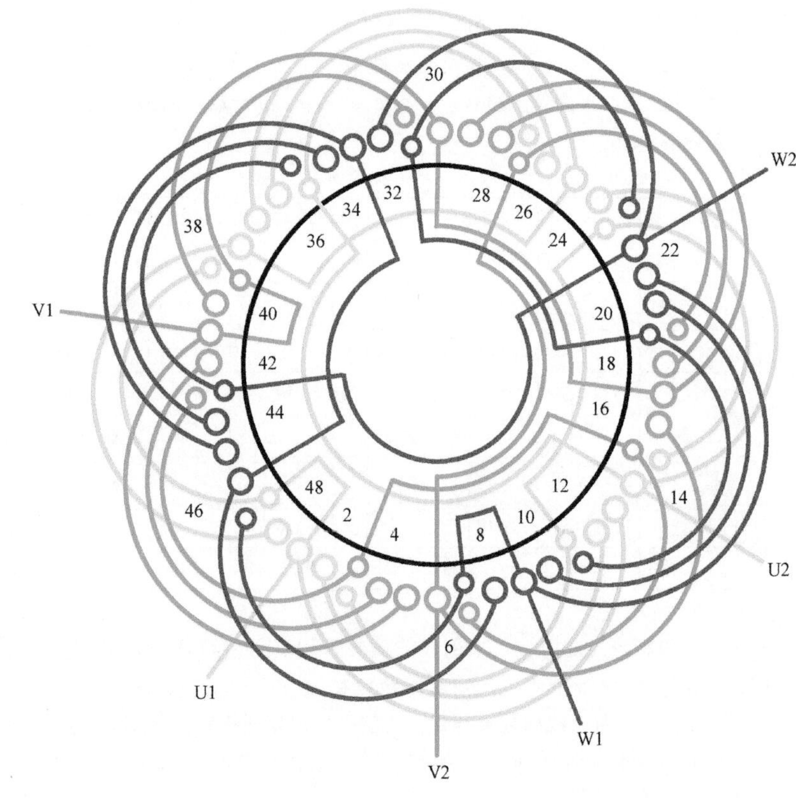

图 3.2.10

1. 绕组结构参数

定子槽数 $Z=48$　每组圈数 $S=2\frac{1}{2}$　并联路数 $a=2$

电机极数 $2p=4$　极相槽数 $q=4$　线圈节距 $y=12$、10、8

总线圈数 $Q=30$　绕组极距 $\tau=12$　绕组系数 $K_{dp}=0.949$

线圈组数 $u=12$　每槽电角 $\alpha=15°$

2. 嵌线方法　本例采用交叠法嵌线，嵌线的基本规律是，嵌入 3 槽，退空 1 槽，再嵌 2 槽，再退空 2 槽后嵌入 3 槽。如此循环，直至完成。嵌线顺序见表 3.2.10。

表 3.2.10 交叠法

嵌线顺序		1	2	3	4	5	6	7	8	9	10	11	12	13	14	15	16	17	18
槽号	下层	3	2	1	47	46	43		42		41		39		38		35		34
	上层							3		4		5		47		48		43	
嵌线顺序		19	20	21	22	23		···		33	34	35	36	37	38	39	40	41	42
槽号	下层		33		31			···			23		22		18		17		15
	上层	44		45		39		···		37		31		32		28		29	
嵌线顺序		43	44	45	46	47	48	49	50	51	52	53	54	55	56	57	58	59	60
槽号	下层		14		11		10		9		7		6						
	上层	23		24		19		20		21		15		16	11	12	13	8	7

3. 绕组特点与应用　本绕组与上例基本相同，但改接两路并联，接线时在进线后分左右两个方向走线，即每个支路由一个三圈组和一个双圈组反向串联而成。本绕组适用于定子绕组改绕，主要应用有 YR250M2-4、YR280S-4 等电动机的转子绕组。

3.2.11　48 槽 4 极($y_p=11$、$a=2$)单双层混合式(A 类)绕组

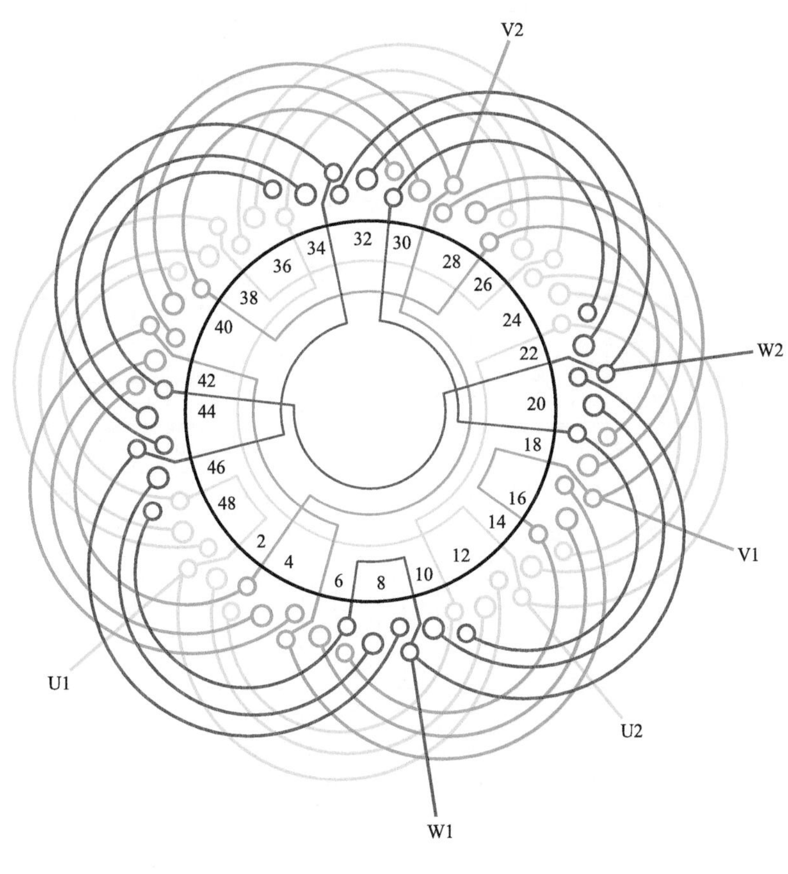

图　3.2.11

1. 绕组结构参数

定子槽数　$Z=48$　电机极数　$2p=4$　总线圈数　$Q=36$

线圈组数　$u=12$　每组圈数　$S=3$　极相槽数　$q=4$

绕组极距　$\tau=12$　线圈节距　$y=12$、10、8　并联路数　$a=2$

每槽电角　$\alpha=15°$　分布系数　$K_d=0.958$　节距系数　$K_p=0.991$

绕组系数　$K_{dp}=0.949$

2. 嵌线方法　绕组采用交叠法嵌线，吊边数为 6。嵌线顺序见表 3.2.11。

表 3.2.11　交叠法

嵌线顺序		1	2	3	4	5	6	7	8	9	10	11	12	13	14	15	16	17	18
槽号	下层	3	2	1	47	46	45	43		42		41	39		38		37		35
	上层								3		4			47		48		1	
嵌线顺序		19	20	21	22	23	···		44	45	46	47	48	49	50	51	52	53	54
槽号	下层		34		33		···		18		17		15		14		13		11
	上层	44		44		45	···			28		29		23		24		25	
嵌线顺序		55	56	57	58	59	60	61	62	63	64	65	66	67	68	69	70	71	72
槽号	下层		10		9		7		6		5								
	上层	19		20		21		15		16		17	5	11	12	13	7	8	9

3. 绕组特点与应用　本例是由 $y=11$ 的双层叠式绕组演变而来，每相 4 组分两个支路接线，每个支路由一正一反两组线圈串联而成，每组线圈则有 3 个线圈，即一大两小。本绕组的绕组系数较高，适合 YR-225M1-4 等电动机改绕。

3.2.12　48 槽 4 极($y_p=11$、$a=4$)单双层混合式(A 类)绕组

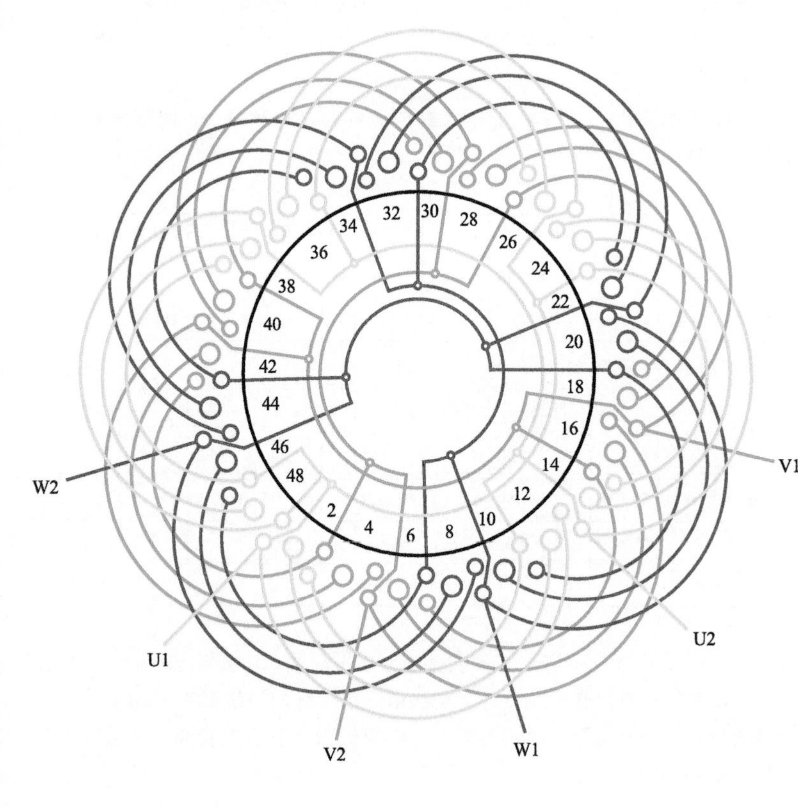

图　3.2.12

1. 绕组结构参数

定子槽数　$Z=48$　电机极数　$2p=4$　总线圈数　$Q=36$

线圈组数　$u=12$　每组圈数　$S=3$　极相槽数　$q=4$

绕组极距　$\tau=12$　线圈节距　$y=12$、10、8　并联路数　$a=4$

每槽电角　$\alpha=15°$　分布系数　$K_d=0.958$　节距系数　$K_p=0.991$

绕组系数　$K_{dp}=0.949$

2. 嵌线方法　绕组采用交叠法嵌线，吊边数为 6。嵌线顺序见表 3.2.12。

表 3.2.12　交叠法

嵌线顺序		1	2	3	4	5	6	7	8	9	10	11	12	13	14	15	16	17	18
槽号	下层	7	6	5	3	2	1	47		46		45	43		42		41		39
	上层								7		8			3		4		5	
嵌线顺序		19	20	21	22	23	24	25	26	…		47	48	49	50	51	52	53	54
槽号	下层		38		37		35		34	…			19		18		17		15
	上层	47		48		1		43		…		33		27		28		29	
嵌线顺序		55	56	57	58	59	60	61	62	63	64	65	66	67	68	69	70	71	72
槽号	下层		14		13		11		10		9								
	上层	23		24		25		19		20		21	9	15	16	17	11	12	13

3. 绕组特点与应用　绕组结构与上例基本相同，但采用 4 路并联接线，即每相绕组分 4 个支路，每一个支路仅 1 组线圈，因此应将同相相邻的线圈组反极性并联。此绕组可用于 Y-225S-4 等电动机改绕单双层。

3.2.13　60 槽 4 极（$y_p = 12$、$a = 4$）单双层混合式（B 类）绕组

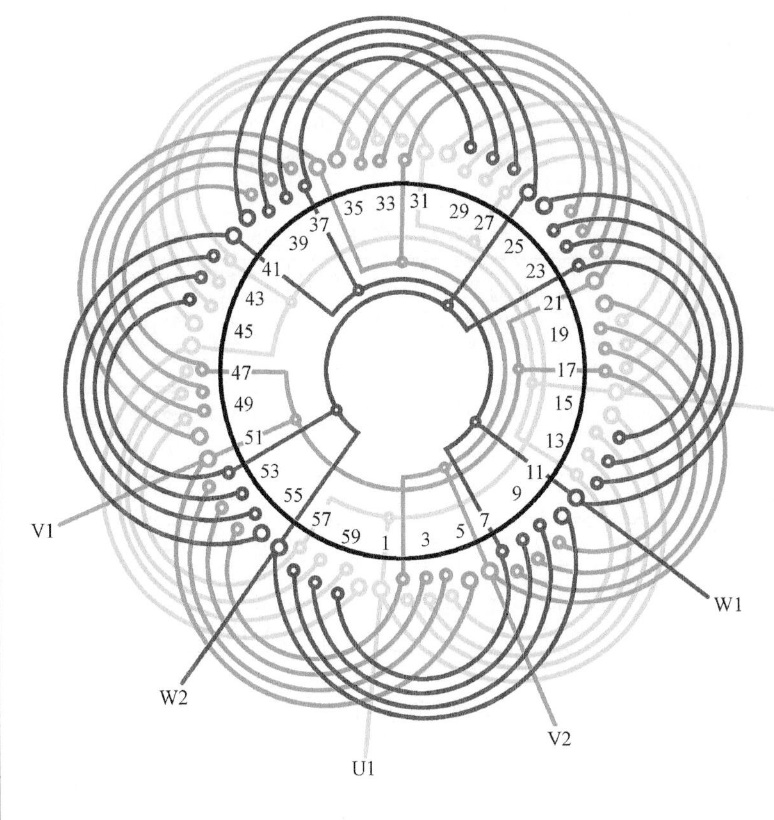

图　3.2.13

1. 绕组结构参数

定子槽数	$Z = 60$	每组圈数	$S = 4$	并联路数	$a = 4$
电机极数	$2p = 4$	极相槽数	$q = 5$	线圈节距	$y = 14$、12、10、8
总线圈数	$Q = 48$	绕组极距	$\tau = 15$	绕组系数	$K_{dp} = 0.91$
线圈组数	$u = 12$	每槽电角	$\alpha = 12°$		

2. 嵌线方法　　本绕组采用交叠法嵌线，嵌线的基本规律是，嵌 4 槽，退空 1 槽，再嵌 4 槽，再退空 1 槽后，连续整嵌一组（4 个）线圈，退空 1 槽再整嵌。吊边数为 8，嵌线顺序见表 3.2.13。

表 3.2.13　交叠法

嵌线顺序		1	2	3	4	5	6	7	8	9	10	11	12	13	14	15	16	17	18
槽号	下层	4	3	2	1	59	58	57	56	54		53		52		51		49	
	上层										2		3		4		5		57
嵌线顺序		19	20	21	22	23	24	25		…		71	72	73	74	75	76	77	78
槽号	下层	48		47		46		44		…		16		14		13		12	
	上层		58		59		60			…			30		22		23		24
嵌线顺序		79	80	81	82	83	84	85	86	87	88	89	90	91	92	93	94	95	96
槽号	下层	11		9		8		7		6									
	上层		25		17		18		19		20	12	13	14	15	7	8	9	10

3. 绕组特点与应用　　本例是显极布线，全部绕组由 12 组同心线圈组成。每组 4 圈，每相 4 组，分别按同相相邻反极性并联成 4 个支路。本绕组单层线圈较少，故总线圈数仍较多，不能充分体现单双层布线的优点。主要应用于 JR126-4 三相异步电动机的改绕。

3.2.14 60 槽 4 极($y_p=13$、$a=2$)单双层混合式(A 类)绕组

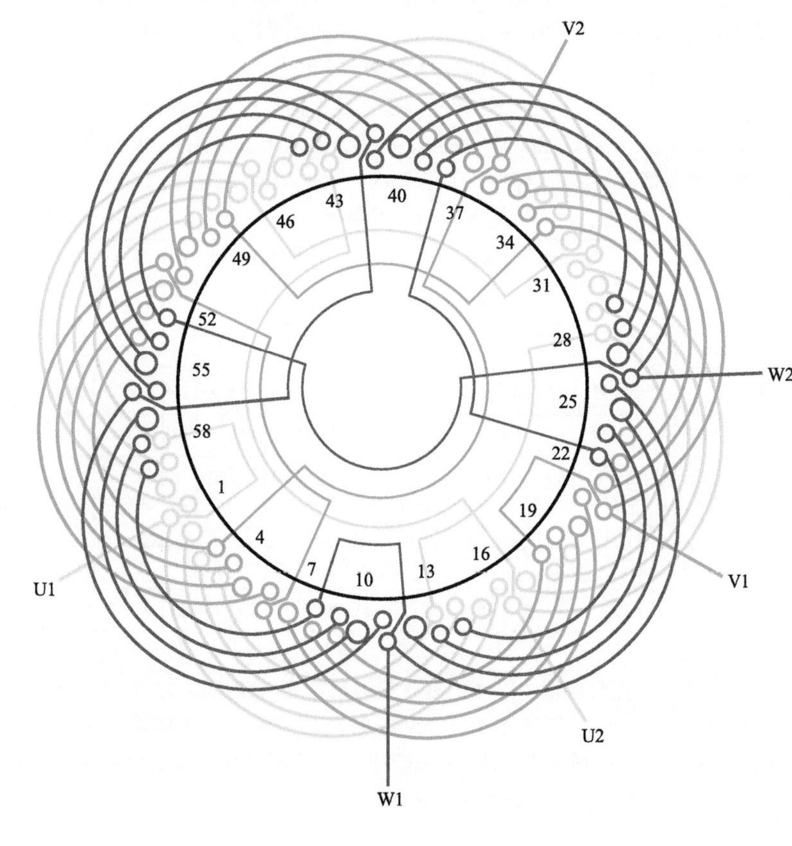

图 3.2.14

1. 绕组结构参数

定子槽数 $Z=60$　　电机极数 $2p=4$　　总线圈数 $Q=48$

线圈组数 $u=12$　　每组圈数 $S=4$　　极相槽数 $q=5$

绕组极距 $\tau=15$　　线圈节距 $y=15$、13、11、9

并联路数 $a=2$　　每槽电角 $\alpha=12°$　　分布系数 $K_d=0.957$

节距系数 $K_p=0.978$　　绕组系数 $K_{dp}=0.936$

2. 嵌线方法　本例采用交叠法嵌线，吊边数为 8。嵌线顺序见表 3.2.14。

表 3.2.14 交叠法

嵌线顺序		1	2	3	4	5	6	7	8	9	10	11	12	13	14	15	16	17	18
槽号	下层	4	3	2	1	59	58	57	56	54		53		52		51	49		48
	上层										3		4		5			58	
嵌线顺序		19	20	21	22	23	24	25	26	27	28	…		73	74	75	76	77	78
槽号	下层		47		46		44		43		42	…			13		12		11
	上层	59		60		1		53		54		…		23		24		25	
嵌线顺序		79	80	81	82	83	84	85	86	87	88	89	90	91	92	93	94	95	96
槽号	下层		9		8		7		6										
	上层	26		18		19		20		21	6	13	14	15	16	8	9	10	11

3. 绕组特点与应用　本例是由 $y=13$ 的双层叠式绕组演变而来，每组由 1 个单层和 3 个双层线圈组成；同相相邻两组反极性串联而构成一个支路，故每相由两个支路并联。此绕组可用于 YLB250-1-4 等电动机改绕单双层。

3.2.15　60 槽 4 极($y_p=13$、$a=2$)单双层混合式(同心交叉布线)绕组

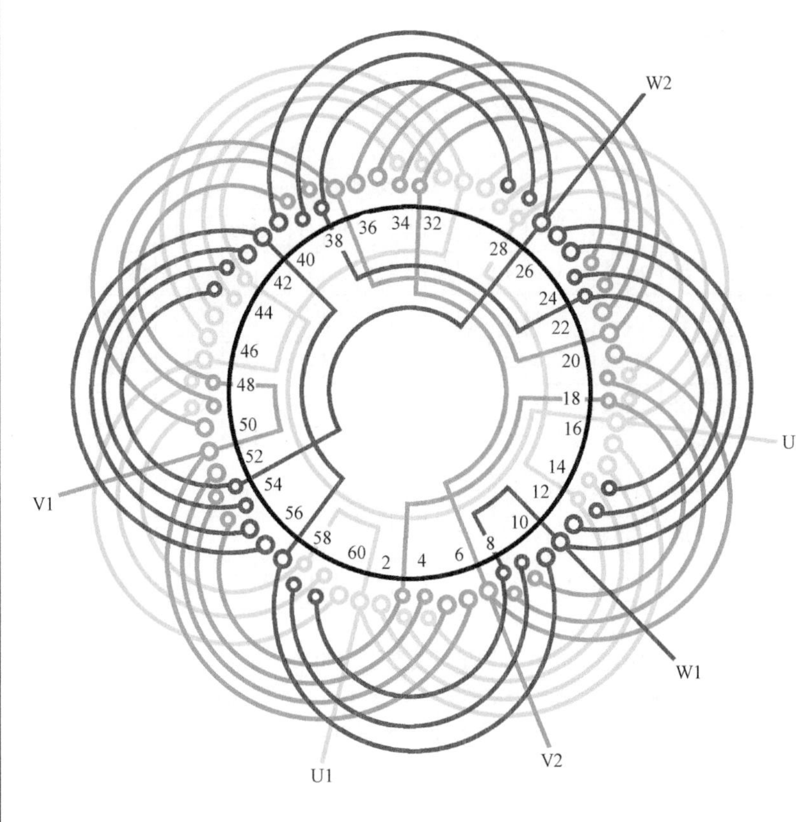

图　3.2.15

1. 绕组结构参数

定子槽数	$Z=60$	每组圈数	$S=3½$	并联路数	$a=2$
电机极数	$2p=4$	极相槽数	$q=5$	线圈节距	$y=15$、13、11、9
总线圈数	$Q=42$	绕组极距	$\tau=15$	绕组系数	$K_{dp}=0.936$
线圈组数	$u=12$	每槽电角	$\alpha=12°$		

2. 嵌线方法　　本绕组采用交叠法嵌线，吊边数为 7，嵌线顺序见表 3.2.15。

表 3.2.15　交叠法

嵌线顺序		1	2	3	4	5	6	7	8	9	10	11	12	13	14	15	16	17	18
槽号	下层	4	3	2	1	59	58	57	54		53		52		51		49		48
	上层									3		4		5		6		58	
嵌线顺序		19	20	21	22		…		56	57	58	59	60	61	62	63	64	65	66
槽号	下层		47		44		…		21		19		18		17		14		13
	上层	59		60			…			36		28		29		30		23	
嵌线顺序		67	68	69	70	71	72	73	74	75	76	77	78	79	80	81	82	83	84
槽号	下层		12		11		9		8		7								
	上层	24		25		26		18		19		20	13	14	15	16	8	9	10

3. 绕组特点与应用　　本绕组采用同心线圈交叉式布线，大组为 4 联，小组为 3 联，交替分布，即每相由 2 个 4 联组和 2 个 3 联组构成。因是 2 路接线，每相相邻的大小联按反极性串联成一个支路，然后再将 2 个支路并联。主要应用于某厂家生产的 YLB-1-4 和 JR2-S1-4 等电动机。

3.2.16　60 槽 4 极（$y_p=13$、$a=4$）单双层混合式（A 类）绕组

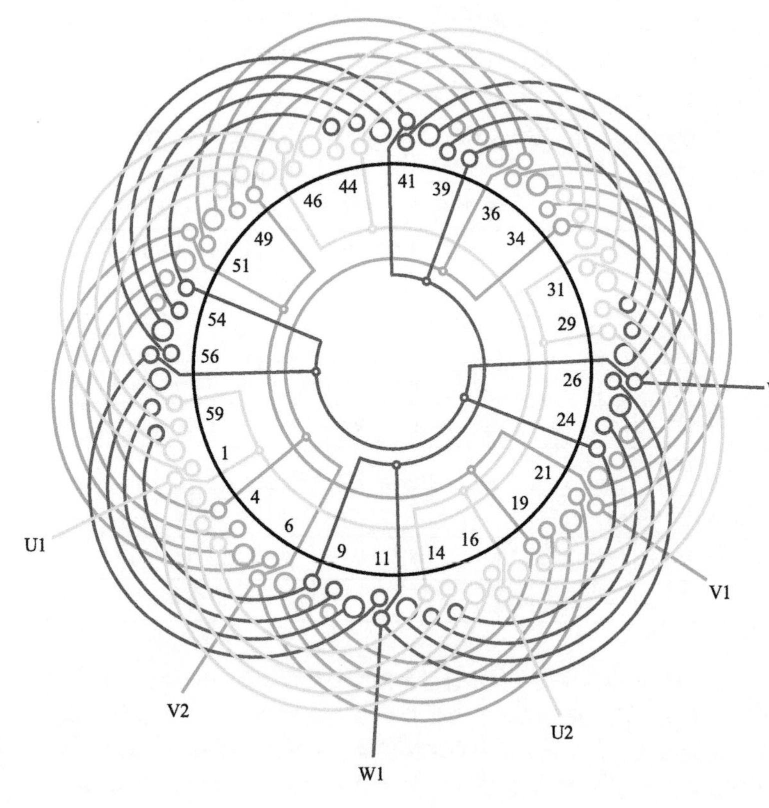

图　3.2.16

1. 绕组结构参数

定子槽数　$Z=60$　　电机极数　$2p=4$　　总线圈数　$Q=48$

线圈组数　$u=12$　　每组圈数　$S=4$　　极相槽数　$q=5$

绕组极距　$\tau=15$　　线圈节距　$y=15$、13、11、9

并联路数　$a=4$　　每槽电角　$\alpha=12°$　　分布系数　$K_d=0.957$

节距系数　$K_p=0.978$　　绕组系数　$K_{dp}=0.936$

2. 嵌线方法　　本例嵌线采用交叠法，吊边数为 8。嵌线顺序见表 3.2.16。

表 3.2.16　交叠法

嵌线顺序		1	2	3	4	5	6	7	8	9	10	11	12	13	14	15	16	17	18
槽号	下层	9	8	7	6	4	3	2	1	59		58		57		56	54		53
	上层										8		9		10			3	
嵌线顺序		19	20	21	22	23	…		68	69	70	71	72	73	74	75	76	77	78
槽号	下层		52		51		…		22		21		19		18		17		16
	上层	4		5		6	…			35		36		28		29		30	
嵌线顺序		79	80	81	82	83	84	85	86	87	88	89	90	91	92	93	94	95	96
槽号	下层		14		13		12		11										
	上层	31		23		24		25		26	11	18	19	20	21	13	14	15	16

3. 绕组特点与应用　　绕组结构与上例相同，但采用 4 路并联，即每相 4 组线圈各自构成一个支路，所以接线时必须确保同相相邻的线圈组极性相反并联。此绕组可用于相应规格电动机改绕，如 JO3-280S-4、JO2L-93-4 等异步电动机改绕单双层。

3.2.17　60槽4极($y_p=14$、$a=2$)单双层混合式(B类)绕组

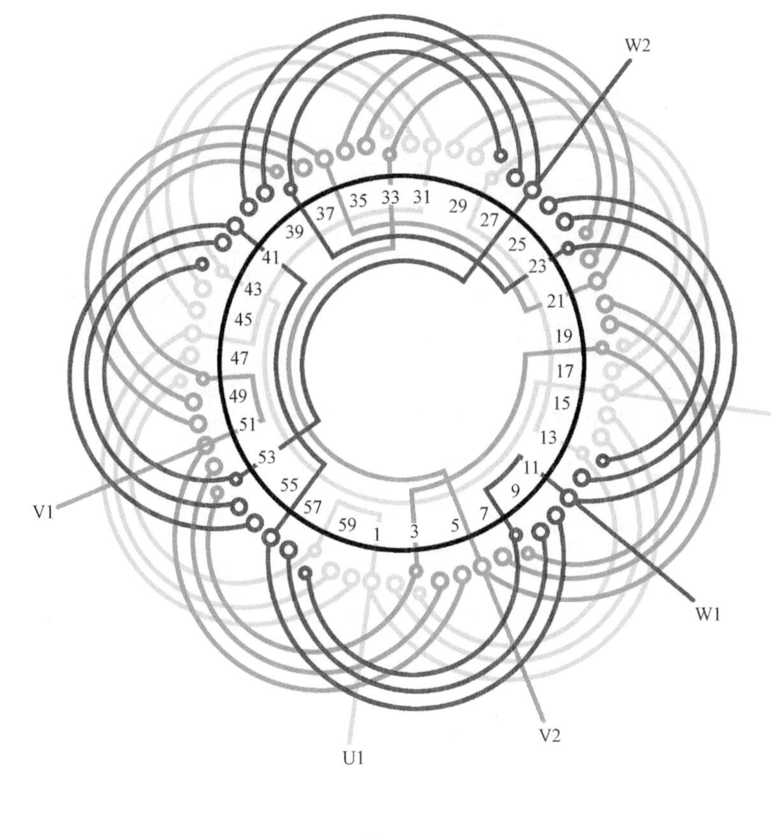

图　3.2.17

1. 绕组结构参数

定子槽数　$Z=60$　　每组圈数　$S=3$　　并联路数　$a=2$

电机极数　$2p=4$　　极相槽数　$q=5$　　线圈节距　$y=14$、12、10

总线圈数　$Q=36$　　绕组极距　$\tau=15$　　绕组系数　$K_{dp}=0.952$

线圈组数　$u=12$　　每槽电角　$\alpha=12°$

2. 嵌线方法　　本例采用交叠法嵌线，嵌线的基本规律是，嵌3槽，退空2槽，再嵌3槽，以此类推。嵌线需吊边数为6。嵌线顺序见表3.2.17。

表3.2.17　交叠法

嵌线顺序		1	2	3	4	5	6	7	8	9	10	11	12	13	14	15	16	17	18
槽号	下层	3	2	1	58	57	56	53		52		51		48		47		46	
	上层								3		4		5		58		59		60
嵌线顺序		19	20	21	22	…			44	45	46	47	48	49	50	51	52	53	54
槽号	下层	43		42		…				22		21		18		17		16	
	上层		53		54	…			33		34		35		28		29		30
嵌线顺序		55	56	57	58	59	60	61	62	63	64	65	66	67	68	69	70	71	72
槽号	下层	13		12		11		8		7		6							
	上层		23		24		25		18		19		20	13	14	15	8	9	10

3. 绕组特点与应用　　本绕组采用等圈的线圈组，每组3圈，每相4组线圈分两路并联。绕组单层线圈较多，占了全绕组的2/3，即较之双层叠式绕组减少线圈近半，较能体现单双层绕组的优点。因此，可在一定程度上减少用铜量以节约成本。本绕组可用于4极双层叠式绕组的改绕。

3.2.18　60 槽 4 极($y_p=14$、$a=4$)单双层混合式(B 类)绕组

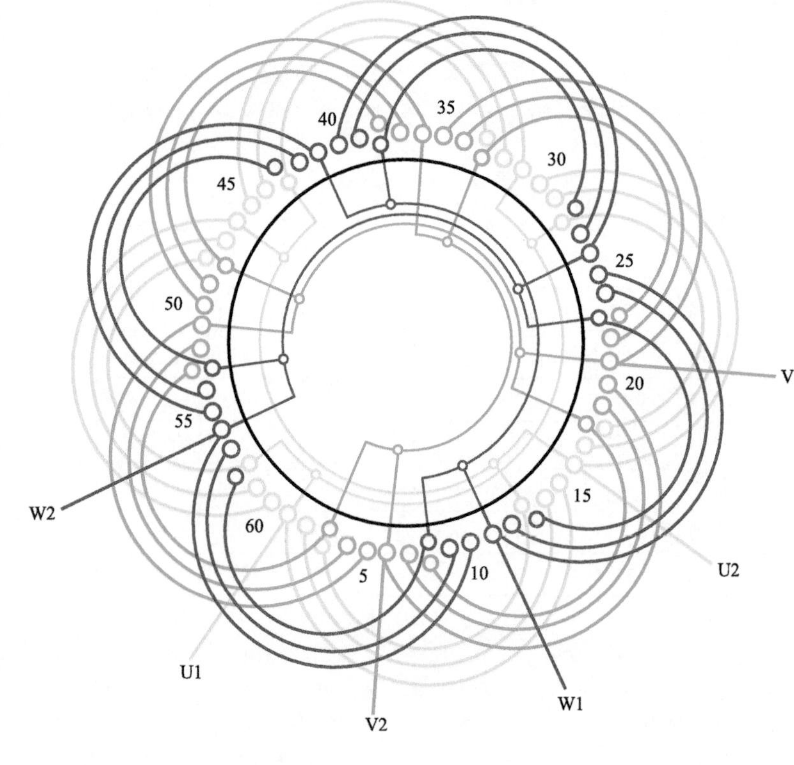

图　3.2.18

1. 绕组结构参数

定子槽数	$Z=60$	每组双圈	$S_{双}=1$	分布系数	$K_d=0.957$
电机极数	$2p=4$	极相槽数	$q=5$	节距系数	$K_p=0.995$
总线圈数	$Q=36$	绕组极距	$\tau=15$	绕组系数	$K_{dp}=0.952$
线圈组数	$u=12$	每槽电角	$\alpha=12°$	并联路数	$a=4$
每组单圈	$S_{单}=2$	线圈节距	$y=(1—15、2—14)、(3—13)$		

2. 嵌线方法　　采用交叠法嵌线，吊边数为 6。嵌线顺序见表 3.2.18。

表 3.2.18　交叠法

嵌线顺序		1	2	3	4	5	6	7	8	9	10	11	12	13	14	15	16	17	18	19	20	21	22	23	24
双层槽号	下层	3			58			53						48						43					
	上层								3						58						53				
单层槽号	沉边		2	1		57	56			52		51				47		46				42		41	
	浮边										4		5				59		60				54		55

嵌线顺序		25	26	27	28	29	30	31	32	33	34	35	36	37	38	39	40	41	42	43	44	45	46	47	48
双层槽号	下层	38						33						28						23					
	上层		48						43						38						33				
单层槽号	沉边			37		36				32		31				27		26				22		21	
	浮边				49		50				44		45				39		40				34		35

嵌线顺序		49	50	51	52	53	54	55	56	57	58	59	60	61	62	63	64	65	66	67	68	69	70	71	72
双层槽号	下层	18						13						8											
	上层		28						23						18							13			8
单层槽号	沉边			17		16				12		11				7		6							
	浮边				29		30				24		25				19		20	15	14		10	9	

3. 绕组特点与应用　　本例是显极式布线，绕组由 $q=5$、$y=14$ 的双层叠式绕组演变而来，每组由 2 大 1 小线圈组成；每相 4 组按相邻反极性并接成 4 路。绕组应用实例有 JO2L-94-4 铝线电动机。

3.2.19　72 槽 4 极($y_p=17$、$a=2$)单双层混合式(A 类)绕组

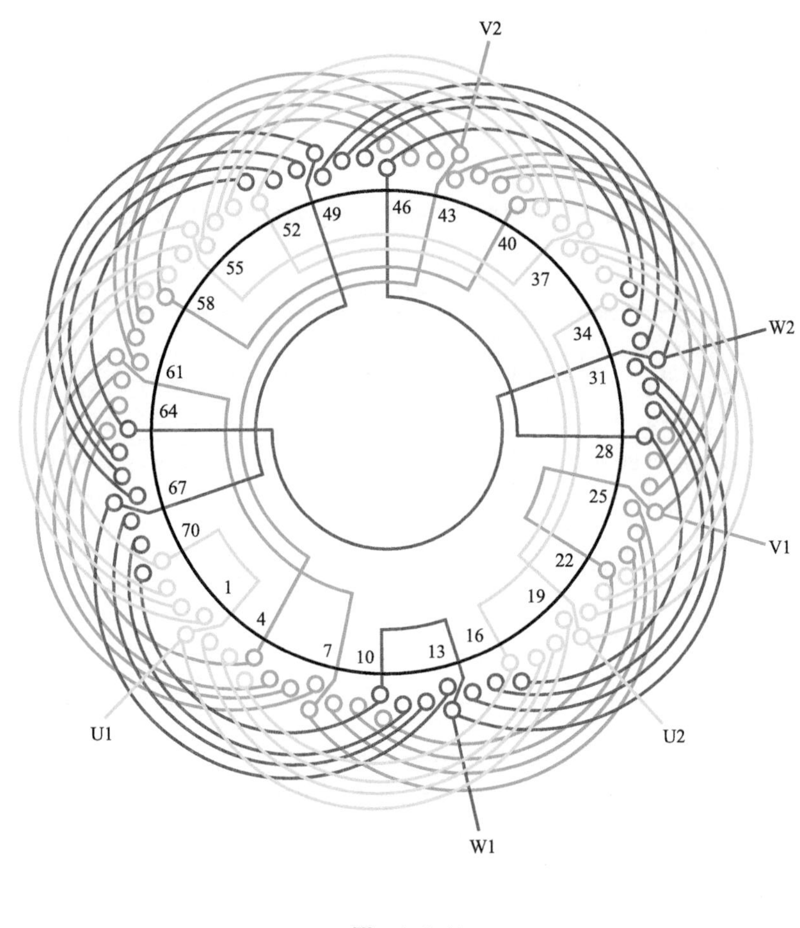

图　3.2.19

1. 绕组结构参数

定子槽数　$Z=72$　　电机极数　$2p=4$　　总线圈数　$Q=48$

线圈组数　$u=12$　　每组圈数　$S=4$　　极相槽数　$q=6$

绕组极距　$\tau=18$　　线圈节距　$y=18$、16、14、12

并联路数　$a=2$　　每槽电角　$\alpha=10°$　　分布系数　$K_d=0.956$

节距系数　$K_p=0.996$　　绕组系数　$K_{dp}=0.952$

2. 嵌线方法　　绕组采用交叠法嵌线，吊边数为 8。嵌线顺序见表 3.2.19。

表 3.2.19　交叠法

嵌线顺序		1	2	3	4	5	6	7	8	9	10	11	12	13	14	15	16	17	18
槽号	下层	16	15	14	13	10	9	8	7	4		3		2		1	70		69
	上层										16		17		18			10	
嵌线顺序		19	20	21	22	23	24	25	26	…		71	72	73	74	75	76	77	78
槽号	下层		68		67		64		63	…			28		27		26		25
	上层	11		12		13		4		…		49		40		41		42	
嵌线顺序		79	80	81	82	83	84	85	86	87	88	89	90	91	92	93	94	95	96
槽号	下层		22		21		20		19										
	上层	43		34		35		36		37	19	28	29	30	31	22	23	24	25

3. 绕组特点与应用　　绕组由同心 4 联组构成，每组由单双层线圈各 2 个顺串而成；绕组采用两路并联，每一个支路由同相相邻的两组线圈按一正一反串联，最后将两个支路并联。此绕组缩减线圈数达到双叠时的 1/3，且绕组系数较高，是单双层绕组较佳方案之一，适用于相应规格的电动机改绕单双层。

3.2.20 72 槽 4 极($y_p=17$、$a=4$)单双层混合式(A 类)绕组

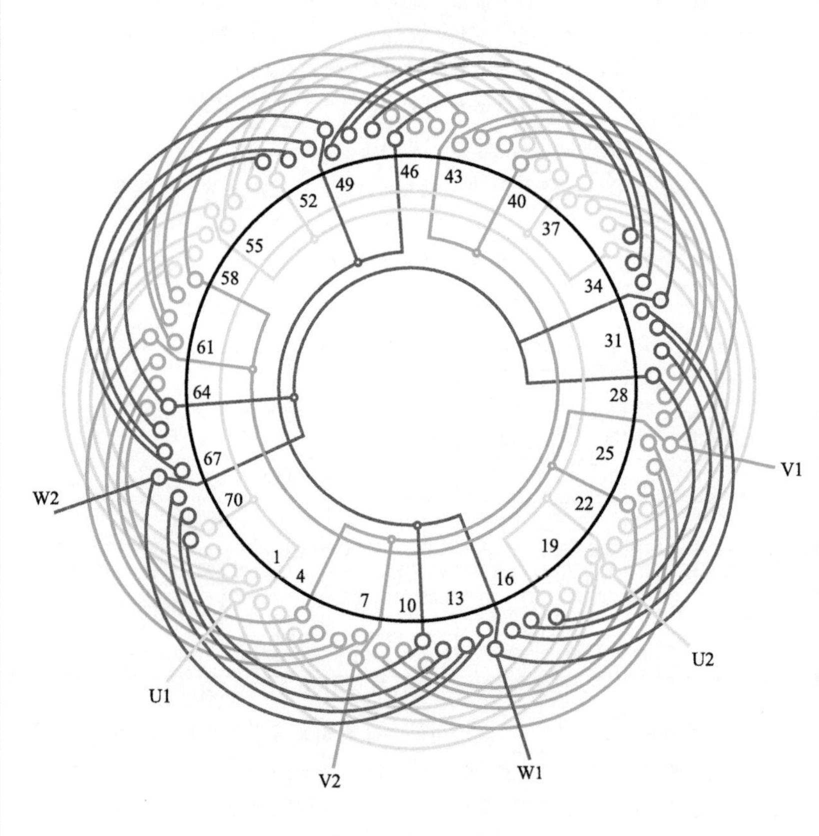

图 3.2.20

1. 绕组结构参数

定子槽数 $Z=72$　　电机极数 $2p=4$　　总线圈数 $Q=48$

线圈组数 $u=12$　　每组圈数 $S=4$　　极相槽数 $q=6$

绕组极距 $\tau=18$　　线圈节距 $y=18$、16、14、12

并联路数 $a=4$　　每槽电角 $\alpha=10°$　　分布系数 $K_d=0.956$

节距系数 $K_p=0.996$　　绕组系数 $K_{dp}=0.952$

2. 嵌线方法　本例采用交叠法嵌线，吊边数为 8。嵌线顺序见表 3.2.20。

表 3.2.20 交叠法

嵌线顺序		1	2	3	4	5	6	7	8	9	10	11	12	13	14	15	16	17	18
槽号	下层	4	3	2	1	70	69	68	67	64		63		62		61	58		57
	上层										4		5		6			70	
嵌线顺序		19	20	21	22	23	24	25	26	27	28	…		73	74	75	76	77	78
槽号	下层		56		55		52		51		50	…			15		14		13
	上层	71		72		1		64		65		…		28		29		30	
嵌线顺序		79	80	81	82	83	84	85	86	87	88	89	90	91	92	93	94	95	96
槽号	下层		10		9		8		7										
	上层	31		22		23		24		25	7	16	17	18	19	10	11	12	13

3. 绕组特点与应用　本例绕组结构与上例基本相同，但采用 4 路并联，故每一个支路仅有一组线圈，即按同相相邻线圈组反极性并联。此绕组适用于相应规格的电动机改绕单双层绕组。

3.3　三相单双层 6 极绕组布线接线图

6 极电动机额定转速约为 1000r/min，在工业设备的使用明显少于 2、4 极。由于结构所限，6 极的单双层绕组主要有 B 类和同心交叉式，而 A 类布线仅收入一例。

3.3.1　36 槽 6 极($y_p=5$)单双层混合式(同心交叉布线)绕组

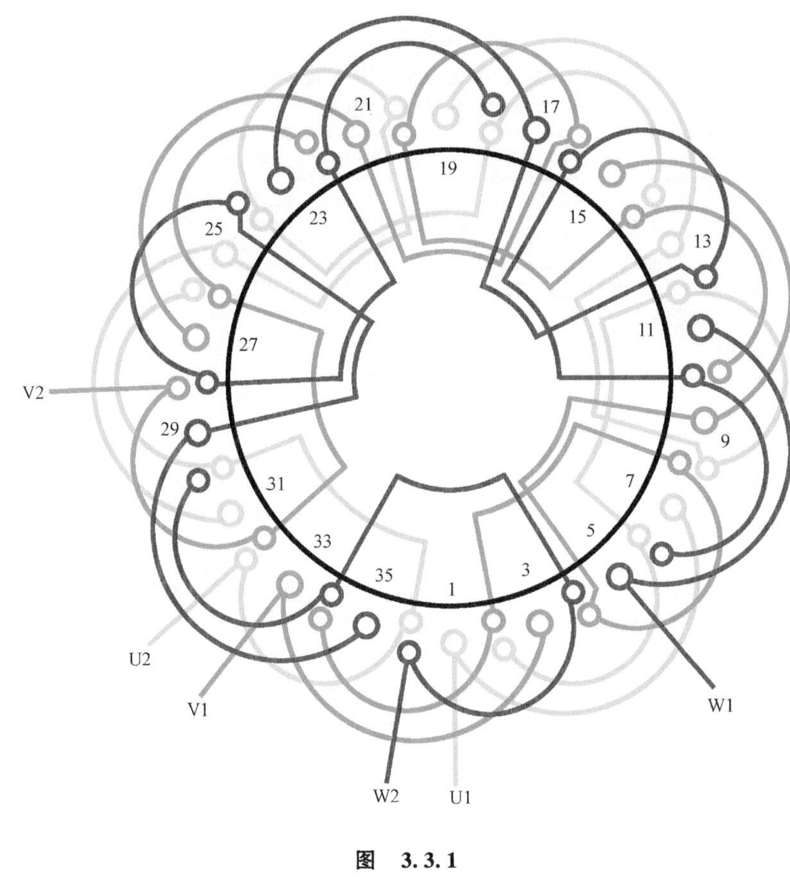

图　3.3.1

1. 绕组结构参数

定子槽数　$Z=36$　每组圈数　$S=1\frac{1}{2}$　并联路数　$a=1$

电机极数　$2p=6$　极相槽数　$q=2$　线圈节距　$y=6$、4

总线圈数　$Q=27$　绕组极距　$\tau=6$　绕组系数　$K_{dp}=0.933$

线圈组数　$u=18$　每槽电角　$\alpha=30°$

2. 嵌线方法　采用交叠法嵌线，吊边数为 3。嵌入 3 槽下层边(单层线圈没有上下层之分，但为了简化表格，特将单层线圈的沉边称为下层边，其浮边则称为上层边，下同)，后退空出 1 槽再嵌入 3 槽，以此类推。嵌线顺序见表 3.3.1。

表 3.3.1　交叠法

嵌线顺序		1	2	3	4	5	6	7	8	9	10	11	12	13	14	15	16	17	18
槽号	下层	2	1	36	34		33		32		30		29		28		26		25
	上层					2		3		36		34		35		32		30	
嵌线顺序		19	20	21	22	23	24	25	26	27	28	29	30	31	32	33	34	35	36
槽号	下层		24		22		21		20		18		17		16		14		13
	上层	31		28		26		27		24		22		23		20		18	
嵌线顺序		37	38	39	40	41	42	43	44	45	46	47	48	49	50	51	52	53	54
槽号	下层		12		10		9		8		6		5		4				
	上层	19		16		14		15		12		10		11		8	6	7	4

3. 绕组特点与应用　本例是由 $y=5$ 的双层叠式绕组演变而成，绕组由同心双圈和单圈组构成，其中小线圈节距为 4，大线圈节距是 6。每相中双圈组与单圈组交替安排，故称同心交叉布线。此绕组见用于某厂家生产的 YR132M1-6 电动机的转子绕组。

3.3.2　36 槽 6 极（$y_p=5$、$a=3$）单双层混合式（同心交叉布线）绕组

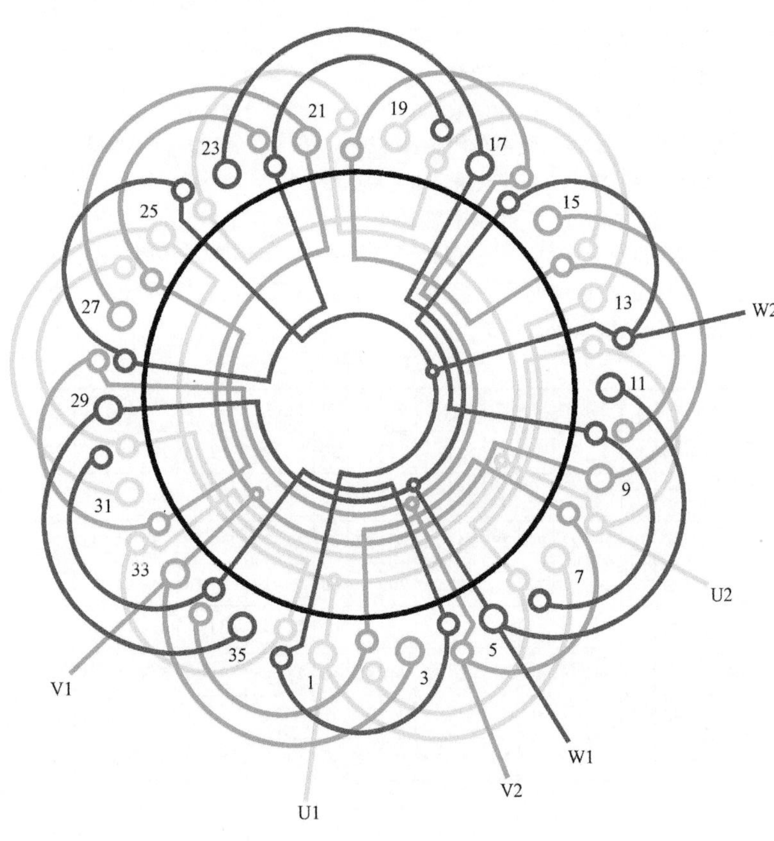

图　3.3.2

1. 绕组结构参数

定子槽数　$Z=36$　　每组圈数　$S=1\frac{1}{2}$　　并联路数　$a=3$

电机极数　$2p=6$　　极相槽数　$q=2$　　线圈节距　$y=6$、4

总线圈数　$Q=27$　　绕组极距　$\tau=6$　　绕组系数　$K_{dp}=0.933$

线圈组数　$u=18$　　每槽电角　$\alpha=30°$

2. 嵌线方法　　本绕组采用交叠法嵌线，吊边数为 3。先嵌 3 个下层边，退空 1 槽再嵌 3 边，以此类推。嵌线顺序见表 3.3.2。

表 3.3.2　交叠法

嵌线顺序		1	2	3	4	5	6	7	8	9	10	11	12	13	14	15	16	17	18
槽号	下层	2	1	36	34		33		32		30		29		28		26		25
	上层					2		3		36		34		35		32		30	
嵌线顺序		19	20	21	22	23	24	25	26	27	28	29	30	31	32	33	34	35	36
槽号	下层		24		22		21		20		18		17		16		14		13
	上层	31		28		26		27		24		22		23		20		18	
嵌线顺序		37	38	39	40	41	42	43	44	45	46	47	48	49	50	51	52	53	54
槽号	下层		12		10		9		8		6		5		4				
	上层	19		16		14		15		12		10		11		8	6	7	4

3. 绕组特点与应用　　本绕组结构与上例相同，即每相由 3 组双圈和 3 组单圈轮换安排，但改为三路并联，因此，每一个支路由一个双圈组和一个单圈组反串而成。另外，本绕组的全部大节距线圈用单层布线；全部小节距线圈为双层布线。总线圈数比双层叠式绕组少 9 个，而且吊边数也少，有利于嵌线操作。此绕组应用于 6 极电动机改绕。

3.3.3 45 槽 6 极($y_p=7$)单双层混合式(同心交叉布线)绕组

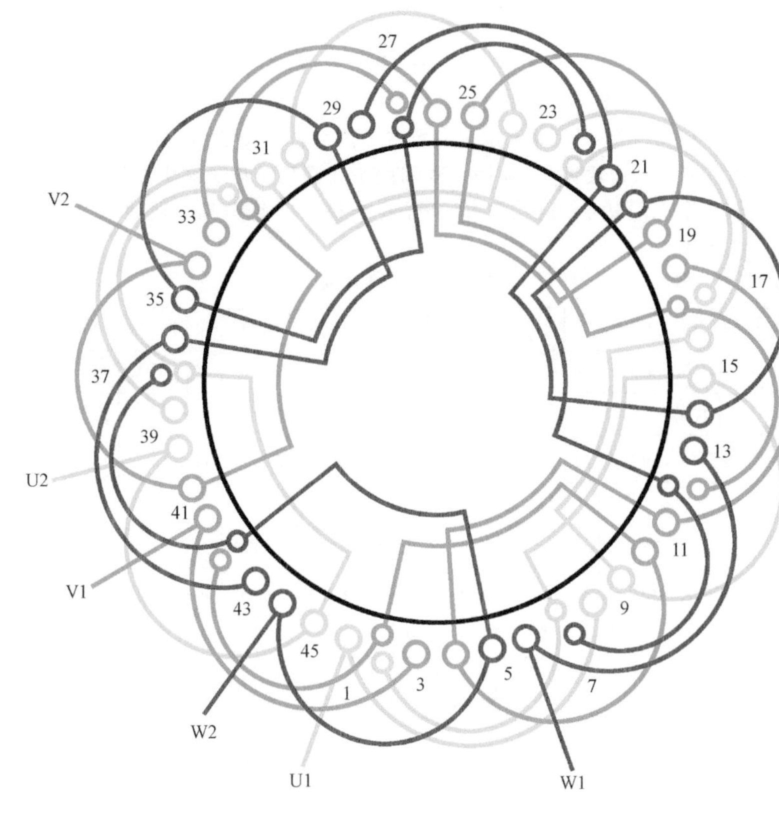

图 3.3.3

1. 绕组结构参数

定子槽数 $Z=45$　　每组圈数 $S=1\frac{1}{2}$　　并联路数 $a=1$

电机极数 $2p=6$　　极相槽数 $q=2\frac{1}{2}$　　线圈节距 $y=7$、6、5

总线圈数 $Q=27$　　绕组极距 $\tau=7\frac{1}{2}$　　绕组系数 $K_{dp}=0.952$

线圈组数 $u=18$　　每槽电角 $\alpha=24°$

2. 嵌线方法　本例宜用交叠法嵌线,吊边数为 3。嵌线从同心双圈组的小线圈开始,嵌入 2 槽后退空 1 槽嵌 1 槽,再退空 1 槽嵌 2 槽,以此类推。嵌线顺序见表 3.3.3。

表 3.3.3 交叠法

嵌线顺序		1	2	3	4	5	6	7	8	9	10	11	12	13	14	15	16	17	18
槽号	下层	2	1	44	42		41		39		37		36		34		32		31
	上层					2		3		45		42		43		40		37	

嵌线顺序		19	20	21	22	23	24	25	26	27	28	29	30	31	32	33	34	35	36
槽号	下层		29		27		26		24		22		21		19		17		16
	上层	38		35		32		33		30		27		28		25		22	

嵌线顺序		37	38	39	40	41	42	43	44	45	46	47	48	49	50	51	52	53	54
槽号	下层		14		12		11		9		7		6		4				
	上层	23		20		17		18		15		12		13		10	7	8	5

3. 绕组特点与应用　本例是分数槽绕组,其极距也是分数,故三相进线只能安排接近于 120°电角度,对绕组影响不大。绕组由同心双圈和单圈构成,每相有 6 组线圈,双圈和单圈轮换布线,并使同相相邻线圈组的极性相反。此绕组在定子中应用较少,主要见于某厂家的 JZR2-12-6 电动机的转子绕组。

3.3.4 45 槽 6 极（$y_p=7$、$a=3$）单双层混合式（同心交叉布线）绕组

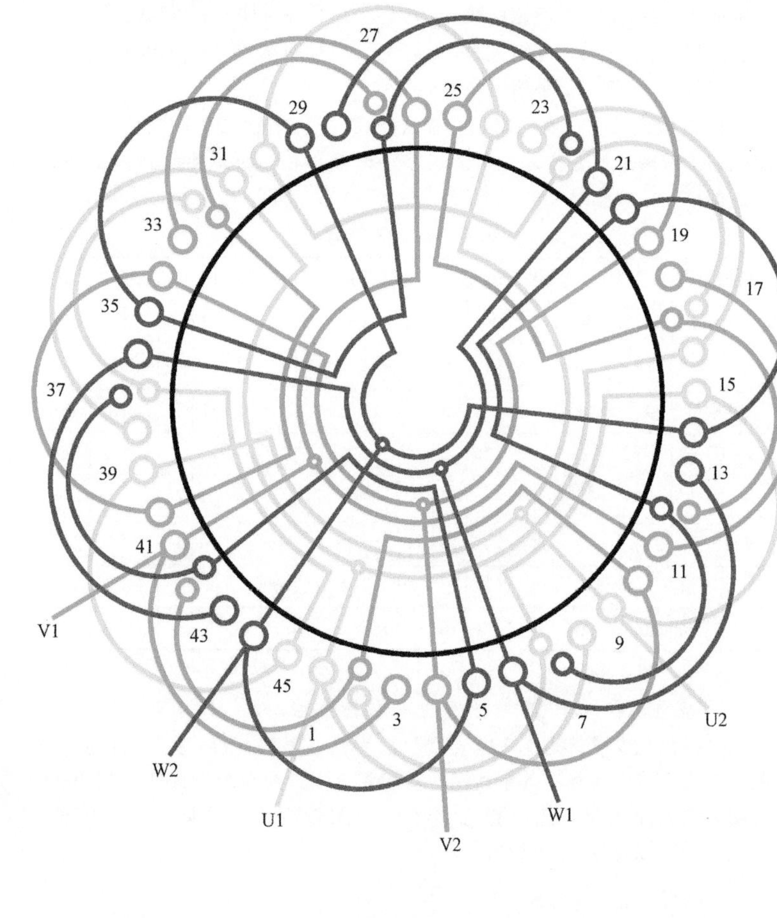

图 3.3.4

1. 绕组结构参数

定子槽数 $Z=45$ 每组圈数 $S=1\frac{1}{2}$ 并联路数 $a=3$

电机极数 $2p=6$ 极相槽数 $q=2\frac{1}{2}$ 线圈节距 $y=7$、6、5

总线圈数 $Q=27$ 绕组极距 $\tau=7\frac{1}{2}$ 绕组系数 $K_{dp}=0.952$

线圈组数 $u=18$ 每槽电角 $\alpha=24°$

2. 嵌线方法 本例绕组是单双层的同心交叉式结构，嵌线采用交叠法时，吊边数为 3。先嵌入双圈的小线圈的下层边和大圈沉边（嵌线表称作下层边），退空 1 槽后再嵌 2 槽，以此类推。嵌线顺序见表 3.3.4。

表 3.3.4 交叠法

嵌线顺序		1	2	3	4	5	6	7	8	9	10	11	12	13	14	15	16	17	18
槽号	下层	2	1	44	42		41		39		37		36		34		32		31
	上层					2		3		45		42		43		40		37	
嵌线顺序		19	20	21	22	23	24	25	26	27	28	29	30	31	32	33	34	35	36
槽号	下层		29		27		26		24		22		21		19		17		16
	上层	38		35		32		33		30		27		28		25		22	
嵌线顺序		37	38	39	40	41	42	43	44	45	46	47	48	49	50	51	52	53	54
槽号	下层		14		12		11		9		7		6		4				
	上层	23		20		17		18		15		12		13		10	7	8	5

3. 绕组特点与应用 本例绕组结构与上例基本相同，但采用 3 路并联接线，每一个支路由一组双圈和一组单圈反向串联而成。此绕组较双层叠式线圈数少 8 个且吊边数少 3 边，但有 3 种节距的线圈，故在工艺上未必有很多优越性，选用时应予考虑。主要见于 JZR2-22-6 电动机转子绕组。

3.3.5　54 槽 6 极($y_p=8$)单双层混合式(B 类)绕组

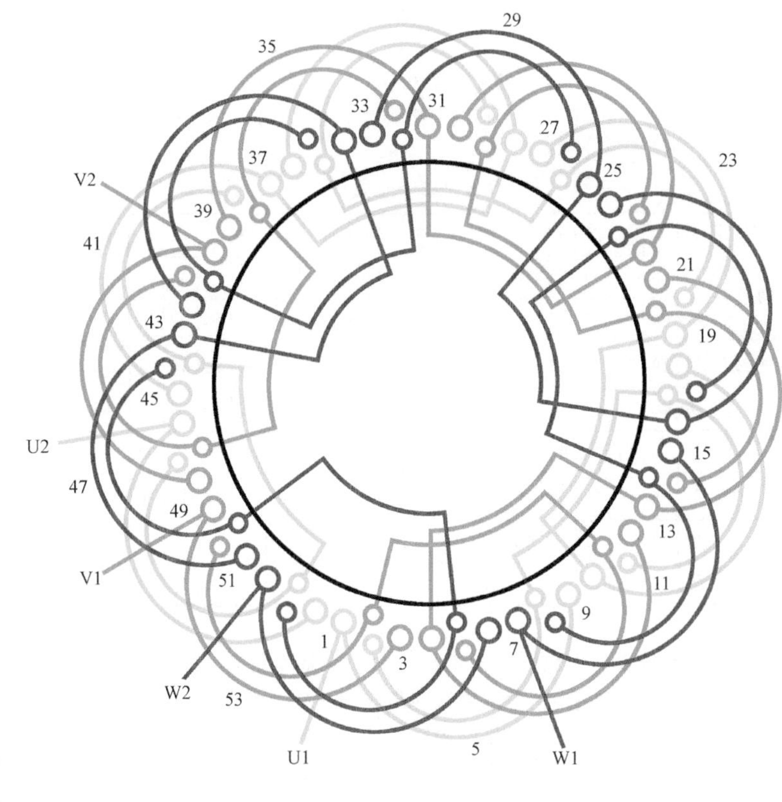

图　3.3.5

1. 绕组结构参数

定子槽数	$Z=54$	每组圈数	$S=2$	并联路数	$a=1$
电机极数	$2p=6$	极相槽数	$q=3$	线圈节距	$y=8$、6
总线圈数	$Q=36$	绕组极距	$\tau=9$	绕组系数	$K_{dp}=0.946$
线圈组数	$u=18$	每槽电角	$\alpha=20°$		

2. 嵌线方法　　绕组采用交叠法嵌线，嵌线的基本规律是，先嵌 2 槽，空出 1 槽，再嵌 2 槽，循此下去直至完成。嵌线时需吊起 4 个线圈有效边，到最后的下层边嵌完后再把原来的吊边嵌入相应槽内。嵌线顺序见表 3.3.5。

表 3.3.5　交叠法

嵌线顺序		1	2	3	4	5	6	7	8	9	10	11	12	13	14	15	16	17	18
槽号	下层	2	1	53	52	50		49		47		46		44		43		41	
	上层						2		3		53		54		50		51		47
嵌线顺序		19	20	21	22	23	24	25	26	27	28	29	30		…		52	53	54
槽号	下层	40		38		37		35		34		32			…			14	
	上层		48		44		45		41		42		38		…		24		20
嵌线顺序		55	56	57	58	59	60	61	62	63	64	65	66	67	68	69	70	71	72
槽号	下层	13		11		10		8		7		5		4					
	上层		21		17		18		14		15		11		12	8	9	5	6

3. 绕组特点与应用　　本例绕组全部由同心双圈组构成，每相 6 组，按相邻反极性串联起来，三相接线完全相同。此绕组在国标产品的定子中没有应用，主要应用于改绕或绕线式电动机转子绕组，如 YR250S-6 电动机等。

3.3.6 54 槽 6 极($y_p=8$、$a=2$)单双层混合式(B 类)绕组

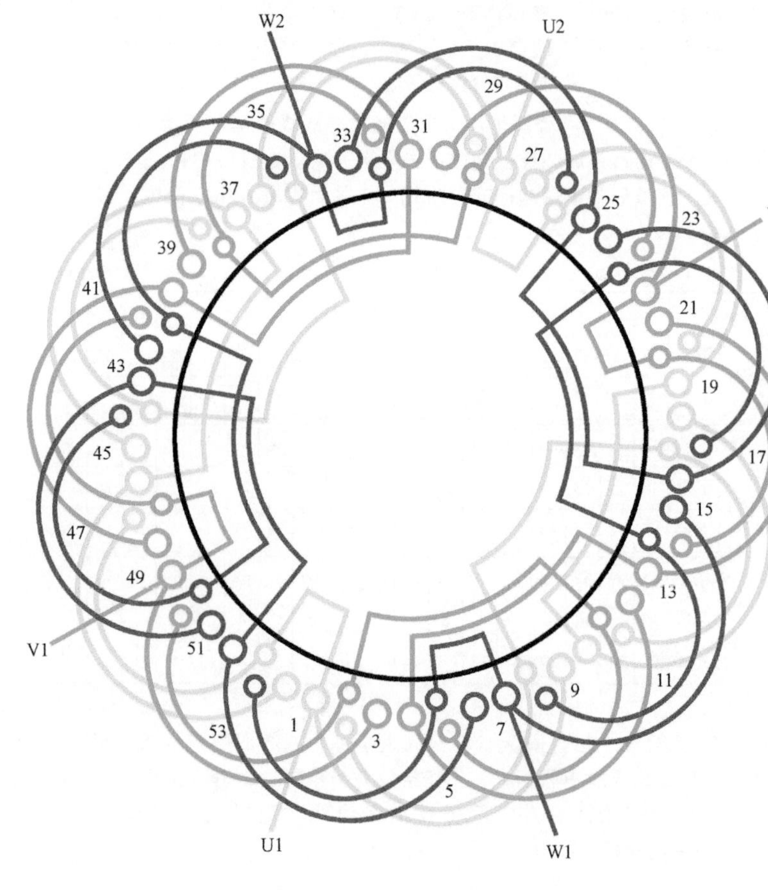

图 3.3.6

1. 绕组结构参数

定子槽数 $Z=54$ 每组圈数 $S=2$ 并联路数 $a=2$

电机极数 $2p=6$ 极相槽数 $q=3$ 线圈节距 $y=8$、6

总线圈数 $Q=36$ 绕组极距 $\tau=9$ 绕组系数 $K_{dp}=0.946$

线圈组数 $u=18$ 每槽电角 $\alpha=20°$

2. 嵌线方法 本例采用交叠法嵌线，吊边数为 4，嵌线时先嵌 2 槽下层边，往后退空出 1 槽，再嵌入 2 槽，以此类推。嵌线顺序见表 3.3.6。

表 3.3.6 交叠法

嵌线顺序		1	2	3	4	5	6	7	8	9	10	11	12	13	14	15	16	17	18
槽号	下层	2	1	53	52	50		49		47		46		44		43		41	
	上层						2		3		53		54		50		51		47
嵌线顺序		19	20	21	22		…		44	45	46	47	48	49	50	51	52	53	54
槽号	下层	40		38			…			20		19		17		16		14	
	上层		48		44		…		30		26		27		23		24		20
嵌线顺序		55	56	57	58	59	60	61	62	63	64	65	66	67	68	69	70	71	72
槽号	下层	13		11		10		8		7		5		4					
	上层		21		17		18		14		15		11		12	8	9	5	6

3. 绕组特点与应用 本例绕组与上例基本相同，即全部线圈组是同心双联组，每相由 6 个双联线圈组成，并分两个支路接线，每个支路包含 3 组线圈，按相邻反极性串联起来，然后再把两个支路并接。此绕组可用于定子，但应用不多，本例见于 MTKM311-6 电动机。

3.3.7 54 槽 6 极($y_p=8$、$a=3$)单双层混合式(B 类)绕组

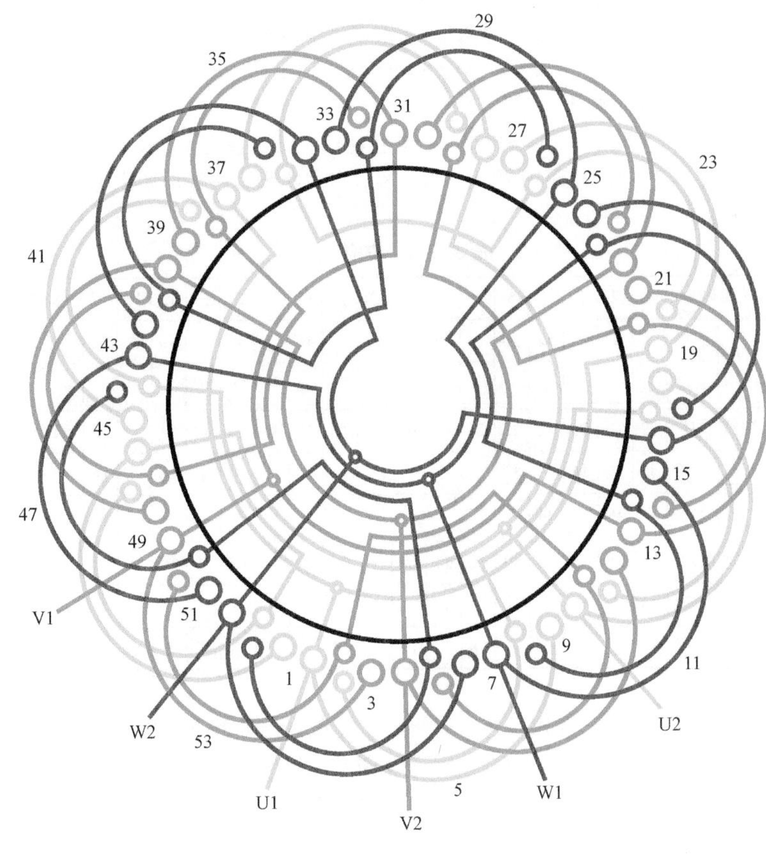

图 3.3.7

1. 绕组结构参数

定子槽数 $Z=54$ 每组圈数 $S=2$ 并联路数 $a=3$

电机极数 $2p=6$ 极相槽数 $q=3$ 线圈节距 $y=8$、6

总线圈数 $Q=36$ 绕组极距 $\tau=9$ 绕组系数 $K_{dp}=0.946$

线圈组数 $u=18$ 每槽电角 $\alpha=20°$

2. 嵌线方法 绕组采用交叠法吊边嵌线，吊边数为 4。嵌线规律是，嵌 2 槽，退空 1 槽，再嵌 2 槽，再退空 1 槽，以此类推。嵌线顺序见表 3.3.7。

表 3.3.7 交叠法

嵌线顺序		1	2	3	4	5	6	7	8	9	10	11	12	13	14	15	16	17	18
槽号	下层	2	1	53	52	50		49		47		46		44		43		41	
	上层						2		3		53		54		50		51		47
嵌线顺序		19	20	21	22	23	24	25	26	27	28		…		50	51	52	53	54
槽号	下层	40		38		37		35		34			…			16		14	
	上层		48		44		45		41		42		…		23		24		20
嵌线顺序		55	56	57	58	59	60	61	62	63	64	65	66	67	68	69	70	71	72
槽号	下层	13		11		10		8		7		5		4					
	上层		21		17		18		14		15		11		12	8	9	5	6

3. 绕组特点与应用 本绕组与上例结构相同，即由同心双圈组成，每相 6 组线圈，采用 3 路并联，即每一个支路由相邻的两组线圈反极性串联而成，并将 3 个支路并接构成一相绕组。三相连接相同。此绕组见用于某些厂家的绕线式电动机，如 YZR250M1-6 绕线式电动机等。

3.3.8　54 槽 6 极($y_p=8$、$a=6$)单双层混合式(B 类)绕组

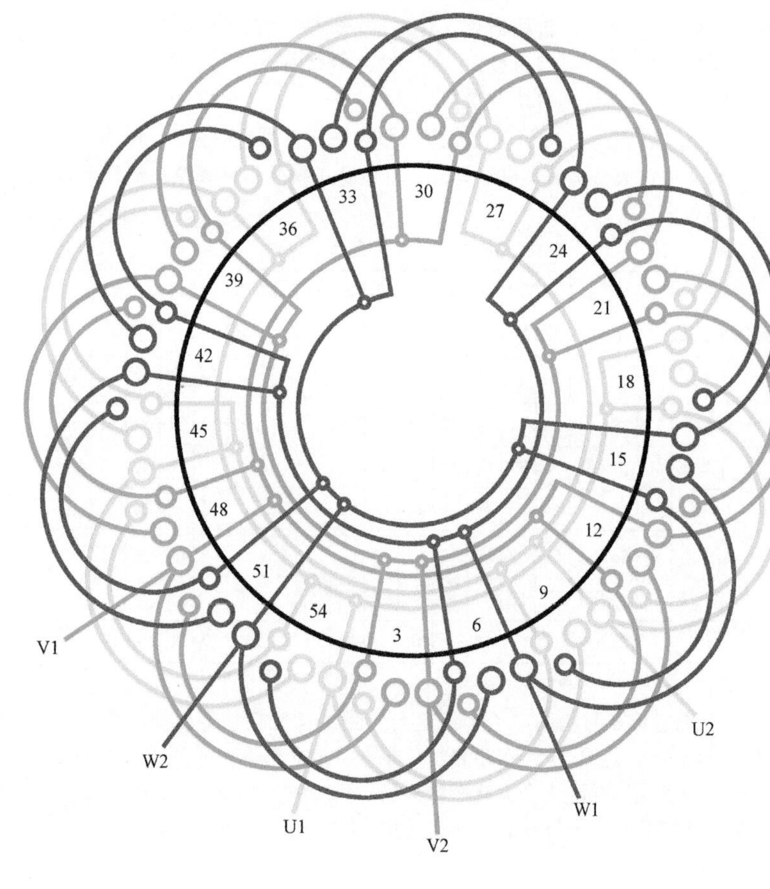

图　3.3.8

1. 绕组结构参数

定子槽数　$Z=54$　　每组圈数　$S=2$　　并联路数　$a=6$

电机极数　$2p=6$　　极相槽数　$q=3$　　线圈节距　$y=8$、6

总线圈数　$Q=36$　　绕组极距　$\tau=9$　　绕组系数　$K_{dp}=0.946$

线圈组数　$u=18$　　每槽电角　$\alpha=20°$

2. 嵌线方法　　本绕组采用交叠法嵌线，吊边数为 4。嵌线的一般规律是，嵌 2 槽，退空 1 槽，再嵌 2 槽，以此类推。嵌线的顺序可参考表 3.3.8。

表 3.3.8　交叠法

嵌线顺序		1	2	3	4	5	6	7	8	9	10	11	12	13	14	15	16	17	18
槽号	下层	2	1	53	52	50		49		47		46		44		43		41	
	上层						2		3		53		54		50		51		47
嵌线顺序		19	20	21	22	23	24		…		46	47	48	49	50	51	52	53	54
槽号	下层	40		38		37			…			19		17		16		14	
	上层		48		44		45		…		26		27		23		24		20
嵌线顺序		55	56	57	58	59	60	61	62	63	64	65	66	67	68	69	70	71	72
槽号	下层	13		11		10		8		7		5		4					
	上层		21		17		18		14		15		11		12	8	9	5	6

3. 绕组特点与应用　　本例绕组是从节距 $y=8$ 的双层叠绕演变而来，每组均由大小两只同心线圈组成，其中大线圈为单层布线，小线圈是安排双层。每相由 6 组线圈按相邻反极性并联而成，即每组线圈为一个支路。此绕组在系列产品的定子中没有应用，用于 YZR280S-6 等绕线转子电动机的转子绕组。

3.3.9 72 槽 6 极（$y_p=10$、$a=2$）单双层混合式（B 类）绕组

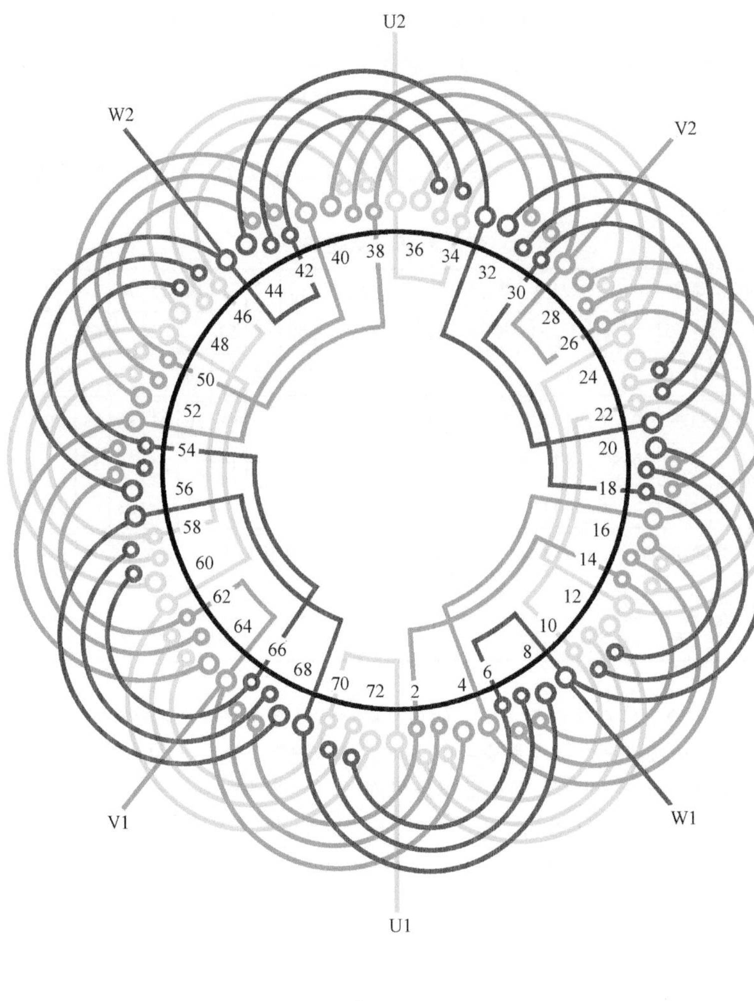

图 3.3.9

1. 绕组结构参数

定子槽数 $Z=72$　每组圈数 $S=3$　并联路数 $a=2$

电机极数 $2p=6$　极相槽数 $q=4$　线圈节距 $y=11$、9、7

总线圈数 $Q=54$　绕组极距 $\tau=12$　绕组系数 $K_{dp}=0.925$

线圈组数 $u=18$　每槽电角 $\alpha=15°$

2. 嵌线方法　绕组采用交叠法嵌线，吊边数为 6。嵌线的基本规律是，嵌 3 槽，退空 2 槽，再嵌 3 槽，以此类推。嵌线顺序见表 3.3.9。

表 3.3.9 交叠法

嵌线顺序		1	2	3	4	5	6	7	8	9	10	11	12	13	14	15	16	17	18
槽号	下层	3	2	1	71	70	69	67		66		65		63		62		61	
	上层								2		3		4		70		71		72
嵌线顺序		19	20	21	22	23	24	25		…		83	84	85	86	87	88	89	90
槽号	下层	59		58		57		55		…		17		15		14		13	
	上层		66		67		68			…			28		22		23		24
嵌线顺序		91	92	93	94	95	96	97	98	99	100	101	102	103	104	105	106	107	108
槽号	下层	11		10		9		7		6		5							
	上层		18		19		20		14		15		16	10	11	12	6	7	8

3. 绕组特点与应用　本例是 B 类布线，即每组线圈数相等，而且最大节距的同心线圈小于极距。绕组由 3 圈同心联组成，每组由 1 个单层大线圈和 2 个双层线圈组成；每相分 2 路接线，每一个支路有 3 组线圈，采用反方向走线，但要求同相相邻的线圈组极性相反。此绕组见于 JO2-81-6 异步电动机的改绕。

3.3.10 72 槽 6 极（$y_p=10$、$a=3$）单双层混合式（B 类）绕组

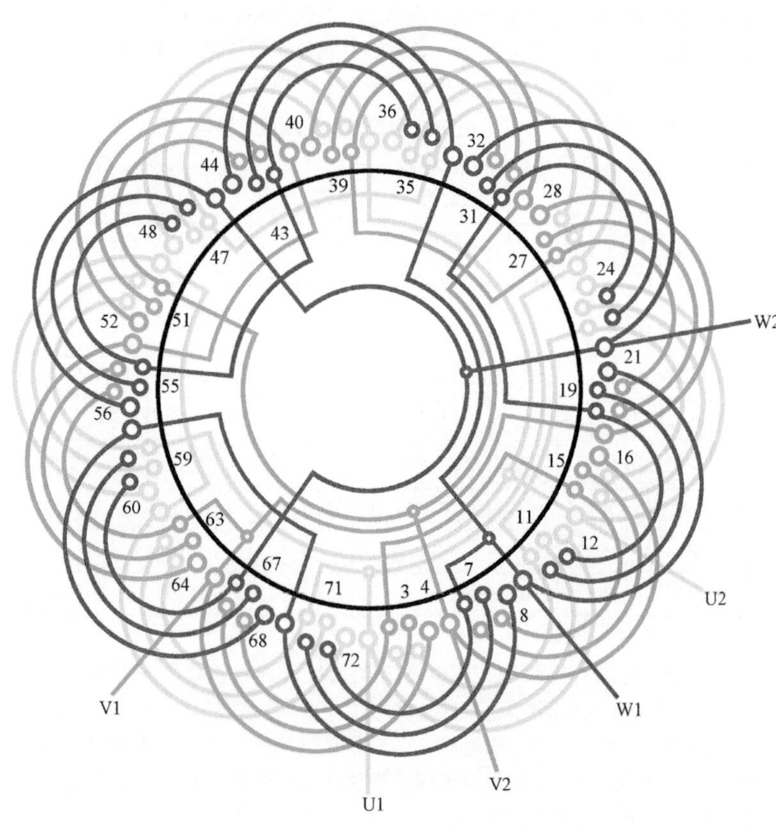

图 3.3.10

1. 绕组结构参数

定子槽数 $Z=72$　每组圈数 $S=3$　并联路数 $a=3$

电机极数 $2p=6$　极相槽数 $q=4$　线圈节距 $y=11$、9、7

总线圈数 $Q=54$　绕组极距 $\tau=12$　绕组系数 $K_{dp}=0.925$

线圈组数 $u=18$　每槽电角 $\alpha=15°$

2. 嵌线方法　本例采用交叠法嵌线，吊边数为 6。嵌线顺序见表 3.3.10。

表 3.3.10 交叠法

嵌线顺序		1	2	3	4	5	6	7	8	9	10	11	12	13	14	15	16	17	18
槽号	下层	3	2	1	71	70	69	67		66		65		63		62		61	
	上层								2		3		4		70		71		72
嵌线顺序		19	20	21	22	23	24	25	26	27		…		85	86	87	88	89	90
槽号	下层	59		58		57		55		54		…		15		14		13	
	上层		66		67		68		62			…			22		23		24
嵌线顺序		91	92	93	94	95	96	97	98	99	100	101	102	103	104	105	106	107	108
槽号	下层	11		10		9		7		6		5							
	上层		18		19		20		14		15		16	10	11	12	6	7	8

3. 绕组特点与应用　本例是显极绕组，每相由 6 组线圈组成，每相邻两组按反极性串联构成一个支路，然后把 3 个支路并联构成一相，三相布线和接法相同。绕组的单层线圈只占全部线圈的 1/3。在节约线材方面稍有效果，但在削减高次谐波和提高电机性能方面保留了双叠绕组的优点。主要应用在某些厂家的 YZR-M2-6 等电动机。

3.3.11　72 槽 6 极($y_p=10$、$a=6$)单双层混合式(B 类)绕组

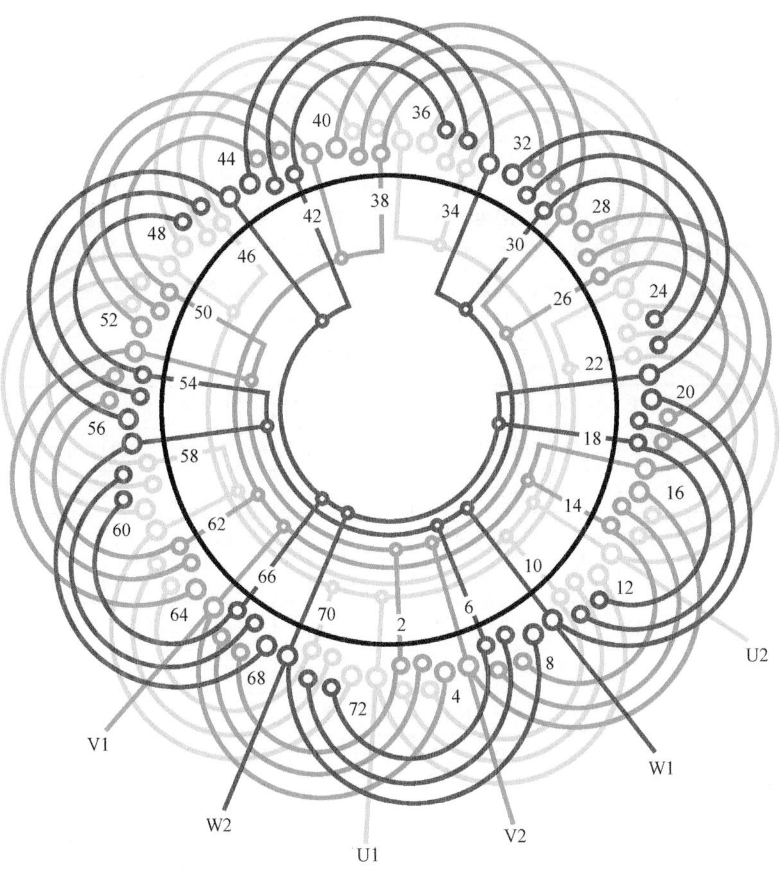

图　3.3.11

1. 绕组结构参数

定子槽数　$Z=72$　　每组圈数　$S=3$　　并联路数　$a=6$

电机极数　$2p=6$　　极相槽数　$q=4$　　线圈节距　$y=11$、9、7

总线圈数　$Q=54$　　绕组极距　$\tau=12$　　绕组系数　$K_{dp}=0.925$

线圈组数　$u=18$　　每槽电角　$\alpha=15°$

2. 嵌线方法　　绕组采用交叠法嵌线，吊边数为 6。先嵌入一组的两个下层边和一个单层槽，线圈另一边吊起，向后退空 2 槽不嵌，再嵌第 2 组的 3 边，再退空 2 槽后，开始整嵌余下线圈，最后把吊边逐个嵌入相应槽的上层。嵌线顺序见表 3.3.11。

表 3.3.11　交叠法

嵌线顺序		1	2	3	4	5	6	7	8	9	10	11	12	13	14	15	16	17	18
槽号	下层	3	2	1	71	70	69	67		66		65		63		62		61	
	上层								2		3		4		70		71		72
嵌线顺序		19	20	21	22		…		80	81	82	83	84	85	86	87	88	89	90
槽号	下层	59		58			…			18		17		15		14		13	
	上层		66		67		…		26		27		28		22		23		24
嵌线顺序		91	92	93	94	95	96	97	98	99	100	101	102	103	104	105	106	107	108
槽号	下层	11		10		9		7		6		5							
	上层		18		19		20		14		15		16	10	11	12	6	7	8

3. 绕组特点与应用　　本例与上例的绕组特点基本相同，但采用 6 路并联，因此要把每相 6 组线圈并接在一起，但必须使相邻的线圈组反极性。主要见于部分厂家的 Y225M-6 电动机。

3.3.12　72 槽 6 极($y_p=11$、$a=3$)单双层混合式(同心交叉布线)绕组

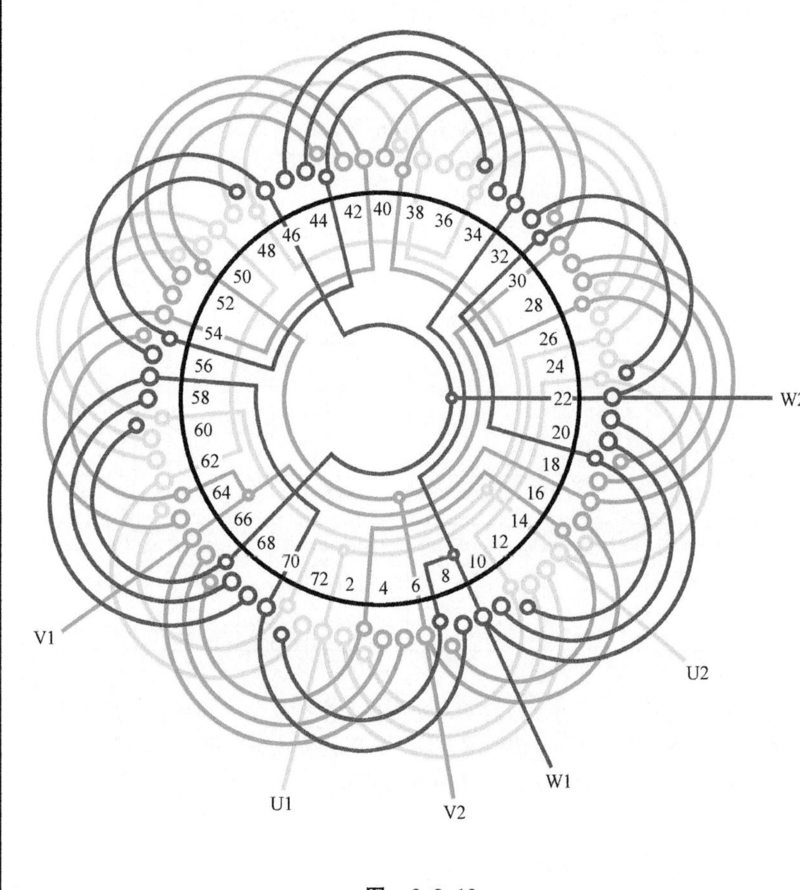

图　3.3.12

1. 绕组结构参数

定子槽数　$Z=72$　每组圈数　$S=2\frac{1}{2}$　并联路数　$a=3$

电机极数　$2p=6$　极相槽数　$q=4$　线圈节距　$y=12$、10、8

总线圈数　$Q=45$　绕组极距　$\tau=12$　绕组系数　$K_{dp}=0.949$

线圈组数　$u=18$　每槽电角　$\alpha=15°$

2. 嵌线方法　绕组采用交叠法嵌线，吊边数为 5。先嵌第 1 组的小线圈下层边，另一边吊起，继续嵌同组的 2 个单层边，另一边也吊起；退空 1 槽后再嵌 2 边，另一边吊起；再退空 2 槽嵌入第 3 组小线圈的两边，即整个线圈嵌入相应槽内，以后便可类推整嵌。嵌线顺序见表 3.3.12。

表 3.3.12　交叠法

嵌线顺序		1	2	3	4	5	6	7	8	9	10	11	12	13	14	15	16	17	18
槽号	下层	3	2	1	71	70	67		66		65		63		62		59		58
	上层							3		4		5		71		72		67	
嵌线顺序		19	20	21	22	23	24	25		…		65	66	67	68	69	70	71	72
槽号	下层		57		55		54			…			19		18		17		15
	上层	68		69		63		64		…		32		27		28		29	
嵌线顺序		73	74	75	76	77	78	79	80	81	82	83	84	85	86	87	88	89	90
槽号	下层		14		11		10		9		7		6						
	上层	23		24		19		20		21		15		16	11	12	13	7	8

3. 绕组特点与应用　由于选用平均节距 y_p 比上例长 1 槽，单双层构成 A 类布线，但从节省材料考虑，而将最大节距线圈变为单层，演变成大小组交替的同心交叉布线。主要应用有某厂家的 YX280M-6、JO3-250S-6 等电动机。

3.3.13 72 槽 6 极($y_p=11$、$a=3$)单双层混合式(A 类)绕组

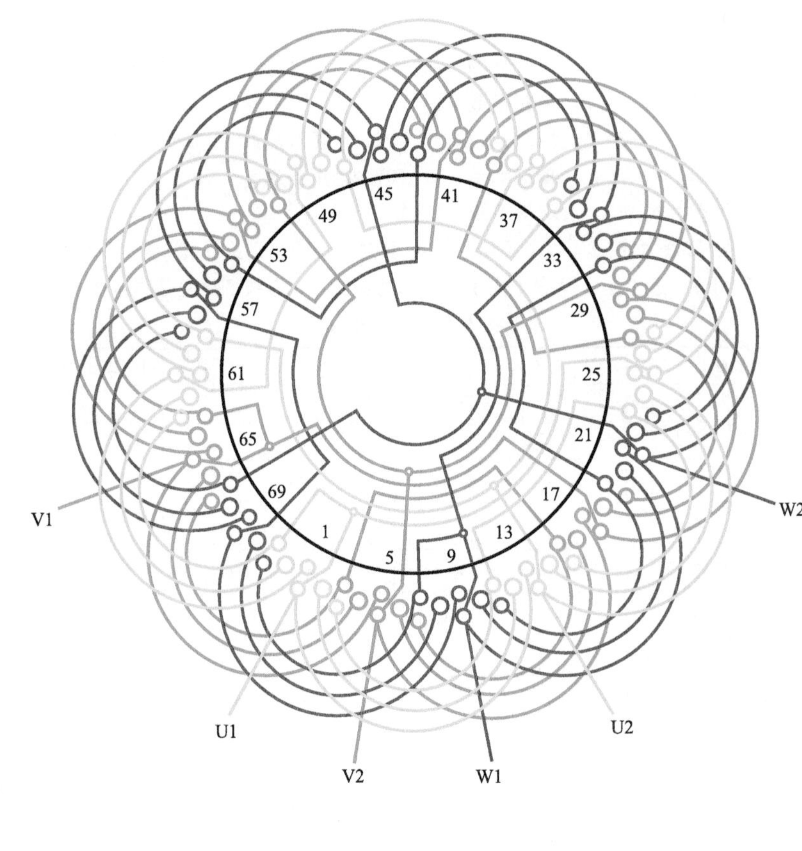

图 3.3.13

1. 绕组结构参数

定子槽数 $Z=72$　电机极数 $2p=6$　总线圈数 $Q=54$

线圈组数 $u=18$　每组圈数 $S=3$　极相槽数 $q=4$

绕组极距 $\tau=12$　线圈节距 $y=11$　并联路数 $a=3$

每槽电角 $\alpha=15°$　分布系数 $K_d=0.958$　节距系数 $K_p=0.991$

绕组系数 $K_{dp}=0.949$

2. 嵌线方法　采用交叠法嵌线，吊边数为 7。先嵌入两组线圈下层边，另一边吊起，然后退空 1 槽嵌入第 3 组小线圈（整嵌），再整嵌单层线圈，接着嵌大线圈下层边而上层边吊起；以后退空 1 槽即可整嵌线圈组。嵌线顺序见表 3.3.13。

表 3.3.13 交叠法

嵌线顺序		1	2	3	4	5	6	7	8	9	10	11	12	13	14	15	16	17	18
槽号	下层	3	2	1	71	70	69	67		66		65	63		62		61		59
	上层								3		4			71		72		1	
嵌线顺序		19	20	21	22	23	24	25	26	27	28	…		85	86	87	88	89	90
槽号	下层		58		57		55		54		53	…			14		13		11
	上层	67		68		69		63		64		…		23		24		25	
嵌线顺序		91	92	93	94	95	96	97	98	99	100	101	102	103	104	105	106	107	108
槽号	下层		10		9		7		6		5								
	上层	19		20		21		15		16		17	5	11	12	13	7	8	9

3. 绕组特点与应用　本例是 6 极单双层绕组中唯一的 A 类布线图例。绕组采用三路并联，故将每相相邻两组反极性串联成一路，再将三路并联起来。本例可用于 JO3-250S-6 电动机改绕。

3.4 三相单双层 8 极绕组布线接线图

8 极电动机额定转速略低于 750r/min。在交流电动机中属转速较低的电动机，一般用于工作转速较慢，且工作环境要求噪声低、振动小的场合。8 极单双层绕组主要是同心交叉布线，而 B 类布线仅收入一例。

3.4.1 36 槽 8 极($y_p=4$)单双层混合式绕组

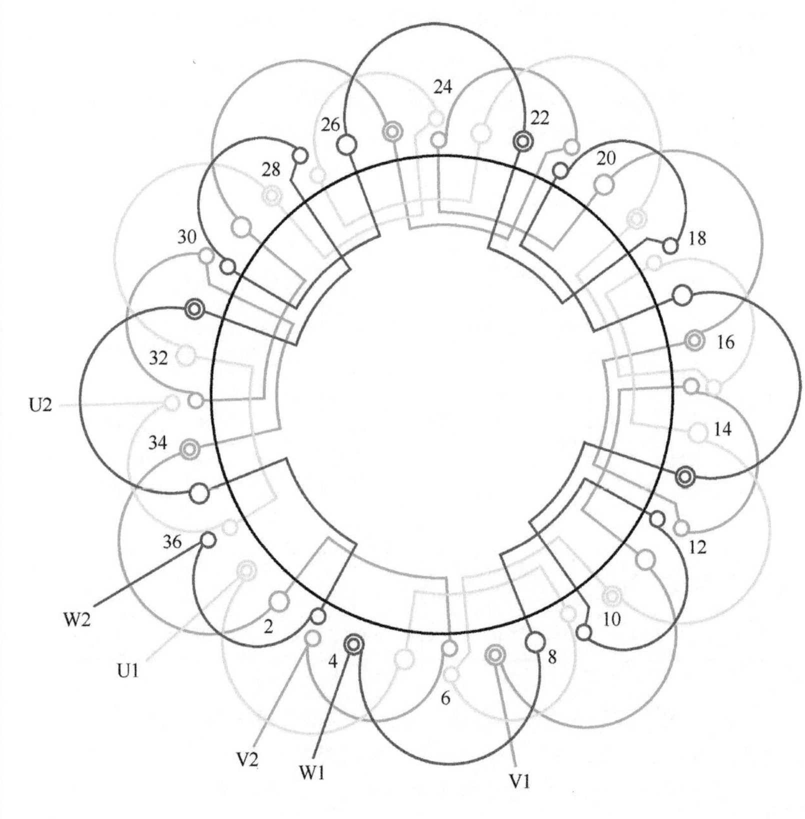

图 3.4.1

1. 绕组结构参数

定子槽数 $Z=36$　　每组双圈 $S_{双}=1$　　分布系数 $K_d=0.96$

电机极数 $2p=8$　　极相槽数 $q=1\frac{1}{2}$　　节距系数 $K_p=0.985$

总线圈数 $Q=24$　　绕组极距 $\tau=4\frac{1}{2}$　　绕组系数 $K_{dp}=0.946$

线圈组数 $u=24$　　每槽电角 $\alpha=40°$　　并联路数 $a=1$

每组单圈 $S_{单}=1$　　线圈节距 $y=4、3$

2. 嵌线方法　绕组采用一大一小交替嵌线，即嵌 1 槽(大)、再嵌 1 槽(小)，退 1 槽，又嵌 1 大 1 小。吊边数为 2。嵌线顺序见表 3.4.1。

表 3.4.1 交叠法

嵌线顺序		1	2	3	4	5	6	7	8	9	10	11	12	13	14	15	16	17	18	19	20	21	22	23	24
双层槽号	下层		36			33				30				27				24				21			
	上层						36				33				30				27				24		
单层槽号	沉边	1		34				31				28				25				22				19	
	浮边				2				35				32				29				26				23

嵌线顺序		25	26	27	28	29	30	31	32	33	34	35	36	37	38	39	40	41	42	43	44	45	46	47	48
双层槽号	下层	18				15				12				9				6				3			
	上层		21				18				15				12				9				6		3
单层槽号	沉边			16				13				10				7				4					
	浮边				20				17				14				11				8			5	

3. 绕组特点与应用　本例是显极式布线的分数槽绕组方案。它是由 $q=1\frac{1}{2}$、$y=4$ 的双层叠式分数槽绕组演变而来。线圈不等距，每组为 1 个单层大线圈或 1 个双层小线圈的单一线圈组，并交替轮换分布。每相由 8 个线圈(组)构成，按“尾与尾”或“头与头”串接。绕组无产品实例，曾用于 JO3T-90S-8 电动机改绕。

3.4.2　36 槽 8 极($y_p=4$)单双层混合式(同心庶极布线)绕组

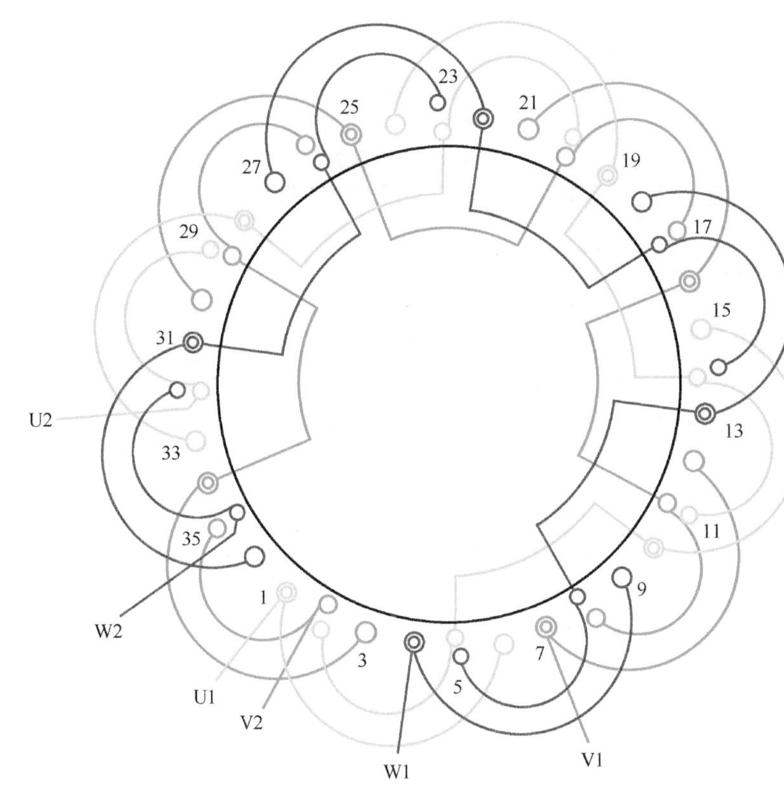

图　3.4.2

1. 绕组结构参数

定子槽数	$Z=36$	每组双圈	$S_{双}=1$	分布系数	$K_d=0.96$
电机极数	$2p=8$	极相槽数	$q=1\frac{1}{2}$	节距系数	$K_p=0.985$
总线圈数	$Q=24$	绕组极距	$\tau=4\frac{1}{2}$	绕组系数	$K_{dp}=0.946$
线圈组数	$u=12$	每槽电角	$\alpha=40°$	并联路数	$a=1$
每组单圈	$S_{单}=1$	线圈节距	$y=(1—6)$、$(2—5)$		

2. 嵌线方法　　本例是庶极布线，嵌线可用交叠法或整嵌法，整嵌是隔组嵌入形成双平面绕组；交叠法嵌线吊边数为 2，嵌线顺序见表 3.4.2。

表 3.4.2　交叠法

嵌线顺序		1	2	3	4	5	6	7	8	9	10	11	12	13	14	15	16	17	18	19	20	21	22	23	24
双层槽号	下层	2		35				32				29				26				23				20	
	上层				2				35				32				29				26				23
单层槽号	沉边		1			34				31				28				25				22			
	浮边						3				36				33				30				27		

嵌线顺序		25	26	27	28	29	30	31	32	33	34	35	36	37	38	39	40	41	42	43	44	45	46	47	48
双层槽号	下层			17				14				11				8				5					
	上层				20				17				14				11				8				5
单层槽号	沉边	19				16				13				10				7				4			
	浮边		24				21				18				15				12				9	6	

3. 绕组特点与应用　　本例是由 $q=1\frac{1}{2}$、$y=1—5$ 双叠分数槽绕组演化而成的庶极式单双层绕组，每组由大小各 1 只线圈构成同心线圈组，8 极绕组每相仅用 4 组线圈，按“头与尾”相接成相同极性，在工艺上具有线圈组数少、吊边数少等优点。此绕组应用实例不多，曾用于 YZR160L-8 绕线式异步电动机转子。

3.4.3 48 槽 8 极($y_p=5$)单双层混合式(同心交叉布线)绕组

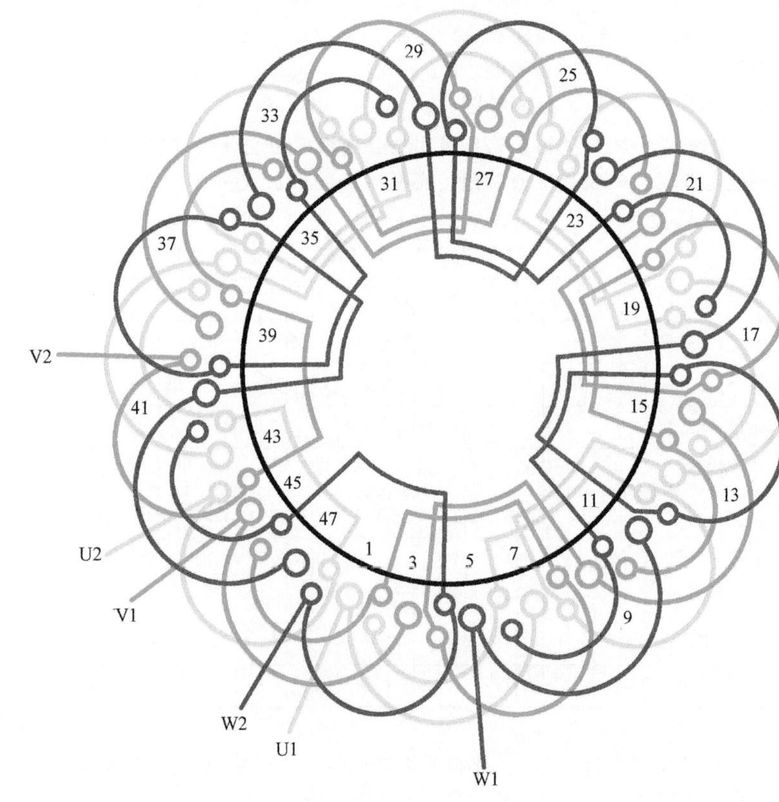

图 3.4.3

1. 绕组结构参数

定子槽数 $Z=48$　每组圈数 $S=1\frac{1}{2}$　并联路数 $a=1$

电机极数 $2p=8$　极相槽数 $q=2$　线圈节距 $y=6$、4

总线圈数 $Q=36$　绕组极距 $\tau=6$　绕组系数 $K_{dp}=0.933$

线圈组数 $u=24$　每槽电角 $\alpha=30°$

2. 嵌线方法　本例绕组采用交叠法嵌线，吊边数为 3。嵌线基本规律是嵌 3 槽，退空 1 槽，再嵌 3 槽。以此类推。嵌线顺序见表 3.4.3。

表 3.4.3　交叠法

嵌线顺序		1	2	3	4	5	6	7	8	9	10	11	12	13	14	15	16	17	18
槽号	下层	2	1	48	46		45		44		42		41		40		38		37
	上层					2		3		48		46		47		44		42	
嵌线顺序		19	20	21	22	…			44	45	46	47	48	49	50	51	52	53	54
槽号	下层		36		34	…			20		18		17		16		14		13
	上层	43		40		…				24		22		23		20		18	
嵌线顺序		55	56	57	58	59	60	61	62	63	64	65	66	67	68	69	70	71	72
槽号	下层		12		10		9		8		6		5		4				
	上层	19		16		14		15		12		10		11		8	6	7	4

3. 绕组特点与应用　本例是采用单双圈的同心交叉式布线的单双层绕组，大线圈 $y=6$，小线圈 $y=4$，单圈与小线圈节距相同。绕组是单、双圈交替安排，一相 8 组线圈按反极性串联而成。此绕组在定子中采用较少，主要用于绕线式转子，如 YR250S-8 等电动机。

3.4.4　48 槽 8 极（$y_p=5$、$a=2$）单双层混合式（同心交叉布线）绕组

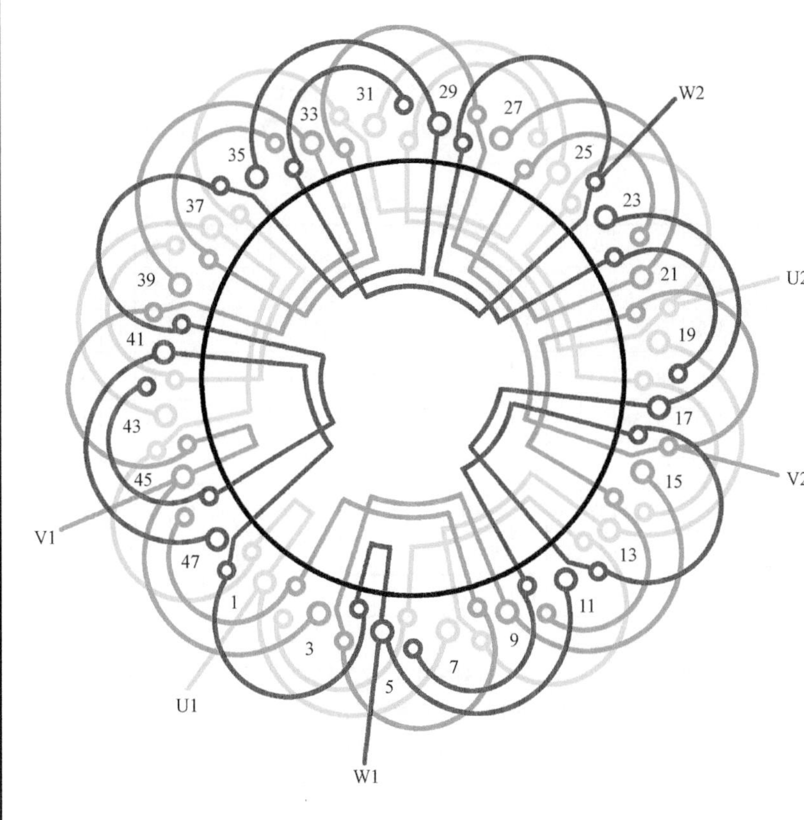

图　3.4.4

1. 绕组结构参数

定子槽数　$Z=48$　　每组圈数　$S=1\frac{1}{2}$　　并联路数　$a=2$

电机极数　$2p=8$　　极相槽数　$q=2$　　线圈节距　$y=6$、4

总线圈数　$Q=36$　　绕组极距　$\tau=6$　　绕组系数　$K_{dp}=0.933$

线圈组数　$u=24$　　每槽电角　$\alpha=30°$

2. 嵌线方法　　绕组采用交叠法嵌线，先嵌入双圈 2 个下层边及单圈下层边，往后退空 1 槽，吊起 3 个上层边后即可整嵌。具体嵌线顺序见表 3.4.4。

表 3.4.4　交叠法

嵌线顺序		1	2	3	4	5	6	7	8	9	10	11	12	13	14	15	16	17	18
槽号	下层	2	1	48	46		45		44		42		41		40		38		37
	上层					2		3		48		46		47		44		42	
嵌线顺序		19	20	21	22	23	24	25	26	27		…		49	50	51	52	53	54
槽号	下层		36		34		33		32			…			16		14		13
	上层	43		40		38		39		36		…		23		20		18	
嵌线顺序		55	56	57	58	59	60	61	62	63	64	65	66	67	68	69	70	71	72
槽号	下层		12		10		9		8		6		5		4				
	上层	19		16		14		15		12		10		11		8	6	7	4

3. 绕组特点与应用　　本绕组结构与上例基本相同，但绕组采用两路并联，每个支路由 2 组双圈和 2 组单圈按相邻极性相反串接，然后将两个支路并联。此绕组主要用于绕线式电动机的转子绕组。主要应用实例有某些厂家的 YR160M-8、YR225M-8 等电动机。

3.4.5 48 槽 8 极($y_p=5$、$a=4$)单双层混合式(同心交叉布线)绕组

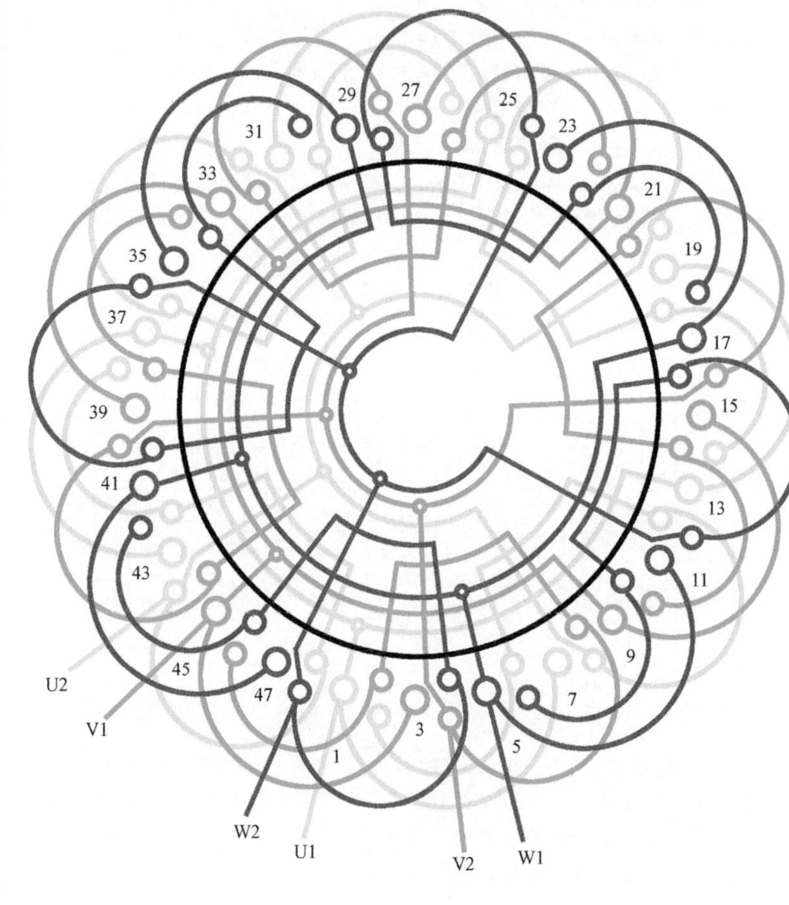

图 3.4.5

1. 绕组结构参数

定子槽数 $Z=48$ 每组圈数 $S=1\frac{1}{2}$ 并联路数 $a=4$

电机极数 $2p=8$ 极相槽数 $q=2$ 线圈节距 $y=6$、4

总线圈数 $Q=36$ 绕组极距 $\tau=6$ 绕组系数 $K_{dp}=0.933$

线圈组数 $u=24$ 每槽电角 $\alpha=30°$

2. 嵌线方法 本例采用交叠法嵌线，嵌线的基本规律是，嵌 3 槽，退空 1 槽，再嵌 3 槽，以此类推。需吊边数为 3，嵌线顺序见表 3.4.5。

表 3.4.5 交叠法

嵌线顺序		1	2	3	4	5	6	7	8	9	10	11	12	13	14	15	16	17	18
槽号	下层	2	1	48	46		45		44		42		41		40		38		37
	上层					2		3		48		46		47		44		42	
嵌线顺序		19	20	21	22	23	24	25	26	27	28	29	30		…		52	53	54
槽号	下层		36		34		33		32		30		29		…		14		13
	上层	43		40		38		39		36		34			…			18	
嵌线顺序		55	56	57	58	59	60	61	62	63	64	65	66	67	68	69	70	71	72
槽号	下层		12		10		9		8		6		5		4				
	上层	19		16		14		15		12		10		11		8	6	7	4

3. 绕组特点与应用 本例绕组与前几例结构基本相同，但采用 4 路并联，即每一个支路由单圈组和双圈组反向串联，然后再把 4 个支路并联构成一相绕组。三相接线相同。此绕组主要用于某厂家的绕线式电动机的转子绕组，主要应用有 YR250M1-8 等电动机。

3.4.6 72 槽 8 极($y_p=8$、$a=4$)单双层混合式(B 类)绕组

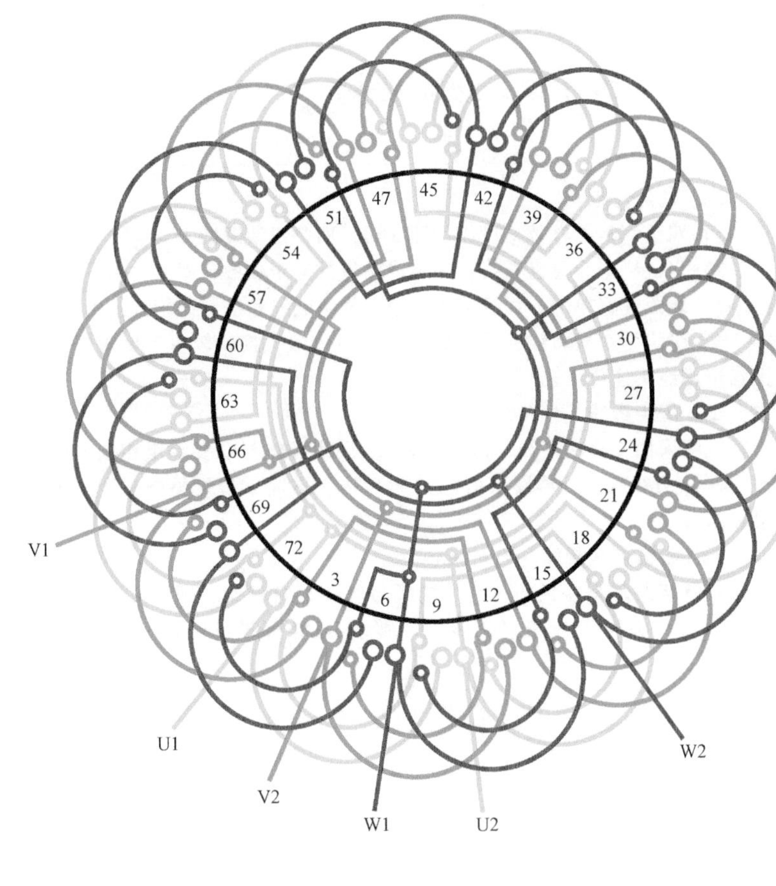

图 3.4.6

1. 绕组结构参数

定子槽数 $Z=72$　　每组圈数 $S=2$　　并联路数 $a=4$

电机极数 $2p=8$　　极相槽数 $q=3$　　线圈节距 $y=8$、6

总线圈数 $Q=48$　　绕组极距 $\tau=9$　　绕组系数 $K_{dp}=0.946$

线圈组数 $u=24$　　每槽电角 $\alpha=20°$

2. 嵌线方法　　本绕组采用交叠法嵌线，吊边数为 4。嵌线的基本规律是，嵌 2 槽，退空 1 槽，再嵌 2 槽，以此类推。嵌线的顺序见表 3.4.6。

表 3.4.6 交叠法

嵌线顺序		1	2	3	4	5	6	7	8	9	10	11	12	13	14	15	16	17	18
槽号	下层	2	1	71	70	68		67		65		64		62		61		59	
	上层						2		3		71		72		68		69		65
嵌线顺序		19	20	21	22	23	24	25	26	27		…		73	74	75	76	77	78
槽号	下层	58		56		55		53		52		…		17		16		14	
	上层		66		62		63		59			…			23		24		20
嵌线顺序		79	80	81	82	83	84	85	86	87	88	89	90	91	92	93	94	95	96
槽号	下层	13		11		10		8		7		5		4					
	上层		21		17		18		14		15		11		12	8	9	5	6

3. 绕组特点与应用　　绕组采用显极布线，它是由 $q=3$、$y=8$ 的双层叠式绕组演变而来。每组由单层大线圈和双层小线圈组成，每相相邻 2 组按一正一反串接成一个支路，然后将 4 个支路并联构成一相，但必须确保同相相邻线圈组极性相反。此绕组见于某厂家的 Y250M-8 电动机。

第 4 章　其他特殊结构型式三相绕组

本章是由前 3 章常规的单层绕组、双叠绕组、单双层绕组之外的型式，及结构特殊的三相绕组整合而成。其内容主要包括双层链式、双层同心式及其他无法归纳到常规绕组的特殊结构型式。

4.1　三相双层链式绕组布线接线图

双层链式绕组简称双链绕组，其端部结构与双层叠式绕组相同，但每组只有一只线圈，是由双层叠式绕组分化出来的特殊型式。这种绕组出现较早，但规格不多，通常都将其归纳到双叠绕组，但近年有所发展，故将其独立成一节内容予以介绍。

一、绕组参数

1）极相槽数　　$q=1$

2）绕组系数　　因绕组分布系数 $K_d=1$，故双链绕组系数由下式计算：

$$K_{dp}=K_p=\sin\left(90°\frac{y}{\tau}\right)$$

其余参数与双叠绕组相同，可参考第 1 章所述。

二、绕组特点

1）双链绕组是整数槽绕组，即 $q=1$，而每组线圈数 $S=q=1$；

2）双链绕组为显极布线，每相线圈组数等于极数，即 $u=2p$；

3）线圈规格单一，而且节距较短，绕组嵌线和绕制都较方便；

4）绕组为双层布线，线圈数比单层多一倍，接线较单层困难，故推荐选用线圈连绕工艺。

三、绕组嵌线

绕组采用交叠法嵌线，吊边数为 y。嵌线操作与双叠绕组相同，即嵌一槽(边)往后退，再嵌一槽(边)再后退，嵌完 y 边可整嵌，嵌完下层嵌吊边。

四、绕组接线规律

双链绕组均是显极布线，故接线与双叠绕组相同，即串联时“尾与尾”或“头与头”相接，即必须确保同相相邻线圈(组)的极性相反。

4.1.1　12 槽 4 极($y=2$)双层链式绕组

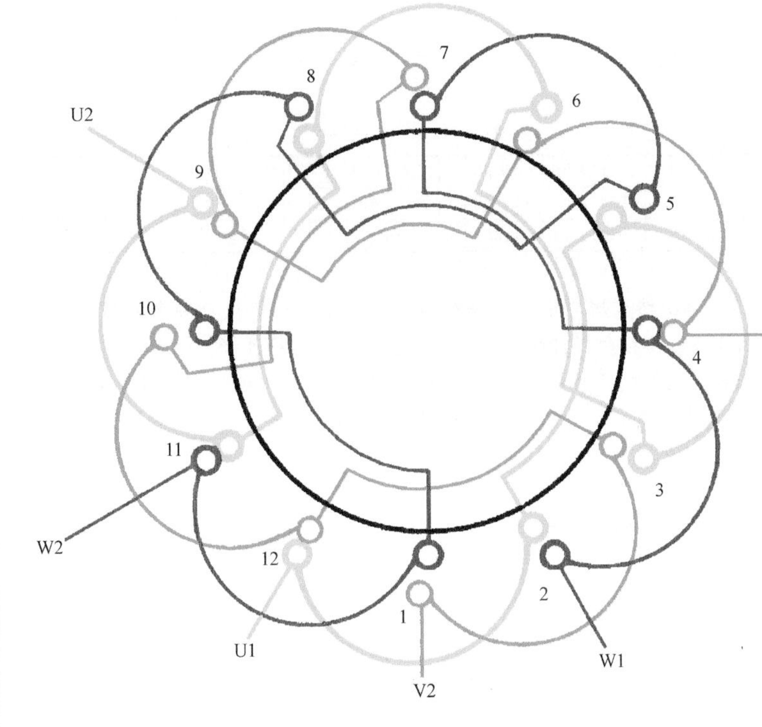

图　4.1.1

1. 绕组结构参数

定子槽数　$Z=12$　　每组圈数　$S=1$　　并联路数　$a=1$

电机极数　$2p=4$　　极相槽数　$q=1$　　分布系数　$K_d=1$

总线圈数　$Q=12$　　绕组极距　$\tau=3$　　节距系数　$K_p=0.866$

线圈组数　$u=12$　　线圈节距　$y=2$　　绕组系数　$K_{dp}=0.866$

2. 嵌线方法　　绕组采用交叠法嵌线，吊边数为 2。嵌线顺序见表 4.1.1。

表 4.1.1　交叠法

嵌线顺序		1	2	3	4	5	6	7	8	9	10	11	12	13	14	15	16	17	18	19	20	21	22	23	24
槽号	下层	12	11	10		9		8		7		6		5		4		3		2		1			
	上层				12		11		10		9		8		7		6		5		4		3	2	1

3. 绕组特点与应用　　本例绕组采用短节距布线，有利于削减高次谐波成分以提高电机的运行性能；但由于定子槽数少，绕组极距较短，缩短节距后的绕组系数较低。此绕组应用较少，主要实例有 FTA3-5 配电仪表盘用排风扇。

4.1.2 12 槽 4 极（$y=3$）双层链式绕组

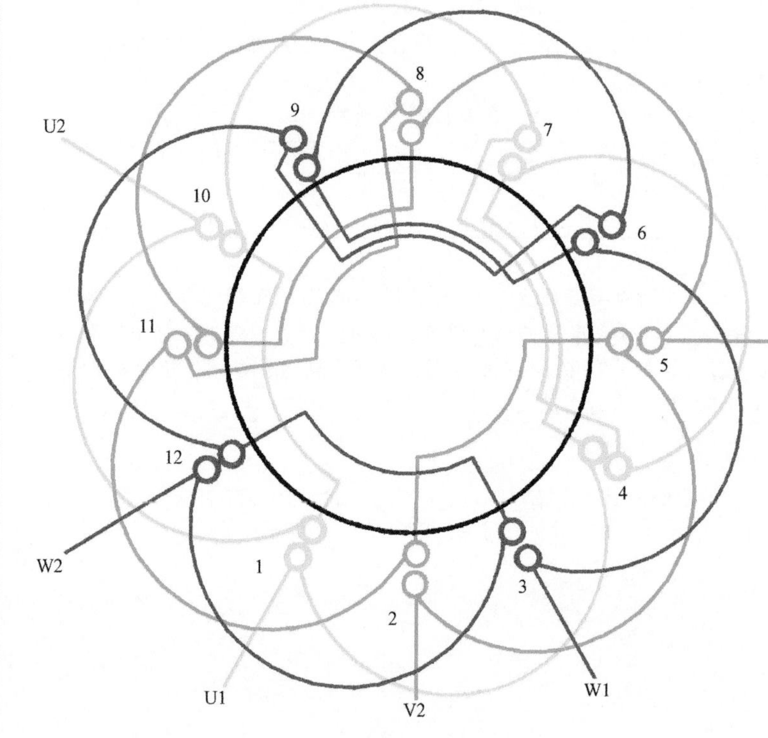

图 4.1.2

1. 绕组结构参数

定子槽数	$Z=12$	每组圈数	$S=1$	并联路数	$a=1$
电机极数	$2p=4$	极相槽数	$q=1$	分布系数	$K_d=1.0$
总线圈数	$Q=12$	绕组极距	$\tau=3$	节距系数	$K_p=1.0$
线圈组数	$u=12$	线圈节距	$y=3$	绕组系数	$K_{dp}=1$

2. 嵌线方法　　本例采用交叠法嵌线，吊边数为 3。嵌线顺序见表 4.1.2。

表 4.1.2 交叠法

嵌线顺序		1	2	3	4	5	6	7	8	9	10	11	12	13	14	15	16	17	18	19	20	21	22	23	24
槽号	下层	1	12	11	10		9		8		7		6		5		4		3		2				
	上层					1		12		11		10		9		8		7		6		5	4	3	2

3. 绕组特点与应用　　绕组线圈数较少，每组仅有一个线圈，每相由 4 个线圈按反极性串联构成，一般可采用同相连绕。但由于小功率电机定子内腔小，又采用全距线圈，故嵌线相对困难，一般极少应用。主要应用实例有 AO2-4524 等三相异步电动机。

4.1.3 18 槽 6 极($y=3$)双层链式绕组

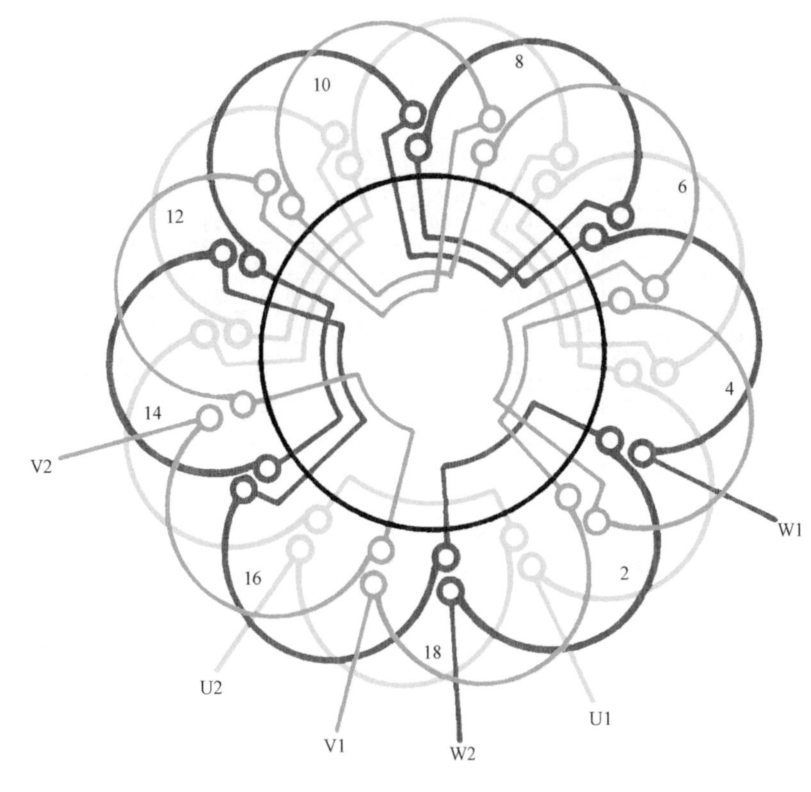

图 4.1.3

1. 绕组结构参数

定子槽数 $Z=18$　每组圈数 $S=1$　并联路数 $a=1$

电机极数 $2p=6$　极相槽数 $q=1$　线圈节距 $y=3$

总线圈数 $Q=18$　绕组极距 $\tau=3$　绕组系数 $K_{dp}=1$

线圈组数 $u=18$　每槽电角 $\alpha=60°$

2. 嵌线方法　绕组采用交叠法嵌线，吊边数为 3。嵌线顺序见表 4.1.3。

表 4.1.3 交叠法

嵌线顺序		1	2	3	4	5	6	7	8	9	10	11	12	13	14	15	16	17	18
槽号	下层	18	17	16	15		14		13		12		11		10		9		8
	上层					18		17		16		15		14		13		12	
嵌线顺序		19	20	21	22	23	24	25	26	17	28	29	30	31	32	33	34	35	36
槽号	下层		7		6		5		4		3		2		1				
	上层	11		10		9		8		7		6		5		4	3	2	1

3. 绕组特点与应用　18 槽绕 6 极，则每极相槽数为 1，绕制双层自然构成链式，即每组仅为 1 圈，每相由 6 个线圈(组)按相邻线圈反极性串联而成。18 槽属小功率电动机，实际应用不多，仅见用于 500FTA-7 型排风扇电动机。

4.1.4　24 槽 8 极($y=3$)双层链式绕组

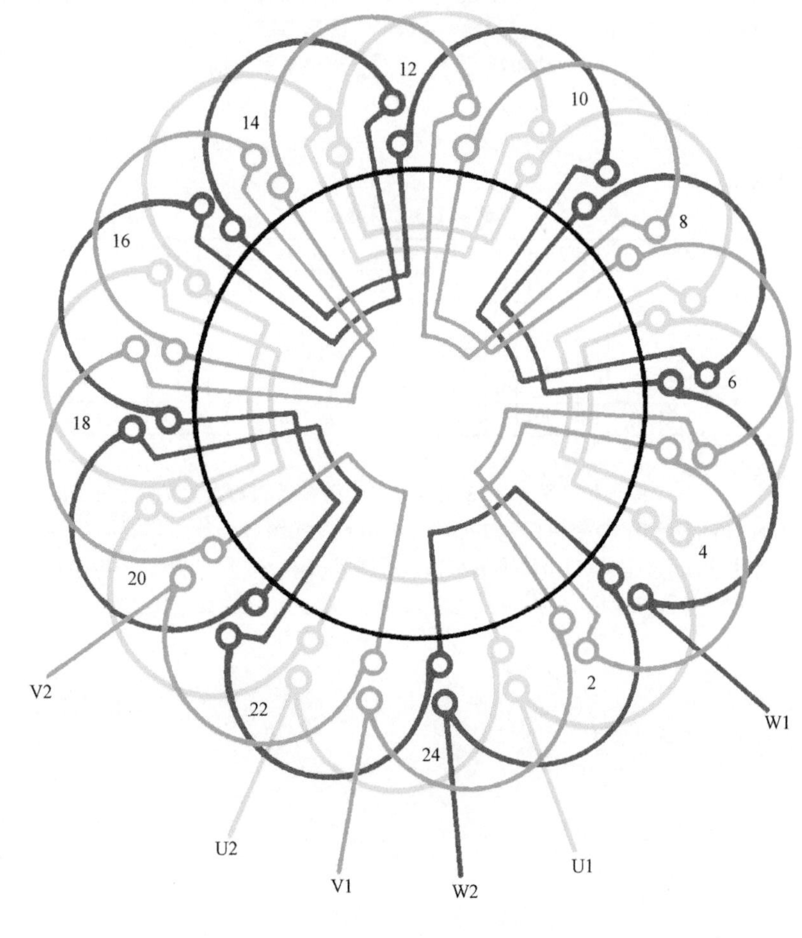

图　4.1.4

1. 绕组结构参数

定子槽数　$Z=24$　　每组圈数　$S=1$　　并联路数　$a=1$

电机极数　$2p=8$　　极相槽数　$q=1$　　线圈节距　$y=3$

总线圈数　$Q=24$　　绕组极距　$\tau=3$　　绕组系数　$K_{dp}=1$

线圈组数　$u=24$　　每槽电角　$\alpha=60°$

2. 嵌线方法　绕组为双层，端部呈交叠状，故宜用交叠法嵌线，吊边数为 3。嵌线顺序见表 4.1.4。

表 4.1.4　交叠法

嵌线顺序		1	2	3	4	5	6	7	8	9	10	11	12	13	14	15	16
槽号	下层	24	23	22	21		20		19		18		17		16		15
	上层					24		23		22		21		20		19	
嵌线顺序		17	18	19	20	21	22	23	24	25	26	27	28	29	30	31	32
槽号	下层		14		13		12		11		10		9		8		7
	上层	18		17		16		15		14		13		12		11	
嵌线顺序		33	34	35	36	37	38	39	40	41	42	43	44	45	46	47	48
槽号	下层		6		5		4		3		2		1				
	上层	10		9		8		7		6		5		4	3	2	1

3. 绕组特点与应用　本例为显极布线，每相由 8 个线圈组成，并按正反极性串联构成 8 极。此绕组在系列产品中无应用实例，曾在 24 槽改绕 8 极中使用。

4.1.5　36 槽 12 极($y=2$)双层链式绕组

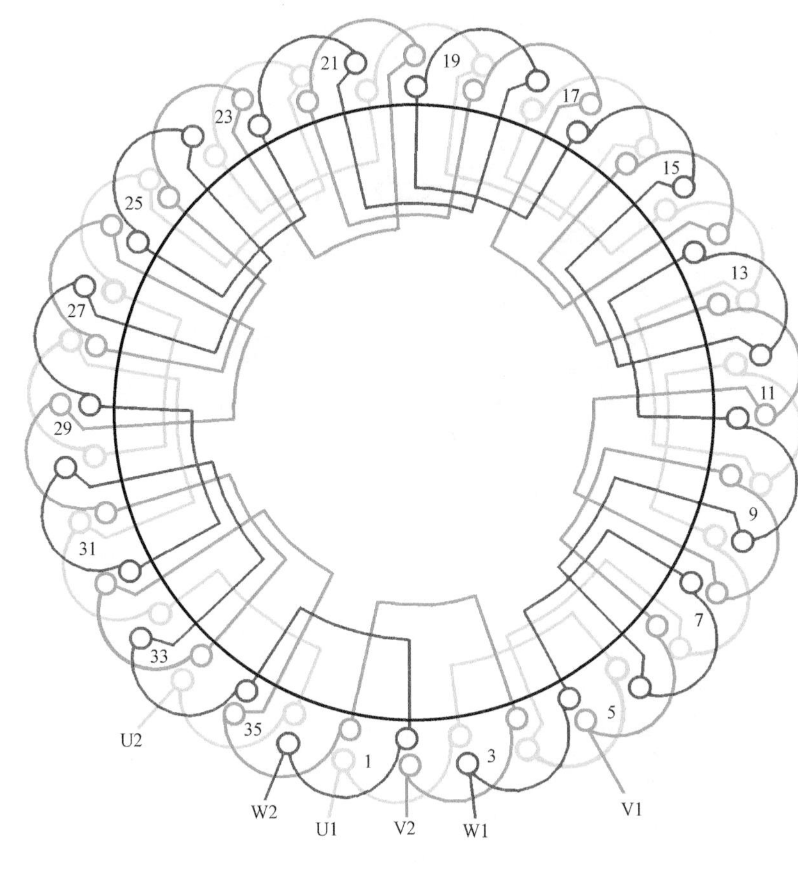

图　4.1.5

1. 绕组结构参数

定子槽数	$Z=36$	每组圈数	$S=1$	并联路数	$a=1$
电机极数	$2p=12$	极相槽数	$q=1$	分布系数	$K_d=1.0$
总线圈数	$Q=36$	绕组极距	$\tau=3$	节距系数	$K_p=0.866$
线圈组数	$u=36$	线圈节距	$y=2$	绕组系数	$K_{dp}=0.866$

2. 嵌线方法　　绕组采用交叠法嵌线，吊边数仅为 2，嵌线较方便。嵌线顺序见表 4.1.5。

表 4.1.5　交叠法

嵌线顺序		1	2	3	4	5	6	7	8	9	10	11	12	13	14	15	16	17	18
槽号	下层	36	35	34		33		32		31		30		29		28		27	
	上层				36		35		34		33		32		31		30		29
嵌线顺序		19	20	21	22	23	24	25	26	27	28	29	30	31	32	33	34	35	36
槽号	下层	26		25		24		23		22		21		20		19		18	
	上层		28		27		26		25		24		23		22		21		20
嵌线顺序		37	38	39	40	41	42	43	44	45	46	47	48	49	50	51	52	53	54
槽号	下层	17		16		15		14		13		12		11		10		9	
	上层		19		18		17		16		15		14		13		12		11
嵌线顺序		55	56	57	58	59	60	61	62	63	64	65	66	67	68	69	70	71	72
槽号	下层	8		7		6		5		4		3		2		1			
	上层		10		9		8		7		6		5		4		3	2	1

3. 绕组特点与应用　　绕组每组只有一只线圈，故又称双链(双层链式)绕组，是双叠绕组的特殊型式。主要应用于辊道用异步电动机，实例有 JG2-42-12 等。

4.1.6 45槽16极（$y=3$、$q=15/16$）双层链式绕组

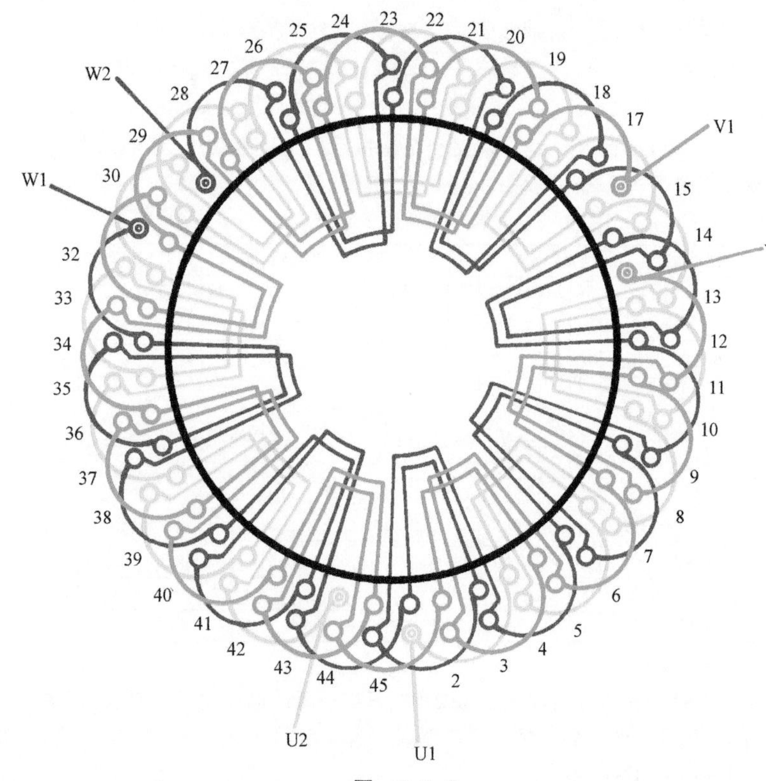

图 4.1.6

1. 绕组结构参数

定子槽数	$Z=45$	每组圈数	$S=1$	并联路数	$a=1$
电机极数	$2p=16$	极相槽数	$q=15/16$	线圈节距	$y=3$
总线圈数	$Q=45$	绕组极距	$\tau=2^{13}/_{16}$	绕组系数	$K_{dp}=0.996$
线圈组数	$u=45$	每槽电角	$\alpha=64°$		

2. 嵌线方法　　绕组属双层叠绕，故采用交叠法嵌线，即嵌入一槽向后退，再嵌一槽再后退，吊起3边后进行整嵌。嵌线顺序可参考双叠绕组。

3. 绕组特点与应用　　绕组每极相槽数 $q=15/16$，即用15个线圈形成16极绕组，属 $q<1$ 的分数槽绕组。这有悖相绕组正常的构成规律。其原理可用如例图的24槽8极的一相绕组来解释。

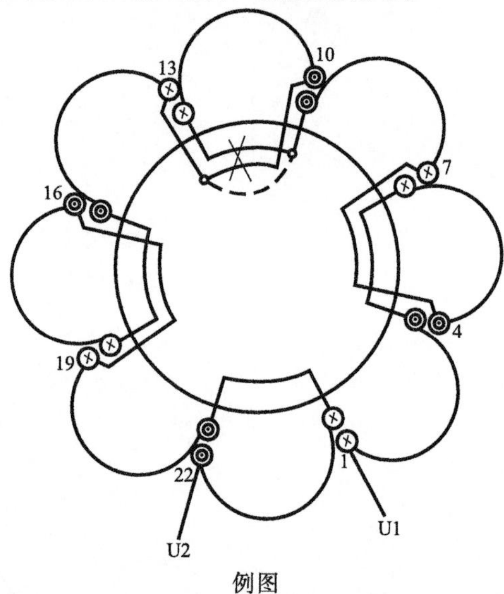

例图

当某瞬间U1为正时，各槽线圈的电流方向（设⊗—流入，◎—流出）和它所产生的磁场极性如图所示，即每相由8槽（线圈）产生8极。如果将图中槽10—13的线圈去掉，接线改为虚线所示，则槽10上层边和槽13下层边依然保持原来极性不变，故它仍能构成8极。由此可见，每相少一槽（线圈）仍可形成原有极数。那么，拿掉的这个线圈就称“0”线圈，而0线圈造成的缺口虽磁场变弱，但极性不变。因此，同理也可将0线圈的缺口安排在一相最后一只线圈，如本例图中双圆有效边的位置；同时，为了使三相绕组结构和接线相同，本例特将3个缺口安排在定子圆周相距120°的对称位置上，这样可使三相对称平衡，减少振动和噪声。此外，这种绕组结构即使在少极数中能构成，也不宜采用，否则会使振动和噪声很大，甚至转不起来。应用实例有JG2-52-16异步电动机。

4.1.7　48槽16极($y=3$)双层链式绕组

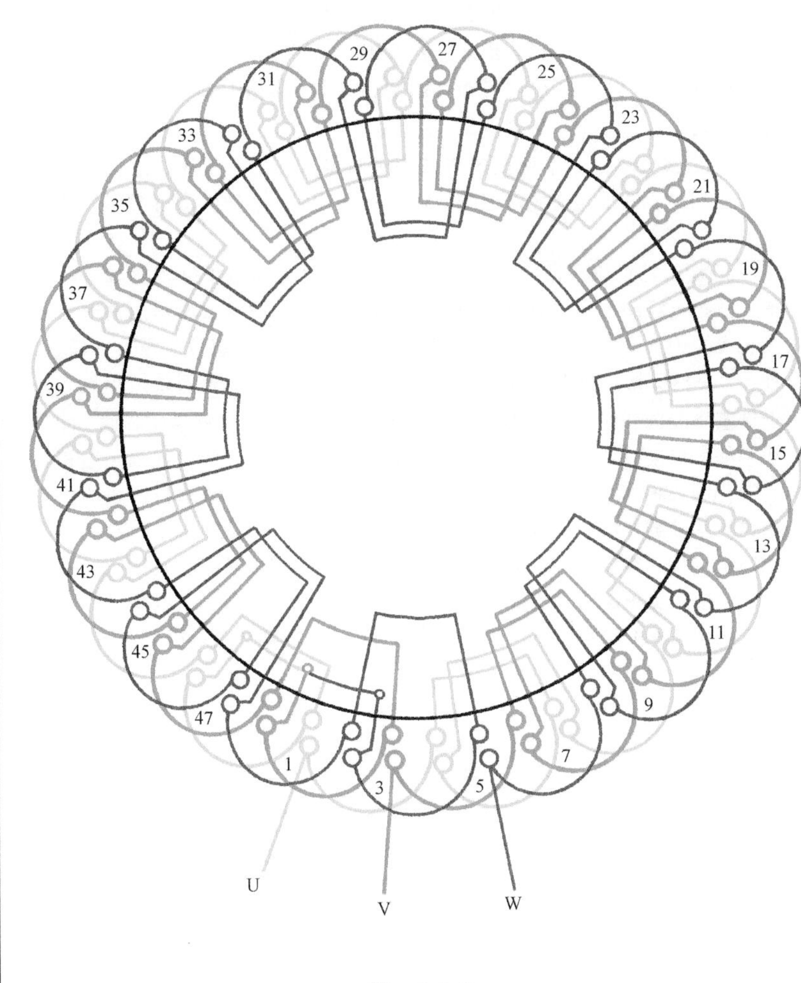

图　4.1.7

1. 绕组结构参数

定子槽数　$Z=48$　　极相槽数　$q=1$　　分布系数　$K_d=1$

电机极数　$2p=16$　　绕组极距　$\tau=3$　　节距系数　$K_p=1$

总线圈数　$Q=48$　　每槽电角　$\alpha=60°$　　绕组系数　$K_{dp}=1$

线圈组数　$u=48$　　并联路数　$a=1$

每组圈数　$S=1$　　线圈节距　$y=1—4$

2. 嵌线方法　　绕组采用交叠法嵌线，吊边数为3。嵌线顺序见表4.1.7。

表 4.1.7　交叠法

嵌线顺序		1	2	3	4	5	6	7	8	9	10	11	12	13	14	15	16	17	18
槽号	下层	1	48	47	46		45		44		43		42		41		40		39
	上层					1		48		47		46		45		44		43	
嵌线顺序		19	20	21	22	23	24	25	…			89	90	91	92	93	94	95	96
槽号	下层		38		37		36		…				3		2				
	上层	42		41		40		39	…			7		6		5	4	3	2

3. 绕组特点与应用　　绕组每个线圈组仅有一只线圈，是双层叠式绕组的特殊型式。虽然线圈较多，但由于节距较短，交叠嵌线仅吊3边，故嵌线不会困难。绕组采用显极布线，即同相相邻线圈必须反极性串联。为减少繁琐的接线，通常将每相16个线圈分别连绕，然后按要求嵌入相应槽内。此绕组采用Y联结，故引出线仅3根。绕组应用于YCT大号的交流测速发电机定子。

4.1.8 54 槽 20 极（$y=3$、$q=9/10$）双层链式绕组

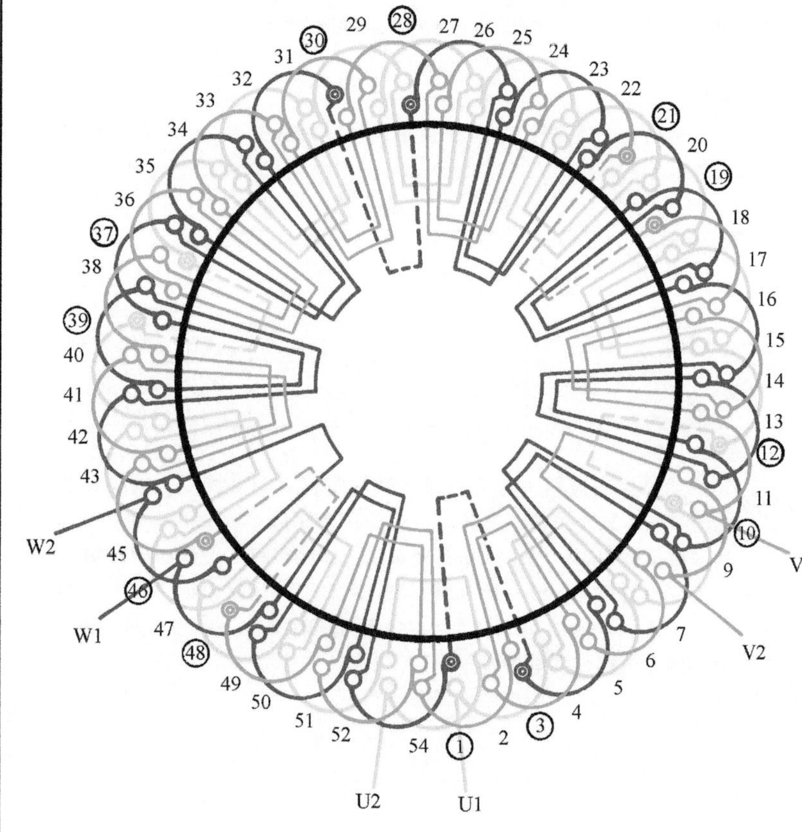

图 4.1.8

1. 绕组结构参数

定子槽数 $Z=54$ 每组圈数 $S=1$ 并联路数 $a=1$

电机极数 $2p=20$ 极相槽数 $q=9/10$ 线圈节距 $y=3$

总线圈数 $Q=54$ 绕组极距 $\tau=2\frac{7}{10}$ 绕组系数 $K_{dp}=0.996$

线圈组数 $u=54$ 每槽电角 $\alpha=66.7°$

2. 嵌线方法　本例虽属双链绕组的特殊型式，但其嵌线仍与双链嵌法相同，即采用交叠法嵌线，需吊边数为 3。详细嵌法可参考双叠绕组。

3. 绕组特点与应用　由 4.1.6 节例图可见，由于每相要减少一槽，故把 0 线圈的缺口安排在最后一个线圈，如图 4.1.6 所示。这时可见，虚拟中的 0 线圈（如 U 相的槽 44—46）节距要比正常节距少一槽，即$y_0=y-1=2$槽。所以，每个 0 线圈缺口可削减一槽。本例结构特点与上例基本相同，它以每相 18 槽安排 20 极绕组，因此，每相应有两个 0 线圈缺口以削减两槽，而且需安排在定子的对称位置。绕组接线是逐相连接，同相相邻线圈应反极性，但由于 0 线圈被跳过，故缺口两边的同相线圈则要顺接串联，即同极性连接，如图 4.1.8 中虚线所示。本例三相绕组结构和接线相同，为了使三相对称平衡，三相对应的缺口应互差 120°安排在定子圆周，故其三相进线就不必拘泥于互差 120°电角度，而应按照图 4.1.8 安排。此绕组主要应用于 JG2-72-20 型辊道用电动机。

4.1.9　72 槽 24 极（$y=3$）双层链式绕组

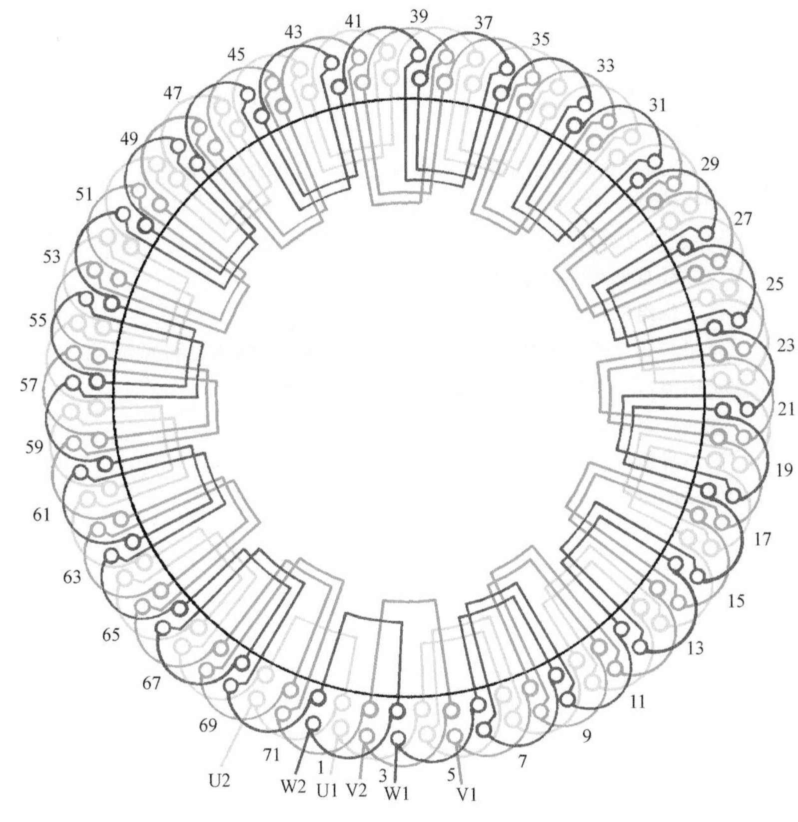

图　4.1.9

1. 绕组结构参数

定子槽数　$Z=72$　　每组圈数　$S=1$　　并联路数　$a=1$

电机极数　$2p=24$　　极相槽数　$q=1$　　分布系数　$K_d=1.0$

总线圈数　$Q=72$　　绕组极距　$\tau=3$　　节距系数　$K_p=1.0$

线圈组数　$u=72$　　线圈节距　$y=3$　　绕组系数　$K_{dp}=1.0$

2. 嵌线方法　　采用交叠法嵌线，吊边数为 3。嵌线顺序见表 4.1.9。

表 4.1.9　交叠法

嵌线顺序		1	2	3	4	5	6	7	8	9	10	11	12	13	14	15	16	17	18
槽号	下层	72	71	70	69		68		67		66		65		64		63		62
	上层					72		71		70		69		68		67		66	
嵌线顺序		19	20	21	22	23	24	25		…		119	120	121	122	123	124	125	126
槽号	下层		61		60		59			…			11		10		9		8
	上层	65		64		63		62		…		15		14		13		12	
嵌线顺序		127	128	129	130	131	132	133	134	135	136	137	138	139	140	141	142	143	144
槽号	下层		7		6		5		4		3		2		1				
	上层	11		10		9		8		7		6		5		4	3	2	1

3. 绕组特点与应用　　本例绕组每极相只有 1 槽，且无法采用短距线圈，故形成具有特殊型式的双层叠式绕组，即每个线圈组只有 1 个线圈如链相扣，故又称双层链式绕组。在单相电动机中常有应用，而三相电动机中仅有数例，应用于 24/6 极电梯配套，作为减速平层停车用的 24 极绕组，而且实际接线时均将 U2、V2、W2 在内部连接成星点，引出线仅 3 根。

4.2 三相双层同心式绕组布线接线图

三相双层同心式绕组属显极式绕组，它是将双层叠式绕组的交叠线圈组端部连接序次改变，使其成为呈“回”字形的结构，故称双层同心式。由此可见，它是由三相双叠绕组演变而来的一种型式。一般来说，任何一种节距的双叠绕组都可构成双层同心式绕组。

一、绕组结构参数

1）总线圈数　$Q=Z$

2）线圈组数　$u=2pm$

3）每组圈数　$S=Q/u$

4）绕组系数

$$K_{dp}=K_dK_p$$

式中　K_d——绕组分布系数；

$$K_d=\frac{0.5}{q\sin\left(\frac{30°}{q}\right)}\text{或 }K_d=\frac{\sin(\alpha S)}{S\sin\alpha}$$

K_p——绕组节距系数；

$$K_p=\sin\left(90°\frac{y_p}{\tau}\right)$$

q——每极相槽数，$q=Z/2pm$；

α——每槽电角度，$\alpha=\frac{180°\times 2p}{Z}$；

S——每组圈数，查绕组参数；

τ——绕组极距（槽），$\tau=Z/2p$；

y_p——同心线圈组有效节距，它等于演变前双叠绕组的节距。

二、绕组特点

1）实用的双层同心式绕组是显极布线，它的每相线圈组数等于极数；

2）绕组由同心线圈构成，但每一个线圈有效边则分置于不同槽的上、下层；

3）绕组可合理选用短节距以削减谐波，改善电动机性能；

4）绕组端部交叠减少，便于嵌线和绝缘；

5）端部结构改变后，平均匝长增加而耗费铜线，而且线圈节距不等也使嵌线难度和工时增加。

三、绕组嵌线

绕组采用交叠法嵌线，需吊边数为 y_p。每组嵌线从小到大嵌入，当下层边嵌完后，再把原来的吊边逐个嵌入相应槽的上层。

四、绕组接线

因属显极绕组，故接线是，“尾接尾”或“头接头”，即必须使同相相邻线圈组的极性相反。

4.2.1　24 槽 4 极($y_p=5$)双层同心式绕组

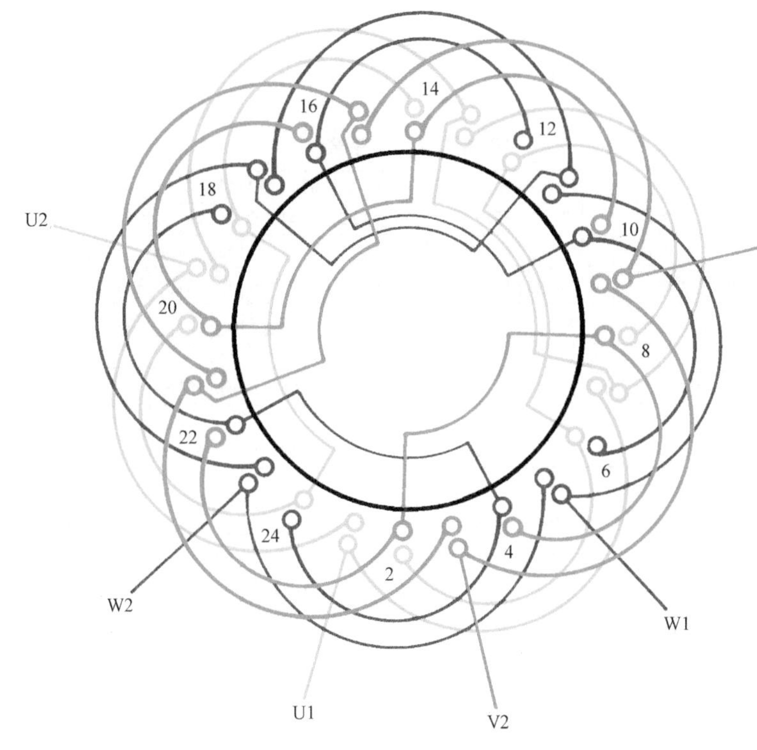

图　4.2.1

1. 绕组结构参数

定子槽数　$Z=24$　　每组圈数　$S=2$　　并联路数　$a=1$

电机极数　$2p=4$　　极相槽数　$q=2$　　线圈节距　$y=6$、4

总线圈数　$Q=24$　　绕组极距　$\tau=6$　　绕组系数　$K_{dp}=0.933$

线圈组数　$u=12$　　每槽电角　$\alpha=30°$

2. 嵌线方法　　本例采用交叠法嵌线，嵌法与双层叠式绕组基本相同，但每组嵌线时宜从小节距线圈嵌起。嵌线吊边数为 6。嵌线顺序见表 4.2.1。

表 4.2.1　交叠法

嵌线顺序		1	2	3	4	5	6	7	8	9	10	11	12	13	14	15	16
槽号	下层	2	1	24	23	22		21	20		19		18		17		16
	上层						2			24		1		22		23	
嵌线顺序		17	18	19	20	21	22	23	24	25	26	27	28	29	30	31	32
槽号	下层		15		14		13		12		11		10		9		8
	上层	20		21		18		19		16		17		14		15	
嵌线顺序		33	34	35	36	37	38	39	40	41	42	43	44	45	46	47	48
槽号	下层		7		6		5		4		3						
	上层	12		13		10		11		8		9	6	7	4	5	3

3. 绕组特点与应用　　绕组是显极布线，每相 4 组线圈按相邻反极性的规律连接，每组则由同心双圈组成。本例绕组是由 $y=5$ 的双叠绕组演变而来，故具有短节距削减谐波的性能，可作为该双叠绕组重绕的替代型式。

4.2.2　36 槽 4 极($y_p=7$)双层同心式绕组

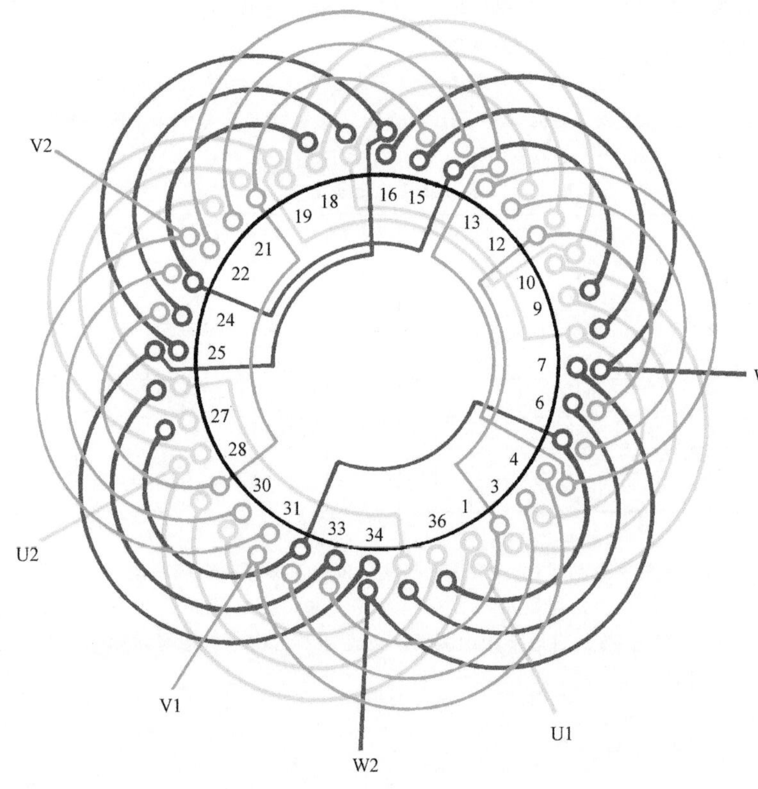

图　4.2.2

1. 绕组结构参数

定子槽数　$Z=36$　　每组圈数　$S=3$　　并联路数　$a=1$

电机极数　$2p=4$　　极相槽数　$q=3$　　线圈节距　$y=9$、7、5

总线圈数　$Q=36$　　绕组极距　$\tau=9$　　绕组系数　$K_{dp}=0.902$

线圈组数　$u=12$　　每槽电角　$\alpha=20°$

2. 嵌线方法　　本例属双层绕组，采用交叠法嵌线，嵌线开始需吊起7边，待下层边全部嵌入后再把吊边依次嵌入上层。嵌线顺序见表4.2.2。

表 4.2.2　交叠法

嵌线顺序		1	2	3	4	5	6	7	8	9	10	11	12	13	14	15	16	17	18
槽号	下层	3	2	1	36	35	34	33		32		31	30		29		28		27
	上层								2		3			35		36		1	
嵌线顺序		19	20	21	22	23	24	25	26		…		48	49	50	51	52	53	54
槽号	下层		26		25		24		23		…		12		11		10		9
	上层	32		33		34		29			…			17		18		19	
嵌线顺序		55	56	57	58	59	60	61	62	63	64	65	66	67	68	69	70	71	72
槽号	下层		8		7		6		5		4								
	上层	14		15		16		11		12		13	10	9	8	7	6	5	4

3. 绕组特点与应用　　本例绕组由同心三圈构成，每相4组，根据显极布线，即连接时使同相相邻线圈组极性相反。因绕组演变于 $y=7$ 的双叠绕组，故具有缩短节距改善电机性能的特点。此绕组主要应用实例有 JO2-41-4、JO2L-62-4 等国产老系列电动机。

4.2.3 36 槽 4 极($y_p=8$、$a=2$)双层同心式绕组

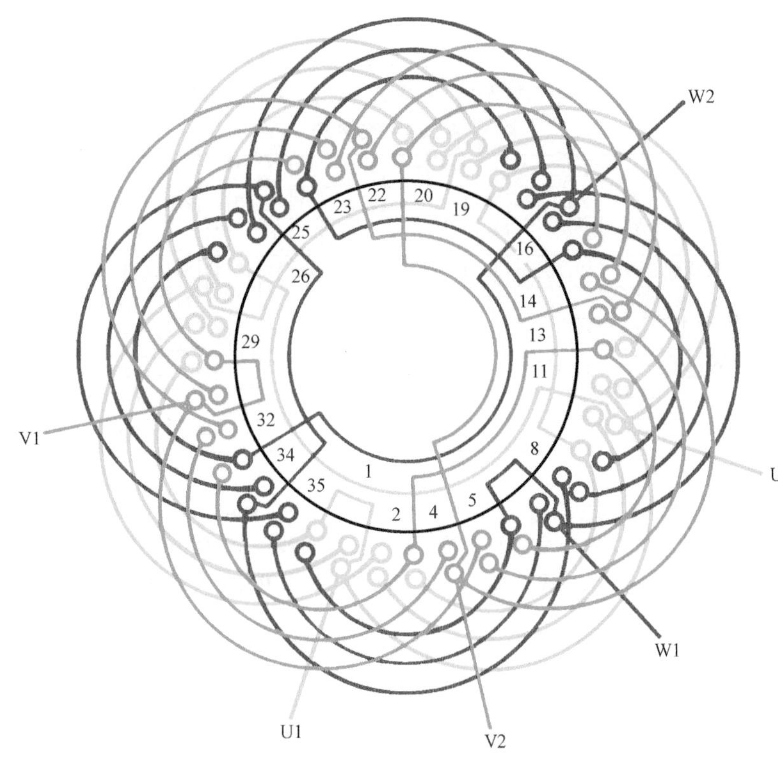

图 4.2.3

1. 绕组结构参数

定子槽数 $Z=36$　　每组圈数 $S=3$　　并联路数 $a=2$

电机极数 $2p=4$　　极相槽数 $q=3$　　线圈节距 $y=10$、8、6

总线圈数 $Q=36$　　绕组极距 $\tau=9$　　绕组系数 $K_{dp}=0.902$

线圈组数 $u=12$　　每槽电角 $\alpha=20°$

2. 嵌线方法　采用交叠法嵌线，通常是从线圈组的小节距线圈起嵌，需吊边数为 7。嵌线顺序见表 4.2.3。

表 4.2.3 交叠法

嵌线顺序		1	2	3	4	5	6	7	8	9	10	11	12	13	14	15	16	17	18
槽号	下层	3	2	1	36	35	34	33		32	31	30		29		28		27	
	上层								3				36		1		2		33
嵌线顺序		19	20	21	22	23	24	25	26	27	28	29	30	31	32	33	34	35	36
槽号	下层	26		25		24		23		22		21		20		19		18	
	上层		34		35		30		31		32		27		28		29		24
嵌线顺序		37	38	39	…		60	61	62	63	64	65	66	67	68	69	70	71	72
槽号	下层	17		16	…			5		4									
	上层		25		…		12		13		14	10	11	9	8	7	6	5	4

3. 绕组特点与应用　本例绕组特点与上例基本相同，但线圈节距增加一槽，而且采用两路并联，即绕组相头从同一极下进线后分左右方向并联，将各自两组线圈反串后再并接，最后引出相尾。此绕组实际应用不多，曾见用于老系列 JO4-73-4 等电动机。

4.2.4　36 槽 6 极($y_p=5$)双层同心式绕组

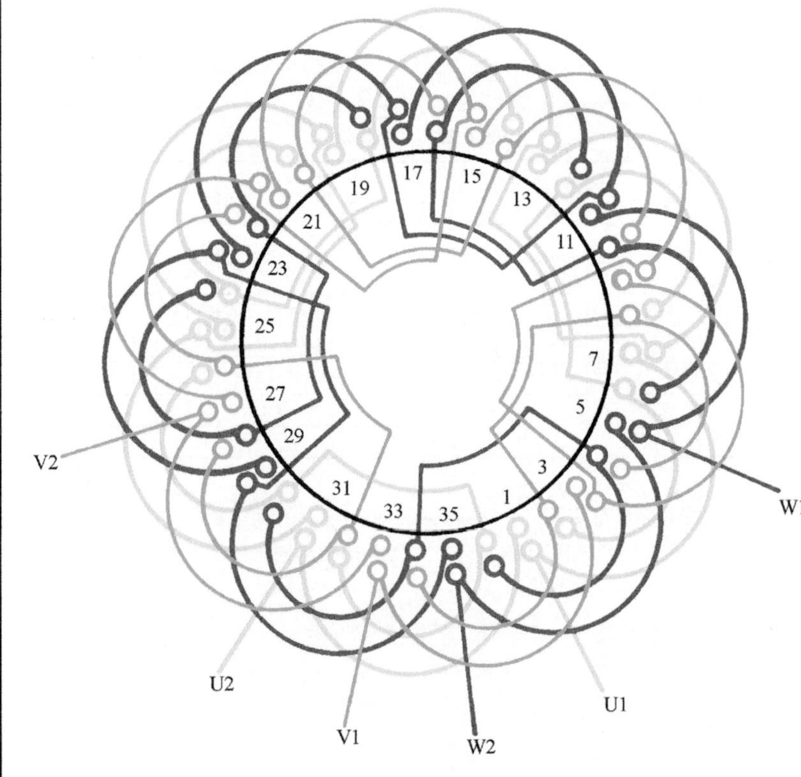

图　4.2.4

1. 绕组结构参数

定子槽数　$Z=36$　每组圈数　$S=2$　并联路数　$a=1$

电机极数　$2p=6$　极相槽数　$q=2$　线圈节距　$y=6$、4

总线圈数　$Q=36$　绕组极距　$\tau=6$　绕组系数　$K_{dp}=0.933$

线圈组数　$u=18$　每槽电角　$\alpha=30°$

2. 嵌线方法　绕组采用交叠法嵌线，嵌线需吊 5 边，嵌法与双叠类似，但每组应先嵌节距最小的线圈，具体嵌线顺序见表 4.2.4。

表 4.2.4　交叠法

嵌线顺序		1	2	3	4	5	6	7	8	9	10	11	12	13	14	15	16	17	18
槽号	下层	2	1	36	35	34		33	32		31		30		29		28		27
	上层						2			36		1		34		35		32	
嵌线顺序		19	20	21	22	23		···		45	46	47	48	49	50	51	52	53	54
槽号	下层		26		25			···			13		12		11		10		9
	上层	33		30		31		···		20		19		16		17		14	
嵌线顺序		55	56	57	58	59	60	61	62	63	64	65	66	67	68	69	70	71	72
槽号	下层		8		7		6		5		4		3						
	上层	15		12		13		10		11		8		9	6	7	4	5	3

3. 绕组特点与应用　本例是 6 极双同心，是由 $y=5$ 的双层叠式绕组演变而来。每组由同心双圈构成；显极布线，每相由 6 组线圈按相邻反极性串联。此绕组在国产系列中无实例，曾在 JO2-71-6 型电动机中改绕使用。

4.2.5 *36 槽 6 极 ($y_p=5$、$a=2$) 双层同心式绕组

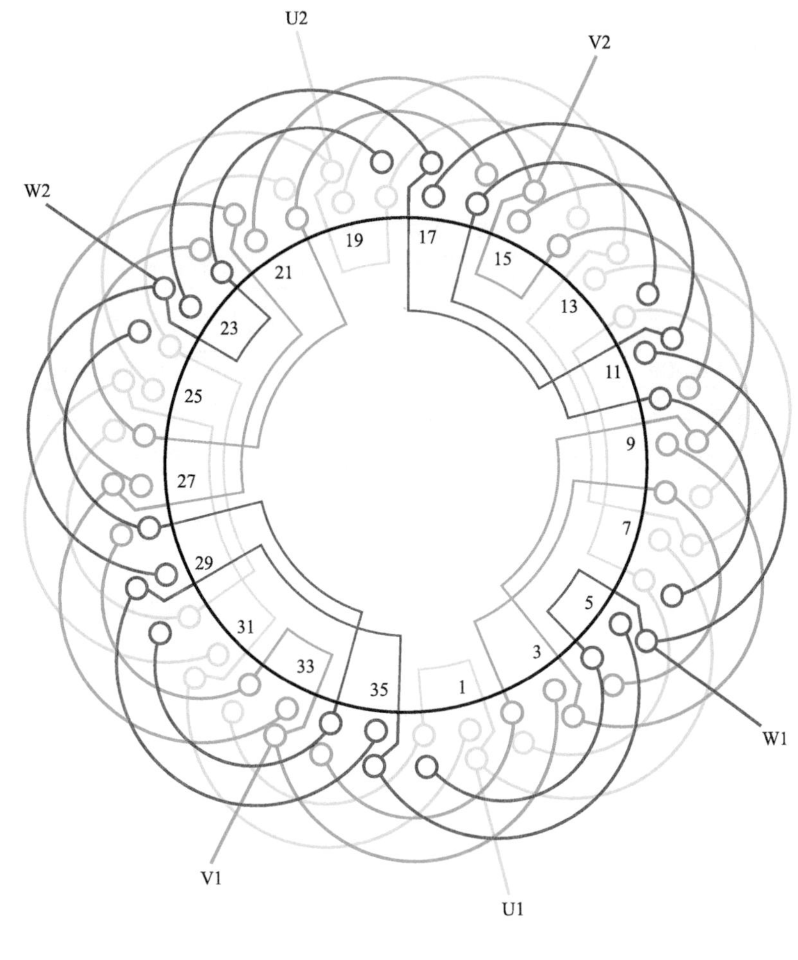

图 4.2.5

1. 绕组结构参数

定子槽数 $Z=36$　电机极数 $2p=6$　总线圈数 $Q=36$

线圈组数 $u=18$　每组圈数 $S=2$　极相槽数 $q=2$

绕组极距 $\tau=6$　线圈节距 $y=6$、4　并联路数 $a=2$

每槽电角 $\alpha=30°$　绕组系数 $K_{dp}=0.933$

2. 嵌线方法　本例采用交叠法嵌线，吊边数为 5。嵌线顺序见表 4.2.5。

表 4.2.5 交叠法

嵌线顺序		1	2	3	4	5	6	7	8	9	10	11	12	13	14	15	16	17	18
槽号	下层	2	1	36	35	34		33	32		31		30		29		28		27
	上层						2			36		1		34		35		32	
嵌线顺序		19	20	21	22	23	24		…		47	48	49	50	51	52	53	54	55
槽号	下层		26		25		24		…			12		11		10		9	
	上层	33		30		31			…		19		16		17		14		15
嵌线顺序		56	57	58	59	60	61	62	63	64	65	66	67	68	69	70	71	72	
槽号	下层	8		7		6		5		4		3							
	上层		12		13		10		11		8		9	6	7	4	5	3	

3. 绕组特点与应用　本例是双层同心式绕组，每相由 6 组同心双圈组成，按显极布线，即使同相相邻线圈组极性相反；但采用两路并联，故采用双向接法，即进线后分左右两侧走线，将相邻同相的 3 组线圈反方向分别串联成两个支路。此绕组取自实修电机。

4.2.6 48 槽 4 极($y_p=10$、$a=4$)双层同心式绕组

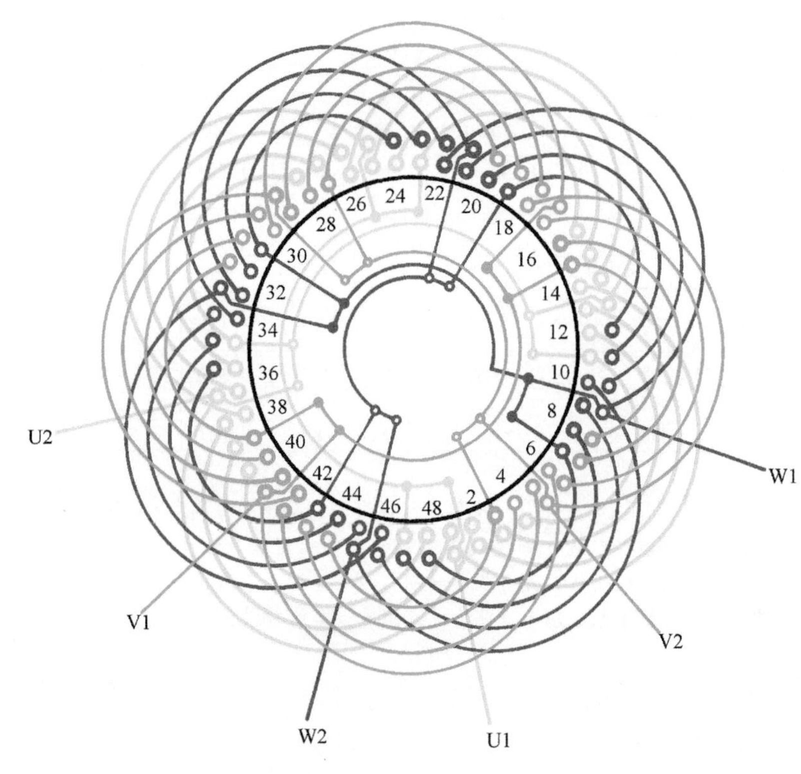

图 4.2.6

1. 绕组结构参数

定子槽数 $Z=48$　每组圈数 $S=4$　并联路数 $a=4$

电机极数 $2p=4$　极相槽数 $q=4$　线圈节距 $y=13$、11、9、7

总线圈数 $Q=48$　绕组极距 $\tau=12$　绕组系数 $K_{dp}=0.92$

线圈组数 $u=12$　每槽电角 $\alpha=15°$

2. 嵌线方法　绕组采用交叠法嵌线，吊边数为 9。嵌线顺序见表 4.2.6。

表 4.2.6 交叠法

嵌线顺序		1	2	3	4	5	6	7	8	9	10	11	12	13	14	15	16	17	18
槽号	下层	4	3	2	1	48	47	46	45	44		43		42	41	40		39	
	上层										3		4				47		48
嵌线顺序		19	20	21	22	23	…			69	70	71	72	73	74	75	76	77	78
槽号	下层	38		37		36	…			13		12		11		10		9	
	上层		1		2		…				26		19		20		21		22
嵌线顺序		79	80	81	82	83	84	85	86	87	88	89	90	91	92	93	94	95	96
槽号	下层	8		7		6		5											
	上层		15		16		17		18	11	12	13	14	7	8	9	10	5	6

3. 绕组特点与应用　本例是 4 极绕组，采用 4 路并联，而每相由 4 组线圈组成，故每一个支路仅一个线圈组。所以，接线时要依据相邻组间反极性进行并联。主要应用实例有国产老系列 JO2L-71-4 等电动机。

4.3 特殊结构及特种型式三相绕组

近几年，读者朋友在修理中提供了不少与众不同的绕组型式，其中部分虽然罕见，但仍符合常规定义的编入常规型式；而有部分看似是常规布线但又不完全符合定义的归到本节；还有绕组结构特殊，如双绕组三输出电动机、部分结构另类而无法归类的绕组，以及定子铁心特殊的如 39 槽定子、异形槽（大小槽）定子等都归入本节特殊绕组。

4.3.1 16 槽 4 极单双层(不规则链式)绕组

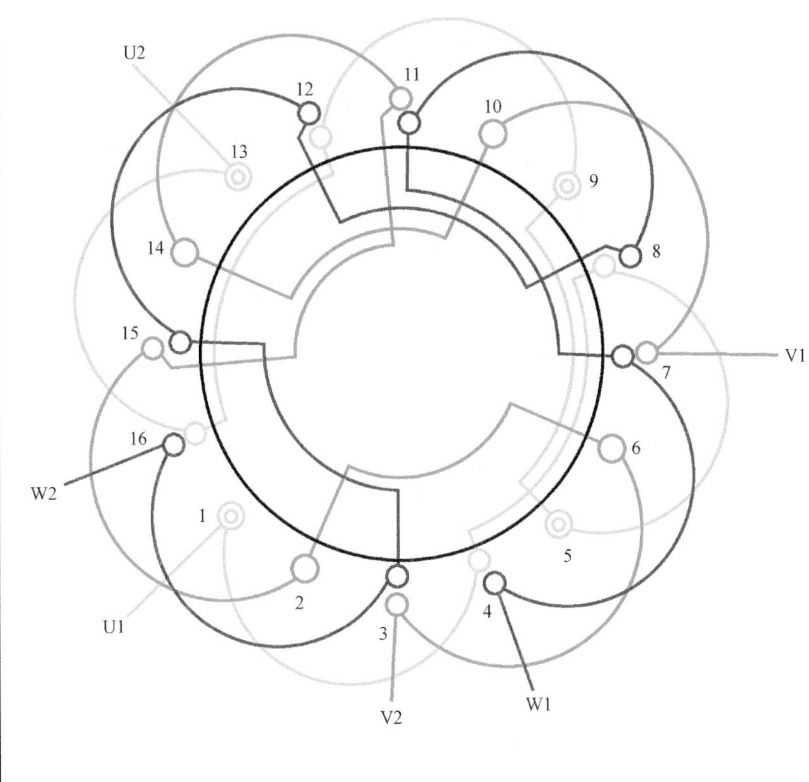

图 4.3.1

1. 绕组结构参数

定子槽数 $Z=16$　　每组圈数 $S=1$　　并联路数 $a=1$

电机极数 $2p=4$　　极相槽数 $q=1\frac{1}{3}$　　线圈节距 $y=1—4$

总线圈数 $Q=12$　　绕组极距 $\tau=4$　　绕组系数 $K_{dp}=1$

线圈组数 $u=12$　　每槽电角 $\alpha=45°$　　出线根数 $c=6$

2. 嵌线方法　　嵌线有两种方法：

1）交叠法　　嵌线一般从单层槽开始，连嵌 3 槽后，退空出 1 槽，再嵌 3 槽。吊边数为 2。嵌线顺序见表 4.3.1a。

表 4.3.1a　交叠法

嵌线顺序		1	2	3	4	5	6	7	8	9	10	11	12	13	14	15	16	17	18	19	20	21	22	23	24
单层槽号	沉边	1				13						9						5							
	浮边				2						14						10						6		
双层槽号	下层		16	15				12		11				8		7				4		3			
	上层						16		15				12		11				8		7			4	3

2）整嵌法　　整嵌无需吊边而逐相分层嵌入，先嵌的线圈端部在底层平面，次嵌相在中层平面，最后相在上层平面。因交叠层次多，一般较少采用。嵌线顺序见表 4.3.1b。

表 4.3.1b　整嵌法

嵌线顺序		1	2	3	4	5	6	7	8	9	10	11	12	13	14	15	16	17	18	19	20	21	22	23	24
槽号	底层	1	4	13	16	9	12	5	8																
	中层									4	7	16	3	12	15	8	11								
	面层																	7	10	3	6	15	2	11	14

3. 绕组特点与应用　　本例是显极布线。由于定子 16 槽无论嵌绕单链或双链的 4 极电动机都会出现部分槽数空缺，为此，本例采用双层布线，每相 4 个(组)线圈，总共空余 8 个半槽，从而构成不规则的单双层混合绕组。因为有半空槽，实际铁心有效利用较低。此绕组在正规产品中无应用，主要见于原单相电动机改绕成三相电动机。

4.3.2 *18 槽 16 极（$y=1$、$a=2$）星形联结双层交叠绕组

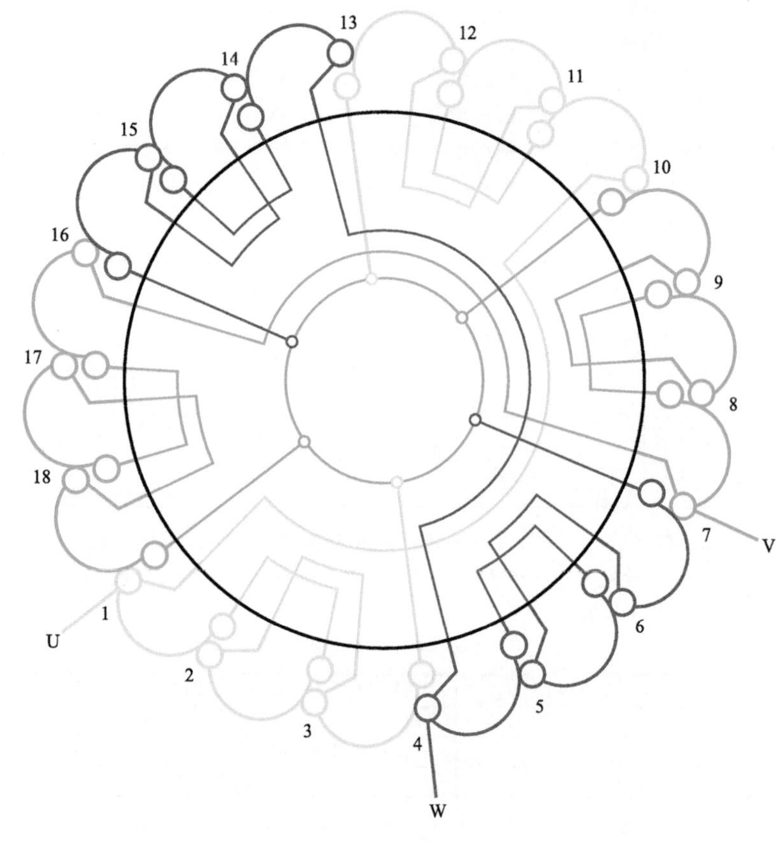

图 4.3.2

1. 绕组结构参数

定子槽数 $Z=18$　　电机极数 $2p=16$　　总线圈数 $Q=18$

线圈组数 $u=18$　　每组圈数 $S=1$　　极相槽数 $q=3/8$

绕组极距 $\tau=1.125$　　线圈节距 $y=1$　　并联路数 $a=2$

每槽电角 $\alpha=160°$　　绕组系数 $K_{dp}=0.945$　　出线根数 $c=3$

2. 嵌线方法　本例是双层布线，采用交叠法嵌线，吊边数为 1。嵌线顺序见表 4.3.2。

表 4.3.2 交叠法

嵌线顺序		1	2	3	4	5	6	7	8	9	10	11	12	13	14	15	16	17	18
槽号	下层	3	2		1		18		17		16		15		14		13		12
	上层			3		2		1		18		17		16		15		14	
嵌线顺序		19	20	21	22	23	24	25	26	27	28	29	30	31	32	33	34	35	36
槽号	下层		11		10		9		8		7		6		5		4		
	上层	13		12		11		10		9		8		7		6		5	4

3. 绕组特点与应用　三相 18 槽定子在常规绕组中只见 2、4、6 极绕组，无疑 18 槽绕制 16 极显然属于特殊绕组。它是采用了某些变极绕组的结构原理，将每相 6 个线圈分成两组，安排于对称位置，构成两个支路，每一个支路的 3 个线圈按正—反—正串联接线；再使三相线圈极性相互配合，从而使三相 18 个线圈产生 16 极。此绕组为Y联结，故引出线为 3 根。该绕组为伺服电动机专用绕组。

4.3.3　24 槽 6 极（$y=4$）双层交叠（不规则）绕组

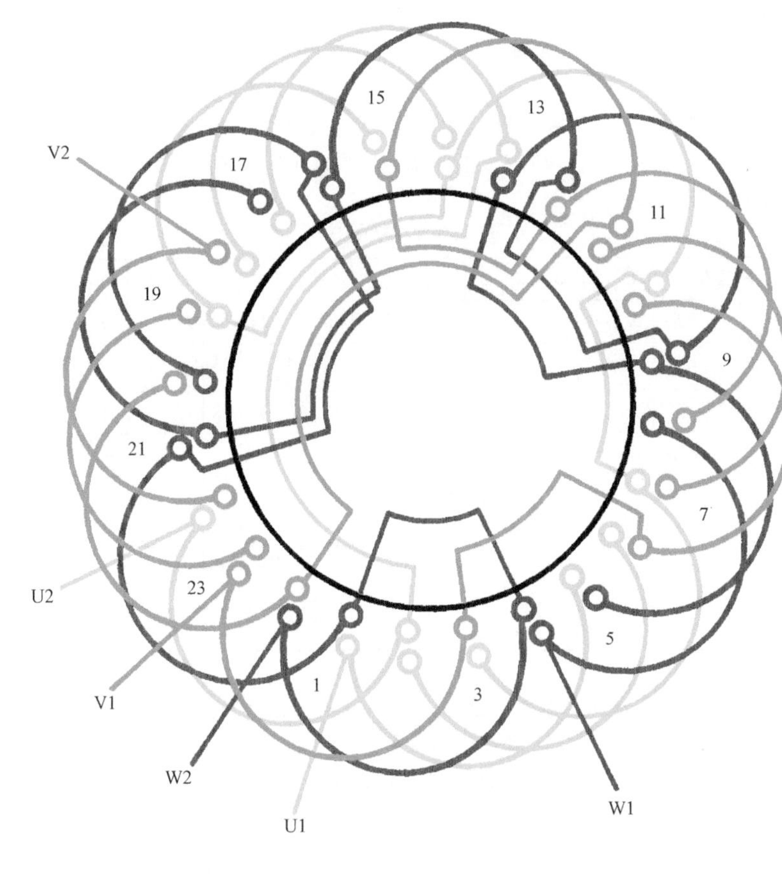

图　4.3.3

1. 绕组结构参数

定子槽数	$Z=24$	每组圈数	$S\neq$	并联路数	$a=1$
电机极数	$2p=6$	极相槽数	$q=1\frac{1}{3}$	绕组系数	$K_{dp}=0.88$
总线圈数	$Q=24$	绕组极距	$\tau=4$	线圈节距	$y=4$
线圈组数	$u=14$	每槽电角	$\alpha=45°$	出线根数	$c=6$

2. 嵌线方法　本例属双叠绕组，故采用交叠法嵌线，即嵌 1 槽，后退再嵌 1 槽，嵌线吊边数为 4。嵌线时要严格根据图安排不同圈数的线圈组。嵌线顺序见表 4.3.3。

表 4.3.3　交叠法

嵌线顺序		1	2	3	4	5	6	7	8	9	10	11	12	13	14	15	16	17	18
槽号	下层	3	2	1	24	23		22		21		20		19		18		17	
	上层						3		2		1		24		23		22		21
嵌线顺序		19	20	21	22	23	24	25	26	27	28	29	30	31	32	33	34	35	36
槽号	下层	16		15		14		13		12		11		10		9		8	
	上层		20		19		18		17		16		15		14		13		12
嵌线顺序		37	38	39	40	41	42	43	44	45	46	47	48						
槽号	下层	7		6		5		4											
	上层		11		10		9		8	7	6	5	4						

3. 绕组特点与应用　由于槽数与极数不匹配，按常规的绕组构成原理，24 槽不能绕制 6 极绕组，所以国内外均无此规格产品。但随着技术进步，运用不规则分布设计而成，虽然绕组系数较低，不算尽善尽美，但毕竟为填补空白而做出了努力。本例三相为不同布线，其中 U、V 两相均由各两组单、三圈组成；W 相则有 6 组，且由单、双圈组成。但三相接线规律相同，即按正、反交替极性连接。此绕组宜用作小型电动机改绕。

4.3.4　24 槽 6 极（$y=4$）双层交叠（不规则同循环）绕组

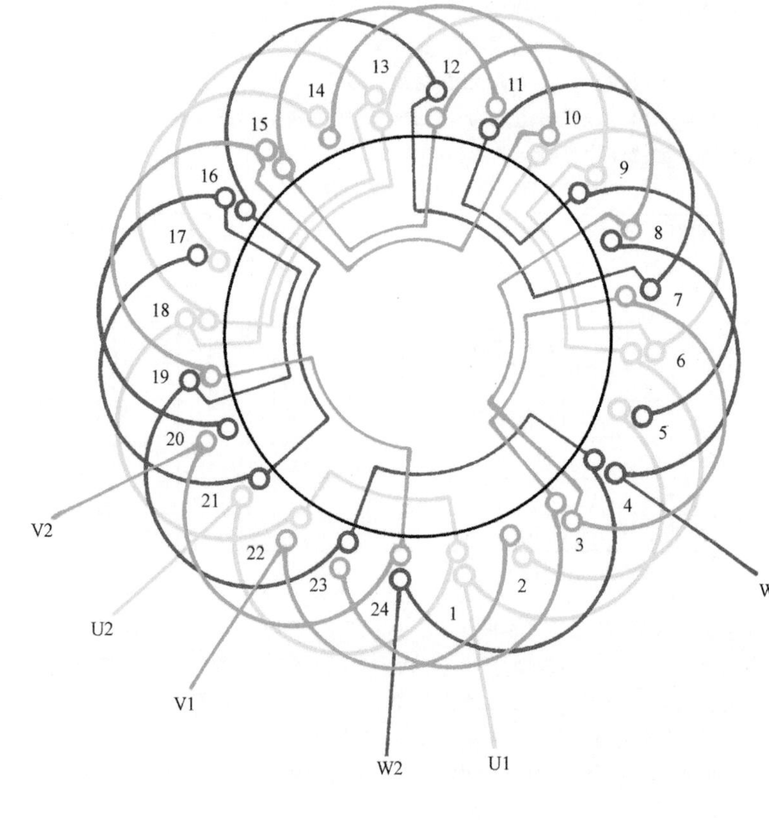

图　4.3.4

1. 绕组结构参数

定子槽数　$Z=24$　每组圈数　$S=1\frac{1}{3}$　并联路数　$a=1$

电机极数　$2p=6$　极相槽数　$q=1\frac{1}{3}$　线圈节距　$y=1—5$

总线圈数　$Q=24$　绕组极距　$\tau=4$　绕组系数　$K_{dp}=0.88$

线圈组数　$u=18$　每槽电角　$\alpha=45°$　出线根数　$c=6$

2. 嵌线方法　本绕组采用交叠法嵌线，绕组由 6 个双圈联和 12 个单圈组成，单、双圈必须按图安排嵌入。嵌线方法与一般双层叠式绕组的连续退嵌相同，即嵌入 1 槽往后退，再嵌 1 槽又再退；吊边数为 4。嵌线顺序见表 4.3.4。

表 4.3.4　交叠法

嵌线顺序		1	2	3	4	5	6	7	8	9	10	11	12	13	14	15	16
槽号	下层	2	1	24	23	22		21		20		19		18		17	
	上层						2		1		24		23		22		21

嵌线顺序		17	18	19	20	21	22	23	24	25	26	27	28	29	30	31	32
槽号	下层	16		15		14		13		12		11		10		9	
	上层		20		19		18		17		16		15		14		13

嵌线顺序		33	34	35	36	37	38	39	40	41	42	43	44	45	46	47	48
槽号	下层	8		7		6		5		4		3					
	上层		12		11		10		9		8		7	6	5	4	3

3. 绕组特点与应用　24 槽 6 极电动机，无论国内或国外都无此规格产品；往常总认为此槽数与极数的匹配不能成立。然而，随着技术的进步，作者根据反极性原理排列出不规则分布的 6 极绕组。此绕组为显极式布线，每相 6 组中有 4 个单圈联和两个双圈联，相头 U1、V1、W1 分别从槽 1、22、4 进入；每相第 1 组均为双圈联，而每相 6 个线圈组的分布和接线规律均是 2—$\bar{1}$—1—$\bar{2}$—1—$\bar{1}$（顶位“-”号为反向），即同相相邻线圈组的极性相反。本例填补了当时国内外 24 槽 6 极无电机的空白，主要应用于小型交流电动机改绕。

4.3.5 *24 槽 10 极($y=1$)星形联结单层绕组

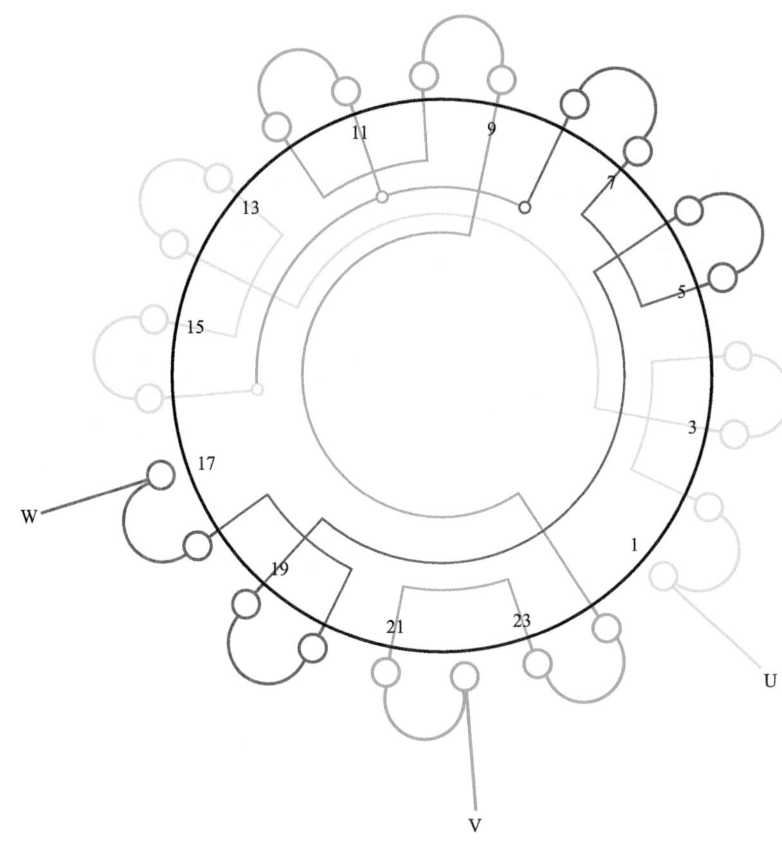

图 4.3.5

1. 绕组结构参数

定子槽数 $Z=24$　电机极数 $2p=10$　总线圈数 $Q=12$
线圈组数 $u=12$　每组圈数 $S=1$　极相槽数 $q=2/3$
绕组极距 $\tau=2\frac{2}{5}$　线圈节距 $y=1$　并联路数 $a=1$
每槽电角 $\alpha=75°$　绕组系数 $K_{dp}=0.588$　出线根数 $c=3$

2. 嵌线方法　本例是单层布线，而线圈仅 1 槽节距，没有交叠成分，故宜用分相整嵌法。嵌线顺序见表 4.3.5。

表 4.3.5 分相整嵌法

嵌线顺序		1	2	3	4	5	6	7	8	9	10	11	12	13	14	15	16
槽号	U 相	3	4	1	2	15	16	13	14								
	V 相									23	24	21	22	11	12	9	10
嵌线顺序		17	18	19	20	21	22	23	24								
槽号																	
	W 相	19	20	17	18	7	8	5	6								

3. 绕组特点与应用　本例是伺服电动机的定子三相绕组，每极相槽数 $q=2/3$，即不足 1 槽，与 4.3.2 节一样，通过巧妙的安排和连接使 24 槽产生 10 极，即 10 个磁极是由三相绕组组合而产生的，所以属于特殊型式绕组；其结构格局类似于换相变极双速中的△/△联结。此绕组节距短至 1 槽，无论嵌线或接线都非常简便，但绕组系数较低。

4.3.6 *27 槽 4 极($y=7$)双层叠式绕组

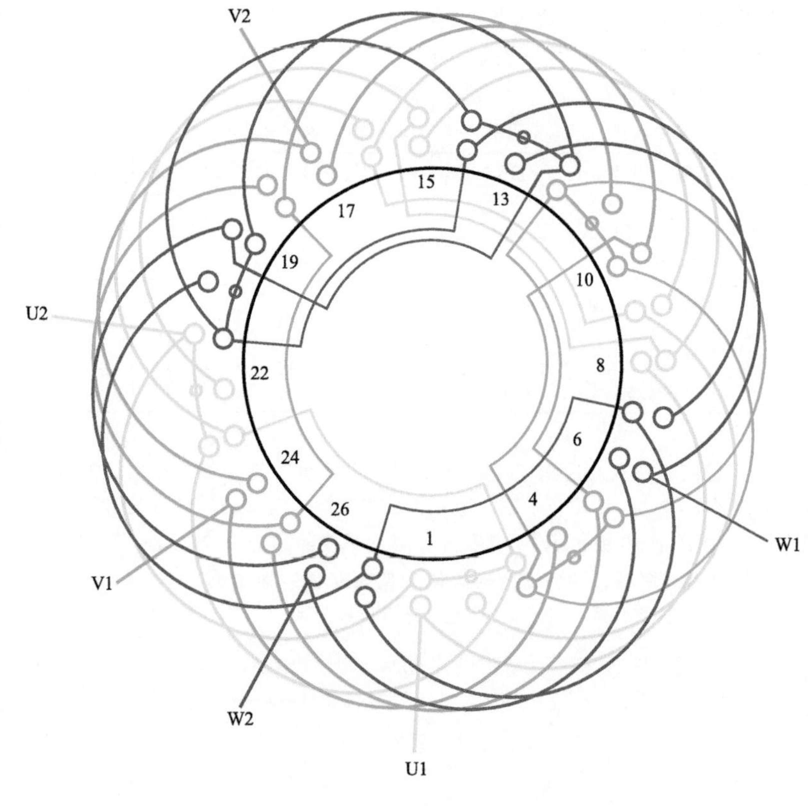

图 4.3.6

1. 绕组结构参数

定子槽数 $Z=27$　　电机极数 $2p=4$　　总线圈数 $Q=27$

线圈组数 $u=12$　　每组圈数 $S=3$、2　　极相槽数 $q=2\frac{1}{4}$

绕组极距 $\tau=6\frac{3}{4}$　　线圈节距 $y=7$　　并联路数 $a=1$

每槽电角 $\alpha=26.67°$　　绕组系数 $K_{dp}=0.956$　　出线根数 $c=6$

2. 嵌线方法　本例为双层叠式，采用交叠法嵌线，吊边数为 7。嵌线顺序见表 4.3.6。

表 4.3.6　交叠法

嵌线顺序		1	2	3	4	5	6	7	8	9	10	11	12	13	14	15	16	17	18
槽号	下层	2	1	27	26	25	24	23	22		21		20		19		18		17
	上层									2		1		27		26		25	
嵌线顺序		19	20	21	22	23	24												
槽号	下层		16		15		14		13		12		11		10		9		8
	上层	24		23		22		21		20		19		18		17		16	
嵌线顺序																			
槽号	下层		7		6		5		4		3								
	上层	15		14		13		12		11		10	9	8	7	6	5	4	3

3. 绕组特点与应用　长期以来 27 槽定子铁心为 6 极绕组专设，而近年发现西门子将其拓展到绕制 4 极的分数槽绕组，故作为特殊绕组编入本节。绕组由三圈组和双圈组组成，为使三相对称，线圈组的布线安排规律是 2　3　2　2　…。而每相有 4 组线圈，其中 3 组双圈和 1 组 3 圈，嵌线时按图嵌入。此绕组用于西门子产品 LSC-110-2-30-5601/RTZ 100Hz 电动机。

4.3.7　*30 槽 2 极($y=13$)单层（等距）交叉式绕组

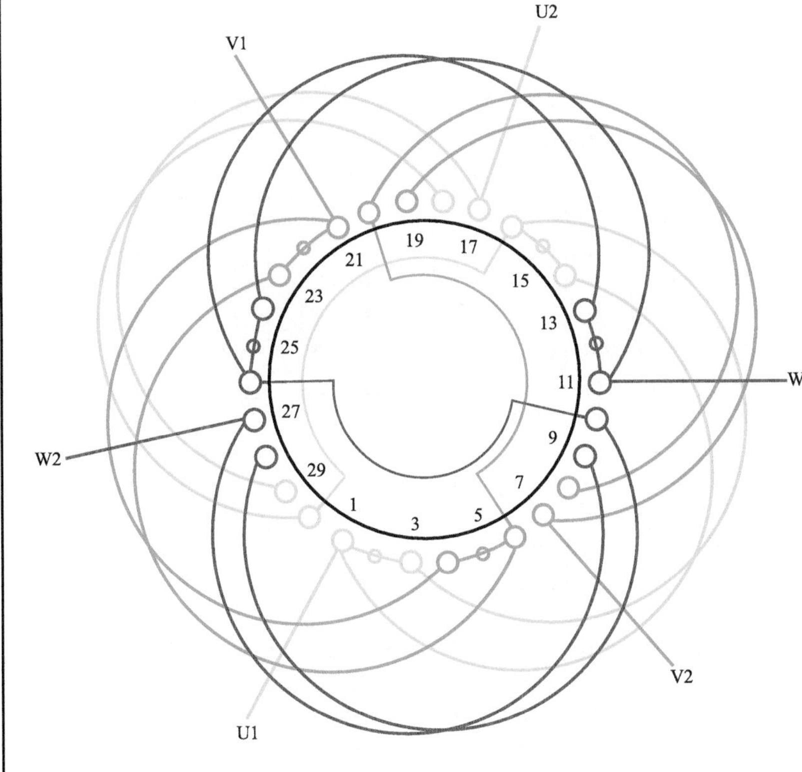

图　4.3.7

1. 绕组结构参数

定子槽数　$Z=30$　电机极数　$2p=2$　总线圈数　$Q=15$
线圈组数　$u=6$　每组圈数　$S=3$、2　极相槽数　$q=5$
绕组极距　$\tau=15$　线圈节距　$y=13$　并联路数　$a=1$
每槽电角　$\alpha=12°$　绕组系数　$K_{dp}=0.957$　出线根数　$c=6$

2. 嵌线方法　　本例是显极绕组，嵌线采用交叠法，吊边数为 5。嵌线顺序见表 4.3.7。

表 4.3.7　交叠法

嵌线顺序		1	2	3	4	5	6	7	8	9	10	11	12	13	14	15	16	17	18
槽号	沉边	3	2	1	27	28	23		22		21		18		17		13		12
	浮边							6		5		4		30		29		26	
嵌线顺序		19	20	21	22	23	24	25	26	27	28	29	30						
槽号	沉边		11		8		7												
	浮边	25		24		20		19	9	10	6	5	4						

3. 绕组特点与应用　　本例是近几年某读者接修的一台电动机，其实本应归类于单层交叉式，但它是等距布线，而与常规的不等距交叉式有别，故就将其列于特种型式。由于线圈规格单一，从工艺上则略优于同心布线绕组。

4.3.8 30 槽 4 极($y_p=6$)单双层(不规则)绕组

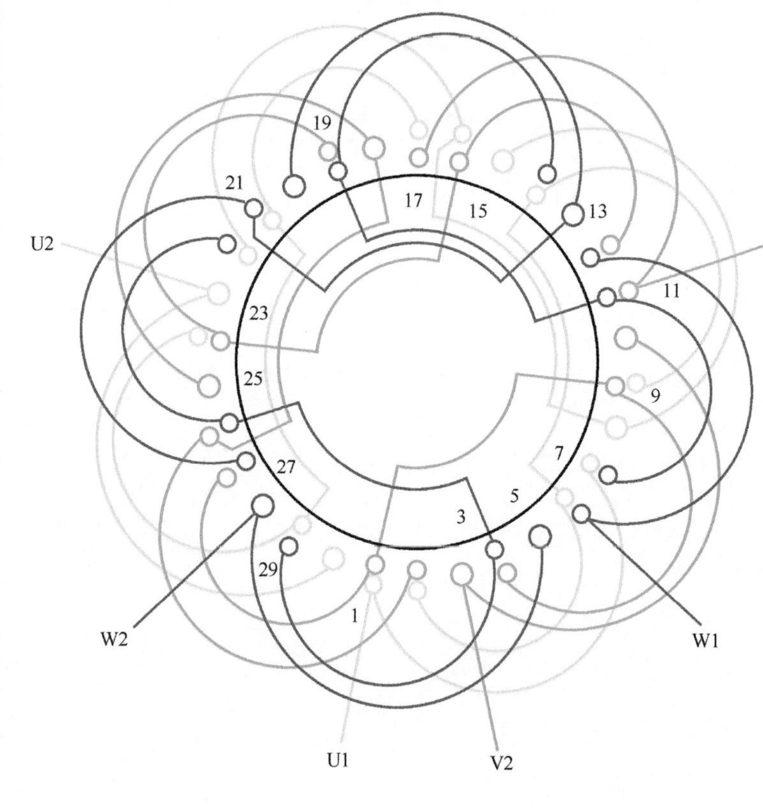

图 4.3.8

1. 绕组结构参数

定子槽数 $Z=30$ 绕组极距 $\tau=7\frac{1}{2}$ 线圈节距 $y=7、6、5、4$

电机极数 $2p=4$ 极相槽数 $q=2\frac{1}{2}$ 分布系数 $K_d=0.957$

总线圈数 $Q=24$ 每槽电角 $\alpha=24°$ 节距系数 $K_p=0.951$

线圈组数 $u=12$ 并联路数 $a=1$ 绕组系数 $K_{dp}=0.91$

每组圈数 $S=2$

2. 嵌线方法 绕组采用交叠法嵌线，因有两种规格线圈组，嵌线应参照图中安排进行。嵌线顺序见表 4.3.8。

表 4.3.8 交叠法

嵌线顺序		1	2	3	4	5	6	7	8	9	10	11	12	13	14	15	16	17	18
槽号	下层	2	1	29	28	27		26		24		23		22		21		19	
	上层						1		2		29		30		26		27		24
嵌线顺序		19	20	21	22	23	24	25	26	27	28	29	30	31	32	33	34	35	36
槽号	下层	18		17		16		14		13		12		11		9		8	
	上层		25		21		22		19		20		16		17		14		15
嵌线顺序		37	38	39	40	41	42	43	44	45	46	47	48						
槽号	下层	7		6		4		3											
	上层		11		12		9		10	6	7	4	5						

3. 绕组特点与应用 本例是由 $y=6$ 的双层叠式分数槽绕组演变而构成分布不规则的单双层绕组。绕组由两种线圈组组成：一种是双层同心双线圈；另一种是单双层组合同心双线圈。此外，两组线圈节距不相同，共采用 4 种不同的节距，就工艺而言极不合理，故此绕组不是理想的方案，仅作为一种特殊型式结构的参考示例，并无实用意义。

4.3.9 *36 槽($y_p=18$)单层双 2 极（分裂布线）绕组

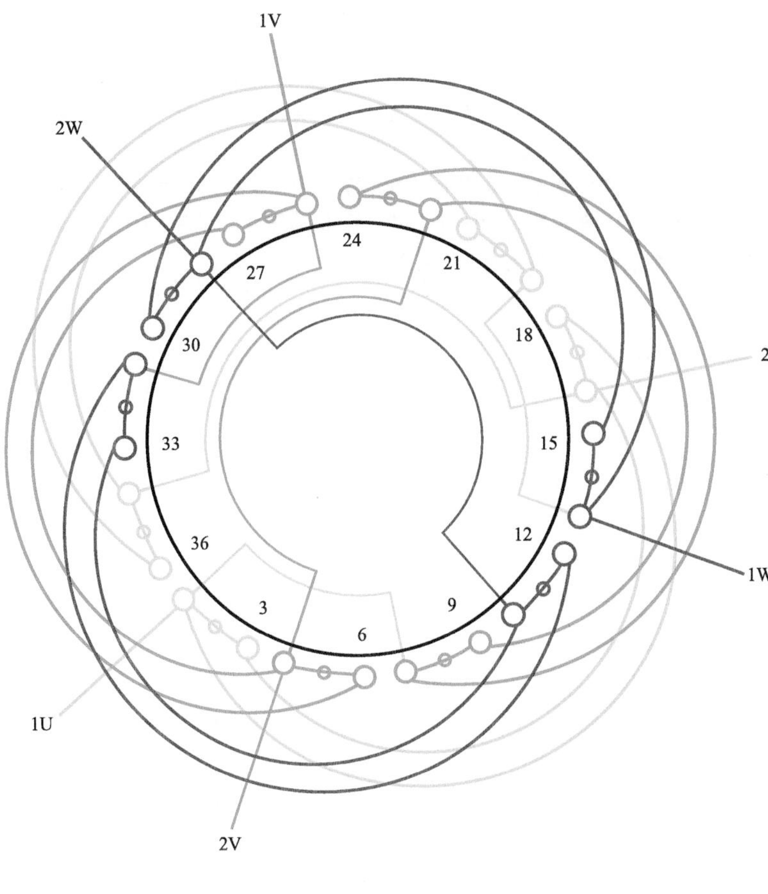

图 4.3.9

1. 绕组结构参数

定子槽数	$Z=36$	电机极数	$2p=2$	总线圈数	$Q=18$
线圈组数	$u=6$	每组圈数	$S=3$	极相槽数	$q=6$
绕组极距	$\tau=18$	线圈节距	$y=17$、15、13	并联路数	$a=1$
每槽电角	$\alpha=10°$	绕组系数	$K_{dp}=0.99$	出线根数	$c=6$

2. 嵌线方法　本例是单层绕组显极布线，嵌线采用交叠法，吊边数为 6。嵌线顺序见表 4.3.9。

表 4.3.9 交叠法

嵌线顺序		1	2	3	4	5	6	7	8	9	10	11	12	13	14	15	16	17	18
槽号	沉边	3	2	1	33	32	31	27		26		25		21		20		19	
	浮边								4		5		6		34		35		36
嵌线顺序		19	20	21	22	23	24	25	26	27	28	29	30	31	32	33	34	35	36
槽号	沉边	15		14		13		9		8		7							
	浮边		28		29		30		22		23		24	4	5	6	34	35	36

3. 绕组特点与应用　这是一台某压缩机厂配套用的电动机。铭牌标示是Y形联结而实际是△形联结，而且把一台简单的 2 极电动机绕组进行分裂极相组的复杂化设计成 2 极，又再进行换接成另一种 2 极运行。这样既无变速，又无加力而向用户宣传二级控制，所以这是一台“诡异”的电动机。

说明：由于信息不全、加之铭牌误导，至有上述文字解释。后经修理者说明，此电机起动时是只接 1U、1V、1W；运行时不是将 2U、2V、2W 单独接入电源，而是从 1U、1V、1W 并入电源。经研究，此电动机并非Y形接法，而是属于一种特殊的工作形式，即 1△（半压）起动，2△（全压）运行的绕组。

4.3.10 *36 槽 4 极（$y=9$、7）Y-2Y联结双绕组三输出电动机

1. 绕组结构参数

定子槽数 $Z=36$ 电机极数 $2p=4$ 总线圈数 $Q=18$

线圈组数 $u=12$ 每组圈数 $S=2$、1 绕组接法 Y-2Y

绕组极距 $\tau=9$ 线圈节距 $y=9$、7 极相槽数 $q=3$

每槽电角 $\alpha=20°$ 绕组系数 $K_{dp1}=0.94$ $K_{dp2}=0.97$

出线根数 $c=6$

2. 嵌线方法 本例采用整嵌法，先将同一星点的 3 个双圈组嵌入构成下平面，再把余下 3 圈组嵌入中平面。最后才嵌入单圈上平面。

3. 绕组特点与应用 本例是德国产配套设备电动机，绕组由两套绕组构成，如图中虚线单圈为 1Y联结输出小功率绕组；实线双圈是 2Y联结输出较大功率绕组；若将两套绕组同时工作则输出最大功率。三输出控制接线如图 4.3.10b 所示。两套绕组是独立接入三相电源，但必须住使 1U、2U 同接于 L_1 相；1V、2V 接 L_2 相；1W、2W 按 L_3 相。原机负载转换是通过随机监测自动控制。

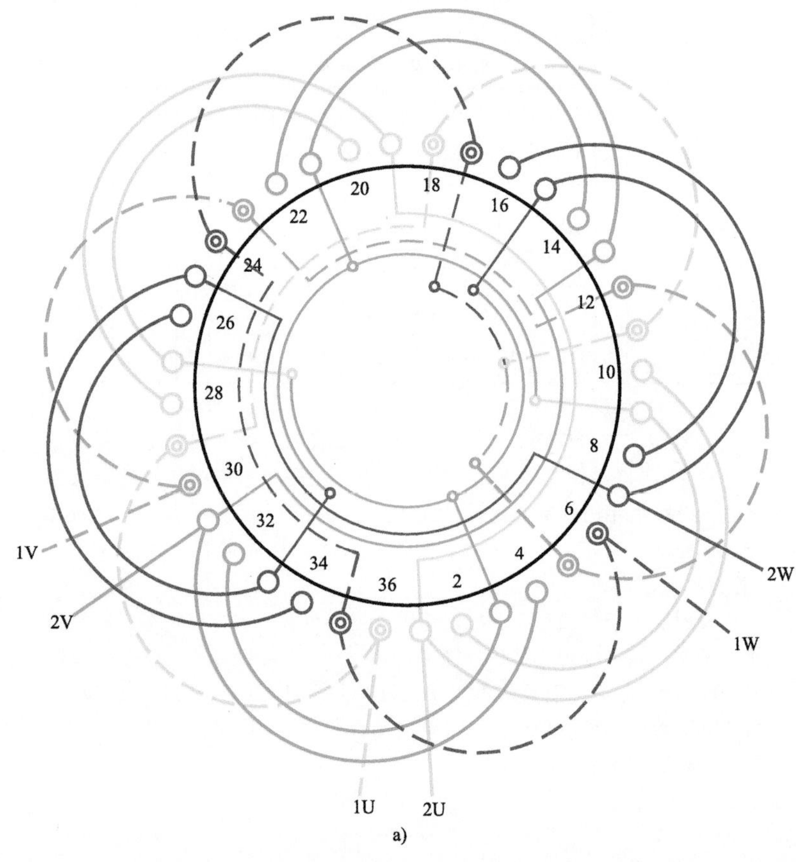

a)

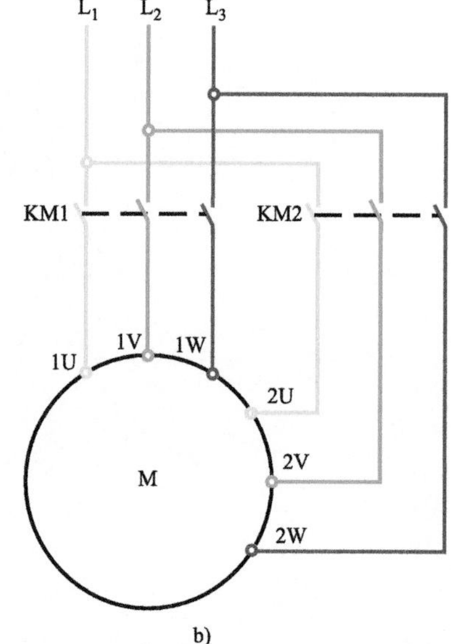

b)

图 4.3.10

4.3.11 *36（大小）槽铁心 4 极($y_p=7$)单双层同心式绕组

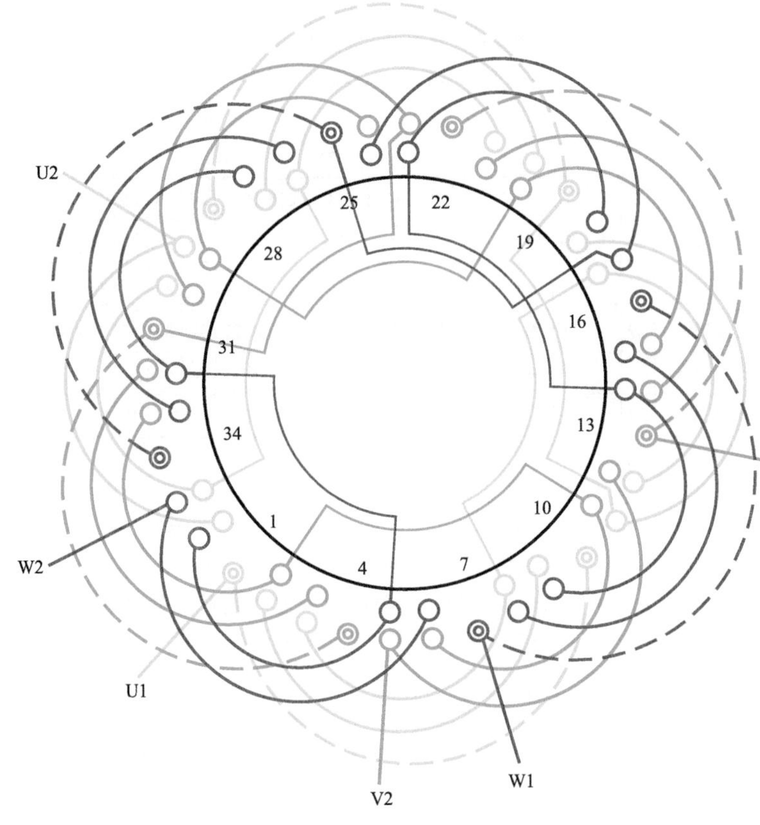

图 4.3.11

1. 绕组结构参数

定子槽数 $Z=36$　电机极数 $2p=4$　总线圈数 $Q=30$

线圈组数 $u=12$　每组圈数 $S=3$、2　极相槽数 $q=3$

绕组极距 $\tau=9$　线圈节距 $y=5$、7、9　并联路数 $a=1$

每槽电角 $\alpha=20°$　绕组系数 $K_{dp}=0.818$　出线根数 $c=6$

2. 嵌线方法　本例采用交叠法嵌线，吊边数为 5。嵌线顺序见表 4.3.11。

表 4.3.11　交叠法

嵌线顺序		1	2	3	4	5	6	7	8	9	10	11	12	13	14	15	16	17	18
槽号	下层	3	2	1	36	35	33		32		31		30		29		27		26
	上层							2		3		4		35		36		32	
嵌线顺序		19	20	21	22	23	24		…		34	35	36	37	38	39	40	41	42
槽号	下层		25		24		23		…		17		15		14		13		12
	上层	33		34		29			…			24		20		21		22	
嵌线顺序		43	44	45	46	47	48	49	50	51	52	53	54	55	56	57	58	59	60
槽号	下层		11		9		8		7		6		5						
	上层	17		18		14		15		16		11		12	8	9	10	5	6

3. 绕组特点与应用　本例特别之处在于定子铁心，它由大小槽构成，小槽截面积仅为大槽的一半，其分布规律为 2 大 1 小，而大槽安排双层，小槽则安排单层（图中用双圆及虚线表示）。此定子无法绕制双层，相对于常规 36 槽定子，其绕组系数偏低，除了奇特之外，并无任何优点可言，属于 36 槽电机的异类。此绕组取自某实修者网上求助信息而绘制。

4.3.12 *36（大小）槽铁心 4 极（$y_p=9$）单层同心交叉式绕组

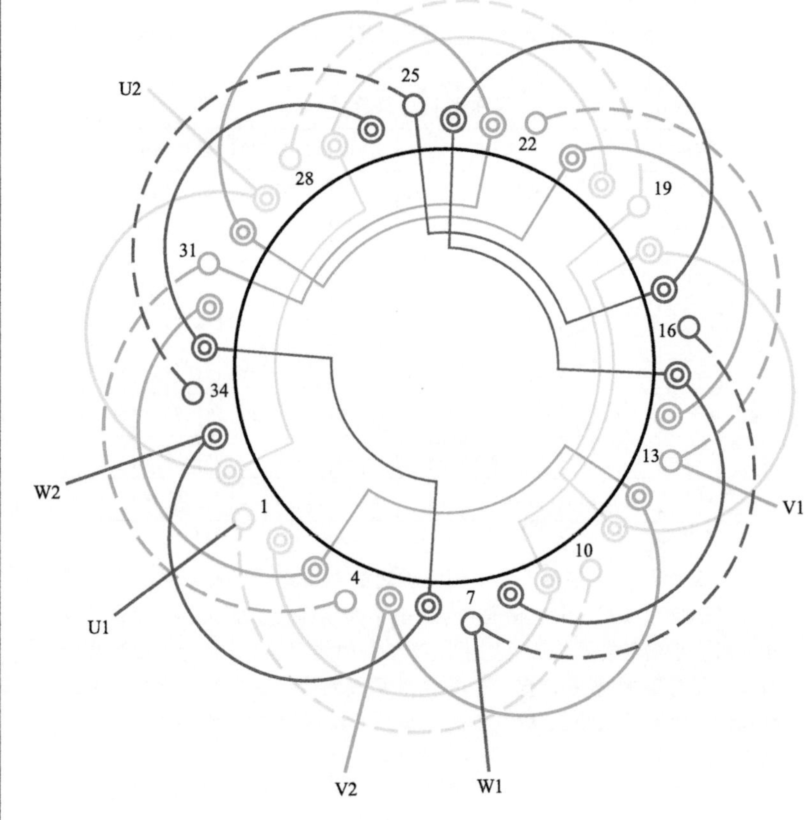

图 4.3.12

1. 绕组结构参数

定子槽数 $Z=36$　电机极数 $2p=4$　总线圈数 $Q=18$

线圈组数 $u=12$　每组圈数 $S=2$、1　极相槽数 $q=3/8$

绕组极距 $\tau=9$　线圈节距 $y=7$、9　并联路数 $a=1$

每槽电角 $\alpha=20°$　绕组系数 $K_{dp}=0.823$　出线根数 $c=6$

2. 嵌线方法　本例采用交叠法，嵌线需吊边数为 3。嵌线顺序见表 4.3.12。

表 4.3.12 交叠法

嵌线顺序		1	2	3	4	5	6	7	8	9	10	11	12	13	14	15	16	17	18
槽号	沉边	2	1	35	32		31		29		26		25		23		20		19
	浮边					3		4		36		33		34		30		27	
嵌线顺序		19	20	21	22	23	24	25	26	27	28	29	30	31	32	33	34	35	36
槽号	沉边		17		14		13		11		8		7		5				
	浮边	28		24		21		22		18		15		16		12	9	10	6

3. 绕组特点与应用　本例是应朋友要求按上例拓展设计的单层布线，它较上例线圈数减少 1/3 以上，线圈规格也由 3 种减至 2 种，且绕组系数也稍有提高。绕组由单、双圈组构成，其中双圈组由大（多匝数）线圈和小（少匝数）线圈组成；单圈则是大槽线圈（图中用双圆绘制），大槽线圈要比小槽线圈匝数多 1 倍。因属显极绕组，故同相相邻线圈组的极性相反，即电流方向为正反正反。

4.3.13 *36 槽 10 极(y=5、4)单层（不规则庶极）绕组

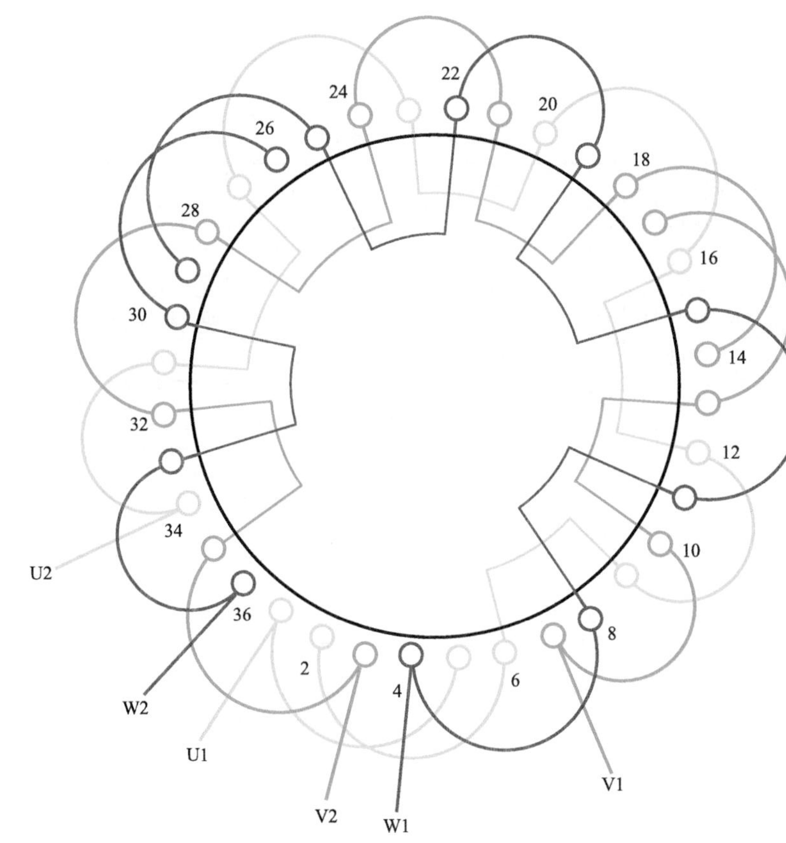

图 4.3.13

1. 绕组结构参数

定子槽数 $Z=36$　电机极数 $2p=10$　总线圈数 $Q=18$

线圈组数 $u=15$　每组圈数 $S=1、2$　极相槽数 $q=1\frac{1}{5}$

绕组极距 $\tau=3.6$　线圈节距 $y=5、4$　并联路数 $a=1$

每槽电角 $\alpha=50°$　绕组系数 $K_{dp}=0.89$　出线根数 $c=6$

2. 嵌线方法　本例嵌线采用整嵌法，无需吊边；但此绕组有 3 种规格的线圈组，故嵌线要注意按图嵌入。嵌线顺序见表 4.3.13。

表 4.3.13　整嵌法

嵌线顺序		1	2	3	4	5	6	7	8	9	10	11	12	13	14	15	16	17	18
槽号	下平面	1	2	5	6	33	36	28	32	23	27	19	22	13	14	17	18	9	12
	上平面																		
嵌线顺序		19	20	21	22	23	24	25	26	27	28	29	30	31	32	33	34	35	36
槽号	下平面	4	8																
	上平面			35	3	31	34	25	26	29	30	21	24	16	20	11	15	7	10

3. 绕组特点与应用　此绕组是近年修理者遇到的特殊结构型式，绕组采用单层布线，每相用 6 个线圈产生 10 极，故将其分成 5 组，即每相由 4 个单圈组和 1 个双圈组构成，并采用同相相邻同极性的庶极接法，使 5 组线圈形成 10 极的庶极绕组。此绕组三相结构相同，但每相绕组中有 1 组交叠双圈，故其型式既不同于单链式，又不同于交叉式，故将此不规则绕组列为特殊型式。本例取自实修信息。

4.3.14 *36 槽 16 极($y=2$)双层（交叉布线庶极）绕组

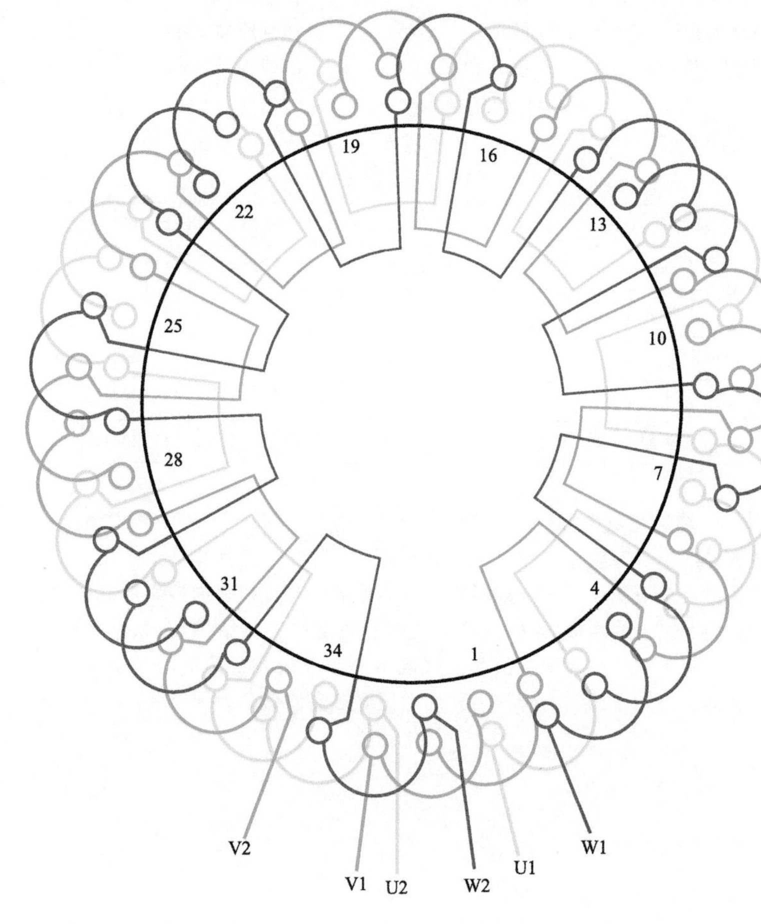

图 4.3.14

1. 绕组结构参数

定子槽数 $Z=36$　电机极数 $2p=16$　总线圈数 $Q=36$

线圈组数 $u=24$　每组圈数 $S=1$、2　极相槽数 $q=3/4$

绕组极距 $\tau=2\frac{1}{4}$　线圈节距 $y=2$　并联路数 $a=1$

每槽电角 $\alpha=80°$　绕组系数 $K_{dp}=0.831$　出线根数 $c=6$

2. 嵌线方法　本例是双层布线绕组，嵌线采用交叠法，吊边数为 2。嵌线顺序见表 4.3.14。

表 4.3.14　交叠法

嵌线顺序		1	2	3	4	5	6	7	8	9	10	11	12	13	14	15	16	17	18
槽号	下层	36	35	34		33		32		31		30		29		28		27	
	上层				36		35		34		33		32		31		30		29

嵌线顺序		19	20	21	22	23	24	…	46	47	48	49	50	51	52	53	54
槽号	下层	26		25		24		…		12		11		10		9	
	上层		28		27		26	…	15		14		13		12		11

嵌线顺序		55	56	57	58	59	60	61	62	63	64	65	66	67	68	69	70	71	72
槽号	下层	8		7		6		5		4		3		2		1			
	上层		10		9		8		7		6		5		4		3	2	1

3. 绕组特点与应用　本绕组也是近年读者在修理中发现的新绕组，从结构看它本应属正规分布型式，但国产系列和本书前几版都没收入此例，故将其收入特种型式。它由单双圈组成，每相 8 组采用庶极安排产生 16 极，按 2 1 2 1 循环规律分布；而接线则是顺接串联。

4.3.15 *39 槽 12 极($y=3$)Y联结（不规则链式）双层绕组

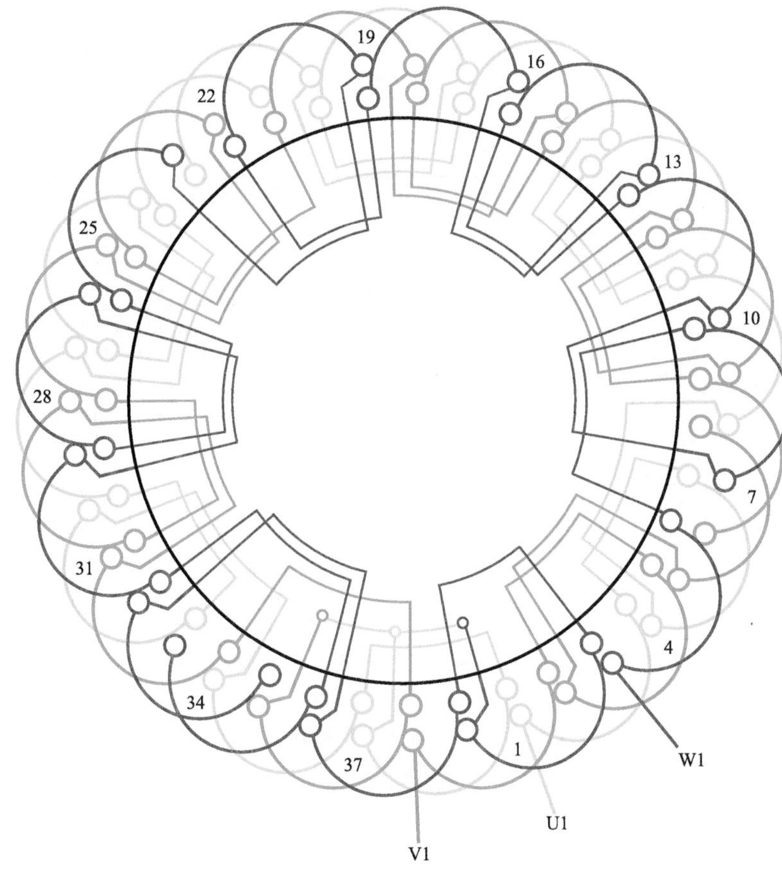

图 4.3.15

1. 绕组结构参数

定子槽数 $Z=39$　　电机极数 $2p=12$　　总线圈数 $Q=39$
线圈组数 $u=36$　　每组圈数 $S=1$、2　　极相槽数 $q=1\frac{1}{12}$
绕组极距 $\tau=3\frac{1}{4}$　　线圈节距 $y=3$　　并联路数 $a=1$
每槽电角 $\alpha=55.38°$　　绕组系数 $K_{dp}=0.982$　　出线根数 $c=3$

2. 嵌线方法　　本例是双层绕组，嵌线采用交叠法，吊边数为 3。嵌线顺序见表 4.3.15。

表 4.3.15　交叠法

嵌线顺序		1	2	3	4	5	6	7	8	9	10	11	12	13	14	15	16	17	18
槽号	下层	39	38	37	36		35		34		33		32		31		30		29
	上层					39		38		37		36		35		34		33	
嵌线顺序		19	20	21	22	23	24		…		52	53	54	55	56	57	58	59	60
槽号	下层		28		27		26		…		12		11		10		9		8
	上层	32		31		30			…			15		14		13		12	
嵌线顺序		61	62	63	64	65	66	67	68	69	70	71	72	73	74	75	76	77	78
槽号	下层		7		6		5		4		3		2		1				
	上层	11		10		9		8		7		6		5		4	3	2	1

3. 绕组特点与应用　　本例是进口设备配用电动机的绕组，是由读者提供部分资料后再按绕组形成极数的原理设计而成。此定子槽数是 39 槽，据此就足以定其为特殊型式。绕组每相有 13 个线圈，故将其缩为 12 组则其中一组为双圈，从而构成 12 极的显极绕组。因其不同于常规的链式而存在单双圈结构，故称其为不规则链式。

4.3.16 *39 槽 12 极($y=3$)Y联结（不规则双链庶极）绕组

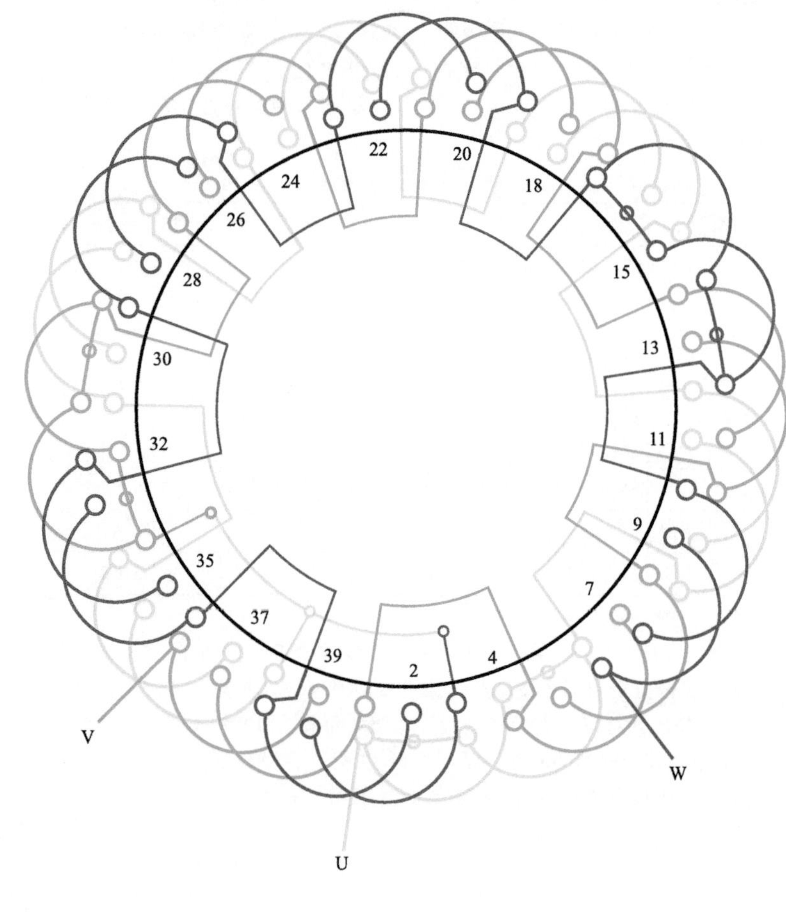

图 4.3.16

1. 绕组结构参数

定子槽数	$Z=39$	电机极数	$2p=12$	总线圈数	$Q=39$
线圈组数	$u=18$	每组圈数	$S=2$、3	极相槽数	$q=1\frac{1}{12}$
绕组极距	$\tau=3\frac{1}{4}$	线圈节距	$y=3$	并联路数	$a=1$
每槽电角	$\alpha=55.38°$	绕组系数	$K_{dp}=0.839$	出线根数	$c=3$

2. 嵌线方法　　本例绕组采用交叠法，嵌线吊边数为 3。嵌线顺序见表 4.3.16。

表 4.3.16　交叠法

嵌线顺序		1	2	3	4	5	6	7	8	9	10	11	12	13	14	15	16	17	18
槽号	下层	3	2	1	39		38		37		36		35		34		33		32
	上层					3		2		1		39		38		37		36	
嵌线顺序		19	20	21	22	23	24		…		52	53	54	55	56	57	58	59	60
槽号	下层		31		30		29		…		15		14		13		12		11
	上层	35		34		33			…			18		17		16		15	
嵌线顺序		61	62	63	64	65	66	67	68	69	70	71	72	73	74	75	76	77	78
槽号	下层		10		9		8		7		6		5		4				
	上层	14		13		12		11		10		9		8		7	6	5	4

3. 绕组特点与应用　　本绕组是上例设计时偶然发现的副产品，它也是 12 极，但不同的是本例采用双层叠式（不规则庶极）布线，每相有 6 组线圈，其中 5 个双圈组，1 个三圈组，所以它不能归类于正规布线。从磁场构成效果来说，本例绕组系数略低于上例，但线圈组数少，嵌绕则比较方便，即工艺性好于上例。

4.3.17 *45 槽 12 极($y=4$)单层交叠（分割式）绕组

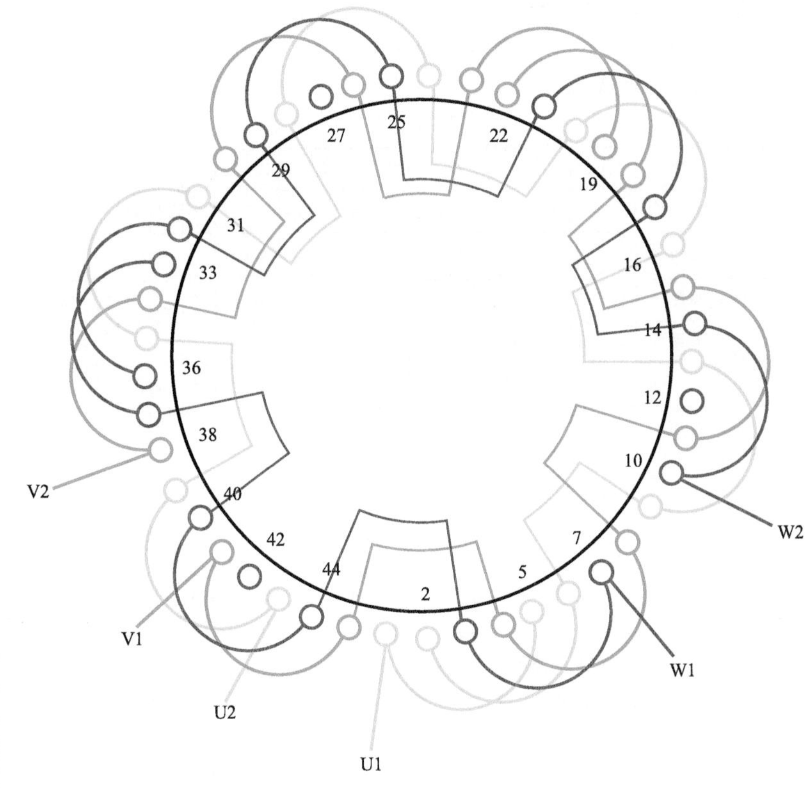

图 4.3.17

1. 绕组结构参数

定子槽数 $Z=45$　电机极数 $2p=12$　总线圈数 $Q=21$

线圈组数 $u=18$　每组圈数 $S=1$、2　极相槽数 $q=1\frac{1}{4}$

绕组极距 $\tau=3\frac{3}{4}$　线圈节距 $y=4$　并联路数 $a=1$

每槽电角 $\alpha=48°$　绕组系数 $K_{dp}=0.947$　出线根数 $c=6$

2. 嵌线方法　本例为单元整嵌，嵌线顺序见表 4.3.17。

表 4.3.17 单元整嵌法

嵌线顺序		1	2	3	4	5	6	7	8	9	10	11	12	13	14	15	16	17	18
槽号	下层面	4	3	2	1					41	40	39				34	33	32	31
	上层面					5	6	7	8				43	44	45				
嵌线顺序		19	20	21	22	23	24	25	26	27	28	29	30	31	32	33	34	35	36
槽号	下层面					26	25	24				19	18	17	16				
	上层面	35	36	37	38				28	29	30					20	21	22	23
嵌线顺序		37	38	39	40	41	42												
槽号	下层面	11	10	9															
	上层面				13	14	15												

3. 绕组特点与应用　本例特别之处是空出 3 槽，因为 45 槽单层布线最多只能嵌入 22.5 个线圈，显然是无法实施的，所以空出 3 槽后安排 21 个线圈，每相 7 个线圈，将其中一组设为双圈，则 6 组线圈按庶极安排，使之构成 12 极。本绕组是 2018 年由读者提供实修信息，经作者反复推敲设计而成。

4.3.18 *48 槽 10 极($y=5$、4)单层（不规则交叠庶极）绕组

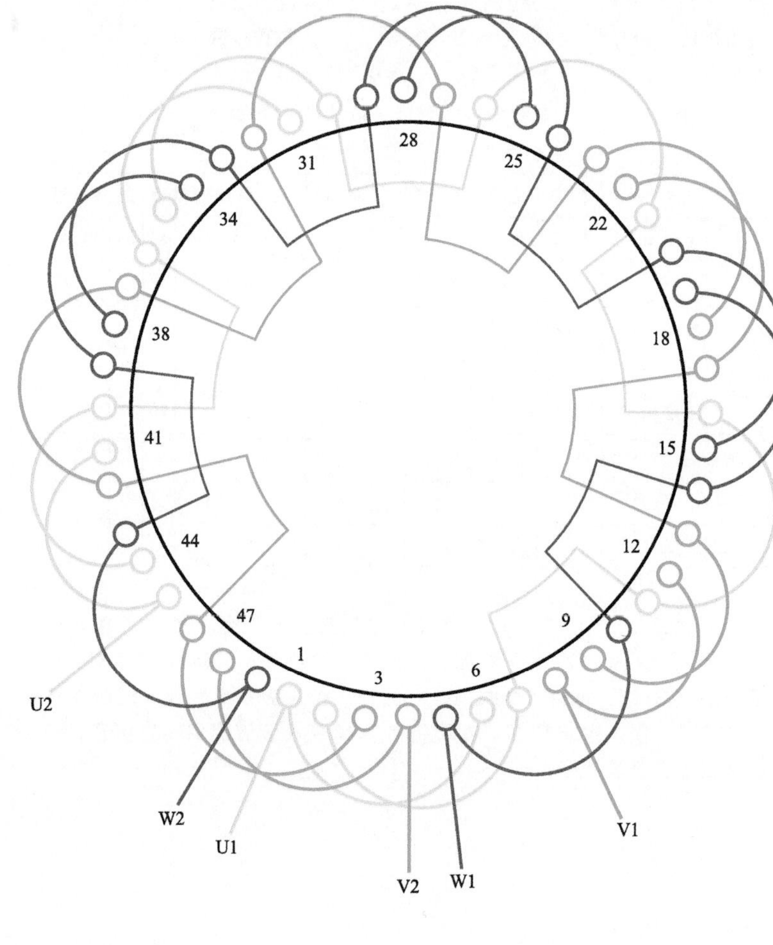

图 4.3.18

1. 绕组结构参数

定子槽数	$Z=48$	电机极数	$2p=10$	总线圈数	$Q=24$
线圈组数	$u=15$	每组圈数	$S=2$、1	极相槽数	$q=1\frac{3}{5}$
绕组极距	$\tau=4\frac{4}{5}$	线圈节距	$y=5$、4	并联路数	$a=1$
每槽电角	$\alpha=37.5°$	绕组系数	$K_{dp}=0.954$	出线根数	$c=6$

2. 嵌线方法　本例属庶极布线，故用整嵌法嵌线而无需吊边。嵌线顺序见表 4.3.18。

表 4.3.18 整嵌法

嵌线顺序		1	2	3	4	5	6	7	8	9	10	11	12	13	14	15	16	17	18
槽号	下平面	2	7	1	6	9	13	8	12	15	20	14	19	21	26	27	32	34	39
	上平面																		
嵌线顺序		19	20	21	22	23	24	25	26	27	28	29	30	31	32	33	34	35	36
槽号	下平面	33	38	41	45	40	44	47		46									
	上平面								4		3	5	10	11	16	18	23	17	22
嵌线顺序		37	38	39	40	41	42	43	44	45	46	47	48						
槽号	下平面																		
	上平面	25	29	24	28	31	36	30	35	37	42	43	48						

3. 绕组特点与应用　本例特别之处在于常规系列中没有，再就是它的绕组结构无法归类。绕组每相有 8 个线圈，其中 2 个单圈和 3 个双圈，而双圈中又分 2 个双圈节距 $y=5$，另一个双圈节距 $y=4$。而通常情况是 q 值分数部分为 3/5 时循环规律是 2 2 1 2 1，而本例有一小节距双圈，故需变换规律为 2 1 $\dot{2}$ 1 2（注：上方“·”代表小节距双圈）。故嵌线时必须按图嵌入。

4.3.19 *54 槽 12 极（$y=4$、5）单层（不规则交叠庶极）绕组

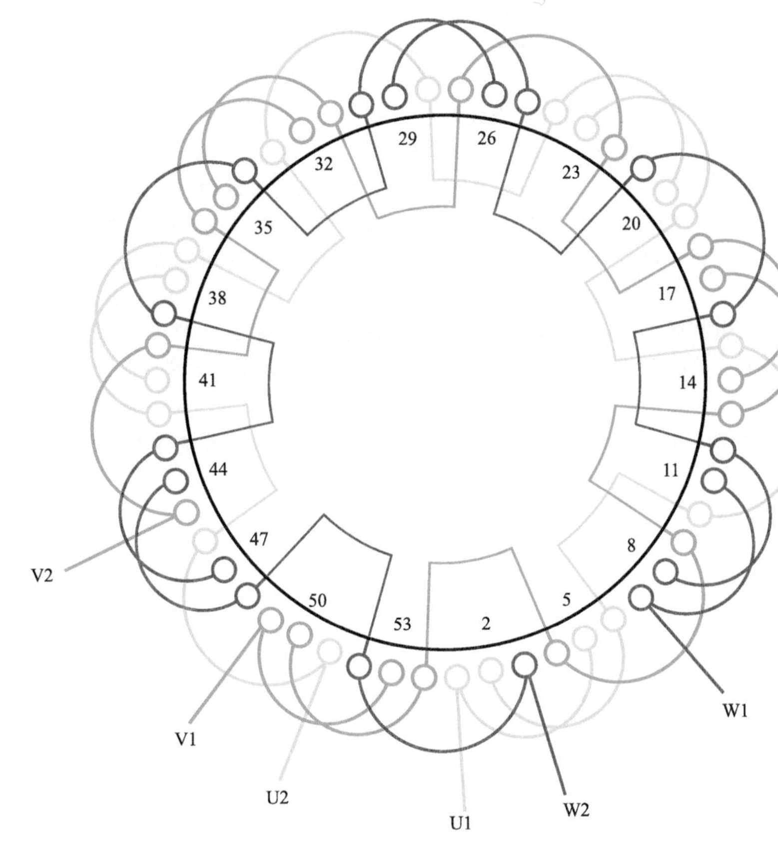

图 4.3.19

1. 绕组结构参数

定子槽数 $Z=54$　电机极数 $2p=12$　总线圈数 $Q=27$

线圈组数 $u=18$　每组圈数 $S=1$、2　极相槽数 $q=1\frac{1}{2}$

绕组极距 $\tau=4\frac{1}{2}$　线圈节距 $y=4$、5　并联路数 $a=1$

每槽电角 $\alpha=40°$　绕组系数 $K_{dp}=0.945$　出线根数 $c=6$

2. 嵌线方法　本例采用交叠法嵌线，吊边数为 2。嵌线顺序见表 4.3.19。

表 4.3.19　交叠法

嵌线顺序		1	2	3	4	5	6	7	8	9	10	11	12	13	14	15	16	17	18
槽号	下层	2	1	52		50		49		46		44		43		40		38	
	上层				3		54		53		51		48		47		45		42
嵌线顺序		19	20	21	22	23	24		…		82	83	84	85	86	87	88	89	90
槽号	下层	37		34		32			…			26		25		22		20	
	上层		41		39		36		…		33		30		29		27		24
嵌线顺序		91	92	93	94	95	96	97	98	99	100	101	102	103	104	105	106	107	108
槽号	下层	19		16		14		13		10		8		7		4			
	上层		23		21		18		17		15		12		11		9	5	6

3. 绕组特点与应用　本例与上例相近，但结构与分布排列不同；本例分布规律是 2 1 2 1，更接近于常规单层交叉式；不同的是常规节距是双大单小，而本绕组则反之，是双小单大。所以，本例属于非正常布线的交叉式庶极绕组；但它填补了 54 槽绕制 12 极绕组的空白。本绕组是 2018 年应修理者要求而设计。

4.3.20 *60 槽 4 极（$y=11$）2Y-4Y联结双绕组三输出双叠绕组

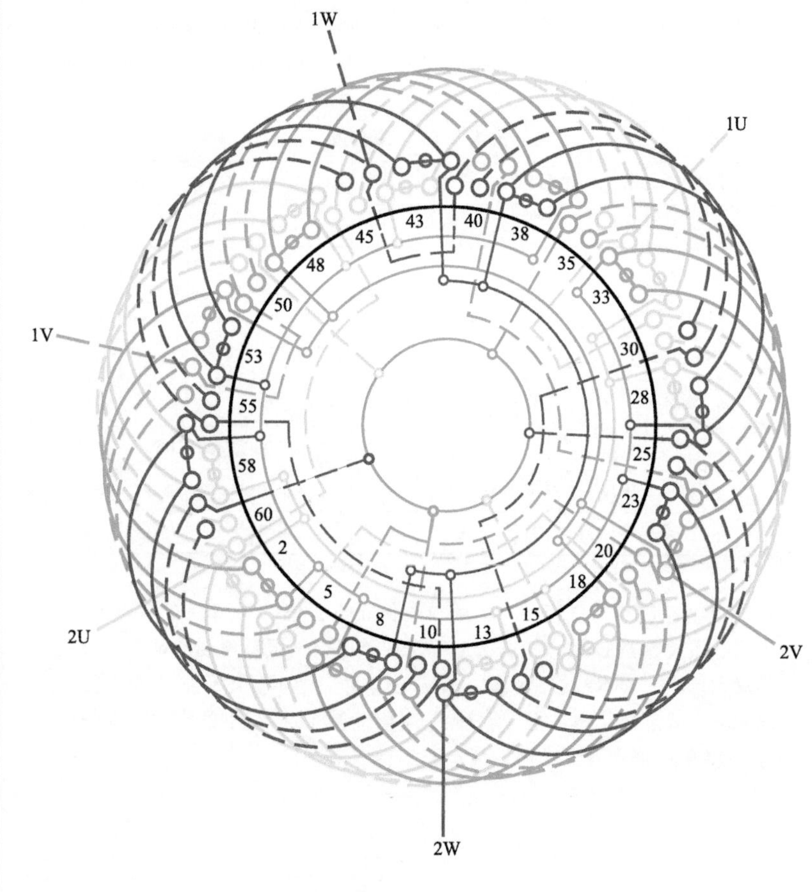

图 4.3.20

1. 绕组结构参数

定子槽数	$Z=60$	电机极数	$2p=4$	总线圈数	$Q=60$
线圈组数	$u=24$	每组圈数	$S=3$、2	绕组接法	2Y-4Y
绕组极距	$\tau=15$	线圈节距	$y=11$	极相槽数	$q=5$
每槽电角	$\alpha=12°$	绕组系数	$K_{dp1}=0.91$	$K_{dp2}=0.909$	
出线根数	$c=6$				

2. 嵌线方法　本例布线是双层叠式，采用交叠法嵌线，需吊边数为 11。嵌线顺序可参考同规格双叠绕组，本例从略。

3. 绕组特点与应用　本例是应读者要求而设计的特种绕组，它属双层叠式绕组，但为了分出另一套绕组，特将每极相槽的 5 个线圈分成三圈组和双圈组，其中把三圈组设定为 1 组，接成 4Y大输出（1U、1V、1W）；双圈组定为 2 组，接成 2Y小输出（2U、2V、2W）；若把两套绕组都同时通电就构成第三种输出，即最大功率输出。此绕组电动机控制电路接线见图 4.3.10b。特别要提醒的是两套绕组虽然是独立的，但必须保证其转向相同，所以，如果 1U、1V、1W 对应于电源 L_1、L_2、L_3 的话，2U、2V、2W 也要对应接入 L_1、L_2、L_3。如果接错电源则可能反转；而第三种输出则可能无法工作，甚至烧毁绕组。

第 5 章　三相交流电动机（转子）波绕组

三相交流电动机转子绕组有笼型和绕线式两大类。在绕线式转子中，小型转子的绕组几乎包括定子绕组采用的所有型式，其中最常见的有单层链式、单层同心式、单层交叉式以及双层叠式等。大中型绕线式转子则主要采用波绕组。

波绕组是由矩形截面的铜导体拉制成型的捍形元件(半个线圈结构，但也可制成软线圈的)，分置于槽的上下层，故属双层布线。两元件之间的连接无需另设连接线，而是通过元件相互焊接连接成波浪形绕组，故称波绕组。目前实际应用有两种型式：一是旧式的双层波绕组，它有较好的电磁性能，引线在转子一端引出，由于出线较多，工艺性较差，容易产生不平衡因素；二是对称换位波绕组，它是较新的绕组型式，没有过渡连线，每相只有首、尾引出线，而且分别从转子两端引出，避免了交叉，故工艺性较好，但电磁性能稍差。

波绕组端面模拟画法说明如下：

1）转子绕组对应于定子绕组的出线标记为

相头：K1(U1)　L1(V1)　M1(W1)

相尾：K2(U2)　L2(V2)　M2(W2)

2）波绕组节距分置于转子前后两端，是连接槽内导体有效边的部分，靠近集电环者为前端，另一端为后端。

3）绕组表中的上、下是表示线圈有效边所处槽的上、下层次。

4）为清晰地表示波绕组的布线和绕行接法，三相绕组分别用黄、绿、红三色画出。

5.1　三相双层波绕组布线接线图

三相双层波绕组，实用中一般为每槽双有效边布线，但线圈可根据实际情况设计成半圈状的硬线圈或完整的多匝软线圈，而软线圈的节距应以后节距为准。三相引出线共 12 根，其中每相头、尾各一根，绕行支路连接尾线两根；相尾通过铜环连成星点。绕组绕行一周后采用短节距过渡，因此，每相有两组过渡短节距，并分布于转子前端，图中用虚线表示。

1. 绕组结构参数

1）总线圈数 Q　　双层波绕组三相总线圈数等于转子槽数。

2）极相组数 u　　是指构成每极相线圈组的总组数。$u=2pm$。

3）极相槽数 q　　每极每相占有转子铁心(用槽数表示)的宽度。

$$q=Z_2/2pm$$

4）并联路数(即并联支路数) a　　本书全部波绕组采用一路串联，即 $a=1$。

5）第一节距 y_1　　线圈端部在转子后端连接两槽有效边所跨槽数，故又称后节距；是多匝软线圈制作时的节距。

6）第二节距 y_2　　在转子前(铜环)端连接两槽有效边所跨槽数，故又称前节距。

7）过渡节距 y_3　　波绕组绕行一周后将回到起始端成为闭合回路，为使绕行能继续，必须将此节距缩短 1 槽作为过渡节距。过渡节距位于转子前端，故又称过渡前距，图中用虚线表示。

2. 绕组排列表　　它是以表格形式来表示绕组分相绕行的线路，绕组排列表也是双层波绕组能正确接线的依据。

3. 嵌线方法　　双层波绕组的嵌线有两种：一是交叠嵌线，它只适用于多匝软线圈的波绕组，嵌法与双叠绕组相同。中型以上电机采用硬元件，嵌插入槽后再折弯整形，然后再按图及排列表进行连接。

5.1.1 54 槽 4 极双层波绕组

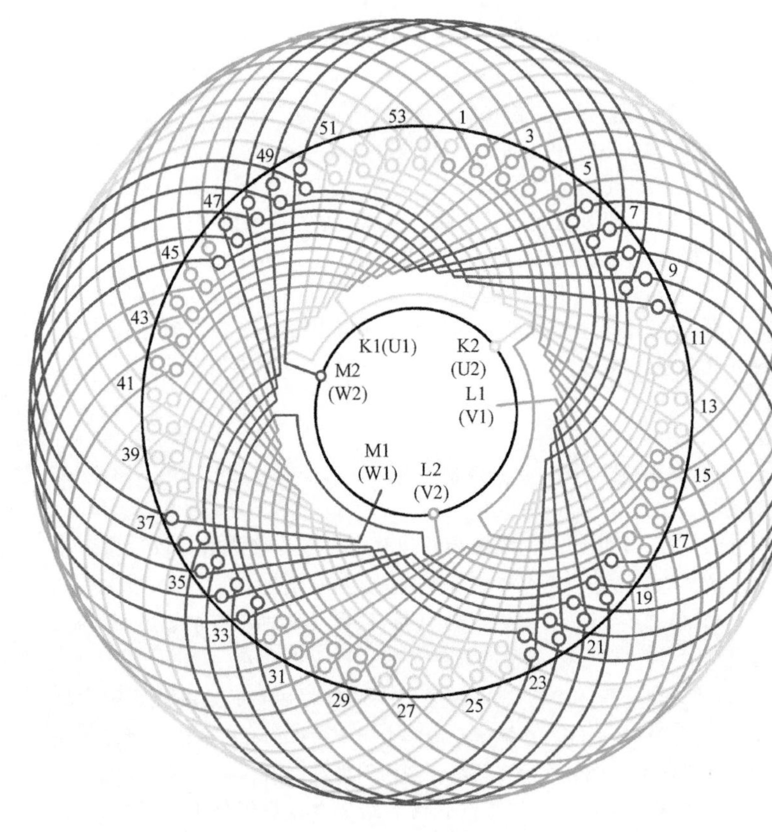

图 5.1.1

1. 绕组结构参数

总线圈数 $Q=54$　　并联路数 $a=1$　　第一节距 $y_1=1$—14

极相组数 $u=12$　　第二节距 $y_2=1$—15　　出线槽号 K1 = 1　K2 = 14

极相槽数 $q=4\frac{1}{2}$　　过渡节距 $y_3=1$—14　　L1 = 19　L2 = 32

M1 = 37　M2 = 50

2. 绕组排列表

上　下　上　下　上　下　上　下　上　下　上　下

K1— 1 —14—28—41—54—13—27—40—53—12—26—39—
52—11—25—38—51—10—24—37—

K2—14—27—41—54—13—26—40—53—12—25—39—52—
11—24—38—51—

L1—19—32—46— 5 —18—31—45— 4 —17—30—44— 3 —
16—29—43— 2 —15—28—42— 1 —

L2—32—45— 5 —18—31—44— 4 —17—30—43— 3 —16—
29—42— 2 —15—

M1—37—50—10—23—36—49— 9 —22—35—48— 8 —21—
34—47— 7 —20—33—46— 6 —19—

M2—50— 9 —23—36—49— 8 —22—35—48— 7 —21—34—
47— 6 —20—33—

3. 嵌线顺序表

嵌线顺序	1	2	3	4	5	…	50	51	52	53	54
下层槽号	1	2	3	4	5	…	50	51	52	53	54
嵌线顺序	55	56	57	58	59	…	104	105	106	107	108
上层槽号	1	54	53	52	51	…	6	5	4	3	2

4. 绕组特点与应用　本例为分数槽绕组，布线时前后节距不相等，$2p/3\neq$整数，三相出线对称，电气和机械对称平衡较好。每相前节距中有 7 个短距元件。主要应用实例有 JR114-4 电动机等。

5.1.2　54 槽 6 极双层波绕组

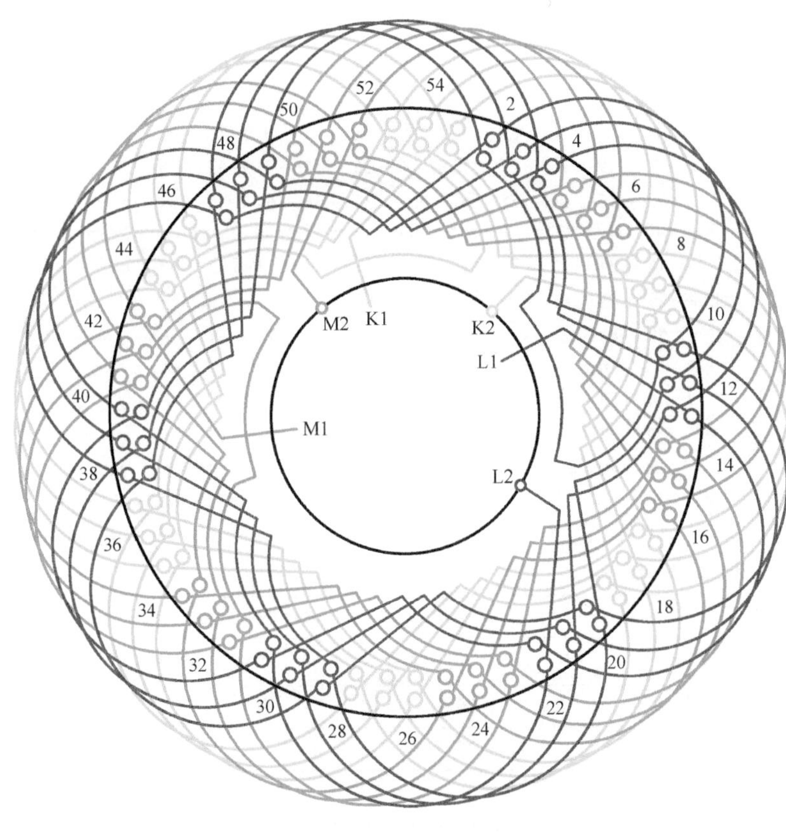

图　5.1.2

1. 绕组结构参数

总线圈数 $Q=54$　　并联路数 $a=1$　　过渡节距 $y_3=1—9$

极相组数 $u=18$　　第一节距 $y_1=1—10$　　出线槽号 K1 = 1　　K2 = 10

极相槽数 $q=3$　　第二节距 $y_2=1—10$　　L1 = 13　　L2 = 22

M1 = 43　　M2 = 52

2. 绕组排列表

```
      上   下   上   下   上   下   上   下   上   下   上   下
K1—— 1 —10—19—28—37—46—54— 9 —18—27—36—45—
     53— 8 —17—26—35—44
K2—10—19—28—37—46— 1 — 9 —18—27—36—45—54—
     8 —17—26—35—44—53
L1——13—22—31—40—49— 4 —12—21—30—39—48— 3 —
     11—20—29—38—47— 2
L2—22—31—40—49— 4 —13—21—30—39—48— 3 —12—
     20—29—38—47— 2 —11
M1—43—52— 7 —16—25—34—42—51— 6 —15—24—33—
     41—50— 5 —14—23—32
M2—52— 7 —16—25—34—43—51— 6 —15—24—33—42—
     50— 5 —14—23—32—41
```

3. 嵌线顺序表

嵌线顺序	1	2	3	4	5	…	50	51	52	53	54
下层槽号	1	2	3	4	5	…	50	51	52	53	54
嵌线顺序	55	56	57	58	59	…	104	105	106	107	108
上层槽号	1	54	53	52	51	…	6	5	4	3	2

4. 绕组特点与应用　　本例为整数槽绕组，$2p/3=$整数，三相出线不对称，绕组达不到机械平衡；前后节距相等，每相用 4 个短距元件。主要应用实例有 JR117-4 电动机等。

5.1.3　72 槽 4 极双层波绕组

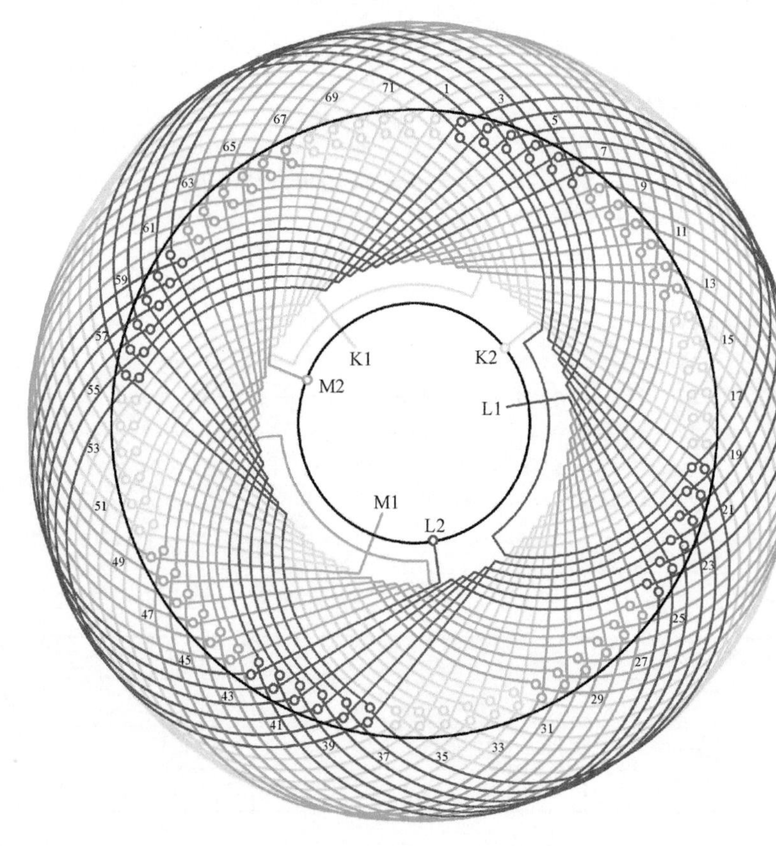

图　5.1.3

1. 绕组结构参数

总线圈数 $Q=72$　　并联路数 $a=1$　　过渡节距 $y_3=1—18$

极相组数 $u=12$　　第一节距 $y_1=1—19$　　出线槽号 K1 = 1　K2 = 19

极相槽数 $q=6$　　第二节距 $y_2=1—19$　　L1 = 25　L2 = 43

M1 = 49　M2 = 67

2. 绕组排列表

	上	下	上	下	上	下	上	下	上	下	上	下
K1—	1—	19—	37—	55—	72—	18—	36—	54—	71—	17—	35—	53—
	70—	16—	34—	52—	69—	15—	33—	51—	68—	14—	32—	50—
K2—	19—	37—	55—	1—	18—	36—	54—	72—	17—	35—	53—	71—
	16—	34—	52—	70—	15—	33—	51—	69—	14—	32—	50—	68—
L1—	25—	43—	61—	7—	24—	42—	60—	6—	23—	41—	59—	5—
	22—	40—	58—	4—	21—	39—	57—	3—	20—	38—	56—	2—
L2—	43—	61—	7—	25—	42—	60—	6—	24—	41—	59—	5—	23—
	40—	58—	4—	22—	39—	57—	3—	21—	38—	56—	2—	20—
M1—	49—	67—	13—	31—	48—	66—	12—	30—	47—	65—	11—	29—
	46—	64—	10—	28—	45—	63—	9—	27—	44—	62—	8—	26—
M2—	67—	13—	31—	49—	66—	12—	30—	48—	65—	11—	29—	47—
	64—	10—	28—	46—	63—	9—	27—	45—	62—	8—	26—	44—

3. 嵌线顺序表

嵌线顺序	1	2	3	4	5	…	68	69	70	71	72
下层槽号	1	2	3	4	5	…	68	69	70	71	72
嵌线顺序	73	74	75	76	77	…	140	141	142	143	144
上层槽号	1	72	71	70	69	…	6	5	4	3	2

4. 绕组特点与应用　本例 $2p/3\neq$ 整数，三相出线能对称安排，电气和机械对称平衡较好，前后节距相等，每相短距过渡元件数为 10。主要应用实例有 JR158-4 电动机等。

5.1.4　72槽6极双层波绕组

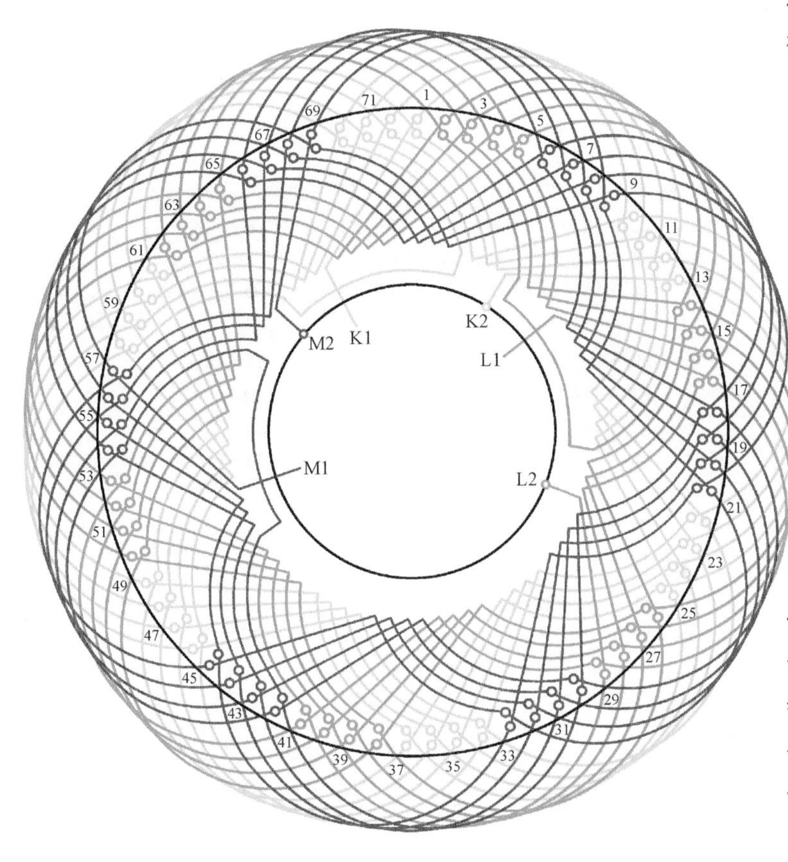

图　5.1.4

1. 绕组结构参数

总线圈数 $Q=72$　　并联路数 $a=1$　　过渡节距 $y_3=1—12$

极相组数 $u=18$　　第一节距 $y_1=1—13$　　出线槽号 K1 = 1　K2 = 13

极相槽数 $q=4$　　第二节距 $y_2=1—13$　　L1 = 17　L2 = 29

M1 = 57　M2 = 69

2. 绕组排列表

	上	下	上	下	上	下	上	下	上	下	上	下
K1—	1	13	25	37	49	61	72	12	24	36	48	60—
	71	11	23	35	47	59	70	10	22	34	46	58—
K2—	13	25	37	49	61	1	12	24	36	48	60	72—
	11	73	35	47	59	71	10	22	34	46	58	70—
L1—	17	29	41	53	65	5	16	28	40	52	64	4—
	15	27	39	51	63	3	14	26	38	50	62	2—
L2—	29	41	53	65	5	17	28	40	52	64	4	16—
	27	39	51	63	3	15	26	38	50	62	2	14—
M1—	57	69	9	21	33	45	56	68	8	20	32	44—
	55	67	7	19	31	43	54	66	6	18	30	42—
M2—	69	9	21	33	45	57	68	8	20	32	44	56—
	67	7	19	31	43	55	66	6	18	30	42	54—

3. 嵌线顺序表

嵌线顺序	1	2	3	4	5	6	7	8	9	10	…	68	69	70	71	72
下层槽号	1	2	3	4	5	6	7	8	9	10	…	68	69	70	71	72
嵌线顺序	73	74	75	76	77	78	79	80	81	82	…	140	141	142	143	144
上层槽号	1	72	71	70	69	68	67	66	65	64	…	6	5	4	3	2

4. 绕组特点与应用　本例 $2p/3$ = 整数，三相出线无法对称安排，不能达到机械平衡；前后节距相等并采用6个短距元件。主要应用实例有JR116-4电动机等。

5.1.5 75 槽 10 极双层波绕组

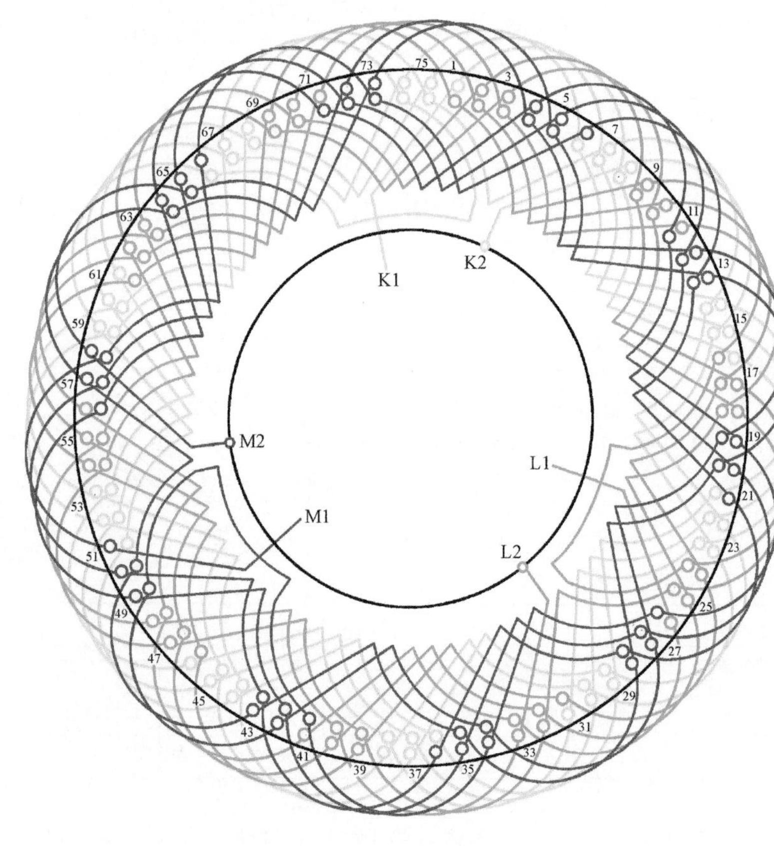

图 5.1.5

1. 绕组结构参数

总线圈数 $Q=75$ 　并联路数 $a=1$ 　过渡节距 $y_3=1—8$

极相组数 $u=30$ 　第一节距 $y_1=1—8$ 　出线槽号 K1=1　K2=8

极相槽数 $q=2\frac{1}{2}$ 　第二节距 $y_2=1—9$ 　L1=26　L2=33

M1=51　M2=58

2. 绕组排列表

上　下　上　下　上　下　上　下　上　下　上　下

K1— 1—8—16—23—31—38—46—53—61—68—75—7—
15—22—30—37—45—52—60—67—74—6—14—21—
29—36—44—51—59—66

K2— 8—15—23—30—38—45—53—60—68—75—7—14—
22—29—37—44—52—59—67—74

L1— 26—33—41—48—56—63—71—3—11—18—25—32—
40—47—55—62—70—2—10—17—24—31—39—46—
54—61—69—1—9—16

L2— 33—40—48—55—63—70—3—10—18—25—32—39—
47—54—62—69—2—9—17—24

M1— 51—58—66—73—6—13—21—28—36—43—50—57—
65—72—5—12—20—27—35—42—49—56—64—71—
4—11—19—26—34—41

M2— 58—65—73—5—13—20—28—35—43—50—57—64—
72—4—12—19—27—34—12—49

3. 嵌线顺序表

嵌线顺序	1	2	3	4	5	6	7	…	72	73	74	75
下层槽号	1	2	3	4	5	6	7	…	72	73	74	75

嵌线顺序	76	77	78	79	80	81	82	…	146	147	148	149	150
上层槽号	1	75	74	73	72	71	70	…	6	5	4	3	2

4. 绕组特点与应用　本例为分数槽绕组，前后节距采用不等距轮换布线，每相有 3 个短距线圈。$2p/3\neq$整数，三相出线可满足电气和机械对称平衡。主要应用实例有 JR115-10 等绕线转子三相异步电动机。

5.1.6　81 槽 6 极双层波绕组

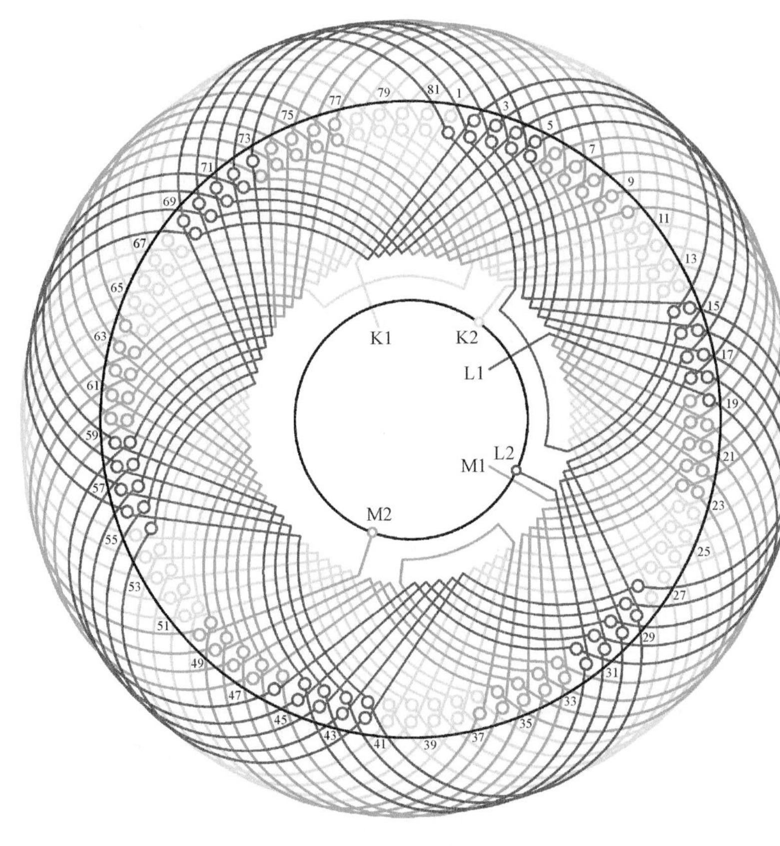

图　5.1.6

1. 绕组结构参数

总线圈数 $Q=81$　　并联路数 $a=1$　　过渡节距 $y_3=1—14$

极相组数 $u=18$　　第一节距 $y_1=1—14$　　出线槽号 K1 = 1　K2 = 14

极相槽数 $q=4\frac{1}{2}$　　第二节距 $y_2=1—15$　　L1 = 19　L2 = 32

M1 = 37　M2 = 50

2. 绕组排列表

	上	下	上	下	上	下	上	下	上	下	上	下
K1	1	14	28	41	55	68	81	13	27	40	54	67
	80	12	26	39	53	66	79	11	25	38	52	65
	78	10	24	37	51	64						
K2	14	27	41	54	68	81	13	26	40	53	67	80
	12	25	39	52	66	79	11	24	38	51	65	78
L1	19	32	46	59	73	5	18	31	45	58	72	4
	17	30	44	57	71	3	16	29	43	56	70	2
	15	28	42	55	69	1						
L2	32	45	59	72	5	18	31	44	58	71	4	17
	30	43	57	70	3	16	29	42	56	69	2	15
M1	37	50	64	77	10	23	36	49	63	79	9	22
	35	48	62	75	8	21	34	47	61	74	7	20
	33	46	60	73	6	19						
M2	50	63	77	9	23	36	49	62	76	8	22	35
	48	61	75	7	21	34	47	60	47	6	20	33

3. 嵌线顺序表

嵌线顺序	1	2	3	4	5	6	7	…	78	79	80	81
下层槽号	1	2	3	4	5	6	7	…	78	79	80	81
嵌线顺序	82	83	84	85	86	87	88	…	159	160	161	162
上层槽号	1	81	80	79	78	77	76	…	5	4	3	2

4. 绕组特点与应用　　绕组是分数槽布线，前后节距采用不等距轮换，每相有 7 个短距元件。三相出线无法对称分布，机械平衡较差。主要应用实例有 JRQ148-6 等电动机。

5.1.7　84 槽 8 极双层波绕组

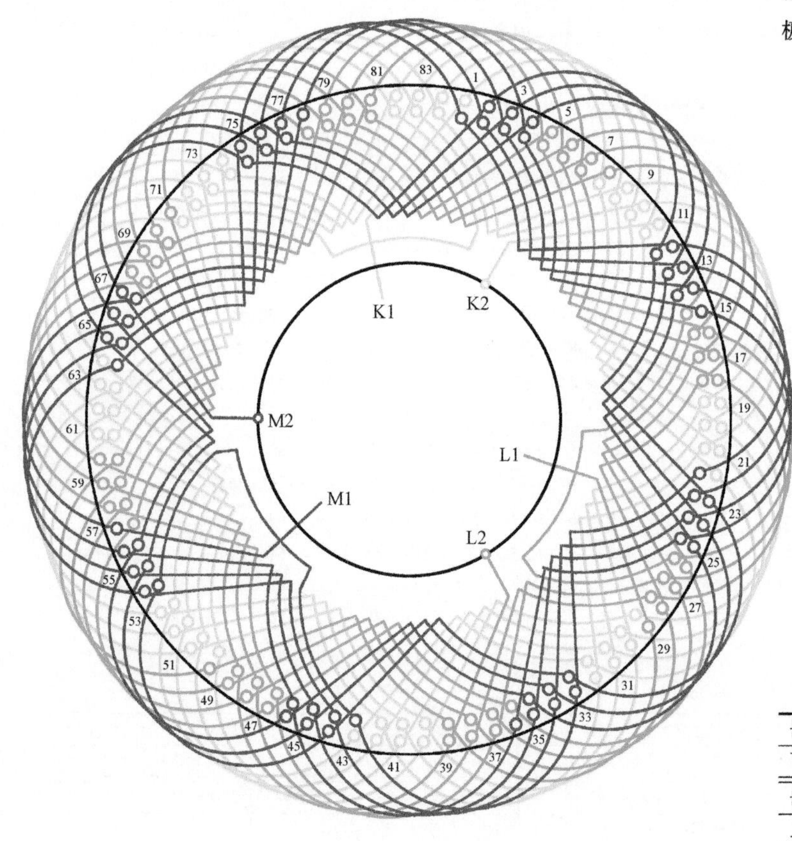

图　5.1.7

1. 绕组结构参数

总线圈数 $Q=84$　　并联路数 $a=1$　　过渡节距 $y_3=1—11$

极相组数 $u=24$　　第一节距 $y_1=1—11$　　出线槽号 K1 = 1　K2 = 11

极相槽数 $q=3\frac{1}{2}$　　第二节距 $y_2=1—12$　　L1 = 29　L2 = 39

M1 = 37　M2 = 67

2. 绕组排列表

	上	下	上	下	上	下	上	下	上	下	上	下
K1—	1	11	22	32	43	53	64	74	84	10	21	31
	42	52	63	73	83	9	20	30	41	51	62	72
	82	8	19	29	40	50	61	71				
K2—	11	21	32	42	53	63	74	84	10	20	31	41
	52	62	73	83	9	19	30	40	51	61	72	82
L1—	29	39	50	60	71	81	8	18	28	38	49	59
	70	80	7	17	27	37	48	58	69	79	6	16
	26	36	47	57	68	78	5	15				
L2—	39	49	60	70	81	7	18	28	38	48	59	69
	80	6	17	27	37	46	58	68	79	5	16	26
M1—	37	67	78	4	15	25	36	46	56	66	77	3
	14	24	35	45	55	65	76	2	13	23	34	44
	54	64	75	1	12	22	33	43				
M2—	67	77	4	14	25	35	46	56	66	76	3	13
	24	34	45	55	65	75	2	12	23	33	44	54

3. 嵌线顺序表

嵌线顺序	1	2	3	4	5	6	7	8	…	81	82	83	84
下层槽号	1	2	3	4	5	6	7	8	…	81	82	83	84
嵌线顺序	85	86	87	88	89	90	91	92	…	165	166	167	168
上层槽号	1	84	83	82	81	80	79	78	…	5	4	3	2

4. 绕组特点与应用　　本例采用分数槽方案，每极相采用不等距轮换，故形成 3、4 线圈交替布线，每相用 5 个短距线圈；$2p/3\neq$整数，三相出线可达到电气和机械对称平衡。主要应用实例有 JR115-8 等电动机。

5.1.8 90 槽 6 极双层波绕组

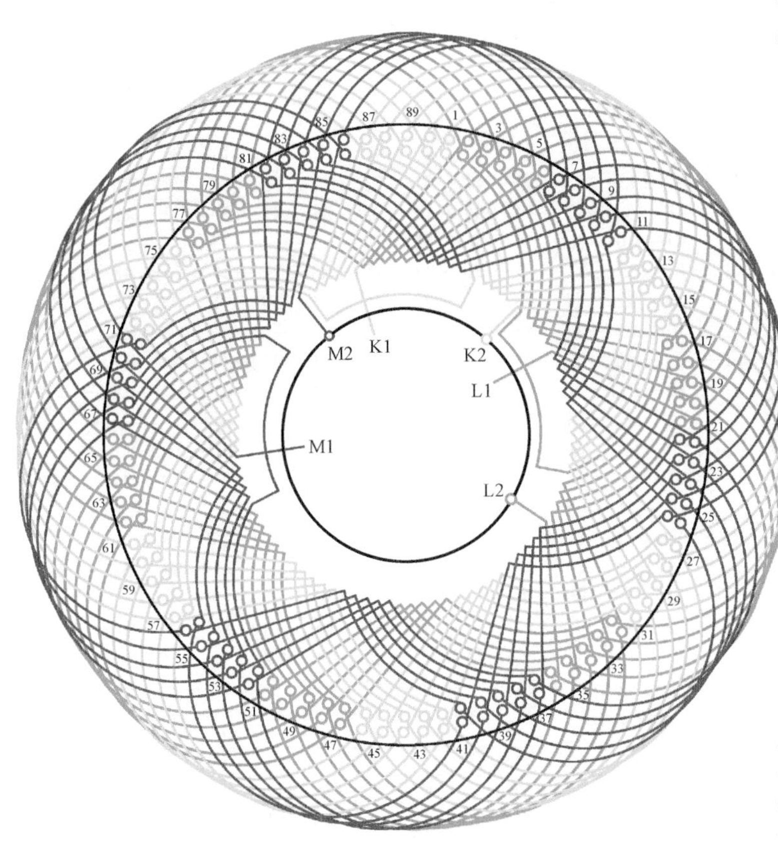

图 5.1.8

1. 绕组结构参数

总线圈数 $Q=90$　　并联路数 $a=1$　　过渡节距 $y_3=1—15$

极相组数 $u=18$　　第一节距 $y_1=1—16$　　出线槽号 K1 = 1　K2 = 16

极相槽数 $q=5$　　第二节距 $y_2=1—16$　　L1 = 21　L2 = 36

M1 = 71　M2 = 86

2. 绕组排列表

	下	上	下	上	下	上	下	上	下	上	下	上
K1—	1	16	31	46	61	76	90	15	30	45	60	75
	89	14	29	44	59	74	88	13	28	43	58	73
	87	12	27	42	57	72						
K2—	16	31	46	61	76	1	15	30	45	60	75	90
	14	29	44	59	74	89	13	28	43	58	73	88
	12	27	42	57	72	87						
L1—	21	36	51	66	81	6	20	35	50	65	80	5
	19	34	49	64	79	4	18	33	48	63	78	3
	17	32	47	62	77	2						
L2—	36	51	66	81	6	21	35	50	65	80	5	20
	34	49	64	79	4	19	33	48	63	78	3	18
	32	47	62	77	2	17						
M1—	71	86	11	26	41	56	70	85	10	25	40	55
	69	84	9	24	39	54	68	83	8	23	38	53
	67	82	7	22	37	52						
M2—	86	11	26	41	56	71	85	10	25	40	55	70
	84	9	24	39	54	69	83	8	23	38	53	68
	82	7	22	37	52	67						

3. 嵌线顺序表

嵌线顺序	1	2	3	4	5	6	7	8	9	…	87	88	89	90
下层槽号	1	2	3	4	5	6	7	8	9	…	87	88	89	90
嵌线顺序	91	92	93	94	95	96	97	98	99	…	177	178	179	180
上层槽号	1	90	89	88	87	86	85	84	83	…	5	4	3	2

4. 绕组特点与应用　　绕组为整数槽方案，前后节距相等，但三相出线无法安排对称，不能满足机械平衡要求。每相前距有 8 个短距线圈。主要应用实例有 JR136-6 等电动机。

5.1.9 96 槽 8 极双层波绕组

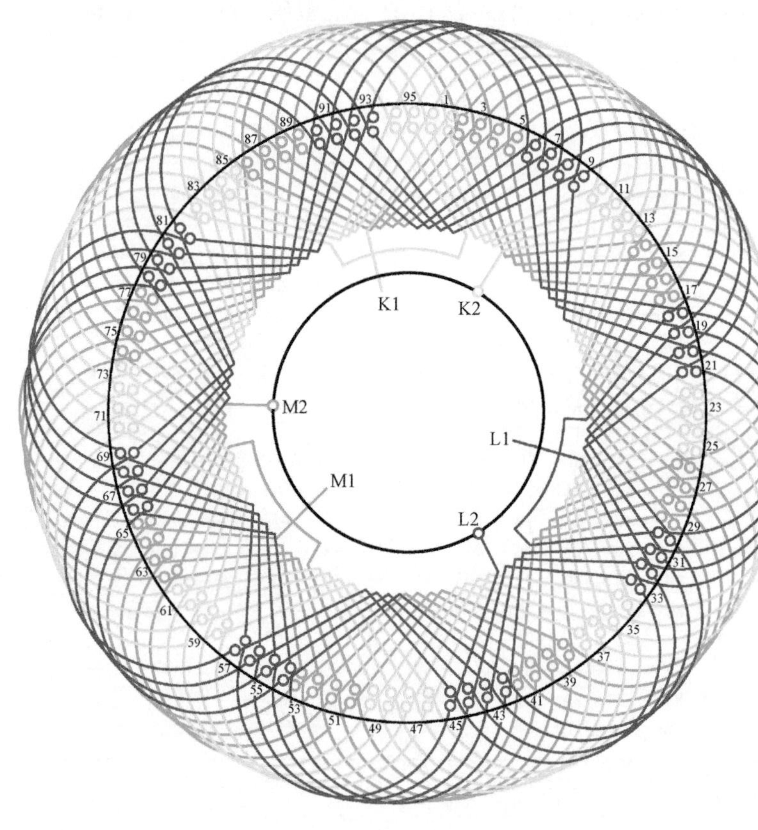

图 5.1.9

1. 绕组结构参数

总线圈数 $Q=96$　　并联路数 $a=1$　　过渡节距 $y_3=1—12$

极相组数 $u=24$　　第一节距 $y_1=1—13$　　出线槽号 K1 = 1　K2 = 13

极相槽数 $q=4$　　第二节距 $y_2=1—13$　　L1 = 33　L2 = 45

M1 = 65　M2 = 77

2. 绕组排列表

下　上　下　上　下　上　下　上　下　上　下　上

K1—1—13—25—37—49—61—73—85—96—12—24—36—
48—60—72—84—95—11—23—35—47—59—71—83—
94—10—22—34—46—58—70—82

K2—13—25—37—49—61—73—85—1—12—24—36—48—
60—72—84—96—11—23—35—47—59—71—83—95—
10—22—34—46—58—70—82—94

L1—33—45—57—69—81—93—9—21—32—44—56—68—
80—92—8—20—31—43—55—67—79—91—7—19—
30—42—54—66—78—90—6—18

L2—45—57—69—81—93—9—21—33—44—56—68—80—
92—8—20—32—43—55—67—79—91—7—19—31—
42—54—66—78—90—6—18—30

M1—65—77—89—5—17—29—41—53—64—76—88—4—
16—28—40—52—63—75—87—3—15—27—39—51—
62—74—86—2—14—26—38—50

M2—77—89—5—17—29—41—53—65—76—88—4—16—
28—40—52—64—75—87—3—15—27—39—51—63—
74—86—2—14—26—38—50—62

3. 嵌线顺序表

嵌线顺序	1	2	3	4	5	6	7	8	9	…	93	94	95	96
下层槽号	1	2	3	4	5	6	7	8	9	…	93	94	95	96
嵌线顺序	97	98	99	100	101	102	103	104	105	…	189	190	191	192
上层槽号	1	96	95	94	93	92	91	90	89	…	5	4	3	2

4. 绕组特点与应用　本例 $2p/3\neq$整数，三相出线可对称，能同时获得电气和机械平衡。每相有 6 个短距线圈，前后节距相等。主要应用有 JR136-8 等绕线转子异步电动机。

5.1.10 108 槽 12 极双层波绕组

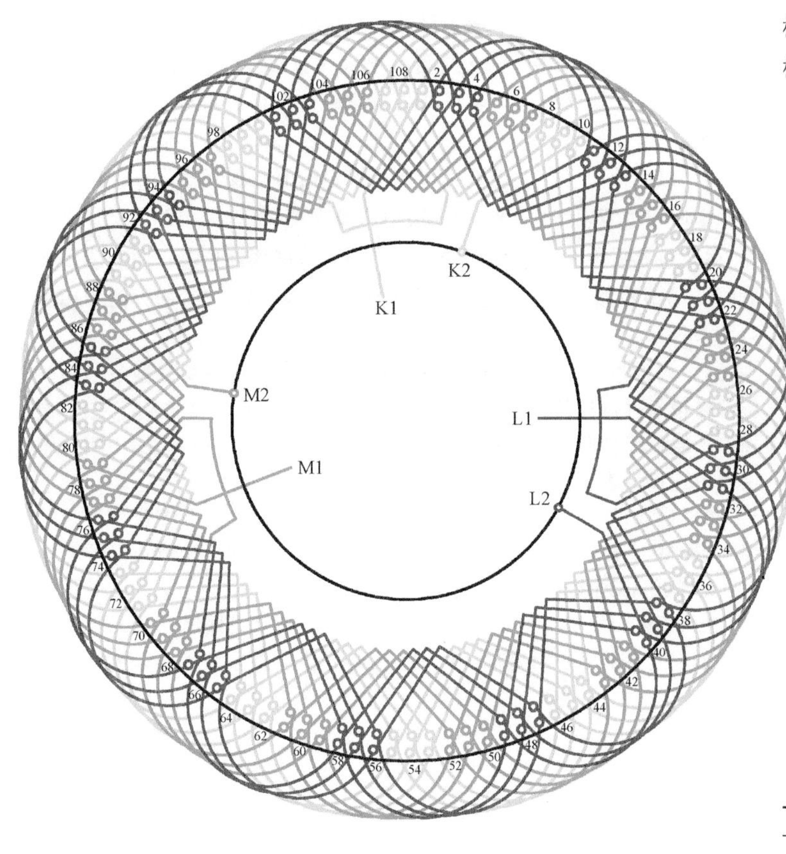

图 5.1.10

1. 绕组结构参数

总线圈数 $Q=108$　　并联路数 $a=1$　　过渡节距 $y_3=1—9$

极相组数 $u=36$　　第一节距 $y_1=1—10$　　出线槽号 K1＝1　K2＝10

极相槽数 $q=3$　　第二节距 $y_2=1—10$　　L1＝31　L2＝40

M1＝79　M2＝88

2. 绕组排列表

	上	下	上	下	上	下	上	下	上	下	上	下
K1	1	10	19	28	37	46	55	64	73	82	91	100
	108	9	18	27	36	45	54	63	72	81	90	99
	107	8	17	26	35	44	53	62	71	80	89	98
K2	10	19	28	37	46	55	64	73	82	91	100	1
	9	18	27	36	45	54	63	72	81	90	99	108
	8	17	26	35	44	53	62	71	80	89	98	107
L1	31	40	49	58	67	76	85	94	103	4	13	22
	31	39	48	57	66	75	84	93	102	3	12	21
	29	38	47	56	65	74	83	92	101	2	11	20
L2	40	49	58	67	76	85	94	103	4	13	22	31
	39	48	57	66	75	84	93	102	3	12	21	30
	38	47	56	65	74	83	92	101	2	11	20	29
M1	79	88	97	106	7	16	25	34	43	52	61	70
	78	87	96	105	6	15	24	33	42	51	60	69
	77	86	95	104	5	14	23	32	41	50	59	68
M2	88	97	106	7	16	25	34	43	52	61	70	79
	87	96	105	6	15	24	33	42	51	60	69	78
	86	95	104	5	14	23	32	41	50	59	68	77

3. 嵌线顺序表

嵌线顺序	1	2	3	4	5	6	7	8	…	104	105	106	107	108
下层槽号	1	2	3	4	5	6	7	8	…	104	105	106	107	108
嵌线顺序	109	110	111	112	113	114	115	116	…	212	213	214	215	216
上层槽号	1	108	107	106	105	104	103	102	…	6	5	4	3	2

4. 绕组特点与应用　本例为整数槽绕组，三相出线不对称，机械平衡性差。每相有 4 个短距线圈。主要实例有 JRQ158-12 等电动机。

5.2　三相对称换位波绕组布线接线图

三相对称换位波绕组是根据双层波绕组改进而来，它将绕行支路连接尾线省去，并推前一槽在槽内交换连接；本节图中的换位槽用着色画出。

对称换位与普通波绕组的区分是现场检修必须掌握的，否则工作就无法进行。通常可根据如下外部特征去辨别：

1）双层波绕组出线在单边，而换位波绕组分别在转子两端出线；

2）换位波绕组前端仅有3根出线并分别与3个铜环相接，后端则接成环形星点；双层波绕组除在前端引出6根线分别接入铜环和连接成星点外，还有三相连接线；

3）换位波绕组后端突起座每相要少3块；

4）换位波绕组每相少一个元件线圈，故上层和下层各有3槽缺空上、下层铜导体，而以其他绝缘物代替填充。

因此，对称换位波绕组具有如下特点：

1）每相少一只线圈，并可省去3根连接线、3个突起座的材料及其焊接工艺；

2）转子端部减少接线可降低风摩损耗，并从工艺上减少机械不平衡因素；

3）放置及制作换位元件费工耗时；

4）绕行线路缩短后，转子阻抗减少而使电流略有增加。

所以，目前绕线型转子中，两种型式的绕组并行使用。

1. 绕组结构参数　　波绕组采用换位元件后，为了完成绕行，除在前端使用过渡节距连接外，后端也要使用过渡节距，因此，当每极相槽数 $q\neq$ 整数时，绕组便出现4种节距并用。

1）第一节距 Y_1　　又称后节距。是指转子输出轴(非集电环)端的线圈(元件)连接两槽有效边的节距；也是多匝线圈的节距。

2）第二节距 Y_2　　是转子集电环端连接两槽有效边的节距，又称前节距。

3）过渡前距 Y_3　　它相当于双层波绕组的过渡节距，是前(第二)节距中的缩短节距，$Y_3=Y_2—1$，图中用虚线表示。

4）过渡后距 Y_4　　绕组绕行一周后，为继续换位绕行而人为地将后(第一)节距缩短而过渡连接，故称过渡后距，$Y_4=Y_1—1$，图中用虚线表示。

5）换位槽　　对称换位波绕组每相两个支路的连接是通过槽内的特殊换位元件进行的，即将元件从上(下)层进入后，换接到下(上)层抽出，换位元件所在的槽称为换位槽，又可称“翻层槽”。图中用上下层着色连接件表示。

6）出线槽　　对称换位波绕组三相出线K1、L1、M1位于转子前端上层；星点出线K2、L2、M2位于后端下层，两种出线槽号相同。

2. 绕组排列表　　它是绕组排列和接线的依据。

3. 嵌线方法　　小型电机多匝线圈宜用交叠法嵌线；硬元件绕组则将下层边穿插入槽后整形，再把上层边插入，并按图、表对接。

5.2.1 54 槽 4 极对称换位波绕组

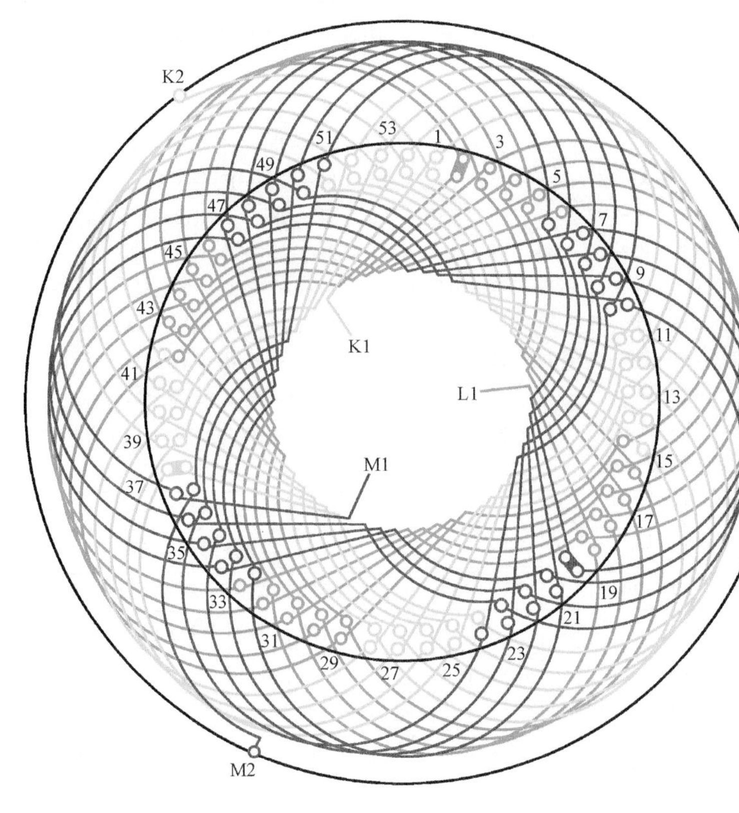

图 5.2.1

1. 绕组结构参数

总线圈数 $Q=51$　第一节距 $y_1=1—14$　过渡后距 $y_4=1—13$

极相组数 $u=12$　第二节距 $y_2=1—15$　出线槽号 K=1　L=19　M=37

极相槽数 $q=4\frac{1}{2}$　过渡前距 $y_3=1—14$　换位槽号 K0=38　L0=2　M0=20

2. 绕组排列表

	上	下	上	下	上	下	上	下	上	下	上	下
K1—	1—	14—	28—	41—	54—	13—	27—	40—	53—	12—	26—	39—
	52—	11—	25—	(38)—		24—	11—	51—	39—	25—	12—	52—
	40—	26—	13—	53—	41—	27—	14—	54—	42—	28—	15—	1—K2
L1—	19—	32—	46—	5—	18—	31—	45—	4—	17—	30—	44—	3—
	16—	29—	43—	(2)—		42—	29—	15—	3—	43—	30—	16—
	4—	44—	31—	17—	5—	45—	32—	18—	6—	46—	33—	19—L2
M1—	37—	50—	10—	23—	36—	49—	9—	22—	35—	48—	8—	21—
	34—	47—	7—	(20)—		6—	47—	33—	21—	7—	48—	34—
	22—	8—	49—	35—	23—	9—	50—	36—	24—	10—	51—	37—M2

3. 嵌线顺序表

嵌线顺序	1	2	3	4	5	6	7	8	9	10	11	12	13	14	15	16	17	18
下层槽号	1	②	3	4	5	6	7	8	9	10	11	12	13	14	15	16	17	18
嵌线顺序	19	20	21	22	23	24	25	26	27	28	29	30	31	32	33	34	35	36
下层槽号	19	⑳	21	22	23	24	25	26	27	28	29	30	31	32	33	34	35	36
嵌线顺序	37	38	39	40	41	42	43	44	45	46	47	48	49	50	51	52	53	54
下层槽号	37	㊳	39	40	41	42	43	44	45	46	47	48	49	50	51	52	53	54

嵌线顺序	55	56	57	58	59	…	101	102	103	104	105
上层槽号	1	54	53	52	51	…	7	6	5	4	3

注：带圈槽号嵌线换位元件。

4. 绕组特点与应用　本例为分数槽绕组，前后节距采用不等距布线，三相绕组出线槽分布对称，故有较好的电气和机械对称平衡。主要应用于 JR114-4 等绕线转子异步电动机。

5.2.2 54槽6极对称换位波绕组

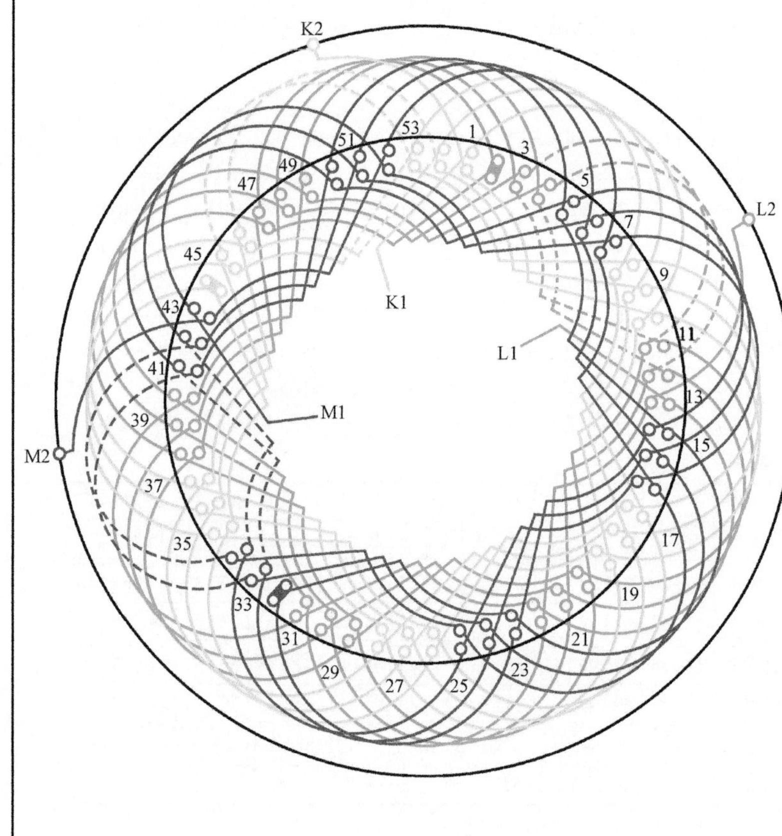

图 5.2.2

1. 绕组结构参数

总线圈数 $Q=51$ 第一节距 $y_1=1—10$ 过渡后距 $y_4=1—9$

极相组数 $u=18$ 第二节距 $y_2=1—10$ 出线槽号 K=1 L=13 M=43

极相槽数 $q=3$ 过渡前距 $y_3=1—9$ 换位槽号 K0=44 L0=2 M0=32

2. 绕组排列表

上 下 上 下 上 下 上 下 上 下 上 下

K1—1—10—19—28—37— 46 —54—9—18—27—36—45—

53—8—17—26—35—(44)— 35—26—17—8—53—

45—36—27—18—9— 54 —46—37—28—19—10—1—K2

L1—13—22—31—40—49— 4 —12—21—30—39—48—3—

11—20—29—38—47—(2)— 47—38—29—20—11—

3—48—39—30—21— 12 —4—49—40—31—22—13—L2

M1—43—52—7—16—25— 34 —42—51—6—15—24—33—

41—50—5—14—23—(32)— 23—14—5—50—41—

33—24—15—6—51— 42 —34—25—16—7—52—43—M2

3. 嵌线顺序表

嵌线顺序	1	2	3	4	5	6	7	8	9	10	11	12	13	14	15	16	17	18
下层槽号	1	②	3	4	5	6	7	8	9	10	11	12	13	14	15	16	17	18
嵌线顺序	19	20	21	22	23	24	25	26	27	28	29	30	31	32	33	34	35	36
下层槽号	19	20	21	22	23	24	25	26	27	28	29	30	31	㉜	33	34	35	36
嵌线顺序	37	38	39	40	41	42	43	44	45	46	47	48	49	50	51	52	53	54
下层槽号	37	38	39	40	41	42	43	㊹	45	46	47	48	49	50	51	52	53	54

嵌线顺序	55	56	57	58	59	60	…	101	102	103	104	105
上层槽号	1	54	53	52	51	50	…	7	6	5	4	3

注：带圈槽号嵌线换位元件。

4. 绕组特点与应用 本例为整数槽绕组，且 $2p/3=$整数，三相出线不能安排成几何对称分布，故不能满足机械对称平衡要求。只能待试验时借助配重块进行调整。每相前后节距中分别有2个短距元件。主要应用实例有JR117-6三相绕线转子异步电动机等转子绕组。

5.2.3　72 槽 4 极对称换位波绕组

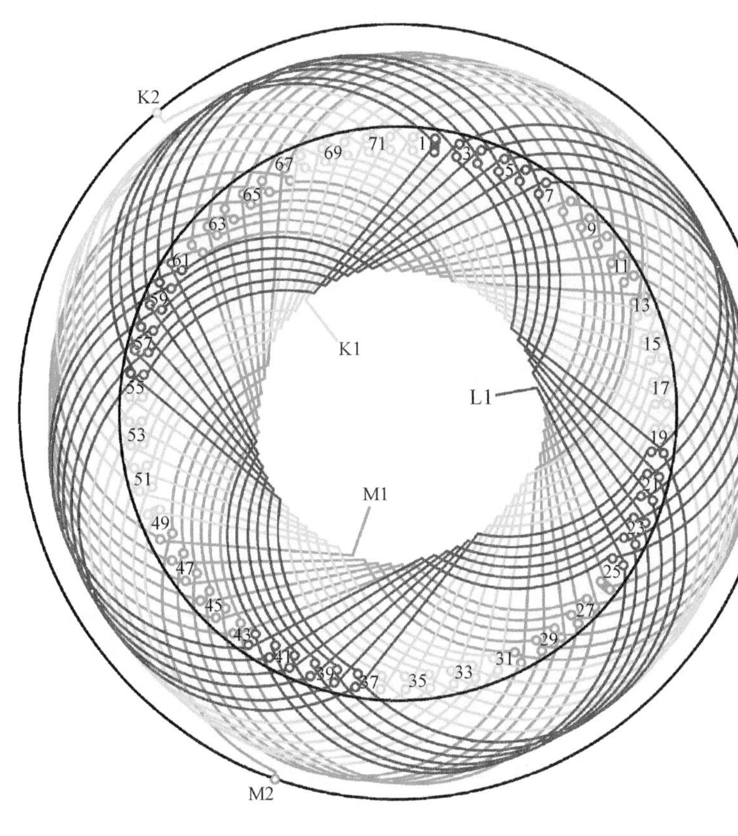

图　5.2.3

1. 绕组结构参数

总线圈数 $Q=69$　第一节距 $y_1=1—19$　过渡后距 $y_4=1—18$

极相组数 $u=12$　第二节距 $y_2=1—19$　出线槽号 K=1　L=25　M=49

极相槽数 $q=6$　过渡前距 $y_3=1—18$　换位槽号 K0=50　L0=2　M0=26

2. 绕组排列表

	上	下	上	下	上	下	上	下	上	下	上	下	
K1—	1	—19	—37	—55	—72	—18	—36	—54	—71	—17	—35	—53	—
	70	—16	—34	—52	—69	—15	—33	—51	—68	—14	—32	—	
	(50)	—32	—14	—68	—51	—33	—15	—69	—52	—34	—16	—70	—
	53	—35	—17	—71	—54	—36	—18	—72	—15	—37	—19	—1	—K2
L1—	25	—43	—61	—7	—24	—42	—60	—6	—23	—41	—59	—5	—
	22	—40	—58	—4	—21	—39	—57	—3	—20	—38	—56	—	
	(2)	—56	—38	—20	—3	—57	—39	—21	—4	—58	—40	—22	—
	5	—59	—41	—23	—6	—60	—42	—24	—7	—61	—43	—25	—L2
M1—	49	—67	—13	—31	—48	—66	—12	—30	—47	—65	—11	—29	—
	46	—64	—10	—28	—45	—63	—9	—27	—44	—62	—8	—	
	(26)	—8	—62	—44	—27	—9	—63	—45	—28	—10	—64	—46	—
	29	—11	—65	—47	—30	—12	—66	—48	—31	—13	—67	—49	—M2

3. 嵌线顺序表

嵌线顺序	1	2	3	4	5	6	7	8	9	10	11	12	13	14	15	16	17	18	19	20	21	22	23	24
下层槽号	1		3	4	5	6	7	8	9	10	11	12	13	14	15	16	17	18	19	20	21	22	23	24
嵌线顺序	25	26	27	28	29	30	31	32	33	34	35	36	37	38	39	40	41	42	43	44	45	46	47	48
下层槽号	25	㉖	27	28	29	30	31	32	33	34	35	36	37	38	39	40	41	42	43	44	45	46	47	48
嵌线顺序	49	50	51	52	53	54	55	56	57	58	59	60	61	62	63	64	65	66	67	68	69	70	71	72
下层槽号	49	㊿	51	52	53	54	55	56	57	58	59	60	61	62	63	64	65	66	67	68	69	70	71	72
嵌线顺序	73	74	75	76	77	78	79	80	81	137	138	139	140	141										
上层槽号	1	72	71	70	69	68	67	66	65	7	6	5	4	3										

注：带圈槽号嵌线换位元件。

4. 绕组特点与应用　　本例为整数槽绕组，且 $2p/3\neq$ 整数，故三相能同时获得电气和机械对称平衡；每相在转子两端均有 5 个短距线圈。主要应用实例有 JRQ158-4 等电动机。

5.2.4　72 槽 6 极对称换位波绕组

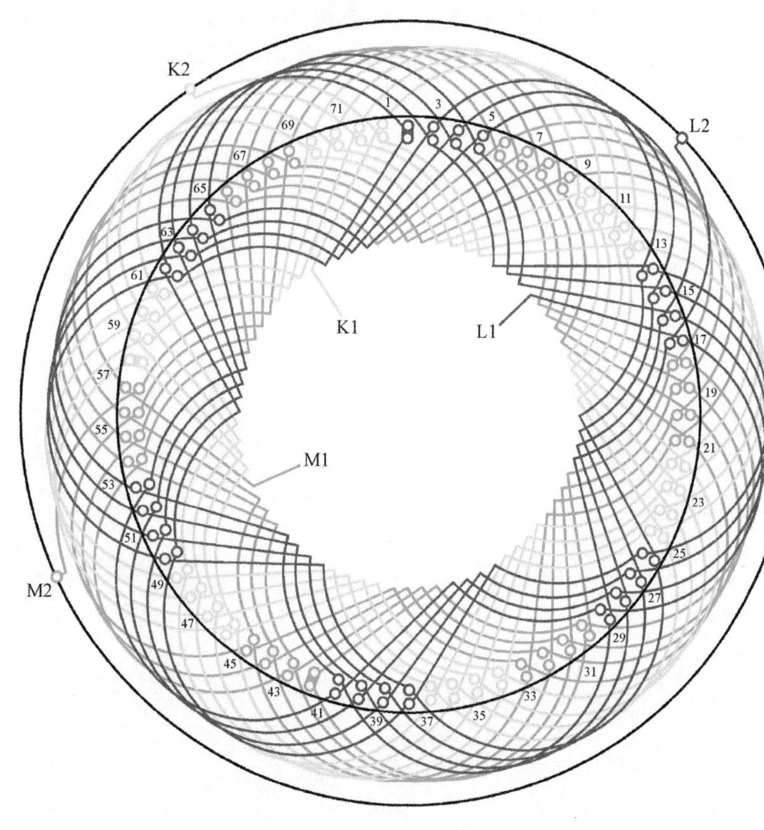

图　5.2.4

1. 绕组结构参数

总线圈数 $Q=69$　第一节距 $y_1=1$—13　过渡后距 $y_4=1$—12

极相组数 $u=18$　第二节距 $y_2=1$—13　出线槽号 K=1　L=17　M=57

极相槽数 $q=4$　过渡前距 $y_3=1$—12　换位槽号 K0=58　L0=2　M0=42

2. 绕组排列表

上　下　上　下　上　下　上　下　上　下　上　下

K1— 1 —13—25—37—49—61—72—12—24—36—48—60—
71 —11—23—35—47—49—70—10—22—34—46—
(58)—46—34—22—10—70—59—47—35—23—
11 —71—60—48—36—24—12—72—61—49—37—25—
13 — 1 ——————————————————K2
L1— 17—29—41—53—65— 5 —16—28—40—52—64— 4 —
15—27—39—51—63— 3 —14—26—38—50—62—
(2)—62—50—38—26—14— 3 —63—51—39—
27—15— 4 —64—52—40—28—16— 5 —65—53—41—
29—17——————————————————L2
M1— 57—69— 9 —21—33—45—56—68— 8 —20—32—44—
55—67— 7 —19—31—43—54—66— 6 —18—30—
(42)—30—18— 6 —66—54—43—31—19— 7 —
67—55—44—32—20— 8 —68—56—45—33—21— 9 —
69—57——————————————————M2

3. 嵌线顺序表

嵌线顺序	1	2	3	4	5	6	7	8	9	10	11	12	13	14	15	16	17	18	19	…	24
下层槽号	1	2	3	4	5	6	7	8	9	10	11	12	13	14	15	16	17	18	19	…	24
嵌线顺序	25	26	27	28	29	30	31	32	33	34	35	36	37	38	39	40	41	42	43	…	48
下层槽号	25	26	27	28	29	30	31	32	33	34	35	36	37	38	39	40	41	(42)	43	…	48
嵌线顺序	49	50	51	52	53	54	55	56	57	58	59	60	61	62	63	64	65	66	67	…	72
下层槽号	49	50	51	52	53	54	55	56	57	(58)	59	60	61	62	63	64	65	66	67	…	72

嵌线顺序	73	74	75	76	77	78	79	80	81	82	…	140	141
上层槽号	1	72	71	70	69	68	67	66	65	64	…	4	3

注：带圈槽号嵌线换位元件。

4. 绕组特点与应用　本例为整数槽绕组，且 $2p/3=$整数，三相出线无法满足几何对称要求，故不能达到机械平衡，要待试验时用配重方法调整其动平衡。每相前后节距中均有 2 个短距元件。主要应用实例有 JR116-6 等电动机。

5.2.5 75槽10极对称换位波绕组

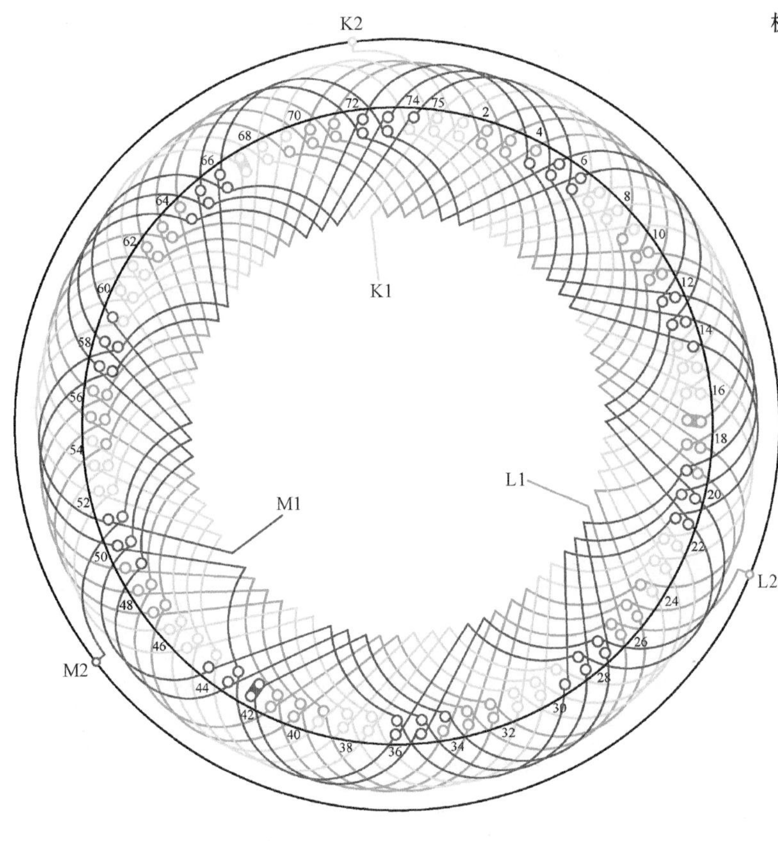

图 5.2.5

1. 绕组结构参数

总线圈数 $Q=72$　第一节距 $y_1=1—8$　过渡后距 $y_4=1—7$

极相组数 $u=30$　第二节距 $y_2=1—9$　出线槽号 K=1　L=26　M=51

极相槽数 $q=2\frac{1}{2}$　过渡前距 $y_3=1—8$　换位槽号 K0=67　L0=17　M0=42

2. 绕组排列表

上　下　上　下　上　下　上　下　上　下　上　下

K1—1—8—16—23—31—38—46—53—61—68—75—7—
15—22—30—37—45—52—60—(67)—59—52—44—
37—29—22—14—7—74—68—60—53—45—38—30—
23—15—8—75—69—61—54—46—39—31—24—16—
9—1——————————————K2

L1—26—33—41—48—56—63—71—3—11—18—25—32—
40—47—55—62—70—2—10—(17)—9—2—69—
2—54—47—39—32—24—18—10—3—70—63—55—
48—40—33—25—19—11—4—71—64—56—49—11—
34—26——————————————L2

M1—51—58—66—73—6—13—21—28—36—43—50—57—
65—72—5—12—20—27—35—(42)—34—27—19—
12—4—72—64—57—49—43—35—28—20—13—5—
73—65—58—50—44—36—29—21—14—6—74—66—
59—51——————————————M2

3. 嵌线顺序表

嵌线顺序	1	2	3	4	5	6	7	8	9	10	11	…	16	17	18	19
下层槽号	1	2	3	4	5	6	7	8	9	10	11	…	16	⑰	18	19

嵌线顺序	20	21	22	23	24	25	26	27	28	29	30	…	35	36	37	38
下层槽号	20	21	22	23	24	25	26	27	28	29	30	…	35	36	37	38

嵌线顺序	39	40	41	42	43	44	45	46	47	48	49	…	54	55	56	57
下层槽号	39	40	41	㊷	43	44	45	46	47	48	49	…	54	55	56	57

嵌线顺序	58	59	60	61	62	63	64	65	66	67	68	…	73	74	75
下层槽号	58	59	60	61	62	63	64	65	66	㊿	68	…	73	74	75

嵌线顺序	76	77	78	79	80	81	82	…	146	147
上层槽号	1	75	74	73	72	71	70	…	3	2

注：带圈槽号嵌线换位元件。

4. 绕组特点与应用　本例是分数槽绕组，极距 $\tau=7\frac{1}{2}$ 为分数，前后节距要采用不等距轮换才能完成绕行；每相中，前节距有1个短距过渡元件，后节距有2个短距过渡元件。三相出线分布可以达到电气和机械对称平衡。主要应用于JR115-10等电动机转子。

5.2.6 81 槽 6 极对称换位波绕组

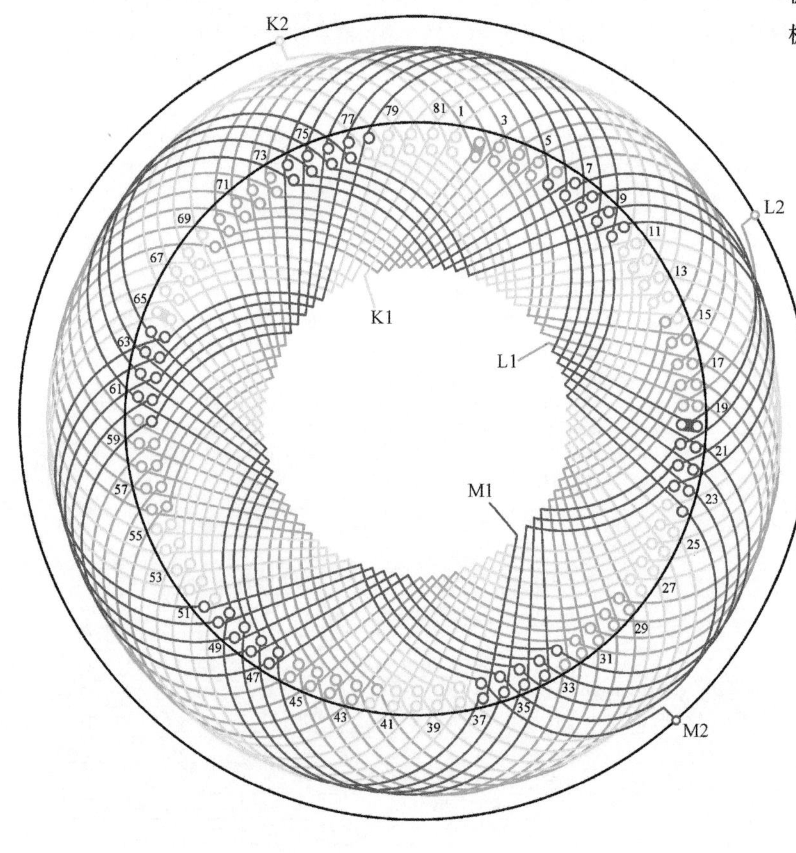

图 5.2.6

1. 绕组结构参数

总线圈数 $Q=78$ 第一节距 $y_1=1—14$ 过渡后距 $y_4=1—13$

极相组数 $u=18$ 第二节距 $y_2=1—15$ 出线槽号 K=1 L=19 M=37

极相槽数 $q=4\frac{1}{2}$ 过渡前距 $y_3=1—14$ 换位槽号 K0=65 L0=2 M0=20

2. 绕组排列表

	上	下	上	下	上	下	上	下	上	下	上	下	
K1—	1	14	28	41	55	68	81	13	27	40	54	67	—
	80	12	26	39	53	66	79	11	25	38	52	—	
	(65)	51	38	24	11	78	66	52	39	25	—		
	12	79	67	53	40	26	13	80	68	54	41	27	—
	14	81	69	55	42	28	15	1					K2
L1—	19	32	46	59	73	5	18	31	45	58	72	4	—
	17	30	44	57	71	3	16	29	43	56	70	—	
	(2)	69	56	42	29	15	3	70	57	43	—		
	30	16	4	71	58	44	31	17	5	72	59	45	—
	32	18	6	73	60	46	33	19					L2
M1—	37	50	64	77	10	23	36	49	63	76	9	22	—
	35	48	62	75	8	21	34	47	61	47	7	—	
	(20)	6	74	60	47	33	21	7	75	61	—		
	48	34	22	8	76	62	49	35	23	9	77	63	—
	50	36	24	10	78	64	51	37					M2

3. 嵌线顺序表

嵌线顺序	1	2	3	4	5	6	7	8	9	10	11	12	13	14	15	16	17	18	19	20	21
下层槽号	1	2	3	4	5	6	7	8	9	10	11	12	13	14	15	16	17	18	19	(20)	21
嵌线顺序	22	23	24	25	26	27	28	29	30	31	32	33	34	35	36	37	38	39	40	41	42
下层槽号	22	23	24	25	26	27	28	29	30	31	32	33	34	35	36	37	38	39	40	41	42
嵌线顺序	43	44	45	46	47	48	49	50	51	52	53	54	55	56	57	58	59	60	61	62	63
下层槽号	43	44	45	46	47	48	49	50	51	52	53	54	55	56	57	58	59	60	61	62	63
嵌线顺序	64	65	66	67	68	69	70	71	72	73	74	75	76	77	78	79	80	81			
下层槽号	64	(65)	66	67	68	69	70	71	72	73	74	75	76	77	78	79	80	81			

嵌线顺序	82	83	84	85	86	87	88	…	155	156	157	158	159
上层槽号	1	81	80	79	78	77	76	…	7	6	5	4	3

注：带圈槽号嵌线换位元件。

4. 绕组特点与应用 本例为分数槽绕组，每相前节距有 3 个短距过渡元件，后节距有 4 个短距过渡元件。前后节距采用不等距轮换布线，三相出线无法对称安排，故绕组不能满足机械平衡要求。主要应用实例有 JRQ148-6 等防护式三相绕线转子电动机。

5.2.7　84 槽 8 极对称换位波绕组

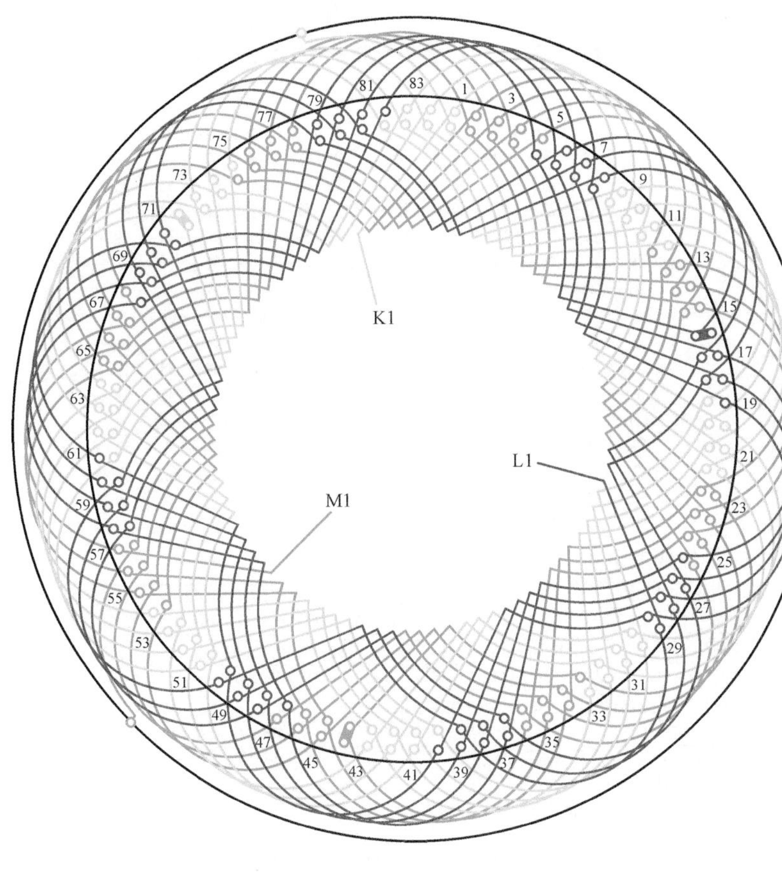

图　5.2.7

1. 绕组结构参数

总线圈数 $Q=81$　第一节距 $y_1=1—11$　过渡后距 $y_4=1—10$

极相组数 $u=24$　第二节距 $y_2=1—12$　出线槽号 K=1　L=29　M=57

极相槽数 $q=3\frac{1}{2}$　过渡前距 $y_3=1—11$　换位槽号 K0=72　L0=16　M0=44

2. 绕组排列表

上　下　上　下　上　下　上　下　上　下　上　下

K1— 1 —11—22—32—43—53—64—74—84—10—21—31—
42 —52—63—73—83— 9 —20—30—41—51—62—
(72)—61—51—40—30—19— 9 —82—73—62—
52 —41—31—20—10—83—74—63—53—42—32—21—
11 —84—75—64—54—43—33—22—12— 1 ————K2

L1— 29 —39—50—60—71—81— 8 —18—28—38—49—59—
70 —80— 7 —17—27—37—48—58—69—79— 6 —
(16)— 5 —79—68—58—47—37—26—17— 6 —
80 —69—59—48—38—27—18— 7 —81—70—60—49—
39 —28—19— 8 —82—71—61—50—40—29————L2

M1— 57 —67—78— 4 —15—25—36—46—56—66—77— 3 —
14 —24—35—45—55—65—76— 2 —13—23—34—
(44)—33—23—12— 2 —75—65—54—45—34—
24 —13— 3 —76—66—55—46—35—25—14— 4 —77—
67 —56—47—36—26—15— 5 —78—68—57————M2

3. 嵌线顺序表

嵌线顺序	1	2	3	4	5	6	7	8	9	10	11	12	13	14	15	16	17	18	19	20	21
下层槽号	1	2	3	4	5	6	7	8	9	10	11	12	13	14	15	⑯	17	18	19	20	21

嵌线顺序	22	23	24	25	26	27	28	29	30	31	32	33	34	35	36	37	38	39	40	41	42
下层槽号	22	23	24	25	26	27	28	29	30	31	32	33	34	35	36	37	38	39	40	41	42

嵌线顺序	43	44	45	46	47	48	49	50	51	52	53	54	55	56	57	58	59	60	61	62	63
下层槽号	43	㊹	45	46	47	48	49	50	51	52	53	54	55	56	57	58	59	60	61	62	63

嵌线顺序	64	65	66	67	68	69	70	71	72	73	74	75	76	77	78	79	80	81	82	83	84
下层槽号	64	65	66	67	68	69	70	71	(72)	73	74	75	76	77	78	79	80	81	82	83	84

嵌线顺序	85	86	87	88	89	90	91	92	…	161	162	163	164	165
上层槽号	1	84	83	82	81	80	79	78	…	6	5	4	3	2

注：带圈槽号嵌线换位元件。

4. 绕组特点与应用　本例为分数槽绕组，前后节距采用不等距轮换布线，每相前后节距中分别有 2 个和 3 个短距过渡元件；三相出线可对称分布，能满足电气和机械平衡要求。主要应用实例有 JR115-8 绕线转子三相异步电动机。

5.2.8　90 槽 6 极对称换位波绕组

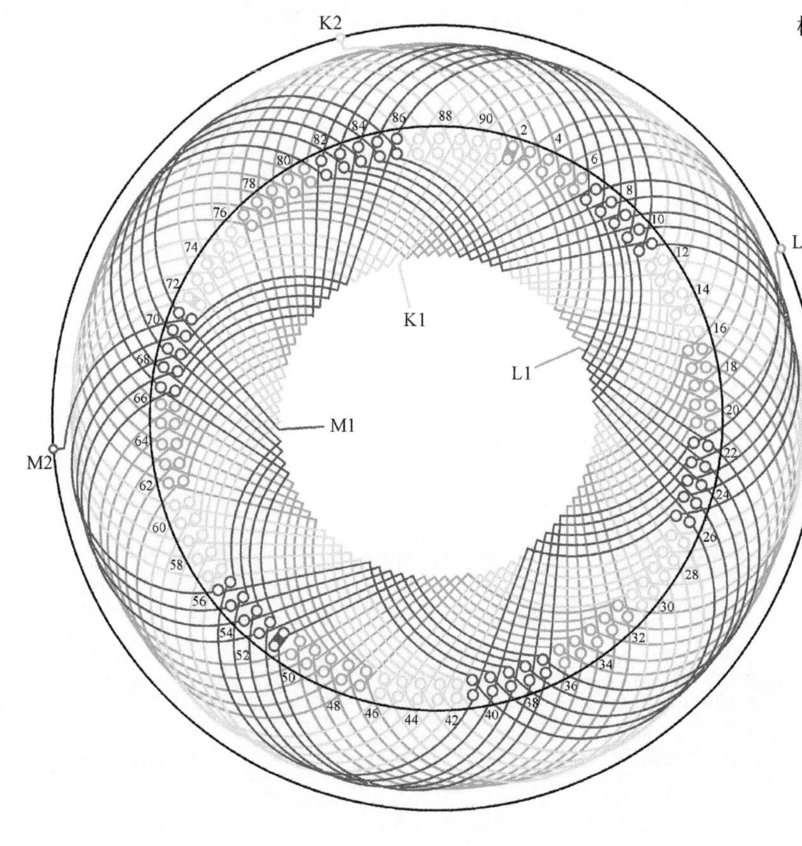

图　5.2.8

1. 绕组结构参数

总线圈数 $Q=87$　第一节距 $y_1=1—16$　过渡后距 $y_4=1—15$

极相组数 $u=18$　第二节距 $y_2=1—16$　出线槽号 K=1　L=21　M=71

极相槽数 $q=5$　过渡前距 $y_3=1—15$　换位槽号 K0=72　L0=2　M0=52

2. 绕组排列表

	上	下	上	下	上	下	上	下	上	下	上	下	
K1—	1—	16—	31—	46—	61—	76—	90—	15—	30—	45—	60—	75—	
	89—	14—	29—	44—	59—	74—	88—	13—	28—	43—	58—	73—	
	87—	12—	27—	42—	57—	(72)—		57—	42—	27—	12—	87—	
	73—	58—	43—	28—	13—	88—	74—	59—	44—	29—	14—	89—	
	75—	60—	45—	30—	15—	90—	76—	61—	46—	31—	16—	1—	K2
L1—	21—	36—	51—	66—	81—	6—	20—	35—	50—	65—	80—	5—	
	19—	34—	49—	64—	79—	4—	18—	33—	48—	63—	78—	3—	
	17—	32—	47—	62—	77—	(2)—		77—	62—	47—	32—	17—	
	3—	78—	63—	48—	33—	18—	4—	79—	64—	49—	34—	19—	
	5—	80—	65—	50—	35—	20—	6—	81—	66—	51—	36—	21—	L2
M1—	71—	86—	11—	26—	41—	56—	70—	85—	10—	25—	40—	55—	
	69—	84—	9—	24—	39—	54—	68—	83—	8—	23—	38—	53—	
	67—	82—	7—	22—	37—	(52)—		37—	22—	7—	82—	67—	
	53—	38—	23—	8—	83—	68—	54—	39—	24—	9—	84—	69—	
	55—	40—	25—	10—	85—	70—	56—	41—	26—	11—	86—	71—	M2

3. 嵌线顺序表

嵌线顺序	1	2	3	4	5	6	7	8	9	10	11	12	13	14	15	16	17	18	19	20	21	22	23	24
下层槽号	1	②	3	4	5	6	7	8	9	10	11	12	13	14	15	16	17	18	19	20	21	22	23	24
嵌线顺序	25	26	27	28	29	30	31	32	33	34	35	36	37	38	39	40	41	42	43	…			47	48
下层槽号	25	26	27	28	29	30	31	32	33	34	35	36	37	38	39	40	41	42	43	…			47	48
嵌线顺序	49	50	51	52	53	54	55	56	57	58	59	60	61	62	63	64	65	66	67	…			71	72
下层槽号	49	50	51	㉜	53	54	55	56	57	58	59	60	61	62	63	64	65	66	67	…			71	㉜
嵌线顺序	73	74	75	76	77	78	79	80	81	…			85	86	87	88	89	90						
下层槽号	73	74	75	76	77	78	79	80	81	…			85	86	87	88	89	90						

嵌线顺序	91	92	93	94	95	96	97	98	99	100	…	175	176	177
上层槽号	1	90	89	88	87	86	85	84	83	82	…	5	4	3

注：带圈槽号嵌线换位元件。

4. 绕组特点与应用　本例为整数槽绕组，前后正常节距相等，但 $2p/3$=整数，故三相出线仍无法对称安排，不能达到电气和机械同时平衡，需在试验时用配重调整动平衡。此外，每相前后节距中分别用 4 个短距元件过渡连接。主要应用实例有 JR136-6 等三相绕线转子异步电动机转子。

5.2.9 96槽8极对称换位波绕组

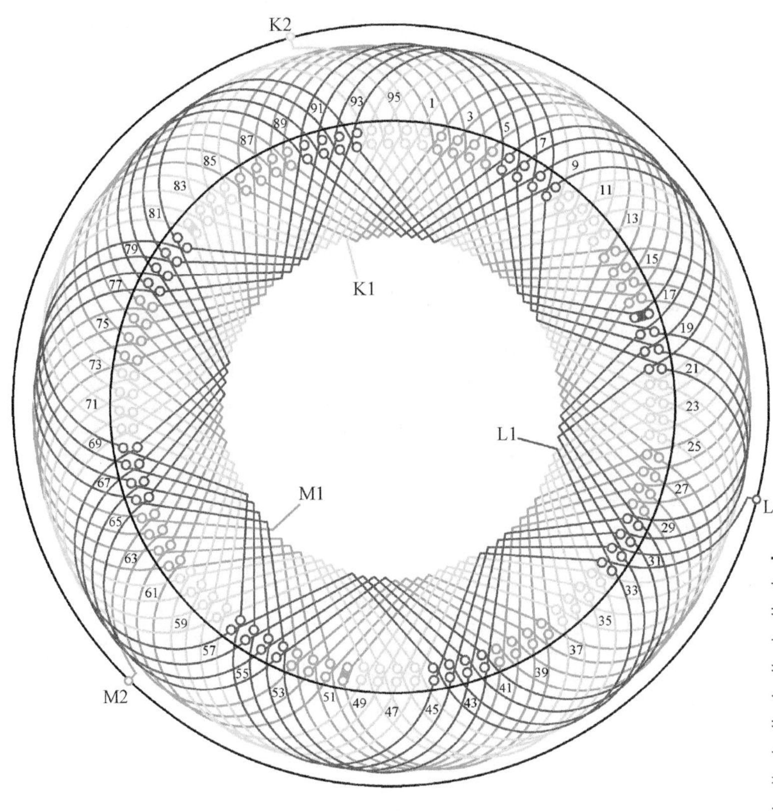

图 5.2.9

1. 绕组结构参数

总线圈数 $Q=93$　第一节距 $y_1=1—13$　过渡后距 $y_4=1—12$

极相组数 $u=24$　第二节距 $y_2=1—13$　出线槽号 K=1　L=33　M=65

极相槽数 $q=4$　过渡前距 $y_3=1—12$　换位槽号 K0=82　L0=18　M0=50

2. 绕组排列表

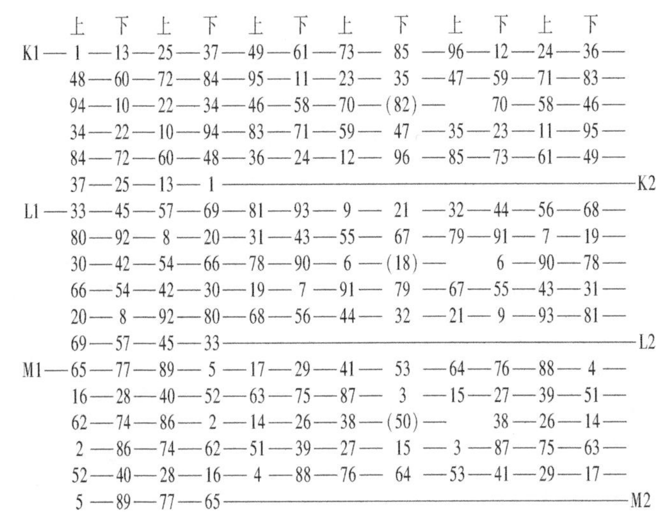

上 下 上 下 上 下 上 下 上 下 上 下

K1—1—13—25—37—49—61—73—85—96—12—24—36—
48—60—72—84—95—11—23—35—47—59—71—83—
94—10—22—34—46—58—70—(82)— 70—58—46—
34—22—10—94—83—71—59—47—35—23—11—95—
84—72—60—48—36—24—12—96—85—73—61—49—
37—25—13—1————————K2

L1—33—45—57—69—81—93—9—21—32—44—56—68—
80—92—8—20—31—43—55—67—79—91—7—19—
30—42—54—66—78—90—6—(18)— 6—90—78—
66—54—42—30—19—7—91—79—67—55—43—31—
20—8—92—80—68—56—44—32—21—9—93—81—
69—57—45—33————————L2

M1—65—77—89—5—17—29—41—53—64—76—88—4—
16—28—40—52—63—75—87—3—15—27—39—51—
62—74—86—2—14—26—38—(50)— 38—26—14—
2—86—74—62—51—39—27—15—3—87—75—63—
52—40—28—16—4—88—76—64—53—41—29—17—
5—89—77—65————————M2

3. 嵌线顺序表

嵌线顺序	1	2	3	4	5	6	7	8	9	10	11	12	13	14	15	16	17	18	19	…	23	24
下层槽号	1	2	3	4	5	6	7	8	9	10	11	12	13	14	15	16	17	⑱	19	…	23	24
嵌线顺序	25	26	27	28	29	30	31	32	33	34	35	36	37	38	39	40	41	42	43	…	47	48
下层槽号	25	26	27	28	29	30	31	32	33	34	35	36	37	38	39	40	41	42	43	…	47	48
嵌线顺序	49	50	51	52	53	54	55	56	57	58	59	60	61	62	63	64	65	66	67	…	71	72
下层槽号	49	㊿	51	52	53	54	55	56	57	58	59	60	61	62	63	64	65	66	67	…	71	72
嵌线顺序	73	74	75	76	77	78	79	80	81	82	83	84	85	86	87	88	89	90	91	…	95	96
下层槽号	73	74	75	76	77	78	79	80	81	(82)	83	84	85	86	87	88	89	90	91	…	95	96

嵌线顺序	97	98	99	100	101	102	103	104	105	106	…	188	189
上层槽号	1	96	95	94	93	92	91	90	89	88	…	3	2

注：带圈槽号嵌线换位元件。

4. 绕组特点与应用　本例为整数槽分布方案，且 $2p/3\neq$整数，故三相出线能对称安排，电动机转子能同时获得电气和机械对称平衡；前后节距相等，但分别有3个短距过渡元件分布于前后节距中（图中用虚线表示）。主要应用实例有JR136-8绕线式转子三相异步电动机。

5.2.10　108 槽 12 极对称换位波绕组

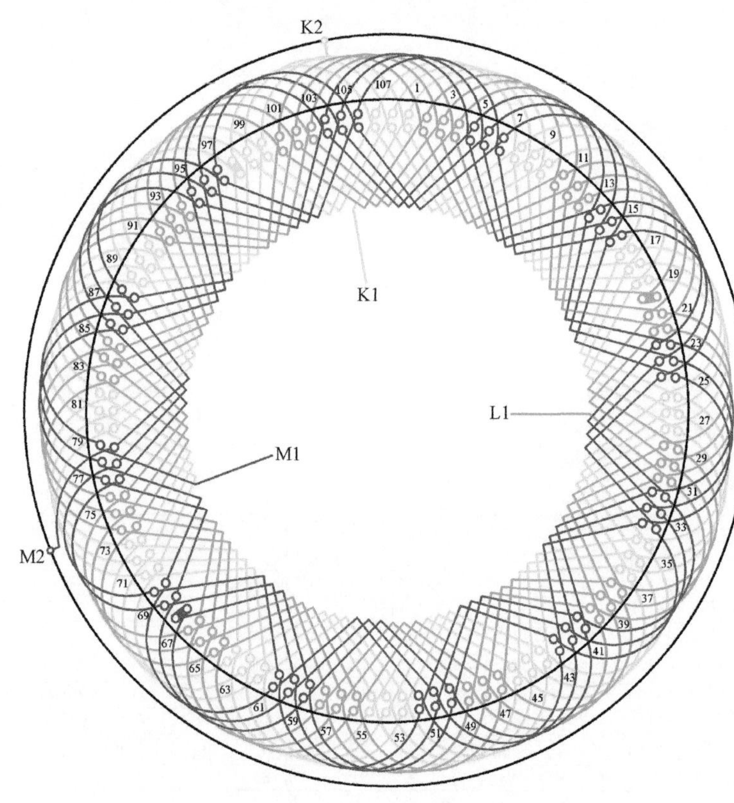

图　5.2.10

1. 绕组结构参数

总线圈数 $Q=105$　第一节距 $y_1=1—10$　过渡后距 $y_4=1—9$

极相组数 $u=36$　第二节距 $y_2=1—10$　出线槽号 K=1　L=31　M=79

极相槽数 $q=3$　过渡前距 $y_3=1—9$　换位槽号 K0=98　L0=20　M0=68

2. 绕组排列表

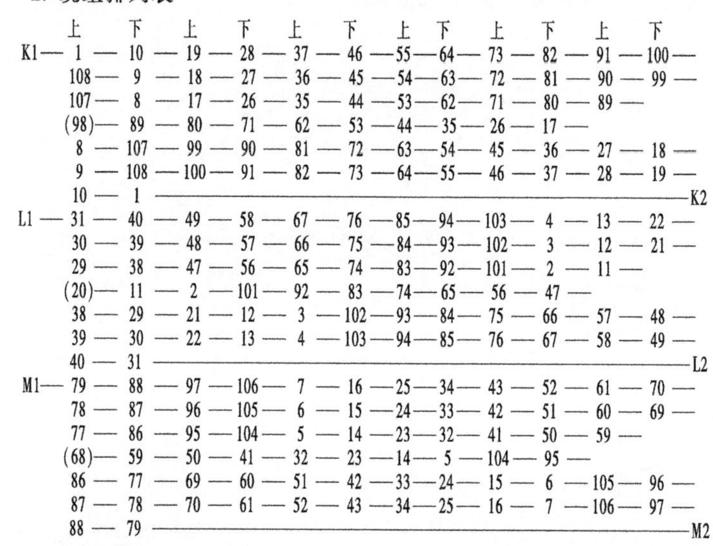

上　下　上　下　上　下　上　下　上　下　上　下

K1— 1 — 10 — 19 — 28 — 37 — 46 —55—64— 73 — 82 — 91 —100—

108— 9 — 18 — 27 — 36 — 45 —54—63— 72 — 81 — 90 — 99 —

107— 8 — 17 — 26 — 35 — 44 —53—62— 71 — 80 — 89 —

(98)— 89 — 80 — 71 — 62 — 53 —44—35— 26 — 17 —

8 — 107 — 99 — 90 — 81 — 72 —63—54— 45 — 36 — 27 — 18 —

9 — 108 —100— 91 — 82 — 73 —64—55— 46 — 37 — 28 — 19 —

10 — 1 ————————————————————K2

L1 — 31 — 40 — 49 — 58 — 67 — 76 —85—94—103— 4 — 13 — 22 —

30 — 39 — 48 — 57 — 66 — 75 —84—93—102— 3 — 12 — 21 —

29 — 38 — 47 — 56 — 65 — 74 —83—92—101— 2 — 11 —

(20)— 11 — 2 —101— 92 — 83 —74—65— 56 — 47 —

38 — 29 — 21 — 12 — 3 —102—93—84— 75 — 66 — 57 — 48 —

39 — 30 — 22 — 13 — 4 —103—94—85— 76 — 67 — 58 — 49 —

40 — 31 ————————————————————L2

M1— 79 — 88 — 97 —106— 7 — 16 —25—34— 43 — 52 — 61 — 70 —

78 — 87 — 96 —105— 6 — 15 —24—33— 42 — 51 — 60 — 69 —

77 — 86 — 95 —104— 5 — 14 —23—32— 41 — 50 — 59 —

(68)— 59 — 50 — 41 — 32 — 23 —14— 5 —104— 95 —

86 — 77 — 69 — 60 — 51 — 42 —33—24— 15 — 6 —105— 96 —

87 — 78 — 70 — 61 — 52 — 43 —34—25— 16 — 7 —106— 97 —

88 — 79 ————————————————————M2

3. 嵌线顺序表

嵌线顺序	1	2	3	4	5	6	7	8	9	10	11	12	13	…	18	19	20	21	22
下层槽号	1	2	3	4	5	6	7	8	9	10	11	12	13	…	18	19	⑳	21	22
嵌线顺序	23	24	25	26	27	28	29	30	31	32	33	34	35	…	40	41	42	43	44
下层槽号	23	24	25	26	27	28	29	30	31	32	33	34	35	…	40	41	42	43	44
嵌线顺序	45	46	47	48	49	50	51	52	53	54	55	56	57	…	62	63	64	65	66
下层槽号	45	46	47	48	49	50	51	52	53	54	55	56	57	…	62	63	64	65	66
嵌线顺序	67	68	69	70	71	72	73	74	75	76	77	78	79	…	84	85	86	87	88
下层槽号	67	(68)	69	70	71	72	73	74	75	76	77	78	79	…	84	85	86	87	88
嵌线顺序	89	90	91	92	93	94	95	96	97	98	99	100	101	…	105	106	107	108	
下层槽号	89	90	91	92	93	94	95	96	97	(98)	99	100	101	…	105	106	107	108	

嵌线顺序	109	110	111	112	113	114	115	116	…	211	212	213
上层槽号	1	108	107	106	105	104	103	102	…	4	3	2

注：带圈槽号嵌线换位元件。

4. 绕组特点与应用　本例为整数槽绕组，$2p/3$=整数，三相出线无法对称安排，前后节距相等并各用 2 个短距元件。应用实例有 JRQ158-12 高压异步电动机。

第 6 章　三相延边三角形起动电动机绕组

由于三相笼型异步电动机具有结构简单、价格低廉、工作可靠及使用维护方便等优点，从而得到最广泛的应用；但它的最大缺点是起动电流大，通常会达到额定电流的 7 倍，从而会造成供电线路的电压下降，而可能引起在用电动机的非正常工作，甚至跳闸。如果起动频繁时，过大的起动电流会造成电动机发热，加速绝缘老化而影响使用寿命。因此，要求容量较大的笼型异步电动机采取措施来限制起动电流。通常是采用减压起动，主要办法有：补偿器起动、电阻器起动和Y-△起动。其中前两种都要附加价格昂贵、体积又大的起动器，而且在使用中要消耗电能，很不经济；Y-△起动虽然结构较简单，但在减少起动电流的同时，过分降低了电动机的起动转矩，这时的起动转矩已不足原来的 33%，它只能空载或带着空载的设备起动，而且还无法调节起动参数。

延边三角形起动则是在Y-△起动的基础上改进的一种起动方法。它是以接法为角形绕组运行的笼型转子异步电动机为基准，根据所需的起动转矩改绕而成的一种减压（限流）起动绕组。它将每相绕组安排特定比例的抽头，接成内角外星的所谓延边三角形（△）绕组，起动完成后，再通过接触器或专用开关，改接回三角形绕组进入正常运行。采用延边三角形起动可设计成既能限制起动电流，又能满足起动转矩的起动方式。

延边三角形绕组有 9 根引出线，每相绕组分成两部分，如图 6a 所示。其中 U0、V0、W0 是三相绕组的延边抽头；1U、1V、1W 段的线圈是星形部分；2U、2V、2W 段的线圈属角形部分。延边起动与角形运转的连接按图上左右角的端接图进行。即起动时 U2、V2、W2 与抽头 U0、V0、W0 相应对接，运行时则抽头空置不接，恢复角形运行。

绕组的限流效果与抽头比例有直接关系，例如，抽头比例越小，即抽头移至电源（U1、V1、W1）端，则三相绕组接成△形，电动机全压起动，起动电流最大，没有降压（限流）效果；若将抽头下移到终点

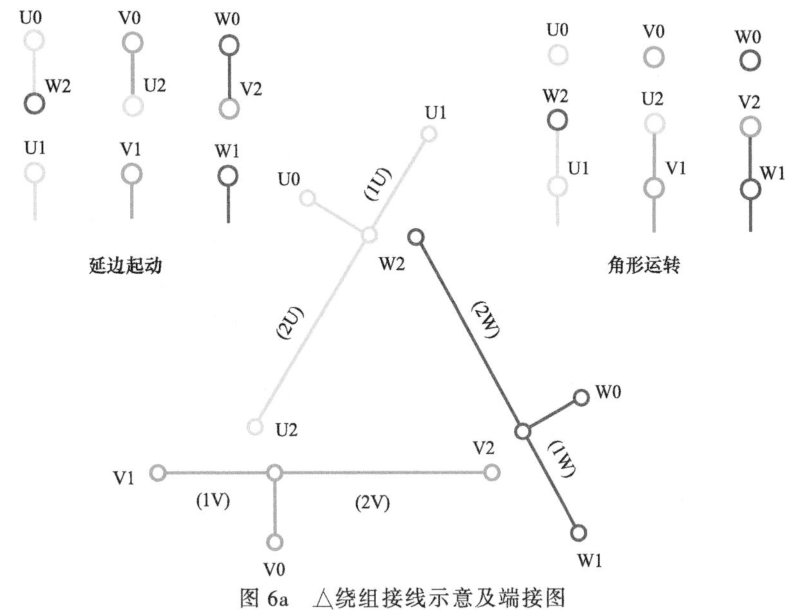

图 6a　△绕组接线示意及端接图

U2、V2、W2，则按端接图连接便构成Y形联结，这时限流效果最大，但起动转矩不足全压起动时的 33%，很难满足大多数生产设备的起动要求。由此可见，延边三角形起动的参数变化就介于全压起动与星形起动之间。因此，可根据实际情况选择相应比例的抽头。但是，延边抽头的位置设计不能一味考虑限流，还必须注意起动转矩能否满足。通常使用比较多的是 1∶1 抽头，它的延边部分的线圈数与内角线圈数相等，即 1U∶2U＝1∶1，也就是抽头在一相的中点。但因延边三角形绕组的抽头比例可以反用，故有读者建议多设计一些 1∶2 的绕组。这样，原设

计为 1∶2 抽头绕组就可以改变端子接法如图 6b 所示，即把电源改由 U2、V2、W2 进入，就此可使一台电动机的起动方案有较多的选择。所以，本书包含数例可以反比例应用的绕组，供读者选用。

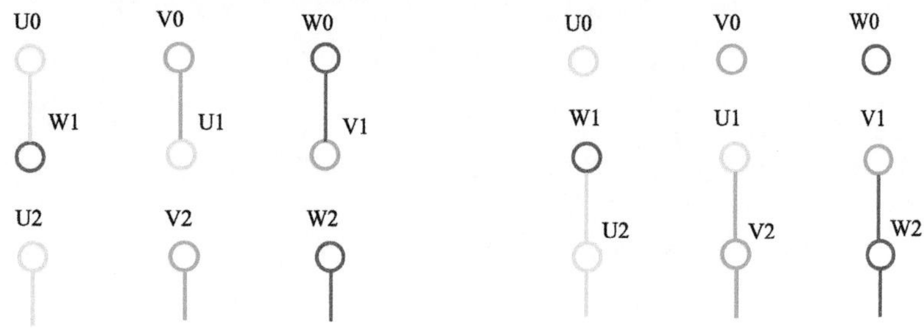

图 6b　△绕组抽头反比例起动的端接图

延边三角形绕组常用的抽头比例与起动电流效果见表 6.1。

表 6.1　延边三角形常用抽头的起动电流及起动转矩

抽头比例	起动电流 $I_{K\triangle}$	起动转矩 $T_{K\triangle}$
1∶1	$\approx 50\% I_{KD}$	$<50\% T_{KD}$
1∶2	$\approx 60\% I_{KD}$	$<60\% T_{KD}$
2∶1	$\approx 43\% I_{KD}$	$<43\% T_{KD}$
3∶5	$\approx 57\% I_{KD}$	$<57\% T_{KD}$
1∶3	$\approx 66.6\% I_{KD}$	$<66.6\% T_{KD}$
3∶1	$\approx 40\% I_{KD}$	$<40\% T_{KD}$

注：I_{KD}—电动机△形联结时的起动电流；T_{KD}—电动机△形联结时的起动转矩。

电动机的抽头不同于静止变压器抽头，抽头不当将对旋转电机的起动和运行性能带来不良后果，甚至不能起动。因此，△绕组抽头和线圈分布必须做到对称平衡，以克服单边磁拉力。抽头的方式有两种：

1）极相分裂法　即把原绕组每极相线圈组按比例分裂成两组，例如，图 6.1.1 的 36 槽 2 极 1∶1 抽头所示。其中一组属（延边）Y形线圈；另一组则是△形线圈，然后按原线圈组极性分对应组进行接线。

2）对称分布法　保留原每极相线圈组完整不变，而把它按对称分布原则分接成两部分，一部分为（延边）Y形，另一部分为△形，如图 6.1.8 所示。然后，保持原线圈组极性分别连接。

因此，在一台电机中，由于绕组构成及对称条件的限制，抽头比例是不能任意选择的。所以，改绕△绕组时除考虑起动因素外，还必须结合绕组结构选用抽头比例。延边三角形起动电动机没有系列标准产品，通常是由用户要求而定制，有条件的企业也可自行改绕。延边三角形起动电动机常与机械设备配套使用，故其抽头比例是固定的。修理这种电动机在拆线时，必须查清抽头比例，并据此重绕，否则会因起动性能改变而不能使用。但由于小容量电动机无需减压起动，而超大容量则选用其他更理想的起动方式，故延边三角形起动常见用于 10kW 以上及中等容量的电动机。由于本章绕组的嵌线与普通三相对应型式绕组相同，为节省篇幅，各例绕组嵌线方法不再介绍，嵌线顺序可参考相应规格的绕组图例。

本章图例主要根据Y、Y2 系列角形接线的电动机为基础进行改绕设计，共有绕组 32 例，若加上新旧绕组的反用比例抽头，实则可用绕组共达 44 例。

6.1 三相双层改绕延边三角形起动电动机绕组布线接线图

延边三角形起动绕组的基本型式是三相△形联结的电动机，其布线型式主要是双层，但也有部分采用单层的。本节介绍的是由双层布线的Y系列电动机改绕延边三角形起动电动机的绕组布线接线图例。其绕组参数含义与双叠绕组相同，改绕后匝数和线径不变，但内外接线均有改变。为便于识图，特作如下说明：

1）延边起动绕组是三相异步电动机△形联结绕组改绕抽头延边三角形起动绕组的简称；

2）本节图例相色与三相绕组相同，每例由两幅图组成，其中图 a 是三相端面布接线；图 b 为端接变换及接线示意图；

3）每相绕组分两部分，为便于区分，特将角形部分的线圈用双层小圆及虚线绘制；延边部分则用单圈及实线绘制；

4）抽头比例是指每相延边部分与角形部分线圈的比例，即

$$\beta=\frac{S_{Y}}{S_{\triangle}}$$

式中　S_{Y}——一相中延边(Y形)部分所含线圈数；

$S_{\triangle}$——一相中角形部分所含线圈数。

β 值是根据设备起动要求并结合电动机绕组结构而定，修理时必须查清后再行重绕。

6.1.1 36槽2极（$y=13$、$a=1$）1∶1抽头延边三角形绕组

1. 绕组结构参数

定子槽数	$Z=36$	线圈组数	$u=12$	并联路数	$a=1$
电机极数	$2p=2$	每组圈数	$S=3$	绕组系数	$K_{dp}=0.828$
总线圈数	$Q=36$	绕组极距	$\tau=18$	抽头比例	$\beta=1:1$
极相槽数	$q=6$	线圈节距	$y=13$	起动电流	$I_K=0.5I_{KD}$

2. 绕组特点与应用　为使电动机运行平稳，本绕组特选较短的线圈节距以拓宽极面。绕组每极相占6槽，即每极相由6只线圈组成，为确保绕组磁极在改换接法时能保持对称，对每相只有一对磁极的2极电动机，必须将原每极相组分成两个分组，而本例选用1∶1抽头，故每分组均为3圈。接线时要将两极中的对称分组线圈（如图6.1.1b中U相的1、2、3和21、20、19）安排在延边段；另一分组（4、5、6和24、23、22）安排在△形段。这样安排可使电动机无论起动或运行，都能保持磁路对称平衡，不至产生单边磁拉力现象。

本例绕组适用于Y180M-2等36槽单路电动机改绕。

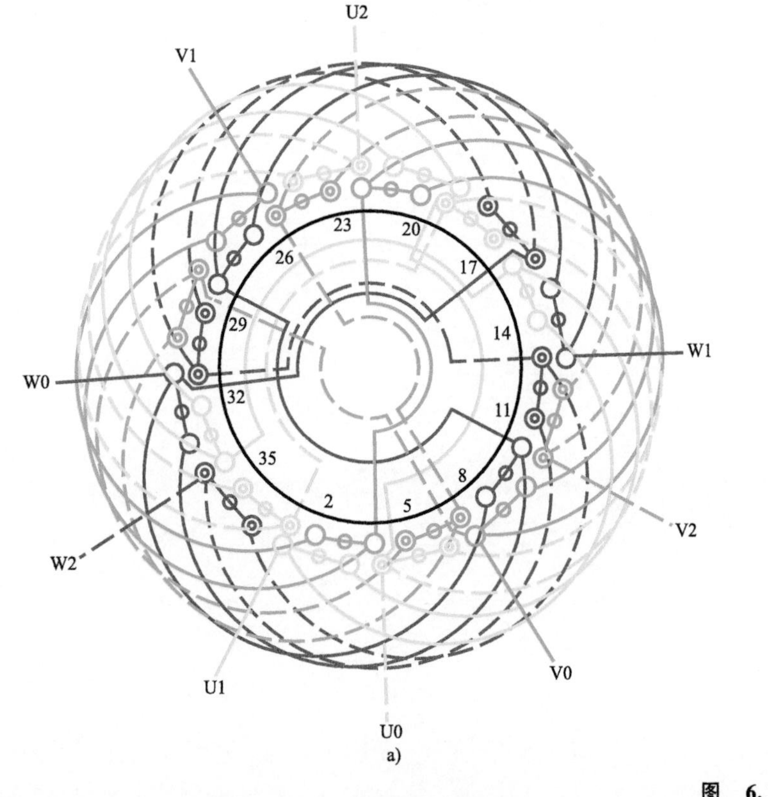

a)

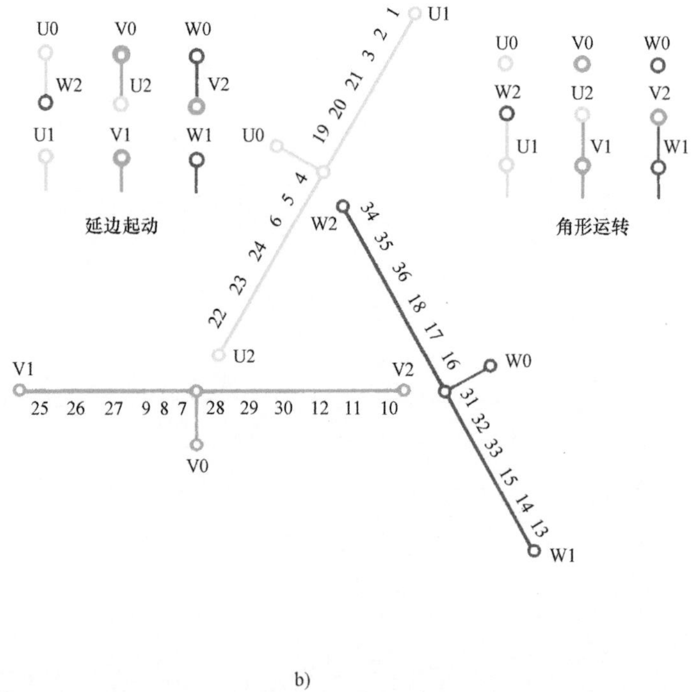

b)

图 6.1.1

6.1.2 36 槽 2 极（$y=13$、$a=2$）1∶1 抽头延边三角形绕组

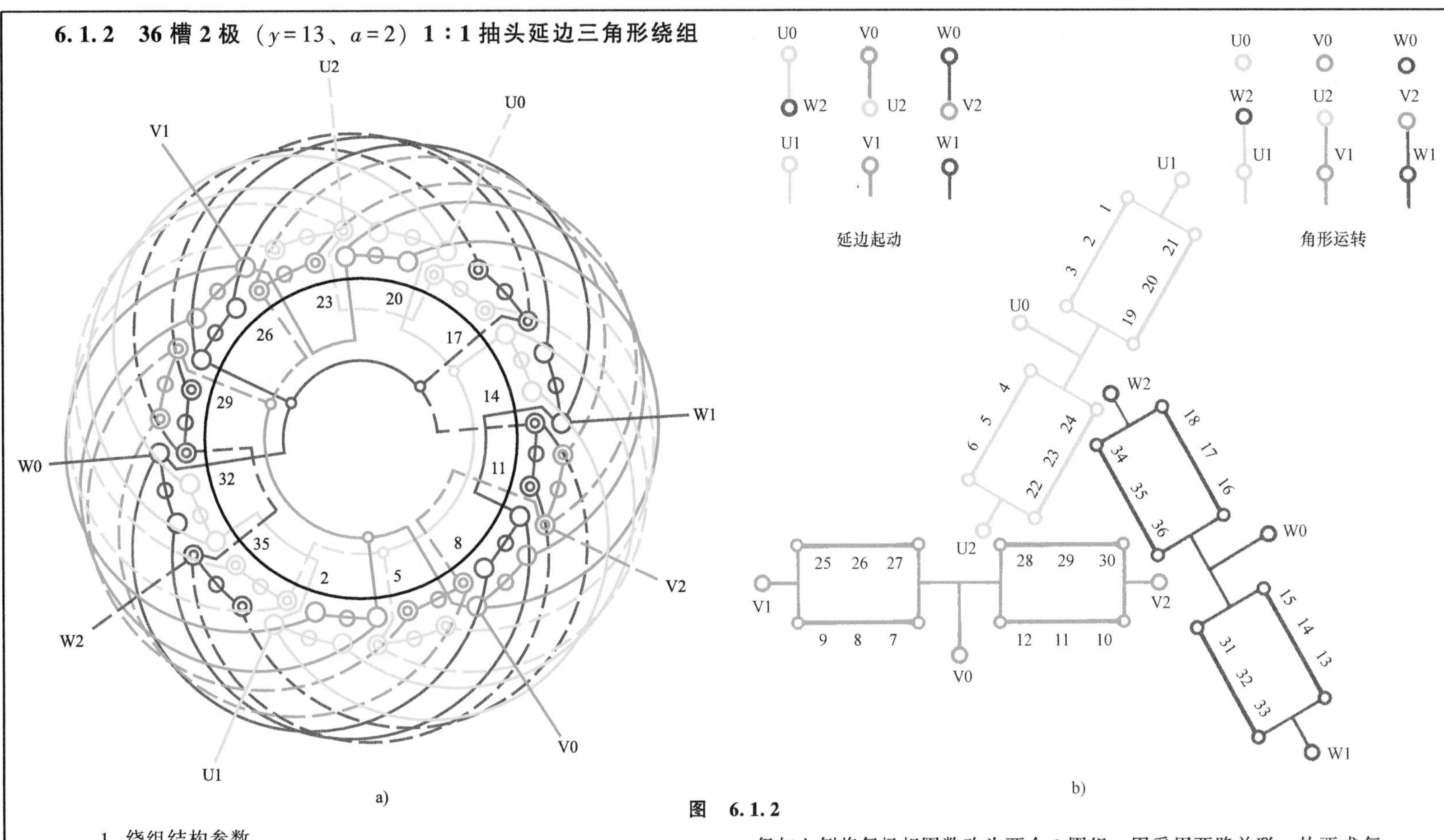

图 6.1.2

1. 绕组结构参数

定子槽数	$Z=36$	线圈组数	$u=12$	并联路数	$a=2$
电机极数	$2p=2$	每组圈数	$S=3$	绕组系数	$K_{dp}=0.828$
总线圈数	$Q=36$	绕组极距	$\tau=18$	抽头比例	$\beta=1:1$
极相槽数	$q=6$	线圈节距	$y=13$	起动电流	$I_K=0.5I_{KD}$

2. 绕组特点与应用　本绕组基本参数与上例相同，因是 2 极绕组，仍如上例将每极相圈数改为两个 3 圈组；因采用两路并联，故要求每一并联分路上的线圈数相等，如图 6.1.2b 所示。另外，接线时各线圈组仍应保持一般电动机绕组的极性要求，即使同一极的两个分组线圈极性相同。

此绕组主要应用于 Y200L2-2、Y2-225M-2 等 36 槽两路并联的电动机改绕。

6.1.3　36 槽 2 极（$y=13$）1∶2（或 2∶1）抽头延边三角形绕组

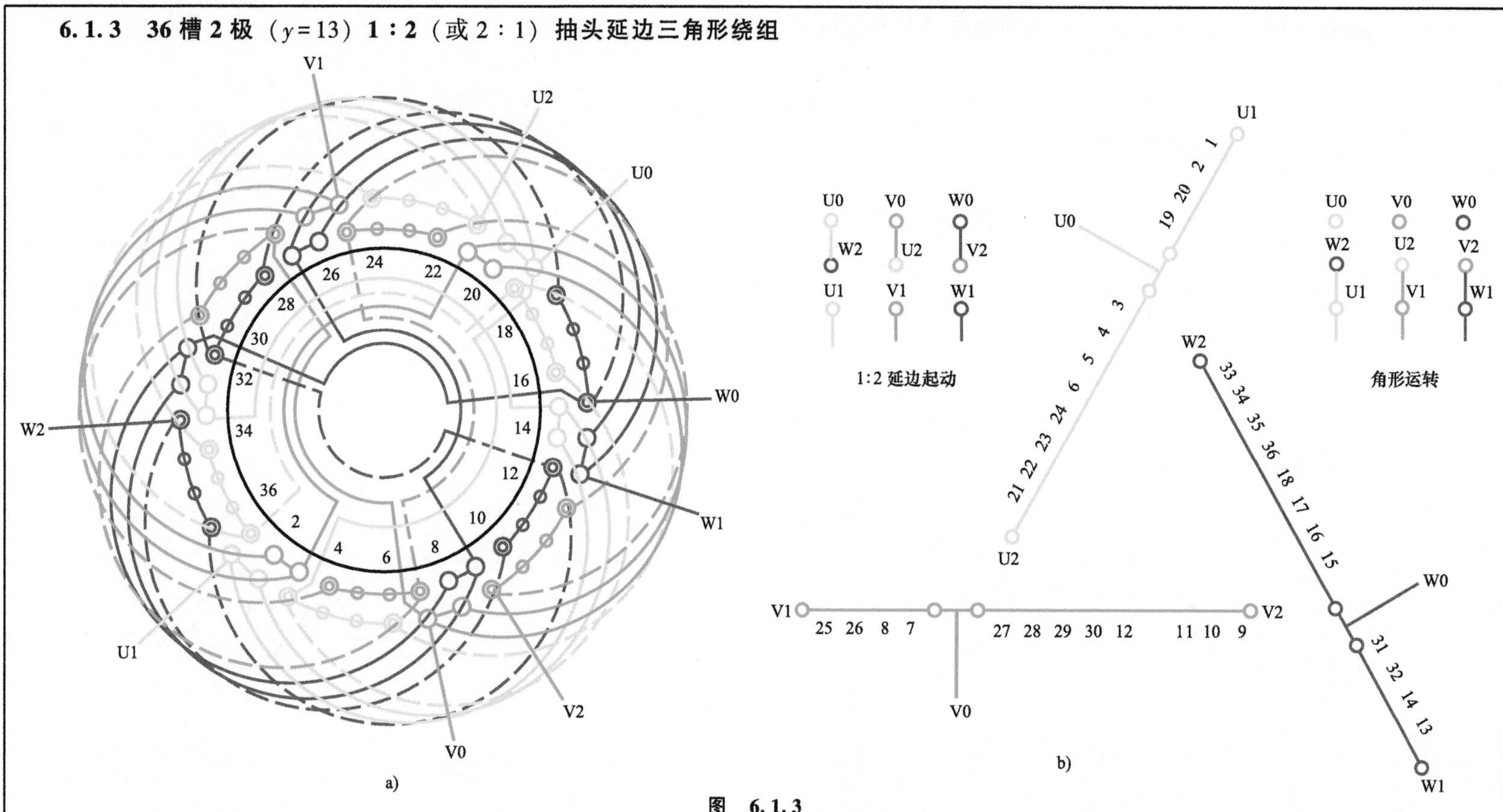

图　6.1.3

1. 绕组结构参数

定子槽数　$Z=36$　电机极数　$2p=2$　总线圈数　$Q=36$

线圈组数　$u=12$　每组圈数　$S=4$、2　极相槽数　$q=6$

绕组极距　$\tau=18$　线圈节距　$y=13$　并联路数　$a=1$

每槽电角　$\alpha=10°$　抽头比例　$\beta=1:2$　起动电流　$I_K\approx0.6I_{KD}$

绕组系数 $K_{dp}=0.828$

2. 绕组特点与应用　　本例为 2 极绕组，抽头比例为 1∶2。由于每极相槽数$q=6$，故本例采用极相分裂法，将极相线圈组分成 2 圈和 4 圈，其中 2 圈组为延边（Y）形，4 圈为△形。接线时将延边的线圈组反极性串联，再与△形线圈组串联，但均需保持一般电动机绕组的极性不变。本绕组可根据图 6b 的端子接线，作反比例 2∶1 抽头使用，这时，起动电流 $I_K\approx0.43I_{KD}$，起动转矩也相应下降。本例适用于 Y180M-2 等单路电动机改绕。

6.1.4 36 槽 2 极（$y=13$、$a=2$）1：2（或 2：1）抽头延边三角形绕组

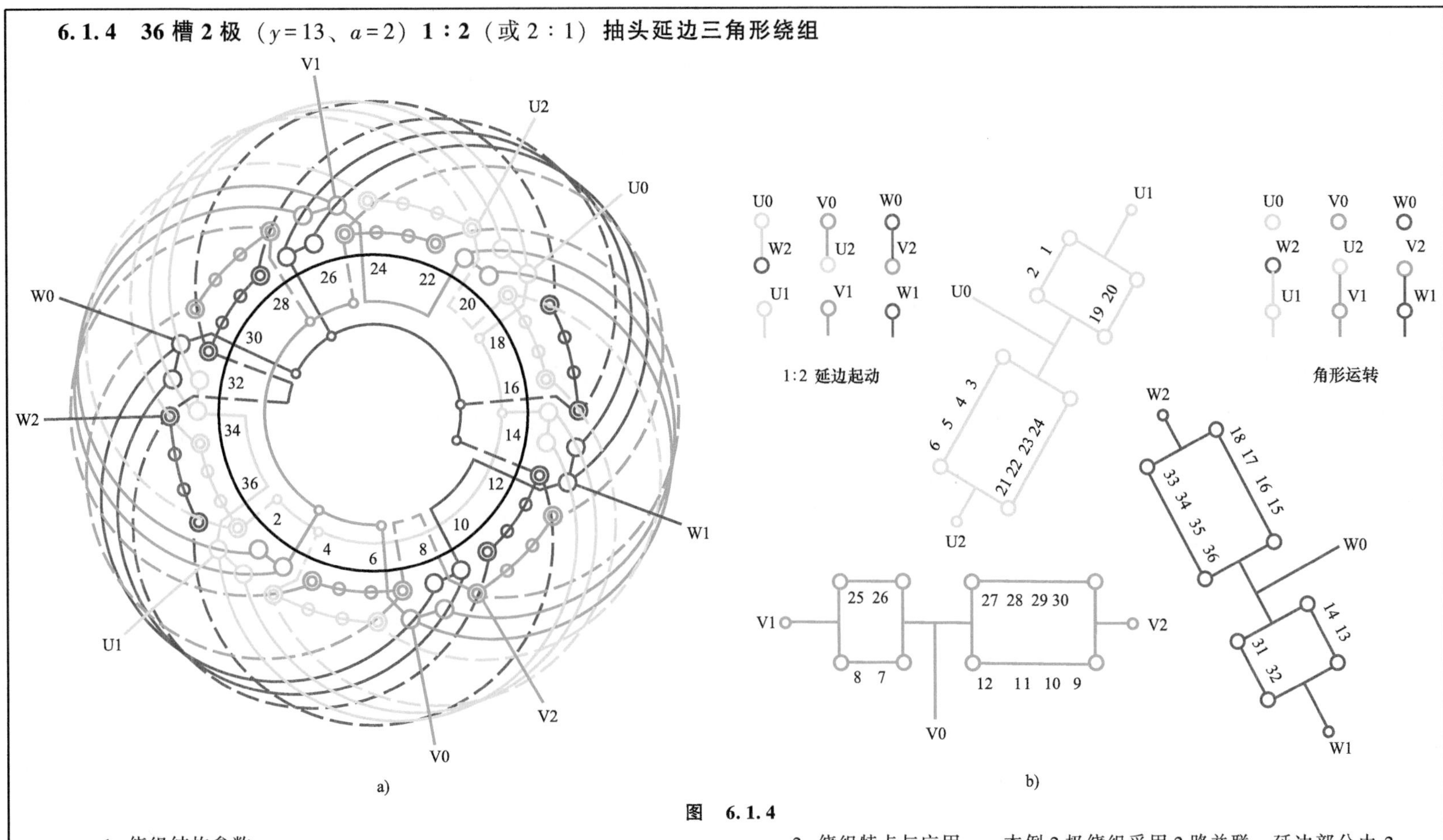

图 6.1.4

1. 绕组结构参数

定子槽数 $Z=36$　电机极数 $2p=2$　总线圈数 $Q=36$

线圈组数 $u=12$　每组圈数 $S=2$、4　极相槽数 $q=6$

绕组极距 $\tau=18$　线圈节距 $y=13$　并联路数 $a=2$

每槽电角 $\alpha=10°$　抽头比例 $\beta=1:2$　起动电流 $I_K\approx0.6I_{KD}$

绕组系数 $K_{dp}=0.828$

2. 绕组特点与应用　本例 2 极绕组采用 2 路并联，延边部分由 2 组双联线圈组并联，△形部分则由 2 组 4 联组成。在分组上仍用极相分裂法进行抽头分组。本绕组也可将电源从 U2、V2、W2 输入，如图 6b 的端子接线用作 2：1 反比例抽头使用，这时起动电流 $I_K\approx0.43I_{KD}$，起动转矩也相应下降。本例适用于 Y200L-2 等两路并联电动机改绕。

6.1.5　42 槽 2 极（$y=15$、$a=2$）3∶4（或 4∶3）抽头延边三角形绕组

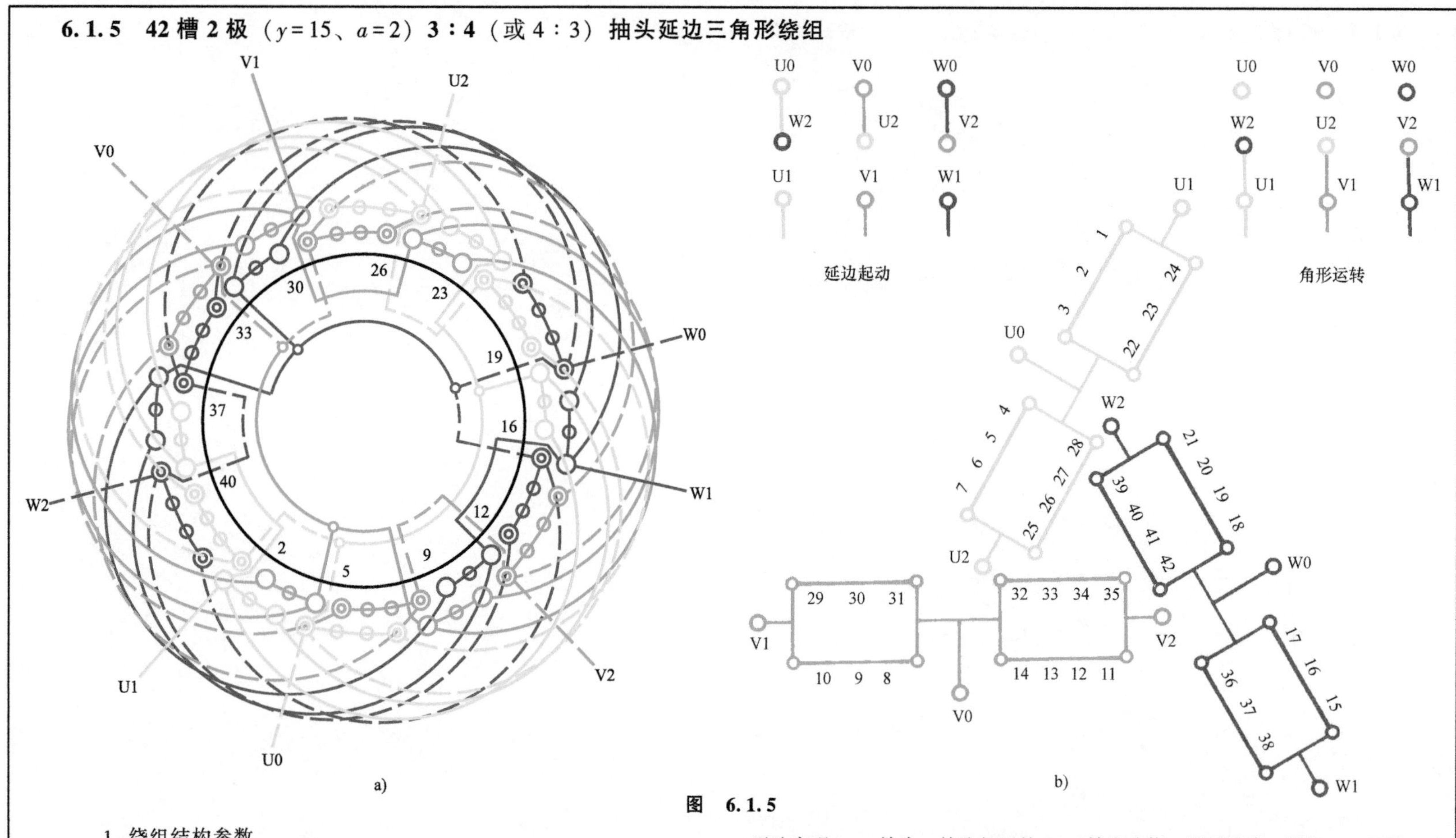

图　6.1.5

1. 绕组结构参数

定子槽数　$Z=42$　　线圈组数　$u=12$　　并联路数　$a=2$

电机极数　$2p=2$　　每组圈数　$S=3$、4　　绕组系数　$K_{dp}=0.864$

总线圈数　$Q=42$　　绕组极距　$\tau=21$　　抽头比例　$\beta=3:4$

极相槽数　$q=7$　　线圈节距　$y=15$　　起动电流　$I_K=0.538I_{KD}$

2. 绕组特点与应用　　本例是 42 槽 2 极电动机，每极相有 7 个线圈，无法实现 1∶1 抽头，故取相近的 3∶4 抽头改绕，即延边为 3 圈组，三角形部分是 4 圈组。绕组为两路并联，每相应由两个并联组构成，如图 6.1.5b 所示，延边组由两个 3 圈组并联；三角形组也是两组并联，但每组线圈数为 4；此外，同一并联组中的两组线圈极性相反。此外，绕组也可按图 6b 的端子接线作反比例 4∶3 抽头使用，这时起动电流 $I_K\approx0.467I_{KD}$。

此绕组主要用于 Y280S-2、Y2-280M-2 等电动机改绕。

6.1.6　48 槽 2 极（$y=17$、$a=2$）1∶1 抽头延边三角形绕组

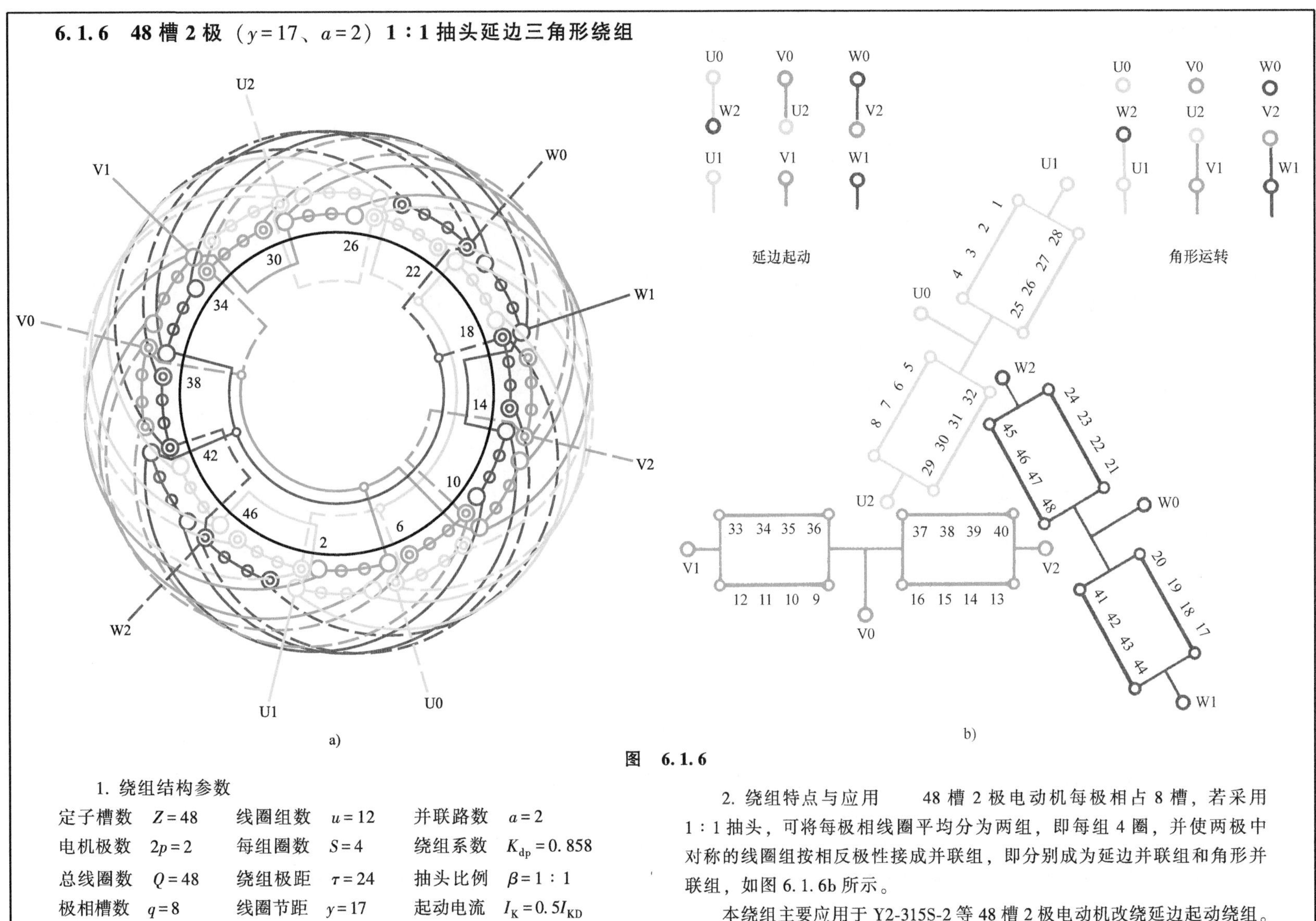

图　6.1.6

1. 绕组结构参数

定子槽数	$Z=48$	线圈组数	$u=12$	并联路数	$a=2$
电机极数	$2p=2$	每组圈数	$S=4$	绕组系数	$K_{dp}=0.858$
总线圈数	$Q=48$	绕组极距	$\tau=24$	抽头比例	$\beta=1:1$
极相槽数	$q=8$	线圈节距	$y=17$	起动电流	$I_K=0.5I_{KD}$

2. 绕组特点与应用　48 槽 2 极电动机每极相占 8 槽，若采用 1∶1 抽头，可将每极相线圈平均分为两组，即每组 4 圈，并使两极中对称的线圈组按相反极性接成并联组，即分别成为延边并联组和角形并联组，如图 6.1.6b 所示。

本绕组主要应用于 Y2-315S-2 等 48 槽 2 极电动机改绕延边起动绕组。

6.1.7 36 槽 4 极（$y=7$、$a=2$）1：2（或 2：1）抽头延边三角形绕组

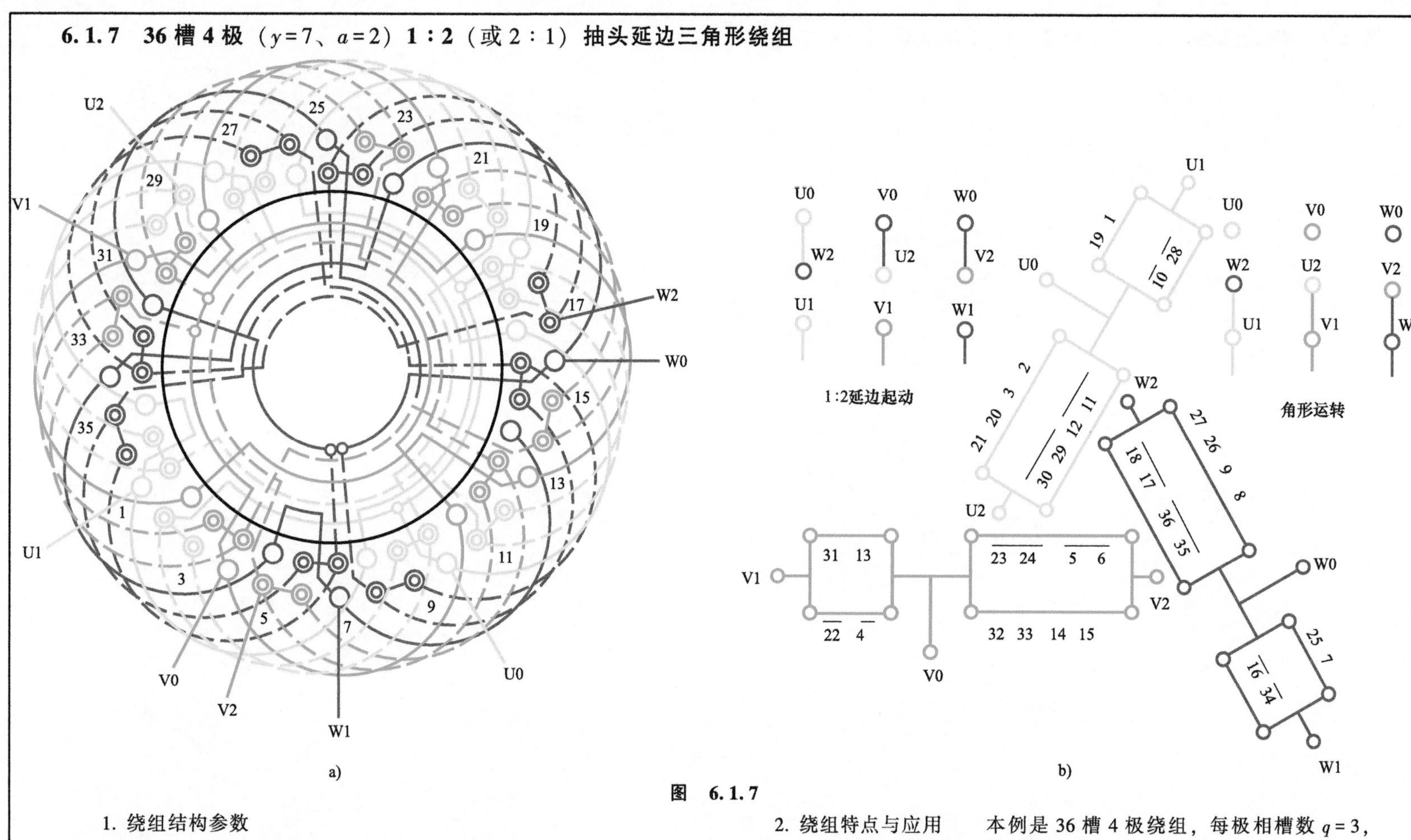

图 6.1.7

1. 绕组结构参数

定子槽数 $Z=36$　电机极数 $2p=4$　总线圈数 $Q=36$

线圈组数 $u=24$　每组圈数 $S=1$、2　极相槽数 $q=3$

绕组极距 $\tau=9$　线圈节距 $y=7$　并联路数 $a=2$

每槽电角 $\alpha=20°$　抽头比例 $\beta=1:2$　起动电流 $I_K \approx 0.6I_{KD}$

绕组系数 $K_{dp}=0.902$

2. 绕组特点与应用　本例是 36 槽 4 极绕组，每极相槽数 $q=3$，故用 1：2 抽头时宜采用极相分裂法，即将极相线圈分为单联和双联，保持原极性分别连接。绕组也可按图 6b 的端子接线，反比例作 2：1 抽头使用，这时起动电流 $I_K \approx 0.43I_{KD}$。

本例绕组适用于 36 槽 4 极的双叠绕组电动机改绕。

6.1.8 48 槽 4 极（$y=10$、$a=2$）1∶1 抽头延边三角形绕组

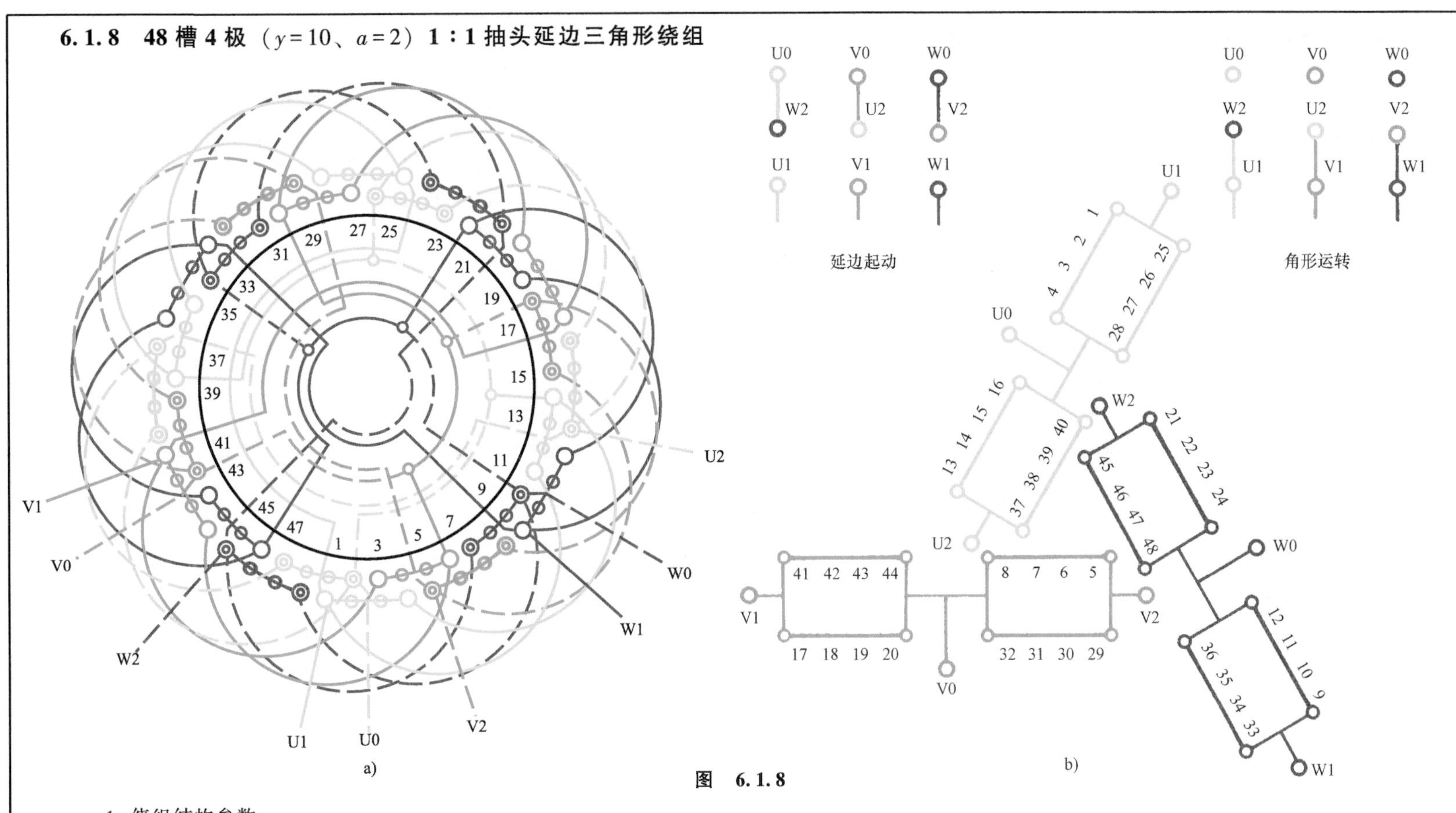

图 6.1.8

1. 绕组结构参数

定子槽数 $Z=48$ 线圈组数 $u=12$ 并联路数 $a=2$

电机极数 $2p=4$ 每组圈数 $S=4$ 绕组系数 $K_{dp}=0.92$

总线圈数 $Q=48$ 绕组极距 $\tau=12$ 抽头比例 $\beta=1:1$

极相槽数 $q=4$ 线圈节距 $y=10$ 起动电流 $I_K=0.5I_{KD}$

2. 绕组特点与应用　本例是 4 极电动机，每相由 4 组线圈对称分布，采用两路并联改绕延边起动绕组，可将原对称的两组同极性线圈组分别置于延边段和角形段，这样就可避免把原线圈组分裂的做法。如本例中，可将同极性的对称线圈组（1—4）和（25—28）并联安排作延边段；再把反极性的对称两组（16—13）和（40—37）安排为角形段，从而构成 U 相绕组，如图 6.1.8b 所示。其余 V、W 两相类推。

本绕组主要应用于 Y180M-4、Y2-200L-4 等电动机改绕延边起动绕组。

6.1.9 48 槽 4 极（$y=11$、$a=4$）1∶1 抽头延边三角形绕组

1. 绕组结构参数

定子槽数	$Z=48$	线圈组数	$u=24$	并联路数	$a=4$
电机极数	$2p=4$	每组圈数	$S=2$	绕组系数	$K_{dp}=0.92$
总线圈数	$Q=48$	绕组极距	$\tau=12$	抽头比例	$\beta=1:1$
极相槽数	$q=4$	线圈节距	$y=11$	起动电流	$I_K=0.5I_{KD}$

2. 绕组特点与应用　绕组是 48 槽 4 极，每极相线圈数为 4，由于采用四路并联，在常规接线中把每相中的一组(4 只线圈)构成一个支路。今若改绕延边起动绕组则每相要分两段，每段仅两组线圈不能分作四路来满足对称条件。为此，必须如 2 极绕组那样，把每极相线圈分裂为两组，即每组两圈，这时每相就有 8 组，则每段 4 组便可分为 4 个并联支路，如图 6.1.9b 所示。

本例绕组适宜三相系列 Y250M-4、Y2-225S-4 等电动机改绕延边三角形绕组。

U2
V1
V0
W2
U1
U0
V2
W1
W0

a)

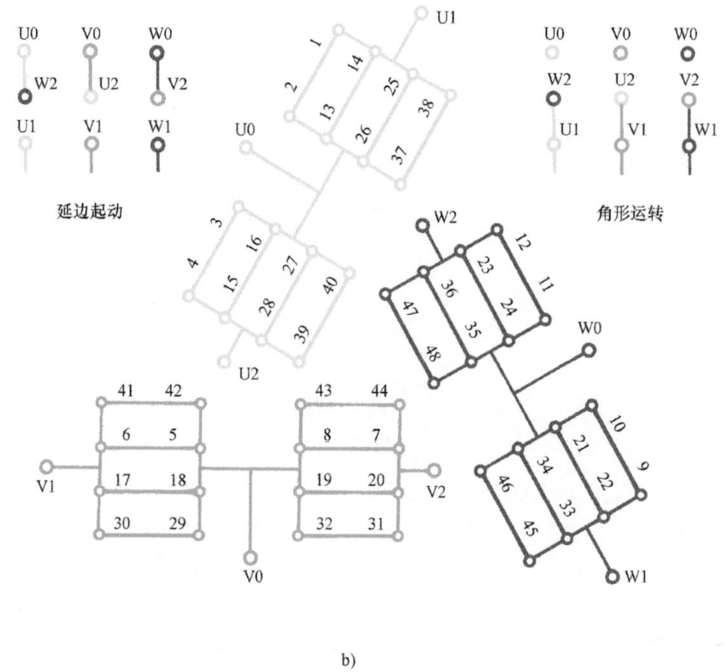

b)

图 6.1.9

6.1.10 54 槽 6 极（$y=8$、$a=2$）1：2（或 2：1）抽头延边三角形绕组

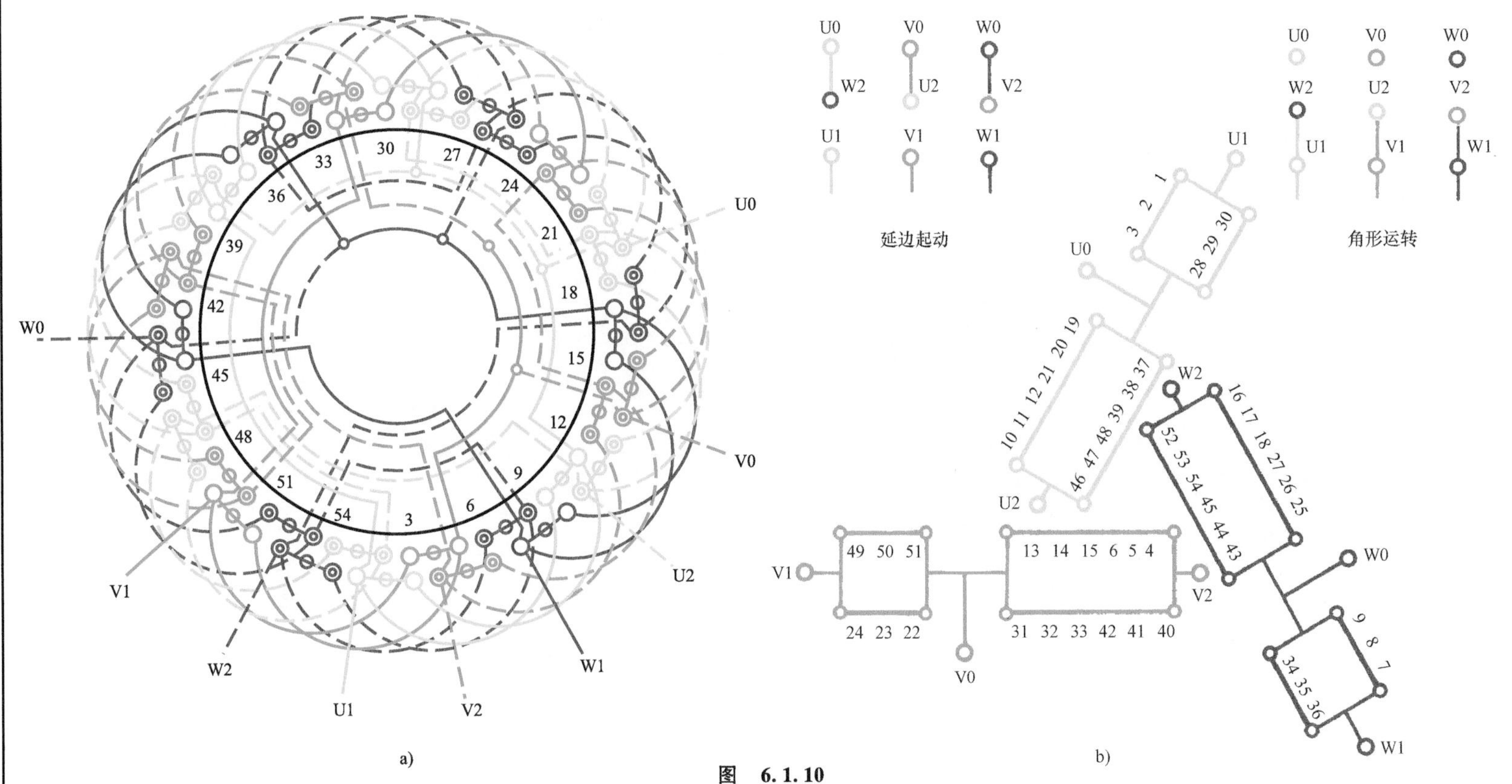

图 6.1.10

1. 绕组结构参数

定子槽数 $Z=54$　线圈组数 $u=6$　并联路数 $a=2$

电机极数 $2p=6$　每组圈数 $S=3$　绕组系数 $K_{dp}=0.946$

总线圈数 $Q=54$　绕组极距 $\tau=9$　抽头比例 $\beta=1:2$

极相槽数 $q=3$　线圈节距 $y=8$　起动电流 $I_K=0.6I_{KD}$

2. 绕组特点与应用　本例是 6 极绕组，定子 54 槽，每极相线圈数为 3。将每相线圈组分成对称的两组（3 圈组）作延边段；另 4 组也对称组成角形段，从而构成 1：2 抽头的延边起动绕组，如图 6.1.10b 所示。此外，本绕组还可反比例用作 2：1 抽头起动；这时可将绕组端接图按图 6b 改接，则起动电流可降至约 $I_K\approx0.43I_{KD}$，而起动转矩也相应降低。

本绕组主要用于 Y200L2-6、Y2-180L-6 等系列电动机改绕。

6.1.11　54 槽 6 极（$y=8$、$a=3$）1∶1 抽头延边三角形绕组

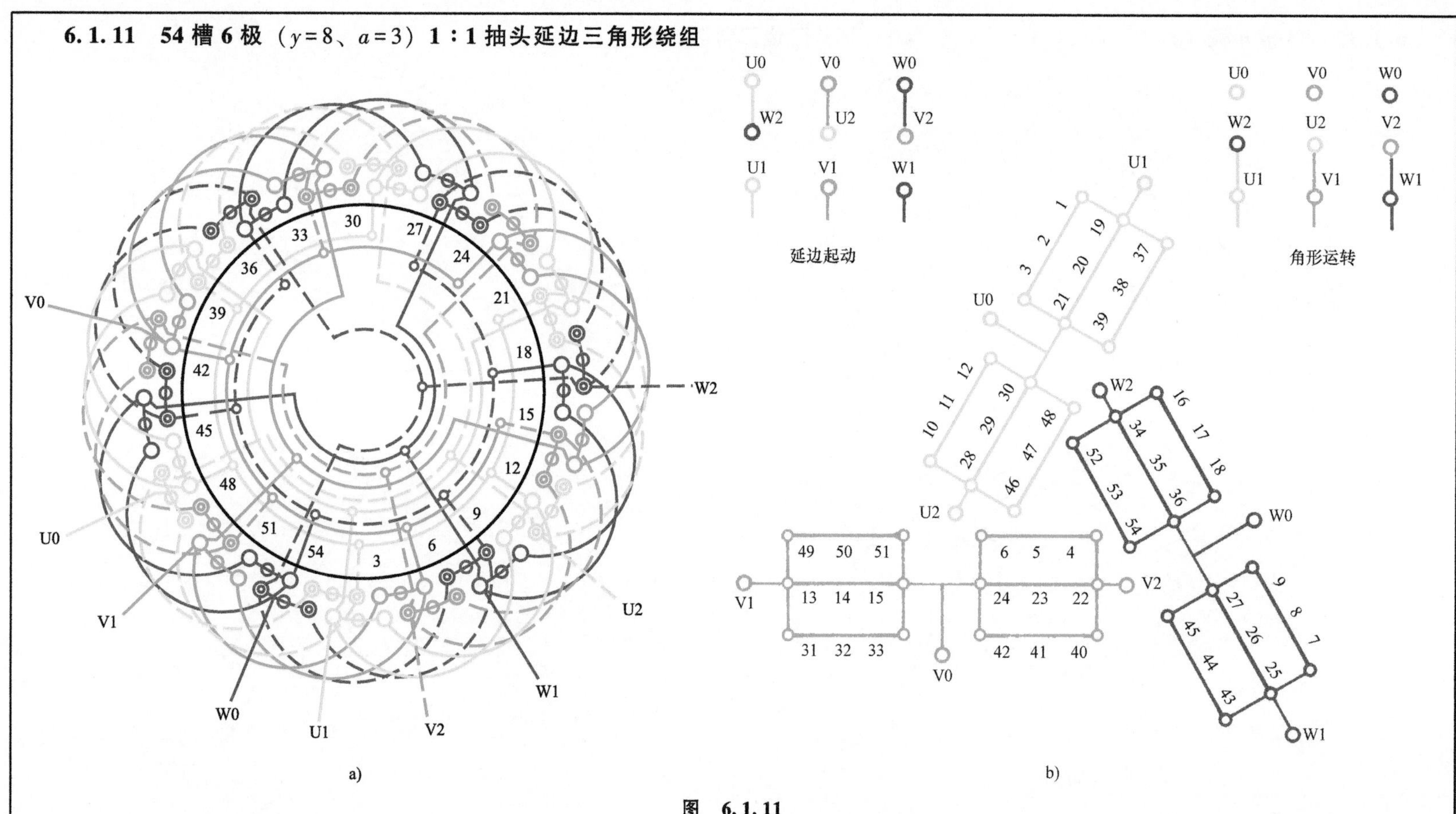

图　6.1.11

1. 绕组结构参数

定子槽数　$Z=54$　　线圈组数　$u=18$　　并联路数　$a=3$

电机极数　$2p=6$　　每组圈数　$S=3$　　绕组系数　$K_{dp}=0.946$

总线圈数　$Q=54$　　绕组极距　$\tau=9$　　抽头比例　$\beta=1:1$

极相槽数　$q=3$　　线圈节距　$y=8$　　起动电流　$I_K=0.5I_{KD}$

2. 绕组特点与应用　　本例绕组每组由 3 个线圈组成，每相 6 组线圈分成两段，因 $a=3$，故每段分为三路，即每个支路均为一组线圈，而且使每段上的线圈组呈三角对称分布。此外，由于 6 极绕组显极布线时极性正反交替，刚好使延边段三组并联线圈为正极性，而角形段则全部反极性，故接线时可对照两图进行。

此绕组主要应用于 Y2-225M-6 等电动机改绕延边起动绕组。

6.1.12 48 槽 8 极（$y=5$、$a=2$）1∶1 抽头延边三角形绕组

1. 绕组结构参数

定子槽数	$Z=48$	线圈组数	$u=24$	并联路数	$a=2$
电机极数	$2p=8$	每组圈数	$S=2$	绕组系数	$K_{dp}=0.933$
总线圈数	$Q=48$	绕组极距	$\tau=6$	抽头比例	$\beta=1:1$
极相槽数	$q=2$	线圈节距	$y=5$	起动电流	$I_K=0.5I_{KD}$

2. 绕组特点与应用　本例是 8 极绕组，48 槽绕制双层，每组有两圈，改绕 1∶1 延边绕组则每相分别可取正、反极性线圈组为两段，即 $a=2$ 时，每段由两个支路组成，每个支路包含两个双线圈组。因此，本绕组的延边段有 4 个正极性线圈组，而角形段也有 4 个线圈组，但极性相反，从而各自构成对称磁极。

本绕组是 Y2-180L-8 等系列电动机改绕延边起动绕组。

a)

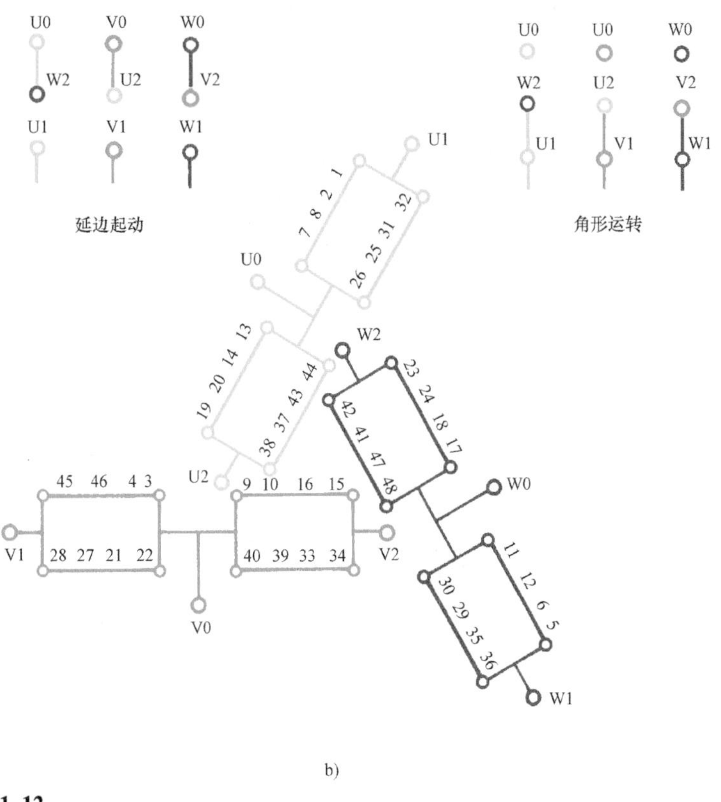

b)

图 6.1.12

6.1.13　54槽8极（$y=6$、$a=2$）4∶5（或5∶4）抽头延边三角形绕组

1. 绕组结构参数

定子槽数	$Z=54$	线圈组数	$u=24$	并联路数	$a=2$
电机极数	$2p=8$	每组圈数	$S=2\frac{1}{4}$	绕组系数	$K_{dp}=0.941$
总线圈数	$Q=54$	绕组极距	$\tau=6\frac{3}{4}$	抽头比例	$\beta=4:5$
极相槽数	$q=2\frac{1}{4}$	线圈节距	$y=6$	起动电流	$I_K=0.53I_{KD}$

2. 绕组特点与应用　本例每组线圈数 $S=2\frac{1}{4}$，属分数槽绕组，实施线圈安排是3、2圈轮换，并按2、2、3、2规律循环分布。每槽电角度 $\alpha=26\frac{2}{3}°$ 三相进线不能满足120°电角度互差，但本例选择近240°进线，可使三相互差相同，而且能使每相线圈分布安排的规律相同。由于 S 为分数，很难实施1∶1抽头，故改绕选用4∶5抽头，即延边段分两路，每个支路由正、反两个双圈组构成；三角形段也分两路，每个支路则由双圈组和三圈组串联而成，但支路两组线圈极性相反。此外，绕组也可按图6b的端子接线作反比例5∶4抽头起动，这时起动电流 $I_K\approx0.47I_{KD}$，但起动转矩也相应减小。

本例主要应用于Y200L-8等系列电动机改绕。

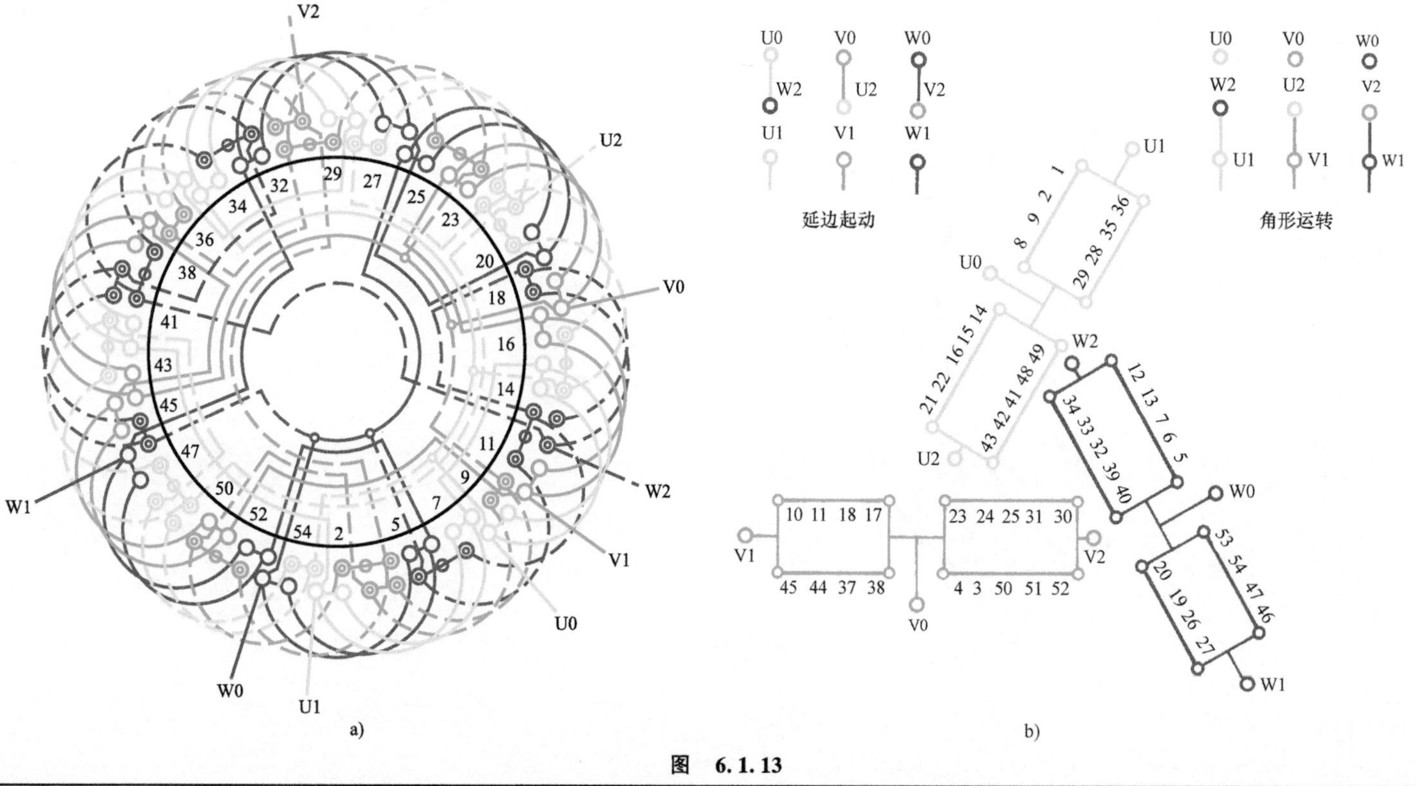

a)　　b)

图　6.1.13

6.1.14　72 槽 8 极（$y=8$）1:1 抽头延边三角形绕组

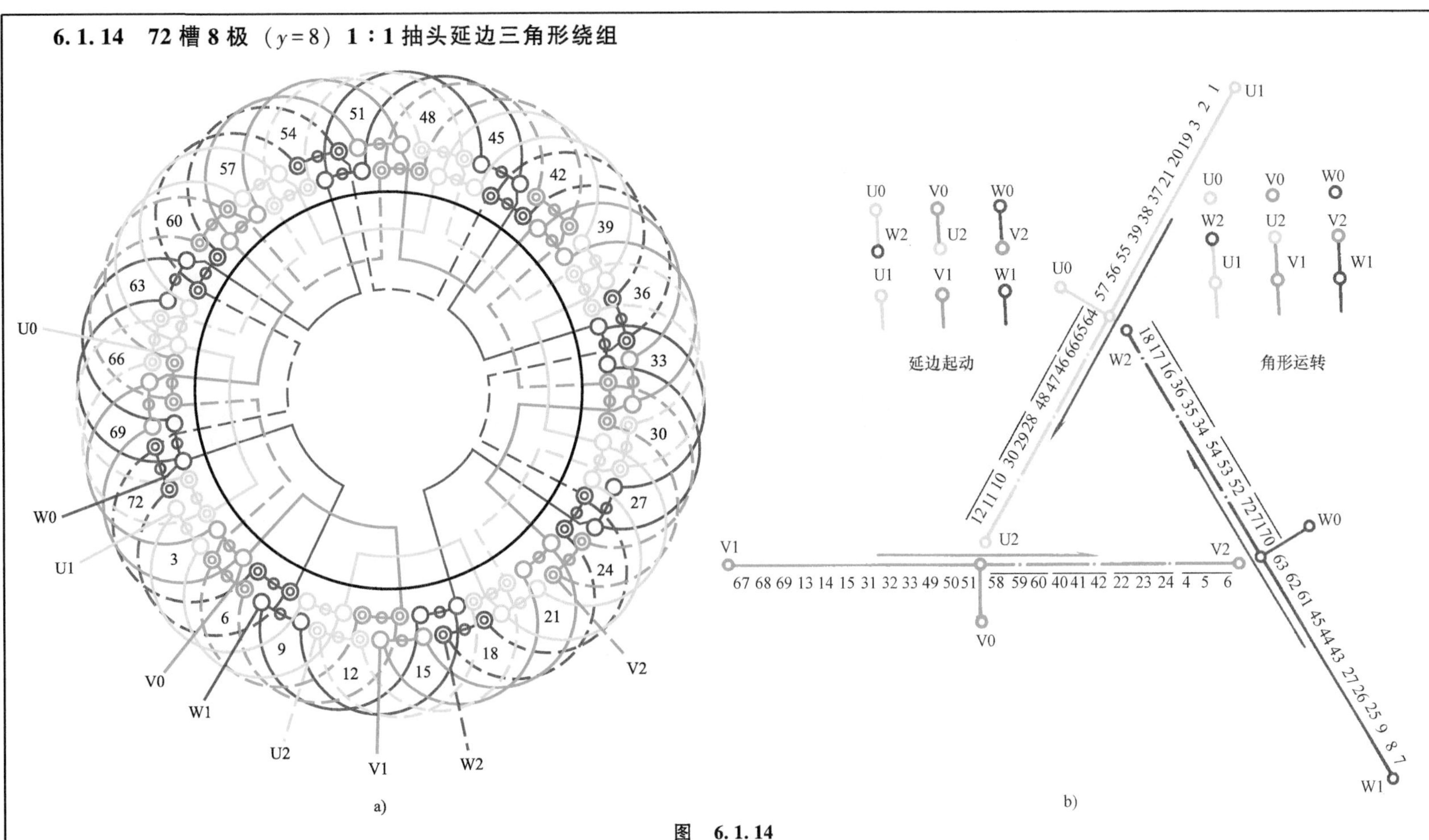

图　6.1.14

1. 绕组结构参数

定子槽数	$Z=72$	电机极数	$2p=8$	总线圈数	$Q=72$
极相槽数	$q=3$	线圈组数	$u=24$	每组圈数	$S=3$
绕组极距	$\tau=9$	线圈节距	$y=8$	并联路数	$a=1$
绕组系数	$K_{dp}=0.946$	抽头比例	$\beta=1:1$	起动电流	$I_K=0.5I_{KD}$

2. 绕组特点与应用　本例采用 1∶1 抽头，即延边与三角边的线圈数相等，每相有 8 组线圈，分成两段，每组由 3 个线圈串联而成；两段绕组在定子空间上对称安排，而且整个延边段由正极性的线圈组串联，而角形段则反之，由反极性线圈组成。本例应用于老系列电动机的改绕。

6.1.15 72 槽 8 极（$y=8$、$a=2$）1∶1 抽头延边三角形绕组

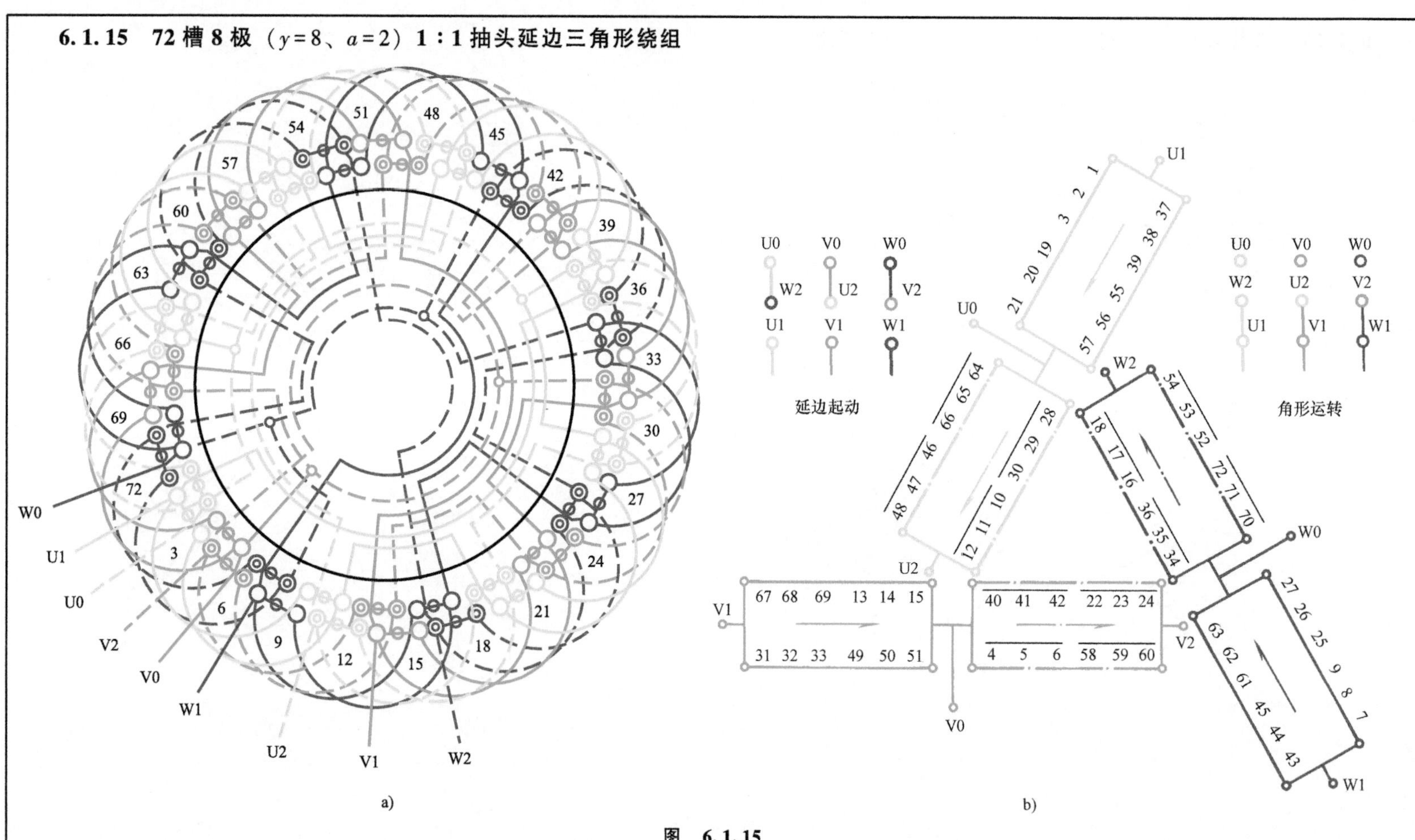

a) b)

图 6.1.15

1. 绕组结构参数

定子槽数	$Z=72$	电机极数	$2p=8$	总线圈数	$Q=72$
极相槽数	$q=3$	线圈组数	$u=24$	每组圈数	$S=3$
绕组极距	$\tau=9$	线圈节距	$y=8$	并联路数	$a=2$
绕组系数	$K_{dp}=0.946$	抽头比例	$\beta=1:1$	起动电流	$I_K=0.5I_{KD}$

2. 绕组特点与应用 本例是 8 极绕组，每极相线圈数为 3。采用 1∶1 抽头，即延边与角形边的线圈数相等，均由 4 组共 12 个线圈组成；因 $a=2$，每段分两个支路，每个支路有两组线圈。本绕组由 Y250M—8 电动机绕组改绕。

6.1.16　72 槽 8 极（$y=8$、$a=4$）1∶1 抽头延边三角形绕组

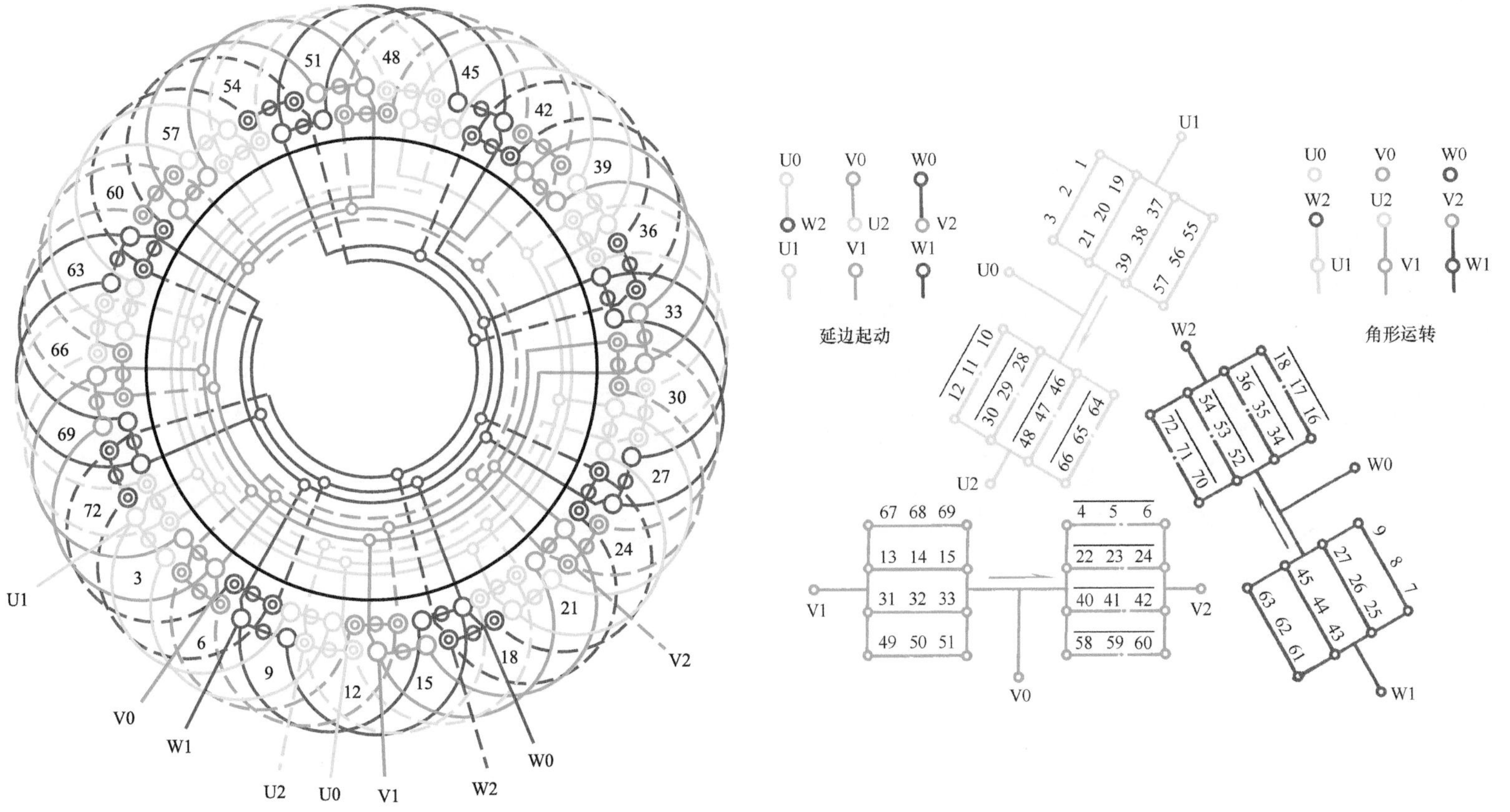

a)

b)

图　6.1.16

1. 绕组结构参数

定子槽数	$Z=72$	电机极数	$2p=8$	总线圈数	$Q=72$
极相槽数	$q=3$	线圈组数	$u=24$	每组圈数	$S=3$
绕组极距	$\tau=9$	线圈节距	$y=8$	并联路数	$a=4$
绕组系数	$K_{dp}=0.946$	抽头比例	$\beta=1:1$	起动电流	$I_K=0.5I_{KD}$

2. 绕组特点与应用　　本例是 72 槽 8 极双层叠式绕组改绕 1∶1 延边三角形。绕组由三联组构成，每相有角形和延边两段，每段有 4 个支路，每个支路仅一组线圈。本绕组由 Y280M-8 系列电动机改绕而成。

6.1.17　72 槽 8 极（$y=8$）1∶2（或 2∶1）抽头延边三角形绕组

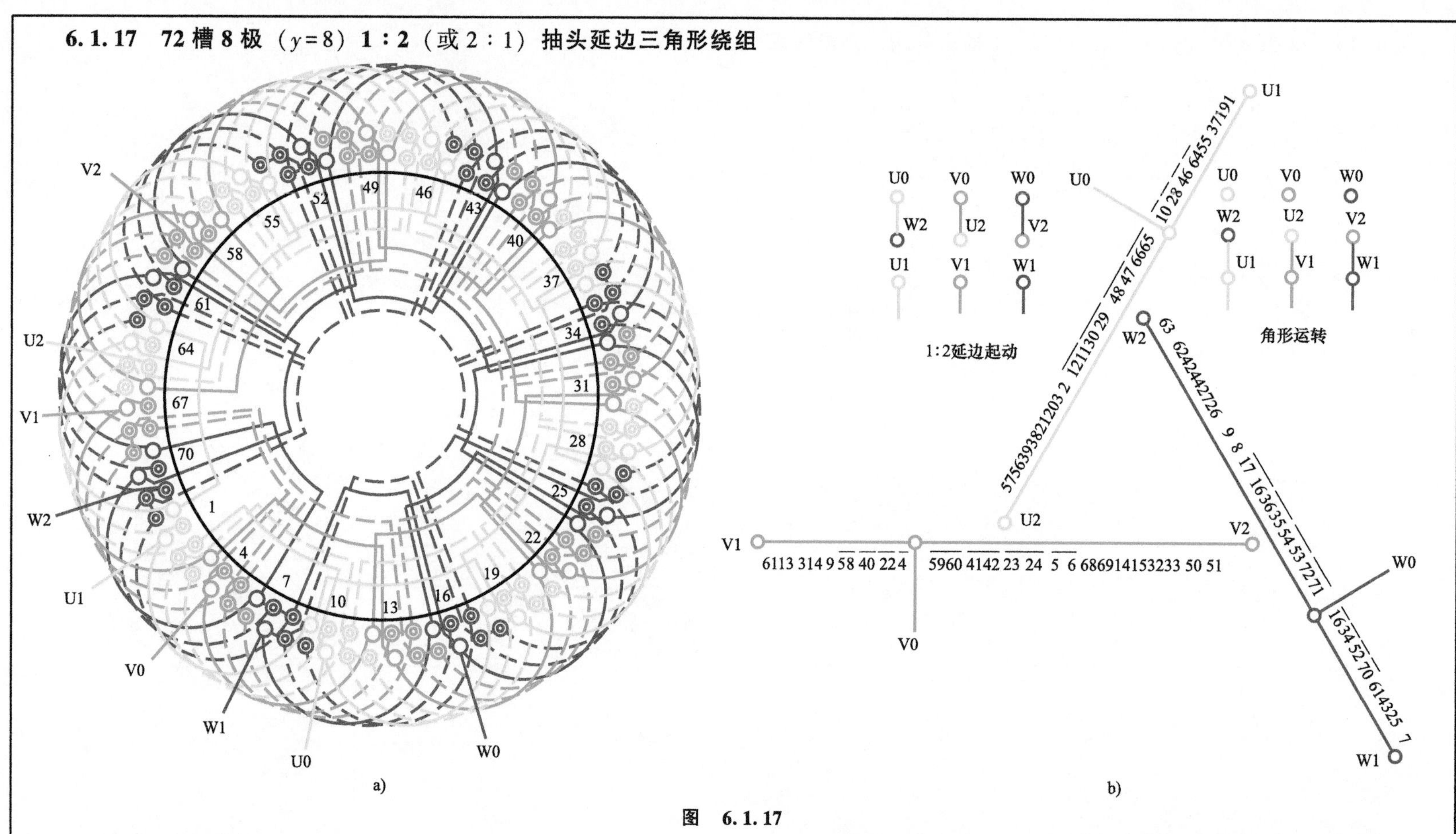

图　6.1.17

1. 绕组结构参数

定子槽数　$Z=72$　电机极数　$2p=8$　总线圈数　$Q=72$

线圈组数　$u=48$　每组圈数　$S=1、2$　极相槽数　$q=3$

绕组极距　$\tau=9$　线圈节距　$y=8$　并联路数　$a=1$

每槽电角　$\alpha=20°$　抽头比例　$\beta=1:2$　起动电流　$I_K\approx0.6I_{KD}$

绕组系数 $K_{dp}=0.946$

2. 绕组特点与应用　本例 8 极绕组采用 1∶2 抽头，并用极相分裂法分配线圈，即延边部分为单圈组，△形是双圈组。两部分线圈组分别按相邻反极性串联。本绕组还可反用 2∶1 抽头，接线按图 6b 端子进行，这时起动电流为 $I_K=0.43I_{KD}$，相应的起动转矩也随之降低。绕组可用于 Y225M-8 电动机改绕。

6.1.18 72 槽 8 极（$y=8$、$a=2$）1∶2（或 2∶1）抽头延边三角形绕组

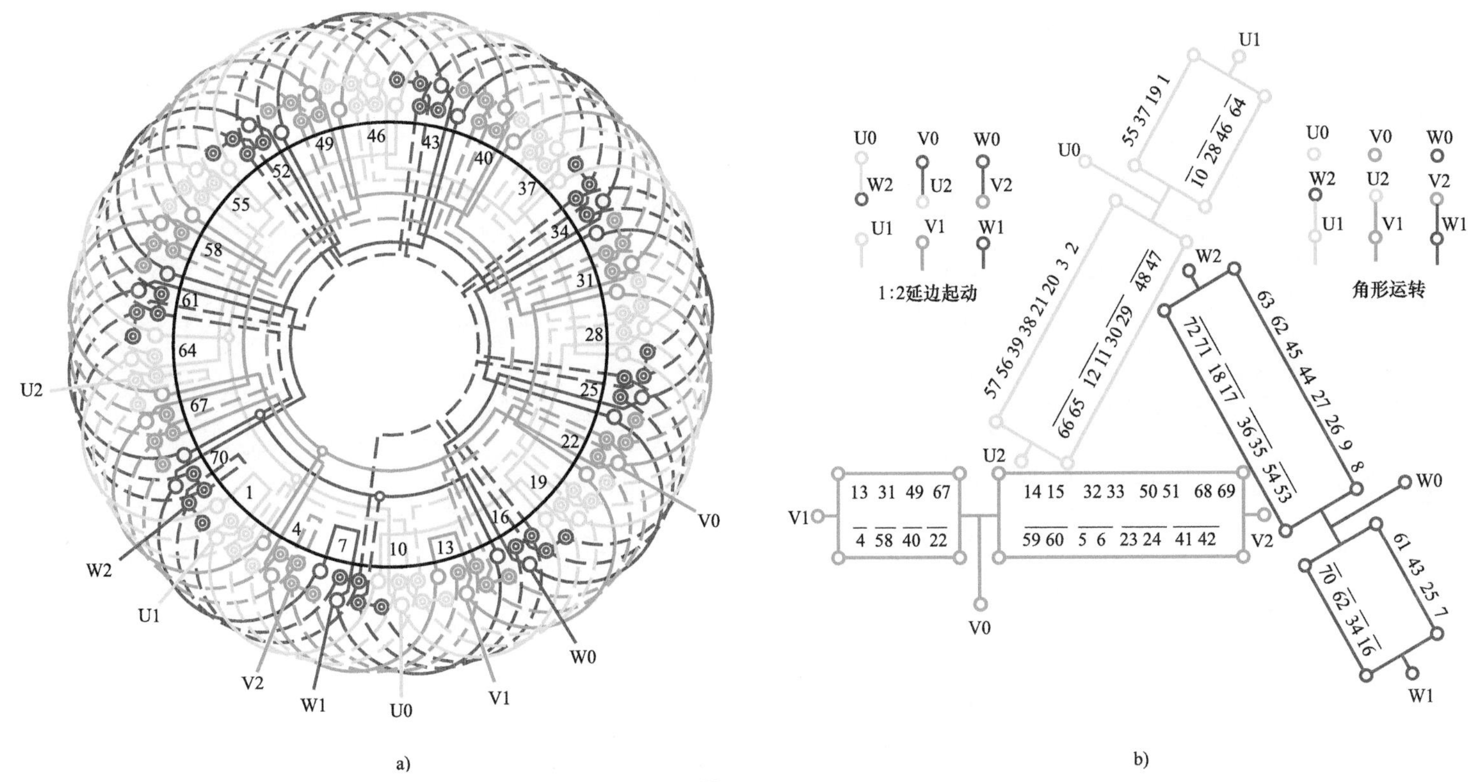

图 6.1.18

1. 绕组结构参数

定子槽数 $Z=72$ 电机极数 $2p=8$ 总线圈数 $Q=72$

线圈组数 $u=48$ 每组圈数 $S=1$、2 极相槽数 $q=3$

绕组极距 $\tau=9$ 线圈节距 $y=8$ 并联路数 $a=2$

每槽电角 $\alpha=20°$ 抽头比例 $\beta=1:2$ 起动电流 $I_K\approx0.6I_{KD}$

绕组系数 $K_{dp}=0.946$

2. 绕组特点与应用 本绕组每极相线圈数 $S=3$，当采用极相分裂法安排则延边为单圈组，△形是双圈组。所以线圈数多达 48 组，接线比较繁琐。本例也可反用 2∶1 抽头，这时改由图 6b 接线即可，但起动转矩有较大下降，起动电流约为 $I_K=0.43I_{KD}$。

此绕组用于 Y250M-8 电动机改绕。

6.1.19　72 槽 8 极（$y=8$、$a=4$）1∶2（或 2∶1）抽头延边三角形绕组

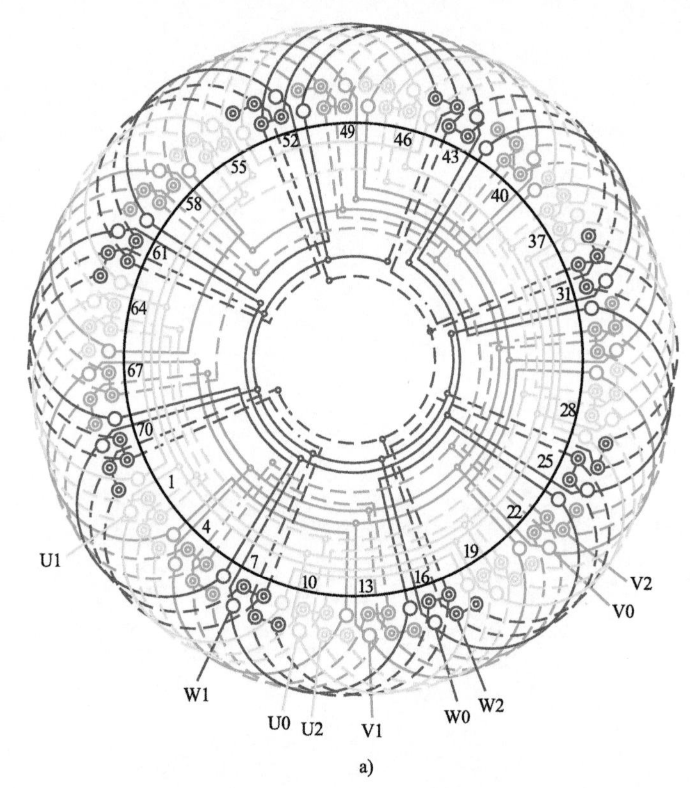

a)

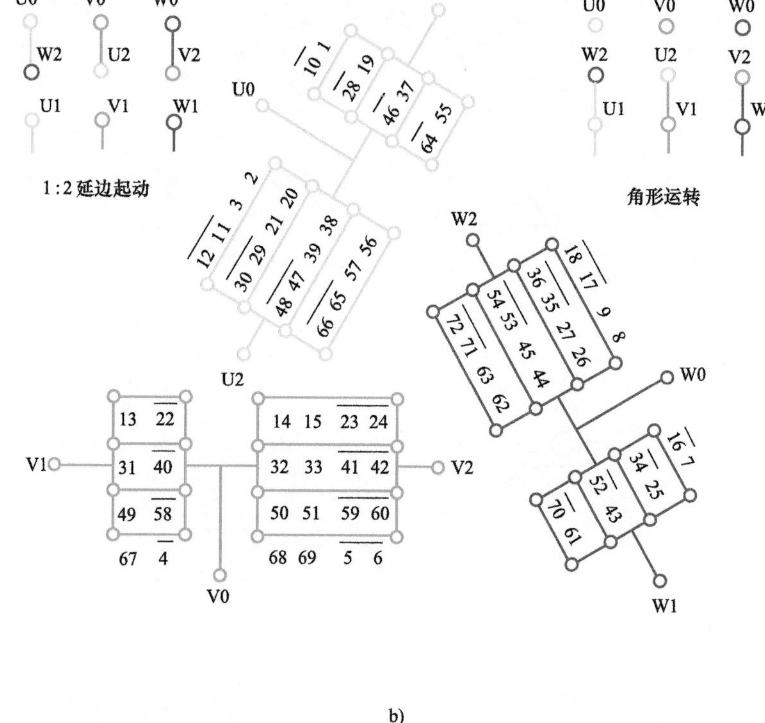

b)

图　6.1.19

1. 绕组结构参数

定子槽数　$Z=72$　电机极数　$2p=8$　总线圈数　$Q=72$
线圈组数　$u=48$　每组圈数　$S=1$、2　极相槽数　$q=3$
绕组极距　$\tau=9$　线圈节距　$y=8$　并联路数　$a=4$
每槽电角　$\alpha=20°$　抽头比例　$\beta=1:2$　起动电流　$I_K \approx 0.6I_{KD}$
绕组系数 $K_{dp}=0.946$

2. 绕组特点与应用　本例是 8 极 4 路绕组，抽头比例为 1∶2 时采用极相分裂法安排绕组，即将原极相三圈组分裂为单圈组和双圈组，分别为延边和△形绕组。本例可作反比例抽头，即 2∶1 抽头时，端子接线如图 6b 所示，这时起动电流约为 $I_K=0.43I_{KD}$。

本绕组可用于 Y280M-8 电动机等绕组改绕。

6.2　三相单层改绕延边三角形起动电动机绕组布线接线图

延边三角形起动绕组是由额定电压时绕组为三角形联结的电动机改绕而成，其定义和参数可参考前述。因采用此起动形式的电动机多属中等容量，其绕组型式一般是双层叠式，故改绕后仍是双层，如上节各例。但也有部分电动机是单层绕组，对此改绕有两种方法：一是按单层型式改绕，改绕后仍为单层不变；二是将其改换成双层，再设计改绕方案，改绕后为双叠绕组。本节是根据新系列电动机各种单层绕组规格设计不同型式的延边三角形起动绕组，共 13 例，供修理或改绕时参考。为便于读图，特作说明如下：

1）单层绕组线圈是以图面近身线圈左手侧有效边所在槽为线圈号，双层线圈则以下层边嵌入槽号为线圈号；

2）单层绕组改绕后仍为单层同型式绕组，其绕组系数不变，但改绕双层叠式后，通常会使绕组系数降低，从而导致铁心磁通密度增高，为此应调整改绕匝数，使其满足下式：

$$W_1K_{dp1}=2W_2K_{dp2}$$

式中　W_1、W_2——单层、双层线圈匝数；

K_{dp1}、K_{dp2}——单层、双层绕组系数。

3）不同抽头比例是决定电动机改绕后起动电流的主导因素，但影响起动电流的因素很多，公式计算只能对改绕后起动电流的粗略估算，但与实际情况相差不大。

6.2.1 24 槽 2 极（$a=1$）单层同心式改绕 1∶1 抽头延边三角形绕组

1. 绕组结构参数

定子槽数 $Z=24$ 线圈组数 $u=12$ 并联路数 $a=1$

电机极数 $2p=2$ 线圈节距 $y=11$、9 绕组系数 $K_{dp}=0.958$

总线圈数 $Q=12$ 绕组极距 $\tau=12$ 抽头比例 $\beta=1:1$

极相槽数 $q=4$ 每组圈数 $S=1$ 起动电流 $I_K=0.5I_{KD}$

2. 绕组特点与应用 本例由单层同心式改绕而成，原绕组每组有两个同心线圈，改绕时，为避免磁场不对称而产生单边磁拉力，须将原线圈组分拆成两半，即每组一圈。接线时分别取两组中的大、小各一线圈串联构成一段，从而构成Y（延边）绕组段和△形绕组段，如图 6.2.1b 所示。

此绕组抽头比 $\beta=2/2=1:1$，即延边段与角形段所占线圈数相等。改绕后起动电流约可降至原来起动电流的一半。本绕组适用于 24 槽 2 极的电动机改绕。

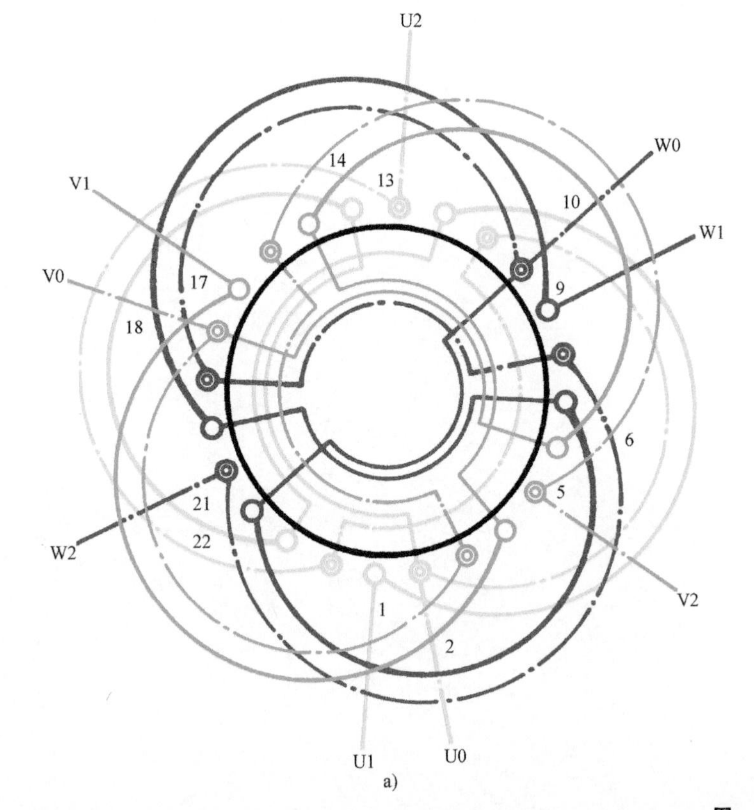

a)

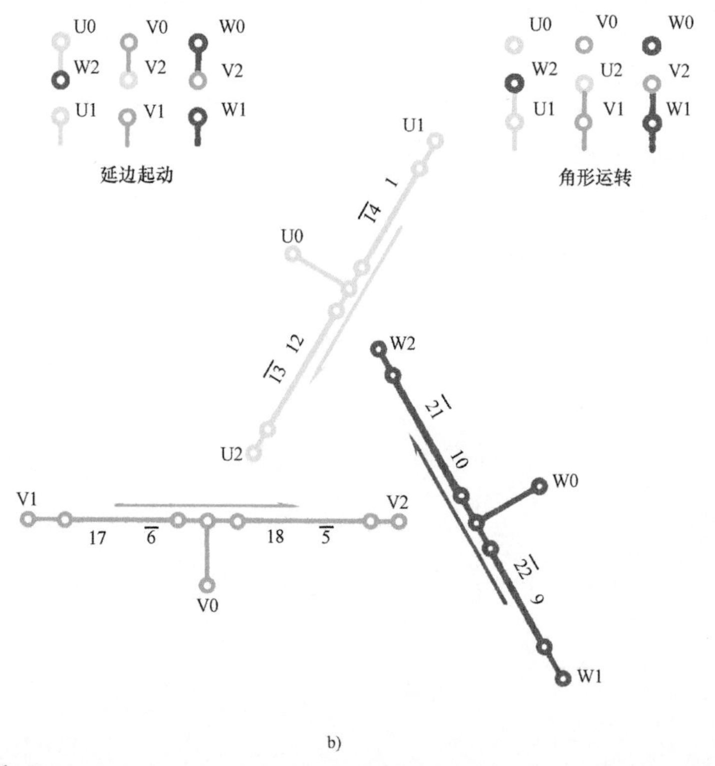

b)

图 6.2.1

6.2.2 30槽2极（$a=1$）单层同心交叉式改绕3∶2（或2∶3）抽头延边三角形绕组

1. 绕组结构参数

定子槽数	$Z=30$	线圈组数	$u=12$	并联路数	$a=1$
电机极数	$2p=2$	每组圈数	$S=1、2$	绕组系数	$K_{dp}=0.957$
总线圈数	$Q=15$	绕组极距	$\tau=15$	抽头比例	$\beta=3:2$
极相槽数	$q=5$	线圈节距	$y=15、13、11$	起动电流	$I_K=0.455I_{KD}$

2. 绕组特点与应用　本例原绕组是单层交叉式，每相由三圈组和双圈组串联而成，若改绕延边起动，并避免单边磁拉力，需将原来线圈组分拆，但由于三圈组不能对半分拆，故只好用归并法使其分成单圈组和双圈组。今拟取延边段为3圈，三角形段为2圈，从而构成3∶2抽头，如图6.2.2b所示。本例绕组改绕后，如嫌起动转矩不足，则可按图6b接线改作2∶3抽头，这时起动电流$I_K\approx0.556I_{KD}$，当然起动转矩也随之增大。主要应用于Y2-160M1-2、Y160M2-2等30槽2极电动机的改绕。

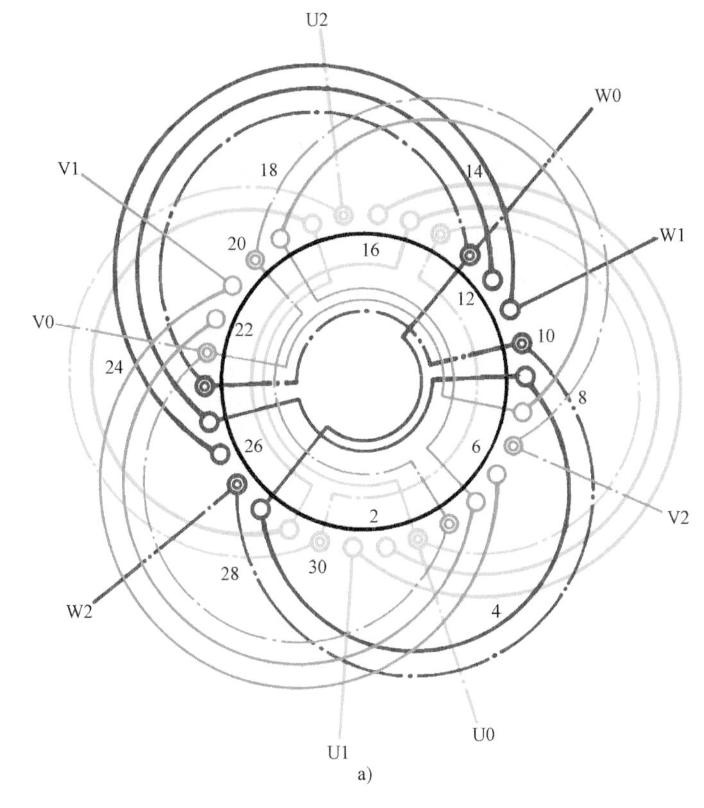

a)

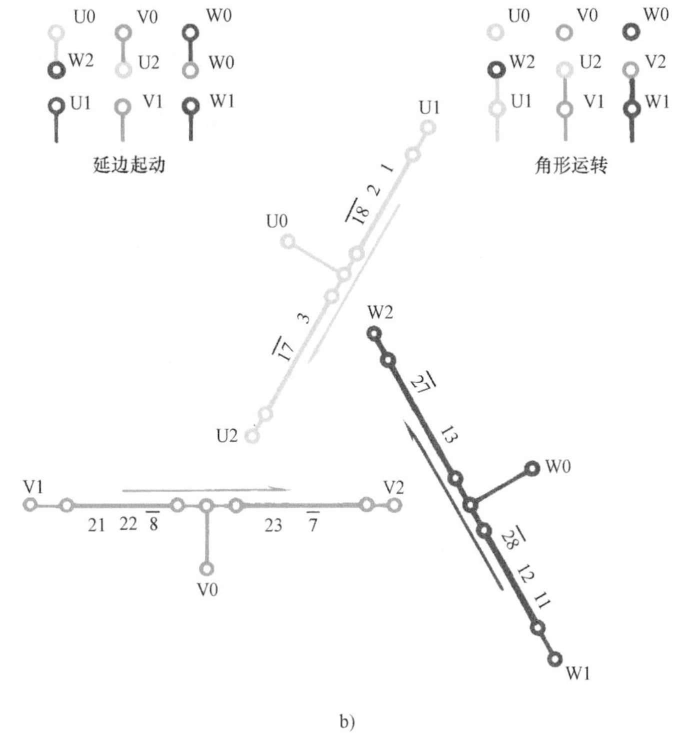

b)

图 6.2.2

6.2.3　30 槽 2 极（$a=1$）单层同心交叉式改绕单双层 1∶1 抽头延边三角形绕组

1. 绕组结构参数

定子槽数　$Z=30$　线圈组数　$u=12$　并联路数　$a=1$

电机极数　$2p=2$　每组圈数　$S=1、2$　绕组系数　$K_{dp}=0.957$

总线圈数　$Q=15$　绕组极距　$\tau=15$　抽头比例　$\beta=1:1$

极相槽数　$q=5$　线圈节距　$y=15、13、11$　起动电流　$I_K=0.5I_{KD}$

2. 绕组特点与应用　本绕组改绕前与上例相同。为使其获得 1∶1 抽头，并消除单边磁拉力，特将三圈组中的大线圈一分为二，改为双层布线，从而使改绕后的绕组转变成单双层绕组。改绕后每组均由单、双层各一只线圈组成，使延边段与角形段所含线圈数相等。绕组接线极性则相反，即延边段线圈是两正一反，角形段是一正二反，如图 6.2.3b 所示。

此绕组适用于 1∶1 抽头的 30 槽 2 极单层同心交叉式绕组改绕。主要应用有 Y160M1-2、Y2-160M2-2 等电动机改绕。

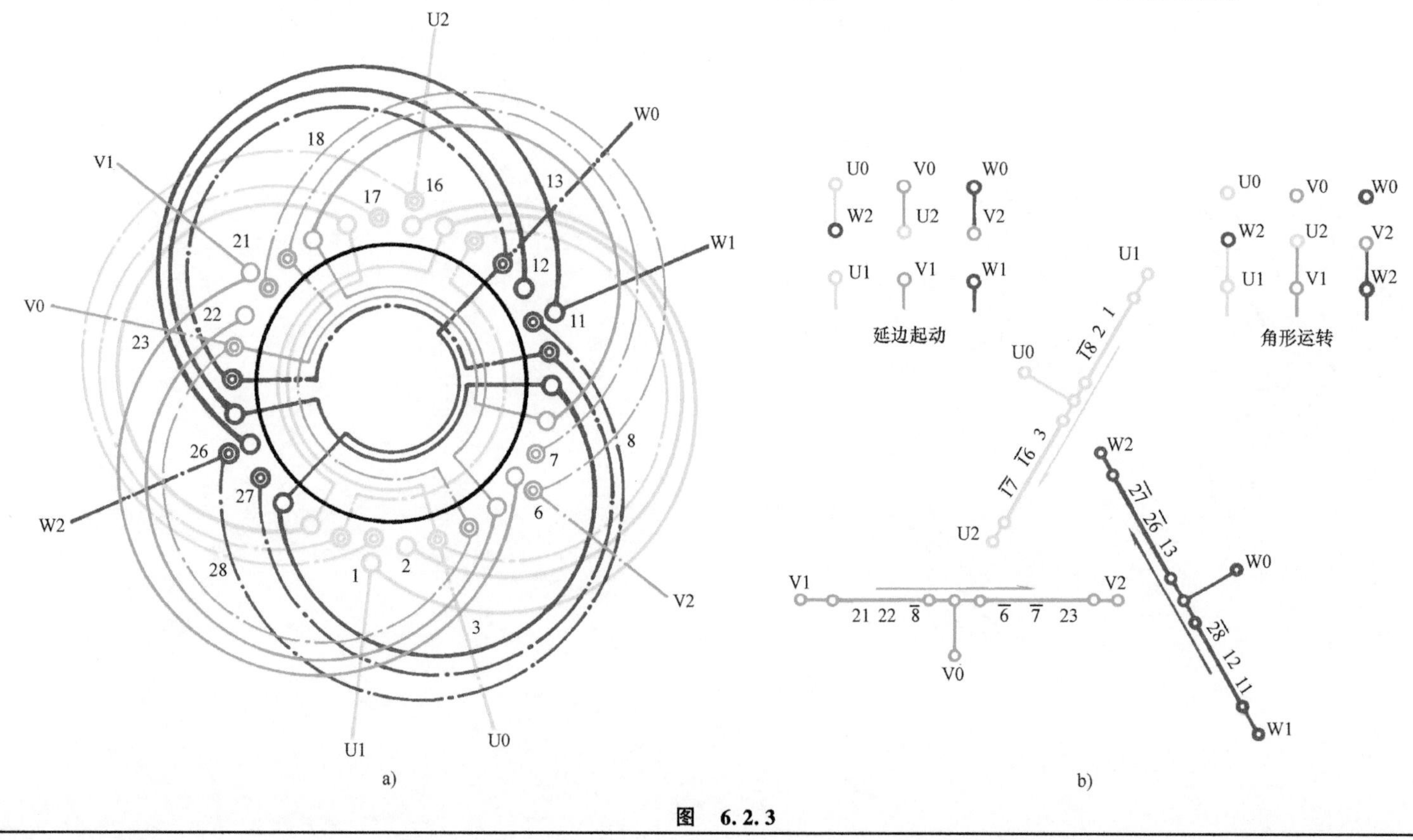

图　6.2.3

6.2.4 30槽2极（$a=1$）单层同心交叉式改绕双层1∶1抽头延边三角形绕组

1. 绕组结构参数

定子槽数	$Z=30$	线圈组数	$u=12$	并联路数	$a=1$
电机极数	$2p=2$	每组圈数	$S=3$、2	绕组系数	$K_{dp}=0.875$
总线圈数	$Q=30$	绕组极距	$\tau=15$	抽头比例	$\beta=1:1$
极相槽数	$q=5$	线圈节距	$y=11$	起动电流	$I_K=0.5I_{KD}$

2. 绕组特点与应用　本例单层绕组改绕为双层叠式，每组改由三圈和双圈构成。每相分两段，其中延边段有一个正极性的三圈组和一个反极性的双圈组；角形段则由正极性的双圈组和反极性的三圈组串联而成。虽然每相采用不等圈线圈组，但两段绕组所含线圈数是相等的，故仍属1∶1抽头，改绕后的起动电流约为原绕组的一半。

嵌线方法与双叠绕组相同，但线圈组有两种规格，嵌线时要按图嵌入，以免嵌错造成返工。此外，原单层绕组系数较高，改绕后的绕组系数相差较大，为确保改绕后的磁通密度不致过大，本例双层线圈匝数应按下式换算：

$$W_2=0.547W_1$$

式中　W_1、W_2——原来单层和改绕双层的线圈匝数。

它主要应用于Y2-160M1-2等同心交叉式绕组的改绕。

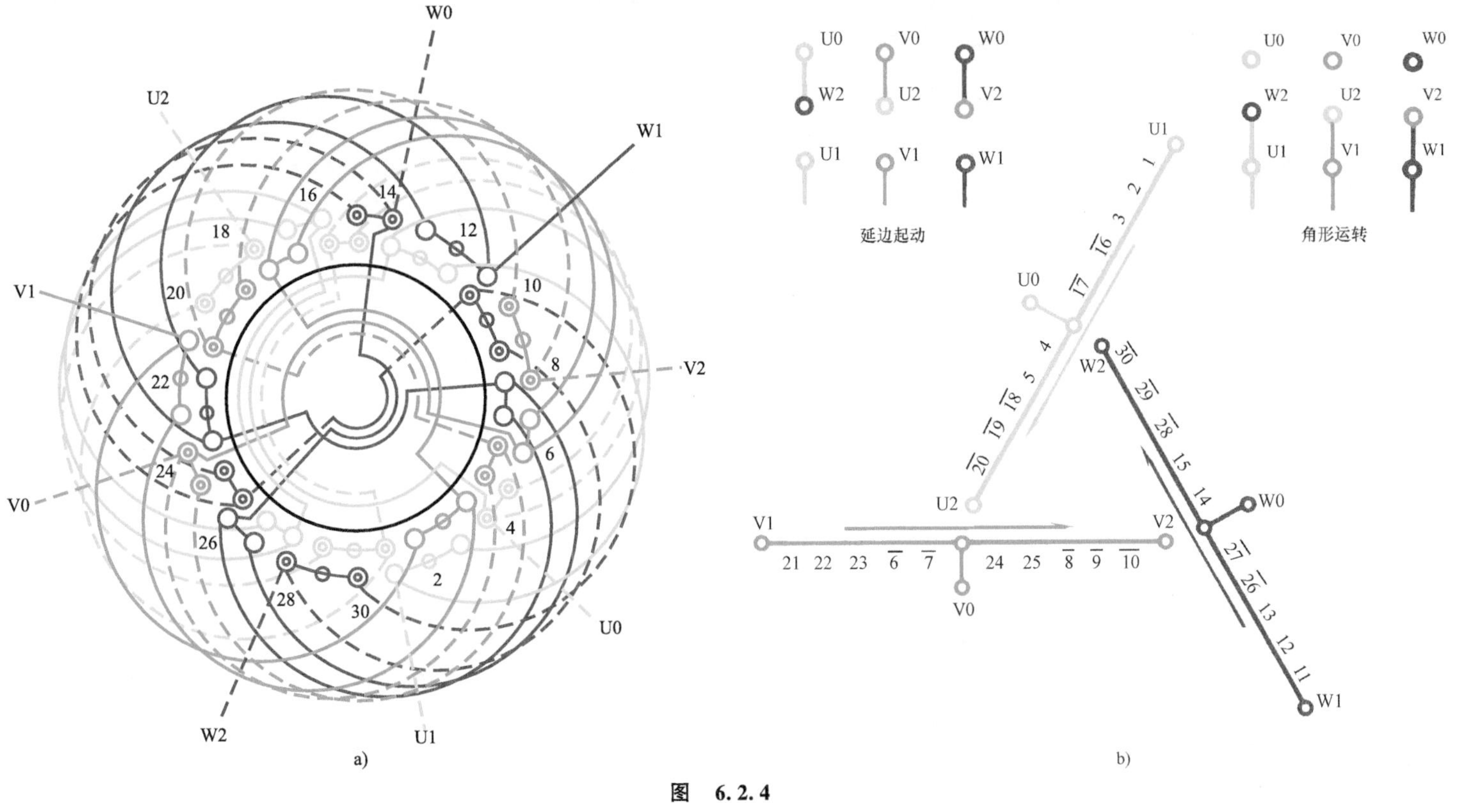

图　6.2.4

6.2.5 36 槽 4 极（$a=1$）单层交叉式改绕 1∶2（或 2∶1）抽头延边三角形绕组

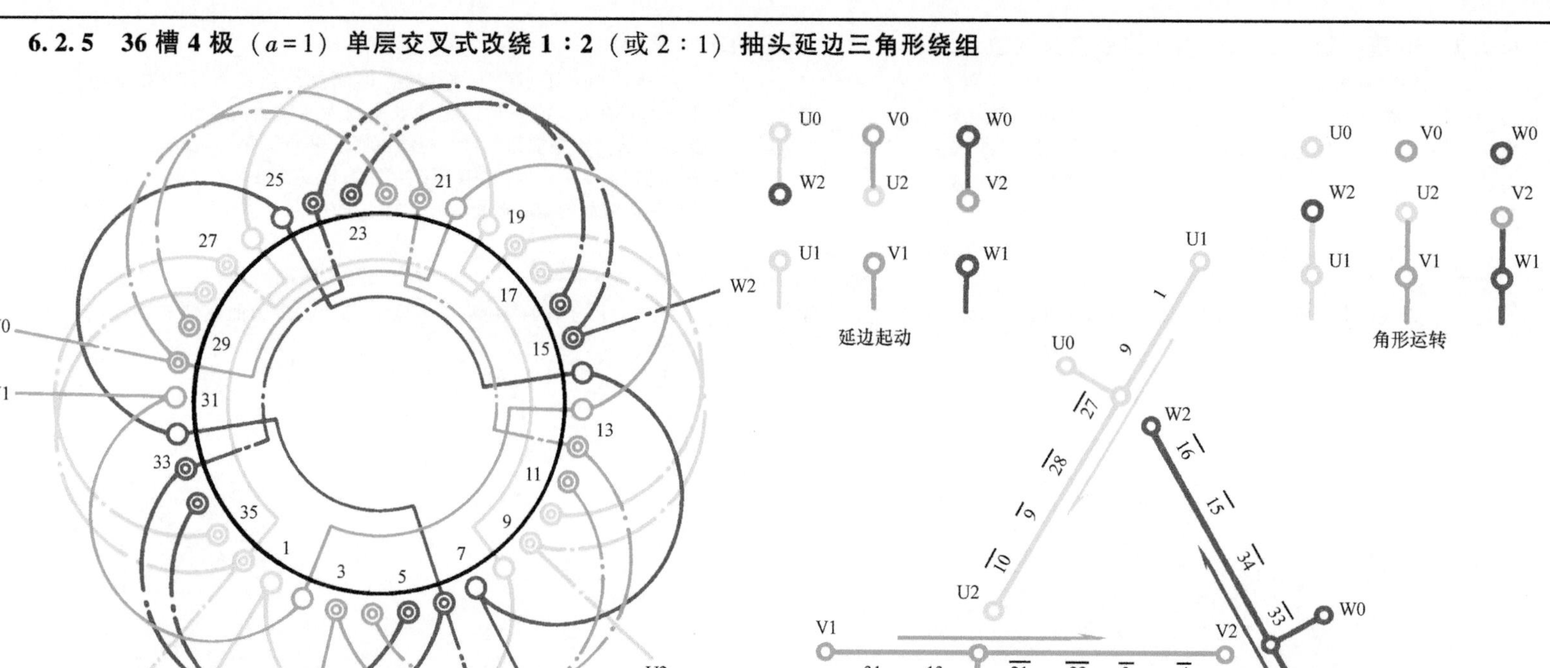

a)　　b)

图 6.2.5

1. 绕组结构参数

定子槽数	$Z=36$	线圈组数	$u=12$	并联路数	$a=1$
电机极数	$2p=4$	每组圈数	$S=1$、2	绕组系数	$K_{dp}=0.96$
总线圈数	$Q=18$	绕组极距	$\tau=9$	抽头比例	$\beta=1:2$
极相槽数	$q=3$	线圈节距	$y=7$、8	起动电流	$I_K=0.6I_{KD}$

2. 绕组特点与应用　36 槽 4 极单层交叉式绕组每组平均线圈数为 1½，实质属分数槽线圈绕组，归并后，线圈组由单、双圈组成。若改绕延边起动，为满足对称条件，每相 4 组线圈必须使单圈和双圈分置于同段，所以无法改绕成 1∶1 抽头。而本例设计考虑稍大的起动转矩，故取抽头比例为 1∶2。这时，延边段只有两个单圈，其极性为正；角形段则为两组双圈，全是反极性，如图 6.2.5b 所示。此例也可参照图 6b 改接 2∶1 起动。

本例应用于 36 槽 4 极一路角形联结的单层交叉式绕组，如 Y2-160M-4、Y160L-4 等电动机改绕。

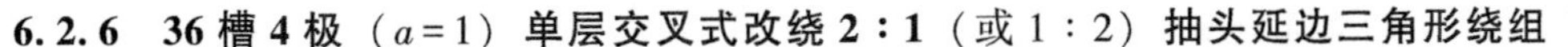

6.2.6　36 槽 4 极（$a=1$）单层交叉式改绕 2∶1（或 1∶2）抽头延边三角形绕组

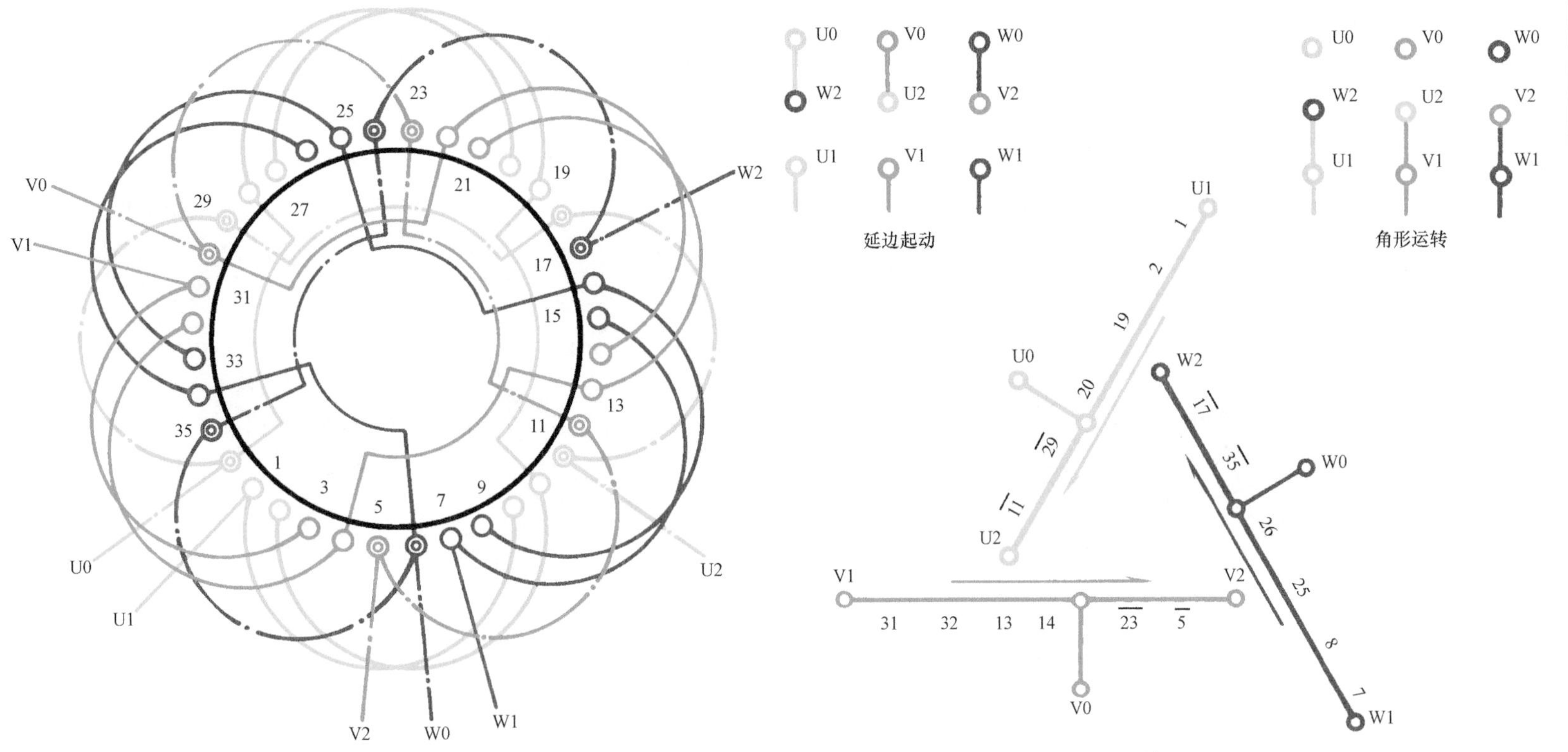

a)

b)

图　6.2.6

1. 绕组结构参数

定子槽数	$Z=36$	线圈组数	$u=12$	并联路数	$a=1$
电机极数	$2p=4$	每组圈数	$S=2$、1	绕组系数	$K_{dp}=0.96$
总线圈数	$Q=18$	绕组极距	$\tau=9$	抽头比例	$\beta=2:1$
极相槽数	$q=3$	线圈节距	$y=8$、7	起动电流	$I_K=0.43I_{KD}$

2. 绕组特点与应用　　本例绕组特点基本与上例相同，但改绕采用 2∶1 抽头比例，即延边段用 4 个线圈（两组双圈）串联；而角形段为两组单圈串联。采用此抽头比例可使电动机起动电流比 1∶1 抽头还小，但起动转矩也随之下降，故只适宜负载静阻力较小的起动场合使用。改绕时要酌情选用。但若需加大起动转矩则可按图 6b 端子接线，作反比例 1∶2 抽头起动，这时起动转矩可提高到 $0.58T_{KD}$ 左右；但起动电流则相应增加。

6.2.7 36槽4极（$a=1$）单层交叉式改绕双层1∶1抽头延边三角形绕组

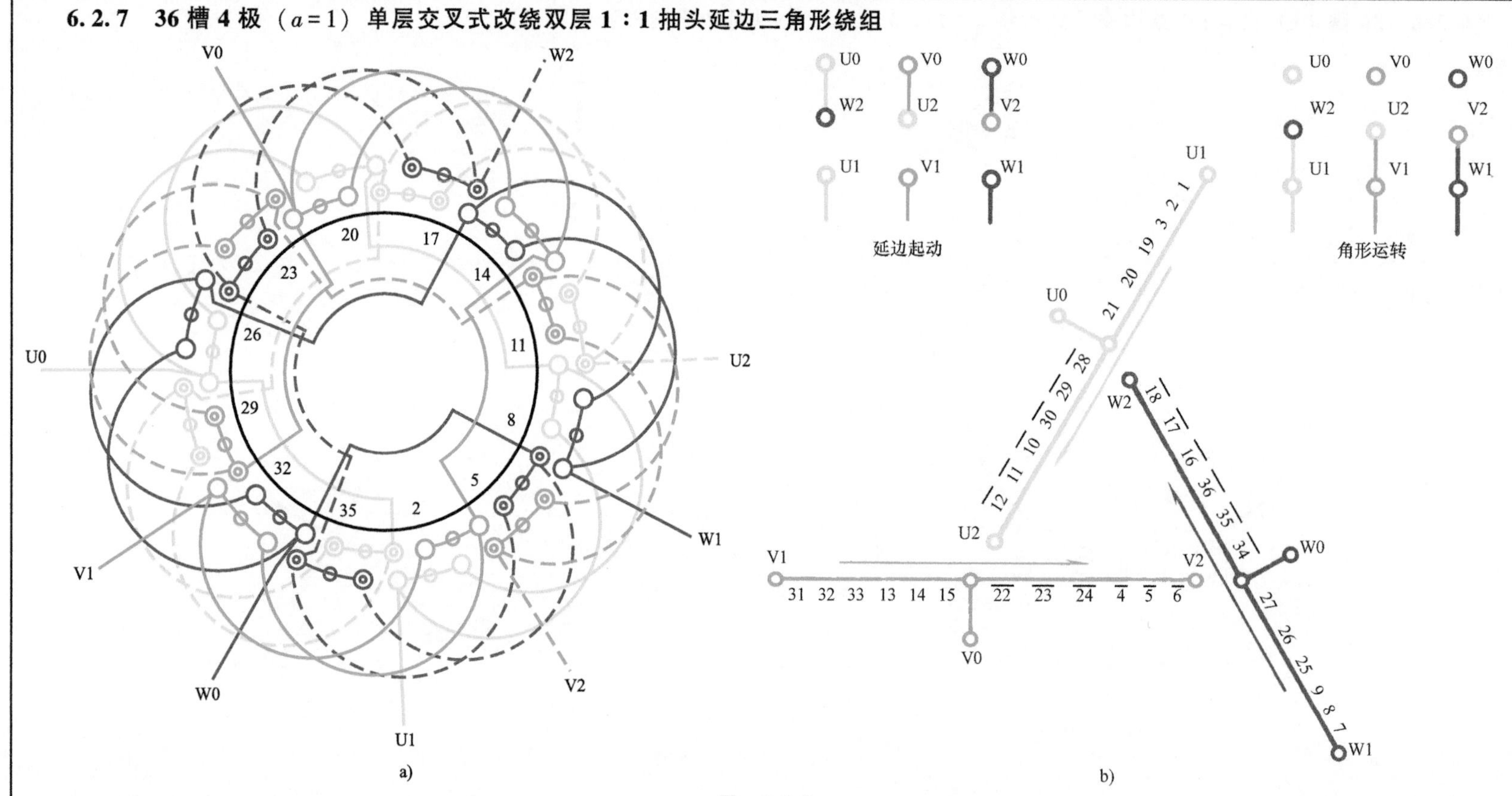

图 6.2.7

1. 绕组结构参数

定子槽数 $Z=36$ 线圈组数 $u=12$ 并联路数 $a=1$

电机极数 $2p=4$ 每组圈数 $S=3$ 绕组系数 $K_{dp}=0.902$

总线圈数 $Q=36$ 绕组极距 $\tau=9$ 抽头比例 $\beta=1:1$

极相槽数 $q=3$ 线圈节距 $y=7$ 起动电流 $I_K=0.5I_{KD}$

2. 绕组特点与应用　本例是36槽4极一路角形联结电动机的单层交叉式绕组改绕方案。因原绕组为单双圈结构，单层的改绕无法实施1∶1抽头，为此改绕成双层叠式。改绕后，绕组结构与双叠绕组相同，每组由3个线圈组成，但每相4组线圈分成两段，并在定子空间对称安排，使之构成对称绕组。改绕后延边段由两组正极性的三圈组顺向（逆向）走线串联而成。角形段则两组反极性，即反向走线串联成段。改绕双层线圈的匝数为 $W_2=0.532W_1$（匝）。

此绕组应用于Y160L-4等单层交叉式改绕1∶1延边起动绕组。

6.2.8　36 槽 4 极（$a=2$）单层交叉式改绕 1∶2（或 2∶1）抽头延边三角形绕组

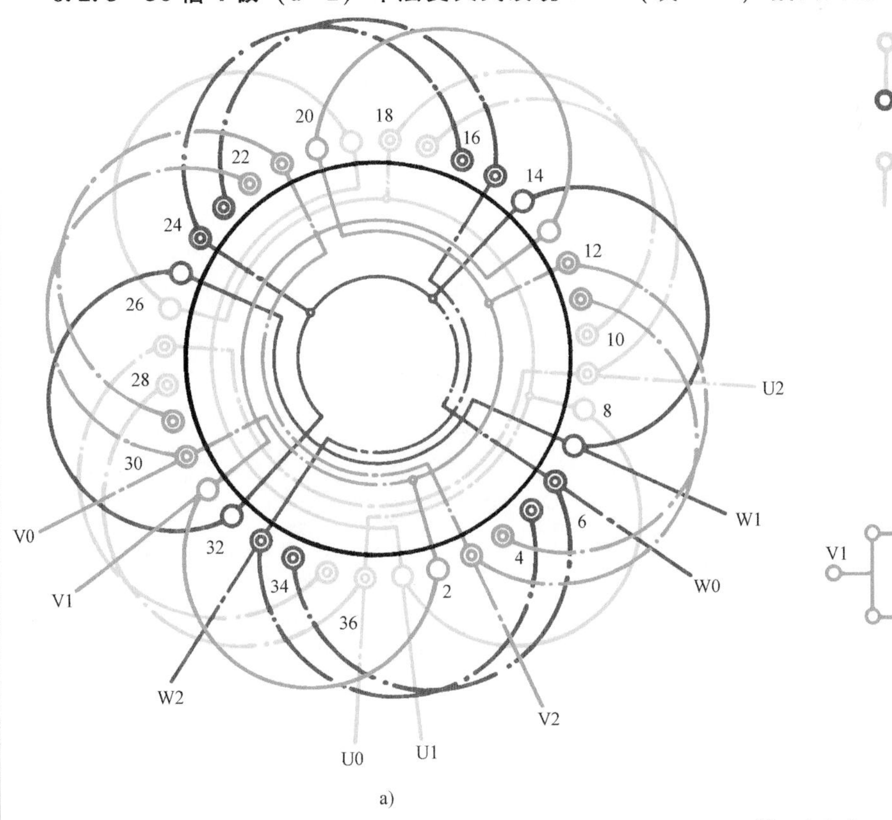

a)

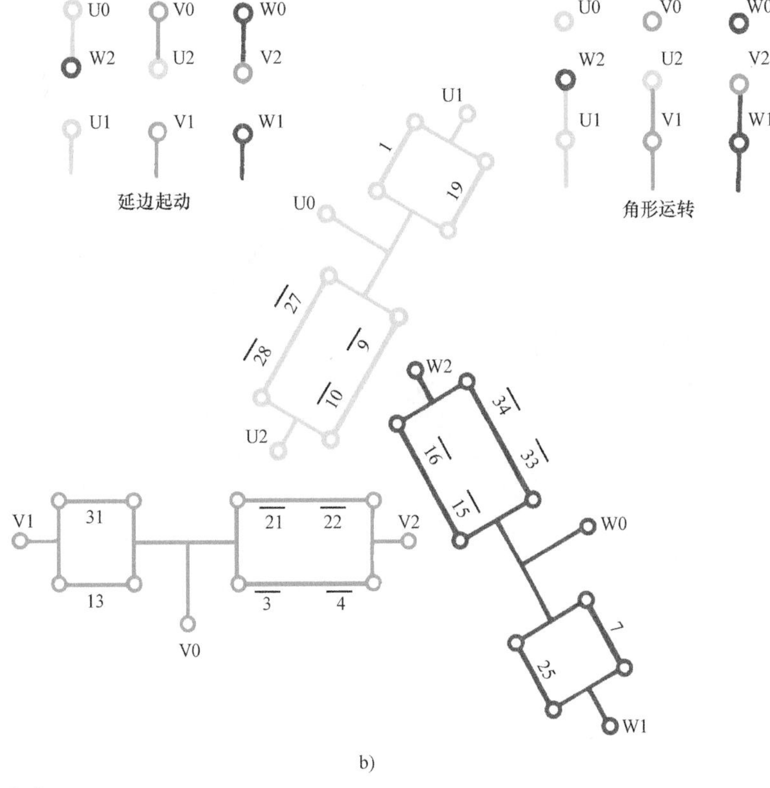

b)

图　6.2.8

1. 绕组结构参数

定子槽数　$Z=36$　　线圈组数　$u=12$　　并联路数　$a=2$

电机极数　$2p=4$　　每组圈数　$S=1$、2　　绕组系数　$K_{dp}=0.96$

总线圈数　$Q=18$　　绕组极距　$\tau=9$　　抽头比例　$\beta=1:2$

极相槽数　$q=3$　　线圈节距　$y=7$、8　　起动电流　$I_K=0.6I_{KD}$

2. 绕组特点与应用　　本例绕组结构采用二路接线，也是采用 1∶2 抽头，较上例的起动转矩有所增加。由于是两路并联，因此延边段的两个单圈组分别成为各自支路；而角形段两个双圈组也安排在两个支路上，如图 6.2.8b 所示。本例是两路并联的绕组改绕，改绕后仍为单层，可作为 Y160M—4 等规格的电动机改绕延边起动绕组。

如果起动负载很轻，还可试用 2∶1 抽头，这时可按图 6b 的端子接线。

6.2.9 36 槽 4 极（$a=2$）单层交叉式改绕双层 1∶1 抽头延边三角形绕组

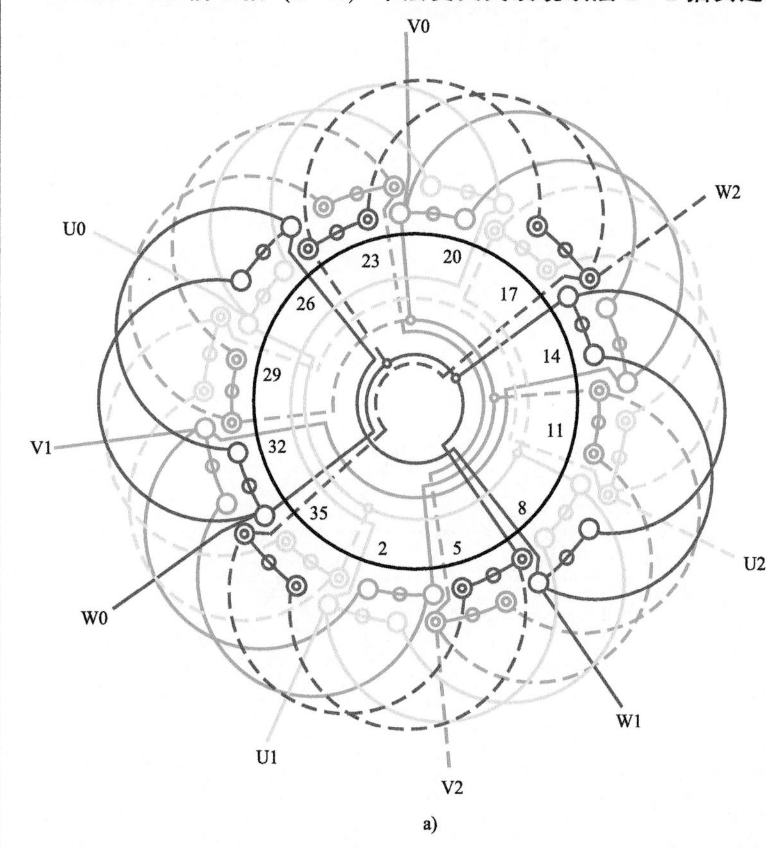

a)

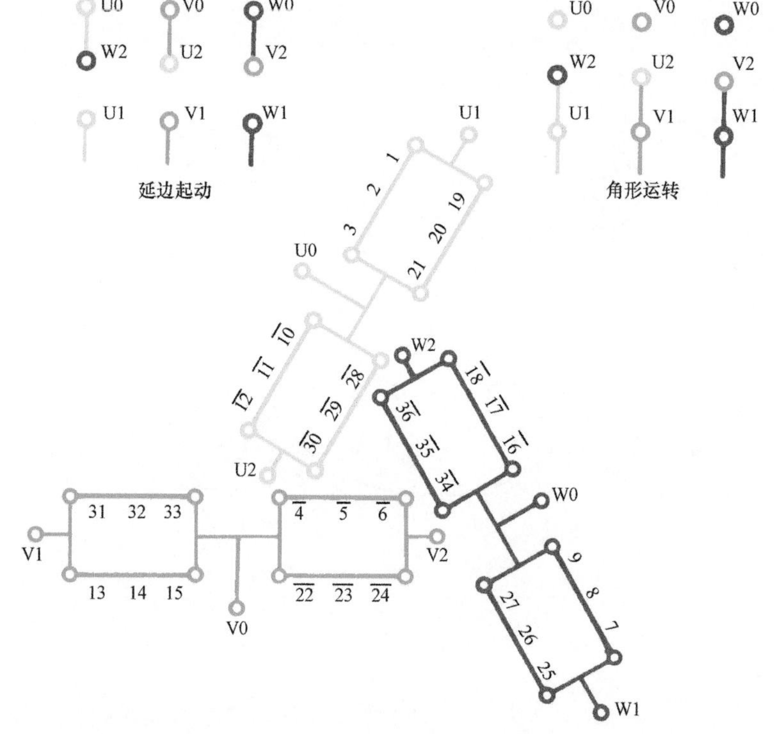

b)

图 6.2.9

1. 绕组结构参数

定子槽数	$Z=36$	线圈组数	$u=12$	并联路数	$a=2$
电机极数	$2p=4$	每组圈数	$S=3$	绕组系数	$K_{dp}=0.902$
总线圈数	$Q=36$	绕组极距	$\tau=9$	抽头比例	$\beta=1:1$
极相槽数	$q=3$	线圈节距	$y=7$	起动电流	$I_K=0.5I_{KD}$

2. 绕组特点与应用　本例与上例绕组相同，但由并联支路数 $a=2$ 改绕，故两段绕组也分别构成两个分支回路，即如图 6.2.9b 所示，两段绕组每个支路均只有一个三圈组，再并接成两路。延边段每个支路各线圈为正极性；角形段则反之，线圈均为反极性。绕组改绕双层后，线圈匝数改为 $W_2=0.532W_1$。此绕组应用于 Y2-160M-4 等两路并联的单层交叉式绕组改绕。

6.2.10　36 槽 6 极（$a=1$）单层链式改绕 1∶1 抽头延边三角形绕组

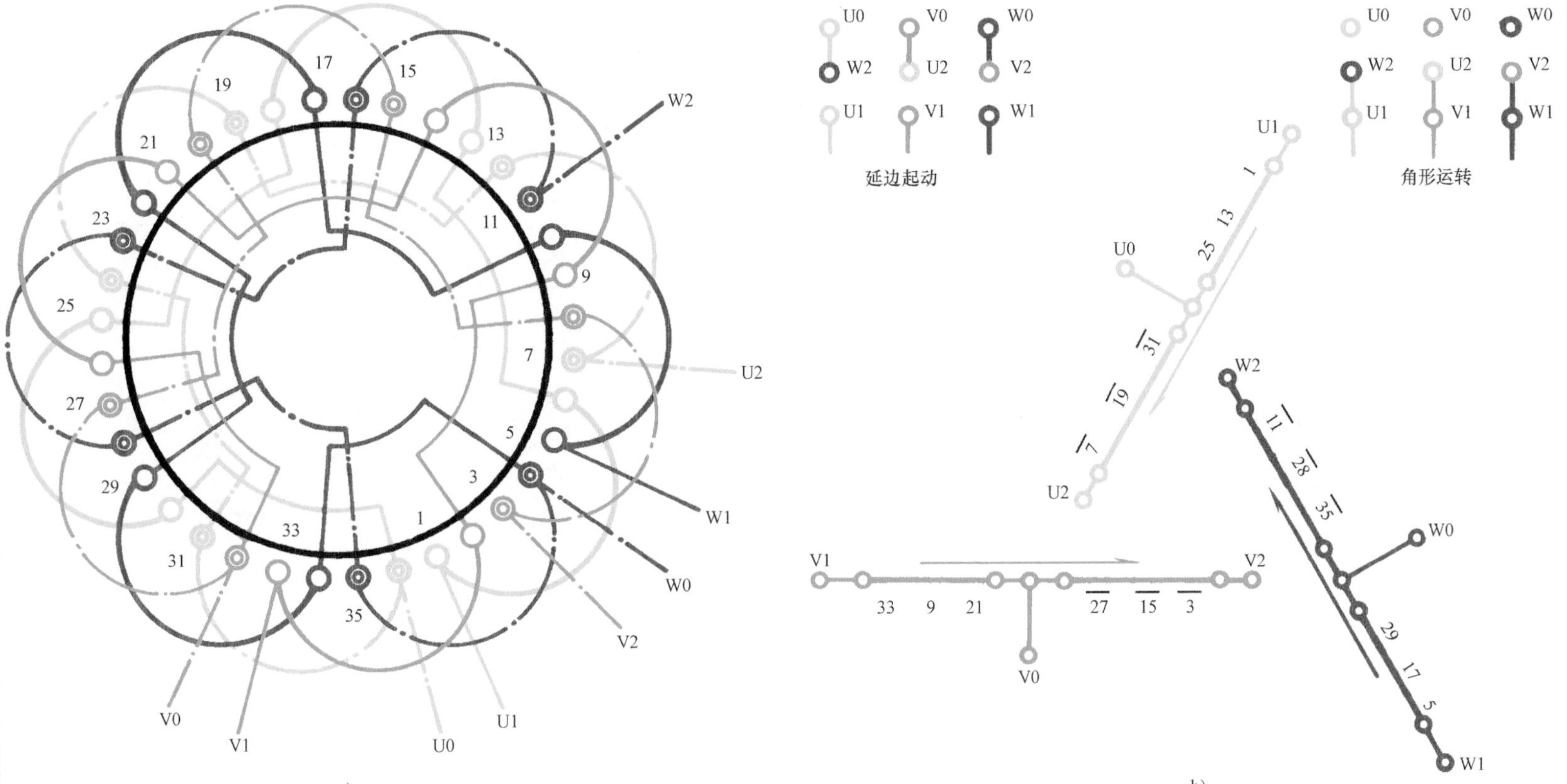

a)

b)

图　6.2.10

1. 绕组结构参数

定子槽数	$Z=36$	线圈组数	$u=18$	并联路数	$a=1$
电机极数	$2p=6$	每组圈数	$S=1$	绕组系数	$K_{dp}=0.966$
总线圈数	$Q=18$	绕组极距	$\tau=6$	抽头比例	$\beta=1:1$
极相槽数	$q=2$	线圈节距	$y=5$	起动电流	$I_K=0.5I_{KD}$

2. 绕组特点与应用　　本例改绕前后均属单层链式，每组为单圈。改绕后线圈的接线有别于前面各例，因每相延边段与角形段分别由3个线圈组成，但延边段的线圈极性均为正；角形段的线圈则全是反极性。两段线圈在定子上隔组分布，接线时两段线圈反方向，从而使每段构成庶极形式，如图 6.2.10a 所示。

本绕组改绕应用于 36 槽 6 极单链绕组，主要应用有 Y160L-6、Y2-160M-6 电动机等改绕。

6.2.11 36 槽 6 极（$a=1$）单层链式改绕双层 1∶1 抽头延边三角形绕组

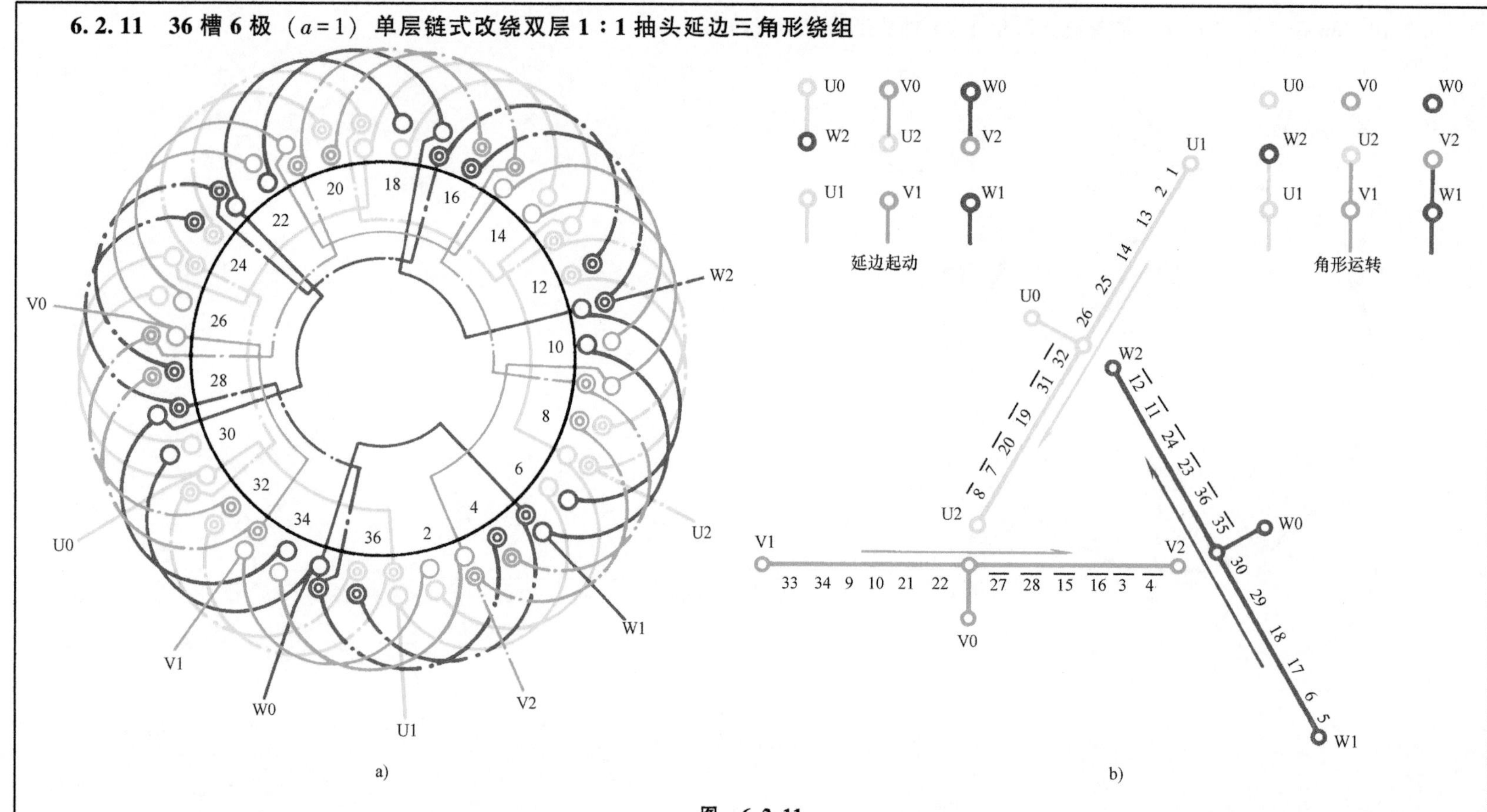

图 6.2.11

1. 绕组结构参数

定子槽数	$Z=36$	线圈组数	$u=18$	并联路数	$a=1$
电机极数	$2p=6$	每组圈数	$S=2$	绕组系数	$K_{dp}=0.933$
总线圈数	$Q=36$	绕组极距	$\tau=6$	抽头比例	$\beta=1:1$
极相槽数	$q=2$	线圈节距	$y=5$	起动电流	$I_K=0.5I_{KD}$

2. 绕组特点与应用　36 槽 6 极单链绕组改绕成延边三角形起动绕组，除如上例保留原来绕组型式之外，还可改绕成双层叠式。这时，原来一个线圈变成两个，故每组均有两个线圈，而每段均由 3 组双圈串联而成，但两段线圈极性相反，即延边段全部线圈为正极性；角形段则全部是反极性。改绕双层后，线圈匝数应为 $W_2=0.517W_1$。

本例改绕应用于 Y2-160L-6、Y160M-6 等 36 槽 6 极单链绕组的电动机。

6.2.12 48 槽 8 极（$a=1$）单层链式改绕 1∶1 抽头延边三角形绕组

1. 绕组结构参数

定子槽数	$Z=48$	线圈组数	$u=24$	并联路数	$a=1$
电机极数	$2p=8$	每组圈数	$S=1$	绕组系数	$K_{dp}=0.966$
总线圈数	$Q=24$	绕组极距	$\tau=6$	抽头比例	$\beta=1:1$
极相槽数	$q=2$	线圈节距	$y=5$	起动电流	$I_K=0.5I_{KD}$

2. 绕组特点与应用　　本例绕组特点同 6.2.10 节，但极数增加，故每相由 8 个线圈组成；两段线圈间隔分布，其中延边段 4 个线圈为正极性，接线时逆时针走线，顺接串联；角形段 4 个线圈则顺时针走线，接线时串联成反极性。

本绕组应用于 48 槽 8 极单链绕组改绕，主要应用有 Y160M2-8、Y2-160L-8 等改绕延边起动电动机。

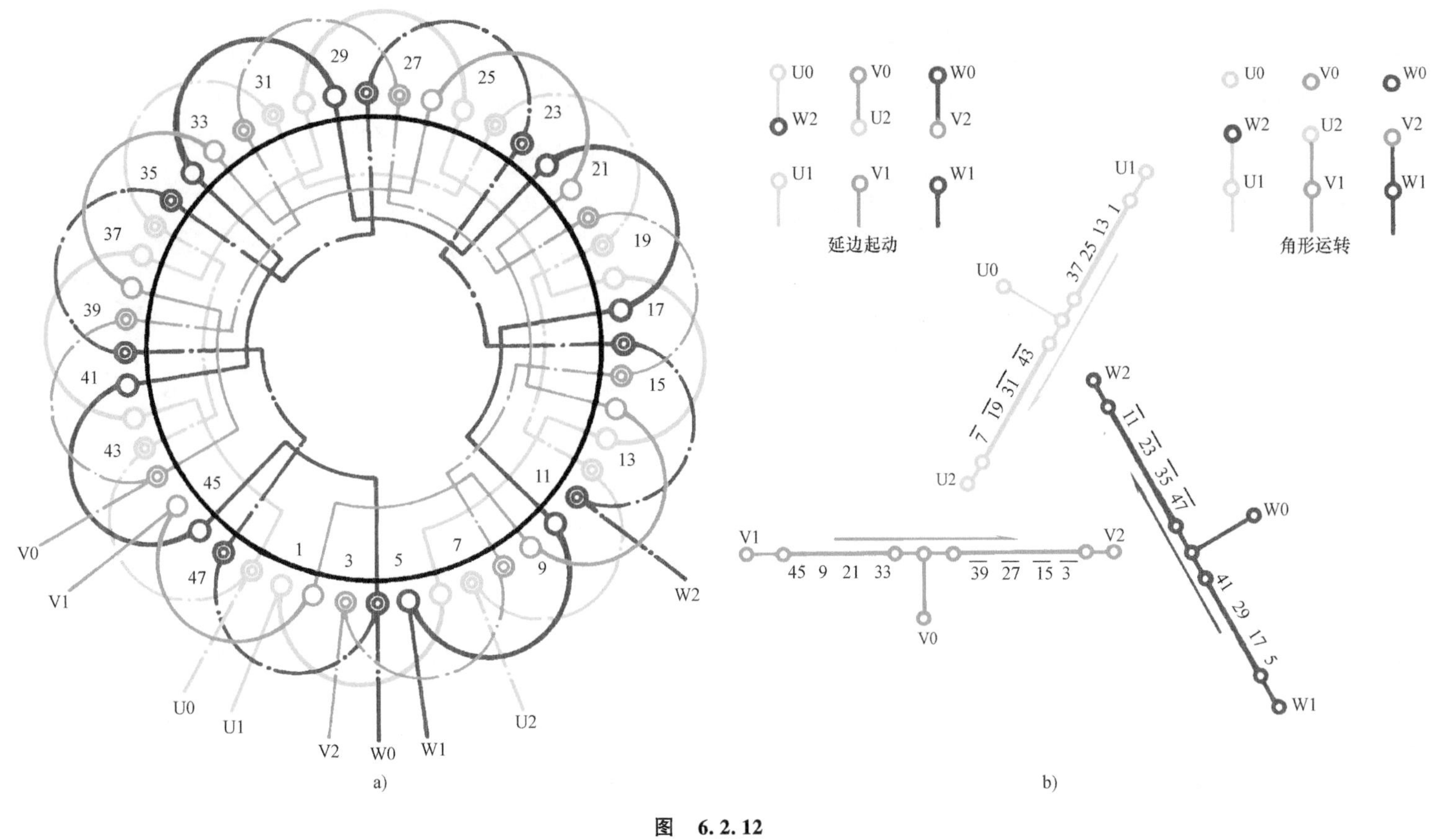

图 6.2.12

6.2.13 48槽8极（$a=1$）单层链式改绕双层1:1抽头延边三角形绕组

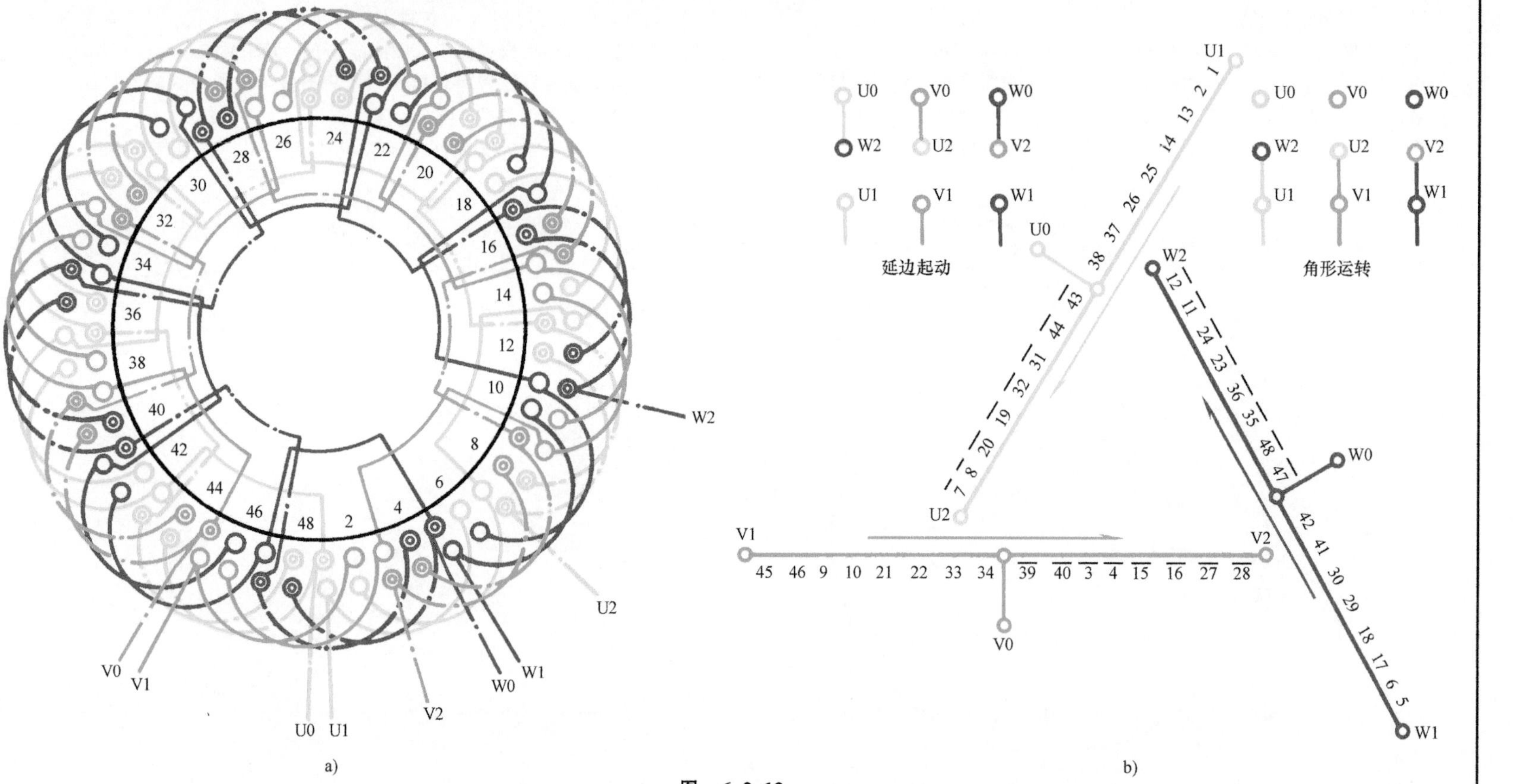

a)

b)

图 6.2.13

1. 绕组结构参数

定子槽数	$Z=48$	线圈组数	$u=24$	并联路数	$a=1$
电机极数	$2p=8$	每组圈数	$S=2$	绕组系数	$K_{dp}=0.933$
总线圈数	$Q=48$	绕组极距	$\tau=6$	抽头比例	$\beta=1:1$
极相槽数	$q=2$	线圈节距	$y=5$	起动电流	$I_K=0.5I_{KD}$

2. 绕组特点与应用　　单层链式除可如上例改绕单层外，还可按本例改为双层绕组。这时，每组由两个线圈组成，每相有8组，分成两段接线，其中延边段4组线圈均为正极性，按逆时针方向走线；角形段4组则全是反极性，按顺时针方向走线。改绕双层后，线圈匝数 $W_2=0.517W_1$。

本例应用于Y2-160L-8、Y160L-8电动机等48槽8极单链绕组改绕延边起动绕组。

第 7 章　三相电动机改绕正弦绕组

三相正弦绕组又称星-角混合绕组，是近年出现的高质量的特殊绕组型式。它具有如下优点：

1）采用正弦绕组可以在加强基波磁势的同时，有效地削弱 5、7 次谐波干扰，从而改善电动机性能；

2）改绕正弦绕组，特别是双层叠式绕组改正弦绕组，对绕组系数有较大提高，进而可使功率因数提高，电动机出力也随之提高；

3）改绕后，部分线圈从双层改为单层，除节省了层间绝缘材料外，还可考虑适当增大正弦绕组的导线截面积以降低定子绕组铜损耗，进而提高电动机运行性能，节省电能，并在提高电动机输出功率的同时还降低了运行温度；

4）由于正弦绕组的安排，使空间相位差缩减为 30° 相带，使气隙磁势更接近于圆形，电动机的运行更加稳定，而振动和噪声得以减小。

虽然正弦绕组具有很多优点，但不同电动机改绕后的经济效果并不相同，一般来说，2、4 极电动机改绕正弦的效果要比多极数的明显，有的效率可提高 2%～4%；此外，还要看原电动机本身的质量，若原来设计合理，而附加损耗又很小，则改绕后的效果也不理想。所以，选择改绕的电动机，最好选用 JO2、JO3、JO4 系列正规厂家的铝线电动机进行改绕，因其材质可以保证，而以铝改铜有效利用的空间也较大。因此效果最佳。

所以，本书就以旧电动机为基准进行改绕而重新设计正弦绕组。因老系列电动机的接线盒为后置式，其接线端在后部，故本章例图若从前（出轴）端视向时，与电源相序匹配，则电动机仍为顺时针旋转。

由于正弦绕组的结构和接线复杂，工艺要求高，嵌线制作较费工时，故目前在标准系列产品中尚未有采用，但在修理中已有人遇到过。随着技术进步和对产品质量要求的提高，正弦绕组将最终成为高性能、高效率电动机首选的绕组型式。目前则主要用于提高电动机功效的特制和改绕修理。

三相正弦绕组中有星形和角形两套绕组，根据不同的连接特点，可构成内星角形(△)和内角星形(人)两种型式。

三相正弦绕组属于新的绕组型式，最初收入本书第 2 版，为了便于读者了解而用了较多文字说明，原稿拟按每例两页设计，但编辑时被压缩在一页，故有读者反映看不清楚而要我提供原图。《遗补篇》内，重新绘制的绕组图中，将两种线条绘制为一种，使得六相变三相时读图极不理想。为此，其后重新绘制新图以满足读者的要求。本章每例由主、辅图构成：图 a 为主图，用潘氏画法绘制；图 b 是辅图，是以示意形式表示各槽线圈的相别、极性，用以指导绕组的接线。由于正弦绕组有用单层、双层及单双层布线，故图 b 中，双层线圈以下层边所在嵌入槽号为线圈号；单层线圈则用沉边槽为线圈号。

为了区别每相中不同相位的线圈，特在图 a 中的星形绕组线圈的有效边用双圈、端部及连接线用（粗）实线表示；角形线圈则用单圈及点划线表示。此外，对例图复杂的接线格局作了简化，进行重新设计，使之更清晰明了。

7.1 三相内星角形(△̸)正弦绕组布线接线图

一、正弦绕组的构成

正弦绕组是把60°相带绕组每极相分成△形和Y形两部分。由于星形绕组较角形绕组电流滞后30°电角度，从而使电机综合电流在定子圆周上的分布更接近于正弦波形，故被称为正弦绕组。正弦绕组的构成是以三相绕组为基础，即将三相绕组每极相所占槽数 q 一分为二，一部分接成角形绕组，另一部分接成星形绕组，两部分绕组分别按常规独立接线，实质是在一台电机定子上嵌入两套三相绕组，最后将两部分绕组按需接成△̸形或人形。

二、绕组结构参数

1）线圈数　　正弦绕组总线圈数是两部分绕组线圈之和，即 $Q=Q_d+Q_y$；如是双层布线，总线圈数等于槽数；若采用单层布线，则 $Q_{总}=Z/2$；单双层布线则界于两者之间。

2）线圈组数　　指两部分绕组线圈组数之和。

3）每组圈数　　包括角形(S_d)和星形(S_y)两部分。

4）极相槽数　　与一般三相绕组相同，即 $q=Z/2pm$，但两部分绕组每极相占槽 q_d 与 q_y 可以相等，也可不等。

5）线圈节距　　正弦绕组线圈节距包括 y_d 和 y_y，对双层绕组 $y_d=y_y$；单层或单双层可不同。

6）并联支路数　　一般改绕常取 $a_d=a_y$，但也有个别图例 $a_d\neq a_y$。

三、布线接线要点

正弦绕组有多种布线型式，详细可参考下节说明。内星角形的接线分三步进行：

1）先将属于角形的线圈(组)按三相电动机常规绕组接成△形，抽出引接线并标示 U_d、V_d、W_d；

2）再把其余线圈(组)逐相连接后，尾端连成星点，接成Y形绕组；

3）最后把星形绕组的头端标示 U_y、V_y、W_y，并与 U_d、V_d、W_d 对应端并接。

四、改绕参数换算

正弦绕组目前主要用于电动机提高性能的改绕。详细的说明可参考下节介绍。改绕参数的换算见表7.1。

表7.1　三相电动机改绕内星角形（△̸）正弦绕组的基本参数计算

原绕组联结	改绕参数	正弦Y形部分	正弦△形部分
三相Y形	每槽导线数	$N_y=1.94N_o\dfrac{K_{po}}{K_p}$	$N_d=3.36N_o\dfrac{K_{po}}{K_p}$
	导线截面积	$S_y=0.515S_o\dfrac{K_p}{K_{po}}$	$S_d=0.299S_o\dfrac{K_p}{K_{po}}$
三相△形	每槽导线数	$N_y=1.12N_o\dfrac{K_{po}}{K_p}$	$N_d=1.94N_o\dfrac{K_{po}}{K_p}$
	导线截面积	$S_y=0.892S_o\dfrac{K_p}{K_{po}}$	$S_d=0.515S_o\dfrac{K_p}{K_{po}}$

注：N_o、S_o—改绕电动机原三相绕组每槽有效导线数和导线截面积；K_{po}、K_p—原三相绕组及改绕正弦绕组的节距系数。

五、图例说明

1）正弦绕组每极相线圈分别由角形和星形两部分组成，每组线圈数可相等，也可不等；

2）绕组参数中角形部分用脚注"d"表示，星形用"y"表示；

3）图例中的图a是正弦绕组布接线端面模拟图，其中角形线圈用细点划线绘制并连接，星形线圈用粗实线绘制并用实线连接；

4）正弦绕组连接线交叉较多，为便于看图，本节例图交接点采用"○"表示。

7.1.1 24 槽 2 极（单层链式）内星角形正弦绕组

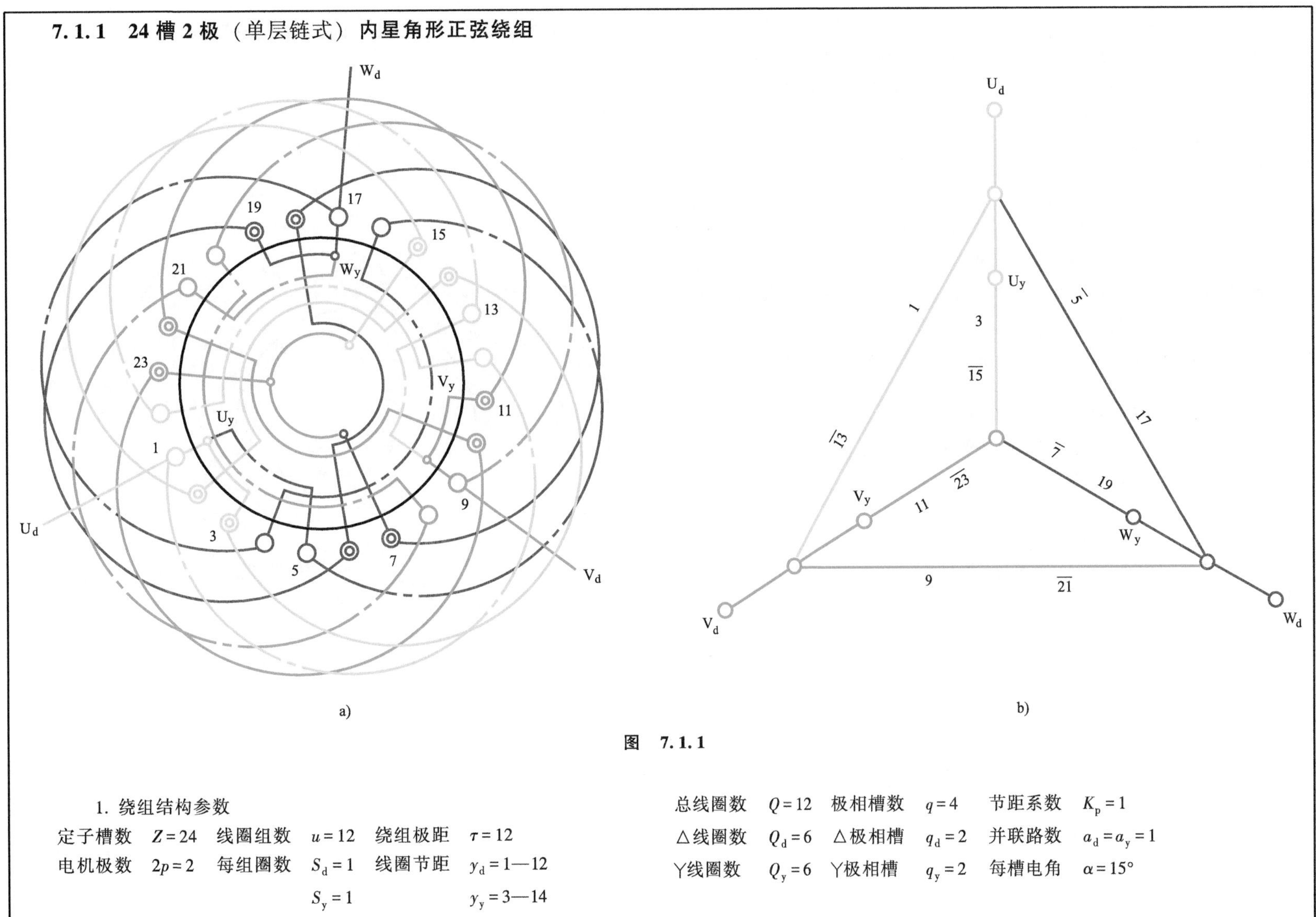

图 7.1.1

1. 绕组结构参数

定子槽数	$Z=24$	线圈组数	$u=12$	绕组极距	$\tau=12$	总线圈数	$Q=12$	极相槽数	$q=4$	节距系数	$K_p=1$
电机极数	$2p=2$	每组圈数	$S_d=1$	线圈节距	$y_d=1—12$	△线圈数	$Q_d=6$	△极相槽	$q_d=2$	并联路数	$a_d=a_y=1$
			$S_y=1$		$y_y=3—14$	丫线圈数	$Q_y=6$	丫极相槽	$q_y=2$	每槽电角	$\alpha=15°$

2. 绕组特点　本例采用单层显极式布线，两套绕组占槽相等，且每组线圈数相等，而每组只有一个线圈，故属单链绕组。虽为全距绕组，但每个线圈实际跨距均小于极距，而且总线圈数比双层绕组少一半，具有嵌绕省时、方便等特点。

3. 嵌线方法　绕组分层嵌线，先把角形部分的线圈嵌入相应槽内，完成后再将星形部分的线圈嵌于面层。

4. 接线要点　将两种线圈引线整理顺直分开，暂时把Y形线圈的引线扳向定子中心束起；分别把△形部分同相两线圈“尾与尾”连接，三相再接成△形，抽出电机绕组三相引线 U_d、V_d、W_d。然后如图确定Y形部分的相头 U_y、V_y、W_y，逐相按显极连接好后，将三相尾端接为星点，再将相头对应相别与 U_d、V_d、W_d 连接，如图 7.1.1b 所示。

5. 改绕计算　绕组有两种参数的线圈，基本参数由表 7.1 计算，例如：

1）原绕组为Y形联结改绕正弦绕组

星形部分　每槽导线数$N_y = 1.94 N_o K_{po} / K_p$

线圈匝数　$W_y = N_y$

导线截面积$S_y = 0.515 S_o K_p / K_{po}$

角形部分　每槽导线数$N_d = 3.36 N_o K_{po} / K_p$

线圈匝数　$W_d = N_d$

导线截面积$S_d = 0.299 S_o K_p / K_{po}$

2）原绕组为△形联结改绕正弦绕组

星形部分　每槽导线数$N_y = 1.12 N_o K_{po} / K_p$

线圈匝数　$W_y = N_y$

导线截面积$S_y = 0.892 S_o K_p / K_{po}$

角形部分　每槽导线数$N_d = 1.94 N_o K_{po} / K_p$

线圈匝数　$W_d = N_d$

导线截面积$S_d = 0.515 S_o K_p / K_{po}$

7.1.2　36 槽 2 极（双层叠式）内星角形正弦绕组

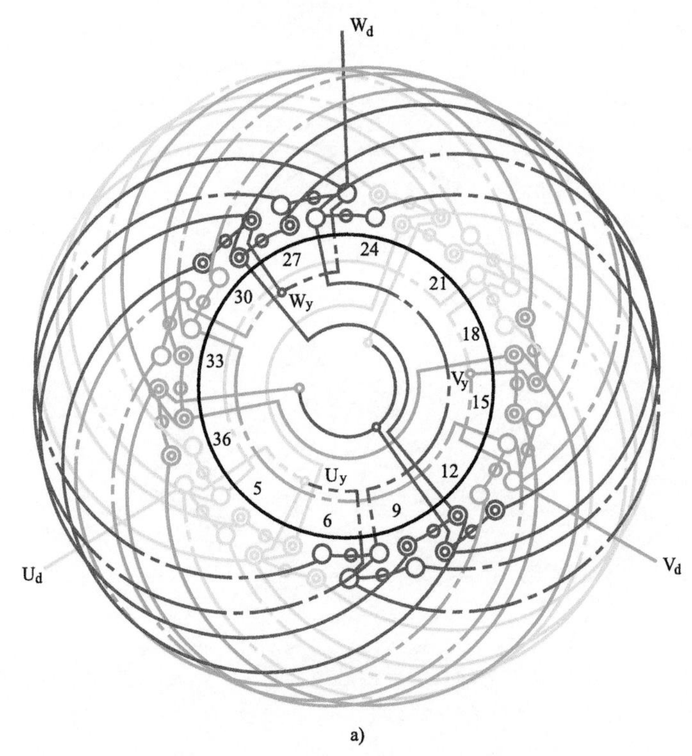

图　7.1.2

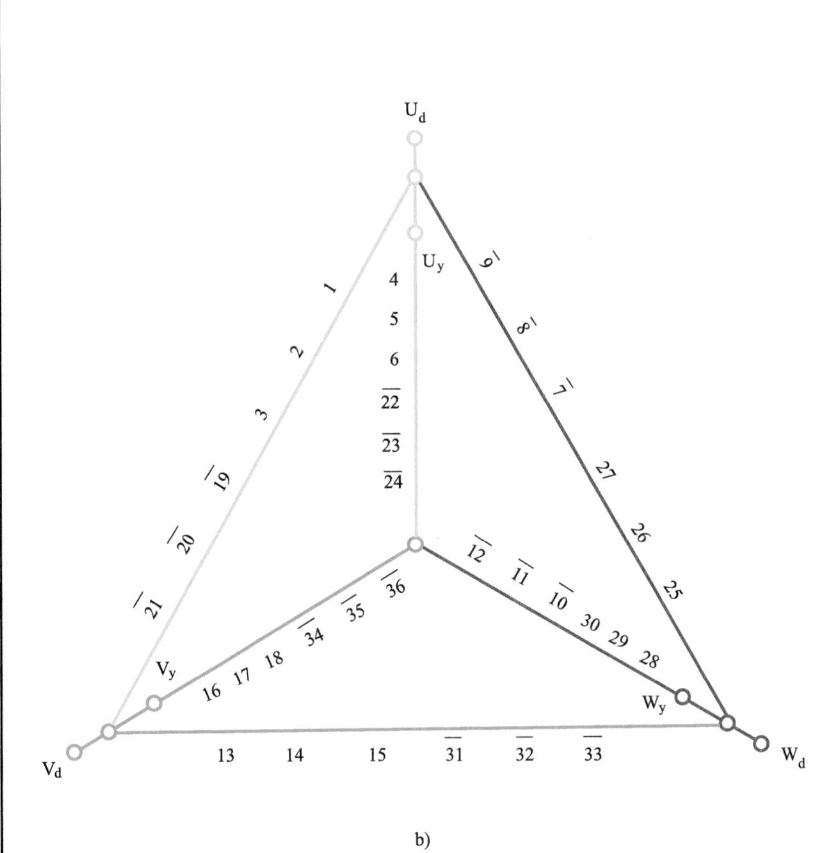

b)

图　7.1.2（续）

1. 绕组结构参数

定子槽数　$Z=36$　线圈组数　$u=12$　绕组极距　$\tau=18$

电机极数　$2p=2$　每组圈数　$S_d=3$　线圈节距　$y_d=1—18$

$S_y=3$　$y_y=4—21$

总线圈数　$Q=36$　极相槽数　$q=6$　节距系数　$K_p=0.996$

△线圈数　$Q_d=18$　△极相槽　$q_d=3$　并联路数　$a_d=a_y=1$

Y线圈数　$Q_y=18$　Y极相槽　$q_y=3$　每槽电角　$\alpha=10°$

2. 绕组特点　　本例采用双层叠式显极布线，两套绕组占槽相等，每组均由 3 个线圈组成；两套线圈匝数不同，但尺寸相同，可用同规格模板绕制，故线圈绕制方便，绕组排列整齐、端部美观；但线圈跨距大，吊边数达到 17，给嵌线造成很大困难。

3. 嵌线方法　　绕组嵌线方法与普通双叠绕组相同，但由于星形和角形线圈参数不同，故嵌线时要按图轮换嵌入。

4. 接线要点　　绕组为显极式布线，同相相邻线圈组应反接串联。实施时宜先接角形部分，后接星形部分，并将星形绕组的三相头 U_y、V_y、W_y 分别接在角形相应的三顶点，如图 7.1.2b 所示，再引出 U_d、V_d、W_d 三根引线。

5. 改绕计算　　绕组有角形和星形两种线圈，正弦绕组基本参数根据原三相绕组联结由表 7.1 公式计算，线圈参数由下式确定：

星形线圈匝数　$W_y=N_y/2$

角形线圈匝数　$W_d=N_d/2$

7.1.3 36 槽 2 极（单双层）内星角形正弦绕组

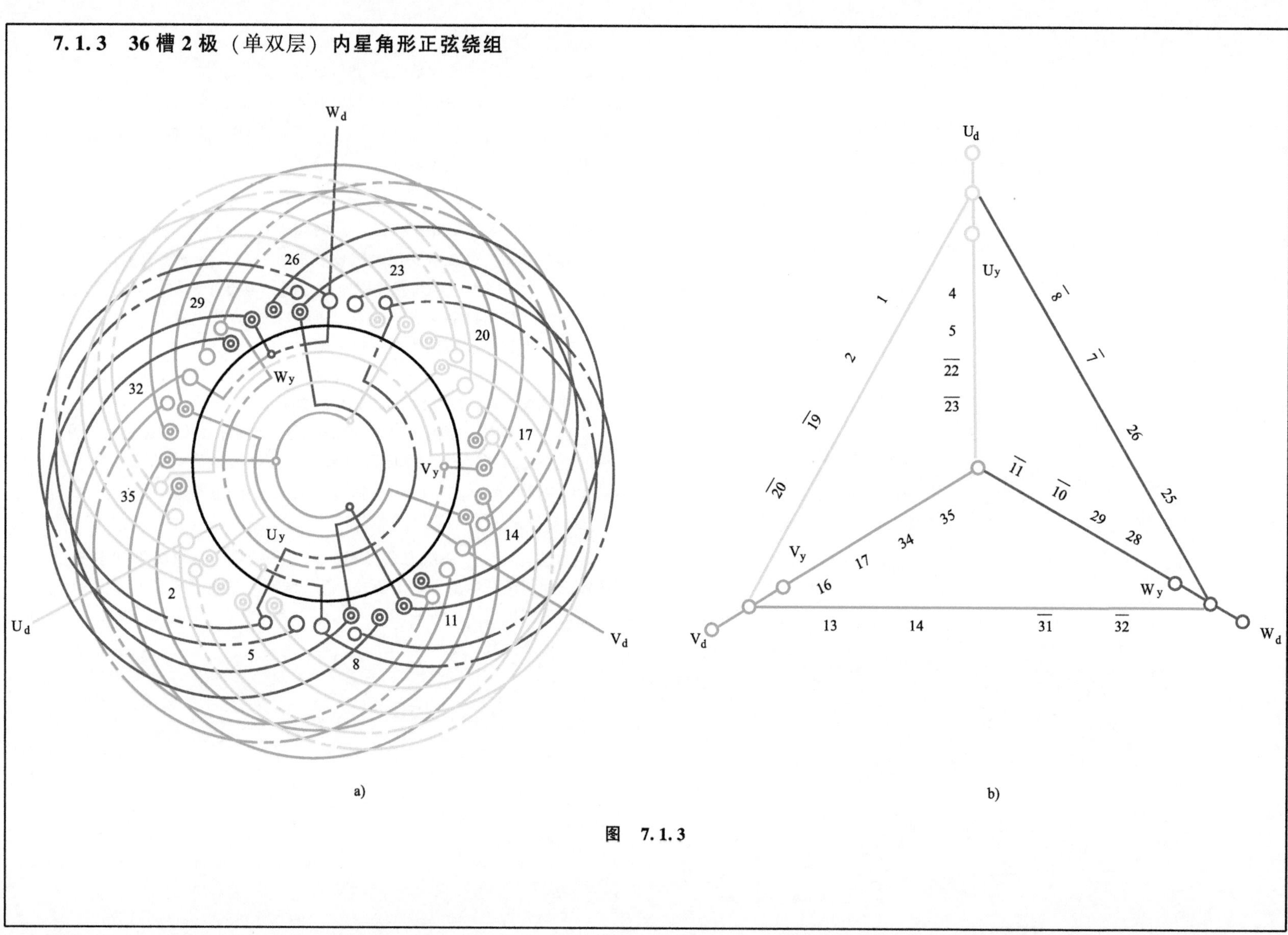

图 7.1.3

7.1.4　36槽2极（$a=2$，单双层）内星角形正弦绕组

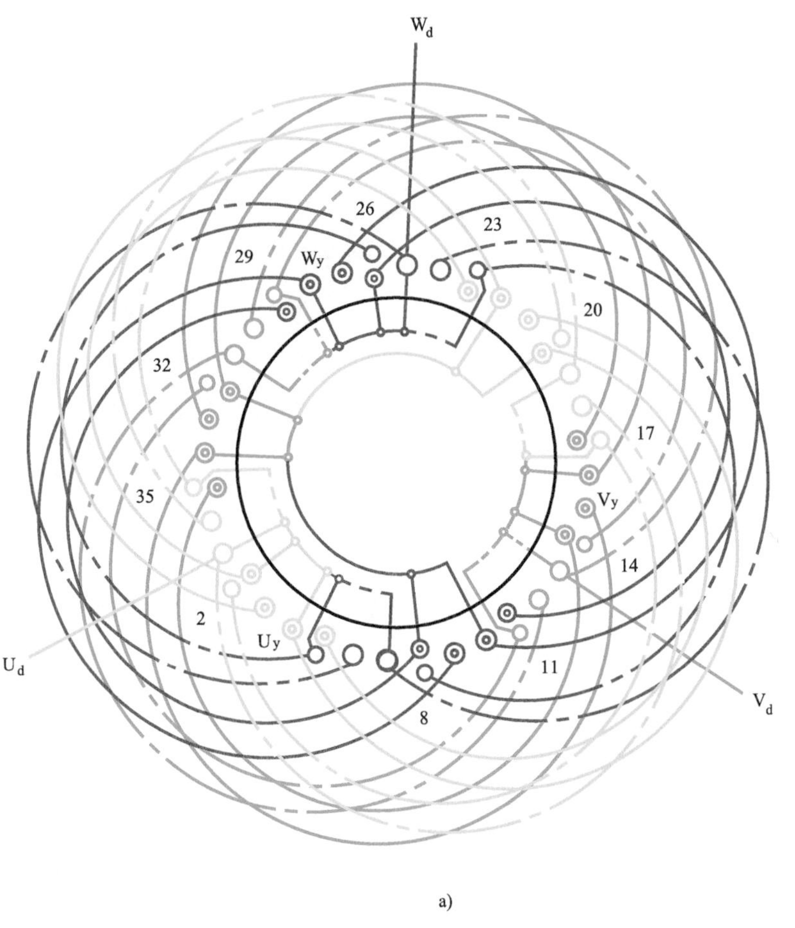

a)

图　7.1.4

1. 绕组结构参数

定子槽数	$Z=36$	线圈组数	$u=12$	绕组极距	$\tau=18$
电机极数	$2p=2$	每组圈数	$S_d=2$	线圈节距	$y_d=1—18，2—17$
总线圈数	$Q=24$		$S_y=2$		$y_y=4—21，5—20$
△线圈数	$Q_d=12$	极相槽数	$q=6$	节距系数	$K_p=0.996$
Y线圈数	$Q_y=12$	△极相槽	$q_d=3$	并联路数	$a_d=a_y=1$
		Y极相槽	$q_y=3$	每槽电角	$\alpha=10°$

2. 绕组特点　本例采用单双层布线，两套绕组占槽相等，线圈数相等，绕组有4种不同参数线圈；每组由两只不等匝同心线圈构成，故线圈组要用双塔模绕制；但绕组线圈较双层绕组少12个，而且可分层嵌线，吊边数少，只吊4边，嵌线比双叠绕组方便。

3. 嵌线方法　嵌线采用分层嵌线，即先把角形部分的线圈嵌入相应槽内，垫好层间及端部绝缘后再嵌星形部分的线圈，因此实质上是由两套同心式三相绕组构成。

4. 接线要点　绕组属显极式布线，同相相邻线圈组应反接串联。接线时先接角形部分，并如图所示引出 U_d、V_d、W_d；然后再将星形部分接成Y形，但星形部分三相进线必须 U_y、V_y、W_y 与 U_d、V_d、W_d 同极对应，最后把 U_y、V_y、W_y 分别对应并接于 U_d、V_d、W_d，如图7.1.3b所示。

5. 改绕计算　正弦绕组基本参数中的每槽导线数 N_y、N_d 及导线截面积 S_y、S_d 由表7.1计算，线圈匝数由下式确定：

星形　同心大线圈匝数　$W_{y4}=N_y$

　　　同心小线圈匝数　$W_{y5}=W_{y4}/2$

角形　同心大线圈匝数　$W_{d1}=N_d$

　　　同心小线圈匝数　$W_{d2}=W_{d1}/2$

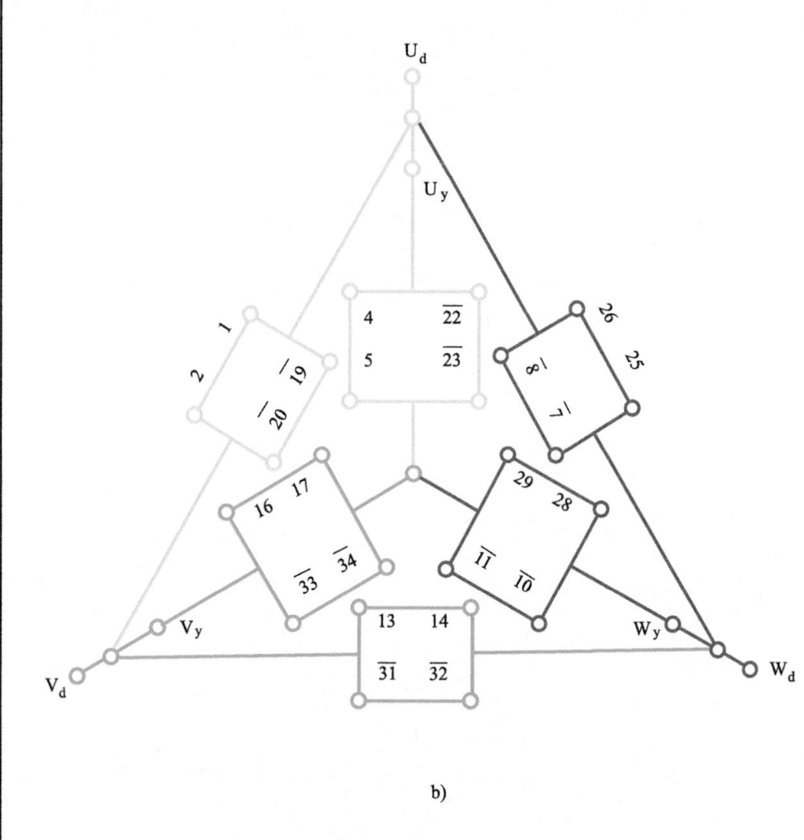

图　7.1.4（续）

1. 绕组结构参数

定子槽数　$Z=36$　线圈组数　$u=12$　绕组极距　$\tau=18$

电机极数　$2p=2$　每组圈数　$S_d=2$　线圈节距　$Y_d=1—18，2—17$

总线圈数　$Q=24$　　$S_y=2$　　$Y_y=4—21，5—20$

△线圈数　$Q_d=12$　极相槽数　$q=6$　节距系数　$K_p=0.996$

Y线圈数　$Q_y=12$　△极相槽　$q_d=3$　并联路数　$a_d=a_y=2$

Y极相槽　$q_y=3$　每槽电角　$\alpha=10°$

2. 绕组特点　　本例是二路并联的正弦绕组，布线采用单双层同心式，角形和星形两套绕组占槽相等，两套绕组有四种规格线圈，同心线圈可用塔模连绕。绕组线圈数较少，采用分层嵌线时吊边数为4，嵌线接线都简便。

3. 嵌线方法　　采用分层交叠嵌线，先把角形部分线圈嵌入相应槽内，构成一套交叠式单层绕组，垫好绝缘后再嵌Y形部分线圈于面层。

4. 接线要点　　接线前理顺线圈的线头，将星形部分的线圈引线扳向定子中心，角形部分线圈引线理直后按普通三相电机绕组显极布线的极性规律接成二路角形；再把星形部分接成两路星形，最后把两套绕组如图7.1.4a所示接成$\triangle$形。此外，也可参照图7.1.4b所示，将相应槽线圈的层次引线接成三组，然后再把星点联结。

5. 改绕计算　　本例为二路并联的$\triangle$形正弦绕组，如采用此图改绕则被选原电动机绕组必须是二路并联，否则应将原绕组参数换算为二路并联作为原绕组参数，再以此由表7.1算出正弦绕组基本参数，再算出线圈匝数：

星形　同心大线圈匝数　$W_{y4}=N_y$

　　　同心小线圈匝数　$W_{y5}=W_{y4}/2$

角形　同心大线圈匝数　$W_{d1}=N_d$

　　　同心小线圈匝数　$W_{d2}=W_{d1}/2$

7.1.5　24 槽 4 极（单层庶极链式）内星角形正弦绕组

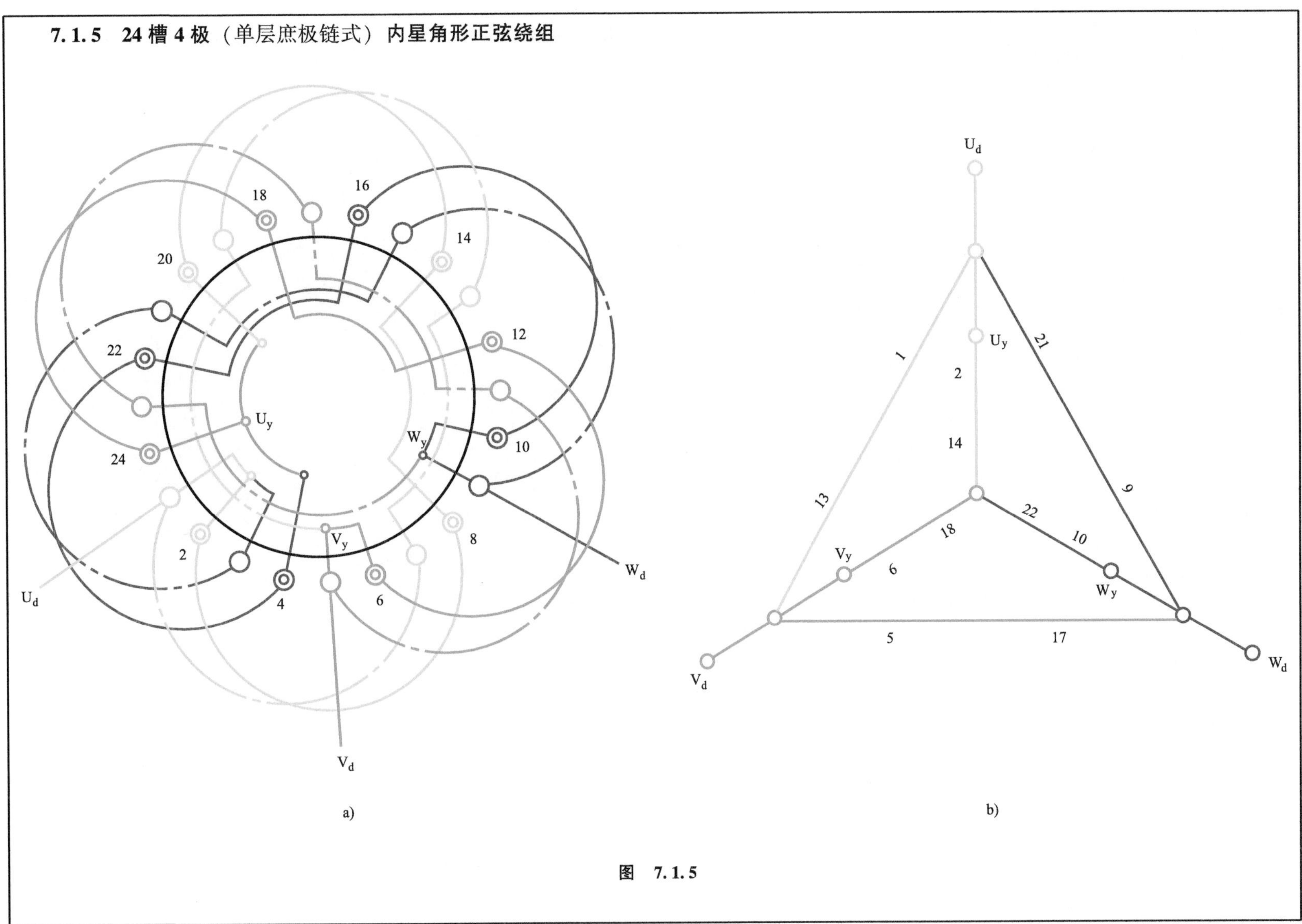

图　7.1.5

7.1.6　36槽4极（$y=8$、$q_d=q_y$，双层叠式）内星角形正弦绕组

1. 绕组结构参数

定子槽数	$Z=24$	线圈组数	$u=12$	绕组极距	$\tau=6$
电机极数	$2p=4$	每组圈数	$S_d=1$	线圈节距	$y_d=1—7$
总线圈数	$Q=12$		$S_y=1$		$y_y=2—8$
△线圈数	$Q_d=6$	极相槽数	$q=2$	节距系数	$K_p=1$
Y线圈数	$Q_y=6$	△极相槽	$q_d=1$	并联路数	$a_d=a_y=1$
		Y极相槽	$q_y=1$	每槽电角	$\alpha=30°$

2. 绕组特点　本例采用庶极布线，实质由两套单层庶极链式绕组构成，是24槽4极正弦绕组中线圈最少的电动机。每组只有一个线圈，每相4极仅用两只线圈，因节距相同，两种数据的线圈可用同规格线模绕制。分层嵌线只吊1边，嵌线容易，较省工时。

3. 嵌线方法　两套绕组分层嵌入，先将角形部分的线圈嵌入相应槽内，构成单链绕组，垫好层间及端部绝缘，再嵌星形部分线圈。

4. 接线要点　因绕组为庶极布线，必须使同相相邻线圈(组)间顺接串联，即"尾与头"相接。接线前将星形和角形两部分线头分开，先接角形部分，抽出三相引线 U_d、V_d、W_d。然后再接星形部分，并将相尾联结为星点；相头 U_y、V_y、W_y 与角形顶点 U_d、V_d、W_d 分别对应接在一起，如图7.1.5b所示。

5. 改绕计算　本例为一路串联接法，被改电动机也应为一路串联，否则要将多路绕组数据换算到一路的参数作为原始数据，再计算改绕数据。改绕正弦绕组基本参数 N_d、N_y 及 S_d、S_y 由表7.1公式计算，线圈匝数由下式确定：

星形线圈匝数　$W_y=N_y$

角形线圈匝数　$W_d=N_d$

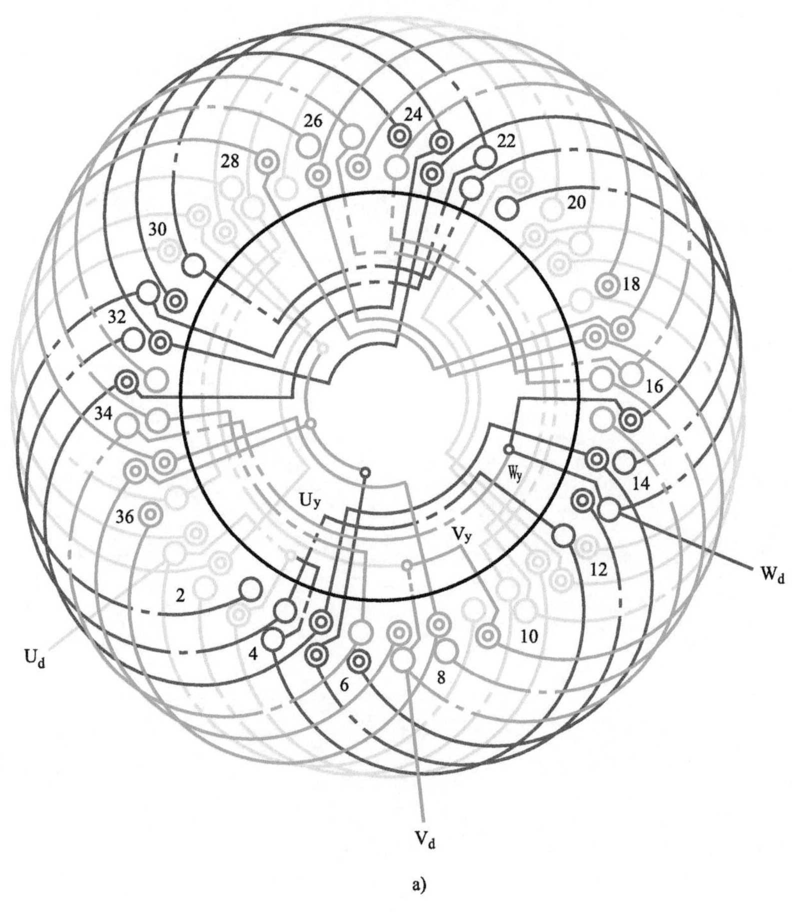

a)

图　7.1.6

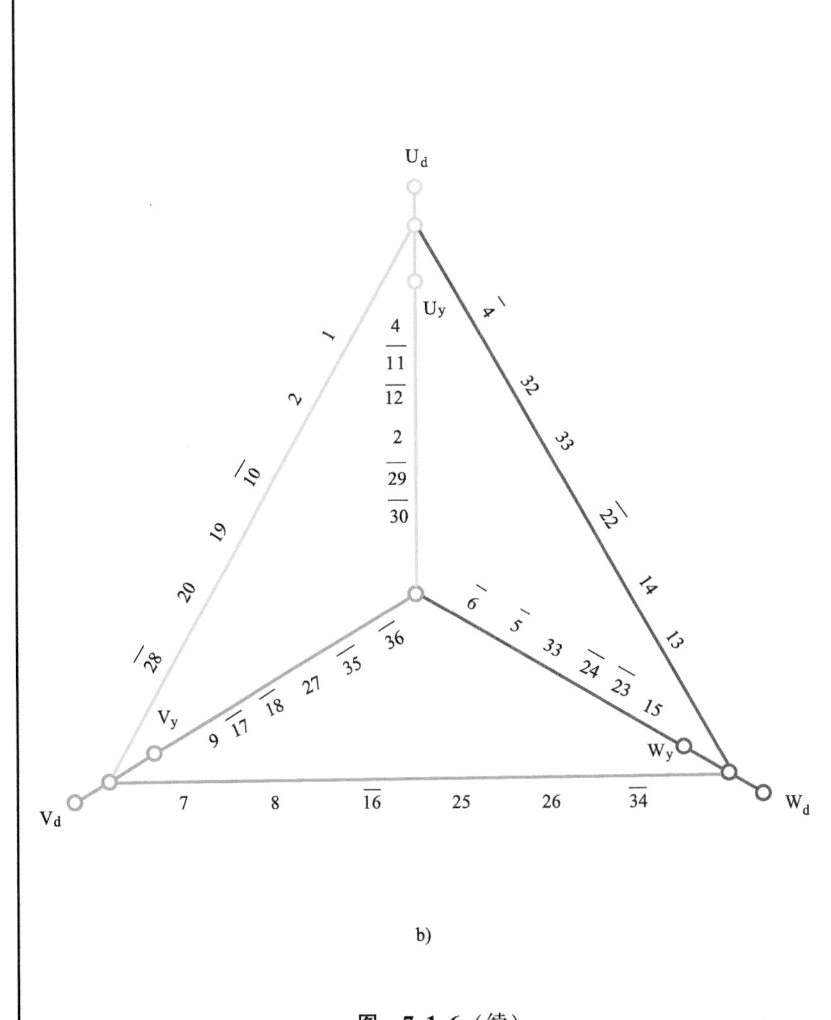

图 7.1.6（续）

1. 绕组结构参数

定子槽数	$Z=36$	线圈组数	$u=24$	绕组极距	$\tau=9$
电机极数	$2p=4$	每组圈数	$S_d=1½$ $S_y=1½$	线圈节距	$y_d=8$ $y_y=8$
总线圈数	$Q=36$	极相槽数	$q=3$	节距系数	$K_p=0.985$
△线圈数	$Q_d=18$	△极相槽	$q_d=1½$	并联路数	$a_d=a_y=1$
Y线圈数	$Q_y=18$	Y极相槽	$q_y=1½$	每槽电角	$\alpha=20°$

2. 绕组特点　本例采用双层叠式显极布线，两套绕组占槽相等，即占槽比 $i=1$，但由于每极相占槽数为奇数($q=3$)，则每组线圈为分数($S_d=S_y=1½$)，故线圈安排轮换排列，如在第1极距内角形部分比星形多占1槽，第2极则少占1槽，从而形成角形线圈按2 1　2 1，而星形按1 2　1 2的规律分布。但线圈节距相同，可用同规格线模绕制。嵌线吊边数为8，从第9只线圈开始整嵌；线圈数量多，嵌绕较耗工时。

3. 嵌线方法　嵌线采用交叠法，两套线圈交替嵌入，嵌线工艺与普通双层叠式绕组相同，但由于两套绕组线圈参数不同，嵌线时不但要注意角形与星形线圈交替，同时还要注意单圈组和双圈组轮换嵌入。

4. 接线要点　接线前将两套绕组线头理顺分开，先把角形部分按常规接成角形，并引出三相头端 U_d、V_d、W_d；再将另一套绕组接成星形，其相头 U_y、V_y、W_y 对应相别接到角形的3个顶点 U_d、V_d、W_d。两套绕组各自将同相4组线圈的极性仍按显极式分布，即使同相相邻两组线圈反极性。

5. 改绕计算　两套绕组基本参数根据原一路串联绕组由表7.1算出，再由下式确定线圈匝数。

星形线圈匝数　$W_y=N_y/2$

角形线圈匝数　$W_d=N_d/2$

7.1.7 36 槽 4 极（$y=8$、$q_d \neq q_y$，双层叠式）内星角形正弦绕组

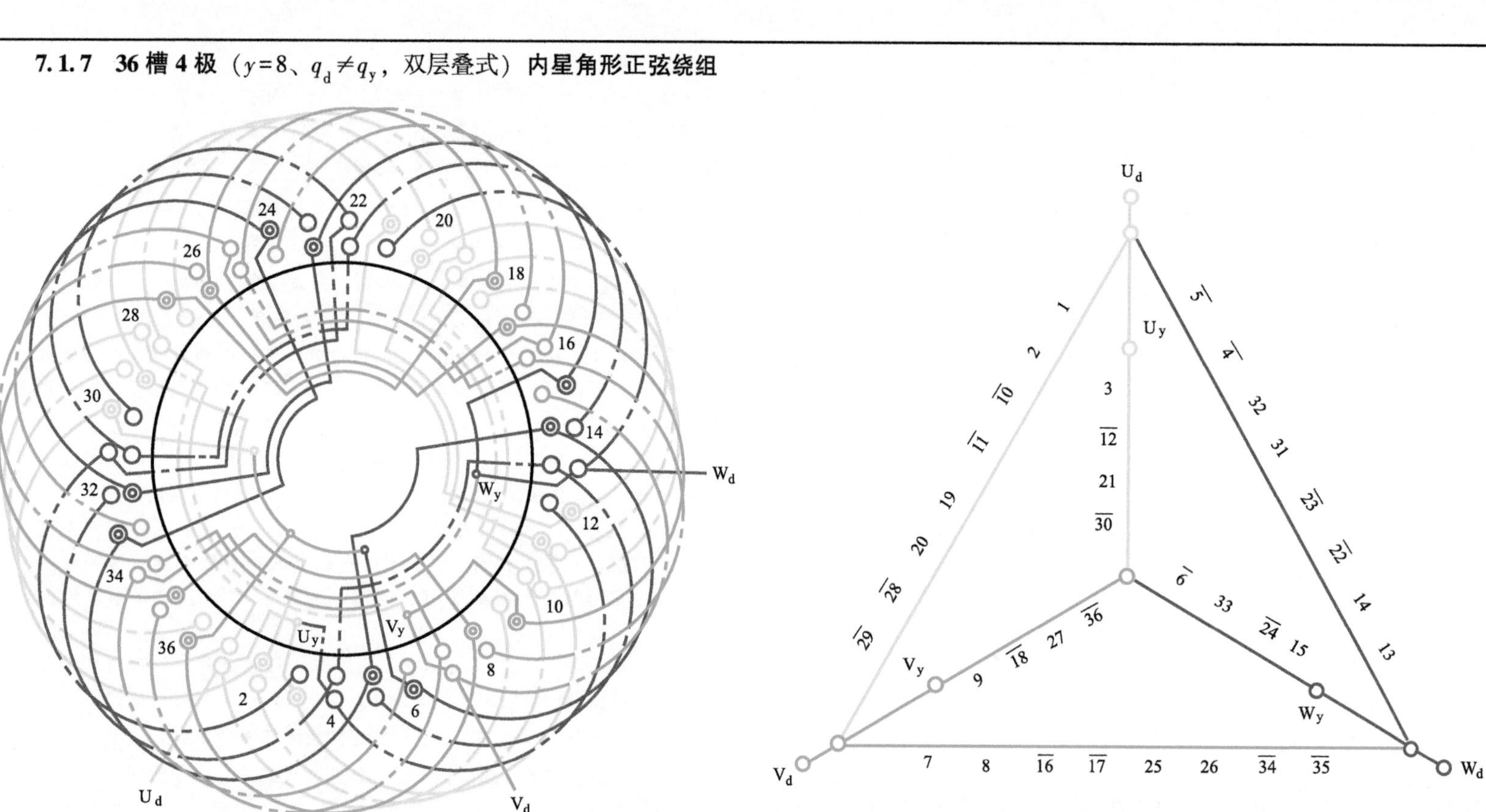

图 7.1.7

1. 绕组结构参数

定子槽数	$Z=36$	线圈组数	$u=24$	绕组极距	$\tau=9$
电机极数	$2p=4$	每组圈数	$S_d=2$	线圈节距	$y_d=1—9$
			$S_y=1$		$y_y=1—9$
总线圈数	$Q=36$	极相槽数	$q=3$	节距系数	$K_p=0.985$
△线圈数	$Q_d=24$	△极相槽	$q_d=2$	并联路数	$a_d=a_y=1$
Y线圈数	$Q_y=12$	Y极相槽	$q_y=1$	每槽电角	$\alpha=20°$

2. 绕组特点　本绕组每极相槽数也是奇数($q=3$)，与上例不同的是两套绕组采用不同的占槽，即 $i\neq1$；角形部分占总槽数的 2/3，星形部分仅占 1/3；角形绕组每组线圈数为 2，星形时每组只有 1 个线圈，故无需交替轮换安排，但两套绕组相位差仍保持 30°相角。此外，由于两套绕组占槽比过大，会造成槽满率相差过大而使改绕后功率减少较多，电机铁心不能充分利用而造成浪费。本例仅作为 q 为奇数，正弦绕组不轮换排列的示例。

3. 嵌线方法　两套绕组的线圈参数不同，单圈组是星形部分，双圈组是角形部分，嵌线时要单、双组交替嵌入相应槽内。

4. 接线要点　本例为显极布线，同相相邻线圈组间连接是反接串联，即“尾与尾”或“头与头”相接，而两套绕组的相头均应在同一极距内引出，但两套绕组的接线则各自进行。接线时先接好角形部分后，再接星形部分，最后将星形的相头 U_y、V_y、W_y 与角形的顶点 U_d、V_d、W_d 同相并在一起，如图 7.1.7b 所示。

5. 改绕计算　因本例正弦绕组每极相所占槽数不相等，基本参数(以一路串联原始数据)由表 7.1 公式确定，线圈数据由下式计算：

星形　线圈匝数　$W_y=0.75N_y$

　　　导线截面　$S_y=0.666S'_y$

角形　线圈匝数　$W_d=0.375N_d$

　　　导线截面　$S_d=1.33S'_d$

式中　N_y、N_d——星形和角形绕组每槽导线数基本值，由表 7.1 计算。

　　　S'_y、S'_d——星形和角形绕组导线截面积基本值，由表 7.1 计算。

7.1.8　36 槽 4 极（$y=9$、$q_d=q_y$，单双层）内星角形正弦绕组

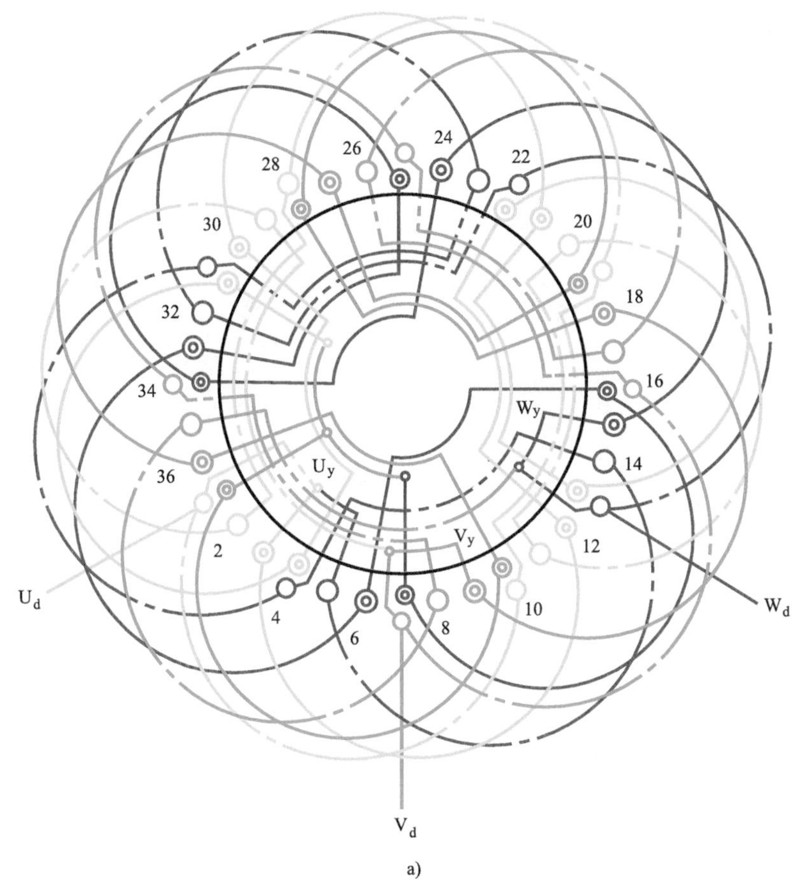

a)

图　7.1.8

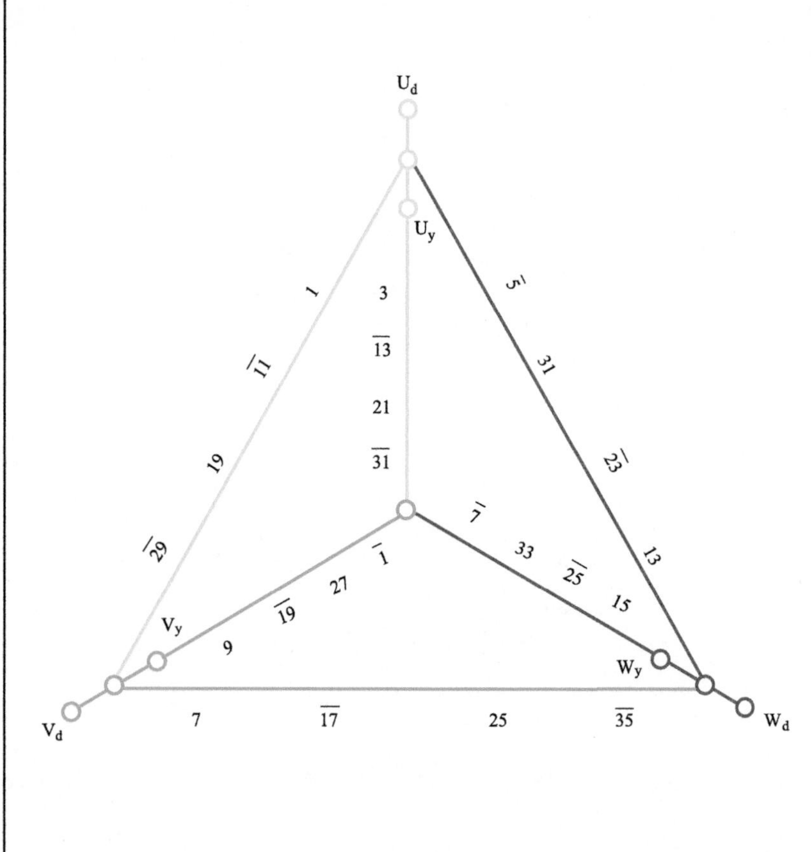

b)

图 7.1.8（续）

1. 绕组结构参数

定子槽数	$Z=36$	线圈组数	$u=24$	绕组极距	$\tau=9$
电机极数	$2p=4$	每组圈数	$S_d=1$	线圈节距	$y_d=9$
总线圈数	$Q=24$		$S_y=1$		$y_y=9$
△线圈数	$Q_d=12$	极相槽数	$q=3$	节距系数	$K_p=1$
Y线圈数	$Q_y=12$	△极相槽	$q_d=1\frac{1}{2}$	并联路数	$a_d=a_y=1$
		Y极相槽	$q_y=1\frac{1}{2}$	每槽电角	$\alpha=20°$

2. 绕组特点　本例是由双层叠式绕组演变而成的新的单双层正弦绕组型式，它虽用全距线圈，但槽电势分布与短距绕组相同，仍能有效地削减谐波分量。绕组每组均为 1 只线圈，线圈总数较双层绕组减少 1/3，而且线圈跨 9 槽，但吊边数仅为 2，利于小容量定子嵌线。但绕组端部出现局部三重叠现象，给端部整理和绝缘带来困难。

3. 嵌线方法　两套绕组分层交叠嵌线，先嵌角形部分，后嵌星形部分。由于两套绕组分别由同尺寸而不同数据的四种线圈构成，嵌线时要特别注意，勿混淆。

4. 接线要点　本例为显极式绕组，同相相邻线圈按“头与头”或“尾与尾”相接。接线前将两套绕组线圈引线分开整理顺直，星形部分线圈引线向内束起，再把角形部分按常规接成三角形，由顶点接出三相引线 U_d、V_d、W_d，然后接星形部分，最后把星形绕组的相头 U_y、V_y、W_y 分别对应接于角形顶点，如图 7.1.8b 所示。

5. 改绕计算　以一路串联原始数据换算。两套绕组基本参数由表 7.1 公式计算，线圈匝数由下式确定：

星形　单层线圈匝数　$W_{y1}=N_y$

双层线圈匝数　$W_{y2}=N_y/2$

角形　单层线圈匝数　$W_{d1}=N_d$

双层线圈匝数　$W_{d2}=N_d/2$

7.1.9　48 槽 4 极（$a=2$，单双层同心交叉式）内星角形正弦绕组

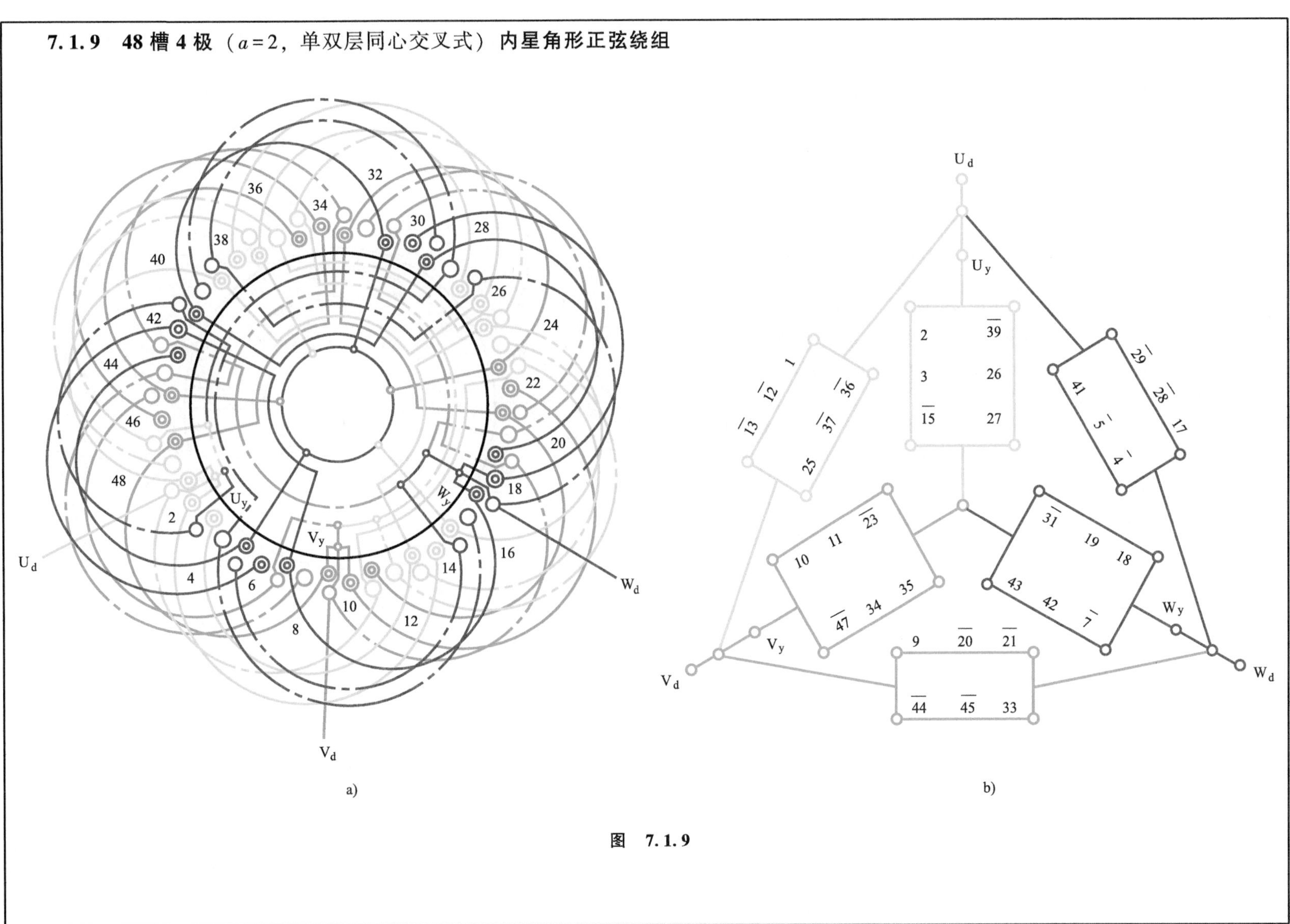

图　7.1.9

7.1.10 48 槽 4 极（$y=11$、$a=4$，双层叠式）内星角形正弦绕组

1. 绕组结构参数

定子槽数	$Z=48$	线圈组数	$u=24$	绕组极距	$\tau=12$
电机极数	$2p=4$	每组圈数	$S_d=1\frac{1}{2}$	线圈节距	$y_d=10$、12
总线圈数	$Q=36$		$S_y=1\frac{1}{2}$		$y_y=10$、12
△线圈数	$Q_d=18$	极相槽数	$q=4$	节距系数	$K_p=0.991$
Y线圈数	$Q_y=18$	△极相槽	$q_d=2$	并联路数	$a_d=a_y=2$
		Y极相槽	$q_y=2$	每槽电角	$\alpha=15°$

2. 绕组特点　本例采用单双层布线，两路并联，总线圈数较双层绕组减少 1/4，两套绕组占槽相等，线圈数也相等，它们分别由两套相同的单层同心交叉式绕组构成。嵌绕比较简便，吊边数仅为 3。

3. 嵌线方法　嵌线前将 4 种规格线圈分开，先嵌角形部分线圈，完成后垫好层间及端部绝缘，再嵌星形部分线圈。嵌线时还要注意单、双圈线圈组交替嵌入。

4. 接线要点　首先将各线头理直，束起星形线圈引线，根据同相相邻线圈组极性相反的规律，先将角形部分逐相接成两路并联，再接成三角形，并把三相相头 U_d、V_d、W_d 引出；然后再把另一套线圈接成两路星形，最后把 U_y、V_y、W_y 分别并接于角形的同相顶点，如图 7.1.9b 所示。

5. 改绕计算　以两路并联原始数据换算。正弦绕组基本参数 N_y、N_d 及 S_y、S_d 由表 7.1 公式计算，各线圈匝数由下式确定：

星形　同心大线圈匝数　$W_{y1-12}=N_y$

　　　单圈及小线圈匝数 $W_{y2-11}=N_y/2$

角形　同心大线圈匝数　$W_{d1-12}=N_d$

　　　单圈及小线圈匝数 $W_{d2-11}=N_d/2$

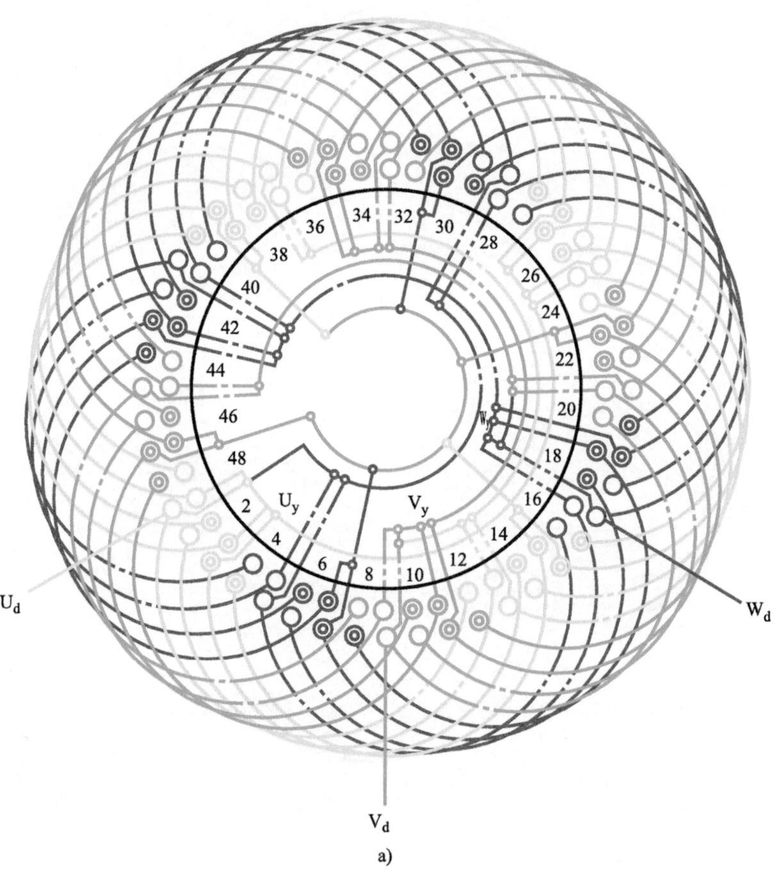

a)

图 7.1.10

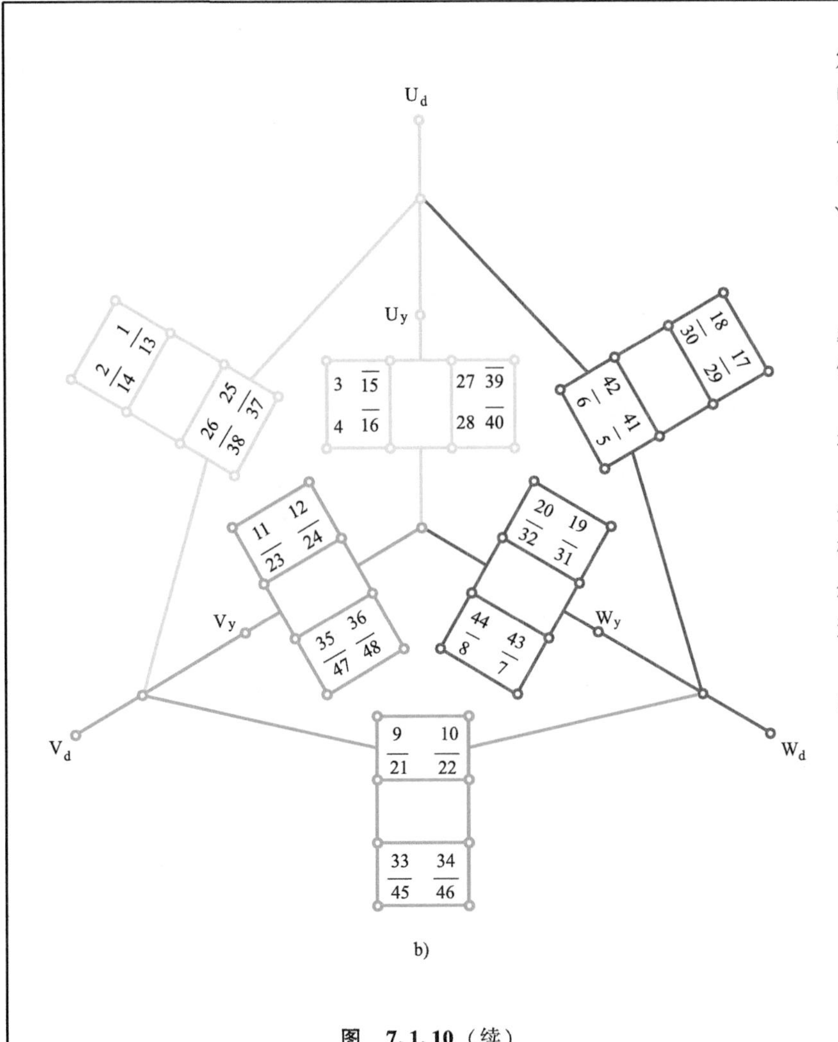

图 7.1.10（续）

1. 绕组结构参数

定子槽数	$Z=48$	线圈组数	$u=24$	绕组极距	$\tau=12$
电机极数	$2p=4$	每组圈数	$S_d=2$	线圈节距	$y_d=11$
总线圈数	$Q=48$		$S_y=2$		$y_y=11$
△线圈数	$Q_d=24$	极相槽数	$q=4$	节距系数	$K_p=0.991$
Y线圈数	$Q_y=24$	△极相槽	$q_d=2$	并联路数	$a_d=a_y=4$
		Y极相槽	$q_y=2$	每槽电角	$\alpha=15°$

2. 绕组特点　本例是双层叠式 4 路并联正弦绕组，线圈数目较多，绕组由同尺寸的两种参数的线圈构成，两套绕组占槽相等，是等元件排列，线圈用同规格双模连绕，但注意区分两种不同参数线圈组。

3. 嵌线方法　绕组嵌线与普通电动机双叠绕组相同，绕组全部均为双联线圈组，嵌线时要严格区分规格，以便交替嵌入。

4. 接线要点　接线前将两套绕组的线头分开理顺，并把星形部分的线头向内束起，角形部分逐相连接成四路并联，使同相相邻线圈组极性相反，再将三相接成三角形，从顶点引出 U_d、V_d、W_d。同理把其余线圈组接成 4 路星形，最后将三相头 U_y、V_y、W_y 对应相别并接于角形顶点，如图 7.1.10b 所示。

5. 改绕计算　以 4 路并联原始数据换算。两套绕组的基本参数由表 7.1 算出基本参数，然后由下式确定线圈匝数：

星形　线圈匝数　$W_y=N_y/2$

角形　线圈匝数　$W_d=N_d/2$

7.1.11 36 槽 6 极（单层庶极链式）内星角形正弦绕组

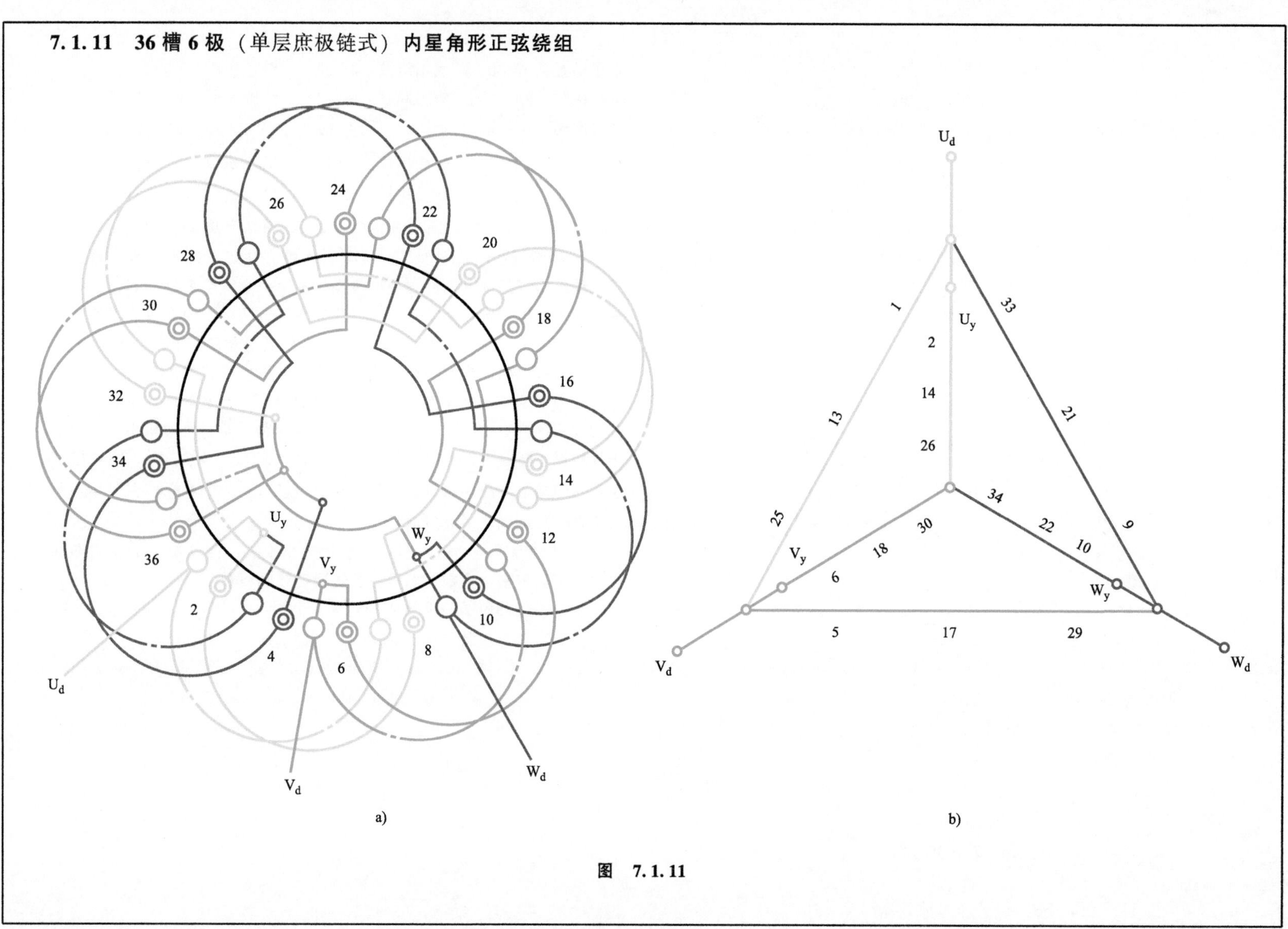

图 7.1.11

1. 绕组结构参数

定子槽数	$Z=36$	线圈组数	$u=18$	绕组极距	$\tau=6$
电机极数	$2p=6$	每组圈数	$S_d=1$	线圈节距	$y_d=1—7$
总线圈数	$Q=18$		$S_y=1$		$y_y=2—8$
△线圈数	$Q_d=9$	极相槽数	$q=2$	节距系数	$K_p=1$
Y线圈数	$Q_y=9$	△极相槽	$q_d=1$	并联路数	$a_d=a_y=1$
		Y极相槽	$q_y=1$	每槽电角	$\alpha=30°$

2. 绕组特点　本例采用单层庶极布线，是6极正弦绕组最简单的绕组型式。两套绕组占槽比为1，每组只有1个线圈，由于线圈为庶极排列，线圈个数及线圈组数都较显极式减少一半，而且分层嵌线时仅吊1边；接线也无需反折，故嵌接工序都省工省时。但电动机性能稍差于双层绕组，一般应用只限于小容量电动机。

3. 嵌线方法　采用分层嵌线，即先将角形部分的线圈按交叠法嵌入相应槽内，完成后再嵌星形部分线圈于面层，两套绕组端部要垫好绝缘。嵌线时仅将第1只线圈浮动吊起，其余均可整嵌。

4. 接线要点　本绕组是庶极布线，线圈组极性均相同，因此，同相相邻线圈(组)应首尾串联，使电流同方向。操作时先将线圈引线整理顺直，束起星形部分的引线，将下层线圈接成三角形，并从三角顶点抽出三相绕组引线 U_d、V_d、W_d；然后再接星形部分，最后把相头 U_y、V_y、W_y 对应并接于角形顶点，如图7.1.11b所示。此外，因每相绕组仅有3个线圈，也可采用三联模板绕制三联线圈，但线圈间预留相应长度过线，嵌线后可免除接线工序，既省工时，又可保证质量。

5. 改绕计算　以一路串联原始数据换算。正弦绕组每槽导线数 N_y、N_d 及导线截面积由表7.1公式计算，线圈匝数由下式求取：

星形线圈匝数　$W_y=N_y$

角形线圈匝数　$W_d=N_d$

7.1.12　48槽8极（单层庶极链式）内星角形正弦绕组

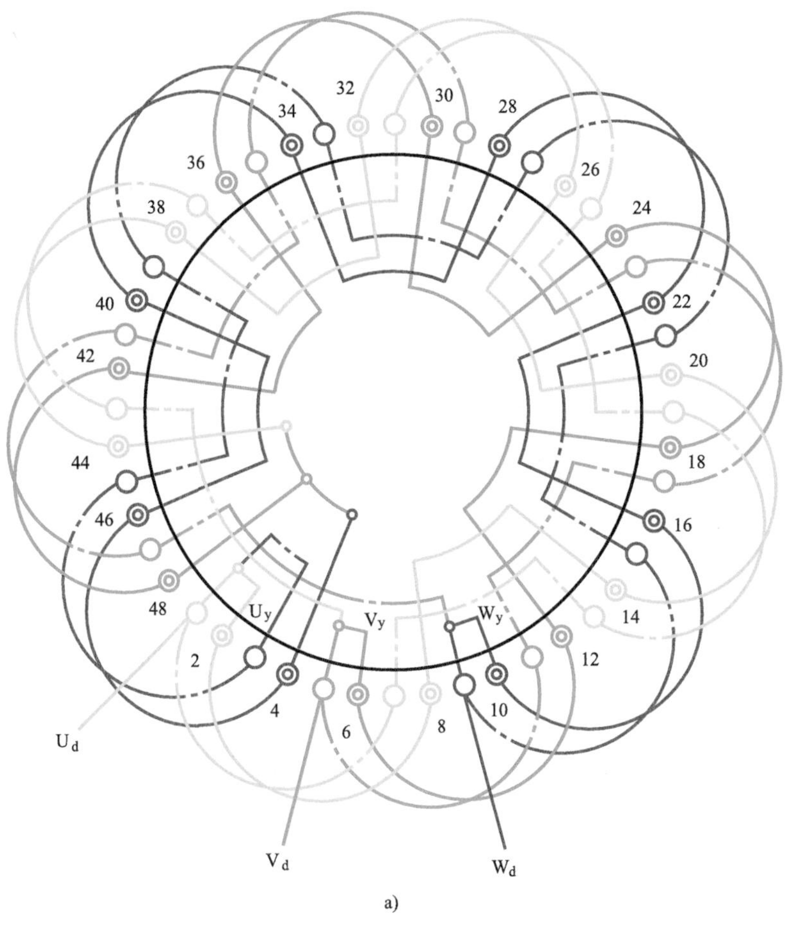

a)

图　7.1.12

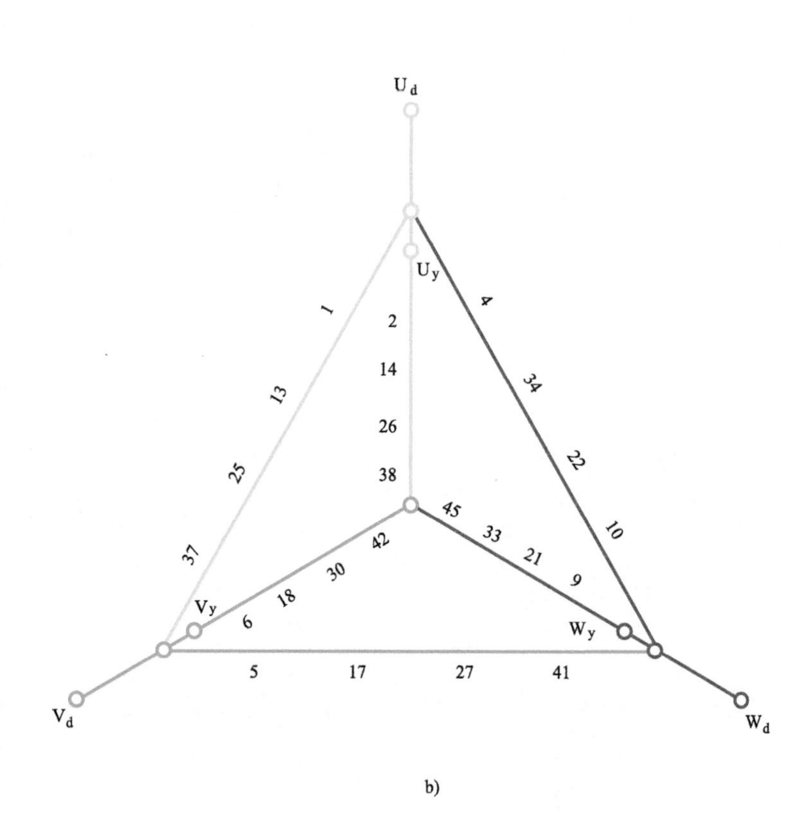

b)

图　7.1.12（续）

1. 绕组结构参数

定子槽数	$Z=48$	线圈组数	$u=24$	绕组极距	$\tau=6$
电机极数	$2p=8$	每组圈数	$S_d=1$	线圈节距	$y_d=1—7$
总线圈数	$Q=24$		$S_y=1$		$y_y=2—8$
△线圈数	$Q_d=12$	极相槽数	$q=2$	节距系数	$K_p=1$
Y线圈数	$Q_y=12$	△极相槽	$q_d=1$	并联路数	$a_d=a_y=1$
		Y极相槽	$q_y=1$	每槽电角	$\alpha=30°$

2. 绕组特点　本例是 8 极正弦绕组最简单的绕组型式，绕组由两套单层庶极链式绕组组成，每个线圈为一组，每相 8 极仅用 4 个线圈，故线圈组数和个数都较少。嵌线仅吊 1 边，操作省时方便。但多极数电机改绕，其性能效果不及双层叠式正弦绕组。

3. 嵌线方法　角形、星形两套线圈分层嵌入，先嵌角形部分，后嵌星形部分，同层线圈仍按交叠法嵌线。

4. 接线要点　本例是庶极绕组，同相相邻线圈（组）间要首尾相接，使全部线圈呈同一极性。整理并分开两套线圈引线后，先将下层部分接成角形，并接出三相引线 U_d、V_d、W_d；上层线圈接成星形，三相首端 U_y、V_y、W_y 分别与 U_d、V_d、W_d 对应相别并联，如图 7.1.12b 所示。

5. 改绕计算　正弦绕组改绕以一路串联原始数据换算。基本参数 N_y、S_y 及 N_d、S_d 由表 7.1 公式计算。线圈匝数等于每槽导线数，即

星形线圈匝数　$W_y=N_y$

角形线圈匝数　$W_d=N_d$

7.1.13 54 槽 8 极（$y=6$、$a=2$，双层叠式）内星角形正弦绕组

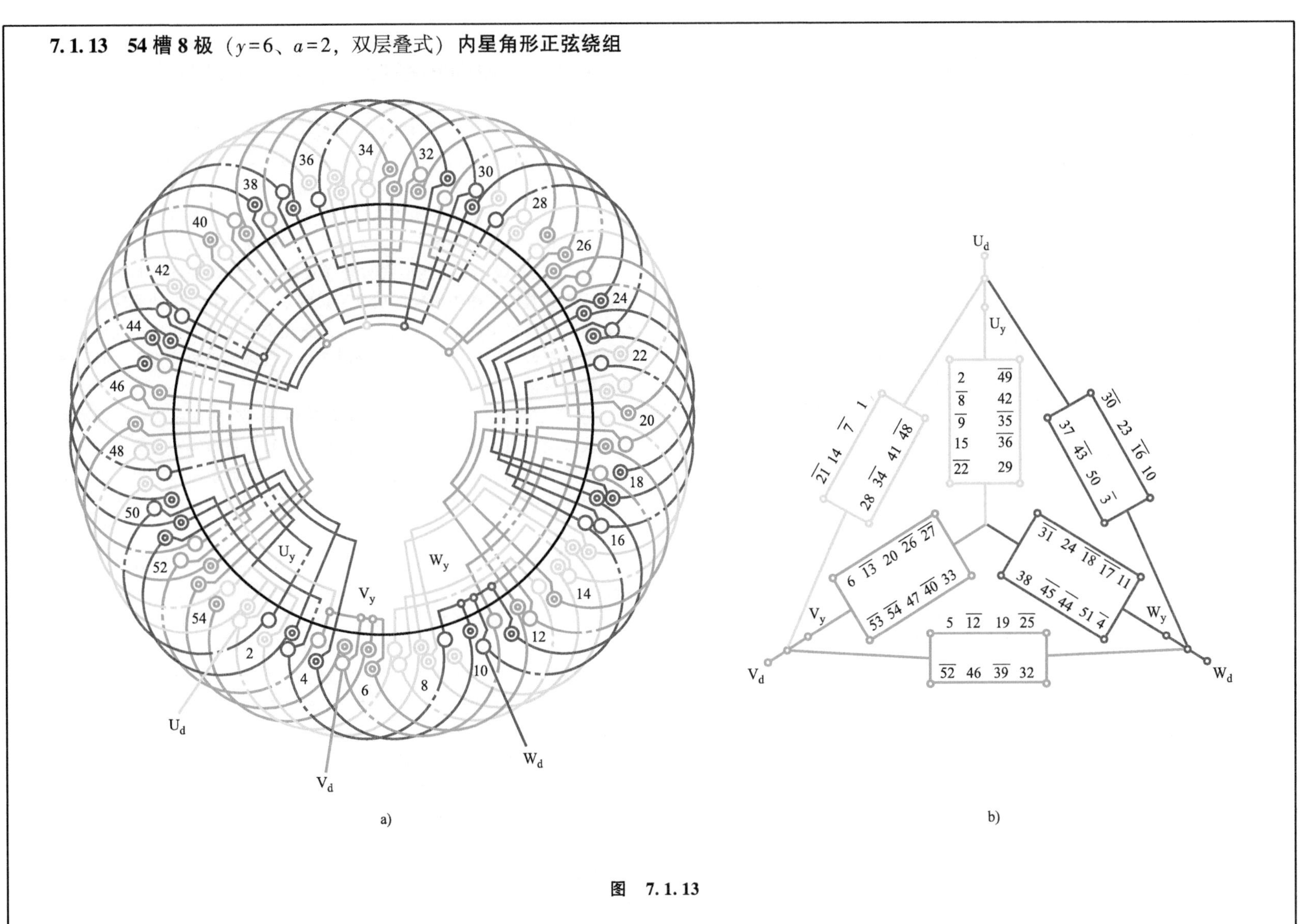

图 7.1.13

1. 绕组结构参数

定子槽数	$Z=54$	线圈组数	$u=48$	绕组极距	$\tau=6\frac{3}{4}$
电机极数	$2p=8$	每组圈数	$S_d=1$	线圈节距	$y_d=6$
总线圈数	$Q=54$		$S_y=1\frac{1}{4}$		$y_y=6$
△线圈数	$Q_d=24$	极相槽数	$q=2\frac{1}{4}$	节距系数	$K_p=0.985$
Y线圈数	$Q_y=30$	△极相槽	$q_d=1$	并联路数	$a_d=a_y=2$
		Y极相槽	$q_y=1\frac{1}{4}$	每槽电角	$\alpha=26°40'$

2. 绕组特点　54 槽定子属小型电机中功率较大的电机，故常采用多路并联，但绕制 8 极绕组时极相占槽为分数，只能用两路并联，而线圈节距较短，嵌线吊边数不多，不存在嵌线困难的问题，故正弦绕组也采用双层叠绕。在显极绕组中，8 极绕组每相共有 8 个极相组，角形部分均为单圈组；星形部分的 8 组中有 2 个双圈组，属两套绕组占槽比不等的正弦绕组，但双圈组对称分布于定子铁心。线圈用相同尺寸线模绕制，但两种线圈参数不同。

3. 嵌线方法　两种线圈尺寸相同而数据不一样，容易混淆，嵌线时要注意区分，并严格按例图中的线圈分布交替嵌入。

4. 接线要点　两套线圈引线理顺后将星形部分的引线扳向定子中心束起，先把角形部分(下层)线圈逐相按显极常规接成两路并联，完成后连接成三相角形，并引 U_d、V_d、W_d 三相出线；然后再把其余线圈接成两路星形，相头 U_y、V_y、W_y 则分别对应并接于角形顶点。

5. 改绕计算　改绕以两路并联原始数据换算。正弦绕组的基本参数 N_y、N_d 及 S'_y、S'_d 由表 7.1 公式计算。线圈参数因 $q_y \neq q_d$，应由下式确定：

星形　线圈匝数　$W_y=0.45N_y$

　　　导线截面积 $S_y=1.11S'_y$

角形　线圈匝数　$W_d=0.563N_d$

　　　导线截面积 $S_d=0.888S'_d$

7.2　三相内角星形(⅄)正弦绕组布线接线图

正弦绕组的另一种接线型式是内角星形，因其接线仅构成一个闭合回路，即使三相不平衡，所产生的环流对电机运行造成的影响也远小于内星角形联结，所以常为改绕方案所采用。

内角星形正弦绕组的构成原理和参数与上节所述相同。

一、正弦绕组的布线　正弦绕组有多种布线型式。

1）双层布线　布线型式与普通双层叠式绕组相同，其上、下层是以线圈有效边在槽中所处层次表示。所以，角形和星形的线圈都是交叠分布在相应槽中的不同层次上。嵌线采用交叠法，但由于正弦绕组有角形和星形两种参数的线圈，嵌线时要按图要求交替轮换嵌入。具体嵌线顺序见各例。

2）单层布线　正弦绕组单层布线均采用分层交叠嵌线，即先将角形线圈交叠嵌入相应槽内构成底层绕组；再把星形线圈交叠嵌入相应槽中构成面层绕组，从而形成不规则的端部双平面绕组。所以，单层布线的层次是指线圈端部的层次，而非双层绕组的槽内层次。具体嵌线顺序见各例。

3）单双层混合布线　单双层绕组是指一台电机中既有单层槽又有双层槽的混合式布线。由于正弦绕组由两套绕组构成，并采用分层布线，先嵌入角形部分的线圈，完成后再嵌星形的线圈。因此，单双层布线的正弦绕组，其双层线圈是以槽中所处位置表示上、下层次，对其中单层线圈则以端部所处平面为上、下层次，即先嵌的角形线圈为下层，后嵌的星形线圈为上层。由于采用分层整嵌布线，本节单双层线圈号则以嵌线时，线圈左手侧有效边所在嵌入槽号为线圈号。

二、内角星形正弦绕组的接线

正弦绕组的接线虽然复杂，但它由角形和星形两套相对独立的绕组按一定形式连接而成，而且引出线仅需 3 根。因此，在接线过程中，进线和出线方位都必须按图进行，其相属和首、尾端都要严格区分，即使是星形接线也不允许调反连接。此外，为便于接线和检查，正弦绕组线圈的导线最好选用两种不同颜色的漆包线绕制；接线也用两种不同颜色的绝缘套管以区别角形和星形部分。

正弦绕组内角星形接线的操作程序如下：

1）先将角形部分的线圈(组)按常规逐相接好后联结成角形，并标出 U_d、V_d、W_d 三相头端；

2）再把属星形部分的线圈(组)逐相连接后不接星点，但标示相头 U_y、V_y、W_y，并作为引出线引出；

3）最后将星形的三相尾端分相对应与角形部分的 U_d、V_d、W_d 分别并接，如各例中图 b 所示。

三、改绕参数换算

正弦绕组内角星形接线的改绕换算公式可参考表 7.2。

表 7.2 三相电动机改绕内角星形（⅄）正弦绕组的基本参数计算

原绕组联结	改绕参数	正弦Y形部分	正弦△形部分
三相△形	每槽导线数	$N_y=0.56N_o\frac{K_{po}}{K_p}$	$N_d=0.97N_o\frac{K_{po}}{K_p}$
	导线截面积	$S_y=1.78S_o\frac{K_p}{K_{po}}$	$S_d=1.03S_o\frac{K_p}{K_{po}}$
三相Y形	每槽导线数	$N_y=0.97N_o\frac{K_{po}}{K_p}$	$N_d=1.68N_o\frac{K_{po}}{K_p}$
	导线截面积	$S_y=1.03S_o\frac{K_p}{K_{po}}$	$S_d=0.594S_o\frac{K_p}{K_{po}}$

注：N_o、S_o—改绕电动机原三相绕组每槽有效导线数和导线截面积；K_{po}、K_p——原三相绕组及改绕后正弦绕组的节距系数。

由于正弦绕组换算是以原三相电动机数据为基准进行的，所以改绕前后的并联路数要求相同，如改绕后并联路数与原绕组不同，可先将原绕组换算到改绕后的并联路数再进行正弦绕组参数换算。此外，如改绕方案不能成立，也可改变并联路数换算参数后再改绕。例如 48 槽 4 极电动机原为双层叠式四路并联，若选用单双层布线的正弦绕组方案便无法构成四路并联，这时应先将原绕组变换成两路并联参数后，再换算成两路并联的正弦绕组。

7.2.1 18 槽 2 极（单双层）内角星形正弦绕组

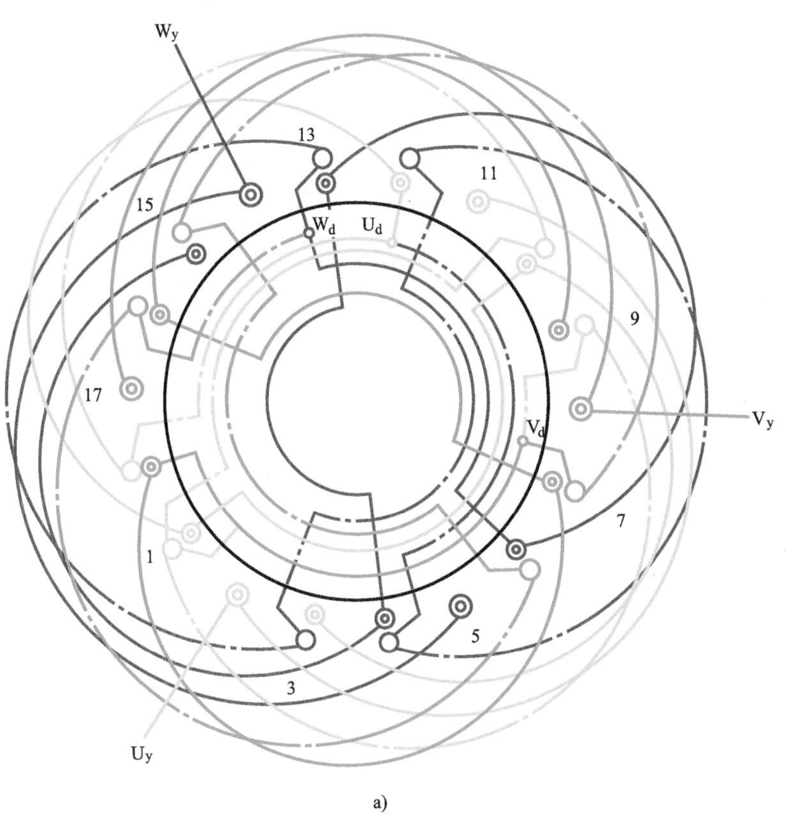

a)

图 7.2.1

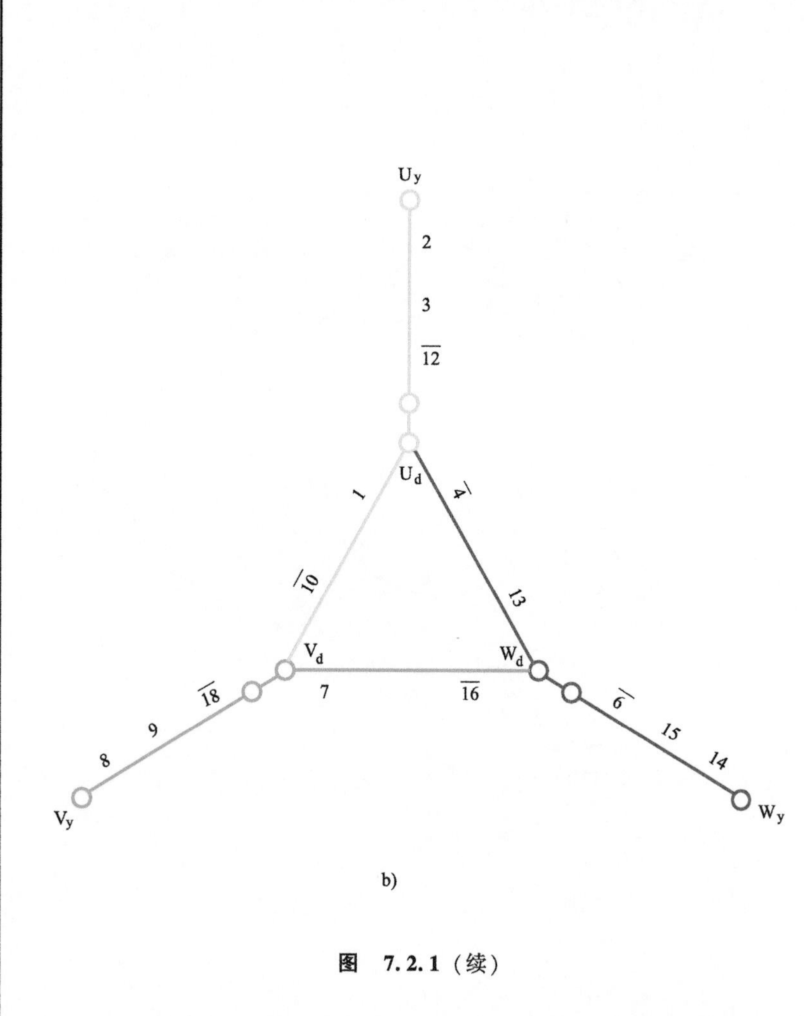

图 7.2.1（续）

1. 绕组结构参数

定子槽数	$Z=18$	线圈组数	$u=12$	绕组极距	$\tau=9$
电机极数	$2p=2$	每组圈数	$S_y=1½$	线圈节距	$y_d=1—9$
总线圈数	$Q=15$		$S_d=1$		$y_y=2—11，3—10$
Y线圈数	$Q_y=9$	极相槽数	$q=3$	节距系数	$K_p=0.985$
△线圈数	$Q_d=6$	Y极相槽	$q_y=2$	并联路数	$a_y=a_d=1$
		△极相槽	$q_d=1$	每槽电角	$\alpha=20°$

2. 绕组特点　本例采用单双层显极布线，每极相槽数 q 为奇数，为充分发挥正弦绕组的优越性能，线圈匝数分布也采用正弦规律安排。两套绕组占槽不相等，角形部分每极相由 1 个双层小线圈构成；星形部分则由同心单双层线圈组成。因此，实质上角形绕组是一单层链式绕组，星形则是一套同心交叉式绕组混合构成。本例较双层绕组具有线圈少的特点；分层嵌线吊边数为 3，常为小容量电动机采用。

3. 嵌线方法　绕组有 4 种规格线圈，而且同心线圈匝数也不相同，绕制时要注意。嵌线则先嵌角形部分线圈，完成后再嵌星形部分线圈于面层。

4. 接线要点　本例是显极式布线，每套绕组同相相邻线圈组的极性必须相反，即“头与头”或“尾与尾”相接，使两组电流方向相反，但两套绕组的相头必须在同一极距内引进，如图中 U_y 在槽 2 则 U_d 在同极的槽 1，并使两槽的极性相同(以下同)。接线时先接角形，并标出三相首端 U_d、V_d、W_d，然后再接星形部分线圈，引出电机绕组三相引线 U_y、V_y、W_y(首端)；但星形的尾端不接星点，而对应相别接到 U_d、V_d、W_d，如图 7.2.1b 所示。

5. 改绕计算　由表 7.2 公式算出星形部分每槽导线数 N_y 及两套绕组的导线截面积 S_y、S_d，各线圈匝数则由下式确定：

星形　单层线圈匝数　$W_{y1}=N_y$

　　　双层线圈匝数　$W_{y2}=0.347W_{y1}$

角形　双层线圈匝数　$W_{d2}=1.185W_{y1}$

7.2.2 24 槽 2 极（单层链式）内角星形正弦绕组

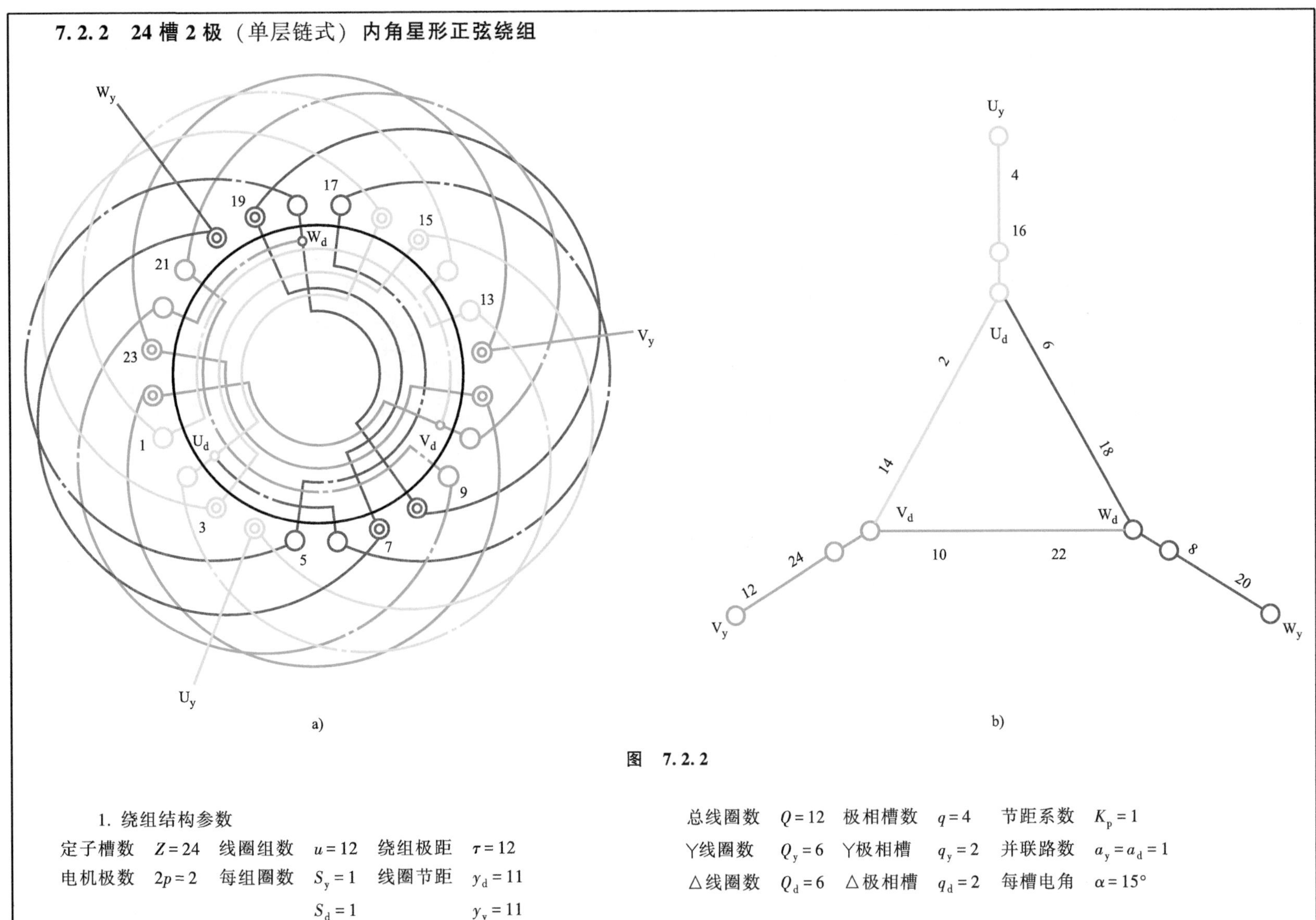

图 7.2.2

1. 绕组结构参数

定子槽数	$Z=24$	线圈组数	$u=12$	绕组极距	$\tau=12$
电机极数	$2p=2$	每组圈数	$S_y=1$	线圈节距	$y_d=11$
			$S_d=1$		$y_y=11$
总线圈数	$Q=12$	极相槽数	$q=4$	节距系数	$K_p=1$
Y线圈数	$Q_y=6$	Y极相槽	$q_y=2$	并联路数	$a_y=a_d=1$
△线圈数	$Q_d=6$	△极相槽	$q_d=2$	每槽电角	$\alpha=15°$

2. 绕组特点　本例采用单层显极布线，绕组由两套单层链式绕组构成，线圈总数仅为双层绕组的一半；每极相组均为 1 个线圈。分层嵌线时吊边数少，较普通 2 极电动机线圈绕制及嵌线都方便。常用于小容量电动机，但改绕正弦绕组的性能效果不够理想。

3. 嵌线方法　采用分层嵌线，先嵌角形部分的线圈于相应槽，完成后垫好端部绝缘再嵌星形线圈于面层。

4. 接线要点　本绕组为显极布线，每相由 2 个线圈反串连接，即从相头引入，线圈尾端与另一同相线圈的尾端相接，再从头端引出，使两线圈(组)的极性相反。接线前先将各线圈引线头理直，把星形部分的线圈引线扳向定子中心束起；角形部分逐相连接后，按常规接成角形，并将顶点做记号 U_d、V_d、W_d，如图 7.2.2b 所示；然后再逐相连接星形部分，但三相尾端不接星点，而将其分别对应三相并接于 U_d、V_d、W_d，如图 7.2.2b 所示。

5. 改绕计算　改绕正弦绕组参数根据表 7.2 计算，线圈匝数由下式确定：

星形线圈匝数　$W_y = N_y$

角形线圈匝数　$W_d = N_d$

7.2.3　30 槽 2 极（单双层同心交叉式）内角星形正弦绕组

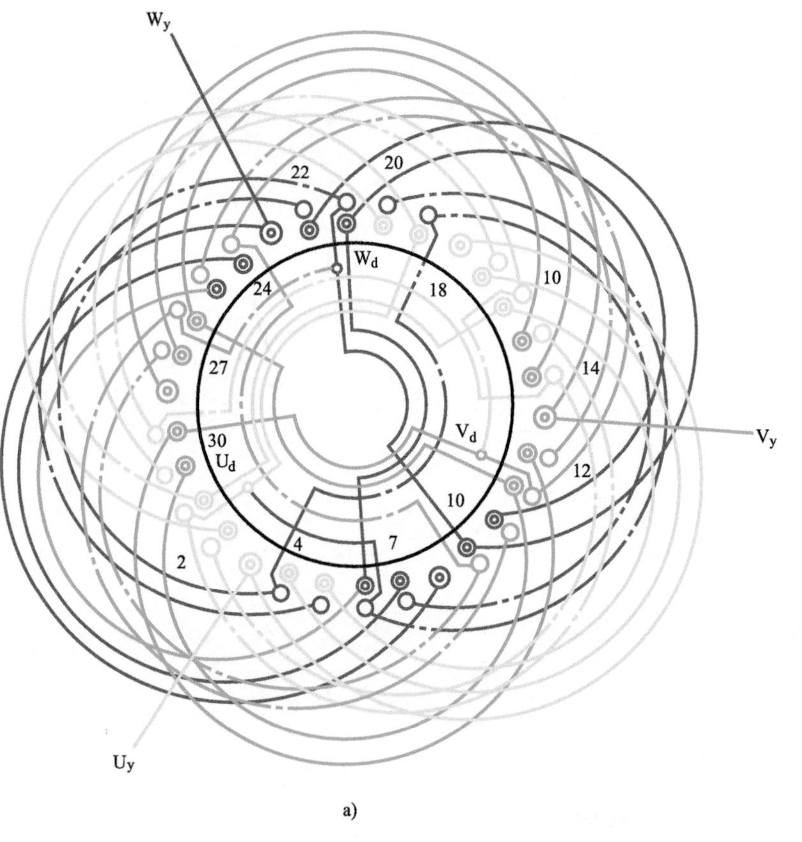

a)

图　7.2.3

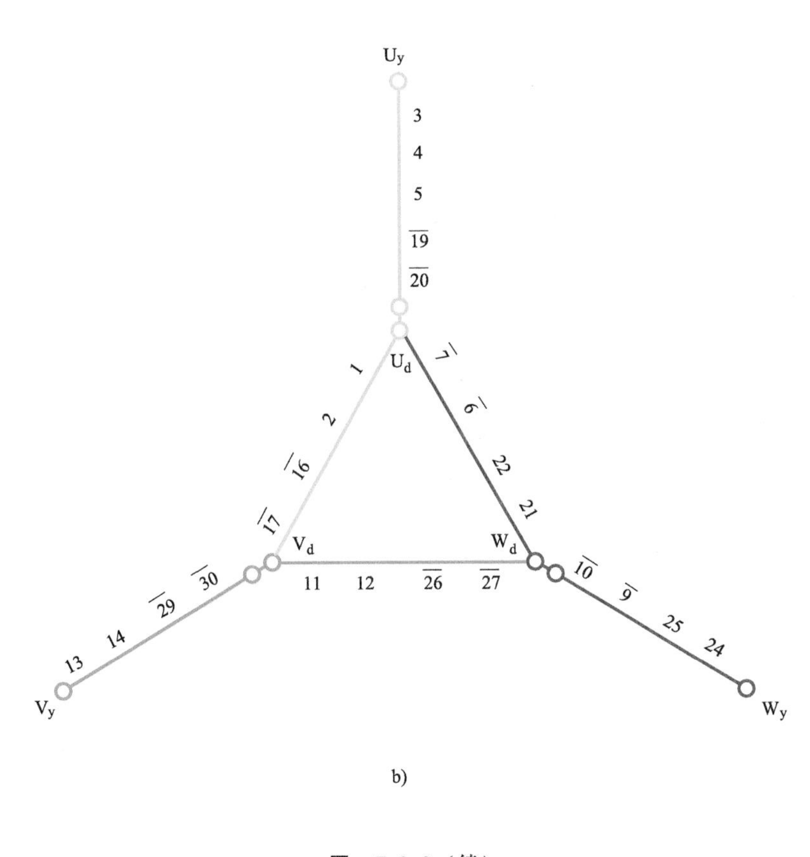

图 7.2.3（续）

1. 绕组结构参数

定子槽数 $Z=30$ 每组圈数 $S_y=2\frac{1}{2}$ 线圈节距 $y_d=1—15$，$2—14$

电机极数 $2p=2$ $S_d=2$ $y_y=3—18$，$4—17$，

总线圈数 $Q=27$ 极相槽数 $q=5$ $5—16$

Y线圈数 $Q_y=15$ Y极相槽 $q_y=2\frac{1}{2}$ 节距系数 $K_p=0.995$

△线圈数 $Q_d=12$ △极相槽 $q_d=2$ 并联路数 $a_y=a_d=1$

线圈组数 $u=12$ 绕组极距 $\tau=15$ 每槽电角 $\alpha=12°$

2. 绕组特点　本例为单双层正弦绕组，每极相槽数为奇数（$q=5$），两套绕组采用不等线圈安排，角形部分每组由两个同心双层线圈构成一套单层同心式绕组；星形部分为分数槽线圈，由双、三圈构成同心交叉式绕组，其中三圈组中的大线圈是单层线圈，其余均为双层线圈。虽较双层布线时减少线圈数目不多，但嵌线时角形吊 4 边，星形吊 5 边，均比原来吊 15 边减少 10 边以上，给嵌线带来方便。此外，为进一步改善电动机运行性能，本方案还按正弦规律分配匝数。

3. 嵌线方法　采用分层嵌线，先嵌角形部分，后嵌星形部分。

4. 接线要点　接线前先将线头理直区分，将角形部分的三相绕组逐相连接，使同相相邻两线圈组的极性相反，即“尾与尾”相接，再把三相绕组接成角形，并标记三相首端 U_d、V_d、W_d；同理也将星形部分逐相连接，把相尾同相对应接到角形顶点 U_d、V_d、W_d，如图 7.2.3b 所示。最后抽出三相引线 U_y、V_y、W_y。

5. 改绕计算　正弦绕组基本参数 N_y、S_y、S_d 可根据改绕前接法由表 7.2 计算，各线圈匝数由下式确定：

星形　同心大线圈匝数　$W_{y1}=N_y$

同心中线圈匝数　$W_{y2}=0.618W_{y1}$

同心小线圈匝数　$W_{y3}=0.21W_{y1}$

角形　同心大线圈匝数　$W_{d1}=1.41W_{y1}$

同心小线圈匝数　$W_{d2}=0.72W_{y1}$

7.2.4 36 槽 2 极（$y=17$，双层叠式）内角星形正弦绕组

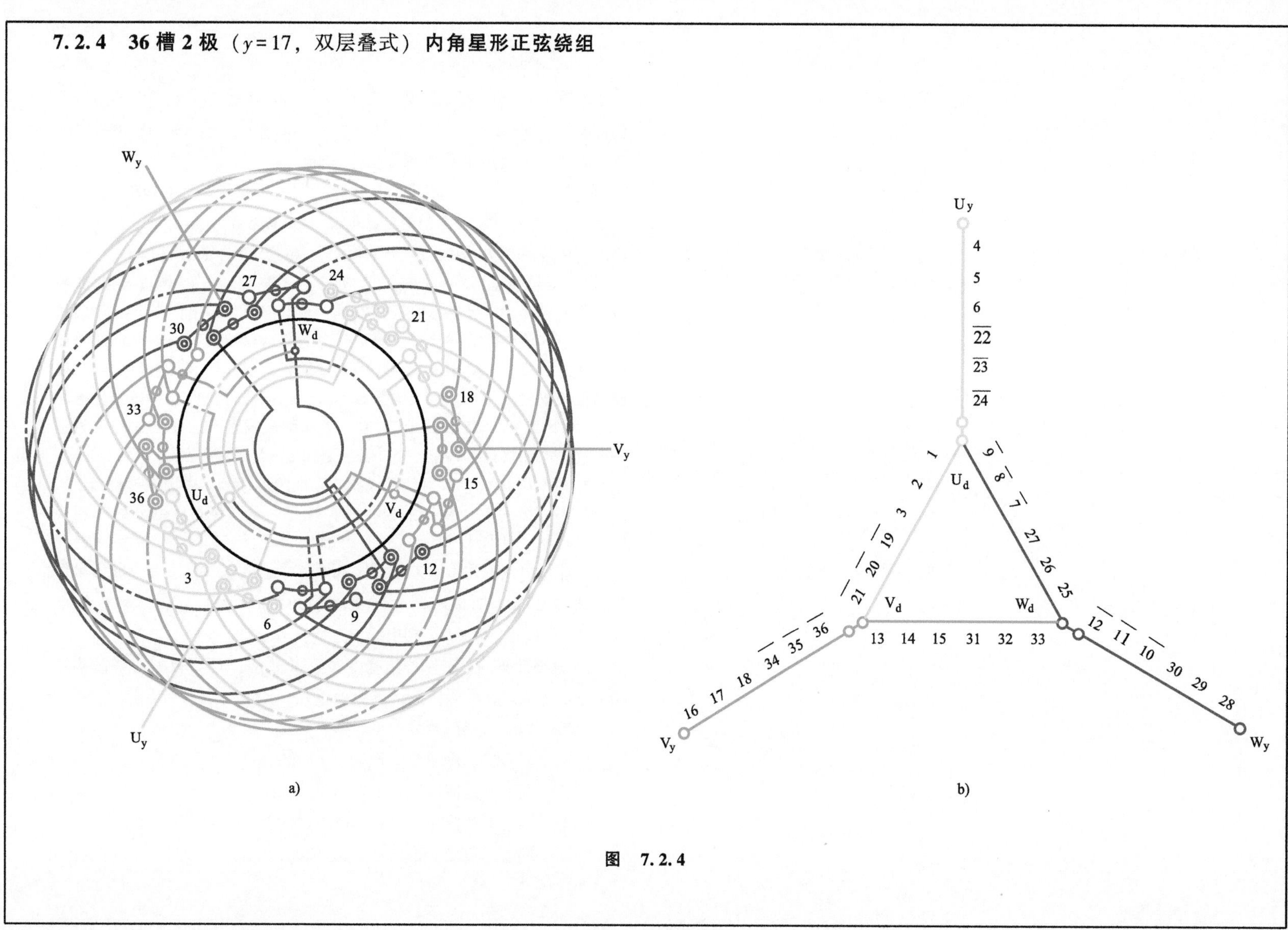

图 7.2.4

7.2.5 36 槽 2 极（单双层同心式）内角星形正弦绕组

1. 绕组结构参数

定子槽数 $Z=36$ 线圈组数 $u=12$ 绕组极距 $\tau=18$

电机极数 $2p=2$ 每组圈数 $S_y=3$ 线圈节距 $y_d=17$

$S_d=3$ $y_y=17$

总线圈数 $Q=36$ 极相槽数 $q=6$ 节距系数 $K_p=0.996$

Y线圈数 $Q_y=18$ Y极相槽 $q_y=3$ 并联路数 $a_y=a_d=1$

△线圈数 $Q_d=18$ △极相槽 $q_d=3$ 每槽电角 $\alpha=10°$

2. 绕组特点　本例是双层叠式显极布线，两套绕组占槽相等，每组均由 3 个线圈组成，线圈由相同尺寸线模绕制，但两套绕组的线圈参数不同。线圈端部排列整齐、美观；但线圈跨距大，嵌线吊边数多达 17，嵌线较困难。

3. 嵌线方法　采用交叠嵌线，嵌线时要区分两种线圈，每组(3 只)交替轮换嵌入。

4. 接线要点　绕组是显极布线，同相相邻线圈组极性必须相反。先将角形部分逐相连接好再接成三角形，并标记三相首端 U_d、V_d、W_d；同理逐相连接星形部分，从相头引 U_y、V_y、W_y 三相绕组引出线；最后将星形的三相尾端分别对应接到 U_d、V_d、W_d，如图 7.2.4b 所示。

5. 改绕计算　正弦绕组基本参数由表 7.2 计算，两套线圈的匝数由下式确定：

星形线圈匝数 $W_y=N_y/2$

角形线圈匝数 $W_d=N_d/2$

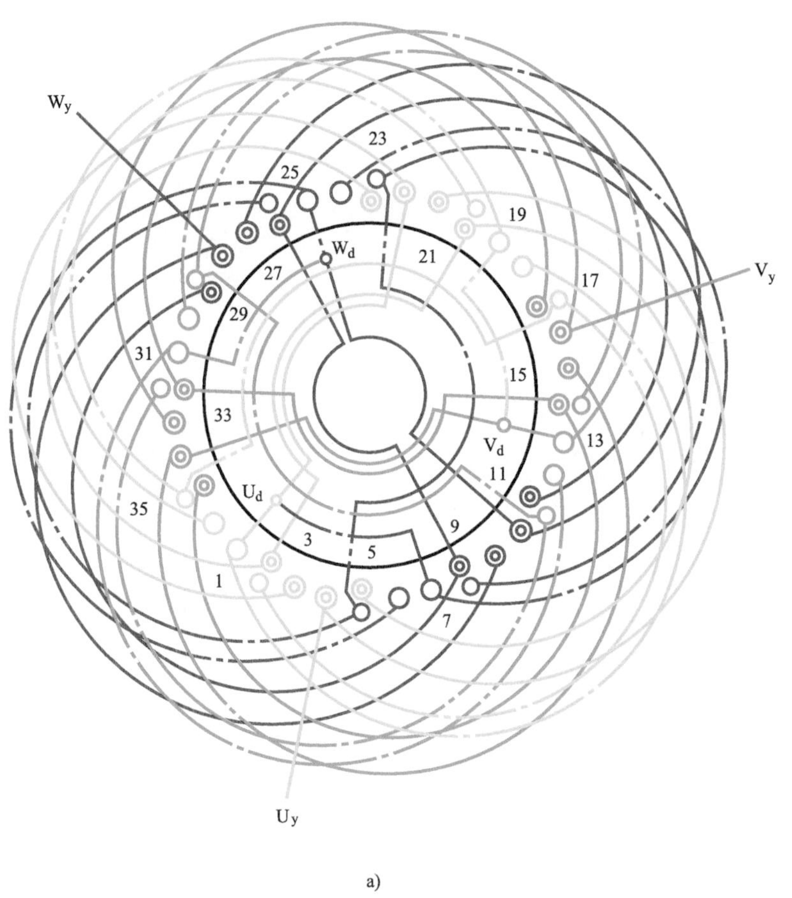

a)

图 7.2.5

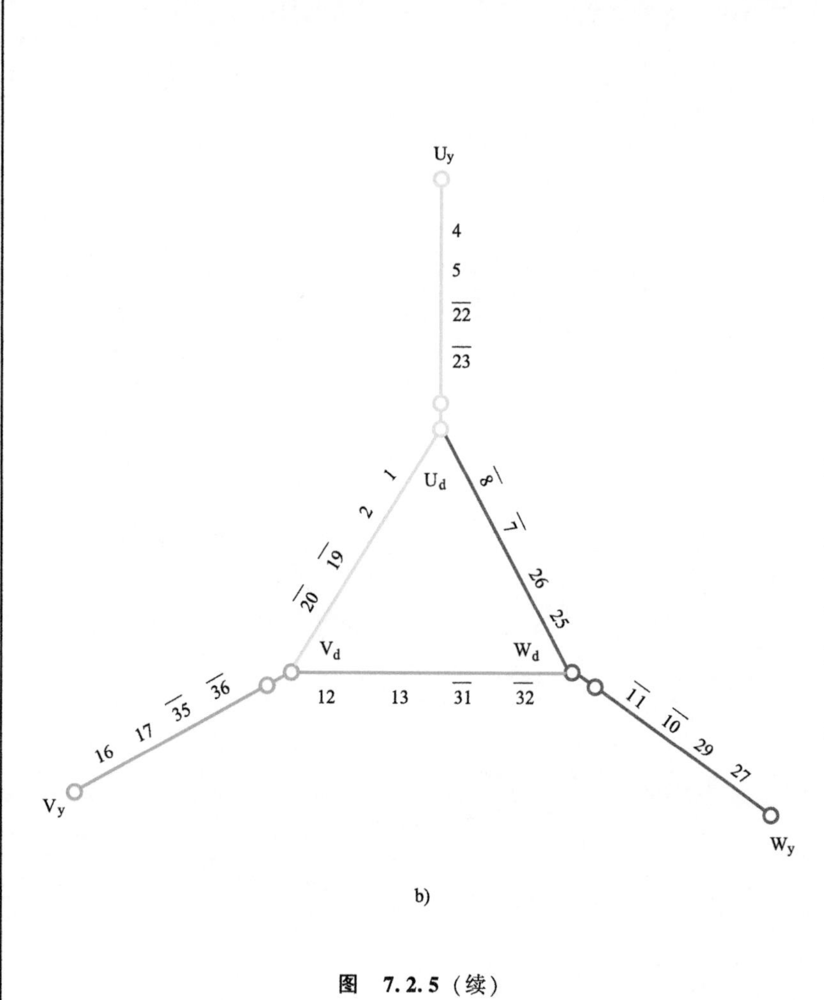

图 7.2.5（续）

1. 绕组结构参数

定子槽数	$Z=36$	线圈组数	$u=12$	绕组极距	$\tau=18$
电机极数	$2p=2$	每组圈数	$S_y=2$	线圈节距	$y_d=1—18，2—17$
			$S_d=2$		$y_y=4—21，5—20$
总线圈数	$Q=24$	极相槽数	$q=6$	节距系数	$K_p=0.985$
Y线圈数	$Q_y=12$	Y极相槽	$q_y=3$	并联路数	$a_y=a_d=1$
△线圈数	$Q_d=12$	△极相槽	$q_d=3$	每槽电角	$\alpha=10°$

2. 绕组特点　本例是由两套同心线圈构成的单双层显极式绕组，每组均由一大一小同心线圈组成；线圈总数比双层叠式少 1/3，嵌线吊边数为 4，比上例双层绕组少 13，大大降低了 2 极电动机线圈嵌线的难度。线圈采用同心塔模绕制，但要区分两种不同参数的线圈。

3. 嵌线方法　本例采用分层嵌线，嵌线前应将两种线圈组分别放置，先嵌下层角形部分，完成后再嵌星形部分于面层。

4. 接线要点　绕组是一路串联显极布线，每相绕组由两个单双层同心线圈组构成，两线圈组是“尾与尾”相接，使其呈相反的极性。一般是先接角形部分，将其三相按常规接成三角形，标记相头 U_d、V_d、W_d；再逐相连接星形部分，将三相尾端对应相别与 U_d、V_d、W_d 连接，如图 7.2.5b 所示。最后将相头 U_y、V_y、W_y 引接出线。

5. 改绕计算　根据原一路串联绕组及原绕组联结改绕正弦绕组的基本参数由表 7.2 公式计算。线圈匝数由下式确定：

星形　大线圈匝数　$W_{y1}=N_y$

　　　小线圈匝数　$W_{y2}=W_y/2$

角形　大线圈匝数　$W_{d1}=N_d$

　　　小线圈匝数　$W_{d2}=W_{d1}/2$

7.2.6　36 槽 2 极（$a=2$，单双层同心式）内角星形正弦绕组

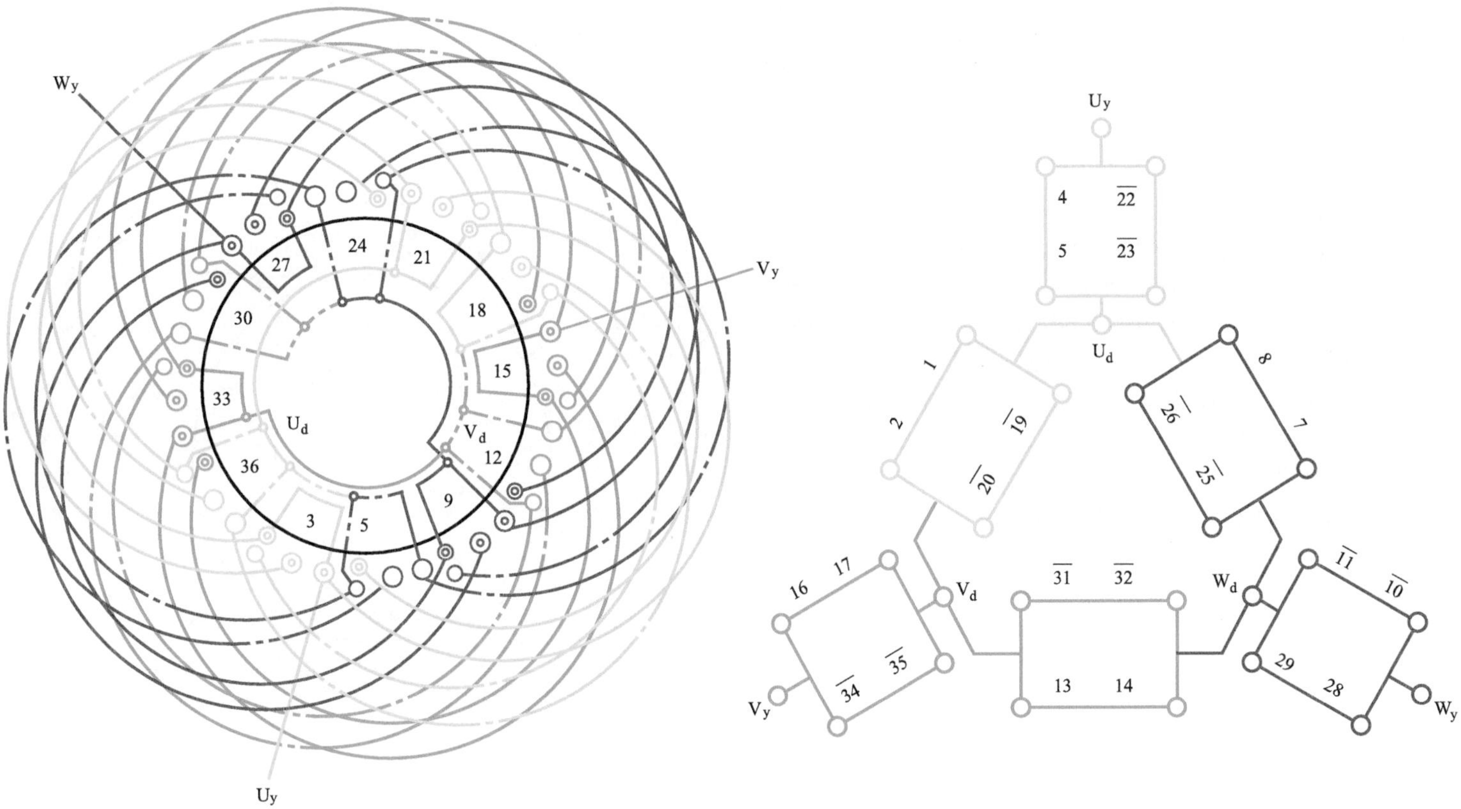

a)

b)

图　7.2.6

1. 绕组结构参数

定子槽数　$Z=36$　线圈组数　$u=12$　绕组极距　$\tau=18$

电机极数　$2p=2$　每组圈数　$S_y=2$　线圈节距　$y_d=1$—18，2—17

$S_d=2$　$y_y=4$—21，5—20

总线圈数　$Q=24$　极相槽数　$q=6$　节距系数　$K_p=0.985$

Y线圈数　$Q_y=12$　Y极相槽　$q_y=3$　并联路数　$a_y=a_d=2$

△线圈数　$Q_d=12$　△极相槽　$q_d=3$　每槽电角　$\alpha=10°$

2. 绕组特点　本绕组基本与上例相同，但采用两路并联接法，布线仍是单双层混合，两套绕组占槽相等，绕组由双圈同心绕组构成，大小两线圈匝数不等但线径相同，其中大线圈是单层线圈，小线圈是双层线圈。线圈跨距虽然较大，但采用分层嵌线的吊边数仅为4，故嵌线的难度远小于双层绕组。

3. 嵌线方法　本例嵌线可参考上例，用后退工艺嵌线，但也可改用前进式嵌线工艺。

4. 接线要点　接线前先将各线头理顺，星形部分的线头扳向定子中心暂时束起。先接角形部分后接星形部分。各线圈组必须依据常规确定其极性，即并联时每相两组线圈要同在一组头端和另一组尾端接入。星形部分相头 U_y、V_y、W_y 作为电机绕组三相引出线，尾端则分别对应相别并接于角形顶点 U_d、V_d、W_d，如图 7.2.6b 所示。

5. 改绕计算　正弦绕组的基本参数由表 7.2 确定，各线圈匝数由下式计算：

星形　单层线圈匝数　$W_{y1}=N_y$

　　　双层线圈匝数　$W_{y2}=N_y/2$

角形　单层线圈匝数　$W_{d1}=N_d$

　　　双层线圈匝数　$W_{d2}=N_d/2$

7.2.7　42槽2极（$y=14$、$a=2$，双层叠式）内角星形正弦绕组

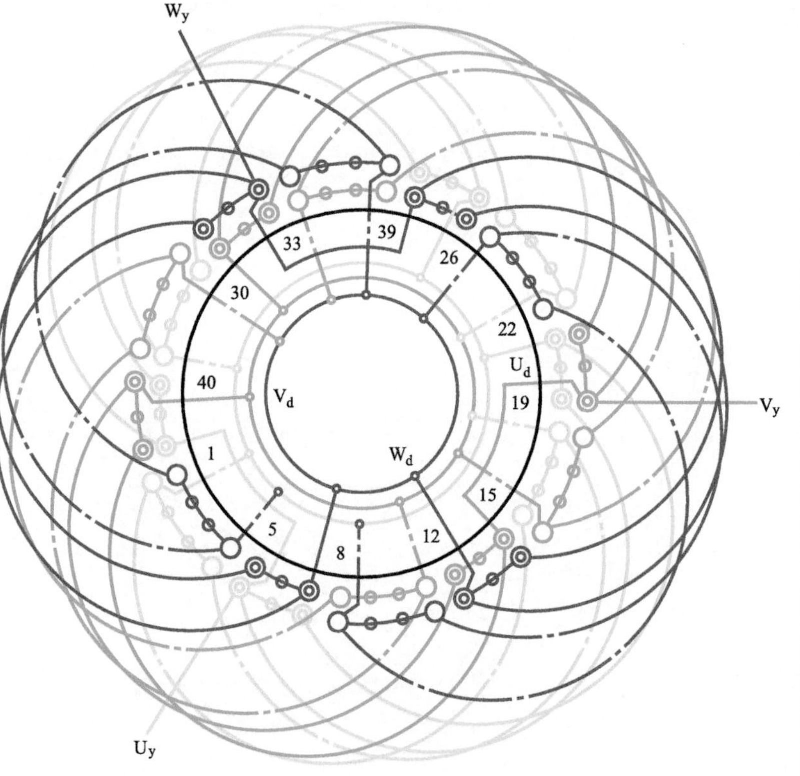

a)

图　7.2.7

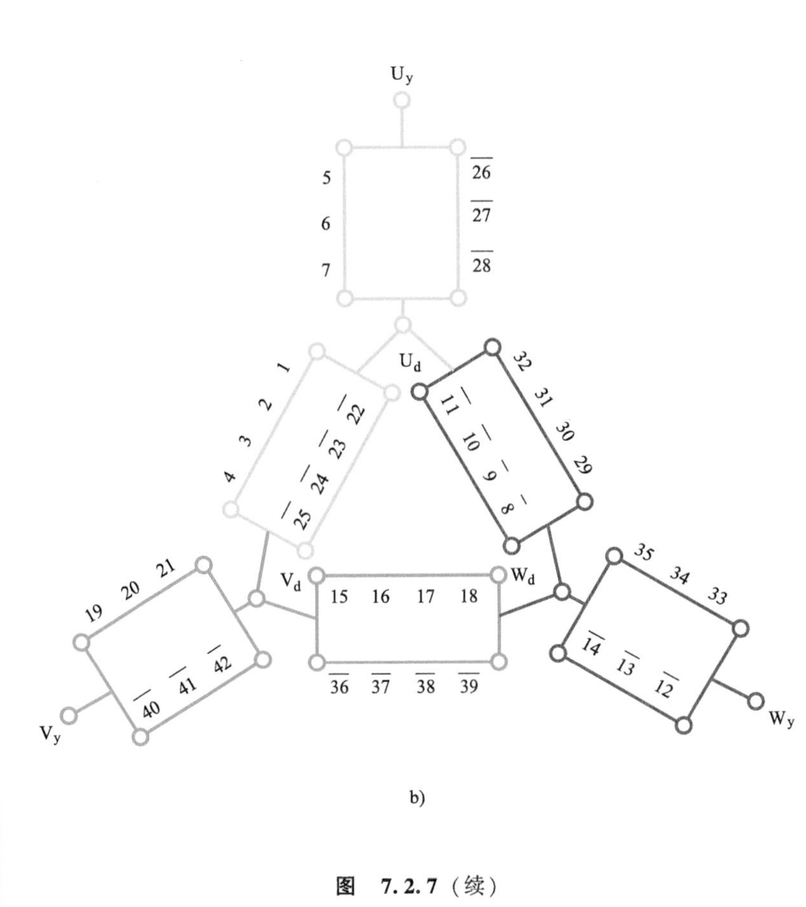

图　7.2.7（续）

1. 绕组结构参数

定子槽数	$Z=42$	线圈组数	$u=12$	绕组极距	$\tau=21$
电机极数	$2p=2$	每组圈数	$S_y=3$	线圈节距	$y_d=14$
			$S_d=4$		$y_y=14$
总线圈数	$Q=42$	极相槽数	$q=7$	节距系数	$K_p=0.866$
Y线圈数	$Q_y=18$	Y极相槽	$q_y=3$	并联路数	$a_y=a_d=2$
△线圈数	$Q_d=24$	△极相槽	$q_d=4$	每槽电角	$\alpha=8°57'$

2. 绕组特点　本例为双层叠式绕组，线圈采用较小的节距以减少嵌线困难。两套绕组占槽不等，正弦绕组采用不轮换排列；角形部分每组 4 圈，星形部分每组 3 圈，比角形部分少占 1 槽。同套绕组中每相仅两个线圈组，采用两路并联时用反方向接线则显得较为方便。但由于每槽所占电角度为分度数，虽两套绕组互差不等于 30°，但相差极微，不致造成不良影响。

3. 嵌线方法　双叠绕组按常规采用交叠嵌线，嵌线时应根据图按 4 联角形线圈和 3 联星形线圈交替嵌入。

4. 接线要点　本例为显极布线两路并联，同相两组线圈极性相反。接线时找出同相两个线圈组的首尾引线，按图并联。先将角形部分逐相连接后再连接成角形，标示相头 U_d、V_d、W_d，如图 7.2.7b 所示。再把星形部分逐相接成两路并联，引出相头 U_y、V_y、W_y 引线；最后把并联后的相尾逐相对应接到 U_d、V_d、W_d，如图 7.2.7b 所示。

5. 改绕计算　改绕正弦绕组的基本参数由表 7.2 计算，因 $q_y \neq q_d$，为保证电机铁心槽满率不致相差过大，线圈及导线截面积由下式换算：

星形　线圈匝数　$W_y=0.583N_y$

　　　导线截面　$S_y=0.857S'_y$

角形　线圈匝数　$W_d=0.438N_d$

　　　导线截面　$S_d=1.143S'_d$

7.2.8 24 槽 4 极（单层庶极链式）内角星形正弦绕组

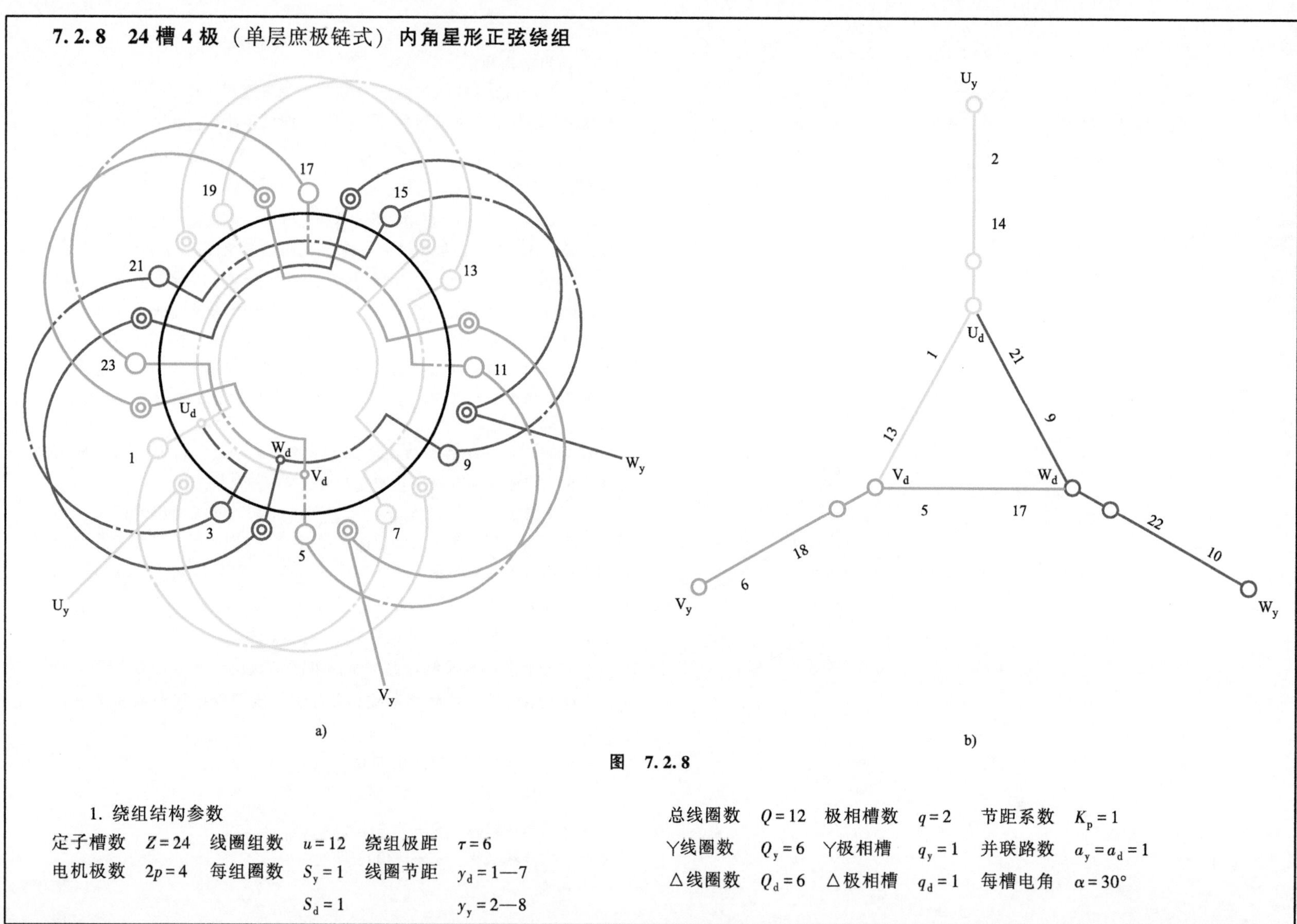

图 7.2.8

1. 绕组结构参数

定子槽数 $Z=24$　线圈组数 $u=12$　绕组极距 $\tau=6$

电机极数 $2p=4$　每组圈数 $S_y=1$　线圈节距 $y_d=1—7$

$S_d=1$　$y_y=2—8$

总线圈数 $Q=12$　极相槽数 $q=2$　节距系数 $K_p=1$

Y线圈数 $Q_y=6$　Y极相槽 $q_y=1$　并联路数 $a_y=a_d=1$

△线圈数 $Q_d=6$　△极相槽 $q_d=1$　每槽电角 $\alpha=30°$

2. 绕组特点　本例用单层庶极布线，每相均由 2 个线圈顺串而成，即两套绕组均是单层庶极链式绕组，线圈数为 4 极电动机中最少，接线也较简单，嵌线亦方便，但仅为小容量电动机采用。

3. 嵌线方法　采用分层交叠嵌线，先嵌角形部分，完成后再嵌星形部分于面层。

4. 接线要点　绕组为庶极布线，安排在定子对应位置同相的两只线圈(组)的极性必须相同，即线圈(组)间接线为“尾与头”相接。操作上先将角形部分逐相接好后连成角形，并标记角形顶点三相头端 U_d、V_d、W_d，完成后再逐相连接星形部分，并将其三相尾端分别对应接到 U_d、V_d、W_d，如图 7.2.8b 所示。三相头端 U_y、V_y、W_y 引至电动机接线盒。

5. 改绕计算　正弦绕组基本参数由表 7.2 公式计算，两种线圈匝数由下式确定：

星形线圈匝数　$W_y = N_y$

角形线圈匝数　$W_d = N_d$

7.2.9　36 槽 4 极（$y=8$，双层叠式）内角星形正弦绕组

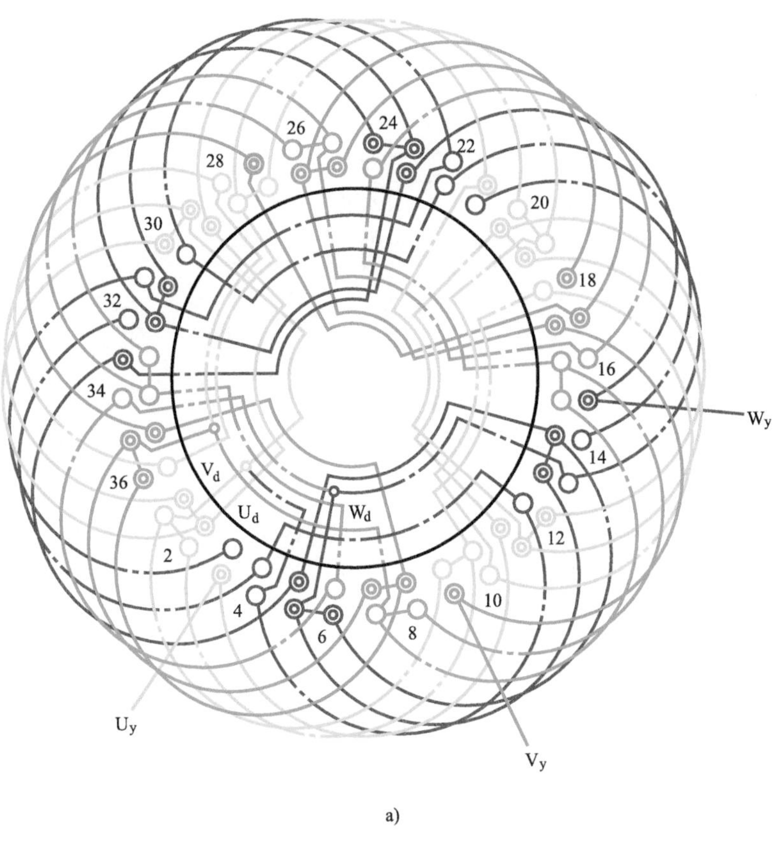

a)

图　7.2.9

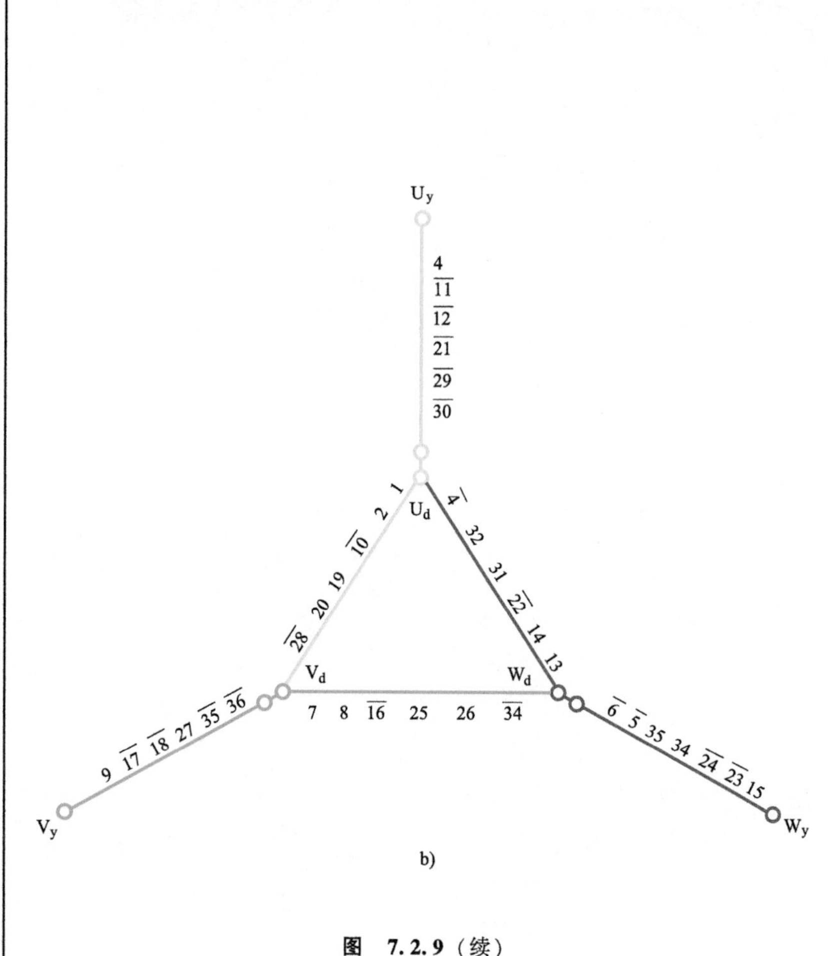

图 7.2.9（续）

1. 绕组结构参数

定子槽数	$Z=36$	线圈组数	$u=24$	绕组极距	$\tau=9$
电机极数	$2p=4$	每组圈数	$S_y=1\frac{1}{2}$	线圈节距	$y_d=8$
			$S_d=1\frac{1}{2}$		$y_y=8$
总线圈数	$Q=36$	极相槽数	$q=3$	节距系数	$K_p=0.985$
Y线圈数	$Q_y=18$	Y极相槽	$q_y=1\frac{1}{2}$	并联路数	$a_y=a_d=1$
△线圈数	$Q_d=18$	△极相槽	$q_d=1\frac{1}{2}$	每槽电角	$\alpha=20°$

2. 绕组特点　本绕组是双层叠式显极布线，每极相槽数为奇数（$q=3$），改绕正弦绕组后，两套绕组极相占槽为分数，线圈组为不等圈安排，即每相为单双圈轮换分布，使两套绕组的线圈数目相等。但每一极距范围内两套绕组共占 3 槽，本例采用第 1 极下角形占 2 槽，星形占 1 槽，第 2 极则反之，角形占 1 槽而星形占 2 槽，以此类推。

3. 嵌线方法　本例嵌线与普通三相电动机双叠绕组相同，且两套绕组都由单双圈组成，且两套绕组的线圈匝数及线规不同，嵌线时要严格区分，按图交替嵌入。

4. 接线要点　因是显极布线，一路串联的同相相邻线圈组必须反向串联，即“尾与尾”或“头与头”相接。操作上先将角形部分逐相接好后连接成三角形，并标记 U_d、V_d、W_d；再将星形逐相接好后，将相头 U_y、V_y、W_y 引至接线盒，而相尾则分别对应相别与 U_d、V_d、W_d 连接。

5. 改绕计算　正弦绕组基本参数 N_y、N_d 及 S_y、S_d 由表 7.2 公式计算。线圈匝数由下式确定：

星形线圈匝数　$W_y=N_y/2$

角形线圈匝数　$W_d=N_d/2$

7.2.10 36 槽 4 极（单双层）内角星形正弦绕组

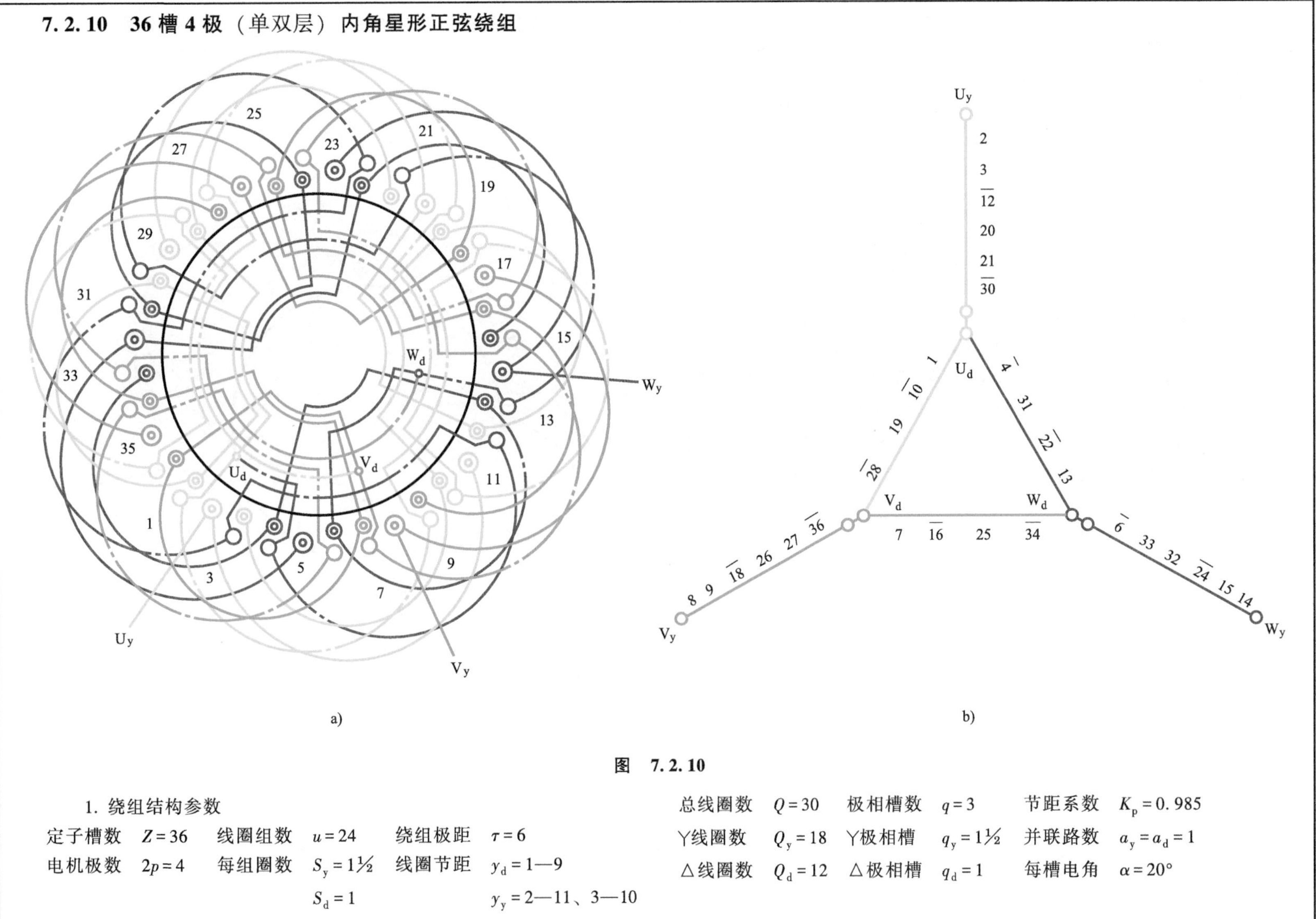

图 7.2.10

1. 绕组结构参数

定子槽数 $Z=36$　线圈组数 $u=24$　绕组极距 $\tau=6$

电机极数 $2p=4$　每组圈数 $S_y=1\frac{1}{2}$　线圈节距 $y_d=1—9$

$S_d=1$　$y_y=2—11$、$3—10$

总线圈数 $Q=30$　极相槽数 $q=3$　节距系数 $K_p=0.985$

Y线圈数 $Q_y=18$　Y极相槽 $q_y=1\frac{1}{2}$　并联路数 $a_y=a_d=1$

△线圈数 $Q_d=12$　△极相槽 $q_d=1$　每槽电角 $\alpha=20°$

2. 绕组特点　　绕组是显极式单双层混合布线，因每极相槽数为奇数，两套绕组用不同型式安排，角形部分是单层链式，每组只有1个线圈；星形部分是每极相多占1/2槽，故采用单双圈轮换安排而构成单层同心交叉式绕组。为使电动机获得较好的运行性能，使槽电动势沿定子圆周呈正弦规律分布，星形和角形线圈的匝比应为 $W_{y1}:W_{y2}:W_d=1:0.34:1.185$。此外，角形绕组只有一种规格线圈；星形的同心线圈组两线圈的匝数也不相同，绕制线圈时应予注意，而单圈与同心小线圈的匝数和尺寸相同。

3. 嵌线方法　　绕组采用分层交叠嵌线，先嵌角形部分，吊边数为2，完成后再嵌星形部分，吊边数为3。

4. 接线要点　　本例为一路串联显极绕组，同相相邻线圈组的极性必须相反。一般先把角形部分按常规“尾接尾”“头接头”分相接好，再连成角形，标出 U_d、V_d、W_d 相头；接着把星形部分的三相尾端对应相别接到 U_d、V_d、W_d，最后把三相头端 U_y、V_y、W_y 引出。

5. 改绕计算　　正弦绕组基本参数 N_y 及 S_y、S_d 根据表7.2公式求出，而 q 为奇数，为改善电动机性能，使线圈匝数也按正弦规律分布，则各线圈匝数确定如下：

星形　单层线圈匝数　$W_{y1}=N_y$

　　　双层线圈匝数　$W_{y2}=0.347W_{y1}$

角形　线圈匝数　　　$W_d=1.185W_y$

7.2.11　36槽4极（单双层庶极）内角星形正弦绕组

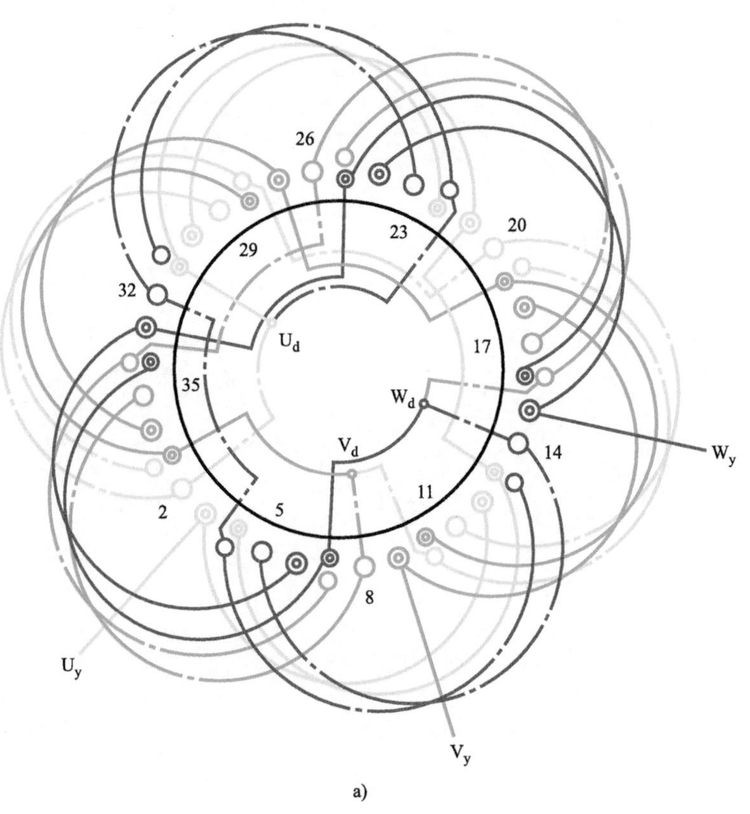

图　7.2.11

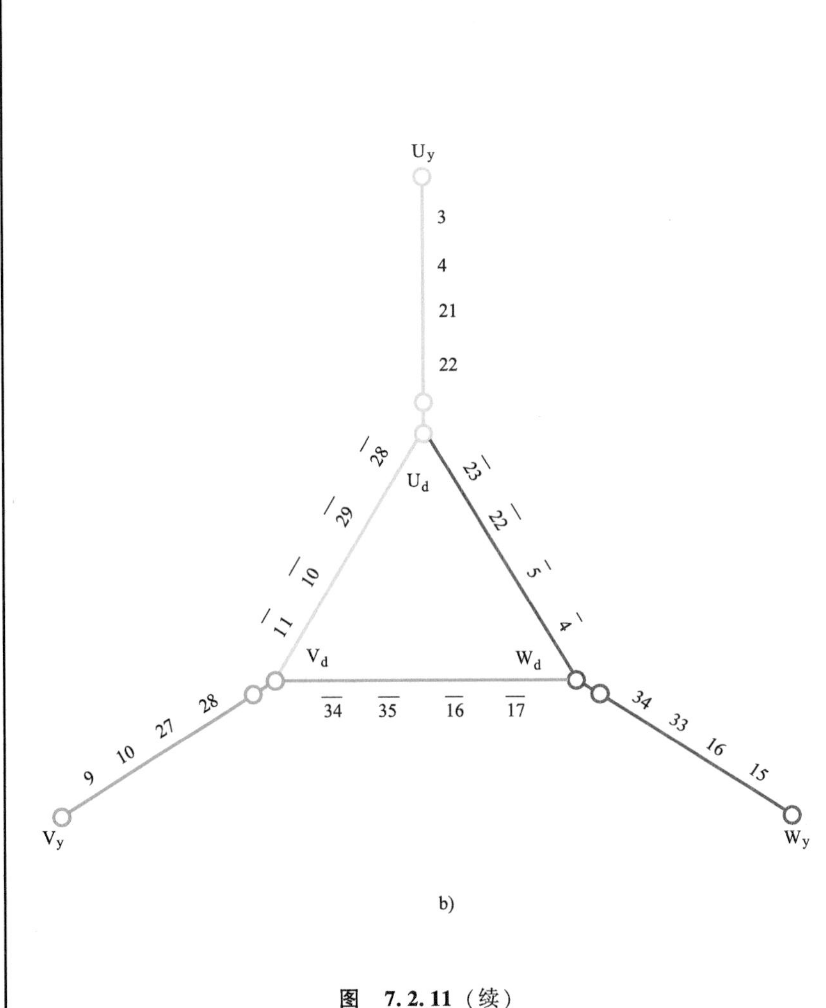

b)

图 7.2.11（续）

1. 绕组结构参数

定子槽数 $Z=36$　线圈组数 $u=12$　绕组极距 $\tau=9$

电机极数 $2p=4$　每组圈数 $S_y=2$　线圈节距 $y_d=9$　$y_y=9$

总线圈数 $Q=24$　极相槽数 $q=3$　节距系数 $K_p=1$

Y线圈数 $Q_y=12$　Y极相槽 $q_y=1\frac{1}{2}$　并联路数 $a_y=a_d=1$

△线圈数 $Q_d=12$　△极相槽 $q_d=1\frac{1}{2}$　每槽电角 $\alpha=20°$

2. 绕组特点　本例是单双层庶极布线，两套绕组每相均由两组交叠线圈串接而成，每组则由一大（单层）、一小（双层）两个线圈组成。此绕组端部交叠层次较多，但线圈数少，且分层嵌线时仅吊 2 边，故嵌线和接线都较方便。

3. 嵌线方法　本例采用分层交叠嵌线，吊边数只有 2。嵌线前应将相同尺寸的 4 种不同参数的线圈分别放好，不得混淆。嵌线时先嵌角形部分，完成后再嵌星形部分于面层。

4. 接线要点　由于两套绕组进线在同一极距内，即 U_y 从槽 3 引出，则 U_d 在同一极下的槽 2 进线，因此，当星形绕组逆时针方向走线时，角形绕组则顺时针方向走线，使同一极相槽内的电流方向相同，两套线圈端部电流方向则相反；但每套绕组同相相邻线圈间采用顺向串联，即“头与尾”或“尾与头”相接。接线时先接好角形部分，然后逐相连接星形部分，最后把三相尾端对应相别接到 U_d、V_d、W_d，如图 7.2.11b 所示。

5. 改绕计算　改绕正弦绕组基本参数由表 7.2 进行计算，各线圈匝数由下式确定：

星形　单层线圈匝数　$W_{y1}=N_y$

双层线圈匝数　$W_{y2}=N_y/2$

角形　单层线圈匝数　$W_{d1}=N_d$

双层线圈匝数　$W_{d2}=N_d/2$

7.2.12　36 槽 4 极（$a_y \neq a_d$，单双层全距）内角星形正弦绕组

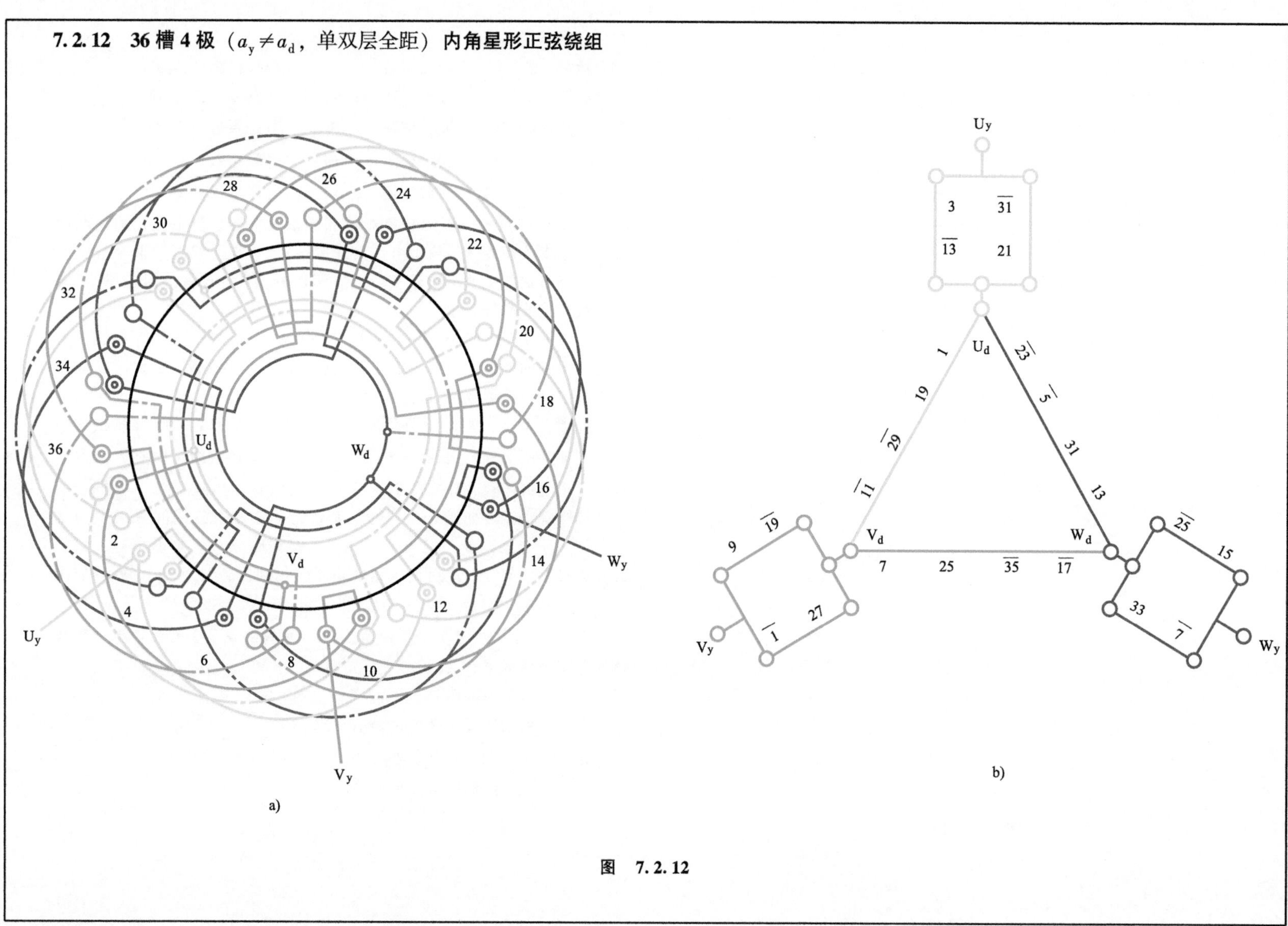

图　7.2.12

7.2.13　36 槽 4 极（$a_y \neq a_d$，单双层庶极）内角星形正弦绕组

1. 绕组结构参数

定子槽数	$Z=36$	线圈组数	$u=24$	绕组极距	$\tau=9$
电机极数	$2p=4$	每组圈数	$S_y=1$ $S_d=1$	线圈节距	$y_d=9$ $y_y=9$
总线圈数	$Q=24$	极相槽数	$q=3$	节距系数	$K_p=1$
Y线圈数	$Q_y=12$	Y极相槽	$q_y=1\frac{1}{2}$	并联路数	$a_y=2$ $a_d=1$
△线圈数	$Q_d=12$	△极相槽	$q_d=1\frac{1}{2}$	每槽电角	$\alpha=20°$

2. 绕组特点　本例为两套绕组并联支路数不相等的范例之一，而且采用新颖的显极布线型式。两套绕组占槽比相等，每只线圈为一组，每相由 4 个线圈构成，线圈数比双层绕组少 12 个；线圈采用全节距，但依然具有削减谐波的能力。本绕组嵌线方便，分层嵌线时吊边数仅为 2，但绕组端部有局部三重叠，绕组端部整形和绝缘较困难。

3. 嵌线方法　两套绕组分别由两种不同参数但尺寸相同的单层和双层线圈组成。嵌线前要严格区别 4 种线圈，切勿错乱。嵌线采用分层交叠嵌法，先嵌角形绕组，完成后再嵌星形部分于面层。

4. 接线要点　本例为显极布线，故应使同相相邻线圈极性相反。接线时先将下层线圈按常规接成一路角形，并标记三角顶点 U_d、V_d、W_d；再把上层线圈逐相反向走线接成两路并联，然后将三相尾端对应相别接到 U_d、V_d、W_d，如图 7.2.12b 所示；最后把三相头端 U_y、V_y、W_y 引至接线盒。

5. 改绕计算　根据一路串联接法的原绕组（如原绕组是多路并联则要换算到一路串联作为原始参数），两套绕组改绕的基本参数由表 7.2 计算。各线圈匝数及导线截面积由下式计算：

星形　单层线圈匝数　$W_{y1}=2N_y$

双层线圈匝数　$W_{y2}=N_y$

导线截面积　$S_y=S'_y/2$

角形　单层线圈匝数　$W_{d1}=N_d$

双层线圈匝数　$W_{d2}=N_d/2$

导线截面积　$S_d=S'_d$

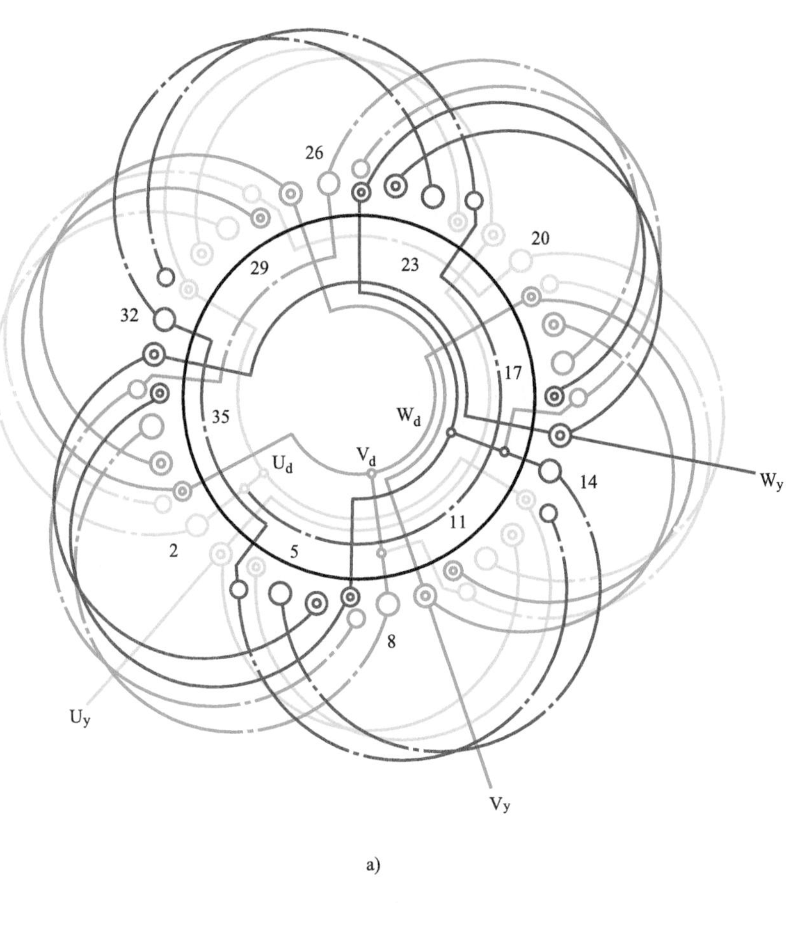

a)

图　7.2.13

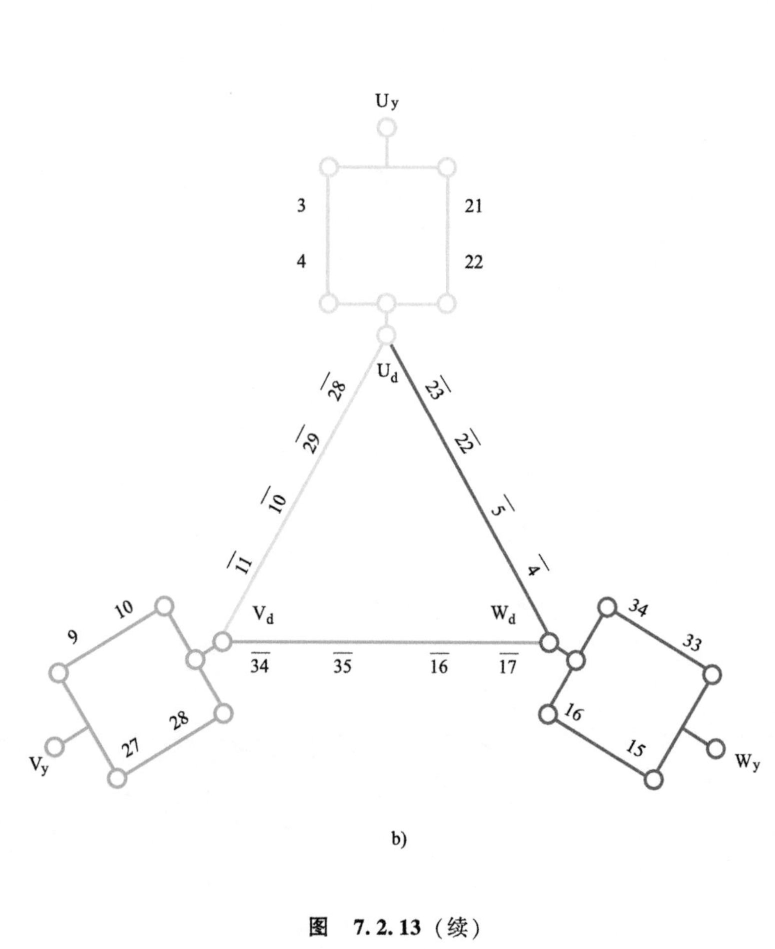

图 7.2.13（续）

1. 绕组结构参数

定子槽数	$Z=36$	线圈组数	$u=12$	绕组极距	$\tau=9$		
电机极数	$2p=4$	每组圈数	$S_y=2$	线圈节距	$y_d=9$		
			$S_d=2$		$y_y=9$		
总线圈数	$Q=24$	极相槽数	$q=3$	节距系数	$K_p=1$		
Y线圈数	$Q_y=12$	Y极相槽	$q_y=1\frac{1}{2}$	并联路数	$a_y=2$	$a_d=1$	
△线圈数	$Q_d=12$	△极相槽	$q_y=1\frac{1}{2}$	每槽电角	$\alpha=20°$		

2. 绕组特点　本例采用单双层庶极布线，但两套绕组支路数不同，角形部分是一路串联接线，星形部分为两路并联。绕组分别由两套单层庶极交叠线圈构成，每相有两个线圈组，每组由大小两只交叠线圈组成。端部有三重叠，但线圈组数少，嵌线和接线均方便。

3. 嵌线方法　采用分层交叠法嵌线，先嵌角形部分线圈，后嵌星形线圈。因两套绕组均由相同尺寸而不同参数的单双层线圈组构成，嵌线时要严格区分，不得混淆。

4. 接线要点　因正弦绕组两套绕组进线（相头）要在同一极距内，故本绕组走线方向与以往不同，即角形部分从 2 号槽开始，顺时针方向连接，并使同相两组线圈电流方向（极性）相同，三相接成一路角形，标出三相相头 U_d、V_d、W_d；星形部分是两路并联，逐相按庶极规律接好后，将三相尾端分相对应接到 U_d、V_d、W_d，而相头 U_y、V_y、W_y 引至接线盒。

5. 改绕计算　根据一路串联的原绕组(如非一路串联绕组应先将其换算到一路串联参数后再作改绕)，两套绕组改绕正弦绕组的基本参数由表 7.2 进行计算。各线圈改绕参数由下式确定：

星形　单层线圈匝数　$W_{y1}=2N_y$

双层线圈匝数　$W_{y2}=N_y$

导线截面积　$S_y=S'_y/2$

角形　单层线圈匝数　$W_{d1}=N_d$

双层线圈匝数　$W_{d2}=N_d/2$

导线截面积　$S_d=S'_d$

7.2.14　36 槽 4 极（$a=2$，单双层）内角星形正弦绕组

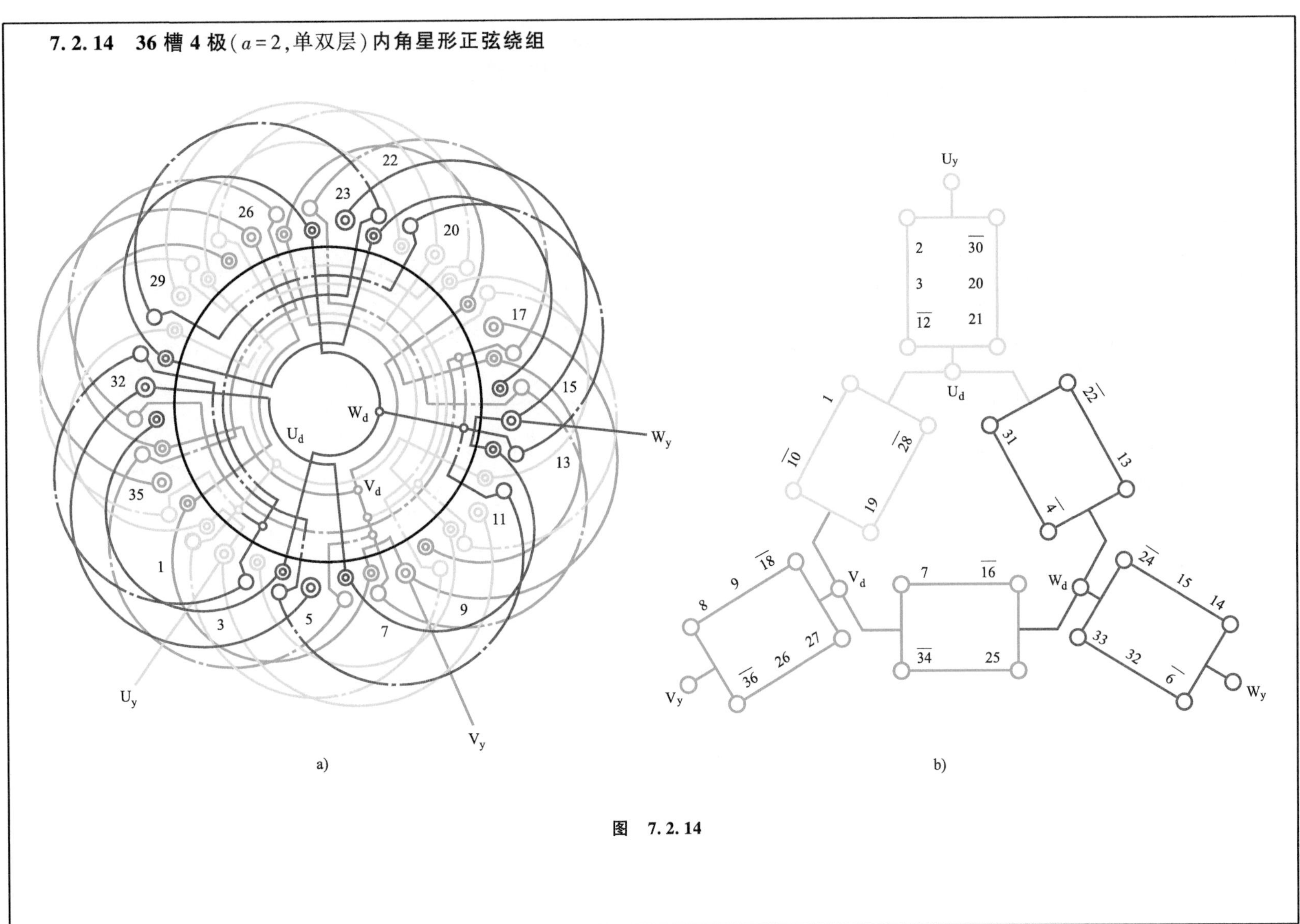

图　7.2.14

1. 绕组结构参数

定子槽数	$Z=36$	线圈组数	$u=24$	绕组极距	$\tau=9$
电机极数	$2p=4$	每组圈数	$S_y=1\frac{1}{2}$	线圈节距	$y_d=1—9$
			$S_d=1$		$y_y=2—11$、$3—10$
总线圈数	$Q=30$	极相槽数	$q=3$	节距系数	$K_p=0.985$
Y线圈数	$Q_y=18$	Y极相槽	$q_y=1\frac{1}{2}$	并联路数	$a_y=a_d=2$
△线圈数	$Q_d=12$	△极相槽	$q_d=1$	每槽电角	$\alpha=20°$

2. 绕组特点　本例绕组是两路并联，采用单双层显极式布线，角形和星形两套绕组分别由单层链式和单层同心交叉式混合构成。因此，角形部分每相由4个单圈组成，星形则由单圈和同心双圈组成。两套绕组线圈匝数采用正弦规律分布，以获得更理想的运行性能。由于线圈尺寸和数据不同，绕线和嵌线应予注意。

3. 嵌线方法　绕组除同心双圈组的线圈匝数不等外，还有两种不同数据的单圈组，嵌线时应严格区分，按图嵌入。嵌线采用分层交叠嵌线，先嵌角形部分，后嵌星形部分。

4. 接线要点　本例为显极布线，同相相邻线圈组极性均要相反。两路并联采用短跳接法，即进线后反方向走线，逐相连接。操作时先将角形部分的三相绕组按常规接成角形，标出 U_d、V_d、W_d 后再接星形部分，将三相进线 U_y、V_y、W_y 引出，其相尾分相对应接到 U_d、V_d、W_d，如图7.2.14b所示。

5. 改绕计算　改绕电动机为两路并联时，正弦绕组基本参数 N_y、S_y、S_d 由表7.2公式计算。而 q 为奇数，拟将各线圈匝数按正弦规律分布，则改绕线圈匝数由下式确定：

星形　单层线圈匝数　$W_{y1}=N_y$

　　　双层线圈匝数　$W_{y2}=0.347W_{y1}$

角形　双层线圈匝数　$W_d=1.185W_{y1}$

7.2.15　48槽4极（$a=2$，单双层同心交叉式）内角星形正弦绕组

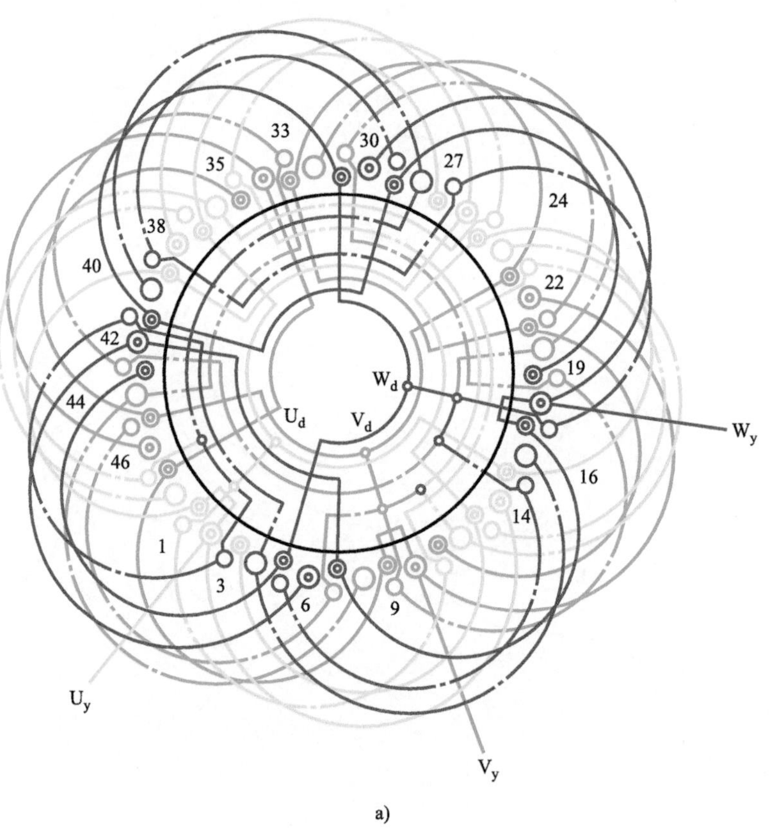

a)

图　7.2.15

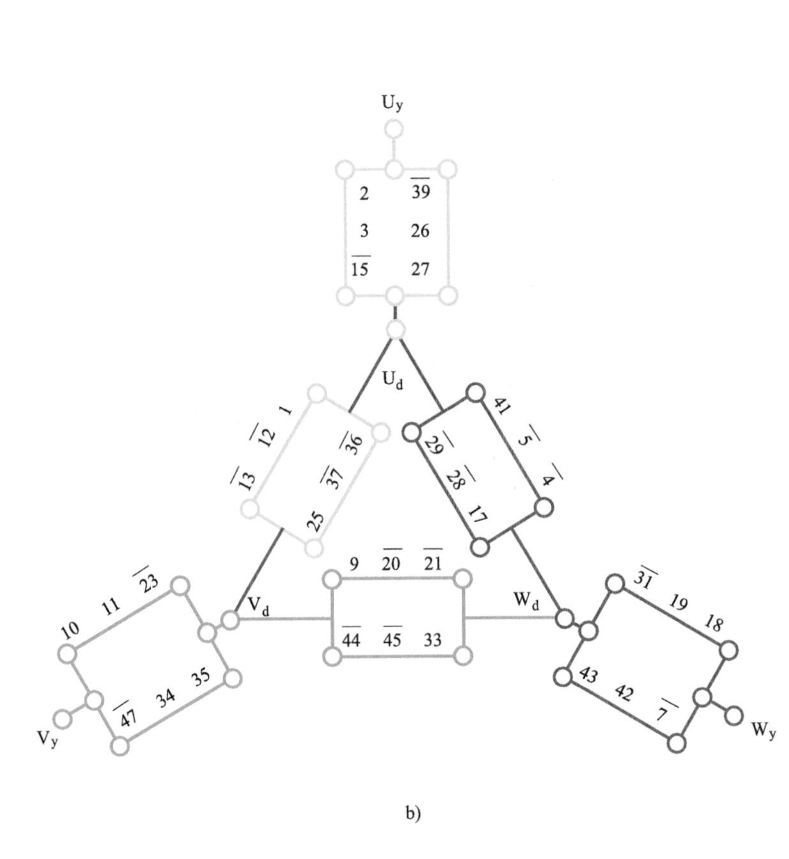

b)

图 7.2.15（续）

1. 绕组结构参数

定子槽数	$Z=48$	线圈组数	$u=24$	绕组极距	$\tau=12$
电机极数	$2p=4$	每组圈数	$S_y=1\frac{1}{2}$	线圈节距	$y_d=1—11$
			$S_d=1\frac{1}{2}$		$y_y=2—14$、$3—13$
总线圈数	$Q=36$	极相槽数	$q=4$	节距系数	$K_p=0.991$
Y线圈数	$Q_y=18$	Y极相槽	$q_y=2$	并联路数	$a_y=a_d=2$
△线圈数	$Q_d=18$	△极相槽	$q_d=2$	每槽电角	$\alpha=15°$

2. 绕组特点　本例为显极式单双层布线，每极相槽数为偶数，两套绕组均用单双圈同心交叉式绕组构成，单双圈轮换安排。本绕组由双层叠式演变而来，总线圈数比双层布线减少 12 只，嵌线时吊边数仅为 3，较双叠绕组减少 8 只，故具有嵌线方便、节省工时等特点。接线为两路并联，常用于功率稍大的电动机。

3. 嵌线方法　采用分层交叠法嵌线，先嵌角形部分的线圈，垫好层间及端部绝缘后，再嵌星形部分的线圈于面层。

4. 接线要点　先接角形部分，后接星形部分。绕组为显极布线两路并联，每相进线后分路短跳逆时针方向走线，使同相相邻线圈组的极性相反。操作时角形部分按常规接好，标示相头 U_d、V_d、W_d；在进线同极距中引出星形部分的三相引出线 U_y、V_y、W_y，逐相连接后，将相尾分相对应接到 U_d、V_d、W_d。

5. 改绕计算　正弦绕组基本参数 N_y、N_d、S_y、S_d 由表 7.2 公式算出，各线圈匝数由下式确定：

星形　单层线圈匝数　$W_{y1}=N_y$

　　　双层线圈匝数　$W_{y2}=N_y/2$

角形　单层线圈匝数　$W_{d1}=N_d$

　　　双层线圈匝数　$W_{d2}=N_d/2$

7.2.16 48 槽 4 极（$y=11$、$a=4$，双层叠式）内角星形正弦绕组

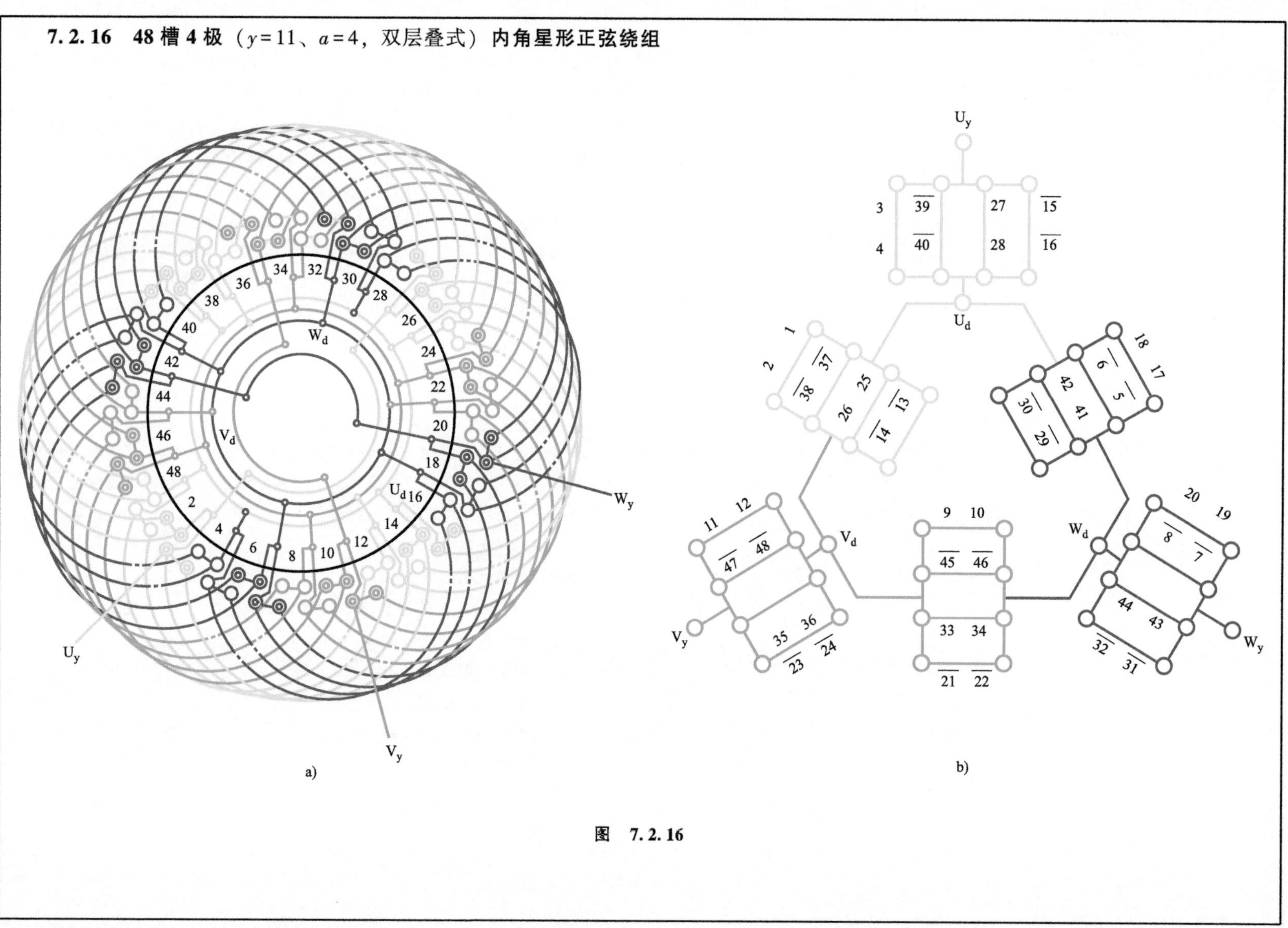

图 7.2.16

7.2.17　60 槽 4 极（$y=14$、$a=4$，双层叠式）内角星形正弦绕组

1. 绕组结构参数

定子槽数	$Z=48$	线圈组数	$u=24$	绕组极距	$\tau=12$
电机极数	$2p=4$	每组圈数	$S_y=2$	线圈节距	$y_d=11$
			$S_d=2$		$y_y=11$
总线圈数	$Q=48$	极相槽数	$q=4$	节距系数	$K_p=0.991$
Y线圈数	$Q_y=24$	Y极相槽	$q_y=2$	并联路数	$a_y=a_d=4$
△线圈数	$Q_d=24$	△极相槽	$q_d=2$	每槽电角	$\alpha=15°$

2. 绕组特点　48 槽四路并联绕组常用于功率较大的电机，虽采用双层布线，但吊边数为 11，嵌线并不很困难。两套绕组占槽相等，每组均由 2 个交叠线圈组成；线圈由相同规格线模绕制，但有两种参数的线圈。

3. 嵌线方法　采用双层交叠法嵌线，要注意两种参数的线圈组交替轮换嵌入。

4. 接线要点　绕组是四路并联，每组线圈均要分别并接于相头或相尾，而显极式布线必须使同相相邻线圈组极性相反，因此，在同一套（角形或星形）绕组中，每相绕组在同一极下的两线圈组首尾并接后与对称极（同极性）两组首尾并联，构成一相头端，如图 7.2.16a 所示；同样，再将四组线圈的另一端并联，作为一相的尾端，标注记号。各相接法以此类推。操作时先把星形部分束起，角形部分逐相接成四路后接成三角形，并标示头端 U_d、V_d、W_d；然后再逐相接好星形部分，把三相尾端对应相别与 U_d、V_d、W_d 连接，如图 7.2.16b 所示。最后引出 U_y、V_y、W_y。

5. 改绕计算　正弦绕组四路并联根据表 7.2 算出基本参数，如原绕组非四路并联，则要将其换算到四路并联才能采用本例改绕，线圈匝数由下式确定：

星形线圈匝数　$W_y=N_y/2$

角形线圈匝数　$W_d=N_d/2$

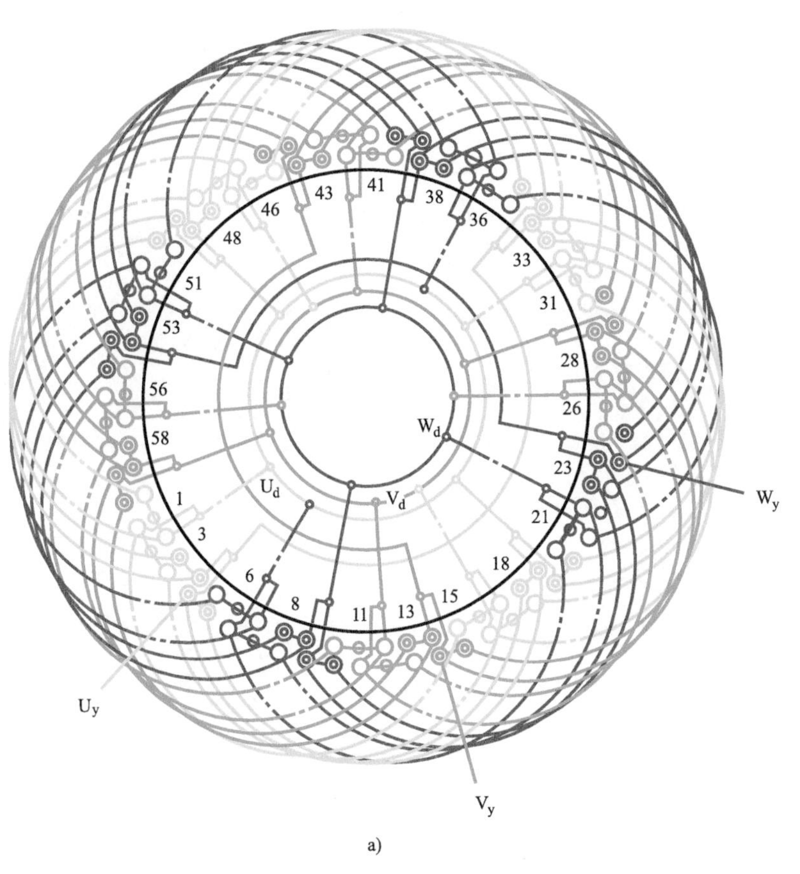

a)

图　7.2.17

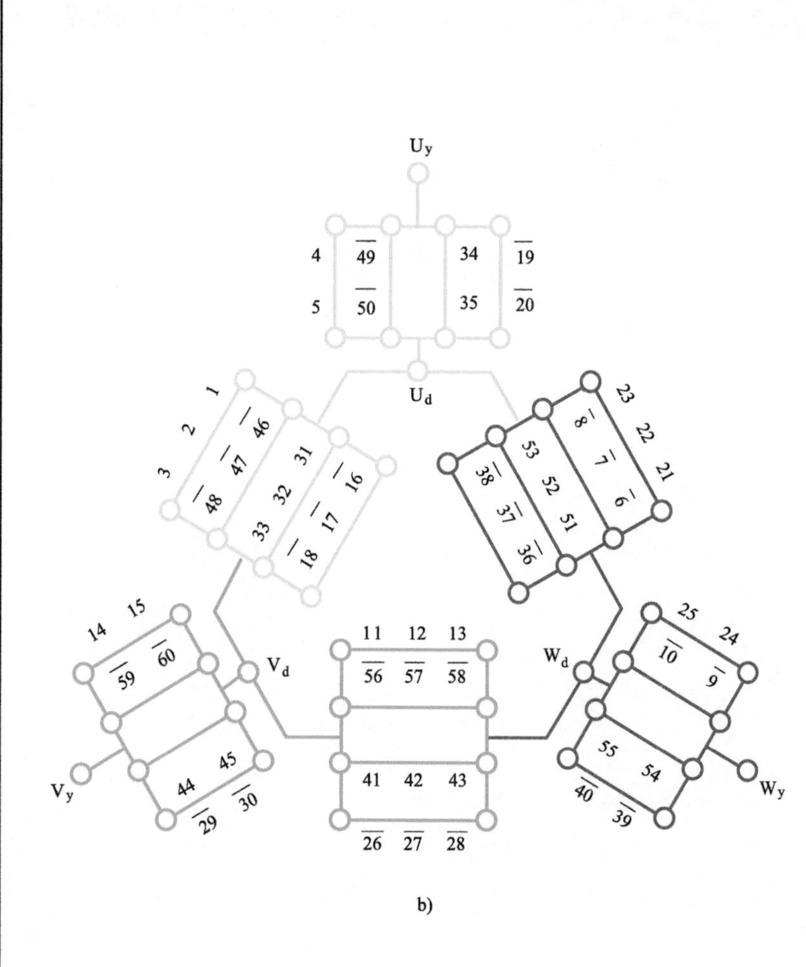

图 7.2.17（续）

1. 绕组结构参数

定子槽数	$Z=60$	线圈组数	$u=24$	绕组极距	$\tau=15$
电机极数	$2p=4$	每组圈数	$S_y=2$	线圈节距	$y_d=14$
			$S_d=3$		$y_y=14$
总线圈数	$Q=60$	极相槽数	$q=5$	节距系数	$K_p=0.995$
Y线圈数	$Q_y=24$	Y极相槽	$q_y=2$	并联路数	$a_y=a_d=4$
△线圈数	$Q_d=36$	△极相槽	$q_d=3$	每槽电角	$\alpha=12°$

2. 绕组特点　本绕组为 60 槽定子，常用于功率大的电机，故多采用四路并联。每极相槽数为奇数（$q=5$），绕组采用不轮换排列，即 $q_d=3$、$q_y=2$，角形部分每极多占 1 槽。双层叠绕嵌线吊边虽多至 14，但一般定子的内腔都较大，嵌线难度不算大。线圈可用相同尺寸线模绕制，角形部分线圈绕制三联组；星形部分线圈绕制双联组。此外，由于 $q_y<q_d$，星形部分槽满率较高，为满足嵌线工艺要求，可能会降低电机的出力。

3. 嵌线方法　绕组采用交叠法嵌线。因两种数据线圈的尺寸相同，嵌线时应将三联组和双联组交替嵌入。

4. 接线要点　绕组为四路并联。先接角形部分，再接星形部分，最后将星形的三相尾端对应相别接到角形三相头。详细可参考上例接线。

5. 改绕计算　正弦绕组按原绕组四路并联改绕时，基本参数 N_y、N_d 及 S'_y、S'_d 由表 7.2 公式计算，各线圈数据由下式确定：

星形　线圈匝数　$W_y=0.625N_y$

导线截面积 $S_y=0.8S'_y$

角形　线圈匝数　$W_d=0.417N_d$

导线截面积 $S_d=1.2S'_d$

7.2.18　36 槽 6 极（单层庶极链式）内角星形正弦绕组

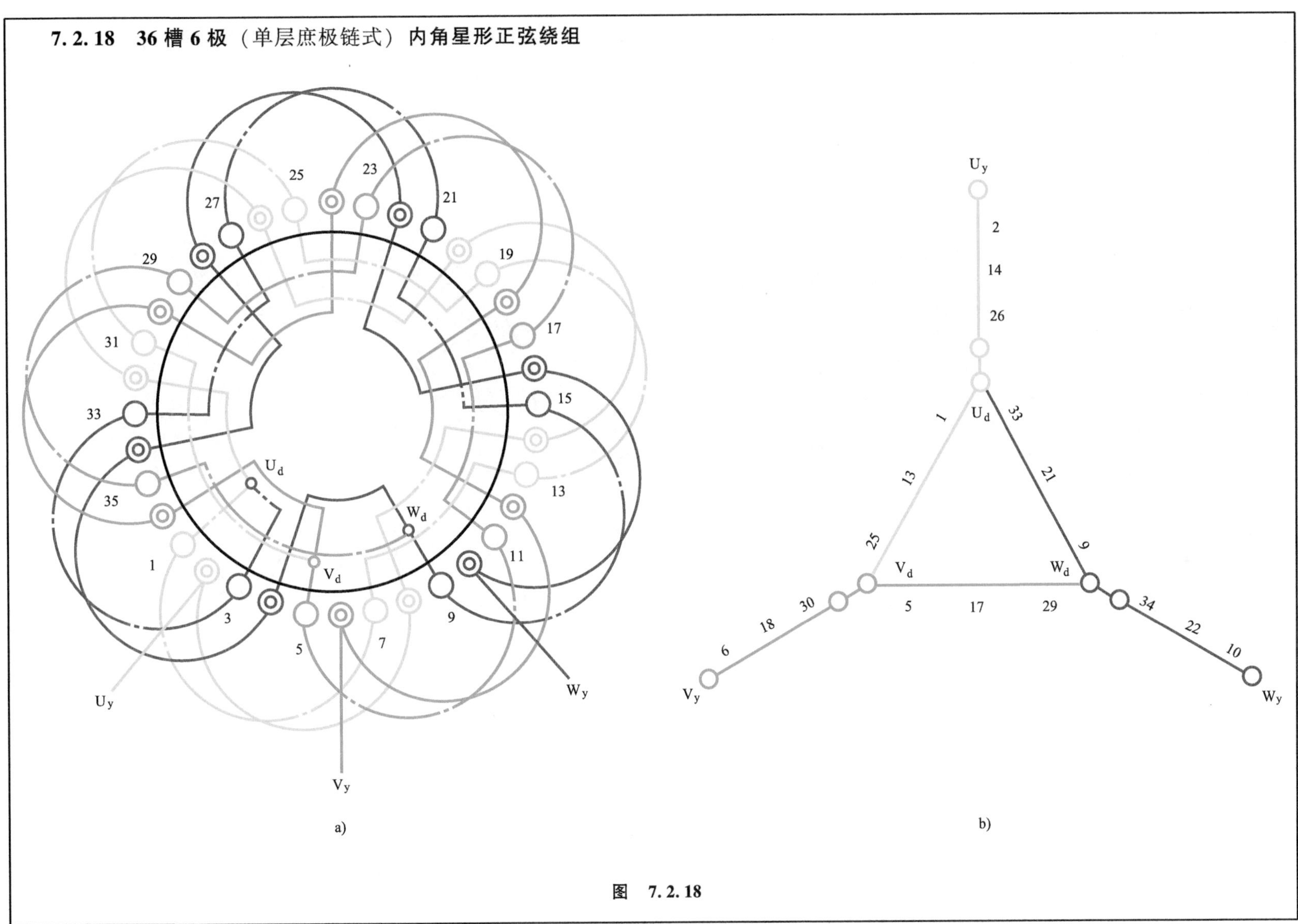

图　7.2.18

7.2.19　54 槽 6 极（$a=3$，单双层）内角星形正弦绕组

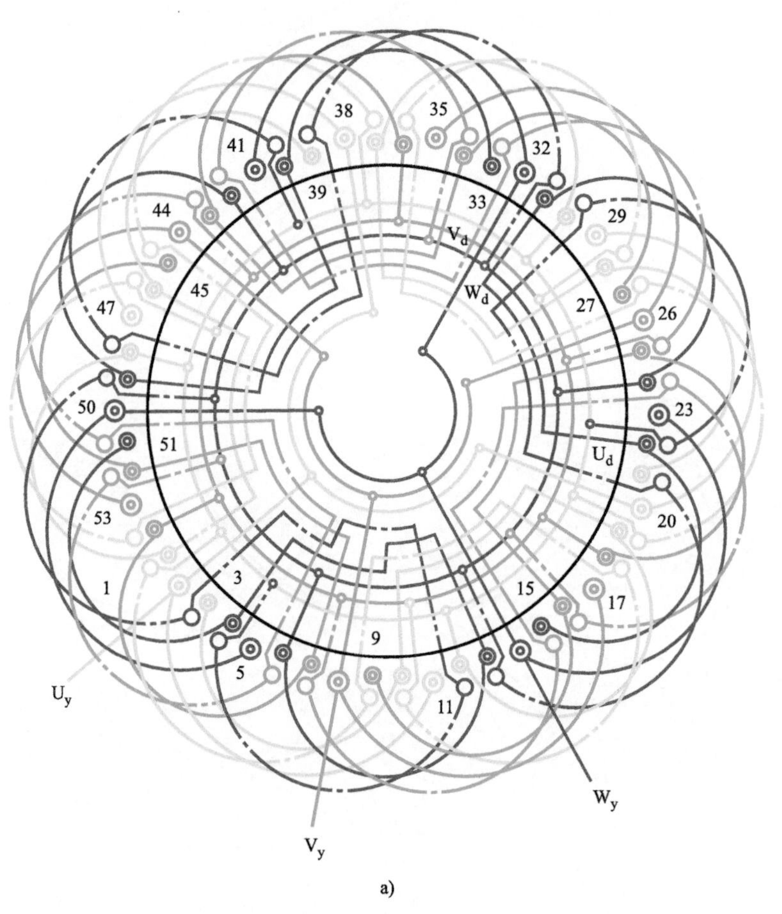

图　7.2.19

1. 绕组结构参数

定子槽数　$Z=36$　　线圈组数　$u=18$　　绕组极距　$\tau=6$

电机极数　$2p=6$　　每组圈数　$S_y=1$　　线圈节距　$y_d=1—7$

$S_d=1$　　$y_y=2—8$

总线圈数　$Q=18$　　极相槽数　$q=2$　　节距系数　$K_p=1$

Y线圈数　$Q_y=9$　　Y极相槽　$q_y=1$　　并联路数　$a_y=a_d=1$

△线圈数　$Q_d=9$　　△极相槽　$q_d=1$　　每槽电角　$\alpha=30°$

2. 绕组特点　　本例是单层庶极式布线，两套绕组均由单层庶极链式构成。两套绕组安排互差 30°电角度，每组 1 个线圈，每相 6 极仅用 3 个线圈，是线圈数少、嵌线方便的小容量电动机绕组。

3. 嵌线方法　　采用分层交叠嵌线，即先嵌角形部分线圈于相应槽，垫好绝缘后再嵌入星形部分线圈。全部线圈用同一规格线模绕制，嵌线前应严格区分不同参数的线圈，以免混淆造成错嵌。

4. 接线要点　　绕组是庶极布线，一套绕组的同相相邻线圈(组)极性必须相同，组间连接应是“尾与头”或“头与尾”顺接串联，即整台电动机全部线圈电流方向一致。接线时先将角形部分逐相接好后按常规庶极连接为三角形，标示三相头端 U_d、V_d、W_d；再把星形部分逐相连接，然后将三相尾端对应相别接到 U_d、V_d、W_d，最后引出 U_y、V_y、W_y 到接线盒。

5. 改绕计算　　正弦绕组改绕基本参数由表 7.2 公式计算，线圈匝数由下式确定：

星形线圈匝数　$W_y=N_y$

角形线圈匝数　$W_d=N_d$

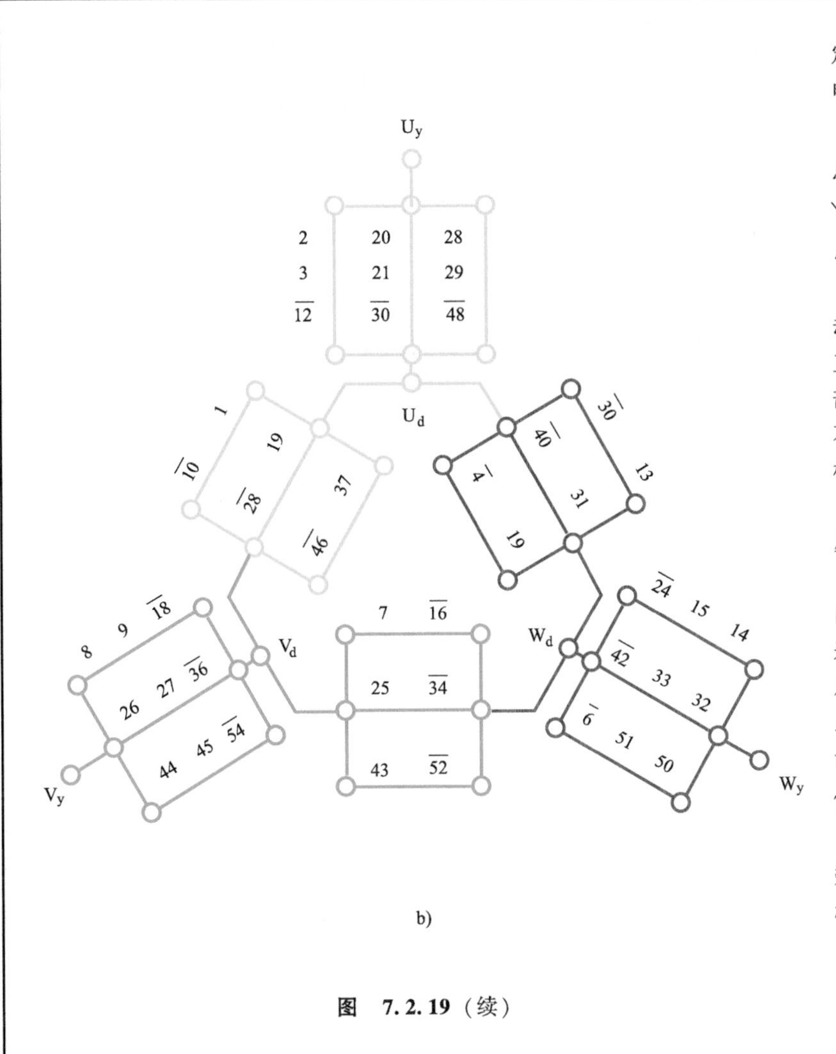

图 7.2.19（续）

1. 绕组结构参数

定子槽数 $Z=54$　线圈组数 $u=36$　绕组极距 $\tau=9$

电机极数 $2p=6$　每组圈数 $S_y=1\frac{1}{2}$　$S_d=1$　线圈节距 $y_d=1—9$　$y_y=2—11$、3—10、12—19

总线圈数 $Q=45$　极相槽数 $q=3$　节距系数 $K_p=0.985$

Y线圈数 $Q_y=27$　Y极相槽 $q_y=2$　并联路数 $a_y=a_d=3$

△线圈数 $Q_d=18$　△极相槽 $q_d=1$　每槽电角 $\alpha=20°$

2. 绕组特点　本绕组为单双层显极布线，常用于容量较大的电动机。每极相槽数为奇数($q=3$)，两套绕组占槽不相等，绕组匝数采用正弦规律分布。角形部分由每组1只半槽线圈构成单层链式绕组；星形部分则用单、双圈构成单层同心交叉式绕组，其中同心小线圈和单圈是不同尺寸，但数据相同的双层线圈、同心大线圈则为单层线圈。本绕组极数较多，接线较繁琐。

3. 嵌线方法　绕组采用分层嵌线，先嵌角形部分，完成后再嵌星形部分。

4. 接线要点　本例为显极布线，三路并联，角形绕组每个支路由2个单圈组组成；星形则由同心双联组和单圈组组成，每相接法均采用短跳连接，每个支路两组反向串联，使同相相邻线圈组的极性相反。接线时先接角形部分，每相接成三路并联后再接成角形，并标注三相头端 U_d、V_d、W_d。随后将星形部分逐相也接成三路并联，相头 U_y、V_y、W_y 引出接线盒，三相尾分相对应并接于 U_d、V_d、W_d，如图7.2.19b所示。

5. 改绕计算　改绕正弦绕组由表7.2算出星形部分每槽导线数 N_y、导线截面积 S_y 及角形部分导线截面积 S_d，线圈匝数由下式确定：

星形　同心单层线圈匝数　$W_{y1}=N_y$

同心双层线圈匝数　$W_{y2}=0.347N_y$

双层单线圈匝数　$W_{y3}=0.347N_y$

角形　双层线圈匝数　$W_d=1.185N_y$

7.2.20　54 槽 6 极（$a_y=a_d=3$，双层叠式）内角星形正弦绕组

1. 绕组结构参数

定子槽数　$Z=54$　线圈组数　$u=36$　每槽电角　$\alpha=20°$

电机极数　$2p=6$　每组圈数　$S=2$、1　并联路数　$a_y=a_d=3$

Y线圈数　$Q_y=27$　绕组极距　$\tau=9$

△线圈数　$Q_d=27$　线圈节距　$y=8$

2. 嵌接线要点　采用交叠法嵌线，吊边数为 8；嵌线是单、双圈交替进行，但由于绕组由相同节距、不同参数线圈组成，嵌线安排要按图嵌入，不得混淆。另外，星、角绕组同是三路并联，每一个支路由单、双圈组反极性串联而成。绕组接线如图 7.2.20b 所示。

本绕组是由湖南杨师傅实修电机所提供资料绘制而成。应用实例有 FVX180L-6（非标产品）三相异步电动机。

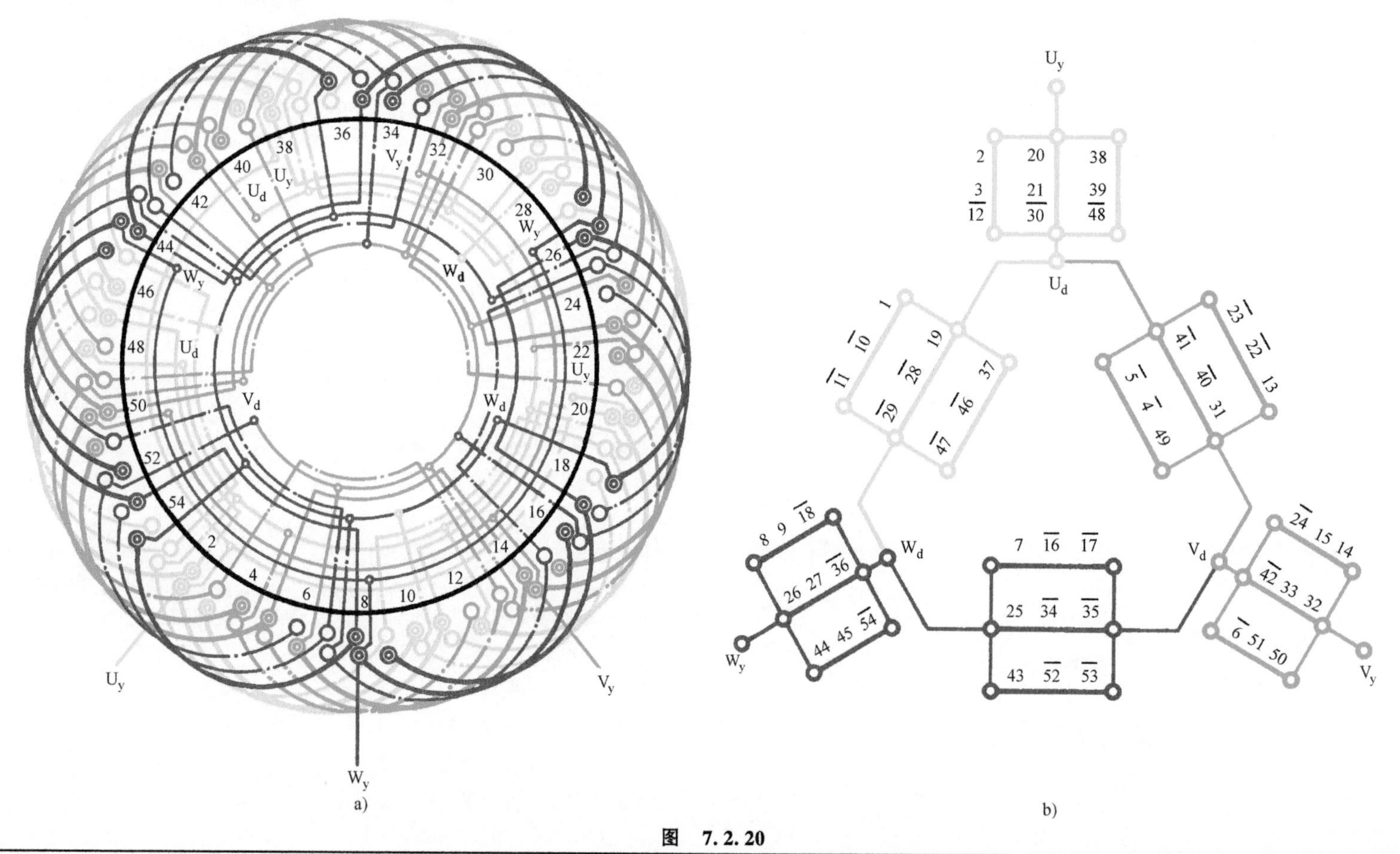

图　7.2.20

7.2.21　48 槽 8 极（单层庶极链式）内角星形正弦绕组

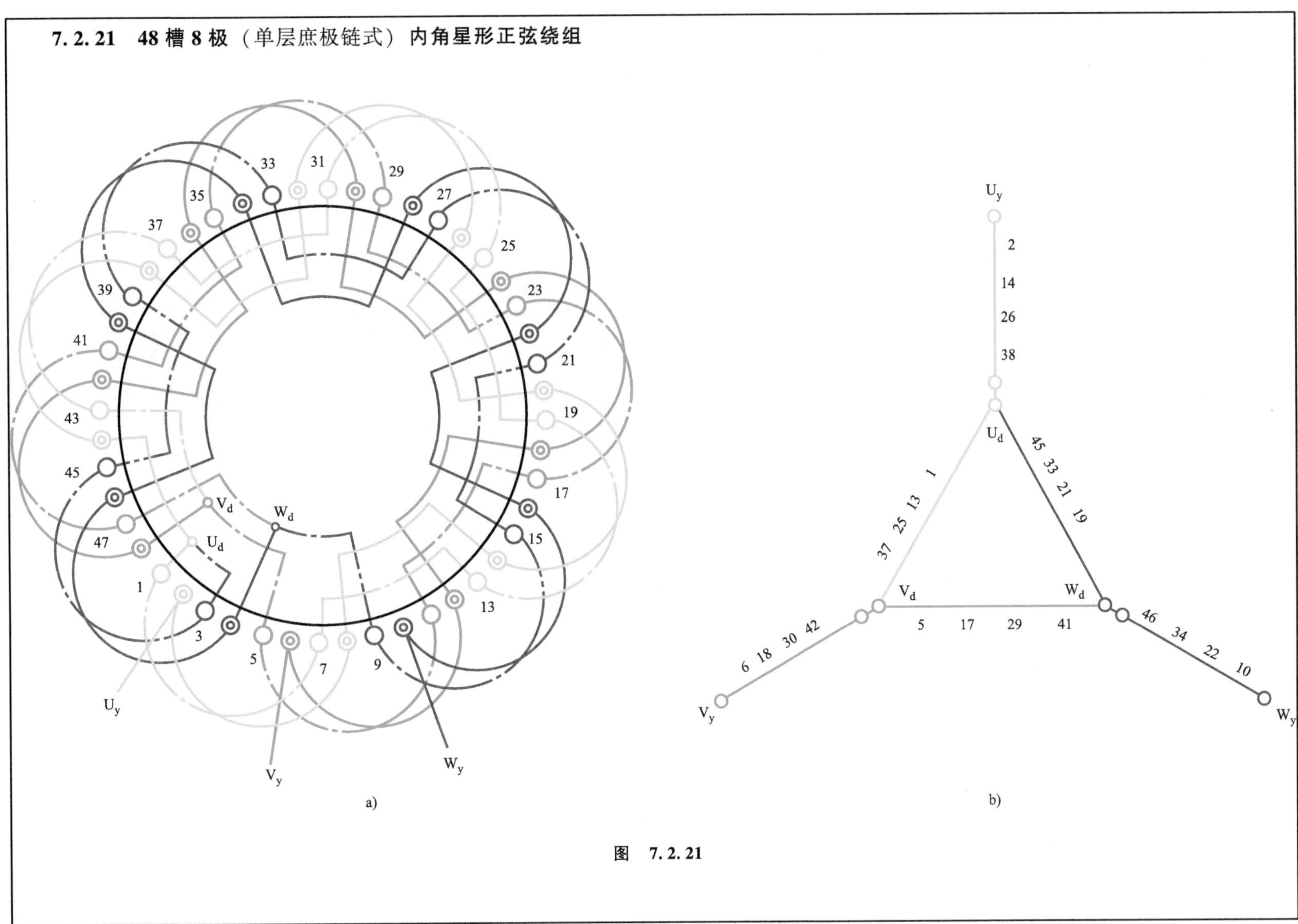

图　7.2.21

1. 绕组结构参数

定子槽数	$Z=48$	线圈组数	$u=24$	绕组极距	$\tau=6$
电机极数	$2p=8$	每组圈数	$S_y=1$	线圈节距	$y_d=1—7$
			$S_d=1$		$y_y=2—8$
总线圈数	$Q=24$	极相槽数	$q=2$	节距系数	$K_p=1$
Y线圈数	$Q_y=12$	Y极相槽	$q_y=1$	并联路数	$a_y=a_d=1$
△线圈数	$Q_d=12$	△极相槽	$q_d=1$	每槽电角	$\alpha=30°$

2. 绕组特点　两套绕组均采用相同的单层庶极布线，8 极电机每套绕组一相仅用 4 个线圈，总线圈数比双叠绕组少一半；嵌线仅吊 1 边，工艺简易省时。

3. 嵌线方法　采用分层交叠嵌线，先将角形部分线圈嵌于相应槽内，完成后垫好端部绝缘，再嵌星形部分线圈于相应槽。

4. 接线要点　接线前将线圈引线整理顺直，暂把星形部分线头扳向定子中心束起，逐相连接角形部分线圈（组），但同相相邻线圈要顺时针方向串联，使全部线圈极性方向相同，然后将三相绕组连接成角形，并标示三相头端 U_d、V_d、W_d；同理，逐相连接星形部分线圈（组），完成后把三相尾端对应相别并接到 U_d、V_d、W_d，如图 7.2.21b 所示。最后将三相头端 U_y、V_y、W_y 引出至接线盒。

5. 改绕计算　一路串联绕组改绕正弦绕组的基本参数由表 7.2 公式计算，线圈匝数由下式确定：

星形线圈匝数　$W_y=N_y$

角形线圈匝数　$W_d=N_d$

7.2.22　54 槽 8 极（$y=6$、$a=2$，双层叠式）内角星形正弦绕组

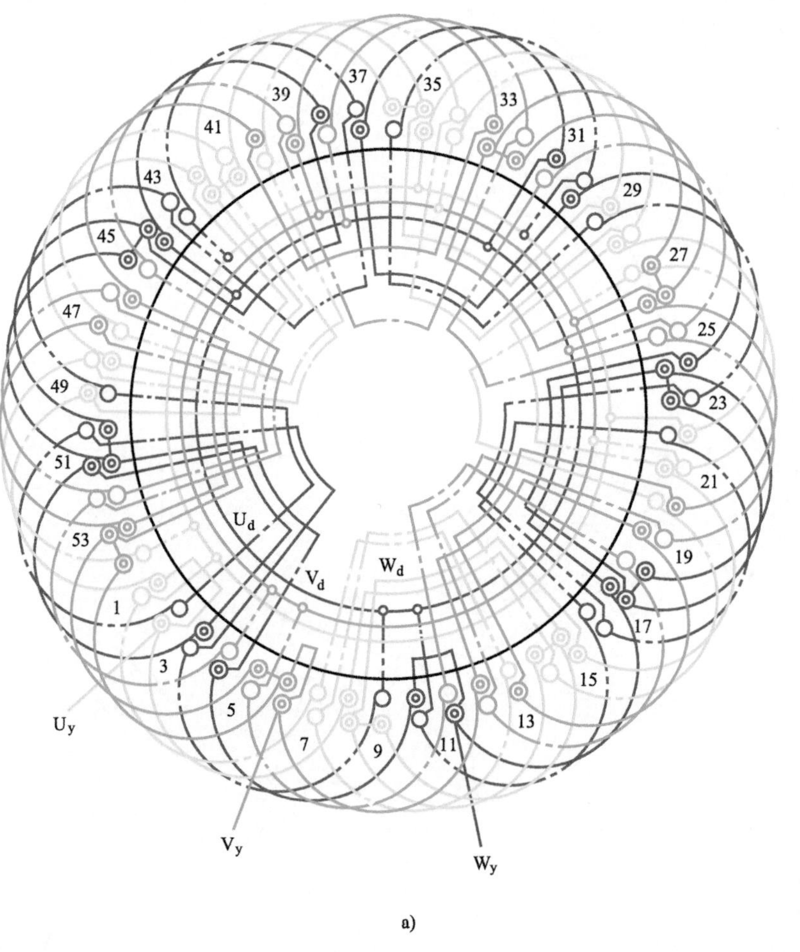

a)

图　7.2.22

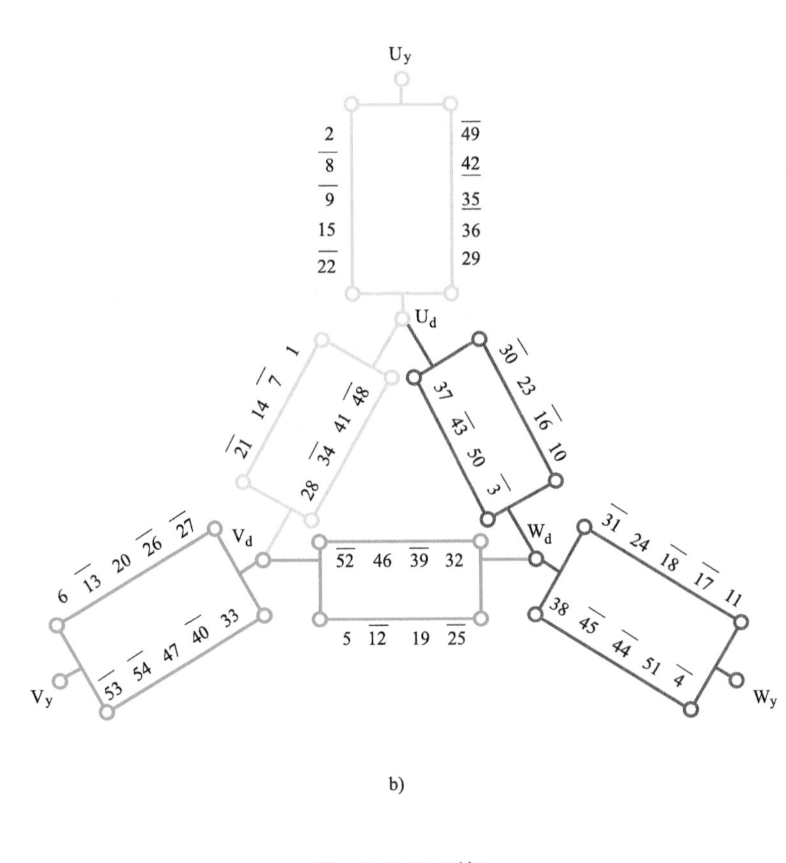

图 7.2.22（续）

1. 绕组结构参数

定子槽数	$Z=54$	线圈组数	$u=48$	绕组极距	$\tau=6\frac{3}{4}$
电机极数	$2p=8$	每组圈数	$S_y=1\frac{1}{4}$	线圈节距	$y_d=1—4$
			$S_d=1$		$y_y=2—8$
总线圈数	$Q=54$	极相槽数	$q=2\frac{1}{4}$	节距系数	$K_p=0.985$
Y线圈数	$Q_y=30$	Y极相槽	$q_y=1\frac{1}{4}$	并联路数	$a_y=a_d=2$
△线圈数	$Q_d=24$	△极相槽	$q_d=1$	每槽电角	$\alpha=26°40'$

2. 绕组特点　本例绕组为两路并联，双层叠式显极布线，常用于中等容量电动机。由于每极相槽数和每槽电角度均为分数，三相进线无法满足相距120°电角度的要求，但对运行不致产生明显影响。此外，两套绕组占槽不等，即在每极距内的星形部分比角形多占 1/4 槽，为此，角形部分每只线圈为 1 组，而星形部分则采用分数槽线圈安排，每 4 组增加 1 个线圈，从而使每相中的 8 极绕组由 8 个单圈组和 2 个双圈组构成。

3. 嵌线方法　嵌线采用交叠法。

4. 接线要点　绕组是显极布线，进线后分两路按顺时针和逆时针两个方向走线，要求同相相邻线圈组极性相反，即“尾与尾”或“头与头”相接。操作时先将支路接好，再把同相两个支路的同极性端并接成一相绕组，逐相接好后把角形部分按常规接成角形，并标示相头 U_d、V_d、W_d；同理，逐相接好星形部分，将三相尾对应相别并接到 U_d、V_d、W_d，最后把相头 U_y、V_y、W_y 引出。

5. 改绕计算　正弦绕组基本参数 N_y、N_d 和 S'_y、S'_d 由表 7.2 计算。本例 $q_y \neq q_d$，线圈参数由下式确定：

星形　线圈匝数　$W_y=0.45N_y$

导线截面积 $S_y=0.625S'_y$

角形　线圈匝数　$W_d=0.563N_d$

导线截面积 $S_d=0.889S'_d$

第 8 章　交流单相串励电动机电枢绕组

交流单相串励电动机属换向器式交直流两用电动机，其定子为励磁绕组，是凸极式结构；转子为电枢绕组，与直流电枢相同，但实用上只应用 2 极的单叠绕组。它的最大特点是转速快、效率高，与同等功率的其他单相电动机相比，其体积和重量最小；而且具有转矩高、过载能力强等优点，故是便携式电动工具及家用电器的主要动力源。

本章内容分三节，8.1 节介绍电枢嵌绕的三种方法，而有的转子槽数只适用一种嵌法，有的则三种嵌法都适用。但无论选用何种嵌法，其线圈对换向器的接线关系都是相同的，对电机修理后的电气性能无直接影响，唯一不同的是嵌法对转子的动平衡有较大影响。串励电枢绕组布线接线图分两节，其间并无明显区别，仅从国产通用型产品和工具专用型产品加以区分，以便读者查阅。

由于串励电枢的接线可根据不同的设计而变化，因此，即使是相同规格的转子，如果定子结构（电刷位置）不同，也会使接线改变，甚至同一厂家不同时期的产品，也可能有不同的接线位置，但其线圈与换向器的接线关系则维持不变。本章图例是根据收集当时的产品资料绘制而成。所以，重绕时务必在拆线中记下借偏（偏移正对的接法）接入换向器的具体位置，即 1 号槽各线圈与线头接入换向片的确切位置，才能确保重绕成功；否则便会引起火花而不能正常工作。如因拆线疏忽或原始记录丢失，重绕就难以进行，这时可试用机械工业出版社出版的《中小型电动机修理》中的图 4-44 介绍的方法，粗略确定线头接入换向片的位置进行重绕，试车时再调整电刷架的位置，使火花减至最小。但必须指出，调整火花必须在确保绕组没有故障（如接地、短路、焊接不良等）的前提下进行，否则无效。

8.1 串励电枢嵌线顺序示意图

串励电枢绕组属小型叠片式转子结构，常用手工嵌绕。本节以嵌绕示意图介绍嵌线顺序，现就图例说明如下：

1）嵌线顺序示意图是从转子换向器端模拟画出，中心圆圈代表转子轴；各槽均匀分布于外圆内侧，槽号标示于外侧；

2）槽内小圆代表线圈（组）有效边，它由 n 个元件组成，通常用 n 根绝缘导线并绕；也可采用单根导线分圈绕制；

3）槽内嵌入不同线圈（组）的两个有效边用两个小圆圈表示，并用代表线圈端部的彩色线将两个有效边连接，连线上标注编号为嵌线顺序；

4）为使图清晰易辨，嵌绕每一序次用不同颜色线条轮换标示，但平行对绕则每对次平行线用同色绘出。

串励电枢嵌绕方法与特点：

1. 叠绕法　　它的嵌绕特点是第 1 个线圈从第 1 槽开始嵌入，跨节距绕线；第 2 个线圈，从第 2 槽开始，顺次进行，直至完成。其工艺特点有：

1）能适用于任何槽数的转子，嵌线工艺简单；

2）线圈端部长度不等，先嵌绕的线圈匝长较后嵌者短，致使整机动平衡差，容易引起振动、噪声及产生运行时换向火花，故修理后要作动平衡校正、调整。

2. 平行对绕法　　它是较理想的嵌绕工艺，其特点有：

1）嵌绕的每对次线圈分别平行分布于转轴两侧，容易达到动平衡；

2）嵌线顺序不是沿槽号顺次进行，容易嵌错，故嵌绕前要预先规划好；

3）只适用于部分偶数槽转子。

3. V 形对绕法　　转子槽数为奇数时无法采用平行对绕，这时可用近似平行的 V 形对绕法嵌绕。嵌绕时，上一个线圈的跨距槽是下一个线圈的起始槽。其特点有：

1）先后嵌绕线圈的端部成 V 形分布于转轴两侧，有较好的动平衡性；

2）嵌线的顺序规律较易掌握，操作较平行对绕法方便；

3）可适用于任何槽数的转子。

但是不是所有槽数的转子都可用三种绕法，但大多种槽数适用交叠法和 V 形对绕法；而部分槽数则可同时适用三种绕法；不过也有个别槽数只能用交叠法。

8.1.1　3槽2极电枢转子绕法

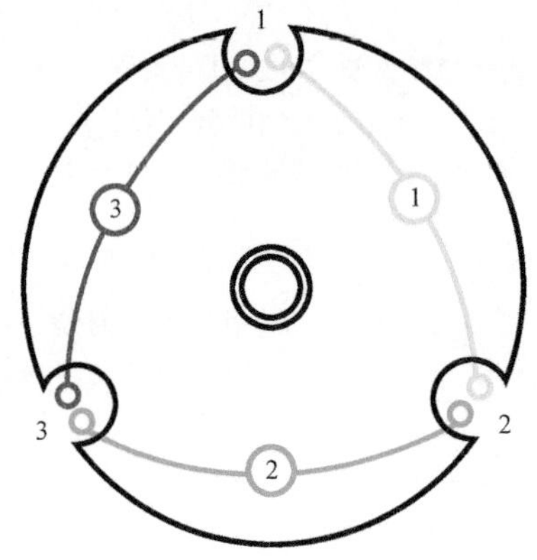

图　8.1.1

1. 缠绕特点

此绕组为奇数槽，且仅有3槽，采用叠绕和V形对绕的工艺次序相同。

2. 嵌线方法

全部嵌线只有3个序次。嵌线顺序见表8.1.1。

表8.1.1　叠绕法

嵌线顺序	1	2	3
线圈槽号	1—2	2—3	3—1

8.1.2　7槽2极电枢转子绕法

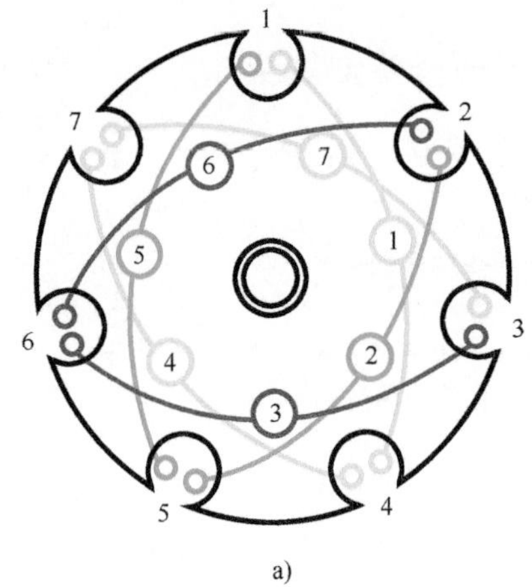

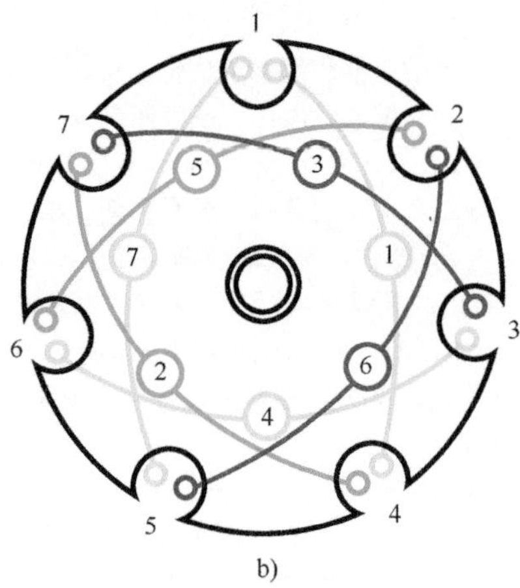

图　8.1.2

1. 缠绕特点

本例转子为奇数槽，除可采用叠绕外，还可采用V形对绕法嵌线。

2. 嵌线方法

此转子有两种绕法：

1）叠绕法　　嵌线顺序见表8.1.2a。

表8.1.2a　叠绕法

嵌线顺序	1	2	3	4	5	6	7
线圈槽号	1—4	2—5	3—6	4—7	5—1	6—2	7—3

2）V形对绕法　　嵌线顺序见表8.1.2b：

表8.1.2b　V形对绕法

嵌线顺序	1	2	3	4	5	6	7
线圈槽号	1—4	4—7	7—3	3—6	6—2	2—5	5—1

8.1.3 8槽2极电枢转子绕法

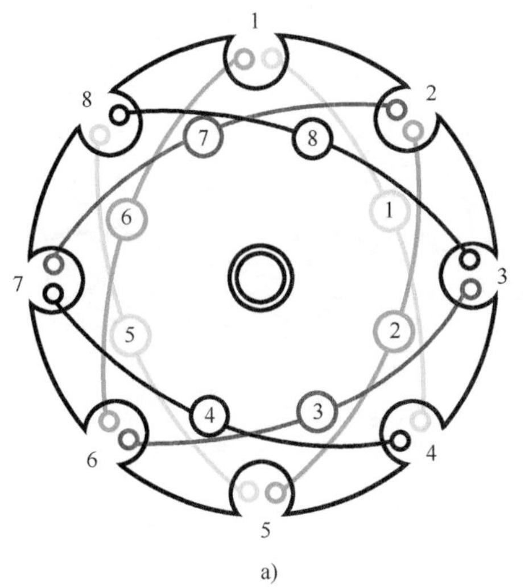

a)

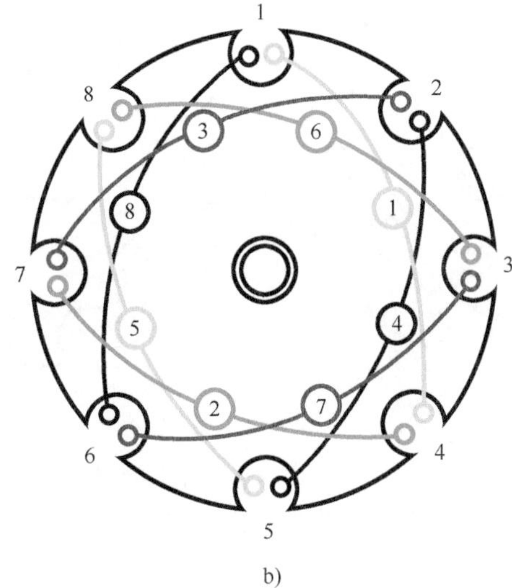

b)

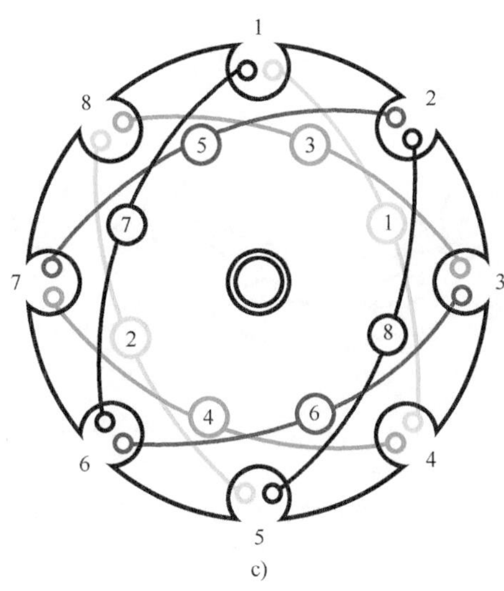

c)

图 8.1.3

1. 缠绕特点

本例转子为偶数槽，且是4的倍数，故除用叠绕和V形对绕外，还可采用平行对绕。

2. 嵌线方法

1）叠绕法　　顺槽编号嵌绕，嵌线顺序见表8.1.3a。

表 8.1.3a　叠绕法

嵌线顺序	1	2	3	4	5	6	7	8
线圈槽号	1—4	2—5	3—6	4—7	5—8	6—1	7—2	8—3

2）V形对绕法　　尾随跨节距嵌绕，嵌线顺序见表8.1.3b。

表 8.1.3b　V形对绕法

嵌线顺序	1	2	3	4	5	6	7	8
线圈槽号	1—4	4—7	7—2	2—5	5—8	8—3	3—6	6—1

3）平行对绕法　　按每对次平行嵌绕，嵌线顺序见表8.1.3c。

表 8.1.3c　平行对绕法

嵌线顺序	1	2	3	4	5	6	7	8
线圈槽号	1—4	5—8	8—3	4—7	7—2	3—6	6—1	2—5

8.1.4　9槽2极电枢转子绕法

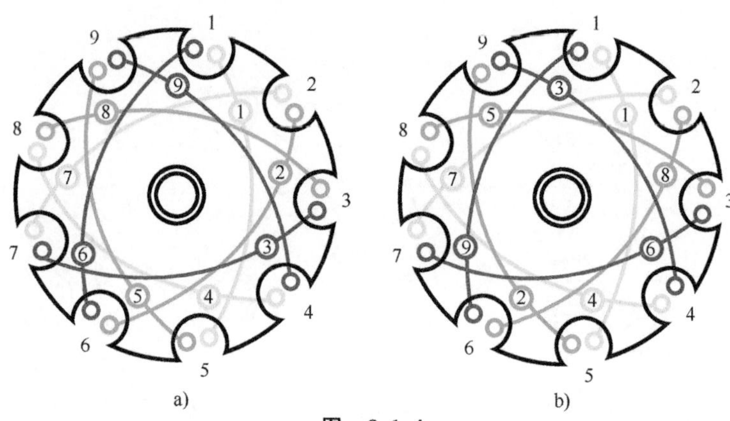

图　8.1.4

1. 缠绕特点

转子是奇数槽，可采用叠绕或V形对绕。9槽转子采用并绕时共9组线圈；嵌绕次序用9次完成。

2. 嵌线方法

1）叠绕法　　顺槽编号嵌绕，嵌线顺序见表8.1.4a。

表8.1.4a　叠绕法

嵌线顺序	1	2	3	4	5	6	7	8	9
线圈槽号	1—5	2—6	3—7	4—8	5—9	6—1	7—2	8—3	9—4

2）V形对绕法　　尾随跨节距嵌绕，嵌线顺序见表8.1.4b。

表8.1.4b　V形对绕法

嵌线顺序	1	2	3	4	5	6	7	8	9
线圈槽号	1—5	5—9	9—4	4—8	8—3	3—7	7—2	2—6	6—1

8.1.5　10槽2极电枢转子绕法

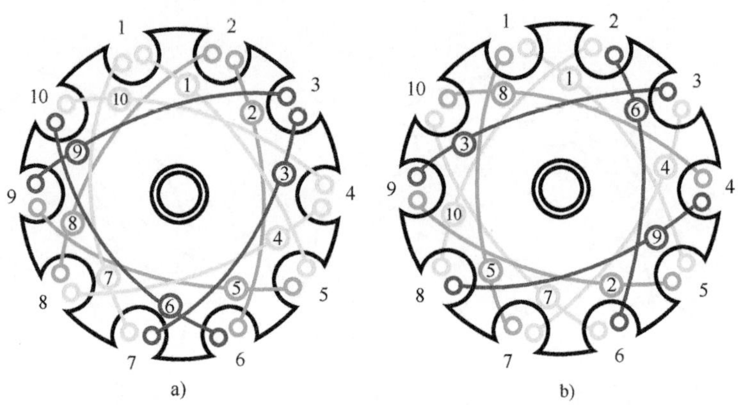

图　8.1.5

1. 缠绕特点

此绕组可采用叠绕法和V形对绕法嵌绕。分10组线圈嵌绕完成。

2. 嵌线方法

1）叠绕法　　顺次逐槽嵌线，嵌线顺序见表8.1.5a。

表8.1.5a　叠绕法

嵌线顺序	1	2	3	4	5	6	7	8	9	10
线圈槽号	1—5	2—6	3—7	4—8	5—9	6—10	7—1	8—2	9—3	10—4

2）V形对绕法　　按尾随跨节距嵌绕时，该槽数转子将形成双闭路嵌线，即从奇数1槽始嵌，经第5次序回到1槽；再从2号(偶数槽)始嵌，形成第2个嵌绕次序。嵌线顺序见表8.1.5b。

表8.1.5b　V形对绕法

嵌线顺序	1	2	3	4	5	6	7	8	9	10
线圈槽号	1—5	5—9	9—3	3—7	7—1	2—6	6—10	10—4	4—8	8—2

8.1.6 11 槽 2 极电枢转子绕法

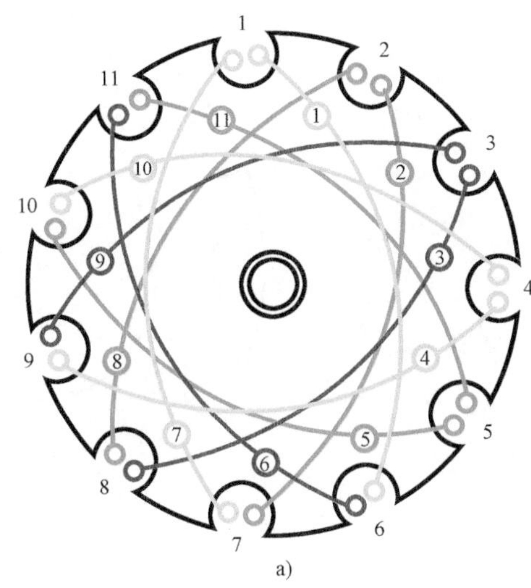

a)

b)

图 8.1.6

1. 缠绕特点

此转子为奇数槽，采用多根并绕时，可绕嵌 11 组线圈，并用 11 次序绕完。

2. 嵌线方法

1）叠绕法　　按槽顺序逐槽嵌绕，嵌线顺序见表 8.1.6a。

表 8.1.6a　叠绕法

嵌线顺序	1	2	3	4	5	6	7	8	9	10	11
线圈槽号	1—6	2—7	3—8	4—9	5—10	6—11	7—1	8—2	9—3	10—4	11—5

2）V 形对绕法　　尾随上次序跨入槽嵌绕，嵌线顺序见表 8.1.6b。

表 8.1.6b　V 形对绕法

嵌线顺序	1	2	3	4	5	6	7	8	9	10	11
线圈槽号	1—6	6—11	11—5	5—10	10—4	4—9	9—3	3—8	8—2	2—7	7—1

8.1.7　12 槽 2 极电枢转子绕法

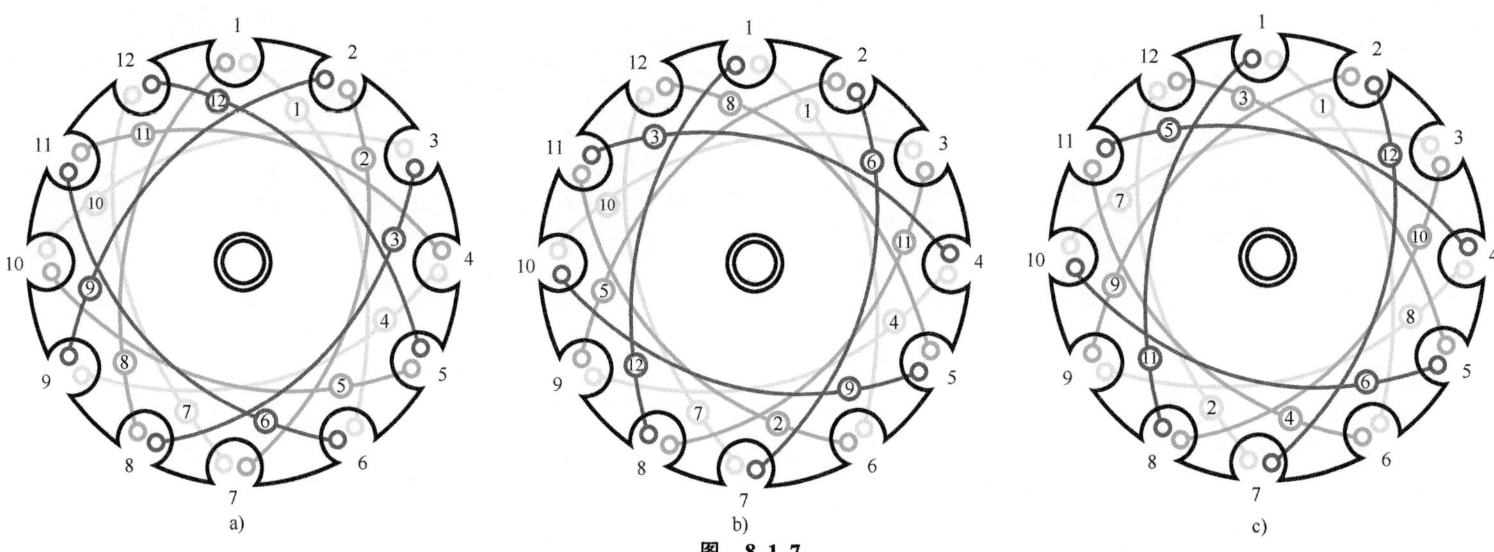

a)　　b)　　c)

图　8.1.7

1. 缠绕特点

本例转子除可用叠绕和 V 形对绕外，因槽数 12 为 4 的倍数，故还能采用平衡性更好的平行对绕嵌线。

2. 嵌线方法

1）叠绕法　　逐槽顺序嵌绕，嵌线顺序见表 8.1.7a。

表 8.1.7a　叠绕法

嵌线顺序	1	2	3	4	5	6	7	8	9	10	11	12
线圈槽号	1—6	2—7	3—8	4—9	5—10	6—11	7—12	8—1	9—2	10—3	11—4	12—5

2）V 形对绕法　　尾随上次序跨入槽嵌绕，嵌线顺序见表 8.1.7b。

表 8.1.7b　V 形对绕法

嵌线顺序	1	2	3	4	5	6	7	8	9	10	11	12
线圈槽号	1—6	6—11	11—4	4—9	9—2	2—7	7—12	12—5	5—10	10—3	3—8	8—1

3）平行对绕法　　平行对绕能获得较好的动平衡效果，但嵌绕时容易出错。嵌线顺序见表 8.1.7c。

表 8.1.7c　平行对绕法

嵌线顺序	1	2	3	4	5	6	7	8	9	10	11	12
线圈槽号	1—6	7—12	10—3	4—9	11—4	5—10	3—8	9—2	12—5	6—11	8—1	2—7

8.1.8 13 槽 2 极电枢转子绕法

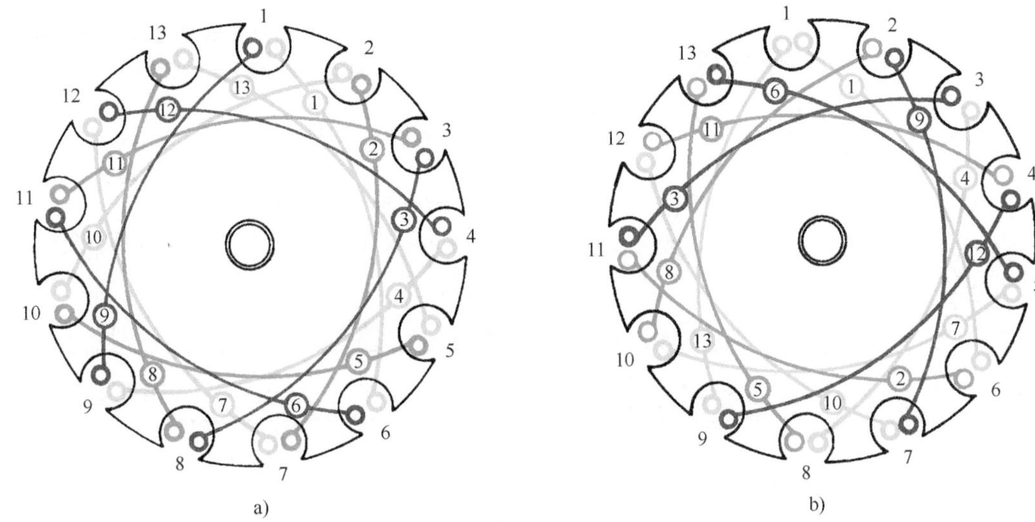

图 8.1.8

1. 缠绕特点

转子为奇数槽，不能采用平行对绕，嵌法只有两种。

2. 嵌线方法

1）叠绕法　逐槽顺次嵌绕，嵌线顺序见表 8.1.8a。

表 8.1.8a 叠绕法

嵌线顺序	1	2	3	4	5	6	7	8	9	10	11	12	13
线圈槽号	1—6	2—7	3—8	4—9	5—10	6—11	7—12	8—13	9—1	10—2	11—3	12—4	13—5

2）V 形对绕法　尾随上序次跨入槽嵌绕，嵌线顺序见表 8.1.8b。

表 8.1.8b V 形对绕法

嵌线顺序	1	2	3	4	5	6	7	8	9	10	11	12	13
线圈槽号	1—6	6—11	11—3	3—8	8—13	13—5	5—10	10—2	2—7	7—12	12—4	4—9	9—1

8.1.9 15 槽 2 极电枢转子绕法

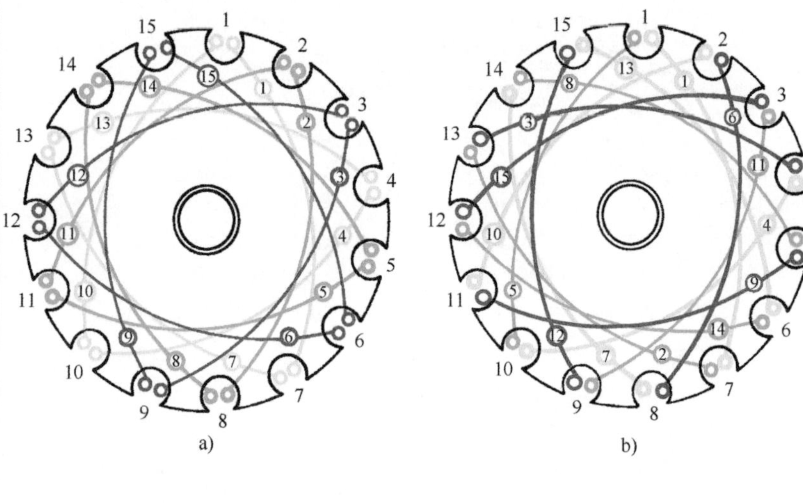

a)　　　　b)

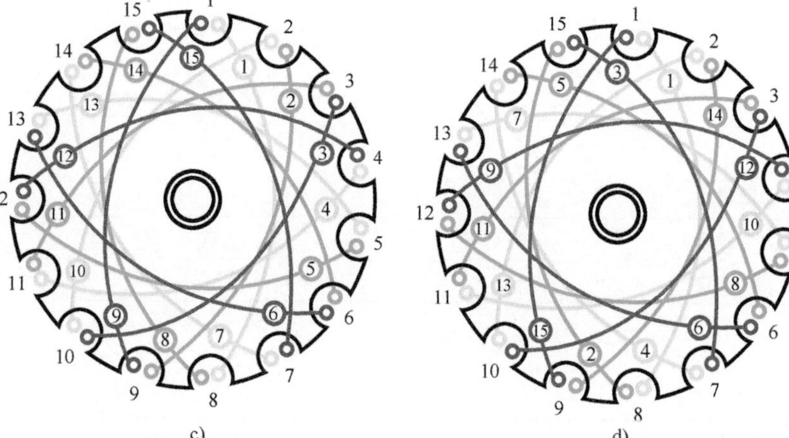

c)　　　　d)

图 8.1.9

1. 缠绕特点

15 槽 2 极的串励电动机转子可采用叠绕和 V 形对绕，实用上此规格电枢的槽节距有 $y=6$ 和 $y=7$ 两种；当 $y=6$ 时，V 形对绕将分别形成三个独立的嵌绕闭路。

2. 嵌线方法（表 8.1.9a～表 8.1.9d）

表 8.1.9a　叠绕法（$y=6$）

嵌线顺序	1	2	3	4	5	6	7	8	9	10	11	12	13	14	15
线圈槽号	1—7	2—8	3—9	4—10	5—11	6—12	7—13	8—14	9—15	10—1	11—2	12—3	13—4	14—5	15—6

表 8.1.9b　V 形对绕法（$y=6$）

嵌线顺序	1	2	3	4	5	6	7	8	9	10	11	12	13	14	15
线圈槽号	1—7	7—13	13—4	4—10	10—1	2—8	8—14	14—5	5—11	11—2	3—9	9—15	15—6	6—12	12—3

表 8.1.9c　叠绕法（$y=7$）

嵌线顺序	1	2	3	4	5	6	7	8	9	10	11	12	13	14	15
线圈槽号	1—8	2—9	3—10	4—11	5—12	6—13	7—14	8—15	9—1	10—2	11—3	12—4	13—5	14—6	15—7

表 8.1.9d　V 形对绕法（$y=7$）

嵌线顺序	1	2	3	4	5	6	7	8	9	10	11	12	13	14	15
线圈槽号	1—8	8—15	15—7	7—14	14—6	6—13	13—5	5—12	12—4	4—11	11—3	3—10	10—2	2 9	9—1

8.1.10　16 槽 2 极电枢转子绕法

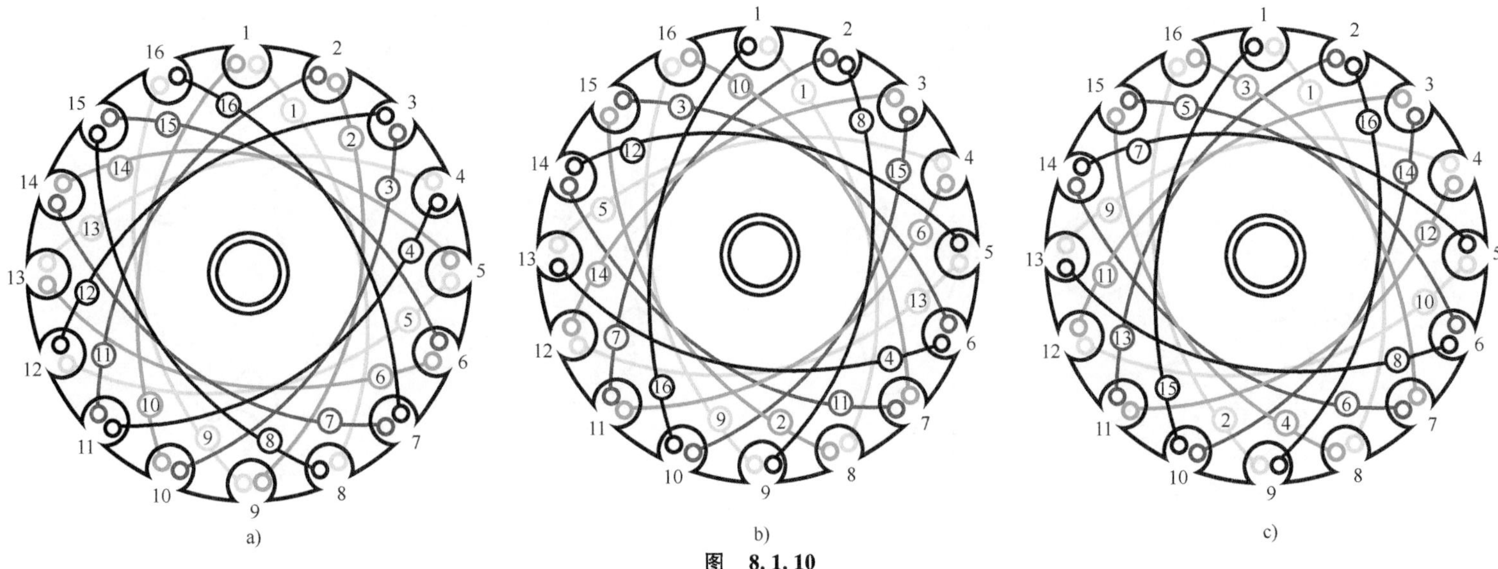

a)　　b)　　c)

图　8.1.10

1. 缠绕特点

本例转子是偶数槽，而且槽数是 4 的倍数，故可采用三种嵌绕方法。

2. 嵌线方法

1）叠绕法　　逐个线圈按槽顺次嵌绕，嵌线顺序见表 8.1.10a。

表 8.1.10a　叠绕法

嵌线顺序	1	2	3	4	5	6	7	8
线圈槽号	1—8	2—9	3—10	4—11	5—12	6—13	7—14	8—15
嵌线顺序	9	10	11	12	13	14	15	16
线圈槽号	9—16	10—1	11—2	12—3	13—4	14—5	15—6	16—7

2）V 形对绕法　　嵌线顺序见表 8.1.10b。

表 8.1.10b　V 形对绕法

嵌线顺序	1	2	3	4	5	6	7	8
线圈槽号	1—8	8—15	15—6	6—13	13—4	4—11	11—2	2—9
嵌线顺序	9	10	11	12	13	14	15	16
线圈槽号	9—16	16—7	7—14	14—5	5—12	12—3	3—10	10—1

3）平行对绕法　　嵌线顺序见表 8.1.10c。

表 8.1.10c　平行对绕法

嵌线顺序	1	2	3	4	5	6	7	8
线圈槽号	1—8	9—16	16—7	8—15	15—6	7—14	14—5	6—13
嵌线顺序	9	10	11	12	13	14	15	16
线圈槽号	13—4	5—12	12—3	4—11	11—2	3—10	10—1	2—9

8.1.11 19 槽 2 极电枢转子绕法

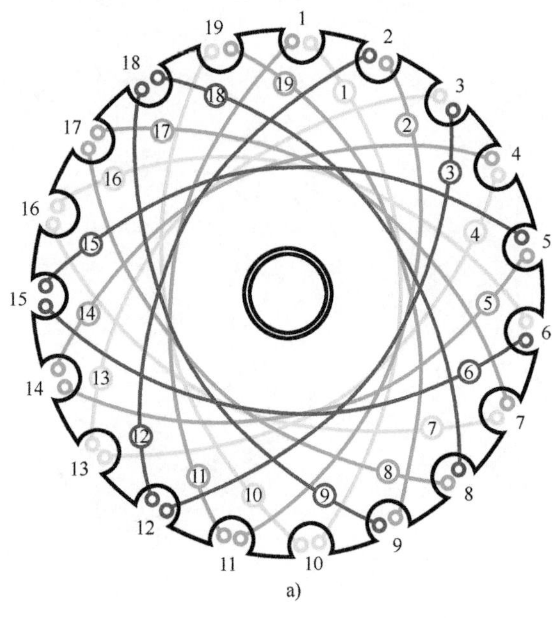

a)

b)

图 8.1.11

1. 缠绕特点

此转子槽节距 $y=9$，可采用两种嵌绕方法，并绕工艺嵌线次数为 19 次。

2. 嵌线方法

1）叠绕法 嵌绕时顺槽序跨节距逐个嵌入。嵌线顺序见表 8.1.11a。

表 8.1.11a 叠绕法

嵌线顺序	1	2	3	4	5	6	7	8	9	10
线圈槽号	1—10	2—11	3—12	4—13	5—14	6—15	7—16	8—17	9—18	10—19
嵌线顺序	11	12	13	14	15	16	17	18	19	
线圈槽号	11—1	12—2	13—3	14—4	15—5	16—6	17—7	18—8	19—9	

2）V 形对绕法 第 1 个线圈跨 9 槽节距嵌绕，下一线圈尾随跨入槽嵌绕。嵌线顺序见表 8.1.11b。

表 8.1.11b V 形对绕法

嵌线顺序	1	2	3	4	5	6	7	8	9	10
线圈槽号	1—10	10—19	19—9	9—18	18—8	8—17	17—7	7—16	16—6	6—15
嵌线顺序	11	12	13	14	15	16	17	18	19	
线圈槽号	15—5	5—14	14—4	4—13	13—3	3—12	12—2	2—11	11—1	

8.1.12　22 槽 2 极电枢转子绕法

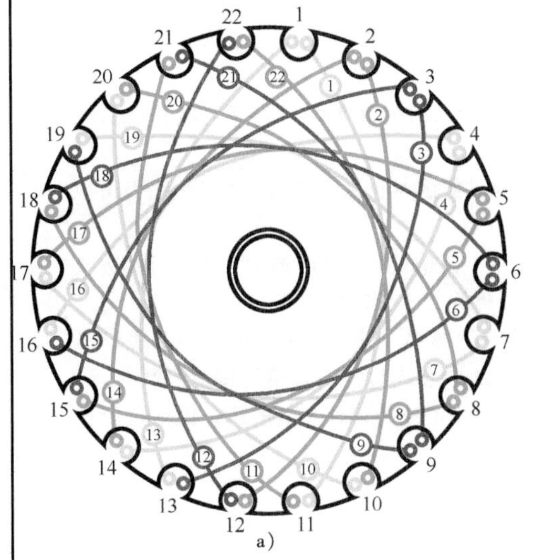
a)

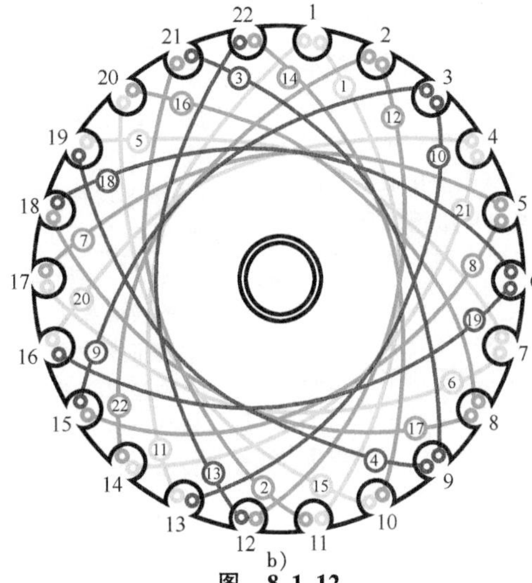
b)

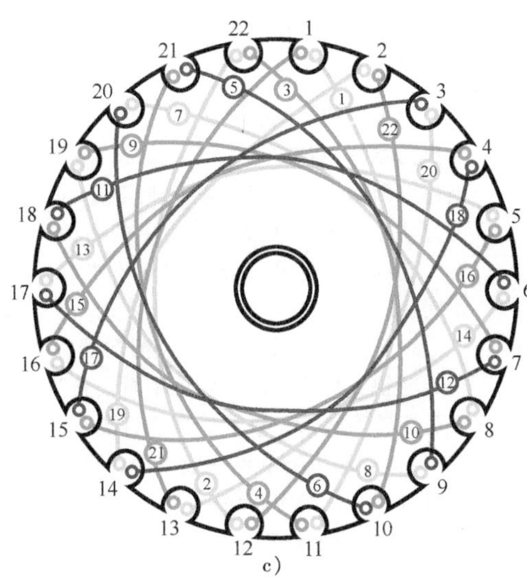
c)

图　8.1.12

1. 缠绕特点

转子为偶数槽，线圈槽节距 $y=10$，可采用三种嵌法。V 形对绕时将分别由奇数号槽和偶数号槽形成两个嵌绕闭路；平行对绕因槽数不是 4 的倍数，故其对称程度尚存不足。

2. 嵌线方法（表 8.1.12a～表 8.1.12c）

表 8.1.12a　叠绕法

嵌线顺序	1	2	3	4	5	6	7	8	9	10	11
线圈槽号	1—11	2—12	3—13	4—14	5—15	6—16	7—17	8—18	9—19	10—20	11—21
嵌线顺序	12	13	14	15	16	17	18	19	20	21	22
线圈槽号	12—22	13—1	14—2	15—3	16—4	17—5	18—6	19—7	20—8	21—9	22—10

表 8.1.12b　V 形对绕法

嵌线顺序	1	2	3	4	5	6	7	8	9	10	11
线圈槽号	1—11	11—21	21—9	9—19	19—7	7—17	17—5	5—15	15—3	3—13	13—1
嵌线顺序	12	13	14	15	16	17	18	19	20	21	22
线圈槽号	2—12	12—22	22—10	10—20	20—8	8—18	18—6	6—16	16—4	4—14	14—2

表 8.1.12c　平行对绕法

嵌线顺序	1	2	3	4	5	6	7	8	9	10	11
线圈槽号	1—11	12—22	22—10	11—21	21—9	10—20	20—8	9—19	19—7	8—18	18—6
嵌线顺序	12	13	14	15	16	17	18	19	20	21	22
线圈槽号	7—17	17—5	6—16	16—4	5—15	15—3	4—14	14—2	3—13	13—1	2—12

8.2　国产系列通用型单相串励电枢绕组布线接线图

本节串励电枢布线接线图例是根据国产系列通用型电机实例绘制，但由于生产厂家较多，在同一规格产品中，绕组的接线会有变化，故本节图例采用的接线仅供参考。拆除绕组修理时，可根据槽内元件出线头与换向器的相对位置标记，找出相应图例进行接线。如果修理中疏忽或其他原因而无法确定原来接线定位，可参考作者在机械工业出版社出版的《中小型电机修理》一书中的有关交直流串励电枢绕组接线所述内容，确定线头与换向器的相对位置。为方便读者使用图例，特作如下说明：

1）电枢转子铁心外圆及换向器等基本轮廓用黑线画出，中心小圈代表转轴；每槽由两只彩色小圈代表两个线圈有效边，线圈端部用不同彩色线轮换绘出，以示清晰醒目便于区分。

2）交流串励电枢一般采用手绕，常用一至数根绝缘导线并绕规定匝数构成一只线圈，而每一并绕根数为一元件。

3）手绕电枢槽内本无上下层之分，但为制图方便使画法规整，例图仍以上下层次的两个小圆画出。

4）转子的装配结构有两类：A 类结构的转子，槽中心线与换向器云母片中心线重合；B 类结构则槽中心线与换向片中心线重合。

5）线圈与换向器的接线可归纳为两种形式：一是以始槽为基准借偏接线，即线圈另一有效边在跨距槽的出线头也引到始槽附近对应的换向片上。例如图 8.2.2 中，始槽（1 槽）线圈（下层边）两元件引接到 1、2 号换向片，跨距槽（5 槽上层边）的两元件线头也引接到 1 槽附近的 2、3 号换向片；另一种是以跨距槽为基准借偏接线，即始槽线头将在跨槽对应的换向片上接线。例如图 8.2.3 便是此例。

6）为了便于识别，除文字说明外，对上述两种基准借偏接线，还在例图中用槽内上下层小圆的颜色组成区分：

① 上红下黄并用红色引接线绘制的为 A 类结构的始槽借偏接线图例（A—1 类，如图 8.3.3）；

② 上黄下绿并用黄色引接线绘制的为 A 类结构的跨距槽基准借偏接线图例（A—2 类，如图 8.2.3）；

③ 上绿下黄并用绿色引接线绘制的为 B 类结构的始槽基准借偏接线图例（B—1 类，如图 8.2.2）；

④ 上红下绿并用黄色引接线绘制的为 B 类结构的跨距槽基准借偏接线图例（B—2 类，如图 8.3.6）。

⑤ 槽内线圈有效边由 n 个元件组成时，例图将用 n 种彩色线引出接入换向片。

⑥ 根据修理时做标记的习惯，图例设始(1 号)槽的第 1 个元件边及其接入的换向片为 1 号；第 2 元件为 2 号，以此类推。

⑦ 换向片的“借偏”接线是以槽中心线为基准，但有两种表示形式：一种是以每槽所占换向片数的中心线与槽中心线的偏移片数表示；另一种是以 1 号换向片中心线与槽中心线的偏移片数表示。因前者较规范，为本节采用的借偏形式。

8）标题含义：标题以复式参数表示。

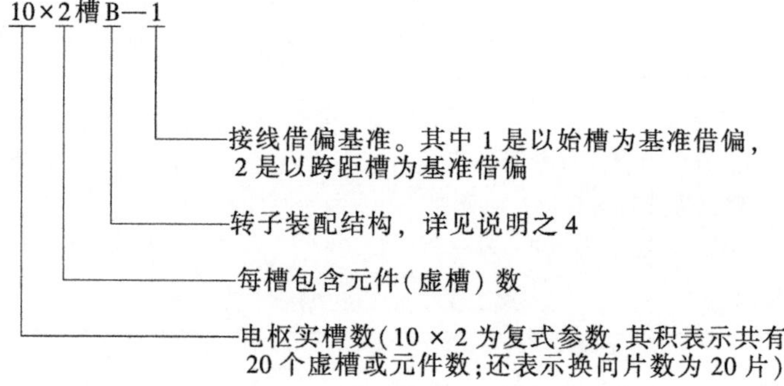

8.2.1　8×3 槽 B—1 类通用型（正对）电枢绕组

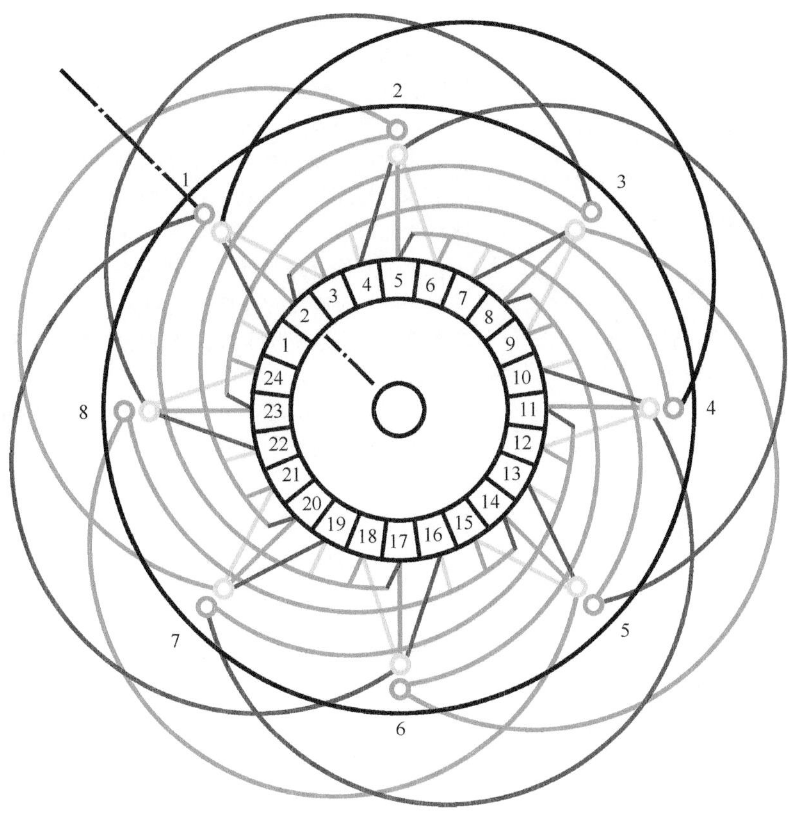

图　8.2.1

1. 绕组结构参数

转子槽数　$Z=8$　　每槽元件　$n=3$

电机极数　$2p=2$　　实槽节距　$y=1—4$

换向片数　$K=24$　　换向节距　$y_K=1—2$

2. 结构及嵌接特点

本例转子的换向片中心线与始槽中心线重合，是 B 类结构。每槽元件数 $n=3$，即每槽含换向片 3 片，如图所示，1 号槽 3 元件分别接入 1、2、3 号换向片，而接入 3 片的中心线在 2 号片中心线上，即与槽中心线重合，故其接线属“正对”接线。该线圈跨距进入槽 4 时，3 个元件的尾线分别对应接到换向器的 2、3、4 号换向片上；第 2 槽线圈 3 个元件头端顺次接入 4、5、6 号换向片，其跨距槽 5 的尾线则分别接到 5、6、7 号换向片。其余以此类推。凡串励电枢绕组的接线原理均与此同。

本例单相串励电动机电枢绕组虽是按正对接线设计，但线圈元件与换向片间的连接关系通用于其他借偏（非正对）接线的 8×3 槽 B 类结构的转子。因为借偏接线仅是每槽换向片中心与槽中心线位置的相对偏移，因此，只要按重绕拆线时确定 1 号槽元件接入换向器 1、2、3 号换向片的确切位置，便可参考此图进行接线。

电枢用 3 根导线并绕，手绕方法可参考图 8.1.3。

3. 主要应用

本绕组在 G 系列、G 型及 U 型等 8×3 槽的电枢中采用。

8.2.2　10×2 槽 B—1 类通用型（左借 0.5）电枢绕组

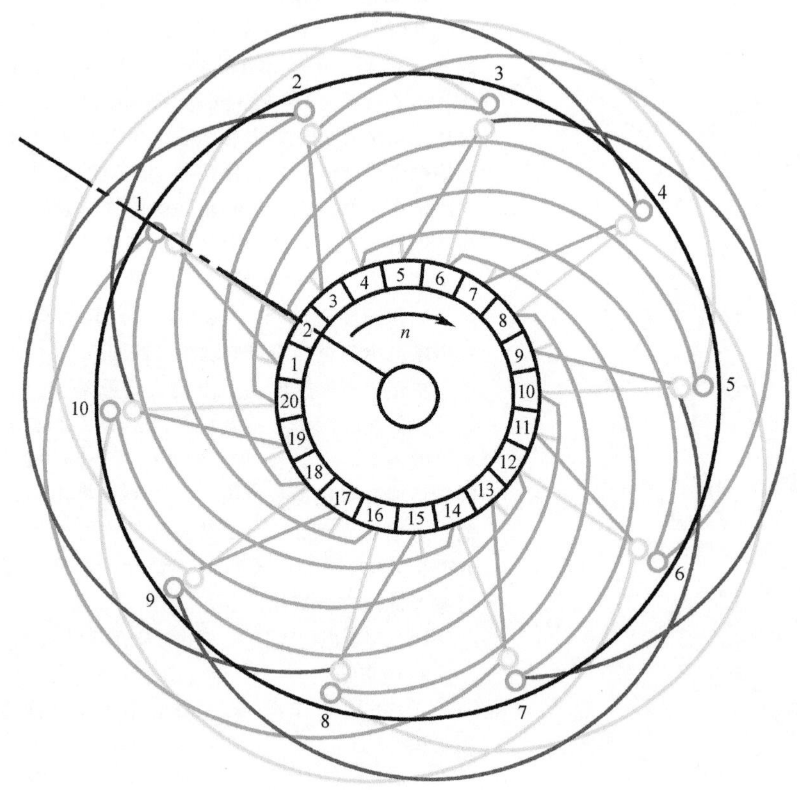

图　8.2.2

1. 绕组结构参数

转子槽数	$Z=10$	每槽元件	$n=2$
电机极数	$2p=2$	实槽节距	$y=1—5$
换向片数	$K=20$	换向节距	$y_K=1—2$

2. 结构及嵌接特点

本例转子槽的中心线与换向片中心线重合，属B类结构。始槽两个换向片落在始槽中心线上，线圈是以始槽为基准向左借偏半片接线，即1号元件偏左1片接入换向器。此转子是偶数槽，线圈槽节距 $y=4$，短于极距1槽。嵌线时用2根并绕，即每圈包含元件数 $n=2$，图中用绿、黄两种彩色线条表示；每个元件首尾端接入相邻两个换向片，线圈跨入槽5后，对应元件分别引接到2、3号换向片，其余类推。电枢嵌线用手绕，嵌线方法参考图8.1.5。

3. 主要应用

此绕组应用实例有U15/40-220、U15/56-220D等单相串励电动机转子绕组。

8.2.3 11×3 槽 A—2 类通用型（右借 2.5）电枢绕组

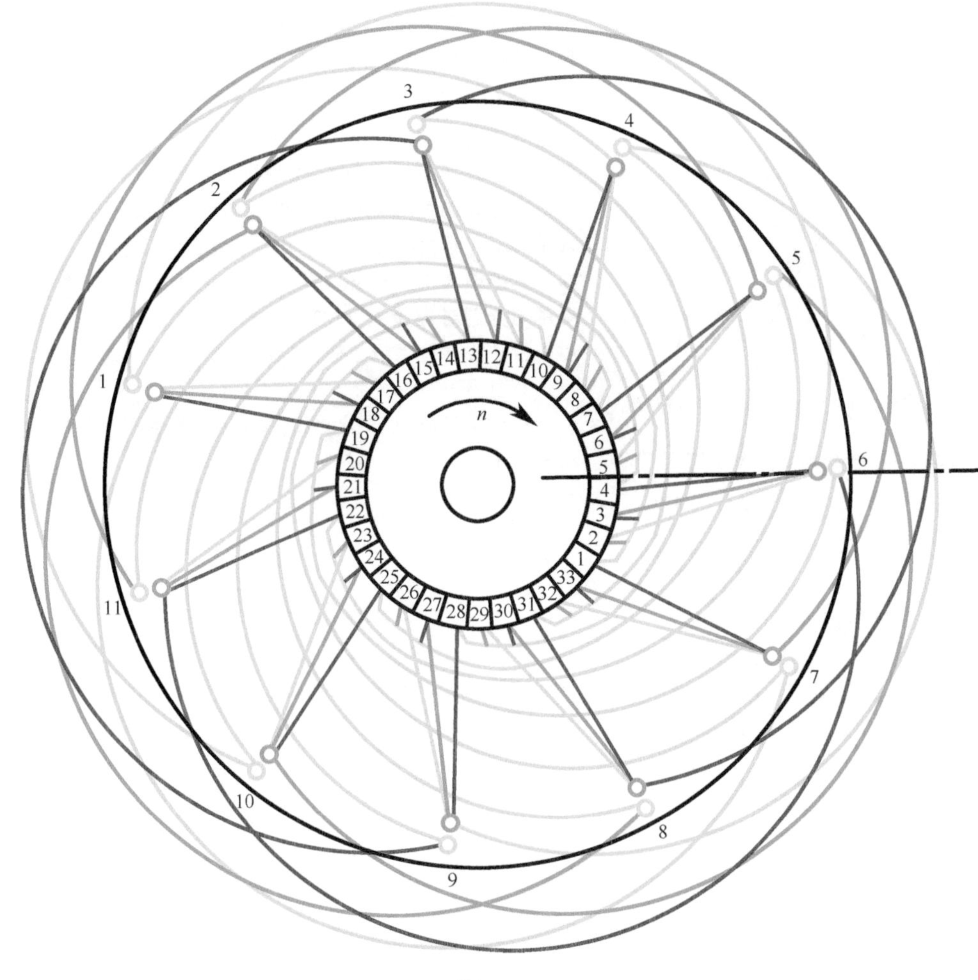

图 8.2.3

1. 绕组结构参数

转子槽数 $Z=11$ 每槽元件 $n=3$

电机极数 $2p=2$ 实槽节距 $y=1—6$

换向片数 $K=33$ 换向节距 $y_K=1—2$

2. 结构及嵌接特点

本绕组线圈以跨距槽借偏，基准槽 6 中心线与换向器云母片中心线重合，属 A 类转子结构。基准槽中心线两侧换向片编号为 4、5，其余片号如图所示。1 号槽 3 元件首端接入 1、2、3 号换向片，其中 2 号换向片中心线是 n 片中心线，即绕组是向右借偏 2 片半接线；而跨距槽 6 的线圈 3 个元件尾端则分别对应接入 2、3、4 号换向片。绕组嵌线采用手绕，嵌线方法参考图 8.1.6。

3. 主要应用

本例电枢绕组应用于 G25/40 和 G30/40 等单相串励电动机。

8.2.4　11×3 槽 A—2 类通用型（右借 1.5）电枢绕组

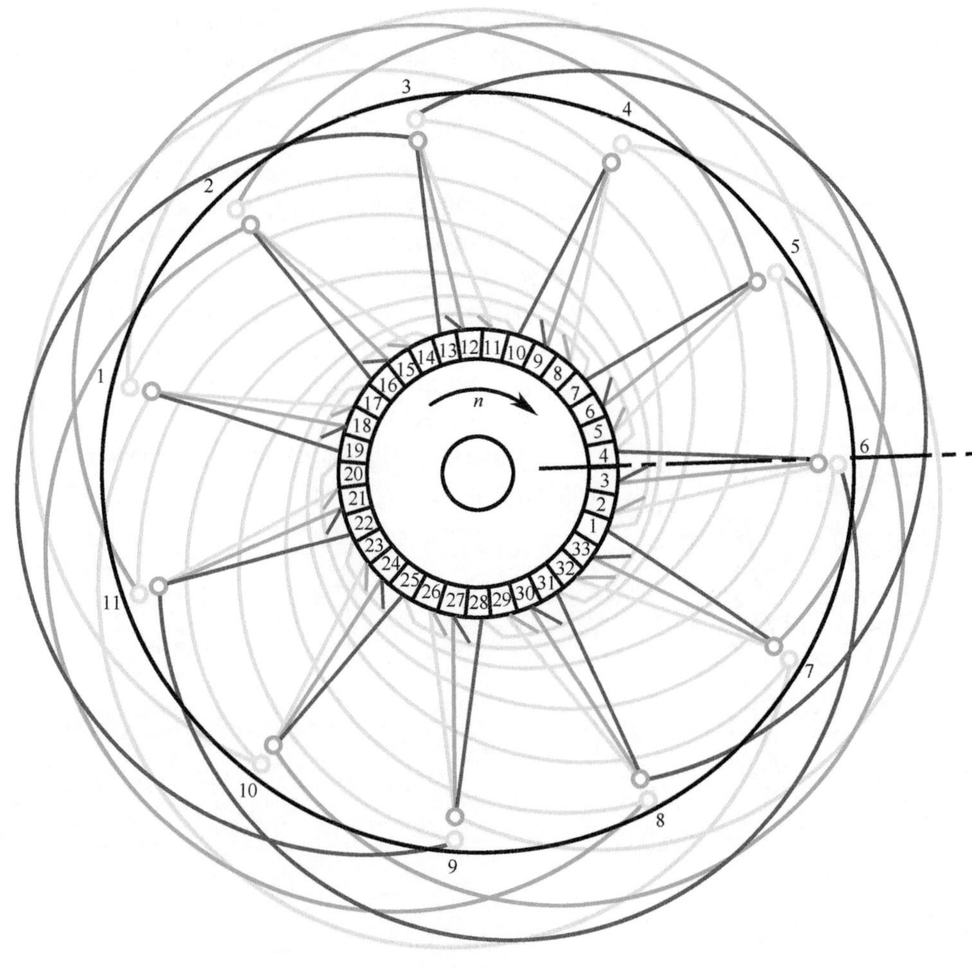

图　8.2.4

1. 绕组结构参数

转子槽数　$Z=11$　　每槽元件　$n=3$

电机极数　$2p=2$　　实槽节距　$y=1—6$

换向片数　$K=33$　　换向节距　$y_K=1—2$

2. 结构及嵌接特点

转子为 A 类结构，其基准槽中心线与换向器云母片中心线重合。基准线两侧换向片编号为 3、4，其余编号如图所示。始槽线圈 3 个元件首端分别接入 1、2、3 号换向片，3 片的中心线在 2 号换向片，即与基准槽 6 中心借偏向右 1 片半接线；槽 6 的线圈尾端分别对应接入 2、3、4 号换向片。绕组嵌线用 3 根导线并行手绕，嵌线方法参考图 8.1.6。

3. 主要应用

本例绕组应用于 G80/40、G90/40 等单相串励电动机转子。

8.2.5　11×3 槽 A—2 类通用型（右借 3.5）电枢绕组

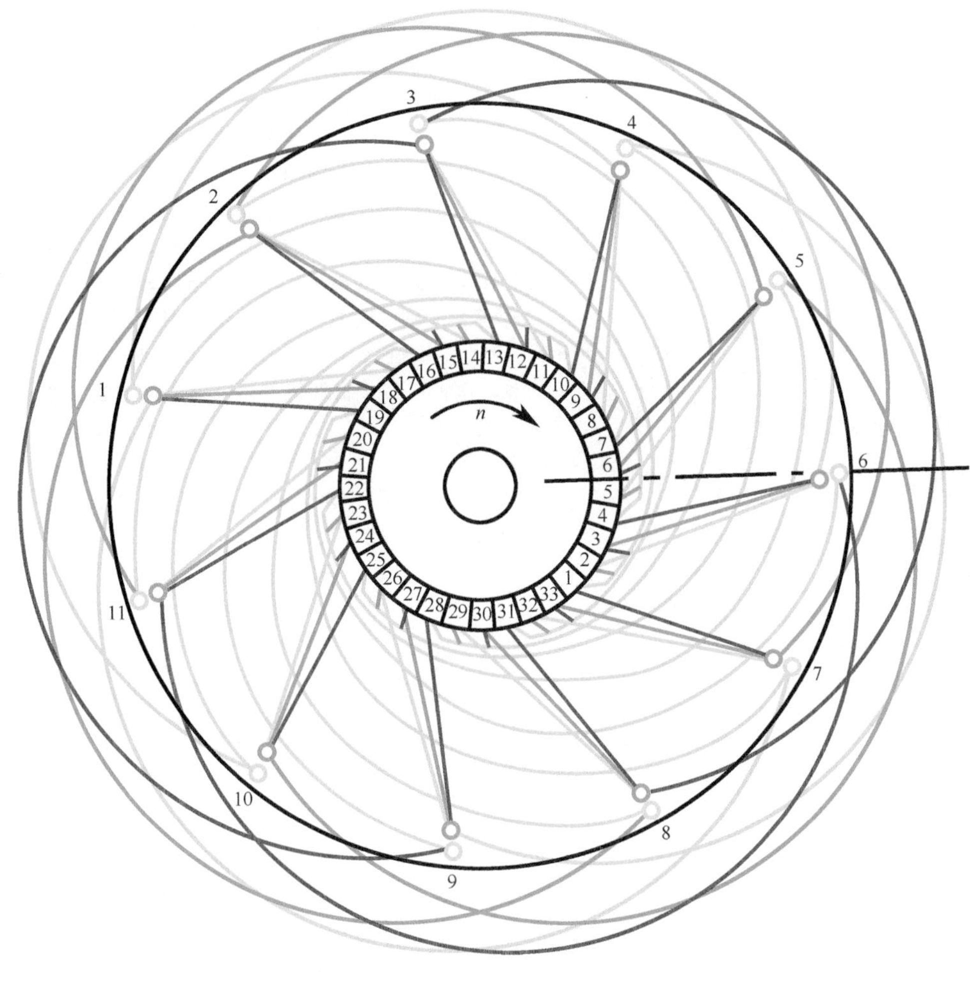

图　8.2.5

1. 绕组结构参数

转子槽数　$Z=11$　　每槽元件　$n=3$

电机极数　$2p=2$　　实槽节距　$y=1—6$

换向片数　$K=33$　　换向节距　$y_K=1—2$

2. 结构及嵌接特点

基准槽中心线与换向器云母片中心线重合，转子属 A 类结构。线圈以跨距槽为基准借偏，每槽占 3 片换向片，n 片的中心在 2 号片，故绕组是以跨距槽向右借偏 3 片半接线；而槽中心线两侧换向片编号为 5、6，其余编号如图 8.2.5 所示。1 号槽元件接入 1、2、3 号换向片，相对应的尾端从 6 号槽引出后分别接入 2、3、4 号换向片。其余接线类推。电枢线圈用手绕，嵌线方法参考图 8.1.6。

3. 主要应用

本例电枢应用于 G60/40、G40/40 等单相串励电动机转子。

8.2.6　12×2 槽 B—1 类通用型（左借 1.5）电枢绕组

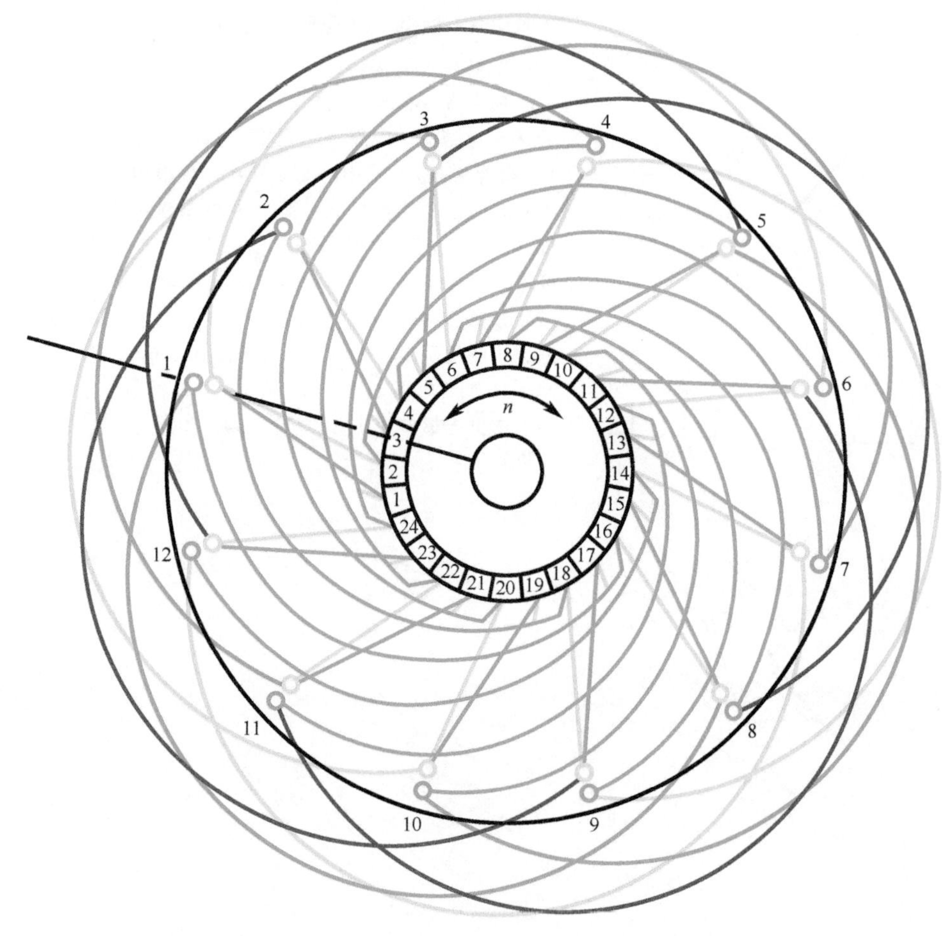

图　8.2.6

1. 绕组结构参数

转子槽数	$Z=12$	每槽元件	$n=2$
电机极数	$2p=2$	实槽节距	$y=1—6$
换向片数	$K=24$	换向节距	$y_K=1—2$

2. 结构及嵌接特点

此转子是 B 类结构。始槽中心线与换向片中心线重合，并将该换向片编号为 3，则其余换向片编号如图 8.2.6 所示。因每槽元件数 $n=2$，故 n 片中心线在 1、2 号换向片之间的云母片，所以线圈接线是以始槽基准向左借偏 1 片半接入换向器，即始槽 1、2 号元件分别接到 1、2 号换向片，其线圈跨至槽 6 后，引出尾端则分别对应接到 2、3 号换向片。其余类推。电枢常用 2 根导线并绕，手绕的方法参考图 8.1.7。

3. 主要应用

本例应用实例有 U40/36-(24D、110D) 等单相串励电动机。

8.2.7 12×3 槽 B—1 类通用型（正对）电枢绕组

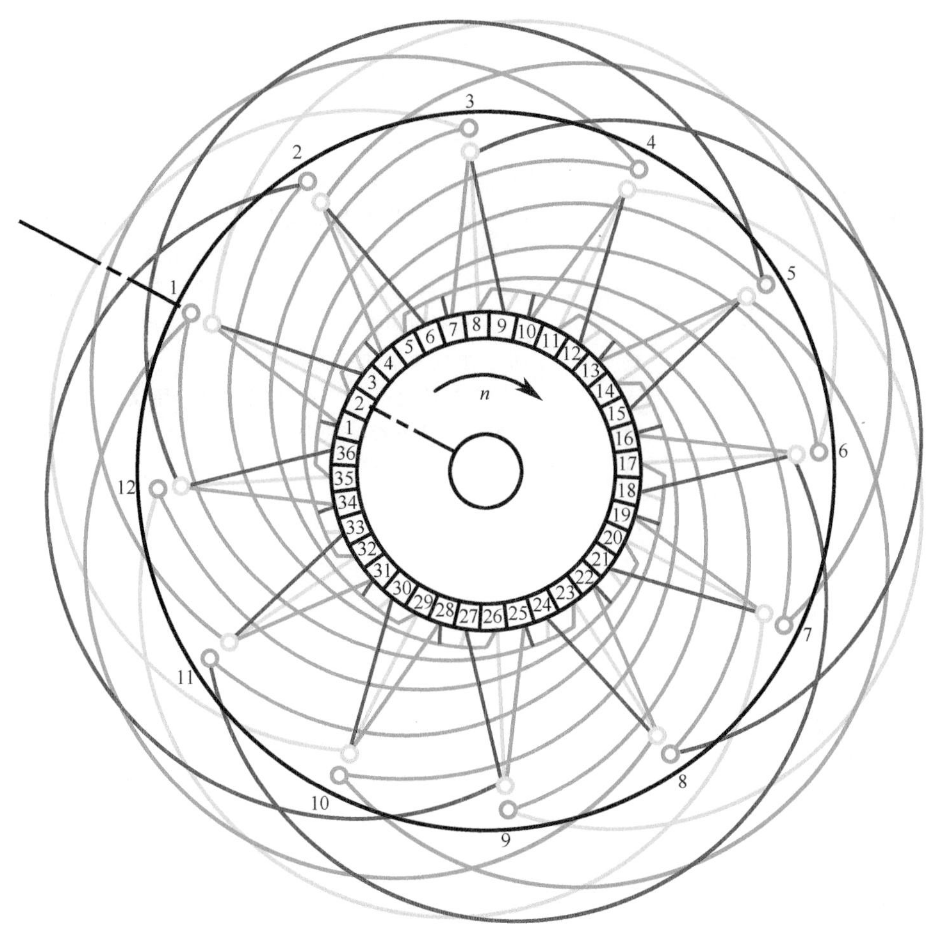

图 8.2.7

1. 绕组结构参数

转子槽数 $Z=12$ 每槽元件 $n=3$

电机极数 $2p=2$ 实槽节距 $y=1—6$

换向片数 $K=36$ 换向节距 $y_K=1—2$

2. 结构及嵌接特点

转子是 B 类结构，始槽中心线与换向片中心线重合。两中心线重合的换向片编为 2 号，而每槽元件数 $n=3$，则 n 片中心线也在 2 号片，即 n 片中心与始槽中心线重合（没有借偏），属正对接线。始槽线圈 3 元件线头分别接入 1、2、3 号换向片；尾线由槽 6 引出，并分别对应接到 2、3、4 号换向片。其余线圈接线类推。电枢用 3 根导线并绕，手绕的方法参考图 8.1.7。

3. 主要应用

本例绕组应用实例主要有 U30/40-220 型单相串励电动机转子电枢绕组。

8.2.8　12×3 槽 B—1 类通用型（左借 2.0）电枢绕组

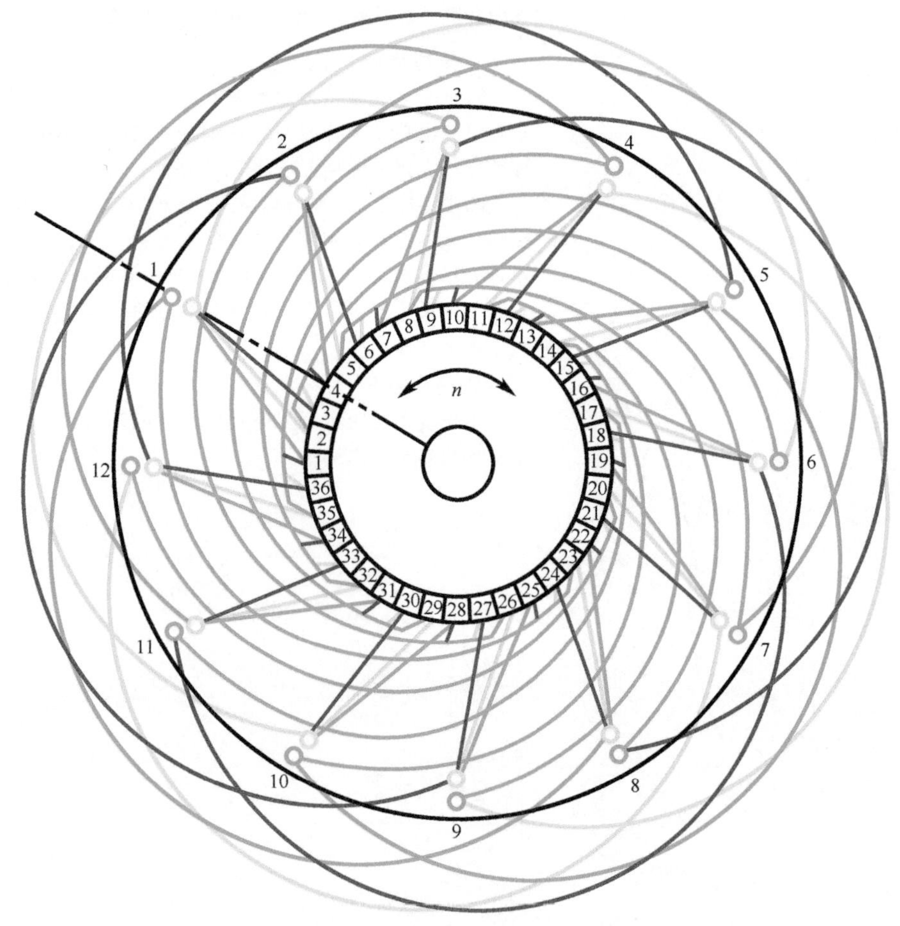

图　8.2.8

1. 绕组结构参数

转子槽数　$Z=12$　　每槽元件　$n=3$

电机极数　$2p=2$　　实槽节距　$y=1—6$

换向片数　$K=36$　　换向节距　$y_K=1—2$

2. 结构及嵌接特点　　本例转子的换向片中心线与始槽中心线重合，是 B 类结构。被槽中心线穿过的换向片则编为 4 号，其余换向片编号如图所示。因每槽元件数 $n=3$，n 片中心在 2 号换向片，故线圈接线是以始槽为基准向左借偏 2 片，实质 1 号换向片偏左 3 片。接线时始槽线圈 3 根线头分别接入 1、2、3 号换向片的线槽；其尾线由跨距的槽 6 引出，并分别对应接入 2、3、4 号换向片。其余接线类推。电枢手绕的方法参考图 8.1.7。

3. 主要应用　　本绕组主要应用实例有 U80/50-110D 及 U80/50-220D 等单相串励电动机转子电枢。

8.2.9　16×3 槽 B—1 类通用型（正对）电枢绕组

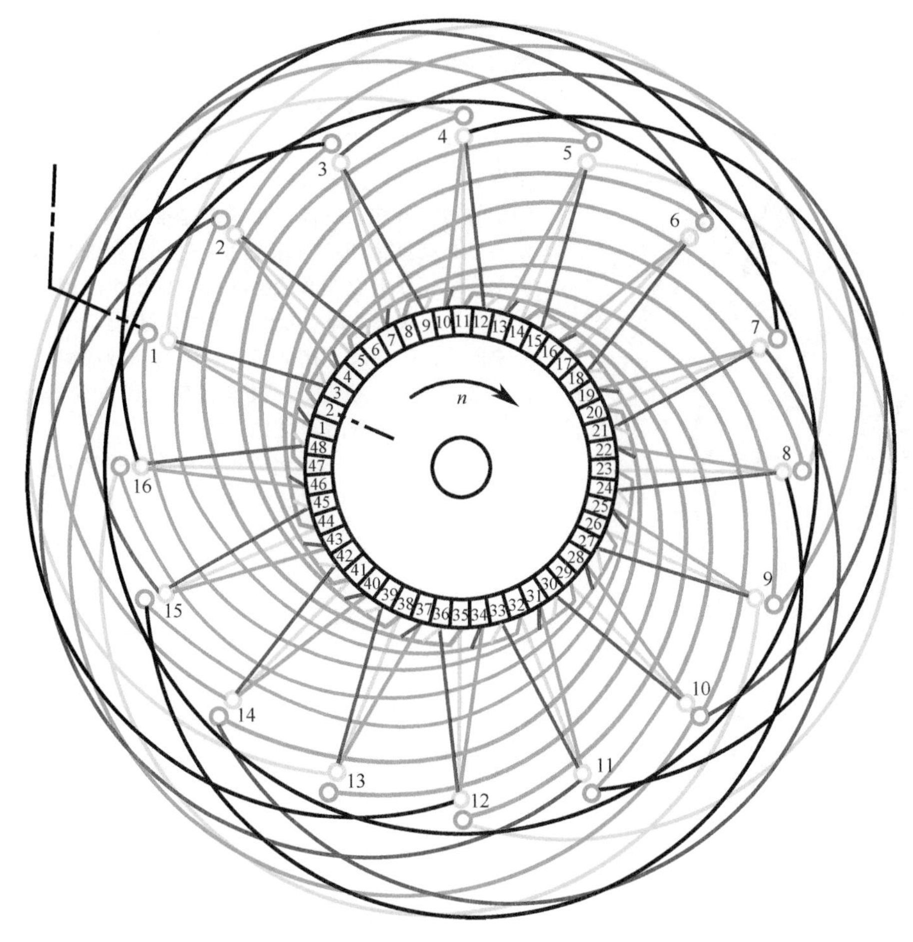

图　8.2.9

1. 绕组结构参数

转子槽数　$Z=16$　　每槽元件　$n=3$

电机极数　$2p=2$　　实槽节距　$y=1—8$

换向片数　$K=48$　　换向节距　$y_K=1—2$

2. 结构及嵌接特点　　转子槽中心线与换向片中心线重合，是 B 类结构。转子铁心采用斜槽，槽中心线取自铁心中段，过槽口中点与转轴线平行的线为槽中心线。线圈以始槽为基准借偏，与始槽中心线重合的换向片编号为 2，其余换向片编号如图所示。因每槽元件 $n=3$，n 片中心线在 2 号换向片，并与始槽中心线重合，故属换向片正对接线，即始槽元件引线分别接入 1、2、3 号换向片，跨距槽 8 的线圈 3 个线尾则分别对应接入 2、3、4 号换向片。其余类推。电枢手绕嵌线方法见图 8.1.10。

3. 主要应用　　本例绕组主要应用于 U120/40-220V、U180/40-220V 等单相串励电动机电枢转子。

8.2.10　16×3 槽 B—1 类通用型（左借 2.0）电枢绕组

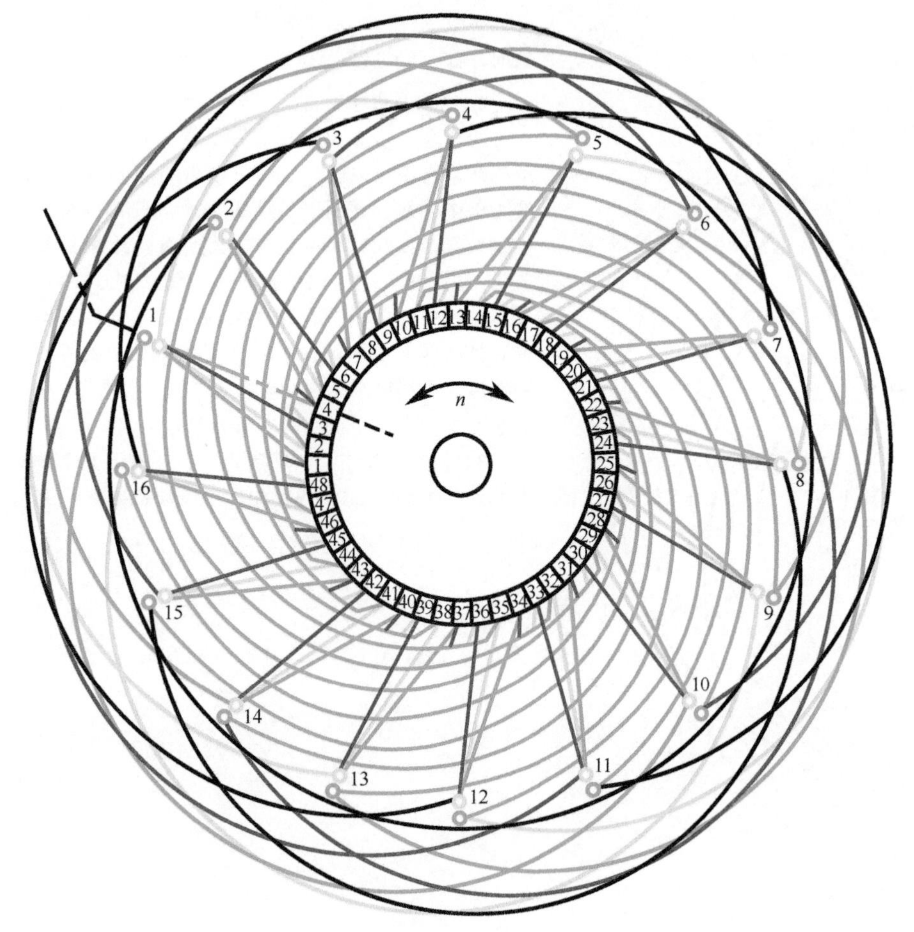

图　8.2.10

1. 绕组结构参数

转子槽数　$Z=16$　　每槽元件　$n=3$

电机极数　$2p=2$　　实槽节距　$y=1—8$

换向片数　$K=48$　　换向节距　$y_K=1—2$

2. 结构及嵌接特点　　本例转子是 B 类结构，槽中心线与换向片中心线重合，并采用斜槽铁心，槽中心线取自铁心中段，过槽口中点与转轴线平行的线为槽中心线。线圈以始槽为基准借偏，并把与始槽中心线重合的换向片定为 4 号，其余编号如图所示。因 n 片中心在 2 号换向片，故始槽线圈是向左借偏 2 片接线，即 1 号槽 3 元件分别接到 1、2、3 号换向片；线圈跨至槽 8 后，对应的元件线尾分别接入 2、3、4 号换向片。其余线圈接线以此类推。电枢手绕方法参考图 8.1.10。

3. 主要应用　　本例绕组主要应用于老系列单相串励电动机，应用实例有 SU-1、SU-2 电动机等。

8.2.11 19×2 槽 A—2 类通用型（左借 2.0）电枢绕组

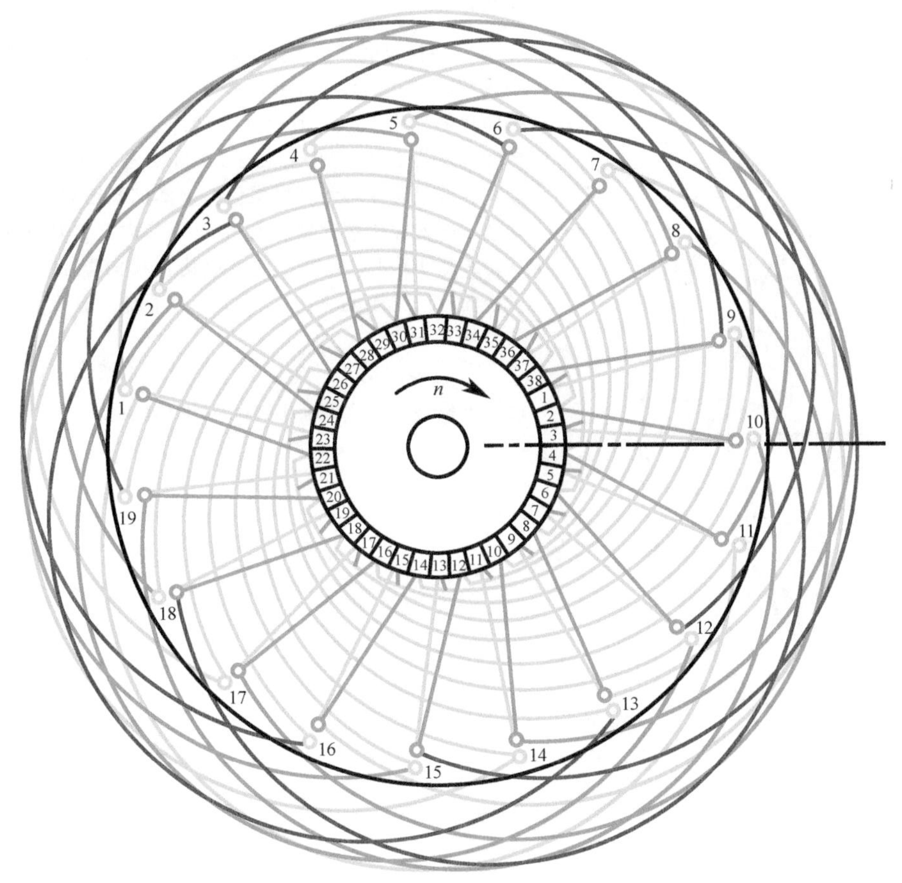

图 8.2.11

1. 绕组结构参数

转子槽数 $Z=19$ 每槽元件 $n=2$

电机极数 $2p=2$ 实槽节距 $y=1—10$

换向片数 $K=38$ 换向节距 $y_K=1—2$

2. 结构及嵌接特点 转子槽中心线与换向器云母片中心线重合，是 A 类结构。始槽中心线两侧换向片分别编号为 3、4，其余片号如图所示。本例线圈是以跨距槽为基准借偏，每槽元件数 $n=2$，n 片中心线在 1、2 号换向片之间的云母片，即线圈以跨距槽 10 为基准向左借偏 2 片接线。接线时，始槽 1 的两元件线头分别引接到跨距槽下的 1、2 号换向片，跨距槽 10 的两线尾分别对应接入 2、3 号换向片。其余接线类推。电枢线圈用手绕，嵌线方法参考图 8.1.11。

3. 主要应用 本绕组主要用于 G 系列单相串励电动机转子，实例有 G250/40 电动机等。

8.2.12 19×2 槽 A—2 类通用型（正对）电枢绕组

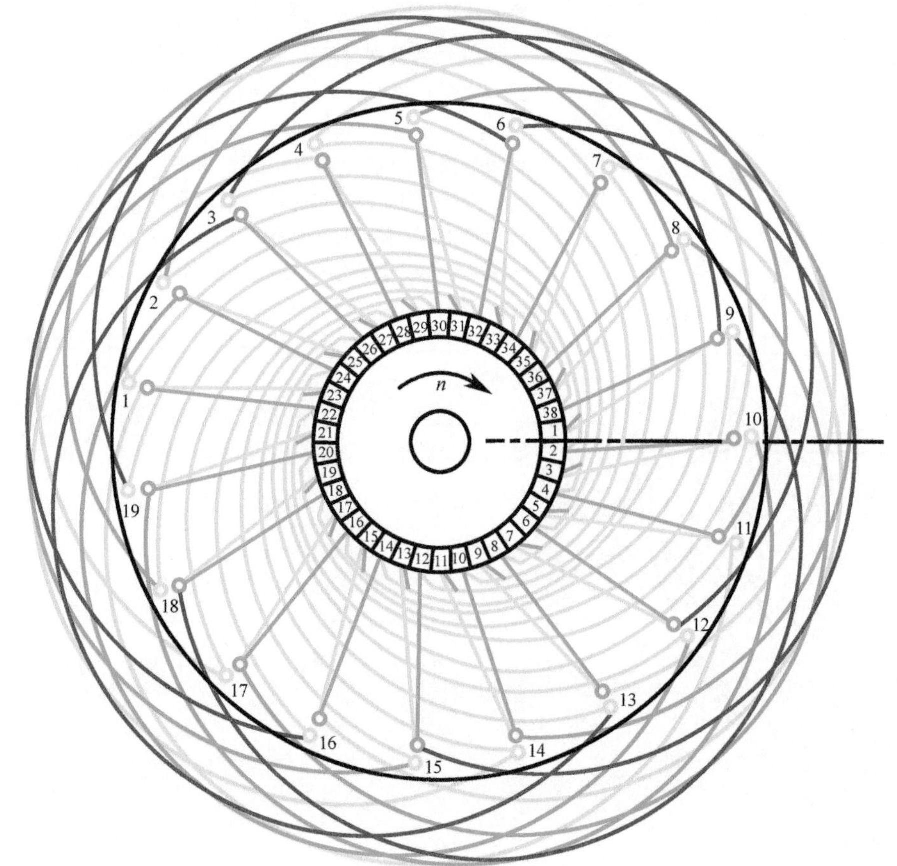

图 8.2.12

1. 绕组结构参数

转子槽数 $Z=19$　　每槽元件 $n=2$

电机极数 $2p=2$　　实槽节距 $y=1—10$

换向片数 $K=38$　　换向节距 $y_K=1—2$

2. 结构及嵌接特点　　转子为 A 类结构。槽中心线与云母片中心线重合，跨距槽 10 的中心线两侧换向片编号为 1、2，其余编号如图所示。本绕组每槽元件数为 2，n 片中心在 1、2 号换向片之间的云母片，若以跨距槽为基准借偏，则本例属正对接线。始槽 1 的元件头端分别接入 1、2 号换向片，其尾端从跨距槽 10 引出后也分别对应接在换向器的 2、3 号换向片。其余类推。电枢线圈用手绕，嵌线方法参考图 8.1.11。

3. 主要应用　　此绕组主要应用于单相串励电动机电枢转子，实例有 G120/40 电动机等。

8.2.13　19×2 槽 A—2 类通用型（右借 1.0）电枢绕组

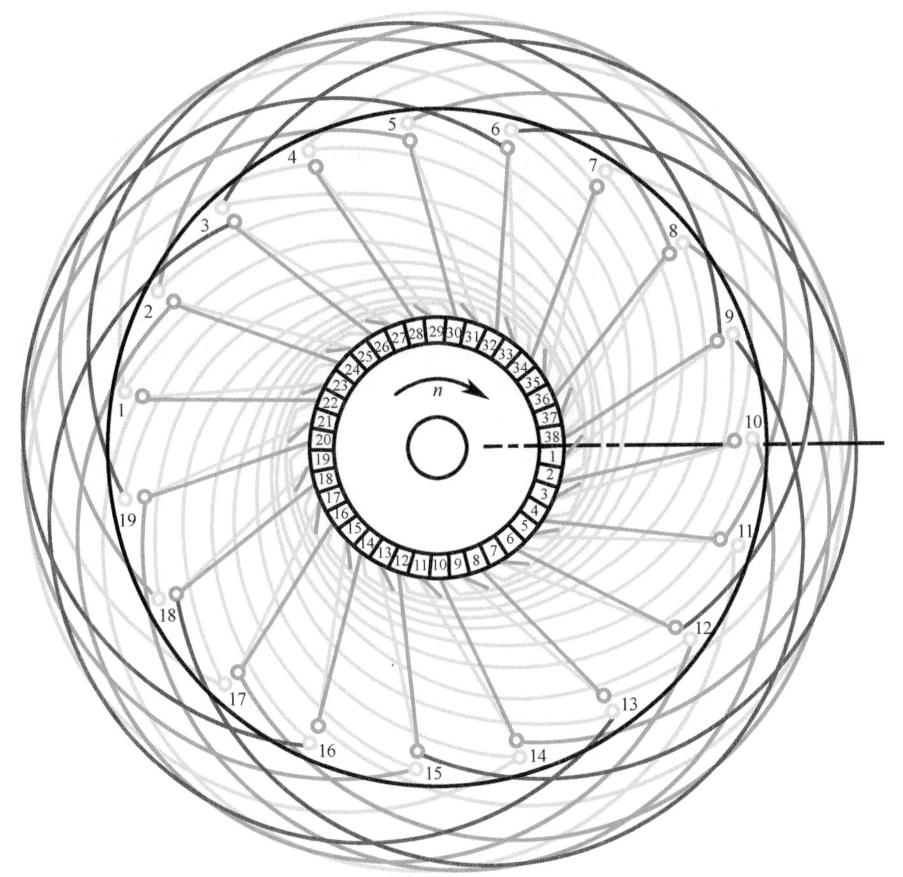

图　8.2.13

1. 绕组结构参数

转子槽数　$Z=19$　　每槽元件　$n=2$

电机极数　$2p=2$　　实槽节距　$y=1—10$

换向片数　$K=38$　　换向节距　$y_K=1—2$

2. 结构及嵌接特点　　本例是 A 类结构，槽中心线与换向片中心线重合。始槽中心线两侧换向片编号为 38、1，其余编号如图所示。本绕组是以跨距槽为基准借偏，n 片中心在 1、2 号换向片之间的云母片，故线圈是向右借偏 1 片接线。始槽元件线头分别接入换向器 1、2 号换向片，线圈跨节距从槽 10 引出的元件线尾则分别对应接到 2、3 号换向片。其余线圈接线以此类推。电枢线圈用手绕，嵌线方法参考图 8.1.11。

3. 主要应用　　本绕组主要用于 G 系列单相串励电动机电枢转子，应用实例有 G180/40 电动机等。

8.3 国产专用型单相串励电枢绕组布线接线图

本节串励电枢图例是通用型系列之外的电动机。主要包括家电产品、手电钻以及其他专用工具的串励电动机电枢绕组。本节图例标题及绘制说明请参考 8.2 节内容。

8.3.1 3×1 槽 B 类专用型电枢绕组

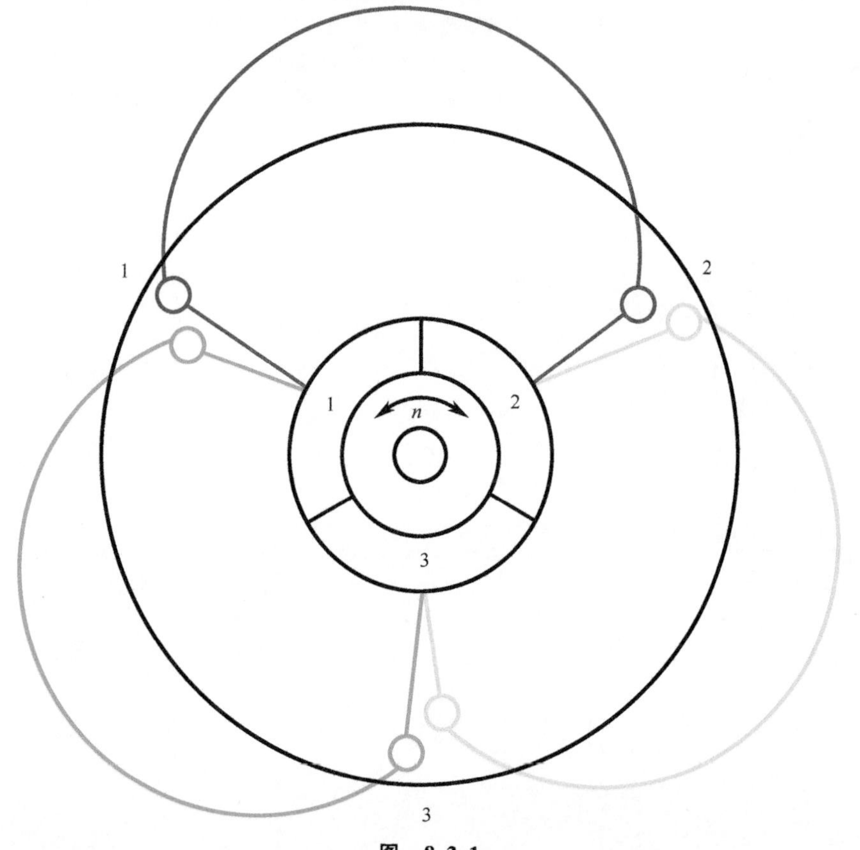

图 8.3.1

1. 绕组结构参数

转子槽数 $Z=3$ 每槽元件 $n=1$

电机极数 $2p=2$ 实槽节距 $y=1—2$

换向片数 $K=3$ 换向节距 $y_K=1—2$

2. 结构及嵌接特点 本例电枢转子槽的中心线与换向片中心线重合，应属 B 类结构。转子只有 3 槽，每槽只有两个线圈边，即每只线圈由单根绝缘导线缠绕，故虚槽数与实槽数相等，而槽节距等于换向片节距，是串励电枢绕组特殊的最简单型式。绕组的嵌绕也很简单，仅需 3 次便可完成，嵌线顺序可参考图 8.1.1。

3. 主要应用 本例电枢绕组应用于电动剃须刀、简易电吹风机以及玩具电动机等。

8.3.2　8×1 槽 B—1 类专用型电枢绕组

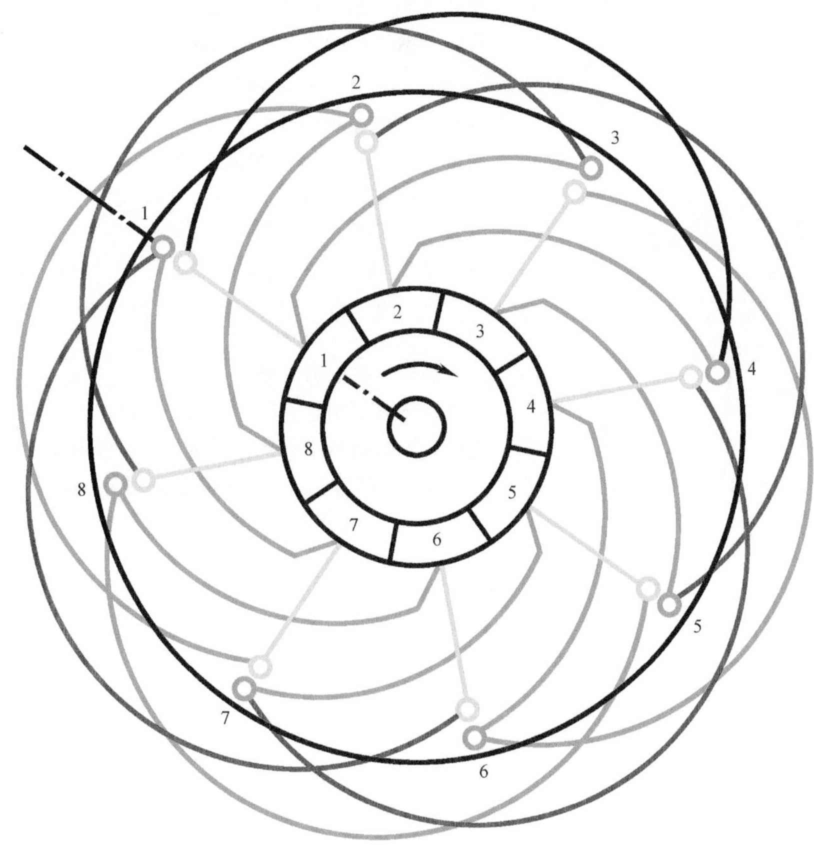

图　8.3.2

1. 绕组结构参数

转子槽数　$Z=8$　　每槽元件　$n=1$

电机极数　$2p=2$　　实槽节距　$y=1—4$

换向片数　$K=8$　　换向节距　$y_K=1—2$

2. 结构及嵌接特点　　本例电枢（转子）是按 B 类结构设计，并使 1 号换向片中心线与始槽中心线重合。本图是按正对（即没有借偏）绘制的，如果实际修理时，若 1 号换向片借偏，则确定 1 号换向片位置后，仍可按此关系进行接线。另外，因本例每槽元件数 $n=1$，即每线圈仅有 1 只元件，故绕线时仅用 1 根导线缠绕。本绕组是偶数槽，且是 4 的倍数，故除可用叠绕法和 V 形对绕法外，还可选用平行对绕法，具体嵌线方法可参考图 8.1.3 进行。

3. 主要应用　　8×1 槽串励电枢绕组实际应用不多，仅见于微型电吹风机转子。

8.3.3 9×3 槽 A—1 类专用型（右借 0.5）电枢绕组

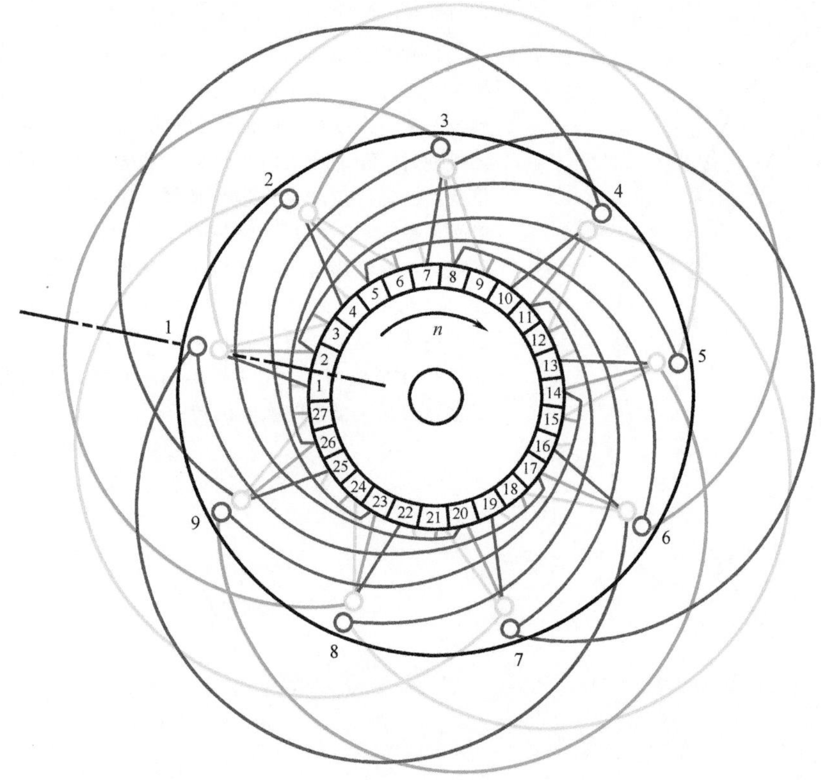

图 8.3.3

1. 绕组结构参数

转子槽数 $Z=9$ 每槽元件 $n=3$

电机极数 $2p=2$ 实槽节距 $y=1—5$

换向片数 $K=27$ 换向节距 $y_K=1—2$

2. 结构及嵌接特点 转子为 A 类结构。1 号换向片（起始换向片）在 1 号槽（起始槽）中心线附近，即线圈以始槽基准借偏，2 号元件偏右半片接入换向器。此转子为 9 槽，按双层绕组概念则每槽占 1 个线圈，而每圈包含 $n=3$ 元件（即用三根导线并绕），每个元件的引线在图中用红、绿、黄三色线表示，每个元件的首尾端接入相邻两个换向片的线槽。因此槽 1 线圈的 3 元件便分别接入 1、2、3 号换向片，线圈跨入槽 5（上层）后，对应的 3 元件尾线则分别引接到 2、3、4 号换向片。其余接线类推。电枢嵌线用手绕，嵌线方法参考图 8.1.4。

3. 主要应用 本例电枢应用于 J1Z-6 手电钻及 φ56mm 冲片的电动工具用电动机的转子。

8.3.4 11×3 槽 A—1 类专用型（右借 0.5）电枢绕组

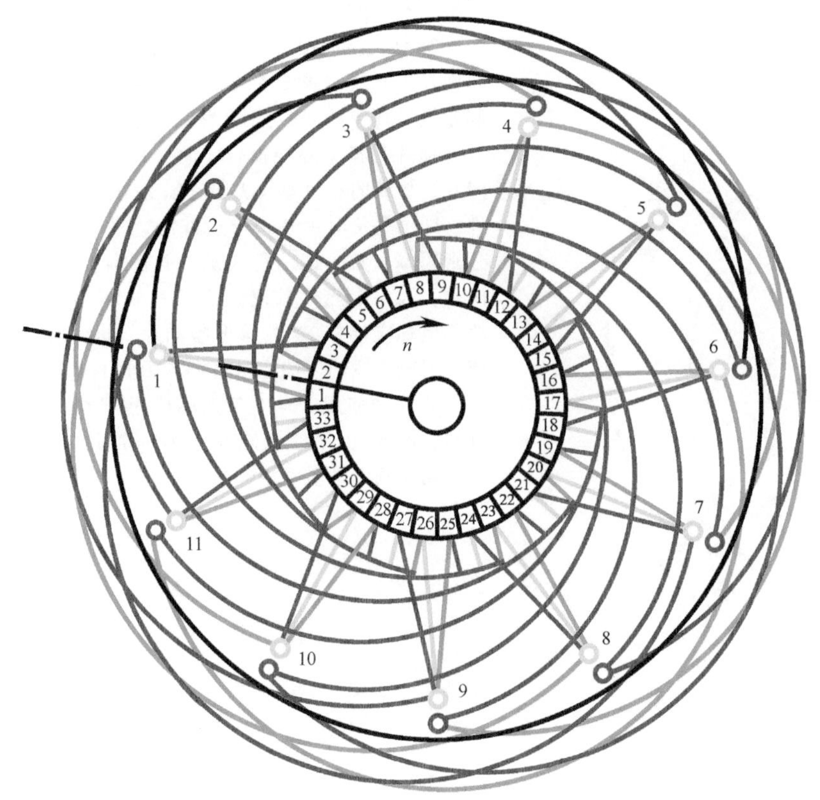

图 8.3.4

1. 绕组结构参数

转子槽数 $Z=11$ 每槽元件 $n=3$

电机极数 $2p=2$ 实槽节距 $y=1—6$

换向片数 $K=33$ 换向节距 $y_K=1—2$

2. 结构及嵌接特点 本例转子是 A 类结构，并以始槽借偏接线。每槽元件 $n=3$，n 片中心在 2 号换向片，而始槽中心线与 1、2 号换向片之间的云母片重合，即两中心线相距半片，故是向右借偏 0.5 片接线方案。本例采用短距布线，实槽节距较极距缩短半槽；1 号线圈尾线从跨距槽引出后，分别对应接入 2、3、4 号换向片。其余接线以此类推。

绕组嵌线用手绕法，因 $n=3$，故用 3 根导线并行嵌绕。嵌线方法可有两种：一种是叠绕法，另一种是 V 形对绕法。具体方法与嵌线顺序可参考图 8.1.6。

3. 主要应用 本绕组应用于某厂家的电动缝纫机的电动机。

8.3.5　11×3 槽 B—1 类专用型(右借 1.0)电枢绕组

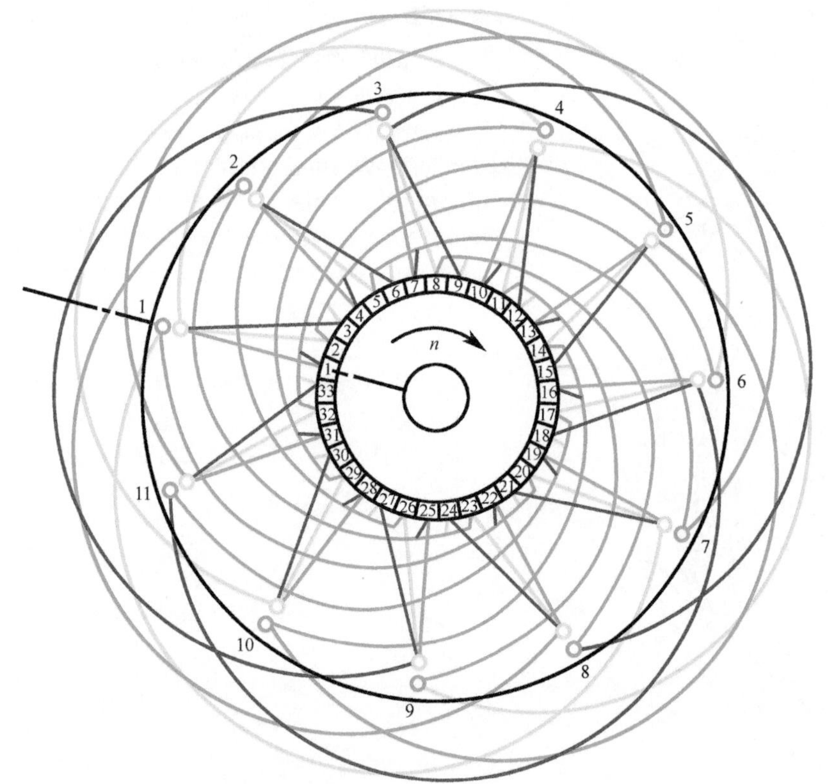

图　8.3.5

1. 绕组结构参数

转子槽数　$Z=11$　　每槽元件　$n=3$

电机极数　$2p=2$　　实槽节距　$y=1—6$

换向片数　$K=33$　　换向节距　$y_K=1—2$

2. 结构及嵌接特点　　本例转子槽中心线对准换向片中心线，属 B 类结构。而且，槽中心线穿过起始换向片，故是以始槽为基准借偏接线，这时 1 号换向片与槽中心线重合，而 n 片中心线在 2 号换向片，故属向右借偏 1 片接线。绕组每圈包含 3 元件，即用手绕时由 3 根导线并绕，每个元件的引线分别用绿、黄、红三色表示，并接到 1、2、3 号换向片；因每个元件首尾端必须接在相邻换向片上，故其尾端应接入 2、3、4 号换向片。此线圈节距为 5 槽，手绕嵌线的嵌线方法可参考图 8.1.6。

3. 主要应用　　本例实际应用于 Z1JH-20 冲击电钻、回 M1B-90/2 电刨等 $\phi71$mm 冲片的电动工具用单相串励电动机电枢绕组。

8.3.6　11×3 槽 B—2 类专用型（左借 2.0）电枢绕组

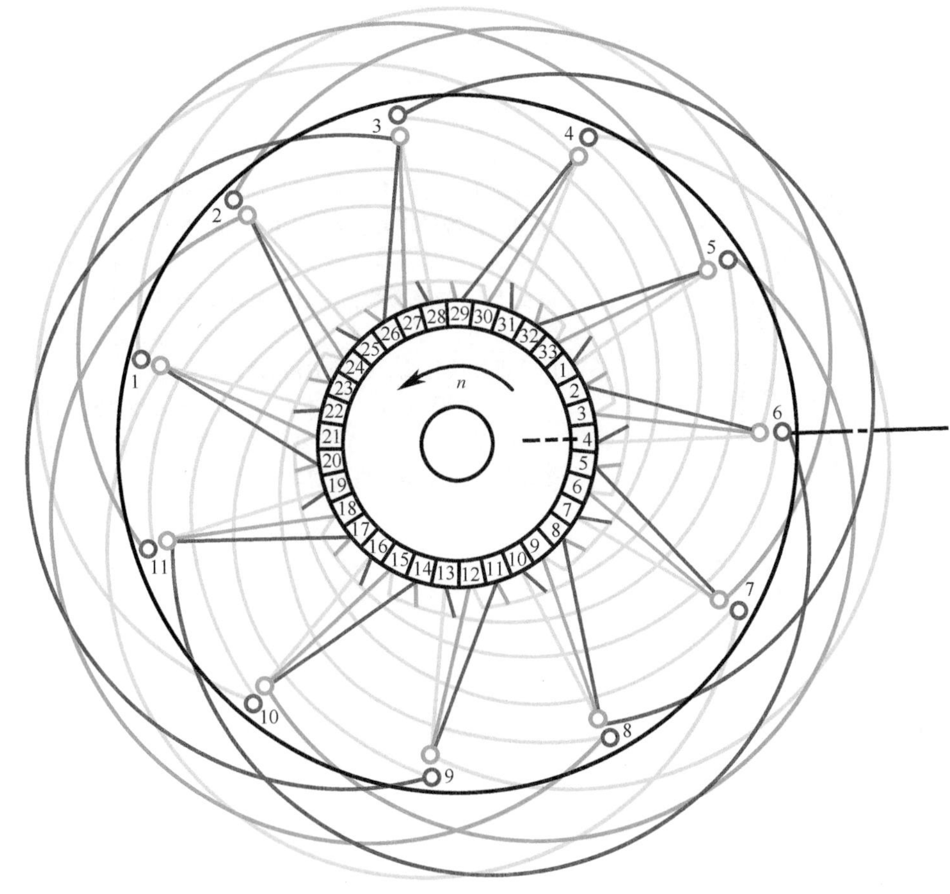

图　8.3.6

1. 绕组结构参数

转子槽数　$Z=11$　　每槽元件　$n=3$

电机极数　$2p=2$　　实槽节距　$y=1—6$

换向片数　$K=33$　　换向节距　$y_K=1—2$

2. 结构及嵌接特点　　本例转子槽中心线与换向片中心线重合，属 B 类转子结构。此绕组以跨距槽（即 1 号槽线圈跨入的第 6 槽）为基准借偏。这时，基准槽 6 的中心线正对的换向片编号为 4，则每槽元件 n（=3）片的中心线在 2 号换向片，即 1 号槽线圈向左借偏 2 片。接线时将 1 号槽元件首端接入 1、2、3 号换向片，其跨于槽 6 的尾端则分别对应接在 2、3、4 号换向片。其余类推。电枢线圈用手绕，嵌线方法参考图 8.1.6。

3. 主要应用　　此电枢绕组应用于部分 ϕ71mm 冲片的电动工具电动机转子。

8.3.7　12×2 槽 B—1 类专用型（右借 0.5）电枢绕组

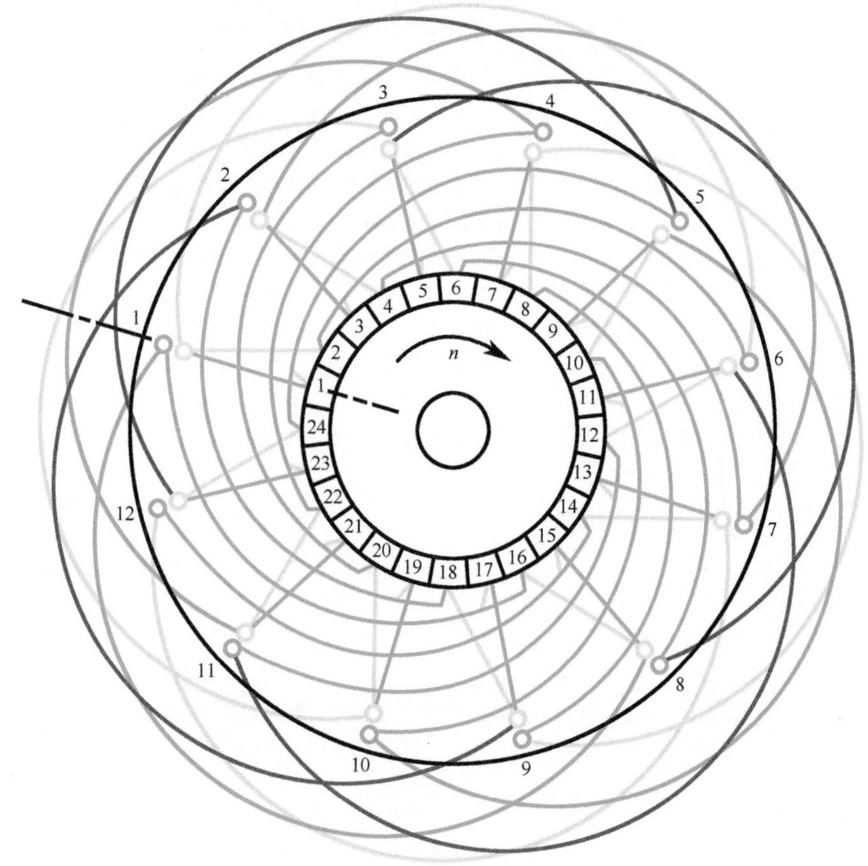

图　8.3.7

1. 绕组结构参数

转子槽数　$Z=12$　　每槽元件　$n=2$

电机极数　$2p=2$　　实槽节距　$y=1—6$

换向片数　$K=24$　　换向节距　$y_K=1—2$

2. 结构及嵌接特点　　本例转子为 B 类结构，即始槽中心线与换向片中心线重合。线圈以始槽为基准借偏，因本绕组每槽占有换向片数 $n=2$，其中心线在 1 号与 2 号换向片之间的云母片，故属始槽基准向右借偏半片接线。与 1 号槽中心线重合的换向片编为 1 号，其余编号见图 8.3.7。1 号槽 2 元件接入 1、2 号换向片，其尾端从跨距槽 6 引出并对应分别接到 2、3 号换向片。其余接线类推。电枢线圈用 2 根导线并绕，嵌线方法参考图 8.1.7。

3. 主要应用　　本绕组应用于 J1Z-10（24、36V）、J1Z-13（36V）手提电钻及 79-40Y 系列家用缝纫机用单相串励电动机转子。

8.3.8 12×2 槽 B—1 类专用型（左借 0.5）电枢绕组

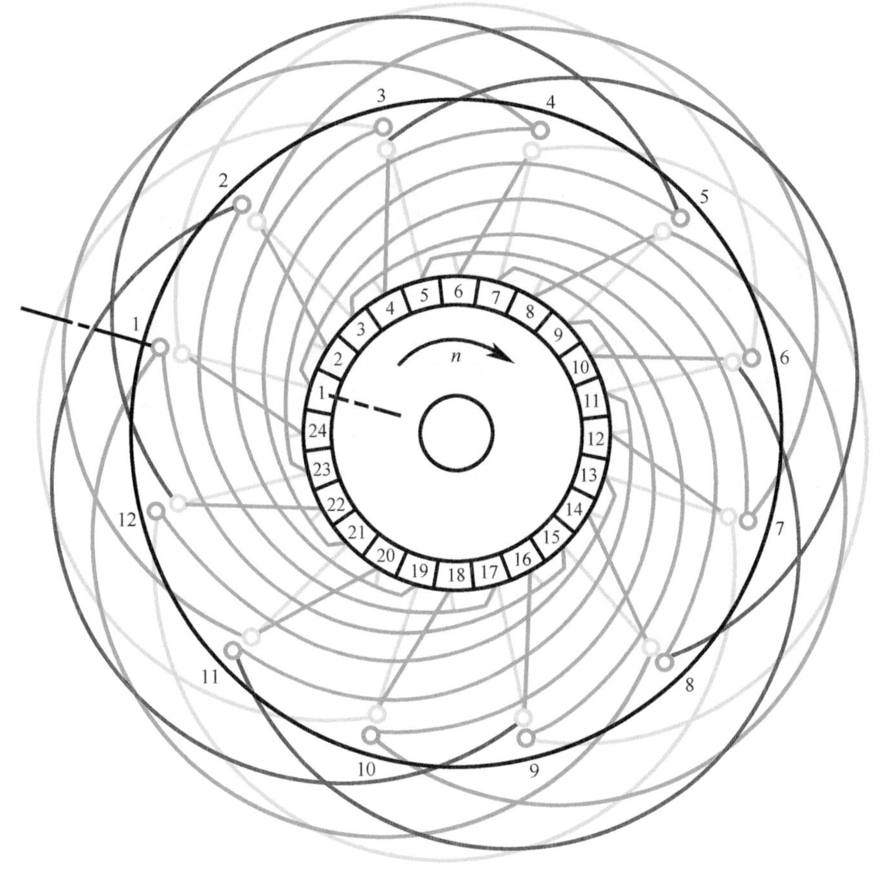

图 8.3.8

1. 绕组结构参数

转子槽数 $Z=12$ 每槽元件 $n=2$

电机极数 $2p=2$ 实槽节距 $y=1—6$

换向片数 $K=24$ 换向节距 $y_K=1—2$

2. 结构及嵌接特点 本绕组基准槽中心线与换向片中心线重合，属 B 类转子结构。线圈以始槽为基准借偏，而与基准线重合的换向片编号为 2，其余编号见图 8.3.8。1、2 槽之间的云母片是 n 片中心线，故本绕组是向左借偏半片接线，即槽 1 元件分别接到 1、2 号换向片上，线圈跨至槽 6 后引出的元件尾端则分别对应接于 2、3 号换向片。其余接线类推。电枢线圈采用手绕，嵌线方法参考图 8.1.7。

3. 主要应用 本例电枢应用在单相串励电动机、火车用顶扇、船用壁扇等交直流两用电扇电动机的转子绕组。

8.3.9 12×3 槽 A—1 类专用型（右借 0.5）电枢绕组

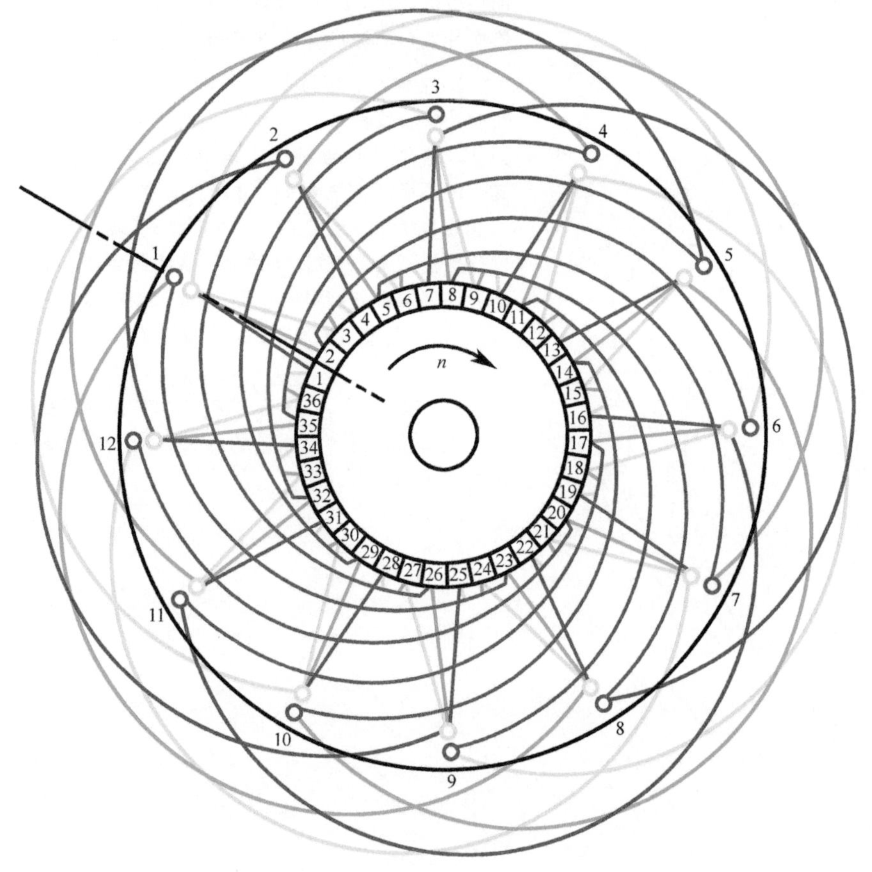

图 8.3.9

1. 绕组结构参数

转子槽数 $Z=12$ 每槽元件 $n=3$

电机极数 $2p=2$ 实槽节距 $y=1—6$

换向片数 $K=36$ 换向节距 $y_K=1—2$

2. 结构及嵌接特点 本例转子 1 号(始)槽中心线与换向器云母片中心线重合，属 A 类结构。线圈接线是以始槽为基准借偏；转子每槽元件数 $n=3$，n 片中心线在 2 号换向片，而始槽中心线两侧换向片编号为 1、2，则线圈是向右偏移半片接线，即使 1 号元件偏左半片接入换向器。接线时将始槽 3 根元件线头分别接到 1、2、3 号换向片；其线圈跨至槽 6 后的 3 根尾线分别对应引接到 2、3、4 号换向片。其余类推。电枢线圈用手绕，嵌线方法参考图 8.1.7。

3. 主要应用 本例绕组主要应用于较大的手提电钻，如 J1Z-10（110V、220V）、J1Z-13（110V、220V、240V）等电动机转子。

8.3.10　15×2 槽 B—1 类专用型（右借 0.5）电枢绕组

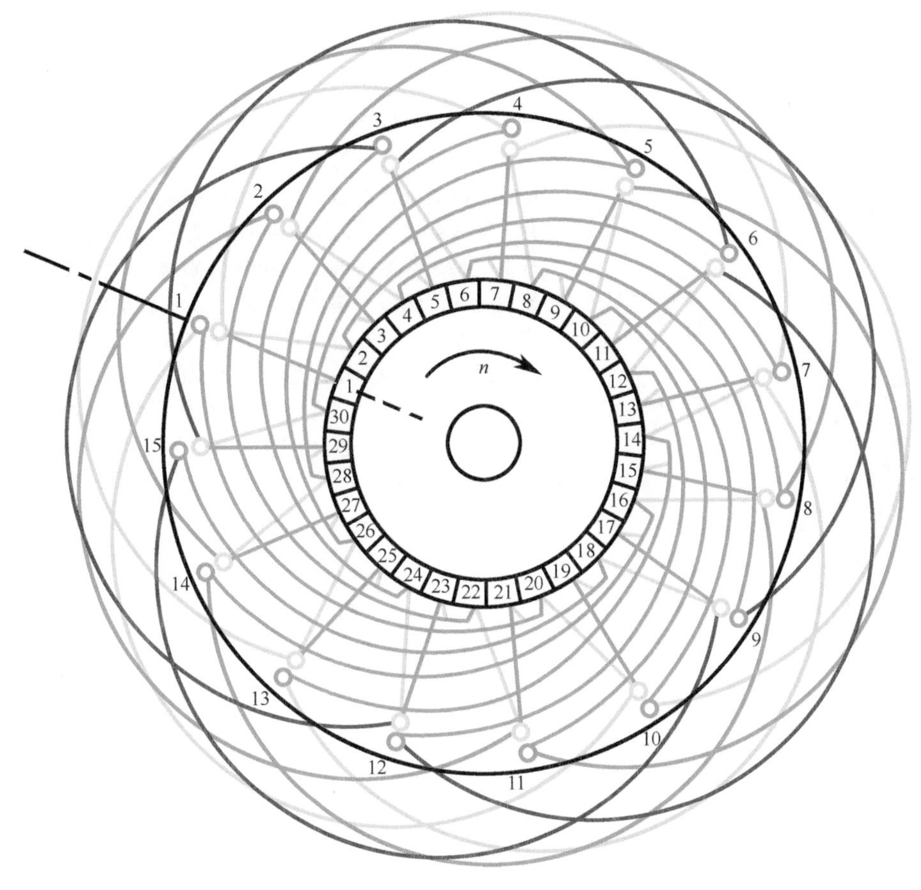

图　8.3.10

1. 绕组结构参数

转子槽数　$Z=15$　　每槽元件　$n=2$

电机极数　$2p=2$　　实槽节距　$y=1—7$

换向片数　$K=30$　　换向节距　$y_K=1—2$

2. 结构及嵌接特点　　该转子是 B 类结构，槽中心线与换向片中心线重合。1 号换向片在槽中心线上，其余换向片编号如图 8.3.10 所示。线圈以始槽为基准借偏，每槽片数 $n=2$，n 片中心在 1、2 号换向片之间的云母片，故线圈是偏右半片接线，即 1 号元件正对始槽接入。接线时将始槽线圈 2 根线头分别接到换向器 1、2 号换向片，其尾线从跨距槽 7 引出，并分别对应接于 2、3 号换向片。其余线圈接线类推。电枢线圈用手绕，嵌线方法参考图 8.1.9。

3. 主要应用　　本例绕组应用于较大的手提电钻，应用实例有 J1Z-19(110V)。

8.3.11　15×3 槽 A—1 类专用型(右借 0.5)电枢绕组

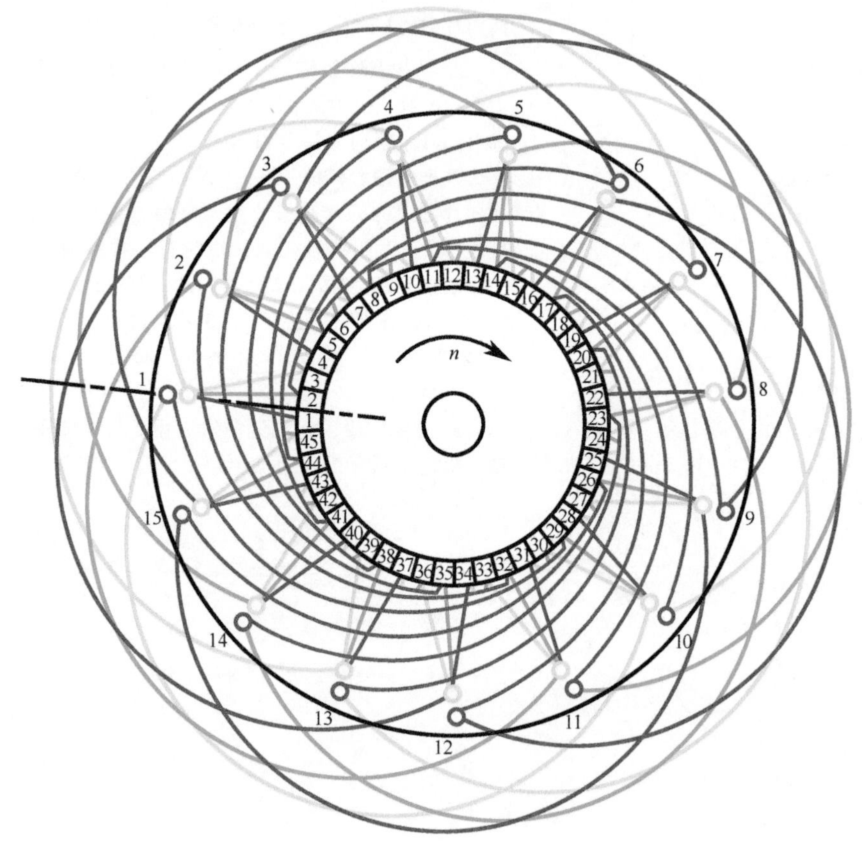

图　8.3.11

1. 绕组结构参数

转子槽数	$Z=15$	每槽元件	$n=3$
电机极数	$2p=2$	实槽节距	$y=1—7$
换向片数	$K=45$	换向节距	$y_K=1—2$

2. 结构及嵌接特点　　绕组的槽中心线与换向器云母片中心线重合，属 A 类结构的转子。始槽中心线两侧换向片编为 1、2 号，其余编号如图 8.3.11 所示。因每槽元件数 $n=3$，n 片中心线在 2 号换向片，即线圈以始槽为基准向右借偏半片接入换向器。接线时槽 1 线圈头端 3 根引线分别接到 1、2、3 号换向片，线圈跨入槽 7 后，将尾端 3 根引线分别对应接入 2、3、4 号换向片。其余接线类推。电枢线圈用手绕，嵌线方法可参考图 8.1.9。

3. 主要应用　　本例电枢绕组主要用于较大的手提电钻电动机，应用实例有 J1Z-19(220V)、J1Z-23(220V)电动机等。

8.3.12　19×2 槽 B—1 类专用型（右借 1.5）电枢绕组

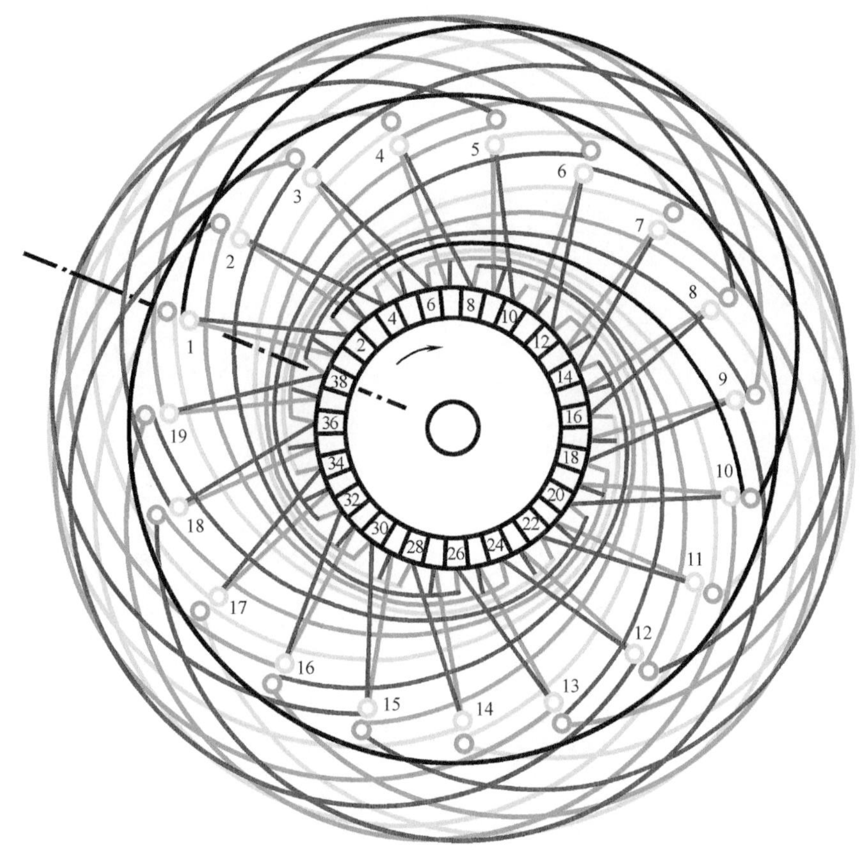

图　8.3.12

1. 绕组结构参数

转子槽数	$Z=19$	每槽元件	$n=2$
电机极数	$2p=2$	实槽节距	$y=1—10$
换向片数	$K=38$	换向节距	$y_K=1—2$

2. 结构及嵌接特点　　本例转子槽中心线与换向片中心线重合，属 B 类结构。始槽中心线落在 38 号换向片上，而 n 片中心线在 1、2 号换向片之间的云母片上，即相距槽中心线 1 片半。也就是说，本例线圈以始槽为基准向右借偏 1 片半。接线时将始槽线头分别接入 1、2 号换向片，线圈跨距至 10 槽后，两根尾线则引接到 2、3 号换向片。其余线圈接线类推，如图 8.3.12 所示。

由于此绕组用于容量较大的电动工具，而转子直径较大，容易产生重力不平衡而振动，故嵌线要求尽量均匀分布，所以宜用 V 形对绕法嵌绕。嵌线是 2 根并绕，嵌线顺序可参考图 8.1.11b。

3. 主要应用　　本绕组主要应用于 ϕ90mm 冲片的电动工具，应用实例有 J1Z-23/32 双速电钻、S1S2-150 砂轮机、S1MJ2-180 角向磨光机等。